Dorn-Bader

Physik

Oberstufe

Gesamtband 12/13

Schroedel Schulbuchverlag

Dorn-Bader
Physik-Oberstufe
Gesamtband 12/13

Herausgegeben von:
Professor Dr. Franz Bader – Professor Friedrich Dorn

Bearbeitet von: Professor Dr. Franz Bader, Ludwigsburg – Studiendirektor Dr. Helmut Bergold, München – Studiendirektor Dr. Peter Drehmann, Kornwestheim – Studiendirektor Adolf Kraemer, Münster – Studiendirektor Gottfried Staiger, Stuttgart
Verlagsredaktion Naturwissenschaften

Illustration:
Günter Schlierf
Peter Langner

Fotos:
Hans Tegen

Titelbild:
LSI-Circuit (Mikro-Computer-Schaltkreis) in Auflicht-Interferenzkontrast; Vergrößerung etwa 80fach
M. Kage, Lauterstein

ISBN 3-507-**86205**-0

Druck A 5 4 3 2 1 / Jahr 1990 89 88 87 86

Alle Drucke der Serie A sind im Unterricht parallel verwendbar.
Die letzte Zahl bezeichnet das Jahr dieses Druckes.

Gesamtherstellung: Universitätsdruckerei H. Stürtz AG, Würzburg

Liebe Schülerin, lieber Schüler!

Sie haben sich für eine Weiterführung der Physik im Leistungskurs oder in einem Grundkurs entschieden, weil Sie sich davon wichtige Beiträge zu einer modernen Allgemeinbildung versprechen oder weil Sie ein gutes naturwissenschaftliches Fundament für Studium und Beruf brauchen. Für beides bietet die Physik ein breites Spektrum an, das durch seine Geschlossenheit besticht. Deshalb haben wir nunmehr die für die Schule relevanten Gebiete in einem Gesamtband zusammengefaßt. Dabei lassen sich zusammenhängende Strukturen auf Schulniveau leichter entwickeln und miteinander verzahnen als in getrennten Einzelbänden. Um die Methoden *physikalischer Erkenntnisgewinnung* deutlich werden zu lassen, haben wir auch in diesem Gesamtband großen Wert auf sorgfältige Entwicklung der physikalischen Gesetze und Definitionen aus Experimenten gelegt.

Ein wesentliches Strukturelement dieses Bandes ist der *Feldbegriff*. Er entstand in der Elektrizitätslehre. Doch verdeutlichen wir ihn auch am Gravitationsfeld. Moderne Geräte wie etwa die Hallsonde ermöglichen es, elegant zu den magnetischen Feldbegriffen zu führen und so Zeit zu gewinnen für vertiefte Anwendungen der *Elektronenphysik* und der modernen *Halbleiter-Elektronik*, einschließlich der heute für Ihre HiFi-Anlage wichtigen Elektroakustik. Wir machen Sie auch mit der *Digital-Technik* und mit modernen Bauelementen der *Analog-Technik* bekannt.

Die Feldphysik führt nahtlos von der Elektrizität über die elektromagnetischen Schwingungen und Wellen zur *Optik*. Eine Kette von Indizien, zu denen vor allem Interferenz- und Beugungsversuche gehören, verschafft Ihnen schließlich Gewißheit, daß Licht eine elektromagnetische Welle ist. Die überragende Bedeutung der Lichtgeschwindigkeit leitet dann einfach und einsichtig zur *Relativitätstheorie* und ihren paradox erscheinenden Aussagen über.

In der *Quantenphysik* zeigt die Welle beim Licht wie beim Elektron neuartige Quantenphänomene. Mit ihrer Hilfe werden grundlegende Strukturen der Materie erklärt. Der zugehörige mathematische Formalismus muß allerdings einem späteren Studium vorbehalten bleiben. Im Kapitel *Elementarteilchenphysik* schließt sich in diesem Gesamtband der Ring von der Physik des Vakuums über die der Felder, Teilchen und Quanten zu den Fragen nach einer letzten Realität.

Besondere Berücksichtigung findet die *Kernphysik*. Viele Experimente zur Radioaktivität sind hervorragend für *Schülerpraktika* geeignet. Das Kapitel Kernbau und Kernenergie vermittelt physikalische Grundlagen zu Diskussionen über die Nutzung der Kernenergie und der einzelnen Reaktortypen.

Als interessierter Schüler wollen Sie in vielen Punkten mehr erfahren, als Ihnen der Unterricht oder das Buch zu bieten vermögen. Weiterführende preiswerte *Literatur* zu verschiedenen Aspekten, insbesondere im Hinblick auf naturwissenschaftliche Allgemeinbildung, finden Sie auf Seite 433.

Das Erarbeitete muß häufig wiederholt und gefestigt werden. Deshalb schließen wir jedes Kapitel mit einer Übersicht ab, sozusagen einer *strukturierten Formelsammlung*. Sie wird meist von einem Pool von *Aufgaben* begleitet, die zu gedanklichen Querverbindungen anregen und bisweilen von erhöhtem Schwierigkeitsgrad sind. Sie sollen Ihnen helfen, sich auf das Abitur vorzubereiten.

Eine Reihe von *Computersimulationen* demonstriert den Ablauf von Vorgängen mit Hilfe der im Buch erarbeiteten Grundgesetze. Die zugehörigen Programme werden auf Disketten zur Verfügung gestellt, zusammen mit didaktischen Erläuterungen des Computereinsatzes im Unterricht. Programme zu vielen dieser Simulationen können Sie mit einfachen Computerkenntnissen selbst aufstellen. Anleitungen finden Sie auch im Band für die Klasse 11.

Viel Spaß und guten Erfolg!

Stuttgart, im Frühjahr 1986

Autoren und Redaktion

Inhaltsverzeichnis

Elektrische Ladungen und Felder

§ 1 Elektrizität in Physik und Technik 6
§ 2 Ladung und Strom 8
§ 3 Elektrische Felder 11
§ 4 Die elektrische Feldstärke E . . . 15
§ 5 Die elektrische Spannung 17
§ 6 Feldkräfte arbeiten an Ladungen 20
§ 7 Spannungsgefälle und Potential . . 22
§ 8 Feldphysik bei Gleichstrom . . . 26
§ 9 Flächendichte der Ladung 30
§ 10 Die Coulomb-Kraft 31
§ 11 Coulomb-Potential 34
§ 12 Kondensatoren; Kapazität 36
§ 13 Isolatoren im E-Feld 40
§ 14 Umladungen von Kondensatoren 42
§ 15 Energie elektrischer Felder 44
§ 16 Unsere bisherige Feldstrategie . . 46
§ 17 Feldelektronenmikroskop 48
§ 18 Elektrolyse und Elementarladung 49
§ 19 Der Millikan-Versuch 52

Das magnetische Feld

§ 20 Das Besondere am Magnetismus 54
§ 21 Lorentzkraft an bewegter Ladung 56
§ 22 Messung magnetischer Felder . . 58
§ 23 Magnetfeld von Spulen; Erdfeld 62

Elektronen im Vakuum und im Festkörper

§ 24 Die Größte der Lorentzkraft F_L 66
§ 25 Die Elektronenmasse 67
§ 26 Elektronenablenkung in Röhren 70
§ 27 Elektronenbewegung in Feldern 72
§ 28 Raumladung in Elektronenröhren 76
§ 29 Der äußere Fotoeffekt; Fotozellen 78
§ 30 Das Elektronenmikroskop 79
§ 31 Halleffekt und Elektronendichte 80
§ 32 Reine und dotierte Halbleiter . . 81
§ 33 Gleichrichten mit Halbleitern . . 83
§ 34 Der Transistor 88
§ 35 Kippschaltungen 93
§ 36 Bausteine der Digitaltechnik . . . 96
§ 37 Integrierte Verstärker 100
§ 38 Vom Licht- zum Ladungsbild . . 106
§ 39 Wie macht man Gase leitend? . . 108
§ 40 Selbständige Leitung in Gasen . . 109
§ 41 Teilchen-Beschleuniger 112
§ 42 Teilchen und Felder 115

Elektromagnetische Induktion

§ 43 Induktion durch Lorentzkräfte . . 116
§ 44 Induktion im ruhenden Leiter . . 120
§ 45 Lenzsches Gesetz und Energie . . 123
§ 46 Die Selbstinduktion 128
§ 47 Energie des Magnetfeldes 133
§ 48 Sinusförmige Wechselspannung . . 135
§ 49 Physik des Gleichstrommotors . . 139

Der Wechselstromkreis

§ 50 Effektivwerte bei Wechselstrom 142
§ 51 Kondensatoren und Wechselstrom 145
§ 52 Spulen im Wechselstromkreis . . 149
§ 53 Siebkette und Sperrkreis 154
§ 54 Die Leistung des Wechselstroms 159
§ 55 Der Transformator (Trafo) . . . 162
§ 56 Drehstrom und Verbundsysteme 164
§ 57 Induktion und Wechselstromkreis 166

Elektromagnetische Schwingungen und Wellen

§ 58 Gleichungen für Bewegungen . . 168
§ 59 Harmonische Schwingungen . . . 170
§ 60 Der Schwingkreis 173
§ 61 Dämpfung und ihre Aufhebung 178
§ 62 Hochfrequenz 182
§ 63 Der Hertz-Dipol 184
§ 64 Die elektromagnetische Welle . . 187
§ 65 Elektromagnetische Welle in Materie 195
§ 66 Mikrowellen 199
§ 67 Radiowellen und Rundfunk . . . 205

Optik

§ 68 Geometrische Optik 212
§ 69 Die Lichtgeschwindigkeit 217
§ 70 Interferenz bei Lichtwellen 222
§ 71 Die Kohärenz des Lichts 227
§ 72 Das optische Gitter 229
§ 73 Beugung am Einzelspalt 237
§ 74 Berechnung der Intensitäten . . . 244
§ 75 Beugung und optische Abbildung 245
§ 76 Interferenz an dünnen Schichten 250
§ 77 Die Polarisation des Lichts . . . 257
§ 78 Interferenz an Kristallen 262
§ 79 Das elektromagnetische Spektrum 268

Spezielle Relativitätstheorie

§ 80 Die Konstanz von c 270
§ 81 Die Zeitdehnung 273
§ 82 Relativistische Überraschungen . . 276
§ 83 Die Lorentz-Transformation . . . 281
§ 84 Der Einstein-Impuls 286
§ 85 Die Einstein-Energie 289
§ 86 Relativistische Mechanik 291
§ 87 Gesetze der Relativität 294

Quantenphysik

§ 88 Fotoeffekt und Energiequanten . . 296
§ 89 Photonen der Röntgenstrahlung 301
§ 90 Photonenimpuls; Comptoneffekt 303
§ 91 Paarbildung und Zerstrahlung . . 307
§ 92 Die Quanten im Gesamtspektrum 308
§ 93 Was bedeutet die Welle? 309
§ 94 Was bedeutet das Quant? 311
§ 95 De Broglies Materiewellen 313
§ 96 Die Unbestimmtheitsrelationen . . 317
§ 97 h und der Mikrokosmos 322

Atomphysik

§ 98 Der lineare Potentialtopf 326
§ 99 Quantisierung im Experiment . . 331
§ 100 Vom H-Atom zum Schwarzen Loch 334
§ 101 Atombau und Spektrallinien . . . 336
§ 102 Röntgenspektren 341
§ 103 Der Laser; Synergetik 343
§ 104 Quantenphysik der Materie . . . 346
§ 105 Quantengesetze 348

Strahlung radioaktiver Stoffe

§ 106 Grundlagen; erste Nachweisgeräte 350
§ 107 Zählstatistik 354
§ 108 Energie und (q/m) der α-Teilchen 355
§ 109 Energie der β-Teilchen 359
§ 110 Die Energie der γ-Strahlung . . . 361
§ 111 Absorption von Strahlung 363
§ 112 Halbwertszeit 369
§ 113 Strahlenschäden 374

Kernbau und Kernenergie

§ 114 Der Atomkern 378
§ 115 Die Nuklidkarte 382
§ 116 Kernbindungsenergie 383
§ 117 Ein Kernmodell 385
§ 118 α-Zerfall und Tunneleffekt 387
§ 119 Der β-Zerfall 391
§ 120 Kernreaktionen 395
§ 121 Kernspaltung 399
§ 122 Kettenreaktion; Kernreaktor . . . 403
§ 123 Die Kernfusion 411
§ 124 Zusammenfassung 413

Elementarteilchenphysik

§ 125 Neues über alte Teilchen 414
§ 126 Elementarteilchen-Experimente . . 416
§ 127 Die elementaren Bausteine 418
§ 128 Die zusammengesetzten Teilchen 423
§ 129 Teilchen und Felder 425

Anhang

Tabellen 426
Farbtafel Spektren 427
Stichwortverzeichnis 428
Bildquellen 433
Weiterführende Literatur 433
Nuklidkarte 434

Elektrische Ladungen und Felder

§1 Elektrizität in Physik und Technik

1. „Elektrizität in jedes Gerät!“

Mit diesem Werbespruch riefen die zu Beginn des Jahrhunderts gegründeten Elektrizitätsgesellschaften auf, das Bügeleisen und den Küchenherd nicht mehr mit Holzkohle und die Waschmaschine nicht mit der Hand zu betreiben. Elektrizität gehöre in jedes Gerät! Heute beherrscht sie unseren Alltag; sie wurde zur Großmacht. Männer wie *Werner von Siemens* haben nämlich ab 1860 aus den höchst einfachen Geräten des Engländers *Michael Faraday (Bild 7.3)* zur Induktion *(Bild 120.2)* nicht nur riesige Dynamomaschinen und Elektromotoren entwickelt. Sie schufen auch Wirtschaftsunternehmen mit Weltgeltung. Aus Hinterhofbetrieben wurden bisweilen Großunternehmen. Ähnliches erleben wir heute bei der Computerindustrie, dem neuesten Ableger von Elektrotechnik, Physik und Mathematik. Dabei entstanden auch neue Berufe, damals der Elektroingenieur, heute der Informatiker. Zu ihrer Ausbildung wurden Hochschulen gegründet oder erweitert. **Elektrotechnik** und **Informatik** entwickelten sich zu eigenständigen Wissenschaften mit hohen mathematischen und physikalischen Anforderungen. Die Auswirkungen der Elektrotechnik können wir heute einigermaßen überblicken, die der Computer noch nicht. Allzuschnell verändern sie Forschung und Arbeitswelt.

2. Elektrizität – schon immer in jedem Gerät!

Die Griechen fanden, daß Bernstein (griech. elektron) durch Reiben „elektrisch“ wird und geheimnisvolle Anziehungskräfte ausübt. An elektrostatischen Aufladungen und prickelnden elektrischen Schlägen belustigte man sich in der Barockzeit *(Bild 7.2)*. Heute kennen wir elektrische Funken vom Umgang mit gut isolierenden Kunststoffböden und Pullovern. Im Grunde war also die Elektrizität schon immer in jedem „Gerät“. Die wichtigsten Ladungsträger **Elektronen** und **Protonen** sind nämlich Bestandteile aller Materie. Doch blieb die Elektrizität lange verborgen und fand erst zögernd Einlaß in die Physik.

3. Elektrizität führte Faraday zur Feldphysik

a) Die großen Physiker *G. Galilei, J. Kepler* und *I. Newton* befaßten sich nicht mit elektrischen Spielereien. Elektrische Experimente überließen sie Männern, die nur in ihren Mußestunden die Natur erforschten: *O. von Guericke* (Bürgermeister von Magdeburg um 1660), *B. Franklin* (amerik. Staatsmann um 1750; Erfinder des Blitzableiters) u.a. Die damaligen Physiker sahen nämlich in der Natur verschiedene, streng voneinander getrennte Teilbereiche. Sie glaubten, Magnete würden nur auf Magnete, elektrische Ladungen nur wieder auf Ladungen wirken. Der alle Bereiche umfassende Energiebegriff wurde erst um 1850 geschaffen.

b) Der ital. Arzt *L. Galvani* fand etwas Neues: Ein feuchter Froschschenkel zuckt beim Berühren mit zwei verschiedenen Metallen zusammen. Danach baute *A. Volta* 1801 aus Elektrolyten und zwei Metallen das erste **galvanische Element**. Damit schlug er eine Brücke von der Elektrizitätslehre zur Chemie. Dieses Element lieferte die ersten Dauerströme, mit denen man um 1800 Drähte zum Glühen brachte. Das Prinzip der Taschenlampe war erfunden.

c) 1820 verknüpfte der dänische Physiker *Chr. Oersted* auch **Elektrizität** und **Magnetismus**. Er gehörte zu den wenigen, die damals vom Wirken universeller Naturkräfte überzeugt waren. Auf der Suche nach solchen Kräften fand er die magnetische Wirkung des Stroms. *A. Ampère* verstärkte sie in Spulen und erklärte die Dauermagnete durch Ströme in atomaren Bereichen. Dieser Zusammenhang im Naturgeschehen beflügelte die wissenschaftliche Welt ungemein.

d) Nun fanden auch mathematisch vorgebildete Forscher wie *Ch. Coulomb* und *C.F. Gauß* Interesse an der Elektrizität. Sie stellten Gesetze für die Kraftwirkung zwischen Ladungen und Magnetpolen auf. Diese deuteten sie als **Fernkräfte**, die ohne Vermittlung von Stoff und Raum zwischen Ladungen und Polen unmittelbar wirken sollten. 200 Jahre früher hatte nämlich der Philosoph und Mathematiker *R. Descartes* vergeblich versucht, die Übertragung von magnetischen und Gravitationskräften durch Wirbel in einem unsichtbaren Stoff zu erklären. Dieser sogenannte *Äther* sollte den ganzen Himmelsraum erfüllen. Solche Hypothesen lehnte *Newton* mit den Worten „hypotheses non fingo“ ab. Also galt das Interesse der Forscher lange Zeit nur Körpern, Ladungen und Magnetpolen. Mit dem Raum dazwischen beschäftigte man sich nicht. Beinahe wäre so die Physik in eine Sackgasse geraten, ganz auf Körper fixiert.

e) Wie *Oersted* war auch *M. Faraday (Bild 7.3)* zunächst ein Außenseiter in der Physik. Er hatte sich durch Selbststudium vom Buchbinderlehrling zum glänzendsten Experimentator seiner Zeit hochgearbeitet. Von *Oersted* angeregt suchte er weitere übergreifende Zusammenhänge in der Natur; er ahnte schon den umfassenden Energiebegriff. Zwar fehlten ihm mathematische Kenntnisse, da er es in der Schule nur bis zum Dreisatz gebracht hatte. Dafür beschrieb er seine zahlreichen elektrischen Entdeckungen – etwa die elektromagnetische Induktion 1831 – anschaulich mit magnetischen Feldlinien und führte 1835 die **elektrischen Feldlinien** ein *(Bild 7.1)*. Was sind aber Feldlinien, fragte man *Faraday* vergeblich; erschweren sie nicht das Berechnen elektrischer und magnetischer Kräfte? Werden die Physiker durch die Vorstellung von Feldlinien nicht genau so in die Irre geführt wie früher durch die Äther-Wirbel-Theorie von *Descartes*? Darf der Physiker Hypothesen verwenden, selbst wenn er sie als solche kennzeichnet?

f) Der Schotte *J.C. Maxwell* erkannte 1865 die Bedeutung der **Faradayschen Feldvorstellung** und baute sie mathematisch aus. So konnte er Elektrizität und Magnetismus mit *zwei Grundgleichungen* korrekt beschreiben und sogar die elektromagnetischen Wellen (Radiowellen) richtig voraussagen. Das *Licht* erkannte er als solch eine Welle, die auch den materiefreien Raum durchflutet. So ordnete er die **Optik** der Elektrizitätslehre unter. Felder wurden zu physikalischen Grundbegriffen, veranschaulicht durch Feldlinien. Diese sind wichtige Denk- und Anschauungshilfen beim Einbeziehen des materiefreien Raums in physikalische Betrachtungen. Wir bringen in diesem Buch zunächst Indizien und später handfeste Beweise für die Existenz von Feldern.

g) *A. Einstein* erklärte 1915 die Massenanziehung als Wirkung eines Gravitationsfeldes. Schon 1905 hatte er in seiner **speziellen Relativitätstheorie** die Vorstellung eines den Raum erfüllenden Äthers endgültig widerlegt. Im gleichen Jahr erweiterte er die Wellentheorie des Lichts durch **Lichtquanten**. Die **Elementarteilchenphysik** sucht heute nach einer Synthese zwischen Teilchen und Feldern. Wir gehen am Schluß des Buches darauf ein.

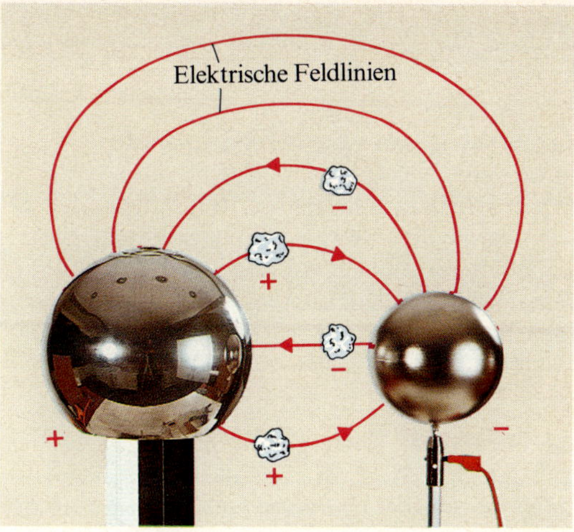

7.1 Zwischen den Kugeln des Bandgenerators fliegen Watteflocken längs *elektrischer Feldlinien.*

7.2 Elektrostatische Versuche weckten in der Barockzeit das Interesse an Elektrizität.

7.3 *Michael Faraday* (1791 bis 1867) führte 1835 die elektrischen Feldlinien ein und begründete die Feldphysik.

§2 Ladung und Strom

1. Ladung – ein ganz besonderer Saft

In der Mechanik haben wir die Körper vor allem durch ihre *Masse* gekennzeichnet. Sie ist ein Maß für das Schwersein wie für das Trägsein und hat *Mengencharakter*: Beim Zusammenfügen von Körpern addieren sich Massen.

a) Auf der Mittelstufe fanden wir bei elektrischen Vorgängen eine andere Mengengröße, die **elektrische Ladung**: Als Überschußladung auf dem Elektroskop erzeugt sie durch Abstoßungskräfte einen Ausschlag. Ein von Ladung durchströmter Leiter wird erwärmt.

b) Bei der Gravitation gibt es nur Anziehung, nur eine Art Masse. Die Elektrizität zeigt aber auch Abstoßungskräfte. Faßt man jeweils alle Ladungen, die sich gegenseitig abstoßen, zu einer Sorte zusammen, so erhält man genau zwei Arten, nämlich *Plus-* und *Minusladungen*. Diese ziehen sich gegenseitig an.

c) Bringt man gleiche Mengen entgegengesetzter Ladungen nahe zusammen, so heben sich ihre Wirkungen nach außen hin auf. Die Ladungen *neutralisieren* sich, bleiben aber weiter bestehen. Deshalb merken wir i.a. nicht, daß alle Körper Ladung enthalten, daß Elektrizität allgegenwärtig ist. Für die Ladungssumme gilt ein **Erhaltungssatz** wie für Masse, Energie und Impuls. – Gäbe es auch zwei Arten von Masse, die sich neutralisieren, so ließe sich die Schwerkraft abschirmen; wir könnten uns schwerefrei machen oder gar von der Erde abstoßen lassen: Raumfahrt für jedermann.

d) Elektrische Ladung fließt in Drähten. Dabei kann Energie sauber in die Ferne geleitet werden, anders als durch die materiellen Energieträger Kohle und Öl.

e) Elektrische Quellen (Batterie, Bandgenerator, Dynamo) erzeugen die Elektrizität nicht neu – ähnlich einer Wasserquelle. Sie *trennen* nur bereits vorhandene Ladungen voneinander und bieten am einen Pol Minus-, am andern Plusladung im Überschuß an. Zur Trennung gegen die Anziehungskräfte brauchen die Quellen Energie. Sind sie erschöpft, so aus Energie-, nicht aus Ladungsmangel.

f) Elektrische „Verbraucher" (Lampen, Motoren) verbrauchen keine Ladung; sie wandeln elektrische Energie in andere Formen um.

8.1 Atomistisches Bild a) Leiter, b) Isolatoren

2. Materie – ein Tummelplatz für Ladungen!

a) In *Metallen* bewegen sich nach *Bild 8.1a* auch im stromlosen Zustand die Elektronen eines *Elektronengases* frei. Es wird von den positiv geladenen Atomrümpfen zusammengehalten und neutralisiert. Nähert man deshalb dem senkrechten Stab des Elektroskops nach *Bild 8.2* von oben eine positive Ladung, dann zieht diese einen winzigen Teil seiner Elektronen nach oben. Diese bilden an der Staboberfläche durch Elektronenüberschuß eine negative *Influenzladung* (–). Unten am Stab herrscht folglich Elektronenmangel; dort überwiegen Plusladungen als positive Influenzladungen. Sie stoßen sich gegenseitig ab.

b) In *Isolatoren* dagegen sind alle Elektronen an ihre Atome gebunden *(Bild 8.1b)*. Doch halten die Atome eines Hartgummistabs ihre Elektronen fester bei sich als die Atome eines Katzenfells. Bringen wir beide Körper durch Reiben nahe zusammen, so holen atomare Kräfte

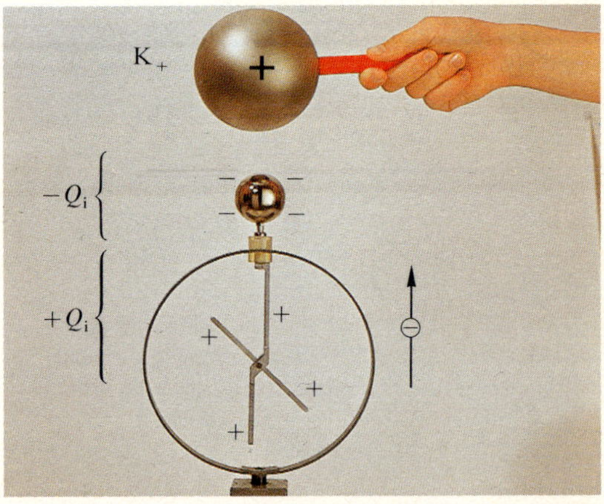

8.2 Influenzversuch: Die Plusladung der oberen Kugel zieht im Elektroskopstab Elektronen nach oben.

kurzer Reichweite Elektronen vom Fell zum Stab. Wenn wir die beiden nunmehr entgegengesetzt geladenen Isolatoren auseinanderziehen, müssen wir gegen die Anziehungskräfte Energie aufwenden. Sie steckt im System und wird in einer *Glimmlampe* als Lichtblitz frei. Am Hartgummi (−) blitzt ihre anliegende Elektrode auf, beim Fell (+) die abliegende.

3. Strom als fließende Ladung

Unter der **Stromstärke *I*** eines konstanten Gleichstroms versteht man den Quotienten aus der durch einen Leitungsquerschnitt fließenden Ladung Q und der dazu nötigen Zeit t *(Bild 9.1)*: Man definiert $\boldsymbol{I=Q/t}$.

Zum Messen braucht man *Einheiten*. Alle mechanischen Einheiten leitet man aus den drei Basiseinheiten m, kg und s ab. So ist $1\ \mathrm{N} = 1\ \mathrm{kg\,m\,s^{-2}}$ die abgeleitete Einheit der Kraft. Beim Aufbau der elektrischen Einheiten benutzt man die Einheit **1 Ampere (A)** der Stromstärke I als zusätzliche Basiseinheit. Wir schreiben $[I]=\mathrm{A}$. Die Ladungseinheit **1 Coulomb (1 C)** fließt bei der Stromstärke 1 A in 1 s durch einen Leiterquerschnitt; 1 C ist 1 A s. Fließende Ladungen kann man mit Knallgaszellen messen: 1 C scheidet unabhängig von der Zeit bei Laborbedingungen $0{,}19\ \mathrm{cm^3}$ Knallgas ab. – Was zeigen Strommesser, wenn fließende Ladung in kleine Portionen zerhackt wird?

Versuch 1: **a)** Der Stromkreis nach *Bild 9.2a* enthält einen Drehspulstrommesser (I) und eine Knallgaszelle. Zeigt der Strommesser den konstanten Gleichstrom $I = 1\ \mathrm{A} = 1\ \mathrm{C\,s^{-1}}$ an, so fließt in 1 min die Ladung $Q = 60\ \mathrm{C}$ und scheidet $60 \cdot 0{,}19\ \mathrm{cm^3} = 11{,}4\ \mathrm{cm^3}$ Knallgas ab.

b) Um die Wirkung kleiner Ladungen zu untersuchen, zerhacken wir diesen Strom mit dem Schalter S. In ihm rotiert ein Metallstab, der zu $\frac{2}{3}$ des Umfangs mit Isolierband beklebt ist. Der darüber schleifende Metallstreifen hat also nur in $\frac{1}{3}$ einer Umdrehung Kontakt. Wir erhalten kurze periodische Ladungsstöße nach *Bild 9.2b*. Der träge Zeiger des Strommessers zittert um so weniger um den Mittelwert $\bar{I}$, je schneller der Stab rotiert. Mit dem Widerstand R stellen wir den Zeiger auf $\bar{I} = 1\ \mathrm{A}$ ein. Dann bekommen wir in $\Delta t = 1\ \mathrm{min}$ wieder $11{,}4\ \mathrm{cm^3}$ Gas. Bei diesen Ladungsstößen fließt also in 1 min die gleiche Ladung $\Delta Q = 60\,\mathrm{C}$ wie bei konstantem Strom, in 1 s also 1 C. Es gilt $\Delta Q = \bar{I}\,\Delta t$.

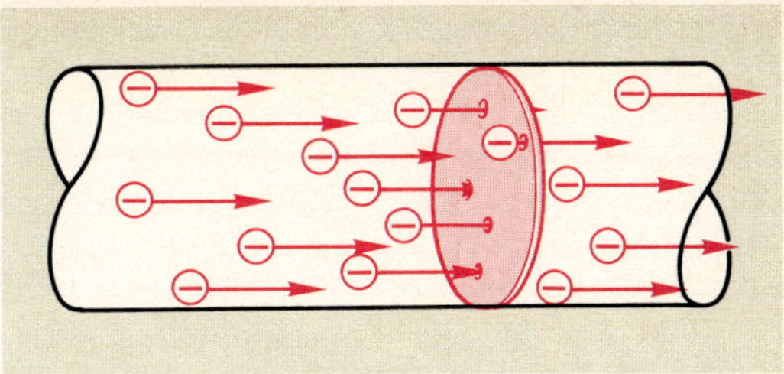

9.1 Ladungsfluß durch den roten Leiterquerschnitt

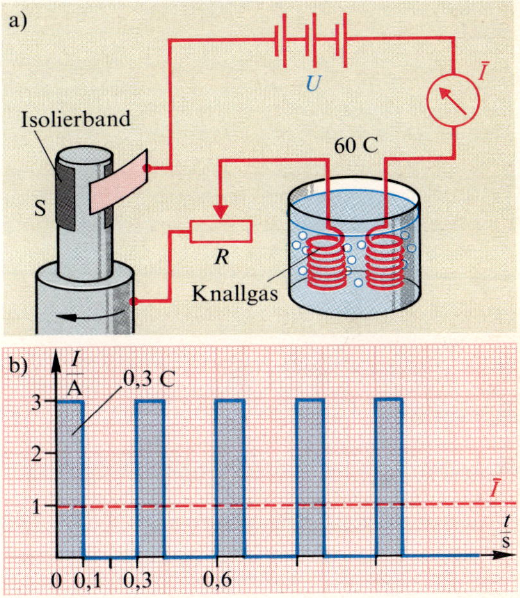

9.2 Bestimmung von Ladung und mittlerer Stromstärke $\bar{I}$ aus der Fläche unter der $I(t)$-Kurve

Wir sehen: Das Drehspulinstrument gibt bei der Anzeige 1 A die in $\Delta t = 1\ \mathrm{s}$ fließende Ladung an (1 C je Sekunde), gleichgültig, ob sie gleichmäßig oder in schneller Folge zerhackt strömt. Für die *mittlere Stromstärke* gilt $\bar{I} = \Delta Q/\Delta t = 60\ \mathrm{C}/60\ \mathrm{s} = 1\ \mathrm{C\,s^{-1}} = 1\ \mathrm{A}$.

Der Schalter S war zu $\frac{1}{3}$ der Zeit geschlossen und zu $\frac{2}{3}$ geöffnet. Die *momentane Stromstärke* $I(t)$ schwankte zwischen 0 und 3 A; die mittlere Stromstärke war $\bar{I} = 1\ \mathrm{A}$ *(Bild 9.2)*. Im $I(t)$-Diagramm kann man die geflossene Ladung ΔQ als Fläche ablesen: Ist die Grundseite eines einzelnen Rechtecks $\Delta t = 0{,}1\ \mathrm{s}$ und die Höhe $I = 3\ \mathrm{A}$, so beträgt die zugehörige Ladung $\Delta Q = I\,\Delta t = 3\ \mathrm{C\,s^{-1}} \cdot 0{,}1\ \mathrm{s} = 0{,}3\ \mathrm{C}$. Ähnlich berechneten wir am $v(t)$-Diagramm Wegstrecken. Analog zu dort definiert man als Grenzwert:

$$\textbf{Momentanstromstärke}\ I = \lim_{\Delta t \to 0} \Delta Q/\Delta t \qquad \mathbf{(9.1)}$$

4. Meßverstärker messen sehr kleine Ladungen

Die Ladung geriebener Hartgummistäbe kann man mit Knallgaszellen nicht messen; sie ist zu klein. Wir benutzen hierzu elektronische **Meßverstärker**. Der Ausschlag ihres Meßinstruments ist der zu messenden Größe (je nach Einstellung Stromstärke I, Ladung Q oder Spannung U) proportional. So können wir Ströme bis zu $1\ \text{pA} = 10^{-12}$ A (1 Millionstel eines Millionstel Ampere) und Ladungen bis zu $10^{-9}\ \text{C} = 1$ nC messen (siehe *Tabelle 10.1*):

Versuch 2: Wir legen nach *Bild 10.1* die Platten eines Kondensators an ein Netzgerät (6 kV). Zwischen ihnen hängt an einem isolierenden Faden ein Kügelchen mit 2 cm Durchmesser und leitender Oberfläche. Wenn wir es an einer Platte aufgeladen haben, pendelt es in 1 s dreimal hin und dreimal her. Der in der Zuleitung liegende Meßverstärker zeigt die mittlere Stromstärke $\bar{I} = 12\ \text{nA} = 12\ \text{nC s}^{-1}$ an. Nach Versuch 1b fließt also durch ihn in $\Delta t = 1$ s die winzige Ladung $\Delta Q = \bar{I}\Delta t = 12$ nC.

Was geht dabei vor? Dreimal in 1 s trägt das Kügelchen Elektronen mit der Ladung $-q$ von der linken Platte ($-$) zur rechten ($+$). Wir hören, daß es gleich schnell nach links zurückgezogen wird. Also trägt es dabei die gleich große positive Ladung $+q$ als Elektronenmangel. Die rechte Platte entzieht ihm somit Elektronen der Ladung $-2q$; die linke gibt ihm gleich viele wieder zurück und ändert so seine Ladung von $+q$ in $-q$.

Damit können wir die Ladung q des Kügelchens berechnen: Da es in 1 s dreimal links anschlägt, nimmt es dort in 1 s Ladung vom Betrag $3 \cdot 2q = 6q$ auf; rechts gibt es $6q$ ab.

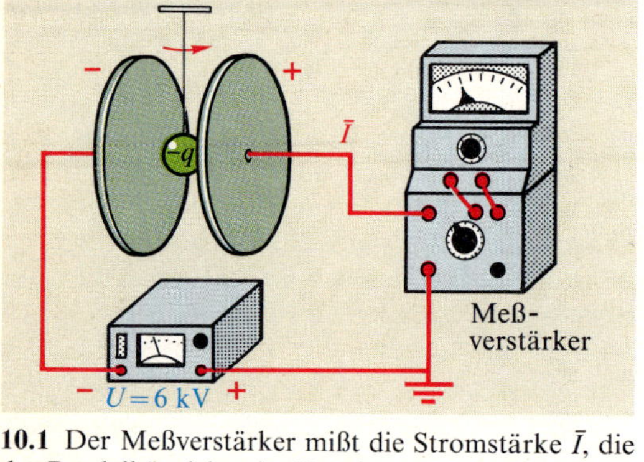

10.1 Der Meßverstärker mißt die Stromstärke $\bar{I}$, die das Pendelkügelchen im Kondensator „fließen" läßt. Dieser besteht aus zwei entgegengesetzt geladenen Platten.

d	(Dezi)	1/10	(1 dm $= 10^{-1}$ m)
c	(Zenti)	1/100	(1 cN $= 10^{-2}$ N)
m	(Milli)	1/1000	(1 mA $= 10^{-3}$ A)
µ	(Mikro)	10^{-6}	(1 µA $= 10^{-6}$ A)
n	(Nano)	10^{-9}	(1 nC $= 10^{-9}$ C)
p	(Piko)	10^{-12}	(1 pA $= 10^{-12}$ A)

Tabelle 10.1: Faktoren für dezimale Unterteilung

Der Meßverstärker zeigt 12 nA an, d.h. 12 nC je Sekunde. Aus $6q = 12$ nC folgt die Einzelladung zu $q = 2\ \text{nC} = 2 \cdot 10^{-9}$ C. Dies prüfen wir in Versuch 3 nach.

Versuch 3: **a)** Wir legen den Kondensator aus Versuch 2 unmittelbar an die Quelle und laden das Kügelchen an der Innenseite seiner linken Platte ($-$) negativ auf. Dann entladen wir es am Meßverstärker, den wir aus dem Kreis genommen und auf Ladungsmessung umgeschaltet haben. Er zeigt $q = -2 \cdot 10^{-9}\ \text{C} = -2$ nC an. Haben wir es dagegen an der rechten Platte ($+$) geladen, so zeigt er $q = +2$ nC.

b) Nun führen wir dem Meßverstärker zunächst die Ladung $-q$ und anschließend $+q$ zu. Sein Ausschlag geht wieder auf Null zurück: $+q$ und $-q$ neutralisieren sich. Wir können auch mehrere Ladungen vom gleichen Vorzeichen nacheinander aufbringen. Sie addieren sich. Dies bestätigt in eindrucksvoller Weise den Mengencharakter der elektrischen Ladung.

Aufgaben

1. a) *Welches Volumen an Knallgas wird bei der Stromstärke* 0,6 A *in* 4 min *abgeschieden?* **b)** *Nun fließe periodisch* 0,2 s *lang der Strom* 0,6 A, *jeweils gefolgt von* 0,6 s *Pause. Wieviel Ladung fließt in diesen* 0,2 s, *wieviel in* 4 min*? Wie groß ist die mittlere Stromstärke* $\bar{I}$*? Wie lange muß man warten, bis* 1 cm³ *Knallgas gebildet ist? Fertigen Sie ein* $I(t)$*-Diagramm nach Bild 9.2!*

2. *Ein Elektron hat die Ladung* $1{,}6 \cdot 10^{-19}$ C. **a)** *Wie viele Elektronen fließen bei* 1 pA *in* 1 s *durch den Meßverstärker?* **b)** *Wie viele Elektronen trägt das Kügelchen in Versuch 2 jeweils von der negativ geladenen Platte zur positiven? Wie viele nimmt es dabei an der negativen auf, wie viele gibt es an der positiven ab? Was geschieht mit ihnen dann?*

3. *Was geschieht, wenn man in Bild 8.2 dem Elektroskop eine negative Ladung nähert? Welche Elektrode blitzt auf, wenn man es dann oben bzw. unten mit einer Glimmlampe berührt?*

§ 3 Elektrische Felder

1. Faradays Feldidee

Einen geangelten Hecht zieht man mit Haken und Schnur an Land. Wie aber zieht eine Ladung eine andere zu sich her oder stößt sie ab? Früher glaubte man, die Kraft wirke als *Fernkraft*, also ohne Mitwirkung des Raums zwischen den Ladungen (Seite 6). *M. Faraday* dagegen sah ab 1835 das Umfeld um Ladungen als Mittler für elektrische Kräfte an und nannte es **elektrisches Feld**. Dies war ein Wagnis; denn er konnte noch keine zwingenden Beweise vorbringen, bestenfalls Indizien. Auch wir suchen nach solchen, zumal sich im Umfeld von Ladungen einiges tut:

Versuch 4: Ein Bandgenerator lädt zwei Kugeln entgegengesetzt auf. Im Umfeld ihrer Ladungen $\pm Q$ fliegen Watteflocken wie von unsichtbarer Hand gezogen auf gekrümmten Bahnen hin und her *(Bild 7.1)*. Bei $+Q$ erhalten die Flocken kleine positive, bei $-Q$ negative Ladungen q. Diese erfahren *Feldkräfte*.

Zur Untersuchung bringen wir also *Probeladungen* q in ein Feld. Sie erfahren **Feldkräfte** tangential zu gekrümmten Linien, **elektrische Feldlinien** genannt *(Bild 11.1b)*. Mit ihnen beschreibt man die Struktur des Feldes. Liegen die Startpunkte der Watteflocken auf einer Kugel genügend nahe beisammen, so laufen die Flocken entlang benachbarter Feldlinien; man könnte diese beliebig dicht zeichnen. Wenn wir uns aber auf wenige Linien beschränken, erfassen wir das Feld besser: So liegen die Feldlinien an den geladenen Kugeln näher beisammen als weitab von ihnen. Da in Kugelnähe die Watteflocken schneller fliegen, können wir sagen: *Das Feld ist an Stellen größerer Feldliniendichte stärker.*

Versuch 5: Wir gießen auf den ebenen Boden einer Glasschale eine dünne Schicht Rizinusöl, mit Grieß vermischt. Darauf setzen wir zwei Metallscheiben und laden sie mit einem Bandgenerator entgegengesetzt auf. Die Grießkörner reihen sich kettenförmig aneinander *(Bild 11.1a und 11.2a)*. In ihnen werden Influenzladungen durch Feldkräfte verschoben. Die entgegengesetzten Ladungen benachbarter Körner ziehen diese zu Ketten längs Feldlinien zusammen und zeigen die Struktur des Feldes.

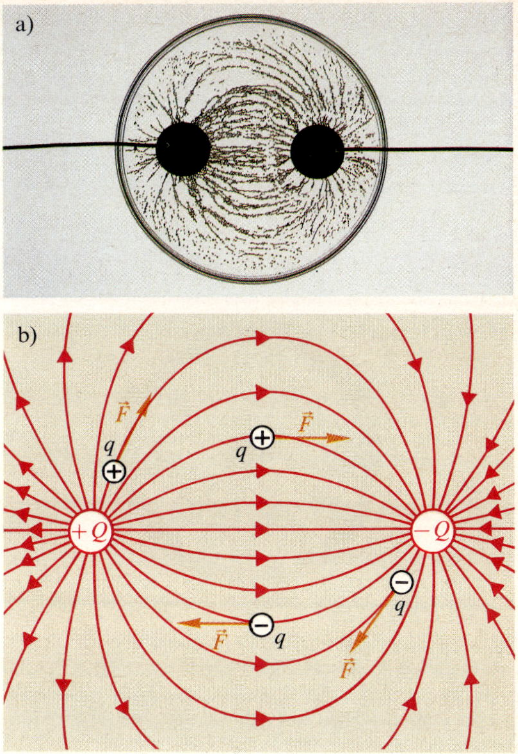

11.1 Zwischen entgegengesetzt geladenen Kugeln ordnen sich Grießkörner längs Feldlinien.

Die Pfeile an den Feldlinien in *Bild 11.1b* geben die Richtung der *Feldkraft* $\vec{F}$ auf eine *positive Probeladung* $+q$, die man in ein schon bestehendes Feld bringt. Die Feldkraft an negativen Ladungen zeigt gegen die so festgelegte Feldlinienrichtung *(Bild 11.2b)*. Die Feldlinien beginnen an den positiven Ladungen $+Q$ und enden an den negativen $-Q$.

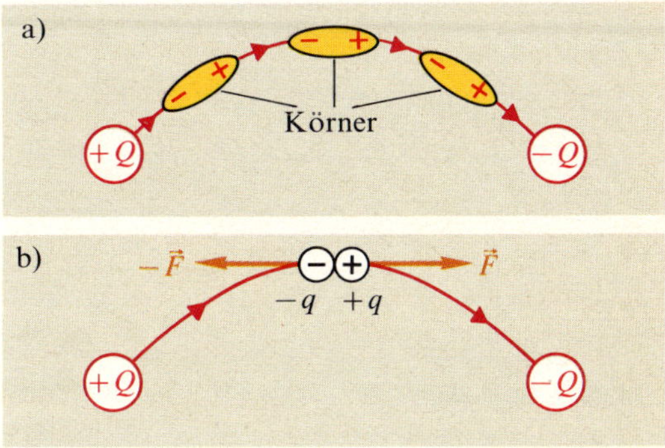

11.2 a) In den Grießkörnern werden Ladungen durch Influenz getrennt; sie ziehen die Körner zu Ketten zusammen. b) Feldkräfte an Probeladungen $\pm q$ im Feld von $+Q$ nach $-Q$.

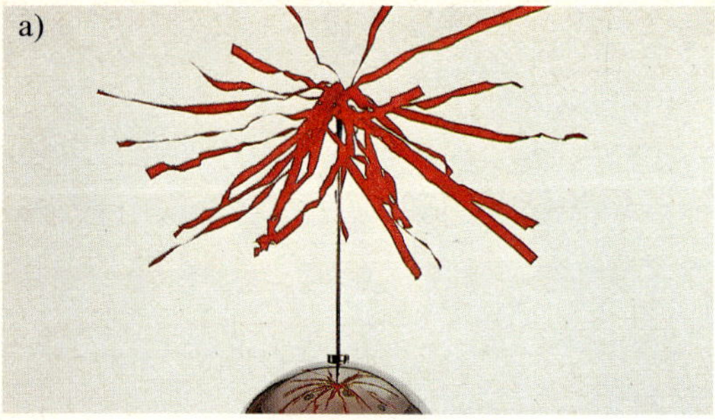

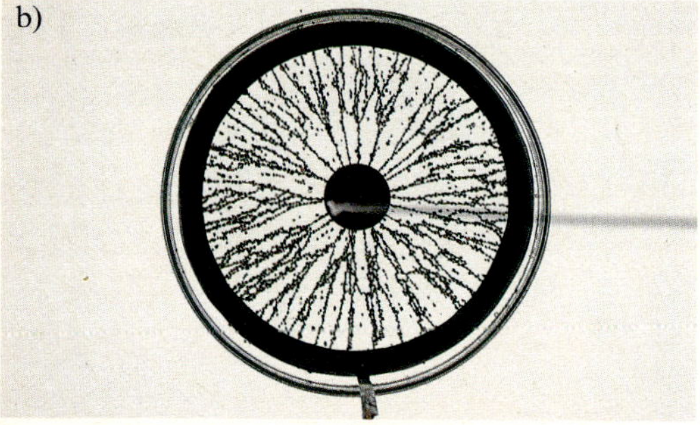

12.1 a) Die Papierstreifen sträuben sich im Raum um eine kleine Kugel. Da Papier etwas leitet, laden sich die Streifen auf und stoßen sich dann gegenseitig ab. b) Radiales Feld um geladene Kugel, von Grieß-körner-Ketten angezeigt.

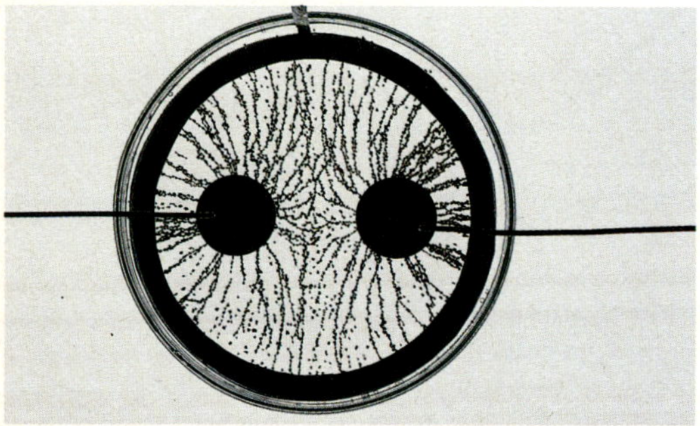

12.2 Feld um zwei gleichnamig geladene Kugeln

2. Eine Vielfalt von Feldformen

Versuch 6: In die Mitte der Schale aus Versuch 5 bringen wir nur *eine* positiv geladene Scheibe. Von ihr gehen Feldlinien radial weg *(Bild 12.1b)*. Sie enden bei diesem **radialen Feld** an negativen Ladungen auf einem Ring am Schalenrand. Längs dieser Linien sträuben sich geladene Papierstreifen *(Bild 12.1a)*.

b) Wir laden zwei Scheiben *(Bild 12.2 und 12.3)* positiv auf. Ihre gleichnamigen Ladungen stoßen sich ab. Zwischen ihnen verläuft keine Feldlinie – im Gegensatz zu sich anziehenden Ladungen von entgegengesetztem Vorzeichen. In der Mitte bleiben die Grießkörner ungeordnet; dort ist das Feld schwach. Die Feldlinien laufen etwa parallel nach außen zum negativ geladenen Ring am Rand der Schale.

c) Wir wenden uns dem Feld zwischen zwei parallelen *Kondensatorplatten* zu. Die Feldlinien beginnen senkrecht auf der positiv geladenen Platte ($+Q$) und laufen parallel zueinander zur negativ geladenen ($-Q$). Probeladungen erfahren in diesem wichtigen **homogenen Feld** Kräfte gleicher Richtung *(Bild 12.4 und 13.2)*.

Am Rand biegen sich die Feldlinien nach außen. Dieses **Randfeld** ist nicht mehr homogen; die Feldkräfte sind nicht mehr parallel.

Ladungen sind von elektrischen Feldern umgeben. In ihnen erfahren ruhende wie bewegte Probeladungen Feldkräfte tangential zu den elektrischen Feldlinien. Positive Probeladungen erfahren Kräfte in Richtung der Feldlinien.

Feldlinien beginnen an positiver Ladung $+Q$ und enden an negativer $-Q$; sie beginnen oder enden nie frei im Raum.

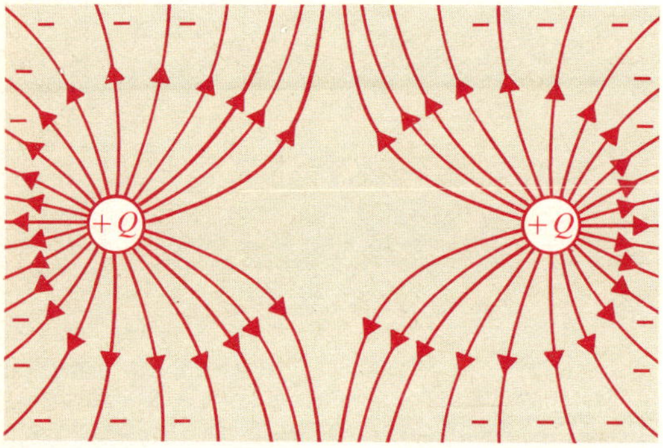

12.3 Feldlinien zweier positiver Ladungen

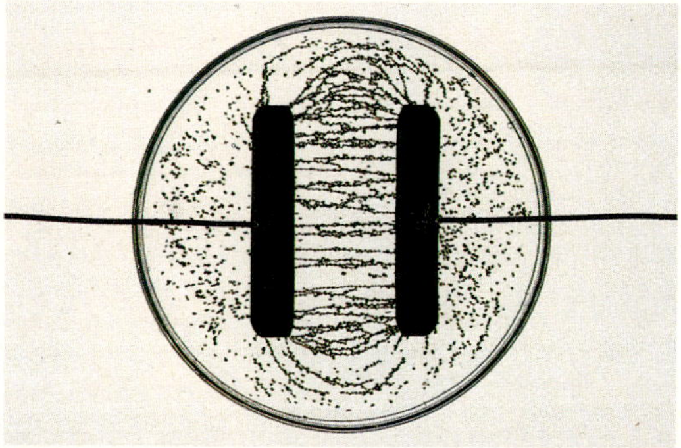

12.4 Grießkörner zeigen ein homogenes Feld.

3. Wie enden Feldlinien an Ladungen?

In all unseren Bildern enden Feldlinien auf Metalloberflächen *senkrecht*. Muß das immer so sein? Nach *Bild 13.1* stehe die Feldlinie (1) schräg zur Leiteroberfläche. Die dort sitzende bewegliche Ladung $-Q_1$ erfährt die schräg liegende Kraft $\vec{F}_1$. Ihre Komponente $\vec{F}_p$ parallel zur Oberfläche verschiebt die Ladung näher zur Mitte M hin. Die Feldlinie folgt der verschobenen Ladung und endet immer steiler. Die Ladungsverschiebung hört erst dann auf, wenn $\vec{F}_p = 0$ ist, d.h. wenn alle Feldlinien senkrecht an Leitern enden. Dann herrscht das die *Elektrostatik* kennzeichnende Gleichgewicht.

Wir dürfen nun aber nicht etwa sagen, $-Q_1$ werde zusätzlich von $-Q_2$ abgestoßen. Diese Abstoßung ist im Feldlinienbild bereits berücksichtigt; es gibt die *gesamte Kraft* an, die eine Ladung von allen andern Ladungen erfährt.

An Feldlinienenden sitzen Ladungen. In der Elektrostatik ruhen sie. Dort enden Feldlinien auf allen Leiteroberflächen senkrecht. Andernfalls fließt Strom.

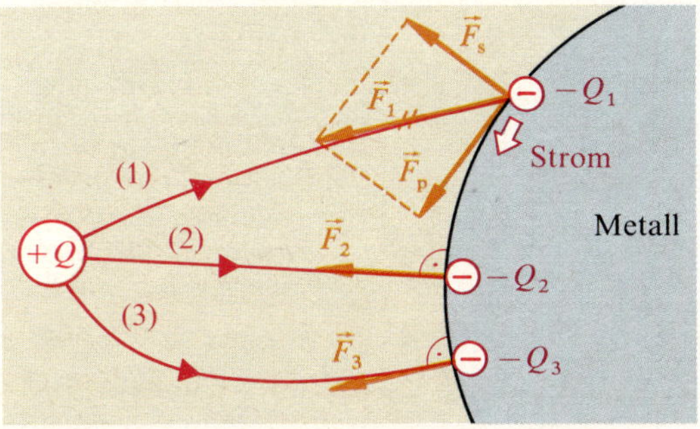

13.1 Wenn Feldlinien senkrecht auf Leiteroberflächen enden, besteht elektrostatisches Gleichgewicht.

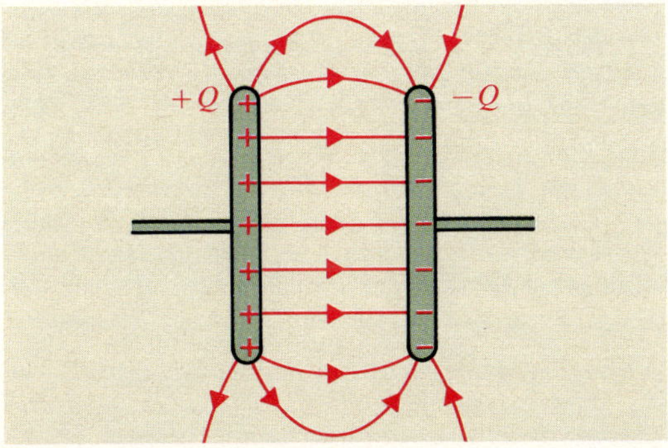

13.2 Homogenes Feld zwischen Kondensatorplatten

4. Blitz- und Feldschutz im Faraday-Käfig

Bisweilen sehen wir in der Grießkörnerschale Blitze entlang der Feldlinien. Wie können Auto- und Flugzeughüllen aus Metall (als *Faraday-Käfige*) vor solchen Blitzen schützen?

Versuch 7: Wir bringen nach *Bild 13.3* einen Metallring in das homogene Kondensatorfeld. Blitze schlagen von den Platten nur zur Oberfläche des Rings, nicht in sein Inneres. Im Innern des Rings liegen die Grießkörner ohne Struktur. Feldkräfte haben nämlich negative Influenzladungen $-Q_i$ auf die linke Ringseite gezogen. An ihnen enden die von links kommenden Feldlinien senkrecht. Rechts auf dem Ring sitzen die zugehörigen positiven Influenzladungen $+Q_i$. Von ihnen starten neue Feldlinien nach rechts.

In Leitern können Feldkräfte Ladungen trennen und so auf den Oberflächen Influenzladungen bilden. In der Elektrostatik schützen diese das Leiterinnere vor Feldern, Ladungen und Strömen.

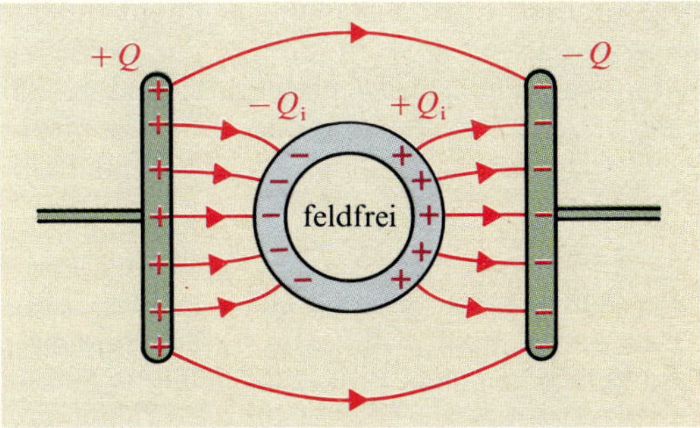

13.3 Das Innere des Metallrings ist in der Elektrostatik feldfrei.

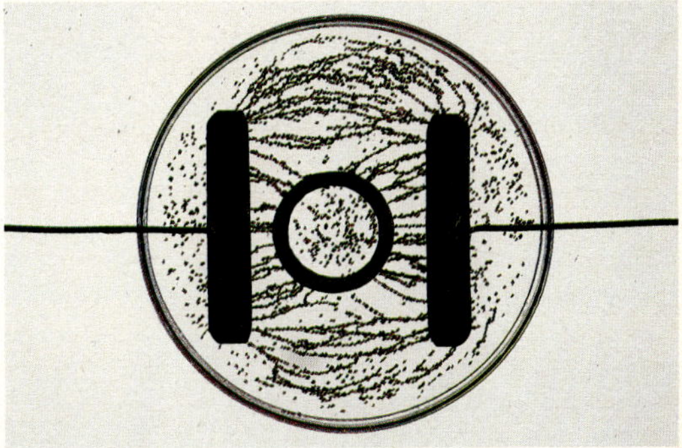

13.4 Die Influenzladungen unterbrechen das Feld.

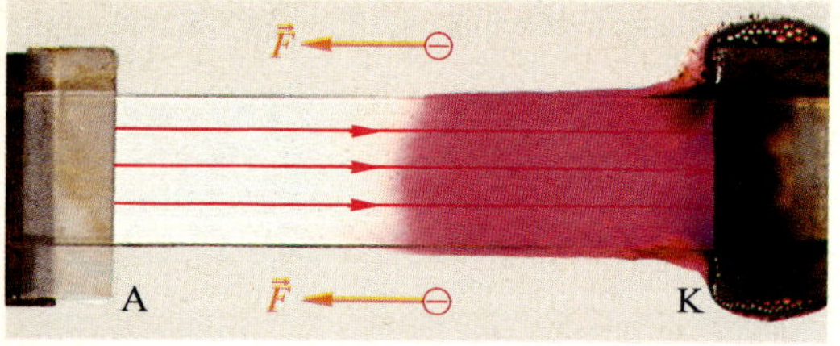

14.1 Feldkräfte treiben die Ionen auf Wanderschaft.

Von der Mittelstufe her wissen wir: Wenn man mit einer Kugel Ladung in einen isoliert stehenden *Faradaybecher* bringt, bleibt die in der Stromquelle von ihr abgetrennte entgegengesetzte Ladung außen. Sie zieht mit ihren Feldkräften die Kugelladung vollständig auf die Außenseite des Bechers. Die Kugel im Innern wird entladen.

5. Ist das Leiterinnere immer feldfrei?

Versuch 8: In *Bild 14.1* erzeugt die Quelle zwischen A und K ein elektrisches Feld. In die Rinne dazwischen bringen wir Wasser und etwas Kaliumpermanganat. Es enthält negative, lila färbende Permanganat-Ionen. Trotz des Widerstands, den sie im Wasser erfahren, wandern sie nach links. Sie zeigen uns als Probeladungen, daß sie auch im Innern der leitenden Flüssigkeit Feldkräfte erfahren, daß dort ein Feld besteht. Feldkräfte halten also den Strom aufrecht. *OhneFeld gibt es in Leitern keine Feldkraft und damit keinen Strom!*

In stromdurchflossenen Leitern besteht ein elektrisches Feld. Feldkräfte treiben dort die Ladungen an; ohne Feld kein Strom.

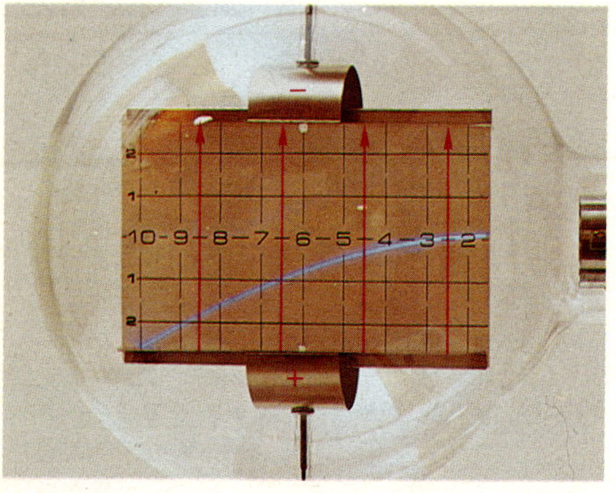

14.2 Feld zwischen geladenen Ablenkplatten

6. Elektrische Felder auch im Vakuum?

Auch im materiefreien Raum kann ein Feld existieren. Wir finden es zwischen den geladenen Ablenkplatten von *Braunschen Röhren.* *(Bild 14.2)*. In ihm erfahren Elektronen sozusagen als Probeladungen Kräfte und werden abgelenkt. Dieses Feld ist homogen.

7. Kräfte zwischen felderzeugenden Ladungen

Feldlinienbilder geben nicht nur Auskunft über die Kräfte auf Probeladungen, die man in ein bereits bestehendes Feld bringt. Sie deuten auch die Kräfte an, die zwischen den felderzeugenden Ladungen wirken. Von benachbarten gleichnamigen Ladungen gehen Feldlinien etwa parallel weg; dies weist auf die dort bestehenden Abstoßungskräfte hin. Andererseits verbinden die Feldlinien entgegengesetzte Ladungen und deuten so auf die Anziehung zwischen felderzeugenden Ladungen. Dies sehen Sie an den *Feldlinienbildern 11.1* und *12.3*. In *Bild 13.1* kann man die Abstoßungskräfte zwischen $-Q_2$ und $-Q_3$ deutlich am Parallellauf der Feldlinien (2) und (3) ablesen.

Aufgaben

1. a) *Unterscheidet sich das Feldlinienbild einer positiven von dem einer negativen Kugelladung?* **b)** *Wo gibt es homogene, wo radiale Gravitationsfelder? Wie würden Sie die Richtung einer Gravitationsfeldlinie festlegen? Welche Richtungen können die Feldkräfte bei elektrischen bzw. Gravitationsfeldern haben?*

2. *Im Feld zwischen den Polen eines Bandgenerators fliegt eine Watteflocke. Zeichnen Sie alle auf die Flocke wirkenden Kräfte! Fliegt sie stets gleichförmig und exakt auf einer Feldlinie? (Beachten Sie Gewichtskraft, Trägheit und Luftwiderstand!)*

3. *Zeichnen Sie einen Stromkreis mit Glühlampe und Schalter! Skizzieren Sie das Feldlinienbild, ausgehend von den Polen der Quelle,* **a)** *bei geschlossenem* **b)** *bei offenem Schalter!* **c)** *Wann ist das Leiterinnere feldfrei?*

4. a) *Eine positiv geladene Kugel wird vor eine Metallwand gehalten. Zeichnen Sie die entstandenen Influenzladungen und das Feld! Treten Kräfte zwischen Kugel und Wand auf?* **b)** *Man hält die Hand in die Nähe der Papierstreifen nach Bild 12.1. Warum werden sie angezogen? Zeichnen Sie das Feldlinienbild!*

5. *Wo fliegen in Braunschen Röhren Elektronen, ohne daß auf sie eine Feldkraft wirkt? Warum sind aber Feldkräfte nötig, wenn Elektronen in Leitern „Widerstand" erfahren?*

§4 Die elektrische Feldstärke E

1. Ortsfaktoren – auch im elektrischen Feld?

Sie kennen die Gravitationsfelder von Erde und Mond. Mit dem **Ortsfaktor** $\vec{g}$ beschreiben wir ihre Stärke und berechnen die Gewichtskräfte $\vec{G}=m\vec{g}$, die dort Körper der Masse m erfahren. Nun versuchen wir, die Feldkraft $\vec{F}$, die eine Probeladung q in Punkten eines elektrischen Felds erfährt, mit Hilfe elektrischer Ortsfaktoren zu berechnen. Finden sich dabei Parallelen zum Gravitationsfeld?

Versuch 9: **a)** Wir hängen ein Metallplättchen bifilar, also an zwei nach oben stark auseinanderlaufenden isolierenden Perlonfäden auf. Wenn wir es laden, erfährt es in seinem eigenen Feld keine Kraft, sondern erst im Feld einer fremden Ladung. Auch die Erde als Ganzes erfährt im eigenen Gravitationsfeld keine Kraft, wohl aber in dem der Sonne.

b) Nun entladen wir das Plättchen und bringen es in das homogene Feld des Plattenkondensators nach *Bild 15.1*, also in ein fremdes Feld. Ungeladen erfährt es dort keine Kraft.

c) Wir geben dem Plättchen durch Berühren an der linken Kondensatorplatte eine positive Probeladung q (mit Q bezeichnen wir die großen felderzeugenden Ladungen auf den Platten). Die Auslenkung s des Plättchens wird durch Projektion mit einer Punktlichtlampe auf einem entfernten Maßstab vergrößert sichtbar.

d) Wir verschieben den Kondensator quer und auch parallel zur Richtung seiner Feldlinien. Solange die Probeladung im homogenen Feldbereich bleibt, ändert sich die Auslenkung s nicht. Dies gilt selbst dann, wenn q näher an die Plattenladungen rückt, die das homogene Feld erzeugen. Seine Feldkräfte sind also nicht nur überall *gleich gerichtet*, sondern auch *gleich groß*; die Feldlinien laufen weder auseinander noch zusammen. Im Bereich eines Hauses ist das Gravitationsfeld ebenfalls homogen, der Ortsfaktor $\vec{g}$ ein konstanter Vektor, selbst unmittelbar am Erdboden. Er nimmt erst in großer Höhe ab, wenn die Feldlinien merklich auseinandergelaufen sind.

e) Wenn wir die Probeladung q in das inhomogene Randfeld des Kondensators bringen, wird die Feldkraft $\vec{F}$ kleiner, das Feld schwächer. Hier laufen die Feldlinien auseinander.

Bevor wir mit der Feldkraft $\vec{F}$ die Stärke des Feldes ermitteln, müssen wir den Betrag von $\vec{F}$ aus dem Ausschlag s berechnen. Nach *Bild 15.2a* erfährt die Probeladung q die horizontale Feldkraft $\vec{F}$ und die vertikale Gewichtskraft $\vec{G}$. Beide setzen sich zur resultierenden Zugkraft $\vec{R}$ am Aufhängefaden zusammen. Dieser stellt sich in Richtung der Resultierenden $\vec{R}$ ein. Der Ausschlag s ist klein gegenüber der Fadenlänge l, der Pendelkörper wird kaum gehoben. Die Höhe h ist fast gleich der Pendellänge l ($h \approx l$). Also gilt

$$\frac{F}{G} = \frac{s}{h} \approx \frac{s}{l} \quad \text{oder} \quad F \approx G\,\frac{s}{l}. \tag{15.1}$$

Die Feldkraft $\vec{F}$ ist bei kleinen Ausschlägen ($s \ll l$) der Auslenkung proportional.

Versuch 10: Wir laden das Plättchen aus Versuch 9 an der einen Kondensatorplatte auf und

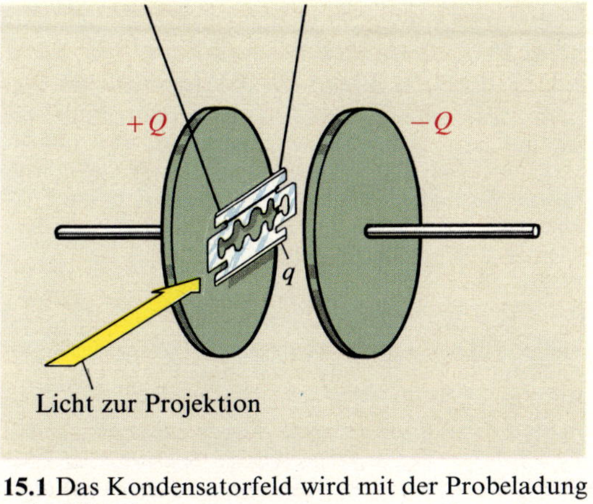

15.1 Das Kondensatorfeld wird mit der Probeladung q des Plättchens ausgemessen.

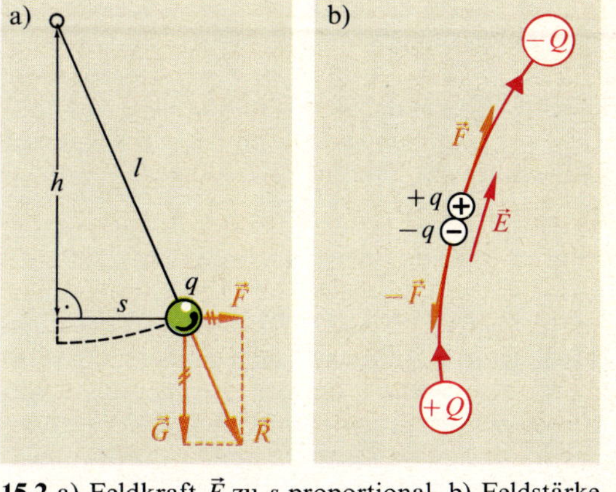

15.2 a) Feldkraft $\vec{F}$ zu s proportional. b) Feldstärke $\vec{E}$ zeigt in Feldlinienrichtung, auch bei $q<0$.

Kurz vor Durchschlag in Glimmer	$70 \cdot 10^6$
Kurz vor Blitzschlag in Luft	$3{,}2 \cdot 10^6$
Zwischen Hochspannungsleitungen	$1 \cdot 10^5$
Elektrisches Erdfeld bei schönem Wetter	$1{,}3 \cdot 10^2$
Für Radioempfang: Stereo Mono	$50 \cdot 10^{-6}$ $1 \cdot 10^{-6}$

Tabelle 16.1 Werte einiger Feldstärken in $\mathrm{N\,C^{-1}}$

messen seinen Ausschlag s. Dann nehmen wir das Feld weg und bringen das Plättchen in die Mitte zwischen beide Platten. Dort berühren wir es mit einem zweiten, genau gleichen, das vorher ungeladen war. Dabei verteilt sich die Probeladung q gleichmäßig auf beide. Erzeugen wir das Feld wieder, so erfährt die halbe Plättchenladung $(q/2)$ nur die halbe Kraft $(F/2)$, nach nochmaligem Halbieren nur noch $F/4$. Also ist die Kraft F zur Probeladung q proportional. Dies leuchtet ein: Die Hälfte einer negativen Probeladung besteht nur aus der Hälfte an Elektronen. Jedes Elektron erfährt die gleiche Kraft. Die Gesamtkraft auf alle Elektronen, also auf das ganze Plättchen, ist auch halbiert. Folglich bleibt der Quotient

$$E = \frac{F}{q} = \frac{F/2}{q/2} = \frac{F/4}{q/4}$$

konstant. Er ist von der Größe der benutzten Probeladung q unabhängig. Wenn mehrere Experimentatoren den gleichen Feldpunkt mit verschiedenen Probeladungen ausmessen, erhalten sie verschiedene Kräfte und sind sich vielleicht über die Stärke des Feldes uneins. Der Vektor $\vec{E} = \frac{1}{q}\vec{F}$ ist aber bei allen gleich.

Im schwächeren Randfeld nimmt F ab, wenn q unverändert bleibt. $E = F/q$ wird kleiner und eignet sich daher als Maß für die Stärke elektrischer Felder. Der Vektor $\vec{E} = \frac{1}{q}\vec{F}$ heißt **elektrische Feldstärke.** Sie ist analog zum Ortsfaktor $\vec{g} = \frac{1}{m}\vec{G}$ im Schwerefeld und kann wie dieser sehr wohl vom Feldpunkt abhängen.

Die Kraft $\vec{F}$ auf positive Probeladungen $(q > 0)$ zeigt in Richtung der Feldlinien, die Kraft $-\vec{F}$ auf negative Ladungen $-q$ der Feldlinienrichtung entgegen *(Bild 15.2b)*. Der als Vektor geschriebene Quotient $\vec{E} = \vec{F}/q = (-\vec{F})/(-q)$ hängt also weder vom Vorzeichen noch von der Größe der Probeladung q ab. Die Vektoren $\vec{E} = \frac{1}{q}\vec{F}$ zeigen in Richtung der Feldlinienpfeile. Im homogenen Feld haben diese $\vec{E}$-Vektoren gleiche Richtung und gleichen Betrag.

***Erfahrung:* Die Kraft $\vec{F}$, die eine Ladung q in einem Punkt eines elektrischen Feldes erfährt, ist q proportional.**

***Definition:* Die Feldstärke $\vec{E}$ in einem Feldpunkt ist der von der Ladung q unabhängige Vektor**

$$\vec{E} = \frac{1}{q}\vec{F}; \; [E] = \frac{\text{Newton}}{\text{Coulomb}} = \frac{\text{N}}{\text{C}} = \text{N C}^{-1} \qquad (16.1)$$

$\vec{E}$ zeigt in Richtung der Feldlinien.

Die Feldkraft $\vec{F}$ auf eine Ladung q beträgt

$$\vec{F} = q\,\vec{E}. \qquad (16.2)$$

In einem homogenen Feld ist die Feldstärke $\vec{E}$ nach Betrag und Richtung überall gleich.

2. Feldstärke E – zunächst mühsam gemessen

Versuch 11: Wir messen nach Versuch 10 die Feldstärke E zwischen zwei Kondensatorplatten, die den Abstand $d = 6{,}0$ cm voneinander haben und durch die Spannung $U = 6{,}0$ kV aufgeladen sind. Das Plättchen mit der Gewichtskraft $G = 0{,}22$ cN hängt an Fäden der Länge $l = 150$ cm und wird um die Strecke $s = 3{,}3$ cm ausgelenkt. Nach *Gl. 15.1* erfährt es die Feldkraft $F = G\,s/l = 4{,}8 \cdot 10^{-5}$ N. Mit dem Meßverstärker ermitteln wir im feldfreien Raum die Plättchenladung zu $q = 5{,}2 \cdot 10^{-10}$ C. Die Feldstärke ist also

$$E = \frac{F}{q} = \frac{4{,}8 \cdot 10^{-5}\,\text{N}}{5{,}2 \cdot 10^{-10}\,\text{C}} = 94 \cdot 10^3\,\text{N C}^{-1}.$$

Die (nicht realisierbare) Probeladung 1 C würde hier die große Kraft 94 kN erfahren. Den Punkten eines Feldes schreiben wir eine Feldstärke auch dann zu, wenn sich in ihnen keine Probeladung befindet. Dies liegt im Sinne der Feldtheorie *Faradays*. Wir werden bald sehen, daß sich diese kühne Erweiterung bewährt.

Stören wir nicht das Feld, ändern wir nicht die Feldstärke E, wenn wir eine größere Probeladung q zum Messen von E einbringen? Sicherlich; eine weitere Probeladung würde dies sofort bestätigen. Doch übt q auf sich selbst keine Kraft aus (Versuch 9a). Wer hier Bedenken hat, kann die Probeladung q so klein machen, daß sie das auszumessende Feld nicht merklich ändert. Wegen $F \sim q$ erhält er den gleichen Quotienten $E = F/q$ wie bei großen Probeladungen. – Die Leitfähigkeit der Kondensatorplatten kompliziert allerdings den Versuch: Wenn wir die Probeladung q einer Kondensatorplatte nähern, influenziert q auf der Platte um so mehr an entgegengesetzter Ladung, je größer q ist (Aufgabe 4, Seite 14). Diese zusätzliche Influenzladung zieht das Plättchen um so stärker zur Kondensatorplatte hin, je größer q ist. Deshalb benutzt man kleine Probeladungen. Man hängt sie zudem in die Mitte zwischen die Platten. Dann ziehen die störenden Influenzladungen beider Platten an ihnen nach entgegengesetzten Richtungen und heben sich auf.

Aufgaben

1. a) *Welche Kraft erfährt die Ladung* 10 nC *bzw.* -10 nC *in einem Feld der Stärke* 10 kN C^{-1}? **b)** *Welche Ladung erfährt dort die Kraft* 10 μN?

2. *Die Ladung* $q_1 = 1{,}0$ nC *erfährt im Feld (1) die Kraft* $F_1 = 0{,}10$ mN, *die Ladung* $q_2 = 3{,}0$ nC *im Feld (2) die Kraft* $F_2 = 0{,}20$ mN. **a)** *Welches Feld ist stärker?* **b)** *Wie groß sind die Kräfte, wenn man die Ladungen vertauscht?* **c)** *In welchem Verhältnis müßten zwei Ladungen stehen, damit sie in Feld (1) und (2) gleich große Kräfte erfahren?*

3. a) *Welchen Ausschlag s erfährt ein Pendelchen der Masse* 0,40 g, *das am Faden der Länge* $l = 1{,}0$ m *hängt, wenn es die Ladung* $q = 5{,}0$ nC *im Feld der Stärke* 70 kN C^{-1} trägt? **b)** *Bei welcher Ladung q schlägt ein Pendel doppelter Länge gleich weit aus?*

4. *Ein Pendel (*$m = 0{,}50$ g; $l = 0{,}50$ m*) schlägt in horizontaler Richtung gemessen* 30 cm *weit aus. Welche Ladung trägt es im Feld der Stärke* 10 kN C^{-1}? *Gilt noch die Näherung* $l \approx h$?

5. a) *Das Kügelchen der Aufgabe 3a pendelt in* 10 s *zwischen beiden Platten 40mal hin und 40mal her. Welche mittlere Stromstärke* $\bar{I}$ *zeigt ein Meßverstärker in der Kondensatorzuleitung nach Bild 10.1?* **b)** *Das Kügelchen pendelt je Sekunde 5mal hin und 5mal her;* $\bar{I}$ *ist* 2,0 nA. *Wie groß ist jetzt E, wenn das ruhende Pendel um* 5,0 cm *ausgelenkt wird?*

6. *Warum hat die Gravitationskraft stets die Richtung des Ortsfaktors* $\vec{g}$, *die elektrische Feldkraft aber nicht immer die Richtung von* $\vec{E}$?

7. *Das elektrische Gewitterfeld nach Tabelle 16.1 verlaufe vertikal nach unten. Ein Regentröpfchen von* 1,0 mm *Radius sei negativ geladen. Wie viele Elektronen muß es an Überschuß tragen, damit an ihm die elektrische Feldkraft der Gewichtskraft das Gleichgewicht hält? Muß dann das Tröpfchen in Ruhe sein oder darf es fallen? Welche Art der Fallbewegung ist möglich? (Von Luftströmung sei abgesehen; die Elektronenladung beträgt* $1{,}6 \cdot 10^{-19}$ C.*)*

8. a) *In Versuch 11 werden G, s und q je mit 3% relativem Fehler gemessen, die Pendellänge mit 1%. Welchen relativen Fehler kann die Feldstärke E ungünstigstenfalls auf Grund der Meßwerte haben?* **b)** *Wie groß ist der relative Fehler, wenn Sie die Näherungsrechnung in Gl. 15.1 statt der genauen Rechnung benutzen (Band MS, Seite 193)? Zwischen welchen Werten könnte E also liegen?*

§5 Die elektrische Spannung

1. Nun kommt Energie ins Spiel

Wofür schickt das E-Werk seine Rechnung? Sicher nicht für die angelieferten Elektronen; diese bleiben im geschlossenen Kreislauf, im „Netz". Vielmehr bezahlen wir für die entnommene Energie. Nach welchem Prinzip pumpt das E-Werk diese Energie ins Netz; wie entnehmen wir sie ihm wieder?

Versuch 12: a) Nach *Bild 17.1 links* stehen sich zwei Kondensatorplatten in sehr kleinem Abstand gegenüber. Wir laden sie kurz mit einem Netzgerät auf und entladen sie dann über eine Glimmlampe. Diese leuchtet nur schwach auf. Die Quelle hatte nur wenig Energie in die Anordnung (das System) gepumpt, als sie die Ladungen trennte. Dem wollen wir nachhelfen:

b) Hierzu laden wir die Platten nochmals auf, trennen sie von der Quelle und ziehen sie dann weit auseinander. So setzen wir die von der Quelle begonnene Trennung der Ladungen $+Q$ und $-Q$ fort, ohne Q zu vergrößern. Dabei verrichten wir Arbeit gegen ihre Anziehungskraft. Jetzt leuchtet die Glimmlampe beim Entladen weithin sichtbar auf. Also steht im System mehr Energie auf Abruf bereit; man sagt, es herrscht eine größere *Spannung*.

c) Wir verbinden ein *Elektroskop* mit den Platten. Wenn wir sie auseinanderziehen, steigt sein Ausschlag erheblich an. Bei der größeren Spannung hat das System mehr Energie und zwingt mehr gleichnamige Ladung gegen deren Abstoßungskraft auf den Elektroskopstab.

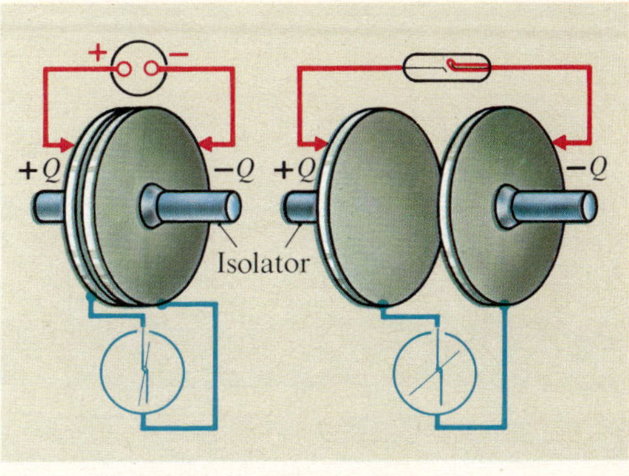

17.1 Energie wird in die Anordnung gepumpt, wenn man die Platten auseinanderzieht. Dadurch steigt die Spannung zwischen den Platten.

Besteht zwischen Körpern Spannung, so steht elektrische Energie auf Abruf bereit. Spannung entsteht, wenn man entgegengesetzte Ladungen unter Arbeitsaufwand trennt. Die Energie wird frei, wenn Strom fließt.

2. Was bedeutet die Spannung 1 V?

Wie gewinnt man die ins System gesteckte elektrische Energie wieder zurück? Nach *Bild 18.1* transportiert die Feldkraft $\vec{F}=q\,\vec{E}$ die Ladung q von der oberen Platte A zur unteren B (analog dazu treibt im Schwerefeld die Gewichtskraft $\vec{G}=m\,\vec{g}$ einen Körper nach unten). Der *Transportweg* s ist der Plattenabstand d. Deshalb verrichtet die Feldkraft $F=q\,E$ an der bewegten Ladung q die Arbeit $W=F\,s=q\,E\,d$ (im Schwerefeld $W=G\,h=m\,g\,h$). Also ist die *Transportarbeit* $W=q\,E\,d$ der transportierten Ladung q proportional. Der Quotient

$$U=\frac{W}{q}=\frac{q\,E\,d}{q}=E\,d \tag{18.1}$$

hängt von der Ladung q nicht mehr ab. Er wird **Spannung** U genannt. Die Einheit der Spannung ist Volt (V). Die Spannung 1 V bedeutet dann, daß beim Transport der Ladung 1 C von den Feldkräften die Arbeit 1 J verrichtet wird.

Definition: **Feldkräfte verrichten an der Ladung q zwischen zwei Punkten die Transportarbeit W. Die elektrische Spannung U zwischen diesen Punkten ist der Quotient**

$$U=\frac{W}{q};\quad [U]=\frac{\text{J}}{\text{C}}=\text{V (Volt)}. \tag{18.2}$$

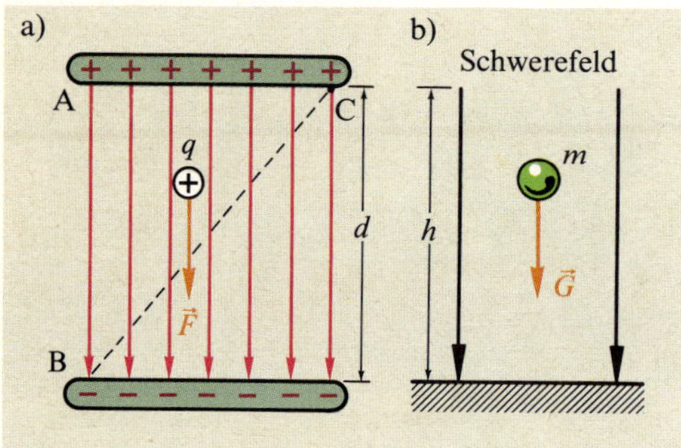

18.1 Vergleich von Energieumsetzungen a) im elektrischen, b) im Schwerefeld (siehe *Tabelle 19.1*)

3. Spannung ist weder Feldstärke noch Kraft!

Nach *Gleichung 18.1* erhält man die Spannung $U=E\,d$ im homogenen Kondensatorfeld als Produkt aus Feldstärke E und Plattenabstand d. Prüfen wir dies mit den Werten aus Versuch 11 nach: Das Produkt aus der Feldstärke $E=94$ kN C^{-1} und dem Plattenabstand $d=0{,}060$ m gibt die Spannung $U=E\,d=$ 5,6 kN m C^{-1} = 5,6 kJ C^{-1} = 5,6 kV. Das Elektroskop zeigte 6 kV. Die Feldstärkemessung war mühsam, Spannungsmessungen dagegen sind einfach. Also berechnen wir künftig die Feldstärke E – allerdings nur in homogenen Feldern – nach $U=E\,d$ zu $E=U/d$. Dies gibt auch die übliche Einheit der Feldstärke

$$[E]=\frac{1\text{ V}}{1\text{ m}},\ \text{da}\ 1\frac{\text{V}}{\text{m}}=1\frac{\text{J}}{\text{C m}}=1\frac{\text{N m}}{\text{C m}}=1\frac{\text{N}}{\text{C}}.$$

Der Betrag E der elektrischen Feldstärke im homogenen Feld eines Kondensators mit dem Plattenabstand d ist bei der Spannung U zwischen parallelen Platten

$$E=\frac{U}{d};\quad [E]=\text{V m}^{-1}=\text{N C}^{-1}. \tag{18.3}$$

Die Gleichung $E=U/d$ ist zwar für homogene Felder bequem, aber auf diese beschränkt. Mit ihr wird zudem nur der Betrag des Feldstärkevektors $\vec{E}$ ermittelt. Mit $\vec{E}=\frac{1}{q}\vec{F}$ ist dieser Vektor auch für inhomogene Felder definiert. Zudem zeigt $\vec{E}=\frac{1}{q}\vec{F}$, daß *jedem Punkt* schon für sich ein Feldstärkevektor – sozusagen als elektrischer Ortsfaktor – zugeordnet wird. Die Spannung U dagegen kann man als Transportarbeit nur *zwischen den Punkten* angeben, zwischen denen die Ladung transportiert wird.

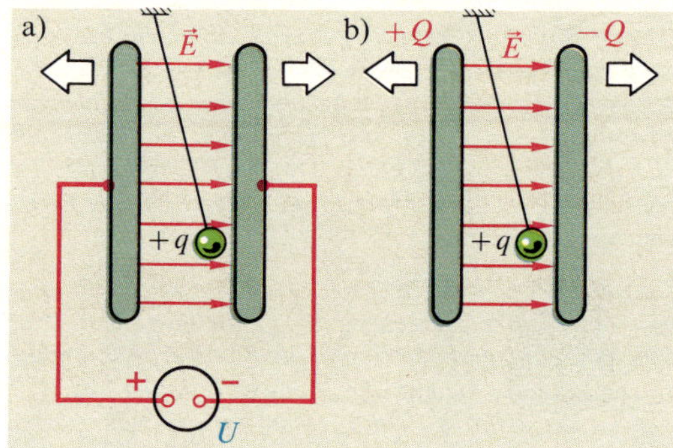

18.2 a) Quelle hält U konstant; $\vec{E}$ und Q sinken. b) Auf isolierten Platten bleibt Q konstant; U steigt.

Versuch 13: **a)** Wir hängen nach *Bild 18.2a* die Probeladung $+q$ in ein homogenes Feld. Die am Ausschlag s abgelesene Feldstärke E steigt proportional zur Spannung U zwischen den Platten. Dies bestätigt die Gleichung $E = U/d$.

b) Wir verdoppeln den Plattenabstand d bei konstanter Spannung U. $E = U/d$ wird halbiert.

c) Nun laden wird die Platten nach *Bild 18.2b* auf und trennen sie von der Quelle. Wenn wir sie dann mit ihren konstanten Ladungen $\pm Q$ auseinanderziehen, bleibt die Feldstärke E konstant (solange das Feld hinreichend homogen ist). Die Transportarbeit $W = F s$ an der Probeladung q steigt wegen des längeren Weges s an und mit ihr die Spannung $U = W/q$.

Das spektakuläre Ansteigen der Spannung $U = E d$ in Versuch 12 tritt also nur dann ein, wenn die Platten isoliert sind *(Bild 18.2b)*. Sie behalten dabei ihre felderzeugende Ladung und nach Versuch 13c auch die Feldstärke. Eine angelegte Spannungsquelle *(Bild 18.2a)* erzwingt dagegen konstante Spannung; $E = U/d$ nimmt dann beim Auseinanderziehen ab. – Diese Überlegungen sollen Sie zur Vorsicht mahnen: Beachten Sie stets, welche Größen (U, Q, E, d usw.) konstant bleiben und welche nicht!

4. Ladungstransport längs beliebiger Wege

a) In der *Elektrostatik* stehen die Feldlinien senkrecht zu Leiteroberflächen; wenn man ihnen entlang eine Probeladung q transportiert, erfährt sie Feldkräfte *senkrecht* zum Weg. Transportarbeit W und Spannung $U = W/q$ sind also zwischen Punkten eines *stromlosen* Leiters Null, etwa zwischen A und C in *Bild 18.1*.

b) Wird die Probeladung q längs der schiefen Bahn von C zum Punkt B der unteren Platte transportiert, so wird die gleiche Arbeit verrichtet wie längs der Feldlinie von A nach B. Dies kennen wir von der schiefen Ebene im homogenen Schwerefeld; die Aussage gilt auch bei gekrümmten Bahnen. Zwischen der oberen und der unteren Platte besteht also eine ganz bestimmte Spannung U, gleichgültig, welche ihrer Punkte man auch betrachtet.

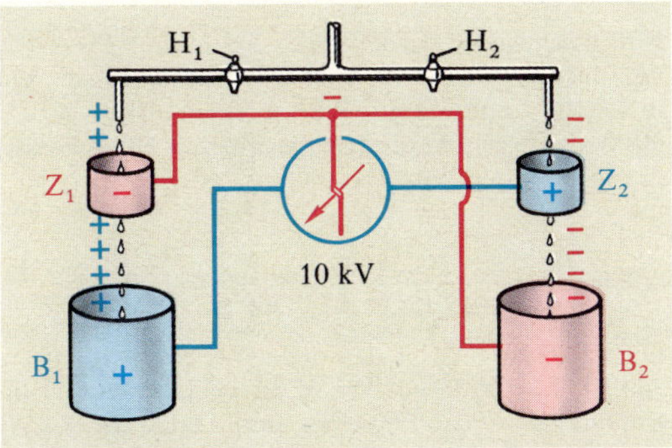

19.1 Ein kleines Wasserkraftwerk erzeugt 10 kV. Die Energie stammt aus dem Schwerefeld der Erde.

Feldart	Gravitation	elektrisch
Feldkraft	$\vec{G}$	$\vec{F}$
Eigenschaft des Probekörpers	Masse m	Ladung q
Feldstärke	$\vec{g} = \vec{G}/m$	$\vec{E} = \vec{F}/q$
Arbeitsfähigkeit am Probekörper	$W/m = g h$	$W/q = U = E d$

Tabelle 19.1 Die mechanische Analogie zur Spannung $U = W/q = E d$ ist der Quotient $W/m = g h$ (Lageenergie je kg).

5. Ein kleines Wasserkraftwerk

Versuch 14: Nach *Bild 19.1* fließt Wasser aus den Hähnen H_1 und H_2 in die isoliert aufgestellten Metallbecher B_1 und B_2. Im Bereich der beiden Zylinder Z_1 und Z_2 zerfällt es in Tropfen. Durch Zufall bekomme ein Tropfen, der in B_2 fällt, beim Abreißen vom Strahl einige Elektronen zuviel mit und werde folglich negativ geladen. Der mit B_2 verbundene Zylinder Z_1 erhält so auch etwas negative Ladung. Sie influenziert im Wasser links oben positive Ladungen, die mit dem Wasser in B_1 tropfen und auch Z_2 positiv aufladen. Z_2 influenziert dann im rechten Strahl negative Ladungen; negativ geladene Tropfen fallen in B_2. Sie vergrößern die negative Ladung von Z_1 und erhöhen dessen Wirkung. Die Spannung U zwischen beiden Bechern steigt über 10 kV. Die Energie für diese Ladungstrennung liefert die Gewichtskraft des Wassers – wie in einem echten Wasserkraftwerk. Dort benutzt man allerdings die elektromagnetische Induktion, nicht die elektrische Influenz.

Neuronenzellen im Körper	70 mV
Batterie- und Akkuzellen	1,2 ... 2 V
Lichtanlage im Auto	6 oder 12 V
Spielzeugeisenbahn	max. 17 V
lebensgefährlich	über 42 V
Lichtnetz USA	110 ... 120 V
Drehstromnetz bei uns	380 V
Hochspannungsleitungen	220 ... 800 kV
Gewitter	bis 100 MV

Tabelle 19.2 Einige Spannungen in Natur und Technik; MV (Megavolt) $= 10^6$ V

20.1 Warum entsteht beim Gewitter Spannung? Das elektrische Erdfeld kann mit einer Flammensonde (Seite 22) nachgewiesen werden.

6. Das Gewitter – ein gigantisches Wasserkraftwerk

Luft enthält stets einige geladene Moleküle als Luftionen. Zudem besteht ständig ein *elektrisches Erdfeld*; die Erde ist nämlich negativ geladen. In der Höhe bildet ein Überschuß an positiven Luftionen die positiv geladene „Gegenplatte". Jeder fallende Regentropfen erhält in diesem Feld nach *Bild 20.1* durch Influenz unten etwas positive, oben negative Ladung. Beim schnellen Fall in Luft zieht seine positiv geladene Unterseite die negativen Luftionen an sich und stößt die positiv geladenen beiseite. Diese positiven Ionen werden von Aufwinden schnell nach oben getragen und laden die Gewitterwolke oben positiv auf. Der fallende Tropfen wird negativ geladen und erhöht die negative Ladung der Erde. Ohne die täglich etwa 1000 Gewitter auf der Erde hätte diese die positiven Luftionen längst zu sich herabgezogen und wäre neutralisiert worden. Die Gewitter halten also eine ihrer wichtigen Voraussetzungen, nämlich das elektrische Erdfeld, aufrecht.

Aufgaben

1. *Zwischen zwei Kondensatorplatten mit* 2,0 cm *Abstand liegt die Spannung* 1,0 kV. *Wie groß ist die Feldstärke E, wie groß die Kraft F auf eine Probeladung q von* 10 nC*? Welche Arbeit W wird von den Feldkräften beim Transport von der einen zur anderen Platte verrichtet? Prüfen Sie die Spannungsangabe mit* $U = W/q$ *nach!*

2. *Wie groß ist im Schwerefeld der Quotient* W/m *eines Körpers* **a)** *in* $h = 5$ m, **b)** *in beliebiger Höhe (W: Lageenergie; Nullniveau sei der Boden; Tabelle 19.1)? Vergleichen Sie mit* $U = E\,d$*!*

3. *Zeigen Sie, daß in Bild 18.1 die Transportarbeit im homogenen Feld auf der Geraden CB so groß ist wie auf AB! Zeigen Sie dies auch für eine von C nach B laufende gekrümmte Bahn! Vergleichen Sie mit entsprechenden Überlegungen in der Mechanik!*

§6 Feldkräfte arbeiten an Ladungen

1. Die elektrische Kanone im Fernseher

Wie schnell wird ein Körper der Masse m, den Feldkräfte im Vakuum von einer Kondensatorplatte zur anderen beschleunigen? Diese Kräfte verrichten an seiner Ladung q beim Durchlaufen der Spannung U die Arbeit $W = U\,q$, auch in einem nicht homogenen Feld. Der Körper erhält die

Bewegungsenergie $\quad W = \frac{1}{2} m v^2 = U q \quad$ **(20.1)**

Geschwindigkeit $\quad v = \sqrt{2\,U q/m}. \quad$ **(20.2)**

Aus der Glühkathode einer Braunschen Röhre werden Elektronen freigesetzt. Bis zur Anode haben die Feldkräfte sie auf die Geschwindigkeit v beschleunigt. Durch ein Loch in der Anode verlassen die schnellen Elektronen diese *Elektronenkanone*.

2. Die elektrische Heizung

Wenn wir einen Metalldraht zwischen geladene Kondensatorplatten – oder einfach zwischen die Pole einer Stromquelle – legen, so setzen die Feldkräfte im Draht Elektronen in Bewegung. Diese werden aber nicht sehr schnell; denn sie geben ständig die durch die Feldkräfte erlangte Energie bei Stößen an die Metallatome weiter. Diese Atome schwingen schneller, die Temperatur steigt. Auf der Mittelstufe haben wir ein Metallblech mit Elektronen bombardiert, bis es glühte. In der Zeit t fließt bei der Stromstärke I die Ladung $Q = I\,t$. Die Feldkräfte verrichten die Arbeit $\boldsymbol{W = U\,Q = U\,I\,t}$. Für die Energie ist die Spannung U genauso maßgebend wie Stromstärke I und Zeit t. Die Energie geht hier vollständig als Wärme ab.

Ein Tauchsieder wird bei der Spannung $U = 220$ V vom Strom $I = 1{,}36$ A $= 1{,}36$ C s^{-1} durchflossen. Die in $t = 100$ s entwickelte Wärme beträgt $W = U\,I\,t =$ 30000 J. Sie erhöht die Temperatur von 500 g Wasser der spezifischen Wärmekapazität $c = 4{,}19$ J g^{-1} K^{-1} um

$$\Delta\vartheta = \frac{W}{c\,m} = \frac{30000\text{ J}}{4{,}19\text{ J g}^{-1}\text{ K}^{-1}\cdot 500\text{ g}} = 14{,}3\text{ K}.$$

Die **Leistung** $\boldsymbol{P}$ des Tauchsieders ist $P = W/t = U\,I =$ 300 J s^{-1} = 300 W = 0,30 kW. In $t = 2{,}0$ h setzt er die Energie $W = P\,t = 0{,}60$ kWh um. Dabei ist **1 kWh** (Kilowattstunde) das Produkt 1 kW · 1 h, also die **Arbeit** 1000 W · 3600 s = $3{,}6 \cdot 10^6$ J. Verwechseln Sie nie Leistung (kW) mit Energie (kWh)!

Für die Arbeit bzw. die Wärmeentwicklung W des Stroms I gilt bei der Spannung U

$W = U\,I\,t$ (U und I konstant). (21.1)

$[W] = \mathrm{J} = \mathrm{W\,s}$; 1 kWh $= 3{,}6 \cdot 10^6$ Ws.

Für die Leistung P des Stroms gilt

$P = W/t = U\,I = I^2\,R$; $[P] = \mathrm{W}$. (21.2)

$R = U/I$ ist der Widerstand des Leiters.

3. Wie lädt man einen Akku auf?

a) Was geschieht, wenn ein Autoakku *entladen* wird? Nach *Bild 21.1a* pumpen die Feldkräfte zwischen seinen Polen ständig Ladung durch die Glühlampe und verrichten Arbeit. Die Ladung fließt ohne Verlust im Kreis, die Energie dagegen geht nur vom Akku zur Lampe. Sie stammt aus chemischen Prozessen im Akku.

b) Im Akku kann man diese chemischen Prozesse rückgängig machen. Man sagt, man *lade* ihn wieder. Dazu muß eine Gleichstromquelle (z.B. Lichtmaschine im Auto) Ladung in entgegengesetzter Richtung – jetzt also gegen die Feldkräfte des Akkus – treiben *(Bild 21.1b)*. Hierzu legt man „Plus an Plus und Minus an Minus". Zudem muß die Spannung U_0 der Lademaschine größer als die des Akkus (U_A) sein. Die Spannungsdifferenz $U_0 - U_A$ liegt am Widerstand R und erzeugt die Stromstärke $I = (U_0 - U_A)/R$. Der geladene Akku hat mehr Energie, nicht mehr Ladung als der „leere".

c) Sind n Zellen mit je $2\ \mathrm{V} = 2\ \mathrm{J\,C^{-1}}$ hintereinandergelegt, so addieren sich ihre Arbeitsbeträge beim Pumpen der Ladung; damit erhöht sich die Spannung auf das n-fache.

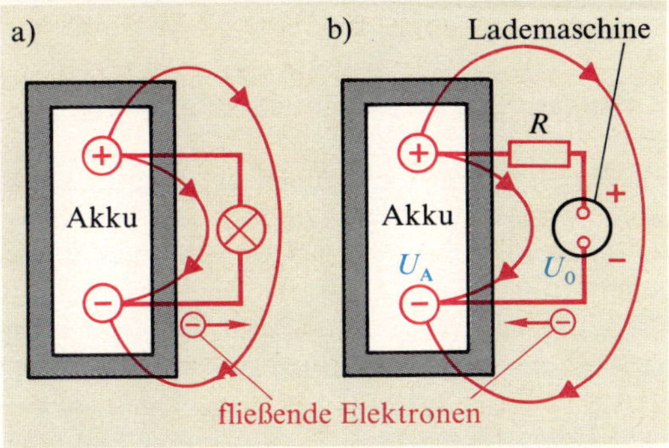

21.1 Entladen (a) und Aufladen (b) eines Akkus. Vergleichen Sie mit dem Laden des Kondensators in *Bild 18.1*!

Die elektrische Energie 1 kWh erzeugt man aus:
0,3 kg Steinkohle (um 1900 noch 2,4 kg)
1,5 kg Braunkohle (um 1900 über 10 kg)
4 m³ Wasser bei 100 m Höhenunterschied
0,05 mg Uran 235 im Kernkraftwerk

Tabelle 21.1 Aufwand für die Energie 1 kWh

Aufgaben

1. *Der Tauchsieder entnimmt bei* $U = 220$ V *genau* 1 min *lang* 3,0 A. *Wieviel Wärme gibt er ab? Wieviel Wasser kann man damit von* 15 °C *auf* 85 °C *erwärmen? Wieviel kostet das, wenn* 30 Pf *für* 1 kWh *zu zahlen sind?*

2. *Ein Heizofen der Leistung* 1,0 kW *ist* 1,0 h *lang in Betrieb. Wie groß ist sein Widerstand (*$U = 220$ V*)? Um wieviel Kelvin würde damit die Luft eines Zimmers von* 40 m³ *Inhalt erwärmt, wenn sie keine Wärme abgäbe (Luftdichte* $1{,}24\ \mathrm{g\,dm^{-3}}$*; spezifische Wärmekapazität* $1{,}0\ \mathrm{J\,g^{-1}\,K^{-1}}$*).*

3. *Die Flamme eines Gasherdes hat die Leistung* 1,5 kW. *Welche Stromstärke wäre hierzu in einem Elektroherd bei* 220 V, *wieviel bei* 110 V *nötig? Wieviel Liter Gas strömt je Minute aus (Heizwert* $30\ \mathrm{MJ\,m^{-3}}$*)? Wie lange muß man warten, bis* 1,0 kg *Wasser in einem Aluminiumtopf von* 0,50 kg *Masse von* 20 °C *auf* 90 °C *erwärmt wird, wenn der Wirkungsgrad 60% beträgt? (*$c_{Al} = 0{,}90\ \mathrm{J\,g^{-1}\,K^{-1}}$*)*

4. *Jemand rasiert sich naß, um Energie zu sparen. Er erwärmt täglich* 50 g *Rasierwasser von* 15 °C *auf* 80 °C. *Der Rasierapparat (*10 W*) wäre täglich* 2,0 min *in Betrieb. Vergleichen Sie die Preise in 360 Tagen bei* 30 Pf *pro* 1 kWh.

5. a) *Ein Wattestück hat* 0,01 g *Masse und ist mit* 0,1 nC *geladen. Welche Geschwindigkeit würde es erlangen, wenn es im Vakuum die Spannung* $U = 100$ kV *durchliefe?* **b)** *Wie groß müßte die Spannung zwischen waagerecht liegenden Kondensatorplatten vom Abstand* 20 cm *sein, damit das Wattestück aus a) darin schwebt?*

6. *Warum addieren sich die Spannungen beim Hintereinanderschalten, nicht aber beim Parallelschalten gleicher Akkuzellen? Was geschieht beim Gegeneinanderschalten?*

7. a) *Vergleichen Sie das Laden von Akkus und Kondensatoren nach Bild 21.1 und 18.1 vom Standpunkt der Ladung und der Energie!* **b)** *Ein* 12 V*-Akku wird von einem* 16 V*-Ladegerät über einen Widerstand von* 2,0 Ω *geladen. Wie groß ist die Stromstärke? Wie groß wäre sie bei falscher Polung? Welche Folge hätte diese falsche Polung energetisch?* **c)** *Wieviel Energie nimmt der Akku je Stunde auf, wieviel gibt das Ladegerät ab? Wo bleibt die Differenz? Der Akku hat eine „Kapazität" von* 60 Ah. **d)** *Wie lange braucht man, um ihn mit* 5 A *vollständig zu entladen? (*1 Ah *bedeutet:* 1 h *lang fließt der Entladestrom* 1 A.*)*

§ 7 Spannungsgefälle und Potential

1. Spannung – auch im leeren Raum?

Ein Bastler sagt, man könne Spannung nur zwischen Leitern messen. Der Schuß in der elektrischen Kanone führt uns aber weiter: Längs einer Feldlinie verrichtet die Feldkraft $F = E\,q$ im homogenen Feld an der Geschoßladung q *stetig* die Arbeit $W = F\,s = E\,q\,s$. Die Geschoßenergie W steigt proportional zum Weg s an. Also sollte die Spannung

$$U = \frac{W}{q} = \frac{E\,q\,s}{q} = E\,s \qquad (22.1)$$

vom Startpunkt aus proportional zum zurückgelegten Weg s ansteigen und auf dem Rückweg wieder abfallen. Besteht also längs Feldlinien ein **Spannungsgefälle**? Können wir die Spannung auch zwischen Punkten eines Feldes messen – und nicht nur zwischen Leitern?

Versuch 15: a) Das Gehäuse eines statischen Spannungsmessers liegt nach *Bild 22.1* an der linken Platte A eines auf $U_1 = 1$ kV geladenen Kondensators; der Zeiger ist mit einem Draht verbunden. Dessen freies Ende halten wir mit einem isolierenden Glasrohr zuerst an die rechte Platte und lesen die volle Spannung 1 kV ab. Wenn wir nun das Drahtende nach links in einen beliebigen Sondenpunkt S verschieben, sollte die Anzeige sinken. Sie bleibt aber fast 1 kV. Was haben wir falsch gemacht?

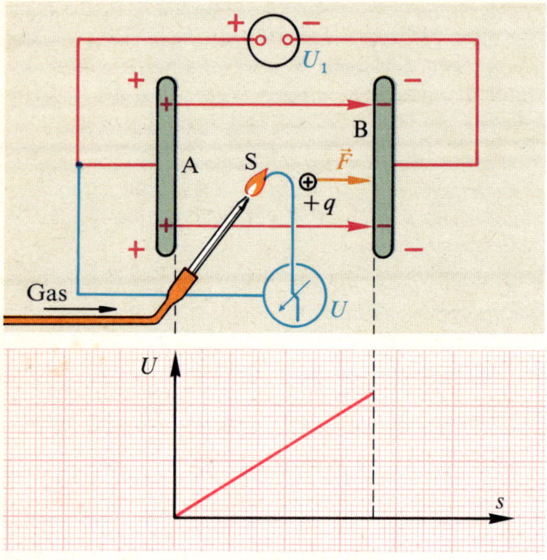

22.1 Flammensonde; zu Versuch 15c

Der Draht hat von der rechten Platte negative Ladung nach S mitgenommen und trägt überdies Influenzladung. An beiden enden Feldlinien und verzerren so das homogene Feld. Wir müssen diese Ladung in S beseitigen:

b) Man kann das Drahtende S in ein isoliert gehaltenes Wassergefäß mit einem kleinen Loch tauchen. Mit jedem Wassertropfen tropft dann auch etwas von der feldverzerrenden Ladung nach unten, bis schließlich das Drahtende ungeladen ist. Doch dauert dies zu lange.

c) Schneller verliert der Sondenpunkt S seine Ladung, wenn ihn eine kleine, leitende Gasflamme umspült. Die Störladung setzt sich an ihre Oberfläche – wie beim *Faradaybecher*. In kurzer Zeit zieht sie von dort mit den Verbrennungsgasen ab. Verschiebt man jetzt S von B aus nach links, so fällt mit der Strecke s nach $U = E\,s$ auch die Spannung U linear ab. In der Mitte zwischen den Platten finden wir $U = \frac{1}{2}$ kV usw. Dies bestätigt unsere Theorie und widerlegt den Bastler.

d) Nun bewegen wir die Flammensonde S *senkrecht zu den Feldlinien*. Dann bleibt die Spannung gegenüber A konstant. Die Feldkraft F an einer gedachten Probeladung und der Transportweg s stehen hier senkrecht aufeinander; die zusätzliche Transportarbeit ist Null.

e) Wir können sogar Spannung zwischen zwei Feldpunkten messen. Den Spannungsmesser in *Bild 22.1* stellen wir isoliert auf und verbinden auch sein Gehäuse mit einer zweiten Flammensonde S'. Bringen wir S' von A aus in $\frac{1}{4}$ des Wegs und S in $\frac{3}{4}$, so wird die Spannung $\Delta U = U_1/2 = \frac{1}{2}$ kV zwischen S und S' angezeigt (Abstand $\Delta s = d/2$). Wir finden das gleiche Spannungsgefälle $\Delta U/\Delta s$ wie auf der ganzen Strecke, nämlich $U/d = E$. Dies ist die konstante Feldstärke E des homogenen Feldes. **Das Spannungsgefälle $\Delta U/\Delta s$ längs einer Feldlinie ist gleich der dortigen Feldstärke E.**

2. Potentialangaben erläutern Schaltpläne

In Schaltplänen elektronischer Geräte finden Sie Angaben wie +6 V, −20 V usw. *(Bild 24.1)*. Der für Spannungsmessungen stets nötige zweite Punkt ist hier das geerdete Gehäuse, oft „*Masse*" genannt. Die Spannung eines Punktes A gegen einen solchen willkürlich gewählten Bezugspunkt NN heißt das **elektrische Potential** φ von A. Abweichungen von den im Plan angegebenen Werten zeigen fehlerhafte Bauelemente an und erleichtern so die Fehlersuche ungemein.

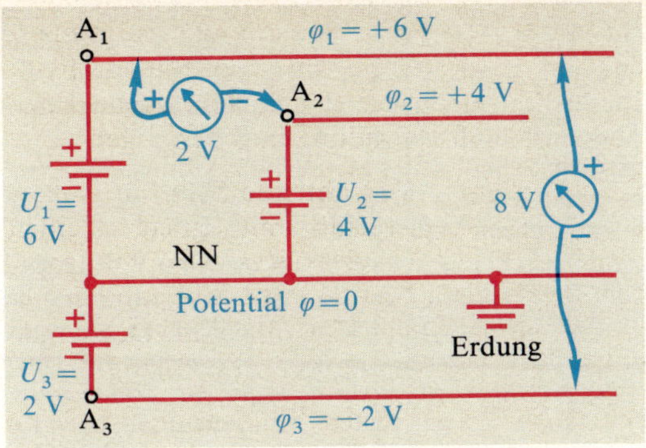

23.1 Potentiale einer elektrischen Schaltung

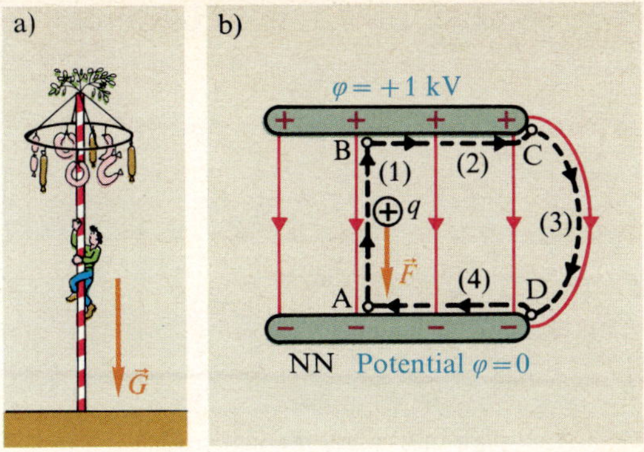

23.2 Die Transportarbeit ist vom Weg unabhängig.

Nach *Bild 23.1* schreiben wir dem Minuspol der Quelle 1 mit Spannung $U_1 = 6$ V das Potential $\varphi = 0$ (NN) zu. Ihr Pluspol A_1 hat das Potential $\varphi_1 = +6$ V, zu ihm hin muß man eine Plusladung von NN aus energetisch „anheben". Die Quelle 2 mit $U_2 = 4$ V bringt ihren Pluspol A_2 nur auf das Potential $\varphi_2 = +4$ V. Ein Spannungsmesser schlägt richtig aus, wenn seine Plus-Buchse mit dem Punkt A_1 des höheren Potentials φ_1 verbunden wird. Er zeigt gegen A_2 die Potentialdifferenz $\varphi_1 - \varphi_2 = +2$ V an. – Bei der unteren Quelle mit $U_3 = 2$ V ist dagegen der Pluspol mit NN verbunden. Sie muß eine Plusladung von ihrem Minuspol A_3 nach NN hochpumpen. A_3 liegt also energetisch gesehen unter NN. Man schreibt A_3 das *negative* Potential $\varphi_3 = -2$ V zu. Die von U_1 und U_3 erzeugte *Potentialdifferenz* $\varphi_1 - \varphi_3 = +6\text{ V} - (-2\text{ V}) = +8$ V ist die Spannung zwischen A_1 und A_3. Potentialangaben in den Punkten einer Schaltung liefern also alle Spannungen, die zwischen diesen Punkten bestehen.

Das Potential φ eines Punktes A ist die Spannung von A gegen ein Bezugsniveau NN. Die Spannung U zwischen zwei Punkten ist die Potentialdifferenz $\varphi_1 - \varphi_2$ zwischen ihnen.

3. Elektrisches Potential und Energie

a) Das Wort *„Potential"* erinnert an die *„potentielle Energie"* im Schwerefeld. Dessen Feldlinien laufen in Richtung von $\vec{G}$ zur Erde hin *(Bild 23.2a)*. Heben wir einen Stein ihnen entgegen nach oben, so steigt die potentielle Energie des Systems Stein-Erde. Wir ernennen in *Bild 23.2b* die untere, negative Platte zum Bezugsniveau NN. Dann hat ihm gegenüber die positiv geladene Platte das Potential +1 kV. Dieses steigt auf dem Weg (1) von A nach B gegen eine Feldlinie zur Plusladung hin an (siehe Flammensonde). Um die positive Ladung $q = +1$ C auf dem Weg (1) gegen die Feldlinien, also gegen die Feldkräfte „anzuheben", ist die Arbeit $W = U\,q = +1$ kJ nötig; sie erhöht die elektrische Energie des Systems. Der Kondensator wird aufgeladen. Umgekehrt sinkt diese Energie, wenn die Feldkräfte eine positive Ladung vom höheren zum niedrigen Potential ziehen (Entladen des Kondensators; sinkender Stein).

Und bei *negativer* Ladung? Feldkräfte ziehen sie in *Bild 23.2* nach oben; die Energie des Systems sinkt. Beim *Entladen* eines Akkus treiben seine Feldkräfte Elektronen vom Minus- zum Pluspol. Beim *Aufladen* bewegt sie die Lademaschine in der entgegengesetzten Richtung.

Die elektrische Energie eines Systems steigt, wenn äußere Kräfte Ladung gegen seine Feldkräfte verschieben. Sie sinkt, wenn die Feldkräfte des Systems Ladung transportieren.

b) Alle Punkte der oberen stromlosen Platte haben das gleiche Potential +1 kV. Wenn wir nämlich die Ladung q knapp über der Plattenfläche auf Weg (2) von B nach C verschieben, stehen Feldlinien und Feldkräfte *senkrecht* zum Weg; *die Arbeit ist Null.* q bleibt energetisch auf gleichem Niveau, auf gleichem Potential. Zwischen allen Punkten solcher **Äquipotentialflächen** besteht die Spannung Null.

c) Kehren wir mit $+q$ auf einer schiefen Ebene von C zur unteren Platte in A zurück, so wird die gleiche Energie frei, die zum Heben von A nach B nötig war *(Bild 18.1)*.

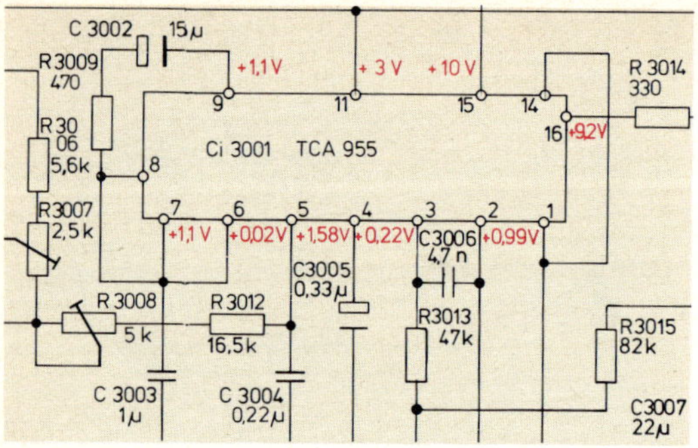

24.1 Schaltplan mit Potentialangaben

d) Mit $+q$ können wir auch von C den Umweg (3) im Randfeld zur unteren Platte nach D machen und dann knapp über der Oberfläche wieder nach A zurückkehren (4). Bekommen wir auf diesem längeren Weg mehr Energie zurück, als wir auf dem Weg (1) hineingesteckt haben?

Schön wär's! Wir brauchten dann diesen Rundweg nur beliebig oft zu durchlaufen und hätten ein energiespendendes *perpetuum mobile*. Dies wird vermieden, da die Feldkräfte auf dem Weg (3) um so kleiner sind, je weiter er seitlich ausgreift. Wir sehen: Auf allen Wegen von der einen zur andern Platte sind Arbeit und Spannung gleich groß.

Das Potential eines Punktes ist vom Weg zu ihm unabhängig. Alle Punkte eines stromlosen Leiters haben gleiches Potential; die Spannung zwischen ihnen ist Null. – Zwischen allen Punkten zweier stromloser Leiter besteht gleiche Potentialdifferenz, also gleiche Spannung $U = \varphi_1 - \varphi_2$.

Versuch 16: In *Bild 24.2* ist der Minuspol einer Quelle mit $U = 20$ V als Bezugspunkt NN festgelegt und mit einem geraden Metallstreifen verbunden. Dieser liegt in einem mit Leitungswasser gefüllten Trog oder auf feuchtem Filterpapier. An den Pluspol wird ein zylindrisches Metallstück M angeschlossen; es erhält so das Potential $\varphi = +20$ V. Mit einem hochohmigen Meßverstärker mißt man die Spannung zwischen beliebigen Punkten S im Wasser und dem Bezugspunkt NN. So tastet man das Potential im Feld ab: Alle Punkte des Metallstücks M zeigen das gleiche Potential $+20$ V. Sie liegen auf einer *Äquipotentialfläche*. Beim Bewegen der Sonde S findet man im Wasser weitere Äquipotentialflächen für $+15$ V, $+10$ V, $+5$ V usw. Sie sind in *Bild 24.2* blau gestrichelt und stehen auf den roten Feldlinien senkrecht. Bewegt man nämlich eine Probeladung auf einer Äquipotentialfläche, so wird keine Arbeit umgesetzt, da die Feldkräfte $\vec{F}$ senkrecht auf den Verschiebungswegen $\Delta\vec{s}$ stehen. – Diese Feldkräfte bewegen Ladungen im Wasser längs der roten Feldlinien, senkrecht zu den Äquipotentialflächen.

Positive Ladung fließt – wenn sie kann – von höherem Potential zu niedrigerem (von + nach −), genauso wie Wasser von oben nach unten, also unter Verlust an potentieller Energie. Negative Ladung fließt umgekehrt von niedrigerem zu höherem Potential; dabei nimmt die Energie des Systems ebenfalls ab. Längs Höhenlinien fließt Wasser im Gelände nicht von selbst; Höhenlinien entsprechen den elektrischen Äquipotentiallinien.

Alle Punkte auf Äquipotentialflächen haben das gleiche Potential φ. Man braucht keine Energie, um Ladungen auf ihnen zu verschieben. Äquipotentialflächen stehen senkrecht zu den elektrischen Feldlinien. Strom fließt senkrecht zu den Äquipotentialflächen längs Feldlinien.

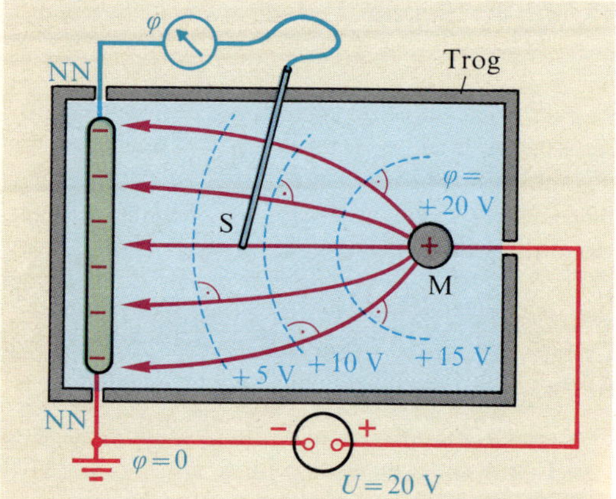

24.2 Potentialtrog; Äquipotentiallinien blau

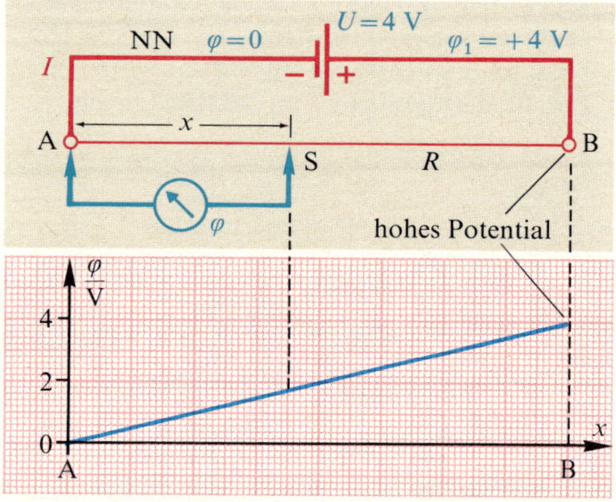

24.3 Potentialgefälle im stromdurchflossenen Draht

4. Wir ändern täglich Potentiale

Versuch 17: Der Widerstandsdraht R in *Bild 24.3* liegt zwischen dem Potential $\varphi_1 = +4$ V (Pluspol B) und dem Potential Null (Minuspol A). Von Plus nach Minus laufen im Draht Feldlinien; Feldkräfte treiben den Strom an. Ein Spannungsmesser ist zwischen A und Schieber S gelegt. Wenn wir S von B aus nach links schieben, fällt die Spannung U und damit das Potential φ von S kontinuierlich von $+4$ V auf Null ab; im stromdurchflossenen Leiter besteht ein *Potentialgefälle.* Man nennt diese Schaltung **Potentiometerschaltung**, das zugehörige Gerät ein *Potentiometer.* Mit ihm kann man eine Spannung beliebig unterteilen und z.B. in Radios die Lautstärke ändern. Nur das Potential stromloser Leiter ist überall gleich groß; dort besteht kein Potentialgefälle. Wegen $I=0$ ist die Spannungsdifferenz $\Delta U = I\,R$ zwischen allen Punkten gleich Null.

Versuch 18: In *Bild 25.1* ist links der Schalter S geschlossen, K also durch einen sehr guten Leiter ohne merkliches Spannungsgefälle mit dem Bezugspunkt NN ($\varphi_0 = 0$) verbunden. In K messen wir das Potential Null. Im stromdurchflossenen Glühdraht des Lämpchens L fällt es von $\varphi = +4$ V auf Null ab. Das mit diesem Potentialgefälle $\Delta\varphi$ verbundene Feld treibt die Elektronen durch den Glühdraht. – Beim Öffnen des Schalters springt das Potential von K plötzlich von 0 auf $+4$ V. Das Potentialgefälle in der nun stromlosen Lampe ist Null geworden. Zwischen den Kontakten des offenen Schalters liegt jetzt die Spannung 4 V. *Das Berühren von offenen Schaltern ist also noch gefährlicher als das von geschlossenen!* Dies gilt besonders bei Schaltern der Hausinstallation. Sie liegen nämlich in der potentialführenden Schiene, nicht wie Lampen in der geerdeten.

Aufgaben

1. a) *In einem Schaltplan steht bei A* $+10$ V, *bei B* -5 V. *Was bedeutet dies?* **b)** *Welche Energie gibt die Schaltung ab (bzw. nimmt sie auf), wenn die positive bzw. negative Ladung* 2C *von A nach B transportiert wird?* **c)** *Wie muß man einen Spannungsmesser anschließen, daß sein Zeiger nach rechts ausschlägt? Wann gibt ein Spannungsmesser das Potential* φ *an?*

2. *Vergleichen Sie die Begriffe Spannung, Potential und Energieänderung beim Transport der Ladung q! Haben sie gleiche Einheit? Welche Größe hängt von q ab? Suchen Sie nach Tabelle 19.1 analoge mechanische Größen! Ist Potential gleich potentieller Energie?*

3. a) *Warum kommt einem bestimmten Punkt zwar ein Potential, aber keine Spannung zu?* **b)** *Warum ist es bequemer, in Schaltplänen statt der Spannung zwischen allen möglichen Punkten nur ihre Potentiale anzugeben?* **c)** *Warum steigt das Potential beim Annähern an einen positiv geladenen Körper? Hängt es vom Vorzeichen der transportierten Ladung ab?* **d)** *Zwischen welchen Punkten in Bild 24.2 herrscht die Spannung* 15 V*? Wie ändern sich dort die Potentiale, wenn man die Spannungsquelle umpolt und ihren rechten Pol erdet?*

4. a) *Zeichnen Sie den Potentialverlauf beim Verschieben von S in Bild 25.2 gemäß Bild 24.2!* **b)** *Dann wird die Spannung* U_1 *der unteren Quelle von* 2 V *auf* 6 V *vergrößert. Wie ändert sich der Potentialverlauf? Wo ist jetzt* $\varphi = 0$ *am Schiebewiderstand?*

5. *In Bild 13.3 trägt die linke Seite des Rings negative, die rechte positive Influenzladung. Oben und unten ist er ladungsfrei. Was kann man über das Potential der einzelnen Ringteile sagen? Warum darf man Ladung und Potential (Spannung) nicht miteinander verwechseln? Muß ein Punkt positiven Potentials auch positiv geladen sein? Kann er ladungsfrei sein (Beispiel: Das Innere einer geladenen Kugel)?*

6. *Wo liegen Äquipotentialflächen in Bild 22.1? Warum hat das Elektroskopblättchen das gleiche Potential wie der Sondenpunkt S, obwohl S ungeladen, das Blättchen geladen ist?*

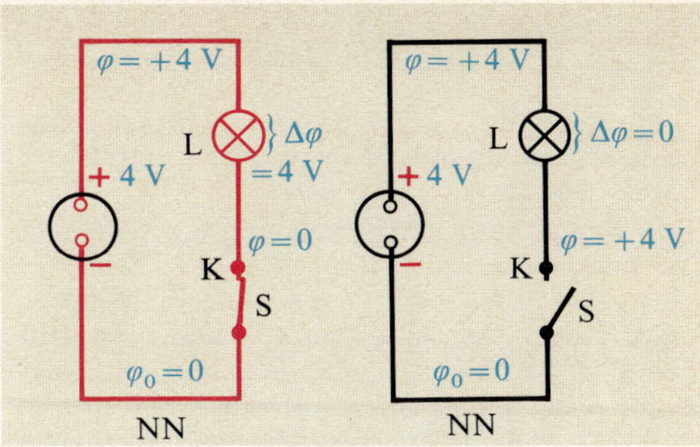

25.1 Schalter ändern plötzlich das Potential.

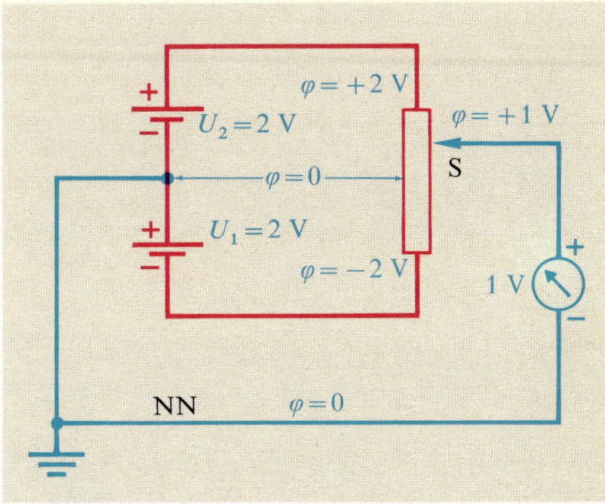

25.2 Kontinuierliche Potentialänderung an S durch Verschieben des Abgriffs; zu Aufgabe 4

§ 8 Feldphysik bei Gleichstrom

1. Fließt Ladung auf Drähten oder in Drähten?

Die Lösung dieser oft gestellten Frage liefern die Gleichungen für den *Widerstand* $R = U/I$. Seine Einheit ist $[R] = \text{V A}^{-1} = \Omega$ (Ohm). Für Drähte mit der Länge l, der Querschnittsfläche A und dem spezifischen Widerstand ϱ berechnet man ihn nach $R = \varrho\, l/A$. In Drähten mit dem Radius r ist die Stromstärke $I = U/R = U\, A/\varrho\, l$ proportional zur Querschnittsfläche $A = \pi r^2$, nicht zum Umfang $2\pi r$ und damit zur Oberfläche. Dies zeigt, daß die Ladung in Drähten *gleichmäßig über den Querschnitt verteilt* fließt, nicht nur an der Oberfläche. Diese fließende Ladung wird im Draht von den Atomrümpfen neutralisiert. Man darf sie also nicht mit den Überschußladungen verwechseln, die auf Oberflächen geladener Leiter sitzen und an denen Feldlinien enden.

Was geht in einem Draht vor, bis die Stromstärke $I = U\, A/\varrho\, l$ überall gleich groß ist? Im homogenen Draht sind Querschnitt A und spezifischer Widerstand ϱ gleich. Bei gleicher Stromstärke I ist auch die Feldstärke $E = U/l = I\,\varrho/A$ im ganzen Drahtinnern überall gleich groß. Wie ist das möglich?

Nach *Bild 26.1* denken wir uns einen gebogenen Draht schnell an die beiden Pole einer Quelle gelegt. Im ersten Augenblick sind die Feldkräfte in Polnähe viel größer als in der entfernten Drahtmitte M. Also werden Elektronen besonders schnell in die untere Drahthälfte getrieben und aus der oberen gezogen. In der Mitte M dagegen fließen sie wegen des dort schwächeren Feldes nicht so schnell weiter. Unten bildet sich ein *Überschuß* an negativer, oben an positiver Ladung, und zwar an der Oberfläche. Diese Ladungsverschiebungen zur Drahtmitte hin ändern das Feld solange, bis es im Draht überall gleich stark ist. Dann treibt es dort alle Elektronen mit gleicher Feldkraft an und erzwingt gleiche Stromstärke. Die Pole haben sich sozusagen auf M zu verschoben.

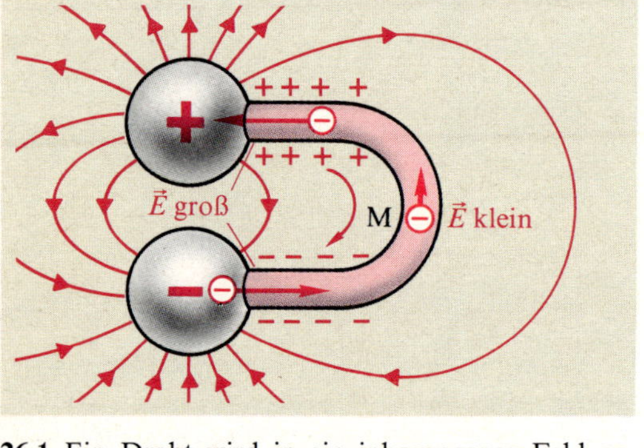

26.1 Ein Draht wird in ein inhomogenes Feld gebracht; Oberflächenladungen machen es im Innern gleich stark und schieben die Pole zu M hin.

Bei Gleichstrom fließen Ladungen gleichmäßig über den Drahtquerschnitt verteilt. Sie sind neutralisiert. An der Drahtoberfläche machen Überschußladungen das Feld E im homogenen Draht überall gleich stark.

Was geschieht an einer Verengung des Querschnitts A? Nach $E = I\,\varrho/A$ steigen die Feldstärke E und die Feldkräfte auf die Ladungsträger an. Diese werden schneller und überwinden so die „Stromschnelle“ *(Bild 27.2)*. Bei Autos fehlen auf der Straße solche Feldkräfte; der Verkehr wird an einer Verengung gestaut. Im Stromkreis dagegen wirken die Oberflächenladungen und ihr Feld als ideale Verkehrspolizei. Die Elektronen stoßen sich also nicht wie Wassermoleküle durch die Leitung. Hier gilt die *Feldphysik,* nicht eine vom Wassermodell geprägte Anschauung! Diese Vorgänge verlaufen allerdings so schnell, daß wir meist nur den *Endzustand* betrachten. Dies kennen wir von der Mittelstufe. Wir wiederholen nun die dort gefundenen Gesetze.

2. Parallelschaltung von Leitern

a) Der Satz von der *Ladungserhaltung* gilt auch für die fließende Ladung an den Verzweigungen des Stromkreises:

1. Kirchhoffsches Gesetz: **Die Gesamtstromstärke I ist bei einer Verzweigung gleich der Summe der Einzelstromstärken.**

$$I = I_1 + I_2 + \dots + I_n \tag{26.1}$$

b) An allen zwischen die Verzweigungspunkte, also parallel geschalteten Widerständen R_k liegt die *gleiche Spannung U*; sie ist nach Seite 24 vom Weg unabhängig. Für die *Einzelstromstärken* I_k gilt folglich $I_k = U/R_k$ und $I_1/I_2 = R_2/R_1$.

2. Kirchhoffsches Gesetz: **Die Zweigströme I_k verhalten sich umgekehrt wie die Widerstände R_k. An allen Widerständen R_k liegt die gleiche Spannung**

$$U = I_k\, R_k. \tag{26.2}$$

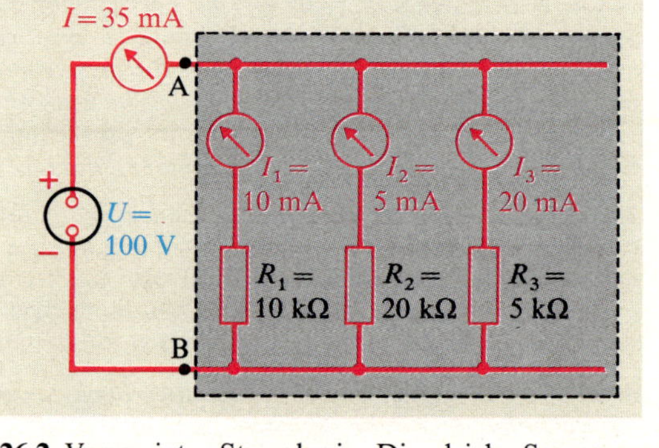

26.2 Verzweigter Stromkreis: Die gleiche Spannung U liegt an allen Zweig-Widerständen R_k. Prüfen Sie die Werte!

Die Parallelschaltung nach *Bild 26.2* sei in einen Kasten eingeschlossen, aus dem nur die beiden Klemmen A und B herausragen. Man legt die Spannung U an und mißt die Gesamtstromstärke I. Dann berechnet man für den Kasteninhalt den **Ersatzwiderstand** $R = U/I$. Hierbei denkt man sich das Kasteninnere in einer *Ersatzschaltung* durch den einen Widerstand $R = U/I$ ersetzt. Wir berechnen ihn:

$$I = I_1 + \ldots + I_k = \frac{U}{R_1} + \frac{U}{R_2} + \ldots + \frac{U}{R_k} = \frac{U}{R}.$$

Division durch die gemeinsame Spannung U ergibt:

$$\frac{1}{R} = \frac{1}{R_1} + \frac{1}{R_2} + \ldots + \frac{1}{R_k}. \qquad \textbf{(27.1)}$$

Bei einer Parallelschaltung ist der Kehrwert des Ersatzwiderstands R gleich der Summe der Kehrwerte der Einzelwiderstände R_k.

Der *Ersatzwiderstand* R ist *kleiner* als der kleinste Einzelwiderstand R_k: Je mehr Geräte man in einer Wohnung parallel legt, um so kleiner erscheint ihr Widerstand für das E-Werk; die Leitungen erscheinen dicker, nicht aber länger!

3. Hintereinander (Reihen-, Serien-)-Schaltung

Bei der Christbaumbeleuchtung, vor allem aber im Innern von Geräten, werden oft n Teilwiderstände $R_1, R_2, \ldots, R_n$ hintereinandergelegt *(Bild 27.1)*. Sie sind vom gleichen Strom I und damit von der gleichen Ladung q durchflossen. Auf jeden Einzelwiderstand entfällt dabei die **Teilspannung** $U_k = I\,R_k$. Ihr entspricht die Transportarbeit $W_k = q\,U_k$. All diese Arbeitsbeträge an der Ladung q addieren sich als Skalare, wenn q die Widerstände nacheinander durchfließt, zu $W = W_1 + W_2 + \ldots + W_n$. Der *Gesamtarbeit* W entspricht die *Gesamtspannung* $U = W/q$. Für diese gilt nach Division von W mit q

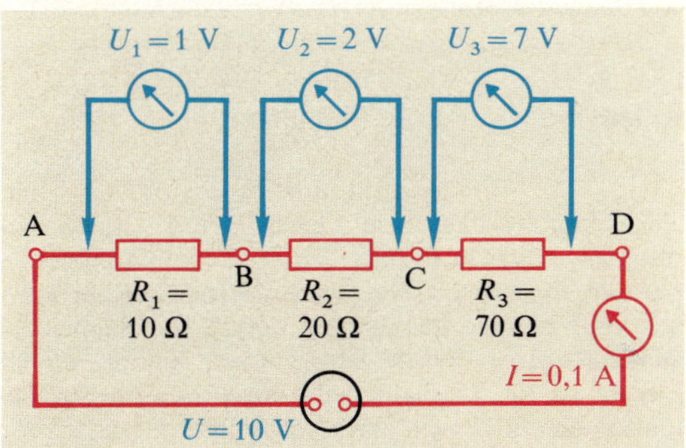

27.1 Beim Hintereinanderschalten ist die Stromstärke I in allen Teilwiderständen gleich; U teilt sich in die Teilspannungen U_k auf.

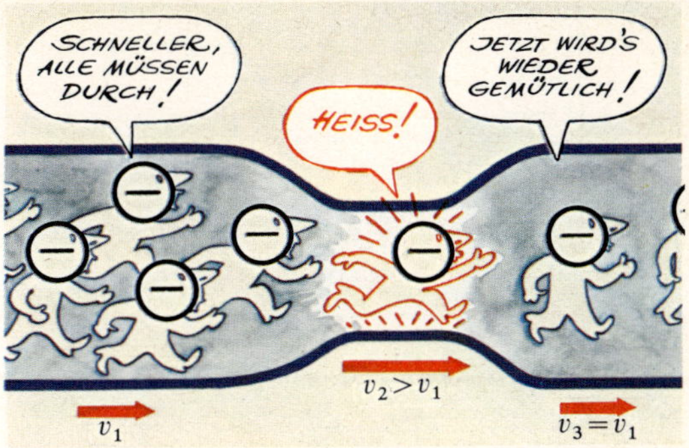

27.2 Die Kommandos gibt das elektrische Feld; an der Engstelle ist es stärker!

$$\begin{aligned} U &= U_1 + U_2 + \ldots + U_n \\ &= I\,(R_1 + R_2 + \ldots + R_n) = I\,R. \end{aligned} \qquad (27.2)$$

Gesamtspannung U und Gesamtwiderstand R setzen sich beim Hintereinanderschalten additiv aus den Teilspannungen und Teilwiderständen zusammen:

$$\boldsymbol{R = R_1 + R_2 + \ldots R_n;}$$

$$\boldsymbol{U = U_1 + U_2 + \ldots U_n.} \qquad \textbf{(27.3)}$$

Die Natur legt also an den n-fachen Widerstand auch die n-fache Teilspannung. Durch alle Widerstände fließt dann der gleiche Strom I. Die in einem Widerstand R umgesetzte Leistung $P_k = U_k\,I = I_k^2\,R_k$ ist diesem Widerstand proportional: Der Glühfaden einer Lampe wird wegen seines großen Widerstands heiß, die dicken Zuleitungen bleiben kalt!

4. Je mehr Strom, desto weniger Spannung?

Versuch 19: a) Wenn man einer Quelle (Batterie, Verstärker) keinen Strom entnimmt, mißt man an ihr die *Leerlaufspannung* U_0. Läßt man dann die Stromstärke I anwachsen, so sinkt die zwischen den Polen (Klemmen) gemessene *Klemmenspannung* U_{Kl} unter U_0 *(Bild 28.1)*. Der Strom muß nämlich im Innern der Quelle durch Leiter, also einen *Innenwiderstand* R_i fließen. Dazu ist die Teilspannung $U_i = I\,R_i$ nötig. Für den Abnehmer steht nicht mehr U_0, sondern nur noch $U_{Kl} = U_0 - I\,R_i$ zur Verfügung.

b) *Kurzschluß* entsteht, wenn man die Klemmen durch einen dicken Draht mit Widerstand $R_k = 0$ verbindet. Im Kreis ist dann nur noch R_i wirksam und läßt den Maximalstrom $I_{max} = U_0/R_i$ zu, nur von R_i begrenzt. Die Klemmenspannung sinkt auf $U_{Kl} = U_0 - R_i\,I_{max} = U_0 - R_i\,U_0/R_i = 0$ ab. Bei alten Batterien ist U_0 nur wenig abgesunken, aber R_i stark angestiegen. Dies erkennt man am Absinken von I_{max}.

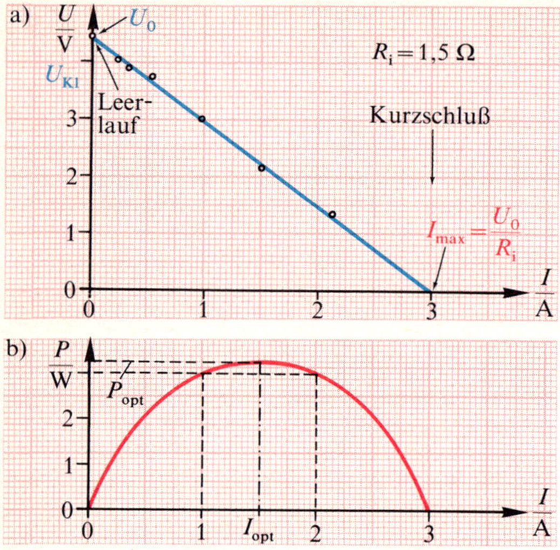

28.1 a) Leerlaufspannung U_0 der unbelasteten Quelle. Die Klemmenspannung U_{Kl} sinkt mit wachsendem I. Bei I_{max} ist $U_{Kl} = 0$. b) Die abgegebene Leistung $P = U_{Kl}\,I$ hat bei $I_{max}/2$ ihr Optimum P_{opt}.

5. Wann gibt der Verstärker die größte Leistung ab?

Sie legen einen Lautsprecher mit dem Widerstand R_a an einen Verstärker. Auch diese Quelle wird durch die Leerlaufspannung U_0 und den Innenwiderstand R_i bestimmt. Die Stromstärke ist $I = U_0/(R_i + R_a)$. Die Klemmenspannung sinkt von U_0 auf $U_{Kl} = U_0 - I\,R_i$. Der Lautsprecher entnimmt die Leistung $P(I) = U_{Kl}\,I = U_0\,I - I^2\,R_i$. *Bild 28.1b* zeigt $P(I)$ als Parabelteil; sie wird Null, wenn $I = 0$ (*Leerlauf*) oder $U_{Kl} = 0$ ist (*Kurzschluß* mit $I_{max} = U_0/R_i$). Das *Optimum* P_{opt} der vom Lautsprecher aufgenommenen Leistung $P(I)$ liegt in der Mitte bei $I_{opt} = I_{max}/2 = U_0/(2\,R_i)$. Ein Vergleich mit $I = U_0/(R_i + R_a)$ zeigt: Das Optimum an Leistung P_{opt} erhält man bei I_{opt}, wenn also $2\,R_i = R_i + R_a$ oder $R_a = R_i$ ist. HiFi-Techniker benutzen deshalb die Regel: „Optimale Leistungsanpassung, wenn Außenwiderstand R_a gleich Innenwiderstand R_i".

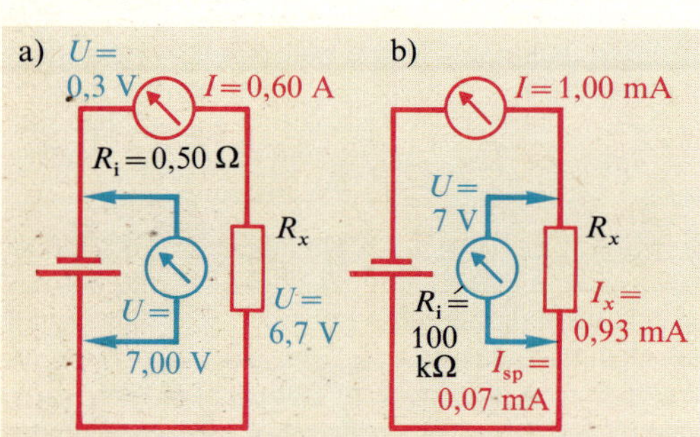

28.2 a) Spannungsfehler- b) Stromfehler-Schaltung

6. Meßbereichserweiterung von Instrumenten

Ein Meßwerk habe 100 Ω Widerstand und zeige bei 1 mA Vollausschlag. Um den Meßbereich auf 1 A zu erweitern, leitet man 999 mA an ihm durch einen *Nebenwiderstand* vorbei. – Bei Vollausschlag zeigt dieses Meßwerk die Spannung $U = I\,R = 0{,}1$ V an. Ein *Vorwiderstand* von 900 Ω erweitert den Bereich auf 1 V, indem er R auf 1000 Ω vergrößert.

7. Wer mißt, der stört

a) *Strommesser* haben selbst einen Widerstand R_i. Er sinkt, wenn man den Meßbereich erweitert, und sei beim Bereich 1 A z.B. $R_i = 0{,}50\ \Omega$. Zeigt der Strommesser auf diesem Bereich $I = 0{,}60$ A an, so liegt an ihm die Teilspannung $U_i = I\,R_i = 0{,}30$ V. In der *Spannungsfehlerschaltung* (c) verfälscht dies die Spannungsmessung.

b) Der Widerstand R_i eines *Spannungsmessers* steigt mit dem Meßbereich. Beim Bereich 10 V habe er den Wert $R_i = 100$ kΩ. Wenn er die Spannung 7,0 V anzeigt, fließt durch ihn der Strom $I_{sp} = 0{,}07$ mA. Dies verfälscht in der *Stromfehlerschaltung* (d) die zu messende Stromstärke.

c) Spannungsfehlerschaltung: Mit den Instrumenten aus (a) und (b) ermittelt man nach *Bild 28.2a* den Widerstand R_x. Die Stromstärke in R_x wird mit 0,60 A richtig angezeigt (Reihenschaltung). Der Spannungsmesser gibt auch die Spannung der Stromquelle mit $U = 7{,}00$ V richtig an. Doch tritt am Strommesser nach (a) die Teilspannung 0,30 V auf. Deshalb ist die Teilspannung an R_x nur noch 7,00 V − 0,30 V = 6,70 V. Mit ihr berechnet man den Widerstand zu $R_x = 6{,}70$ V/0,60 A = 11,2 Ω.

d) Stromfehlerschaltung: Nach *Bild 28.2b* liegt der Spannungsmesser unmittelbar an R_x. Deshalb gibt er die Spannung an R_x ohne systematischen Fehler an (7,00 V). Doch mißt der Strommesser mit 1,00 mA auch noch den Strom I_{sp} durch den Spannungsmesser, der nach (b) $I_{sp} = 0{,}07$ mA ist. Der Strom durch R_x ist nur $I_x = 1{,}00$ mA − 0,07 mA = 0,93 mA. Es folgt $R_x = 7{,}00$ V/0,93 mA = 7,5 kΩ.

8. Das belastete Potentiometer

Versuch 20: Wir messen am Potentiometer nach *Bild 29.1a* zwischen dem Abgriff S und A die Spannung U_2. Legt man nach *Bild 29.1b* ein Lämpchen parallel, so sinkt U_2. Jetzt ist das Potentiometer belastet. Wir können aus R_2 und dem Lämpchenwiderstand R_L einen Ersatzwiderstand R_e bilden. Er ist kleiner als R_2. Deshalb fließt durch den oberen Potentiometerteil R_1 ein stärkerer Strom mit einer größeren Teilspannung. Für den unteren Teil bleibt weniger Spannung übrig; dort sinkt die Spannung beim Belasten. Sie sehen hier, wie man sich Probleme durch Berechnen des Ersatzwiderstands vereinfacht.

Aufgaben

(Lämpchenwiderstand sei konstant)

1. a) Drei Widerstände (5,0 Ω; 10 Ω; 20 Ω) sind hintereinandergelegt. Welche Spannung U_0 braucht man für $I=2{,}0$ A? Wie verhalten sich die Wärmeleistungen? **b)** Wie groß ist die Gesamtstromstärke beim Parallelschalten dieser drei Widerstände an $U_0=10$ V? Wie verhalten sich jetzt die Wärmeleistungen in ihnen? **c)** Wie würde sich ein Strom von 2,0 A auf diese drei parallelen Widerstände aufteilen? Wie groß ist jetzt U_0?

2. a) Der Widerstand eines Kohlekörnermikrofons ändert sich beim Sprechen zwischen 500 Ω und 1000 Ω. Es ist mit dem Widerstand $R_V=200$ Ω in Reihe an $U_0=4$ V gelegt. In welchem Bereich ändern sich Stromstärke I und Teilspannung U_V an R_V beim Sprechen? **b)** Man legt ein Oszilloskop an R_V. Warum ist die von ihm angezeigte Spannung U_V zu I proportional? **c)** Wie groß ist ΔU am Mikrofon? Warum legt man das Oszilloskop nicht an das Mikrofon oder die Spannungsquelle U_0? **d)** Warum zeigt das Oszilloskop primär Spannungen und nicht Stromstärken an?

3. a) In den Ketten für die Christbaumbeleuchtung (220 V) sind 10 bzw. 16 Lampen zu je 3 W Nennleistung in Reihe gelegt. Wie groß sind die Teilspannungen einer Lampe und die Stromstärke? **b)** Eine Lampe der kurzen Kette wird in die lange eingesetzt. Berechnen Sie Teilspannung und Leistung dieser Lampe!

4. Zwei 4 V-Lämpchen für 0,1 A und 0,2 A werden parallel gelegt. Wie groß ist der Ersatzwiderstand? In Reihe damit kommt ein 6 V; 0,3 A-Lämpchen. Das ganze wird an 10 V gelegt. Geht das gut? Berechnen Sie Stromstärken und Lampenleistungen und vergleichen Sie mit den Nennwerten!

5. a) In Bild 28.2b hat der Spannungsmesser beim Meßbereich 100 V den Innenwiderstand $R_i=2{,}5$ MΩ und zeigt 90 V an, der Strommesser 0,100 mA. Wie stark ist der Strom in R_x und wie groß ist R_x? Muß man den Widerstand des Strommessers kennen? **b)** In Bild 28.2a zeigt der Spannungsmesser 9,50 V, der Strommesser ($R_i=0{,}50$ Ω) den Strom $I=0{,}850$ A an. Wie groß ist hier R_x? Welche Spannung liegt an R_x?

6. Bei großen Widerständen ist Schaltung 28.2a, bei kleinen 28.2b bequemer, da man auf Korrekturen verzichten kann. Begründen Sie dies!

7. Eine Taschenlampenbatterie hat $U_0=4{,}5$ V Leerlaufspannung; bei Kurzschluß fließen 3,0 A. Wie groß ist ihr Innenwiderstand R_i? Wie groß ist die Klemmenspannung U_{Kl}, wenn man ein Lämpchen mit 4 V; 0,6 A Nennwert anlegt?

8. a) Ein E-Werk gibt die Spannung 250 V ab. Ein Abnehmer ist durch eine 3,0 km lange Doppelleitung aus Kupfer angeschlossen und will bei einer Stromstärke von 20 A die Spannung $U_{Kl}=220$ V. Wie groß muß der Leitungsquerschnitt sein? Welche Leistung entnimmt der Verbraucher, wieviel gibt das Werk ab? Welche Wärme entsteht je Stunde in der Leitung bei 20 A? Wieviel % der E-Werk-Leistung gehen verloren? **b)** Die in a) vom Verbraucher aufgenommene Leistung soll in der gleichen Leitung bei 220 kV übertragen werden. Wie groß sind dann Stromstärke sowie Spannungs- und Leistungsverluste in der Leitung?

9. Ein Verstärker hat den Innenwiderstand 5,0 Ω und die Leerlaufspannung $U_0=20$ V. **a)** Zeichnen Sie das $U(I)$- und das $P(I)$-Diagramm gemäß Bild 28.1! **b)** Wie groß ist der Kurzschlußstrom I_{max}, wie groß U_{Kl} bei 1,0 A? Welche Leistung gibt der Verstärker ab? **c)** Welches ist die größte entnehmbare Leistung P_{opt}? Welchen Widerstand hat dabei der angeschlossene Lautsprecher? **d)** Welche Leistung würden zwei solche Lautsprecher bei Parallel- bzw. Hintereinanderschaltung entnehmen?

10. Zeigen Sie durch Ableiten der $P(I)$-Funktion in Ziffer 5 nach I, daß die Leistungsanpassung bei der halben Kurzschlußstromstärke auftritt!

11. a) Ein elektrisches Meßwerk zeigt Vollausschlag bei 1 mA und hat 100 Ω Widerstand. In welchem Bereich kann man mit ihm Spannungen messen? Wie geht man vor, um den Meßbereich auf 1 V; 10 V; 100 V zu erweitern? **b)** Welchen Meßbereich hat das Meßwerk in (a) als Strommesser? Er soll nun durch einen Zusatzwiderstand auf 2,0 mA bzw. 2,0 A erweitert werden. Wie ist er zu schalten; wie groß muß er sein? Wie groß ist jeweils der Ersatzwiderstand, der sich bei einer Strommessung im Kreis auswirkt?

12. a) Beim Potentiometer nach Bild 29.1 liegt die Spannung $U_0=10$ V am Widerstand $R=R_1+R_2=100$ Ω. Welche Spannung U_2 nimmt der Abgriff S an $R_2=60$ Ω ab, wenn S stromlos ist (unbelastetes Potentiometer)? **b)** Nun wird das Lämpchen mit $R_L=50$ Ω dazugeschaltet, das Potentiometer also belastet. Warum sinkt U_2? Berechnen Sie den Ersatzwiderstand R_e von R_2 und R_L und den Gesamtwiderstand der Schaltung (R_e+R_1)! Welchen Strom liefert jetzt die Quelle? Welche Spannung U_e fällt an R_e ab (Vergleich mit a), welcher Strom fließt im Lämpchen?

13. Wenn man in einem Badezimmer den Heizstrahler einschaltet, werden die Lampen etwas dunkler. Jemand sagt, der Strahler würde ihnen Strom stehlen. Nehmen Sie dazu Stellung!

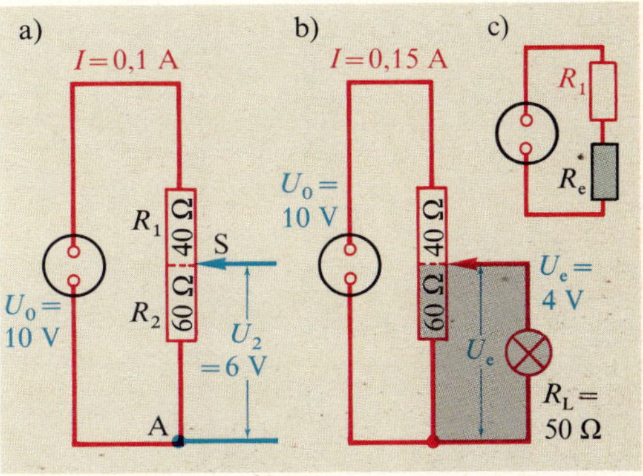

29.1 a) Unbelastetes Potentiometer; b) belastet

§ 9 Flächendichte der Ladung

1. Dichtere Ladung – stärkeres Feld?

Wie hängt die Stärke eines Kondensatorfeldes von seiner Ursache, den felderzeugenden Ladungen $\pm Q$ ab? Diese werden von Feldkräften auf die Innenseiten der Platten gezogen und bilden dort zwei dünne *Ladungsfilme*.

Versuch 21: Wir messen zunächst, wie dicht die Ladung in diesen Filmen sitzt; dazu halten wir eine dünne Testplatte mit der Fläche A' nach *Bild 30.1* auf die Innenseite der negativ geladenen rechten Platte. Feldkräfte ziehen die auf der Fläche A' (rot) sitzenden Elektronen auf die Testplatte. Mit ihr heben wir diese Elektronen ab und messen ihre Ladung $-Q'$ am Meßverstärker (Vorsicht: Platten nicht verkanten, sonst Feldverzerrung!). Überall wo das Feld homogen ist, entnehmen wir an beiden Kondensatorplatten gleich große Ladungen $+Q'$ bzw. $-Q'$. Also sitzen die felderzeugenden Ladungen dort gleich dicht, wo die Feldlinien gleich dicht enden. Im schwachen Feld an den Außenseiten finden wir dagegen kaum Ladung. – Benutzen wir zwei Testplatten nebeneinander, so heben wir auf der doppelten Fläche A' auch die doppelte felderzeugende Ladung Q' ab. Der Quotient $\sigma = Q'/A'$ ist also im homogenen Feldbereich konstant. Er gibt die *Dichte σ der Flächenladungen* an.

> ***Definition:* Die Flächendichte σ einer über die Fläche A gleichmäßig verteilten Ladung Q ist der Quotient**
>
> $$\sigma = Q/A; \quad [\sigma] = \text{C m}^{-2}. \qquad (30.1)$$

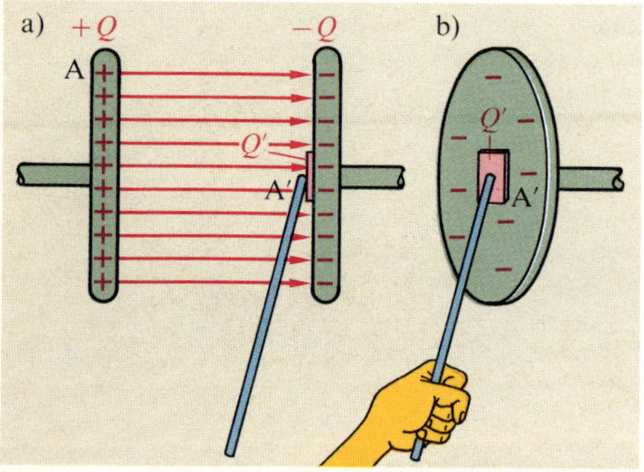

30.1 Messung der Flächendichte $\sigma = Q/A$

Versuch 22: **a)** Wir halbieren nun die Spannung U zwischen den Platten bei konstantem Abstand d. Mit der Feldstärke $E = U/d$ sinkt auch die gemessene Flächendichte σ auf die Hälfte.

b) Wenn wir dann bei halber Spannung auch noch den Plattenabstand d halbieren, steigen $E = U/d$ und die gemessene Flächendichte σ wieder auf den ursprünglichen Wert. σ ist also der Feldstärke E (nicht U) proportional: $\boldsymbol{\sigma \sim E}$.

Bei der doppelten Ladungsdichte σ zeichnen wir auch die Feldlinien doppelt so dicht und veranschaulichen so die doppelte Feldstärke E. Nun verstehen wir, warum in Versuch 13c beim Auseinanderziehen der geladenen und isolierten Platten die Feldstärke E konstant blieb und die Spannung U anstieg: da die Ladung nicht abfließen konnte, änderten sich ihre Dichte σ und die Feldstärke E nicht. E nimmt erst ab, wenn bei zu großem Plattenabstand die Feldlinien nach außen drängen und ihre Dichte im inhomogenen Bereich sinkt.

Die grundlegende Proportionalität zwischen der Dichte σ der felderzeugenden Ladung und der Feldstärke E schreiben wir als Gleichung $\boldsymbol{\sigma = \varepsilon_0 E}$. Der Faktor $\boldsymbol{\varepsilon_0}$ heißt **elektrische Feldkonstante**. Wie groß ist sie?

Versuch 23: Zwischen zwei Kondensatorplatten mit dem Abstand $d = 6{,}0$ cm liegt die Spannung $U = 6{,}0$ kV und erzeugt die Feldstärke $E = U/d = 1{,}0 \cdot 10^5$ V m^{-1}. Mit einer Testplatte ($A' = 48$ cm^2) heben wir die Ladung $Q' = 4{,}2 \cdot 10^{-9}$ C ab. Die Ladungsdichte $\sigma = Q'/A' = 8{,}8 \cdot 10^{-7}$ C m^{-2} liefert die Feldkonstante

$$\varepsilon_0 = \frac{\sigma}{E} = \frac{8{,}8 \cdot 10^{-7}\ \text{C m}^{-2}}{1{,}0 \cdot 10^{5}\ \text{V m}^{-1}} = 8{,}8 \cdot 10^{-12}\ \text{C (Vm)}^{-1}.$$

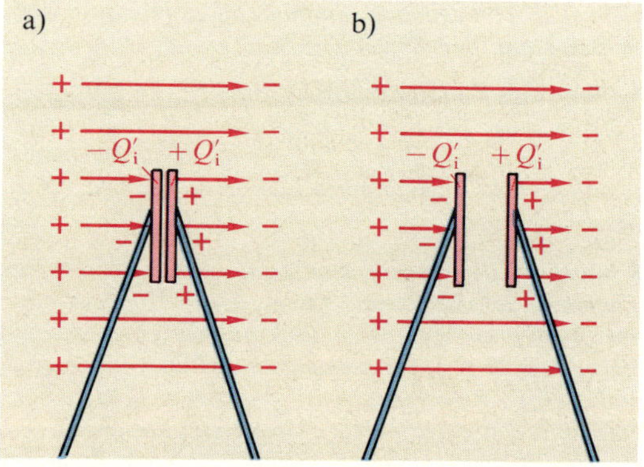

30.2 Messung der Dichte influenzierter Ladung

Die Flächendichte σ der felderzeugenden Ladung eines homogenen Feldes ist seiner Feldstärke E proportional. In Luft gilt $\sigma = \varepsilon_0 E$ mit der elektrischen Feldkonstanten

$$\varepsilon_0 = 8{,}85 \cdot 10^{-12}\ \mathrm{C\,(Vm)^{-1}}. \qquad (31.1)$$

2. Stärkeres Feld – dichtere Influenzladung?

Versuch 24: Wir halten nach *Bild 30.2* zwei Testplatten mitten ins Feld, senkrecht zu den Feldlinien. In den Platten wird Ladung verschoben. Auf ihrer linken Oberfläche bildet sich die Influenzladung $-Q_i'$, auf der rechten die gleich große $+Q_i'$ (die Ladungssumme bleibt Null). Nach dem Trennen der Platten im Feld zeigt sich, daß die Influenzladung Q_i' die gleiche Flächendichte σ wie die Kondensatorladungen aufweist. Dies ist nicht selbstverständlich: Liegt doch die linke Testplatte näher an der Plusladung $+Q$ der linken Kondensatorplatte als die rechte Kondensatorplatte. Das homogene Feld hat aber überall die gleiche Feldstärke E; dies führt zur gleichen Dichte $\sigma = \varepsilon_0 E$ der influenzierten Ladung. Also kann man die Feldstärke mit solchen Testplatten bestimmen, wenn sie senkrecht zu den Feldlinien stehen. Sonst wird das Feld erheblich verzerrt.

Aufgaben

1. *Zwischen zwei Kondensatorplatten mit dem Abstand* 5,0 cm *und je* 450 cm² *Fläche liegt die Spannung* $U =$ 10 kV. **a)** *Wie groß sind Feldstärke E und Flächendichte σ der felderzeugenden Ladungen? Welche Ladung trägt jede Platte?* **b)** *Wie ändern sich diese Werte, wenn man die Platten* **A)** *bei konstanter Plattenladung (Platten isoliert),* **B)** *bei konstanter Spannung (Quelle angeschlossen) auseinanderzieht?* **c)** *Welche Spannung muß man bei* $d = 5{,}0$ cm *zwischen die Platten legen, damit sie* 10 nC *tragen?*

2. *Man hat mit Flammensonden (Versuch 15c und Bild 22.1) ermittelt, daß bei schönem Wetter die Spannung gegen den negativ geladenen Erdboden um* 1300 V *zunimmt, wenn man jeweils* 10 m *höher steigt.* **a)** *Wie groß ist die Feldstärke und die Flächendichte der Ladung an der Erdoberfläche?* **b)** *Welche Ladung hätte die Erdkugel mit Radius* 6370 km *(überall schönes Wetter)?* **c)** *Welche Ladung trägt ein Metallflachdach von* 300 m² *Fläche, welche ein Sonnenanbeter (*1 m²*)?*

3. a) *Darf man aus obigen Versuchen die Proportionen* $\sigma \sim U$ *oder* $Q \sim E$ *verallgemeinern (ohne Nebenbedingungen)?* **b)** *Wären die beiden Platten nach Bild 30.2 in einem radialen Feld auch gleich stark geladen?*

§10 Die Coulomb-Kraft

1. Muß die Zentralladung punktförmig sein?

Wir wenden uns nun den **radialen Feldern** um *Zentralladungen* zu, also den Feldern um geladene Kugeln oder um Atomkerne.

Versuch 25: a) Eine isoliert stehende Kugel mit dem Radius R trägt die Ladung Q. Mit einem geladenen Pendelkügelchen bestimmen wir die Kraft F auf seine Ladung q im radialen Feld von Q. Sie steigt mit sinkendem Abstand r der beiden Mittelpunkte *(Bild 32.1)*.

b) Ändert sich diese Kraft F, wenn wir die Zentralladung Q um ihren Mittelpunkt M aufblähen? Manche Teile von Q nähern sich dabei der Pendelladung q, andere entfernen sich. Statt die Kugel aufzublähen, ist es nach *Bild 31.1* einfacher, zwei an langen Isolierstielen gehaltene Halbkugeln über die große Kugel zu stülpen und zu einer Kugel mit größerem Radius R zusammenzusetzen. Sie erhält durch Berühren von innen die Zentralladung Q. Dabei ändert sich der Pendelausschlag nicht. Die Feldstärke E wie auch die Dichte der Feldlinien bleiben außerhalb der Kugel unverändert. Man könnte die Zentralladung Q sogar auf ihren Mittelpunkt M schrumpfen lassen.

Die Oberfläche einer Kugel sei gleichmäßig mit der Zentralladung Q eines radialen Feldes belegt. Die Feldstärke E hängt vom Abstand r zum Kugelmittelpunkt, nicht aber vom Kugelradius R ab. Die Zentralladung Q könnte in einem Punkt konzentriert sein.

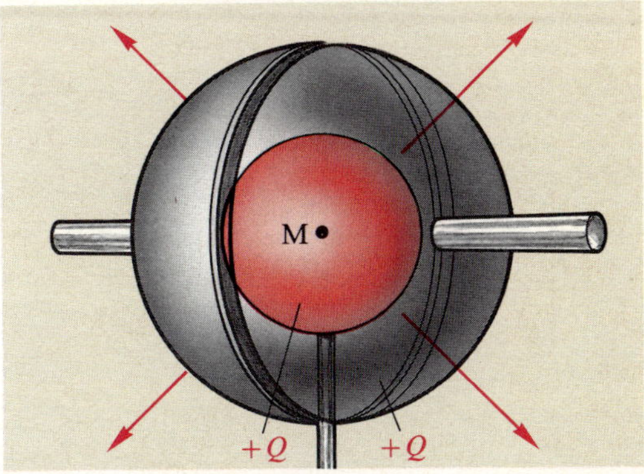

31.1 Unabhängigkeit der Feldstärke E vom Radius R der Zentralladung Q

2. Das Coulomb-Gesetz für Coulomb-Felder

Können wir die Feldstärke *radialer* Felder mit den Gesetzen für *homogene* berechnen? Das Schwerefeld der Erde gibt einen Fingerzeig: Obwohl es im ganzen radial ist, können wir es etwa in einem Zimmer als homogen ansehen. Deshalb denken wir in *Bild 32.1* die geladene Kugel K bis unmittelbar vor den Punkt P aufgeblasen. Er hat vom Kugelmittelpunkt M den Abstand r. Dies ändert nach Versuch 25 b die Feldstärke E in P nicht. In einem hinreichend kleinen Bereich um P ist also das Feld homogen, die Gleichung $\sigma=\varepsilon_0 E$ anwendbar. Die Zentralladung Q hat sich beim Aufblähen auf die Oberfläche $A=4\pi r^2$ verteilt. Ihre Flächendichte ist auf $\sigma=Q/A=Q/(4\pi r^2)$ gesunken. Damit beträgt die Feldstärke $E=\sigma/\varepsilon_0$:

$$E=\frac{Q}{A\,\varepsilon_0}=\frac{Q}{4\pi\,\varepsilon_0\,r^2}$$

$$=9\cdot 10^9\ \mathrm{N\,m^2\,C^{-2}}\,\frac{Q}{r^2}=k\,\frac{Q}{r^2}. \qquad (32.1)$$

Die Ladung q erfährt im Abstand r vom Mittelpunkt der Zentralladung Q die Kraft $F=E\,q$. Daraus folgt das **Coulomb-Gesetz** für radiale Felder, auch *Coulomb-Felder* genannt (*Ch. Coulomb,* franz. Physiker, 1736–1806).

$$F=\frac{1}{4\pi\,\varepsilon_0}\,\frac{Q\,q}{r^2}=k\,\frac{Q\,q}{r^2} \qquad (32.2)$$

Die Kraft zwischen zwei punktförmigen oder kugelsymmetrischen Ladungen ist dem Produkt dieser Ladungen und dem Kehrwert $1/r^2$ des Abstandsquadrats der Kugelmitten proportional. Der Proportionalitätsfaktor ist in Luft

$$k=1/(4\pi\,\varepsilon_0)=9\cdot 10^9\ \mathrm{N\,m^2\,C^{-2}}.$$

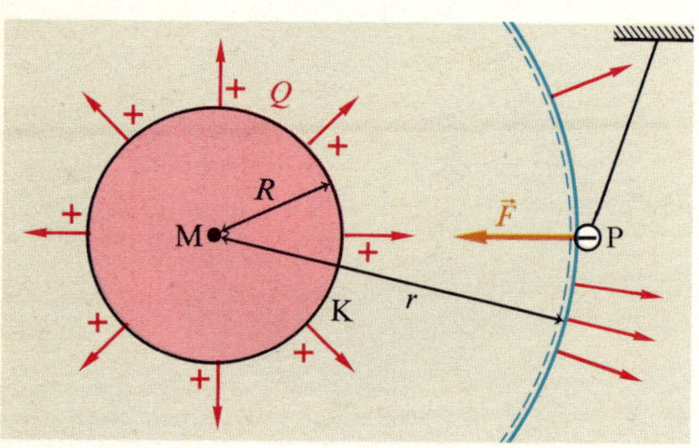

32.1 Berechnung der Feldstärke E im radialen Feld aus den Gesetzen des homogenen Feldes

Man vergleiche mit dem *Gravitationsgesetz* $F=G^*\,M\,m/r^2$. Die Gravitationskonstante $G^*=6{,}7\cdot 10^{-11}\ \mathrm{N\,m^2\,kg^{-2}}$ ist im Coulomb-Gesetz durch $k=9\cdot 10^9\ \mathrm{N\,m^2\,C^{-2}}$ ersetzt. Zwei ungleichnamige Ladungen von je 1 C im Abstand $r=1$ m würden sich also mit der Kraft $F=9\cdot 10^9$ N anziehen (sie könnten die Cheopspyramide heben!), zwei Massen von je 1 kg dagegen nur mit $6{,}7\cdot 10^{-11}$ N! Die Coulomb-Kraft zieht also auch sehr kleine, entgegengesetzte Ladungen an. Wenn irgendmöglich vereinigen und neutralisieren sie sich. Deshalb sind die meisten Körper elektrisch neutral. Wenn man Q und q vertauscht, bleibt die Kraft F unverändert; auch bei Coulomb-Kräften sind *actio und reactio* gleich groß.

Feldlinien veranschaulichen das Coulomb-Gesetz: Im doppelten Abstand vom Mittelpunkt einer Zentralladung durchsetzen die von ihr ausgehenden Feldlinien eine Kugelschale von 4facher Fläche; die Feldliniendichte sinkt auf den 4ten Teil – genau wie die Feldstärke E. Der Radius der Zentralladung spielt dabei keine Rolle. Auch hier bewährt sich die Benutzung von Feldlinien.

Versuch 26: Um das wichtige Coulomb-Gesetz zu bestätigen, muß man den Abstand r der Kugelmitten in *Bild 32.1* genau messen (r^2 tritt auf). Da ein Maßstab das Feld verzerrt, mißt man r aus größerer Entfernung (etwa am Bildschirm eines Fernauges). Verdoppelt man r, so sinkt F auf $\frac{1}{4}$ usw. Ladungsmessungen bestätigen den Faktor $k=9\cdot 10^9\ \mathrm{N\,m^2\,C^{-2}}$.

3. Grundkräfte, die unsere Welt regieren

a) In den *Atomen* ziehen sich Protonen und Elektronen mit Coulomb-Kräften an. Die Gravitationskraft ist ihnen gegenüber völlig vernachlässigbar (Aufgabe 1). Die Atomkerne versammeln i.a. so viele Elektronen um sich, daß die Körper meist aus elektrisch neutralen Atomen und Molekülen bestehen. Diese neutralen Bausteine ziehen sich nur mit geringen Kräften an. Deshalb lösen sich die Körper beim Erhitzen meist in Atome oder Moleküle auf, die als Gas frei herumfliegen. – Die Kräfte, welche im Atomkern die gleichnamig geladenen Protonen zusammenhalten, gehorchen nicht dem $1/r^2$-Gesetz (Seite 422).

b) Die *Fixsterne* werden trotz hoher Temperaturen zusammengehalten. Bei großen Himmelskörpern werden nämlich die Gravitationskräfte stark. Sie lassen sich dabei weder neutralisieren noch abschirmen. So wirken sie auch über große Entfernungen im Weltraum. Gravitationskräfte halten unser Sonnensystem, ja sogar die rotierende Milchstraße zusammen.

4. Coulomb-Kräfte regieren die Elektrostatik

Alle Ladungen sind aus Protonen (+) und Elektronen (−) aufgebaut. Deshalb kann man *beliebige* elektrostatische Felder mit dem Coulomb-Gesetz verstehen und berechnen:

In *Bild 33.2a* betrachten wir die Feldstärken $\vec{E}_1$ und $\vec{E}_2$ zweier gleich großer, entgegengesetzter Einzelladungen $+Q$ und $-Q$. Die *Resultierende* $\vec{E}$ gibt den Feldlinienverlauf wieder. Die Feldstärken zweier gleicher Ladungen $+Q$ in *Bild 33.2b* sind auf der Mittelebene wegen des gleichen Abstandes a gleich groß. Eine Probeladung q erfährt dort die resultierende Kraft $\vec{F}$ in der Mittelebene nach außen. Dorthin zeigt auch die Feldstärke $\vec{E}$.

Bei komplizierteren Ladungsverteilungen übernimmt ein Computer die mühsame Vektoraddition. In *Bild 33.1* hat er mit dem Coulomb-Gesetz die Feldlinien um zwei punktförmige, gleichnamige Ladungen gezeichnet (ähnlich den Kräften auf Himmelskörper mit dem analogen Gravitationsgesetz). Die linke Ladung $+3Q$ ist dreimal so stark wie die rechte (Q) und drängt deren Feldlinien (rot) nach rechts. Die blauen Linien stehen senkrecht zu den Feldlinien und sind die *Äquipotentiallinien* des Feldes. – Genau so kann man die Feldstärke von Ladungen, die auf einer Kugelschale *(Bild 31.1* und *32.1)* gleichmäßig verteilt sind, für einen beliebigen Punkt P vom Computer vektoriell addieren lassen. Liegt P *außerhalb* der Kugelschale, so erhält man die gleiche Feldstärke, als ob die gesamte Kugelladung im Kugelmittelpunkt M vereinigt wäre (Versuch 25b). Liegt P dagegen irgendwo *innerhalb* der Schale, so ist die resultierende Feldstärke Null (Inneres eines *Faraday-Käfigs*). Bei kleinen Abweichungen vom Coulomb-Gesetz, etwa bei $F \sim 1/r^{1,95}$, liefert der Computer bereits erhebliche Abweichungen von der Erfahrung.

Superpositionsgesetz: **Die von verteilten Ladungen Q_i in einem Punkt erzeugten Feldstärken $\vec{E}_i$ addieren sich vektoriell zum resultierenden Feldstärkevektor $\vec{E}$. In der Elektrostatik kann man alle Felder aus Coulomb-Feldern vektoriell zusammensetzen.**

Aufgaben

1. a) *Berechnen Sie den Faktor k im Coulomb-Gesetz samt Einheit! Mit welcher Kraft stoßen sich zwei gleichnamige Ladungen von je* 1 μC *bei* 1 m *Abstand ab?* **b)** *Wie groß sind zwei gleiche Ladungen, die sich bei* 10 cm *Abstand mit* 2,0 cN *abstoßen?* **c)** *Im H-Atom haben Kern und Elektron die Ladung* $1{,}6 \cdot 10^{-19}$ C. *Wie groß ist die elektrische Anziehungskraft* F_{el} *beim Abstand* $5{,}3 \cdot 10^{-11}$ m*? Wie groß ist die Gravitationskraft* F_G*, wie groß der Quotient* F_G/F_{el}*? Hängt er vom Abstand ab? (Tabelle Seite 426)*

2. *Wie groß ist die Feldstärke in* 30 cm *Entfernung von der Punktladung* 1,0 nC*? Welche Kraft erfährt dort eine gleich große Ladung? Welche Ladung würde die Kraft* 10 μN *erfahren?*

3. *Die Kugel eines Bandgenerators trägt* 0,1 μC. *Wie groß ist die Feldstärke in* 80 cm *Abstand vom Kugelmittelpunkt? Welche Ladungen werden dort auf zwei Testplatten (*40 cm²* Fläche) influenziert, die senkrecht zum Feld stehen?*

4. a) *Zwei gleiche Kügelchen (*0,50 g*) sind an* 1,0 m *langen, oben am selben Punkt befestigten Fäden aufgehängt und tragen gleiche Ladungen. Ihre Mitten haben wegen der Abstoßung* 20 cm *Abstand. Wie groß sind ihre Ladungen?* **b)** *Das rechte Kügelchen trage doppelt so viel Ladung wie das linke. Erfahren sie dann beide auch die gleiche Auslenkung? Welche Ladung trägt jetzt jedes Kügelchen bei* 20 cm *Abstand ihrer Mitten?* **c)** *Die Masse des rechten Kügelchens werde auf* 1,0 g *verdoppelt. Was gilt für die Abstände der Kugelmittelpunkte vom Lot des Aufhängepunkts? Hat das Ladungsverhältnis einen Einfluß? Begründen Sie!*

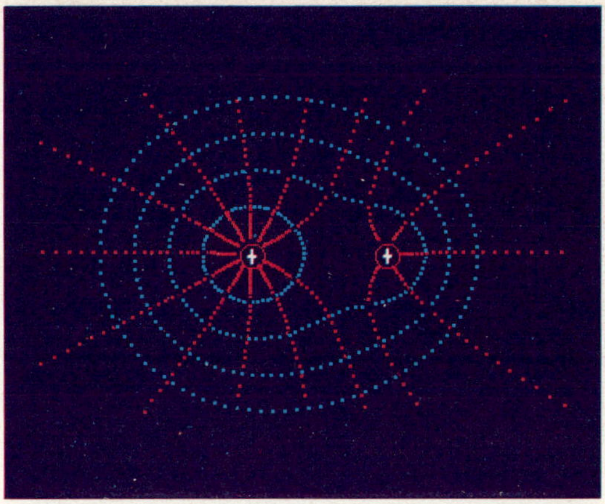

33.1 Computerbild von Feld- und Äquipotentiallinien zweier gleichnamiger Ladungen $+3\,Q$ und $+Q$

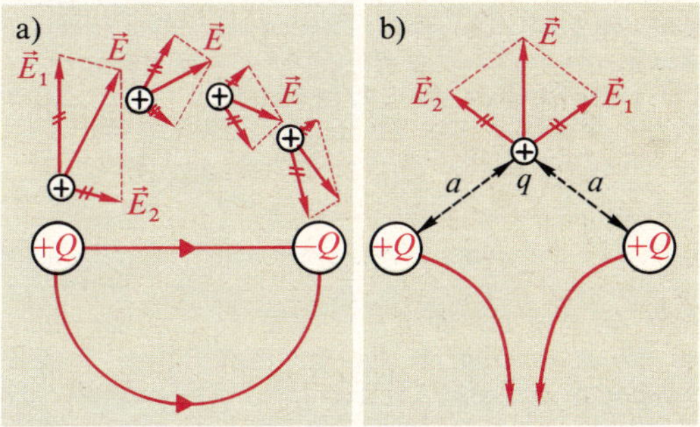

33.2 Vektorielle Addition von Feldstärken a) bei ungleichnamigen, b) bei gleichnamigen Ladungen

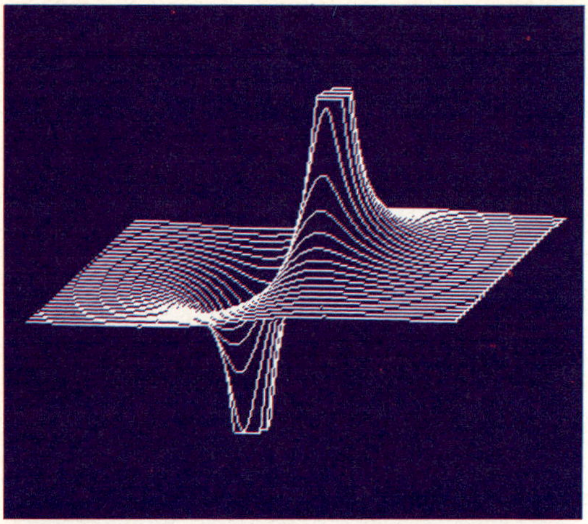

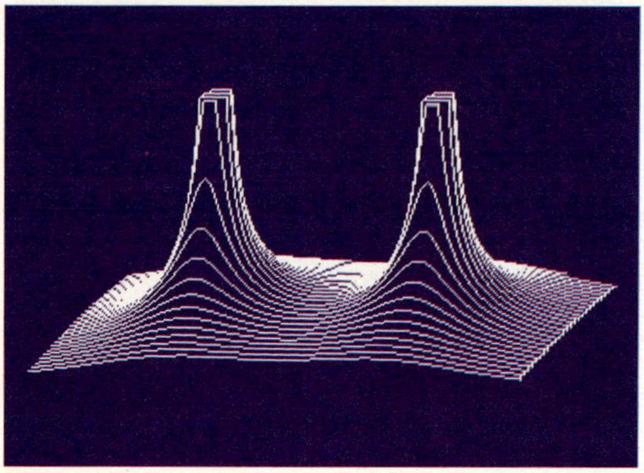

34.1 Oben Potentialberg von $+Q$ und Potentialtrichter von $-Q$; unten Potentialberge um gleiche Ladungen Q (jeweils vom Computer gezeichnet)

5. *Wie ändern sich Feldliniendichte und Feldstärke an der Oberfläche, wenn man* **a)** *die Ladung eines runden Plattenkondensators* **b)** *einer Kugel verdoppelt?* **c)** *Wie ändern sich Feldliniendichte und Feldstärke, wenn man bei beiden außerdem noch den Radius verdreifacht?*

6. a) *Die kugelförmigen Ladungen* $Q_1 = +10$ nC *und* $Q_2 = +4\,Q_1$ *haben den Abstand* 0,50 m *voneinander. In welchem Punkt ihrer Verbindungslinie ist die resultierende Feldstärke Null? Wo sind die beiden Feldstärken gleich groß und gleich gerichtet?* **b)** *Wie groß ist die Feldstärke in der Mitte zwischen beiden, wenn* $Q_2 = -4\,Q_1$ *beträgt? Wo sind ihre Feldstärken gleich groß und gleich bzw. entgegengesetzt gerichtet?*

7. *Ein Pendelchen (*0,50 g, *Faden* 1,0 m *lang) wird von einer geladenen Kugel um* $s = 0{,}10$ m *ausgelenkt und hat von ihrem Mittelpunkt den Abstand* 0,40 m. *Wie groß ist die Feldkraft? Die Ladung der Kugel ist 20mal so groß wie die des Pendelchens. Welche Ladung tragen beide? Wie groß ist die Feldstärke am Pendelkörper, wie groß an der Kugeloberfläche (*4,0 cm *Radius)? Führt diese Feldstärke zu einem Funkenüberschlag (Tabelle 16.1)?*

§11 Coulomb-Potential

1. Spannungen an der Bandgeneratorkugel

Eine Bandgeneratorkugel trägt die positive Ladung $+Q$. Sie stößt eine mit $+q$ gleichnamig geladene Watteflocke ab, die nach *Bild 34.2* längs einer Feldlinie von Punkt 1 (Radius r_1) nach 2 (Radius r_2) fliegt. Die dabei durchlaufene Spannung berechnen wir über die Arbeit der Feldkraft $F = Q\,q/(4\,\pi\,\varepsilon_0\,r^2)$ dieses Coulomb-Feldes. Da die Kraft F von r abhängt, zerlegen wir den Weg in so kleine Elemente Δr_i, daß auf ihnen F_i hinreichend konstant ist und die Teilarbeit $\Delta W_i = F_i\,\Delta r_i$ verrichtet. Ihre Summe ist die gesamte Arbeit $W_{1,2}$ der Feldkräfte. Bei beliebigem Verfeinern der Wegeinteilung ($\Delta r_i \to 0$) folgt als Grenzwert

$$W_{1,2} = \int_{r_1}^{r_2} F(r)\,\mathrm{d}r = \frac{Q\,q}{4\pi\,\varepsilon_0}\int_{r_1}^{r_2}\frac{\mathrm{d}r}{r^2} = \frac{Q\,q}{4\pi\,\varepsilon_0}\left(\frac{1}{r_1}-\frac{1}{r_2}\right).$$

Aus der Arbeit folgt die Spannung U zwischen Punkt 1 und 2 im radialen Feld von Q zu:

$$\boldsymbol{U = \frac{W_{1,2}}{q} = \frac{Q}{4\,\pi\,\varepsilon_0}\left(\frac{1}{r_1}-\frac{1}{r_2}\right).} \qquad \textbf{(34.1)}$$

Dies gilt auch, wenn man die Punkte 1 und 2 auf gedachten Kugelschalen mit Radius r_1 bzw. r_2 verschiebt; die Schalen sind ja Äquipotentialflächen. U hängt nur von r_1, r_2 und Q ab. Durchläuft also q in diesem Coulomb-Feld beliebige, *geschlossene Umlaufwege*, so ist $r_1 = r_2$, die *Umlaufarbeit* $W_{1,2}$ Null. Auf solchen Umläufen wird Energie insgesamt weder frei noch benötigt. Dies gilt bei allen elektrostatischen Feldern und dem Gravitationsfeld *(Bild 35.2)*. Man nennt sie **Potentialfelder**.

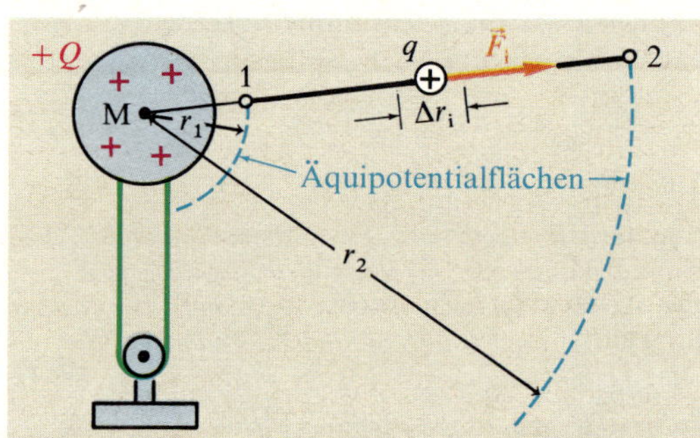

34.2 Transportarbeit im Coulomb-Feld von 1 nach 2

2. Das Coulomb-Potential

Wir berechnen nun das **elektrische Potential** $\varphi = W/q$ eines Punktes 1, d.h. seine Spannung gegenüber einem *Nullniveau NN*. Diese Rechnung wird nach *Gl. 34.1* einfach, wenn wir den Punkt 2 als Nullniveau ins Unendliche legen ($r_2 \to \infty$; $1/r_2 \to 0$). Das Potential φ aller Punkte der Zentralkugel mit Radius r_1 ist dann ihre Spannung $U = (4\pi\varepsilon_0)^{-1} Q/r_1$ gegen das Unendliche; es wird hier näherungsweise von Wänden und Boden („Erde") des Saals gebildet (Aufgabe 1). Für beliebige Feldpunkte gilt:

Das Potential φ eines Punkts mit Abstand r vom Mittelpunkt einer Zentralladung Q ist seine Spannung U_∞ gegen Unendlich:

$$\varphi = U_\infty = \frac{1}{4\pi\varepsilon_0}\frac{Q}{r}. \qquad (35.1)$$

Das Potential $\varphi = W/q$ um eine positive Zentralladung $+Q$ ist also positiv, um eine negative $-Q$ negativ (Berg bzw. Tal in *Bild 34.1*). Energieänderungen dagegen hängen auch vom Vorzeichen der bewegten Ladung q ab. Wir betrachten dann besser die Arbeit der Feldkräfte:

a) Beide Ladungen Q und q sind gleichnamig, $Q\,q > 0$. Die Zentralladung Q stößt q vom Punkt 1 mit dem Potential φ ins Unendliche ($\varphi = 0$). Das System gibt dann die Energie $W_{el} = \varphi\, q \sim Qq > 0$ ab („Abstoßung vom Berg" in *Bild 35.1*).

b) Die Ladungen sind ungleichnamig (etwa ein Elektron im Feld des Atomkerns). Jetzt sinkt die elektrische Energie des Systems, wenn die Zentralladung Q die Probeladung aus großer Ferne heranzieht („Anziehung ins Tal").

Beispiel: Die Kugel eines Bandgenerators mit 10 cm Radius sei gegen weit entfernte Wände mit der Spannung $U = 10^5$ V positiv geladen. Alle Kugelpunkte haben das Potential $\varphi = +10^5$ V. Fliegt von ihnen eine Watteflocke mit $q = +1$ nC weit weg, so verrichten an ihr die Feldkräfte die Arbeit $W = \varphi\, q = U\, q = 10^{-4}$ J; die elektrische Energie des Systems sinkt um 10^4 J. Dies gilt auch, wenn beide Ladungen negativ sind ($Q\,q > 0$). Dann hat zwar die Kugel negatives Potential; $W = \varphi\, q$ bleibt jedoch positiv. Wenn dagegen ein Atomkern (Q) ein Elektron ($q < 0$) aus großem Abstand ($\varphi = 0$) anzieht, sinkt die Energie $W = \varphi\, q$ von Null auf negative Werte in *Bild 35.1 b*.

Im doppelten Abstand r vom Kugelmittelpunkt ist das Potential ($\sim 1/r$) auf die Hälfte, die Feldstärke E dagegen ($\sim 1/r^2$) auf ein Viertel gesunken. Im Potential steckt ja neben E auch noch der Weg s.

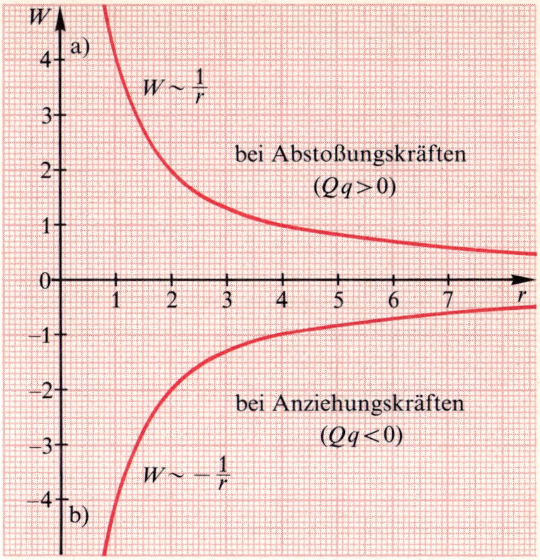

35.1 Energie W: a) bei Abstoßungskräften gleichnamiger Ladungen (vom Berg weg); b) bei Anziehungskräften ungleichnamiger Ladungen (ins Energietal)

Aufgaben

1. a) *Eine Kugel mit Radius* $r_1 = 3{,}0$ cm *trägt die Ladung* $+1{,}0\ \mu$C. *Wie groß ist ihre Spannung gegen Unendlich* ($r_2 \to \infty$), *wie groß gegen* $r_2 = 3{,}0$ m? *Welchen Fehler in % begeht man, wenn man die* 3 m *entfernten Wände als „Unendlich" ansieht?* **b)** *Welches Potential hat die Kugeloberfläche? Wie weit kann man von ihr die Ladung* $-1{,}0$ nC *mit der Energie* $1{,}0 \cdot 10^{-4}$ J *entfernen?*

2. a) *Welchen Radius muß eine mit* 1 µC *geladene Kugel haben, daß sie gegen weit entfernte Wände* 100 kV *Spannung bekommt?* **b)** *Welche Feldstärke E herrscht an ihrer Oberfläche?* **c)** *Diese Feldstärke darf* $3 \cdot 10^6$ V m^{-1} *nicht überschreiten; sonst entsteht ein Blitz. Welche Ladung Q darf man also der Kugel höchstens geben? Welche Spannung besteht dann zwischen ihr und einem Punkt P in* 50 cm *Abstand?* **d)** *Welche Energie wird beim Transport der Ladung* 10 nC *von der Oberfläche nach P in (c) frei?* **e)** *Warum ist die Feldstärke an Spitzen groß?*

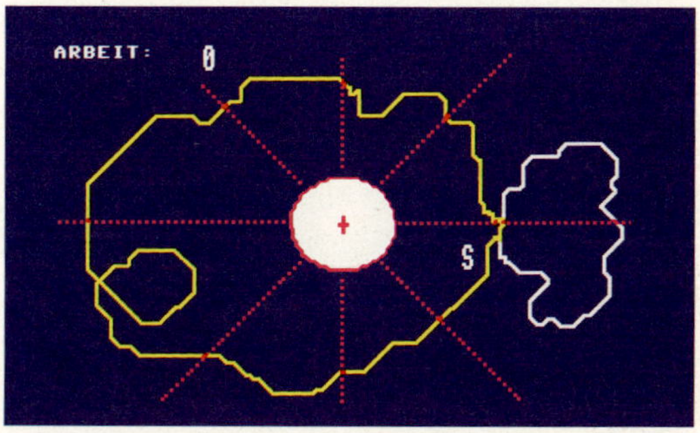

35.2 Umlaufarbeit Null auf zwei Wegen

§ 12 Kondensatoren; Kapazität

1. Wieviel Ladung faßt ein Kondensator?

Bisher haben wir Plattenkondensatoren ihres Feldes wegen benutzt. Nun sind in Radios Kondensatoren so wichtig wie Widerstände – aber nicht um Felder zu erzeugen, sondern um *Ladung zu speichern.* Wieviel nehmen sie auf? Die Ladungsdichte $\sigma = Q/A$ auf ihrer Plattenfläche A beträgt $\sigma = \varepsilon_0\, E = \varepsilon_0\, U/d$. Die Ladung $Q = \sigma\, A = \varepsilon_0\, A\, U/d$ ist also der Spannung U proportional. Deshalb wird der Quotient $C = Q/U$ von U unabhängig; er heißt **Kapazität.**

Versuch 27: a) Zwei Kondensatorplatten der Fläche $A = 450\ \text{cm}^2$ haben den Abstand $d = 2{,}0$ mm. Wir laden sie mit der Spannung U und messen ihre Ladung Q mit dem Meßverstärker. Nach *Tabelle 36.1* ist $Q \sim U$, der Quotient $C = Q/U$, also die Kapazität, beträgt $0{,}2\ \text{nC V}^{-1}$. Bei 1 V hat der Kondensator auf den Platten die Ladung $\pm 0{,}2$ nC, bei 100 V das 100fache.

b) Wir stellen eine Kugel vor eine Metallplatte und legen zwischen beide die Spannung U. Sie nehmen die Ladungen $\pm Q$ auf, die zu U proportional sind. Wir haben also auch in diesem *inhomogenen* Feld einen Kondensator mit der konstanten Kapazität $C = Q/U$ vor uns.

Die Ladungen $+Q$ und $-Q$ auf den beiden Teilen eines Kondensators sind der Spannung U zwischen ihnen proportional.
Definition: **Unter der Kapazität C eines beliebigen Kondensators versteht man den von der Spannung U unabhängigen Quotienten aus Ladung Q und Spannung U:**

$$C = \frac{Q}{U}; \quad [C] = \frac{\text{C}}{\text{V}} = \text{F (Farad)}. \qquad (36.1)$$

Die Einheit Farad wurde nach *M. Faraday* benannt. Meist benutzt man µF, nF oder pF (*Tabelle 10.1*). Ein Kondensator habe die Kapazität $C = 2$ nF und kann wegen Funkenüberschlag nur bis zur Spannung $U_{max} = 5$ kV geladen werden. Er speichert dann die Ladung $Q_{max} = C\, U_{max} = 2 \cdot 10^{-9}\ \text{F} \cdot 5 \cdot 10^3\ \text{V} = 10\ \mu\text{C}$.

U	in V	50	100	150	200
Q	in nC	10	20	30	40
$C = Q/U$	in nF	0,20	0,20	0,20	0,20

Tabelle 36.1 $Q \sim U$; $A = 450\ \text{cm}^2$; $d = 2{,}0$ mm

Nach der obigen Rechnung ist die Kapazität C eines Plattenkondensators $C = Q/U = \varepsilon_0\, A/d$. Sie ist proportional zu $1/d$. Beim Auseinanderziehen isolierter Platten steigt nach Seite 17 die Spannung U. Da Q konstant bleibt, sinkt die Kapazität $C = Q/U \sim 1/d$.

2. Mehr Kapazität durch Isolatoren!

Versuch 28: Wir bringen in den ganzen vom homogenen Feld erfüllten Raum des Kondensators aus Versuch 27a einen guten *Isolator*, etwa eine Glas- oder Hartgummiplatte. Sie erhöht die Kapazität C um einen Faktor ε_r, der bei Glas etwa 5 ist. Man nennt ihn die **Dielektrizitätszahl ε_r** *(Tabelle 37.1)*.

Diese Entdeckung machte *Faraday*. Er schloß daraus, daß auch Isolatoren elektrische Eigenschaften haben, und nannte sie *Dielektrika* (dia, griech.; durch – sie werden vom elektrischen Feld durchsetzt). Auf Seite 40 werden wir ihr Verhalten erklären. Luft erhöht die Kapazität gegenüber dem Vakuum nur geringfügig. Man bezieht ε_r bei genauen Versuchen auf das Vakuum und gibt ihm dort den Wert $\varepsilon_r = 1$.

Definition: **Die Dielektrizitätszahl ε_r gibt die Erhöhung der Kapazität durch ein Dielektrikum an. Im Vakuum ist $\varepsilon_r = 1$.**

Wir fügen nun diese Dielektrizitätszahl ε_r neben ε_0 in die Gleichung $C = \varepsilon_0\, A/d$ für die Kapazität eines Plattenkondensators ein und erhalten:

Die Kapazität C eines Plattenkondensators mit der Fläche A und dem Plattenabstand d ist bei homogenem Feld

$$C = \varepsilon_0\, \varepsilon_r\, \frac{A}{d}. \qquad (36.2)$$

3. Auch die Flächendichte σ steigt mit ε_r

Dielektrika erhöhen die Kapazität $C = Q/U$ und bei konstanter Spannung die Flächendichte der Ladung. Mit $C = Q/U = \varepsilon_0\, \varepsilon_r\, A/d$ und $E = U/d$ ergibt sich für die Flächendichte σ auf Metallplatten am Rande von Dielektrika ebenfalls ein größerer Wert:

$$\sigma = Q/A = \varepsilon_0\, \varepsilon_r\, E. \qquad (36.3)$$

Die Gleichung $E = U/d$ gilt auch im Dielektrikum. Sie geht ja auf die stets gültigen Definitionen $E = F/q$ und $U = W/q = F\,d/q = E d$ zurück. – Nur das vom Feld durchsetzte Dielektrikum, nicht das Material der Kondensatorplatten, beeinflußt die Kapazität. Dies sah *Faraday* als wichtiges Indiz für seine Feldvorstellung. Die Ladungen sitzen ja auf und nicht in den Platten; dazwischen besteht das Feld.

4. Kugeln als Kondensatoren

Aus dem *Coulomb-Gesetz* haben wir auf Seite 35 die Spannung $U = Q/(4\pi\varepsilon_0 r)$ einer freistehenden Kugel mit dem Radius r und der Ladung Q gegen das Unendliche berechnet. Der Quotient $C = Q/U$ liefert – mit der Dielektrizitätszahl ε_r ergänzt – die zum Radius r proportionale

Kapazität von Kugeln $C = 4\pi\varepsilon_0\varepsilon_r r$. (37.1)

Versuch 29: Ein mit Seifenlösung leitend gemachter Luftballon wird mit einem Elektroskop verbunden und geladen. Beim Aufblasen mit einem isolierenden Glasrohr sinkt die Spannung nach $U = Q/C = Q/(4\pi\varepsilon_0\varepsilon_r r)$.

5. Zeigerinstrumente messen auch Ladung

a) Elektroskope sind in Volt geeicht, also *Spannungsmesser*. Wir haben sie aber schon oft auf- und entladen. Also stellen sie auch *Kondensatoren* dar. Kennt man ihre Kapazität (Ziffer 8a), so kann man die Ladung $Q = C\,U$ berechnen, die sie bei der von ihnen selbst angezeigten Spannung U tragen.

b) Auch **Meßverstärker** sind an sich *Spannungsmesser*, etwa für den Bereich 0 bis 0,3 V. Legt man parallel zu ihrem Eingang den hochisolierten Kondensator der Kapazität C, so nimmt er nach Aufbringen der zu messenden Ladung Q die Spannung $U = Q/C$ an. U wird gemessen, $Q = C\,U$ berechnet.

c) Versuch 30: Der Pendelschalter S (ein mit 50 Hz betriebenes Postrelais) legt nach *Bild 37.2* in Stellung 1 die Spannung $U = 10$ V an den Kondensator C. In Stellung 2 entlädt ihn der Schalter S schnell über den rechts liegenden Drehspulstrommesser. Dieser zeigt bei schnellem Pendeln nach Seite 9 die *mittlere Stromstärke* $\bar{I}$ an. Ist $\bar{I} = 1$ mA $= 1$ mC s^{-1}, so fließt in 1 s, also bei 50 Entladungen, die Ladung 1 mC ab. Die einzelne Kondensatorladung beträgt $Q = 1$ mC/50 $= 20$ µC. Mit diesem Experiment können wir Kapazitäten messen.

Luft (bei 1 bar = 10^5 Pa)	1,00058
Paraffin	2
Öl	2 bis 2,5 (keine Dipole)
Glimmer	4 bis 8
Glas	5 bis 16
Ethanol (Alkohol)	26 (Dipole)
Wasser	81 (Dipole)
Keramik mit Ba, Sr	10^4

Tabelle 37.1 Dielektrizitätszahlen ε_r

6. Kondensatoren in Radios und im Labor

a) In **Block-Kondensatoren** bestehen die „Platten" aus zwei langen, bandförmigen Aluminiumfolien. Das mit Paraffin getränkte Dielektrikum Papier trennt sie *(Bild 37.1a)*.

b) Bei hohen Spannungen benutzt man **Leidener Flaschen** nach *Bild 37.1b*. Innen- wie Außenseite sind mit Metallfolien beklebt. Man findet sie an der Influenzmaschine.

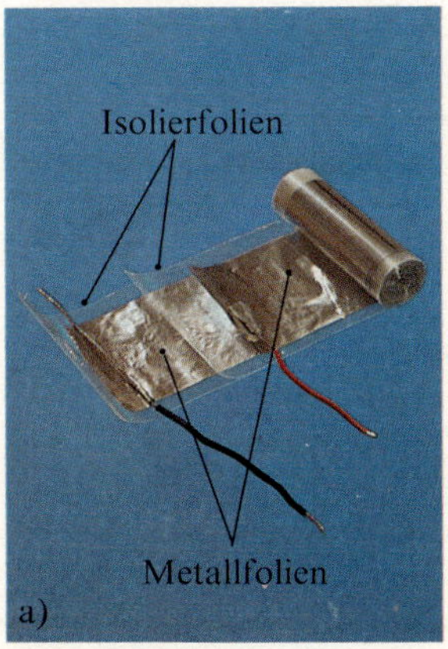

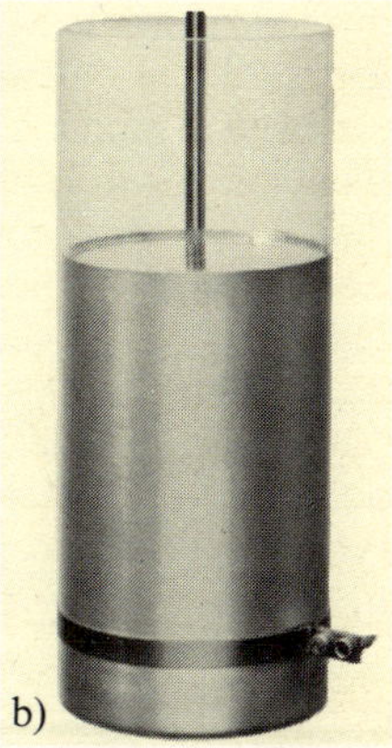

37.1 a) Blockkondensator; b) Leidener Flasche

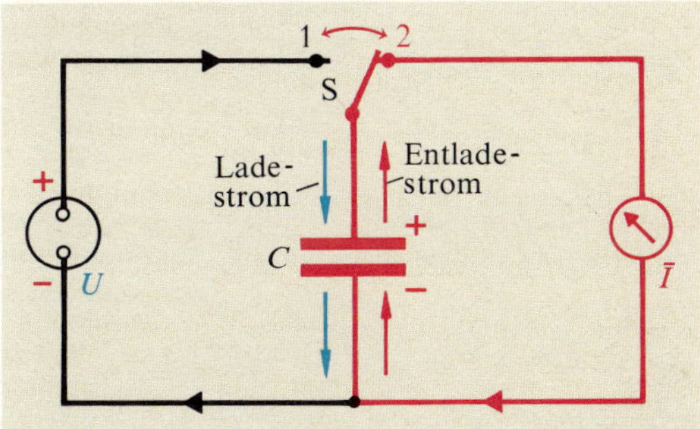

37.2 Zum Pendelschalter-Versuch 30

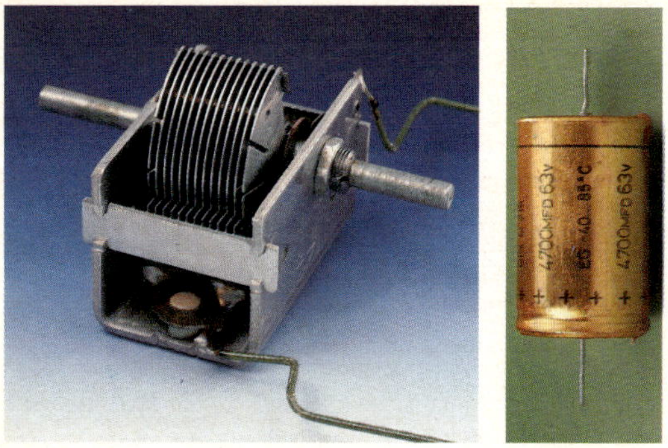

38.1 a) Drehkondensator; b) Elektrolytkondensator

c) In der Radiotechnik benutzt man **Drehkondensatoren** *(Bild 38.1 a)*. Sie bestehen aus zwei gut gegeneinander isolierten Plattensätzen, die sich ineinander drehen lassen. Dics ändert die Größe der sich gegenüberstehenden geladenen Flächenteile und deshalb die Kapazität stetig (mit Versuch 30 nachprüfbar).

d) Elektrolyt-Kondensatoren haben eine Aluminium- oder Tantalfolie als Plusplatte und eine saugfähige, mit einem Elektrolyten getränkte Papierschicht als Minusplatte. Beim Herstellen erzeugt man mit Gleichstrom elektrolytisch zwischen beiden eine extrem dünne Oxidschicht. So wird eine sehr hohe Kapazität auf kleinem Raum konzentriert (heute bis zu 1 F!). Doch muß man die zulässige Höchstspannung und die Polung genau beachten. Sonst kann die Oxidschicht abgebaut und der Kondensator durch eine Explosion zerstört werden. – Die meisten Kondensatoren kann man bereichsweise als Plattenkondensatoren auffassen und ihre Kapazität nach *Gl. 36.2* berechnen.

7. Schaltung von Kondensatoren

a) Nach *Bild 38.2* liegen n Kondensatoren mit den Kapazitäten C_1, C_2, ..., C_n *parallel*, also an der gleichen Spannung U. Beim Aufladen fließt in der Sammelleitung die Summe Q der n Einzelladungen $Q_1 = C_1\,U$; ...; $Q_n = C_n\,U$:

$$Q = Q_1 + Q_2 + \;...\; + Q_n$$

$$= (C_1 + C_2 + \;...\; C_n)\;U. \qquad (38.1)$$

Diese *Parallelschaltung* läßt sich durch *einen* Kondensator ersetzen. Er hat als *Ersatzkapazität* die Summe der Einzelkapazitäten:

$$C = Q/U = C_1 + C_2 + \;...\; + C_n. \qquad (38.2)$$

b) Nach *Bild 38.3* sind n beliebige Kondensatoren *hintereinander* gelegt. Die Quelle (U) lud die linke Platte von C_1 positiv auf. Sie entzog ihr Elektronen der Ladung $-Q$ und führte sie der rechten Platte von C_n zu. Beide Ladungen influenzierten auf den zweiten Platten ihres Kondensators die Ladung $+Q$ auf C_n und $-Q$ auf C_1. Dies wirkte nach innen weiter und gab auch den inneren Kondensatoren die Influenzladungen $+Q$ und $-Q$. Die rot gezeichneten Teile sind nämlich isoliert; sie behalten ihre anfängliche Gesamtladung Null bei. Beim Aufladen fließt also in allen hintereinandergelegten Drähten die gleiche Ladung Q. An den n Kondensatoren treten aber n verschiedene Teilspannungen auf:

$$U_1 = Q/C_1, \quad U_2 = Q/C_2, \;...,\; U_n = Q/C_n.$$

Diese Teilspannungen addieren sich zur Gesamtspannung $U = U_1 + U_2 + \;...\; + U_n$. Für die Ersatzkapazität $C = Q/U$ gilt beim *Hintereinanderschalten*

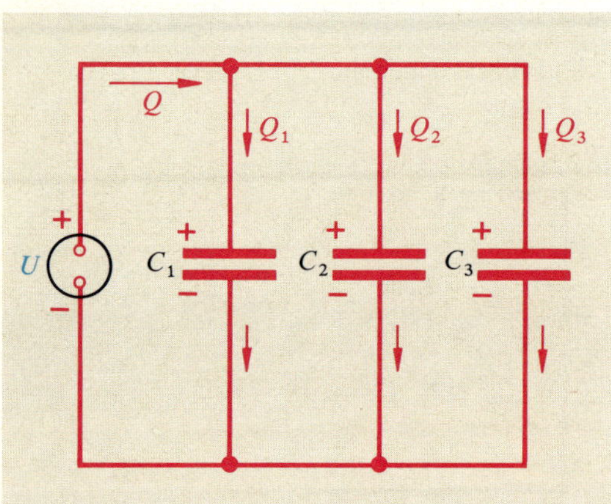

38.2 Parallelschaltung: U gleich; Q verschieden

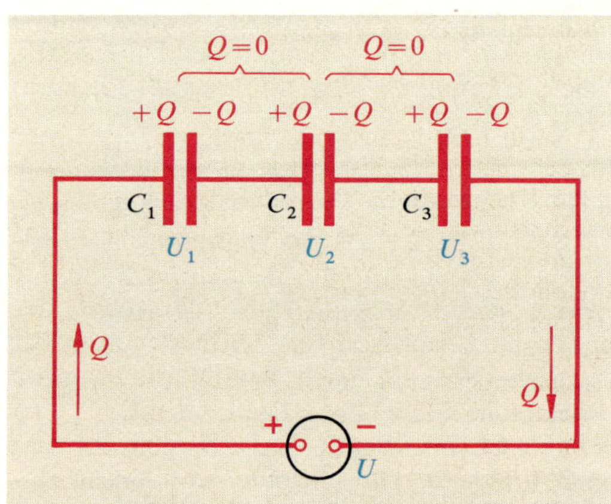

38.3 Reihenschaltung: Q gleich, U verschieden

$$\frac{1}{C}=\frac{U}{Q}=\frac{1}{Q}\left(\frac{Q}{C_1}+\frac{Q}{C_2}+\ldots+\frac{Q}{C_n}\right)$$
$$=\frac{1}{C_1}+\frac{1}{C_2}+\ldots+\frac{1}{C_n}. \qquad (39.1)$$

Wären alle *n* Kondensatoren gleich gebaut, so könnten wir in Gedanken die Plattenabstände der hintereinanderliegenden Kondensatoren addieren. Die Ersatzkapazität *C* würde auf $1/n$ einer Einzelkapazität C_1 sinken. Nach *Gl. 39.1* wäre $1/C=n/C_1$, also $C=C_1/n$. – Beim *Parallelschalten* gleicher Kondensatoren addieren sich dagegen die Plattenflächen; die Ersatzkapazität wird *n*-fach.

Die Ersatzkapazität von parallel gelegten Kondensatoren ist die Summe der Einzelkapazitäten.
Bei der Reihenschaltung addieren sich die Kehrwerte $1/C$; die Ersatzkapazität wird dabei kleiner als jede Einzelkapazität.

8. Wir rechnen mit Ersatzkapazitäten

a) Ein Elektroskop zeigt die Spannung $U_1=3{,}0$ kV. Zeigersystem und Gehäuse bilden die Kapazität C_E und tragen die Ladung $Q=C_E\,U_1$. Um C_E zu bestimmen, legen wir nach *Bild 39.1 a* einen Plattenkondensator ($A=100\ \text{cm}^2$; $d=1{,}0$ mm; $C_K=88{,}5$ pF) parallel. Damit keine Ladung verlorengeht, halten wir die Verbindungsleitung an einem Isolierstück. Die Spannung der beiden parallelgelegten Kondensatoren mit der Ersatzkapazität $C=C_E+C_K$ sinkt auf $U_2=1{,}0$ kV. Die Gesamtladung $Q=C\,U_2$ stammt vom Elektroskop ($C_E\,U_1$), und es gilt $Q=C_E\,U_1=(C_E+C_K)U_2$. Die Elektroskopkapazität folgt zu $C_E=44{,}2$ pF. Wenn man auf diese Weise die Kapazität eines Elektroskops bestimmt hat, kann man die Ladung $Q_E=C_E\,U$ berechnen, die es trägt. Man braucht nur die Spannung *U* abzulesen, die es selbst anzeigt.

b) Auf eine Kondensatorplatte ($A=400\ \text{cm}^2$) wird nach *Bild 39.1 b* eine 5,0 mm dicke Paraffinscheibe ($\varepsilon_{r,1}=2{,}0$) und darauf eine ebenfalls 5,0 mm dicke Glasscheibe ($\varepsilon_{r,2}=5{,}0$) gelegt. Die zweite gleich große Kondensatorplatte wird aufgepreßt. Wieder berechnen wir die Ersatzkapazität. Hierzu denken wir uns zwischen beide Dielektrika eine dünne Stanniolfolie geschoben. In ihr wird Ladung influenziert. Da ihre Gesamtladung Null bleibt, stört sie das System nicht. So entstehen zwei hintereinandergelegte Plattenkondensatoren mit Paraffin bzw. mit Glas als Dielektrikum. Ihre Einzelkapazitäten sind $C_1=140$ pF und $C_2=350$ pF, die Ersatzkapazität nach *Gl. 39.1* ist $C=100$ pF. Es wäre falsch, dem ganzen Kondensator das arithmetische Mittel von $\varepsilon_{r,1}$ und $\varepsilon_{r,2}$ zuzuschreiben, da wir mit Kehrwerten rechnen.

Aufgaben

1. a) *Ein Streifen eines Blockkondensators hat auf jeder Seite* 20 m² *Fläche und* 0,05 mm *Abstand zum andern* ($\varepsilon_r=2{,}0$). *Wie groß sind Kapazität und Ladung bei* 100 V? *Bei welcher Spannung hat er* 100 µC? *(Nach Bild 37.1 gehen von beiden Seiten eines Streifens Feldlinien aus.)* **b)** *Wie lang müßten die* 5,0 cm *breiten Streifen sein, damit* $C=10$ µF *wird?*

2. *Eine Leidener Flasche hat den mittleren Durchmesser* 10 cm *und ist am Grund ganz und an den Seiten* 25 cm *hoch mit Stanniol belegt. Welche Ladung nimmt sie bei* 50 kV *auf, wenn das Glas* ($\varepsilon_r=6{,}0$) 3,0 mm *dick ist?*

3. a) *Welche Kapazität muß man zu* 10 µF *parallel bzw. in Reihe schalten, damit* 15 µF *bzw.* 5 µF *entstehen?* **b)** *Welche Ladung nimmt dabei jeder Kondensator auf, wenn man* 10 V *anlegt?*

4. *Nach Bild 37.2 zeigt der Strommesser bei 20 Entladungen je Sekunde* 2,0 mA *an. Wie groß ist die Kapazität C bei* $U=40$ V?

5. *Drei Kondensatoren mit* 5 µF, 10 µF *und* 20 µF *liegen hintereinander an* 100 V. *Welche Ladung trägt jeder, welche Spannung hat er?*

6. *Die Kapazität eines Drehkondensators kann zwischen* 100 pF *und* 1 nF *geändert werden. Ein angelegtes Elektroskop von* 100 pF *Kapazität zeigt bei ineinandergedrehten Plattensätzen* 100 V *an. Welche Ladung ist auf der gesamten isolierten Anordnung? Welche Spannung entsteht, wenn man die Platten auseinanderdreht?*

7. *Drei ungeladene Kondensatoren von je* 10 µF *kann man auf vier verschiedene Arten zusammenschalten. Wie groß ist jeweils die Ersatzkapazität? Welche Spannung bekommen die Kondensatoren, wenn man* 200 V *anlegt?*

8. *Welche Ladung nimmt eine freistehende Kugel* ($r=4$ cm) *auf, wenn sie mit* 50 kV *gegen eine ferne Wand („Erde") geladen wird?*

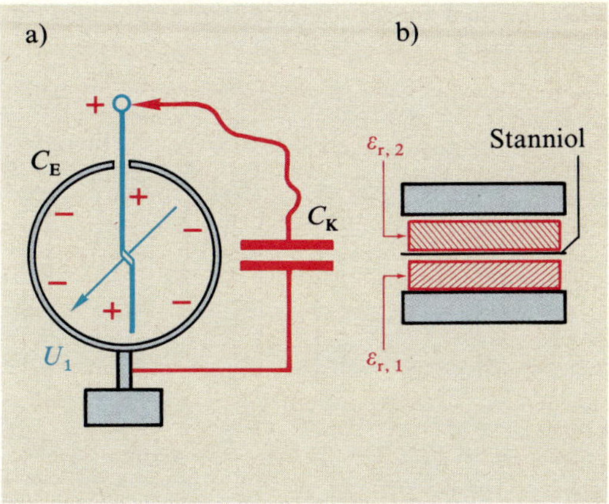

39.1 a) Zu Beispiel 8a, b) Zu Beispiel 8b

§ 13 Isolatoren im *E*-Feld

1. Isolatoren verraten uns ihre Ladungen

Versuch 31: Die Platten eines Kondensators werden mit einem Elektroskop verbunden, auf 1 kV geladen und dann von der Quelle getrennt. Zwischen die Platten schieben wir nach *Bild 40.3a* eine isolierende Plexiglasplatte. Dabei sinkt die Spannung; sie nimmt wieder 1 kV an, wenn wir die Platte herausziehen.

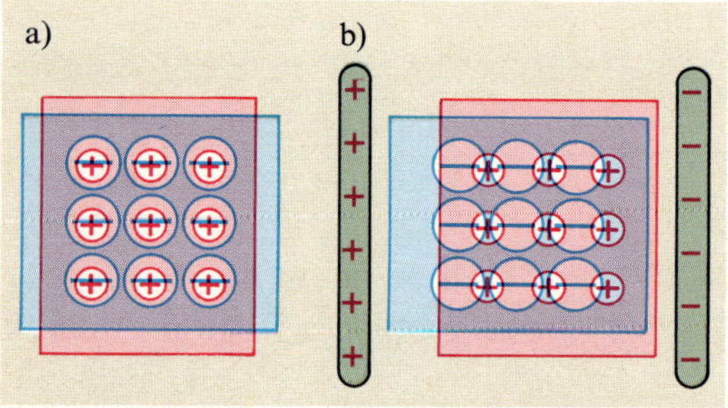

40.1 Verschiebbare Folien veranschaulichen die Polarisation.

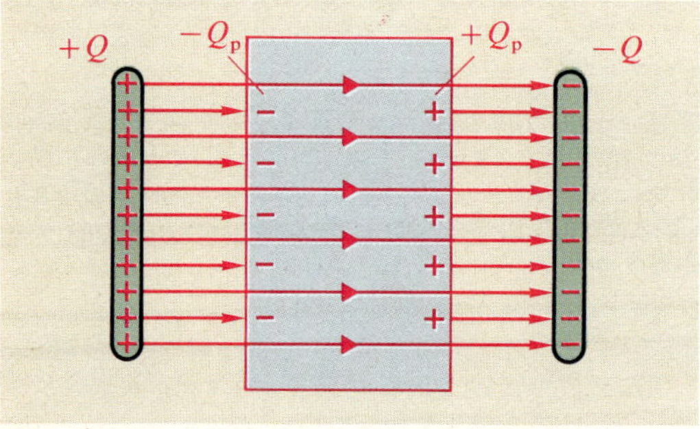

40.2 Ein Blick in das Dielektrikum und seine Feldbeeinflussung

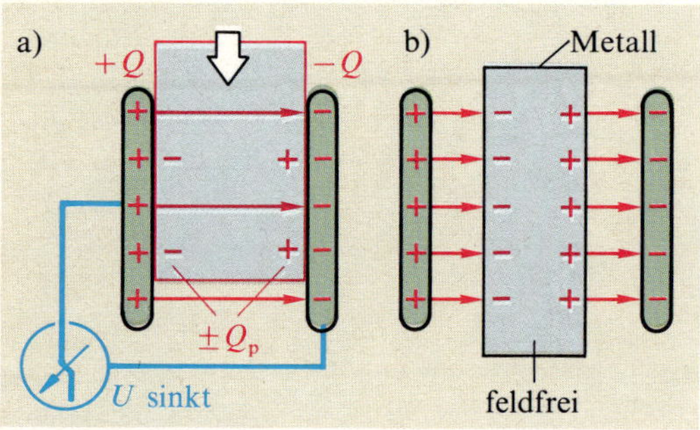

40.3 a) Zu Versuch 31 (Q konstant); b) das Metallinnere ist feldfrei.

Was geht im Nichtleiter Plexiglas vor? Seine Atome halten zwar die Elektronen fest; doch ist die atomare Elektronenwolke ein sehr lockeres Gebilde. Sie wird in einem äußeren Feld ein wenig zur Plusplatte hin verschoben. Wie wirkt dies nach außen? *Bild 40.1a* zeigt ein quadratisches Netzgitter aus roten Plus-Zeichen (Atomkernen) auf einer durchsichtigen Folie. Darunter liegt ein Gitter aus blauen Kreisen mit Minus-Zeichen (Elektronenhülle). Zusammen zeigen sie das unveränderte Dielektrikum, in dem sich überall die Ladungen neutralisieren. In *Bild 40.1b* ist die Minus-Folie ein wenig zur Plus-Platte des Kondensators verschoben. Das Dielektrikum bleibt *im Innern neutral.* Doch bildet sich vor der Plus-Platte ein hauchdünner Film von *Überschuß-Elektronen.* Sie gehören zwar nach wie vor zu ihren Atomen, bilden aber insgesamt eine negative **Polarisationsladung** $-Q_p$. An ihr endet nach *Bild 40.2* ein Teil der Feldlinien, die von der Plusplatte kommen. An der *rechten* Oberfläche des Dielektrikums entsteht ein Film positiver Polarisationsladung $+Q_p$. Von ihr gehen Feldlinien zur Minusplatte. Das von den Kondensatorplatten ausgehende Feld wird also von den Polarisationsladungen teilweise „abgefangen" und im Dielektrikum geschwächt. Feldstärke E und Spannung $U = E\,d$ werden dabei kleiner. Die Ladung Q der isolierten Kondensatorplatten hat sich aber nicht geändert. Also steigt die Kapazität $C = Q/U$. ε_r ist deshalb bei allen Dielektrika größer als 1.

Wir schieben zum Vergleich nach *Bild 40.3b* eine isoliert gehaltene *Metallplatte* in den Kondensator, die dessen Platten nicht berührt. Da sich die Elektronen im Metall frei bewegen, wird die Influenzladung auf der Metallplatte so groß wie die Kondensatorladung (Versuch 24) und unterbricht das in der Luft weiterbestehende Feld im Metallinnern ganz. – Im *Isolator* dagegen bleiben die Elektronen noch an ihre Atome elastisch gebunden; die Polarisationsladung Q_p bleibt kleiner als die Plattenladung Q und schwächt das Feld im Innern nur, ohne es ganz zu beseitigen.

Versuch 32: Wir legen an den Kondensator eine konstante Spannung U_1 und in die Zuleitung einen Meßverstärker *I*. Er zeigt beim Einschieben des Dielektrikums einen kurzen Stromstoß an. Da nun U_1 konstant bleibt, steigt mit der Kapazität C die Plattenladung Q. Die Polarisationsladungen Q_p des Dielektrikums ziehen von der Quelle auf die anliegenden Kondensatorplatten zusätzliche Ladungen. Jetzt bleibt im Dielektrikum die Feldstärke $E = U_1/d$ erhalten. In Versuch 31 blieb dagegen die Ladung der isolierten Platten konstant, Feldstärke und Spannung sanken.

Wasser und *Alkohole* haben nach *Tabelle 37.1* hohe Dielektrizitätszahlen ε_r. In ihren Molekülen sind – auch ohne äußeres Feld – die Schwerpunkte von Plus- und Minusladungen getrennt. Sie bilden *elektrische Dipole*, die allerdings infolge der Wärmebewegung ungeordnet sind (*Bild 41.2a* und *b*). Ein elektrisches Feld orientiert sie durch Drehung (*Bild 41.2c*). So entstehen starke Polarisationsladungen.

Die Polarisationsladungen Q_p verraten sich auch durch Anziehung in einem *inhomogenen* Feld. $-Q_p$ liegt dabei näher an der felderzeugenden Plusladung und wird stärker angezogen als $+Q_p$ abgestoßen. Deshalb ziehen geladene Kämme und geriebene Schreibzeuge aus Kunststoff kleine Papierschnitzel, Wollfäden usw. an, nachdem diese durch Polarisation zu Dipolen geworden sind. In homogenen Feldern dagegen werden solche Dipole nur gedreht, nicht angezogen. Wenn diese Körper etwas feucht sind, wird Ladung influenziert; dies überwiegt die Polarisation.

2. Quarz-Uhr, Kristallmikrofon und Kristallfeuerzeug

Bild 41.1a zeigt einen *Quarzkristall* (SiO_2) vereinfacht. Die großen Kugeln (1, 3, 5) bedeuten Si^{4+}-Ionen, die kleinen blauen (2, 4, 6) je zwei O^{2-}-Ionen. In einem äußeren, nach unten gerichteten Feld werden die Si^{4+}-Ionen nach unten, die O^{2-}-Ionen nach oben verschoben. Dabei drängt sich Ion 1 zwischen 2 und 6, Ion 4 zwischen 3 und 5 *(Bild 41.1b)*. Der Kristall wird breiter und niedriger. Bei umgekehrter Feldrichtung wird er höher und schmaler. Solche *Schwingquarze* lassen sich deshalb im elektrischen Wechselfeld bei genau passender Frequenz zu starken mechanischen Resonanzschwingungen anregen. Sie geben den Quarzuhren eine enorme Präzision (Fehler $10^{-8}\%$, d.h. 1 s auf 300 Jahre!). Schwingquarze können auch Ultraschall abstrahlen.

Wenn man umgekehrt den Quarz in vertikaler Richtung *preßt*, rücken die O^{2-}-Ionen 2 und 6 näher zur oberen Elektrode und influenzieren auf ihr positive Ladung *(Bild 41.1b)*. Die Si^{4+}-Ionen 3 und 5 rücken zur unteren Elektrode und influenzieren Minus-Ladung. In *Kristallmikrofonen* und *Tonabnehmern* nutzt man diesen **Piezo-Effekt**, um akustische Schwingungen in elektrische Spannungsschwankungen umzuwandeln. In Piezo-Feuerzeugen gibt dieser Piezo-Effekt kurzzeitig Spannungen von einigen kV.

Aufgaben

1. *Man schiebt eine Glasplatte* ($\varepsilon_r = 5{,}0$) *der Dicke* 1,0 cm *zwischen zwei Kondensatorplatten* ($A = 500\ \text{cm}^2$; $d = 1{,}0$ cm). **a)** *Wie ändern sich Kapazität und Ladung, wenn die Spannung* 1,0 kV *bleibt,* **b)** *wie Spannung und Feldstärke, wenn die Platten nach dem Aufladen mit* 1,0 kV *isoliert bleiben?* **c)** *Wie groß ist jeweils die Polarisationsladung?*

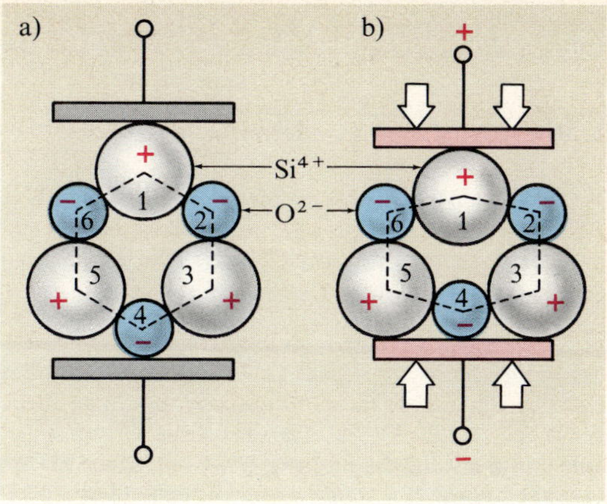

41.1 Schwingquarz links normal, rechts deformiert

2. *Warum werden ungeladene leitende wie nichtleitende Körper in homogenen Feldern nur gedreht, aber nicht zu einer Platte gezogen?*

3. *In Versuch 32 zieht man die Kondensatorplatten* ($A = 450\ \text{cm}^2$) *vom Abstand* 1,0 mm *auf* 1,0 cm *auseinander.* **a)** *Welche Ladung fließt bei der Spannung* 1,0 kV? **b)** *Dann schiebt man eine Glasplatte der Dicke* 1,0 cm *ganz ein* ($\varepsilon_r = 5{,}0$). *Welche Ladung fließt? Vergleichen Sie deren Richtung mit der in (a)!* **c)** *Welche Ladungen würden fließen, wenn man in (b) mit einer Platte der Dicke* 5,0 mm *zunächst die ganze, bei einer Wiederholung nur die halbe Kondensatorfläche bedeckte (siehe Seite 39)?*

4. *Ein Kondensator* ($A = 400\ \text{cm}^2$; $d = 0{,}50$ cm) *ist mit einem Elektroskop der Kapazität* $C_E = 11{,}5$ pF *verbunden, das* 500 V *zeigt. Zwischen die Platten wird ein Dielektrikum passender Dicke ganz eingeschoben.* **a)** *Wie groß ist* ε_r, *wenn die Spannungsanzeige auf* 200 V *sinkt?* **b)** *Dann zieht man die Platten auf* 1,5 cm *Abstand auseinander. Was zeigt das Elektroskop?*

5. *Welche Kapazität hat der Kondensator nach Bild 40.3b, wenn die Metallplatte* 6,0 mm *und jede der beiden Luftschichten links und rechts* 3,0 mm *dick sind* ($A = 500\ \text{cm}^2$)?

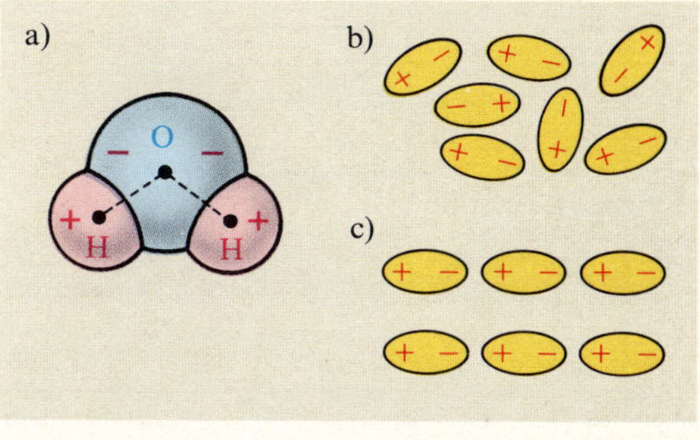

41.2 a) Wassermolekül; b) Dipole ungeordnet und c) geordnet

§ 14 Umladungen von Kondensatoren

1. Wie schnell sind Kondensatoren entladen?

Versuch 33: **a)** Wir laden einen Kondensator ($C = 100\ \mu F$) auf $U_0 = 100$ V. Über ein dickes, isoliert gehaltenes Kabel entlädt er sich mit einem Knall, also praktisch momentan.

b) Dann legen wir den Kondensator an einen Spannungsmesser mit $R_i = 300\ k\Omega$ Widerstand. Nun läßt sich der Entladevorgang mit einer Stoppuhr in Ruhe verfolgen. Nach 20 s ist die Spannung U von $U_0 = 100$ V und mit ihr die Ladung $Q = C\,U$ auf die Hälfte gesunken. *Bild 42.1* zeigt diesen kriechenden Entladevorgang am T-Y-Schreiber. Nach weiteren 20 s finden wir nicht etwa völlige Entladung ($U = 0$), sondern 25 V, also die Hälfte des letzten Werts, nach nochmals 20 s wieder die Hälfte (12,5 V) usw. Theoretisch wird der Kondensator nie ganz entladen. Man gibt deshalb keine Entladezeit, sondern die **Halbwertszeit T_H** $= 20$ s an, nach der Spannung und Ladung jeweils auf die Hälfte gesunken sind.

Warum ist das so? Mit der Spannung U sinkt auch die Stromstärke $I = \Delta Q/\Delta t = U/R$ im angeschlossenen Widerstand R. Die Ladung hat es um so weniger eilig abzufließen, je kleiner sie geworden ist! Nach einer Halbwertszeit, also für $t = T_H$, ist die Anfangsladung $Q_0 = C\,U_0$ auf $Q_1 = \frac{1}{2} Q_0$, nach $t = 2\,T_H$ auf $Q_2 = \frac{1}{2} \cdot \frac{1}{2} Q_0 = (\frac{1}{2})^2 Q_0 = Q_0 \cdot 2^{-2}$ gesunken. Nach n Halbwertszeiten, also für $t = n\,T_H$, bleibt

$$Q_n = Q_0 \left(\tfrac{1}{2}\right)^n = Q_0 \cdot 2^{-n} \quad (n = 1, 2, 3, \ldots). \qquad (42.1)$$

Gilt dieses Gesetz auch für beliebige Zeiten t? Nach $t = 35$ s sind $n = t/T_H = 1{,}75$ Halbwertszeiten verstrichen. Der Taschenrechner liefert $Q = Q_0 \cdot 2^{-1{,}75} = Q_0 \cdot 0{,}297$. Die Ladung ist in Übereinstimmung mit *Bild 42.1* auf 29,7% ihres Ausgangswerts gesunken (nach 2 T_H wären es 25%). Wegen $n = t/T_H$ gilt

$$Q(t) = Q_0 \cdot 2^{-n} = Q_0 \cdot 2^{-t/T_H}. \qquad (42.2)$$

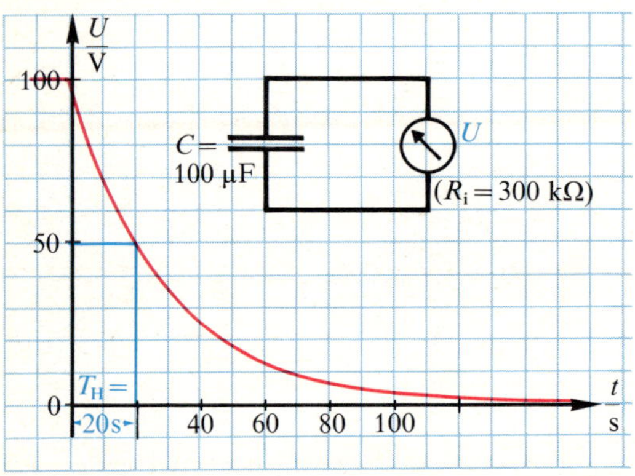

42.1 Entladekurve eines Kondensators (*R C-Glied*)

Um die jeweilige Stromstärke $I(t)$ zu erhalten, dürfen wir nicht $I = Q/t$ benutzen; dies wäre nur bei konstantem Gleichstrom erlaubt. Wir wenden die Definitionsgleichung für Momentanstromstärken $I(t)$ an (Seite 9; Punkt bedeutet Ableitung nach t):

$$I(t) = \lim_{\Delta t \to 0} \frac{\Delta Q}{\Delta t} = \dot{Q}.$$

In Formelsammlungen finden Sie die Ableitung von $y = d\,a^{bx}$ nach x zu $y' = y\,b \ln a$. Beim Vergleich mit $Q(t) = Q_0 \cdot 2^{-t/T_H}$ ist $y = Q(t)$, $d = Q_0$, $a = 2$, $b = -1/T_H$ und $x = t$. Der natürliche Logarithmus $\ln a = \ln 2$ beträgt 0,69 (Taschenrechner!). Also folgt

$$\boldsymbol{I(t) = \dot{Q}(t) = -Q(t) \cdot 0{,}69/T_H}.$$

Die Stromstärke $I(t)$ ist — übereinstimmend mit den Beobachtungen — zur noch vorhandenen Ladung $Q(t)$ proportional. $I(t)$ bleibt zudem bei großer Halbwertszeit T_H, also langsamer Entladung, klein. Das Minuszeichen gibt an, daß es sich um einen Entladestrom handelt. Sein Betrag $|I|$ im Widerstand R ist wegen $U = Q/C$ auch $|I| = U/R = Q/(RC)$. Gleichsetzen mit $|I| = Q \cdot 0{,}69/T_H$ liefert

$$\boldsymbol{T_H = R\,C \cdot 0{,}69}. \qquad (42.3)$$

Man nennt $t_a = R\,C$ die **Zeitkonstante** dieses ***R C*-Gliedes**. In unserem Beispiel ($R = 300\ k\Omega$; $C = 100\ \mu F$) ist $t_a = R\,C = 3 \cdot 10^5\ V\,A^{-1} \cdot 10^{-4}\ C\,V^{-1} = 30$ s. Mit 0,69 ($= \ln 2$) multipliziert liefert $t_a = R\,C$ die anschauliche Halbwertszeit $T_H = R\,C \ln 2 = 20$ s *(Bild 42.1)*.

Ein Kondensator der Kapazität C entlädt sich über den Widerstand R mit abnehmender Stromstärke. Nach Ablauf einer Halbwertszeit $T_H = R\,C \cdot 0{,}69$ sind Ladung Q, Spannung U und Stromstärke I auf die Hälfte gesunken. Ihre Anteile zu beliebigen Zeiten sind

$$\frac{Q}{Q_0} = \frac{U}{U_0} = \frac{I}{I_0} = 2^{-t/T_H} = \left(\frac{1}{2}\right)^{-t/T_H}. \qquad (42.4)$$

2. Aufladen und Entladen nach gleichem Prinzip

Versuch 34: Wir legen den zunächst ungeladenen Kondensator über den Widerstand R (Werte wie oben) an die Gleichspannung $U_0 = 100$ V. Spannung U und Ladung $Q = C\,U$ steigen jetzt gemäß *Bild 43.1 links* zunächst schnell, dann immer langsamer an. Was beim Entladen (*rechts*) für die Spannung U gilt, finden wir nun für deren Differenz $U_0 - U$ zur geforderten Aufladespannung U_0: U hat von Null aus nach einer Halbwertszeit (20 s) den Wert 50 V, nach $t = 2\,T_H$ den Wert 75 V, nach 3 T_H aber erst 87,5 V erreicht. Theoretisch wird der Kondensator nie ganz auf $U_0 = 100$ V geladen. *Durch seine Ladung wird er nämlich im Kreis zu einer Spannungsquelle, die sich — in entgegengesetzter Richtung — wieder entladen* *möchte.* Seine Spannung U wirkt also der angelegten Aufladespannung U_0 entgegen. Am Widerstand R liegt jetzt die Differenz $U_0 - U$ und nicht einfach U wie beim Entladen. Beim Aufladen gilt wegen dieser Differenz $I = (U_0 - U)/R$, beim Entladen dagegen nur $I = U/R$. Die grüne Kurve in *Bild 43.1* zeigt Auf- und Entladen bei einem kleineren $t_A = R\,C$.

3. Numerische Methode mit Grundgesetzen

Ein fleißiger Computer liefert die Aufladekurve, ohne die Ableitungsregeln zu benutzen. Ihm genügen die physikalischen Grundgesetze: In einem beliebigen Augenblick habe der Kondensator mit der Kapazität C die Ladung Q_n, also die Spannung $U_n = Q_n/C$. Sie ist nach Ziffer 2 der angelegten Gleichspannung U_0 entgegengesetzt; am Widerstand R liegt nur noch die Spannung $U_0 - U_n = U_0 - Q_n/C$ und liefert die Stromstärke $I = \Delta Q_n/\Delta t$:

$$I = \frac{\Delta Q_n}{\Delta t} = \frac{U_0 - Q_n/C}{R}. \qquad (43.1)$$

Im kleinen Zeitintervall Δt fließt also die Ladung $\Delta Q_n = (U_0 - Q_n/C)\,\Delta t/R$. Diesen Wert berechnet der Computer in der zweiten Zeile (*unten*). In der dritten addiert er ΔQ_n zur bereits bestehenden Ladung Q_n und liefert $Q_{n+1} = Q_n + \Delta Q_n$. Mit dem neuen Wert Q_{n+1} berechnet er wieder nach der zweiten Zeile die nächste Ladungsänderung ΔQ_{n+1} und damit in der dritten Zeile die Ladung $Q_{n+2} = Q_{n+1} + \Delta Q_{n+1}$. Das Verfahren wird um so genauer, je kleiner man die Zeitschritte Δt wählt. Sie können diese Rechenschritte mit einem Taschenrechner mühsam schrittweise selbst ausführen oder sie einfach einem Computer überlassen.

Eingabe:	U_0, C, R, Δt
ΔQ-Berechnung:	$\Delta Q_n = (U_0 - Q_n/C)\,\Delta t/R$
Q-Berechnung:	$Q_{n+1} = Q_n + \Delta Q_n$

4. Das Kondensatormikrofon

Dieses hochwertige Mikrofon *(Bild 43.2)* enthält eine dünne Metallmembran. Sie bildet mit einer Platte den Kondensator C. Er erhält von der Spannung U_0 über den Widerstand R die Ladung $Q = C\,U_0$. Die Druckschwankungen der Schallwelle ändern den Plattenabstand d und die Kapazität $C = \varepsilon_0\,A/d$. Man wählt nun R so groß, daß sich während einer Periodendauer T der Schallschwingung (T: 10^{-2} s bis 10^{-4} s) die Kondensatorladung Q kaum ändert. Hierzu muß $T_H = R\,C \cdot 0{,}69 \gg T$ sein. Also schwankt die Kondensatorspannung $U_C = Q/C = Q\,d/(\varepsilon_0\,A)$ proportional zu d. Da U_0 konstant bleibt, treten die zu d proportionalen Spannungsschwankungen $\Delta U = U_0 - U_C$ am Widerstand R auf und werden einem Verstärker zugeleitet.

Aufgaben

1. a) *Berechnen Sie für die Entladung eines Kondensators der Kapazität* 100 µF *über den Widerstand* 300 kΩ *die Halbwertszeit* T_H*! Wie groß ist die Spannung nach* 5 s, 10 s, 50 s, *wenn die Anfangsspannung* $U_0 = 100$ V *beträgt?* **b)** *Wie groß ist die Spannung beim Aufladen mit der Quellenspannung* U_0 *für diese Zeiten? Vergleichen Sie mit Bild 43.1!*

2. *Die Spannung eines Kondensators von* 10 µF *soll nach* 1 s *auf 12,5% bzw. auf 10% gesunken sein. Wie groß ist die Halbwertszeit? Welchen Entladewiderstand R braucht man? (Bei 10% probieren Sie mit dem Rechner.)*

3. a) *Inwiefern erinnert das Kondensatormikrofon an Versuch 12 (Auseinanderziehen von Platten)?* **b)** *Die Membran hat* 0,02 mm *Abstand von der Gegenplatte und* 4 cm² *Fläche. Beim Sprechen ändert sich der Abstand um* 0,002 mm. *Um wieviel % ändern sich die Kapazität und die Spannung an R?* **c)** *Vergleichen Sie die elektrischen Vorgänge mit denen am Kohlekörner- und Kristallmikrofon (Aufgabe 2, Seite 29; Seite 41)!*

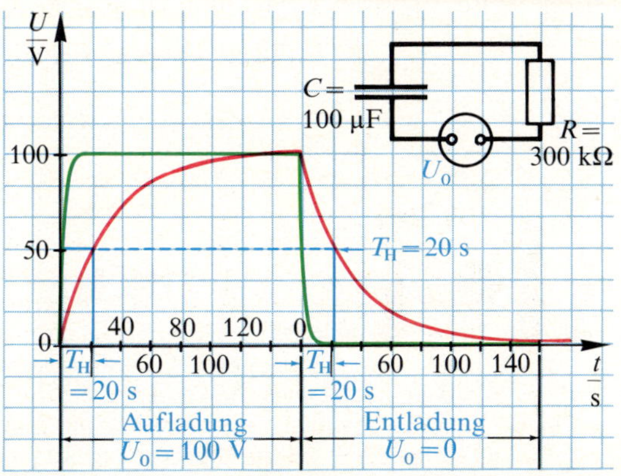

43.1 Auf- und Entladekurve $Q(t)$ mit Schaltskizze

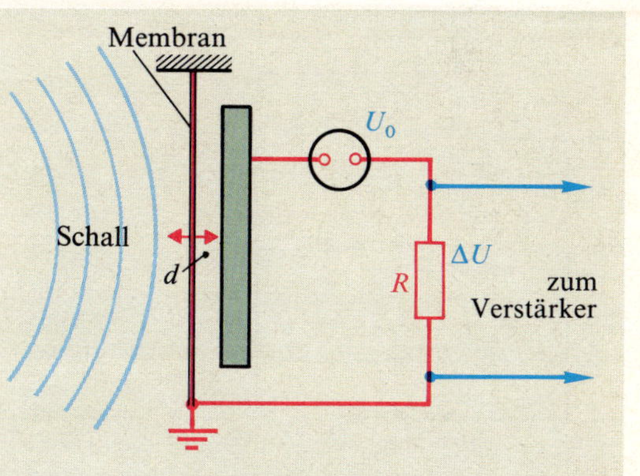

43.2 Bau und Schaltung des Kondensatormikrofons

§ 15 Energie elektrischer Felder

1. Kondensator statt Benzin im Auto?

Geladene Kondensatoren werden mit lautem Knall entladen und liefern die Energie zum Elektronenblitz des Fotografen. Ließen sich auch Elektroautos mit Kondensatoren antreiben? Wieviel Energie können diese speichern?

Wäre die Spannung U beim Aufladen eines Kondensators konstant, so könnten wir die zum Transport der Ladung Q nötige Energie mit $W = U\,Q$ berechnen. Ihr entspräche die Fläche des Rechtecks in *Bild 44.1a*. (Grundseite: geflossene Ladung Q; Höhe: konstante Spannung U). Nun ist aber $U = Q/C$ nach *Bild 44.1b* proportional zur aufgenommenen Ladung Q. In dem schmalen, rot getönten Streifen sei ΔQ so klein, daß U praktisch konstant bleibt. Seine Fläche gibt den Energiebeitrag $\Delta W = U\,\Delta Q$ an. Aus solchen Streifen kann für $\Delta Q \to 0$ die Dreiecksfläche zusammengesetzt werden. Sie liefert die gesamte Energie $W = \frac{1}{2}\,Q\,U = \frac{1}{2}\,C\,U^2$, die man braucht, um dem Kondensator der Kapazität C die Ladung $Q = C\,U$ zuzuführen. Beim Entladen wird diese Energie wieder frei, da sich der Vorgang umkehrt. Sie war im Kondensator gespeichert.

Die Energie eines geladenen Kondensators ist
$$\boldsymbol{W = \tfrac{1}{2}\,C\,U^2.} \qquad \textbf{(44.1)}$$

Ein Kondensator der Kapazität $C = 100\ \mu F$ speichert im *Elektronenblitz* bei der Spannung $U = 1$ kV die Energie $W = \frac{1}{2} \cdot 10^{-4}\ F \cdot 10^6\ V^2 = 50\ C\,V = 50$ J. Dies ist gegenüber der Energie $46 \cdot 10^6$ J von einem Liter Benzin sehr wenig. Im Elektronenblitz wird die elektrisch gespeicherte Energie W jedoch in $t = 1$ ms frei; so lange blendet die Leistung $P = W/t = 50$ kW!

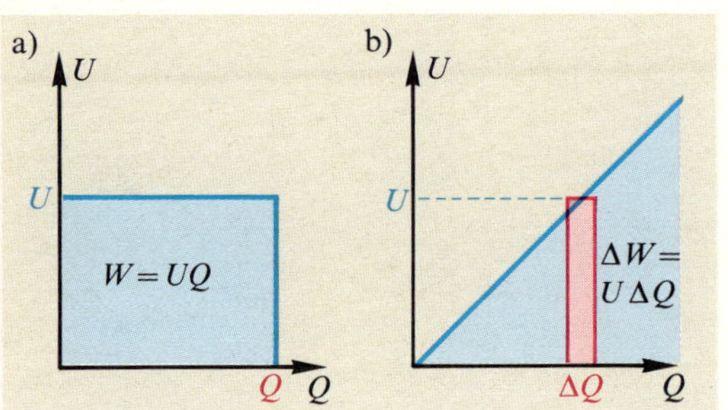

44.1 Arbeit beim Ladungstransport als Fläche im $U(Q)$-Diagramm

2. Wo und wie dicht sitzt elektrische Energie?

Kann man sagen, wo die Energie gespeichert wird? Etwa in den Ladungsfilmen auf den Kondensatorplatten? Wenn wir die Platten nach Versuch 12 auseinanderziehen, steigt zwar die Energie, nicht aber die Ladung! Doch vergrößern wir dabei den Raum, der mit Feld erfüllt ist. Sitzt die Energie also im Feldbereich vom Volumen $V = A\,d$? Um dies an den Gleichungen zu prüfen, setzen wir $E = U/d$ und $C = \varepsilon_0\,\varepsilon_r\,A/d$ in $W = \frac{1}{2}\,C\,U^2$ ein:

$$W = \tfrac{1}{2}\,C\,U^2 = \tfrac{1}{2}\,\varepsilon_0\,\varepsilon_r\,\frac{A}{d}\,E^2\,d^2 = \tfrac{1}{2}\,\varepsilon_0\,\varepsilon_r\,E^2\,V.$$

Die Energie ist also dem felderfüllten Volumen $V = A\,d$ und dem Quadrat E^2 der Feldstärke proportional; sie hängt nur von Feldgrößen ab. Die Ladung tritt nicht auf. Dies werten wir als starkes Indiz dafür, daß die Energie nach *Faradays Feldvorstellung* im Feld sitzt. Wir können sogar die räumliche Dichte $\varrho_{el} = W/V$ der Energie (Energie je cm³) berechnen zu $\varrho_{el} = W/V = \frac{1}{2}\,\varepsilon_0\,\varepsilon_r\,E^2$.

Das elektrische Feld ist Sitz von Energie. Die räumliche Energiedichte beträgt
$$\boldsymbol{\varrho_{el} = \frac{W}{V} = \tfrac{1}{2}\,\varepsilon_0\,\varepsilon_r\,E^2.} \qquad \textbf{(44.2)}$$

Wird diese aufsehenerregende Aussage bestätigt? Einfachste Radiogeräte brauchen weder Netzanschluß noch Batterie. Sie geben Energie als Schall ab. Diese entnehmen sie mit der Antenne dem *Feld*, das der Sender abstrahlt *(Tabelle 16.1)*. Alle Energie, die wir zum Leben brauchen, wie auch die in Kohle- und Erdöllagern gespeicherte Energie, kam von der Sonne durch weite, materiefreie Räume zu uns. *Feldenergie gibt es also auch im Vakuum.*

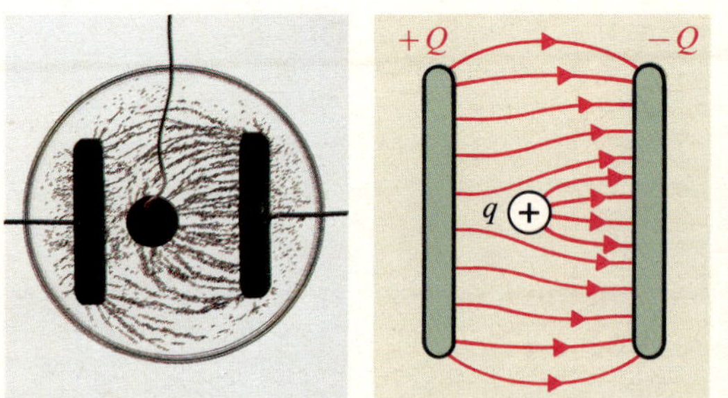

44.2 Rechts von q ist das Feld stärker und energiereicher als links.

3. Feldkraft – aus Feldenergie berechnet

Wie kommt die Energie ins Feld? Nach *Bild 44.2* wirkt auf die positive Ladung q die Feldkraft F nach rechts. Dort ist das Feld stark, links schwach. Wenn man nun unter Energieaufwand die Ladung q nach links zieht, vergrößert sich der mit Feldenergie angereicherte Bereich. Die Feldlinien werden länger. *Faraday* sagte, sie würden auf die Plusladung q einen *Zug längs ihrer Richtung* nach rechts ausüben. Die Abstoßung von q durch die Plusladung der linken Platte deutete er mit einem *Querdruck der parallel zueinander laufenden Feldlinien*; diese werden ja beim Transport von q nach links näher zusammengedrückt. Auch die *Kraft zwischen Einzelladungen* können wir nach dieser Regel am *Feldlinienbild 11.1, 12.3* und *13.1* ablesen.

Diese Vorstellung legt es nahe, *Feldkräfte aus der Feldenergie zu berechnen.* Wenn wir Kondensatorplatten mit der Fläche A um die Strecke Δs auseinanderziehen, vergrößern wir das vom Feld erfüllte Volumen um $\Delta V = A\,\Delta s$ und seine Energie um $\Delta W = \varrho_{el}\,\Delta V = \frac{1}{2}\,\varepsilon_0\,\varepsilon_r\,E^2\,A\,\Delta s$. Zum Ziehen längs der Feldlinien braucht man die Kraft F, also die Energie $\Delta W = F\,\Delta s$. Durch Gleichsetzen berechnen wir deshalb die Anziehungskraft F der Kondensatorplatten aus der Energie ΔW als *„Feldlinienzug"* zu

$$F = \frac{\Delta W}{\Delta s} = \tfrac{1}{2}\,\varepsilon_0\,\varepsilon_r\,E^2 A = \tfrac{1}{2}\,\varepsilon_0\,\varepsilon_r\,\frac{U^2}{d^2}\,A. \qquad (45.1)$$

Versuch 35: Nach *Bild 45.1* liegt die Kondensatorplatte ($A = 470\ \text{cm}^2$) austariert auf einer Waage. Darüber ist eine gleiche Platte im Abstand $d = 3{,}0$ mm befestigt. An der unteren Platte zieht nun eine Gewichtskraft mit 40 cN nach unten; doch ist bei der Spannung 4 kV die Feldkraft größer. Die untere Platte entfernt sich erst dann von der oberen, wenn die Spannung unter einen bestimmten Wert sinkt. Ihn können wir nach *Gl. 45.1* berechnen, mit dieser *Spannungswaage* also Spannung „wiegen". Mit *Gl. 45.1* berechnete *Maxwell* auch die *Zugkraft längs Feldlinien* in diesem einfachen Fall.

Feldkräfte kann man an Feldlinien ablesen: Man schreibt diesen einen Zug in Längsrichtung sowie einen Querdruck zu. Die von Feldkräften gelieferte Energie entstammt dem elektrischen Feld.

Aufgaben

1. a) *In Luft tritt oberhalb einer Feldstärke von* $2{,}5 \cdot 10^6\ \text{V m}^{-1}$ *Funkenüberschlag ein. Welche Energiedichte* ϱ_{el} *ist also in Luft noch möglich?* **b)** *Wievielmal so groß ist die aus Kohle nutzbare Energiedichte (Verbrennungswärme* $3 \cdot 10^7\ \text{J kg}^{-1}$*; Dichte* $1{,}2\ \text{g cm}^{-3}$*)?*

2. *Zwei kreisförmige Platten von* 24 cm *Durchmesser haben den Abstand* 4,0 mm. **a)** *Berechnen Sie den Energieinhalt und die Energiedichte, wenn die Spannung* 3 kV *bzw.* 6 kV *beträgt!* **b)** *Mit welcher Kraft ziehen sich die Platten an?* **c)** *Wie groß ist die Spannung, wenn die Platten bei der Kraft* 100 cN *abreißen?*

3. a) *Man verdreifacht den Abstand isolierter, geladener Platten. Auf das Wievielfache steigt die Feldenergie? Begründen Sie mit Kraft, Energiedichte und* $W = \frac{1}{2}\,C\,U^2$*!* **b)** *Was gilt bei konstant gehaltener Spannung?* **c)** *Erklären Sie den scheinbaren Widerspruch zwischen (a) und (b)!*

4. *Ein Kondensator von* 10 µF *wird auf* 200 V *geladen und einem ungeladenen von ebenfalls* 10 µF *parallelgeschaltet, ohne daß Ladung verlorengeht. Welche Spannung nimmt die Anordnung an? Wieviel elektrische Energie geht verloren? Auf welche Weise? Warum ist es hier von Bedeutung, daß* U *in* $Q = CU$ *linear, dagegen in* $\varrho = \frac{1}{2}\,\varepsilon_0\,\varepsilon_r\,(U/d)^2$ *als Quadrat auftritt?*

5. *Ein ungeladener Kondensator von* 3 µF *wird mit einem zweiten von* 6 µF *in Reihe geschaltet. Wie groß ist die Ersatzkapazität? An diese Anordnung legt man einen auf* 100 V *geladenen Kondensator von* 6 µF*, ohne daß Ladung verlorengeht. Welche Spannungen, Ladungen und welche Energie haben dann die drei Kondensatoren?*

6. *Auf einer Kugel mit Radius* R *sitzt die Ladung* Q. *Wie groß ist die Energiedichte im Abstand* $r \geqq R$ *von ihrem Mittelpunkt? Bestimmen Sie durch Integration (von* R *bis* ∞*; Volumenelement* $\mathrm{d}V = 4\,\pi\,r^2\,\mathrm{d}r$*) die Gesamtenergie des Kugelfelds und vergleichen Sie diese mit dem Wert nach* $W = \frac{1}{2}\,C\,U^2$*!*

7. *Wir sprachen bisher von der Energie eines elektrischen Systems. Welche Versuche und Überlegungen zeigen, daß sie im Feld und nicht in der Ladung sitzt?*

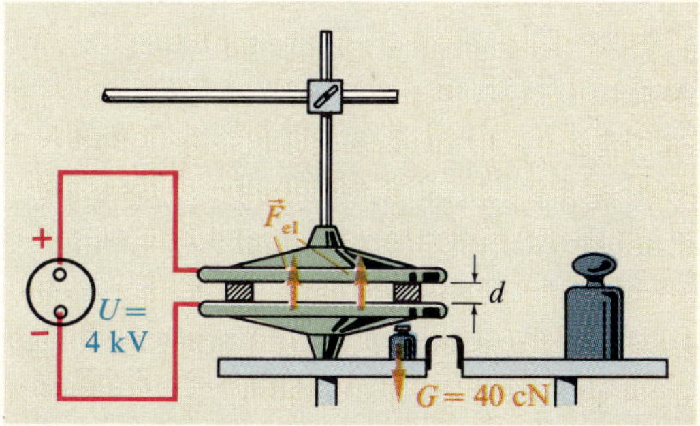

45.1 Spannungswaage zu Versuch 35

§ 16 Unsere bisherige Feldstrategie

1. *E*-Felder beeinflussen Ladungen

Das elektrische Feld übt Kräfte auf Ladungen aus, gleichgültig, ob diese ruhen oder sich bewegen.

a) An einem Ort mit Feldstärke $\vec{E}$ erfährt die Ladung q (analog zu $\vec{G} = m\,\vec{g}$) die Feldkraft

$$\vec{F} = q\,\vec{E}. \qquad (46.1)$$

$\vec{E}$ ist die Feldstärke, die im betreffenden Punkt *vor* Einbringen der Ladung q bestand; auf sich selbst übt q keine Kraft aus.

Im *homogenen Feld* ist E überall gleich; im Plattenkondensator mit Spannung U und Abstand d gilt speziell

$$E = U/d. \qquad (46.2)$$

Im *radialen Feld* der kugelförmigen Ladung Q gilt nach *Coulomb* (analog zur Gravitation)

$$E = Q/(4\,\pi\,\varepsilon_0\,\varepsilon_r\,r^2). \qquad (46.3)$$

b) Feldlinien beschreiben durch ihre Richtung die Richtung der Feldstärke $\vec{E}$ (von + nach −) und durch ihre Dichte deren Betrag. In elektrostatischen Feldern stehen sie auf Leiteroberflächen senkrecht. Bei den bisher betrachteten zeitlich konstanten Feldern beginnen sie an Plusladung und enden an Minusladung; sie sind nicht geschlossen.

c) In Leitern (Widerständen R_k) erzeugen Feldkräfte Ströme (so wie Gravitationskräfte Körper bewegen). Beim *Hintereinanderschalten* addieren sich die Widerstände R_k und ihre Teilspannungen $U_k = I\,R_k$; I ist in allen Widerständen gleich. – Beim *Parallelschalten* dagegen addieren sich die Kehrwerte $1/R_k$; hier ist U gemeinsam.

d) Die Feldstärken $\vec{E}_i$ verschiedener Einzelladungen Q_i addieren sich *vektoriell*. So kann jedes Feld – wenn auch mühsam – aus den Einzelfeldern der es erzeugenden Punktladungen gewonnen werden. Beim homogenen Kondensatorfeld geht man von einem „fertigen" Feld aus; die Feldphysik ist hier sehr bequem.

e) Feldkräfte kann man als *Zug* (Anziehung) und *Querdruck* (Abstoßung) der Feldlinien deuten. Hierzu muß man das von allen Ladungen erzeugte Gesamtfeld betrachten.

2. Felder speichern Ladung und haben Energie

a) Bei zeitlich konstanten Feldern hängt die mit dem Transport der Ladung q verknüpfte Arbeit W nur vom Anfangs- und Endpunkt des Transportwegs, nicht von dessen Verlauf ab. Die *Spannung* U zwischen zwei Feldpunkten ist für die Energieumsetzung maßgebend und wird definiert durch

$$U = W/q. \qquad (46.4)$$

b) Das *elektrische Potential* φ ist die Spannung gegen ein Bezugsniveau NN. Bei Punktladungen Q wählt man für NN das Unendliche:

$$\varphi = Q/(4\,\pi\,\varepsilon_0\,\varepsilon_r\,r). \qquad (46.5)$$

φ steigt längs Feldlinien zu Plusladungen hin an und bleibt senkrecht zu den Feldlinien auf Äquipotentialflächen konstant.

c) Verschieben die Feldkräfte eines Systems (Akku, Kondensator) die Ladung q zwischen Punkten mit dem Potentialunterschied $\Delta\varphi = U$, so verliert das System Energie, es wird entladen. Die Energieänderung beträgt

$$\Delta W = q\,\Delta\varphi = q\,U. \qquad (46.6)$$

Die Energie des Systems steigt, wenn q gegen dessen Feldkräfte transportiert wird (Aufladen).

d) Zwischen der *Ladungsdichte* σ auf einer Fläche und dem angrenzenden homogenen Feldbereich mit der Feldstärke E gilt

$$\sigma = \varepsilon_0\,\varepsilon_r\,E. \qquad (46.7)$$

e) Ladung Q und Spannung U eines Kondensators beliebiger Leiteranordnung sind proportional, die Kapazität C ist von U unabhängig:

$$C = Q/U. \qquad (46.8)$$

Beim *Plattenkondensator* gilt $C = \varepsilon_0\,\varepsilon_r\,A/d$,
bei einer geladenen *Kugel* $C = 4\,\pi\,\varepsilon_0\,\varepsilon_r\,r$.

f) Beim *Parallelschalten* von Kondensatoren addieren sich die Kapazitäten, beim Hintereinanderschalten ihre Kehrwerte.

g) Die *Energie* eines Kondensators mit der Kapazität C ist bei der Spannung U

$$W = \tfrac{1}{2}\,C\,U^2. \qquad (46.9)$$

h) Die elektrische Energie zwischen Ladungen wird ihrem Feld zugeschrieben. Dessen *Energiedichte* ϱ_{el} hängt nur von Feldgrößen ab:

$$\varrho_{el} = \tfrac{1}{2}\,\varepsilon_0\,\varepsilon_r\,E^2. \qquad (46.10)$$

Aufgaben

(mit erhöhtem Schwierigkeitsgrad)

1. *Der Ring nach Bild 13.3 trägt links negative, rechts positive Influenzladung. Warum fließen nicht Elektronen von links nach rechts und setzen Energie frei?*

2. a) *Ein Elektron* ($1{,}6 \cdot 10^{-19}$ C) *kann in Bild 26.2 durch die parallelen Widerstände R_1, R_2 oder R_3 fließen. Wie groß ist jeweils die Arbeit der Feldkräfte an ihm?* **b)** *Wie groß ist sie in den drei hintereinandergelegten Widerständen nach Bild 27.1? Was folgt für die Spannung?*

3. *Zwei Kügelchen* (1,0 g *und* 0,50 g) *hängen an zwei* 2,0 m *langen Fäden, die oben* 20 cm *Abstand haben. Die leichtere Kugel trägt die Ladung q, die schwerere* $-2\,q$. *Beide ziehen sich unten auf* 10 cm *Abstand an. Welche Ladungen tragen sie? Welche Feldstärke erzeugt die eine Ladung am Ort der andern? Sind die Kräfte gleich groß?*

4. *Das Plättchen in Bild 15.1* (0,80 g; 6,0 cm^2 *Fläche*) *hängt an* 0,50 m *langen Fäden. Es berührt die linke Kondensatorplatte* (6,0 kV *Spannung;* 6,0 cm *Abstand*). *Welche Ladung nimmt es auf? Wie weit wird es anschließend in Luft ausgelenkt? Wie weit käme es in Paraffin* ($\varepsilon_r = 2{,}5$)?

5. *Ein Kügelchen* (0,50 g) *hängt an einem* 2,0 m *langen Faden und ist mit* $+2{,}0$ nC *geladen. An seine Stelle schiebt man eine mit* $+1$ µC *geladene Kugel.* **a)** *Wie stark lenkt sie das Kügelchen aus?* **b)** *Auf welchen Teil geht die Auslenkung zurück, wenn man beide Ladungen halbiert?*

6. *In A befindet sich die Ladung* $+10$ nC; 5,0 cm *davon entfernt in B* $+20$ nC *bzw.* -20 nC. *Wie groß ist die Feldstärke in C, wenn* $\overline{AC} = 3{,}0$ cm *und* $\overline{BC} = 4{,}0$ cm *ist? Welche Winkel bilden die $\vec{E}$-Vektoren mit AC?*

7. *Im Feld der Stärke* $E = 40$ kV m^{-1} *befinden sich nach Bild 30.2 zwei leicht bewegliche Influenzplatten der Fläche* 100 cm^2. **a)** *Man zieht sie auf* 1,0 cm *Abstand auseinander. Welche Ladungen tragen sie? Welche Feldstärke und Spannung besteht zwischen ihnen?* **b)** *Nun nimmt man das äußere Feld weg. Wie groß sind jetzt Feldstärke, Spannung und Anziehungskraft zwischen beiden Plättchen?*

8. *Um vom warmen Zimmer aus ständig den Ölstand h messen zu können, senken Sie zwei vertikale Metallplatten von* 2,0 m *Breite,* 2,0 m *Höhe und* 10 cm *Abstand in den Öltank. Dann legen Sie je Sekunde* 100mal *die Spannung* 1,5 kV *an und entladen sofort über einen Strommesser.* **a)** *Zeichnen Sie die Schaltskizze! Was zeigt der Strommesser, wenn der Tank* **A)** *ganz leer,* **B)** *ganz mit Öl* ($\varepsilon_r = 2{,}5$), **C)** *halb gefüllt ist?* **b)** *Stellen Sie die Stromstärke I(h) als Funktion der Füllhöhe h dar! Ist dieser Zusammenhang linear?* **c)** *Welche Energie wird während einer Messung von* 20 s *Dauer bei vollem Tank im Entladekreis frei?* **d)** *Eine Konkurrenzfirma legt die Metallplatten horizontal. Ist der Zusammenhang I(h) linear?*

9. *Ein leitend gemachter Luftballon hat* 5 cm *Radius, wird auf* 500 V *geladen und dann von der Quelle getrennt.* **a)** *Welche Ladung trägt er? Welche Energie steckt in seinem Feld?* **b)** *Wie ändern sich die Spannung, die Feldstärke an der Oberfläche und die Feldenergie, wenn man ihn auf doppelten Radius aufbläst?* **c)** *Am Ballon liegt ein Elektroskop der Kapazität* 5 pF. *Wie ändert sich jetzt die Spannung beim Aufblasen?*

10. a) *Ein Kugelkondensator besteht aus zwei konzentrischen Kugeln, die innere* ($-$) *mit* 5,0 cm, *die äußere* (+ *und geerdet*) *mit* 20 cm *Radius. Dazwischen liegt die Spannung* 1000 V. *Welche Ladung tragen beide Kugeln; welche Kapazität hat der Kondensator?* **b)** *Welchen Radius hat die Äquipotentialfläche für* -500 V*? Begründen Sie das Vorzeichen!* **c)** *Welche Arbeit wird an der Ladung* $q = +1{,}0$ pC *verrichtet, die von* $r = 5{,}0$ cm *auf* $r = 10$ cm *transportiert wird?*

11. *Ein Kondensator der Kapazität C wird über einen Widerstand R von der Quelle mit konstanter Spannung U_0 gemäß Bild 43.1 geladen.* **a)** *Welche Ladung fließt?* **b)** *Welche Energie gibt die Quelle ab, welche nimmt C auf? Welche wird im Widerstand in Wärme umgesetzt?* **c)** *Wandeln Sie Bild 43.1 in das P(t)-Diagramm für die Leistung der Quelle* (U_0) *um und tragen Sie die Wärmeleistung* $P = I^2 R$ *ein! Wo liest man im Diagramm die in (b) berechneten Energien ab?*

12. *In der Schaltung von Bild 37.2 hat der Strommesser den Widerstand* 10 Ω. *In* 0,01 s *soll der Kondensator auf* $\frac{1}{64}$*tel entladen werden, so daß man seine Ladung auf etwa 2% genau messen kann. Wie groß darf C sein?*

13. a) *Ein Meßverstärker enthält zur Ladungsmessung einen Kondensator mit* $C_1 = 10$ nF. *Ein Kondensator gleicher Kapazität C_2 wird an den Eingang gelegt. Welcher Bruchteil seiner Ladung fließt in den Verstärker ab, wird also gemessen?* **b)** *Welche Kapazität darf Kondensator C_2 höchstens haben, wenn seine Ladung zu mindestens 98% gemessen werden soll?* **c)** *Eine geladene Kugel mit* 3,0 cm *Radius trägt* 10 nC *und wird an den Kondensator C_1 gelegt. Was zeigt der Verstärker an? (Seite 37, Ziffer 5b)*

14. *Das Seil einer Hochspannungsleitung hat* $r = 2{,}0$ cm *Radius. Die Ladungsdichte (Ladung je Meter) ist* $Q_m = 10$ nC m^{-1}. **a)** *Wie groß ist die Flächendichte der Ladung und damit die Feldstärke an seiner Oberfläche?* **b)** *Übertragen Sie die Überlegungen von Seite 32 zum Coulomb-Gesetz auf das zylinderförmige Feld um die Leitung! Wie groß ist also die Feldstärke E(r) im doppelten Abstand r von der Seilachse?* **c)** *Leiten Sie eine Gleichung für E(r) her! (Ergebnis:* $E = Q_m/(2\,\pi\,\varepsilon_0\,r)$)

15. a) *Ein Kondensator enthält nach Bild 40.2 ein Dielektrikum* ($\varepsilon_r = 6$). *Welcher Teil der Plattenladung Q ist die Polarisationsladung?* **b)** *Die Plattenfläche sei* 500 cm^2, der Plattenabstand 10 cm. *Das Dielektrikum ist* 8,0 cm *dick, der Rest Luft. Wie groß ist die Kapazität, wie groß die Energiedichte im Dielektrikum und im Luftspalt bei* 3,0 kV *Spannung?*

§ 17 Feldelektronenmikroskop

1. Warum glauben Sie an Atome?

Sicherlich haben Sie noch nie ein Atom gesehen – genau so wenig wie der Grieche *Demokrit* (um 400 v. Chr.). Trotzdem postulierte er: „Es gibt nur Atome und den leeren Raum". Diese Atome sollten ausgedehnt und zugleich unteilbar sein – ein Widerspruch im Denken, den erst die Physik der letzten Jahre lösen konnte (Seite 421). Aber schon um 1800 legte der Chemiker *Dalton* experimentelle Indizien für die Existenz der Atome und Moleküle vor:

Kohlenstoff kann sich mit Sauerstoff auf zwei Arten verbinden. Auf 12 g C (1 mol) kommen 16 g Sauerstoff (1 mol) oder 32 g (2 mol). *Dalton* sah zwar auch hier die Atome nicht unmittelbar. Er nahm aber an, daß sich jeweils 1 C-Atom mit 1 O-Atom zu CO oder aber mit 2 O-Atomen zu CO_2 verbindet. Zwischenliegende Möglichkeiten ließ diese atomistische Deutung nicht zu – sie wurden auch von keinem einzigen Experiment gefordert.

Man konnte zudem die hier angesprochenen Gesetze der *konstanten und multiplen Proportionen* nicht anders als atomar deuten. Für die Chemiker existierten also die Atome. Die Physiker suchten noch um 1900 nach Beweisen; sie fragten auch nach der Größe dieser Atome.

2. Wie groß sind Atome und Moleküle?

Wir fanden früher, daß Ölfilme auf Wasser nie dünner als $a = 1{,}2 \cdot 10^{-6}$ mm sind. Dann bilden nämlich die Ölmoleküle eine *monomolekulare Schicht*. a ist der Durchmesser, $V = a^3 = 1{,}7 \cdot 10^{-18}\ \text{mm}^3$ das Volumen eines (als Würfel betrachteten) Ölmoleküls. Ein Mol Öl hat das Volumen $V = 970\ \text{cm}^3$, enthält also etwa $N_A = V/a^3 = 6 \cdot 10^{23}$ Moleküle. Wir werden diese **Avogadrokonstante N_A** (*Loschmidt-Zahl*) bald genauer bestimmen.

1 mol H-Atome (genauer $\frac{1}{12}$ mol C-Atome) hat die Masse 1 g und enthält $N_A = 6{,}02 \cdot 10^{23}$ Atome. Jedes H-Atom hat also die Masse $m_H = 1\ \text{g}/N_A = 1{,}66 \cdot 10^{-24}$ g. Dies ist etwa die **atomare Masseneinheit $1\ \text{u} = 1{,}6606 \cdot 10^{-24}$ g.** Entnimmt man dem Periodensystem z.B. für Sauerstoff die Zahl 16, so ist die Masse von 1 O-Atom $m_O = 16\ \text{u} = 16 \cdot 1{,}6606 \cdot 10^{-24}\ \text{g} = 2{,}66 \cdot 10^{-23}$ g. 1 mol O-Atome hat 16 g Masse.

3. Ein Lichtpunkt – ein Atom?

Im *Lichtmikroskop* kann man nur solche Punkte getrennt wahrnehmen, die weiter als 300 nm voneinander entfernt sind. Das *Feldelektronenmikroskop* löst dagegen Strukturen bis zu $1\ \text{nm} = 10^{-9}$ m auf – knapp an der atomaren Schwelle (0,5 nm). Dieses Mikroskop arbeitet nur mit Elektronen und einem *E*-Feld.

Versuch 36: a) In einen hochevakuierten Glaskolben ist ein Wolframdraht eingeschmolzen. Er endet mitten im Kolben in einer Halbkugel mit Radius $r = 100$ nm (*Bild 48.1*; Spitze in *Bild 49.1*) und wird gegen den Leuchtschirm L durch die Spannung $U = 7$ kV negativ geladen. An dieser winzig kleinen Halbkugel drängen sich die vom positiv geladenen Leuchtschirm kommenden Feldlinien extrem eng zusammen und erzeugen die riesige Feldstärke $E = 10^9\ \text{V m}^{-1}$. Bei ihr reißen die Feldkräfte Elektronen aus dem kalten Wolframmetall. Man nennt dies **Feldemission** – im Gegensatz zur *Glühemission*. Die Elektronen fliegen nun längs der Feldlinien, also radial, zum Leuchtschirm mit dem 500000mal so großen Radius $R = 50$ mm. Dort sieht man zunächst nur sehr große diffuse Flecke. Sie sind solchen Richtungen zugeordnet, in die der Wolframkristall besonders leicht Elektronen emittiert. Also haben sie mit einzelnen Atomen, nach denen wir suchen, nichts zu tun.

b) Wir lassen nun von einer seitlichen Glühwendel, die mit Barium überzogen ist, Bariumatome ins Vakuum abdampfen. Einige von ihnen „schneien" auf die Wolframspitze. Da Ba-Atome besonders leicht Elektronen emittieren, divergieren von ihnen Elektronenströme längs

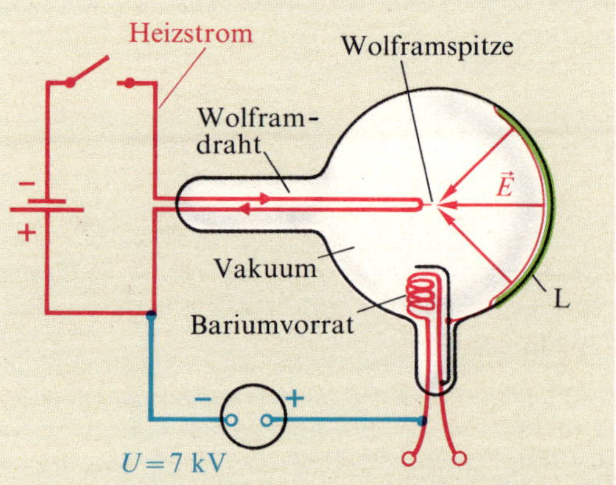

48.1 Schnitt durch das Feldelektronenmikroskop

der Feldlinien auf $R/r = 5 \cdot 10^5$fachen Abstand *(Bild 49.1)* und erzeugen auf dem Schirm Lichtpunkte mit etwa 1 mm Abstand. An der Spitze sind also Elektronen von einzelnen Ba-Atomen mit etwa $1\ \text{mm}/5 \cdot 10^5 = 2$ nm Abstand ausgegangen. Hellere Flecke rühren von Barium-Atomgruppen her.

c) Nun erhitzen wir die Wolframspitze durch einen Heizstromkreis vorsichtig auf Dunkelrotglut. Mit steigender Temperatur wird die Bewegung der Lichtpunkte – also auch der Bariumatome – immer lebhafter: Hier sehen Sie unmittelbar die früher aus der *Brownschen Bewegung* von Fett-Tröpfchen in Milch erschlossene *Wärmebewegung einzelner Atome.*

Aufgaben

1. a) Wie ist 1 mol *definiert?* **b)** *Bestätigen Sie mit den Angaben in (c) den mittleren Atomdurchmesser* 0,2 nm*!* **c)** *Welches Volumen und welche Masse in Gramm hat ein Eisenatom (*56 u; $\varrho = 7{,}8\ \text{g cm}^{-3}$*)? Könnte man mit den Atomen in* 1 cm³ *Eisen eine Kette zum Mond legen (60 Erdradien lang)?*

2. *Im Periodensystem steht bei Schwefel 32. Was bedeutet diese Zahl? Welche Masse hat* 1 mol *Schwefel, welche ein* S-*Atom (in* u *und in* g*)? Wie viele Atome enthält* 1 cm³ *Schwefel (Dichte* 2,0 g cm⁻³*)?*

3. a) *Welche Feldstärke E herrscht im Feldelektronenmikroskop an der Halbkugel mit Radius* $r = 10^{-4}$ mm *bei* $U = 7{,}0$ kV*? Vergleichen Sie mit Tabelle 16.1!* **b)** *Wie würde sich E beim Verdoppeln des Radius r ändern?* **c)** *Welche Ladung trägt die Fläche der Halbkugel? Wie viele Elektronen sind dies (*$e = 1{,}6 \cdot 10^{-19}$ C*)? Wie viele dieser Elektronen kommen im Mittel auf ein* W-*Atom (Radius* $1{,}4 \cdot 10^{-10}$ m*)?* **d)** *Berechnen Sie diesen Wert für einen Kondensator mit Plattenabstand* 6,0 cm, 400 cm² *Fläche und* $U = 60$ kV*!*

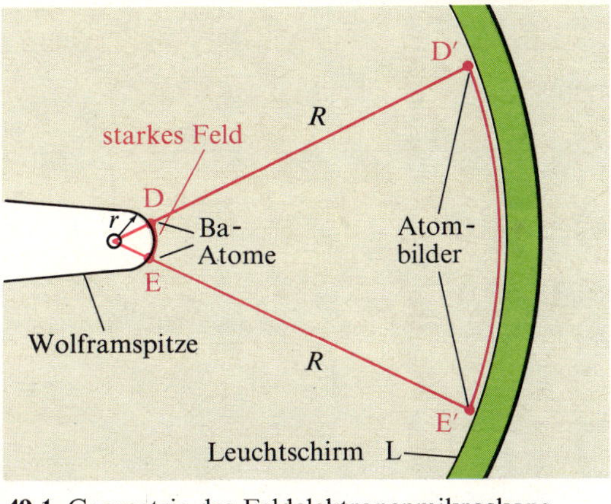

49.1 Geometrie des Feldelektronenmikroskops

§ 18 Elektrolyse und Elementarladung

1. Faraday verknüpfte Physik und Chemie

Die Physiker beschäftigten sich im 19. Jahrhundert mit Feldern und mit Energie, kaum mit Atomen. Doch schlug *Faraday* auf der Suche nach übergreifenden Zusammenhängen in der Natur um 1833 eine Brücke zur *Chemie.* Er untersuchte, wovon die bei der **Elektrolyse** abgeschiedenen Stoffmengen abhängen. Solche fachübergreifenden Forschungen liefern häufig tiefe Einblicke in das Naturgeschehen. Zunächst fand er ein Gesetz, das der Ladungsmessung mit Knallgaszellen zugrundeliegt:

> *1. Faraday-Gesetz:* **Die von einem bestimmten Stoff abgeschiedene Masse m ist der durch den Elektrolyten geflossenen Ladung Q proportional: $m \sim Q$.**

Andere Größen wie Temperatur, Konzentration, Stromstärke, Widerstand und Elektrodenbeschaffenheit sind ohne Einfluß. Somit besteht ein unmittelbarer Zusammenhang zwischen der Zahl der transportierten Ionen und der Ladungsmenge, die sie mit sich tragen.

Bekanntlich entwickelt die Ladung 1 C bei Normbedingungen 0,174 cm³ Knallgas (H_2 und O_2 im Volumen-Verhältnis 2:1). 1 C scheidet also $\frac{2}{3} \cdot 0{,}174\ \text{cm}^3 = 0{,}116\ \text{cm}^3$ H_2-Gas ab. Nun enthalten 22,4 l H_2-Gas 1 mol H_2-Moleküle, d.h. 2 mol H-Atome (2 g). Um sie abzuscheiden, sind $1\ \text{C} \cdot 22400\ \text{cm}^3/0{,}116\ \text{cm}^3 = 193000$ C nötig, für 1 g (d.h. 1 mol) nur 96500 C. Und bei anderen Stoffen?

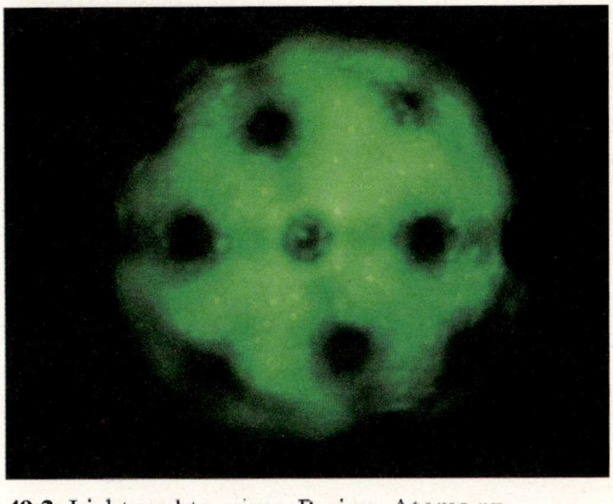

49.2 Lichtpunkte zeigen Barium-Atome an.

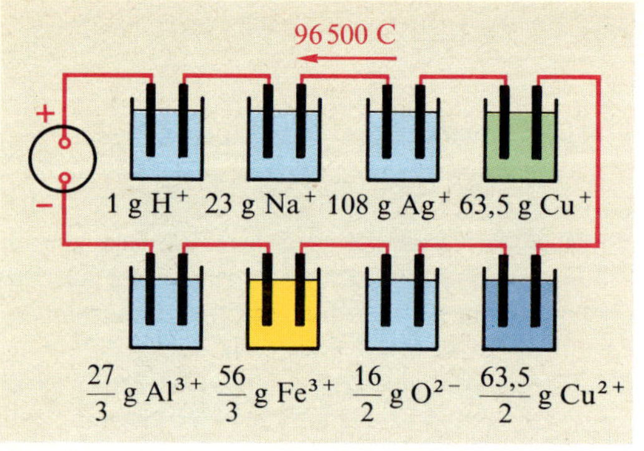

50.1 Wieviel Stoff scheidet die Ladung 96 500 C ab?

Nach *Bild 50.1* sind Elektrolysierzellen für verschiedene Stoffe in Reihe gelegt. Die Ladung 96 500 C, die in der ersten Zelle 1 g H abscheidet, liefert in der zweiten Zelle 23 g Na, in der dritten 108 g Ag usw. Dies ist jeweils 1 mol, also $6{,}02 \cdot 10^{23}$ Atome. (Ein Na-Atom ist 23mal so schwer wie 1 H-Atom.) Also wird bei solchen Ionen von der gleichen Ladung 96 500 C stets die gleiche Zahl an Atomen abgeschieden. Ist das nicht eigenartig? Man bedenke, daß sich die Elemente Wasserstoff, Natrium, Chlor, Silber chemisch gesehen ganz verschieden verhalten (*Tabelle 50.1*).

2. Chemie führt zur Elementarladung

Nun nehmen wir an — was für Sie wohl selbstverständlich, aber noch unbewiesen ist — daß jedes Ion dieselbe Ladung habe. Nach dieser Annahme trägt jedes dieser Ionen die Ladung

$$e = \frac{96\,500\ \mathrm{C}}{6{,}02 \cdot 10^{23}} = 1{,}6 \cdot 10^{-19}\ \mathrm{C}. \qquad (50.1)$$

Dies gilt nach *Tabelle 50.1* für die Ionen H^+, Na^+, Ag^+, Cu^+, Cl^-, gleichgültig ob sie positiv oder negativ geladen sind. Man sagt, sie tragen *eine* positive bzw. negative **Elementarladung *e*.**

Bedeutsamerweise fallen Ionen, die mehrere andere binden, aus der Reihe. Die Ladung 96 500 C transportiert bei Cu(II)-Ionen nur 64/2 g, also nur die halbe Zahl an Ionen wie bei Cu(I) (64 g). Folglich trägt jedes Cu(II)-Ion exakt zwei Elementarladungen. Allgemein gilt:

Ionen tragen stets ein ganzzahliges Vielfaches der Elementarladung

$$e = 1{,}6 \cdot 10^{-19}\ \mathrm{C}. \qquad (50.2)$$

Aus dieser Ganzzahligkeit schloß 1881 der deutsche Physiker *H. Helmholtz*: *Wenn die Materie atomistische Struktur aufweist, so auch die Ladung.* Dies ist für uns heute selbstverständlich. Wir sagen, die elektrische Ladung werde in jeweils gleich großen Portionen von *Elektronen* bzw. *Protonen* transportiert. Jetzt kennen Sie hierfür nicht nur ein gutes experimentelles Indiz, sondern auch die Größe $e = 1{,}6 \cdot 10^{-19}$ C dieser Elementarladung. Den endgültigen Beweis liefern wir auf Seite 52.

Die bei der Elektrolyse abgeschiedenen makroskopischen Stoffmengen kann man leicht berechnen: Stets ergeben $6{,}02 \cdot 10^{23}$, also 1 mol Elementarladungen, die Gesamtladung von 96 500 C.

2. *Faraday-Gesetz:* 1 mol ($6{,}02 \cdot 10^{23}$) Elementarladungen sind 96 500 C.

	Von der gleichen Ladung (96 500 C) abgeschieden									
Ladungszustand	einfach					doppelt			dreifach	
Stoff	H^+	Na^+	Cl^-	Ag^+	Cu^+	Cu^{2+}	O^{2-}	Fe^{2+}	Fe^{3+}	Al^{3+}
Masse in g	1	23	35,5	107,87	64	$\frac{64}{2}$	$\frac{16}{2}$	$\frac{56}{2}$	$\frac{56}{3}$	$\frac{27}{3}$
Ionenzahl	$6{,}02 \cdot 10^{23}$					$\frac{6{,}02}{2} \cdot 10^{23}$			$\frac{6{,}02}{3} \cdot 10^{23}$	
1 Ion trägt die Ladung	$\frac{96\,500\ \mathrm{C}}{6{,}02 \cdot 10^{23}} = e$					$\frac{96\,500\ \mathrm{C}}{\frac{6{,}02}{2} \cdot 10^{23}} = 2e$			$\frac{96\,500\ \mathrm{C}}{\frac{6{,}02}{3} \cdot 10^{23}} = 3e$	

Tabelle 50.1 Ionenabscheidung durch 96 500 C

3. Anwendungen

a) Nach *Bild 51.1* tauchen zwei Silberelektroden in Silbernitratlösung ($AgNO_3$). Die Zelle wird von der Ladung 96500 C durchflossen. Dabei verliert die Anode $6{,}02 \cdot 10^{23}$ Ag-Atome mit der Masse 108 g. Diese Ag-Atome gehen als einfach positive Ionen in Lösung. Sie hinterlassen in der Anode $6{,}02 \cdot 10^{23}$ Elektronen der Ladung 96500 C, welche die Quelle zur Kathode pumpt. Dort schlägt sich die gleiche Zahl an positiven Ag-Ionen nieder, die von den herangepumpten Elektronen neutralisiert werden. Also wird 1 mol ($6{,}02 \cdot 10^{23}$) einfach geladener Silberionen (Ag^+) von der Ladung 96500 C durch die Lösung transportiert.

b) Aus $NiCl_2$-Lösung sollen 10 g Nickel (m = 59 u) abgeschieden werden. 1 mol dieser Ni(II)-Ionen hat die Masse 59 g und transportiert 2 mol Elementarladungen; das sind $2 \cdot 96500$ C. Nach dem *1. Faraday-Gesetz* braucht man dann zu 10 g Nickel die Ladung

$$Q = \frac{2 \cdot 96500\ \text{C}}{59\ \text{g}}\ 10\ \text{g} = 32700\ \text{C}.$$

Bei der Stromstärke $I = 10$ A dauert die Abscheidung 3270 s = 54,5 min. Ist die Spannung $U = 5$ V nötig, so braucht man die Energie $W = U\,Q = 163500\ \text{J} = 0{,}045$ kWh.

c) Elektrolyse von *Wasser*. Es fließe die Ladung $Q = 96500$ C. Dann wandert zur Kathode 1 mol H^+-Ionen und wird von 1 mol Elektronen neutralisiert. Dabei entsteht 1 mol an neutralen H-Atomen, die sich zu $\frac{1}{2}$ mol H_2-Molekülen zusammenschließen. Sie nehmen den Raum von $\frac{1}{2} \cdot 22{,}4\ \text{dm}^3$ ein. An der Anode wird nur $\frac{1}{2}$ mol an O^{2-}-Ionen entladen. Dies gibt $\frac{1}{2}$ mol neutraler O-Atome, die $\frac{1}{4}$ mol O_2-Moleküle vom Volumen $\frac{1}{4} \cdot 22{,}4\ \text{dm}^3$ bilden. Das entwickelte Knallgasvolumen ist $\frac{3}{4} \cdot 22{,}4\ \text{dm}^3 = 16{,}8\ \text{dm}^3$. 1 C scheidet also $16{,}8\ \text{dm}^3/96500 = 0{,}174\ \text{cm}^3$ Knallgas ab.

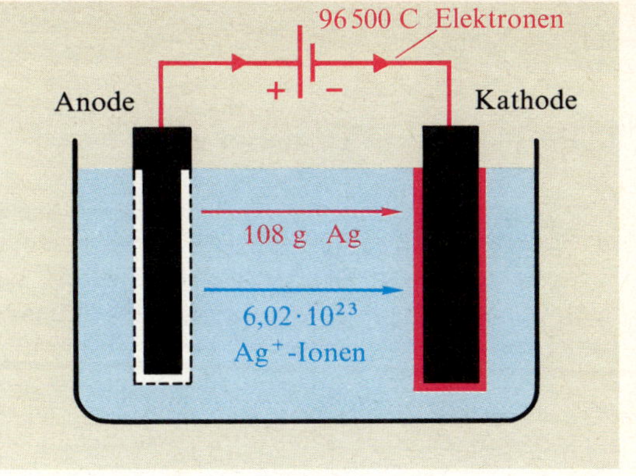

51.1 1 mol Elementarladungen transportiert 1 mol Ag^+-Ionen (je $6{,}02 \cdot 10^{23}$ Stück).

Aufgaben

1. *Welche Masse hat* 1 mol *Natriumatome? Welche Ladung braucht man zum Abscheiden von* 1,0 kg Na*? Wie lange dauert dies bei* $I = 100$ A*? Wie viele Kilowattstunden sind bei* $U = 6{,}0$ V *aufzuwenden?*

2. *Ein Körper von* 250 cm² *Oberfläche soll mit einer* 0,5 mm *dicken Silberschicht überzogen werden (Dichte* $10{,}5\ \text{g cm}^{-3}$*). Bei welcher Stromstärke dauert dies* 10 h *lang?*

3. *Bei welcher Spannung scheidet man mit* 1 kWh *Energie* 45 g Al *aus einem* Al(III)*-Salz ab?*

4. a) *Zeigen Sie mit dem 2. Faraday-Gesetz, daß* 1 C *genau* 0,174 cm³ *Knallgas* ($2\,H_2 + O_2$) *abscheidet!* **b)** *Welches Volumen an Chlorknallgas* ($H_2 + Cl_2$) *liefert es? Hier werden beide Gasarten jeweils zusammen aufgefangen. (*1 mol *Gasmoleküle nimmt im Normzustand* 22,4 l *ein.)*

5. a) *Wie groß ist die positive und die negative Ladung in* 12 mg *Kohlenstoff (*1 *C-Atom hat sechs Elektronen und sechs Protonen)?* **b)** *Welche Kraft würden beide Ladungen aufeinander ausüben, wenn sie in* 1 m *Abstand voneinander punktförmig konzentriert wären?* **c)** *Mit diesen Ladungen werden zwei Kondensatorplatten der Fläche* 1000 cm² *im Abstand* 1 cm *belegt. Welche Feldstärke und Spannung hätte der Kondensator? Mit welcher Kraft würden sich die Platten anziehen? Wie groß wären Energie und Energiedichte im Feld?*

6. a) *Bei der Ionenwanderung nach Bild 14.1 mißt man die Ionengeschwindigkeit* $v = 1\ \text{mm s}^{-1}$. *Wie viele Ionen treten in der Zeit* Δt *durch den Leiterquerschnitt* $A = 10\ \text{mm}^2$*? Die Anzahldichte (Konzentration) der Ionen betrage* $n = 10^{15}\ \text{cm}^{-3}$*; d.h., in* 1 cm³ *Lösung sind* 10^{15} *Ionen. Wie groß ist die Stromstärke* $I = \Delta Q/\Delta t$, *wenn ein Ion die Ladung* $q = 1e$ *trägt (Bild 9.1)?* **b)** *Leiten Sie eine Gleichung zwischen diesen Größen her! (Ergebnis* $I = n\,e\,v\,A$*; Hilfe siehe Seite 66)*

7. *In einem Silberdraht ist die Anzahldichte der Elektronen* $n = 7{,}1 \cdot 10^{28}\ \text{m}^{-3}$. *Er hat den Querschnitt* $A = 1{,}0\ \text{mm}^2$ *und wird vom Strom* $I = 1{,}0$ A *durchflossen. Welche Geschwindigkeit* v *haben die Elektronen nach der in Aufgabe 6 entwickelten Vorstellung?*

8. *Man läßt durch eine Knallgaszelle Strom fließen. Wenn man die Quelle weggenommen hat, findet man zwischen den Elektroden eine Spannung. Begründen Sie!*

9. a) *Ein Atomkern hat die Ladung* $+e$ *und den Radius* 10^{-14} m. *Mit welcher Energie könnte man ein Elektron* ($q = -e$) *von seiner Oberfläche ins Unendliche reißen?* **b)** *Welche Energie braucht man für ein Hüllenelektron* ($r = 10^{-10}$ m), **c)** *welche von der Kernoberfläche in die Hülle?*

§ 19 Der Millikan-Versuch

1. Die Physiker wollen es ganz genau wissen

Wir haben auf Seite 50 die Elementarladung $e = 96\,500\ \text{C}/6{,}02 \cdot 10^{23} = 1{,}6 \cdot 10^{-19}$ C aus einer Vielzahl von Ionen ermittelt. Also könnte sie auch nur ein *Mittelwert* sein, um den die einzelnen Ionenladungen streuen. Dann hätte das eine Elektron oder Proton etwas mehr, das andere etwas weniger Ladung; der Atombau wäre komplizierter! Die Entscheidung brachten ab 1909 genaue und damals langwierige Experimente des Amerikaners *Millikan* (Nobelpreis 1923). Sie sind von der Elektrolyse und ihren Gesetzen völlig unabhängig.

Versuch 37: a) Mit einem Mikroskop betrachtet man den Raum zwischen zwei horizontalen Kondensatorplatten *(Bild 52.1)*. Er ist durch ein Gehäuse vor Luftzug geschützt. Im Mikroskop erkennt man Strichmarken für vertikale Strecken Δs zwischen den Platten. Durch eine Öffnung bläst man aus einem Zerstäuber kleine Öltröpfchen zwischen die Platten. Man sieht sie bei seitlicher Beleuchtung als helle Lichtpunkte nach unten sinken (da das Mikroskop umkehrt, scheinen sie nach oben zu wandern).

b) Nun legt man eine Spannung zwischen die Platten (die untere sei negativ geladen). Dann sinken die ungeladenen Tröpfchen unbeeinflußt weiter. Ein Teil steigt jedoch zur oberen Platte auf, ist also negativ geladen. Positiv geladene sinken schneller als ohne Feld. Die Ladung rührt daher, daß beim Zerstäuben des Öls das eine Tröpfchen einige Elektronen zuviel, das andere einige zu wenig erhält.

c) Man beobachtet nun ein negativ geladenes Tröpfchen über längere Zeit genau und ändert dabei die Spannung U_0 am Potentiometer solange, bis es *schwebt* (die andern verschwinden allmählich). Dann besteht am *ruhenden* Tröpfchen *Gleichgewicht*: Nach oben zieht die elektrische Feldkraft $F = q\,E$, die seine Ladung q im Feld der Stärke $E = U_0/d$ erfährt (d: Plattenabstand). Nach unten zieht die gleich große Gewichtskraft G. Es gilt $q\,E = q\,U_0/d = G$.

d) Leider sind die Tröpfchen so klein, daß man ihren Radius r und damit ihre Gewichtskraft G nicht unmittelbar bestimmen kann. Man mißt deshalb die Geschwindigkeit v_1, mit der das Tröpfchen nach Wegnahme der Schwebespannung U_0 in Luft *sinkt*. Diese *Sinkgeschwindigkeit* v_1 ist bekanntlich bei schweren Regentropfen groß, bei Nebeltröpfchen klein. Am *fallenden* Tröpfchen kommt nämlich *Gleichgewicht* zwischen der Gewichtskraft G und der von v_1 abhängigen Kraft des Luftwiderstands zustande. Der Zusammenhang zwischen v_1 und G ist in *Bild 52.2* aufgetragen. Man mißt nun ohne Feld die Fallzeit Δt längs der Strecke Δs. *Beispiel:* Die Strecke $\Delta s = 2{,}50$ mm wird in $\Delta t = 35{,}0$ s durchfallen. Also ist $v_1 = \Delta s/\Delta t = 7{,}14 \cdot 10^{-5}\ \text{m s}^{-1}$. *Bild 52.2* entnimmt man $G = 15{,}8 \cdot 10^{-15}$ N. Aus der Schwebespannung $U_0 = 255$ V und dem Plattenabstand $d = 5{,}0$ mm folgt $q = G/E = G\,d/U_0 = 3{,}2 \cdot 10^{-19}$ C. Dies sind *zwei* Elementarladungen.

e) Für die Tröpfchenladung $q = G/E = G\,d/U_0$ erhält man auch bei Wiederholung an vielen Tröpfchen immer nur *kleine ganzzahlige Vielfache* der auf Seite 50 zunächst nur als Mittelwert berechneten Elementarladung e, nämlich e selbst oder $2e$, $3e$ usw *(Bild 53.1)*. Zwischenwerte wie $0{,}7\,e$ oder $3{,}4\,e$ werden nicht beobachtet.

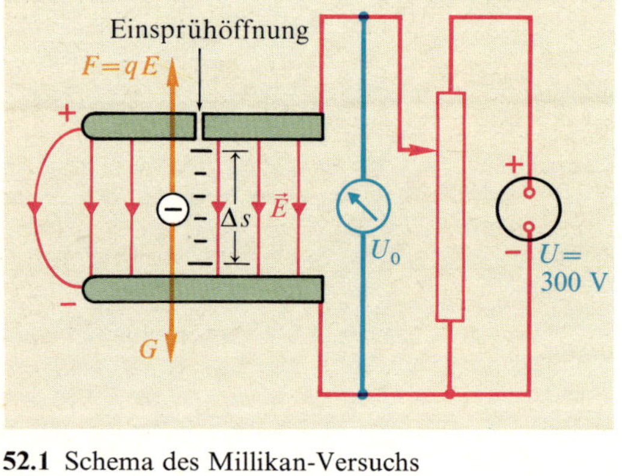

52.1 Schema des Millikan-Versuchs

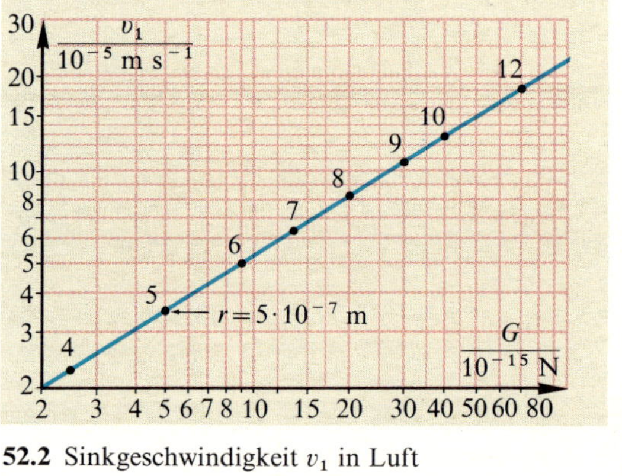

52.2 Sinkgeschwindigkeit v_1 in Luft

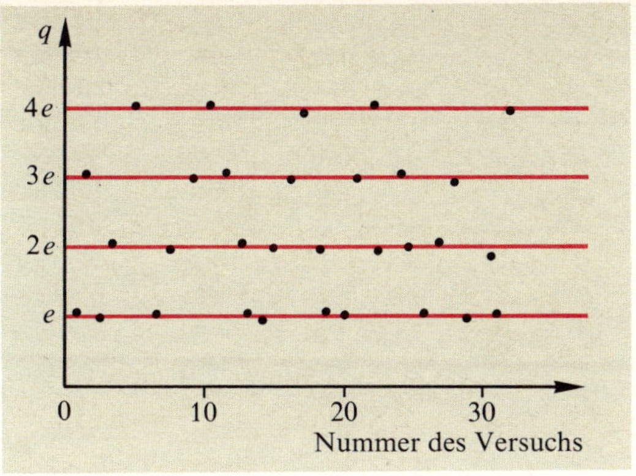

53.1 Streuung zahlreicher Meßwerte der Tröpfchenladung q um $n\,e$ ($n=1, 2, 3, \ldots$)

Versuch 38: Man polt die Spannung an den Platten um und mißt die Ladung eines *positiv* geladenen Tröpfchens. Der Wert für e ist der gleiche. Man kann Tröpfchen auch laden, indem man die Luft durch ein radioaktives Präparat kurzzeitig ionisiert. Auch hat man schon Elektronen von Glühdrähten aus beliebigen Metallen abgedampft und auf die Tröpfchen gebracht. Man erhält stets die gleiche Elementarladung. (Siehe aber Seite 418!)

Positive wie negative Ladungen treten nur als ganzzahlige Vielfache der Elementarladung $e=1{,}6\cdot 10^{-19}$ C auf. Die Ladung des Elektrons ist $-e=-1{,}6\cdot 10^{-19}$ C.

Wenn man mit diesem Millikan-Versuch den Wert für e genau bestimmt hat, kann man umgekehrt aus $e=96\,500$ C$/N_A$ die **Avogadro-Konstante N_A** ermitteln. Dies ist eine der zahlreichen Methoden, um diese Grundkonstante der atomaren Welt zu bestimmen. Alle führen zum gleichen Ergebnis, ein schönes Beispiel für die *Konvergenz der Forschung*: Auch wenn man von ganz verschiedenen Problemen ausgeht und völlig verschiedene Versuche ausführt, erhält man übereinstimmende Aussagen. Dies erkennen wir hier in einem unseren Sinnen nicht zugänglichen Bereich, der Welt der Atome.

2. Ein eigenes Energiemaß eV für Elektronen

Wenn ein Elektron die Spannung U in einer Elektronenkanone – oder in der elektrischen Heizung – durchlaufen hat, so wurde an ihm von den Feldkräften die Arbeit $W=e\,U$ verrichtet. Um nicht immer mit e multiplizieren zu müssen, führt man die auf die Elementarladung zugeschnittene **Energieeinheit Elektronvolt (eV)** ein. Durchfliegt ein Elektron in der Fernsehröhre die Spannung 20000 V, so steigt seine kinetische Energie um $W=q\,U=e\cdot 20000\text{ V}=20000\text{ eV}=20000\cdot 1{,}6\cdot 10^{-19}\text{ J}=3{,}2\cdot 10^{-15}\text{ J}$.

Definition: **Wenn ein Teilchen beliebiger Masse mit der Ladung 1 e im Vakuum die Spannung 1 V durchläuft, dann ändert sich seine kinetische Energie um 1 Elektronvolt:**

$$1\text{ eV} = 1\,e\cdot 1\text{ V} = 1{,}6\cdot 10^{-19}\text{ J} \qquad (53.1)$$

$$1\text{ MeV (Mega-Elektronvolt)} = 10^6\text{ eV} \qquad (53.2)$$

Durchläuft ein Cu^{++}-Ion oder ein Heliumkern, die beide zwei Elementarladungen tragen, die Spannung (Potentialdifferenz) 1 V, so ändert sich die Energie um 2 eV. – In *Bild 52.1* sei die untere Platte geerdet; die obere habe das Potential $\varphi=+200$ V. Um ein positives Teilchen der Ladung $q=+e$ von unten nach oben zu transportieren, braucht man die Energie $W=\varphi\,q=+200$ eV; bei einem Elektron ($-e$) wird sie frei. In der Mitte des Kondensators sind diese Werte halb so groß.

Aufgaben

1. *Zeigen Sie, daß die e-Bestimmung nach Millikan von der in § 18 unabhängig ist!*

2. a) *Ein Öltröpfchen* ($m=2{,}4\cdot 10^{-12}$ g) *schwebt in einem Kondensator von* 0,50 cm *Plattenabstand bei* 250 V *(obere Platte negativ geladen). Welche Ladung und wieviel Elementarladungen trägt es? Wie ermittelt man ihr Vorzeichen? Mit welcher Geschwindigkeit sinkt es in Luft ohne elektrisches Feld (Bild 52.2)?* **b)** *Wieviel Überschußelektronen sitzen je* cm² *auf der negativ geladenen Platte?* **c)** *Auf wie viele Atome der Oberfläche kommt ein freies Elektron? (Ein Atom braucht die Fläche* 10^{-15} cm².*)*

3. a) *Ein Tröpfchen mit $q=+e$ bzw. $-e$ durchläuft in Bild 52.1 von oben nach unten die Spannung* 200 V. *Wie groß ist die Energieänderung in* eV *und in Joule?* **b)** *Das Tröpfchen nach Aufgabe 2a sinkt langsam um* 1,0 mm. *Wieviel verliert es an Lageenergie? Welche Spannung durchläuft es? Um wieviel* eV *ändert sich die elektrische Energie im Feld? Nimmt sie zu oder ab? Vergleichen Sie beide Energieänderungen!* **c)** *Ein gleich geladenes Tröpfchen mit halber Masse steigt schnell hoch. Vergleichen Sie jetzt die beiden Energieänderungen!*

4. *Ein Elektron fliegt im Feldelektronenmikroskop bei* 7,0 kV *von der Spitze (Radius* 100 nm*) zum* 5,0 cm *entfernten Leuchtschirm. Wieviel Energie in* eV *und in* J *gewinnt es auf der ganzen, wieviel auf der halben Strecke?*

Das magnetische Feld

§20 Das Besondere am Magnetismus

1. Sind Magnetpole mit Ladungen vergleichbar?

Magnetpole scheinen sich wie elektrische Ladungen zu verhalten: Gleichnamiges stößt sich ab; Ungleichnamiges zieht sich an und kann sich sogar nach außen hin neutralisieren. Doch gibt es Unterschiede: Sie können positive und negative Ladungen voneinander trennen, nicht aber den Nordpol eines Magneten von seinem Südpol reißen. Wenn Sie Magnete zerteilen, erhalten Sie immer nur *Dipole*, also Gebilde aus Nord- und Südpol – bis hin zu den **Elementarmagneten**. Diese sind bestimmte Elektronen in *ferromagnetischen Stoffen* (Eisen, Kobalt, Nikkel). Wenn man diese Stoffe magnetisiert, führt man ihnen nicht etwa eine magnetische Substanz zu (analog zur elektrischen Aufladung). Vielmehr richtet man nur die bereits vorhandenen Elementarmagnete aus *(Bild 54.1)*. Diese kommen beim Entmagnetisieren wieder in Unordnung. Es gibt auch keine „magnetischen Leiter", in denen Magnetpole fließen würden. Man kennt ja keine magnetischen Einzelpole, keine Mono-Pole.

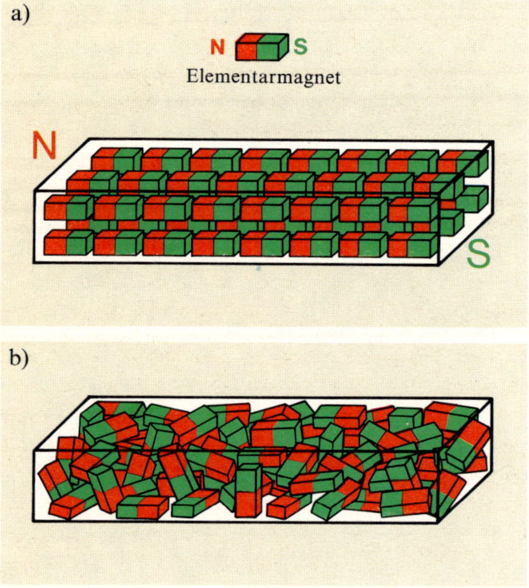

54.1 a) Elementarmagnete geordnet; b) im nicht magnetisierten Eisen ungeordnet

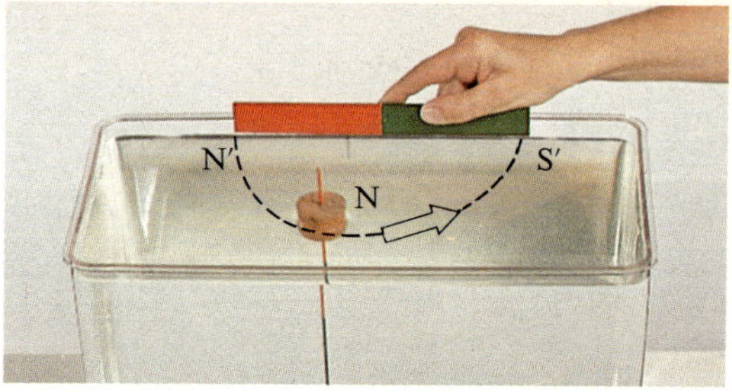

54.2 Der Nordpol N schwimmt längs einer magnetischen Feldlinie von N' nach S'.

2. Das magnetische Feld

Von Magneten dringen nur Magnetfelder nach außen. In ihnen ordnen sich Eisenfeilspäne längs Feldlinien. Was bedeuten diese?

a) Bringt man den *Nord*pol N einer langen magnetisierten Stricknadel als *Probepol* in ein schon bestehendes Magnetfeld, so wird er in Richtung der Feldlinien von N' nach S' gezogen *(Bild 54.2)*. So wurde der Richtungssinn der Feldlinien festgelegt.

b) Mit dem Feldlinienbild kann man zudem die Kräfte zwischen den das Feld erzeugenden Magneten beschreiben: Nach *Bild 54.3a* erfolgt die Anziehung zwischen Nord- und Südpol so, als ob *längs* ihrer Feldlinien ein *Zug* bestünde. Die Abstoßung gleichnamiger Pole

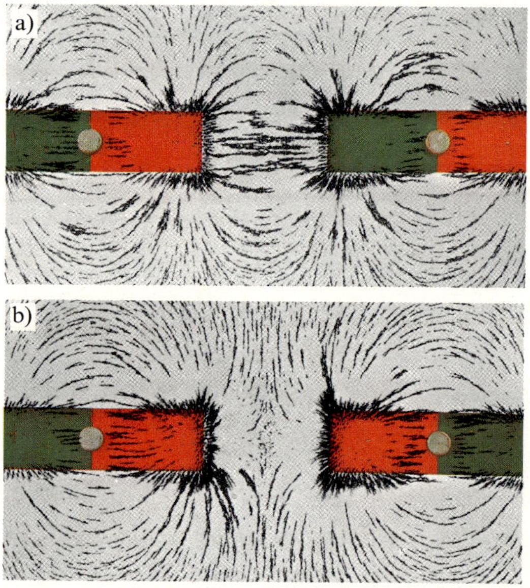

54.3 Anziehung (a) und Abstoßung (b) läßt sich als Zug und Querdruck von Feldlinien beschreiben.

deuten wir in *Bild 54.3b* als *Querdruck* zwischen *parallel* laufenden Feldlinien. Auch dies ist ein Indiz für die Feldtheorie. Nach ihr überträgt das Feld die Kräfte; sie wirken nicht unvermittelt über den Raum hinweg – nicht auf Distanz (Seite 45).

3. Geht es auch ohne Pole?

1820 zeigte *Oersted*, daß man Magnetfelder auch ohne Eisen erzeugen kann. Er fand das Magnetfeld um einen stromdurchflossenen geraden Leiter, der auch aus unmagnetischem Kupfer bestehen kann. So verknüpfte er Magnetismus und Elektrizität. Dieser Leiter wirkt aber nach *Bild 55.1* nicht etwa wie ein Magnet, zu dem die Kompaßnadel hingezogen würde. Vielmehr laufen die Feldlinien als *konzentrische Kreise* um den Leiter in Ebenen senkrecht zum Ladungsfluß. Sie haben weder Anfang noch Ende. Man nennt solche Felder **Wirbelfelder**. *Die Finger der* ***linken*** *Faust geben die Feldlinienrichtung an, wenn der Daumen in die Richtung der Elektronenbewegung weist.* Bei diesem Feld sucht man Pole vergeblich; es hat keine Pole. Elektrostatische Felder dagegen gehen stets von Ladungen aus.

Ampère wickelte nach *Bild 55.2* den Leiter zu einer *Spule*. So konnte er das an sich schwache Feld des Stroms im Spuleninnern wesentlich verstärken. Im Außenraum der Spule entspricht ihr Feld dem eines Magnet-Dipols. Daraus schloß *Ampère*, daß auch das Dipol-Feld der Elementarmagnete von bewegter Ladung in atomaren Bereichen herrührt: Der Magnet ist also ein „elektrisches Gerät", in dem atomare Ströme widerstandslos fließen. Ein Stoff ist dann ferromagnetisch, wenn sich die in allen Atomen vorhandene reibungsfreie Ladungsbewegung nach außen hin nicht ganz aufhebt. **Magnetismus ist also ein Teilbereich der Elektrizitätslehre**.

Das Spulenende, an dem die Feldlinien aus der Spule treten, verhält sich wie ein Nordpol. Es stößt den Nordpol einer außen liegenden Kompaßnadel ab. Der Nordpol der Kompaßnadel im Innern der Spule von *Bild 55.2* zeigt dagegen zum Nordpol der Spule. Im Spuleninnern dürfen wir also die Regel „Gleichnamige Pole stoßen sich ab" nicht benutzen. Der Nordpol der Nadel zeigt dort in Richtung der Feldlinien, also zum Spulennordpol. Magnetische Feldlinien beschreiben also den Magnetismus viel treffender als die bekannten Polregeln.

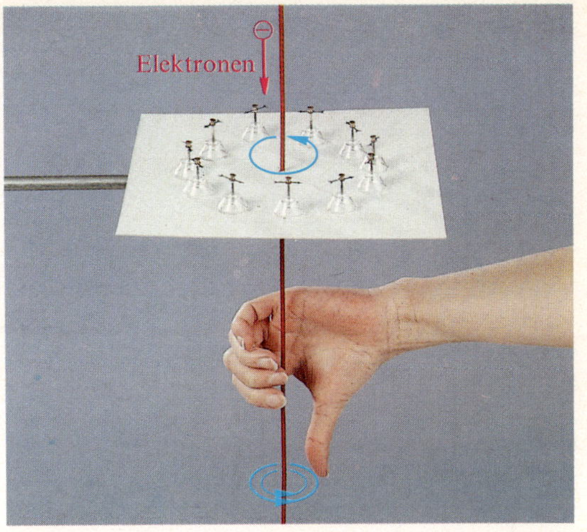

55.1 Daumen der linken Hand in Elektronenrichtung; Finger in Richtung der Linien des Wirbelfeldes

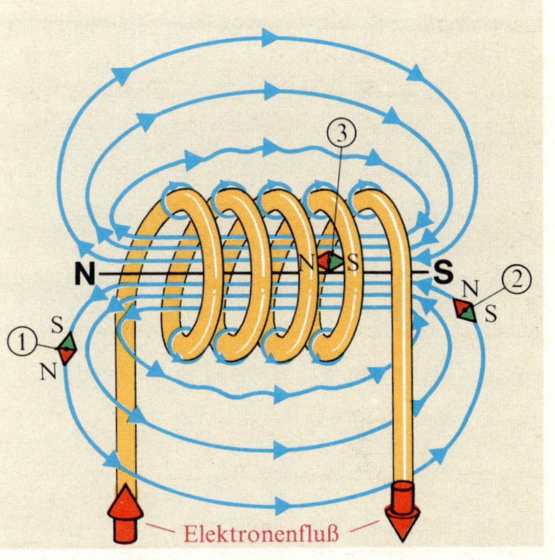

55.2 Geschlossene Feldlinien einer Spule; innen homogenes Feld. Man beachte das Verhalten der drei Magnetnadeln!

Aufgaben

1. *Warum haben magnetische Feldlinien – nicht aber elektrostatische – weder Anfang noch Ende?*

2. a) *Wenden Sie die Faustregel nach Bild 55.1 auf kleine Stücke des Spulendrahts in Bild 55.2 an!* **b)** *Was schließen Sie aus der Feldliniendichte auf die Stärke des Magnetfelds außerhalb der Spule?*

3. a) *Warum ordnen sich Eisenfeilspäne längs Feldlinien kettenförmig an?* **b)** *Warum erhält man nach Bild 54.1 beim Zerbrechen eines Magneten wieder Dipole?* **c)** *Nur an den Stirnflächen von Bild 54.1 dürfte man Pole finden. Was ist in Wirklichkeit anders?*

§21 Lorentzkraft an bewegter Ladung

1. Eine Kraft, die Elektronen nur ablenkt

Drehspulstrommesser enthalten eine drehbar gelagerte Spule im Feld eines Dauermagneten. Sie wird gedreht, wenn in ihr Elektronen fließen. Erfahren Elektronen auch dann eine Kraft, wenn sie als Strahl ein Magnetfeld in einer Braunschen Röhre durchfliegen?

Versuch 39: **a)** Wir nähern dem Elektronenstrahl in einer *Braunschen Röhre* einen Hufeisenmagneten *(Bild 56.1)*. Die Elektronen werden weder zu seinem Nord- noch zum Südpol gezogen; sie sind keine magnetischen Mono-Pole. Vielmehr erfahren sie eine Kraft nach unten, also *rechtwinklig zu den magnetischen Feldlinien wie auch zur Elektronengeschwindigkeit.* Diese **Lorentzkraft F_L** lenkt den Elektronenstrahl nach unten ab.

b) Wir stülpen nun von vorn eine große stromdurchflossene Spule über die Braunsche Röhre. Die Elektronen fliegen längs der Spulenachse parallel zu den magnetischen Feldlinien und werden nicht mehr abgelenkt. Sie erfahren erst dann eine Lorentzkraft F_L, wenn wir sie senkrecht oder zumindest schräg zu den magnetischen Feldlinien fliegen lassen. Dann haben sie senkrecht zu den Feldlinien eine Geschwindigkeitskomponente v_s.

Versuch 40: Vor einem Elektromagneten hängt ein negativ geladenes Kügelchen. In ihm fließt kein Strom. Es bewegt sich nicht, wenn wir das Magnetfeld ein- und ausschalten. In Magnetfeldern erfahren eben nur bewegte Elektronen eine Lorentzkraft, nicht auch ruhende.

Ladungen, die sich mit einer Geschwindigkeitskomponente v_s senkrecht zu magnetischen Feldlinien bewegen, erfahren eine Lorentzkraft F_L.

Die Richtung der Lorentzkraft liefert die folgende **Dreifinger-Regel** *(Bild 56.2*; bestätigen Sie diese an *Bild 56.1)*: *Der Daumen der* ***linken*** *Hand zeige in Richtung der Geschwindigkeitskomponente v_s der Elektronen senkrecht zum Magnetfeld, der senkrecht dazu gespreizte Zeigefinger in Richtung der magnetischen Feldlinien. Dann gibt der zu beiden Fingern rechtwinklig stehende Mittelfinger die Richtung der Lorentzkraft F_L an* (*H.A. Lorentz,* niederländischer Physiker, Nobelpreis 1902).

2. Auch der Leiter spürt die Lorentzkraft

Versuch 41: **a)** Wir lassen nach *Bild 57.1* Elektronen in einem dünnen, unmagnetischen Metallband nach oben fließen. Die Feldlinien des Magneten zeigen nach hinten. Das Band wird nach rechts abgelenkt. Die Elektronen erfahren nämlich gemäß der Dreifinger-Regel eine Lorentzkraft nach rechts und übertragen diese auf den stromdurchflossenen Leiter (sie sind ja in ihn eingeschlossen).

b) Wir spannen das stromdurchflossene Metallband längs der Achse und damit längs der Feldlinien einer stromdurchflossenen Spule aus. Es erfährt genau so wenig eine Kraft wie die Elektronen, welche sich in Versuch 39b längs magnetischer Feldlinien bewegt haben.

Eine Elektronengeschwindigkeit v_p parallel zu magnetischen Feldlinien ist also auf die Lorentzkraft ohne Einfluß.

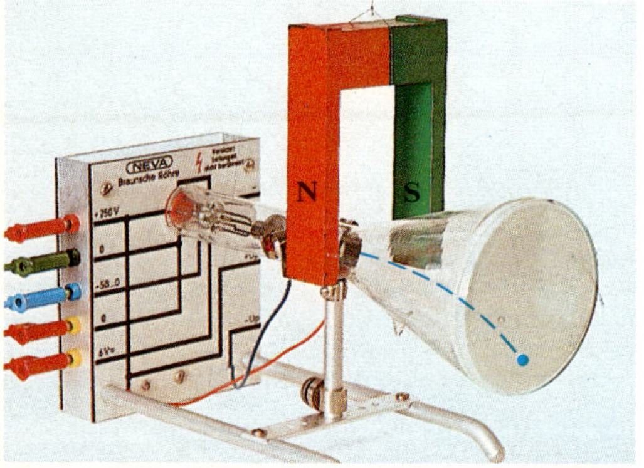

56.1 Die Elektronen erfahren die Lorentzkraft.

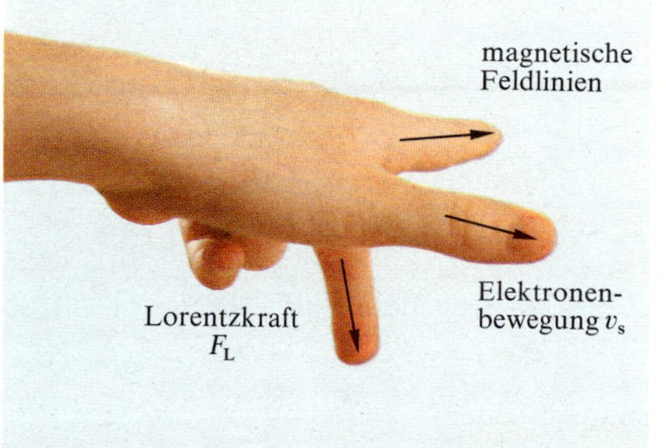

56.2 Dreifinger-Regel für die Lorentzkraft F_L

c) Während Elektronen durch das Metallband fließen, nehmen wir den Magneten weg. Der Ausschlag eines Strommessers ist anschließend genau so groß wie vorher. Die Elektronen erfahren demnach im konstanten Magnetfeld *längs ihrer Bewegungsrichtung keine Kraft*, die sie schneller oder langsamer machen würde, also ihre Energie ändern könnte. Die *Lorentzkraft wirkt stets senkrecht zum Elektronenfluß.* Sie lenkt bewegte Elektronen nur seitlich ab.

Ein stromdurchflossener Leiter, der nicht parallel zu den Feldlinien eines Magnetfelds steht, erfährt Lorentzkräfte nach der Dreifingerregel.

Die Lorentzkraft steht senkrecht auf der Bewegungsrichtung der Elektronen. Deshalb ändert sie die Richtung, nicht aber die Energie der Elektronen.

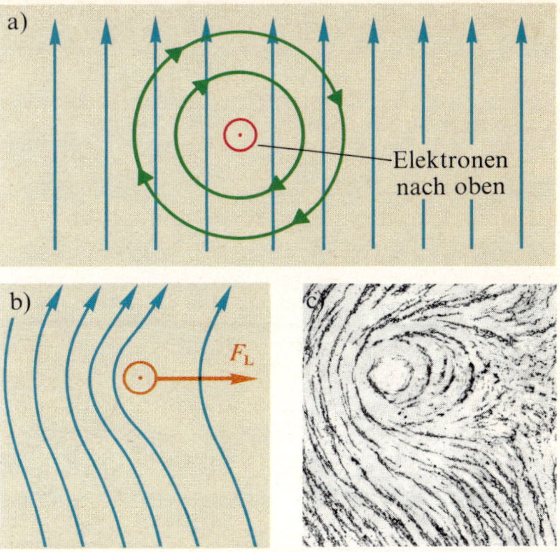

57.2 Die Lorentzkraft entsteht aus zwei Magnetfeldern: a) Einzelfelder; b) Überlagerung; c) Feilspanbild

3. Wie kommt die Lorentzkraft zustande?

Die Richtung der Lorentzkraft erscheint Ihnen ungewohnt. Wir versuchen deshalb, sie genau so an Feldlinienbildern abzulesen wie die Kräfte zwischen Ladungen oder zwischen Magnetpolen. In *Bild 57.1* fließen die Elektronen nach oben. Von oben gesehen erzeugen sie ein Magnetfeld im Uhrzeigersinn (grün in Bild *57.2a*). Es überlagert sich dem Feld des Hufeisenmagneten (blau). Rechts laufen die Feldlinien einander entgegen, die Felder schwächen sich; links verstärken sie sich. Ihre ursprüngliche Symmetrie ist gestört. *Bild 57.2b* zeigt das resultierende Feld. Der Zug längs der Feldlinien übt nun zusammen mit ihrem Querdruck die Lorentzkraft auf den stromdurchflossenen Leiter nach rechts aus. Wir erkennen, wie Kräfte im Feld entstehen – ein weiteres Indiz für die Feldtheorie. – Wenn ein Strom dagegen parallel zu Feldlinien fließt, ist quer zu ihm keine Richtung ausgezeichnet; es gibt keine Lorentzkraft. Fertigen Sie eine Skizze!

Aufgabe

1. a) *Welche Richtung hat die Kraft, die im Magnetfeld bewegte positive Ladungen erfahren?* **b)** *Ionenkarussell: Die mit Salzlösung gefüllte Schale in Bild 57.3 steht auf einem Nordpol. Der Stab in der Mitte ist mit dem Pluspol, die äußere Ring-Elektrode mit dem Minuspol verbunden. Wie bewegen sich die positiv bzw. negativ geladenen Ionen ohne und mit Magnetfeld? Welche Wirkung hat dies auf die Flüssigkeit im Magnetfeld?*

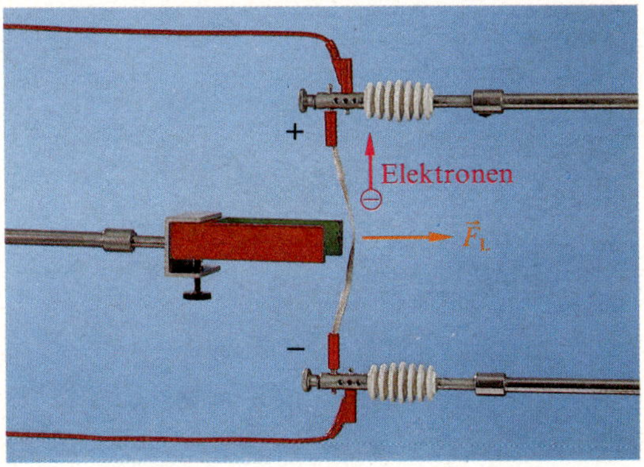

57.1 Der stromdurchflossene Leiter im Magnetfeld

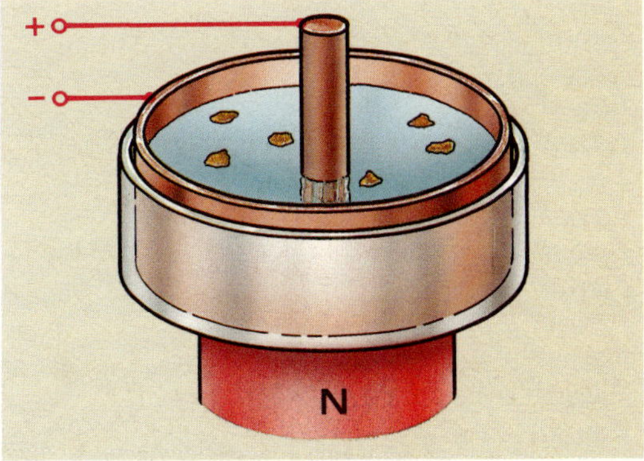

57.3 Ionenkarussel; zu Aufgabe 1b

§22 Messung magnetischer Felder

1. Die magnetische Flußdichte *B*

Die Richtung der Feldlinien ist durch die Kraft auf einen Nordpol festgelegt. Doch wir können mit ihm nicht die Stärke von Magnetfeldern messen, da wir kein Maß für Polstärken haben. Vielmehr benutzen wir die Lorentzkräfte auf leicht meßbare *Probeströme*:

Versuch 42: a) Wir setzen auf einen Hufeisenmagneten zwei Eisenstücke. Sie vergrößern die Polfläche und verkleinern den Polabstand. In den schmalen Luftspalt dazwischen hängen wir nach *Bild 58.1* und *58.2* an einem Kraftmesser den unteren Teil eines Drahträhmchens. Wird das horizontale Drahtstück der Länge $s = 5$ cm vom Probestrom I durchflossen, so erfährt es die Kraft $\vec{F}$ nach unten. Wenn wir es im Luftspalt verschieben, ändert sich $\vec{F}$ nicht. Dort ist das Feld überall gleich gerichtet und gleich stark, also *homogen*. Die vertikalen Drahtstücke erfahren nur die horizontalen Kräfte $\vec{F}_1$ und $\vec{F}_2$, die sich aufheben.

b) Nun ändern wir die Stärke I des Probestroms im Rähmchen. Nach *Tabelle 58.1* ist die Kraft F zu I proportional: $\boldsymbol{F \sim I}$.

c) Ein Rähmchen mit der halben horizontalen Drahtlänge $s/2$ erfährt nur die halbe Kraft $F/2$. Die Kraft F ist also auch zur Leiterlänge s proportional. Wir messen ja die Summe der Lorentzkräfte auf alle im Leiter der Länge s fließenden Elektronen. Bei halber Drahtlänge $s/2$ sind es auch nur halb so viele.

Also ist die auf den Probestrom I ausgeübte Kraft F dem Produkt $I\,s$ proportional: $\boldsymbol{F \sim I\,s}$.

I in A	10	7,5	5,0	2,5	0
F in cN	3,35	2,5	1,7	0,82	0
$F/(I\,s)$ in N (A m)$^{-1}$	0,067	0,067	0,068	0,066	–

Tabelle 58.1 Zur *B*-Messung: Leiterlänge $s = 0{,}05$ m

Der Quotient $F/(I\,s)$ ist von I und von s unabhängig. Auch Leiterquerschnitt und Drahtmaterial beeinflussen ihn nicht. Er wird erst dann größer, wenn wir das Magnetfeld durch einen zweiten Magneten verstärken.

Deshalb wäre für $F/(I\,s)$ die Bezeichnung magnetische Feldstärke sinnvoll. Doch nennt man $F/(I\,s)$ **magnetische Flußdichte *B*.** (Dichtere Feldlinien kennzeichnen ein stärkeres Feld. Bei ihm zeichnen wir durch eine Flächeneinheit, die senkrecht zu den Feldlinien steht, mehr Linien.)

Definition: **Ein vom Strom *I* durchflossener Leiter der Länge *s* stehe senkrecht zu magnetischen Feldlinien und erfahre die Kraft *F*. Dann ist**

$$B = \frac{F}{I\,s} \qquad (58.1)$$

der Betrag der magnetischen Flußdichte des Magnetfeldes. Sie hat die Einheit

$$[B] = 1\ \text{N}\,(\text{A m})^{-1} = 1\ \text{T (Tesla)}. \qquad (58.2)$$

(*N. Tesla*, kroatisch-amerikanischer Physiker). *Tabelle 58.1* liefert $B = 0{,}067$ N (A m)$^{-1}$ $= 0{,}067$ Tesla. Der Strom 1 A würde in einem 1 m langen Leiter die Kraft 0,067 N erfahren. *Tabelle 59.1* zeigt, daß 1 T bereits ein starkes *B*-Feld ist. Wir sprechen künftig von *B*-Feldern und unterscheiden sie von den elektrischen *E*-Feldern.

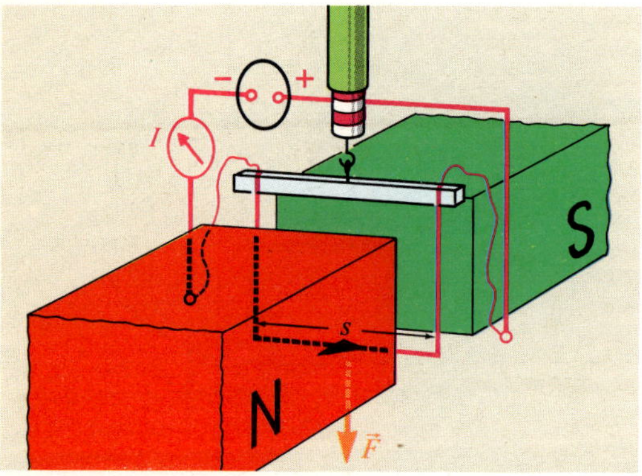

58.1 Der Probestrom *I* erfährt die Kraft *F*.

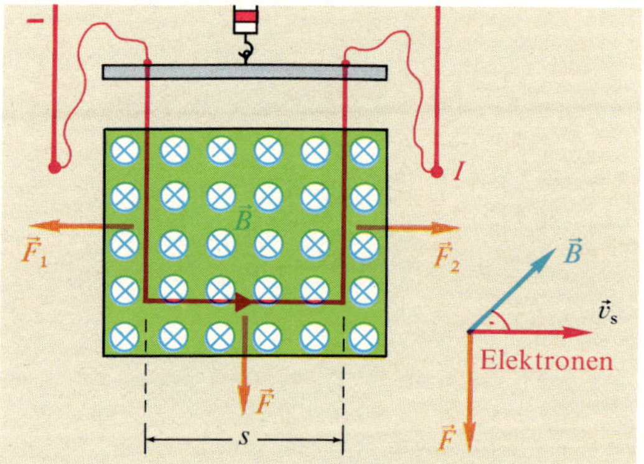

58.2 *Bild 58.1* vom Nordpol aus gesehen

2. Hallsonde zur bequemen *B*-Feld-Messung

Die Messung der Kraft *F* auf einen Probestrom ist mühsam. Der amerikanische Physiker *Hall* zeigte 1879 einen rein elektrischen Weg:

Versuch 43: **a)** n-Halbleiter enthalten wie Metalle freie Elektronen (Seite 82). Wir lassen sie nach *Bild 59.1* in einem Halbleiter-Plättchen von links nach rechts fließen. Ihm nähern wir von vorn den Nordpol eines Magneten. Seine Feldlinien durchsetzen das Plättchen nach hinten (Kreuze in *Bild 59.1*). Die Elektronen erfahren deshalb Lorentzkräfte F_L nach unten und laden den unteren Rand des Plättchens negativ auf. Vom oberen Rand werden sie weggelenkt; er wird positiv geladen. Wir messen zwischen den einander gegenüberliegenden Punkten C und D die **Hall-Spannung U_H.**

b) Für künftige Messungen der Flußdichte *B* eichen wir diese *Hallsonde* in Feldern, deren *B* wir nach Versuch 42 mit einem Probestrom gemessen haben. Dabei halten wir das Halbleiterplättchen senkrecht zu den Feldlinien.

Die Hall-Spannung U_H steigt proportional zu *B*.

Versuch 44: Mit dem sehr kleinen Hallplättchen messen wir Spulenfelder Punkt für Punkt aus. *Bild 59.3* zeigt, wie sich die Flußdichte *B* längs der Spulenachse ändert.

3. Die magnetische Flußdichte ist ein Vektor

Versuch 45: Wir halten das Hallplättchen so in den Spalt eines Elektromagneten, daß es senkrecht zu den Feldlinien steht. Das Gerät zeige 100 mT an. Dann drehen wir das Plättchen, bis die Feldlinien mit ihm den kleinsten Winkel $\varphi = 45°$ bilden *(Bild 59.2)*. Das Gerät zeigt nur noch 70 mT, bei $\varphi = 30°$ nur 50 mT und bei 0° Null Tesla. Wir müssen also die magnetische Flußdichte als Vektor $\vec{B}$ in Richtung der Feldlinien auffassen und nach *Bild 59.2* in Komponenten zerlegen. Die Hallsonde mißt nur die Komponente $\vec{B}_s$, die senkrecht zu ihrer Fläche steht. So ist beim Winkel $\varphi = 30°$ $B_s = B \sin 30° = 100 \text{ mT} \cdot 0{,}5 = 50 \text{ mT}$.

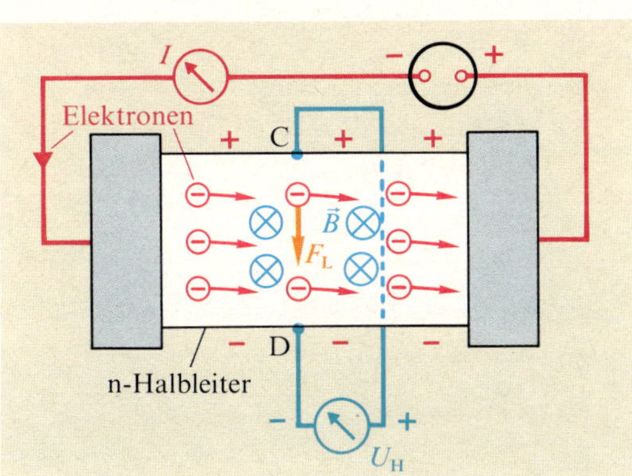

59.1 Lorentzkräfte in der Hallsonde

Magnetfeld von Kompaßnadeln	$1 \cdot 10^{-2}$ T
Magnetfeld der Erde, maximal	$7 \cdot 10^{-2}$ T
Magnetfeld von Hufeisenmagneten	$2 \cdot 10^{-1}$ T
Magnetfeld von Sonnenflecken	$4 \cdot 10^{-1}$ T
Magnetfeld in Beschleunigern	10 T
Magnetfeld von Neutronensternen	10^8 T

Tabelle 59.1 Magnetische Flußdichten

Die magnetische Flußdichte $\vec{B}$ ist ein Vektor in Richtung der Feldlinien. Die Hallsonde mißt nur seine Komponente B_s senkrecht zum Hallplättchen.

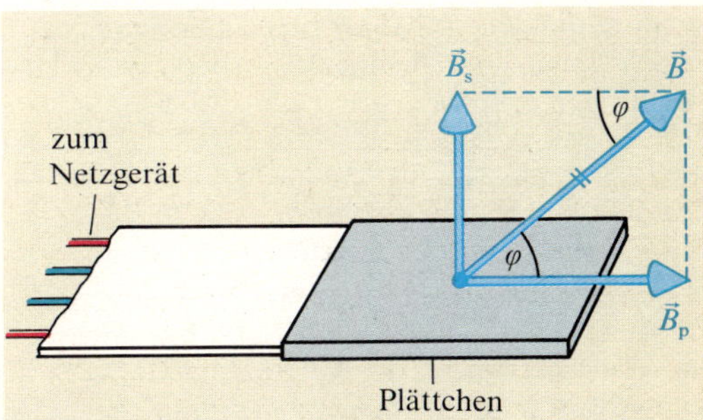

59.2 Das Hallplättchen mißt nur die Komponente $\vec{B}_s$ senkrecht zu seiner Fläche.

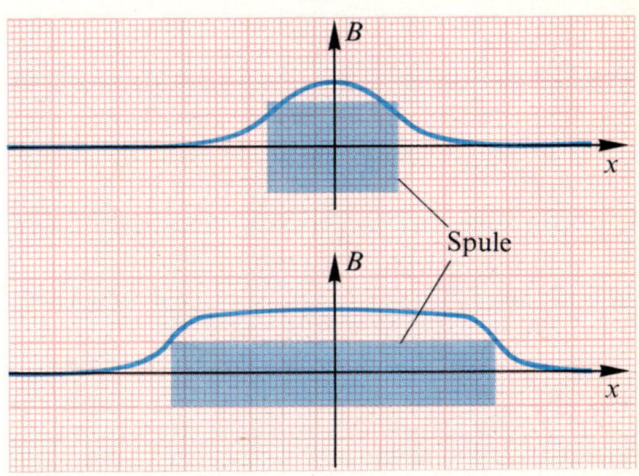

59.3 *B*-Feld längs der Achse von Spulen

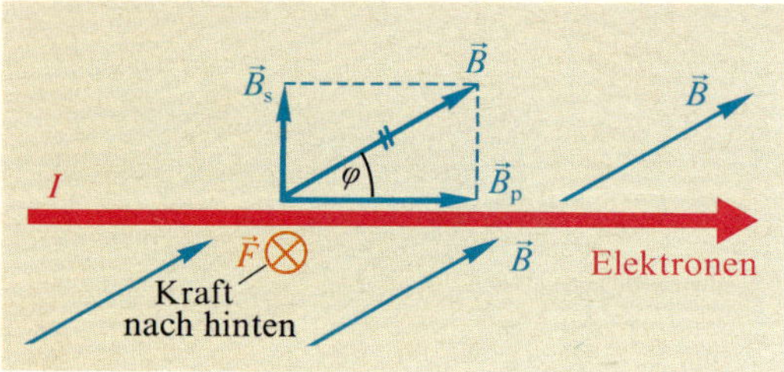

60.1 Nur $B_s = B \sin \varphi$ wirkt auf den Strom.

4. Welche Kraft erfahren Ströme im Magnetfeld?

Die Kraft F auf stromdurchflossene Leiter kommt als Summe von Lorentzkräften zustande. Sie spielt in der Elektrotechnik bei Motoren und Meßinstrumenten eine große Rolle. Wir berechnen ihren Betrag aus der Definitionsgleichung $B = F/(I\,s)$ für B zu $F = I\,B\,s$. Dabei dürfen wir nach Versuch 41b nur die Komponente $\vec{B}_s$ des $\vec{B}$-Feldes senkrecht zum Leiter benutzen *(Bild 60.1)*. Die Komponente $\vec{B}_p$ parallel zum Leiter ist wirkungslos.

Den Betrag F der Kraft auf einen vom Strom I durchflossenen Leiter berechnet man mit der Komponente B_s des Magnetfeldes senkrecht zum Leiter nach

$$F = I\,B_s\,s. \qquad (60.1)$$

Beispiel: Der Leiter der Länge $s = 0{,}50$ m in *Bild 60.1* ist gegenüber den magnetischen Feldlinien um $\varphi = 30°$ geneigt und wird vom Strom $I = 3{,}0$ A durchflossen. Die Komponente B_s der Flußdichte $B = 1{,}0$ T senkrecht zum Leiter ist $B_s = B \sin 30° = 0{,}50$ T. Der Leiter erfährt folglich nur die Kraft $F = I\,B_s\,s = 3\text{ A} \cdot 0{,}50\text{ N (A m)}^{-1} \cdot 0{,}50\text{ m} = 0{,}75\text{ N}$ nach hinten.

5. Was ist bei Magnetfeldern anders?

Die Vektoren der magnetischen Flußdichte $\vec{B}$ wie der elektrischen Feldstärke $\vec{E}$ liegen in Richtung ihrer Feldlinien. In Richtung des $\vec{E}$-Vektors wirkt auch die elektrische Feldkraft $\vec{F} = \vec{E}\,q$. Dagegen steht die Lorentzkraft und damit die Kraft auf Ströme senkrecht zum $\vec{B}$-Vektor und senkrecht zur Stromrichtung. Hier brauchen wir die Dreifingerregel. Weiter müssen wir beachten, daß die elektrische Feldkraft auf ruhende wie auf bewegte Ladungen wirkt (in $\vec{F} = \vec{E}\,q$ kommt v nicht vor). In Magnetfeldern dagegen erfahren nur bewegte Ladungen – und deshalb auch Ströme – eine Kraft.

6. Lorentzkräfte im Lautsprecher und Fernseher

Beim *dynamischen Lautsprecher* ist die Membran an einer kleinen Spule befestigt. Sie taucht in das sehr starke radiale B-Feld eines runden *Topfmagneten* (Nordpol in der Mitte, Südpol rings außen verteilt; *Bild 61.3*). In der Spule fließt ein Strom I, der im Rhythmus von Sprach- und Musikschwingungen schwankt und eine ihnen proportionale Kraft erfährt. Sie bringt die große schallabstrahlende Fläche der Membran zum Schwingen.

In *Fernsehröhren* werden Elektronen nicht durch elektrische, sondern durch magnetische Felder so abgelenkt, daß sie die Bild-Zeilen schreiben. Man erzeugt die Magnetfelder in Spulen, die am Röhrenhals befestigt sind *(Bild 61.2)*.

7. Lorentzkräfte auch zwischen Strömen

Versuch 46: Nach *Bild 60.2* fließen Elektronen im schwarz gezeichneten Leiter nach unten. Das dabei entstehende Feld ersetzt das Feld des Hufeisenmagneten in *Bild 57.1*. In diesem Feld fließen im roten Draht Elektronen nach oben. Sie erfahren nach der Dreifingerregel die Kraft F nach rechts. Andererseits liegt der schwarze Leiter im Bereich der Feldlinien des roten, die nach hinten zeigen. Deshalb erfährt der schwarze Leiter eine Kraft nach links. Die beiden antiparallelen Ströme stoßen einander ab. Auch hier gilt das Gesetz von actio und reactio (Aufgabe 4).

Ströme üben also durch Vermittlung ihrer Magnetfelder Kräfte aufeinander aus. Diese Kräfte treiben *Elektromotoren* an. Ihr rotierender Anker wie auch das feststehende Gehäuse enthalten Spulen. Schickt man Strom durch beide, so erfahren sie entgegengesetzt gerichtete Kräfte. Die reactio des angetriebenen Ankers auf die antreibende Gehäusespule spüren Sie, wenn Sie einen Staubsauger vom Boden abheben und dann einschalten.

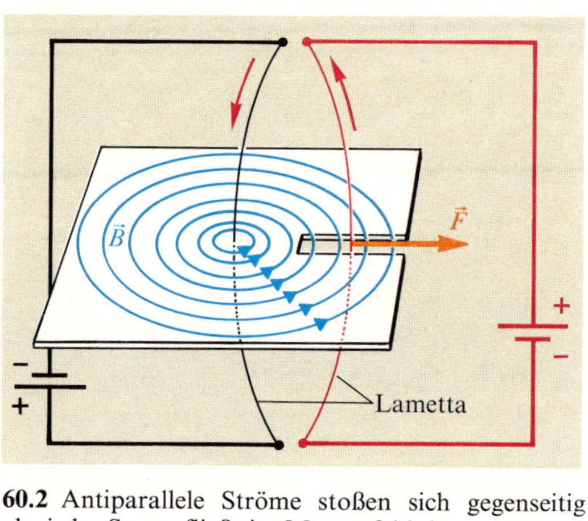

60.2 Antiparallele Ströme stoßen sich gegenseitig ab; jeder Strom fließt im Magnetfeld des anderen.

Aufgaben

1. a) *Ein Strom von* 10 A, *der ein* 4,0 cm *langes Drahtstück im Feld eines Elektromagneten durchfließt, erfährt die Kraft* 20 cN. *Wie groß ist die Flußdichte B, wenn der Leiter senkrecht zu ihr steht?* **b)** *Nun dreht man den Leiter, daß er Winkel von 0°, 30°, 45°, 60°, 90° mit dem $\vec{B}$-Vektor bildet. Wie groß ist dann jeweils die Kraft?*

2. *Die Spule eines dynamischen Lautsprechers hat* 1,0 cm *Durchmesser und 50 Windungen. Welche Kraft erfährt sie beim Strom* 10 mA *im Magnetfeld der Flußdichte* $B = 1{,}0$ T*? Was geschieht beim Ändern der Stromrichtung?*

3. *In Kopfhörern zieht ein Weicheisenkern mit Spule eine Weicheisenmembran an. Warum schwingt die Membran mit* 800 Hz, *wenn Wechselstrom von* 400 Hz *in der Spule fließt? Warum schafft ein Dauermagnetkern Abhilfe?*

4. *Wie sind die Kräfte gerichtet, die parallele und gleichgerichtete Ströme aufeinander ausüben? Zeichnen Sie das resultierende Feld beider Ströme! Erklären Sie an ihm diese Kräfte analog zu Bild 57.2!*

5. a) *Ein Drahtquadrat hat* 10 cm *Seitenlänge und ist an einer Ecke offen. Seine vier Seiten werden von* 1,0 A *durchflossen. Es steht senkrecht zu einem B-Feld mit* 2,0 T. *Welche Kraft erfährt jede Seite, welche das ganze Quadrat?* **b)** *Was geschieht, wenn die Quadratfläche parallel zum B-Feld liegt, mit zwei Seiten parallel zu den B-Linien?* **c)** *Das Draht-Quadrat ist durch einen Triangel (gleichseitiges Drahtdreieck mit* 10 cm *Seitenlänge) ersetzt. Welche Kraft erfährt der ganze Triangel nach (a)?*

6. *Nach Bild 61.1 mißt das Hallplättchen H im Feld des Elektromagneten allein* $B_e = 0{,}10$ T, *im Feld des Hufeisenmagneten allein* $B_h = 0{,}040$ T. *Läßt man beide Felder zusammen einwirken, so erhält man je nach Polung des Stroms im Elektromagneten* $B_1 = 0{,}14$ T *oder* $B_2 = 0{,}060$ T. *Erklären Sie dies mit dem Vektorcharakter des B-Feldes!*

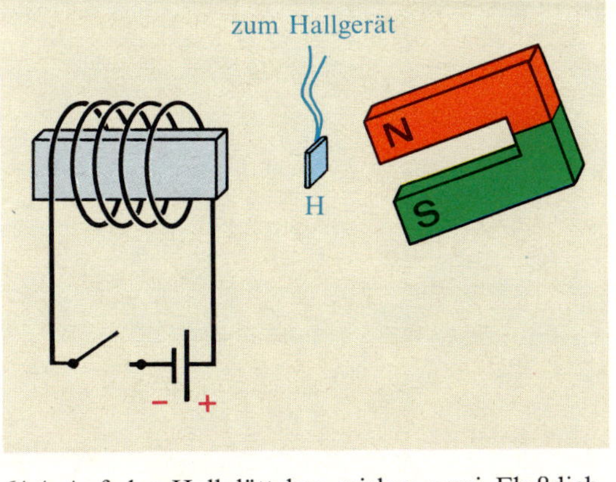

61.1 Auf das Hallplättchen wirken zwei Flußdichten. Zu Aufgabe 6.

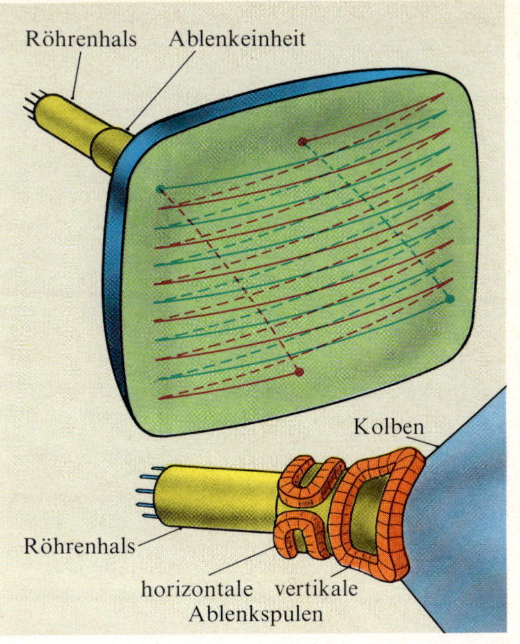

61.2 Lorentzkräfte schreiben Bildzeilen im Fernseher.

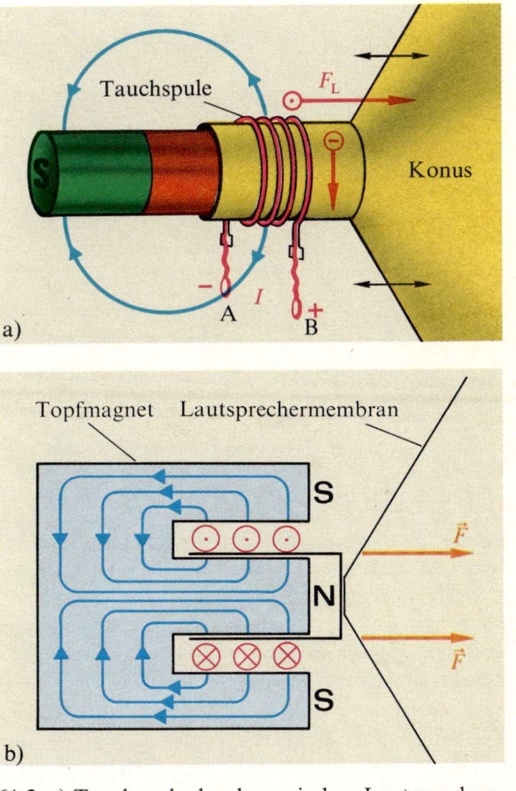

61.3 a) Tauchspule des dynamischen Lautsprechers; b) Topfmagnet mit Feldlinien

§ 23 Magnetfeld von Spulen; Erdfeld

1. Die Flußdichte B einer schlanken Spule

Magnetfelder werden häufig in Spulen erzeugt. Von welchen Größen hängt hier die magnetische Flußdichte B ab?

Versuch 47: **a)** Im homogenen Feldbereich einer schlanken (langgestreckten) Spule messen wir die magnetische Flußdichte B mit der Hallsonde und finden: B ist dem Strom I_{err}, der das Spulenfeld „erregt", proportional: $B \sim I_{err}$.

b) Wir verlängern die schlanke Spule nach beiden Seiten durch weitere Windungen, die gleich dicht liegen. Halten wir I_{err} konstant, so steigt B in der Spulenmitte kaum weiter an.

c) Wir schicken denselben Strom I_{err} auch noch durch eine zweite Windungslage, die mit gleicher Länge l auf der ersten liegt. Mit der Windungszahl n verdoppelt sich die Windungsdichte n/l (Windungszahl auf 1 m Spulenlänge). Wir finden die doppelte Flußdichte B.

Zusammengefaßt gilt also: $B \sim I_{err}\,(n/l)$.

Zum Vergleich diene die Beleuchtung einer geraden Straße. Auf einer Strecke der Länge l hängen n Lampen in gleichen Abständen. Mit der Lampendichte n/l verdoppelt sich auch die Helligkeit in der Straßenmitte. Verlängert man von dort aus die Lampenreihe nach beiden Seiten, so steigt die Helligkeit um so weniger an, je weiter die zusätzlichen Lampen entfernt sind. Die Helligkeit nähert sich asymptotisch einem Grenzwert, den sie auch bei beliebig langer Straße nie ganz erreicht.

Versuch 48: **a)** Wir ersetzen eine schlanke Spule durch eine andere mit größerem Querschnitt. Wenn I_{err} und n/l gleich bleiben, erhalten wir die gleiche Flußdichte B. Sie hängt auch vom Material des Spulendrahts nicht ab. Es ist gleichgültig, ob die Elektronen durch Kupfer, Messing oder Silber fließen.

b) Die Flußdichte B steigt aber erheblich an, wenn wir den Feldbereich mit Eisen oder anderen *ferromagnetischen* Stoffen füllen. Das Spulenfeld richtet nämlich die Elementarmagnete aus. Hierauf beruhen die Elektromagnete mit ihren vielfältigen Anwendungen (Klingel, Relais, Türöffner). Der Verstärkungsfaktor heißt **Permeabilitätszahl μ_r** (permeare, lat.; hindurchtreten; *Tabelle 62.1*). Für Vakuum setzt man $\mu_r = 1$. Bei Luft können wir keine Abweichung von $\mu_r = 1$ finden.

Die Permeabilitätszahl μ_r eines Stoffs gibt an, auf das Wievielfache sich die Flußdichte B gegenüber Vakuum erhöht, wenn man den Feldbereich ganz mit dem Stoff ausfüllt. Bei Vakuum ist $\mu_r = 1$.

2. Die magnetische Feldkonstante μ_0

Mit der Permeabilitätszahl μ_r gilt in schlanken Spulen die Proportion $B \sim \mu_r\, I_{err}\, n/l$. Der Proportionalitätsfaktor **μ_0, magnetische Feldkonstante** genannt, macht daraus die Gleichung $B = \mu_0\, \mu_r\, I_{err}\, n/l$. Wir ermitteln μ_0:

Versuch 49: In einer Spule der Länge $l = 1{,}0$ m mit $n = 2660$ Windungen erregt der Strom $I_{err} = 2{,}0$ A die Flußdichte $B = 6{,}7 \cdot 10^{-3}$ T. Die Spule enthält nur Luft ($\mu_r \approx 1$); wir finden $\mu_0 = B\, l/(\mu_r\, I_{err}\, n) = 1{,}26 \cdot 10^{-6}$ T m A^{-1}. Erst wenn der Quotient d/l aus Durchmesser d und Länge l der Spule größer als 0,2 ist, ergeben sich Abweichungen, die größer als 2% sind.

Der Erregerstrom I_{err} erzeugt im homogenen Feld einer schlanken Spule der Länge l mit n Windungen die Flußdichte

$$B = \mu_0\, \mu_r\, I_{err}\, n/l. \qquad (62.1)$$

Dabei ist die magnetische Feldkonstante

$$\mu_0 = 1{,}257 \cdot 10^{-6}\ \text{T m A}^{-1}.$$

3. Magnetische Eigenschaften der Materie

Die meisten Stoffe beeinflussen das Magnetfeld im Innern einer Spule kaum. Ihre Permeabilitätszahl μ_r liegt um 1 (bei Luft $\mu_r = 1{,}0000004$; Kupfer 0,99999). Nur bei den Ferromagnetika (Eisen, Kobalt, Nickel u.a.) ist μ_r sehr groß. Diese zeigen weitere Besonderheiten:

Versuch 50: **a)** Eine Spule enthält einen geschlossenen, noch nicht magnetisierten Eisenkern. Wir erhöhen ihren Erregerstrom I_{err} von Null aus und messen

Gußeisen (2–4% C)	800
Flußstahl (unter 0,1% C)	4000
Transformatorenblech mit Silizium	8000
Permalloy (75% Ni; Rest: Fe, Cu, Mo, Cr)	300000

Tabelle 62.1 Permeabilitätszahlen (Maximalwerte)

mit der Hallsonde in einem kleinen Luftspalt die Flußdichte *B*. *B* ist in *Bild 63.1* über der vom Erregerstrom I_{err} ohne Eisen erzeugten Flußdichte $B_{err} = \mu_0 I_{err} n/l$ aufgetragen. *B* unterscheidet sich also von B_{err} nur durch die jeweilige Permeabilitätszahl μ_r. Längs der sogenannten *Neukurve* 0AC steigt *B* im mittleren Teil sehr schnell an. Hier wird der größte Teil der Elementarmagnete vom Spulenfeld ausgerichtet. Sind alle ausgerichtet, ist das Eisen „magnetisch gesättigt". *B* steigt dann nur noch wegen B_{err} selbst an. In Eisen ist *B* nicht zu B_{err} ($\sim I_{err}$) proportional, μ_r nicht konstant.

b) Nun verkleinern wir B_{err} wieder auf Null. Doch bleibt ein starkes remanentes Feld, die *Remanenz R* bestehen. Viele Elementarmagnete behalten also ihre Lage im wesentlichen bei oder drehen sich nur wenig in gewisse Vorzugslagen zurück. Sie werden nämlich durch Einschlüsse von Kohlenstoff u.a. sowie durch innere Spannungen, die beim Abkühlen des Eisens entstanden sind, beeinflußt.

c) Wenn wir dann die Stromrichtung umkehren, drehen sich die Elementarmagnete nicht sofort um 180°. Bei *weichmagnetischen Werkstoffen* (Weicheisen) genügt schon ein kleiner Wert *K* von B_{err}, um so viele Elementarmagnete zu drehen, daß die Flußdichte *B* der ganzen Anordnung auf Null absinkt. Dieser Wert *K* ist dagegen bei *hartmagnetischen Stoffen* („Stahl") groß. Sie werden durch äußere Felder nicht so leicht um- oder gar entmagnetisiert. Deshalb geben sie gute Dauermagnete.

d) Verstärken wir B_{err} von *K* aus weiter, so werden alle Elementarmagnete umgedreht (D). Starkes Klopfen unterstützt ihre Drehung in Feldrichtung. Wenn wir dann B_{err} wieder verkleinern, folgt *B* nur mit einem „Nachhinken". Schließlich entsteht eine geschlossene Kurve $B(B_{err})$, die sogenannte *Hystereseschleife* (hysteresis, griech.; Zuspätkommen). Weicheisen hat eine schmale, Stahl eine breite Hystereseschleife. Die Magnetisierung hängt von der „Vorgeschichte" ab – ein ungewöhnlicher Umstand.

e) Schaltet man bei der Sättigung in (a) plötzlich B_{err} aus, so sinkt *B* nur bis zur Remanenz *R* und nicht bis zum Nullpunkt des Diagramms ($B_{err} = 0$; $B = 0$). Um Eisen ganz zu entmagnetisieren, bringt man es in eine vom Wechselstrom $I_\sim$ durchflossene Spule und verkleinert diesen stetig auf Null oder zieht es langsam aus der Spule. Die nun in einer Sekunde 50mal durchlaufene Hysteresekurve schrumpft wegen der Abnahme von $I_\sim$ auf ihren Nullpunkt 0 zusammen *(Bild 63.1c)*.

f) Starkes Klopfen fördert die Drehung der Elementarmagnete. Wirkungsvoller ist es, dem jeweiligen Magnetisierungsgleichstrom I_{err} in (a) bis (d) den Wechselstrom $I_\sim$ aus (e) zu überlagern und langsam auf Null zu reduzieren. Man erhält so eine *ideale Magnetisierung*; *B* ist in einem weiten Bereich zum jeweiligen Magnetisierungsgleichstrom I_{err} proportional *(Bild 64.1b)*. Nun fehlt das „Nachhinken", die Hysterese, völlig.

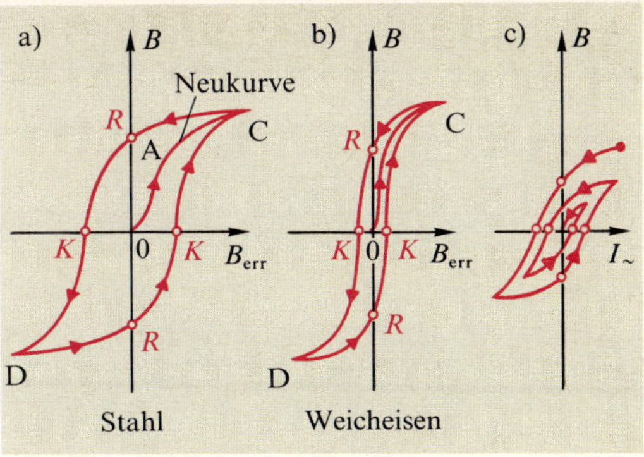

63.1 Hystereseschleifen a) von hart- b) von weichmagnetischem Material; c) Entmagnetisieren mit Wechselstrom $I_\sim$

4. Das Tonband überspielt die Hysterese

a) Computer arbeiten im Dualsystem, also nur mit den Werten 0 und 1, die sich auf Tonbändern oder Disketten leicht magnetisch speichern lassen. Diese „Tonträger" sind mit winzigen Nadeln aus magnetisierbarem Eisenoxid (Fe_2O_3) oder Chromdioxid (CrO_2) beschichtet und laufen gleichförmig an einem Elektromagneten aus weichmagnetischem Material vorbei, dem *Tonkopf* in *Bild 63.2*. Er hat einen $b = 0{,}005$ mm breiten Luftspalt. In ihm magnetisiert beim „Aufzeichnen" der vom Computer gesteuerte Tonkopfstrom I_{err} Band oder Diskette bei „1" in der Laufrichtung, bei „0" gegen diese, und zwar jeweils bis zur Sättigung. Die Folge „0" – „1" – „0" erzeugt so auf dem Tonträger sehr kurze, entgegengesetzt magnetisierte Bereiche (NS – SN – NS).

b) Beim „Lesen" läuft das magnetisierte Band wieder am Tonkopf vorbei. In seiner Spule erzeugen nun die *B*-Feldänderungen des Tonträgers schnell aufeinanderfolgende Induktionsspannungen (Seite 120). – *Magnetkarten* in Parkhäusern, Banken, U-Bahnen usw. können von Automaten gelesen werden. Auf ihnen speichert man die gewünschten Daten (Uhrzeit usw.) ebenfalls magnetisch im Dualsystem.

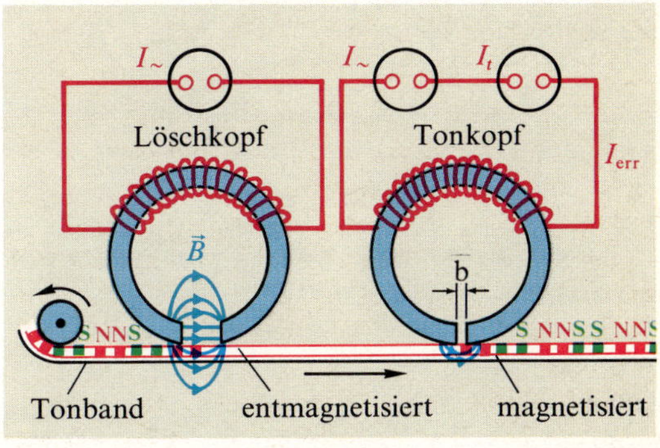

63.2 Tonband zieht an Lösch- und Tonkopf vorbei.

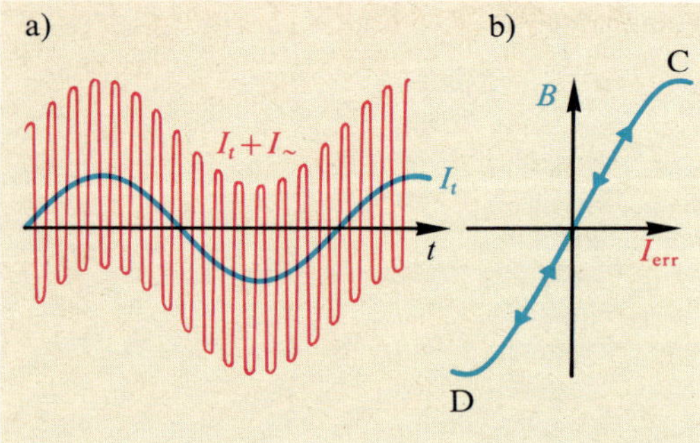

64.1 Zur Hochfrequenz-Vormagnetisierung: a) Der Tonfrequenz I_t (blau) ist die Hochfrequenz $I_\sim$ überlagert; b) die Magnetisierungskurve ist dann eine begrenzte Ursprungsgerade.

c) Die Daten des Tonbands werden vollständig gelöscht, wenn es am *Löschkopf* vorbeiläuft, den ein hochfrequenter Wechselstrom $I_\sim$ (100 kHz) speist (Ziffer 3e).

d) Bei der Aufzeichnung elektrischer Schwingungen aus dem Hörbereich (Sprache, Musik) würden schwache Ströme wegen des zunächst kleinen Anstiegs der Neukurve kaum registriert, die Tonwiedergabe wäre stark verzerrt. Man addiert deshalb nach Ziffer 3f zu dem sich relativ langsam ändernden Tonfrequenzstrom I_t (zwischen 20 Hz und 20 kHz) durch Reihenschaltung einen Hochfrequenzstrom $I_\sim$ (um 100 kHz). Damit speist man den Tonkopf *(Bild 64.1)*. Er magnetisiert das vorbeilaufende Band bei dieser *Hochfrequenz-Vormagnetisierung* gemäß *Bild 64.1b* proportional zu I_t. $I_\sim$ löscht sich selbst! – Bei CrO_2-Bändern macht man $I_\sim$ stärker als bei Fe_2O_3, da die Konstante K in *Bild 63.1a* bei CrO_2 größer ist. Dafür wird CrO_2 nicht so schnell entmagnetisiert. Auf CrO_2-Bändern kann man höhere Frequenzen registrieren, da CrO_2-Nadeln feiner als Fe_2O_3-Nadeln sind.

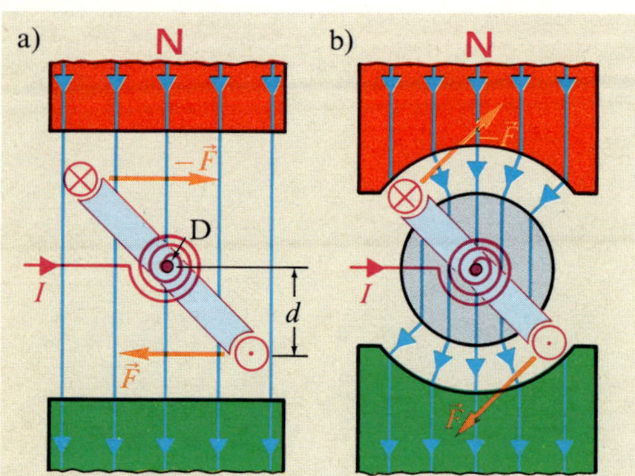

64.2 Kräfte im Drehspulinstrument; a) bei homogenem Feld ändert sich der Hebelarm d, b) bei radialem Feld nicht.

5. Lorentzkräfte in Strom- und Leistungsmessern

a) Im wichtigsten Strommeßgerät, dem **Drehspulinstrument**, ist ein rechteckiges Drahträhmchen um seine Achse D leicht drehbar gelagert. Sie steht in *Bild 64.2a* senkrecht zum homogenen B-Feld. Zwei Spiralfedern führen den zu messenden Strom I zu. Er erfährt in den Seitenteilen die Kraft $F = I\,B\,s$ nach rechts bzw. links. Wenn sich das Rähmchen dreht, wächst leider der Hebelarm d mit der Kraft F. Das für die Drehung entscheidende Drehmoment $M_1 = F\,d$ ist deshalb nicht mehr der Kraft F und damit der Stromstärke I proportional; es wächst schneller als I an. Nun erzeugen die verformten Spiralfedern ein dem Drehwinkel proportionales Gegenmoment M_2, das M_1 das Gleichgewicht hält. Deshalb liefert ein Strom der doppelten Stärke mehr als den doppelten Ausschlag; die Skala muß ungleichmäßig unterteilt werden.

b) Diesen Nachteil vermeidet ein *radiales* Magnetfeld. Es entsteht, wenn man nach *Bild 64.2b* zwischen den zylinderförmig ausgebohrten Magnetpolen einen Weicheisenzylinder befestigt. Denn magnetische Feldlinien verlassen Eisenoberflächen fast senkrecht. Nun greift die Kraft F senkrecht zum Radius r an; der Hebelarm d bleibt stets gleich diesem Radius und damit konstant. Jetzt ist die Skala gleichmäßig unterteilt.

c) Man kann mit solch einem Instrument auch die elektrische *Leistung* $P = U\,I$, die einem „Verbraucher" zufließt, messen. Hierzu muß die Kraft $F = I\,B\,s$ auch noch zur Spannung U proportional sein. Deshalb benutzt man nicht das Magnetfeld eines Dauermagneten, sondern erzeugt es in einer Spule. Ihr Erregerstrom I_{err} ist der dem Verbraucher zugeführten Spannung U proportional, da man $I_{err} = U/R$ zwischen den beiden die Spannung U führenden Leitungen über den Widerstand R abnimmt. Dann ist die Flußdichte $B \sim U$ und die Verbraucherleistung $P = U\,I \sim B\,I\,s = F$. Diese Kraft erzeugt einen zu P proportionalen Zeigerausschlag.

6. Das magnetische Erdfeld

Eine Kompaßnadel zeigt nicht genau die geographische Nordrichtung an. Sie weicht bei uns um ca. 4°, auf dem Atlantik bis zu 20° nach West ab. Man nennt dies *Mißweisung*. Die magnetischen Feldlinien laufen auch nicht horizontal. Sie sind um den *Inklinationswinkel* i nach unten geneigt (bei uns etwa 65°, am Äquator 0°; Aufgabe 4). Nach *Bild 65.1* zeigt die Inklinationsnadel in Richtung der Feldlinien. Den zugehörigen Vektor der Flußdichte B des erdmagnetischen Feldes zerlegt man in die Horizontalkomponente B_H und die Vertikalkomponente B_V. Dabei gilt $B_H = B \cos i$.

Versuch 51: Um die Horizontalkomponente B_H zu messen, bringen wir in die waagerecht liegende Spule nach *Bild 65.2* ($l=0{,}30$ m; $n=40$ Windungen) eine Kompaßnadel. Da sie sich nur in der Horizontalebene drehen kann, spricht sie nur auf die Horizontalkomponente B_H an. Wir stellen die stromlose Spule mit ihrer Achse senkrecht zu dieser Nadel. Dann erhöhen wir die Stromstärke I_{err} so lange, bis die Nadel um $\varphi=45°$ abgelenkt wird. Bei diesem Winkel hat das Spulenfeld $B=\mu_0\, n\, I_{err}/l$ den gleichen Betrag wie die Horizontalkomponente B_H (bei uns: $B_H \approx 0{,}02$ mT).

So kann man B_H messen. Eiserne Leitungen und Stahlträger in Gebäuden verfälschen den Wert von B_H und Inklinationswinkel i erheblich.

Zugvögel haben ein *magnetisches Organ*. Damit orientieren sie sich auf dem Flug nach Süden am Inklinationswinkel. Erzeugt man um ihren Kopf mit einer batteriegespeisten Spule ein künstliches Magnetfeld, so verlieren die Vögel die Orientierung. Auch bei Walen und Insekten hat man magnetische Organe festgestellt. Der Mensch dagegen mußte erst den Kompaß erfinden.

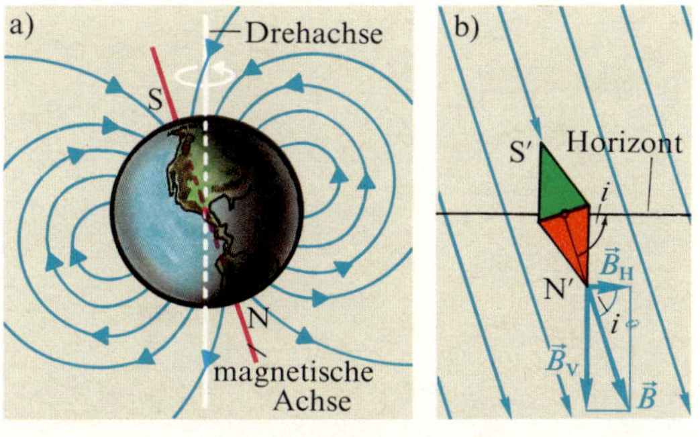

65.1 a) Magnetfeld der Erde, zu Aufgabe 4; b) Inklinationswinkel i und Zerlegung von B in B_H und B_V

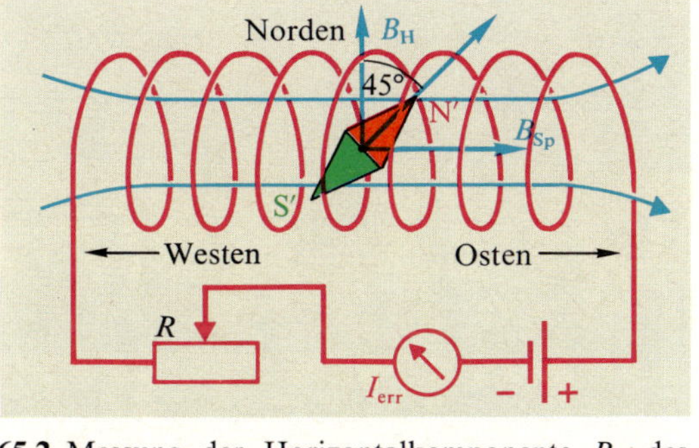

65.2 Messung der Horizontalkomponente B_H des Erdfelds in einer schlanken Spule. Man ändert I_{err} an R, bis sich die Nadel um 45° aus der NS-Richtung gedreht hat.

Aufgaben

1. *Wie groß ist die Flußdichte B in einer* 60 cm *langen, mit Luft gefüllten schlanken Spule mit 1000 Windungen beim Erregerstrom* $I_{err}=0{,}2$ A*? Wie groß wird sie, wenn man ihren Feldbereich mit Eisen* ($\mu_r=1000$) *ausfüllt?*

2. a) *Die Länge einer Spule kann man wie bei einer Ziehharmonika ändern. Sie hat 40 Windungen und ist* 30 cm *lang. Welche Stromstärke erzeugt in ihrer Längsrichtung ein Feld mit* $B=0{,}020$ mT*? Wie stellt sich eine Magnetnadel ein, wenn die Spule senkrecht zur Komponente* $B_H=0{,}020$ mT *des Erdfelds liegt?* **b)** *Dann drückt man die Spule auf* 20 cm *Länge zusammen. Wie groß wird B? Welchen Winkel gegen die Spulenachse nimmt nun die Nadel ein? Bei welchem Strom ist jetzt* $B=0{,}02$ mT*?*

3. *Eine lange Spule hat zwei Lagen von gleicher Windungsdichte mit verschiedenen Querschnitten. Sie werden vom gleichen Strom durchflossen. Dabei entsteht entweder ein Feld doppelter Stärke oder vom Betrag Null.* **a)** *Wie sind jeweils die Wicklungen geschaltet?* **b)** *Inwiefern bestätigt der Versuch die ungestörte Überlagerung der Flußdichte B und ihre Unabhängigkeit vom Spulenquerschnitt?*

4. *Skizzieren Sie das Magnetfeld der Erde! Wo ist ihr magnetischer Nord-, wo der Südpol? Erklären Sie die in Ziffer 6 angegebenen Werte des Inklinationswinkels! Wie groß ist er an den Magnetpolen der Erde (Bild 65.1a)?*

5. a) *In einer* 100 m *langen horizontalen Leitung fließt ein Strom von* 1000 A *von Ost nach West. Welche Kraft erfährt er im Erdfeld* ($B=0{,}050$ mT)*; wie ist sie gerichtet?* **b)** *Dieser Strom fließe von N nach S, bzw. vertikal von unten nach oben. Wie groß und wie gerichtet sind jetzt die Kräfte? (Inklinationswinkel* 66°*)*

6. a) *Wie muß man eine magnetisch nicht abgeschirmte Braunsche Röhre halten, damit ihr Strahl im Magnetfeld der Erde keine Ablenkung erfährt?* **b)** *Man markiere den Leuchtfleck in (a). In welcher Stellung der Röhre wird der nun horizontal gestellte Strahl nur horizontal abgelenkt? Kann er nur vertikal abgelenkt werden? Was gilt für ihn am Äquator?*

7. *Das Rähmchen im Drehspulinstrument nach Bild 64.2 sei ein Quadrat mit* 1,6 cm *Seitenlänge und habe 30 Windungen. B betrage* 0,50 T. *Berechnen Sie das Drehmoment, welches das Rähmchen erfährt, wenn ein Strom von* 1,0 mA *fließt! Um welchen Winkel dreht sich der Zeiger, wenn die Federn bei* 1° *Auslenkung ein rücktreibendes Moment von* 10^{-7} Nm *erzeugen?*

8. *Ein Tonband läuft mit* $v=9{,}5$ cm s^{-1} *am Tonkopf vorbei, in dem ein Strom von* 10 kHz *fließt. Wie lang sind die in bestimmter Richtung magnetisierten Bereiche NS bzw. SN? Vergleichen Sie mit der Breite b des Luftspalts! Was geschieht, wenn v bei der Wiedergabe größer ist?*

Elektronen im Vakuum und im Festkörper

§ 24 Die Größe der Lorentzkraft F_L

Senkrecht zu einem Magnetfeld mit der Flußdichte B fließt in einem Leiter der Länge s der Strom I. All seine mit der Geschwindigkeit v_s senkrecht zum B-Feld bewegten Elektronen erfahren zusammen die Kraft $F=I\,B\,s$. Die Lorentzkraft auf ein einzelnes Elektron ist so klein, daß wir sie nur berechnen können.

Hierzu drücken wir die Stromstärke $I=Q/t$ durch Größen aus, welche die Elektronen betreffen. Im Leiter der Länge s fließen nach *Bild 66.1* N Elektronen mit der Ladung $Q=N\,e$. Diese Ladung schiebt sich mit der Elektronengeschwindigkeit v_s in der Zeit $t=s/v_s$ durch den roten Querschnitt rechts. Die Stromstärke ist $I=Q/t=N\,e\,v_s/s$, also proportional zu v_s. Setzen wir $I=N\,e\,v_s/s$ in $F=I\,B\,s$ ein, so folgt für die Kraft F auf alle N Elektronen

$$F=I\,B\,s=(N\,e\,v_s/s)\,B\,s=N\,e\,B\,v_s.$$

Ein einzelnes Elektron erfährt also die Lorentzkraft $F_L=F/N=e\,B\,v_s$.

Ein Elektron mit dem Ladungsbetrag e bewege sich mit der Geschwindigkeitskomponente v_s senkrecht zu den Feldlinien eines Magnetfelds mit der Flußdichte B. Es erfährt die Lorentzkraft vom Betrage

$$F_L=e\,B\,v_s. \qquad (66.1)$$

Die Lorentzkraft $\vec{F}_L$ steht sowohl zu $\vec{v}_s$ als auch zu $\vec{B}$ senkrecht. Sie verrichtet im Gegensatz zur elektrischen Feldkraft am Elektron keine Arbeit, sondern lenkt es nur senkrecht zu $\vec{v}_s$ und zu $\vec{B}$ ab.

Wir ersetzen e durch die beliebige Ladung q: Im Magnetfeld wirkt auf eine bewegte Ladung q die Lorentzkraft $F_L=q\,B\,v_s$. Im elektrischen Feld erfahren dagegen ruhende wie bewegte Ladungen q die Kraft $F_{el}=q\,E$, unabhängig von der Geschwindigkeit. Hierin besteht ein wesentlicher Unterschied zwischen beiden Feldarten. So mißt man E-Felder mit ruhenden Überschußladungen, B-Felder dagegen mit bewegten Ladungen, die in einem Leiter sogar von ruhenden Ladungen neutralisiert sein können.

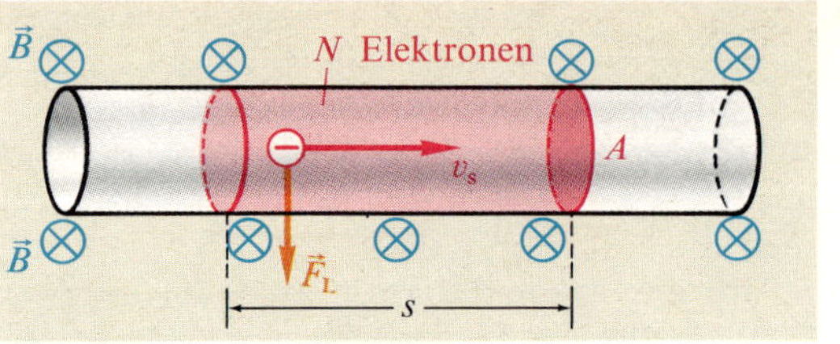

66.1 Im Leiter bewegen sich N freie Elektronen mit der vom Feld erzeugten „Driftgeschwindigkeit" v_s. Ihr ist eine starke Eigenbewegung der Elektronen überlagert, die wir hier nicht betrachten.

Für die *Stromstärke* fanden wir soeben $I=N\,e\,v/s$ (da wir nun vom B-Feld absehen, haben wir v_s durch v ersetzt). Die Gesamtzahl N der Elektronen im Draht (Länge s, Querschnitt A) folgt aus ihrer Anzahldichte $n=N/V$ (Elektronenzahl je Volumeneinheit) und dem Drahtvolumen $V=A\,s$ zu $N=n\,V=n\,A\,s$. Für I gilt also allgemein

$$\boldsymbol{I=N\,e\,v/s=n\,A\,s\,e\,v/s=n\,A\,e\,v.} \qquad \textbf{(66.2).}$$

Wir betrachten Silber mit der Atommasse 108 u und der Dichte $\varrho=10{,}5\ \text{g cm}^{-3}$. 1 mol Ag ($m=108$ g) hat das Volumen $V=m/\varrho=10{,}3\ \text{cm}^3$ mit $N_A=6{,}02\cdot 10^{23}$ Atomen. Jedes liefert für das Elektronengas ein Elektron; ihre Anzahldichte (Konzentration) ist also $n=6{,}02\cdot 10^{23}/10{,}3\ \text{cm}^3=5{,}9\cdot 10^{28}\ \text{m}^{-3}$. Bei $I=1$ A ist in Drähten mit Querschnitt $A=1\ \text{mm}^2$ die Elektronengeschwindigkeit $v=I/(n\,A\,e)=10^{-4}\ \text{m s}^{-1}$ — ein kleiner Wert! Mit ihr setzen sich alle Elektronen beim Schließen des Stromkreises sofort in Bewegung, angetrieben vom elektrischen Feld (Seite 26).

Aufgabe

1. *In Kupfer (Atommasse* 64 u; $\varrho=8{,}9\ \text{g cm}^{-3}$*) liefert jedes Atom für das Elektronengas ein freies Elektron. Welche Geschwindigkeit hat es bei der Stromstärke* $I=5{,}0$ A *und dem Drahtquerschnitt* $0{,}50\ \text{cm}^2$*? Welche Lorentzkraft erfährt es im Magnetfeld mit* $B=0{,}50$ T*?*

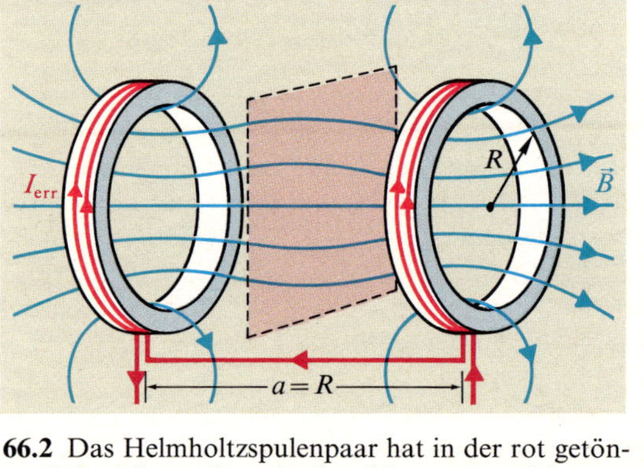

66.2 Das Helmholtzspulenpaar hat in der rot getönten Mittelebene ein weitgehend homogenes Magnetfeld. (Bild nicht maßstabsgetreu!)

§25 Die Elektronenmasse

1. Mechanik-Gesetze – auch für Elektronen?

Hinter der Anodenöffnung einer Braunschen Röhre fliegen Elektronen geradlinig weiter. Sie befolgen den Trägheitssatz, wenn sie kräftefrei sind. In einem homogenen elektrischen Feld durchlaufen sie eine Parabelbahn wie ein Wasserstrahl im homogenen Schwerefeld *(Bild 14.2)*. Ein Blech, auf das sie schlagen, bringen sie mit ihrer Energie zum Glühen. Wenden wir also auch auf Elektronen die Gesetze der Mechanik und den Energiesatz an:

Zwischen Kathode und Anode einer Elektronenröhre liegt die Spannung U. Die Feldkräfte verrichten auf dieser Beschleunigungsstrecke an jedem Elektron die Arbeit $W = e\,U$ (auch im inhomogenen Feld). Im Vakuum der Röhre erhält das Elektron die kinetische Energie $W = \frac{1}{2}\,m\,v_s^2$. Für seine Geschwindigkeit v_s an der Anode gilt also

$$\frac{1}{2}\,m\,v_s^2 = e\,U. \qquad \textbf{(67.1)}$$

2. Elektronen fahren im *B*-Feld Karussell

Gl. 67.1 enthält zwei Unbekannte: Masse m und Geschwindigkeit v_s eines Elektrons. Um beide zu bestimmen, brauchen wir eine zweite Gleichung. Hierzu unterwerfen wir Elektronen in einem homogenen Magnetfeld der Lorentzkraft $F_L = e\,B\,v_s$.

Um die Elektronenbahn gut beobachten zu können, erzeugen wir dieses Magnetfeld in einem *Helmholtz-Spulenpaar (Bild 66.2, 67.1)*. Es besteht aus zwei großen, vom Strom I_{err} durchflossenen Ringspulen. Ihr Radius R ist gleich ihrem Abstand a.

Versuch 52: Mit einer Hallsonde untersuchen wir die Flußdichte B in der vertikalen Mittelebene (rot getönt) der Helmholtz-Spulen. Das $\vec{B}$-Feld ist dort weitgehend homogen und hat horizontale Feldlinien. Die Flußdichte B ist der Erregerstromstärke I_{err} in den Spulen proportional. Es gilt $B = C\,I_{err}$. Für die Spule in *Bild 67.1* ist der Faktor $C = 8{,}1 \cdot 10^{-4}$ T A^{-1}.

Versuch 53: **a)** Wir setzen nach *Bild 67.1* in einem *Fadenstrahlrohr* aus einer Glühkathode Elektronen frei und beschleunigen sie mit $U =$ 200 V. Die Röhre enthält etwas Gas.

67.1 Fadenstrahlröhre zwischen zwei Helmholtzspulen; innen violett Bahn der Elektronen

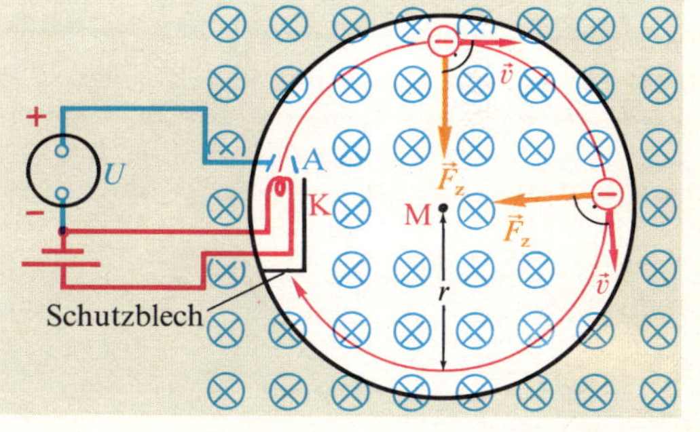

67.2 Die Lorentzkraft F_L wirkt als Zentripetalkraft F_Z und zwingt die Elektronen auf die Kreisbahn.

Wie in Glimmlampen leuchten die von Elektronen getroffenen Gasmoleküle. So machen sie in einem dünnen Fadenstrahl den Weg der Elektronen sichtbar, die bei dem geringen Gasdruck zufällig kein Molekül treffen und wie in einem perfekten Vakuum weiterfliegen.

b) Wir bringen den Fadenstrahl in die Mittelebene der Helmholtz-Spulen und schalten ihr Magnetfeld B ein. Die Elektronengeschwindigkeit v_s steht senkrecht zu den magnetischen Feldlinien; die Elektronen erfahren die Lorentzkraft $F_L = B\,e\,v_s$ *(Bild 67.2)*. Diese steht stets senkrecht zu v_s, wirkt also als Zentripetalkraft $F_Z = m\,v_s^2/r$. Daher gilt in jedem Punkt der gekrümmten Bahn $F_L = F_Z$:

$$F_L = B\,e\,v_s = F_Z = m\,v_s^2/r \quad \text{oder}$$

$$\boldsymbol{B\,e = m\,v_s/r}. \qquad \textbf{(67.2)}$$

Die Lorentzkraft F_L verrichtet an den Elektronen keine Arbeit. Also bleiben v_s und nach

$B e = m v_s / r$ im homogenen B-Feld auch der Radius r konstant. F_L zwingt die Elektronen auf einen Kreis *(Bild 67.1 b)* mit Radius

$$r = \frac{v_s}{B\, e/m}. \qquad \textbf{(68.1)}$$

Die Elektronen fahren im Magnetfeld Karussell! Im Kreiszentrum M steht aber weder ein Magnet noch eine anziehende Ladung. Vielmehr wirkt auf die Elektronen an ihrem jeweiligen Ort im Magnetfeld die Lorentzkraft F_L. Diese bestimmt zusammen mit v_s das Kreiszentrum M. M verschiebt sich längs der Horizontalen in *Bild 67.2* von der Anode A weg, wenn wir B verkleinern oder v_s (die Spannung U) erhöhen und so den Radius $r = v_s/(B\, e/m)$ vergrößern.

3. Welche Ladung hat 1 kg Elektronen?

Versuch 54: Wir stellen in Versuch 53 die Spannung U auf 200 V ein und messen die Flußdichte $B = 9{,}5 \cdot 10^{-4}$ T. In der Röhre leuchten phosphoreszierende Marken. An ihnen bestimmen wir den Radius der Kreisbahn zu $r = 0{,}050$ m. Mit *Gl. 67.1* und *Gl. 67.2* können wir die beiden unbekannten Größen v_s und m berechnen. Dabei finden wir m nicht für sich, sondern nur den Quotienten e/m. Man nennt $\boldsymbol{e/m}$ die **spezifische Ladung**. Sie folgt aus *Gl. 67.1, 67.2* und den Meßwerten zu

$$\frac{e}{m} = \frac{2\,U}{B^2\, r^2} = 1{,}77 \cdot 10^{11}\ \mathrm{C\,kg^{-1}}. \qquad (68.2)$$

Eine Menge Elektronen der Masse 1 kg hat also die riesige Ladung $1{,}77 \cdot 10^{11}$ C. Mit der Elementarladung $e = 1{,}6 \cdot 10^{-19}$ C folgt aus e/m die winzig kleine Masse $m_e = 9 \cdot 10^{-31}$ kg des einzelnen Elektrons. Erst $1{,}1 \cdot 10^{30}$ Elektronen haben die Masse 1 kg! Literaturwerte:

Spezifische Ladung: $\boldsymbol{e/m = 1{,}759 \cdot 10^{11}\ \mathrm{C\,kg^{-1}}}$,
Masse des Elektrons: $\boldsymbol{m_e = 9{,}109 \cdot 10^{-31}\ \mathrm{kg}}$.

Der Impuls $p = m_e v$ eines Elektrons folgt aus $B e v = m_e v^2/r$ (v für v_s gesetzt) zu

$$\boldsymbol{p = m_e\, v = B\, e\, r}. \qquad \textbf{(68.3)}$$

Er ist eine weitere mechanische Größe. Man kann ihn auch für andere geladene Teilchen allein aus dem Radius r der Kreisbahn bestimmen, die sie in einem Magnetfeld bekannter Flußdichte B beschreiben. Die Masse m des Teilchens braucht man dabei nicht zu kennen. Sie folgt aus dem Impuls $p = m\, v$, wenn die Geschwindigkeit v des Teilchens bekannt ist.

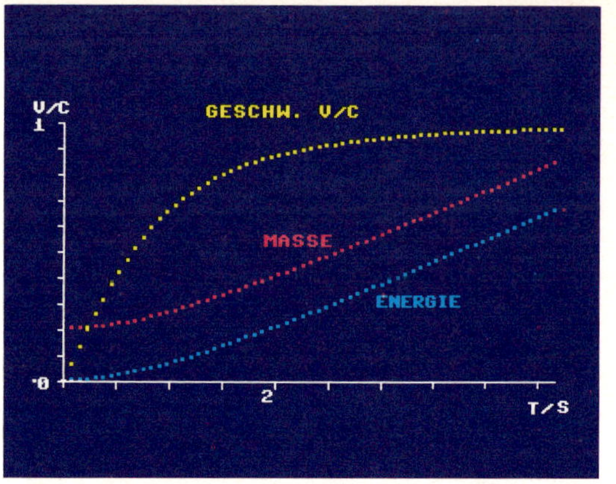

68.1 Elektron wird mit konstanter Kraft beschleunigt: v nähert sich $c = 3 \cdot 10^8\ \mathrm{m\,s^{-1}}$, Masse m_e und Energie W nehmen zu.

4. Elektronen schneller als Licht?

Mit Hilfe der spezifischen Ladung e/m und *Gl. 67.1* können wir jetzt die Geschwindigkeit v ($v = v_s$) der Elektronen nach dem Durchlaufen der Beschleunigungsspannung U berechnen:

$$\boldsymbol{v = \sqrt{2\, U\, e/m_e}}. \qquad \textbf{(68.4)}$$

In Versuch 54 ist bei $U = 200$ V die Geschwindigkeit $v = 8400\ \mathrm{km\,s^{-1}}$, also 3% der Lichtgeschwindigkeit $c = 3 \cdot 10^8\ \mathrm{m\,s^{-1}}$. Dies können wir nicht mehr mit Geschwindigkeiten des täglichen Lebens vergleichen. Würden wir Elektronen gar mit $U = 300$ kV beschleunigen, so sollte nach *Gl. 68.4* $v > c$ werden. Wie aber einschlägige Experimente zeigen, wächst schon beim Annähern an die Geschwindigkeit c die Masse (Trägheit) der Elektronen so stark an, daß sie diese Grenzgeschwindigkeit c nie ganz erreichen können *(Bild 68.1*; Relativitätstheorie Seite 286). Bis zu $U = 10$ kV dürfen wir noch mit konstanter Masse, also mit den obigen Werten für m_e und e/m, rechnen, wenn wir Fehler von 1,5% bei v hinnehmen.

Bei der Flußdichte $B = 0{,}95$ mT erfährt in Versuch 54 ein Elektron die Lorentzkraft $F_L = 1{,}3 \cdot 10^{-15}$ N. Sie ist 10^{14}mal so groß wie seine Gewichtskraft $G = m_e\, g = 9 \cdot 10^{-30}$ N und erzeugt auf dem Kreis mit Radius 5 cm die riesige Zentripetalbeschleunigung $a_Z = F_Z/m_e = 1{,}4 \cdot 10^{15}\ \mathrm{m\,s^{-2}}$. Beim Karussell wird uns schon bei $a_Z = 10\ \mathrm{m\,s^{-2}}$ schwindlig! Wir haben die Masse der Elektronen nicht mit der Waage, also über ihr Schwersein, bestimmt. Vielmehr beschleunigten wir die Elektronen und testeten ihre Trägheit. Da v sehr groß ist, brauchten wir diese riesige Beschleunigung $a_Z = v_s^2/r$.

5. Das Proton – ein Schwergewicht!

Für die Elektronenmasse $m_e = 9{,}1 \cdot 10^{-31}$ kg haben wir im täglichen Leben kein Vergleichsmaß. Wir müssen Vergleiche in atomaren Bereichen suchen, etwa beim Proton. Dieses kann man mit starken und ausgedehnten Magnetfeldern ebenfalls auf Kreisbahnen zwingen. Solche Felder stehen uns nicht zur Verfügung. Wir wissen aber, daß 1 mol H-Atome (also 1 g) $6{,}02 \cdot 10^{23}$ Elektronen und gleich viele Protonen enthält. Alle Elektronen zusammen haben die gegenüber 1 g winzig kleine Masse $M_e = 6{,}02 \cdot 10^{23} \cdot 9{,}1 \cdot 10^{-31}$ kg $= 5{,}5 \cdot 10^{-4}$ g. Die Protonenmasse ist also $m_P \approx 1$ g$/6{,}02 \cdot 10^{23} = 1{,}67 \cdot 10^{-27}$ kg. Dies ist das 1840fache der Elektronenmasse. Die Masse der Atome sitzt also fast ganz im Kern. Die spezifische Ladung der Protonen beträgt $e/m_P = 9{,}58 \cdot 10^7$ C kg^{-1}. Damit haben wir wichtige Konstanten der atomaren Welt mit Hilfe mechanischer und elektrischer Gesetze in makroskopischen Versuchen gewonnen.

In der Beschleunigungskanone der Röhre in Versuch 54 durchliefen die Elektronen die Spannung $U = 200$ V, hatten also an der Anode die Energie 200 eV $= 320 \cdot 10^{-19}$ J (Seite 53). Ein *Heliumkern* hat zwei Elementarladungen. Durchläuft er im Vakuum die Spannung 1 V, so erhält er die Energie 2 eV. Verläßt er mit der Energie 4 MeV als *Alpha-Teilchen* einen Atomkern, so ist er so schnell, als ob er mit der Spannung 2 MV – und nicht mit 4 MV – aus der Ruhe beschleunigt worden wäre.

Aufgaben

(Mit konstantem Wert für e/m zu lösen)

1. a) *Durch welche Spannung erhält ein Elektron D-Zug-Geschwindigkeit (*144 km h^{-1}*)?* **b)** *Welche Geschwindigkeit bekommt es durch $U = 5$ V? Welche Energie hat es in beiden Fällen in* eV *und* J*?* **c)** *Welche Geschwindigkeit bekommt ein Elektron in der Fernsehröhre durch* 23 kV *Spannung? Wie lange braucht es mit ihr von der Anode zum Leuchtschirm in* 40 cm *Abstand?*

2. *Elektronen, die durch* 150 V *beschleunigt worden sind, beschreiben im Magnetfeld mit $B = 0{,}85$ mT einen Kreis von* 48 mm *Radius.* **a)** *Berechnen Sie e/m!* **b)** *Mit welcher Geschwindigkeit verlassen die Elektronen die Anodenöffnung? Wie lange brauchen sie zu einem Umlauf?* **c)** *Berechnen Sie den Elektronenimpuls, ohne Geschwindigkeit und Masse zu benutzen! Warum ist diese Impulsbestimmung bei hohen Beschleunigungsspannungen sinnvoll?*

3. a) *Wie schnell werden Elektronen, wenn sie auf einer Strecke von* 1,00 cm *die Spannung* 2,00 kV *längs der Feldlinien eines homogenen Felds durchlaufen? Wie groß ist ihre Beschleunigung, wie lange wirkt sie?* **b)** *Welche Flußdichte braucht man, um diese Elektronen dann auf einen Kreis von* 10,5 cm *Radius zu zwingen? Wie groß ist jetzt die Beschleunigung? Worin unterscheidet sich diese Beschleunigung von der in (a) betrachteten? Wie lange dauert ein Umlauf auf der Kreisbahn?* **c)** *Kann man in (a) Geschwindigkeit und Beschleunigungsdauer auch dann berechnen, wenn das E-Feld nicht homogen ist?*

4. *In welcher Masse Wasserstoffgas ist* 1,00 g *Elektronen enthalten? Wieviel Mol Wasserstoffatome und wieviel Mol Elektronen sind dies? Wie groß ist ihre Ladung? Weshalb nimmt man diese nicht wahr?*

5. a) *Ein Al^{3+}-Ion durchläuft die Spannung* 1,0 kV. *Welche Energie hat es in* eV *und in* J*? Muß man dazu seine Masse kennen?* **b)** *Die Masse des Ions ist* 27 u. *Welche Geschwindigkeit bekommt es, wenn es zu Beginn in Ruhe war?*

6. a) *Geben Sie genau die Voraussetzungen an, nach denen die Elektronen in der Fadenstrahlröhre einen Kreis beschreiben! Welche davon sind Naturgesetze, welche muß man im Versuch beobachten?* **b)** *Hängt das Ergebnis der Versuche von der Zahl der Elektronen im Strahl ab?* **c)** *In der Fadenstrahlröhre werden die Elektronen, die Licht erzeugen, von Gasatomen, auf die sie schlagen, abgebremst. Warum können wir trotzdem mit einer konstanten Elektronengeschwindigkeit rechnen und erhalten einen Kreis mit einem bestimmten Radius?*

7. *Die Gravitationskraft der Sonne kann Planeten sowohl auf eine gekrümmte Bahn zwingen als auch schneller machen. Gilt dies bei Elektronen auch für Lorentzkräfte, gilt es für elektrische Feldkräfte? Welche dieser drei Kraftarten kann Elektronen im Prinzip auf eine Ellipsenbahn zwingen?*

8. a) *Durch welche Spannung erhält ein Kohlenstoffkern ($q = 6\,e$) die Energie* 1200 eV*? Welche Geschwindigkeit hat er dann ($m = 12$ u)?* **b)** *Wie stark müßte ein B-Feld sein, damit er auf eine Kreisbahn von* 50 cm *Radius gezwungen wird? Wie groß ist dabei die Zentripetalbeschleunigung?* **c)** *Berechnen Sie den Impuls des C-Kerns nach (b), ohne die Geschwindigkeit zu benutzen!*

9. *Nach Seite 66 beträgt die Elektronengeschwindigkeit in einem Draht bei $I = 1$ A etwa* 0,1 mm s^{-1}. *Wie lange braucht ein Elektron vom Schalter zur Lampe (*5 m*)? Wie lange würde ein mit der Spannung* 220 V *im Vakuum beschleunigtes Elektron brauchen? Warum kommt es im Kupferdraht nicht auf die gleiche Geschwindigkeit wie im Vakuum? Warum leuchtet trotzdem eine Deckenlampe nach Schließen des Wandschalters nur mit unmerklicher Verzögerung auf?*

10. *Ein Elektronenstrahl hat* 1,0 mA *Stromstärke und fliegt durch ein Anodenloch von* 1,0 mm^2 *Querschnitt mit $v = 1{,}0 \cdot 10^7$ m s^{-1}.* **a)** *Wie viele Elektronen durchsetzen in* 1,0 s *das Loch?* **b)** *Wie groß ist ihre Anzahldichte n im Strahl, wie groß ihr mittlerer Abstand a? ($a^3 = 1/n$; begründen Sie dies!)*

§ 26 Elektronenablenkung in Röhren

1. Elektronen im elektrischen Querfeld

Bild 70.1 zeigt das Beschleunigungs- und Ablenksystem einer *Braunschen Röhre*. Von der Anodenspannung U_a werden die Elektronen nach *Gl. 68.4* auf die Geschwindigkeit v_x gebracht. Mit ihr durchfliegen sie das vertikale Feld des Ablenkkondensators *(Bild 70.2)*. Zwischen seinen Platten mit Abstand d_y liegt die Ablenkspannung U_y. Deshalb erfährt jedes Elektron im homogenen Querfeld der Stärke $E_y = U_y/d_y$ nach oben die konstante Beschleunigung

$$a_y = \frac{F_y}{m} = \frac{e\,E_y}{m} = \frac{e\,U_y}{m\,d_y}. \qquad (70.1)$$

Diese Vertikalbeschleunigung a_y ändert die Horizontalgeschwindigkeit v_x nicht. v_x hängt nur von U_a ab. Folglich braucht ein Elektron zum Durchlaufen dieses Ablenkkondensators der Länge l die von U_y unabhängige Zeit $t_1 = l/v_x$. Es bekommt in y-Richtung die vertikale Geschwindigkeitskomponente

$$v_y = a_y\, t_1 = \frac{e\,U_y\,l}{m\,d_y\,v_x}. \qquad (70.2)$$

In y-Richtung hat das Elektron bei diesem waagerechten Wurf auf einer *Parabelbahn* am Kondensatorende nach *Gl. 67.1* die Strecke

$$y_1 = \frac{1}{2}\,a_y\,t_1^2 = \frac{1}{2}\,\frac{e\,U_y\,l^2}{m\,d_y\,v_x^2} = \frac{1}{4}\,\frac{l^2\,U_y}{d_y\,U_a}$$

zurückgelegt. Bis zum Schirm im Abstand s braucht es von hier ab noch die Zeit $t_s = s/v_x$. Dabei fliegt es kräftefrei und geradlinig mit der Vertikal-Geschwindigkeit v_y nach oben weiter. Deshalb durchmißt es in der Zeit t_s in y-Richtung zusätzlich die Strecke

$$y_2 = v_y\, t_s = \frac{e\,U_y\,l\,s}{m\,d_y\,v_x\,v_x} = \frac{1}{2}\,\frac{l\,s\,U_y}{d_y\,U_a}.$$

Die Ablenkung auf dem Schirm ergibt sich also zu

$$y_3 = y_1 + y_2 = \frac{1}{2}\,\frac{l}{d_y}\left(\frac{l}{2} + s\right)\frac{U_y}{U_a}. \qquad (70.3)$$

Wir folgern aus dieser Gleichung:

a) Die Gesamtablenkung y_3 ist der Ablenkspannung U_y proportional. Dies benutzt man, um Spannungen mit Oszilloskopen zu messen.

b) Die Ablenkung y_3 ist auch dem Kehrwert der Beschleunigungsspannung U_a proportional. Ein Oszilloskop spricht deshalb auf die Ablenkspannung $U_y = 1$ V um so empfindlicher an, je kleiner U_a ist. In der Praxis hält man allerdings U_a konstant und regelt die Empfindlichkeit an eingebauten Verstärkern. Auf AC (alternating current) gestellt verstärken sie nur Wechselspannung, bei DC (direct current) auch Gleichspannung. Die Angabe 0,5 V cm^{-1} bedeutet, daß $U_y = 0{,}5$ V die Ablenkung $y_3 = 1$ cm erzeugt.

c) Die Ablenkung y_3 im elektrischen Feld hängt nicht von der spezifischen Ladung e/m ab; mit elektrischen Feldern allein kann man also e/m nicht bestimmen. Mit den viel trägeren Protonen erhielte man also die gleiche Ablenkung. Wegen ihrer viel größeren Masse wären sie aber viel langsamer und deshalb länger im Ablenkkondensator. Man könnte keine so hohen Frequenzen wie mit den schnellen Elektronen registrieren.

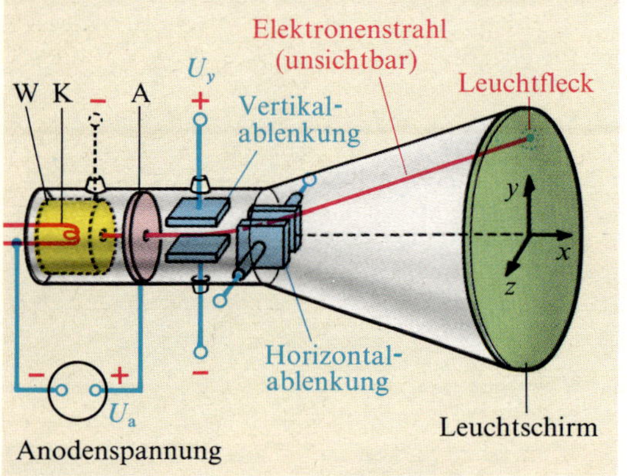

70.1 Vertikal-Ablenkung der Elektronen

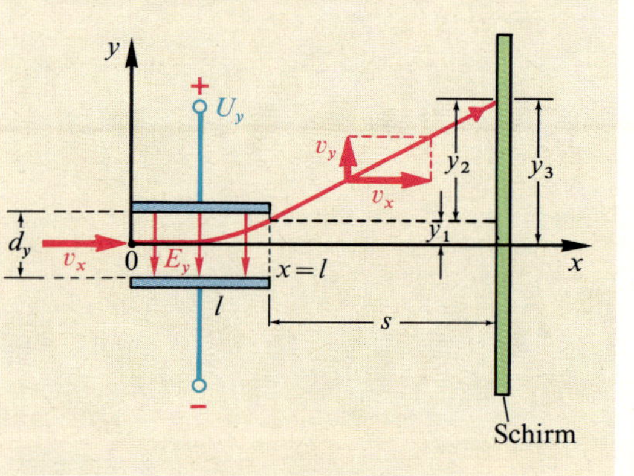

70.2 Die elektrische Querablenkung in Röhren

2. Wann Parabel-, wann Kreisbahn?

Warum durchfliegen die Elektronen im *homogenen elektrischen Querfeld* eine *Parabelbahn*? Um ihre Bahnkurve zu berechnen, eliminiert man die Zeit t aus $y=\frac{1}{2}\,a_y\,t^2$ und $x=v_x\,t$. Dies gibt die von t freie Parabelgleichung

$$y=\frac{1}{2}\,a_y\,\frac{x^2}{v_x^2}\sim x^2, \qquad (71.1)$$

in der v_x und a_y konstant sind. Die Feldkraft F_y hat eine Komponente parallel zur Parabelbahn, macht also das Elektron schneller. Da es aber der positiven Platte näher gekommen ist, wird es beim Weiterflug im sich anschließenden inhomogenen Feld wieder langsamer. – In *homogenen magnetischen Querfeldern* dagegen steht die Lorentzkraft $\vec{F}_L$ in jedem Bahnpunkt senkrecht zum jeweiligen $\vec{v}$-Vektor. $\vec{F}_L$ ändert zusammen mit $\vec{v}$ längs der Bahn die Richtung und zeigt ständig zum Kreismittelpunkt hin. Deshalb verrichtet $\vec{F}_L$ keine Arbeit; das Elektron wird weder schneller noch langsamer; es beschreibt einen *Kreis*.

3. Wie bringt man das Oszilloskopbild zum Stehen?

a) Nach *Bild 71.1a* lenkt die Wechselspannung U_y den Strahl *vertikal* ab (blau); er durchläuft die Punkte 1–2–3–4–1 in einer Periode ($\frac{1}{50}$ s) sehr schnell. Wir sehen wegen der Nachwirkung im Auge ($\frac{1}{16}$ s) und eines Nachleuchtens im Schirm nur einen vertikalen Strich.

b) Wir lassen nun durch die *Sägezahnspannung* U_x in *Bild 71.1b* zugleich den Strahl auch *horizontal* ablenken, und zwar von links nach rechts proportional zur Zeit t (rot). Was U_y zeitlich nacheinander ausführt, liegt jetzt auf dem Schirm nebeneinander. Wenn die Periodendauer der Sägezahnspannung U_x exakt ein ganzzahliges Vielfaches der Periode der zu untersuchenden Spannung U_y ist, kippt U_x im richtigen Augenblick wieder nach links zurück. Alles wiederholt sich; wir sehen viele gleiche Bilder aufeinandergezeichnet – ein stehendes Bild. Ändern wir am Sychronisierungsknopf die Periodendauer der Sägezahnspannung U_x ein wenig, so wandert das Bild langsam nach rechts oder links. (Erzeugung einer Sägezahnspannung Seite 111)

Bei *getriggerter Zeitablenkung* dagegen wird für jedes Bild ein Sägezahn von U_x jeweils dann gestartet, wenn U_y einen bestimmten Wert (die Triggerschwelle; Seite 93) überschritten hat. Jedes Bild startet an der gleichen Stelle; wiederkehrende Bilder liegen exakt übereinander. – Die Angabe 5 ms cm^{-1} bei der Horizontalablenkung bedeutet: Der Strahl braucht 5 ms zu 1 cm in x-Richtung.

Aufgaben

1. a) *Welche Geschwindigkeit erhalten Elektronen durch* 1,0 kV *Spannung?* **b)** *Wie lange brauchen sie zum Durchlaufen des Ablenkkondensators von* 4,0 cm *Länge? Wie groß ist dort die Feldstärke bei* 1,0 cm *Plattenabstand und* 50 V *Ablenkspannung?* **c)** *Um wieviel wird das Elektron am Ende des Ablenkkondensators senkrecht zu seiner Bahn abgelenkt und welche Quergeschwindigkeit erhält es?* **d)** *Wie groß ist die Gesamtablenkung auf dem* 40 cm *entfernten Leuchtschirm?* **e)** *Wie groß ist die spezifische Ablenkspannung* U_y/y_3 *in* V cm^{-1}*?*

2. a) *Welche Energie in* eV *hat das Elektron in Aufgabe 1 am Ende des Ablenkkondensators gewonnen?* **b)** *Wie stark wäre es dort allein durch seine Gewichtskraft nach unten abgelenkt* ($U_y=0$)*?*

3. *Wiederholen Sie Aufgabe 1 für Protonen! Welche Frequenz könnte man noch registrieren, wenn ein Teilchen höchstens während* $\frac{1}{20}$ *einer Periodendauer im Ablenkkondensator sein soll* **a)** *bei Elektronen,* **b)** *bei Protonen?*

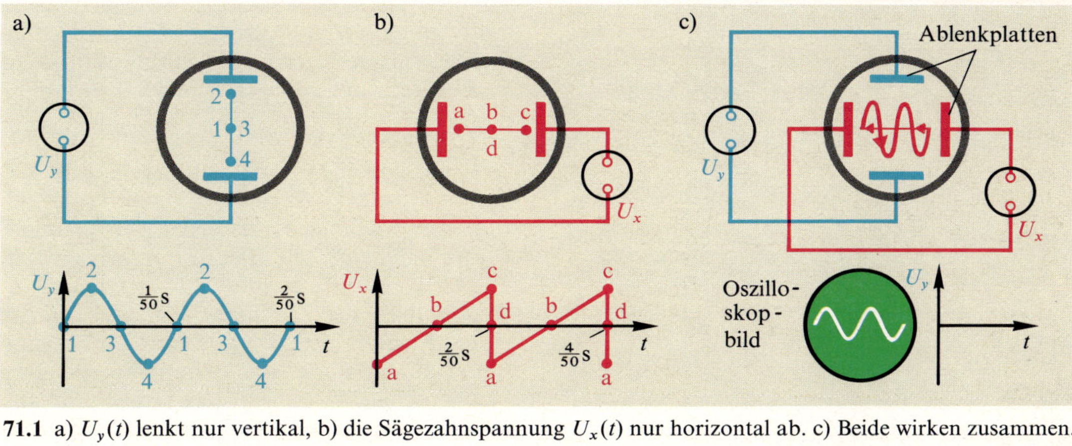

71.1 a) $U_y(t)$ lenkt nur vertikal, b) die Sägezahnspannung $U_x(t)$ nur horizontal ab. c) Beide wirken zusammen.

§ 27 Elektronenbewegung in Feldern

1. Wie bremst man Elektronen ab?

a) Elektronen werden in einer Beschleunigungskanone durch $U_1 = 100$ V beschleunigt, erhalten also die Energie $W_1 = 100$ eV und die Geschwindigkeit $v_1 = 6000$ km s^{-1}. Dann fliegen sie (ständig im Vakuum) durch eine Öffnung in einen Plattenkondensator, dessen Feldlinien gegen die Flugrichtung nach links zeigen *(Bild 72.1 a)*. Zwischen seinen Platten liegt die Spannung $U_2 = 70$ V. Sie erhöht die Elektronenenergie um $W_2 = 70$ eV auf $W = 170$ eV.

b) Wir drehen die Feldrichtung im Kondensator um *(Bild 72.1 b)*. Nun braucht jedes Elektron die Energie $W_2 = 70$ eV, um gegen die nach links ziehende Feldkraft anzulaufen. Es verläßt das verzögernde Feld nur noch mit der Energie $W = W_1 - W_2 = 30$ eV, als ob es nur 30 V durchlaufen hätte.

Mit dem Plattenabstand $d = 0{,}10$ m kann man in (b) die Verzögerung $a_V = F/m = e\,E/m = (e/m)\,U_2/d = 1{,}23 \cdot 10^{14}$ m s^{-2} berechnen. Für die verzögerte Bewegung längs d gilt $d = v_1\,t - \frac{1}{2}a_V\,t^2$ und $v = v_1 - a_V\,t$. Die Verzögerungszeit bis zur rechten Platte ist $t_1 = 2{,}2 \cdot 10^{-8}$ s.

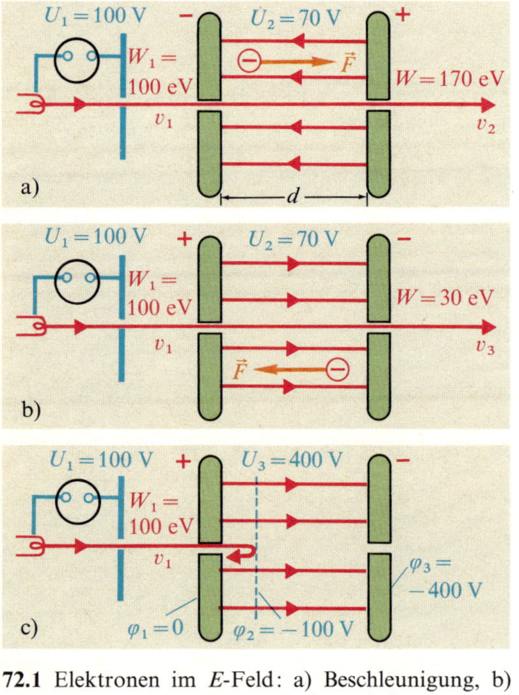

72.1 Elektronen im E-Feld: a) Beschleunigung, b) Verzögerung, c) Verzögerung mit Umkehr

72.2 Elektronenschatten des Kreuzes

c) Nun werde die Verzögerungsspannung in (b) auf $U_3 = 400$ V erhöht, den Elektronen aber nur wieder die Energie $W_1 = 100$ eV gegeben. Mit ihr können sie nur gegen ein Spannungsgefälle von 100 V, also $\frac{1}{4}$ der Strecke, anlaufen *(Bild 72.1 c)*. Dann ist ihre kinetische Energie aufgebraucht. Die Elektronen kehren also an der Äquipotentialfläche für −100 V um (Nullniveau sei die linke Platte; die rechte Platte liegt dann auf dem für diese Elektronen unerreichbaren Potential −400 V).

Versuch 55: Bei der *Schattenkreuzröhre* nach *Bild 72.2* werden Elektronen zuerst durch 4 kV beschleunigt. Dann fliegen sie auf ein Aluminiumkreuz. Am Schatten auf dem Leuchtschirm erkennt man, daß die Elektronen wie auch das von der Glühkathode ausgehende Licht geradlinig weiterfliegen. Doch gelingt dies den Elektronen nur, wenn das Kreuz mit der Anode verbunden wird. Nur dann ist der Raum zwischen Anode und Kreuz feldfrei. Bleibt das Kreuz dagegen isoliert, wird es von den ersten Elektronen negativ geladen und lenkt die folgenden nach außen ab. Auf dem Schirm entsteht ein wesentlich größerer Schatten. Wird das Kreuz gar mit der Kathode verbunden, dann können die Elektronen kaum noch gegen deren Potential von −4 kV anlaufen; sie erreichen den Schirm nicht mehr und kehren zur Anode (Nullniveau) zurück.

2. E- und B-Feld zugleich — und gekreuzt

Versuch 56: Zunächst schießen wir in einer Röhre nach *Bild 14.2* Elektronen von links in ein vertikales elektrisches Feld der Stärke E. Sie erfahren die konstante elektrische Kraft $F_{el} = e\,E$ nach oben. Dann setzen wir vor und hinter die Röhre je eine Helmholtzspule. Ihre magnetischen Feldlinien zeigen nach hinten, kreuzen also die elektrischen senkrecht

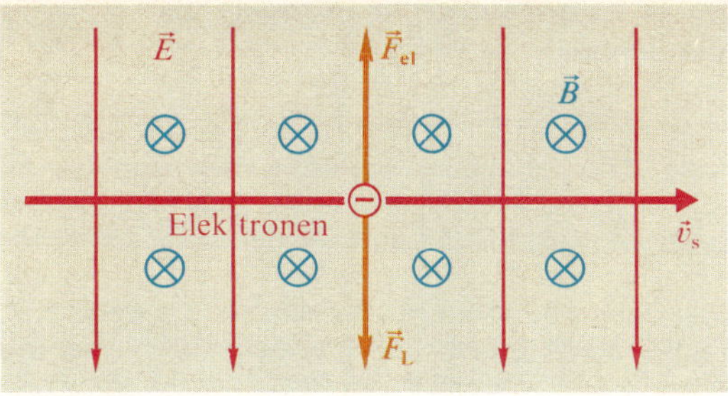

73.1 Elektronen im $\vec{E}$- und $\vec{B}$-Feld

(Bild 73.1). Beide Felder wirken am gleichen Ort auf die Elektronen. Wenn wir B und E geeignet wählen, fliegen die Elektronen geradlinig und unbehelligt weiter. Dann hält die nach unten gerichtete Lorentzkraft $F_L = e\,B\,v_s$ der nach oben wirkenden elektrischen Feldkraft $F_{el} = e\,E$ das Gleichgewicht. Für die Beträge dieser Kräfte gilt $F_L = F_{el}$ oder

$$e\,B\,v_s = e\,E, \text{ also } v_s = \frac{E}{B}. \qquad (73.1)$$

Zu einer bestimmten Teilchengeschwindigkeit v_s senkrecht zu beiden Feldern gehört der Quotient $E/B = v_s$. Ladung und Masse der geradlinig durch die beiden gekreuzten Felder fliegenden Teilchen spielen also keine Rolle; diese Teilchen werden ja nicht mehr gegen ihr Beharrungsvermögen abgelenkt. Mit einem solchen *Geschwindigkeitsfilter* filtert man Teilchen einer bestimmten Geschwindigkeit v_s aus, wenn man längs der geradlinigen Bahn Lochblenden anbringt. Schnellere Teilchen erfahren eine zu große Lorentzkraft und fliegen je nach Ladungsvorzeichen nach oben oder unten gegen die Blendenbleche.

3. Umlaufdauer *T* im Elektronenkarussell

In homogenen Magnetfeldern durchlaufen Elektronen Kreisbahnen mit den Radien $r = v_s/(B\,e/m)$. Ihr Umfang $u = 2\pi r$ ist wie r zu v_s proportional. Auf ihm legen Elektronen doppelter Geschwindigkeit v_s auch den doppelten Weg zurück. Ihre Umlaufdauer

$$T = \frac{u}{v_s} = \frac{2\pi r}{v_s} = \frac{2\pi}{B\,e/m} \qquad (73.2)$$

hängt also nicht von v_s, wohl aber von B ab. Dies nutzt man in den großen **Kreisbeschleunigern** aus (Seite 113). Sollen Elektronen in kürzerer Zeit umlaufen, so hilft es nichts, sie schneller zu machen; man muß B vergrößern!

4. Das Elektronen-Karussell schraubt sich höher

Versuch 57: In der Fadenstrahlröhre nach *Bild 67.1* sind die Elektronen auf Karussellfahrt mit der Geschwindigkeit v. Dann drehen wir die Röhre um den Winkel φ ($\approx 5°$). Der Strahl bildet mit den Feldlinien statt 90° den Winkel $(90° - \varphi)$. Er beschreibt um die Achse CD eine *Schraubenbahn (Bild 73.2)*. Diese ist auch um die Feldlinien gewickelt wie bisher die Kreisbahn. Um diese Schraubenbahn zu verstehen, zerlegen wir $\vec{v}$ in die Komponenten $\vec{v}_s$ senkrecht zu den Feldlinien und $\vec{v}_p$ parallel dazu. $v_p = v \sin\varphi$ gibt keine Ablenkung.

Mit der Komponente $v_s = v \cos\varphi$ allein würden die Elektronen nach Ziffer 3 einen Kreis mit dem Radius r in einer Ebene senkrecht zu den Feldlinien durchlaufen. Sie würden nach der Umlaufdauer T wieder zu dem Punkt, an dem sie gestartet sind, zurückkehren. Doch fliegen sie jetzt mit der Komponente v_p während dieser Umlaufdauer T um die Strecke $h = v_p\,T = (2\pi\,v \sin\varphi)/(B\,e/m)$ entlang den Feldlinien weiter. Sie erreichen zwar ihre Startfeldlinie wieder, aber um die Ganghöhe h der Schraubenbahn versetzt. Dann beginnt die nächste Windung. Der Elektronenstrahl scheint auf einen Zylinder vom Radius r um die magnetischen Feldlinien gewickelt zu sein. Mit wachsendem Winkel φ nehmen $v_s = v \cos\varphi$ und

$$\textit{Radius } r = \frac{v_s}{B\,e/m} = \frac{v \cos\varphi}{B\,e/m}$$

ab. Dagegen wächst bei der Schraubenbahn die

$$\textit{Ganghöhe } h = v_p\,T = \frac{2\pi\,v \sin\varphi}{B\,e/m}.$$

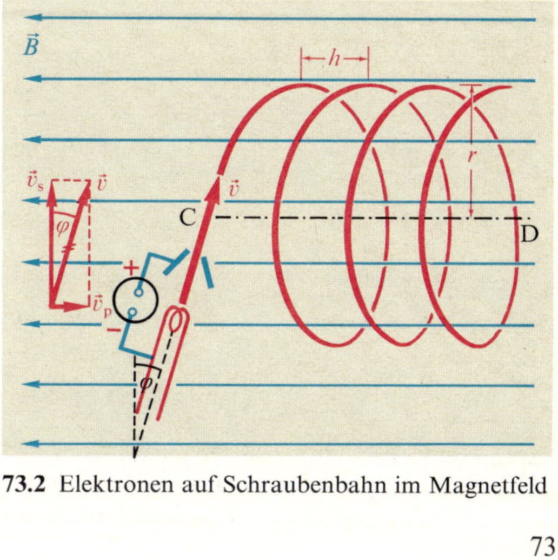

73.2 Elektronen auf Schraubenbahn im Magnetfeld

Versuch 58: **a)** Über eine Braunsche Röhre ist nach *Bild 74.1* eine lange Spule gestülpt, so daß die Achsen beider zusammenfallen. Wenn wir an das vertikal ablenkende Plattenpaar die Spannung U_y legen, werden die Elektronen von M nach oben abgelenkt. Dies ändert ihre Geschwindigkeitskomponente v_p parallel zur Achse nicht (v_p ist durch die Anodenspannung U_a bestimmt). Also brauchen die Elektronen zur Strecke s von der Kondensatormitte bis zum Schirm stets die Zeit $t^* = s/v_p$. Um sie dabei auf eine Schraubenbahn zu zwingen, schalten wir zusätzlich das B-Feld der Spule ein und vergrößern es langsam. Der Strahl wird zunächst zur Seite abgelenkt; bei einem bestimmten Wert von B kehrt er wieder zur Schirmmitte M, also zu seiner Ausgangsfeldlinie, zurück. Die schräg fliegenden Elektronen durchlaufen während ihrer Flugzeit t^* genau eine Schraubenwindung. Hierzu brauchen sie nach *Gl. 73.2* die Zeit $T = 2\pi/(B\,e/m)$; es gilt

$$T = t^* = s/v_p \quad \text{oder} \quad 2\pi/(B\,e/m) = s/v_p. \qquad (74.1)$$

v_p ist durch die Anodenspannung U_a bestimmt, s durch die Röhre. Wenn man die zur Rückkehr des Lichtpunkts in die Schirmmitte M nötige Flußdichte B gemessen hat, kann man nach diesem Verfahren von *Busch* aus *Gl. 74.1* die spezifische Ladung $e/m = 2\pi\,v_p/(B\,s)$ ermitteln.

b) Wir legen an das Ablenkplattenpaar eine Wechselspannung U_y. Wenn der Wert von B richtig eingestellt ist, bleibt der Lichtfleck in M. Denn in *Gl. 74.1* kommt die von U_y erzeugte Quergeschwindigkeit v_y nicht vor.

Elektronen fliegen in Versuch 58b von den Ablenkplatten beim Anlegen von Wechselspannung U_y nach verschiedenen Richtungen weg. Ihre Schraubenbahnen greifen verschieden weit in den Raum hinaus. Trotzdem vereinigen sie sich wieder im Punkt M auf dem Schirm. Dies ermöglicht es, *magnetische Linsen* für Elektronenstrahlen und damit **Elektronenmikroskope** zu bauen (§30). Sammellinsen sollen ja Strahlen, die von einem Gegenstandspunkt nach verschiedenen Richtungen ausgehen, wieder in einem Bildpunkt vereinigen.

5. Elektronen kehren im inhomogenen *B*-Feld um

Versuch 59: Wir betreiben die Fadenstrahlröhre ohne Helmholtzspulen. Der Elektronenstrahl trifft die Glaswand. Nähert man dieser Stelle den starken Nordpol eines Magneten, so windet sich der Strahl nicht nur um die Feldlinien, er kehrt sogar wieder um. Beim Annähern an den Pol wird nämlich die Flußdichte B größer, der Radius $r = v_s/(B\,e/m)$ der Schraubenbahn kleiner. Der Strahl scheint auf einen Kegel gewickelt zu sein, dessen Spitze zum Magnetpol zeigt. Warum kehren die Elektronen um? Wir zerlegen in *Bild 74.2* im Punkt P den schräg nach oben gerichteten Vektor der Flußdichte $\vec{B}$ in die vertikale Komponente $\vec{B}_p$ vom Pol weg und in die radiale Komponente $\vec{B}_r$. Um $\vec{B}_p$ winden sich die in P nach hinten fliegenden Elektronen. $\vec{B}_r$ dagegen erzeugt eine stets vom Magnetpol wegweisende Lorentzkraft $\vec{F}_L$. Sie läßt den Strahl umkehren. – Da hier nur Lorentzkräfte wirken, die keine Arbeit verrichten, behalten die Elektronen ihre Energie bei. Mit einem zweiten Magnetpol kann man den reflektierten Strahl sogar ein zweites Mal zur Umkehr zwingen.

Aus dem Weltraum und von der Sonne (kosmische Strahlung, Sonnenwind) fliegen ständig geladene Teilchen, Elektronen und Protonen, in das inhomogene Magnetfeld zwischen den Magnetpolen der Erde. Die Elektronen winden sich um die Feldlinien in einer Sekunde etwa 10^6mal, die Protonen 10^3mal. Sie kehren in den Polargegenden im dort stärker werdenden Feld nach Versuch 59 um. Stoßen die Teilchen auf Luftmoleküle, so erzeugen sie das Nordlicht und scheiden aus. Das Magnetfeld der Erde schließt als *magnetische Flasche* die Teilchen ein und hält so einen wulstförmigen *Strahlungsgürtel* unter Verschluß – am Äquator in 700 km bis 60000 km Höhe. Im Zentrum werden die energiereichen Teilchen (zwischen 20 keV und vielen MeV) Raumfahrern sehr gefährlich. Ohne das Magnetfeld würden diese gefährlichen Teilchen zur Erdoberfläche gelangen, die **kosmische Höhenstrahlung** verstärken und Organismen schädigen.

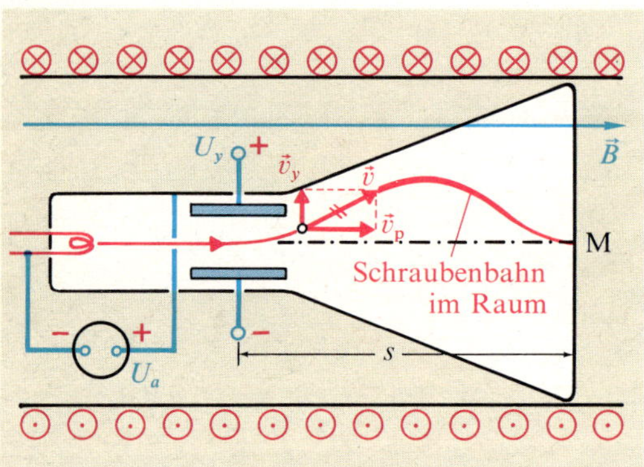

74.1 Messung von e/m nach *Busch*

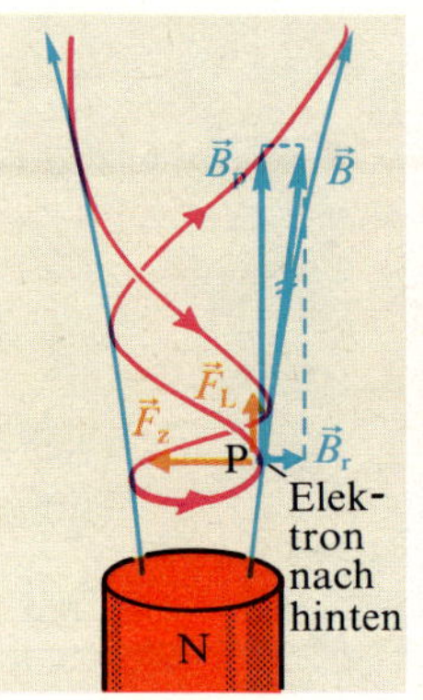

74.2 Das Elektron kehrt am Nordpol wieder um.

Um *Atomenergie* durch *Kernverschmelzung (Fusion)* zu gewinnen, läßt man Protonen und andere geladene Teilchen bei vielen Millionen Grad kurzzeitig miteinander reagieren. Da kein Stoff diese Temperaturen aushält, die Teilchen also nicht zusammenhalten kann, werden sie in sogenannten *magnetischen Flaschen* durch die Lorentzkräfte starker Magnetfelder eingeschlossen. Hier sind Felder standhafter als Stahl!

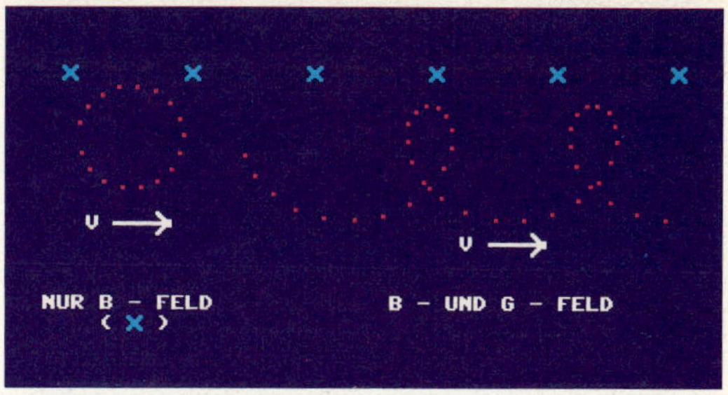

75.2 Protonenbahn (rot); links nur in einem horizontalen $\vec{B}$-Feld (nach hinten gerichtet); rechts zusätzlich einer vertikalen Kraft nach unten ($\vec{G}$ oder $e\,\vec{E}$) ausgesetzt; zu Aufgabe 6

Aufgaben

1. a) *Jemand behauptet, die in Ziffer 2 betrachteten gekreuzten Felder würden sich aufheben; es sei* $E = B$*! Nehmen Sie Stellung!* **b)** *Elektronen wurden durch die Spannung* 1,0 kV *beschleunigt, das elektrische Querfeld sei* $E = 100\ \text{V cm}^{-1}$. *Welche Richtung und Größe muß das B-Feld haben, damit die Elektronen geradlinig weiterfliegen?* **c)** *Welche Energie in* eV *müßten Protonen haben, um diese gekreuzten Felder geradlinig zu durchfliegen?*

2. a) *Die Röhre nach Bild 67.1 wird um* 10° *gedreht, so daß die Elektronen mit den* $\vec{B}$*-Linien den Winkel* 80° *bilden. Wie groß ist der Radius des Zylinders, auf den ihr Strahl gewickelt erscheint, wie groß die Ganghöhe der Wendel* ($B = 1{,}0$ mT; $U_a = 200$ V)*?* **b)** *Beim Berechnen der Kraft auf Ströme in Aufgabe 5 von Seite 65 haben wir den* $\vec{B}$*-Vektor zerlegt. Warum ist es in Bild 73.2 sinnvoller, den* $\vec{v}$*-Vektor zu zerlegen?* **c)** *Wir nannten die Bahn in Bild 73.2 eine Schraubenlinie oder Wendel (Wendeltreppe) und nicht eine Spirale. Warum?*

3. a) *Welche Geschwindigkeit* v_1 *bzw.* v_2 *erhält ein Elektron durch die Spannung* $U_1 = 100$ V *bzw.* $U_2 = 70$ V*, jeweils aus der Ruhe heraus? Jemand sagt, in Ziffer 1a sei die Endgeschwindigkeit* $v_3 = v_1 + v_2$. *Hat er recht?* **b)** *Wie lange braucht in Beispiel 1c das Elektron bis zur Umkehr* ($v = 0$) *und zur Rückkehr zur linken Platte beim Plattenabstand* $d = 0{,}10$ m*?* **c)** *Elektronen werden mit* $W_1 = 700$ eV *eingeschossen. Wann erreichen sie die rechte Platte* ($d = 0{,}10$ m)*? Wie schnell sind sie dort?*

4. *Elektronen werden mit der Energie* 600 eV *in Richtung der Feldlinien in ein Feld der Stärke* $E = 200\ \text{V cm}^{-1}$ *geschossen.* **a)** *Wo kehren sie um?* **b)** *Wo und wann haben sie den halben Geschwindigkeitsbetrag? (2 Lösungen)*

5. a) *Wie verhält sich ein Elektron nach Versuch 59 in der Nähe eines magnetischen Südpols?* **b)** *An einer bestimmten Stelle im Strahlungsgürtel der Erde sei* $B = 1{,}0 \cdot 10^{-5}$ T. *Mit welchen Frequenzen umlaufen dort Elektronen bzw. Protonen die* $\vec{B}$*-Linien?*

6. *In einem Computerprogramm „unterwirft" man ein Proton seiner Gewichtskraft* $\vec{G}$ *und zugleich einem horizontalen* $\vec{B}$*-Feld. Was ist am Ergebnis nach Bild 75.2 erstaunlich? Erklären Sie ohne Rechnung, wie es die Lorentzkraft fertigbringt, das Proton insgesamt am Fallen zu hindern? (Die in gleichen Zeitintervallen geschriebenen Bahnpunkte beachten!)*

7. *Beim Versuch 58b beschleunigt man die Elektronen mit* $U_a = 300$ V*; der Abstand Kondensatormitte-Schirm beträgt* $s = 8{,}0$ cm. **a)** *Wie stark muß die magnetische Flußdichte B sein, damit die Elektronen trotz des elektrischen Wechselfelds an den Ablenkplatten wieder zur Schirmmitte M zurückkehren? Wie lange brauchen sie hierzu?* **b)** *Was zeigt sich bei doppelter Flußdichte?*

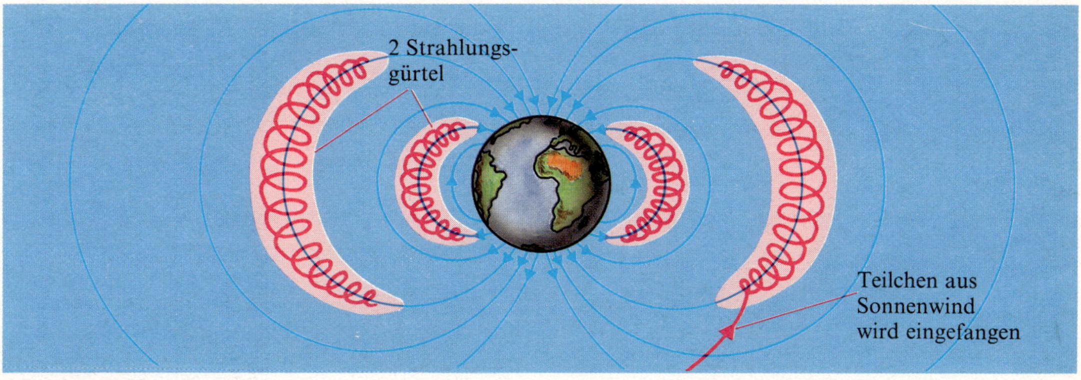

75.1 Geladene Teilchen werden vom Erdmagnetfeld in den beiden Strahlungsgürteln eingefangen.

§28 Raumladung in Elektronenröhren

1. Diode: Elektronenstau in Raumladungen

Mit der **Vakuum-Diode** haben wir auf der Mittelstufe die Elektronen entdeckt. Nach *Bild 76.1* liegt zwischen ihrem Glühdraht als Kathode K (−) und dem Anodenblech A (+) ein E-Feld. Es saugt die vom Glühdraht abgedampften Elektronen als Anodenstrom I_a zur Anode. Bei umgekehrter Polung sperrt dieses *elektrische Ventil* den Strom. Man kann mit ihm also Wechselströme *gleichrichten.* Zudem zeigt die Diode wichtige Eigenschaften der Elektronen:

Versuch 60: Wir vergrößern die Spannung U_a in *Bild 76.1.* Zunächst steigt der Anodenstrom I_a nach der *Kennlinie* in *Bild 76.1b* an. Er weicht aber in mehrfacher Hinsicht vom Ohmschen Gesetz ($I \sim U$) ab. I_a erreicht den konstanten Sättigungsstrom I_S, hier 88 mA. Dies entspricht $88 \text{ mC s}^{-1} \triangleq 5{,}6 \cdot 10^{17}$ Elektronen je Sekunde. Dieser Sättigungsstrom I_S steigt mit der Glühtemperatur.

Warum ist bei kleineren Spannungen U_a der Anodenstrom I_a kleiner als I_S? In einer Sekunde dampfen zwar genau so viele Elektronen ab, wenn man die Kathode gleich stark heizt. Doch werden sie vom E-Feld der Anode A nicht erfaßt. Seine Feldlinien enden nach *Bild 76.1* bereits über der Kathode an einer *Elektronenwolke*. Sie umgibt die Kathode wie übrigens auch den Glühdraht in Glühlampen. Die Feldkräfte beschleunigen zunächst nur die obersten Elektronen dieser negativen, den Raum erfüllenden Ladungswolke. Diese stößt dafür unten so viele der abgedampften Elektronen wieder in den Glühdraht zurück, daß sich ihr Bestand nicht weiter erhöht. Sonst müßten Lampen an Elektronenüberschuß platzen.

Diese **Raumladung** drosselt also im sogenannten *Raumladungsbereich* der Kennlinie den Anodenstrom I_a. Erhöht man die Spannung U_a, so wird das E-Feld stärker und verkleinert die Raumladung. Erst im *Sättigungsbereich* endet das Feld an der Kathode selbst. Dann erfaßt es alle abgedampften Elektronen und zieht sie zur Anode. Die Raumladung, welche den Anodenstrom I_a begrenzt, ist nun ganz verschwunden; die Sättigungsstromstärke I_S ist erreicht.

Auch am Anfang der Kennlinie finden wir etwas Neues. Schon bei $U_a = 0$, also ohne Feld,

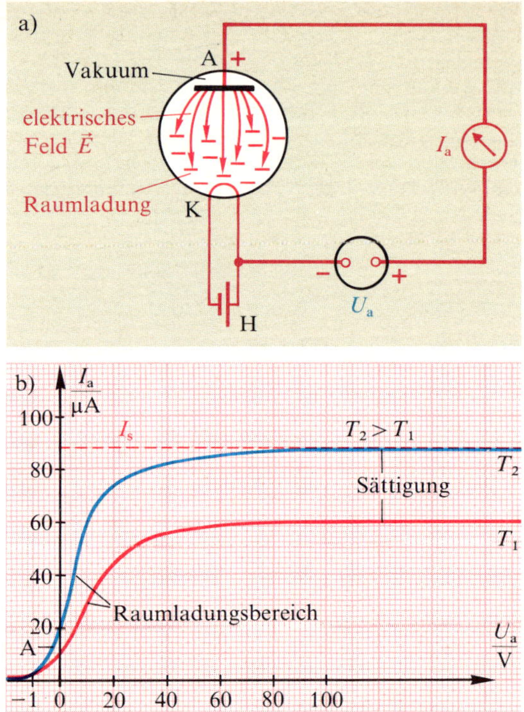

76.1 a) Schnittbild und Schaltung einer Diode; b) $I_a(U_a)$-Kennlinie (Maßstab der U_a-Achse beachten!)

ja sogar bei $U_a < 0$ (Anode negativ) fließt ein schwacher Anodenstrom I_a. Die Elektronen dampfen nämlich mit einer gewissen Energie ab und können gegen die nun negative Ladung der Anode anlaufen. Dieser Teil A der Kennlinie heißt deshalb *Anlaufstrombereich.* Da bei $U_a < -2$ V der Anodenstrom I_a Null ist, dampfen die schnellsten Elektronen mit ca. 2 eV Energie ab. Diese Energie steigt mit der Temperatur der Glühkathode.

Die Kennlinie von Dioden weicht erheblich vom Ohmschen Gesetz *($I \sim U$)* ab. Im Raumladungsbereich drosselt die Raumladung den Anodenstrom. Sein Sättigungswert steigt mit der Temperatur der Glühkathode.

2. Triode: Ein Gitter steuert Ströme

Nun soll über eine dritte Elektrode in den Anodenstrom I_a eingegriffen werden. Sie ist nach *Bild 77.1* als Gitter G wendelförmig zwischen Kathode und Anode gewickelt. G steht also im Elektronen-Weg zwischen Kathode und Anode. Wie beeinflußt dieses Gitter den Anodenstrom I_a?

Versuch 61: a) Nach *Bild 77.2* ist eine konstante Anodenspannung $U_a = 200$ V angelegt und erzeugt den Anodenstrom I_a. Eine 15 W-Lampe (später ein Lautsprecher) stellt den *Arbeitswiderstand* R_a dar, in dem elektrische Arbeit genutzt wird. Wenn wir die Zuleitung zum Gitter G in die Hand nehmen und mit dem Fuß am Kunststoffboden scharren, flackert die Lampe! Durch winzige Aufladungen des Gitters steuern wir den Anodenstrom I_a erheblich.

b) Wir ändern nun die Gitterspannung U_g (zwischen G und K) stetig und nehmen die $I_a(U_g)$-Kennlinie nach *Bild 77.3* auf. Obwohl $U_a = 200$ V ist, sperrt schon die Gitterspannung $U_g = -13$ V die Röhre ($I_a = 0$). Das Gitter hat nämlich nur einen sehr kleinen Abstand d_g von der Elektronenwolke. Bereits kleine Gitterspannungen U_g liefern ein starkes Feld $E_g = U_g/d_g$ zwischen Gitter und Raumladung. Es schwächt (bei $U_g < 0$) oder verstärkt (bei $U_g > 0$) das von der konstanten Anodenspannung U_a erzeugte Feld. Dies beeinflußt sehr stark den Abbau der Raumladung; *I_a wird von U_g gesteuert.* Hierzu genügten in (a) winzige statische Aufladungen. Warum?

c) Wir legen in die Zuleitung zum Gitter einen Strommesser. Er zeigt an, daß nur dann *Gitterstrom* I_g fließt, wenn die Gitterspannung U_g positiv ist. Am negativ geladenen Gitter ($U_g < 0$) können dagegen keine Elektronen landen; der Gitterstrom I_g ist Null und auch die zum Steuern am Gitter nötige Leistung $P_g = U_g I_g$. Das Gitter steuert trotzdem mit seinem Feld – also statisch – die große Leistungsabgabe der Quelle im Anodenkreis und so die Helligkeit der Lampe oder die Lautstärke eines Lautsprechers. Deshalb kann man an das Gitter Spannungen legen, die über eine lange Telefonleitung ankommen. Würde man zum Steuern einen Gitterstrom I_g brauchen, so ginge im großen Widerstand R_L der Fernleitung die Teilspannung $I_g R_L$ unnötig verloren.

Ändert sich die Gitterspannung U_g an der Triode, so werden der Anodenstrom I_a und die Leistungsabgabe der Anodenquelle verzögerungsfrei gesteuert. Ist dabei die Gitterspannung U_g negativ, so fließt kein Gitterstrom; dann braucht man zum Steuern kräftiger Anodenströme keine Leistung am Gitter.

3. Helligkeitssteuerung in Braunschen Röhren

Die Kathode K der Braunschen Röhre nach *Bild 70.1* ist von dem gestrichelt gezeichneten *Wehnelt-Zylinder* W umgeben. Er wirkt wie das Gitter G der Triode in *Bild 77.1*. Wenn man ihm gegen K negatives Potential gibt, drosselt er den Anodenstrom I_a; der Bildpunkt auf dem Schirm wird dunkler. Mit Spannungen, die man an weitere Elektroden zwischen K und A legt, kann man zudem den Elektronenstrahl fokussieren (Fokus-Knopf).

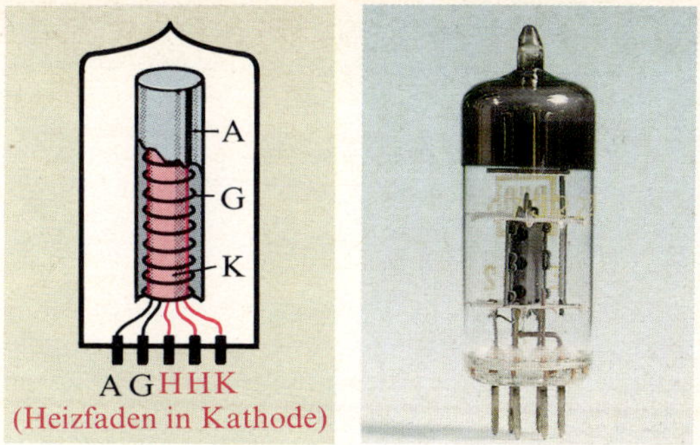

77.1 Schnitt durch eine Triode

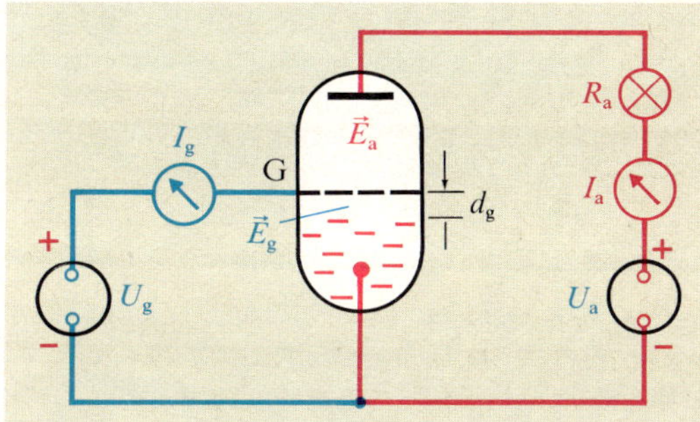

77.2 Schaltung einer Triode mit *E*-Feldern

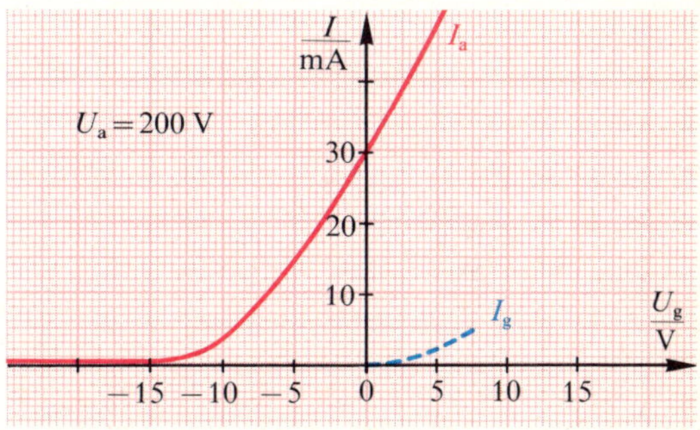

77.3 $I_a(U_g)$-Kennlinie einer Triode

Aufgaben

1. a) *Man überbrückt in Bild 76.1 die Diode zwischen K und A mit einem Kupferdraht. Wie sieht dann die Kennlinie aus?* **b)** *Welche Abweichungen vom Ohmschen Gesetz zeigt die Diodenkennlinie?*

2. a) *Wenn sich nach Bild 77.3 die Gitterspannung U_g um 1 V ändert, dann ändert sich der Anodenstrom I_a um 2 mA. Dies scheint wenig zu sein. Wie groß ist aber die Änderung der Teilspannung am großen Arbeitswiderstand $R_a = 10^4\ \Omega$? In welchem Verhältnis stehen beide Spannungsänderungen? Man nennt es Spannungsverstärkung.* **b)** *Wie groß ist die Leistungsverstärkung P_a/P_g (P_a: Leistung in R_a)?*

§ 29 Der äußere Fotoeffekt; Fotozellen

In der Fernsehkamera werden Lichtsignale in elektrische Ströme umgesetzt. Welcher Naturvorgang macht dies möglich?

Versuch 62: **a)** Eine frisch geschmirgelte Zinkplatte ist nach *Bild 78.1* mit einem Elektroskop verbunden und wird mit dem ultravioletten Licht (UV) einer Quecksilberdampf- oder Bogenlampe ohne Linse bestrahlt (Glas läßt UV-Licht nicht durch). War die Platte vorher negativ geladen, so geht der Ausschlag beim Belichten schnell zurück. Eine positive Ladung bleibt dagegen bestehen. Führt vielleicht das Licht positive Ladung mit sich, welche die negative neutralisiert? Dann müßte es in elektrischen oder magnetischen Feldern abgelenkt werden und könnte Faradaybecher aufladen. Nichts davon geschieht.

b) Hat das Licht die Luft leitend gemacht? Um diese Vermutung zu prüfen, arbeiten wir im Hochvakuum einer technischen **Fotozelle** nach *Bild 78.2*. Dort können wir mit dem sonst leicht oxidierenden Alkalimetall Cäsium und sogar mit sichtbarem Licht experimentieren. Wir legen die Anodenspannung U_a zwischen die Cäsiumschicht als Kathode (−) der Fotozelle und ihren Anodenring (+). Vom belichteten Cäsium werden Elektronen zum Ring gezogen und liefern den Fotostrom I. Sie wurden vom Licht aus dem Cäsium in das Vakuum freigesetzt. Wir nehmen die $I(U_a)$-Kennlinie nach *Bild 78.3* auf. Sie zeigt ein klares Sättigungsverhalten. Der Sättigungsstrom gibt die Zahl der je Sekunde vom Licht freigesetzten Elektronen an. Beleuchten wir mit mehreren Lampen (mit getrennten Stromquellen speisen), so addieren sich die Sättigungsströme. Sie sind also der Lichtintensität proportional.

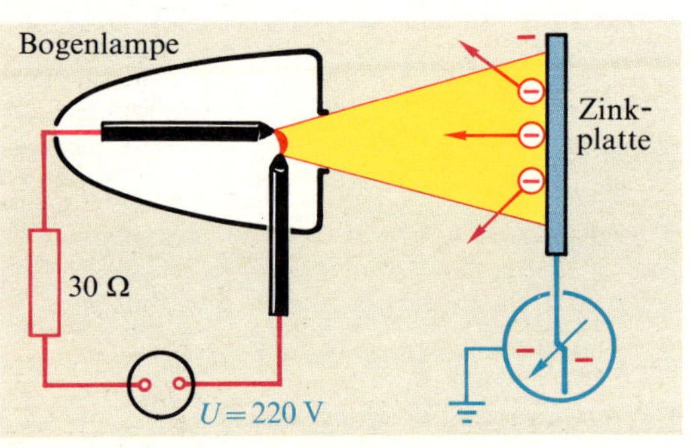

78.1 UV-Licht setzt aus Zink Elektronen frei.

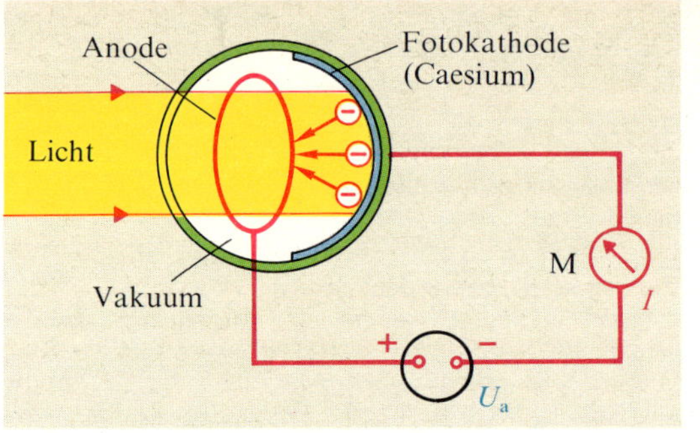

78.2 Schaltung der Vakuumfotozelle mit Cs-Kathode und Auffangring (Anode) aus Platin

Die Kennlinie zeigt auch einen *Anlaufstrombereich A* wie bei Dioden. Folglich hat das Licht die Fotoelektronen nicht nur freigesetzt; es gibt ihnen auch noch Energie mit. Wieviel?

Versuch 63: Wir entfernen in *Bild 78.2* die Spannungsquelle. Der Meßverstärker M wird als hochohmiger Spannungsmesser benutzt. Er zeigt, daß von den Fotoelektronen selbst die Spannung U zwischen Cäsiumschicht und Auffangring aufgebaut wird. Sie beträgt etwa 1 V; die schnellsten aus dem Cäsium freigesetzten Elektronen erhalten also vom Licht Energie von etwa 1 eV. Sie laden den Ring negativ auf und stoßen nachfolgende Elektronen ab.

Da die Fotoelektronen das Metall verlassen, spricht man vom **äußeren Fotoeffekt**. Den inneren finden wir bei Halbleitern (Seite 85); er wird in Fernsehkameras genutzt (Seite 106).

Beim äußeren Fotoeffekt werden durch Licht aus der Oberfläche von Körpern Elektronen freigesetzt. Die Zahl der je Sekunde gelieferten Fotoelektronen ist der Lichtintensität exakt proportional.

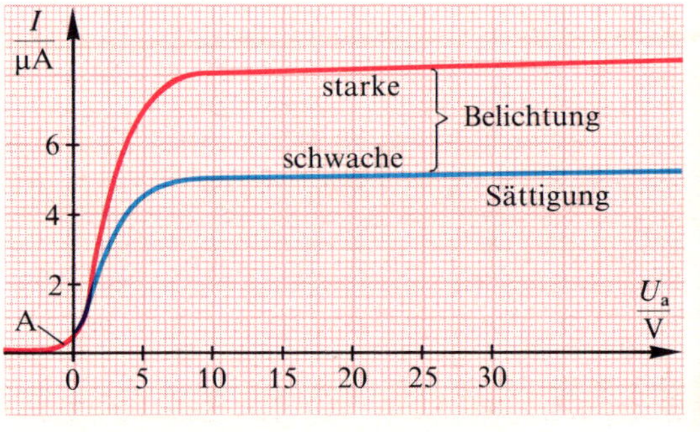

78.3 Kennlinie einer Vakuumfotozelle

§30 Das Elektronenmikroskop

Seit etwa 1930 dringt das Elektronenmikroskop in die Welt der Viren ein. Es benutzt Magnetfelder als magnetische Linsen.

Versuch 64: **a)** Die Fadenstrahlröhre enthält über der Anode ein kleines Ablenkplattenpaar. Eine dort angelegte Wechselspannung (30 V) fächert den Strahl in ein Band auf. Vom Magnetfeld der Spulen wird es nach Durchlaufen eines Halbkreises wieder fast in einen Punkt P' der Ebene zusammengeführt *(Bild 79.1)*. Nach Drehen der Röhre erfolgt diese Fokussierung auf Schraubenbahnen im Raum.

b) Man bringt die Schattenkreuzröhre *(Bild 72.2)* so zwischen zwei Helmholtzspulen, daß die Elektronen etwa parallel zu den $\vec{B}$-Linien fliegen. Das B-Feld dreht das Bild des Kreuzes und verändert seine Größe *(Bild 79.3a)*.

Magnetische Linsen sind Spulen, deren rotationssymmetrisches Feld durch einen Eisenmantel auf einen kleinen Bereich konzentriert ist. *Bild 79.3b* zeigt einen Querschnitt. Ein **Elektronenmikroskop** zum Durchstrahlen dünner Objekte ist aus drei magnetischen Linsen aufgebaut: Von der Glühkathode, die in *Bild 79.4* oben liegt, werden Elektronen zur Anode hin mit 60 kV bis 1,5 MV beschleunigt. Die Kondensorlinse richtet sie auf das dünne Objekt. Die durchstrahlte Substanz streut zwar die Elektronen etwas zur Seite. Doch werden sie von der Objektivlinse in den Punkten des vergrößerten Zwischenbildes vereinigt. Einen kleinen Ausschnitt davon vergrößert die Projektionslinse nochmals sehr stark auf den Leuchtschirm oder die Fotoplatte. Man kann Punkte in atomaren Abständen (0,2 nm) gerade noch getrennt sehen *(Bild 79.2b)* und die Schraubenstruktur von DNS-Molekülen (Desoxyribonukleinsäure) erkennen oder die Oberflächen von Metallen oder Halbleitern abtasten und untersuchen. Bei Lichtmikroskopen ist statt der hier gezeigten $7 \cdot 10^6$fachen Vergrößerung höchstens eine $2 \cdot 10^3$fache sinnvoll. Dies hängt mit der Natur des Lichts zusammen (Seite 247).

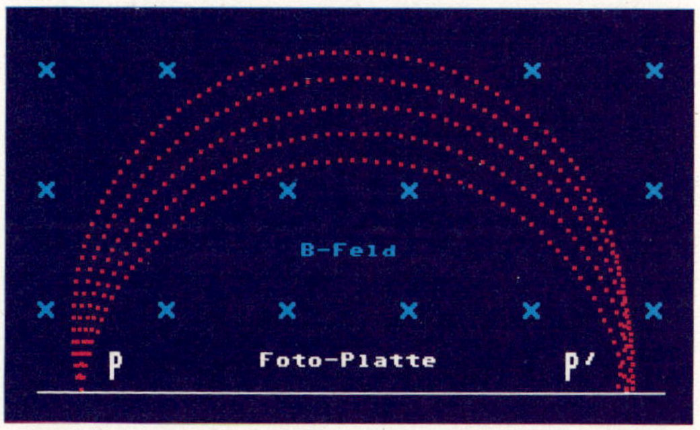

79.1 Elektronen in Ebene fokussiert (Computerbild)

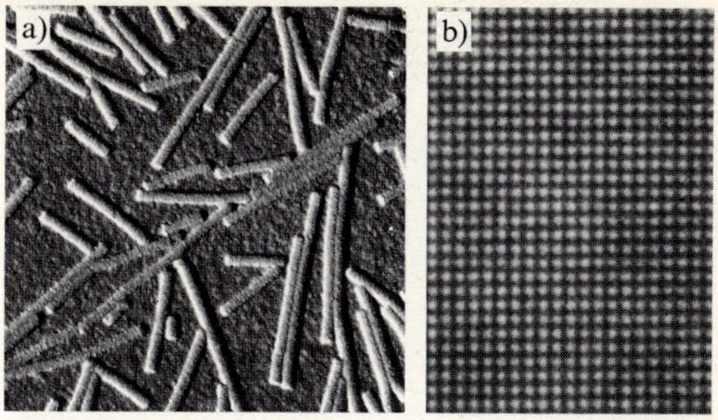

79.2 a) Tabakmosaik-Virus, 60000fach vergrößert; b) Gitterebenen in Goldkristall; Atomabstand 0,2 nm

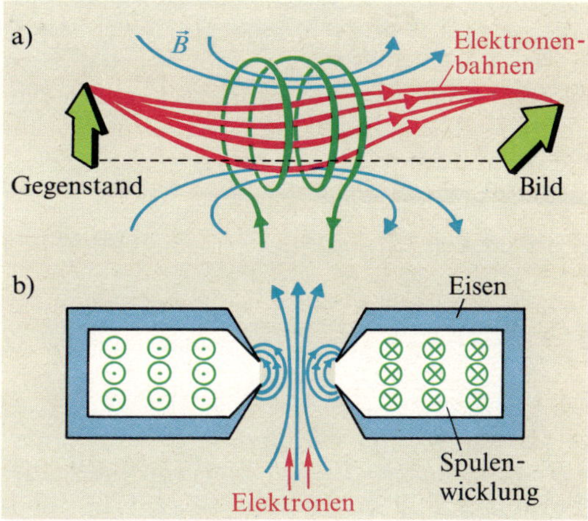

79.3 a) Fokussierung im Raum; b) magnetische Linse

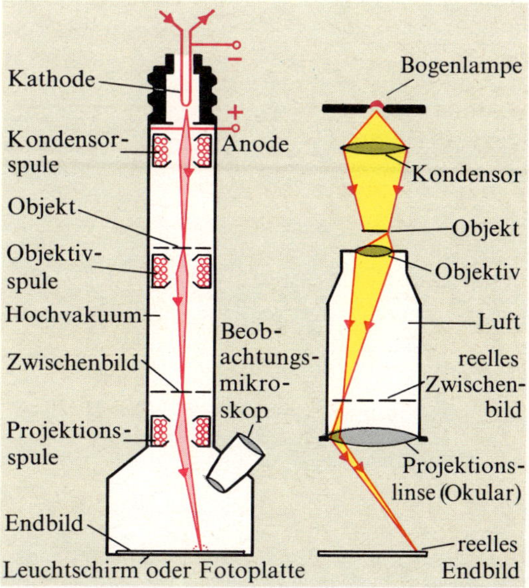

79.4 Vergleich von Elektronen- und Lichtmikroskop

§ 31 Halleffekt und Elektronendichte

1. Hallspannung und Elektronengeschwindigkeit

Wir wollen nun die B-Feld-Messung mit Hall-Plättchen genauer betrachten *(Bild 80.1)*. In ihnen fließen Elektronen mit der Geschwindigkeit v_s nach rechts. Das senkrecht dazu stehende B-Feld drängt sie zunächst mit der Lorentzkraft $F_L = B\,e\,v_s$ nach unten. Dies lädt den unteren Rand negativ, den oberen positiv auf. Nach kurzer Zeit entsteht so die *Hallspannung* U_H und ihr nach unten gerichtetes E-Feld der Stärke $E = U_H/h$ (h Plättchenhöhe). Seine Feldkraft $F_{el} = E\,e = U_H\,e/h$ hält der Lorentzkraft F_L das Gleichgewicht; die Elektronen fließen deshalb wieder geradlinig nach rechts (Versuch 56). Gleichsetzen von $F_{el} = U_H\,e/h$ und $F_L = e\,v_s\,B$ liefert die zur Elektronengeschwindigkeit v_s proportionale

Hallspannung $U_H = h\,B\,v_s$. **(80.1)**

2. Wir zählen jetzt freie Elektronen

Gl. 66.2, nämlich $I = n\,e\,v\,A$, verbindet die Anzahldichte (Konzentration) $n = N/V$ der in Leitern beweglichen Elektronen mit ihrer Geschwindigkeit v. Wir setzen $v = v_s = I/(n\,e\,A)$ in *Gl. 80.1* ein. Aus der Hallspannung U_H im Plättchen mit Dicke d, Höhe h und Querschnittsfläche $A = h\,d$ folgt die Elektronendichte n:

$$U_H = h\,B\,v_s = \frac{h\,B\,I}{n\,e\,A} = \frac{B\,I}{n\,e\,d}; \qquad (80.2)$$

Elektronendichte $$\boldsymbol{n = \frac{B\,I}{U_H\,e\,d}}. \qquad \mathbf{(80.3)}$$

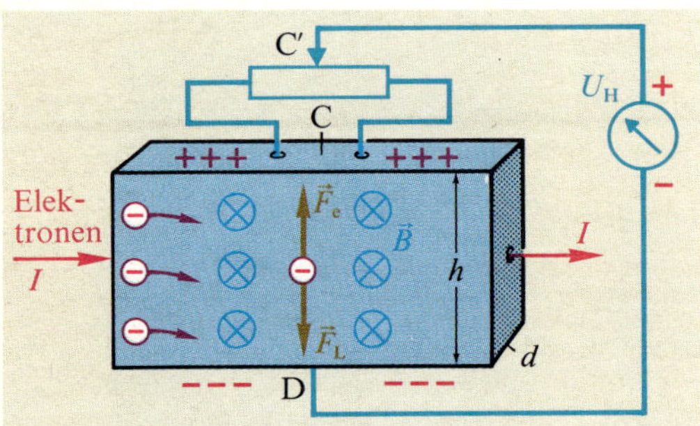

80.1 Messung der Hallspannung U_H: Ohne Magnetfeld müssen C′ und D auf gleichem Potential liegen; man stellt bei $B = 0$ Punkt C′ so ein, daß $U_H = 0$ ist.

Versuch 65: Wir schicken durch ein Silberblech der Dicke $d = 0{,}050$ mm nach *Bild 80.1* den Strom $I = 20$ A. Da der Widerstand klein ist, genügt eine Akkuzelle. Wenn wir dann das Blech vom Feld $B = 1{,}0$ T eines starken Elektromagneten senkrecht durchsetzen lassen, zeigt ein empfindlicher Meßverstärker die Hallspannung $U_H = 35$ µV an. *Gl. 80.3* liefert für die Anzahldichte der freien Elektronen den Wert $n = 7{,}1 \cdot 10^{28}\ \text{m}^{-3} = 7{,}1 \cdot 10^{22}\ \text{cm}^{-3}$. In 1 cm³ sind also $7{,}1 \cdot 10^{22}$ freie Elektronen. So groß ist in Silber auch etwa die Anzahldichte der Atome $n_A = 5{,}9 \cdot 10^{22}\ \text{cm}^{-3}$ (Seite 66). Jedes Silberatom gibt also im Metallverband etwa ein Elektron an das Elektronengas ab.

Versuch 66: In einem Halbleiterplättchen der Dicke $d = 1{,}0$ mm entsteht bei der Stromstärke $I = 34$ mA und der Flußdichte $B = 0{,}040$ T die Hallspannung $U_H = 44$ mV. Im Halbleiter ist die Elektronenkonzentration $n = B\,I/(U_H\,e\,d) = 1{,}9 \cdot 10^{20}\ \text{m}^{-3} = 1{,}9 \cdot 10^{14}\ \text{cm}^{-3}$, also kleiner als in Silber. Sie ist in diesem *n-Halbleiter* etwa gleich der Konzentration an Arsen-Atomen, mit denen er dotiert worden ist (Seite 82). Also liefert jedes Arsen-Atom ein freies Elektron.

Das Plättchen hatte die Höhe $h = 10$ mm und die Querschnittsfläche $A = 10^{-5}\ \text{m}^2$. Wir können also die Elektronengeschwindigkeit berechnen:

Die freien Elektronen haben im Halbleiter bei der Stromstärke 34 mA nach $v = I/(n\,e\,A)$ die Geschwindigkeit $v = 110\ \text{m s}^{-1}$. Diese Elektronen sind bei sonst gleichen Bedingungen (I, A) im Halbleiter viel schneller als in Silber (Seite 66), da er viel weniger Elektronen enthält. Deshalb ist im Halbleiter die Hallspannung größer.

Versuch 67: Wir erhitzen einen reinen, nicht dotierten Halbleiter mit einem Fön und halten die Stromstärke konstant. Die Hallspannung U_H sinkt. Dies bedeutet nach *Gl. 80.3*, daß in reinen Halbleitern bei steigender Temperatur die Zahl der freien Elektronen zunimmt. In Metallen dagegen bleibt sie konstant.

Aufgabe

1. a) *Wie groß ist in Gold (Atommasse* 197 u; *Dichte* 19,3 g cm^{-3}*) die Anzahldichte n_A der Atome?* **b)** *Jedes Atom gebe ein freies Elektron ab. Welche Hallspannung bildet sich in einem* 0,050 mm *dicken und* 1,0 cm *hohen Goldplättchen, das von* $I = 30$ A *durchflossen und von* $B = 2{,}0$ T *senkrecht durchsetzt wird? Wie groß ist die Geschwindigkeit der Elektronen? Welche Lorentzkraft erfährt jedes?*

§ 32 Reine und dotierte Halbleiter

1. Wozu ausgerechnet Halbleiter?

Wir kennen sowohl gute Leiter (Kupfer) mit dem spezifischen Widerstand $\varrho = 0{,}017\ \Omega\ \text{mm}^2\ \text{m}^{-1}$ als auch Isolatoren (bis $10^{26}\ \Omega\ \text{mm}^2\ \text{m}^{-1}$). Beide braucht die *Starkstromtechnik*, um Energie längs vorgegebener Bahnen zu leiten. Die *Informatik* hat andere Ziele. Sie möchte energie- und raumsparend Informationen verarbeiten, also Rechnungen sowie logische Operationen ausführen und Daten speichern. Hierzu sind robuste und billige **Halbleiter** geeignet. Ihre Leitfähigkeit liegt zwischen der von Metallen und Isolatoren. In der *Festkörperphysik* lernte man seit 1947, den Elektronenfluß in ihnen viel leichter zu steuern als in teuren Röhren. Diese Halbleiter schufen Neuland in Physik, Technik und Wirtschaft.

2. Wenig Energie macht Elektronen munter

Versuch 68: a) Wir legen in einen Stromkreis mit Strommesser einen Halbleiter (Siemens K 164b 7422). Wenn man ihn erhitzt, sinkt sein Widerstand stark – im Gegensatz zu dem von Metallen. Man nennt diesen Halbleiter einen **Heißleiter** oder *NTC-Widerstand* (*N*egativer *T*emperatur-*C*oeffizient).

b) Der Widerstand eines Cadmium-Sulfid-Kristalls (LDR 05) sinkt beim Belichten von 10 MΩ auf 200 Ω. Man nennt dieses Bauelement **Fotowiderstand** oder *LDR* (*L*ight *D*ependent *R*esistor).

Zur Erklärung brauchen wir einige Kenntnisse aus dem Chemieunterricht. Dabei beschränken wir uns auf die Halbleiterelemente *Silicium* (Si) und *Germanium* (Ge). Sie stehen wie Kohlenstoff (C) in der vierten Spalte des Periodensystems und haben in der äußersten Schale vier *Valenzelektronen*. Im Kristallverband ist jedes Atom auch von vier nächsten Nachbarn umgeben *(Bild 81.1)*. Zwischen zwei Nachbaratomen sind jeweils zwei Valenzelektronen konzentriert, von jedem Atom eines (blaue Punkte). Diese Elektronen und die positiv geladenen Atomrümpfe ziehen sich gegenseitig an und halten sich so an ihrem Platz fest. *Bild 81.1* hebt durch größere Strichstärke eine eindimensionale Kette aus dem dreidimensionalen Kristall heraus. In *Bild 81.2* ist sie in einen Stromkreis gezeichnet. Der Bereich zwischen zwei Atomrümpfen (+) wird bei dieser *kovalenten Bindung* nach dem *Pauliprinzip* mit zwei Valenzelektronen „gesättigt"; mehr können nicht aufgenommen werden (analog zur K-Schale).

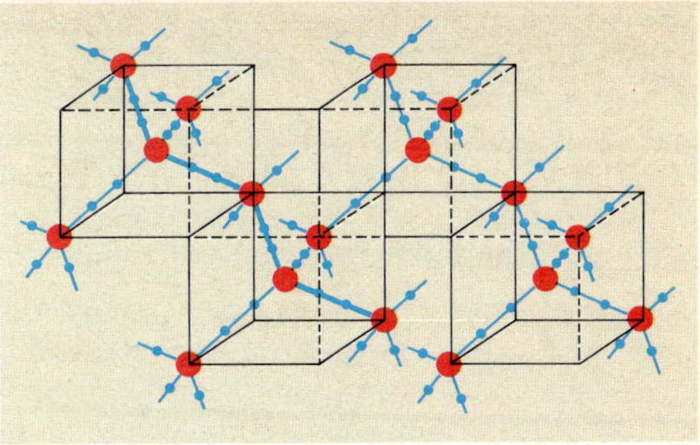

81.1 Kristallgitter von Halbleitern (Si und Ge)

Nach Versuch 68 steigt beim Erwärmen eines Halbleiters die Leitfähigkeit und nach Versuch 67 die Zahl der freien Elektronen. Woher kommen sie? Energie (Wärmebewegung, Licht) löst Valenzelektronen aus ihren Bindungen (in Silicium etwa jedes 10^{14}te). Dies stellen wir anschaulich in einem einfachen *Energieniveauschema* dar. Es entwickelt sich bei der Kristallbildung aus den in Einzelatomen erlaubten Energieniveaus. Sie liegen energetisch gesehen übereinander und sind durch verbotene Bereiche getrennt. Das mit Valenzelektronen besetzte Energieniveau des Atoms geht in das sogenannte **Valenzband VB** über *(Bild 81.2b)*. Darüber liegt – durch einen verbotenen Bereich getrennt – das sogenannte **Leitungsband**

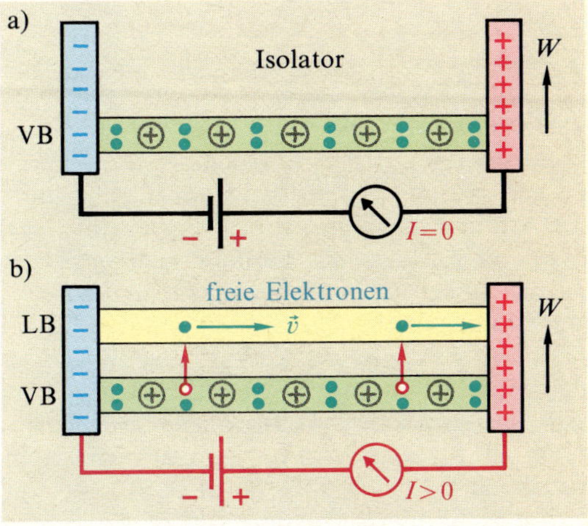

81.2 Dick gezeichnete Kette von *Bild 81.1* im Stromkreis a) bei sehr tiefer, b) bei Zimmertemperatur

LB, in das die durch Wärme oder Licht freigesetzten Valenzelektronen „gehoben" werden. Dort sind sie nicht mehr gebunden und bilden als *Leitungselektronen* ein **Elektronengas** – wie Metallelektronen. Im *E*-Feld einer angelegten Batterie werden sie zum Pluspol gezogen und treten am Minuspol in den Halbleiter ein.

Wichtig ist dabei, daß durch jeden Querschnitt je Sekunde gleich viele Elektronen strömen. Der Kristall muß ja im Innern neutral bleiben. Würden Elektronen vom linken Minuspol in ein leeres Leitungsband eindringen, so erzeugten sie im Kristall eine negative Raumladung, die weitere Elektronenzufuhr unterbindet. In leeren Bändern gibt es rechts keine freien Elektronen, die zum Ausgleich den Kristall verlassen könnten. *Auch in Halbleitern muß die Stromstärke überall gleich groß sein!*

Bei tiefen Temperaturen leitet der Halbleiter nicht. Sein Valenzband ist mit zwei Elektronen je Bindung gefüllt; jedes Elektron ist im ganz gefüllten Band an seinen Ort gebunden und für die Stromleitung blockiert.

Halbleiter sind Kristalle, die am absoluten Nullpunkt isolieren. Valenzelektronen binden die Atomrümpfe zusammen; ihr Valenzband ist bei tiefen Temperaturen voll besetzt, das Leitungsband leer. Stromleitung ist dann nicht möglich.

Mit steigender Temperatur oder durch die Energie von Licht werden Valenzelektronen in das Leitungsband „gehoben" und sind dort beweglich. Der Kristall leitet.

3. Noch bessere Leitung durch eine Gabe Arsen

a) n-Halbleiter: Man kann die Zahl der freien Elektronen künstlich erhöhen. Hierzu ersetzt man im reinen Kristall etwa jedes 10^6te Si- oder Ge-Atom durch ein neutrales Arsen-Atom (As) der fünften Spalte des Periodensystems. Diese Atome haben ein äußeres Elektron und eine Kernladung mehr als das Grundmaterial Si oder Ge. Sie lassen also den Kristall als Ganzes neutral. Das zusätzliche fünfte Elektron kann sich aber nach dem Pauliprinzip an der Bindung zu den vier Nachbaratomen nicht mehr beteiligen. Nach Versuch 66 ist es frei, also ins Leitungsband eingetreten *(Bild 82.1a)*. Jetzt liefert jedes 10^6te Atom – und nicht wie im reinen Kristall nur jedes 10^{14}te – ein freies Elektron für das Leitungsband. Der Kristall wird durch das **Dotieren** (dos, lat.; Gabe) mit As ein *n-Halbleiter*, da *n*egativ geladene freie Elektronen die Leitfähigkeit erhöhen. Ihnen stehen gleich viele ortsfeste As^+-Ionen gegenüber, die ein Elektron verloren haben. Auch der n-Halbleiter ist elektrisch neutral.

b) p-Halbleiter: Man kann reine Ge- und Si-Kristalle auch mit Atomen der dritten Spalte des Periodensystems dotieren, etwa mit Aluminium. Aluminiumatome haben eine Elektronen- und eine Kernladung weniger als Silicium. Also fehlt zunächst bei jedem Al-Atom ein Elektron in der Bindungsreihe. Ein Teil der Al-Atome holt sich die wenigen, aus der Wärmebewegung stammenden freien Elektronen des Leitungsbandes und wird zu ortsfesten Al^--Ionen. Also gibt es fast keine freien Elektronen mehr. Trotzdem leitet der Kristall viel besser als in reinem Zustand. Wie ist das möglich?

Die zahlreichen noch neutralen Al-Atome stehlen das zur Bindung nötige vierte Elektron aus dem Valenzband; dadurch entstehen sogenannte **Löcher** im Valenzband. Entsprechend Pfeil (1) in *Bild 82.1b* kann dann ein Valenzelektron ohne Energieaufwand in ein benachbartes Loch hüpfen. Es bleibt ja im Valenzband, d.h. auf gleicher Energie. Dafür entsteht am vorigen Platz des Elektrons ein Loch. Beim Anlegen von Spannung hüpfen nun Valenzelektronen von Loch zu Loch durch den ganzen

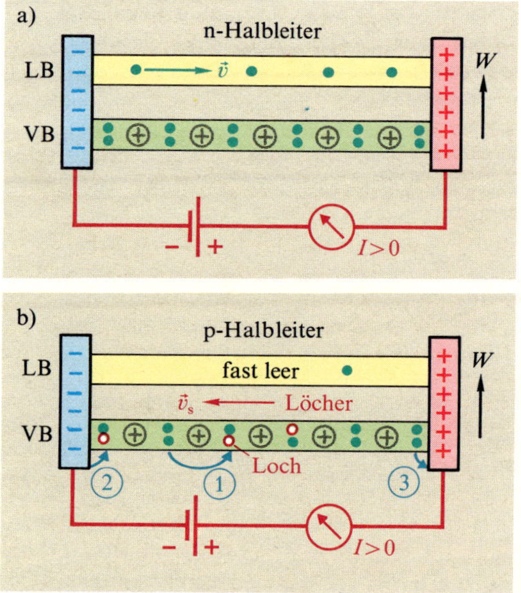

82.1 a) n-Halbleiter; b) p-Halbleiter

Kristall. Bei starker Dotierung mit Al sind in ihm sehr viele Löcher im Valenzband entstanden; er leitet gut. Gemäß Pfeil (2) können nämlich Elektronen aus dem Minuspol benachbarte Löcher im Kristall füllen. Dieser bleibt trotzdem elektrisch neutral, da durch jeden Leitungsquerschnitt gleich viele Valenzelektronen von Loch zu Loch zum Pluspol weiterhüpfen und in diesen übertreten (*Bild 82.1b*, Pfeil (3); dort entsteht ein neues Loch). Hemmende Raumladungen bilden sich nicht.

Es ist sinnvoll, dieses Hüpfen der Valenzelektronen im Valenzband nach rechts zum Pluspol hin als *Wandern von Löchern* nach links zum Minuspol zu beschreiben. Die Löcher entstehen durch Elektronenmangel an der betreffenden Stelle. Sie erscheinen positiv geladen, da die benachbarte ortsfeste Kernladung überwiegt. Man nennt deshalb einen mit Al dotierten Kristall einen *p-Halbleiter*. Auch er ist – wie der n-Halbleiter – elektrisch neutral.

Auch im *reinen Halbleiter* entstehen Löcher, da Licht und Wärmebewegung Valenzelektronen anheben. Diese Löcher tragen wie die angehobenen Elektronen zur Leitfähigkeit bei.

Im n-Halbleiter jedoch werden fast alle Löcher von den vom Dotieren stammenden freien Elektronen zugeschüttet. Er hat kaum noch Löcher. Seine Leitfähigkeit rührt fast ganz von den Elektronen des Leitungsbandes her.

Valenzelektronen können sich nur dann im Halbleiter bewegen, wenn im Valenzband Löcher sind. Solche positiv geladene Löcher wandern zum Minuspol. Dies nennt man p-Leitung.

Ein Kristall, der nur ganz gefüllte *und* ganz leere Bänder hat, leitet nicht.

Bei nichtdotiertem, reinem Material spricht man von **Eigenleitung**, weil die freien Elektronen aus dem Grundmaterial Si oder Ge stammen. Auch Kupfer und Silber sind kristallin und haben Energiebänder. Doch sind diese selbst bei tiefen Temperaturen nicht voll besetzt. Deshalb leiten Cu und Ag auch am absoluten Nullpunkt. Bei Diamant dagegen ist das Valenzband ganz besetzt. Zum Anheben in das höher liegende leere Leitungsband braucht man jedoch 5 eV Energie. Soviel kann die Wärmebewegung zum Anheben der Valenzelektronen nicht liefern (bei Ge sind nur 0,7 eV, bei Si 1,2 eV nötig). Das *E*-Feld kann keine Elektronen anheben. Diamant ist also ein sehr guter *Isolator*. Die Bändervorstellung gilt auch für Metalle und Isolatoren.

§ 33 Gleichrichten mit Halbleitern

1. Einbahnstraße für Elektronen

Eine *Halbleiter-Diode*, auch *Kristalldiode* genannt, besteht aus einem n- und einem p-Halbleiter, die ohne Störung der Kristallstruktur einen **p-n-Übergang** bilden. Hierzu läßt man in einen erwärmten Ge- oder Si-Kristall von links Arsen-, von rechts Al-Atome eindiffundieren. Der Anschluß zum n-Halbleiter ist am Bauteil oft mit einem Ring markiert, im Schaltsymbol *(Bild 83.1)* mit einem Querstrich.

Versuch 69: a) Wir legen den **n**-Halbleiter der Diode an den **M**inus-, den **p**-Halbleiter an den **P**luspol einer Quelle. Ein Strommesser registriert Strom; der Pfeil am Schaltsymbol zeigt entgegen der üblichen Stromrichtung. Ein Lämpchen verhindert ein auch nur kurzzeitiges Überschreiten der für den benutzten Typ zugelassenen Höchststromstärke (hier 100 mA).

b) Wenn wir umpolen, liegt der Minus-Strich der Diode, also der **n**-Halbleiter, am **P**luspol. *Nun sperrt der p-n-Übergang in der Diode.* Sie wirkt wie ein Ventil, also als *Gleichrichter*. Wie sieht ihre Kennlinie aus?

Versuch 70: Wir nehmen die Kennlinie des p-n-Übergangs einer Diode auf. Hierzu erhöhen wir die angelegte Spannung U bei Durchlaß- wie auch bei Sperr-Polung allmählich von Null aus und messen den Strom I (Strom im Spannungsmesser abziehen!). *Bild 83.1* zeigt, daß der Durchlaßstrom bei Ge-Dioden ab 0,2 V, bei Si-Dioden ab 0,6 V steil ansteigt.

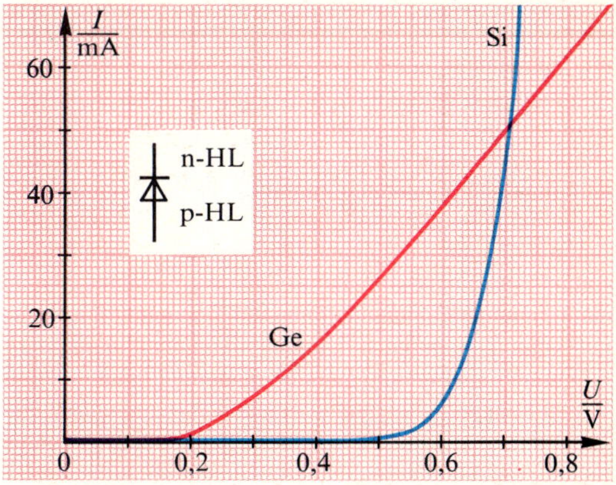

83.1 Kennlinie einer Si- und einer Ge-Diode; oben Schaltsymbol

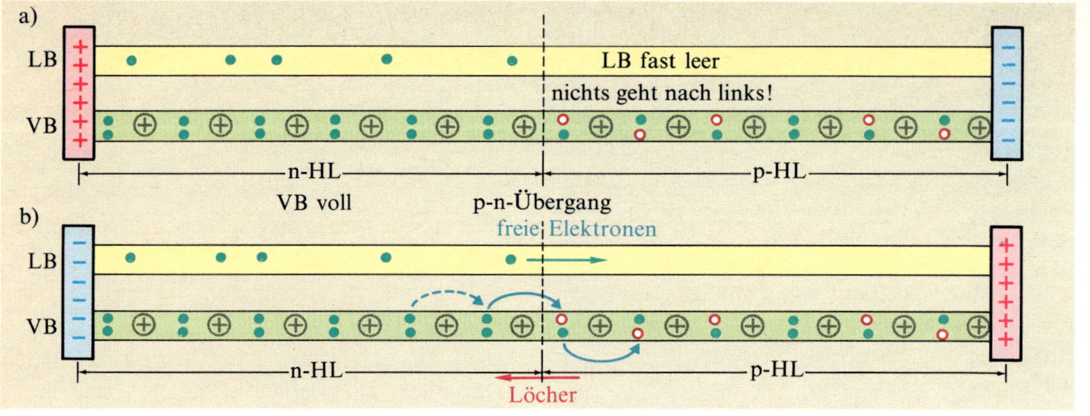

84.1 p-n-Übergang bei der Halbleiterdiode; a) Sperr-, b) Durchlaßpolung (im Valenzband VB laufen Elektronen nach rechts, d.h. Löcher nach links)

Zur Erklärung der Gleichrichterwirkung zeigt *Bild 84.1* die Bänder am p-n-Übergang einer Diode.

Bei **Sperrpolung** liegt der Pluspol der Batterie am n-Halbleiter (links). Dorthin versucht ihr Feld, die freien wie die Valenzelektronen zu ziehen. Doch kommen sie nicht über die p-n-Trennschicht. Der Grund ist einfach:

a) Der p-Halbleiter hat an sich keine freien Elektronen, die im Leitungsband nach links strömen könnten. Nur wenige Elektronen sind dorthin von der Wärmebewegung angehoben. Sie strömen widerstandslos über die Grenzschicht und geben einen schwachen *Sperrstrom*, in Si-Dioden bei 1 nA, in Ge-Dioden bei 1 μA. (Das *E*-Feld kann keine Valenzelektronen anheben.)

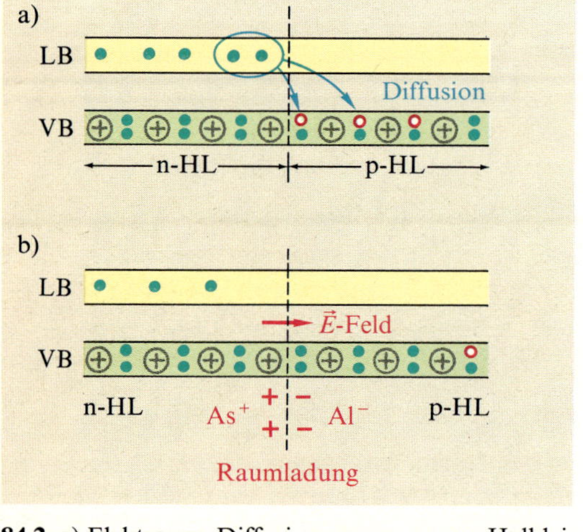

84.2 a) Elektronen-Diffusion vom n- zum p-Halbleiter; b) Raumladung und *E*-Feld im p-n-Übergang

b) Der n-Halbleiter nimmt im Valenzband keine Elektronen auf, weil dort an sich alle Plätze besetzt sind. Nur die wenigen von der Wärmebewegung stammenden Löcher tragen zum genannten Sperrstrom bei.

Bei **Durchlaßpolung** liegt der Minuspol am n-Halbleiter, über die p-n-Schicht fließt Strom:

a) Aus dem Leitungsband des *n-Halbleiters* strömen zahlreiche freie Elektronen über die Grenzschicht in den p-Halbleiter *(Bild 84.1b)*. Dort fallen sie bald in Löcher des Valenzbandes. In *Leuchtdioden* entsteht dabei Licht (sonst Wärme). Nach *Bild 82.1b* hüpfen diese Elektronen im p-Halbleiter schnell nach rechts von Loch zu Loch weiter, d.h. ein Löcherstrom fließt vom Pluspol nach links.

b) Im *Valenzband* treten Valenzelektronen vom n- in den p-Halbleiter, bilden im n-Halbleiter Löcher und verstärken den eben genannten Löcherstrom. Die so am p-n-Übergang im n-Halbleiter entstandenen Löcher werden von Elektronen des Leitungsbands aufgefüllt. Diese erhalten Nachschub vom Minuspol.

Bei Durchlaßpolung fließen also in beiden Bändern Ladungen über den p-n-Übergang. Dies führt wie in einem Metalldraht zu keinerlei Verschleiß, es sei denn, man überlastet die Diode und zerstört so ihre Kristallstruktur durch Überhitzen. Im Gegensatz zur Vakuumdiode braucht man keine Energie zum Heizen.

Eine Kristalldiode leitet, wenn der n-Halbleiter am Minus- und der p-Halbleiter am Pluspol liegt.

2. Raumladungen – auch in Halbleiter-Dioden

a) Schon bei der Herstellung des p-n-Übergangs diffundieren nach *Bild 84.2a* Elektronen aus dem Leitungsband des n-Halbleiters über die Trennschicht und füllen im p-Halbleiter Löcher aus. Dort machen sich also die ortsfesten Al^--Ionen als *negative* Raumladung bemerkbar. Im n-Halbleiter treten nach dem Elektronenverlust die ortsfesten As^+-Ionen als *positive* Raumladung hervor. Zwischen beiden Raumladungen bildet sich ein starkes E-Feld. Es ist vom n- zum p-Halbleiter gerichtet und begrenzt die Diffusion und damit auch die Größe beider Raumladungen. Da sich diese gegenseitig anziehen, bleiben sie auf die nächste Nähe (1 µm) der Trennschicht beschränkt.

b) Dieses elektrische Feld wirkt ausgerechnet bei Durchlaßpolung dem Strom entgegen (in *Bild 84.2*; Minus links). Deshalb fließen nach der Kennlinie merkliche Durchlaßströme in Ge erst ab 0,2 V, in Si ab 0,6 V.

c) Nach (a) sind am p-n-Übergang im p-Kristall die Löcher von den eindiffundierten Elektronen teilweise zugeschüttet; im n-Kristall fehlen diese Elektronen. Der p-n-Übergang selbst ist also an beweglichen Ladungsträgern beider Sorten verarmt. Doch erklärt dies nicht seine Sperrwirkung. Elektronen wie Löcher könnten bequem über diese *Verarmungszone* diffundieren (dies zeigen der Sperrstrom wie auch Versuch 71). Doch mangelt es an ihnen im „Hinterland" des p-n-Übergangs (Ziffer 1).

3. Foto-Widerstand, Foto-Diode, Foto-Element

Im Versuch 68b haben wir den *Foto-Widerstand* kennengelernt: Es ist ein reiner, nicht dotierter Halbleiter, z.B. Cadmium-Sulfid oder Selen. Man legt Spannung (4 V) an; ihre Polung ist gleichgültig. Je stärker man belichtet, um so mehr Elektronen werden vom Valenz- in das Leitungsband gehoben; der Strom steigt.

Versuch 71: a) Eine **Foto-Diode** mit Glasfenster wird in Sperrpolung betrieben ($U = 4$ V; Pluspol am n-Halbleiter). Zunächst fließt nur der schwache Sperrstrom. Er rührt von freien Elektronen und von Löchern her, die von der Wärmebewegung ständig erzeugt werden. Fällt dann Licht durch das Fenster ein, so steigt der Sperrstrom erheblich an. Das Licht hebt nämlich viele Elektronen ins Leitungsband und erzeugt so weitere freie Elektronen und Löcher. Sie diffundieren schnell in das E-Feld des p-n-Übergangs. Es zieht die Elektronen zum Plus-,

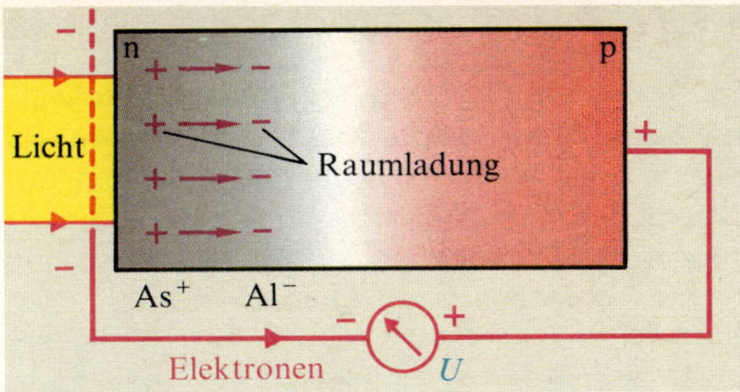

85.1 Ladungstrennung im Fotoelement

die Löcher zum Minuspol. Braucht man also überhaupt keine Spannungsquelle?

b) Wir legen diese Fotodiode *ohne* Spannungsquelle an einen empfindlichen Strommesser. Er zeigt Strom, sobald Licht auf den p-n-Übergang fällt. Das dort ständig vorhandene E-Feld zieht nämlich die vom Licht freigesetzten Elektronen zum n- und die Löcher in Feldlinienrichtung zum p-Halbleiter *(Bild 85.1)*. Der n-Halbleiter bekommt negative Polarität. Dies bestätigt Existenz und Richtung dieses elektrischen Feldes im p-n-Übergang.

Der *Fotostrom* ist der Beleuchtungsstärke proportional und wird im *Belichtungsmesser* benutzt. Diese **Foto-Elemente** brauchen nicht nur keine Spannungsquelle. Sie geben sogar Energie ab: In den *Sonnenbatterien* der Raumschiffe werden viele Fotoelemente zusammengeschaltet. Sie wandeln die Energie des Sonnenlichts bis zu 20% in elektrische Energie um. Die Fläche 1 cm^2 kann bei 0,5 V einen Strom von 40 mA, also 0,02 Watt, liefern. Sonnenbatterien sind nicht nur sehr teuer. Vorläufig brauchen sie zu ihrer Herstellung mehr Energie als sie später liefern – von der Gesamtenergie her gesehen ein Verlustgeschäft.

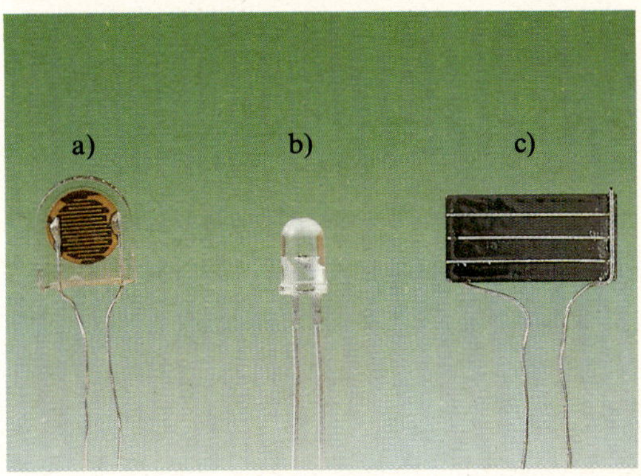

85.2 Fotowiderstand (a), -diode (b), -element (c)

4. Der Brumm muß weg!

Wechselstrom läßt sich technisch einfach erzeugen und mit erträglichen Verlusten in die Ferne leiten. Viele Elektrogeräte können mit Wechselstrom betrieben werden (Lampen, Heizungen, Motoren). Fast alle „elektronischen" Geräte brauchen aber Gleichspannung (Radioapparate, Computer usw.). Für ihren Betrieb am Netz ist ein *Gleichrichter* eingebaut, der in der Regel aus Halbleiterdioden besteht. Mit vier Dioden kann man eine sogenannte Zweiweggleichrichtung (*Graetz-Brücke*) aufbauen: Wenn die Wechselspannungsquelle gerade oben ihren Pluspol hat *(Bild 86.1 c)*, fließt der Strom durch D_1 und D_2; ist sie umgekehrt gepolt, fließt der Strom durch D_3 und D_4. In jedem Fall fließt Strom im Verbraucher (in *Bild 86.1* mit konventioneller Stromrichtung); beide Halbschwingungen der Wechselspannung tragen zum Gleichstrom bei.

Der *Graetz-Gleichrichter* hat noch einen entscheidenden Nachteil gegenüber einer chemischen Batterie: Betreibt man mit ihm ein Radiogerät am Netz, dann brummt der Lautsprecher unerträglich, denn die Betriebsspannung geht 100mal in der Sekunde von Null auf einen Scheitelwert und wieder zurück *(Bild 86.1 b)*. Für einen störungsfreien Betrieb muß diese pulsierende Gleichspannung geglättet werden. Man braucht einen Zwischenspeicher für Ladungen, der in den spannungslosen Zeiten aushilft. Dazu könnte ein Akkumulator dienen. Billiger ist aber ein Kondensator.

Versuch 72: Wir lassen in der Schaltung nach *Bild 86.2 b* den Schalter S zunächst offen. Am Oszilloskop erscheint die pulsierende Gleichspannung. Nun schließen wir S. Die Spannungskurve ist nur mehr leicht gewellt *(Bild 86.2 a rechts)*. Ein zusätzlich angeschlossener Lautsprecher brummt schwächer. Die Glättung wird um so besser, je höher die Kondensatorkapazität ist. Aber auch wenn wir den Verbraucherwiderstand R_V vergrößern, wird die Gleichspannung glatter. In den Zeiten geringer Versorgungsspannung muß dann der Kondensator nur einen schwächeren Strom liefern, entlädt sich also nicht so stark.

Wir wollen abschätzen, welche „Restwelligkeit" ΔU bei gegebenem C und R_V verbleibt *(Bild 87.1)*.

Während der Aufladezeit t_1 liefert die Graetz-Schaltung den Verbraucherstrom und lädt auch noch den Kondensator auf. Während der Entladezeit t_2 kommt dagegen der ganze Verbraucherstrom aus dem Kondensator. An diesem liegt im Mittel die Spannung $\bar{U}$; er liefert die mittlere Stromstärke $\bar{I} = \bar{U}/R_V$. Dadurch nimmt seine Ladung um $\Delta Q \approx C\,\Delta U$ ab. Es gilt $\bar{I} = \Delta Q/t_2$, also $C\,\Delta U = \bar{I}\,t_2 = \bar{U}\,t_2/R_V$.

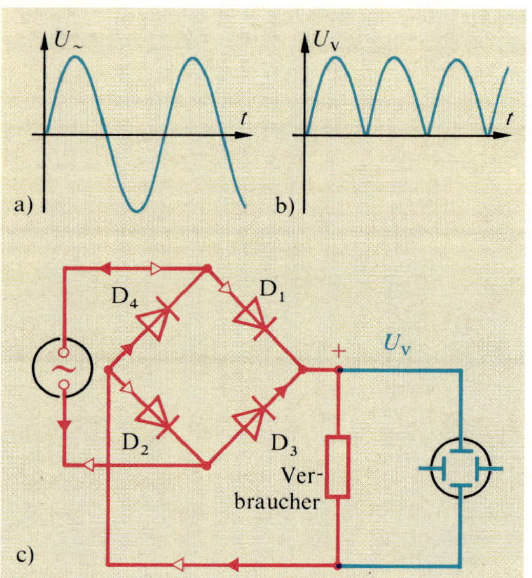

86.1 Zweiweggleichrichtung nach *Graetz*: a) Eingangsspannung; b) Spannung am Verbraucher („pulsierende Gleichspannung"); c) Schaltbild

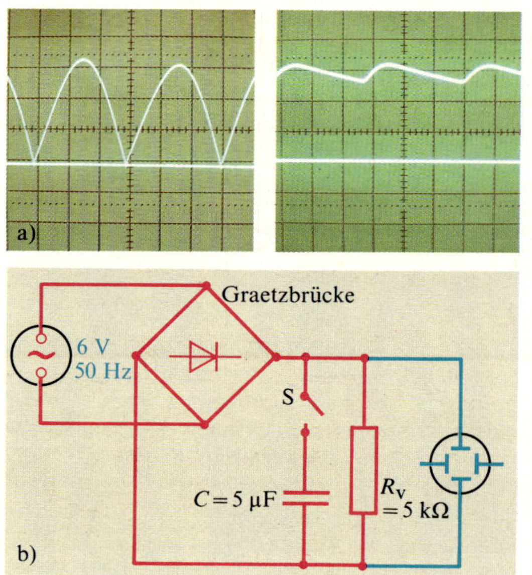

86.2 Zweiweggleichrichtung ohne und mit Glättungskondensator: a) Oszilloskopbilder ohne und mit Glättung; b) Schaltbild mit Graetz-Brücke

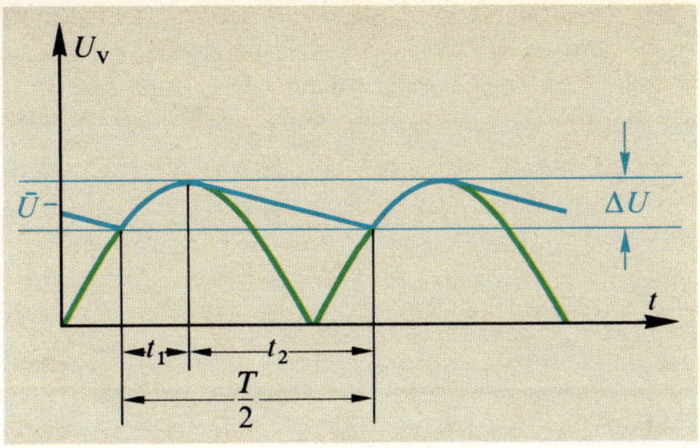

87.1 Pulsierende (grün) und geglättete Gleichspannung (blau)

Bei geringer Welligkeit ist die Entladezeit t_2 nicht viel kleiner als die halbe Periodendauer $T/2$ der Wechselspannung. Daher folgt näherungsweise für die *Welligkeit* $\Delta U/\bar{U}$:

$$\frac{\Delta U}{\bar{U}} = \frac{T}{2\,R_V\,C}.$$

Die Welligkeit nimmt also ab, wenn man die Zeitkonstante $R_V\,C$ (Seite 42) des *RC*-Glieds aus Glättungskondensator und Verbraucher größer macht. Für Versuch 72 errechnen wir

$$\frac{\Delta U}{\bar{U}} = \frac{0{,}02}{2 \cdot 5 \cdot 10^3 \cdot 5 \cdot 10^{-6}} = 0{,}4 = 40\%,$$

in Übereinstimmung mit dem Schirmbild. Im Netzteil hochwertiger HiFi-Verstärker findet man Elektrolytkondensatoren hoher Kapazität (15000 µF und mehr); der „Brumm" liegt dort unter der Hörbarkeitsgrenze.

Aufgaben

1. a) *In Metallen leiten die stets vorhandenen freien Elektronen des Leitungsbandes. Was ist in Halbleitern anders?* **b)** *Der Widerstand von Metallen steigt mit der Temperatur. Warum verhalten sich Halbleiter anders?*

2. *Was bedeutet ein „Loch" im Halbleiter? Wie entsteht es? Worin unterscheidet es sich vom Elektron?*

3. a) *Inwiefern ist die Leuchtdiode die Umkehrung der Fotodiode? Was geht in beiden vor sich?* **b)** *Worin besteht der Unterschied zwischen Vakuumfotozelle, Fotowiderstand, Fotodiode und Fotoelement? Unterscheiden Sie dabei auch zwischen dem Bauelement und seiner Schaltung!* **c)** *Betreibt man Fotodioden in Durchlaß- oder Sperrpolung?* **d)** *Der Fotostrom ist der Beleuchtungsstärke proportional. Denken Sie sich einen Bestätigungsversuch aus! Erläutern Sie dies mit dem Verhalten der Ladungsträger!* **e)** *Eine Fotodiode werde in Durchlaßrichtung betrieben. Steigt oder fällt der Strom bei Beleuchtung?*

4. *Teure Meßwerke schützt man oft mit der Schaltung in Bild 87.3a vor Überlastung.* **a)** *Erklären Sie die Schutzwirkung anhand der Kennlinien in Bild 83.1!* **b)** *Warum ist es für das Meßinstrument wichtig, die (billigen) Dioden ihrerseits durch den Widerstand R zu schützen?*

5. a) *Warum lädt sich der schwarze Kondensator in Bild 87.2 annähernd auf den Spitzenwert der Wechselspannung auf? Zeigen Sie, daß die schwarze Diode zeitweise die doppelte Spitzenspannung aushalten muß!* **b)** *Warum lädt sich der rote Kondensator allmählich auf die doppelte Spitzenspannung auf? Auf welcher Platte sitzt dabei die Plusladung? In welchem Moment muß die rote Diode die doppelte Spitzenspannung aushalten?* **c)** *Auf welche Spannung lädt sich der blaue Kondensator allmählich auf? Zeichnen Sie die Polarität aller Kondensatorladungen ein! Zeigen Sie, daß man der Schaltung die dreifache Spitzenspannung entnehmen kann! Zwischen welchen Punkten?*

6. *Als Dioden noch kostspielig waren, benutzte man für die Zweiweggleichrichtung die Schaltung nach Bild 87.3b. Erläutern Sie die Wirkungsweise! Welchen Nachteil hat die Schaltung in der gezeichneten Form gegenüber der Schaltung von Graetz?*

87.2 Zu Aufgabe 5; „Kaskadenschaltung" nach *Greinacher*, für die Hochspannung in Fernsehgeräten verwendet

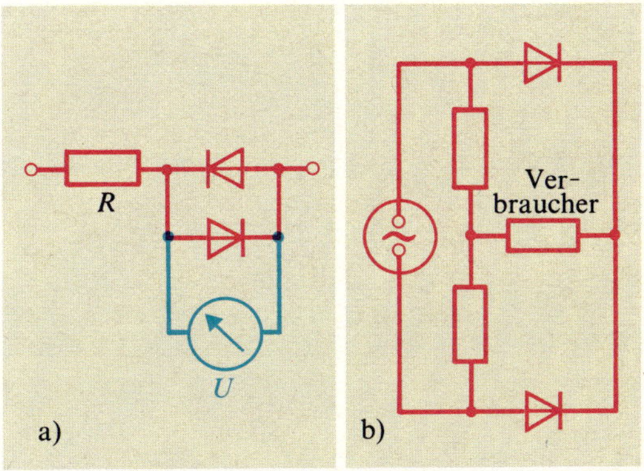

87.3 a) Schutzschaltung mit Dioden; b) Zweiweggleichrichtung mit nur zwei Dioden

§ 34 Der Transistor

1. Wie steuert man Ströme in Halbleitern?

Um in Vakuumröhren Ströme zu steuern, legt man ein Gitter in ihren Weg (Triode, Seite 76). Erweitern wir also auch die Kristalldiode um einen dritten Halbleiter. Wir erhalten den **npn-Transistor** mit zwei p-n-Trennschichten *(Bild 88.1)*.

a) Der untere n-Halbleiter ist stark dotiert und wird **Emitter E** genannt. Er emittiert nämlich Elektronen in die sich anschließende, i.a. positiv gepolte Basis B. Damit entspricht er der Kathode einer Triode, muß aber nicht geheizt werden. Transistorradios brauchen deshalb viel weniger Energie und können mit Batterien betrieben werden. Auch entfällt die bei alten Röhrengeräten und Braunschen Röhren nötige Anheizzeit.

b) Die **Basis B** ist ein schwächer dotierter p-Halbleiter. Sie gleicht nach Lage und Funktion dem Gitter einer Triode.

c) Der oben liegende n-Halbleiter, **Kollektor C** genannt, „sammelt" die von unten kommenden Elektronen. Er entspricht also der Anode einer Triode *(Bild 88.1 d)*.

Wir untersuchen zunächst die p-n-Trennschicht zwischen Emitter E und Basis B auf Durchlässigkeit, dann die zwischen Basis B und Kollektor C. Den jeweils dritten Anschluß lassen wir frei. Jede Trennschicht wirkt dabei für sich genommen wie eine Kristalldiode. Wie wirken beide Schichten zusammen?

Versuch 73: a) Wir legen zwischen Emitter E und Kollektor C die Gleichspannung $U_{CE} = 12$ V (E negativ; *Bild 88.1 b* rote Leitung). Der Kollektorstrom I_C ist praktisch Null; die Trennschicht Basis-Kollektor sperrt. Ein (hochohmiger) Spannungsmesser zeigt, daß an ihr fast die ganze Spannung 12 V abfällt. Diese Schicht verhält sich wie ein geöffneter Schalter, der den Kollektorkreis (rot) unterbricht. Die Trennschicht Basis-Emitter ist dagegen in Durchlaß gepolt. An ihr fällt keine Spannung ab. Legen wir eine von außen an:

b) Nach *Bild 88.1 b* legen wir zusätzlich zwischen Emitter (−) und Basis (+) die Spannung U_{BE} (blau; Schutzwiderstand 1 kΩ vor der Basis nie vergessen!). U_{BE} steigern wir vorsichtig am Potentiometer von Null aus. Wie bei Dioden dürfen wir bei einem Germanium-Transistor bis 0,3 V, bei einem Silicium-Transistor bis 0,7 V gehen. Wir erwarten, daß über die geöffnete Trennschicht Emitter-Basis ein starker Basisstrom I_B fließt. Doch ist zu unserer Überraschung I_B nur 1 mA. Dafür steigt der Kollektorstrom I_C auf 100 mA an!

c) Wir verändern U_{BE} und messen I_C. Dies liefert die *Steuerkennlinie* nach *Bild 89.1*. Sie verläuft ähnlich wie die Diodenkennlinie bei gleichem Material *(Bild 83.1)*. Nur fließt jetzt der dem Emitter zugeführte Emitterstrom I_E nicht über den Basisanschluß ab, sondern durch die Basis hindurch zum Kollektor weiter.

Dieser unerwartete **Transistoreffekt** tritt nur dann auf, wenn man die Basis B sehr dünn macht (etwa 0,01 mm; *Bild 89.2*). Zudem legt man den Basisanschluß weit seitlich. Vom Emitter strömen auf breiter Front Elektronen

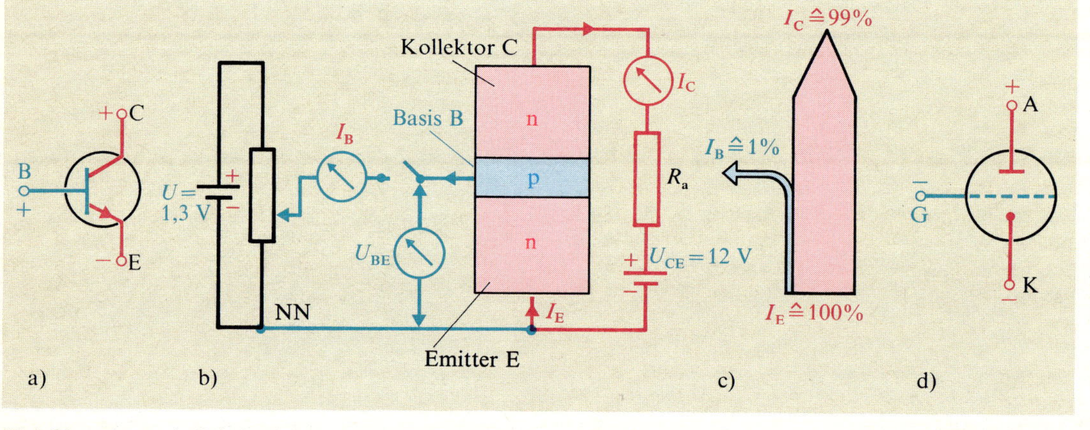

88.1 Transistor a) Schaltzeichen; b) Schaltung für Versuch 73; c) Wege des Emitterstroms I_E; d) Triode zum Vergleich

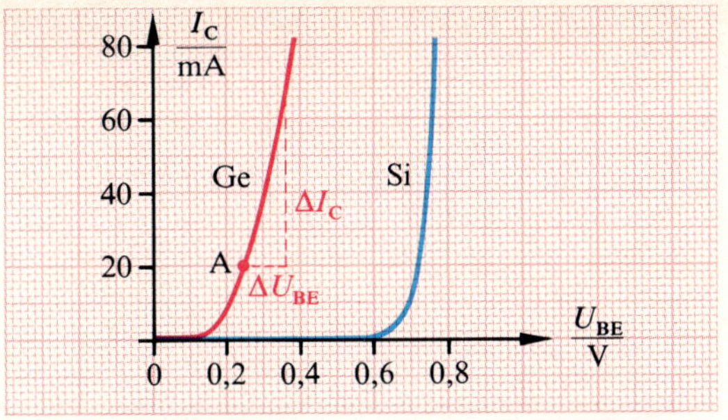

89.1 Steuerkennlinie eines Si- und eines Ge-Transistors; man vergleiche mit den Diodenkennlinien in *Bild 83.1b*.

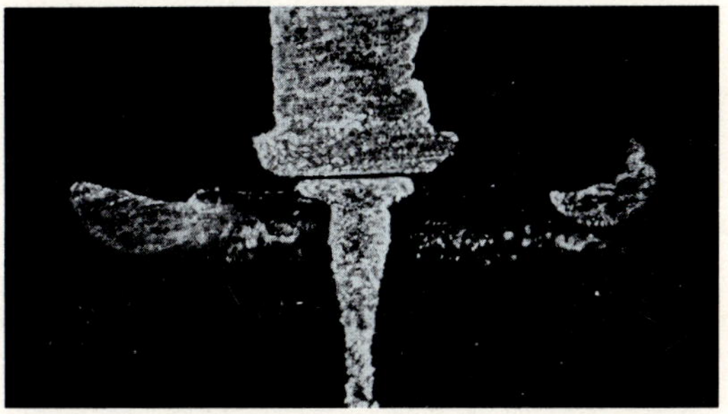

89.2 Schliffbild eines Si-Transistors; Basis ist der schwarze Querstrich in der Mitte; unten E, oben C.

in die an Plus gelegte Basis und diffundieren schnell durch sie hindurch, überrennen sie also. So gelangen sie zu 99% in das starke *E*-Feld, das in der Trennschicht Basis-Kollektor besteht. Sie ist in Sperrpolung betrieben. Gerade deshalb kann ihr *E*-Feld nach Seite 85 die Elektronen schnell in den Kollektor saugen. Die Quelle pumpt dann die Elektronen über den Arbeitswiderstand R_a (Lautsprecher, Lämpchen) zum Emitter zurück.

Nur etwa 1% der Elektronen gelangen zum seitlich liegenden Basisanschluß. Der Basisstrom I_B bleibt mit 1 mA klein. Da auch die Spannung $U_{BE} \approx 0{,}6$ V klein ist, braucht man im Basiskreis zum Steuern des starken Kollektorstroms I_C nur die kleine Leistung $P_B = I_B\, U_{BE} \approx 0{,}6$ mW aufzubringen. Die im Kollektorkreis (rot) von U_{CE} aufgebrachte Leistung ist $P_C = I_C\, U_{CE} = 0{,}1\ \text{A} \cdot 12\ \text{V} = 1{,}2$ W, also 2000mal so groß.

Durch die kleine Spannung U_{BE} zwischen Emitter und Basis werden der starke Kollektorstrom I_C und der schwache Basisstrom I_B gesteuert.

2. Der Transistor als Schalter

Versuch 74: a) Wir erhöhen die Basisspannung U_{BE} und damit das Potential der Basis gegen den Emitter auf $\varphi_B \approx +0{,}7$ V. Der Kollektorstrom I_C wird groß (und vom Arbeitswiderstand R_a begrenzt). Der Transistor verhält sich jetzt wie ein geschlossener Schalter. Das Potential φ_C des Kollektors sinkt fast auf 0 V. Der gut leitende Transistor verbindet ja C mit der unteren Schiene, die das Potential Null hat.

b) Wir verbinden nun die Basis mit dem Emitter, senken also ihr Potential φ_B auf Null. Nun sperrt der Transistor und verhält sich wie ein offener Schalter. Das Kollektorpotential φ_C steigt auf +12 V. Der Kollektor C ist jetzt von der unteren Schiene abgetrennt. Im Arbeitswiderstand R_a fließt kein Strom; dort entfällt die Spannung zum Pluspol der Quelle mit dem Potential $\varphi = +12$ V.

***Schalterbetrieb:* Hat die Basis das Potential des Emitters, so sperrt der npn-Transistor ($I_C = 0$). Bei genügend positivem Basispotential leitet er; I_C wird groß. Hohes Basispotential erzeugt niederes Kollektorpotential und umgekehrt.**

Der Transistor kann über die Spannung U_{BE} an der Basis, also durch das Basispotential φ_B, in 1 s viele Millionen Mal geöffnet und geschlossen werden. Dies benutzt man für die Ja-Nein-Stellungen der *Digitaltechnik*, etwa zum Rechnen und Speichern von Zahlen im Dualsystem (Ziffer 5 und Seite 97). Kleine Änderungen von Strömen und Spannungen spielen dabei kaum eine Rolle – anders als beim folgenden Verstärkerbetrieb.

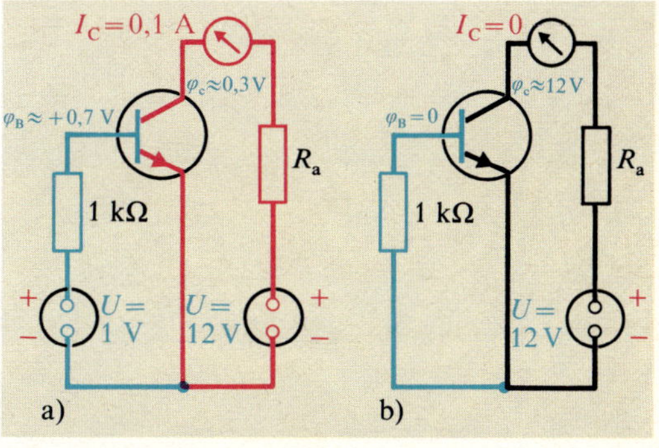

89.3 a) Transistor geöffnet; b) gesperrt; die Potentiale von Basis und Kollektor verhalten sich entgegengesetzt.

3. Verstärkerbetrieb des Transistors

a) Stromverstärkung: Wenn man in der Schaltung nach *Bild 88.1b* den Basisstrom I_B und den Kollektorstrom I_C mißt, erhält man die $I_C(I_B)$-Kennlinie in *Bild 90.1*. Sie zeigt einen fast proportionalen Zusammenhang zwischen I_B und I_C. Kleine Änderungen ΔI_B von I_B führen zu großen Änderungen ΔI_C von I_C. Der Quotient $\beta = \Delta I_C / \Delta I_B$ ist angenähert konstant und heißt *Stromverstärkung*. Sie liegt zwischen 20 und 900 und hängt vom Transistortyp ab.

Stromverstärkung $\beta = \Delta I_C / \Delta I_B$ (90.1)

Versuch 75: Wir legen nach *Bild 90.2* in die Basisleitung ein Kohlekörnermikrofon Mi. In ihm durchfließt der Basisstrom I_B Kohlekörner. Sie werden von der Kohlemembran im Rhythmus der Schallschwingungen verschieden stark zusammengepreßt. Dabei ändert sich der Übergangswiderstand (etwa 1 kΩ) und damit auch der Basisstrom I_B mit den Schallschwingungen. Dies hat nach *Bild 90.1* eine $\beta \approx 200$fache Änderung von I_C im Lautsprecher L zur Folge. Ändert sich beim Sprechen I_B um $\Delta I_B = \pm 0{,}1$ mA, so schwankt I_C um $\Delta I_C = \beta\, \Delta I_B \approx \pm 20$ mA. Bei dieser Flüstertüte ist zweierlei zu beachten:

- Durch das Potentiometer in *Bild 90.2* links wählen wir die Spannung U_{BE} an der Basis ohne zu sprechen. So bestimmen wir nach der Steuerkennlinie von *Bild 89.1* I_C und I_B und damit den Arbeitspunkt A. Beim Sprechen „arbeitet" die Schaltung nach *Bild 90.2* um A: I_B schwankt mit ΔI_B und I_C mit ΔI_C. Wir brauchen dabei I_B und I_C nicht groß zu machen! Es kommt nicht darauf an, den Lautsprecher mit einem hohen Kollektorstrom I_C zu heizen, sondern seine Membran gemäß ΔI_C um einen bestimmten Betrag hin und her schwingen zu lassen! Hier in der *Informationstechnik* will man mit möglichst wenig Energie Informationen verarbeiten, dargestellt durch Änderungen physikalischer Größen, etwa von Lautsprecher- und Mikrofonströmen. Ihr Taschenrechner kommt mit wenigen Milliwatt aus!
- Wenn wir allerdings die Basisspannung U_{BE} zu niedrig wählen, bleiben wir im unteren, flachen Teil der Steuerkennlinie von *Bild 89.1*. Die negativen Halbschwingungen des Mikrofonstroms haben dort keinen Einfluß auf I_C; sie entfallen. Der Ton unserer Flüstertüte wird arg verzerrt. Wir wählen deshalb U_{BE} am Potentiometer so, daß die Schaltung im steil ansteigenden Teil der Steuerkennlinie arbeitet.

b) Spannungsverstärkung: Im steil ansteigenden Teil der Steuerkennlinie nach *Bild 89.1* erzeugt die kleine Änderung $\Delta U_{BE} = 0{,}1$ V der Basis-Emitter-Spannung die Änderung $\Delta I_C = 50$ mA des Kollektorstroms I_C. Dies ändert die Spannung U_a am Arbeitswiderstand $R_a = 100\ \Omega$ um $\Delta U_a = \Delta I_C\, R_a = 5$ V. Also ist die Verstärkung der Spannungsänderung $v = \Delta U_a / \Delta U_{BE} = 5\text{ V}/0{,}1\text{ V} = 50$. Diese *Spannungsverstärkung* v läßt sich aber nur dann nach beiden Seiten ausschöpfen, wenn sich die Spannung am Arbeitswiderstand mindestens um den doppelten Wert $2\,\Delta U_a$ ändern kann. Hierzu muß U_{CE} mehr als 10 V betragen.

Versuch 76: a) Wir legen an die Basis die Gleichspannung U_{BE} und mit ihr den Arbeitspunkt A in den steil ansteigenden Teil der Kennlinie. Das Mikrofon wird durch eine Wechselspannungsquelle von 0,2 V ersetzt. Ein Oszilloskop zeigt an R_a – oder auch zwischen Kollektor C und Emitter E – die etwa 50mal so großen Schwankungen ΔU_a.

b) Wenn wir U_{BE} verkleinern, werden die verstärkten Wechselspannungen verzerrt. Die Schaltung arbeitet jetzt im unteren, gekrümmten Teil der Kennlinie.

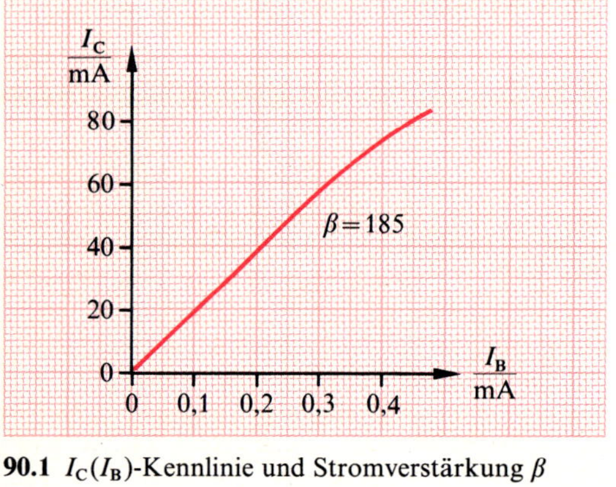

90.1 $I_C(I_B)$-Kennlinie und Stromverstärkung β

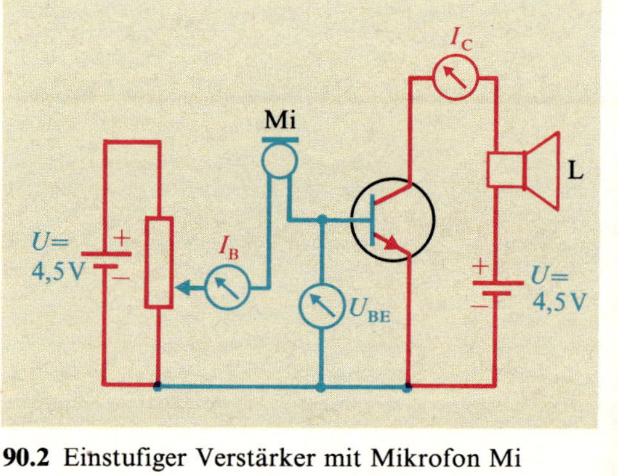

90.2 Einstufiger Verstärker mit Mikrofon Mi

4. Zwölf Volt sind zuviel!!

Sie wollen Ihren Radiorecorder, der für 9 Volt Gleichspannung gebaut ist, an der Autosteckdose (12 V) betreiben. Ganz einfach, denken Sie, da nehme ich einen Vorwiderstand, der die überschüssigen drei Volt „vernichtet". Er muß dazu ein Drittel vom Widerstand des Radiorecorders besitzen. Wie groß aber ist dieser? Hier sehen Sie die Schwierigkeit: Wenn die Musik laut spielt, stellt das Gerät von der Stromversorgung her gesehen einen guten Leiter dar, es hat einen kleineren Widerstand als bei leiser Musik. Schaltet man den Tonbandmotor ein, sinkt der Gerätewiderstand nochmals. Wir brauchen also einen regulierbaren Vorwiderstand, der diese Änderungen mitmacht, so daß am Radiorecorder immer die vorschriftsmäßige Spannung 9 V liegt. Wir lösen das Problem mit einem Transistor. Sein Widerstand läßt sich je nach Basisstrom weitgehend ändern.

Versuch 77: *(Bild 91.1)* Wir stellen das Radiogerät auf geringe Lautstärke ein. Dann erhöhen wir am Potentiometer vorsichtig die Spannung, bis am Radiogerät der erwünschte Wert 9 Volt erreicht ist. Nun drehen wir den Lautstärkeregler auf oder schalten das Tonband ein. Die Spannung am Gerät ändert sich kaum, obwohl der Strom im Gerät sicherlich auf ein Vielfaches angewachsen ist. Unsere Schaltung stellt eine **„Konstantspannungsquelle"** für das Radiogerät dar; im Prinzip funktionieren so auch stabilisierte Netzgeräte.

Zur Erklärung beachten Sie, daß der Verbraucher im Gegensatz zu früheren Schaltungen in der *Emitterleitung* des Transistors und nicht in der Kollektorleitung liegt. Bei einer gewöhnlichen Vorwiderstandsschaltung würde das keinen Unterschied machen. Nun erzwingt aber das Potentiometer einen fest eingestellten Wert der Spannung zwischen Basis und Masse. Die Spannung zwischen Basis und Emitter ist ebenfalls nahezu konstant, nämlich 0,6 V (Seite 83). Also ist die Spannung am Radiogerät unter allen Umständen um ca. 0,6 V niedriger als die am Potentiometer eingestellte Spannung zwischen B und Masse – gleichgültig wie stark der Strom durch das Gerät ist! Sollte das Gerät schlechter leiten (weil die Musik gerade leise spielt), so erhöht sich momentan die Teilspannung an ihm. Dann bleibt für die Basis-Emitter-Spannung am Transistor weniger als 0,6 V übrig: Der Basisstrom sinkt, der Transistor leitet so lange schlechter, bis am Gerät wieder 9 V Spannung erreicht sind. Man sieht, daß es sich hier um eine *Regelschaltung* handelt (Seite 104).

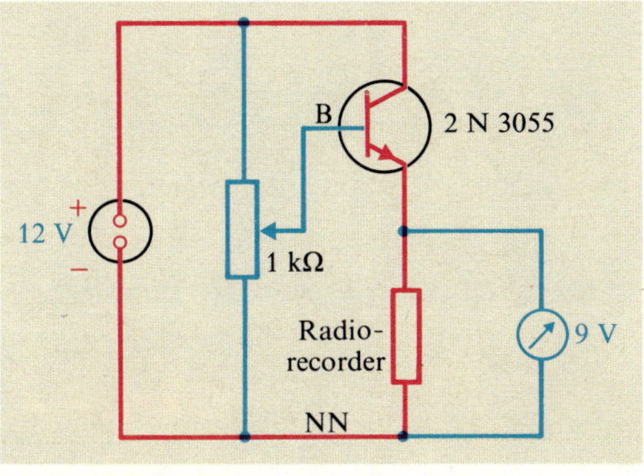

91.1 Konstantspannungsquelle

Mit der sogenannten Emitterfolgerschaltung nach *Bild 91.1* kann man die Spannung an einem Verbraucher konstant halten, unabhängig von dessen Widerstand.

5. Von der Analog- zur Digitaltechnik

a) Analog-Technik: Bei der Analog-(Zeiger)-Uhr wird die Zeit am analog (stetig) wachsenden Winkel des Zeigers abgelesen. Bei verharztem Öl geht die Uhr nach. In Versuch 75 erzeugen schnelle Schallschwingungen analoge (stetige) Änderungen des Kollektorstroms. In einem Lautsprecher werden sie wieder in analoge Schallschwingungen verwandelt. Ändert man dabei den Arbeitspunkt A ein wenig, so erhält man andere Analog-Werte. Beim Hören stört das kaum.

b) Digital-Technik: Stellen Sie sich vor, man würde in einem Rechner das Produkt $U_a = I_C R_a$, also die Spannung am Arbeitswiderstand R_a, zum Multiplizieren von Zahlen (I_C und R_a) benutzen. Schon kleine Erwärmungen des Transistors würden wie beim NTC-Widerstand den Kollektorstrom I_C und damit das Ergebnis erheblich verfälschen. Deshalb benutzt man den Transistor als *Schalter*. Er kennt dann nur „Ein" oder „Aus", keine leicht beeinflußbaren Zwischenwerte! Man rechnet im Dualsystem und ordnet dem „Ein" die Eins und dem „Aus" die Null zu. Dann kann man wie bei Taschenrechnern im Dualsystem von Störungen unbehelligt addieren und multiplizieren.

Aber auch Sprache und Musik lassen sich digital, also durch endlich viele Zahlen codiert, verarbeiten. Hierzu ordnet man mit einem **Analog-Digital-Wandler** den stetigen Schallschwingungen fein abgestufte (quantisierte) Zahlenwerte zu.

Diese Analog-Digital-Wandler sind in Hobby-Computern enthalten, damit man mit Drehpotentiometern (Paddles) irgendwelche Ungeheuer auf dem Bildschirm steuern kann. Am Potentiometer ändert man einen Widerstand zwischen 0 Ω und 220 kΩ kontinuierlich (analog zum Drehwinkel). Ein elektronischer Baustein wandelt diese kontinuierlichen Werte in Dualzahlen zwischen 0 und 11111111 (dezimal zwischen 0 und 255), also in 256 quantisierte Stufen (256 bit) um. Diese digitalen Werte legt der C 64 von *Commodore* in der Speicherzelle 54298 ab. Von dort bringt sie die folgende Programmzeile 10 als ganze Zahlen zwischen 0 und 255 auf den Schirm:

```
10 PRINT PEEK(54298): GOTO 10
```

Um beim Telefonieren eine gute Silbenverständlichkeit zu erreichen, genügen Frequenzen bis 4000 Hz. Um sie digital zu übertragen, entnimmt man nach *Bild 92.1* vom kontinuierlichen Analogsignal des Mikrofons kurze Proben (rot), und zwar mit der doppelten Frequenz des höchsten Tons 4000 Hz. Man entnimmt also 8000 Proben je Sekunde (alle 125 µs). Die Höhe jeder Probe wird als Dualzahl kodiert (in *Bild 92.1* rechts und unten).

Beim Empfänger genügen zum vollständigen Regenerieren des höchsten Sinustons 4 kHz in einem *Digital-Analog-Wandler* erstaunlicherweise diese zwei Abtastproben je Periodendauer (250 µs). Damit erfaßt man zugleich alle tiefer liegenden Töne! Störungen sind selten so groß, daß sie aus der Dualzahl 0 eine 1 oder umgekehrt machen. Deshalb ist die Übertragung praktisch störungsfrei. – In der für moderne Elektronik langen Zwischenzeit von fast 125 µs bleibt beim *Zeitmultiplexbetrieb* die Leitung nicht „tot“. Sie wird für die Dualzahlencodes zahlreicher anderer Gespräche genutzt. Am Empfangsort werden diese wieder einwandfrei getrennt. – Auf Schallplatten lassen sich Symphonien als Dualzahlen speichern und störungsfrei wiedergeben. HiFi-Qualität fordert Abtastimpulse mit der Frequenz 40 kHz.

Bei der Digitaluhr führt ein Schwingquarz von Störungen unbeirrt je Sekunde eine exakt festgelegte Zahl von Schwingungen aus (Seite 41). Sie werden gezählt und ihre Zahl in einem elektronischen Rechner so dividiert, daß sie durch Ziffern als Sekunden, Minuten und Stunden ausgegeben werden.

Aufgaben

1. *An Basis und Emitter eines Transistors ist über den Schutzwiderstand* 1 kΩ *eine Spannungsquelle* (U_s) *angeschlossen. Im Kollektorkreis liegt der Arbeitswiderstand* $R_a = 100\ \Omega$. *Die Stromverstärkung betrage* $\beta = 250$. *Berechnen Sie die Spannungsverstärkung* $\Delta U_a / \Delta U_s$ *dieser Schaltung! Die Basis-Emitter-Spannung wird als konstant* 0,6 V *angenommen.*

2. a) *Könnte man in Bild 91.1 nicht den Radiorecorder direkt an das auf genau* 9 V *eingestellte Potentiometer* 1 kΩ *anschließen und den Transistor einsparen? Berechnen Sie, um wieviel dann die Versorgungsspannung sinkt, wenn der Radiostrom von* 0 *auf* 20 mA *steigt! Welchen Maximalwert kann der Radiostrom überhaupt nur erreichen?* **b)** *Der Transistor in Bild 91.1 habe die Stromverstärkung* $\beta = 20$ *(Leistungstransistor!). Das Potentiometer werde bei ausgeschaltetem Radio auf* 9,0 V *eingestellt. Wie hoch ist der Basisstrom und folglich die Potentiometerspannung dann bei einem Radiostrom von* 20 mA*? Vergleichen Sie mit (a)!*

3. *Ersetzen Sie in Bild 91.1 das Potentiometer als Basisspannungsquelle durch einen Plattenspieler mit Kristall- oder Keramiksystem, den Radiorecorder durch einen Lautsprecher! Warum ist das keine „Verstärker“schaltung im üblichen Sinn? Welchen Vorteil hat sie trotzdem gegenüber dem unmittelbaren Anschließen des Plattenspielers an den Lautsprecher?*

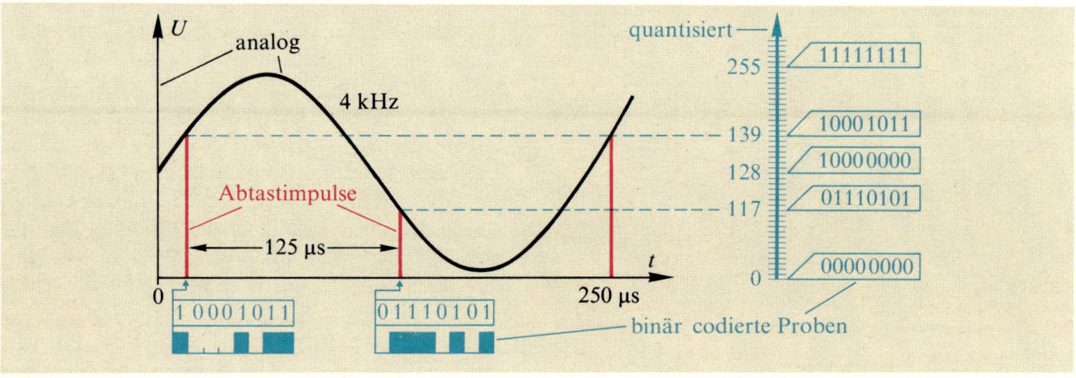

92.1 Analog-Digital-Wandler: Dem analogen Spannungsverlauf entnimmt man in Abständen von 125 µs Abtastimpulse und digitalisiert sie.

§ 35 Kippschaltungen

1. Alles oder nichts

Eine Straßenbeleuchtung soll automatisch eingeschaltet werden, wenn es abends dunkel wird. Im Prinzip ist die Schaltung nach *Bild 93.1 a* geeignet: Wenn der Fotowiderstand LDR wenig Licht erhält, steigt sein Widerstand und damit die Spannung zwischen Punkt A und Masse. Diese Spannung ist das Potential φ_A von A. Mit ihm steigt der Strom durch den Basisanschluß; der Transistor leitet, die Lampe leuchtet.

Wird der Fotowiderstand nur leicht abgedunkelt, so leuchtet die Lampe schwach. Dies ist bei der Straßenbeleuchtung untragbar, schon wegen der Leuchtstoffröhren. Vielmehr müssen wir dem Transistor schlagartig einen hohen Basisstrom geben, wenn die Helligkeit einen bestimmten Wert auch nur wenig unterschreitet. Woher soll dieser Strom kommen? Ein zweiter Transistor hilft *(Bild 93.1 b)*. Seine Basis wird über den Schutzwiderstand 10 kΩ an den Kollektor des ersten Transistors (hier mit Q_1 bezeichnet) gelegt. Sinkt dessen Potential, so auch der Basisstrom in T_2. Deshalb leitet T_2 schlechter, und das Potential seines Kollektors Q_2 steigt (Seite 89). Über die **Rückkopplungsleitung** mit Schutzwiderstand wird dadurch der Basisstrom im Transistor T_1 erhöht!

Versuch 78: **a)** Wir decken in der Schaltung *Bild 93.1 b* den Fotowiderstand *langsam* mit der Hand ab. Die Lampe 1, also die Straßenbeleuchtung, leuchtet *plötzlich* hell auf, während die Kontrollampe 2 erlischt. Die Potentialerhöhung am Kollektor Q_2 hat offenbar einen „Erdrutsch" ausgelöst, die Schaltung ist „umgekippt". Wie kann man nun die Straßenbeleuchtung wieder ausschalten?

b) Wir nehmen die Hand vom Fotowiderstand wieder weg. Die Schaltung reagiert nicht. Man muß noch etwas Lichtstärke zulegen. Dann aber kippt sie genau so schnell auf „Aus" um, wie sie zuvor auf „Ein" ging. Der hell beleuchtete Fotowiderstand stellt praktisch einen Kurzschluß dar. Deshalb sinkt der Basisstrom in T_1 so weit, daß das Potential von Q_1 ansteigt und den Transistor T_2 leitend macht. Dadurch sinkt das Potential von Q_2 ab; infolge der Rückkopplung gibt es wieder einen „Erdrutsch", der zu dem stabilen Zustand „Lampe 1 aus" führt. Einen stabilen Zwischenzustand gibt es nicht!

Bild 93.1 c zeigt das Verhalten grafisch. Als „Eingang" wurde das Potential an A, als „Ausgang" das Potential von Q_2 bezeichnet. Man nennt Systeme mit diesem sprunghaften Verhalten **„Trigger"** (engl.: Abzug am Gewehr). Sie lassen sich nicht nur auf elektrische Weise verwirklichen. Der Schaukelbalken von *Bild 94.1 a* ist z.B. ein mechanischer Trigger. Erhöht man die Last G allmählich, so kippt er plötzlich im Uhrzeigersinn. Man muß dann G beträchtlich unter den ersten Kippwert erniedrigen, bis der Balken wieder – ebenso plötzlich – zurückkippt.

Trigger sind Systeme mit zwei stabilen Zuständen. Ändert man eine Eingangsgröße allmählich (kontinuierlich), so geht an den „Triggerschwellen" der eine Zustand sprunghaft in den anderen über.

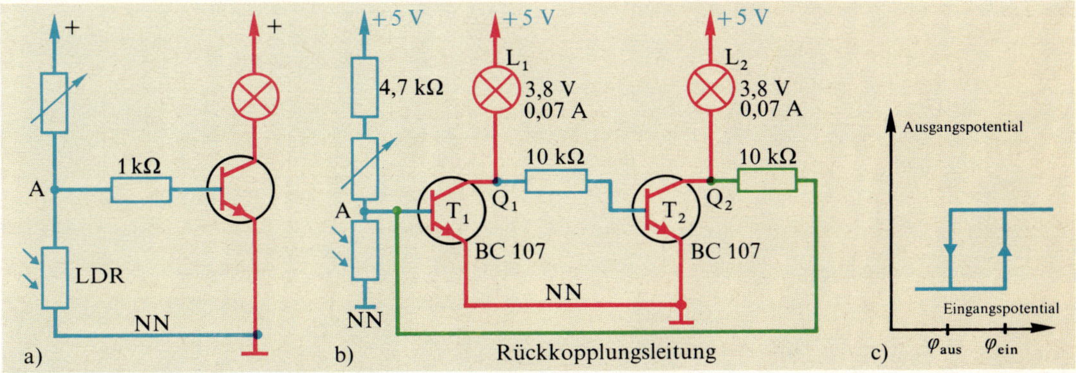

93.1 a) Kontinuierliche Steuerung der Stromstärke; b) sprunghafte Steuerung mit Trigger; c) Eingangs- und Ausgangsverhalten des Triggers. NN wird zukünftig ersetzt durch ⊥, da Leitungen dann kreuzungsfrei sind.

Die Triggerschwellen φ_{ein}, φ_{aus} für den Sprung „hin“ und „zurück“ sind verschieden *(Bild 93.1 c)*. Den Unterschied nennt man *Schalthysterese*. Man hat für Trigger ein einfaches Schaltsymbol eingeführt *(Bild 94.1 b)*, bei dem nur eine Ein- und eine Ausgangsleitung gezeichnet (die zweite ist jeweils die Masse) und auch die Stromversorgung weggelassen wird.

2. Antippen genügt

In modernen Physiksälen wird die Stromversorgung an einem Schlüsselschalter durch einmaliges Drücken eingeschaltet und durch kurzes Antippen eines großen roten Not-Aus-Knopfes wieder unterbrochen. Welche elektrische Schaltung steckt dahinter? Man kann sie aus dem Trigger in *Bild 93.1 b* entwickeln. *Bild 94.2* zeigt ihn nochmals, aber mit einem einstellbaren Widerstand 10 kΩ statt des „Lichtfühlers“ und in symmetrischer Zeichnung, bei der die Gleichberechtigung der beiden Transistoren besser zum Ausdruck kommt. Der Kollektor eines jeden ist ja über den obligatorischen Schutzwiderstand mit der Basis des anderen verbunden. Neu hinzugekommen ist (rote Farbe) das symmetrische Gegenstück zum Triggereingang, der Anschlußpunkt S mit zwei zugehörigen Widerständen. Er wirkt vor allem auf die Basis von T_2.

Versuch 79: a) Solange S *und* R an den Pluspol der Versorgungsbatterie angeschlossen sind, leuchten beide Lampen – verständlicherweise, da in beiden Transistoren ein Basisstrom fließt. (Mit den regulierbaren Widerständen 10 kΩ gleichen wir unvermeidliche Unterschiede zwischen den Transistoren und Lampen aus.) Die „Ausgänge“ Q_1 und Q_2 (das sind hier wieder die Kollektoranschlüsse) liegen auf niedrigem Potential. *Bild 94.3* zeigt dies grafisch sowie in der ersten Tabellenzeile (a) symbolisch. Hohes Potential (um 5 V) ist dort einfach mit der Zahl 1, niedriges (wenig über 0 V) mit der Zahl 0 bezeichnet.

b) S bleibt am Pluspol, R wird an die Masse (zugleich Minuspol) gelegt. Lampe 1 geht aus: Der schwache Basisstrom, der über Punkt Q_2 jetzt noch geliefert wird, reicht nicht aus, um Transistor 1 genügend leitend zu machen. Das Potential von Q_1 steigt auf nahezu 5 V an („$Q_1 = 1$“, *Bild 94.3* b).

c) Wir legen auch noch S auf Potential Null. Lampe 2 geht keineswegs aus! Denn das hohe Potential von Q_1 (knapp 5 V) erzeugt weiterhin genügend Basisstrom, um Transistor 2 leitend zu erhalten. Der Zustand „$Q_1 = 1$, $Q_2 = 0$“ bleibt konserviert, *Bild 94.3* c.

d) Nun tippen wir mit R kurz an den Pluspol. Lampe 1 leuchtet, Lampe 2 geht aus *(Bild 94.3* d).

e) Dieser Zustand bleibt erhalten, wenn R wieder auf Masse gelegt wird. Durch Antippen von S an den Pluspol bringen wir das System

94.1 a) Mechanischer Trigger; b) elektronischer Trigger (Schaltzeichen)

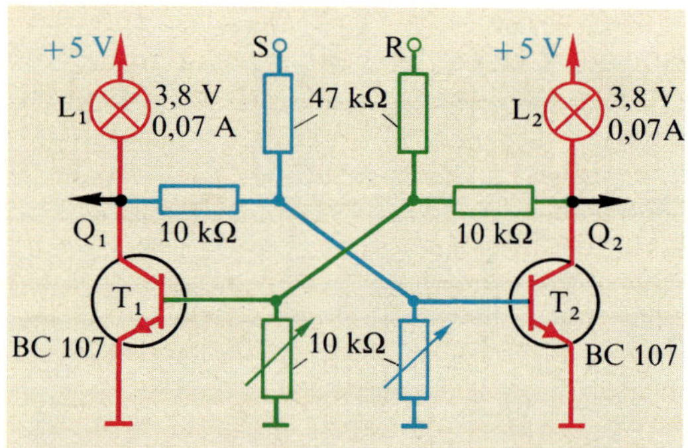

94.2 RS-Flipflop

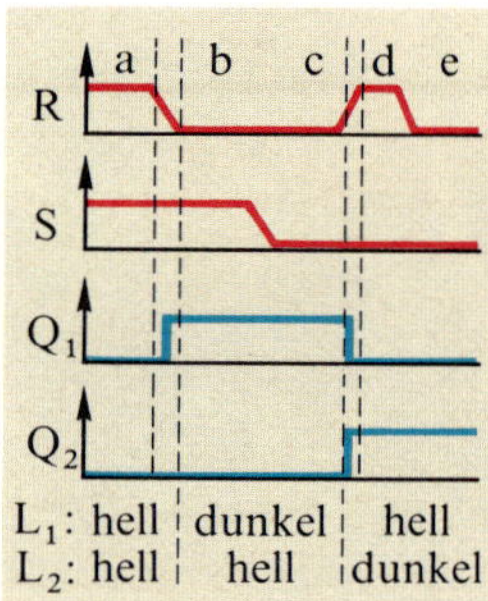

	R	S	vorher Q_1 Q_2		nachher Q_1	Q_2
a	1	1	beliebig		0	0
b	0	1	beliebig		1	0
c	0	0	1	0	1	0
d	1	0	beliebig		0	1
e	0	0	0	1	0	1

94.3 Potentiale am RS-Flipflop; Umsetzung in die Wahrheitstafel

erneut zum Kippen, was wieder Zeile b in *Bild 94.3* entspricht. Man nennt die Tabelle in *Bild 94.3* die *Wahrheitstafel* der Schaltung, indem man der Eins (hohes Potential) die Bedeutung „richtig", der Null „falsch" zuordnet. Man beachte dabei, daß in unserem Versuchsaufbau eine leuchtende Lampe der logischen Null entspricht! Unsere Schaltung nimmt also, wenn ihr kein Signal gegeben wird (R = S = 0), genau einen von zwei diskreten Zuständen an. Jeder ist *stabil*: Bei kleinen Störsignalen unterhalb der Triggerschwelle bleibt er erhalten; erst bei einem genügend großen Eingangsimpuls kippt er gegebenenfalls um. Man spricht von einem **Flipflop**, genauer RS-Flipflop.

Der Buchstabe *S* steht dabei für *set* (engl.: setzen), weil mit dem Eingang S das Flipflop auf $Q_1 = 1$ „gesetzt" wird; *R* steht für *reset* (engl.: zurücksetzen). Flipflops gibt es als fertige integrierte Schaltungen zu kaufen.

Ein RS-Flipflop hat beim Eingangspotential Null zwei stabile Zustände. Durch kurzzeitiges Anlegen von hohem Potential an einen der Eingänge wird es in den gewünschten Zustand gebracht.

Nun zu unserer Physiksaal-Stromversorgung *(Bild 95.1 b)*. Wenn man mit dem Schlüsselschalter (unten) dem Punkt S des Flipflops kurzzeitig hohes Potential gibt, kommt Q_1 nach *Bild 94.3* b, c ständig auf hohes Potential. Der durch das Schaltschütz (ein großes Relais) nun ständig fließende Strom setzt die Netzleitung unter Spannung. Der Eingang R oben liegt ja über die Not-Aus-Taste auf Potential Null. Der über den Widerstand 1 kΩ dauernd fließende schwache Strom ändert daran nichts. Sobald man den Not-Aus-Schalter drückt,

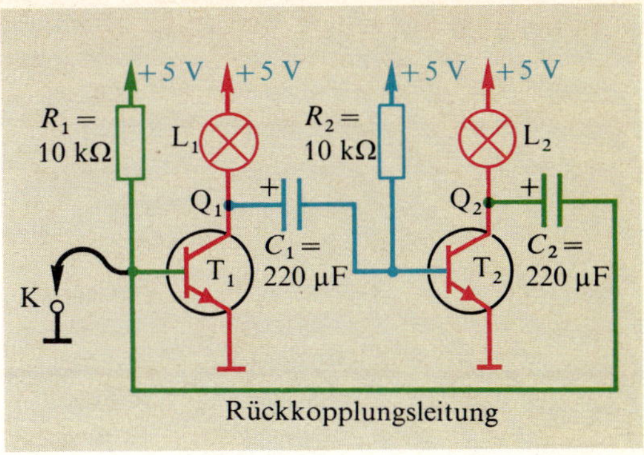

95.2 Astabiler Multivibrator; L, T wie *Bild 94.2*

kommt R auf hohes Potential. Nach *Bild 94.3* d erhält Q_1 das Potential Null, und die Magnetkraft des Schaltschützes verschwindet. Der Netzschalter öffnet sich durch Federkraft. Dies bleibt auch so, wenn man die Not-Aus-Taste wieder losläßt, denn über den Widerstand 390 Ω liegt S auf Potential Null *(Bild 94.3* e*)*.

Auch wenn ein Wackelkontakt den Not-Aus-Schalter kurzzeitig unterbricht (R = 1) oder wenn die Stromversorgung des Flipflops ausfällt, wird $Q_1 = 0$ und damit die Netzleitung unterbrochen. Dies ist auch der Fall, wenn man unsinnigerweise beide Tasten drückt (R = S = 1, *Bild 94.3* a). Der Not-Aus-Schalter hat also *Priorität*, und das ist gut so.

3. Was blinkt denn da?

Versuch 80: a) Wir bringen zwei Transistoren *(Bild 95.2)* durch genügend großen Basisstrom über R_1 und R_2 in den leitenden Zustand. Das Potential von Q_1 sinkt ab. Daran ändert auch der Kondensator C_1 zwischen Q_1 und Basis 2 nichts (bei Elektrolytkondensator Polung be-

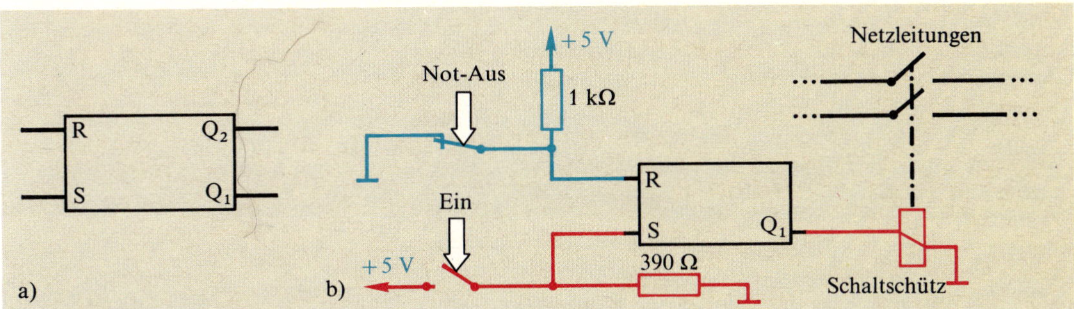

95.1 a) RS-Flipflop (Schaltzeichen); b) Sicherheitsschaltung mit RS-Flipflop. Bei Einschalten kommt S kurzzeitig auf das Potential +5 V, R bleibt auf Potential Null.

achten), da die Spannung an ihm fast Null ist. Bringen wir Basis 1 dann auf Potential Null (Kontakt K), so sperrt Transistor 1, Lampe 1 erlischt und Q_1 kommt auf hohes Potential (+5 V). Da Basis 2 auf einem Potential von ca. 0,6 V bleibt, lädt sich der Kondensator C_1 auf etwa 5 V − 0,6 V = 4,4 V auf (positive Platte links). Lampe 2 leuchtet weiterhin.

b) Nun geben wir Basis 1 wieder frei, so daß Transistor 1 wieder leitet. Zu unserer Überraschung geht die Lampe 2 aus und leuchtet erst nach einigen Sekunden wieder! – Wenn Lampe 1 aufleuchtet, sinkt das Potential von Q_1 und damit auch das der linken Kondensatorplatte um ca. 3 V. Der geladene Kondensator wirkt wie eine Batterie, Pluspol links, Minuspol rechts. Er senkt auch das Potential der rechten Platte um 3 V von 0,6 V auf −2,4 V ab. Die Basis-Emitter-Diode des Transistors 2 wird in Sperrichtung betrieben – hoffentlich hält sie die Sperrspannung aus! – und läßt keinen Strom hindurch. Wäre der Kondensator eine wirkliche Batterie, so würde dieser Zustand anhalten. So aber entlädt der Strom durch R_2 den Kondensator C_1 allmählich. Das Potential der rechten Platte steigt; wenn es ungefähr +0,6 V erreicht hat – der Kondensator ist dann nur noch auf 2 V − 0,6 V = 1,4 V geladen – fängt Transistor 2 wieder zu leiten an.

c) Wir schließen im Anfangszustand (beide Lampen leuchten, Q_2 ist auf niedrigem Potential) die Rückkopplungsleitung mit dem Kondensator C_2 an, den wir zuvor auf ca. 4 V aufgeladen haben (linke Platte positiv). Die rechte Kondensatorplatte hat also etwa −4 V Potential und gibt es auch an die Basis 1. Erwartungsgemäß geht Lampe 1 aus. Q_1 erhält positives Potential. Wie in (a) lädt sich der Kondensator C_1 (über die gut leitende Lampe 1 ziemlich schnell) auf. Dafür entlädt sich der Kondensator C_2 langsam über den Widerstand R_1, und das Potential der Basis 1 steigt allmählich. Sobald der Transistor 1 ein wenig zu leiten anfängt, gibt es wieder einmal einen „Erdrutsch“: Das Potential von Q_1 sinkt, der Basisstrom von Transistor 2 wird etwas gedrosselt, das Potential der Stelle Q_2 steigt, folglich wegen der Rückkopplung das Potential der Basis 1 um ebensoviel, Transistor 1 leitet noch besser, Transistor 2 folglich noch schlechter ... Die Schaltung kippt in den Zustand, bei dem Lampe 1 hell und Lampe 2 dunkel ist. Dann wiederholt sich das Spiel in umgekehrter Richtung. Wir haben eine Blinkschaltung bekommen, einen sogenannten *(astabilen)* **Multivibrator**. Wenn er schneller blinken soll, brauchen wir nur die Entladezeiten der Kondensatoren, also deren Kapazitäten zu verkleinern. (Welche Gefahr besteht, wenn man statt dessen die Widerstände zwischen Basis und Pluspol der Versorgungsspannung verkleinert?)

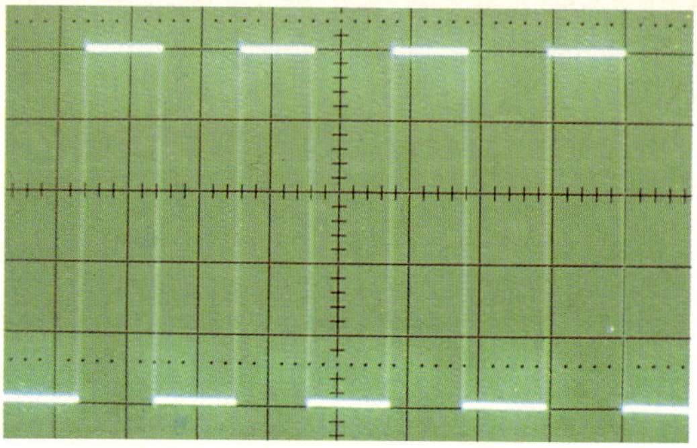

96.1 Rechteckspannung am Multivibrator

Versuch 81: Mit Kondensatoren von 1 µF und 0,1 µF können wir das Blinken nicht mehr erkennen. Ein in der Schaltung nach *Bild 95.2* an Q_1 und Masse angeschlossenes Oszilloskop zeigt dafür den abrupten Spannungswechsel in Rechteckform an *(Bild 96.1)*. Die Zeiten konstanter Spannung sind jetzt verschieden, nach Maßgabe der Kapazitäten. Ein angeschlossener Lautsprecher macht die Rechteckspannung als scharf klingenden Ton hörbar.

Ein astabiler Multivibrator liefert eine Rechteckspannung. Er wird als Tonerzeuger für Warnanlagen, für das Blinklicht im Auto und als Taktgeber für Computer verwendet.

Aufgaben

1. *Zeichnen Sie den astabilen Multivibrator symmetrisch entsprechend Bild 94.2!*

2. *Erklären Sie, in welchem Sinn ein gewöhnlicher Lichtschalter (Kippschalter) ein RS-Flipflop ist!*

3. *Man kann ein RS-Flipflop auch mit einem Relais verwirklichen, das sich nach dem einmaligen kurzzeitigen Einschalten „selbst hält“. Entwerfen Sie die Schaltung für eine Alarmanlage, die nach dem Auslösen dauernd Alarm gibt und erst durch Betätigen eines Schalters abgestellt werden kann! Der Alarm soll durch Abreißen eines dünnen Drahts ausgelöst werden.*

4. *Ein Motor werde durch Antippen eines grünen Tasters eingeschaltet, eines roten Tasters ausgeschaltet; werden beide betätigt, soll er eingeschaltet bleiben. Entwerfen Sie eine passende Schaltung mit Relais!*

§ 36 Bausteine der Digitaltechnik

1. Mit NAND kann man alles aussagen

Im vorigen Paragraphen haben wir erste Beispiele für *digitale* Schaltungen kennengelernt, d.h. solche, bei denen man sich nur für zwei diskret liegende Potentialwerte interessiert: ca. 0 V, genannt LOW oder „logisch Null", und ca. + 5 V, genannt HIGH oder „logisch Eins". Der *Trigger* verwandelt eine kontinuierlich schwankende Eingangsspannung in eine zwischen HIGH und LOW springende Ausgangsspannung. Mit dem *RS-Flipflop* kann man durch kurzes Antippen den HIGH- oder LOW-Wert festhalten, und der *Multivibrator* stellt in rascher Folge abwechselnd HIGH- und LOW-Werte zur Verfügung.

Um im Computer elektronisch „denken" zu können, muß man aber auch logische Werte verschiedener Herkunft miteinander verknüpfen. Hierzu dienen die **logischen Gatter**. Wir zeigen in *Bild 97.1* die alten und die inzwischen neu eingeführten Schaltsymbole für die bekanntesten logischen Funktionen zusammen mit ihren „Wahrheitstafeln". Die Buchstaben bedeuten logische Variable, die also nur die Werte 0 und 1 annehmen können. Der Querstrich bedeutet *Verneinung*: $x=0 \Leftrightarrow \bar{x}=1$.

Eine elektronische Schaltung für das einfachste logische Gatter, das NICHT-Glied oder den *Negator*, haben wir bereits in *Bild 89.3* vor uns. Recht einfach ist auch noch die Schaltung von *Bild 97.2*, einem Gatter mit zwei Eingängen x und y. Welche logische Verknüpfung stellt es dar?

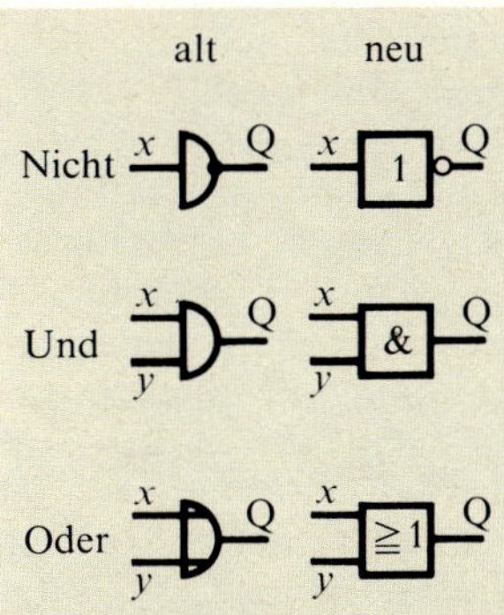

Wahrheitstafel

x	$Q=\bar{x}$
0	1
1	0

x	y	$Q=x\cdot y$
0	0	0
0	1	0
1	0	0
1	1	1

x	y	$Q=\max(x, y)$
0	0	0
0	1	1
1	0	1
1	1	1

97.1 Schaltzeichen und Wahrheitstafeln für logische Verknüpfungen

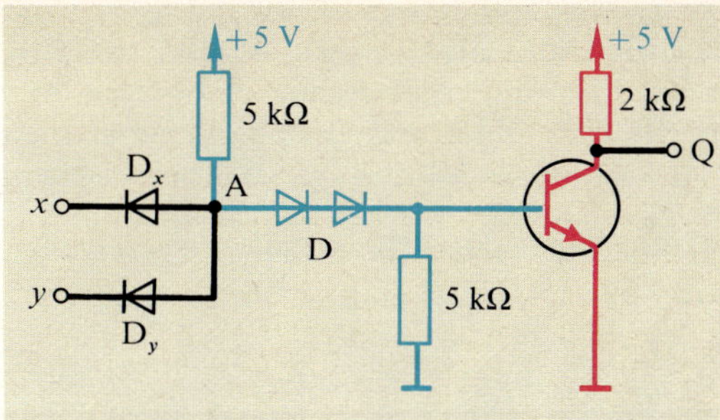

97.2 NAND-Gatter in „Dioden-Transistor-Logik"

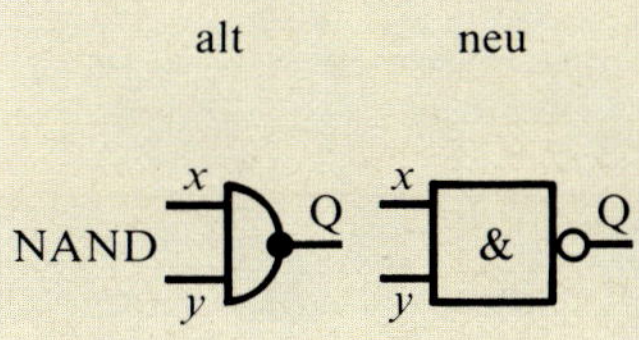

Wahrheitstafel

x	y	$Q=\overline{x\cdot y}$
0	0	1
0	1	1
1	0	1
1	1	0

97.3 Logische Verknüpfung NAND

Versuch 82: a) Wir legen einen der Eingänge x oder y in *Bild 97.2* oder beide auf Masse. Jedesmal sperrt der Transistor; der Ausgang Q nimmt ein Potential von ca. + 5 V an, geht also auf logisch Eins. Es fließt nämlich dann durch die Diode D_x oder D_y oder durch beide ein Strom; der Punkt A erhält ein Potential von ungefähr 0,6 V *(Bild 83.1)*. Wegen der beiden in Reihe geschalteten Dioden D würde man aber ca. 0,6 V · 3 = 1,8 V in A brauchen, um einen Basisstrom durch den Transistor zu treiben. Dieser leitet also ganz sicher nicht.

b) Wir schließen keinen der Eingänge an die Masse an, sondern lassen sie beide offen oder legen sie an den Pluspol + 5 V. Nun fließt Strom durch die beiden Widerstände 5 kΩ und durch die Transistorbasis. Punkt A kommt auf ein Potential von ≈ 1,8 V. Die Dioden D_x und D_y sperren. Der Transistor leitet, Ausgang Q erhält ein niedriges Potential (< 1 V), was logisch eine Null bedeutet. In der Wahrheitstafel *Bild 97.3* sind die Ergebnisse zusammengefaßt. Der Vergleich mit UND *(Bild 97.1)* zeigt, daß wir es gerade mit dem Gegenteil davon, mit NICHT-UND oder abgekürzt englisch NAND zu tun haben. Dementsprechend ist auch das Schaltzeichen gestaltet – erst UND, danach noch eine Negation. Der **IC**-Baustein („**i**ntegrated **c**ircuit") 7400, der vier NAND-Gatter enthält, kostet ungefähr 1 DM. Sein Anschlußschema zeigt *Bild 98.3c*.

Das Interessante an der Verknüpfung NAND ist, daß man mit ihr alle anderen logischen Verknüpfungen aufbauen kann. Wir zeigen dies an NICHT, UND und ODER. Um zwischen x und Q die Beziehung NICHT herzustellen, braucht man nur $y=1$ zu machen (an +5 V anschließen oder einfach offen lassen, *Bild 98.1 a*). UND erhält man durch NAND mit anschließender Verneinung *(Bild 98.1 b)*. Lediglich beim ODER muß man etwas mehr nachdenken. Die Wahrheitstafel des ODER hat genau wie die des NAND drei Einsen und eine Null in der Q-Spalte. Vertauscht man nun in den x- und y-Spalten der einen Wahrheitstafel überall 0 mit 1, so erhält man die andere. Es ergibt sich also ein ODER-Gatter, wenn man vor beide Eingänge eines NAND-Gatters jeweils ein NICHT-Gatter setzt.

Versuch 83: Wir prüfen die Überlegung zu ODER mit dem IC Typ 7400 nach *(Bild 98.2)*. Die Ausgangsspannung zeigt man am bequemsten mit einer Leuchtdiode, die man einfach ans Gatter und an Masse anschließt. Wenn sie leuchtet, bedeutet das Q = 1. Man darf nur einen solchen Ausgang dann nicht mehr weiter logisch benutzen, weil sein Potential durch die Belastung zu stark absinkt und von einem Gattereingang nicht mehr als logische Eins erkannt würde.

Alle logischen Verknüpfungen (insbesondere NICHT, UND, ODER) lassen sich aus NAND-Gattern aufbauen.

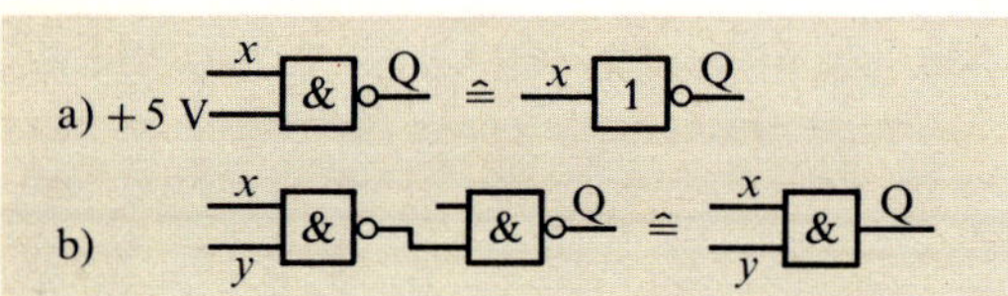

98.1 NICHT und UND, aufgebaut aus NAND-Gattern

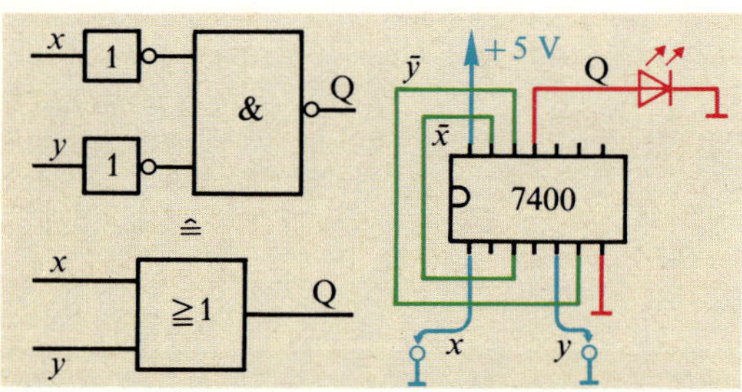

98.2 Aufbau des ODER aus NAND-Gattern

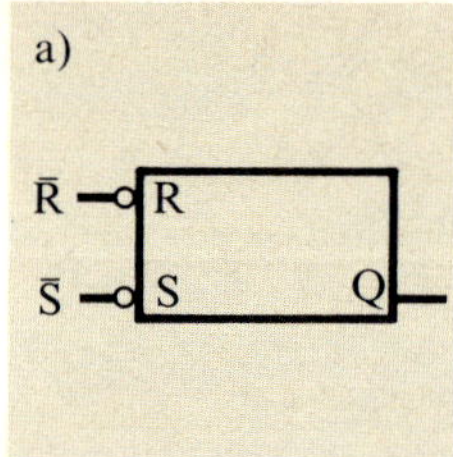

b) Wahrheitstafel

R̄	S̄	Q vorher	Q nachher
0	0	beliebig	0
0	1	beliebig	0
1	0	beliebig	1
1	1	0	0
1	1	1	1

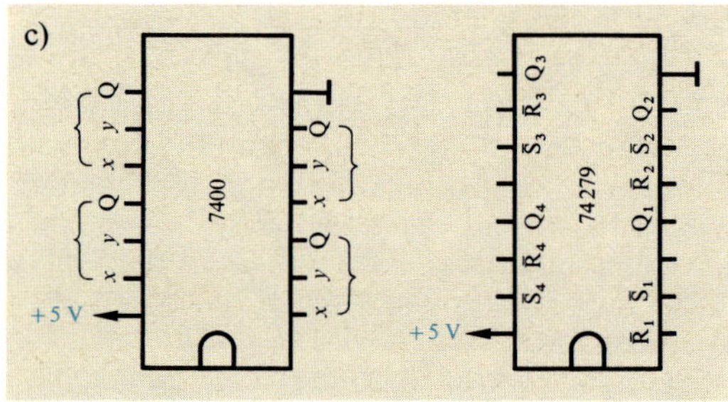

98.3 RS-Flipflop mit negierten Eingängen: a) Schaltsymbol, b) Wahrheitstafel; c) Anschlußschema der IC Typen 7400 und 74279

2. Zum Denken braucht man auch Gedächtnis

Bei den logischen Schaltungen von Ziffer 1 sind die Ausgänge Q immer eindeutig durch die Eingangswerte x und y bestimmt. Ändert sich der Wert eines Eingangs, so geht nach einer kurzen „Gatterlaufzeit" (heute z.T. im Nanosekundenbereich) der Ausgang auf den zugehörigen u.U. geänderten Wert. Hat eine Schaltung etwas ausgerechnet, z.B. Zahlen addiert, so ist das Ergebnis verloren, sobald neue Zahlen an die Eingänge kommen.

Schaltungen, die sich etwas merken können, sind die Flipflops (Seite 95). Wir können sie wieder fix und fertig preiswert kaufen. Allerdings hat der gebräuchliche Typ infolge einer anderen Schaltungstechnik etwas abweichende Eigenschaften gegenüber dem selbstgebauten Flipflop. Die Eingänge sind nämlich negiert, wie es auch im Schaltzeichen in *Bild 98.3 a* zum Ausdruck kommt, und heißen demnach sinngemäß R̄ und S̄. *Tafel 98.3 b* entsteht aus *Bild 94.3* durch Vertauschen von Null und Eins in den ersten beiden Spalten. Q ist der früher mit Q_1 bezeichnete Ausgang, Q̄ (nicht immer vorhanden) entspricht dem früheren Q_2. – In den Gattern und den Flipflops haben wir alle wesentlichen Bausteine der „denkenden Maschinen", insbesondere der Computer und Roboter, kennengelernt. In der nächsten Ziffer wollen wir eine solche Maschine mit logischen Fähigkeiten und Gedächtnis selbst bauen.

3. Sesam öffne dich

Ali Baba will die Schätze, die er den 40 Räubern abgenommen hat, auf moderne Weise sichern. Er plant ein Schloß, das man – ähnlich wie seinerzeit die Zauberhöhle – durch Eingabe eines Code-Worts öffnen kann. *Bild 99.1* zeigt das Ergebnis seines Nachdenkens. Wir sehen vier Flipflops, für jeden Buchstaben des Codeworts eines. (Diese Zahl ließe sich beliebig erhöhen.) Jedes Flipflop betätigt mit seinem Ausgang über ein NAND-Gatter den Eingang des nächsten; nur das letzte entriegelt, wenn sein Ausgang auf logisch Eins geht, die Schatzkammer. Unten sehen wir den Drehschalter, mit dem die Buchstaben gewählt werden. Ali Baba hat, weil SESAM zu lang wäre, das Codewort ASAM einprogrammiert. Zur Erschwerung für Unbefugte sind natürlich noch weitere Buchstaben auf dem Schalter. Ihre Kontakte führen alle zur Buchse F („falsch").

Wie öffnet man das Schloß? Zuerst muß man einen „falschen" Buchstaben anwählen, z.B. e, und kurz auf den Eingabeschalter E drücken. Dadurch erscheint am Ausgang des Negators links oben $\bar{R}=0$, und alle Flipflop-Ausgänge werden nach der *Tabelle 98.3b* auf Null gesetzt. Beim ersten richtigen Buchstaben (hier a) erhält aber Flipflop 1 einen Impuls $\bar{S}=0$ und geht daher auf $Q=1$. Übrigens wird auch der untere Eingang des NAND-Gatters 3 logisch Eins. Dies hat aber keine Auswirkung, weil sein oberer Eingang, der an das Flipflop 2 angeschlossen ist, auf Null bleibt. Nun wird der Drehschalter auf s gestellt und wieder E gedrückt. Flipflop 2 wird damit auf $Q=1$ gesetzt. So arbeitet man sich durch bis zum m. Dann tut sich die Tür auf. Wehe, wenn man unterwegs versehentlich einen „falschen" Buchstaben eingibt! Sofort werden alle Flipflops auf Null rückgesetzt. Wie beim Mensch-Ärgere-Dich-Nicht muß man wieder von vorn beginnen.

Versuch 84: Für einen Modellversuch zum Codeschloß verwenden wir IC 74279 (vier Flipflops) und IC 7400 (vier NAND). Damit wir unseren Fortschritt beim Eingeben der Buchstaben verfolgen können, erhält jedes Flipflop eine Leuchtdiode, mit einem Negator als „Treiber" vorgeschaltet. Ein passender IC ist der 7404 mit sechs Negatoren. Am Anfang leuchten alle Dioden. Wem es gelingt, sie Schritt für Schritt zum Erlöschen zu bringen, der hat den Code geknackt.

Aufgaben

1. *Bauen Sie aus NAND-Gattern* **a)** *ein UND mit vier Eingängen,* **b)** *ein NAND mit vier Eingängen,* **c)** *ein ODER mit vier Eingängen!*

2. *Zeigen Sie, daß man das NICHT auch gemäß Bild 99.2b mit einem NAND-Gatter verwirklichen kann!*

3. *Zeigen Sie, indem Sie alle möglichen Fälle durchgehen, daß Bild 99.2a ein RS-Flipflop mit negierten Eingängen darstellt!*

4. a) *Was geschieht im Code-Schloß Bild 99.1, wenn man einen Buchstaben eingibt, der zwar im Codewort vorkommt, aber gerade nicht „dran" ist?* **b)** *Wie können Sie das 7buchstabige Wort HEUREKA einprogrammieren, wenn Sie vier Flipflops haben?*

5. *Gegeben sei ein UND- (ODER-, NAND-) Gatter mit vier Eingängen. Wie kann man daraus jeweils ein Gatter mit nur drei Eingängen machen?*

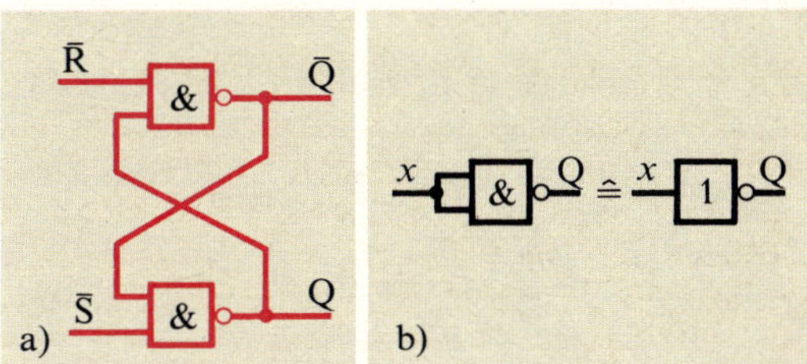

99.2 Zu den Aufgaben: a) RS-Flipflop, b) NICHT aus NAND

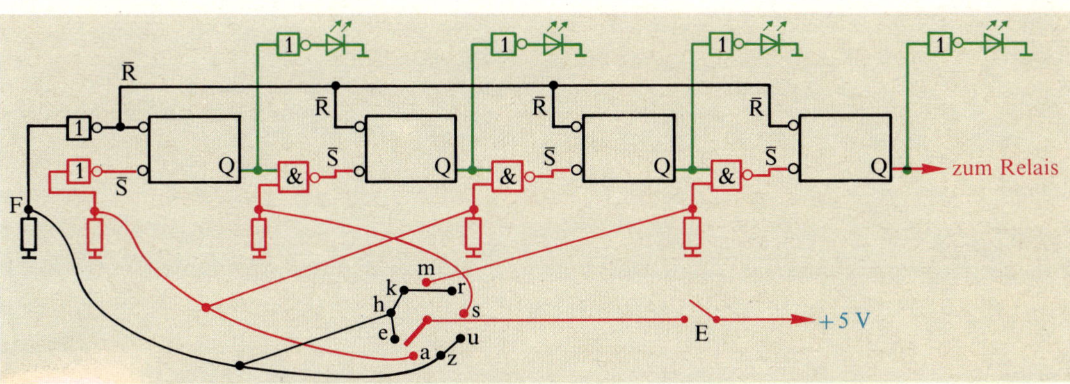

99.1 Elektronisches Code-Schloß. Die grün gezeichneten Negatoren und Leuchtdioden gehören nur zum Modellversuch 33. Alle Widerstände haben 390 Ω. Rot sind richtige, schwarz falsche Buchstaben.

§ 37 Integrierte Verstärker

1. Das überlassen wir den Profis

Auch im Zeitalter der hochentwickelten Digitaltechnik braucht man noch die *analoge*, d.h. kontinuierliche Umsetzung von Größen. Z.B. muß man beim Rundfunkempfang die kleinen Antennenspannungen erst auf die Größenordnung von 1 V verstärken, ehe man sie etwa digital weiterverarbeiten kann. Ebenso brauchen digitale Spannungsmesser oder Thermometer einen guten Verstärker. Ein einzelner Transistor reicht zur Verstärkung meist nicht aus. Seine Eigenschaften sind außerdem stark temperaturabhängig und streuen von einem Exemplar zum andern beträchtlich. Kombiniert man mehrere Transistoren zu einem Verstärker, so muß man die verschiedensten technischen Probleme lösen. Damit diese Arbeit nicht immer wieder von neuem getan werden muß, verwendet man heute mehr und mehr integrierte Verstärker als Bausteine, in die Spezialisten ihr ganzes Know-how gesteckt haben und die nahezu ideale Eigenschaften „auf Vorrat" für den Benutzer zur Verfügung halten. Sie werden **Operationsverstärker** (OV) genannt. Ein Allround-Verstärker, der unter der Typ-Nummer 741 verkauft wird, kostet 1 bis 2 DM. Er hat 8 Anschlüsse, die gemäß *Bild 100.1* zu schalten sind. Was kann dieser Verstärker?

a) Am Schaltbild fällt auf, daß der OV von zwei Batterien gespeist wird, die gegengleiche Potentiale (Spannungen gegenüber Masse) liefern. Daher kann der Ausgang A positives oder negatives Potential annehmen. In dem an A angeschlossenen Verbraucher (etwa einem Lautsprecher) kann ein Strom von bis zu 25 mA entweder nach rechts (obere Batterie in Betrieb) oder nach links fließen (untere Batterie in Betrieb). Man kann also mit reinem Wechselstrom arbeiten; der vom Einzeltransistor geläufige Ruhestrom, der nur heizt, entfällt.

b) Der einen Ausgangsklemme A stehen zwei Eingangsklemmen + und − gegenüber. Was bedeutet das?

Versuch 85: **a)** Wir verbinden die beiden Eingänge miteinander und legen sie gemäß *Bild 100.2* an ein Potentiometer ($U_\sim = 0$). Das Potential von A wird von einem Oszilloskop angezeigt. Verändern wir das gemeinsame Eingangspotential im positiven oder negativen Bereich, so bleibt das Ausgangspotential unverändert. (*Bemerkung:* Spannungswerte, die an einem einzelnen Punkt einer Schaltung stehen wie z.B. U_+, U_-, U_a in *Bild 100.2*, bedeuten immer das *Potential* dieses Punktes.)

b) Nun legen wir zwischen Plus- und Minuseingang eine kleine Wechselspannung $U_\sim$ von etwa 0,1 V Amplitude. Das Ausgangspotential springt fast momentan zwischen +5 V und −5 V hin und her! Die zum Umspringen benötigte Zeit läßt sich bei hoher Auflösung des Oszilloskops zu etwa $\Delta t = 10$ µs abschätzen. In dieser Zeit ändert sich die Eingangsspannung $U_\sim$ höchstens um etwa 0,3 mV (Aufgabe 1). Also beträgt die Verstärkung $v \approx 10$ V/0,3 mV $\approx 3 \cdot 10^4$. Die Spannung zwischen den Eingangsklemmen wird am Ausgang ca. 30000fach wiedergegeben! Daran ändert sich nichts, wenn wir ähnlich wie in (a) den gemeinsamen Mittelwert der beiden Eingangspotentiale mit Hilfe des Potentiometers 10 kΩ nach oben oder unten schieben: Der OV verstärkt nur die Differenz der Eingangspotentiale; er ist ein **Differenzverstärker**. Dabei gilt: Hat der Plus-

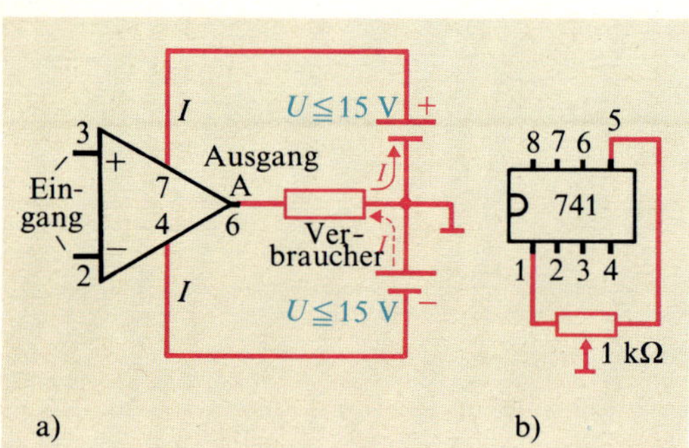

100.1 a) Operationsverstärker (*I* ist konventionelle Stromrichtung!); b) OV 741 (8poliges Gehäuse)

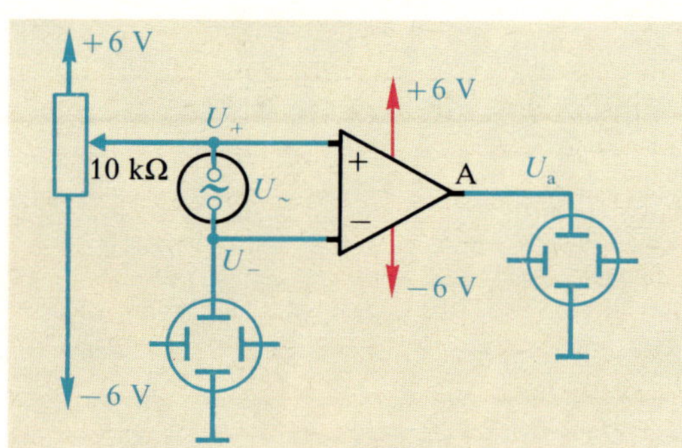

100.2 Rechteckspannung mit dem OV erzeugt; Abschätzung des Verstärkungsfaktors

Eingang höheres Potential, $U_+ > U_-$, so ist das Ausgangspotential U_a positiv; für $U_+ < U_-$ ist $U_a < 0$.

c) In den Eingangsleitungen eines OV fließen im Betrieb nur extrem kleine Ströme, die man kaum messen kann. Der *Eingangswiderstand* des Verstärkers ist sehr *groß* (der Hersteller gibt 2 MΩ an). – Belastet man den Ausgang mit einem Verbraucher, so stellt man fest, daß die Ausgangsspannung dadurch nur unwesentlich sinkt: Der *Innenwiderstand* des Ausgangs ist *klein*. Mit einem Leistungstransistor kann man den an sich geringen Ausgangsstrom (maximal 25 mA) verstärken. Viele OV-Typen enthalten bereits eine integrierte Leistungsstufe. Für die folgenden Versuche verwenden wir einen OV mit Zusatzschaltung, der ca. 100 mA Ausgangsstrom abgeben kann.

Ein Operationsverstärker ist ein Differenzverstärker mit hohem Verstärkungsgrad. Er benötigt praktisch keinen Eingangsstrom und liefert Ausgangsspannungen jeder Polarität, die bei Belastung nur wenig absinken.

2. Des Widerspenstigen Zähmung

Versuch 86: a) Wir bauen einen „naiven" Plattenspielerverstärker: Plattenspieler an den Eingang, Lautsprecher an den Ausgang des OV *(Bild 101.1)*. Der Erfolg ist niederschmetternd. Wir hören allenfalls entsetzliche Geräusche; die Musik ist zur Unkenntlichkeit verzerrt. Das Oszilloskop zeigt warum: Die Differenzspannung $U_\sim = U_+ - U_-$, die der Plattenspieler liefert, ist zu hoch; der Verstärkerausgang befindet sich die meiste Zeit auf extremem oberen oder unteren Potential. Der Verstärker wird *übersteuert*. Wie kann man Abhilfe schaffen? Wir wollen den Verstärker gegen sich selbst ausspielen: Wir benutzen sein eigenes Ausgangspotential U_a, um die Differenz $U_+ - U_-$ zu verkleinern!

b) Mit einem Potentiometer greifen wir einen Teil U_r von U_a ab *(Bild 101.2)*; bei Mittelstellung des Abgriffs gilt $U_r = \frac{1}{2} U_a$. Dieses Potential wird an die Minus-Eingangsklemme gelegt. Der Plattenspieler gibt dagegen der Plus-Eingangsklemme das Potential $U_\sim$. Am Verstärkereingang liegt damit die Spannung $U_+ - U_- = U_\sim - U_r$. Wir haben Erfolg. Der winzige OV verschafft uns gute Musikqualität bei Zimmerlautstärke.

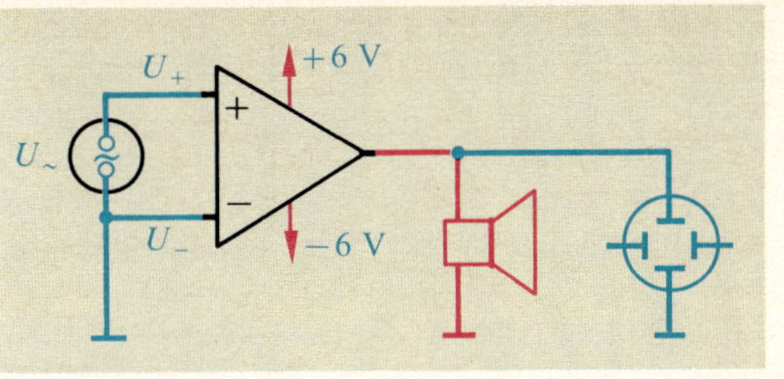

101.1 So geht's nicht!

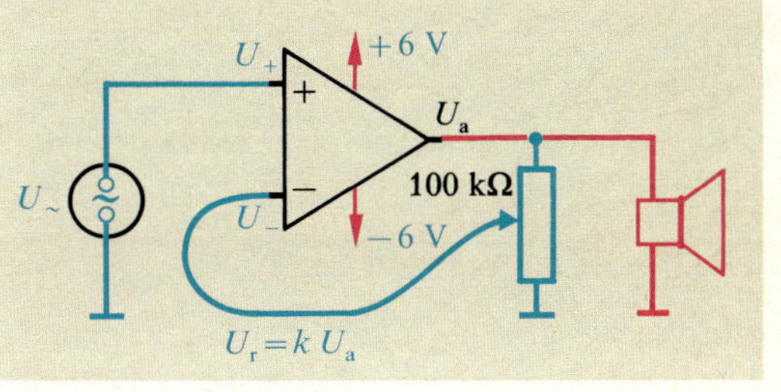

101.2 Gegenkopplung

c) Vertauschen wir die Anschlüsse der Eingangsklemmen, haben wir wieder die alte Übersteuerung. Der Ausgang muß auf den Minus-Eingang zurückwirken, um den Verstärker zu bändigen *(„Gegenkopplung")*.

d) Mit dem 2-Kanal-Oszilloskop vergleichen wir die Ausgangsspannung U_a mit der Plattenspielerspannung $U_\sim$. Wir finden bei Mittelstellung des Potentiometers: $U_a = 2\,U_\sim$. Unser Gerät verstärkt Spannungen zweifach. Greifen wir den vierten Teil von U_a ab ($U_r = \frac{1}{4} U_a$), so erhalten wir vierfache Verstärkung. Wie kommt es zu diesem einfachen Zusammenhang?

Der OV selbst verstärkt die Spannung zwischen seinen Eingangsklemmen v-fach:

$$U_a = (U_+ - U_-)\,v.$$

Nun haben wir in unserer Rückkopplungsschaltung $U_+ = U_\sim$ und $U_- = U_r = k\,U_a$ gemacht, wobei k von 0 bis 1 beliebig eingestellt werden kann. Es folgt

$$U_a = (U_\sim - k\,U_a)\,v \text{ oder}$$

$$U_a\,(v^{-1} + k) = U_\sim.$$

Weil v eine sehr große Zahl ist (10^4 und darüber), macht sich v^{-1} als Summand neben k kaum bemerkbar. Es gilt sehr genau

$$U_a = k^{-1}\,U_\sim \quad (k \leq 1), \qquad (101.1)$$

„gebändigte Verstärkung" bei Gegenkopplung.

Ein bemerkenswertes Resultat! Die Verstärkung der Schaltung ist von außen beliebig einstellbar, und sie hängt vom „ungebändigten“ Verstärkungsgrad des integrierten OV nicht ab. Daher spielt es auch keine Rolle, ob v eine Konstante ist oder nicht. Wir haben einen idealen Verstärker gebaut, den wir viel besser im Griff haben als einen Einzeltransistor. Vom Innenleben des OV brauchen wir dazu so wenig zu wissen wie die meisten Autofahrer von ihrem Motor. Bedienungsanleitung genügt!

Legt man gemäß *Bild 101.2* den Bruchteil k des Ausgangspotentials an den Minuseingang (Gegenkopplung), so verstärkt die OV-Schaltung k^{-1}-fach.

Je weniger man von U_a abzapft und auf den Minuseingang gibt (je kleiner man k macht), um so höher verstärkt die Schaltung. Kann man jetzt am Ende beliebig hohe Verstärkungen erreichen? Natürlich kann der Verstärkungsgrad v des OV selbst nicht übertroffen werden, und für kleine k stimmt *Gl. 101.1* nicht mehr; die Verstärkung der Schaltung ist dann i.a. auch nicht mehr gut konstant.

Greift man umgekehrt die ganze Ausgangsspannung ab ($k=1$, $U_-=U_a$), so wird $U_a = U_\sim$; wir haben keinen Verstärker im üblichen Sinn mehr, sondern nur einen *„Spannungsfolger“*. Ein nutzloses Gerät? Keineswegs, denn „verstärken“ will man nicht nur Spannungen.

Versuch 87: **a)** Mit einem auf 4 V aufgeladenen Kondensator von 10 µF kann man keine Glühlampe betreiben *(Bild 102.1a)*. Öffnet man den Schalter, geht die Lampe sehr schnell aus.

b) Über einen Spannungsfolger ist das minutenlang möglich (*Bild 102.1b*; Schalter geschlossen: Kondensator aufladen, Lampe wird mit 4 V betrieben; Schalter offen: Lampe leuchtet weiter). Der Kondensator entlädt sich

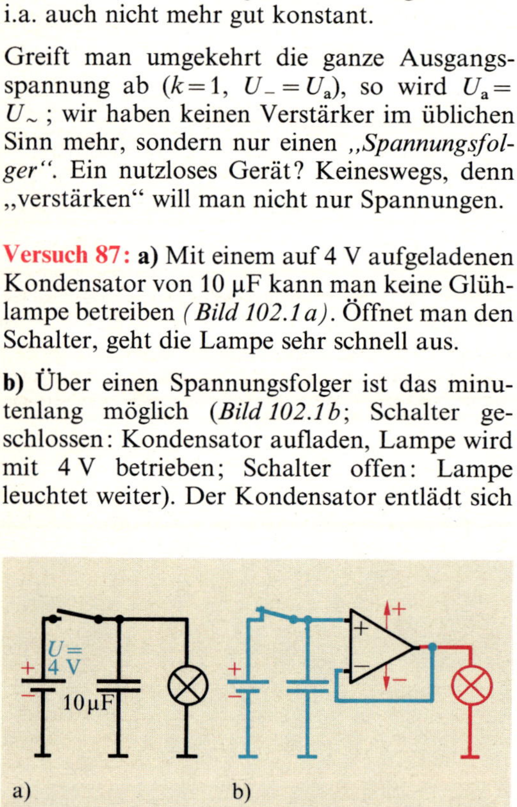

102.1 Die Wirkung des Spannungsfolgers

nur ganz langsam über den – nun doch nicht unendlich großen – Eingangswiderstand des Verstärkers. Die Energie für die Lampe stammt natürlich nicht aus dem Kondensator, sondern aus der gar nicht gezeichneten Stromversorgungsbatterie des OV. Wir haben zwar keine Spannungs-, aber eine sehr hohe *Leistungsverstärkung*. Diese braucht man oft; auch die Gatter der Digitaltechnik sind keine Spannungs-, sondern Leistungsverstärker. Moderne elektronische Spannungsmesser (Digitalvoltmeter) enthalten immer einen OV. Für Meßbereiche um 5 V wird es ein Spannungsfolger sein. Mit dem Verstärker erreicht man, daß das Gerät praktisch keinen Strom vom Meßobjekt entnimmt, sich also wie ein Elektroskop verhält – nur daß man mit einem solchen keine Spannungen von wenigen Volt messen kann! Die Schaltung *Bild 101.2* heißt deshalb auch *Elektrometer-Gegenkopplung*.

3. Miteinander und gegeneinander

Wie kommt es, daß man bei Gegenkopplung einen gebändigten Verstärker erhält; was passiert andererseits bei der *„Mitkopplung“* (Versuch 86c) genau? Zur Untersuchung erzeugen wir die Signalspannung $U_\sim$ statt mit dem Plattenspieler mit Hilfe eines Potentiometers *(Bild 103.1a)*. U_a soll nur zwischen -4 V und $+4$ V schwanken können und wird nach Betrag und Vorzeichen durch das Oszilloskop angezeigt. Das Rückkopplungspotentiometer stellen wir auf die Mitte ein, so daß das Rückkopplungspotential $U_r = \frac{1}{2}\,U_a$ beträgt und also von -2 V bis $+2$ V variieren kann.

Versuch 88: *Gegenkopplung (Bild 103.1).* Wir beginnen mit $U_\sim = U_+ = +3$ V (*Bild 103.1b*, linker Rand). Wegen $U_- = U_r \leqq 2$ V ist der OV-Eingang auf jeden Fall so gepolt, daß $U_a > 0$ wird. Weil U_+ bedeutend größer als U_- ist, befindet sich U_a auf dem Maximalwert $+4$ V und daher U_- auf dem Maximalwert $+2$ V. Erniedrigen wir $U_\sim = U_+$ allmählich, so geschieht nichts, bis wir knapp über $+2$ V angekommen sind. Wenn nun U_+ *exakt gleich* U_- würde, müßte $U_a = 0$ sein. Für $U_+ < U_-$ wäre U_a sogar negativ. Beides ist für positives U_+ unmöglich, da ja infolge der Gegenkopplung U_- an U_a gebunden ist. Wenn U_a absinkt, muß U_- mitgehen! Der Kompromiß lautet: U_- bleibt stets ein wenig unterhalb U_+, gerade so viel, daß der Quotient aus U_a und $(U_+ - U_-)$ gleich dem Verstärkungsfaktor v des OV wird.

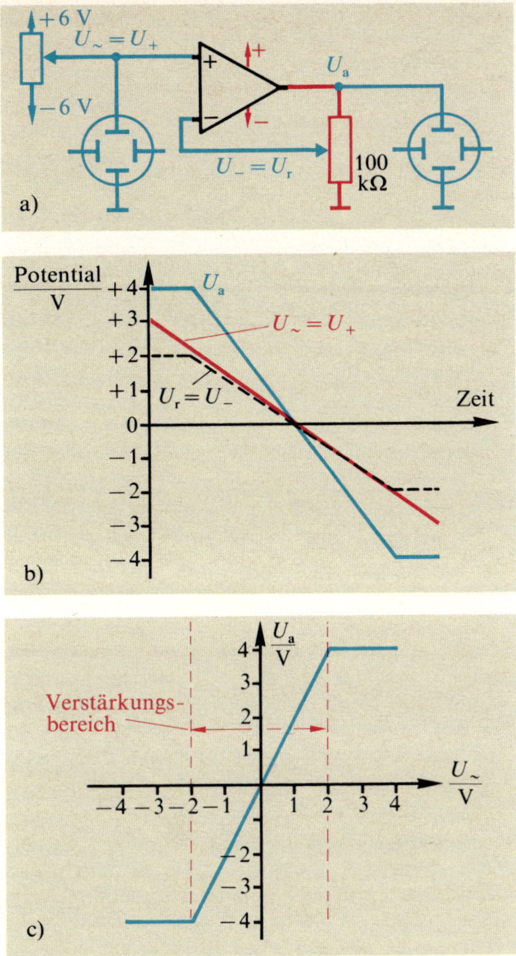

103.1 Gegenkopplung: a) Schaltbild, b) Potentialverlauf, c) Kennlinie

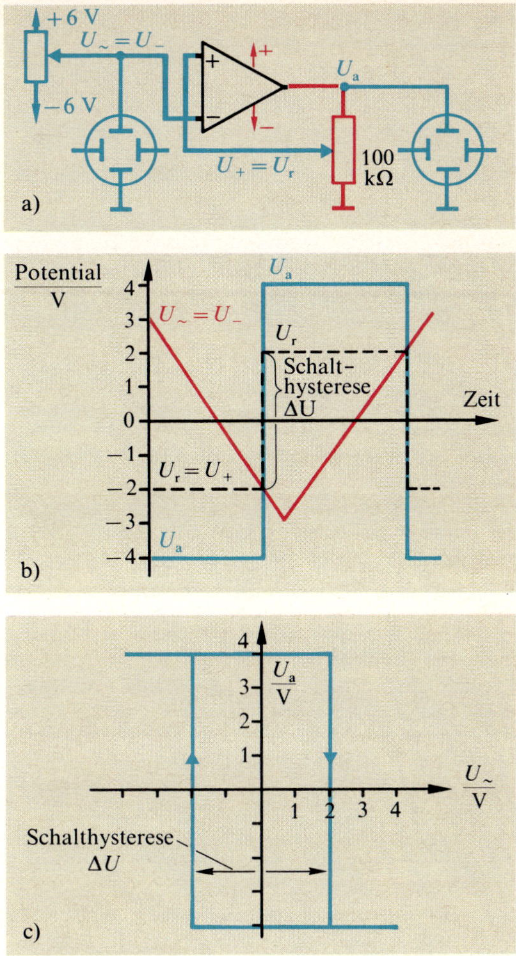

103.2 Mitkopplung: a) Schaltbild, b) Potentialverlauf, c) Kennlinie

> ***Faustregel:* Bei Gegenkopplung stellt sich das Ausgangspotential des Operationsverstärkers so ein, daß in jedem Augenblick die Spannung zwischen den Eingangsklemmen Null ist. (103.1)**

v ist ja eine sehr große Zahl, die Differenz $U_+ - U_-$ daher vernachlässigbar klein. Setzen wir $U_+ = U_{\sim}$ und $U_- = k\, U_a$ ein, so kommen wir mit dieser Regel wieder zu der *Näherungsgleichung 101.1* zurück. Die Faustregel gilt natürlich nur im „Verstärkungsbereich", d.h. so lange U_a nicht einen seiner Extremwerte erreicht hat. Außerhalb davon ist auch die Gegenkopplungsschaltung *übersteuert*. In *Bild 103.1c* ist die Beziehung zwischen $U_{\sim}$ und U_a als *Kennlinie* dieser Schaltung gezeichnet.

Versuch 89: *Mitkopplung (Bild 103.2).* Jetzt gilt $U_{\sim} = U_-$ und $U_r = U_+$. Für $U_{\sim} = +3$ V ist hier auf jeden Fall U_- bedeutend größer als U_+, also U_a auf seinem Minimalwert -4 V und damit U_r auf seinem Minimalwert -2 V (*Bild 103.2b*, linker Rand). Erniedrigen wir $U_{\sim} = U_-$ allmählich, so geschieht nichts, bis wir knapp über -2 V angekommen sind. Bei weiterer Verkleinerung der Differenz $U_- - U_+$ muß sich der Betrag von U_a verkleinern. U_a steigt also, mit ihm U_+ und gerät schnell oberhalb von U_-. Damit wird U_a positiv! Der „Erdrutsch" endet erst, wenn $U_a = +4$ V, $U_r = U_+ = +2$ V geworden ist. Der neue Zustand bleibt so lange erhalten, bis $U_{\sim} = U_-$ einmal beim Anwachsen die Grenze $+2$ V erreicht. Dann kippt er in den ersten Zustand zurück. Die Mitkopplungsschaltung ist also nicht wertlos; sie arbeitet als *Trigger*. Gegenüber der früheren Schaltung in *Bild 93.1* hat sie sogar einen Vorteil: Man kann die Schalthysterese ΔU nach Belieben eng oder weit am Potentiometer 100 kΩ einstellen.

Bild 103.2c zeigt die Kennlinie der Triggerschaltung. Sie entspricht *Bild 93.1c*.

Operationsverstärker mit positiver Rückkopplung (Mitkopplung) wirken als Trigger.

4. Ein geregeltes Leben

Lebewesen reagieren fortwährend auf ihre Umwelt und passen sich ihr an. Stets sind dabei Regelmechanismen am Werk. Wir wollen die Möglichkeiten des OV nutzen, um einen biologischen Regelkreis mit elektronischen Mitteln nachzubauen (zu *simulieren*).

Versuch 90: **a)** Das menschliche Auge reagiert auf wechselnde Helligkeit mit Erweiterung oder Verengung der Pupille. Dieser Vorgang soll nachgeahmt werden. Die Netzhaut wird durch einen Fotowiderstand dargestellt, die Pupille durch einen Kartonstreifen, der von einem Elektromotor mit Getriebe bewegt wird und den Fotowiderstand mehr oder weniger verdecken kann. Die Schaltung *(Bild 104.1)* besteht aus einem Verstärker, an dessen Ausgang der Motor angeschlossen ist. Am Eingang liegt die schon von *Bild 93.1* bekannte Schaltung mit dem Fotowiderstand. Am Meßgerät können wir U_+ ablesen und so die Beleuchtungsstärke der „Netzhaut" beurteilen. Der Abgriff des Potentiometers 100 kΩ wird zunächst ungefähr auf die Mitte gestellt, also auf zweifache Spannungsverstärkung. Nun stellen wir den Regulierwiderstand 10 kΩ so ein, daß bei halb abgedecktem Fotowiderstand der Motor gerade nicht läuft. (Der Spannungsmesser muß dann $U_+ = 0$ anzeigen.) Dann können wir die Motorbewegung mit Licht steuern: Stärkere als die mittlere Beleuchtung

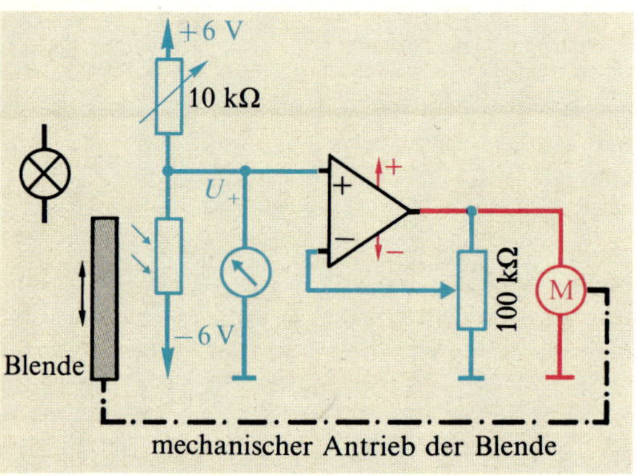

104.1 Simulation der Augenpupille

läßt den Motor in die eine, schwächere läßt ihn in die andere Richtung laufen. Hier ist es übrigens wesentlich, daß der OV beide Polaritäten der Ausgangsspannung liefern kann. Ein Einzeltransistor wäre für diese Aufgabe unzureichend.

b) Bis jetzt haben wir nur gesteuert, nun wird *geregelt*. Der Motor wird noch ohne Stromversorgung so vor dem Fotowiderstand befestigt, daß der Kartonstreifen sich dicht vor diesem vorbeidrehen kann. Schließt man jetzt den Motor wieder an den Verstärker an, so läuft er, bis der Fotowiderstand halb verdeckt ist. Die Rückkopplung (Kartonstreifen vor Fotowiderstand) „sagt" dem Motor, wann er stehenzubleiben hat. Wir lassen die Sonne auf das fertige Pupillenmodell scheinen (Lampe nähern): Der Karton schiebt sich weiter über den Fotowiderstand. Wir lassen es dunkel werden: Die „Pupille" öffnet sich weit – unter Umständen nicht weit genug! Dann läuft der Motor immer noch weiter, obwohl der Fotowiderstand schon völlig offen ist.

Jedes Regelsystem hat seine Grenzen. Wir können sie am Modellversuch erleben.

Versuch 91: **a)** Die *Verstärkung* wird erhöht. Der Motor reagiert dann heftiger auf Störungen in der Beleuchtung. Er beseitigt sie schneller, schießt aber bei höherer Verstärkung auch erst einmal über das Ziel hinaus. Bei sehr hoher Verstärkung gerät der Kartonstreifen in dauerndes Zittern.

b) Bei normaler Verstärkung wird der *Sollwert* der Beleuchtungsstärke verändert (Drehen am Regelwiderstand 10 kΩ). Verlangt man von dem Regler Unerfüllbares, z.B. eine so hohe Beleuchtungsstärke, wie sie auch bei voll geöffneter Blende nicht herrscht, so versagt er. Der Motor dreht durch, und zwar im wahren Sinne des Wortes!

c) Ähnliches beobachten wir natürlich bei zu großen *Störungen* (Lampe sehr hell oder sehr dunkel). Wird der begrenzte Wirkungsbereich eines Reglers überschritten, so wird dieser übersteuert. Im Anwendungsfall können dann Schäden auftreten. In der Technik vermeidet man sie durch *übergeordnete* Regler, z.B. Sicherheitsventile, die erst ansprechen, wenn die Störungen „unerträglich" werden, und dann die ganze Anlage abschalten. – Wenn die Sonne zu hell leuchtet, schließt man die Augen oder dreht den Kopf weg. Jeder lebendige Organismus enthält eine große Zahl von Regelkreisen, die vielfach ineinander verschachtelt und hierarchisch geordnet sind. Nur so kann der Kampf ums Dasein bestanden werden.

Regelkreise können bei falscher Einstellung instabil werden, z.B. ins Schwingen geraten. Die zu regelnde Größe kann nur innerhalb eines begrenzten Wertebereichs konstant gehalten werden und nur dann, wenn die Störungen ein gewisses Maß nicht überschreiten.

5. Die Menge muß es bringen

Der OV 741 enthält in seinem Innern 20 Transistoren, 11 Widerstände und einen Kondensator. Ali Babas Zauberschloß (Seite 99) kommt im ganzen auf mindestens 40 Transistoren. Zur Röhrenzeit wäre beides unerschwinglich teuer und angesichts des Energieaufwands für die Heizung nur bei hochwertigen Laborgeräten zu vertreten gewesen. Die Elektronik und insbesondere die „Datentechnik für alle“, wie wir sie heute haben, ist nur durch die Erfindung des Transistors und durch die Technik der *Integration* möglich geworden.

Integration bedeutet hier, daß auf kleinstem Raum komplizierte Schaltungen in einem Stück, d.h. auf einem einzigen kleinen Siliciumkristall hergestellt werden. Transistoren fertigte man schon immer in großen Serien: Auf einer Siliciumscheibe von 5 cm Durchmesser entstanden gleichzeitig über hundert gleiche Exemplare. Heute sitzen auf der gleichen Scheibe meist ebensoviele hochkomplexe Mini-Geräte *(Bild 105.1)*. Man treibt die Zahl der Bauelemente je Schaltung immer höher; ihre Abmessungen werden immer kleiner und erreichen schon die Grenze des physikalisch Möglichen (einige µm).

Zwei Voraussetzungen für eine solche Technik seien hier genannt:

- Das Herstellungsverfahren muß sehr *zuverlässig* sein: Ist von 10000 Transistoren auch nur einer defekt, muß man den ganzen IC wegwerfen. Die meisten Herstellungsschritte und die Prüfverfahren sind daher *automatisiert*. Schon beim Zeichnen der komplexen Schaltungen kommt man nicht mehr ohne Hilfe durch Computer aus: **CAD** (**C**omputer **A**ided **D**esign).
- Wegen der hohen Entwicklungskosten für eine Schaltung muß man *große Serien* anfertigen. Dies hat wiederum zur Folge, daß *Standardbausteine* angeboten werden. Die logischen Gatter und die Operationsverstärker sind Beispiele dafür. Der Anwender muß lernen, mit solchen "black boxes" geschickt umzugehen.

Aufgaben

1. *Eine sinusförmige Wechselspannung habe die Frequenz 50 Hz und die Amplitude 0,1 V. In welcher Phase ändert sie sich in einer gegebenen Zeitspanne Δt am stärksten? Wie groß ist die Änderung dann für $\Delta t = 10$ µs?*

2. *Wenden Sie die Gegenkopplungs-Regel 103.1 auf die Schaltung Bild 105.2a an und zeigen Sie so: $U_a = -U_\sim R_1/R_2$! Warum ist es ein invertierender Verstärker? Welchen Strom liefert die Signalquelle?*

3. *Bei Strommessern stört oft, daß sie infolge ihres Eigenwiderstands „Spannung verbrauchen“. Erklären Sie, warum dies bei der Schaltung Bild 105.2b nicht der Fall ist, und warum das Meßinstrument genau vom Strom I durchflossen wird! Ergänzen Sie die Schaltung durch die zwei Stromversorgungsbatterien und zeichnen Sie den vollständigen Weg des Stroms I!*

4. *In Bild 105.2c erkennt man, daß ein Trigger (mit nachgeschaltetem Negator) auf seinen eigenen Eingang zurückwirkt. Erklären Sie, warum dies eine Blinkschaltung (einen Multivibrator) ergibt! Bauen Sie die Schaltung mit Hilfe eines OV auf!*

5. *In Bild 91.1 werde das spannungsbestimmende Potentiometer an den Eingang eines Spannungsfolger-OV gelegt und dessen Ausgang mit der Basis des Transistors verbunden. Zeichnen Sie die Schaltung! Warum wird jetzt auch bei hoher Lautstärke die Spannung am Radiogerät nicht mehr absinken?*

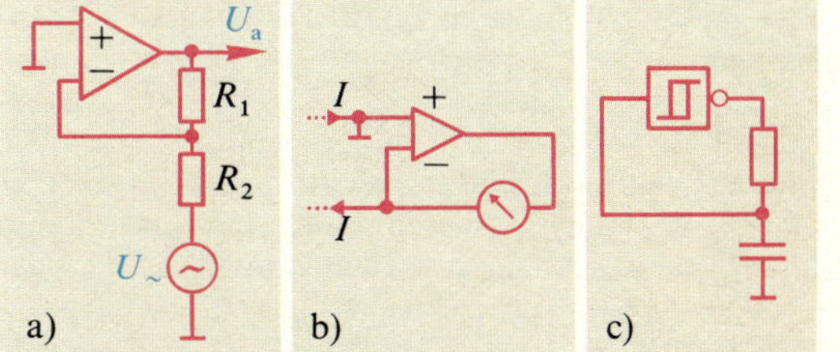

105.2 Zu den Aufgaben: a) Invertierende Gegenkopplung, b) Strommesser, c) Blinkschaltung

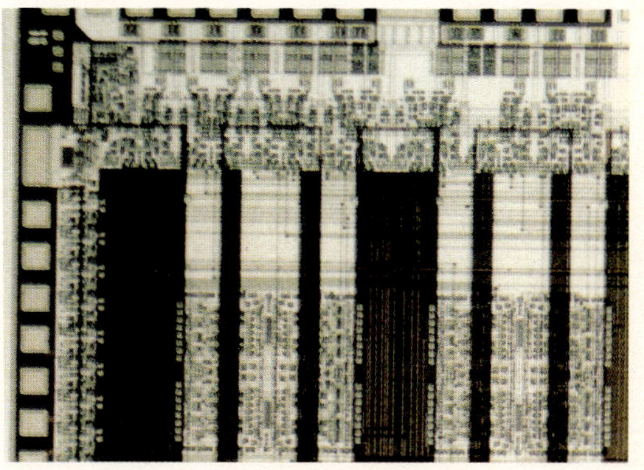

105.1 Siliciumscheibe mit 34 ICs; rechts vergrößerter Ausschnitt mit 2500 Gattern auf 75 mm²

§38 Vom Licht- zum Ladungsbild

Die meisten Informationen nehmen wir über das Auge als Bild auf. Will man Bilder aufzeichnen, braucht man materielle Träger, etwa fotografische Schichten. Diese bestehen – wie jede Materie – aus Atomkernen und Elektronen. Also spielt beim Aufzeichnen von Bildern der Fotoeffekt, bei dem Licht Elektronen freisetzt, die primäre Rolle. Dabei wird ein *Lichtbild* in ein *Ladungsbild* umgesetzt. Dieses kann vielfältig ausgewertet werden:

1. Das „Ablichten" – eine Elektro-Fotografie

In den bekannten Bürokopiergeräten liegt eine dünne Selenschicht auf einer Metallplatte *(Bild 106.1)*. Auf diese Selenschicht sprüht man mit hohen Spannungen positive Luftionen (Seite 110). Darauf projiziert man ein seitenverkehrtes Bild des „abzulichtenden" Originals. Von seinen hellen Punkten fällt viel Licht auf die zugeordneten Selenstellen. Dort wird der Halbleiter Selen durch **inneren Fotoeffekt** leitend und entlädt die aufgesprühten Ionen von der Metallunterlage her. Die dunklen, nichtleitenden Selenstellen (Buchstabe F) dagegen bleiben geladen. Sie bilden ein „latentes", unsichtbares *Ladungsbild.* Man macht es durch Aufstäuben von negativ geladenem, schwarzem Kunstharzpulver (Toner) sichtbar. Seine Stäubchen haften nur an den noch positiv geladenen, unbelichteten Stellen. Diese entsprechen den schwarzen Punkten des Originals. Dann preßt man auf das Selen ein Blatt Papier und lädt seine Rückseite noch stärker positiv auf. Das Papier zieht deshalb das Pulver an sich; Wärmestrahlen schmelzen es ins Papier. Das Ladungsbild wird wieder zum *Lichtbild.* Das Verfahren heißt *Xerografie* (von griech.; trocken).

2. Der fotografische Elementarprozeß

Fotografische Schichten enthalten Ag^+Br^--Kristalle. In ihnen löst Licht einen *inneren Fotoeffekt* aus und hebt Elektronen von Brom-Ionen in ein unbesetztes Energieband. Dort wandern die Elektronen zu Ag^+-Ionen und neutralisieren sie. Durch Anlagern von weiteren Ag-Atomen wird daraus beim Entwickeln ein großes, unter dem Mikroskop sichtbares Silberkorn. Der fotografische Elementarprozeß ist also auch elektrisch.

3. Bildwandler für Nachtwandler

Auch bei Nacht strahlen warme Gegenstände (Personen, Autos, beheizte Häuser) infrarotes Licht aus. Wir können es nicht sehen, doch löst es in einer Fotokathode Fotoelektronen aus (§88). Diese werden nach *Bild 106.2* zunächst durch ein elektrisches Feld beschleunigt, erhalten also mehr Energie, als ihnen das Licht gegeben hat. Elektronenlinsen konzentrieren die von einem Punkt der Fotokathode auf Schraubenbahnen ausgehenden Fotoelektronen wieder in einem Bildpunkt des Leuchtschirms. Dort entsteht ein helles, sichtbares Bild.

4. Elektronenbewegungen auch in der Netzhaut

Fällt Licht auf bestimmte Moleküle der Netzhaut des Auges, so werden in ihnen Elektronen freigesetzt. Die damit verfügbare Energie wird – für jede Sehzelle getrennt – in einer Nervenfaser des Sehnervs

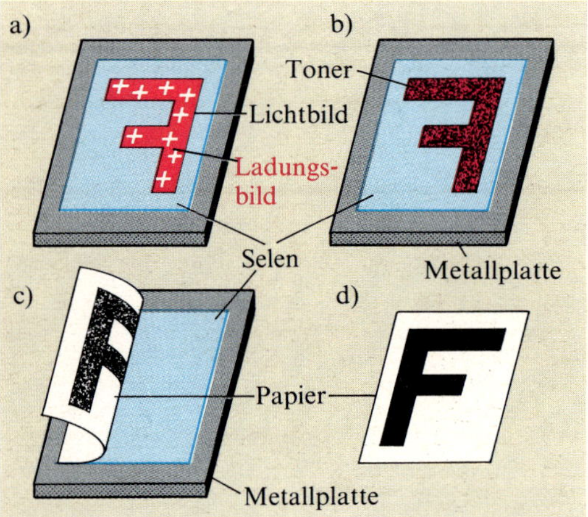

106.1 Schema eines Bürokopiergeräts (Xerografie)

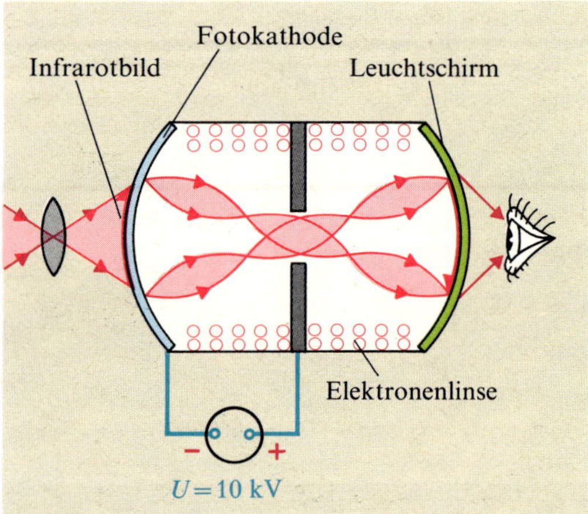

106.2 Bildwandler

auf elektrochemische Weise in das Gehirn geleitet und in eine Empfindung umgesetzt. Diese Umsetzung vom objektiven physikalischen Vorgang in die subjektive Empfindung „hell“ oder „rot“ überschreitet nicht nur den Bereich der Physik, sondern vorläufig aller Wissenschaft. Für jeden wahrgenommenen Bildpunkt ist eine eigene „Leitung“ zum Gehirn nötig.

5. Fernsehkameras tasten Ladungsbilder ab

Das Fernsehen kann sich nicht wie das Auge für jeden der sehr zahlreichen Bildpunkte eine eigene Leitung leisten. Man überträgt deshalb die Helligkeit dieser Bildpunkte schnell nacheinander. Wie entsteht hier das Ladungsbild?

Bild 107.1 zeigt das Prinzip: Die Linse O wirft durch eine durchsichtige Metallschicht M ein Lichtbild auf die dünne *Fotoleiterplatte* F (z.B. aus Sb_2S_3). M und der linke Rand von F werden über den Widerstand *R* etwas positiv geladen. Je heller ein Bildpunkt ist, desto besser leitet der Fotoleiter F, desto mehr positive Ladung fließt durch ihn von seinem linken zum rechten Rand und baut dort ein positives Ladungsbild auf. Der zeilenweise darüber gleitende Elektronenstrahl S neutralisiert es (seine Elektronen sind von dem fast auf Kathodenpotential liegenden Fotoleiter F stark verlangsamt; Versuch 55). Eine helle, stark positiv geladene Stelle zieht aus dem Strahl viele Elektronen an sich. Diese lösen dabei durch Influenz in der Metallschicht M und dem Ausgang A einen kurzen, großen Spannungsstoß aus. Dieser bleibt an dunklen Bildpunkten klein. Der verstärkte Spannungsstoß liefert das *Bildsignal*. Wenn der Strahl nach $\frac{1}{25}$ s zu einem Bildpunkt zurückkehrt, hat sich dort die der Helligkeit entsprechende positive Ladung über den Fotoleiter F wieder aufgebaut.

Die Bildsignale gelangen über den Sender zu den Empfängern. Mitgesandte Synchronisierungsimpulse sorgen dafür, daß die Elektronenstrahlen aller Empfänger im gleichen Augenblick über den analogen Punkt des Bildschirms gleiten. Den Bildsignalen entsprechend wird der Wehnelt-Zylinder W in *Bild 70.1* mehr oder weniger stark negativ geladen. Er steuert so die Stärke des Elektronenstrahls und damit die Helligkeit der Bildpunkte (Seite 77). Ein Bild besteht aus 625 Zeilen (Mittelstufenband Seite 340; Farbfernsehen Seite 254). Auf einer Zeile bringt man 800 Bildpunkte unter; die ganze Bildfläche tastet man in jeder Sekunde 25mal ab. Also muß man $12{,}5 \cdot 10^6$ Bildsignale je Sekunde übertragen.

Aufgaben

1. *Vergleichen Sie bei Elektrokopiergerät und Fernsehkamera die Selenschicht mit der Fotoleiterplatte! Warum müssen beide hauchdünn sein?*

2. *Wie könnte man beim Elektrokopiergerät ein Negativbild (Schwarz und Weiß vertauscht) bekommen?*

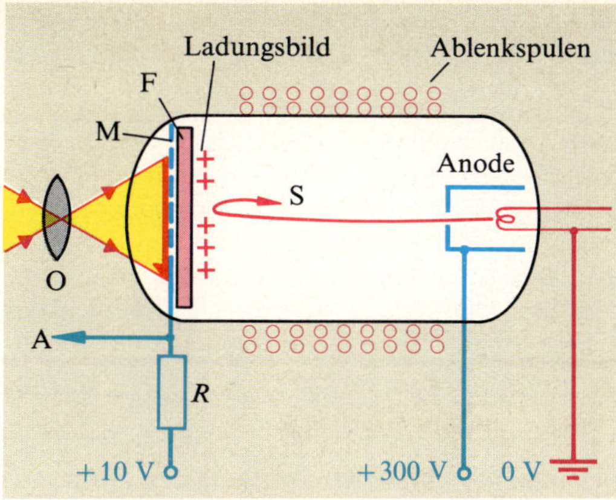

107.1 Prinzip der Fernsehaufnahmekamera; der Elektronenstrahl S wird wie im Empfänger durch die Ablenkspulen zeilenweise über das Ladungsbild geführt *(Bild 61.2)* und neutralisiert es punktweise.

107.2 Die Intensität unsichtbarer Wärmestrahlen wird über elektrische Impulse in Farben übersetzt.

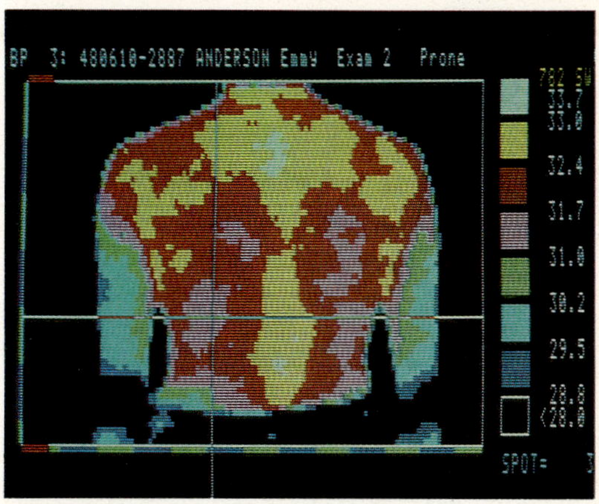

107.3 Temperaturverteilung im Rücken

§ 39 Wie macht man Gase leitend?

Zum Glück sind Gasmoleküle elektrisch neutral und werden nicht zu den Polen einer Stromquelle gezogen. Auch können elektrische Felder aus Gasmolekülen keine Elektronen reißen. Sonst müßte man alle elektrischen Leitungen und Kontakte mühsam isolieren. Man braucht schon Energie, um Gase leitend zu machen:

Versuch 92: Eine Fotozelle ist mit einem Edelgas vom Druck 1 Pascal (1 N m^{-2}) gefüllt und wird belichtet. *Bild 108.1* zeigt den Fotostrom I als Funktion der angelegten Spannung U bei schwächerer (1) und bei stärkerer (2) Belichtung. Unterhalb von $U_i = 18$ V stimmen diese Kennlinien mit denen der gleich gebauten Vakuum-Zelle überein (Seite 78).

Zwar stoßen die Elektronen des Fotostroms in der gasgefüllten Zelle auf Gasmoleküle, können ihnen aber nichts anhaben. Erst bei $U > U_i = 18$ V entstehen zusätzliche Elektrizitätsträger. Die Fotoelektronen erhalten dann vom Feld so viel Energie $W = e\,U$, daß sie aus den Gasmolekülen durch Stoß Elektronen freischlagen können. Bei dieser Stoßionisation entstehen positive Ionen und freie Elektronen. Beide werden beschleunigt; die Elektronen ionisieren weitere Moleküle. So wird der primäre Fotostrom oberhalb $U_i = 18$ V erheblich verstärkt. Dabei wird das Gas nicht etwa „verbraucht"; denn die positiven Ionen und Elektronen vereinigen sich nach kurzer Zeit wieder, sie *rekombinieren*. Die zur Stoßionisation nötige Energie W_i heißt **Ionisierungsenergie**.

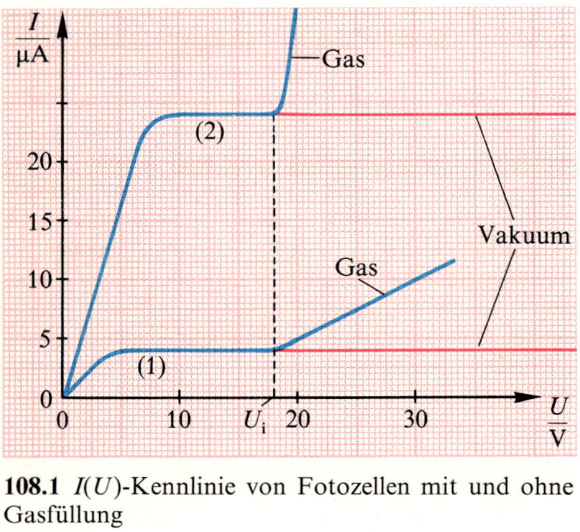

108.1 $I(U)$-Kennlinie von Fotozellen mit und ohne Gasfüllung

Um Atome oder Moleküle zu ionisieren, braucht man eine vom Gas abhängige Ionisierungsenergie W_i. Sie kann durch Stoßionisation hinreichend schneller Elektronen aufgebracht werden. Dabei entstehen positive Ionen und freie Elektronen.

Versuch 93: Wir nähern dem Knopf eines geladenen Elektroskops eine Flamme oder ein radioaktives Präparat. Das Elektroskop wird entladen, auch durch Röntgenstrahlen. Hitze und Strahlung spalten nämlich Luftmoleküle in positive Ionen und Elektronen. Das geladene Elektroskop zieht die ihm entgegengesetzten Ladungen aus der Luft an und wird von ihnen entladen. Dies geht um so schneller vor sich, je mehr freie Luftionen vorhanden sind, je stärker also die ionisierende Ursache ist.

Man mißt die Stärke von radioaktiven Präparaten oder von Röntgenstrahlen in **Ionisationskammern**. Dies sind Kondensatoren mit einem großen Luftvolumen. Die Strahlung ionisiert die Luft; das Kondensatorfeld saugt die erzeugten Ionen sofort zu den Platten. Den so entstandenen Ionisationsstrom mißt ein Meßverstärker. **(Strahlenschutz beachten!)**

Bei diesen Versuchen verliert das Gas sofort wieder seine Leitfähigkeit, wenn man die äußere Ursache der Ionisierung, also Flamme oder Strahlung, wegnimmt. Die angelegte Spannung allein macht das Gas von sich aus nicht leitend; es handelt sich um eine *unselbständige Elektrizitätsleitung*. – Weil ein Elektroskop durch leitend gemachte Gase entladen wird, spricht man auch von einer **Gasentladung**. Ein ionisiertes Gas nennt man *Plasma*. Die Ionisierungsenergie von N_2- und H_2-Molekülen liegt bei 15 eV.

Gasmoleküle können durch hohe Temperaturen, aufprallende Elektronen sowie durch radioaktive und Röntgen-Strahlen ionisiert werden. Bei nicht zu hoher Spannung findet eine *unselbständige Elektrizitätsleitung* statt.

Elektronen genügend großer Energie können auch aus Metallen Elektronen freischlagen, und zwar etwa fünfmal so viele wie aufprallen. Mit diesen *Sekundärelektronen* verstärkt man in aufeinanderfolgenden Stufen Fotoströme bis zu 10^8fach. Dies nutzt man in den *Multipliern* (Sekundärelektronenvervielfachern) aus.

§ 40 Selbständige Leitung in Gasen

1. Wann leitet ein Körper den Strom?

Soll ein Körper Elektrizität leiten, so müssen die Elektrizitätsträger (Elektronen, Ionen) in ihm beweglich sein. In Metallen und Halbleitern sind schon vor dem Anlegen von Spannung freie Elektronen bzw. Löcher vorhanden, in Elektrolyten Ionen. In Gasen dagegen mußten wir in Versuch 92 Ionen erst erzeugen. Warum aber leiten Gase in Glimmlampen schon beim Anlegen von Spannung?

2. Selbständige Elektrizitätsleitung in Gasen

Versuch 94: **a)** Nach *Bild 109.1* sind in eine Glasröhre zwei durchbohrte Elektroden mit etwa 50 cm Abstand eingeschmolzen. Wenn wir eine Spannung von 5 kV anlegen (mehr ist nach den Strahlenschutzbestimmungen nicht erlaubt), zeigt das Instrument noch keinen Strom an. Die Luft leitet nicht merklich.

b) Nun pumpen wir einen Teil der Luft ab. Plötzlich fließt Strom; zugleich leuchtet das Gas. An der Anode beginnt die rote *positive Säule*; meist ist sie aus leuchtenden Schichten zusammengesetzt. Man benutzt sie in der Lichtreklame. An der Kathode bildet sich das *negative Glimmlicht*, bekannt von Glimmlampen. Dunkelräume trennen es von der positiven Säule. Vermindern wir den Druck weiter, so zieht sich die positive Säule zurück und verschwindet ganz. Die Gasentladung braucht sie nicht. Dafür erstreckt sich das negative Glimmlicht von der Kathode weg auf die ganze Röhre; es fehlt nie. Also ist auch hier die Kathode wichtiger als die Anode.

c) Ähnliche Lichterscheinungen erhalten wir auch in Luft von normalem Druck. Nur dürfen dann bei der Spannung $U = 5$ kV die Elektroden höchstens $d = 5$ mm Abstand voneinander haben. Also ist bei diesem höheren Druck eine viel größere Feldstärke $E = U/d$ nötig.

3. Warum leiten Gase bei niedrigem Druck oder bei hoher Feldstärke?

Zählrohre knacken auch ohne ein radioaktives Präparat in der Nähe. Radioaktive Strahlen aus der Umgebung (Erdboden, Wände usw.) sowie die kosmische Strahlung setzen nämlich überall einige wenige positive Ionen und Elektronen frei. Mit unseren Meßverstärkern können wir die wenigen von dieser **Umgebungsstrahlung** unmittelbar erzeugten Luftionen nicht registrieren. Wir müssen sie vorher vermehren. Dazu geben wir im Feld der Stärke E den wenigen Luftionen der Ladung e die Ionisierungsenergie W_i. Als Beschleunigungsstrecke s steht einem Ion aber nur die von ihm zwischen Molekülen frei durchlaufene Weglänge l zur Verfügung; es erhält die Energie

$$W = e\,E\,l. \qquad (109.1)$$

Bei normalem Luftdruck sind die Gasmoleküle so dicht gedrängt, daß die freie Weglänge l nur $5 \cdot 10^{-5}$ cm beträgt. Man kann nun auf zwei Arten den Ionen die zur Stoßionisation nötige Energie $W_i = e\,E\,l$ geben:

a) In Versuch 94a ist die Feldstärke E klein. Man vergrößert die freie Weglänge l stark; hierzu pumpt man die meisten Moleküle aus der Röhre (von 10000 bleibt nur eines!).

b) Bei normalem Druck, also bei kleiner freier Weglänge l, muß die Feldstärke E groß sein, etwa wie beim Blitz oder in Versuch 94c.

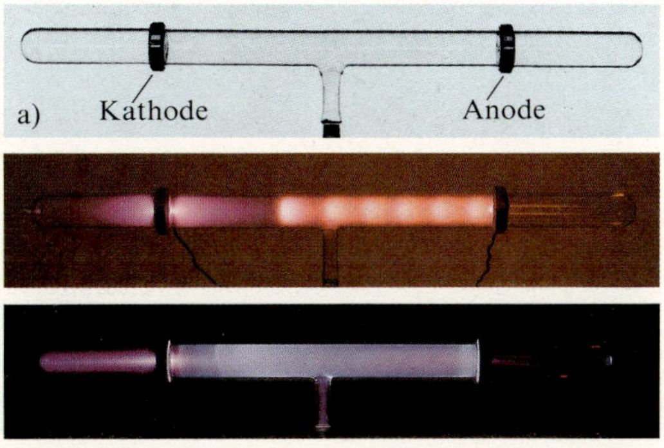

109.1 Selbständige Elektrizitätsleitung bei Unterdruck

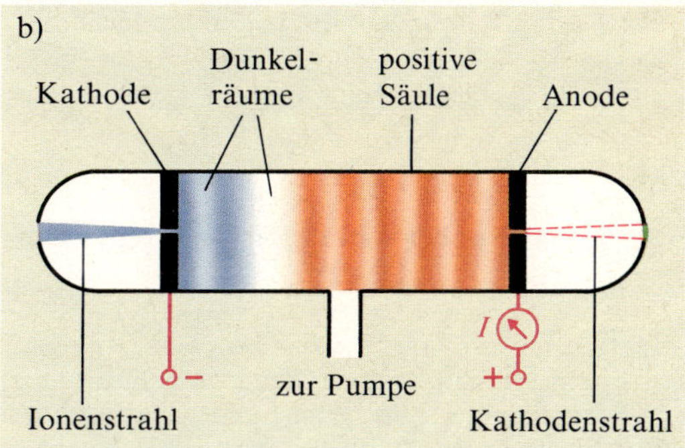

4. Zwei Ladungslawinen vor der Kathode

Was in der Glasröhre nach *Bild 109.1* vorgeht, zeigen die beiden Strahlen, die durch Löcher in der Anode und der Kathode weiterfliegen: Durch das Loch in der Anode fliegen Elektronen nach rechts; sie kommen von der Kathode. Wir lenken sie mit einem Hufeisenmagneten ab und weisen so ihre negative Ladung nach. Diese unsichtbaren *Kathodenstrahlen* lassen das Glas beim Aufprall grün leuchten; die Elektronen für sich leuchten unterwegs nicht.

Durch das Loch in der Kathode dagegen fliegen leuchtende Teilchen nach links. Sie wurden zur Kathode gezogen, sind also positiv geladene Ionen. Ihre Masse ist jedoch so groß, daß sie vom Hufeisenmagneten nicht merklich abgelenkt werden. Diese leuchtenden Gasionen bilden einen sichtbaren *Ionenstrahl.* In der Röhre fliegen also zwei Teilchenströme einander entgegen. Wie kommen sie zustande?

a) Positive Ionen, die das Kathodenmetall treffen, schlagen aus ihm Elektronen frei.

b) Diese Elektronen werden nach rechts beschleunigt und erzeugen im Gas durch Stoßionisation neue positive Ionen, die nach links fliegen. Vor der Kathode wächst so die Zahl der anfänglich wenigen beweglichen Ladungsträger in einer Kettenreaktion lawinenartig an. Man muß deshalb die Stromstärke durch einen Widerstand begrenzen. Die Fremdionisierung von außen durch die Umgebungsstrahlung war nur beim Zünden der Elektrizitätsleitung nötig; diese ist selbständig geworden. Elektronen wie Ionen bekommen die Energie $W_i = e\,E\,l$, um durch Stoß weitere Ionen und Elektronen zu erzeugen.

Bei der *selbständigen Elektrizitätsleitung* in Gasen erzeugen Elektronen durch Stoß auf Gasmoleküle positive Ionen. Diese werden zur Kathode beschleunigt und schlagen dort wieder Elektronen frei. Die Ionisierung von außen ist nur beim Zünden nötig.

5. Anwendungen der selbständigen Gasentladung

a) Die *Lichtreklame* benutzt Gasentladungsröhren in Buchstabenform. Wir sehen das Leuchten der positiven Säule. Es hängt vom Füllgas, vom Druck und der Spannung ab. Man kann das Licht weiterhin durch *fluoreszierende Leuchtstoffe*, mit denen man die Glasröhre auskleidet, variieren.

b) *Künstliche Höhensonnen* und *Quecksilberhochdrucklampen* sind mit Hg-Dampf gefüllt, dessen Druck beim Erwärmen steigt. Sie senden gelbes, grünes, blaues und sehr viel ultraviolettes Licht (UV) aus. – Gasentladungslampen mit Natriumdampffüllung benutzt man heute zum Beleuchten der Straßen. Ihr intensiv gelbes Licht durchdringt Nebel besser als weißes Licht und gibt bessere Kontraste.

c) *Die Leuchtstoffröhren* enthalten ebenfalls Hg-Dampf und ein Zündgas (Argon). Fälschlicherweise nennt man sie Neonröhren. Der starke Anteil an unsichtbarem UV wird durch einen Leuchtstoff, mit dem der Glaskolben innen ausgekleidet wurde, in Licht, das dem Tageslicht ähnlich ist, verwandelt. Mit einem Taschenspektroskop sieht man, wie die sichtbaren Hg-Linien (Spektraltafel Seite 427) dem kontinuierlichen Spektrum des Leuchtstoffs überlagert sind. Die Lichtausbeute beträgt etwa 25%, bei normalen Glühlampen dagegen nur 5%; der Rest der elektrischen Arbeit geht als Wärme ab. Der Zündvorgang wird auf Seite 161 beschrieben.

d) An geladenen Spitzen sind die elektrischen Feldlinien dicht zusammengedrängt, das Feld ist stark. Dies gibt büschelförmige Gasentladungen. Bei aufziehenden Gewittern entstehen sie als *Elmsfeuer* an Spitzen von Schiffsmasten, Bäumen und Bergen. Solche Korona-Entladungen geben Ladungsverluste an Hochspannungsleitungen. – Die Ladung einer *Gewitterwolke* influenziert in der Spitze des Blitzableiters die entgegengesetzte Ladung und bereitet durch eine Korona-Entladung dem Blitz einen ungefährlichen Weg zur Erde. Der *Blitz* selbst ist eine starke Gasentladung: Stromstärke 10^5 A, Ladung 10 C, Zeitdauer um 50 µs, Energie 100 kWh, Temperatur um 30000 °C. Der Entladungskanal ist etwa 10 cm dick. (Über Gewitterentstehung Seite 20) – Der *Funke* ist wie der Blitz eine Gasentladung mit Entladungskanal und nicht etwa ein überspringender konzentrierter Ladungsballen.

e) Mit *Elektrofiltern* holt man heute Staub- und Nebelteilchen aus den früher qualmenden Schornsteinen. Hierzu erzeugen Spannungen von etwa 50 kV in großen Kammern um spitzen- oder drahtförmige Kathoden ein so starkes Feld, daß Gasentladung einsetzt. Ihre Luftionen setzen sich auf die Ruß- und Staubteilchen und ziehen sie aus dem Feld. Auf diese Weise gewinnt man aus Rauch jährlich Tausende an Tonnen wertvoller Stoffe, die verlorengingen und vor allem die Umwelt belasten würden.

f) Beim *Farblackieren* bläst man Farbtröpfchen auf Karosserieteile usw. Ionisiert man dabei den Luftstrom mit einer Gasentladung, so werden die Tröpfchen geladen. Sie lassen sich durch ein elektrisches Feld längs dessen Feldlinien gezielt zum Karosserieteil ziehen. Nur wenig der wertvollen Farbe geht verloren. So spart man jährlich Millionenbeträge und vermeidet auch hier unnötige Umweltverschmutzung. – In Bürokopiergeräten läßt man mit einer Gasentladung Ionen auf eine lichtempfindliche Selenplatte sprühen (Seite 106).

111.1 Büschelentladung

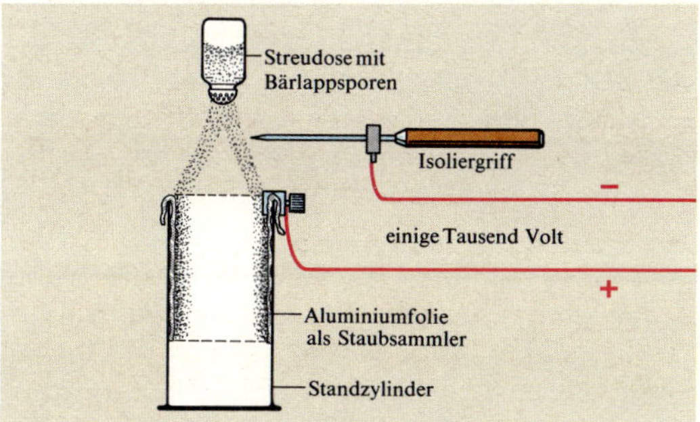

111.2 Modellversuch zur Elektrofiltration

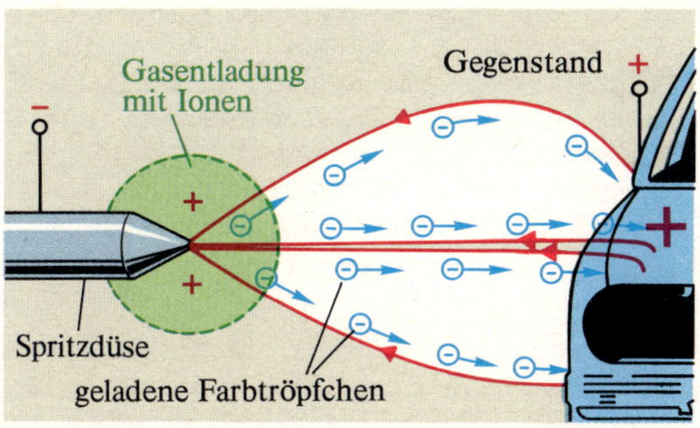

111.3 Farblackierung im elektrischen Feld

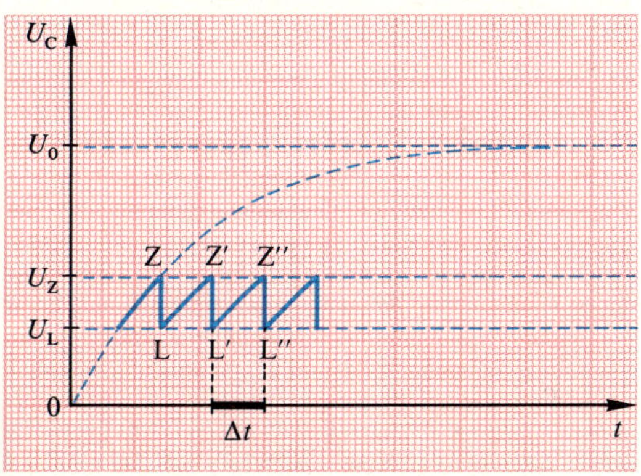

111.4 Spannungsverlauf U_C am Kondensator

6. Glimmlampe und Sägezahnschwingungen

Versuch 95: Wir steigern die Spannung an einer *Glimmlampe* (Vorwiderstand 50 kΩ nicht vergessen). Ihre Elektroden sind mit Barium überzogen. Im Neongas (1 kPascal Druck) setzt bereits bei der *Zündspannung* $U_Z = 80$ V die selbständige Elektrizitätsleitung ein. Wenn man die Spannung erniedrigt, erlischt die Elektrizitätsleitung erst bei der *Löschspannung* $U_L \approx 70$ V. Das Gas wird dann wieder ein Nichtleiter. Den Unterschied zwischen U_Z und U_L benutzte man früher, um die **Sägezahnschwingung (Kippspannung)** für die Ablenkung des Elektronenstrahls in Oszilloskopen zu erzeugen *(Bild 71.1)*:

Versuch 96: **a)** Zunächst legen wir nach *Bild 111.5* die Spannung $U_0 = 210$ V über den Widerstand $R = 10^6\ \Omega$ an den Kondensator $C = 10\ \mu$F. Die Kondensatorspannung U_C nähert sich asymptotisch dem Wert U_0 *(Bild 111.4)*.

b) Nun schalten wir parallel zum Kondensator die Glimmlampe aus Versuch 95. Sobald U_C die Zündspannung U_Z erreicht hat (Punkt Z in *Bild 111.4*), wird das Gas ein sehr guter Leiter und entlädt den Kondensator fast momentan, aber nur bis zur Löschspannung U_L. Die Lampe erlischt beim Erreichen von L. Dann lädt sich der Kondensator wieder langsam über den Widerstand R bis U_Z auf (Z′) usw.

c) Wir verkleinern die Kapazität C und auch den Widerstand R und verfolgen die Kippfrequenz f im Lautsprecher. Sie steigt an, wenn wir das Produkt RC (die Zeitkonstante nach Seite 42) verkleinern oder aber die angelegte Spannung U_0 vergrößern. Die Spannung U_C an Glimmlampe und Kondensator wächst zwischen Zündspannung $U_Z = 80$ V und Löschspannung $U_L = 70$ V fast gleichmäßig um $\Delta U = 10$ V. Am Kondensator liegt im Mittel die Spannung $U_C \approx 75$ V, am Widerstand $R = 10^6\ \Omega$ die Spannung $U_R \approx U_0 - U_C = 135$ V. Sie erzeugt im Mittel die Stromstärke $I = U_R/R \approx 0{,}135$ mA. Um den Kondensator ($C = 10\ \mu$F) von U_L auf U_Z, also um $\Delta U = 10$ V aufzuladen, braucht man $\Delta Q = 10^{-4}$ C. Hieraus folgt die Aufladezeit zu $\Delta t = \Delta Q/I = 0{,}74$ s.

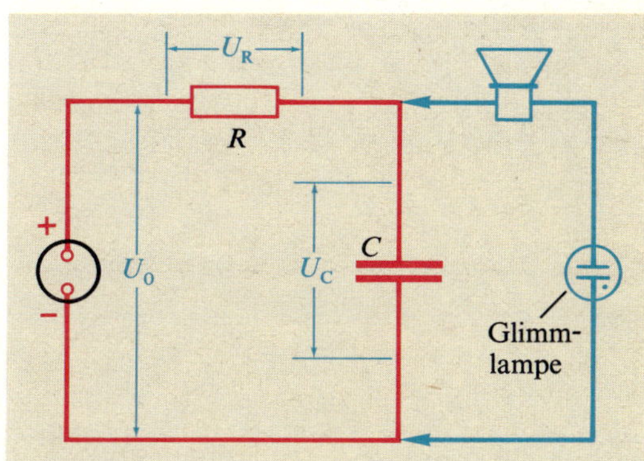

111.5 Kippschaltung zu Versuch 96

§41 Teilchen-Beschleuniger

1. Welche Masse hat ein einzelnes Ion?

Um die spezifische Ladung e/m von Elektronen zu ermitteln, lenkten wir sie in einem Magnetfeld ab. Atome oder Moleküle dagegen muß man zunächst in einer Gasentladungsröhre ionisieren *(Bild 109.1)*. Dann tragen sie die Ladung q (e, $2\,e$ usw.). Die Ionen entstehen aber nicht alle an derselben Stelle im Ionen-Strahl, der die Kathodenöffnung verläßt. Sie haben also verschiedene Spannungen durchlaufen und unterschiedliche Geschwindigkeiten. Deshalb filtert man im einfachen Gerät nach *Bild 112.1* zunächst mit einem gekreuzten E- und B-Feld nach Seite 72 Ionen der einheitlichen Geschwindigkeit $v = E/B$ aus. Diese Ionen beschreiben dann im unteren B-Feld eine Kreisbahn mit dem Radius $r = v/(B\,q/m) = v\,m/(B\,q)$. Auf der Fotoplatte F werden sie registriert. Man kennt v und B und berechnet aus dem Abstand $\overline{\text{CD}} = 2\,r$ die spezifische Ladung q/m. $\overline{\text{CD}} = 2\,r$ ist proportional zu m; deshalb treffen Ionen mit größerer Masse weiter rechts auf, sofern sie gleiche Ladung q haben. Auf der Platte entsteht ein *Massenspektrum*; das Gerät heißt **Massenspektrometer**. In modernen Anlagen konnten die Fehler der q/m-Messung auf 10^{-5}% reduziert werden. Die Ionenladung q selbst wird nicht gemessen; man muß anderweitig ermitteln, ob $q = e$, $2\,e$ ... ist.

Dabei wurden wichtige Entdeckungen gemacht. Man fand z.B., daß Chloratome keine einheitliche Masse haben. 75,8% von ihnen kommt die Masse 34,9595 u und 24,2% die Masse 36,9566 u zu. Das chemische Element Chlor ist also aus zwei Nukliden (Kernarten) zusammengesetzt. Diese zeigen zwar das gleiche chemische Verhalten und stehen im Periodensystem an der gleichen Stelle. Man nennt sie **Isotope**. Sie haben die gleiche Elektronenhülle und im Kern die gleiche Protonenzahl 17. Doch enthält der schwerere Kern zwei Neutronen mehr als der leichtere, nämlich 20 statt 18. So zeigte die *Massenspektroskopie*, daß die chemischen Elemente nicht einheitlich sind.

Durch Präzisionsmessungen an C12-Isotopen hat man die atomare Masseneinheit $1\,\text{u} = m_{\text{C}12}/12 = 1{,}6606 \cdot 10^{-24}$ g ermittelt. Mit Massenspektrometern analysiert man heute in kürzester Zeit die Zusammensetzung eines Rohöls aus leichteren und schwereren Anteilen und sucht sogar nach unerlaubten Zusätzen in Lebensmitteln. (Weitere Anwendungen Seite 383.)

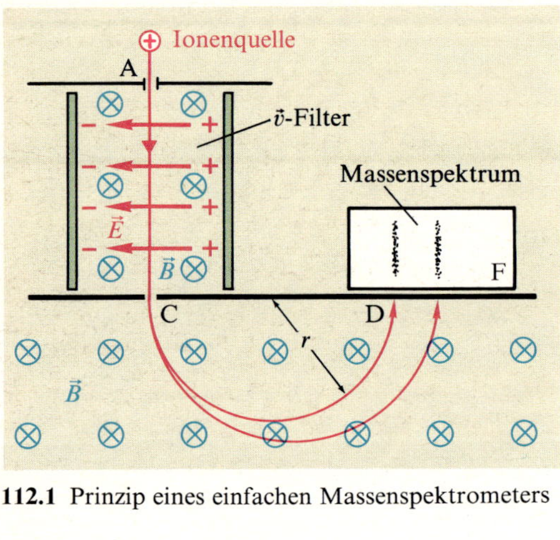

112.1 Prinzip eines einfachen Massenspektrometers

2. Wie pumpt man viel Energie in Teilchen?

Sind die Bausteine aller Atome, nämlich Protonen, Neutronen und Elektronen unteilbar, oder kommt ihnen doch eine Struktur zu (Seite 418)? Um diese wichtige Frage der heutigen Physik zu klären, schießt man Teilchen möglichst hoher Energie aufeinander. Stünden genügend hohe Spannungen U zur Verfügung, könnte man einem Teilchen mit der Ladung q die beliebig große Energie $W = U\,q$ in einem einzigen Beschleunigungsakt geben. Doch versagt die Isolation oberhalb von 10 MV. Zudem kann man hohe Wechselspannungen mit Trafos leichter erzeugen als Gleichspannungen. Also treibt man in riesigen **Teilchenbeschleunigern** die gleichen Teilchen immer wieder mit derselben Wechselspannung $U_\sim$ an, bis sie genügend Energie aufgenommen haben. Dies kann auf geraden Strecken (linear) oder auf Kreisbahnen geschehen.

a) In **Linearbeschleunigern** durchlaufen Teilchen mit Ladung q im Vakuum geradlinig hintereinander aufgereihte röhrenförmige Elektroden *(Bild 113.1)*. Die Wechselspannung $U_\sim$ mit dem Scheitelwert $\hat{U}$ und der winzig kleinen Periodendauer $T \approx 1$ ns liegt jeweils am Schlitz zwischen zwei aufeinanderfolgenden Röhren (blau und rot) und erhöht die Energie der dort fliegenden Teilchen um $\Delta W = q\,\hat{U}$. Im Innern der folgenden Röhre sind diese dann wie in einem Faradaykäfig während der nächsten, entgegengesetzt gepolten Halbschwingung ($\frac{1}{2}\,T$) vor Verzögerung geschützt.

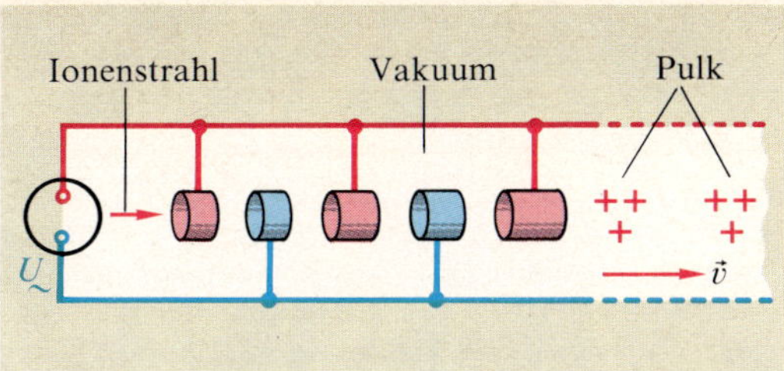

113.1 Linearbeschleuniger für Protonen

Sie fliegen dort mit der erreichten Geschwindigkeit v gleichförmig weiter; die Länge einer Röhre ist also $l \approx v\, T/2$ und wächst mit v. So bilden die mit der Wechselspannung in „Tritt" kommenden Teilchen Pulks, während die andern ausscheiden. Elektronen gibt man nach diesem Prinzip Energien bis zu 40 GeV auf einer Strecke von über 3 km (Stanford, USA). Linearbeschleuniger von 1 m Länge liefern Elektronen von 1 MeV für Röntgenröhren.

b) In den **Kreisbeschleunigern** zwingt die Lorentzkraft eines starken B-Feldes die Teilchen auf eine Kreisbahn mit Radius

$$r = v/(B\, q/m). \qquad (113.1)$$

Sie durchlaufen dabei die gleiche Beschleunigungsstrecke sehr oft nacheinander und gewinnen bei jedem Umlauf Energie.

A) Im älteren **Zyklotron** *(Bild 113.2)* benutzt man weiterhin die Tatsache, daß nach Seite 73 bei homogenem B-Feld und konstanter Masse m die Umlaufdauer

$$T = 2\,\pi/(B\, q/m) \qquad (113.2)$$

nicht von der jeweiligen Geschwindigkeit v abhängt. Zwischen Magnetpolen von 2 m Durchmesser liegen in einer Vakuumkammer zwei halbdosenförmige Metallhohlkörper D_1 und D_2. Sie grenzen mit den geraden und offenen Seiten aneinander, entsprechen also zwei Röhren eines Linearbeschleunigers. Im Schlitz dazwischen wirken aber nacheinander beide Halbschwingungen der Wechselspannung $U_\sim$ und beschleunigen die in der Quelle Io erzeugten Ionen je nach Polarität zu D_2 oder D_1 hin. In den Metallhalbdosen selbst sind in der Zwischenzeit die Teilchen vor dem E-Feld geschützt und durchlaufen im vertikalen B-Feld Halbkreise. Kommen sie dann wieder in den Schlitz, ist die Spannung umgepolt und erhöht die Energie nochmals um $\Delta W = q\,\hat{U}$ usw. Die Teilchen winden sich auf Halbkreisen mit steigendem Radius r nach außen aus dem B-Feld und werden auf ein Ziel (target) geschossen *(Bild 113.3)*.

Wenn man die Polschuhe und damit den Radius r oder die Flußdichte B genügend groß macht, sollte man nach *Gl. 113.1* beliebig schnelle Teilchen erhalten. Doch ist es zu teuer, den Radius r der massiven Polschuhe auf über 2 m zu erhöhen oder B auf über 2 T zu steigern. Vor allem aber wächst mit v die Masse m relativistisch. Deshalb fallen nach *Gl. 113.2* Ionen oberhalb von 50 MeV und Elektronen schon ab 20 keV mit der konstant bleibenden Wechselspannungsfrequenz außer Tritt.

B) Im modernen **Protonen-Synchrotron** verzichtet man deshalb auf massive Elektromagnete. Man läßt die Teilchen wegen des Strahlenschutzes in unterirdischen Tunneln nach *Bild 114.1* in engen Hochvakuumröhren umlaufen. Die Tunnel aben Radien r bis zu einigen km! Nur wo die Röhren gekrümmt sind, erzeugt man das ablenkende B-Feld mit vielen kleineren Elektromagneten. Da hier r konstant ist, muß jeder Teilchenpulk selbst über Sonden und Computer bei wachsender Energie die Flußdichte B und die Periodendauer T der

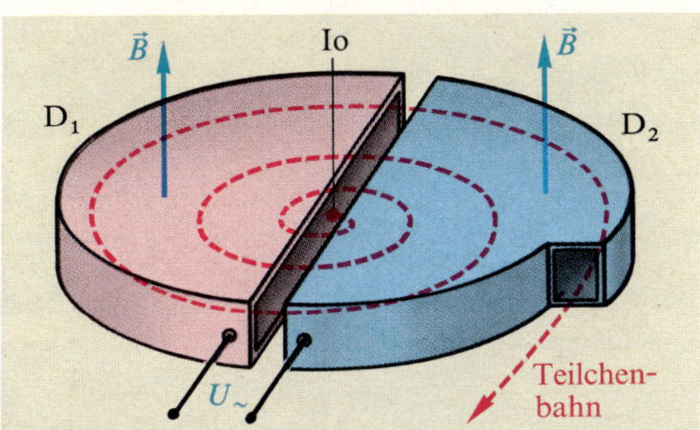

113.2 Zyklotron; seine beiden Halbdosen D_1 und D_2 liegen zwischen zwei Magnetpolen.

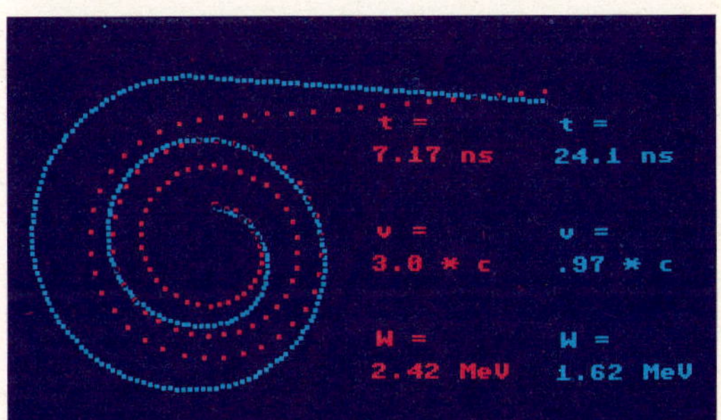

113.3 Zyklotron-Bahn von Elektronen nicht relativistisch (rot) und relativistisch (blau)

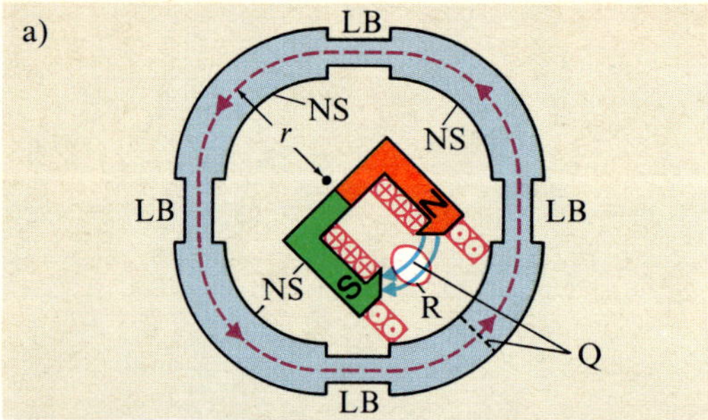

114.1 Synchrotron: a) im Innern Querschnitt Q mit Elektromagnet NS und Vakuumröhre R; LB: Linearbeschleuniger; b) Blick in den Tunnel

Wechselspannung $U_\sim$ nach *Gl. 113.1* und *113.2* steuern. Dann erst wird der nächste Pulk gestartet. $U_\sim$ wirkt in den geraden Linearbeschleunigern (LB). So erreicht man heute bei CERN in Genf Protonenenergien bis zu 450 GeV und strebt noch größere an.

c) Elektronen bringt man zunächst mit der Spannung 1 MV fast auf Lichtgeschwindigkeit *c*. Dann schießt man sie in ein ähnlich gebautes **Elektronen-Synchrotron**. Dieses steigert kaum noch die Geschwindigkeit *v*, sondern mit seinen Energiespritzen ΔW die Masse *m* nach *Einsteins* Gleichung $W = m\,c^2$ jeweils um $\Delta m = \Delta W/c^2$. *B* steigert man dabei so, daß Radius *r* und Umlaufdauer *T* konstant bleiben. Beim DESY in Hamburg erreicht man Elektronenenergien von über 7 GeV auf Bahnen mit 50 m Radius.

Aufgaben

1. *Positive Ionen verschiedener Masse durchlaufen ein gekreuztes E- und B-Feld geradlinig und senkrecht zu den Feldlinien* ($E = 46{,}6$ kV m^{-1}; $B = 0{,}311$ T). **a)** *Wie schnell sind sie?* **b)** *Auf der Fotoplatte F in Bild 112.1 rechts kommen die einen mit* $\overline{CD} = 12$ cm, *die andern mit* 20 cm *Abstand an. Welche Massen haben sie, wenn man* $q = 1\,e$ *bzw.* $2\,e$ *annimmt (in* g *und in* u*)? Um welche Ionen kann es sich handeln?* **c)** *Zeigen Sie, daß der Massenunterschied zweier Teilchen, die in verschiedenen Punkten auftreffen, proportional zum Abstand dieser Punkte ist! Welche Masse bedeutet* 1 cm *auf der Platte?*

2. *Die Ionen in Aufgabe 1a haben eine Elementarladung und gelangen nach Verlassen der gekreuzten Felder in ein elektrisches Gegenfeld parallel zu dessen Feldlinien (*$E = 10$ kV m^{-1}*). Wo und wann kehren sie wieder um? Hängt der Umkehrpunkt von ihrer Masse ab? Wie verhalten sich in die Höhe geworfene Bälle? Wo haben die Ionen halbe Geschwindigkeit?*

3. a) *Warum arbeiten Beschleuniger nicht kontinuierlich, sondern mit aufeinanderfolgenden Teilchenpulks? Was bestimmt deren Abstände beim Zyklotron, beim Linearbeschleuniger, beim Protonen-Synchrotron?* **b)** *Ist der Abstand der Röhren (die Schlitzbreite beim Zyklotron) von Einfluß auf den Energiegewinn?*

4. a) *In einem Linearbeschleuniger ist die Frequenz der Wechselspannung* 200 MHz, *ihr Scheitelwert* 1,0 MV. *Die Protonen (*$m = 1{,}67 \cdot 10^{-27}$ kg*) werden mit* 1,0 MeV *Energie eingeschossen. Welche Energie und Geschwindigkeit haben sie in der 5. Röhre? Wie lang muß diese sein?* **b)** *Welche Energie erhält man nach 50 Röhren?* **c)** *Wie viele Teilchen sind in einem Pulk bei der mittleren Stromstärke* 50 µA*? Welche Leistung liefert der Beschleuniger bei 50 Röhren?*

5. *In einem Linearbeschleuniger haben Elektronen praktisch Lichtgeschwindigkeit.* **a)** *Was bedeutet dies für die Länge der Röhren?* **b)** *Die Masse m der Elektronen ist zu Beginn die dreifache Ruhemasse* $3\,m_0$. *Nach wie vielen Beschleunigungsstrecken mit der Spannung* 102,2 kV *ist* $m = 10\,m_0$*? Ist hier das Wort „Beschleuniger" gerechtfertigt?*

6. *Wie viele Elektronen verlassen in* 1 s *den Linearbeschleuniger in Stanford bei* $I = 50$ mA*? Auf wie viele Pulks verteilen sie sich bei der Beschleunigungsfrequenz von* 3000 MHz*? Welche Energie wird in* 1 s *und in einem Pulk frei, wenn die Teilchenenergie* 40 GeV *beträgt?*

7. *In einem Zyklotron sollen Heliumkerne (*$m = 4$ u; $q = 2\,e$*) mit Wechselspannung vom Maximalwert* 100 kV *von der Energie* 200 keV *auf* 30 MeV *beschleunigt werden. Wie viele Umläufe muß ein Teilchen ausführen? Welche Geschwindigkeit hat es dann? Wie groß muß die Flußdichte B sein, wenn der Endradius* 1,2 m *beträgt? Wie groß ist die Zeit für einen Umlauf?*

8. a) *Unter welchen Voraussetzungen können bei einem Kreisbeschleuniger Flußdichte B und Wechselspannungsfrequenz f konstant sein? Warum ist dies bei Ionen bis zu höheren Energien eher erfüllbar als bei Elektronen?* **b)** *Wann kann man bei Elektronen die Wechselspannungsfrequenz f konstant halten; wann muß man B vergrößern?*

9. *Vergleichen Sie die Beschleunigung eines Elektrons nach Bild 113.3 relativistisch und nichtrelativistisch hinsichtlich Endgeschwindigkeit, Endenergie und Zeitbedarf! Die Zeitabstände der Punkte sind gleich groß.*

§ 42 Teilchen und Felder

1. Ein vom Strom I durchflossener Leiter der Länge s steht senkrecht zur Komponente B_s eines B-Feldes. Er erfährt als Kraft F die Summe aller Lorentzkräfte seiner fließenden Ladungen, nämlich

$$F = I\, B_s\, s. \qquad (115.1)$$

Die magnetische Flußdichte $B = F/(I\,s)$ hat die Einheit T (Tesla) $= \text{N}\,(\text{Am})^{-1} = \text{V s m}^{-2}$.

2. a) Die Flußdichte einer schlanken Spule mit n Windungen und der Länge l ist beim Erregerstrom I_{err}

$$B = \mu_0\, \mu_r\, n\, I_{err}/l. \qquad (115.2)$$

Darin ist μ_0 die magnetische Feldkonstante: $\mu_0 = 1{,}256 \cdot 10^{-6}\ \text{T m A}^{-1}$.

b) Die Permeabilitätszahlen μ_r von ferromagnetischen Materialien sind zwar sehr groß, aber nicht konstant. Die Magnetisierung dieser Stoffe hängt von der Vorgeschichte ab.

3. Im Magnetfeld erfahren nur bewegte Ladungen Kräfte, im elektrischen auch ruhende:

a) Durchläuft ein Teilchen mit der spezifischen Ladung q/m aus der Ruhe die Spannung U, so erlangt es die Geschwindigkeit

$$v = \sqrt{2\, U\, q/m}. \qquad (115.3)$$

b) Im homogenen elektrischen Feld beschreibt ein Teilchen mit der anfänglichen Geschwindigkeitskomponente v_x senkrecht zu den Feldlinien die Parabelbahn

$$y = \tfrac{1}{2}\, E\, \frac{q}{m}\, \frac{x^2}{v_x^2}. \qquad (115.4)$$

c) Eine mit der Geschwindigkeitskomponente v_s senkrecht zu magnetischen Feldlinien bewegte Ladung q erfährt die Lorentzkraft *(Bild 56.2)*

$$F_L = q\, B\, v_s. \qquad (115.5)$$

d) Die Lorentzkraft verrichtet keine Arbeit, ändert also nur die Bewegungsrichtung der Teilchen, nicht ihre Energie.

e) Ein Teilchen mit der Ladung q und der Masse m wird im homogenen magnetischen Feld auf eine Kreis- oder Schraubenbahn mit dem Radius

$$r = v/(B\, q/m) \qquad (115.6)$$

und der Umlaufdauer

$$T = 2\,\pi/(B\, q/m) \qquad (115.7)$$

gezwungen. T ist von v_s unabhängig.

f) Die spezifische Ladung q/m eines mit der Spannung U in Bewegung gesetzten Teilchens kann aus der Kreisbahn im homogenen Feld ermittelt werden zu

$$q/m = 2\, U/(B^2\, r^2). \qquad (115.8)$$

g) Ein senkrecht zum $\vec{B}$-Vektor fliegendes Teilchen beschreibe einen Kreis mit Radius r. Dann ist sein Impuls

$$p = m\, v = B\, q\, r. \qquad (115.9)$$

Aufgaben

1. *Die Flußdichte B steigt mit wachsender Permeabilitätszahl μ_r ($n\, I_{err}/l$ konstant). Wie verhält sich die Feldstärke E im Dielektrikum bei steigendem ε_r (Flächendichte σ konstant)?*

2. a) *Man legt an das Horizontal- und Vertikal-Ablenkplattenpaar einer Braunschen Röhre zugleich die gleiche Wechselspannung. Was zeigt der Schirm?* **b)** *Was zeigt er, wenn das eine Paar die Spannung $U_x = U_0 \sin \omega t$, das andere dagegen $U_y = U_0 \cos \omega t$ erhält? (Gleiche Ablenkempfindlichkeit!)*

3. *In einem Zyklotron sei die Beschleunigungsspannung 25,6 kV. Nach wie vielen Umläufen hätte bei konstant angenommener Masse ein Elektron Lichtgeschwindigkeit? Welche Energie hätte es dann?*

4. *In ein Elektronen-Synchrotron ($B = 0{,}2$ T) werden Elektronen mit praktisch Lichtgeschwindigkeit geschossen und durchlaufen dann den Kreis mit Radius $r = 50$ m. Welchen Impuls und welche Masse m haben sie? Wie groß ist m, wenn B auf 1,0 T gestiegen ist?*

5. a) *Die Fläche von 1 km² sei mit Fotoelementen gepflastert, die man senkrecht zur Sonneneinstrahlung stellt. Diese liefere täglich 8 h lang die Leistung 1 kW m^{-2}. Welche Leistung erbringt dieses Sonnenkraftwerk im Mittel, wenn sein Wirkungsgrad 20% beträgt?* **b)** *Wieviel Energie könnte man von einem Hausdach mit 30 m² Fläche in einem Jahr entnehmen, wenn die Sonne täglich 5 h lang mit der Leistung 0,8 kW m^{-2} einstrahlt? Wieviel Prozent des jährlichen Energieverbrauchs eines Haushalts (120000 MJ) sind dies?*

6. *Zeigen Sie, daß Elektronen in einer Braunschen Röhre so am weit entfernten Schirm auftreffen, als ob sie von der Mitte der Ablenkplatten her kämen (Versuch 58)!*

7. *In einer Röhre steigt die Elektronengeschwindigkeit v mit der Anodenspannung U_a. Müßte dann nicht auch der Sättigungsstrom einer Kennlinie nach $I = n\, e\, A\, v$ mit U_a anwachsen?*

Elektromagnetische Induktion

§43 Induktion durch Lorentzkräfte

1. Einheit in der Natur – Fülle in der Technik

1820 erregte *Oersted* mit einer Flugschrift Aufsehen. Er teilte mit, der Strom bewege Magnetnadeln. Die Gelehrten Europas faszinierte diese für viele unerwartete Verbindung von Elektrizität und Magnetismus. *Faraday* wollte diesen Effekt umkehren und schrieb in sein Notizbuch: *„Convert magnetism into electricity"*.

1831 gelang es ihm, mit Magneten Spannung zu „induzieren". Eine Parlamentskommission fragte ihn, wozu man das brauchen könne. Er sagte: „Das weiß ich nicht, wohl aber, daß Sie Steuern darauf nehmen werden". Wie kann man mit Magneten Spannung erzeugen?

Versuch 97: **a)** In einem Vorversuch nach *Bild 116.1a* liegt ein Aluminiumstab auf zwei waagerechten Schienen zwischen den Polen eines Hufeisenmagneten. Ein Akku treibt Elektronen im Stab von C nach D. Sie erfahren im Magnetfeld die Lorentzkraft F_L quer zum Stab. Diese rollt ihn – als Anker eines Minimotors – nach links.

b) Wir wandeln den Motor in einen *Generator* um, nehmen also den Akku weg *(Bild 116.1b)*. Nun soll die Lorentzkraft die Elektronen längs des Stabs von C nach D treiben und so die vordere Schiene negativ aufladen; in der hinteren entsteht dann Elektronenmangel. Zu dieser Ladungstrennung brauchen wir nur den Stab samt seinen Elektronen senkrecht zum $\vec{B}$-Feld nach rechts zu schieben. Dann entsteht zwischen den Schienen dieses Minigenerators die Induktionsspannung U_{ind}. Wie groß ist sie?

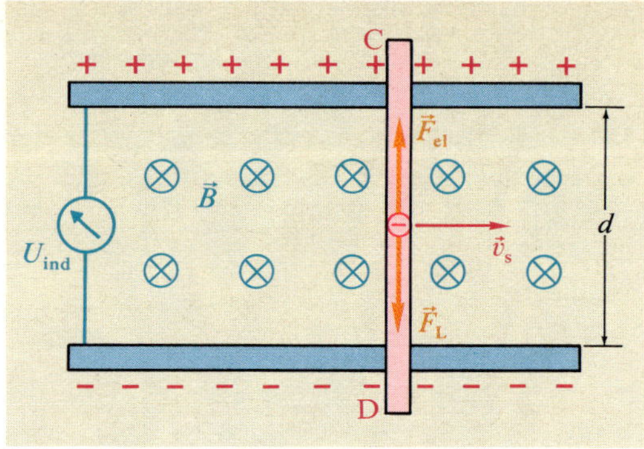

116.2 Eine Theorie mit weltweiter Wirkung

Auch nach *Bild 116.2* bewegt sich der Stab mit der Geschwindigkeit $\vec{v}_s$ senkrecht zu den magnetischen Feldlinien nach rechts. Die Lorentzkräfte können in ihm nicht alle Elektronen ganz nach unten treiben. Die getrennten Ladungen bauen nämlich im Stab der Länge d ein Feld der Stärke $E = U_{ind}/d$ auf (Aufgabe 4). In ihm erfährt jedes Elektron die elektrische Feldkraft $F_{el} = e\,E$ nach oben, der Lorentzkraft $F_L = B\,e\,v_s$ entgegen. Deshalb gehen nur so viele Elektronen nach unten, bis sich die Kräfte F_L und F_{el} an jeder Stelle des bewegten Leiters Gleichgewicht halten. Dann gilt

$$e\,U_{ind}/d = B\,e\,v_s \quad \text{oder} \quad U_{ind} = B\,d\,v_s. \qquad (116.1)$$

Versuch 98: **a)** Wir kehren in Versuch 97 b die Richtung von $\vec{v}_s$ oder von $\vec{B}$ um. U_{ind} polt sich auch um; $\vec{F}_L$ hat die Richtung geändert.

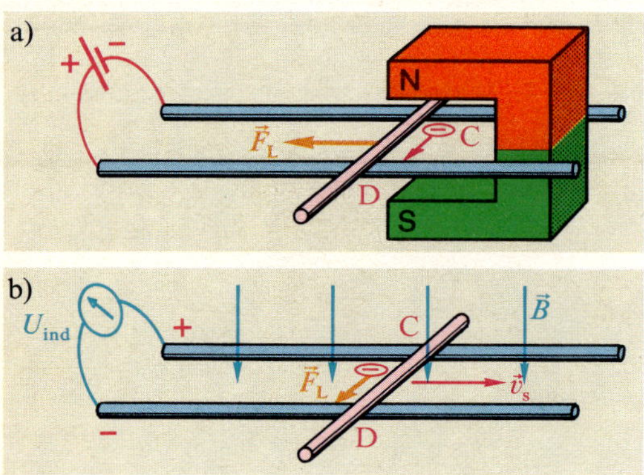

116.1 a) Minimotor; b) Minigenerator (vom Hufeisenmagneten ist nur das Feld gezeichnet)

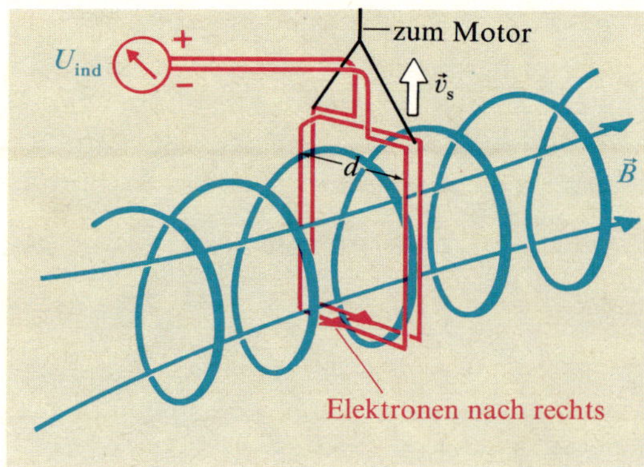

116.3 Der Drahtrahmen wird aus dem *B*-Feld nach oben gezogen.

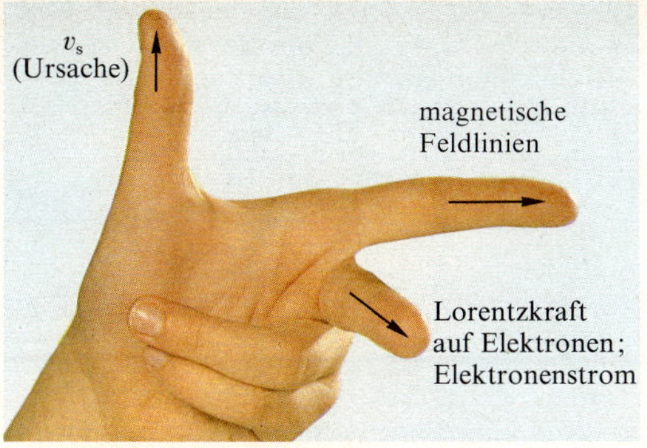

117.1 Dreifingerregel für die Induktion

b) Wir stellen den Magneten so, daß seine Feldlinien waagerecht liegen. Wenn wir dann den Leiter parallel zu ihnen verschieben, sind Lorentzkraft und Spannung Null. Also ist bei der Induktion nur die Geschwindigkeitskomponente v_s des Leiters senkrecht zu den magnetischen Feldlinien wirksam.

Bei geschlossenem Kreis fließen die Elektronen über das Meßinstrument zur oberen Schiene zurück. Die Lorentzkraft sorgt jedoch für weiteren Elektronennachschub und hält so das Gleichgewicht von F_L und F_{el} aufrecht. Für die Richtung des im geschlossenen Kreis fließenden Induktionsstroms gilt die *Dreifingerregel der linken Hand: Der Daumen zeige in Richtung der Leitergeschwindigkeit $\vec{v}_s$, der Zeigefinger in Richtung von $\vec{B}$. Dann gibt der Mittelfinger die Richtung des Elektronenstroms an (Bild 117.1).*

Wir prüfen $U_{ind} = B\, d\, v_s$ im Versuch nach, um zu sehen, ob unsere Überlegungen richtig sind:

Versuch 99: In der waagerecht liegenden Spule (blau) nach *Bild 116.3* ist ein konstantes und homogenes Magnetfeld mit $B = 4{,}0 \cdot 10^{-3}$ T erregt. Den roten Drahtrahmen ($d = 5$ cm breit mit $n = 500$ Windungen) zieht ein Motor mit der Geschwindigkeit $v_s = 2{,}0 \cdot 10^{-3}$ m s^{-1} senkrecht zu den magnetischen Feldlinien nach oben. In jedem der unteren Leiterstücke sollte die Spannung $U_{ind} = B\, d\, v_s$ induziert werden. Für U_{ind} gilt:

$$U_{ind} = 4 \cdot 10^{-3}\ \text{T} \cdot 0{,}05\ \text{m} \cdot 2 \cdot 10^{-3}\ \text{m s}^{-1}$$
$$= 4 \cdot 10^{-7}\ \text{N m (A s)}^{-1} = 4 \cdot 10^{-7}\ \text{V}.$$

Die Spule enthält $n = 500$ solcher Stücke. Ihre Spannungen addieren sich wegen der Hintereinanderschaltung zur Gesamtspannung $U = 2 \cdot 10^{-4}$ V. Ein empfindlicher Meßverstärker bestätigt diesen Wert und so den Satz:

Ein gerades Leiterstück der Länge d bewege sich mit der Geschwindigkeitskomponente v_s senkrecht zu einem Magnetfeld mit konstanter Flußdichte B. Lorentzkräfte erzeugen dann die Induktionsspannung

$$U_{ind} = B\, d\, v_s. \qquad (117.1)$$

2. Wir betrachten jetzt den ganzen Stromkreis

Versuch 100: **a)** Ein Elektromagnet erregt zwischen den großen Polschuhen ein konstantes homogenes Feld. Dorthin schieben wir nach *Bild 117.2a* die Leiterschleife ABCD senkrecht zu den Feldlinien. Die im unteren Teil AB induzierte Spannung wird so lange angezeigt, bis auch der obere Teil CD ins Feld taucht. Dabei nimmt die blaue Fläche A_s des Stromkreises, die vom B-Feld senkrecht durchsetzt wird, zu.

b) Dann bewegen wir die Schleife im homogenen Feld parallel zu sich weiter. Die Spannungsanzeige geht auf Null zurück. In CD werden zwar genau so viele Elektronen nach links verschoben wie in AB *(Bild 117.2b)*. Die in AB und CD induzierten Spannungen sind aber im Kreis entgegengesetzt gepolt und kompensieren sich. A_s bleibt konstant.

c) Wenn in *Bild 117.2c* das Teilstück AB unten das Feld verläßt, besteht nur noch die in CD induzierte Spannung. Das Instrument schlägt entgegengesetzt wie in (a) aus. A_s nimmt ab.

Wir finden stets dann Spannung, wenn sich die vom Feld durchsetzte Schleifenfläche A_s ändert.

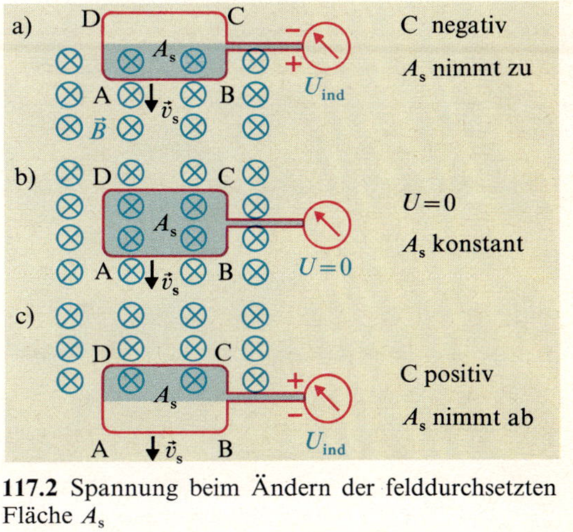

117.2 Spannung beim Ändern der felddurchsetzten Fläche A_s

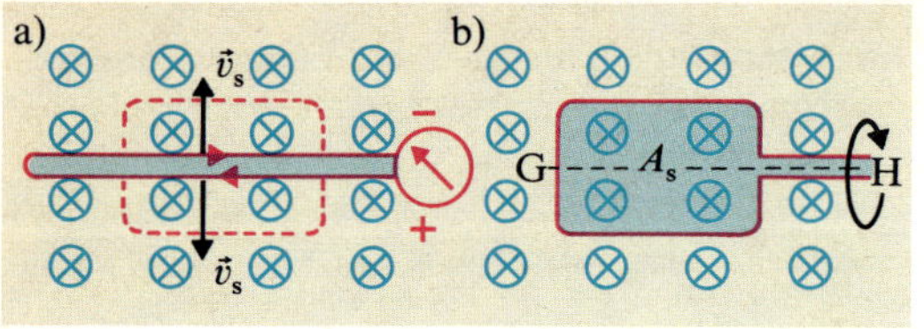

118.1 a) Beim Auseinanderziehen, b) beim Drehen der Leiterschleife ändert sich ihre vom $\vec{B}$-Feld durchsetzte Fläche A_s.

Versuch 101: a) Wir verändern die vom Feld durchsetzte Schleifenfläche A_s, indem wir die Schleife im Feld auseinanderziehen oder sie um ihre Achse GH drehen *(Bild 118.1)*. Auch hier induzieren Lorentzkräfte Spannungen wechselnder Polarität.

b) Wenn wir unsere Leiterschleife zu einer Spule mit n Windungen erweitert haben, ist gemäß Versuch 99 die Gesamtspannung n-fach.

3. Faraday dachte mit Feldlinienzahlen

Faraday konnte die Induktion nicht mit der Lorentzkraft erklären. Er beschrieb sie anschaulich mit Feldlinien. Diese sah er als reale Fäden an, die man im Prinzip zählen könne.

Immer dann fand er Induktionsspannung, wenn sich – nach seiner Vorstellung – die *Zahl der Feldlinien*, die den Stromkreis insgesamt durch„fließen", *ändert*. In *Bild 117.2a* nimmt die Feldlinienzahl (der magnetische „Fluß") zu, weil wir die Schleife ins Feld schieben. In *Bild 117.2b* bleibt diese Zahl konstant; oben verlassen ja gleich viele Feldlinien die Schleife, wie unten neu eintreten; U_{ind} ist Null. In *Bild 117.2c* nimmt dagegen die Feldlinienzahl ab; Plus und Minus sind nun vertauscht. Beim Zusammenpressen oder Drehen der Fläche ist die Änderung der Feldlinienzahl offenkundig. *Faradays Feldvorstellung* war einfach und genial! Doch können wir Feldlinien nicht zählen; wir müssen rechnen!

4. Induktionsgesetz – mathematisch formuliert

Faradays Feldlinienbetrachtungen führen uns nun zu einer umfassenden mathematischen Formulierung aller Induktionsversuche. Wir sehen die Flußdichte B als Maß dafür an, wie *dicht* Feldlinien liegen, wie viele durch eine Flächeneinheit „fließen", die senkrecht zum Feld steht. So erklärt sich historisch das Wort Flußdichte. Den gesamten magnetischen Fluß Φ (nach *Faraday* die Zahl aller Feldlinien durch die Leiterschleife) erhalten wir dann durch Multiplikation mit der Fläche A_s, welche die Leiterschleife dem Feld senkrecht darbietet: Dieser magnetische Fluß ist $\boldsymbol{\Phi = B\, A_s}$.

Wir bringen diesen Fluß $\Phi = B\, A_s$ nun in die aus der Lorentzkraft gewonnene Gleichung $U_{ind} = B\, d\, v_s$ ein. Nach *Bild 118.2* bewegt sich der Leiter in der Zeit Δt um die Strecke Δs mit der Geschwindigkeit $v_s = \Delta s / \Delta t$ weiter. Im Bereich des B-Felds nimmt die vom Feld senkrecht durchsetzte Fläche A_s um $\Delta A_s = d\, \Delta s$ zu (blau); es gilt $U_{ind} = B\, d\, v_s = B\, d\, \Delta s / \Delta t = B\, \Delta A_s / \Delta t$. Weil diese felddurchsetzte Fläche um ΔA_s ansteigt, nimmt der magnetische Fluß $\Phi = B\, A_s$ um $\Delta\Phi = \Delta(B\, A_s) = B\, \Delta A_s$ zu. Da dort B konstant ist, haben wir B vor das Ände-

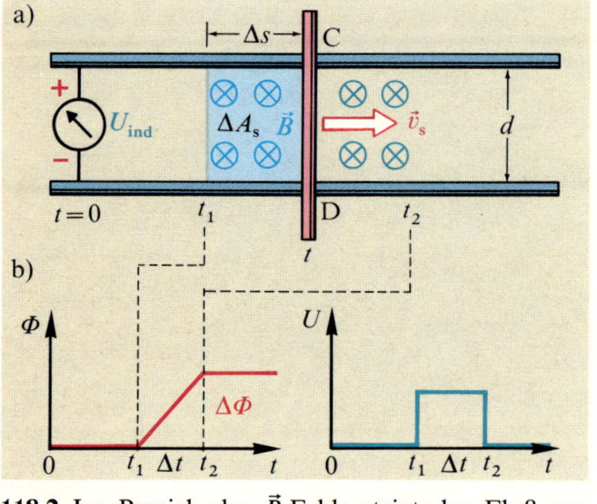

118.2 Im Bereich des $\vec{B}$-Felds steigt der Fluß um $\Delta\Phi = B\, \Delta A_s$; dies induziert die Spannung U.

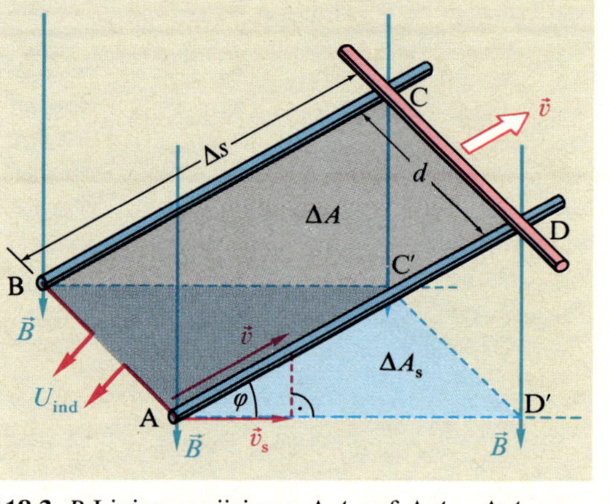

118.3 B-Linien projizieren ΔA auf $\Delta A_s = \Delta A \cos\varphi$ in die Ebene senkrecht zum $\vec{B}$-Feld; $v_s = v \cos\varphi$.

rungssymbol Δ gesetzt; es gilt $\Delta(B\,A_s)=B\,A_{s,2}-B\,A_{s,1}=B(A_{s,2}-A_{s,1})=B\,\Delta A_s$. Für die Induktionsspannung in n Windungen folgt der n-fache Wert

$$U_{ind}=n\,\Delta\Phi/\Delta t=n\,B\,\Delta A_s/\Delta t. \qquad (119.1)$$

Diese Gleichung beschreibt die Versuche durch das „Tempo" $\Delta\Phi/\Delta t$, mit dem sich der Fluß *Φ ändert*. Nach *Bild 118.3* kann die aus Schienen gebildete Fläche ΔA des Kreises sogar schräg zu den Feldlinien stehen. Dort ist die Geschwindigkeitskomponente des Leiters senkrecht zum Magnetfeld nur noch $v_s=v\cos\varphi$. v_s bestimmt die Lorentzkraft wie auch die induzierte Spannung $U_{ind}=B\,d\,v_s$. In der obigen Herleitung bedeutet also $d\,v_s\,\Delta t$ nicht mehr die Änderung der vom Stab auf den Schienen überstrichenen Fläche ΔA selbst. Vielmehr ist es die Änderung ihrer *Projektion* $\Delta A_s=\Delta A\cos\varphi$ auf eine Ebene senkrecht zu den Feldlinien. ΔA_s bildet ja mit ΔA den Winkel φ. ΔA_s ist der Querschnitt des Feldlinienbündels, das die Leiterschleife durchsetzt und bestimmt zusammen mit B die von der Schleife umfaßte Feldlinienzahl, also die Flußänderung $\Delta\Phi=B\,\Delta A_s$. Für $\varphi=0°$ ist $\Delta A_s=\Delta A\cos 0°=\Delta A$, für $\varphi=60°$ gilt $\Delta A_s=\Delta A\cos 60°=\Delta A/2$, für $\varphi=90°$ wird $\Delta A_s=0$.

$U_{ind}=n\,\Delta\Phi/\Delta t$ liefert nur die *mittlere* Induktionsspannung im Zeitintervall Δt. Die Momentanspannung erhält man als Grenzwert von $n\,\Delta\Phi/\Delta t$ für $\Delta t\to 0$. Man schreibt $U_{ind}=n\,\dot{\Phi}$ (Φ wird nach t abgeleitet; Beispiel b).

***Definition:* Der magnetische Fluß Φ durch eine Leiterschleife ist das Produkt aus der Flußdichte B und dem Querschnitt A_s des Feldlinienbündels durch die Schleife:**

$$\Phi=B\,A_s. \qquad (119.2)$$

$$[\Phi]=\mathrm{T\,m^2}=\mathrm{N\,(A\,m)^{-1}\,m^2}=\mathrm{N\,m\,A^{-1}}=\mathrm{J\,s\,C^{-1}}=\mathrm{V\,s}.$$

***Satz:* Die bei der Bewegung von Spulen mit n Windungen induzierte Spannung U_{ind} hängt nicht vom magnetischen Fluß Φ ab, der die Spulen durchsetzt, sondern vom „Tempo" $\Delta\Phi/\Delta t$ seiner Änderung nach**

$$U_{ind}=n\,\Delta\Phi/\Delta t. \qquad (119.3)$$

Die Momentanspannung ist der Grenzwert

$$U_{ind}=n\lim_{\Delta t\to 0}\Delta\Phi/\Delta t=n\,\dot{\Phi}(t). \qquad (119.4)$$

Beim Einsetzen in $U_{ind}=n\,\Delta\Phi/\Delta t$ ist es bequem, die Einheit $\mathrm{V\,s\,m^{-2}}$ der Flußdichte B und nicht $\mathrm{T}=\mathrm{N\,(A\,m)^{-1}}$ zu benutzen. Man erhält dann sofort U_{ind} in der Einheit Volt.

Beispiele: a) In *Bild 118.2* haben die Schienen den Abstand $d=0{,}05$ m; der Leiter bewegt sich mit $v_s=0{,}2\,\mathrm{m\,s^{-1}}$ in der Zeit $\Delta t=2{,}0$ s durch das Feld der Flußdichte $B=0{,}20\,\mathrm{T}=0{,}20\,\mathrm{V\,s\,m^{-2}}$. Er überstreicht dabei die Fläche $\Delta A_s=d\,v_s\,\Delta t=0{,}02\,\mathrm{m^2}$ senkrecht zu den B-Linien. Der umfaßte Fluß nimmt um $\Delta\Phi=B\,\Delta A_s=0{,}004$ V s zu. Also ist $U_{ind}=\Delta\Phi/\Delta t=0{,}002$ V. Dies folgt auch aus $U=B\,d\,v_s$.

b) Der Stab in *Bild 118.2* werde mit der konstanten Beschleunigung a nach rechts bewegt. Wenn er bei $t=0$ startet, gilt $s(t)=\frac{1}{2}a\,t^2$ und $\Phi(t)=B\,A_s=B\,d\,s=\frac{1}{2}B\,d\,a\,t^2$. Durch Ableiten der $\Phi(t)$-Funktion nach der Zeit t wird $U_{ind}=n\,\dot{\Phi}(t)=B\,d\,a\,t$. Dieses Ergebnis folgt auch aus $U_{ind}=B\,d\,v_s$, wenn wir $v_s=a\,t$ setzen.

5. Der magneto-hydrodynamische Generator (MHD)

Im Dampfkraftwerk erzeugen heiße Flammen Wasserdampf. Er treibt Turbinen an und in den angeschlossenen Generatoren Leiterschleifen voller Elektronen durch ein B-Feld. Welch ein Umweg! Im **MHD-Generator** reichert man die Flammengase selbst mit positiven und negativen Ionen an und schickt sie mit großer Geschwindigkeit durch ein starkes magnetisches Querfeld *(Bild 119.1)*. Wie beim Halleffekt werden in der dritten Raumrichtung die entgegengesetzten Ladungen getrennt und zwei feuerfesten Elektroden (rot) zugeführt. Zwischen ihnen entsteht Spannung. Die Flammengase treiben anschließend noch eine Gasturbine; der Gesamtwirkungsgrad erreicht 60%. Kraftwerke dieser Art sind bis 25 MW in Betrieb. Doch korrodieren die Werkstoffe schnell.

119.1 MHD-Generator

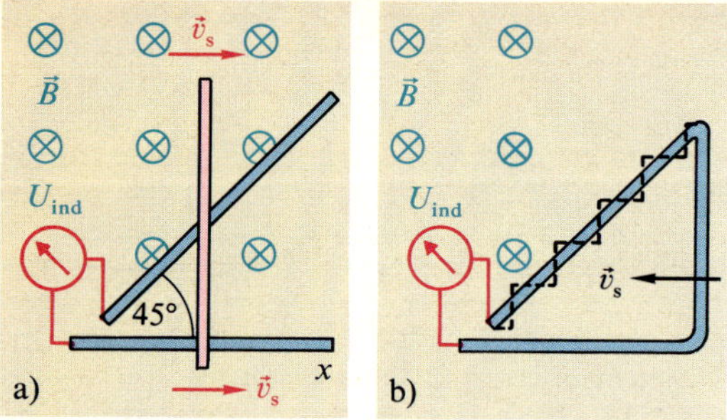

120.1 Zu Aufgabe 5

Aufgaben

1. a) *Ein Eisenbahnzug fährt mit* 40 m s^{-1} *über eine waagerechte Strecke. Zwischen den isolierten Schienen (Spurweite* 1435 mm*) liegt ein Spannungsmesser. Was zeigt er an, wenn die Vertikalkomponente des Erdmagnetfeldes* $B_V = 0{,}43 \cdot 10^{-4}$ T *beträgt? Benutzen Sie Gl. 117.1 und auch 119.3! Spielt die Zahl der Achsen des Zuges eine Rolle?* **b)** *Was zeigt ein mitfahrender Spannungsmesser an? Könnte man mit diesem Effekt die Wagen beleuchten?*

2. *Als ersten MHD-Generator benutzte Faraday die Themse. Sie ist* 300 m *breit und fließt mit* 2 m s^{-1}. *Welche Spannung hätte Faraday zwischen ihren Ufern messen können? Welche Komponente des Erdfeldes ist hier wirksam? (*$B = 0{,}6 \cdot 10^{-4}$ T; $i = 60°$*)*

3. *Ein dicker Stab wird parallel zu seiner Längsachse im Magnetfeld senkrecht zu dessen Feldlinien bewegt. Wie ist die Lorentzkraft auf seine Elektronen gerichtet? Was tragen also die vertikalen Leiterteile des Rähmchens in Versuch 99 zur Spannung bei?*

4. a) *Warum ist nach der Herleitung der Gl. 116.1 das E-Feld im Leiter homogen? Das E-Feld zwischen den ruhenden Stäben ist es sicherlich nicht.* **b)** *Vergleichen Sie die Herleitung der Hallspannung mit der von* $U_{ind} = B\, d\, v_s$*!* **c)** *Besteht zwischen* F_L *und* F_{el} *auch dann Gleichgewicht, wenn im Leiter mit Widerstand R Strom fließt?*

5. a) *Über die Schienen von Bild 120.1a gleitet der Stab nach dem Gesetz* $x = v\, t$ *mit* $v = 10 \text{ cm s}^{-1}$ *nach rechts. Wie ist der U(t)-Verlauf (*$B = 1$ T*)?* **b)** *Umgekehrt wird die Leiterschleife nach Bild 120.1b nach links in das gleiche Feld mit* $v = 10 \text{ cm s}^{-1}$ *geschoben. Vergleichen Sie Betrag und Polung von* U_{ind} *mit (a)!* **c)** *Der schräge Stab habe die gestrichelte Treppenform. Was folgt für* U_{ind} *bei der Bewegung nach (b)?*

6. *Im Beispiel (a) von Seite 119 sei zur Zeit* $t = 0$ *der nach rechts mit* $v_1 = 0{,}20 \text{ m s}^{-1}$ *gleitende Stab* 0,20 m *vom Spannungsmesser entfernt. Dann beginne auch die obere Schiene, sich von* $d = 0{,}050$ m *aus mit* $v_2 = 0{,}10 \text{ m s}^{-1}$ *nach oben zu bewegen; für den Schienenabstand gilt also* $d(t) = 0{,}05 \text{ m} + v_2 t$. *Berechnen Sie* U_{ind} *nach Gl. 117.1 und 119.4 mit* $B = 0{,}20$ T! *Stellen Sie hierzu die Funktion* $\Phi(t)$ *auf!*

§44 Induktion im ruhenden Leiter

1. Induktion – auch ohne Lorentzkraft?

Versuch 102: Wir ziehen den in Versuch 99 benutzten roten Drahtrahmen schnell aus dem konstanten Magnetfeld und erhalten kurzzeitig Spannung. Überraschenderweise stellt sich der *gleiche Ausschlag* auch dann ein, wenn wir den Drahtrahmen in Ruhe lassen und durch Zurückdrehen des Drehknopfs am Netzgerät das *B*-Feld schnell ausschalten.

Diese neue Erscheinung können wir nicht mehr mit der Lorentzkraft erklären, da sich jetzt ja kein Leiter mehr im Magnetfeld bewegt. Wir betrachten deshalb die Änderung des Flusses $\Phi = B\, A_s$. Sie tritt ein, gleichgültig ob man die Leiterschleife aus dem Feld zieht, also A_s ändert, oder das Feld ausschaltet, also B ändert. Erfaßt etwa das nach *Faradays Feldliniensprache* formulierte Gesetz $U_{ind} = n\, \Delta\Phi / \Delta t$ auch diesen neuen Versuch?

Wir lassen die Fläche A_s konstant und ändern dafür die Flußdichte B. Wenn wir A_s vor das Änderungssymbol Δ setzen, müßte gelten

$$U_{ind} = n \frac{\Delta\Phi}{\Delta t} = n \frac{\Delta(B\, A_s)}{\Delta t} = n\, A_s \frac{\Delta B}{\Delta t}. \quad (120.1)$$

Versuch 103: **a)** Der Erregerstrom I_{err} durchfließt nach *Bild 121.1* die rote Feldspule. Ein elektronisches Gerät erhöht I_{err} proportional mit der Zeit t. Dann ist das Anstiegstempo $\Delta B / \Delta t$ der Flußdichte B konstant. In der Induktionsspule (blau, Fläche $A = A_s$ senkrecht zu B) entsteht konstante Spannung U_{ind}.

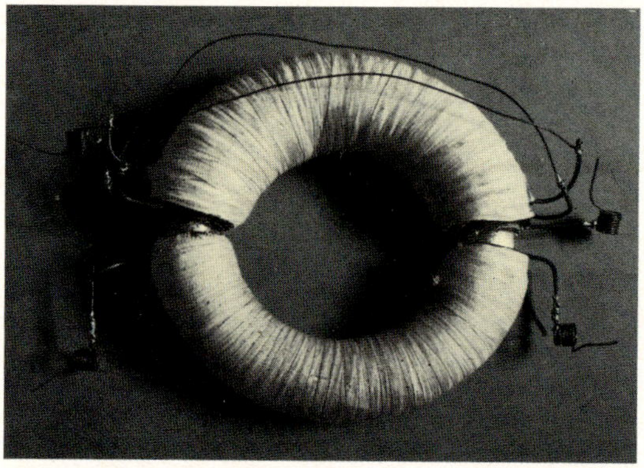

120.2 *Faradays* Entdeckergerät; er wickelte zwei Spulen auf denselben Eisenkern: dies war der erste Trafo!

b) Wenn B konstant ist, wird $\Delta B/\Delta t = 0$ und auch $U_{ind} = 0$. Nimmt B wieder ab ($\Delta B/\Delta t < 0$), ändert U_{ind} seine Polung.

c) Wir ändern $\Delta B/\Delta t$, bis sich U_{ind} verdoppelt hat, und messen $\Delta B/\Delta t$. U_{ind} erweist sich proportional zu $\Delta B/\Delta t$ und damit zu $\Delta \Phi/\Delta t$.

d) U_{ind} ist auch der Windungszahl n der Induktionsspule proportional; die Spannungen in den einzelnen Windungen addieren sich.

e) U_{ind} ist zur Fläche A der Induktionsspule proportional. Wenn wir zudem diese Fläche gegenüber einer Ebene, die senkrecht zu B steht, um den Winkel φ geneigt haben, ist $U_{ind} \sim \cos\varphi$. Also kommt es auch hier nur auf die projizierte Fläche $A_s = A \cos\varphi$ an *(Bild 118.3)*.

f) Wir lassen in der Feldspule den Strom I_{err} in $\Delta t = 20$ s von 20 mA auf 70 mA, also um $\Delta I = 50$ mA gleichmäßig ansteigen. Da sie $n_F = 16000$ Windungen auf $l = 0{,}48$ m Länge hat, ist nach *Gl. 62.1* $\Delta B = \mu_0\, n_F\, \Delta I_{err}/l = 2{,}1 \cdot 10^{-3}$ T. Die Induktionsspule steht mit ihrer Fläche $A = A_s = 28 \cdot 10^{-4}$ m² senkrecht zum Magnetfeld. In ihr ändert sich der Fluß um $\Delta\Phi = A_s\, \Delta B = 5{,}87 \cdot 10^{-6}$ V s. Wir erwarten die Spannung $U_{ind} = n\, \Delta\Phi/\Delta t = 2000 \cdot 5{,}87 \cdot 10^{-6}$ V s/20 s $= 0{,}59$ mV in ihren $n = 2000$ Windungen. Dies bestätigt der Spannungsmesser. Also gilt auch hier $U_{ind} = n\, \Delta\Phi/\Delta t$ oder $U_{ind} = n\, \dot{\Phi}$.

Und wenn sich sowohl die Fläche A_s wie auch die Flußdichte B ändern? Aus $U = n\,\dot{\Phi} = n\, \Delta(B\, A_s)/\Delta t$ folgt nach der Produktregel der Differentialrechnung $U = n\,(B\,\dot{A}_s + \dot{B}\,A_s)$. Der erste Summand $U_1 = n\, B\, \dot{A}_s$ gibt die Spannung bei der Flächenänderung $\dot{A}_s$ an, also bei Induktion durch Lorentzkräfte. Der zweite Summand liefert die Spannung $U_2 = n\, \dot{B}\, A_s$ bei reiner Magnetfeldänderung.

Für alle Induktionsvorgänge gilt

$$U_{ind} = n\,\dot{\Phi}. \qquad (121.1)$$

2. Induktion durch Wirbelfelder – etwas Neues

Hinter der Induktion beim Ändern der Flußdichte B muß etwas Neues stecken. Hier ruhen die Leiterschleife und ihre Elektronen. Also gibt es keine Lorentzkraft. Ruhende Elektronen erfahren nur in elektrischen Feldern eine Kraft *($F = e\,E$)*. Entsteht vielleicht beim Ändern eines Magnetfelds ein elektrisches Feld?

Versuch 104: a) Wir speisen eine Spule aus wenigen Windungen mit Wechselstrom sehr hoher Frequenz. Das sich sehr schnell ändernde Magnetfeld ($\dot{B}$ sehr groß) weisen wir mit einer Induktionsschleife am Oszilloskop nach.

b) In die Spule setzen wir eine Glaskugel, die mit Gas von geringem Druck gefüllt ist *(Bild 121.2)*. Es leuchtet auf einem geschlossenen Kreisring hell auf. Er liegt in der Ebene senkrecht zum Spulenfeld, in der A_s und die induzierte Spannung am größten sind. Im Gas fließt ein Strom, obwohl von außen keine Spannung elektrostatisch – etwa durch Ladungen auf eingeschmolzenen Elektroden – angelegt worden ist. Ein solcher Strom setzt in Gasen erst bei großen elektrischen Feldstärken ein. Also hat sich ein elektrisches Feld mit geschlossenen Feldlinien gebildet. Sie umgeben und durchsetzen das sich rasch ändernde $\vec{B}$-Feld ($\dot{B}$ groß), verlaufen also nicht zwischen Ladungen, sondern ungefähr kreisförmig. Wir haben ein **elektrisches Wirbelfeld** gefunden.

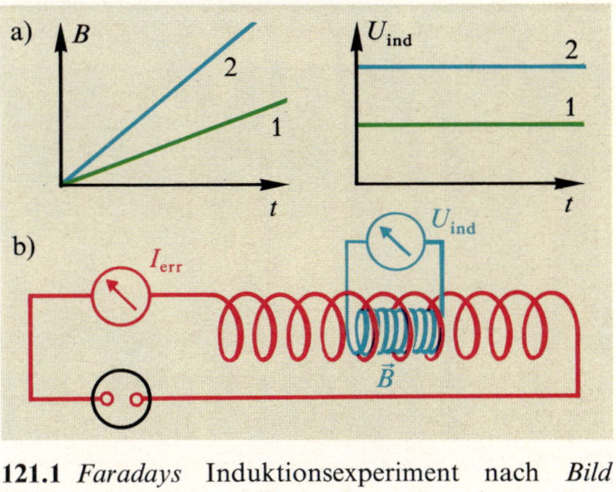

121.1 *Faradays* Induktionsexperiment nach *Bild 120.2* auf modern; a) Verlauf von B und von U_{ind}: (1) B-Anstieg langsam; (2) schnell; b) Anordnung

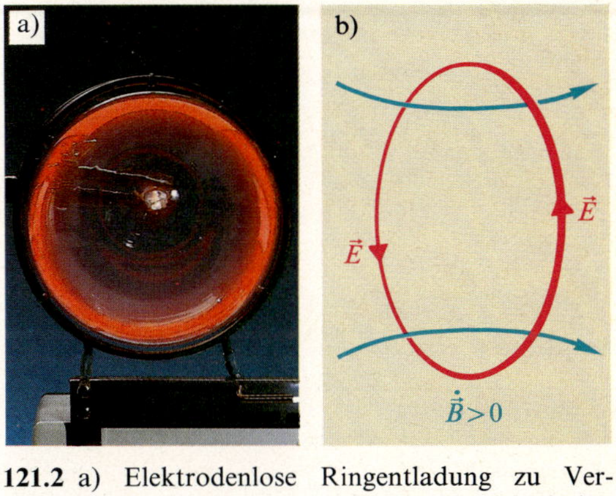

121.2 a) Elektrodenlose Ringentladung zu Versuch 104; die rote Gasentladung zeigt ein elektrisches Wirbelfeld. b) $\vec{E}$-Wirbel, wenn B wächst ($\dot{B} > 0$).

Sie kennen bereits das magnetische Wirbelfeld, das *Oersted* um stromdurchflossene Leiter fand. Nach *Bild 122.1* durchsetzt es den Eisenkern eines *Transformators.* Der Wechselstrom in der linken Primärspule erzeugt nämlich einen magnetischen Fluß, der fast ganz auf den Eisenkern beschränkt bleibt und sich ständig ändert. Dieses Magnetfeld selbst ist außerhalb vom Eisen kaum nachweisbar. Es wird aber von einem starken elektrischen Wirbelfeld umgeben. Dieses setzt in der rechten Sekundärspule die Elektronen in Bewegung und erzeugt die Sekundärspannung. Also sind elektrische Wirbelfelder genau so alltäglich wie die magnetischen um Ströme. Haben Sie es schon bemerkt? Die Anordnung von *Faraday* nach *Bild 120.2* war der erste Trafo!

Induktion durch Wirbelfelder: Ein sich änderndes magnetisches Feld ($\dot{B}$) wird von Feldlinien eines elektrischen Wirbelfeldes durchsetzt und umgeben. Diese Feldlinien haben weder Anfang noch Ende.

Im *Computerbild 122.2* ist ein elektrisches Wirbelfeld um einen Eisenkern ($\dot{B}$ in der Mitte) simuliert. Wenn man in ihm mit der Probeladung $q = 1$ C einen Umlauf (gelb) um den Eisenkern ausführt, wird die Überführungsarbeit zu $W = 628$ J berechnet. In einer Leiterschleife, die diesen Weg bildet, würde die Spannung $U = W/q = 628$ V registriert. Auf dem weißen Weg, der den Bereich von $\dot{B}$ nicht umfaßt, sind dagegen Umlaufarbeit und Spannung Null.

Arbeit und Spannung hängen bei Wirbelfeldern also vom eingeschlagenen Weg ab. Man kann deshalb bei ihnen die Spannung nicht mehr aus einem elektrostatischen Potential berechnen. Vergleichen Sie mit *Bild 35.2*, das die Umlaufarbeit in einem elektrostatischen Potentialfeld zeigt. Dort ist sie bei jedem beliebigen Umlauf Null!

Für *Faradays* Feldvorstellung sind die elektrischen Wirbelfelder ein sehr starkes Indiz. Sie werden im Vakuum allein von magnetischen Feldern erzeugt. *Felder können andere Felder erzeugen*, sind also mehr als eine Fiktion! Wir müssen auch dem leeren Raum physikalische Eigenschaften zusprechen, haben wir doch schon gesehen, daß er elektrische Energie speichert.

Aufgaben

1. *Wie würden Sie mit der Anordnung Faradays nach Bild 120.2 die Induktion entdecken?*

2. *In einer* 53,5 cm *langen Spule mit 5000 Windungen steigt in* 10 s *die Stromstärke gleichmäßig von* 1,0 A *auf* 6,0 A *an. Wie groß ist* $\Delta B/\Delta t$? *In dieser Feldspule liegt eine Induktionsspule mit 100 Windungen und* 20 cm² *Fläche. Welche Spannung wird induziert, wenn die Achsen beider Spulen* **a)** *parallel sind,* **b)** *den Winkel* 30°, 45°, 90° *bilden?* **c)** *Welche Spannung wird in einer genau gleichen Spule induziert, die auf der Feldspule liegt, wenn beide* 34 cm² *Fläche haben?*

3. *Nach Bild 118.2 legt der Leiter in der Zeit* Δt *die Strecke* $\overline{AC} = \Delta s$ *zurück. Wie groß ist* U_{ind}, *wenn ein Hufeisenmagnet die Flußdichte B erzeugt hat? Man hätte den das Feld erzeugenden Magneten auch in der gleichen Zeit von links um* Δs *nach rechts über den ruhenden Leiter schieben können. Wie groß wäre dann* U_{ind}? *Wie erklären Sie diese beiden Vorgänge jeweils?*

4. a) *Eine Leiterschleife der Fläche* 50 cm² *steht senkrecht zu einem Feld mit* $B = 0{,}20$ T. *Sie wird in* 0,10 s *auf* 5,0 cm² *zusammengedrückt. Wie groß ist die mittlere induzierte Spannung?* **b)** *Um welchen Winkel hätte man sie in dieser Zeit drehen müssen, um das gleiche Ergebnis zu erzielen?* **c)** *Wie groß ist die Spannung, wenn in (a) gleichzeitig B auf* 0,10 T *sinkt?*

5. *Jemand behauptet, man könne einen Trafo mit Gleichstrom nach Bild 87.1 betreiben. Hat er recht? Welche Art von Spannung liefert die Sekundärspule?*

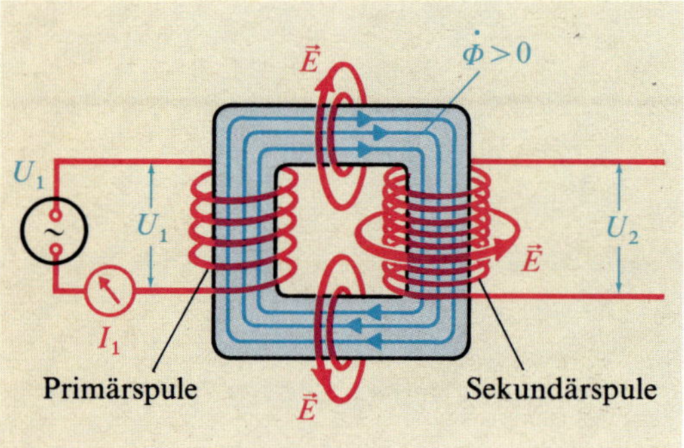

122.1 Elektrische Wirbelfelder um den Eisenkern beim Trafo

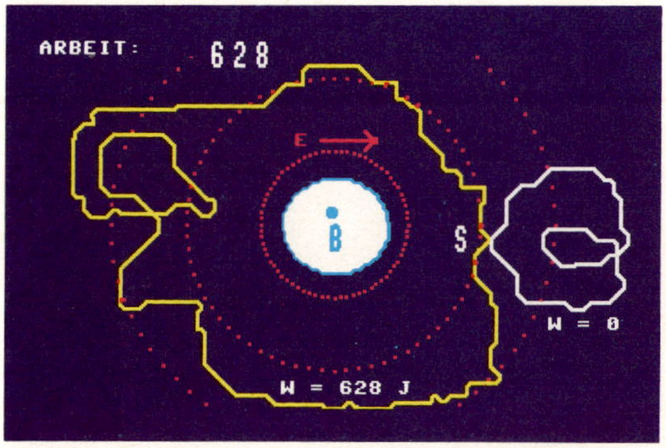

122.2 Umlaufarbeit auf verschiedenen Wegen im Wirbelfeld (Computersimulation)

§45 Lenzsches Gesetz und Energie

1. Endlich ein perpetuum mobile?

Haben Sie schon einmal daran gedacht, eine Dynamomaschine von einem Elektromotor antreiben zu lassen, dem die elektrische Energie vom gleichen Dynamo geliefert wird *(Bild 123.1 a)*? Würde Ihre Erfindung – einmal angestoßen – als *perpetuum mobile* weiterlaufen und dabei ständig Energie aus nichts erzeugen? Betrachten wir den Minigenerator nach *Bild 116.1 b* und *123.1 b*! Der Leiter der Länge d wird im $\vec{B}$-Feld nach rechts bewegt; Elektronen strömen nach unten; im Gerät G fließt der Induktionsstrom I und liefert die elektrische Energie

$$W_{el} = U_{ind}\, I\, t = B\, d\, v_s\, I\, t. \qquad (123.1)$$

Wird sie tatsächlich aus nichts erzeugt? Der Strom I fließt auch im bewegten Leiterstück CD. Es erfährt in dem Magnetfeld, in dem induziert wird, die Kraft $F = I\, B\, d$ nach links (Dreifingerregel). Sie wirkt leider der Bewegung nach rechts, welche die Induktionsspannung $U = B\, d\, v_s$ verursacht, entgegen. Also muß man in der Zeit t, in der Strom fließt, den Leiter gegen diese Kraft F längs des Wegs $s = v_s\, t$ durch das Feld schieben. Dabei ist die mechanische Energie

$$W_{mech} = F\, s = F\, v_s\, t = I\, B\, d\, v_s\, t \qquad (123.2)$$

aufzuwenden. Sie ist exakt gleich der entnommenen elektrischen Energie $W_{el} = B\, d\, v_s\, I\, t$. Also wird auch bei der Induktion der *Energieerhaltungssatz* erfüllt. Wenn – etwa bei Nacht – kein Strom von den Kunden des E-Werks angefordert wird, sind mit $I = 0$ auch W_{el} und W_{mech} Null. Das E-Werk erzeugt zwar Spannung, braucht dazu aber – im reibungsfreien Idealfall – weder Kraft noch Energie.

2. Die Polung von U_{ind} regelt der Energiesatz!

a) Wäre im Leiter CD nach *Bild 123.1 b* der Elektronenstrom nach oben gerichtet, so würde er im $\vec{B}$-Feld eine Kraft nach rechts erfahren. Diese Kraft würde den Leiter beschleunigen und so den Induktionsstrom vergrößern. Der vergrößerte Strom würde eine noch größere Kraft erfahren usw. Nach einem kleinen Anstoß des Leiters könnte man dem System beliebig viel elektrische und zugleich mechanische

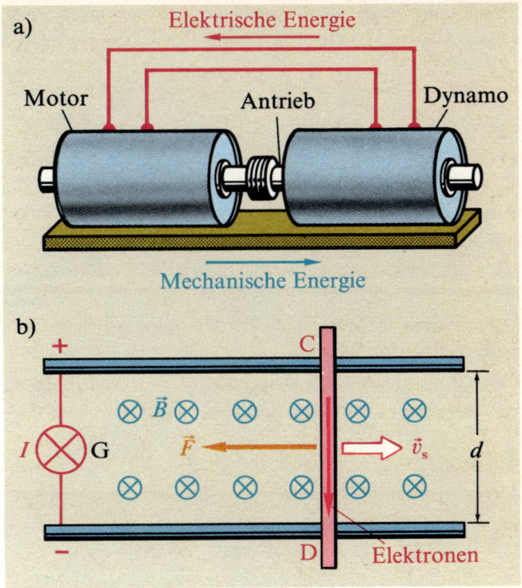

123.1 a) Ist dies ein perpetum mobile? b) Unser Minigenerator energetisch betrachtet.

Energie entnehmen und hätte ein energiespendendes perpetuum mobile. Dies erkannte *H. Lenz* bereits 1834, also drei Jahre nach *Faradays* Entdeckung der Induktion:

> ***Lenzsches Gesetz:*** **Die Induktionsspannung ist so gepolt, daß sie durch ihren Strom ihrer Ursache entgegenwirken kann.**

Die Spannung selbst erzeugt kein B-Feld und keine Kraft. Das *Lenzsche Gesetz* wirkt sich deshalb erst über den Induktionsstrom aus.

b) Gilt das *Lenzsche Gesetz* auch dann, wenn sich die Flußdichte B ändert?

Das *Lenzsche Gesetz* beruht auf dem Energiesatz. Beim Bewegen von Leitern konnten wir es unmittelbar verstehen, weil dort die längst bekannte Lorentzkraft wirkt. Um die Induktion auch beim Ändern der Flußdichte zu verstehen, mußten wir die elektrischen Wirbelfelder neu einführen. Sind sie so gerichtet, daß auch bei diesen Induktionsversuchen die Energiebilanz und damit das *Lenzsche Gesetz* erfüllt sind?

Versuch 105: **a)** Nach *Bild 124.1* ragt ein Eisenkern aus einer Spule. Über sein Ende ist ein Aluminiumring (rot) gehängt. Beim Einschalten des Spulenstroms wird der Ring kurzzeitig abgestoßen. Was geschieht dabei? In seiner Fläche baut die Spule den nach rechts gerichteten Fluß Φ auf. Seine magnetischen Feldlinien werden von ringförmigen elektrischen Feldlinien umgeben. Ihre elektrischen Feldkräfte setzen die Elektronen im Ring in Bewegung. Aber in welche Richtung? Nach dem Lenzschen Gesetz müßte der Ringstrom in der Ringfläche ein nach links gerichtetes Magnetfeld erzeugen, um seiner *Ursache*, dem **Anwachsen** des nach rechts gerichteten Flusses Φ, entgegenzuwirken. Dann müßten die Ring-Elektronen gegen den Uhrzeiger fließen (von rechts gesehen rot). Wir können dies bestätigen: Sie erfahren z.B. in der nach oben gerichteten blauen Feldlinie (1) des inhomogenen Spulenfeldes eine Lorentzkraft nach rechts. Tatsächlich wird der Ring abgestoßen. Das Lenzsche Gesetz gilt also auch beim Ändern der Flußdichte B.

b) Wenn wir den Spulenstrom in *Bild 124.1* ausschalten, wird der Ring angezogen. Warum? Das Magnetfeld bricht zusammen. Nach *Lenz* wirkt der Ringstrom der **Abnahme** des Induktionsflusses Φ entgegen, da diese Abnahme seine Ursache ist. Die Elektronen fließen hierzu im Uhrzeigersinn und erzeugen in der Ringfläche ein Magnetfeld, das dem zusammenbrechenden gleichgerichtet ist. So zögern sie dessen Abnahme hinaus. Zudem bleibt der Ring länger im starken B-Feld, da er nach links gezogen wird.

Im Ring fließt Strom, obwohl es dort keine Stromquelle mit Plus- und Minuspol gibt. Der Ringstrom kommt durch ein elektrisches Wirbelfeld zustande, wie wir es in der Glaskugel nach *Bild 121.2* sahen. Seine Feldlinien haben weder Anfang noch Ende. Sie zeigen gegen die Richtung des Elektronenstroms im Ring.

3. Die Induktionsspannung hat ein Vorzeichen!

Wir haben es künftig oft mit Induktionsspannungen in Stromkreisen zu tun, in denen bereits eine andere Spannung U_1 herrscht. Wie wirken solche Spannungen zusammen?

Versuch 106: **a)** Der Stromkreis nach *Bild 124.2* besteht aus einer Spule, einer Batterie mit der konstanten Spannung U_1 und einem Strommesser. Wir schieben einen großen Weicheisenkern in die Spule. Dabei sinkt kurzzeitig die Stromstärke I. Das Eisen erhöht nämlich wegen seiner hohen Permeabilitätszahl μ_r die Flußdichte B und den magnetischen Fluß Φ. Seine Änderung $\dot{\Phi}$ ist also positiv ($\dot{\Phi} > 0$). Die dabei induzierte Spannung U_{ind} addiert sich wegen der Reihenschaltung mit U_1 zur Gesamtspannung $U_1 + U_{ind}$. Diese ist – wie man an der Abnahme von I erkennt – kleiner als U_1. Also wirkt U_{ind} der Batteriespannung U_1 entgegen. Dies drücken wir durch ein Minuszeichen im Induktionsgesetz $U_{ind} = -n\,\dot{\Phi}$ aus. Für die Stromstärke I im Kreis gilt dann die oft benutzte Gleichung

$$I = \frac{U_1 + U_{ind}}{R} = \frac{U_1 - n\,\dot{\Phi}}{R}. \qquad (124.1)$$

b) Nun ziehen wir den Eisenkern aus der Spule. Der Strom steigt kurzzeitig an. Jetzt haben wir den Fluß Φ verkleinert. Also ist $\dot{\Phi}$ negativ und $U_{ind} = -n\,\dot{\Phi}$ positiv. Der Zähler in *Gl. 124.1* wird größer als U_1. Das Minuszeichen in $U_{ind} = -n\,\dot{\Phi}$ bewährt sich wieder.

Aus *Gl. 124.1* folgt $U_1 = I\,R + n\,\dot{\Phi}$. Dies heißt: **Die angelegte Spannung U_1 überwindet mit dem Teil $I\,R$ den Widerstand R und kompensiert zugleich mit dem Rest $U^* = +n\,\dot{\Phi}$ die in der Spule induzierte Spannung $U_{ind} = -n\,\dot{\Phi}$.**

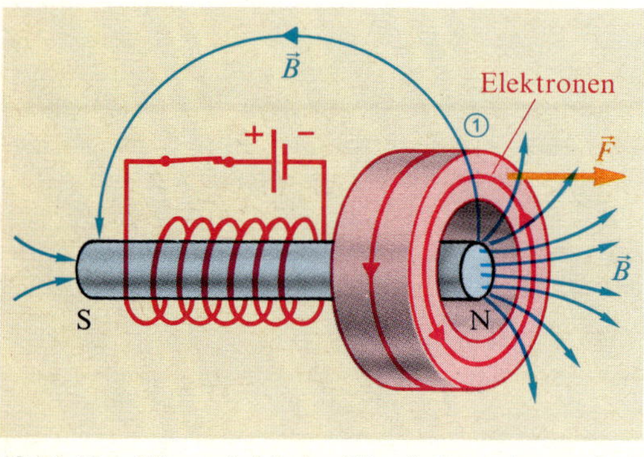

124.1 Der Ring wird beim Einschalten abgestoßen, beim Ausschalten angezogen.

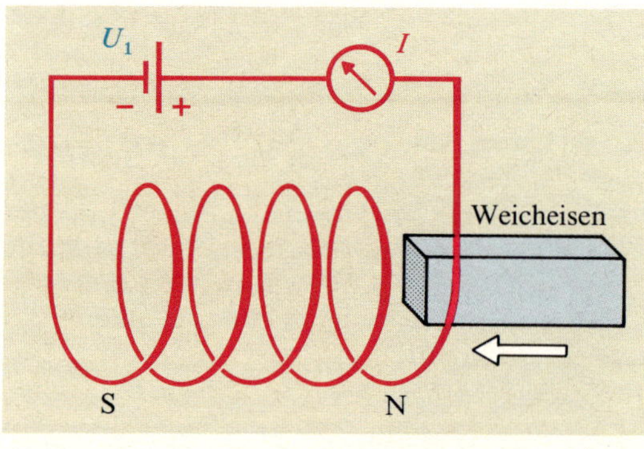

124.2 Im Kreis wirken U_1 und $U_{ind} = -n\,\dot{\Phi}$ zugleich; beim Einschieben des Eisenstücks sinkt I.

Das Minuszeichen im Induktionsgesetz berücksichtigt das Lenzsche Gesetz bezüglich der im Stromkreis schon wirkenden Spannung U_1:

$$U_{ind} = -n\,\dot{\Phi}. \qquad (125.1)$$

4. Wirbelströme in Metallen

Versuch 107: **a)** Wir lassen durch das starke konstante Feld eines Elektromagneten eine dicke Aluminiumplatte fallen, die weit über den Feldbereich hinausragt *(Bild 125.1)*. Warum wird sie wie in Sirup gebremst? Nun, im Feld (blau getönt) erfahren die mitfallenden Elektronen zunächst eine Lorentzkraft F_L nach links und fließen über den magnetfeldfreien Teil der Platte zurück; in ihr bilden sich geschlossene, flächenhaft verteilte **Wirbelströme** (rot) aus. Im Bereich des B-Feldes erfahren diese fließenden Elektronen zugleich eine Lorentzkraft nach oben. So bremsen sie den Fall der Platte nach dem Lenzschen Gesetz.

b) Wenn in die Platte lange Schlitze gefräst sind, fällt die Platte fast ungehemmt. Der Weg der Wirbelströme ist vielfältig zerschnitten.

Versuch 108: Zwei Spulen werden vom gleichen Wechselstrom (5 A; 50 Hz) durchflossen. In der einen Spule liegt ein massiver Eisenstab und wird schnell heiß. Der Weicheisenkern der andern Spule ist aus dünnen, durch Lack gegeneinander isolierten Blechen zusammengesetzt und bleibt kalt. Im magnetischen Wechselfeld können sich nur in den massiven Eisenstäben starke Wirbelströme ausbilden. Im geblätterten Eisenkern gibt es dagegen kaum Wärmeverluste durch Wirbelströme. Deshalb werden die Spulen von Trafos auf geblätterte Eisenkerne gesetzt. Silicium erhöht zudem ihren Widerstand.

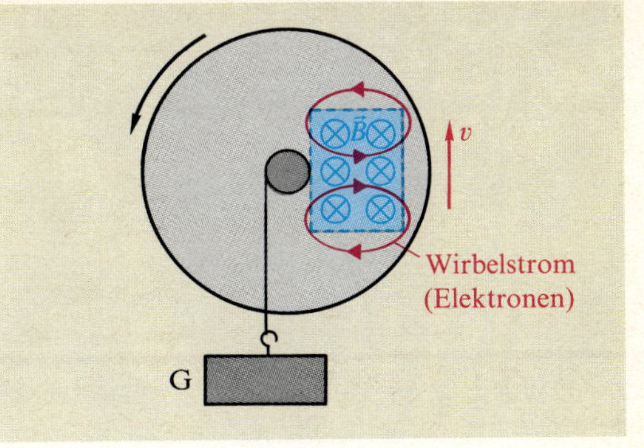

125.2 Wirbelstromdämpfung in rotierender Scheibe

Versuch 109: Auf die drehbar gelagerte Achse einer dicken Aluminiumscheibe ist nach *Bild 125.2* eine Schnur gewickelt. Wenn man das blau getönte Magnetfeld B einschaltet, wird das antreibende Wägestück G wirkungsvoll gebremst. Es sinkt um so langsamer, je stärker das B-Feld ist. Auch hier bremsen Wirbelströme.

Der eiserne Anker eines *Elektromotors* rotiert ständig im Magnetfeld. Deshalb werden in ihm Wirbelströme induziert, die nach dem Lenzschen Gesetz die Bewegung hemmen und Wärme erzeugen. Man muß letztere mit einem Ventilator abführen. Um die Wirbelströme zu verringern, setzt man den Anker aus dünnen, isolierten Eisenblechen mit Silicium-Zusatz zusammen. Das Silicium erhöht den Widerstand des Eisens und schwächt so die Wirbelströme erheblich.

Die Schwingungen der Zeiger von *Meßinstrumenten* muß man dämpfen, damit sie rasch den Meßwert anzeigen. Hierzu verbindet man oft eine Aluminiumscheibe mit dem Zeiger *(Bild 125.3)*. Wirbelströme dämpfen nämlich in einem Magnetfeld die Bewegung, ohne daß eine Haftkraft auftritt. Beim *Drehspulinstrument* nach *Bild 64.2* besorgt diese Dämpfung ein Aluminiumrähmchen, auf das die stromdurchflossene Spule gewickelt ist.

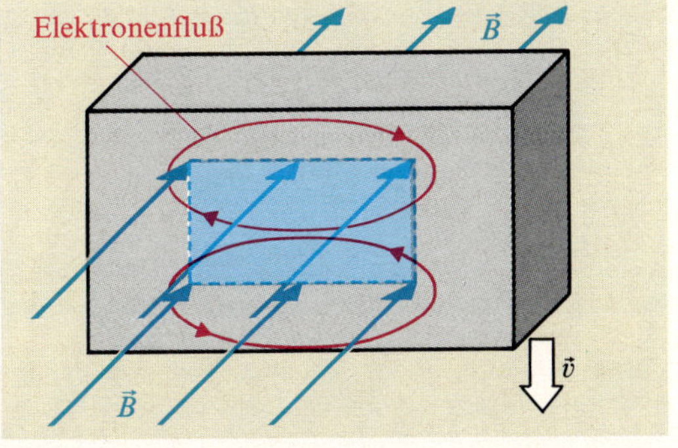

125.1 Versuch 107; Wirbelströme in fallender Platte entstehen wegen der Lorentzkraft auf die Elektronen.

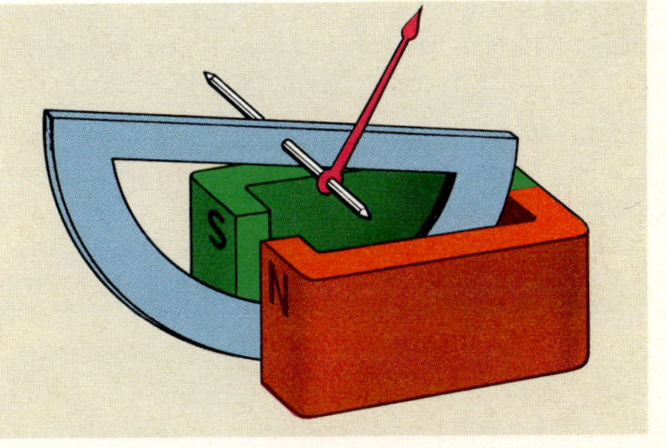

125.3 Wirbelstromdämpfung in Zeigerinstrumenten verhindert das Schwingen des Zeigers.

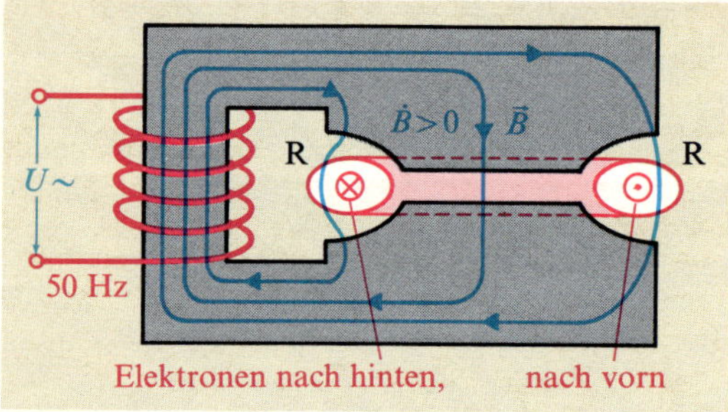

126.1 Das Betatron schleudert Elektronen im Kreis; vergleichen Sie ihre Richtung mit der in *Bild 124.1*!

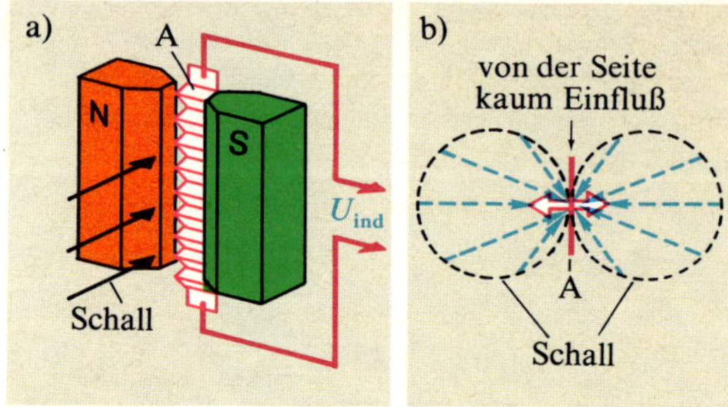

126.2 a) Bändchenmikrofon; b) Richtcharakteristik, Pfeillänge gibt Empfindlichkeit für Schall an.

5. Das Betatron – eine Elektronenschleuder

Will man Elektronen auf Energien von über 20 keV bringen, so versagt das Zyklotron von Seite 113, da die Elektronenmasse beim Annähern an die Lichtgeschwindigkeit zu stark steigt. Deshalb baut man die elektrodenlose Ringentladung nach *Bild 121.2* zu einer *Elektronenschleuder* aus:

Man gibt einem Trafo nach *Bild 126.1* einen Luftspalt und setzt als Sekundärspule eine kreisförmige Vakuumröhre R mit Glühkathode ein. Das anwachsende B-Feld des Wechselstroms erzeugt ein elektrisches Wirbelfeld und beschleunigt mit ihm die Elektronen. Bei geeigneter Form der Polschuhe (bis 3 m Durchmesser) werden sie in der Röhre R auf eine Kreisbahn gezwungen und erhalten auf 10^5 Umläufen bis zu 300 MeV Energie. Mit solchen Maschinen bestrahlt man Tumore.

6. Das Bändchenmikrofon hat Scheuklappen

Bei Kohlekörner- und Kondensatormikrofonen bewegt der schnell wechselnde Schalldruck die Membran. Da der Druck nach allen Richtungen wirkt, werden auch seitliche Nebengeräusche registriert.

Beim *Bändchenmikrofon* wird dagegen das kleine Aluminiumbändchen A zwischen den Polen des Dauermagneten nach *Bild 126.2* bevorzugt von den in Pfeilrichtung schwingenden Luftteilchen vor- und zurückbewegt, also von Schall, der von vorne kommt. Auf Schall von der Seite spricht es kaum an; es hat eine ausgesprochene *Richtcharakteristik*. Die im Bändchen induzierte Spannung $U = B\,d\,v_s$ muß erheblich verstärkt werden. (v_S ist die vom Schall erzeugte Bändchengeschwindigkeit.)

Aufgaben

1. a) *Prüfen Sie das Lenzsche Gesetz in Versuch 100 (Bild 117.2) nach!* **b)** *Ein starker magnetischer Nordpol wird einem aufgehängten Aluminiumring genähert. Welche Richtung hat der Strom im Ring? Zeichnen Sie das elektrische Wirbelfeld in ihm ein (Bild 124.1)! Wird der Ring abgestoßen oder angezogen? Woher kommt die Energie für den Induktionsstrom?*

2. a) *In Bild 122.1 ist das B-Feld auf das Innere des geschlossenen Eisenkerns beschränkt. Ein Kupferring umschließt den Kern, befindet sich also im weitgehend magnetfeldfreien Raum. Wird im Ring beim Ändern des Spulenstroms Spannung induziert? Erfährt der Ring eine Kraft?* **b)** *Warum ist das B-Feld in Bild 124.1 inhomogen?* **c)** *Bewegt sich der Ring in Bild 127.1 beim Ein- und Ausschalten des Elektromagneten?*

3. a) *Ein quadratischer Kupferrahmen von* 50 cm *Seitenlänge wird binnen* 0,50 s *ganz in ein homogenes Magnetfeld von* 2,0 T *senkrecht zu den B-Linien geschoben. Berechnen Sie* U_{ind} *auf zwei Arten! Das Band, aus dem der Kupferrahmen besteht, hat* 50 mm² *Querschnittsfläche* ($\varrho = 0{,}017\ \Omega\ \mathrm{mm}^2\ \mathrm{m}^{-1}$). *Wie groß ist beim Einschieben der Strom und die durch einen Querschnitt fließende Ladung? Welche Kraft erfährt der Rahmen, welche mechanische Arbeit ist aufzuwenden? Welche elektrische Energie wird frei? Wie groß ist die aufzuwendende Leistung?* **b)** *Wie ändern sich diese Werte, wenn man den Rahmen in der halben Zeit einschiebt?* **c)** *Was geschieht, wenn man den Rahmen im homogenen Feld parallel verschiebt?*

4. a) *Die B-Linien in Aufgabe 3a laufen horizontal. Der vertikale Rahmen fällt in dieses Feld. Welche Bremskraft erfährt er bei* $v = 0{,}50\ \mathrm{cm\ s^{-1}}$? **b)** *Bei welcher Geschwindigkeit ist die Bremskraft so groß wie seine Gewichtskraft (Dichte* $8{,}9\ \mathrm{g\ cm^{-3}}$*)? Welche Bewegung führt dann der Rahmen aus? Zeigen Sie, daß die Bremskraft der Geschwindigkeit proportional ist!* **c)** *Wie groß ist die Beschleunigung, wenn sich der Rahmen ganz im homogenen Feld befindet?* **d)** *Was geschieht, wenn er das Feld mit* $v = 1{,}0\ \mathrm{m\ s^{-1}}$ *nach unten verläßt?* **e)** *Deuten Sie das Computerdiagramm nach Bild 127.2!*

5. *Man läßt eine kleine eisenfreie Münze durch das B-Feld fallen, das in Bild 125.1 die Aluminiumplatte stark bremst. Warum erfährt die Münze keine merkliche Bremskraft?*

6. a) *Die Spule eines empfindlichen Galvanometers nach Bild 64.2 sei ungedämpft und schwingt stark, wenn seine Anschlüsse offen sind. Sobald man es kurzschließt, kriecht die Spule langsam zur Nullstellung. Warum?* **b)** *Man verbindet zwei empfindliche Drehspulinstrumente auf dem empfindlichsten Meßbereich miteinander und schüttelt das eine so, daß sein Zeiger schwingt. Warum bewegt sich auch der andere Zeiger?*

7. *In Bild 124.2 erregt der Strom I am rechten Spulenende einen Nordpol. Statt des Weicheisenstücks schiebt man einen starken Magneten ein* **a)** *mit dem Südpol,* **b)** *mit dem Nordpol voraus. Wie verhält sich die Stromstärke? Beachten Sie Kraft, Flußänderung und die Richtung der Elementarmagnete! Diese werden im starken Magneten nicht gedreht.*

8. *Funktioniert das Betatron in der anwachsenden wie in der abfallenden Viertelschwingung des Wechselstroms? Beachten Sie die Richtung des elektrischen Wirbelfeldes sowie die der Lorentzkraft!*

9. *Nach Bild 127.3 wird eine Messinghülse in schnelle Rotation versetzt und ein Stabmagnet eingeschoben. Man mißt an der Hülse zwischen A und B eine Spannung.* **a)** *Wie ist sie gepolt? Wie groß ist sie etwa? (Mittlere Flußdichte* 0,5 T*;* $\overline{AB} = 4$ cm*; Umlaufgeschwindigkeit der Hülse* 0,5 m s^{-1}*)* **b)** *Spielt es eine Rolle, ob sich der Magnet mitdreht oder nicht?* **c)** *Man läßt den runden Magneten ohne Hülse rotieren und legt den Spannungsmesser zwischen seine Mitte und den Nordpol. Darf man Spannung erwarten?*

10. *Jemand ersetzt die teure Wirbelstrombremse nach Bild 125.3 durch einen Pinsel, der auf einer Platte reibt (Festkörperreibung). Wie verhält sich der Instrumentenzeiger?*

11. *Ein kupfernes Speichenrad hat* 1,0 m *Durchmesser und dreht sich dreimal in* 1,0 s *um seine Achse, die horizontal in NS-Richtung liegt (Horizontalkomponente des Erdfelds* $B_H = 0{,}19 \cdot 10^{-4}$ T*). Welche Fläche* ΔA_s *überstreicht eine Speiche in* $\Delta t = 1{,}0$ ms*? Welche Spannung entsteht zwischen Achse und Umfang des Rades (mit Schleifkontakten abgenommen)? Hängt* U *von* Δt *ab? – Rechnen Sie auch mit* $U = B\,d\,v_s$*! Darf man dabei die mittlere Geschwindigkeit der Speichenpunkte benutzen?*

12. *Im Tachometer nach Bild 127.4 rotiert der Magnet* NS *unter dem Speichenrad S, durch die Glasplatte G getrennt.* **a)** *Warum sucht sich das Rad mit dem Magneten zu drehen? (Wählen Sie als Bezugssystem den ruhend gedachten Magneten!)* **b)** *Würde auch ein massives Rad ein Drehmoment erfahren?* **c)** *Die Spiralfeder F erzeugt ein Gegendrehmoment. Warum nimmt der Ausschlag des Zeigers Z mit der Drehfrequenz des Magneten zu?* **d)** *Die Spiralfeder entfalle, desgleichen jegliche Reibung. Wie würde sich das Rad verhalten?*

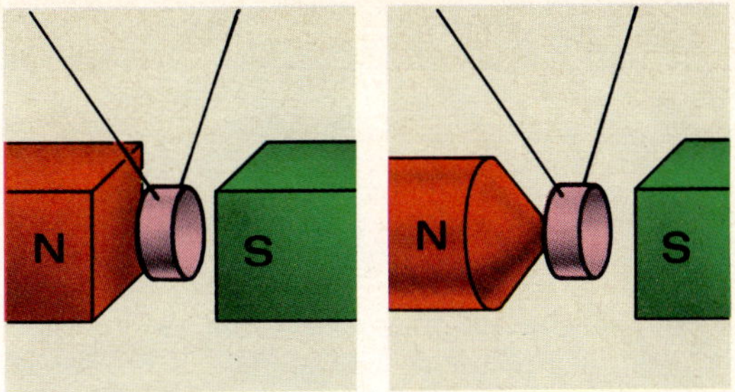

127.1 Zu Aufgabe 2c. Beachten Sie die Form der Polschuhe!

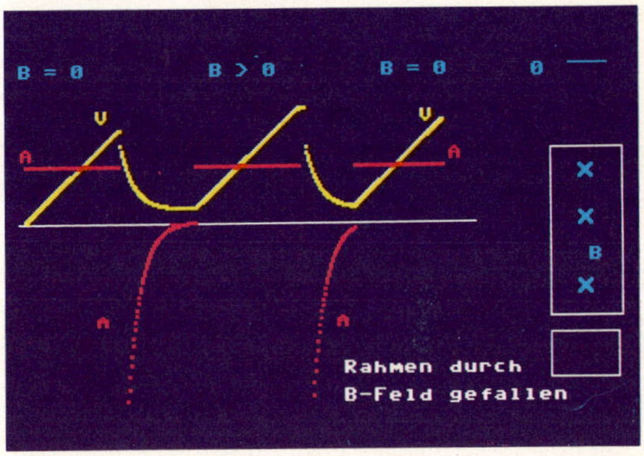

127.2 Der Rahmen nach Aufgabe 4 fällt in einem horizontalen Magnetfeld.

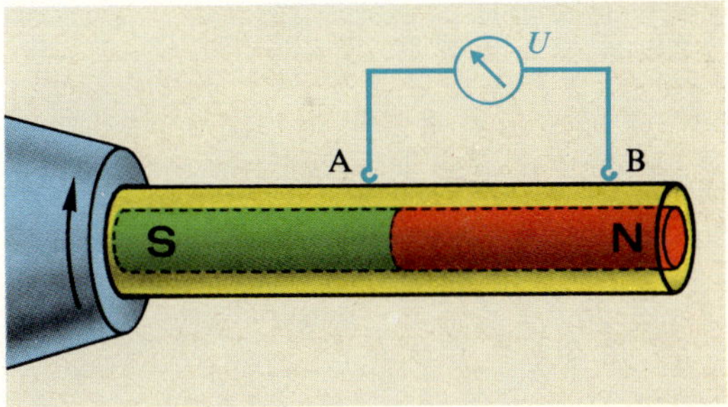

127.3 Zu Aufgabe 9

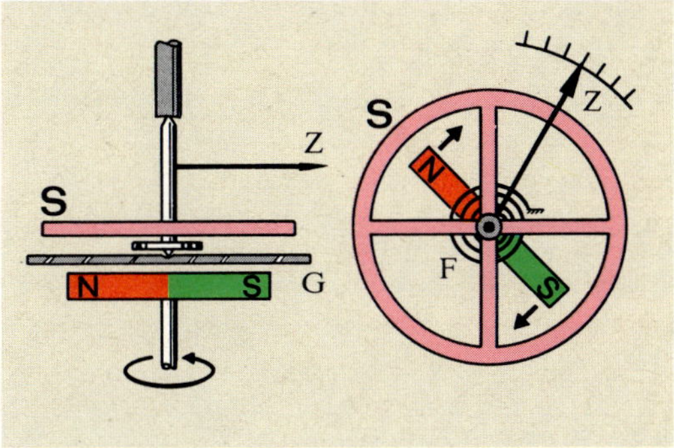

127.4 Ein Tachometer (Aufgabe 12)

§46 Die Selbstinduktion

1. Der verspätete Strom

Versuch 110: Wir legen zwei gleiche Lämpchen L_1 und L_2 (4 V; 0,1 A) mit dem Schalter S an die gleiche Spannung U_1 *(Bild 128.1)*. Vor L_2 liegen zwei Spulen mit je 1000 Windungen auf demselben geschlossenen Eisenkern. Damit beide Lämpchen gleich hell leuchten, machen wir den Widerstand R vor L_1 so groß wie den Spulenwiderstand. Dann schalten wir aus. Beim Wiedereinschalten leuchtet L_2 überraschenderweise erst mit einiger Verspätung. Diese wird noch größer, wenn wir den Versuch wiederholen, aber vorher die Spulenanschlüsse umpolen. Warum ist das so?

Beim Einschalten baut der Strom in den Spulen ein Magnetfeld auf. Es durchsetzt alle ihre Windungen. So induziert der Strom in ihnen, also im eigenen Kreis, eine Spannung U_{ind}. Man nennt sie **Selbstinduktionsspannung** *(Bild 128.2)*. Nach *Lenz* wirkt sie ihrer Ursache, nämlich der Strom*änderung* entgegen: U_{ind} zögert so den Stromanstieg hinaus, wirkt also gegen die angelegte Spannung U_1. Der Vorgang heißt **Selbstinduktion**.

Nach dem Umpolen der Spulen ist die im Stromkreis vorübergehend eingenistete Selbstinduktionsspannung besonders groß. Hier wird zunächst der Restmagnetismus im Eisen beseitigt; dies vergrößert die Flußänderung $\Delta\Phi$. Dabei erweckt das verspätete Leuchten des Lämpchens den Eindruck, die Spulen verhindern für kurze Zeit den Strom überhaupt. Was zeigt ein flinkes Meßgerät, etwa ein automatischer T-Y-Schreiber?

Versuch 111: Wir legen eine große Spule mit geschlossenem Eisenkern und dem Widerstand $R = 8{,}3\ \text{k}\Omega$ an die konstante Gleichspannung $U_1 = 2{,}5$ V. Ein T-Y-Schreiber ohne merkliche Trägheit registriert beim Einschalten im ersten Augenblick einen von $I = 0$ ausgehenden, schnellen Anstieg der Stromstärke $I(t)$ nach *Bild 129.1*. Dieser Anstieg verlangsamt sich dann zusehends. Schließlich nähert sich der Spulenstrom $I(t)$ dem erwarteten konstanten Endwert $I_1 = U_1/R = 0{,}3$ mA immer besser an und kann von ihm bald nicht mehr unterschieden werden.

2. Selbstinduktion in Formeln gefaßt

Wir berechnen nun die induzierte Spannung mit dem allgemeinen Induktionsgesetz $U_{ind} = -n\,\dot{\Phi}$: In einer schlanken Spule erzeugt der Strom I die Flußdichte $B = \mu_0\,\mu_r\,n\,I/l$ und den Fluß $\Phi = B\,A = \mu_0\,\mu_r\,n\,A\,I/l$. Bleibt die Permeabilitätszahl μ_r konstant, so ändert sich nur I und erzeugt die Spannung

$$U_{ind} = -n\,\dot{\Phi} = -(\mu_0\,\mu_r\,n^2\,A/l)\,\dot{I} = -L\,\dot{I}.$$

Dabei haben wir die konstanten Spulendaten n (Windungszahl), A (Querschnitt) und l (Länge) mit μ_0 und μ_r zu einer Spulengröße, der **Eigeninduktivität** $L = \mu_0\,\mu_r\,n^2\,A/l$, zusammengefaßt. Sie wird mit der Änderungsgeschwindigkeit $\dot{I}(t) = \lim\limits_{\Delta t \to 0} \Delta I/\Delta t$ der Stromstärke $I(t)$ multipliziert. $\dot{I}$ bedeutet die Tangentensteigung der $I(t)$-Kurve in *Bild 129.1*. Dort sinkt $\dot{I}$, wenn I steigt; man darf nie I (in A) und $\dot{I}$ (in A s^{-1}) verwechseln! Die Gleichung $U_{ind} = -L\,\dot{I}$ gilt auch bei anderen Leiterformen, z.B. kurzen, dicken Spulen. Doch kann man die mit ihr definierte Eigeninduktivität L nicht aus Spulendaten berechnen.

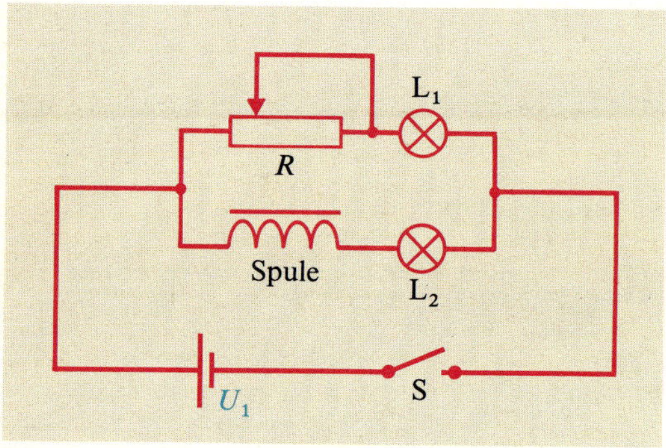

128.1 Warum leuchtet Lämpchen L_2 verzögert auf, wenn der Schalter S geschlossen wird?

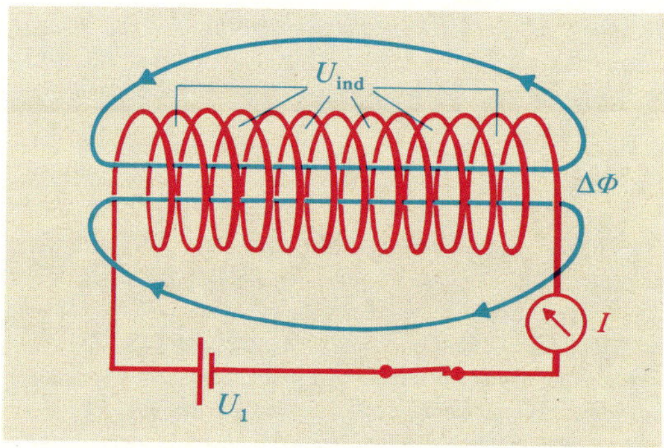

128.2 Über die ganze Spule verteilt entsteht U_{ind} und erzeugt in Reihe mit U_1 den Stromverlauf $I(t)$.

Wenn sich ein Strom ändert, induziert er im eigenen Leiterkreis eine Selbstinduktionsspannung. Sie wirkt ihrer Ursache, der Stromstärkeänderung, entgegen. Die Selbstinduktionsspannung U_{ind} ist der Änderungsgeschwindigkeit $\dot{I}$ der Stromstärke I proportional (μ_r = konstant):

$$U_{ind} = -L\,\dot{I}. \qquad (129.1)$$

***Definition:* Der Proportionalitätsfaktor L zwischen U_{ind} und $\dot{I}$ heißt Eigeninduktivität:**

$$[L] = 1\ \mathrm{V\,s\,A^{-1}} = 1\ \mathrm{H}\ \text{(Henry)}.$$

***Satz:* Die Eigeninduktivität L schlanker Spulen ist $L = \mu_0\,\mu_r\,n^2\,A/l$.** **(129.2)**

J. Henry war amerikanischer Physiker (1797–1878). Die Eigeninduktivität $1\ \mathrm{V\,s\,A^{-1}} = 1\ \mathrm{H}$ weist eine Spule dann auf, wenn in ihr 1 V induziert wird, falls sich der Spulenstrom in 1 s um 1 A gleichmäßig ändert.

3. U_{ind} von U_1 isoliert beobachtet

Die Selbstinduktionsspannung U_{ind} wird in den einzelnen Spulenwindungen erzeugt. Man kann sie aber nicht unmittelbar im Stromkreis messen, da dort auch noch die angelegte Spannung U_1 wirkt. Wir isolieren U_{ind} von U_1:

Versuch 112: Hierzu setzen wir auf den Eisenkern der Selbstinduktionsspule eine zweite genau gleiche Meßspule. Beide werden vom selben Fluß Φ durchsetzt, der in ihnen auch die gleiche Spannung U_{ind} induziert. Dann können wir U_{ind} in der zweiten Spule für sich beobachten, ungestört von U_1. Nach *Bild 129.2c* hat U_{ind} beim Einschalten einen großen negativen Wert, weil der Strom I und der von ihm erzeugte Fluß Φ schnell anwachsen. Wenn sich schließlich $\dot{I}$ Null nähert, so auch $U_{ind} = -L\,\dot{I}$. Dann erst kann $I(t)$ seinen Endwert I_1 erreichen — aber nur asymptotisch.

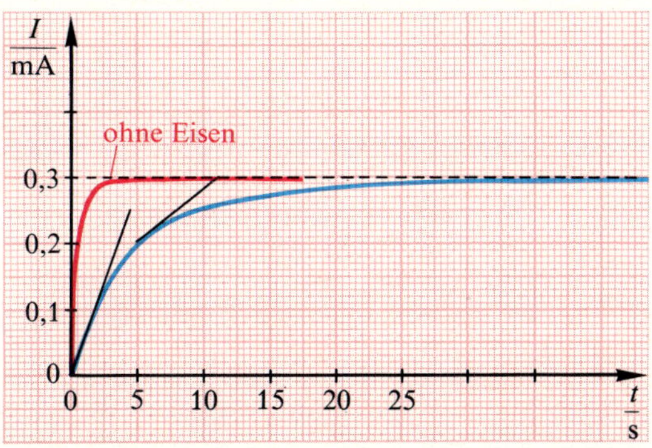

129.1 Stromstärkeanstieg in Spule mit und ohne Eisenkern

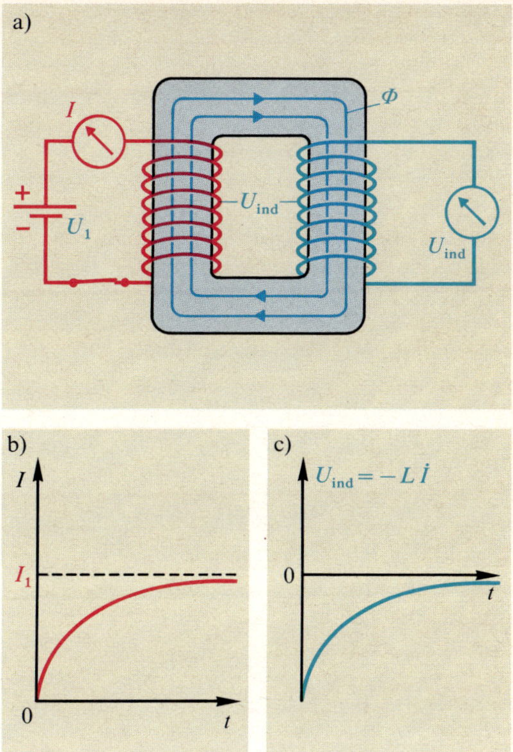

129.2 Im rechten Kreis ist U_{ind} von U_1 getrennt.

Versuch 113: Mit Hilfe von U_{ind} können wir sogar die Eigeninduktivität L ermitteln. Wir erzwingen in einer schlanken Spule mit dem schon aus Versuch 103 bekannten Gerät einen Strom, der in $\Delta t = 15$ s gleichmäßig von 20 mA auf 70 mA um $\Delta I = 50$ mA steigt *(Bild 121.1)*. Sein konstantes Anstiegstempo beträgt $\dot{I} = 50\ \mathrm{mA}/15\ \mathrm{s} = 0{,}0033\ \mathrm{A\,s^{-1}}$. In der darüberliegenden, praktisch gleichen Meßspule erfolgt die gleiche Flußänderung $\dot{\Phi}$. Dort messen wir die Spannung $|U_{ind}| = 2{,}5$ mV. Nach $|U_{ind}| = L\,\dot{I}$ gilt in der schlanken Spule

$$L = \frac{|U_{ind}|}{\dot{I}} = \frac{2{,}5\ \mathrm{mV}}{0{,}0033\ \mathrm{A\,s^{-1}}} = 0{,}76\ \frac{\mathrm{Vs}}{\mathrm{A}} = 0{,}76\ \mathrm{H}.$$

Wir können die Eigeninduktivität L dieser eisenfreien Spule mit $n = 8000$ Windungen der Länge $l = 0{,}48$ m und der Querschnittsfläche $A = 48\ \mathrm{cm}^2$ nach *Gl. 129.2* berechnen: $L = 0{,}80$ H.

4. Ein Strom, der sein Ziel nie erreicht

Warum steigt in *Bild 129.1* die Stromstärke $I(t)$ zunächst steil an und nähert sich dann immer langsamer ihrem Endwert $I_1 = U_1/R$? (R ist der Widerstand des ganzen Kreises.) Um dies zu verstehen, wenden wir für jeden Zeitpunkt t die Gleichung $I = U/R$ an. Dabei müssen wir beachten, daß der Strom I nicht nur von der angelegten konstanten Spannung U_1 angetrieben wird. Mit ihr liegt die Selbstinduktionsspannung $U_{ind}(t) = -L\,\dot{I}(t)$ in Reihe. Die Gesamtspannung $U(t)$ ist die Summe

$$U(t) = U_1 + U_{ind}(t) = U_1 - L\,\dot{I}(t).$$

Folglich gilt für die Stromstärke $I(t)$ in jedem Augenblick

$$\boldsymbol{I(t) = \frac{U(t)}{R} = \frac{U_1 + U_{ind}(t)}{R} = \frac{U_1 - L\,\dot{I}(t)}{R}.} \quad \textbf{(130.1)}$$

Hieraus berechnen wir das Anstiegstempo der Stromstärke $I(t)$ durch Auflösen nach $\dot{I}(t)$ zu

$$\boldsymbol{\dot{I}(t) = \frac{U_1 - I(t)\,R}{L}.} \quad \textbf{(130.2)}$$

Im Einschaltpunkt $t=0$ ist $I(0)=0$. Dort besitzt das Anstiegstempo des Stroms seinen größten positiven Wert $\dot{I}(0) = U_1/L$. Die induzierte Spannung $U_{ind} = -L\,\dot{I}$ hat dann ihren größten negativen Wert

$$U_{ind}(0) = -L\,\dot{I}(0) = -L\,U_1/L = -U_1. \quad (130.3)$$

$U_{ind} = -U_1$ kompensiert im Augenblick des Einschaltens ($I=0$) die angelegte Spannung U_1 ganz. Dabei bleibt es aber nicht. Weil $\dot{I}$ sehr groß ist, steigt der Strom $I(t)$ schnell an. Nach *Gl. 130.2* sinkt deshalb sein Anstiegstempo $\dot{I}(t)$ immer mehr ab. $\dot{I}(t)$ geht sogar gegen Null, wenn sich $I(t)$ dem ohne Selbstinduktion zu erwartenden Wert $I_1 = U_1/R$ nähert. Wir erkennen dies, wenn wir $I_1 = U_1/R$ für $I(t)$ in *Gl. 130.2* einsetzen. Wir erhalten $\dot{I}=0$. Die zu $\dot{I}$ proportionale stromhemmende Gegenspannung $U_{ind}(t) = -L\,\dot{I}(t)$ versiegt also in dem Maße, in dem sich der Strom $I(t)$ seinem „Ziel" $I_1 = U_1/R$ asymptotisch nähert. Er erreicht es theoretisch nie exakt.

Wir können nunmehr die Induktionsspannung U_{ind} auch aus der Kurve $I(t)$ in *Bild 129.1* berechnen. Aus dem asymptotischen Wert $I_1 = 0{,}30$ mA folgt mit $U_1 = 2{,}5$ V der Widerstand $R = U_1/I_1 = 8{,}3\ \text{k}\Omega$ des Kreises. Bei der kleineren Stromstärke $I = 0{,}2$ mA fällt an ihm aber nicht $U_1 = 2{,}5$ V, sondern nur die Teilspannung $U = I\,R = 1{,}7$ V ab. Wo bleibt der Rest von 0,80 V? *Er kompensiert die induzierte Gegenspannung* vom Betrag $|U_{ind}| = L\,\dot{I}$. Das Anstiegstempo des Stroms entnehmen wir der Steigung der Tangente in diesem Punkt zu $\dot{I} = 0{,}024\ \text{mA s}^{-1}$. Die Eigeninduktivität ist

$$L = |U_{ind}|/\dot{I} = 0{,}8\ \text{V}/0{,}024\ \text{mA s}^{-1}$$

$$= 3\cdot 10^4\ \text{V s A}^{-1} = 3\cdot 10^4\ \text{H}.$$

Gl. 130.2 liefert dafür unmittelbar

$$L = (U_1 - I\,R)/\dot{I} = 3\cdot 10^4\ \text{H}.$$

5. Ein Strom, der nicht aufhören will

Was machen Strom und Magnetfeld in einer Spule, wenn man den Schalter S in *Bild 130.1* öffnet und so die angelegte Spannung U_1 wegnimmt? Hier gibt es zwei Möglichkeiten:

Versuch 114: Zunächst geben wir dem Strom noch eine Chance und fügen den Überbrückungswiderstand R_2 ein *(Bild 130.1a)*. Er bildet nach dem Öffnen von S mit der Spule (Widerstand R_1) und dem Strommesser I einen geschlossenen Kreis. Der Spulenstrom nutzt diese Chance. Obwohl U_1 weggenommen ist, fließt er weiter. Doch sinkt er nach *Bild 131.1* zuerst schnell, dann immer langsamer auf Null. Warum?

Nach *Lenz* stützt den Spulenstrom sein eigenes Magnetfeld, weil dieses zusammenbricht. Es induziert die Selbstinduktionsspannung $U_{ind} = -L\,\dot{I}$ in der Spule. So schafft sich der Strom für seinen Abgang seine eigene Spannung. Da $I(t)$ abnimmt, ist $\dot{I}(t)$ negativ und $U_{ind}(t) = -L\,\dot{I}(t)$ jetzt positiv, d.h. der nun entfernten Batteriespannung U_1 gleichgerichtet. Der Strom $I(t)$ fließt in der Spule in der von U_1 festgelegten Richtung weiter — als ob er ein

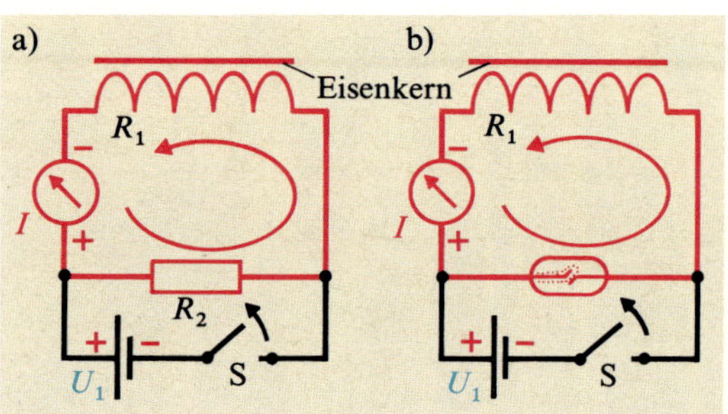

130.1 Selbstinduktion beim Ausschalten mit Elektronenfluß: a) zu Versuch 114; b) zu Versuch 115

Gedächtnis habe – und ist zunächst noch groß. Wenn man in *Gl. 130.2* die weggenommene Spannung $U_1=0$ setzt, bekommt $\dot{I}(t)=-I(t)\,R/L$ einen großen negativen Wert; der Strom fällt also zunächst rasch ab. Wenn $I(t)$ auf einen kleinen Wert abgefallen ist, so gilt dies auch für den Betrag $|\dot{I}|$ seines Abnahmetempos. Beide nähern sich asymptotisch dem Wert Null: Der Strom hört theoretisch gesehen nie ganz auf!

Nach *Lenz* ist die induzierte Spannung beim Sinken des Stroms so gerichtet, daß sie dem Sinken – also ihrer Ursache – entgegenwirkt und es erfolgreich hinauszögert.

Versuch 115: **a)** Wir betrachten den Verlauf des Stroms $I(t)$ in der Spule von *Bild 130.1* (1000 Windungen) genauer. Hierzu ersetzen wir dort den Strommesser durch den Widerstand $R_3=10\ \Omega$. An ihm tritt die zu $I(t)$ proportionale Teilspannung $U(t)=I(t)\,R_3$ auf. An einem Oszilloskop gibt sie den Stromverlauf $I(t)$ in *Bild 131.2* oben an. Wenn ein Relais den Schalter S 50mal je Sekunde öffnet und schließt, wird das Bild 50mal je Sekunde geschrieben und als stehendes Bild gesehen. U_1 und Relais können auch durch einen Rechteck-Generator ersetzt werden.

b) Auch hier läßt sich die induzierte Spannung von U_1 abtrennen. Wir legen den zweiten Kanal des Oszilloskops an eine zweite Spule, die vom Fluß Φ der ersten durchsetzt wird. Der untere Teil von *Bild 131.2* zeigt U_{ind}. Sie ist beim Einschalten des Stroms negativ (U_1 entgegen), beim Ausschalten dagegen positiv. Beidemal nähert sich U_{ind} asymptotisch dem Wert Null. Dies erfolgt um so langsamer, je mehr Eisen die Spule enthält. Aber auch ohne Eisen tritt eine kleine Verzögerung beim Anstieg wie beim Abfall des Stroms ein. Dies bestätigt *Gl. 129.2* für $\mu_r=1$.

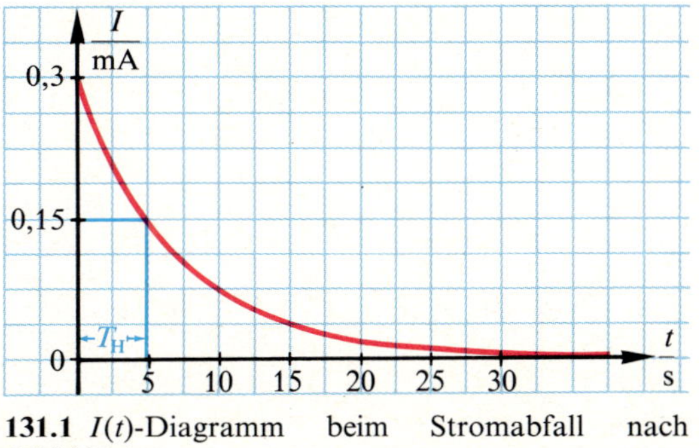

131.1 $I(t)$-Diagramm beim Stromabfall nach *Bild 130.1a*

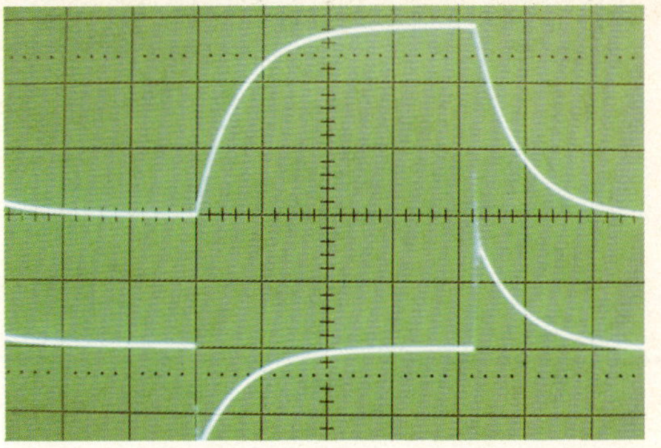

131.2 Zu Versuch 115: oben $I(t)$, unten $U_{ind}(t)$

Die Selbstinduktionsspannung $U_{ind}=-L\,\dot{I}$ verzögert nach *Lenz* sowohl den Anstieg des Stromes wie auch seine Abnahme, und zwar um so nachhaltiger, je größer die Eigeninduktivität L ist. Nach Abschalten der äußeren Spannung U_1 fließt der Spulenstrom in der ursprünglichen Richtung weiter.

Versuch 116: Nun wollen wir dem Strom I beim Abschalten von U_1 seinen Weg verbauen, indem wir den Überbrückungswiderstand R_2 in *Bild 130.1a* wegnehmen. I müßte jetzt in sehr kurzer Zeit – eigentlich momentan – vom Wert $I_1=U_1/R$ auf Null absinken. Dabei bekommt $\dot{I}$ hohe negative, $U_{ind}=-L\,\dot{I}$ hohe positive Werte. Sie ermöglichen es dem Strom, uns ein Schnippchen zu schlagen: Die hohe Spannung U_{ind} macht an der Unterbrechungsstelle die Luft leitend. Der Strom schafft sich jetzt seine Bahn selbst – allerdings nur für ganz kurze Zeit durch einen Funken. Eine Glimmlampe, die wir anstelle von R_2 parallel zur Spule gelegt haben *(Bild 130.1b)*, leuchtet kurz auf, obwohl ihre Zündspannung 80 V viel größer als die Batteriespannung $U_1=2$ V ist (Aufgabe 3).

Diese hohen Spannungsstöße können beim Ausschalten von *Motoren* und *Elektromagneten* mit großer Eigeninduktivität L gefährlich werden – auch in Rechnern, die über Trafos, also Spulen, vom Netz gespeist werden. Große Funken beim *Schalten hoher Leistung* bläst man durch einen kurzen Preßluftstrahl aus. Er reißt die entstandenen Luftionen fort.

Auch an den Spulen einer elektrischen *Klingel* treten solche Funken bei jeder Unterbrechung auf und lassen die Kontakte allmählich verschmoren. Beim Berühren der Unterbrechungsstelle erhält man leichte elektrische Schläge. Sie halten Mensch und Tier vom *elektrischen Weidezaun* fern und zünden im Automotor die Zündkerzen.

6. Gleichungen für ungleichmäßigen Stromverlauf

Der Verlauf des absinkenden Stroms in *Bild 131.1* sieht gleich aus wie der Ladungs- und Spannungsverlauf beim Entladen eines Kondensators. Dies braucht uns nicht zu wundern. *Gl. 130.2* lautet für $U_1 = 0$ und $\dot{I} \approx \Delta I/\Delta t$ einfach $\Delta I/\Delta t = -I(t)\, R/L$. Sie hat die gleiche mathematische Struktur wie $\Delta Q/\Delta t = Q(t)/(R\,C)$ auf Seite 42. Die Stromstärke $I(t)$ entspricht der Ladung $Q(t)$, ihrem Faktor R/L der Faktor $(R\,C)^{-1}$. Die Halbwertszeit $T_H = R\,C \ln 2$ am RC-Glied ist deshalb beim Spulenstrom $T_H = (L/R) \ln 2$. Die Entladegleichung $Q = Q_0\, 2^{-t/T_H}$ am Kondensator geht in die Gleichung $I = I_0\, 2^{-t/T_H}$ für den Ausschaltstrom der Spule über. In der für *Bild 131.1* benutzten Spule ($L = 7 \cdot 10^4$ H und $R = 10^4\ \Omega$) wird die Halbwertszeit des Stromabfalls $T_H = 7 \cdot (\ln 2)\ \text{s} = 7 \cdot 0{,}69\ \text{s} = 4{,}8$ s. Beim Strom*anstieg* nähert sich der Strom $I(t)$ mit dieser Halbwertszeit seinem asymptotischen Endwert I_1 an. Für $I(t)$ gilt also $I(t) = I_1 (1 - 2^{-t/T_H})$.

Um den Stromanstieg mit dem Computer zu berechnen, gehen wir analog zum Kondensator auf Seite 43 vor. Wir ersetzen in *Gl. 130.2* $\dot{I}$ durch $\Delta I/\Delta t$ und erhalten $\Delta I_n = (U_1 - I_n\, R)\, \Delta t/L$. Nach dieser Gleichung steigt der Strom I_n im kleinen Zeitintervall Δt um ΔI_n an. ΔI_n addieren wir zu I_n und erhalten den nächsten Stromwert I_{n+1} usw.:

Eingabe: $U_1,\ L,\ R,\ \Delta t$

ΔI-Berechnung: $\Delta I_n = (U_1 - I_n\, R)\, \Delta t/L$

I-Berechnung: $I_{n+1} = I_n + \Delta I_n$

Aufgaben

1. a) *Warum wird in Versuch 110 der Stromanstieg stark gehemmt, wenn man beide Spulen, warum fast nicht, wenn man nur eine umpolt?* **b)** *Jemand behauptet, die ganze Theorie zur Selbstinduktion sei unnötig; man könne die Stromverzögerung einfach durch die Trägheit der Elektronen erklären. Was sagen Sie dazu? Welche Experimente widersprechen dem?*

2. a) *Wann wird U_{ind} beim Ausschalten viel größer als die angelegte Spannung U_1?* **b)** *Was ist der Größtwert von U_{ind} beim Einschalten?* **c)** *Erhält man an einer Klingel einen Schlag beim Anlegen der Batteriespannung oder bei ihrer Wegnahme?*

3. *Jemand sagt, es sei undenkbar, daß ein Strom beim Ausschalten seine Richtung ändern könne. Betrachten Sie daraufhin die Stromrichtung in R_2 nach Bild 130.1a! Wo ist die ihr zugehörige Spannung lokalisiert? Welche Elektrode der Glimmlampe leuchtet in Bild 130.1b auf?*

4. *Entnehmen Sie Bild 129.1 die Werte von $\dot{I}$ für $I = 0$ und $I = 0{,}15$ mA und den Widerstand des Kreises! Berechnen Sie die Eigeninduktivität der Spule, wenn die angelegte Spannung $U_1 = 2{,}5$ V war!*

5. a) *Auf einen* 160 cm *langen ringförmigen Eisenkern ($\mu_r = 10^4$; $A = 10\ \text{cm}^2$) ist rundum eine Spule mit 1000 Windungen gewickelt. Berechnen Sie die Eigeninduktivität! (Rechnen Sie wie bei einer geraden, langen Spule!) Die Spule wird an $U_1 = 4{,}0$ V Spannung gelegt. Welches ist die Endstromstärke, wenn der Widerstand des Kreises* 10 Ω *beträgt? Wie groß ist im ersten Augenblick das Anstiegstempo $\dot{I}$ der Stromstärke?* **b)** *Wie groß ist die Halbwertszeit T_H beim Ein- bzw. Ausschalten? Wann ist die Stromstärke beim Einschalten auf* 0,3 A *gestiegen, beim Ausschalten auf* 0,1 A *gesunken?*

6. *Wie ändert sich die Eigeninduktivität L einer Spule, wenn man ihre Windungszahl und zugleich den Querschnitt verdoppelt? Hängt L vom Widerstand der Spule ab?*

7. a) *In Bild 130.1a wird der Schalter S geöffnet. Wie groß ist I_{max}? Zeigen Sie, daß im ersten Augenblick die Spannung $U_{ind} = (R_1 + R_2)\, I_{max}$ induziert wird! Warum ist sie in Bild 130.1b besonders groß?* **b)** *Es sei $R_1 = 10\ \Omega$; $U_1 = 5$ V; bei welchem Wert von R_2 wird der Maximalwert von $U_{ind} = 100$ V? Vergleichen Sie mit der Induktionsspannung im Moment des Schließens von S ($I = 0$)!*

8. *Wie ändern sich Halbwertszeit und Stromverlauf $I(t)$ beim Einschalten, wenn man* **a)** *U_1,* **b)** *L,* **c)** *R je für sich verdoppelt?*

9. *Im Versuch 113 liegt die mittlere Spannung des Netzgeräts* 50 V *an der luftgefüllten Spule mit* 0,48 m *Länge, 8000 Windungen und* 48 cm² *Querschnittsfläche. Stört in diesem Kreis die induzierte Spannung bei $\dot{I} = 3{,}3\ \text{mA s}^{-1}$?*

10. a) *In Bild 132.1a ist M ein Gleichstrommotor. Wie verhält er sich beim Schließen, wie beim Öffnen des Schalters S?* **b)** *In Bild 132.1b ist M durch einen Kondensator mit parallelgelegtem Spannungsmesser ersetzt. Wie verhält sich dieser beim Schließen, wie beim Öffnen von S? Begründen Sie!*

11. *Erstellen Sie einen Algorithmus für Stromanstieg und Abfall nach Ziffer 6 und gegebenenfalls ein Computerprogramm!*

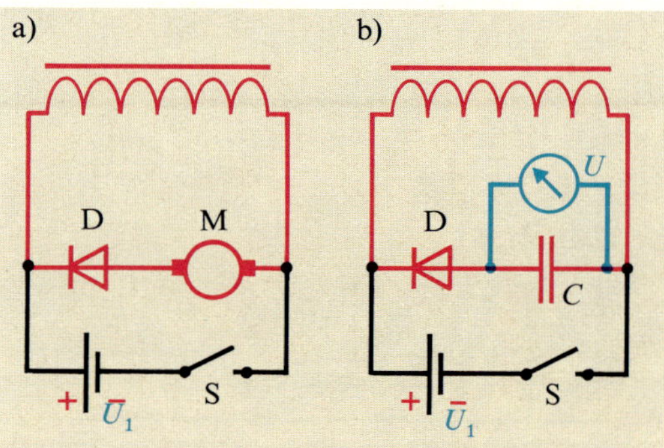

132.1 Erst beim Ausschalten von U_1 läuft der Motor M; der Kondensator C wird geladen.

§47 Energie des Magnetfeldes

1. Woher nehmen die Öffnungsfunken Energie?

Spulenströme können nach Wegnahme der Spannungsquelle weiterfließen und in Widerständen oder als Öffnungsfunken Wärme erzeugen. Woher nehmen sie ihre Energie?

Versuch 117: **a)** Wir ersetzen in *Bild 130.1a* den Überbrückungswiderstand R_2 durch einen Spielzeugmotor M *(Bild 132.1a)*. Die vor ihm liegende Diode D verhindert, daß er von der Quelle U_1 Strom bekommt. Erst wenn wir die Quelle durch Öffnen des Schalters S wegnehmen, springt der Motor kurz an. Er hebt ein Wägestück um so höher, je stärker wir das Magnetfeld durch Eisen gemacht haben. Enthält es also Energie – wie ein elektrisches Feld?

b) Um mit der Energie des *E*-Feldes zu vergleichen, ersetzen wir den Motor durch einen Kondensator mit einem dazu parallelgelegten hochohmigen Spannungsmesser (Meßverstärker; *Bild 132.1b*). Nach Öffnen des Schalters S wird der Kondensator auf die Spannung U geladen, bekommt also die Feldenergie $W_{el} = \frac{1}{2} C U^2$.

U erweist sich dem Strom I, der vor dem Ausschalten das Magnetfeld B erregt hatte, proportional. Wegen $U \sim I$ und $W_{el} \sim U^2$ ist die Energie W_{mag} des zusammengebrochenen Magnetfeldes dem Quadrat I^2 des Erregerstroms I proportional. Was zeigt die Rechnung?

Nach Wegnahme der Spannung U_1 rührt der Strom I ausschließlich von der Spannung $U_{ind} = -L\,\dot{I}$ her. Sie liefert die Leistung

$$P_{mag} = U_{ind}\, I = -L\,\dot{I}\, I \approx -L\, I\, \Delta I/\Delta t. \qquad (133.1)$$

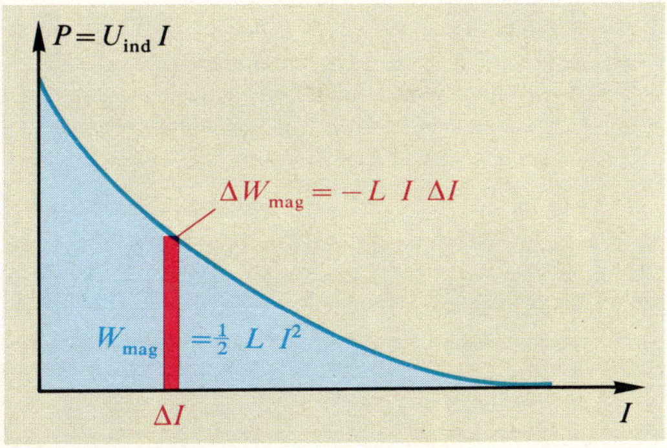

133.1 Die Fläche unter der $P(t)$-Kurve liefert die Energie W_{mag}.

Ihre Arbeit ΔW_{mag} in den zahlreichen kurzen Zeitelementen Δt beträgt jeweils $\Delta W_{mag} = P_{mag}\, \Delta t = -L\, I\, \Delta I$ *(Bild 133.1)*. Die gesamte Arbeit ist die Energie, die beim Zusammenbrechen des Magnetfeldes frei wird. Wir erhalten sie näherungsweise durch Aufsummieren aller $\Delta W_{mag} = -L\, I\, \Delta I$, exakt für $\Delta I \to 0$ durch das Integral

$$W_{mag} = -L \int_I^0 I\, \mathrm{d}I.$$

Seine untere Grenze ist die Stromstärke I *vor* dem Ausschalten des *B*-Feldes, die obere Grenze $I = 0$ gilt für das am Schluß abgebaute Feld. Die aus dem Feld freigesetzte Energie ist

$$W_{mag} = -L \int_I^0 I\, \mathrm{d}I = \tfrac{1}{2} L I^2. \qquad (133.2)$$

Fließt durch eine Spule mit der Eigeninduktivität L der Strom I, dann besitzt ihr Magnetfeld die Energie

$$\boldsymbol{W_{mag} = \tfrac{1}{2} L I^2.} \qquad \textbf{(133.3)}$$

2. Sitzt die Energie wirklich im Magnetfeld?

Diese Frage können wir – wie beim *E*-Feld – bejahen, wenn die Energie W_{mag} dem Volumen V des homogenen Spulenfeldes proportional ist. Nach *Gl. 133.3*, *62.1* und *129.2* hat W_{mag} im Feld einer schlanken Spule mit dem Volumen $V = A\, l$ den Wert

$$W_{mag} = \tfrac{1}{2} L I^2 = \tfrac{1}{2} \mu_0\, \mu_r\, n^2 \frac{A}{l} I^2$$
$$= \frac{1}{2\,\mu_0\,\mu_r} \left(\mu_0\, \mu_r \frac{n\, I}{l}\right)^2 A\, l = \frac{1}{2\,\mu_0\,\mu_r} B^2\, V.$$

Die Energie hängt also nur von Feldgrößen (μ_0, μ_r, B, V) ab. Dies werten wir als weiteres Indiz für die Feldhypothese *Faradays*.

Wir berechnen die **magnetische Energiedichte**

$$\boldsymbol{\varrho_{mag} = \frac{W_{mag}}{V} = \frac{1}{2\,\mu_0\,\mu_r} B^2.} \qquad \textbf{(133.4)}$$

Wie kann das Magnetfeld beim Einschalten des Spulenstroms I Energie bekommen? Die von der Batteriespannung U_1 gelieferte Leistung $P_1 = U_1\, I$ ist doch nach *Tabelle 134.1* kleiner als beim aufgebauten Feld (rechts 1,0 W). Allerdings ist beim Aufbau des Magnetfelds die in Wärme umgesetzte Leistung $P_W = I^2\, R$ noch kleiner als P_1 (wegen I^2; *siehe Bild 134.1*).

Stromstärke I in A	0	0,1	0,2	0,3	0,4	0,5
Batterieleistung P_1 in W	0	0,2	0,4	0,6	0,8	1,0
Wärmeleistung P_W in W	0	0,04	0,16	0,36	0,64	1,0
Feldleistung $P_1 - P_W$ in W	0	0,16	0,24	0,24	0,16	0

Tabelle 134.1: An eine Spule mit $R = 4\ \Omega$ wird $U_1 = 2$ V gelegt. So ändern sich die Leistungen mit wachsendem I.

Also bleibt die in *Bild 134.1* rot getönte Differenz $P_1 - P_W$. Wir prüfen, ob sie etwas mit der Energie des Magnetfelds zu tun hat. Hierzu multiplizieren wir *Gl. 130.1* mit R und erhalten drei Spannungsterme:

$$U_1 = I\,R + L\,\dot{I} \quad \text{(Spannungsgleichung).} \quad (134.1)$$

Die zugehörigen Leistungen erhalten wir durch Multiplikation dieser Gleichung mit I:

$$U_1\,I = R\,I^2 + L\,\dot{I}\,I \quad \text{(Leistungsgleichung).}$$

In dieser Gleichung gibt $P_1 = U_1\,I$ die von der Batterie gelieferte Leistung. Davon wird der Anteil $P_W = R\,I^2$ in Wärme umgesetzt. Die restliche Leistung $L\,\dot{I}\,I$ (in *Bild 134.1* blau getönt) kennen wir aus *Gl. 133.1* als Leistung, die beim Abbau des Feldes frei wird und deshalb dort mit negativem Vorzeichen auftritt. $L\,\dot{I}\,I$ hat dagegen positives Vorzeichen, gibt also die im Magnetfeld bei seinem Aufbau investierte Leistung und – nach dem Aufsummieren – die dazu nötige Energie an. Sie wurde in *Bild 134.1* vom Computer aus den schmalen Rechtecken in *Bild 133.1* berechnet, und zwar beim Aufbau wie auch beim Abbau des *B*-Feldes und oben ausgedruckt. Ihr Wert stimmt mit dem Ergebnis nach *Gl. 133.3* überein.

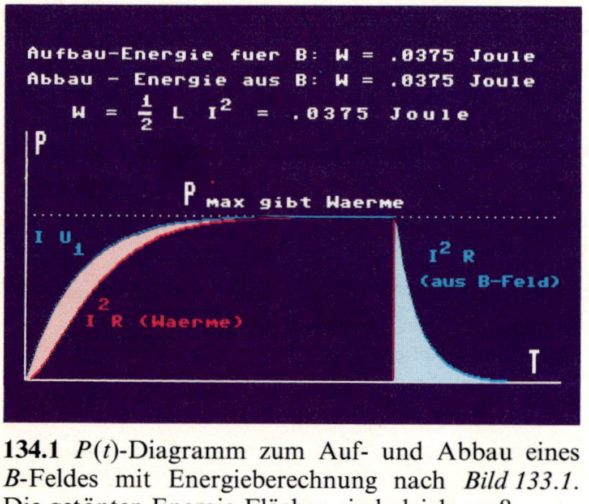

134.1 $P(t)$-Diagramm zum Auf- und Abbau eines *B*-Feldes mit Energieberechnung nach *Bild 133.1*. Die getönten Energie-Flächen sind gleich groß.

Aufgaben

1. *Die Energie zum Aufbau eines E-Feldes konnte genau so berechnet werden wie beim Abbau (Seite 44). Was ist beim B-Feld anders?*

2. *Man zieht ein Weicheisenstück von einem Hufeisenmagneten weg. Dazu braucht man Energie. Wie bekommt man sie wieder? Wo ist sie solange gespeichert? Kennen Sie einen analogen elektrischen Versuch?*

3. *Jemand sagt, die Energie einer stromdurchflossenen Spule sei nichts weiter als kinetische Energie der Elektronen. Welcher Versuch widerlegt ihn?*

4. a) *Die Flußdichte B einer Spule ist ihrer Windungszahl n proportional. Warum tritt dann in Gl. 129.2* n^2 *auf?* **b)** *Wie erkennt man an* $W = I^2\,R\,t$ *und* $W = \frac{1}{2}\,L\,I^2$*, daß W nicht von der Stromrichtung abhängt? Übertragen Sie diese Überlegung auf Energie und Energiedichte im Kondensator!*

5. *Welche magnetische Energie hat das Magnetfeld einer Spule von* 4,0 H *bei* $I = 3{,}0$ A*? Wieviel Energie wird frei, wenn die Stromstärke* **a)** *auf die Hälfte,* **b)** *auf Null absinkt? Wie hoch kann mit ihr ein* 50 g*-Stück höchstens gehoben werden?* **c)** *Wie oft müßte man das Feld abbauen, um mit der Energie* 1,0 kg *Wasser um* 1,0 K *zu erwärmen?*

6. a) *Wie groß ist die Eigeninduktivität L einer* 1,0 m *langen, eisenfreien Spule, die 1000 Windungen und* 50 cm² *Querschnitt aufweist? Welche magnetische Energie ist in ihr bei* 10 A *gespeichert?* **b)** *Mit dieser Energie lädt man nach Bild 132.1 einen Kondensator der Kapazität* 0,1 µF *auf. Welche Spannung bekommt er?* **c)** *Wie groß ist im homogenen Spulen-Feld die Energiedichte?*

7. *Elektrische Feldstärken kann man bei* $\varepsilon_r = 5$ *bis zu* $5 \cdot 10^7\ \text{V m}^{-1}$*, magnetische Flußdichten in Luft bis zu* 10 T *erzeugen. Berechnen Sie die Energiedichten! Wie groß sind sie in Sprengstoff (Explosionsenergie* $6\ \text{kJ g}^{-1}$*, Dichte* $1{,}5\ \text{g cm}^{-3}$*), in Anthrazit (Verbrennungsenergie* $35\ \text{kJ g}^{-1}$*; Dichte* $1{,}5\ \text{g cm}^{-3}$*; Sauerstoff ist überall verfügbar) und in einer Taschenlampenbatterie (*70 cm³*, die bei* 4 V *Spannung* 8 h *lang* 0,2 A *fließen läßt)? Vergleichen Sie diese Werte!*

8. *Setzen Sie in Gl. 130.2 für* $\dot{I}$ *näherungsweise* $\Delta I/\Delta t$ *und lösen nach* ΔI *auf! Geben Sie einen Algorithmus an, um mit dem Taschenrechner oder Computer den* $P(t)$*-Verlauf beim Aufbau eines B-Feldes näherungsweise zu berechnen! Wie bekommt man die Energie* W_{mag} *beim Aufbau des Feldes?*

9. *Aus dem Röntgen-Spektrum des Neutronenstern-Pulsars Hercules X-1 konnten die Astrophysiker auf die Flußdichte* $B = 5{,}3 \cdot 10^8$ T *seines Magnetfelds schließen.* **a)** *Welche Energiedichte hat dieses Magnetfeld? (Vergleich: Eine 1-Megatonnen-Wasserstoffbombe setzt* $4 \cdot 10^{15}$ J *frei.)* **b)** *Nach der Relativitätstheorie ist die Energie W träge, ihr kommt die Masse* $m = W/c^2$ *zu (c: Lichtgeschwindigkeit). Mit welcher Massendichte erfüllt das Magnetfeld den Raum?*

§48 Sinusförmige Wechselspannung

1. Wie kommt dieser Sinus ins Netz?

Beim Rotieren einer Leiterschleife in einem Magnetfeld wechselt die induzierte Spannung die Richtung. Wie ist ihr zeitlicher Verlauf?

Versuch 118: Nach *Bild 135.1* rotiert eine rechteckige Spule gleichförmig um eine ihrer Flächenachsen M, die senkrecht zu den Feldlinien eines homogenen Magnetfelds steht. Die induzierte Spannung U_{ind} wird zwei mitrotierenden Schleifringen zugeführt. Zwei feststehende weiche Graphitstäbe nehmen sie ab. Man nennt diese Stäbe Bürsten, da man früher Metalldrahtborsten benutzte. Ein Oszilloskop zeigt, daß U_{ind} sinusförmig ist.

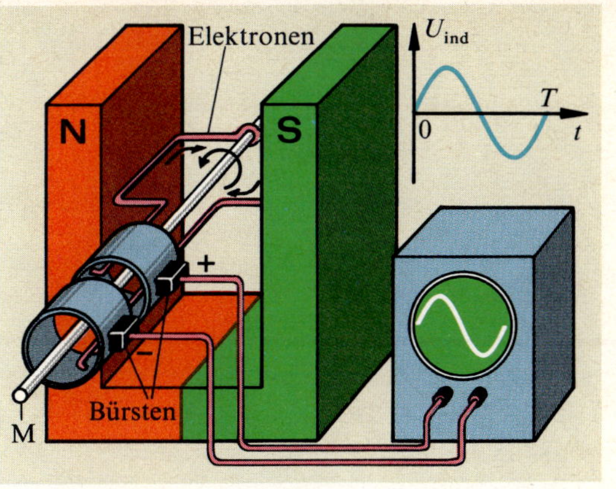

135.1 Rotation einer Spulenwindung im *B*-Feld

In *Bild 135.2* steht die Drehachse M senkrecht zur Zeichenebene. Zwei kleine Kreise deuten die für die Induktion wichtigen Drähte parallel zur Drehachse an. Sie bewegen sich gleichförmig auf dem gedachten Zylinder mit Radius r gegen den Uhrzeigersinn. Zu der dabei in jedem Draht der Länge d induzierten Spannung $U = B\,d\,v_s$ trägt aber nur die Geschwindigkeitskomponente $v_s = v \sin\alpha$ von $\vec{v}$ senkrecht zum $\vec{B}$-Feld bei. Von ihr rührt der Sinus! Die Komponente v_p parallel zu den *B*-Linien liefert keine Spannung. α ist der sogenannte **Phasenwinkel**, den die Windung in der Zeit t aus der vertikalen Stellung heraus überstreicht. Zu einer vollen Umdrehung ($\alpha = 2\pi \mathrel{\hat{=}} 360°$) ist die Umlaufdauer T nötig. α steigt proportional zu t an nach

$$\frac{t}{T} = \frac{\alpha}{2\pi} \quad \text{oder} \quad \alpha = \frac{2\pi}{T}\,t. \qquad (135.1)$$

Während einer Periodendauer $\Delta t = T$ steigt α von Null auf 2π, also um $\Delta\alpha = 2\pi$; die Winkelgeschwindigkeit ist $\omega = \Delta\alpha/\Delta t = 2\pi/T$. Die Drehfrequenz $f = 1/T$ hat die Einheit $s^{-1} = Hz$ und beträgt bei technischem Wechselstrom 50 Hz. Bei ihm ist $\omega = 2\pi/T = 2\pi f = 314\ s^{-1}$. ω heißt auch **Kreisfrequenz**. Damit wir sie nicht mit der Drehfrequenz f verwechseln, geben wir ω die Einheit s^{-1} (oder rad s^{-1}), nicht aber Hz. Nach *Gl. 135.1* gilt

$$\alpha = (2\pi/T)\,t = 2\pi f\,t = \omega\,t. \qquad (135.2)$$

In einem Drahtstück der Länge d wird die Spannung $U = B\,d\,v_s = B\,d\,v \sin\alpha = B\,d\,v \sin\omega t$ induziert. Um U zu vergrößern, gibt man der Spule n Windungen. Jede Windung hat zwei Drähte der Länge d. Ihre Spannungen sind hintereinander geschaltet und addieren sich. Die Gesamtspannung der rotierenden Ankerspule mit n Windungen ist eine Sinus-Funktion der Zeit:

$$U(t) = 2\,n\,B\,d\,v \sin\omega\,t. \qquad (135.3)$$

Die Sinusfunktion $\sin\omega t$ hat den Maximalwert 1. Der größte Wert, den die induzierte Wechselspannung $U(t)$ annehmen kann, ist die **Scheitelspannung $\hat{U} = 2\,n\,B\,d\,v$** *(Bild 136.1)*.

Sie wird dann erreicht, wenn sich in *Bild 135.2* die Spulendrähte beim Phasenwinkel $\alpha = 90°$ senkrecht zu den *B*-Linien bewegen, wenn also $v_s = v$ ist. Bei $\alpha = 270°$ ist $U = -\hat{U}$. Bei $\alpha = 0°$ und 180° gleiten die Drähte parallel zu den Feldlinien; v_s und $U(t)$ sind in diesem Augenblick Null und wechseln ihr Vorzeichen. Jetzt steht die Fläche der Leiterschleife senkrecht zu den Feldlinien.

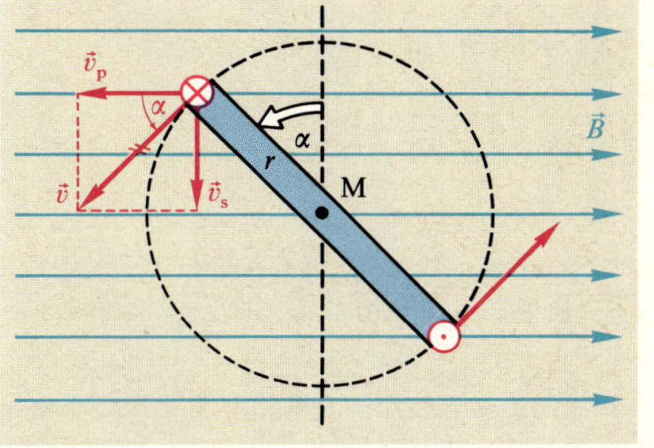

135.2 Nur die Geschwindigkeitskomponente v_s induziert Spannung; v_p bleibt wirkungslos.

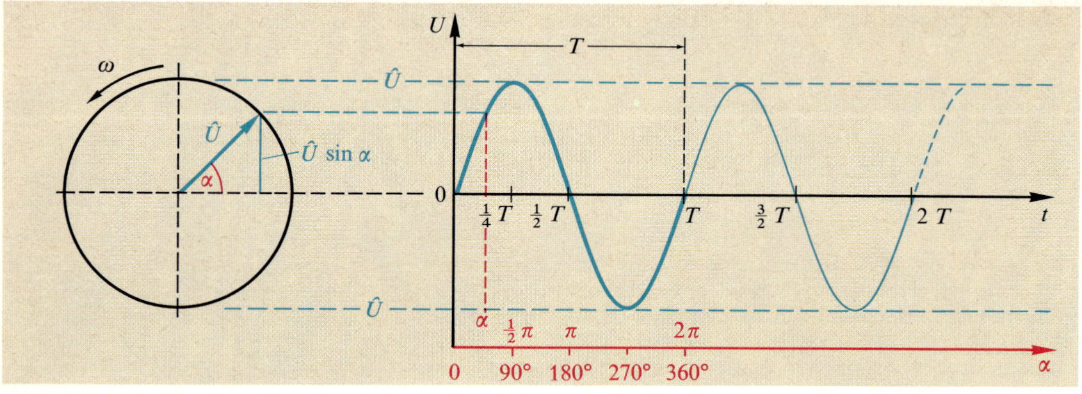

136.1 Bei Rotation des Zeigers $\hat{U}$ erhält man die Sinuslinie durch Projektion auf eine Vertikale.

2. Und bei beliebiger Spulenform?

Die Spule und ihre Windungen seien nicht mehr rechteckig. Für eine beliebige Form berechnen wir die Spannung nach $U(t) = -n\,\dot{\Phi}$. Dabei ist nach *Bild 136.2* der Fluß Φ

$$\Phi(t) = B\,A_s(t) = B\,A\cos\alpha = B\,A\cos\omega\,t.$$

Die Induktionsspannung $U(t)$ folgt durch Ableiten der Cosinusfunktion nach der Zeit t zu

$$U(t) = -n\,\dot{\Phi} = n\,B\,A\,\omega\sin\omega\,t.$$

Die Scheitelspannung ist hier $\hat{U} = n\,B\,A\,\omega$.

Rotiert eine Spule mit der Querschnittsfläche A und n Windungen in einem homogenen B-Feld, dann entsteht die sinusförmige Wechselspannung

$$U(t) = \hat{U}\sin\omega\,t \qquad (136.1)$$

mit der Kreisfrequenz $\omega = 2\,\pi/T = 2\,\pi\,f$ und der Scheitelspannung $\hat{U} = n\,B\,A\,\omega$.

Die Spannung $U(t)$ geht unter Polaritätswechsel durch Null, wenn die Leiterschleife senkrecht zu den B-Linien steht.

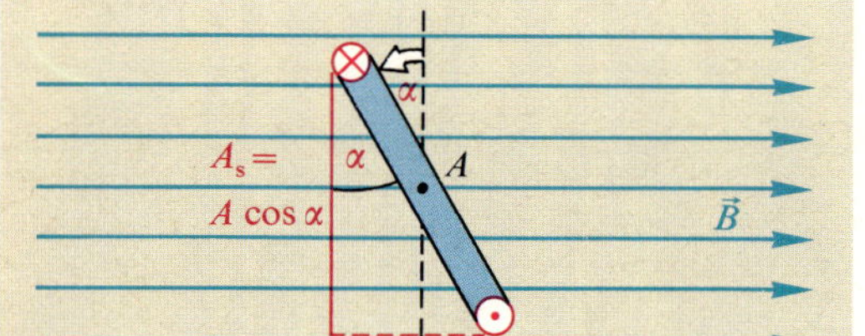

136.2 Die Leiterschleife umfaßt ein Feldlinienbündel mit Querschnittsfläche $A_s = A\cos\alpha$.

3. Zeigerdiagramm ersetzt Sinuslinie!

Wechselstrom hat viele technische Vorteile. Doch sind Berechnungen und Überlegungen komplizierter als bei Gleichstrom. Physiker und Ingenieure suchen nach Vereinfachungen. So kann man Sinuswerte mit dem Maximalwert 1 leicht als Hochwerte am „Einheitskreis" ablesen. Hat die sinusförmige Spannung den Scheitelwert $\hat{U}$, dann zeichnet man einen Kreis mit Radius $\hat{U}$ *(Bild 136.1)*. In ihm soll ein *Zeiger* der Länge $\hat{U}$ gegen den Uhrzeigersinn mit der Frequenz f, also mit $\omega = 2\,\pi\,f$ rotieren. Seine Projektionen auf die vertikale U-Achse werden zu den entsprechenden Zeitwerten in das sich rechts anschließende $U(t)$-System übertragen. Im *Zeigerbild* erkennt man den Phasenwinkel α zwischen dem Zeiger und der Horizontalen. In *Bild 136.2* ist dagegen α der Winkel der rotierenden Schleife mit der Vertikalen, da die B-Linien waagerecht laufen.

Beispiel: Eine Wechselspannung der Frequenz $f = 50$ Hz hat die Kreisfrequenz $\omega = 2\,\pi\,f = 314\ \text{s}^{-1}$. Ihre Scheitelspannung sei $\hat{U} = 300$ V. Wie groß ist die Spannung $U(t)$ im Zeitpunkt $t = 1/400\ \text{s} = T/8$?
Der zugehörige Phasenwinkel ist im Bogenmaß $\alpha = \omega\,t = 314\ \text{s}^{-1} \cdot 1/400\ \text{s} = 0{,}78$ (rad), im Gradmaß $\alpha = 0{,}78 \cdot 180°/\pi = 45°$; er gibt die Richtung des Zeigers in *Bild 136.1* an. Die Momentanspannung ist $U(t) = \hat{U}\sin\omega\,t = 300\ \text{V} \cdot \sin\ (314\ \text{s}^{-1} \cdot 1/400\ \text{s}) = 300\ \text{V} \cdot \sin 45° = 212\ \text{V}$.

Im folgenden wenden wir uns den technischen Problemen bei der Erzeugung von Spannungen zu. Dabei beachten wir, daß in den Leiterschleifen stets Wechselspannung induziert wird. Auf der Mittelstufe sahen wir, wie man sie mit Kommutatoren gleichrichtet. Auf diese kommen wir bei den Motoren zurück. Heute benutzt man häufig Halbleiterdioden.

4. Größenwahn der Generatorbauer?

Warum baut man in E-Werken die Generatoren so groß? Zum einen haben die sie antreibenden Dampfturbinen einen um so größeren Wirkungsgrad, je größer sie sind, je mehr Leistung sie abgeben. Man kommt heute bis 1 GW $= 10^9$ W. Eine Grenze ziehen die Fliehkräfte: Um die Frequenz 50 Hz zu erzeugen, muß sich die Maschine 3000mal je min drehen, es sei denn, man stattet sie mit mehr als einem Magnetpolpaar (N und S) aus; bei zwei Polpaaren genügen 1500 Umdrehungen je min. Langsamläufer mit zahlreichen Polpaaren findet man in Wasserkraftwerken *(Bild 138.1)*. Große Generatoren liefern Spannungen bis zu $\hat{U} = 20$ kV. Nach $\hat{U} = n\,B\,A\,\omega$ braucht man neben der hohen Frequenz ein starkes B-Feld und vor allem eine große Fläche A der Leiterschleifen, eben einen großen Generator. Ferner sind die Stromstärken groß, bei $P = 1$ GW und 20 kV ist $I = 50$ kA; man kühlt mit Wasser und ersetzt im Generator die Luft durch Wasserstoff. Dieser leitet die Wärme gut ab und erzeugt nur eine geringe Reibung.

Die Generatorbauer halten auch den Widerstand R der Leitungen klein. Zum einen entsteht in ihm nach $I^2\,R$ Wärme, die mühsam abgeführt werden muß (denken Sie an die warme Abluft eines kleinen Staubsaugermotors). Zum andern fällt am Innenwiderstand R der Teil $I\,R$ der induzierten Spannung ab. Deshalb hält man die Windungszahl n — im Gegensatz zu Unterrichtsmodellen — klein und vergrößert den Querschnitt A' der Leitungen. Baut man einen Generator generell im doppelten Maßstab, so werden die Leitungen zwar auch doppelt so lang, erhalten aber mit dem doppelten Durchmesser vierfache Querschnittsfläche A'; ihr Widerstand $R = \varrho\, l/A'$ sinkt auf die Hälfte. Die Leitungen bestehen aus dikken, teilweise von Wasser durchflossenen Kupferröhren.

5. Machen die Ingenieure nicht etwas falsch?

Die Kraft, die ein Elektromagnet auf einen Eisenanker ausübt, sinkt schnell bei größer werdendem Luftspalt. Luft ($\mu_r \approx 1$) schwächt das Magnetfeld erheblich. Deshalb bettet man auch das Magnetfeld von Generatoren möglichst vollständig in Eisen und hält den Luftspalt zwischen Anker und Magnetpolen klein. Die Ankerdrähte werden in Nuten gelegt, die zwischen Eisenzähnen ausgefräst sind *(Bild 137.1)*. Der oben liegende ruhende Nordpol N richtet mit seinem blauen Feld in diesen Zähnen die Elementarmagnete aus. Ihre Südpole S′ zeigen nach oben, die Nordpole N′ nach unten. Jeder Zahn wird ein Stabmagnet, dessen Feldlinien (rot) in den Nuten nach oben laufen, dem blauen Feld entgegen. Die Ankerdrähte liegen also in einem stark geschwächten Feld,

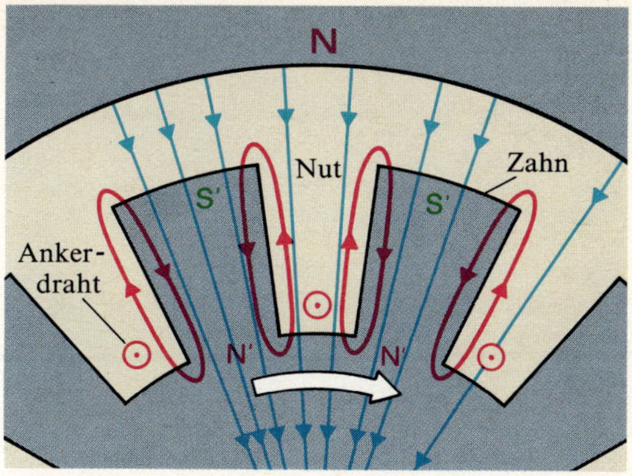

137.1 Die Ankerdrähte im Luftspalt der Nuten

wie eine Hallsonde zeigt. Glücklicherweise bewegen sie sich aber nur relativ zum blauen Feld der ruhenden Pole; das rote Feld läuft mit ihnen; in diesem wird nicht induziert. Die Feldschwächung in den Nuten wirkt sich auf die Induktion nicht aus. Zur Nachprüfung erzeugen wir sie in einem Eisenrohr:

Versuch 119: Zwischen den Polen eines Hufeisenmagneten bewegen wir ein Bündel von 50 Drähten; die Spannung U_1 wird induziert. Dann umgeben wir das Bündel mit einem Eisenrohr. Sein Inneres ist wegen des Gegenfeldes der Elementarmagnete fast feldfrei *(Bild 141.1)*. Wenn wir das Drahtbündel im festgehaltenen Rohr bewegen, wird kaum induziert. Doch erhalten wir wieder U_1, wenn wir das Rohr und sein Gegenfeld mitbewegen. Jetzt verschieben sich die Drähte nur noch relativ zum ungeschwächten Feld des Hufeisenmagneten (blau). In ihm allein erfolgt auch die für die Induktion nötige Flußänderung $\Delta\Phi$.

6. Innenpolmaschinen für Wechselstrom

Man kann Spannungen mit Sinusform einfach erzeugen. Im E-Werk gäbe es allerdings beim Abführen von Spannungen mit über 10 kV und Strömen mit mehr als 1 kA durch Graphitbürsten Probleme.

Nun liefert die in Ziffer 2 gegebene Herleitung das gleiche Ergebnis, wenn man in ruhenden Spulen den magnetischen Fluß Φ sinusförmig ändert. Hierzu läßt man nach *Bild 138.1* zwischen riesigen ruhenden Spulen (unten) Elektromagnete (oben) rotieren. Gibt man ihren Polen eine geeignete Form, so ändert sich in den Spulen der Fluß nach $\Phi(t) = \Phi_0 \cos\omega t$,

138.1 Innenpolmaschine für ein Wasserkraftwerk: oben rotierende Magnete (Rotor), unten Induktionsspulensystem (Stator)

und es entsteht die sinusförmige Wechselspannung nach *Gl. 136.1*. Jeder Fahrrad„dynamo" ist solch ein Innenpolgenerator mit rotierendem Dauermagneten. Bei ihm gibt es kaum Störungen; man muß nie abgeschliffene Graphitbürsten erneuern! In der Maschine nach *Bild 138.1* wird der rotierende Elektromagnet mit Gleichstrom gespeist.

7. Die Erde als riesige Dynamomaschine

Nach dem *dynamoelektrischen Prinzip* (*W. v. Siemens* 1866) erzeugt die induzierte Spannung (nach Gleichrichtung) auch den Strom für die Magnetfeldwicklung. Das bei der Herstellung vormagnetisierte Eisen induziert also zunächst einen schwachen Strom. Er verstärkt in der Magnetfeldwicklung bei richtiger Polung das B-Feld und damit wieder die induzierte Spannung usw. Die Sättigung des Eisens setzt diesem gegenseitigen Hochspielen eine Grenze.

Das *Erdmagnetfeld* wird ebenfalls durch einen riesigen Dynamo erzeugt. Im Erdinnern ist es so heiß, daß sich kein Dauermagnet halten kann. Vielmehr bewegen sich dort gut leitende, flüssige Magmamassen als „Anker" eines Dynamos. In einem schwachen Magnetfeld, das einmal zufällig auftrat, wird über riesige Flächen Strom induziert, der seinerseits dieses Feld und damit sich selbst verstärkt. Vieles ist noch ungeklärt; doch kann man so verstehen, daß auch andere Himmelskörper (Sonne, Milchstraße) Magnetfelder haben, ja sogar, daß die Erde in Jahrmillionen ihr Magnetfeld umpolt.

Aufgaben

1. *Wie ändert sich in Versuch 118 die Sinuslinie auf dem Oszilloskopschirm, wenn man* **a)** *die Flußdichte B,* **b)** *die Drehfrequenz f verdoppelt?* **c)** *Zeigen Sie, daß der Scheitelwert $\hat{U}=2\,n\,B\,d\,v$ für Rechteckschleifen ein Sonderfall von $U=n\,B\,A\,\omega$ ist!* **d)** *Warum tragen die Leiterteile, die in Bild 135.2 parallel zur Zeichenebene liegen, nichts zur Spannung bei?*

2. *Wie groß ist die Kreisfrequenz ω in den USA bei $f=60$ Hz? Welche Drehfrequenz gehört zur Kreisfrequenz $\omega=1000\ \mathrm{s}^{-1}$?*

3. *Zur Zeit $t=0$ geht die Spannung $U(t)$ mit dem Scheitelwert $\hat{U}=10$ V von negativen zu positiven Werten durch Null.* **a)** *Wie groß ist bei $f=50$ Hz die Spannung nach $\frac{1}{600}$ s, nach $\frac{1}{200}$ s, $\frac{1}{4}$ s, nach 2 s?* **b)** *Geben Sie die ersten beiden Zeitpunkte an, zu denen $U=+8$ V und -8 V ist!* **c)** *Bei $t=0{,}10$ s ist $U(t)$ zum ersten Mal -3 V. Wie groß ist die Drehfrequenz?*

4. a) *Eine rechteckige Leiterschleife (20 cm und 10 cm Seitenlänge) hat 100 Windungen und rotiert um ihre längere Flächenachse 15mal je Sekunde. Die Drehachse steht senkrecht zu den Feldlinien eines homogenen Feldes mit $B=0{,}20$ T. Wie groß sind Kreisfrequenz und Scheitelwert der Spannung? Schreiben Sie die Gleichung für $U(t)$ an!* **b)** *Bei welchen Phasenwinkeln hat die Spannung den Betrag 5,0 V, wenn beim Winkel Null $U=0$ ist? Geben Sie die ersten beiden Zeitpunkte hierfür an!* **c)** *Was ändert sich, wenn die Schleife um ihre kürzere Flächenachse rotiert?*

5. a) *Wenn $U=0$ ist, hat der Fluß Φ durch die Spule sein Maximum. Verträgt sich beides miteinander?* **b)** *Am Oszilloskop sieht man bisweilen Abweichungen von der Sinusform. Woher können sie rühren?*

6. *Erklären Sie mit Hilfe der Flußänderung, warum in rotierenden Leiterschleifen eine große Spannung induziert wird, selbst wenn sie in den feldgeschwächten Nuten liegen! Tritt das in Ziffer 5 angesprochene Problem auch bei Innenpolmaschinen auf?*

§49 Physik des Gleichstrommotors

1. Eine Maschine mit Doppelfunktion

Versuch 120: Legen Sie an einen Spielzeugmotor eine Gleichspannung! Er läuft. Dann entfernen Sie die Batterie und legen an den Anker ein Lämpchen. Wenn Sie ihn schnell im Feld des Dauermagneten drehen, leuchtet es. Beidemal wirkt die Lorentzkraft. In Pumpspeicherwerken benutzt man deshalb die gleiche Maschine als Motor oder als Generator.

Schickt man durch die Ankerdrähte nach *Bild 139.1* Strom, so erfahren sie Kräfte, die den Anker rotieren lassen. Im Gleichstrommotor kehrt der Kommutator die Strom- und damit die Kraftrichtung um, wenn die Leiterschleife senkrecht zum B-Feld steht. Zum Überwinden des hier auftretenden Totpunkts gibt man dem Anker mehrere gegeneinander versetzte Spulen.

2. Der Elektromotor paßt sich an

Versuch 121: Wir messen den Ankerstrom I eines Gleichstrommotors im Leerlauf. Dann lassen wir ihn arbeiten und entziehen ihm Energie. Er wird langsamer und erhöht von sich aus den Ankerstrom I und die Kraft $F = B\,I\,d$ in den Ankerdrähten. Bei Belastung fordert er also mehr Leistung $P_{el} = U\,I$. Wie macht er das?

Der im B-Feld rotierende Anker ist zugleich ein Generator; in ihm wird eine Spannung induziert. Sie wirkt nach *Lenz* ihrer Ursache, die letztlich die angelegte Spannung U_1 ist, entgegen. Wenn nach *Bild 139.1* in den rechten Drähten die Elektronen nach vorne fließen, dreht sich der Anker im Uhrzeigersinn. Die induzierte Spannung $|U_{ind}| = B\,d\,v_s$ läßt den Ankerstrom I im Ankerwiderstand R sinken auf

$$I = \frac{U_1 - |U_{ind}|}{R} = \frac{U_1 - B\,d\,v_s}{R}. \qquad (139.1)$$

Im Leerlauf ist der Motor unbelastet. Er läuft so schnell, daß U_{ind} fast die angelegte Netzspannung U_1 erreicht. Wäre die Drehfrequenz und damit v_s nur ein wenig größer, so würden sich diese beiden Spannungen kompensieren; I wäre sogar Null. Der Anker könnte dann keine Leistung aus dem Netz aufnehmen und nicht einmal Reibungsarbeit in den Achslagern verrichten. Wenn beim Belasten v_s abnimmt, so sinkt auch die Gegenspannung $U_{ind} = B\,d\,v_s$; nach *Gl. 139.1* steigen der Ankerstrom I und die dem Netz entnommene Leistung $U_1\,I$.

Der Elektromotor paßt sich in seiner elektrischen Leistungsaufnahme der mechanischen Belastung von selbst an. Man sagt, er sei elastisch.

Der Benzinmotor ist lange nicht so elastisch. Wenn er am Berg langsamer wird, führt er weniger Arbeitstakte je Sekunde aus. Selbst wenn man „voll Gas gibt“, nimmt er weniger Benzin auf und streikt. Man muß ihn mit dem Getriebe überlisten und in einem niedrigeren Gang auf hoher Tourenzahl halten. Elektromotoren brauchen kein Getriebe. Man setzt ihren Anker ohne Kupplung unmittelbar auf die Antriebsachse von Fahrzeugen. Beim Anfahren erzeugen Elektromotoren von sich aus eine große Kraft; v_s ist ja klein und I groß.

Versuch 122: Wir zeigen die induzierte Spannung U_{ind} unmittelbar. Hierzu legen wir bei laufendem Motor den Schalter S aus der Stellung 1 nach 2 *(Bild 139.1b)*. So trennen wir den Anker von der Netzspannung U_1 ab und schließen ihn über den Strommesser I kurz. Dieser schlägt stark nach der andern Seite aus; er zeigt den Strom an, der allein von U_{ind} im rotierenden Anker erzeugt wird. Da nun $U_1 = 0$ ist, gilt nämlich nach *Gl. 139.1*

$I = (0 - |U_{ind}|)/R < 0.$

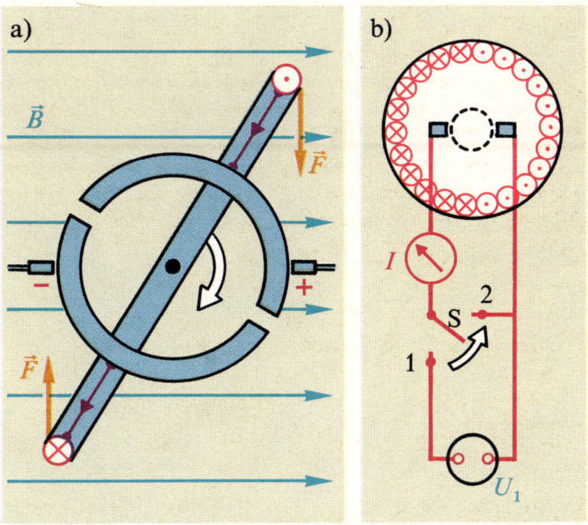

139.1 a) Prinzip des Ankers eines Gleichstrommotors; U_{ind} wirkt I entgegen. b) Mit dem Schalter S nimmt man den Anker vom Netz (1) und schließt ihn kurz (2).

Der Motor läuft jetzt als Generator und wird nach dem Lenzschen Gesetz schnell abgebremst. Diese *Kurzschlußbremse* verwendet man bei der Straßenbahn. Sie hat keinen mechanischen Verschleiß. Heizwicklungen im Ankerkreis erlauben durch den bei Talfahrt induzierten Strom eine Heizung der Wagen.

3. Anlaufen oder Laufenlassen – Was ist gefährlicher?

a) Große Motoren haben kleine Ankerwiderstände R. Beim Einschalten ist U_{ind} zunächst Null. Die Netzspannung U_1 würde den gefährlich großen Strom $I = (U_1 - 0)/R$ erzeugen. Man muß ihn durch Vorschalten eines Anlaßwiderstands verhindern. Dieser wird bei steigender Drehzahl wegen der induzierten Gegenspannung überflüssig.

b) Auch ohne Vorwiderstand wird – wie wir schon wissen – der Motor nicht beliebig schnell. Bei $v_{s,max}$ ist nach *Gl. 139.1* die induzierte Gegenspannung so groß wie die angelegte Netzspannung U_1. Es gilt $B\,d\,v_{s,max} = U_1$. Der Motor überschreitet die Maximalgeschwindigkeit $v_{s,max} = U_1/(B\,d)$ nicht.

Könnte man nach dieser Gleichung $v_{s,max}$ erhöhen, den Motor ähnlich einem Moped „frisieren", also schneller machen?

Versuch 123: Wir betreiben einen Motor im Leerlauf. Dann verringern wir vorsichtig den Erregerstrom für die Magnetfeldwicklung und damit auch die Flußdichte B. Die Leerlaufgeschwindigkeit $v_{s,max} = U_1/(B\,d)$ steigt. Bei zu hohen Drehfrequenzen könnte der Anker durch Zentrifugalkräfte zerrissen werden.

4. Geben und Nehmen beim Elektromotor

Der Motor entnimmt dem Netz die Leistung $U_1 I$ und gibt sie teils als mechanische Leistung P_{mech}, teils als unerwünschte Wärmeleistung P_W ab. Um diese Leistungen zu berechnen, multiplizieren wir zunächst *Gl. 139.1* für den Ankerstrom I mit dem Ankerwiderstand R und erhalten die am Anker auftretenden Spannungen

$$U_1 = R\,I + B\,d\,v_s \qquad \text{(Spannungsgleichung).}$$

Die angelegte Spannung U_1 überwindet den ohmschen Widerstand R mit dem Term $R\,I$ und kompensiert die induzierte Gegenspannung $U_{ind} = -B\,d\,v_s$. Wenn wir nochmals mit I multiplizieren, bekommen wir die zugehörigen Leistungen

$$U_1 I = R\,I^2 + I\,B\,d\,v_s \qquad \text{(Leistungsgleichung).}$$

Der Anteil $R\,I^2 = P_W$ stellt die Wärmeleistung im Anker dar. Da sie lästig ist, macht man R möglichst klein. Der Anteil $I\,B\,d\,v_s$ enthält v_s, tritt also nur bei Bewegung auf. Da $F = I\,B\,d$ die Kraft ist, die der Ankerstrom I erfährt, stellt dieser Anteil $I\,|U_{ind}| = I\,B\,d\,v_s = F\,v_s$ die vom Anker gelieferte mechanische Leistung P_{mech} dar, deretwegen man den Motor baut. Für die Leistung gilt ja $P = W/t = F\,s/t = F\,v$. Diese Leistung $I\,|U_{ind}|$ bleibt klein, wenn der Motor zu wenig belastet ist (I klein) oder wenn er zu stark belastet wird und sich deshalb nur langsam dreht (v_s und U_{ind} klein). Um die maximale Leistung P_{max} zu berechnen, die dazwischenliegt, ersetzen wir I in $P_{mech} = I\,B\,d\,v_s$ durch $I = (U_1 - B\,d\,v_s)/R$ *(Gl. 139.1)* und erhalten zunächst

$$P_{mech} = \frac{U_1\,B\,d\,v_s}{R} - \frac{B^2\,d^2\,v_s^2}{R}. \qquad (140.1)$$

Nun suchen wir die optimale Geschwindigkeit $v_{s,opt}$, bei der die maximale Leistung P_{max} geliefert wird. Wir leiten hierzu P_{mech} nach v_s ab und setzen diese Ableitung gleich Null. So erhalten wir $v_{s,opt} = U_1/(2\,B\,d)$. Nun ist $v_{s,max} = U_1/(B\,d) = 2\,v_{s,opt}$ die Höchstgeschwindigkeit (Ziffer 3). Interessanterweise gibt also der Motor bei der halben Höchstgeschwindigkeit $v_{s,max}/2$ sein Maximum P_{max} an mechanischer Leistung ab.

Die im Anker erzeugte mechanische Leistung ist $P_{mech} = |U_{ind}|\,I$. Sie erreicht bei der Hälfte der maximal möglichen Drehfrequenz ihr Maximum P_{max}.

Unter dem *Wirkungsgrad* $\eta = P_{mech}/P_{el}$ versteht man den Quotienten aus abgegebener Nutzleistung und aufgenommener elektrischer Leistung. Wenn man von Reibung absieht, ist $P_{mech} = I\,B\,d\,v_s$ und $P_{el} = U_1\,I$. Also gilt

$$\eta = P_{mech}/P_{el} = B\,d\,v_s/U_1.$$

In *Bild 140.1* ist P_{mech} über der Drehfrequenz f, die der Geschwindigkeit v proportional ist, bei unserem idealisierten Motor nach *Gl. 140.1* aufgetragen (a), desgleichen Meßwerte bei einem Kleinmotor (b).

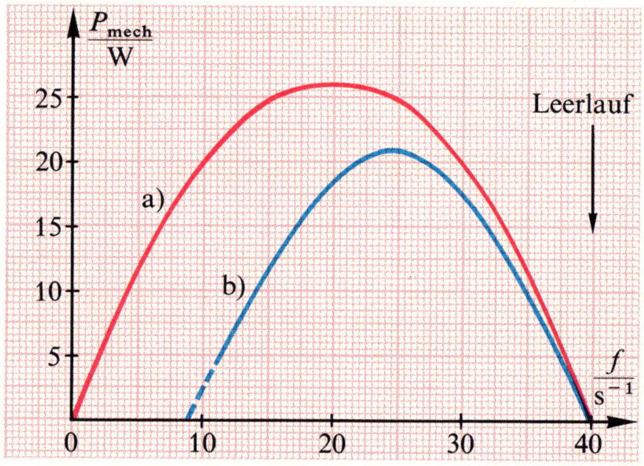

140.1 Mechanische Leistung P_{mech} a) beim idealisierten Motor, b) beim Kleinmotor. Bei wachsender Belastung sinkt die Drehfrequenz f.

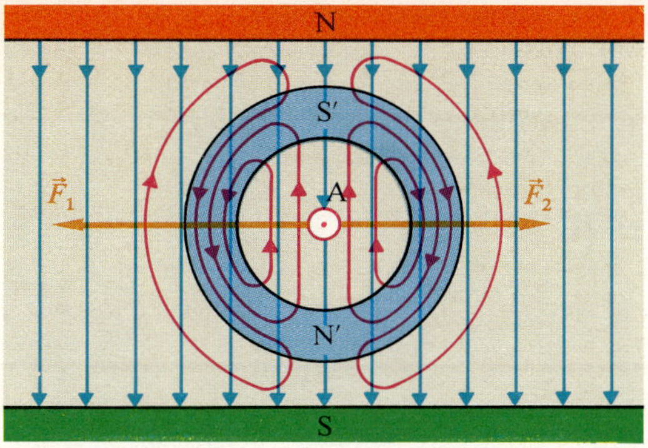

141.1 Gleichgewicht an den Ankerdrähten A; die reactio zu F_2 treibt den Anker (das Rohr) in Richtung von F_1 an.

5. Kraft am Ankerdraht oder am Ankereisen?

Auf der Mittelstufe sagten wir: Die Ankerspulen erzeugen im Eisen des Ankers Pole, die dann im Magnetfeld der Gehäusespulen Kräfte erfahren. Hier erklären wir dagegen den Motor durch die Lorentzkraft F_L auf die Ankerdrähte. Liegt ein Widerspruch vor? Umgeben wir wie in Versuch 119 die Ankerdrähte durch ein Eisenrohr!

Versuch 124: Der Ankerdraht A in *Bild 141.1* ist durch das an Fäden aufgehängte Eisenrohr vom Feld des Hufeisenmagneten weitgehend abgeschirmt. Wenn wir durch A Elektronen nach vorn schicken, erfährt das Rohr, nicht der Draht A, eine starke Kraft nach links. A wird nur zur nächsten Rohrwand gezogen, nach links oder rechts.

Im Draht A laufen die Elektronen nach vorn. Sie erfahren in dem auf Seite 137 erklärten blauen Feld des Magneten die Kraft $\vec{F}_1$ nach links, im roten Gegenfeld des magnetisierten Eisenrohrs die Kraft $\vec{F}_2$ nach rechts. Die Resultierende $\vec{F}_1 + \vec{F}_2$ am Draht A ist klein! Er wird mechanisch kaum belastet. Warum erfährt dafür das nicht von Strom durchflossene Rohr eine Kraft? Nun, es erzeugt das rote Feld und erfährt deshalb die reactio zu $\vec{F}_2$ nach links. Auf den Motor übertragen: Die Ankerdrähte erfahren zwei Lorentzkräfte, die sich weitgehend aufheben. Die reactio auf die eine von ihnen wirkt auf den Eisenanker und treibt ihn an. Dies ist gar nicht so außergewöhnlich: Auch Autos werden von der reactio der Straße auf die Kraft der Räder nach vorn bewegt!

Aufgaben

1. a) *Wie groß ist die maximale mechanische Leistung P_{max} bei der optimalen Drehfrequenz $v_{s,opt}$? Wie groß ist dort der Wirkungsgrad $\eta = P_{mech}/P_{el}$ (ohne Reibung)? Wie groß sind P_{mech} und η* **b)** *bei Leerlauf,* **c)** *wenn man den Motor festhält?*

2. *Welche Eigenschaften des Motors werden verständlich, wenn man in ihm auch einen Generator sieht?*

3. a) *Bei Spielzeugmotoren wird das Magnetfeld von Dauermagneten erzeugt. Was geschieht, wenn man die Spannung umpolt? Läuft der Motor auch mit Wechselstrom?* **b)** *Bei größeren Motoren wird das Magnetfeld mit Elektromagneten betrieben. Laufen sie mit Wechselstrom? Wie könnte man ihren Drehsinn ändern?*

4. *Wir bauen einen idealisierten ‚Linearmotor': Nach Bild 141.2a kann der ‚Ankerdraht' S ($R = 0{,}5\ \Omega$) auf den horizontalen Schienen (Abstand $d = 0{,}20$ m; Spannung $U_0 = 1{,}0$ V; $B = 1{,}0$ T) widerstandsfrei gleiten.* **a)** *Welche Kraft F erfährt der ruhende Draht S?* **b)** *Wie groß sind Stromstärke I und Kraft F bei einer Drahtgeschwindigkeit von $v = 2{,}0\ \text{m s}^{-1}$? Wie groß ist die Maximalgeschwindigkeit v_{max} bei reibungsfreier Bewegung?* **c)** *Nun verlangsamt eine äußere Kraft den Motor. Tragen Sie dessen Zugkraft als Funktion der Geschwindigkeit v in einem F(v)-Diagramm auf!* **d)** *Zeichnen Sie auch die mechanische Leistung $P_{mech}(v)$ als Funktion von v ein! Bei welcher Geschwindigkeit hat $P_{mech}(v)$ sein Maximum? Wie groß ist es?* **e)** *Wie groß ist bei diesem Maximum die aufgenommene elektrische Leistung P_{el} und der Wirkungsgrad η?*

5. *Kann ein Motor beliebig schnell werden? Nach Bild 141.2b hat ein gerader Leiter L die Länge $l =$ 20 cm, die Masse $m = 20$ g und den Widerstand 5,0 Ω. Er kann sich zwischen Fäden S_1 und S_2 nur vertikal und reibungsfrei bewegen. Dünne Leitungen legen die Spannung U an. Ein B-Feld mit 1,0 T steht senkrecht zur Zeichenebene.* **a)** *Bei welcher Spannung U_0 schwebt L? Wie ist U_0 gepolt?* **b)** *Durch ein besonderes Netzgerät wird die Stromstärke bei $I_1 = 1{,}5$ A konstant gehalten. Mit welcher Beschleunigung setzt sich L in Bewegung? Wie groß ist v nach 0,5 s?* **c)** *Geben Sie die bei dieser Bewegung induzierte Spannung U_{ind} als Funktion der Zeit an! Wie mußte also U geändert werden? Welche elektrische Energie hatte die Quelle zwischen $t = 0$ und 0,5 s aufzubringen?*

6. *Warum kann man einen dynamischen Lautsprecher auch als Mikrofon verwenden?*

7. *Wie arbeiten Pumpspeicherwerke?*

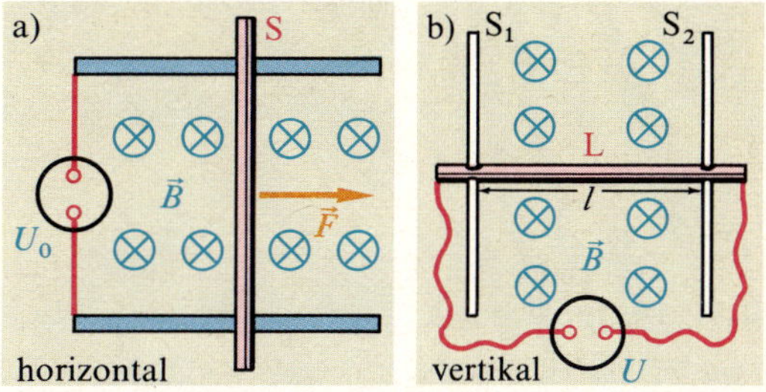

141.2 a) Zu Aufgabe 4: Die Schienen liegen waagerecht. b) Zu Aufgabe 5: Der Leiter L wird von den vertikal gespannten Doppelfäden S_1 und S_2 reibungsfrei geführt.

Der Wechselstromkreis

§50 Effektivwerte bei Wechselstrom

1. Wie folgsam sind Elektronen?

Versuch 125: An Wechselspannung niedriger Frequenz $f \approx 0{,}1$ Hz liegt ein Lämpchen (4 V; 0,07 A). Ein Oszilloskop zeigt den Momentanwert $U(t) = \hat{U} \sin \omega t$ der Spannung und ein Strommesser geringer mechanischer Trägheit die momentane Stromstärke $I(t)$ an. Spannung und Stromstärke gehen gleichzeitig durch Null. Auch erreichen beide gleichzeitig ihre Scheitelwerte $\hat{U}$ und $\hat{I}$. Man sagt, sie sind **„in Phase"**.

Zur Begründung betrachten wir Elektronen bei Gleichstrom. Sie passen ihre Geschwindigkeit ohne merkliche Verzögerung der jeweiligen Spannung und damit dem elektrischen Feld im Leiter an. Nehmen beide ab, so behalten die Elektronen nicht etwa aus Trägheit ihre kinetische Energie bei. Vielmehr geben sie diese fast momentan (in 10^{-12} s) durch Stöße an die Atome weiter. Liegt also die Wechselspannung $U(t) = \hat{U} \sin \omega t$ am Widerstand R, so folgt ihr auch bei hohen Frequenzen (wenn nur die Eigeninduktivität $L \approx 0$ ist) der Strom nach

$$I(t) = \frac{U(t)}{R} = \frac{\hat{U}}{R} \sin \omega t = \hat{I} \sin \omega t.$$

$\hat{I} = \hat{U}/R$ ist der **Scheitelwert** der ebenfalls sinusförmigen Stromstärke. Wir stellen ihn im *Zeigerbild 142.1* neben dem Spannungszeiger $\hat{U}$ durch einen Zeiger der Länge $\hat{I}$ dar. Da U und I in Phase sind, liegt der $\hat{I}$-Zeiger auf dem $\hat{U}$-Zeiger und rotiert mit diesem. So geben beide die Momentanwerte $U(t)$ und $I(t)$ an.

2. Wie wärmt Wechselstrom?

Die Wärmeentwicklung hängt nicht von der Stromrichtung ab. Deshalb leuchtet in Versuch 125 das Lämpchen in jeder Periode zweimal hell auf, nämlich dann, wenn die Beträge von U und I maximal sind. Dazwischen ist es dunkel. Das Lämpchen leuchtet also mit der doppelten Wechselstromfrequenz.

Versuch 126: Wir vergrößern in Versuch 125 die Frequenz f, belassen aber $\hat{U}$. Das elektrische Wechselfeld schüttelt die Elektronen immer häufiger je Sekunde hin und her; das Lämpchen flackert immer schneller. Schließlich leuchtet es wegen seiner thermischen Trägheit für unser Auge gleichmäßig – aber nicht mehr so hell wie in den Maxima von Versuch 125. – Wir stellen nun neben das Wechselstromlämpchen ein gleiches Lämpchen und betreiben es mit einer solchen Gleichspannung U_{eff}, daß beide gleich hell leuchten. U_{eff} liefert also im gleichen Widerstand R die gleiche Leistung (den gleichen Wärmeeffekt) wie die Wechselspannung mit dem Scheitelwert $\hat{U}$ im Mittel. Man nennt U_{eff} ihren Effektivwert.

Definition: **Der Effektivwert U_{eff} einer Wechselspannung $U(t)$ gibt die Gleichspannung an, die im selben ohmschen Widerstand die gleiche Leistung hervorbringt wie die Wechselspannung im Mittel.**

Bei Heizgeräten beachtet man Spannung und Leistung, nicht jedoch, ob sie mit Wechsel- oder Gleichspannung betrieben werden. Die Wechselspannung 220 V an der Steckdose gibt deshalb nicht den Scheitel-, sondern den Effektivwert an. Wie groß ist dann der Scheitelwert $\hat{U}$ der Netzspannung?

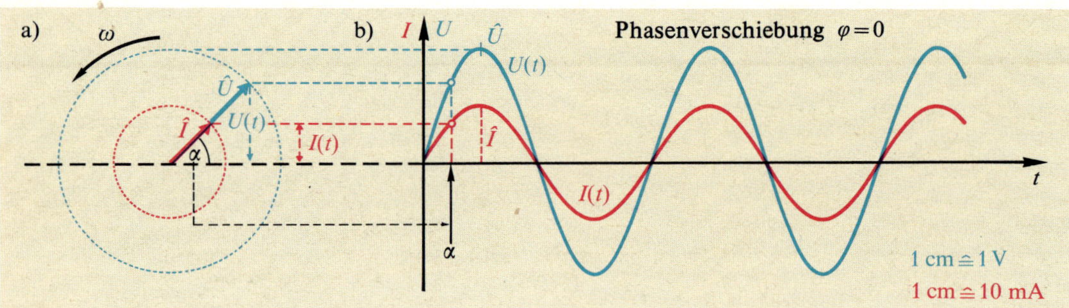

142.1 a) Zeigerbild für Spannung und Strom in einem Widerstand. Die beiden Zeiger liegen aufeinander und rotieren gemeinsam, sind also in Phase. b) $U(t)$- und $I(t)$-Diagramm

3. Wie effektiv ist Wechselspannung?

Lämpchen und Hitzdrahtstrommesser sprechen auf die Wärmeleistung $P = U I$ an. Bei Wechselstrom ändert sie sich ständig. Wir erhalten die **momentane Leistung $P(t)$**, wenn wir $I(t)$ in $P(t) = U(t)\,I(t)$ durch $U(t)/R$ ersetzen:

$$P(t) = U(t)\,I(t) = \frac{U^2(t)}{R} = \frac{\hat{U}^2}{R}\sin^2 \omega t.$$

$P(t)$ wird als quadrierte Funktion nie negativ. Da Heizgeräte thermisch träge sind, bilden wir von $P(t)$ den Mittelwert. Hierbei hilft die Beziehung $\sin^2\alpha = \frac{1}{2}(1-\cos 2\alpha)$ mit $\alpha = \omega t$:

$$P(t) = \frac{\hat{U}^2}{2R}(1-\cos 2\omega t) = \frac{\hat{U}^2}{2R} - \frac{\hat{U}^2}{2R}\cos 2\omega t.$$

Bild 143.1 zeigt $U(t)$ und darunter die Momentanleistung $P(t)$ mit der doppelten Kreisfrequenz 2ω. Ihr folgt das Lämpchen in Versuch 125 nur bei niedrigen Frequenzen. Bei höheren entsprach seine gleichmäßige Helligkeit der **mittleren, zeitunabhängigen Leistung $\bar{P}$**. Diese ist in obiger Gleichung der konstante Wert $\bar{P} = \hat{U}^2/(2R)$ (strichpunktiert). Ihm überlagert sich der mit der doppelten Kreisfrequenz 2ω pulsierende Term $\hat{U}^2/(2R)\cos 2\omega t$. Am Mittelwert ändert er nichts, da er – wie jede Cosinusfunktion – gleich viel an positiven Anteilen (horizontal gestrichelt) wie an negativen (vertikal gestrichelt) enthält. $\bar{P} = \hat{U}^2/(2R)$ ist also die mittlere Leistung im Widerstand R, erzeugt von der sinusförmigen Spannung mit dem Scheitelwert $\hat{U}$, wenn sie im Widerstand R Stromfluß bewirkt.

Nun läßt sich der Effektivwert U_{eff} dieser Wechselspannung angeben. Als Gleichspannung erbringt U_{eff} im selben Widerstand R die konstante Leistung $P = U_{\text{eff}}^2/R$. Wir setzen sie mit der mittleren Leistung $\bar{P} = \hat{U}^2/(2R)$ der Wechselspannung gleich:

$$U_{\text{eff}}^2/R = \hat{U}^2/(2R) \text{ oder } U_{\text{eff}} = \hat{U}/\sqrt{2} = 0{,}707\,\hat{U}.$$

Der Effektivwert U_{eff} einer sinusförmigen Wechselspannung mit dem Scheitelwert $\hat{U}$ ist

$$\mathbf{U_{\text{eff}} = \hat{U}/\sqrt{2} = 0{,}707\,\hat{U}.} \qquad \mathbf{(143.1)}$$

Die Angabe 220 V an der Steckdose bedeutet $U_{\text{eff}} = 220$ V. Der Scheitelwert beträgt also bei sinusförmiger Wechselspannung $\hat{U} = \sqrt{2}\,U_{\text{eff}} = 311$ V. Die Momentanspannung $U(t)$ schwankt folglich zwischen $+311$ V und -311 V sinusförmig.

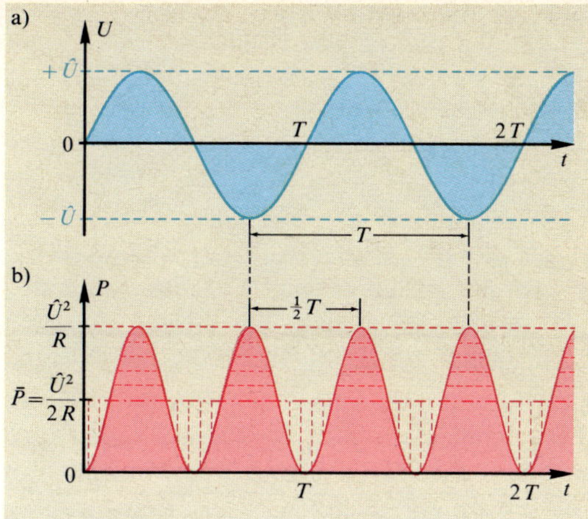

143.1 a) Spannung $U(t)$; b) ihre Momentanleistung $P(t)$ mit doppelter Frequenz; $\bar{P} = \hat{U}^2/(2R)$

Versuch 127: **a)** Um die Gleichung $U_{\text{eff}} = 0{,}707\,\hat{U}$ nachzuprüfen, legen wir zunächst eine sinusförmige Wechselspannung in der Schalterstellung 1 nach *Bild 143.2* an den dünnen Widerstandsdraht R eines Hitzdrahtinstruments. Das ihm parallel gelegte Oszilloskop gibt den Spannungsverlauf $U(t)$ an. Sein Strahl wird im Maximum $\hat{U}$ um $\hat{s} = 5{,}0$ cm ausgelenkt. In der Schalterstellung 2 benutzt man Gleichspannung und ändert sie so lange, bis das Hitzdrahtinstrument den gleichen Ausschlag zeigt, also die gleiche Wärmeleistung erbringt. Die Auslenkung am Oszilloskop ist konstant und beträgt nur $s_{\text{eff}} = 3{,}5$ cm. Durch Vergleich mit $\hat{s}$ folgt

$$U_{\text{eff}}/\hat{U} = s_{\text{eff}}/\hat{s} = 3{,}5\text{ cm}/5{,}0\text{ cm} = 0{,}70.$$

b) Wir messen beide Spannungen mit dem Drehspulinstrument ①, das wir auf Gleich- bzw. auf Wechselspannung stellen. Beide Anzeigen stimmen überein; es liefert bei Wechselspannung wegen seiner Eichung den Effektiv- und nicht den Scheitelwert.

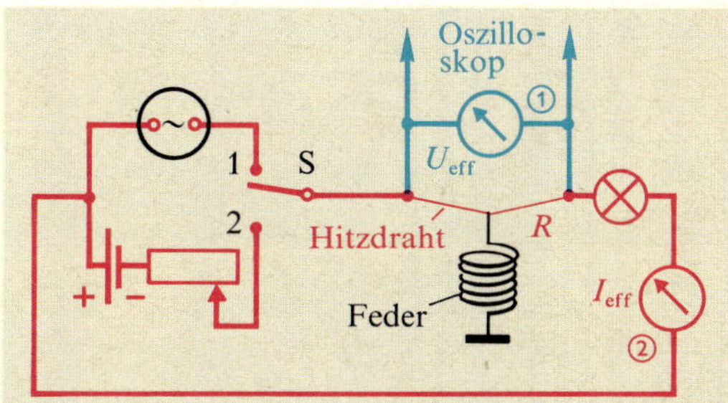

143.2 Zu Versuch 127; Vergleich von U_{eff} und $\hat{U}$

4. Wie effektiv sind Wechselströme?

Die bisherigen Überlegungen und Versuche lassen sich auf die Stromstärke übertragen. Dies überprüfen wir nach *Bild 143.2* am Strommesser ②.

> ***Definition:*** **Der Effektivwert I_{eff} eines Wechselstroms ist die konstante Stromstärke, die im selben Widerstand die gleiche mittlere Leistung erbringt wie der Wechselstrom.**

Nach dem Ohmschen Gesetz ist $I_{eff} = U_{eff}/R = \hat{U}/(\sqrt{2}\,R) = \hat{I}/\sqrt{2}$. Der Umrechnungsfaktor $1/\sqrt{2}$ ist der gleiche wie bei sinusförmigen Spannungen. Hitzdrahtinstrumente geben nach der Definition den Effektivwert an, unabhängig von der Kurvenform. Sie arbeiten ja mit der Wärmeleistung $P = I^2 R$; ihr Ausschlag wird nicht durch die Stromstärke I selbst, sondern durch die im Draht umgesetzte mittlere Leistung $\bar{P}$ bestimmt. Man eicht mit Gleichstrom. Dann wird bei Wechselspannung von selbst der Effektivwert angegeben.

> **Der Effektivwert I_{eff} eines sinusförmigen Wechselstroms mit Scheitelwert $\hat{I}$ ist**
>
> $$I_{eff} = \hat{I}/\sqrt{2} = 0{,}707\,\hat{I}. \qquad (144.1)$$

5. Jeder Kurvenform ihren Effektivwert!

Nach *Bild 144.1* springt die Rechteck-Spannung zwischen $\hat{U} = +2$ V und $\hat{U} = -2$ V. Da die Wärmeentwicklung von der Polarität der Spannung nicht abhängt, ist ihr Effektivwert U_{eff} auch 2 V. Der Quotient $U_{eff}/\hat{U}$ wird hier gleich 1; er hängt also stark von der Kurvenform ab.

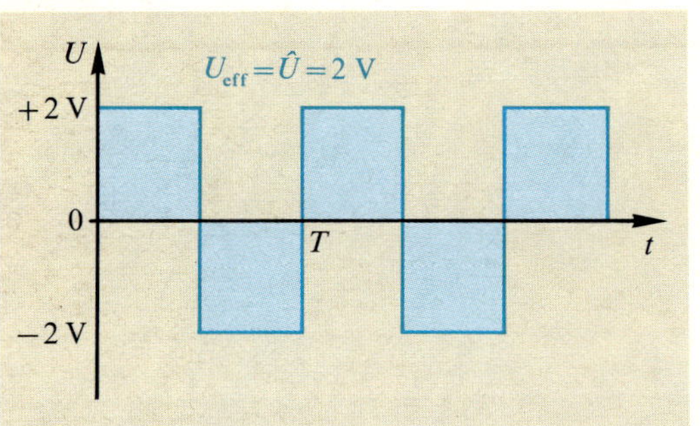

144.1 Bei dieser Rechteckspannung ist $U_{eff} = \hat{U}$.

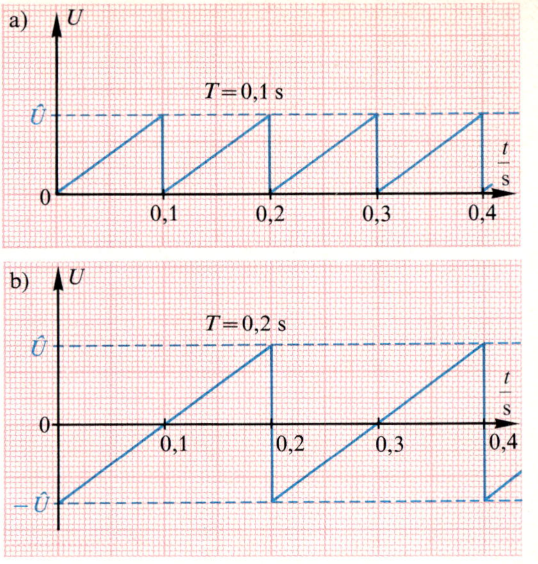

144.2 a) Berechnung des Effektivwerts der Sägezahnspannung; b) zu Aufgabe 4a

In *Bild 143.1b* tritt die mittlere Leistung $\bar{P} = \hat{U}^2/(2\,R)$ als Höhe eines Rechtecks auf, dessen Grundseite eine Periode T umfaßt. Die Rechteckfläche ist $W = \bar{P}\,T$. Sie stellt die Arbeit W der konstanten Spannung U_{eff} während der Zeit T dar. Die gleiche Fläche liegt bei Wechselspannung im gleichen Intervall T unter der Kurve $P(t)$. Man kann sie aus schmalen Rechtecksstreifen mit den Grundseiten Δt und den Höhen $P(t)$ zusammensetzen, denen die Arbeit $\Delta W = P(t)\,\Delta t = (U^2(t)/R)\,\Delta t$ zugeordnet ist. Die von der Wechselspannung in einer Periode T verrichtete Arbeit W ist gleich dem Integral

$$W = \int_0^T P(t)\,\mathrm{d}t = \frac{1}{R}\int_0^T U^2(t)\,\mathrm{d}t. \qquad (144.2)$$

Da die Gleichspannung U_{eff} in derselben Zeit die gleiche Arbeit $W = \bar{P}\,T = U_{eff}^2\,T/R$ verrichtet, folgt durch Gleichsetzen

$$\boldsymbol{U_{eff} = \sqrt{\frac{1}{T}\int_0^T U^2(t)\,\mathrm{d}t}.} \qquad \textbf{(144.3)}$$

Nach *Bild 144.2a* steigt eine Sägezahnspannung $U(t)$ jeweils in der Zeit $T = 0{,}1$ s von 0 auf $\hat{U}$ proportional zu t an. Dann fällt sie momentan auf 0 ab. Es gilt $U(t) = (\hat{U}/T)\,t$ (für $0 < t < 0{,}1$ s). Also ist hier

$$U_{eff} = \sqrt{\frac{1}{T}\int_0^T U^2(t)\,\mathrm{d}t} = \sqrt{\frac{\hat{U}^2}{T^3}\int_0^T t^2\,\mathrm{d}t} = \frac{\hat{U}}{\sqrt{3}}.$$

Wieder ist $U_{eff} \sim \hat{U}$. Doch erhalten wir statt des Faktors $1/\sqrt{2}$ bei Sinusform hier $1/\sqrt{3}$.

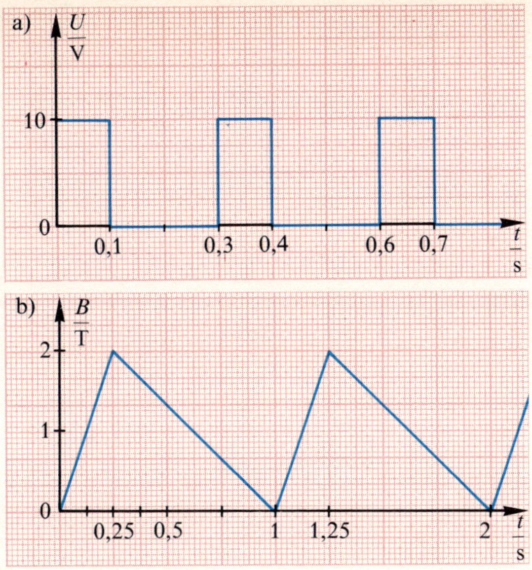

145.1 a) Zu Aufgabe 5; b) zu Aufgabe 6; in a) ist die Periodendauer 0,3 s, in b) dagegen 1 s.

Aufgaben

1. *Leiten Sie Gl. 144.1 für den Effektivwert sinusförmigen Wechselstroms nach Ziffer 3 ab!*

2. a) *Warum mißt man mit der Spannungswaage nach Gl. 45.1 den Effektivwert, unabhängig von der Kurvenform der Wechselspannung?* **b)** *An einer Spannungswaage liegt sinusförmige Wechselspannung mit* $\hat{U}=$ 311 V. *Welche Gleichspannung würde dieselbe Anziehungskraft liefern? Wie groß ist sie bei* 500 cm² *Plattenfläche und* 2,0 mm *Plattenabstand?* **c)** *Zeigt ein Blättchenelektroskop auch Wechselspannung an? Müssen Sie es hierfür besonders eichen?*

3. *Wenden Sie Gl. 144.3 auf eine sinusförmige Spannung an! (Formelsammlung benutzen!)*

4. a) *Berechnen Sie den Effektivwert der Dreieckspannung nach Bild 144.2b!* **b)** *Die Spannung in Bild 144.2a steige nicht linear, sondern gemäß* $U(t)=(100\ \text{V s}^{-2})\,t^2$ *in* 0,1 s *von* 0 *auf* 1 V *an und falle dann momentan wieder auf* 0 *ab. Berechnen Sie* U_{eff}!

5. a) *Berechnen Sie den Effektivwert der Spannung* $U(t)$ *nach Bild 145.1a!* **b)** *Welche Wärme entwickelt sie in* 10 s *in einem Widerstand von* 100 Ω? **c)** *Geben Sie den* $I(t)$-*Verlauf in diesem Widerstand an! Wie groß ist* I_{eff}?

6. *Eine Fläche von* 0,10 m² *wird senkrecht von einem B-Feld nach Bild 145.1b durchsetzt.* **a)** *Zeichnen Sie das* $U(t)$-*Diagramm der induzierten Spannung!* **b)** *Berechnen Sie ihren Effektivwert!*

7. *Warum ist der Umrechnungsfaktor zwischen* U_{eff} *und* $\hat{U}$ *bei einer bestimmten Kurvenform unabhängig vom Scheitelwert* $\hat{U}$ *und vom Widerstand* R, *in dem die Spannung Wärme erzeugt?*

§51 Kondensatoren und Wechselstrom

1. Blockiert ein Kondensator Ströme?

Wenn Sie von einem Bauelement nicht wissen, was es ist, so legen Sie eine Gleichspannung an. Fließt sofort ein konstanter Strom, so handelt es sich um einen Widerstand. Gibt es nur einen kurzen Stromstoß, so haben Sie wahrscheinlich einen Kondensator aufgeladen. Wenn Sie nun Wechselspannung anlegen?

Versuch 128: Wir legen eine Wechselspannung über ein Lämpchen an einen Kondensator genügend großer Kapazität. Das Lämpchen leuchtet, obwohl der Kondensator nicht leitet; er wird nicht warm. Wie kann das sein?

Die Wechselspannung erzeugt zwischen den Platten ein Wechselfeld; diese werden ständig umgeladen. Das Lämpchen registriert die Ladungsverschiebungen zu den Platten hin und von diesen zurück, also den Umladestrom. Der Kondensator gibt die beim Aufbau seines Feldes aufgenommene Energie beim Abbau wieder her. Wozu dann der Aufwand? Warum braucht man Kondensatoren in Radios usw.?

2. Ist der Umladestrom auch sinusförmig?

Versuch 129: a) Was beim Umladen eines Kondensators geschieht, zeigen wir zunächst ganz langsam: Wir legen an ihn ($C=10\ \mu\text{F}$) die mit dem Gerät aus Versuch 103 erzeugte Spannung $U(t)$. Sie steigt nach *Bild 145.2* (blau) gleichmäßig von Null aus an (a). Ein Strommesser zeigt den konstanten Aufladestrom $I(t)$ (rot). $I(t)$ wird dagegen Null, sobald man die Spannung konstant hält (b), und kehrt seine Richtung um, wenn die Spannung sinkt (c).

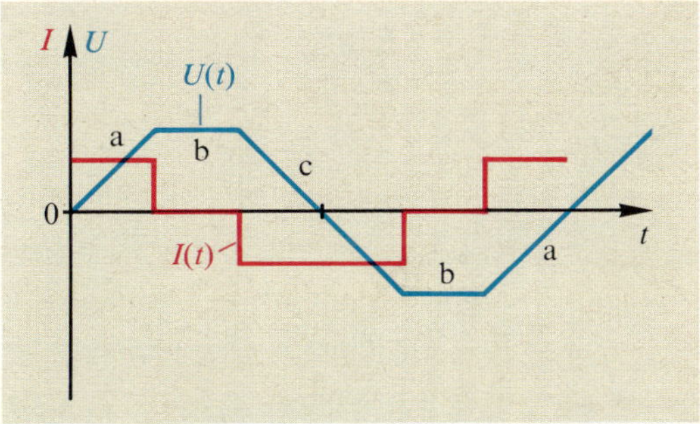

145.2 Auf- und Entladestrom in Versuch 129a

b) Wir legen eine Wechselspannung der Frequenz $f = 0{,}05$ Hz an und beobachten die Momentanwerte $U(t)$ und $I(t)$ an Instrumentenzeigern. Die Ecken in *Bild 145.2* sind jetzt zwar abgerundet, die Zeiger aber nicht in Phase. Wenn der U-Zeiger durch Null nach rechts schwingt, hat der I-Zeiger rechts schon seinen Größtausschlag. Das Maximum des Stroms eilt also dem der Spannung um 90° voraus – kaum zu glauben! Was zeigt das Oszilloskop?

c) *Bild 146.2* zeigt rot einen Stromkreis mit Wechselspannungsquelle ($U_{eff} = 4$ V; $f = 50$ Hz), Kondensator $C = 10\,\mu$F und Widerstand $R = 10\,\Omega$. Der Umladestrom $I(t)$ des Kondensators erzeugt im Widerstand R nach Versuch 125 eine ihm phasengleiche und proportionale Teilspannung $\Delta U = R\,I(t)$. Sie wird an den Kanal 2 eines Zweikanal-Oszilloskops gelegt, das einen sehr schnell arbeitenden elektronischen Umschalter enthält. Liegt dieser 1 µs lang an Kanal 2, so gelangt $\Delta U = I\,R \sim I$ an die Braunsche Röhre und wird als I-Punkt registriert. Liegt der Schalter anschließend für 1 µs an Kanal 1, so erzeugt $U(t)$ einen U-Punkt.

Wegen des sehr schnellen Umschaltens fügen sich die U-Punkte zur $U(t)$-Kurve und die I-Punkte zur $I(t)$-Kurve auf dem Schirm nach *Bild 146.3* zusammen. Die niedrigere $I(t)$-Kurve ist um $T/4$ gegen $U(t)$ nach links zu früheren t-Werten verschoben.

Legt man eine sinusförmige Wechselspannung $U(t)$ an einen Kondensator, so ist der Auf- und Entladestrom $I(t)$ ebenfalls sinusförmig. Er eilt aber der Spannung $U(t)$ um $90° = \pi/2$ in der Phase vor ($\hat{=}\ T/4$).

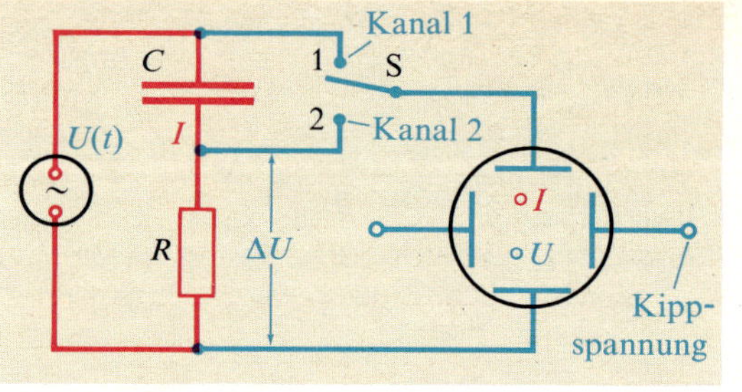

146.2 Schaltung für Versuch 129c. Die Teilspannung $\Delta U = I\,R$ an R gibt einen kleinen Fehler.

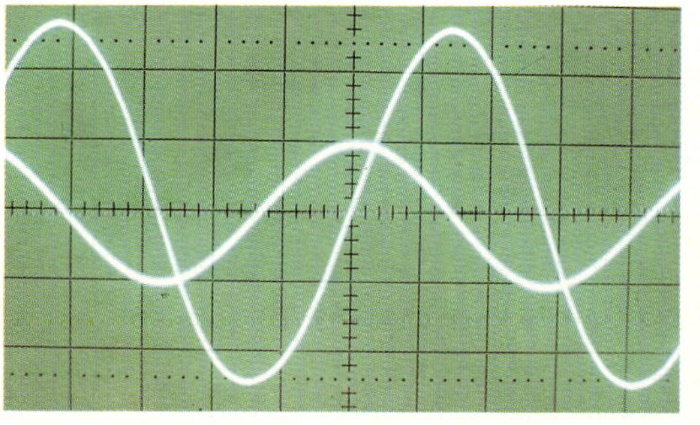

146.3 Oszilloskopbild nach Versuch 129c; die hohe Sinuslinie zeigt den Verlauf der Spannung, die niedrige den des Stroms.

3. „Strom vor Spannung"?

Vielleicht denken Sie auch hier an die Gleichung $I = U/R$. Nach ihr nehmen Strom und Spannung gleichzeitig ihr Maximum ein. Beim Kondensator können Sie jedoch diese Gleichung vergessen; er ist ja kein Widerstand. Hier gilt in jedem Augenblick $Q = C\,U$. Bis $U(t)$ sein Maximum $\hat{U}$ erreicht, nimmt mit $U(t)$

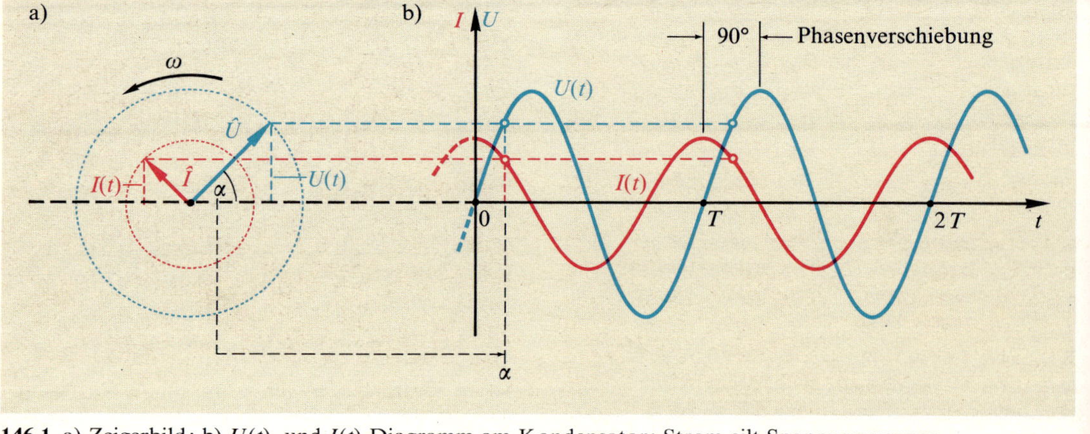

146.1 a) Zeigerbild; b) $U(t)$- und $I(t)$-Diagramm am Kondensator: Strom eilt Spannung voraus.

auch die Ladung $Q(t) = C\,U(t)$ zu. Also wird der Kondensator durch einen Strom positiver Richtung weiter aufgeladen. Ist dann die Spannung $U(t)$ für einen Augenblick in ihrem Scheitelwert $\hat{U}$ konstant, so hat der Kondensator kurzzeitig die konstante Ladung $\hat{Q} = C\,\hat{U}$. Also fließt in der Leitung weder Ladung zu noch ab. Die Stromstärke I geht durch Null.

Dann fällt die Spannung wieder ab. Der Kondensator wird durch einen Strom entgegengesetzter Richtung ($I < 0$) entladen. Diese Ladungsänderungen gehen dann am schnellsten vor sich, wenn sich $U(t)$ am schnellsten ändert. Dies ist bei einer Sinusspannung ausgerechnet an den Nulldurchgängen von $U(t)$ der Fall. Deshalb liegen dort die Maxima und Minima der Stromkurve; man kann also nicht sagen, „der Strom sei vor der Spannung da"!

Wir berechnen dieses ungewohnte Verhalten: Wenn sich in der Zeit Δt die Ladung des Kondensators um ΔQ ändert, ist die mittlere Stromstärke $\bar{I} = \Delta Q / \Delta t$. Für $\Delta t \to 0$ erhält man die vom Oszilloskop angezeigte Momentanstromstärke

$$I = \lim_{\Delta t \to 0} \Delta Q / \Delta t = \dot{Q}(t).$$

Nun haben wir an den Kondensator die Wechselspannung $U(t) = \hat{U} \sin \omega t$ gelegt. Für seine Ladung $Q(t)$ gilt in jedem Augenblick $Q(t) = C\,\hat{U} \sin \omega t$. Die Momentanstromstärke folgt durch Ableiten von $Q(t)$ nach t zu

$$I(t) = \dot{Q}(t) = \omega\, C \hat{U} \cos \omega t = \hat{I} \cos \omega t.$$

Dabei steht vor der Cosinus-Funktion die Scheitelstromstärke $\hat{I} = \omega\, C\, \hat{U}$. Nun kann man die Cosinusfunktion $I(t)$ als Sinusfunktion ansehen, die ihr Maximum um den Phasenwinkel $\varphi = 90°$ früher als $U(t)$ erreicht, ihr gegenüber also nach links verschoben ist. Dabei wurde der Zeitpunkt $t = 0$ beliebig in den laufenden Vorgang gelegt; er gibt also nicht etwa das Einschalten am Netzgerät an. (Diesen komplizierten *Einschaltvorgang* zeigt eine Computersimulation in *Bild 147.1*.)

Im Zeigerdiagramm nach *Bild 146.1* links eilt der rote Zeiger der Länge $\hat{I}$ wegen dieser Phasenverschiebung dem Zeiger der Länge $\hat{U}$ um den konstanten Winkel $\varphi = 90°$ im Drehsinn voraus. Wenn der $\hat{U}$-Zeiger horizontal liegt, ist $U(t) = 0$. Dann steht der $\hat{I}$-Zeiger bereits vertikal; $I(t)$ hat schon sein Maximum $\hat{I}$ erreicht und nimmt wieder ab, während $U(t)$ mit dem Anstieg von Null aus beginnt. Dieses Zeigerdiagramm ersetzt das Zeichnen der Sinuslinien.

4. Kondensatoren ändern die Klangfarbe

Nach $\hat{I} = \omega\, C\, \hat{U}$ sind die Scheitelwerte $\hat{I}$ und $\hat{U}$ einander proportional, folglich auch die Effektivwerte $I_{eff} = \hat{I}/\sqrt{2}$ und $U_{eff} = \hat{U}/\sqrt{2}$. Also ist – wie bei dem uns bisher allein geläufigen *ohmschen* Widerstand – der Quotient

$$U_{eff}/I_{eff} = \hat{U}/\hat{I} = \frac{1}{\omega\, C} \qquad (147.1)$$

von U_{eff} unabhängig. Man nennt $1/(\omega\, C)$ den **kapazitiven Widerstand X_C**. Er ist ein *„Blindwiderstand"*, weil in Kondensatoren keine Wärme entsteht. – Das Ohmsche Gesetz ($I \sim U$) gilt hier nur für Effektiv- und Scheitelwerte, nicht jedoch für die Momentanwerte von U und I im gleichen Zeitpunkt.

Versuch 130: **a)** Wir legen an einen Kondensator ($C = 10\ \mu F$) Wechselspannung mit $f = 50$ Hz und ändern U_{eff}. Der Quotient U_{eff}/I_{eff} bleibt gleich.

b) Nun lassen wir die Spannung $U_{eff} = 2$ V konstant und vervierfachen die Frequenz von 50 Hz auf 200 Hz. Die Stromstärke vervierfacht sich auch von $I_{eff} = 6{,}3$ mA auf 25 mA. Der Kondensator wird nämlich in jeder Sekunde viermal so oft auf- und entladen. Der kapazitive Blindwiderstand $X_C = U_{eff}/I_{eff}$ sinkt von 320 Ω auf 80 Ω gemäß $X_C = 1/(\omega\, C)$.

c) Wir verdoppeln die Kapazität C. Wenn ω und U_{eff} gleich bleiben, wird I_{eff} gemäß $I_{eff} = U_{eff}/X_C = U_{eff}\, \omega\, C$ auch verdoppelt.

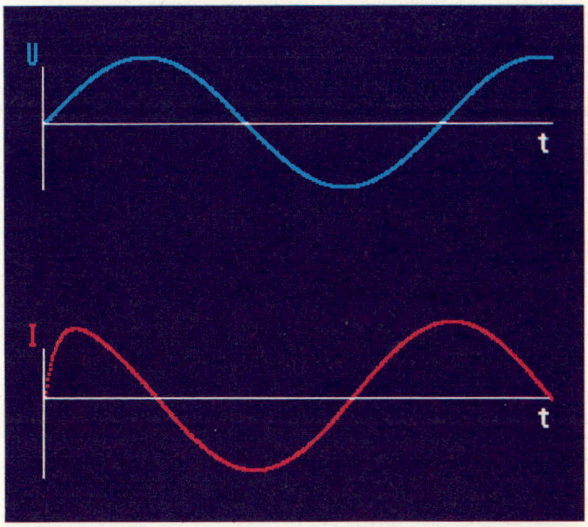

147.1 Computersimulation des Einschaltvorgangs: $I_n = (U_0 - Q_n/C)/R$ mit $U_0 = \hat{U} \sin \omega t$ und für den nächsten Schritt $Q_{n+1} = Q_n + I_n\, \Delta t$; siehe Seite 153.

Der Quotient U_{eff}/I_{eff} hängt bei Kondensatoren von U_{eff} nicht ab und heißt kapazitiver Blindwiderstand. Es gilt

$$X_C = \frac{1}{\omega C} \quad \text{und} \quad I_{eff} = U_{eff}\,\omega C. \qquad (148.1)$$

Bei Netzspannung ($f=50$ Hz; $\omega=314\ \text{s}^{-1}$) hat ein Kondensator der Kapazität $C=10\ \mu\text{F}$ den kapazitiven Blindwiderstand $X_C=1/(314\ \text{s}^{-1}\cdot 10^{-5}\ \text{C V}^{-1})=320\ \text{V A}^{-1}=320\ \Omega$. In Versuch 130a fließt bei $U_{eff}=10$ V der Wechselstrom $I_{eff}=U_{eff}/X_C=0{,}031$ A.

Wenn man die Frequenz f verkleinert, kann man in immer größeren Zeitabschnitten die Spannung als hinreichend konstant ansehen. Mit $\omega=2\pi f\to 0$ geht $X_C=1/(\omega C)\to\infty$ und $I_{eff}=U_{eff}/X_C\to 0$. *Gl. 148.1* umfaßt als Grenzfall das Gleichstromverhalten des Kondensators. Er „blockt" nämlich Gleichstrom ab, während er Strömen steigender Frequenz einen abnehmenden Widerstand entgegensetzt. Das sehen wir, wenn zwei Wechselspannungen verschiedener Frequenz zugleich auf ihn einwirken:

Versuch 131: **a)** Für *Bild 148.1* oben wurden die Wechselspannungen von zwei Generatoren hintereinandergeschaltet (Erdung beachten). Dabei überlagern sich 16 Spannungsperioden der höheren Frequenz einer Periode der niedrigeren. Im Kondensatorstrom (unten) ändert sich an den Periodendauern nichts. Doch tritt der Strom höherer Frequenz 16mal so stark hervor. Er passiert diesen **Hochpaß** 16mal so gut wie die niedrigere Frequenz. In der HiFi-Technik senkt man mit ihm „Tiefen" (Bässe) ab, hebt also die „Höhen" relativ dazu an.

b) Man ersetzt die eine Wechselspannung durch Gleichspannung. Diese tritt in der Stromkurve überhaupt nicht mehr auf. Der Kondensator blockt Gleichströme ab.

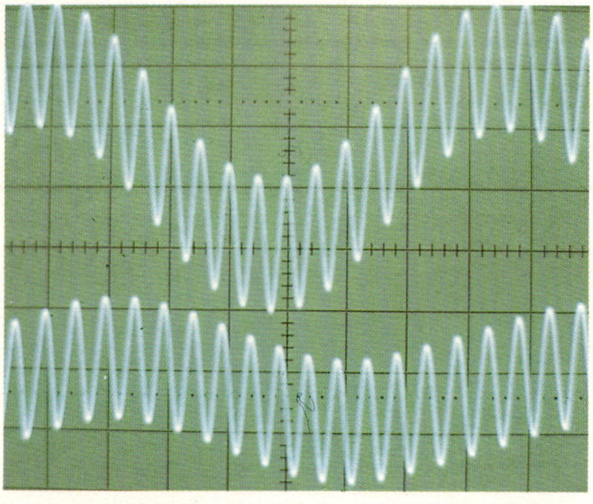

148.1 Der Kondensator bevorzugt die hohen Töne! Oben Spannung, unten Strom

Versuch 132: Wir ersetzen in Versuch 129c den Kondensator durch einen großen ohmschen Widerstand ohne Eigeninduktivität. Der Quotient $R=U/I$ ist jetzt von der Frequenz unabhängig. Ein ohmscher Widerstand bevorzugt keine Frequenz. Zudem sind bei ihm $U(t)$ und $I(t)$ am Oszilloskop stets proportional. Es gibt keine Phasenverschiebung. Dies bekräftigt, daß bei ohmschen Widerständen die Elektronen in beliebigen Teilen des Kreises dem E-Feld der Spannung folgen (Versuch 125).

Aufgaben

1. *Prüfen Sie die Meßergebnisse in Versuch 130 mit den bereitgestellten Gleichungen nach und zeigen dabei, daß* $1/(\omega C)$ *die Einheit Ohm hat!*

2. *Was würde sich ergeben, wenn man den kapazitiven Blindwiderstand als Quotienten* $U(t)/I(t)$ *der Momentanwerte definieren wollte?*

3. a) *Welchen Strom zeigt ein Meßgerät in der Leitung zu einem Kondensator von* $20\ \mu\text{F}$ *an, wenn man* $U_{eff}=220$ V *bei* $f=50$ Hz *anlegt? Welches sind die Scheitelwerte von Strom und Spannung?* **b)** *Zeichnen Sie zu (a) ein Zeigerdiagramm* (100 V $\hat{=}$ 1 cm; 1 A $\hat{=}$ 1 cm)*! Trägt man Effektiv- oder Scheitelwerte ein?* **c)** *Zwischen welchen Werten schwankt die Energie im Kondensator?*

4. a) *Welche Kapazität hat ein Kondensator, wenn bei* $U_{eff}=20$ V *und* $f=50$ Hz *Strom mit* $I_{eff}=100$ mA *fließt?* **b)** *In der Zuleitung zu einem Kondensator von* $1{,}0\ \mu\text{F}$ *fließt der Wechselstrom* $I_{eff}=50$ mA. *Welche Frequenz hat die angelegte Wechselspannung mit* $U_{eff}=10$ V?

5. *Zeichnen Sie das Zeigerdiagramm zu Bild 146.3 für* $U_{eff}=4{,}0$ V *und* $I_{eff}=10$ mA (1 V $\hat{=}$ 1 cm; 5 mA $\hat{=}$ 1 cm)*! Wie groß ist die Kapazität* ($T=\frac{1}{50}$ s)? *Welche Energie wird beim Umladen jeweils transportiert?*

6. *Beim Messen des Ölstands h nach Aufgabe 8 von Seite 47 wird die Wechselspannung* $U_{eff}=220$ V, 50 Hz *an die dortigen Kondensatorplatten gelegt. Stellen Sie die Funktion* $C(h)$ *und* $I(h)$ *auf! Welcher Strom fließt bei vollem, welcher bei leerem Tank?*

7. *Um die Dicke von Kunststoffolien laufend zu messen, zieht man sie zwischen zwei Kondensatorplatten der Fläche* $100\ \text{cm}^2$ *hindurch, zwischen denen Wechselspannung mit* $U_{eff}=40$ V *und* $f=1000$ Hz *liegt. Wie groß ist* I_{eff} *bei Foliendicken von* 5 µm, 4 µm *und* 6 µm ($\varepsilon_r=5$)?

8. a) *In Bild 25.2 wird der Schieber in* 1 s *gleichmäßig von der Mitte des roten Potentiometers nach oben geschoben. Zeichnen Sie den* $U(t)$*-Verlauf! Diese Spannung wird an einen Kondensator von* $100\ \mu\text{F}$ *gelegt. Berechnen Sie die Stromstärke I und die momentane Leistung P als Funktion der Zeit! Wie groß ist die in* 1 s *verrichtete elektrische Arbeit?* **b)** *Wie ändern sich diese Werte, wenn man den Kondensator durch einen Widerstand von* 1 kΩ *ersetzt?*

§ 52 Spulen im Wechselstromkreis

1. Wechselstrom in Spulen?

Wenn man Gleichspannung an eine Spule mit großer Eigeninduktivität legt, kommt der Strom nur langsam in Fahrt. Kann Wechselstrom in solchen Spulen überhaupt fließen? Welche Form hat er in Trafos und Motoren?

Versuch 133: **a)** Wir legen die Gleichspannung $U_1 = 4{,}0$ V an eine Spule mit dem ohmschen Widerstand $R = 10\ \Omega$. Dabei stellt sich der Strom $I_1 = U_1/R = 0{,}40$ A ein. Er hängt nicht davon ab, ob Eisen in der Spule die Eigeninduktivität L erhöht oder nicht.

b) Anders bei Wechselspannung! Ohne Eisen ist bei $U_{eff} = 4$ V der Strom $I_{eff} = 0{,}35$ A nur wenig kleiner als bei Gleichspannung. I_{eff} sinkt aber auf $\frac{1}{50}$, wenn wir die Spule in einen geschlossenen Eisenkern setzen. Sie stellt dann einen **„induktiven Widerstand"** dar, der 50mal so groß wie ihr ohmscher Widerstand R ist, den man hier vernachlässigen kann. Die induzierte Gegenspannung U_{ind} kompensiert nämlich die angelegte Spannung U_1 fast ganz. Wir kennen dies vom Einschaltmoment einer Gleichspannung *(Gl. 130.3)*.

2. Blindwiderstand durch Selbstinduktion

Versuch 134: Wir ersetzen in Versuch 129 *(Bild 146.2)* den Kondensator durch eine Spule mit geschlossenem Eisenkern und legen die sinusförmige Spannung $U(t)$ an. Am Oszilloskop sehen wir, daß der Strom $I(t)$ auch sinusförmig ist *(Bild 149.2)*. Er hinkt aber der Spannung in der Phase um fast 90° nach; sein Maximum folgt um $T/4$ später (weiter rechts).

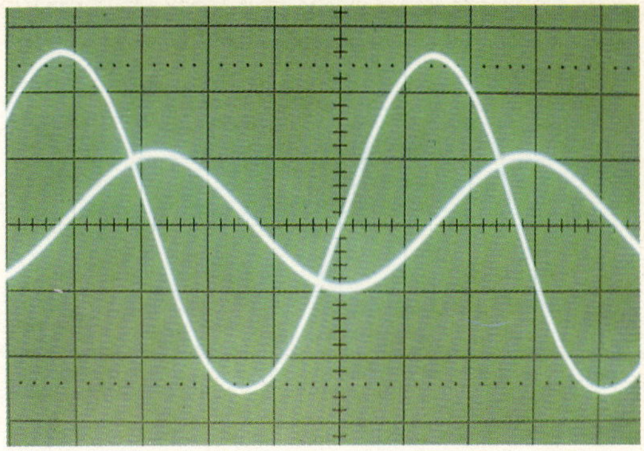

149.2 Oszilloskopfoto zu *Bild 149.1*. Der Strom (niedrige Kurve) hinkt der Spannung nach.

Legt man eine sinusförmige Wechselspannung an eine Spule, so ist der Strom auch sinusförmig. Er hinkt bei geschlossenem Eisenkern der Wechselspannung um fast 90° in der Phase nach; man kann dann den ohmschen Widerstand *R* vernachlässigen.

Im Zeigerdiagramm nach *Bild 149.1a* hinkt also bei Spulen mit geschlossenem Eisenkern der rote Zeiger der Länge $\hat{I}$ dem blauen der Länge $\hat{U}$ um fast 90° im Drehsinn nach. Zeigt der $\hat{U}$-Zeiger nach oben, dann ist $U(t) = +\hat{U}$. Der $\hat{I}$-Zeiger liegt aber noch horizontal, der Strom $I(t)$ geht von negativen zu positiven Werten durch Null. Wie kommt das zustande?

Auf die Elektronen der Spule wirkt nicht nur die von außen angelegte Spannung $U(t)$, sondern auch die in der Spule erzeugte Selbstinduktionsspannung $U_{ind}(t) = -L\,\dot{I}(t)$. In jedem Augenblick ist nach Seite 124 die Stromstärke $I(t) = (U(t) - L\,\dot{I})/R$. Wir multiplizieren mit dem Widerstand R und erhalten

$$I(t)\,R = U(t) - L\,\dot{I}(t). \qquad (149.1)$$

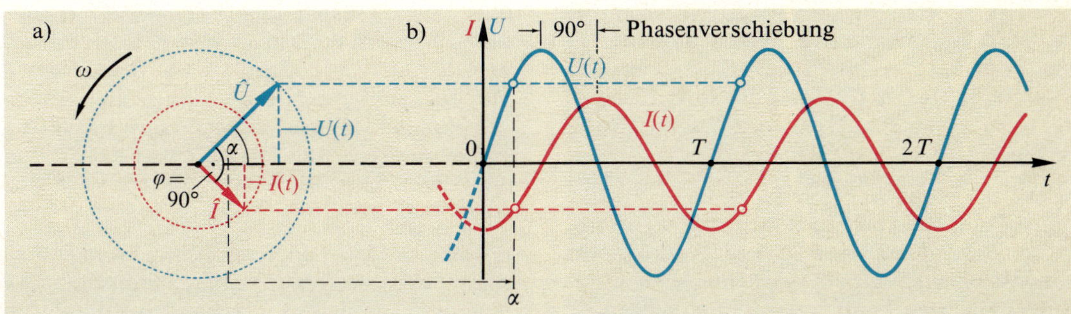

149.1 a) Zeigerbild für $\hat{I}$ und $\hat{U}$ an Spule mit geschlossenem Eisenkern; b) Strom I hinkt Spannung U nach.

Nach Versuch 133b können wir bei geschlossenem Eisenkern den ohmschen Widerstand R ($\approx 10\,\Omega$) vernachlässigen. Auch die Stromstärke $I(t)$ ist klein, also erst recht das Produkt $I\,R$. Deshalb setzen wir zunächst idealisierend R gleich Null und schreiben

$$0 = U(t) - L\,\dot{I}(t) \quad \text{oder} \quad \dot{I}(t) = U(t)/L.$$

Wir haben die Sinusspannung $U(t) = \hat{U}\sin\omega t$ angelegt. Damit berechnen wir $I(t)$ aus $\dot{I}(t) = U(t)/L$ durch Integration zu

$$\begin{aligned} I(t) &= \int \dot{I}(t)\,\mathrm{d}\,t = \int (U(t)/L)\,\mathrm{d}\,t \\ &= \frac{\hat{U}}{L}\int \sin\omega t\,\mathrm{d}\,t \\ &= \frac{\hat{U}}{\omega L}(-\cos\omega\,t) + c. \end{aligned} \qquad (150.1)$$

Dabei ist R vernachlässigt; der Strom verläuft dann nach einer Minus-Cosinus-Funktion. Dies ist nach *Bild 149.1* eine Sinus-Funktion, die $U(t)$ um 90° nachhinkt. Ihr Scheitelwert $\hat{I} = \hat{U}/(\omega L)$ ist proportional zu $\hat{U}$; das Ohmsche Gesetz ($I \sim U$) gilt für Scheitel- und Effektivwerte (wie beim kapazitiven Blindwiderstand). Der Quotient $U_{\text{eff}}/I_{\text{eff}} = \hat{U}/\hat{I}$ hat den Wert $\boldsymbol{X_L = \omega L}$ und heißt **induktiver Blindwiderstand**. Er rührt von der Selbstinduktion her, nicht von Wärmeentwicklung. Die Integrationskonstante c besprechen wir in Ziffer 6.

Versuch 135: **a)** Wir legen an eine Spule mit geschlossenem Eisenkern verschiedene Netz-Wechselspannungen ($f = 50$ Hz; $\omega = 314\ \text{s}^{-1}$). Bei $U_{\text{eff}} = 4$ V ist $I_{\text{eff}} = 10$ mA und wird bei 8 V auf 20 mA verdoppelt. Dies bestätigt $I_{\text{eff}} \sim U_{\text{eff}}$. Der induktive Widerstand ist $X_L = U_{\text{eff}}/I_{\text{eff}} = 400\,\Omega = \omega L$ und von U_{eff} unabhängig. Mit $\omega = 314\ \text{s}^{-1}$ können wir die Eigeninduktivität zu $L = X_L/\omega = 1{,}3$ H bestimmen (R vernachlässigt).

b) Wir benutzen nun eine schlanke, eisenfreie Spule mit $n = 1000$ Windungen, der Länge $l = 1{,}0$ m und dem Querschnitt 50 cm². Bei $f = 10$ kHz folgt ihr induktiver Widerstand aus den Meßwerten $U_{\text{eff}} = 4{,}0$ V und $I_{\text{eff}} = 10$ mA zu $X_L = 400\,\Omega$. Nach *Gl. 129.2* ist ihre Eigeninduktivität $L = 6{,}28$ mH; $X_L = \omega L$ sollte 395 Ω betragen.

c) Bei der doppelten Frequenz 20 kHz sinkt I_{eff} auf 5 mA. Auch dies bestätigt $X_L = \omega L$. (Man verwende nur eine Spulenlage und messe mit Instrumenten gleicher Art; nur bei den hohen Frequenzen können wir hier R gegenüber ωL vernachlässigen.)

Der Quotient $U_{\text{eff}}/I_{\text{eff}} = \hat{U}/\hat{I}$ ist auch bei Spulen von U_{eff} unabhängig. Für $R \approx 0$ liefert er den induktiven Blindwiderstand X_L. Dieser ist das Produkt aus Eigeninduktivität L und Kreisfrequenz ω des Wechselstroms:

$$X_L = \omega L; \qquad I_{\text{eff}} = \frac{U_{\text{eff}}}{\omega L}. \qquad (150.2)$$

3. Blind- und Wirkwiderstand zugleich

Der ohmsche Wirkwiderstand R einer Spule läßt sich nicht immer vernachlässigen. Also setzen wir die linke Seite von *Gl. 149.1* nicht mehr gleich Null und erhalten

$$U(t) = I(t)\,R + L\,\dot{I}(t) = U_R(t) + U_L(t). \qquad (150.3)$$

Gl. 150.3 können wir nicht leicht lösen. Wir betrachten deshalb die Teilspannungen $U_R(t)$ und $U_L(t)$. Für sie gilt in jedem Zeitpunkt t:

a) Die von außen angelegte Spannung $U(t)$ liegt mit der ersten Teilspannung $U_R(t) = I(t)\,R$ am ohmschen Wirkwiderstand R; er gibt die Wärmewirkung. Die zweite Teilspannung $U_L(t) = +L\,\dot{I}(t)$ kompensiert die Selbstinduktionsspannung $U_{\text{ind}}(t) = -L\,\dot{I}(t)$. In jedem Augenblick werden also – wie beim Hintereinanderschalten von Geräten – Teilspannungen addiert. Man kann daher in einem Ersatzschaltbild den ohmschen Wirkwiderstand R aus der Spule „herauspräparieren" und mit ihrem induktiven Blindwiderstand X_L in Reihe legen *(Bild 151.2)*. Weitere Wirkwiderstände (Lämpchen, Leitungen) addieren wir zu R.

b) Die Stromstärke $I(t)$ ist in den hintereinanderliegenden Widerständen stets gleich groß. Legt man die Sinusspannung $U(t)$ an, schwingt $I(t)$ nach Versuch 134 phasenverschoben mit. Diese gemeinsame Stromstärke bildet die Basis für unser weiteres Vorgehen. Mit ihr ist nämlich die Teilspannung $U_R(t) = R\,I(t)$ am ohmschen Widerstand in Phase. Deshalb fällt in *Bild 151.1* der Zeiger $\hat{U}_R$ auf den Zeiger $\hat{I}$. Die Teilspannung $U_L(t) = +L\,\dot{I}(t)$ am induktiven Blindwiderstand dagegen eilt im Bild dem gemeinsamen Strom $I(t)$ um exakt $\varphi = 90°$ voraus. *Bild 151.1* zeigt dies mit $\boldsymbol{\hat{U}_R = \hat{I} R}$ und $\boldsymbol{\hat{U}_L = \hat{I}\,\omega L}$.

c) Nach *Gl. 150.3* addieren sich die beiden Teilspannungen zu $U(t)$. Die blaue Sinuslinie $U(t)$ in *Bild 151.1* entsteht dabei mühsam Punkt für Punkt durch Addition aus den blauen $U_R(t)$-

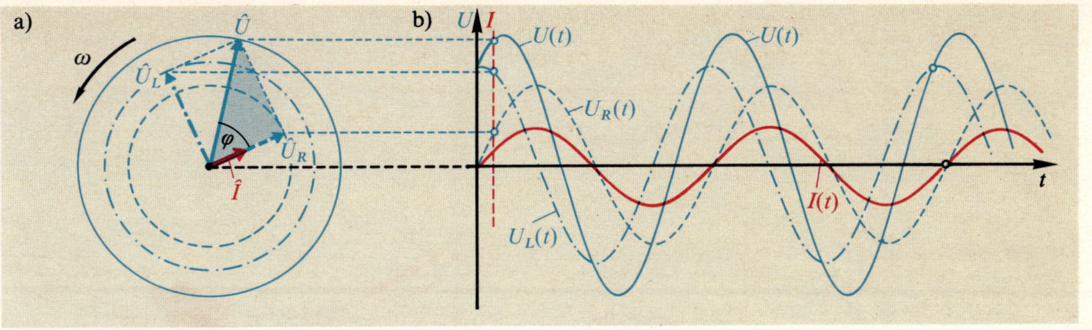

151.1 Die angelegte Spannung $U(t)$ teilt sich in $U_R(t)$ und $U_L(t)$ auf.

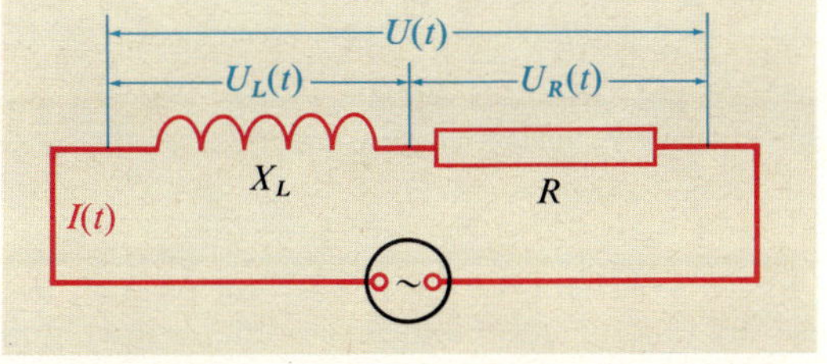

151.2 Reihenschaltung von R und X_L ersetzt Spule.

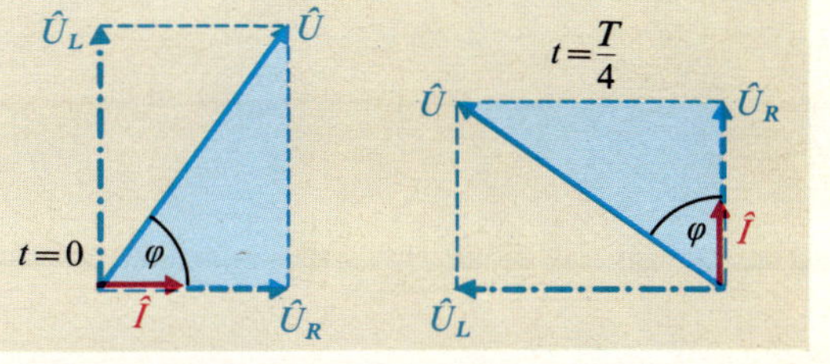

151.3 Zeigerbild für $t=0$ und für $t=T/4$

und $U_L(t)$-Kurven. Viel einfacher ist es, links die beiden zugehörigen Zeiger $\hat{U}_R$ und $\hat{U}_L$ zum blauen Zeiger $\hat{U}$ der angelegten Spannung vektoriell zu addieren. Das Ergebnis ist gleich; denn die horizontalen Linien erzeugen von den drei Zeigern auf der U-Achse drei Projektionen, die die Addition $U(t)=U_R(t)+U_L(t)$ befolgen – und zwar bei jeder Stellung des blau getönten Zeigerdreiecks, also in jedem Augenblick. Dieses Dreieck rotiert gegen den Uhrzeiger und erlaubt wichtige Schlüsse:

Für den Scheitelwert $\hat{U}$ der angelegten Spannung (Hypotenuse des Zeigerdreiecks) gilt

$$\hat{U} = \sqrt{(\hat{I}\,R)^2+(\hat{I}\,\omega\,L)^2}$$

$$= \hat{I}\sqrt{R^2+(\omega\,L)^2} = \hat{I}\sqrt{R^2+X_L{}^2}.$$

Wegen der Phasenverschiebung 90° addieren sich R und $\omega\,L$ nicht algebraisch, sondern nach dem Satz des *Pythagoras*. Doch ist wiederum $\hat{U}$ proportional zu $\hat{I}$, der Quotient $Z=\hat{U}/\hat{I}=U_{\text{eff}}/I_{\text{eff}}=\sqrt{R^2+(\omega\,L)^2}$ von U_{eff} unabhängig. Z vereinigt den Wirkwiderstand R und den Blindwiderstand $X_L=\omega\,L$ der Spule. Diese leicht meßbare Größe Z darf man weder mit R noch mit X_L verwechseln, wenn – wie hier – beide zugleich auftreten. **Z** heißt **Schein-** oder **Wechselstromwiderstand** der Spule.

***Definition:* Der Quotient $Z=U_{\text{eff}}/I_{\text{eff}}$ heißt Scheinwiderstand.**

***Satz:* Bei einer Spule mit dem Wirkwiderstand R und der Eigeninduktivität L ist der Scheinwiderstand Z auch von der Kreisfrequenz $\omega=2\,\pi\,f$ abhängig. Es gilt**

$$Z = \sqrt{R^2+(\omega\,L)^2}. \qquad \textbf{(151.1)}$$

Der Strom $I(t)$ hinkt der angelegten Spannung $U(t)$ um den Winkel φ der **Phasenverschiebung** nach. Ihr Tangens ist nach dem Zeigerdiagramm der Quotient aus Blindwiderstand X_L und Wirkwiderstand R. Es gilt $\tan\varphi=X_L/R=\omega\,L/R$. Ist $R\gg\omega\,L=X_L$, so geht $\varphi\to 0$, für $X_L\gg R$ jedoch gegen 90° *(Bild 152.1)*.

Da der Strom der Spannung $U(t)=\hat{U}\sin\omega\,t$ um den Winkel φ nachhinkt, gilt $I(t)=\hat{I}\sin(\omega\,t-\varphi)$. Am Oszilloskop schätzen wir φ ab und sehen, ob $\omega\,L$ oder R überwiegt.

Der Strom $I(t)=\hat{I}\sin(\omega\,t-\varphi)$ ist wie die angelegte Spannung $U(t)=\hat{U}\sin\omega\,t$ sinusförmig, hinkt ihr aber um den Winkel φ nach. Für die Phasenverschiebung gilt:

$$\tan\varphi = \hat{U}_L/\hat{U}_R = \omega\,L/R. \qquad \textbf{(151.2)}$$

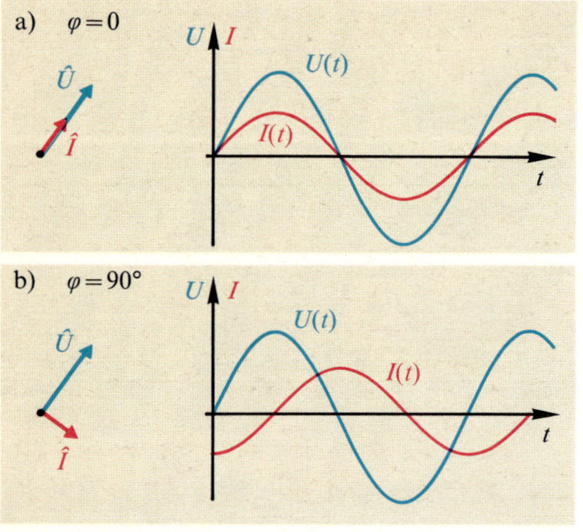

152.1 a) Phasenverschiebung $\varphi \approx 0°$, wenn $R \gg \omega L$; b) $\varphi \approx 90°$, wenn $\omega L \gg R$

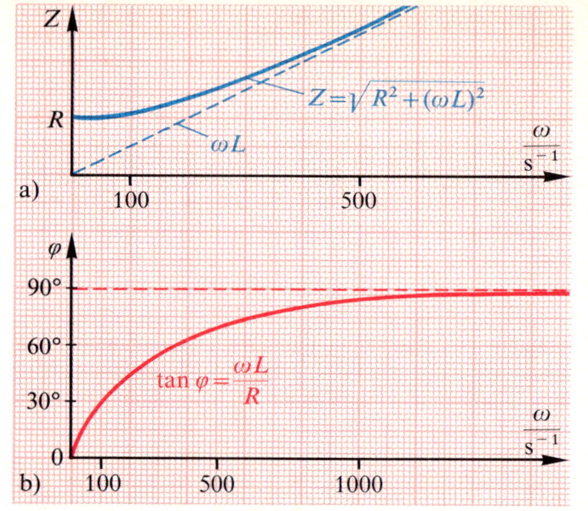

152.2 Abhängigkeit a) des Scheinwiderstands Z und b) der Phasenverschiebung φ von der Kreisfrequenz ω

4. Wie schiebt man Phasen?

Wir wollen nun im Versuch zeigen, wie die Phasenverschiebung φ von den Widerständen R und ωL abhängt. Dabei lernen wir auch die neuen Gleichungen genauer kennen:

$$\boldsymbol{Z = \sqrt{R^2+(\omega L)^2}} \quad \text{und} \quad \boldsymbol{\tan\varphi = \omega L/R.}$$

Versuch 136: **a)** Wir betrachten nach Versuch 129c die Phasenverschiebung φ zwischen Strom und Spannung bei einer Spule mit geschlossenem Eisenkern. Dort ist φ praktisch 90°, nach $\tan\varphi=\omega L/R$ also $\omega L \gg R$ *(Bild 152.1b)*. Öffnen wir dann das Eisenjoch, so sinkt mit ωL auch die Phasenverschiebung φ. Ganz ohne Eisenkern finden wir $\varphi \approx 0$, also $\omega L \ll R$ *(Bild 152.1a)*. Die Spule hat fast nur noch Wirkwiderstand R.

b) Nun messen wir I_{eff}. Beim Entfernen des Eisens wächst die Stromstärke I_{eff} erheblich an. Der Scheinwiderstand $Z = U_{eff}/I_{eff}$ sinkt fast auf den mit Gleichstrom bestimmten Wirkwiderstand R, da $L \to 0$ geht *(Gl. 151.1)*.

c) Wir schalten vor die Spule mit Eisenkern ($Z \approx \omega L$) ohmsche Widerstände R wachsender Größe. Dabei sinkt I_{eff}, aber $Z = U_{eff}/I_{eff}$ steigt weiter an. Die Phasenverschiebung φ wird kleiner, da R in $\tan\varphi=\omega L/R$ zunimmt.

d) Wir vergrößern die Kreisfrequenz ω der angelegten Spannung U. Dabei sinkt I_{eff}, d.h. $Z=U_{eff}/I_{eff}$ steigt gemäß *Bild 152.2a*. Z nähert sich dabei asymptotisch dem Blindwiderstand ωL an. In *Gl. 151.1* kann der Wirkwiderstand R vernachlässigt werden. Beim Vergrößern von ω steigt auch die Phasenverschiebung φ und nähert sich nach *Bild 152.2b* dem Wert 90° an gemäß $\tan\varphi=\omega L/R$.

5. Selbstinduktion macht Radioklänge dumpf

Versuch 137: Wir wiederholen Versuch 131, ersetzen aber den Kondensator durch eine Spule mit Eisenkern. Von dieser *„Drosselspule"* werden nach *Bild 152.3* die Ströme hoher Frequenz (die „Höhen") viel stärker gedrosselt als die Bässe oder gar als Gleichstrom ($X_L \approx 0$).

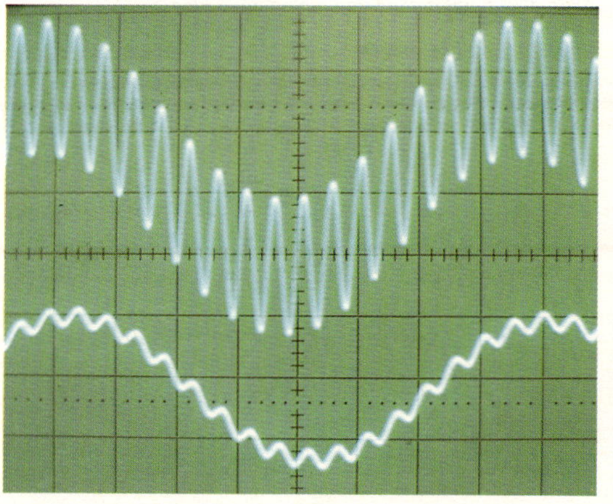

152.3 Die „Höhen" werden in Versuch 137 vom Blindwiderstand ωL gedrosselt, der Strom wird geglättet: Oben ist die angelegte Spannung $U(t)$, unten der Strom $I(t)$ zu sehen.

6. Einschalten ist nicht einfach!

Unsere bisherigen Versuche zeigen den Wechselstrom in der Spule, der sich bei Dauerbetrieb einstellt. Der Zeitpunkt $t=0$ in *Bild 149.1* ist also nicht der Augenblick des Einschaltens. Den Einschaltvorgang berechnet der Computer nach *Gl. 150.3* mit $\dot{I} \approx \Delta I/\Delta t$ in *Bild 153.1*. Aus ihr folgt für ein kleines Zeitelement Δt die Änderung ΔI_n der jeweiligen Stromstärke I_n zu $\Delta I_n = (U(t) - I_n R)\ \Delta t/L$. Dies gibt die neue Stromstärke $I_{n+1} = I_n + \Delta I_n$ usw. – Die Phase der Wechselspannung beim Einschalten bestimmt die Integrationskonstante c in *Gl. 150.1* (Aufgabe 8); c stellt einen Gleichstrom dar, der die Wechselstromkurve nach oben schiebt. Sie bliebe ständig verschoben, wenn der Widerstand R exakt Null wäre. Doch läßt schon ein kleiner Widerstand den Gleichstrom c nach *Bild 153.1* so schnell abklingen, daß wir c im Oszilloskop kaum sehen.

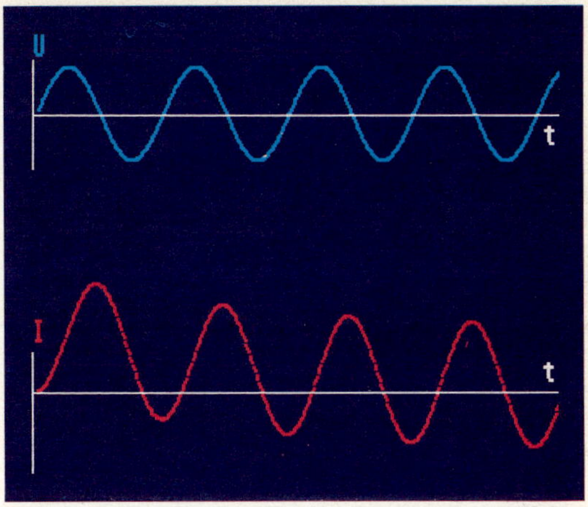

153.1 Wechselspannung wird beim Nulldurchgang an die Spule gelegt. Der Einschaltstrom klingt wegen des ohmschen Widerstands bald ab (Computersimulation mit $\omega L = 314\ \Omega$, $R = 30\ \Omega$).

Aufgaben

1. a) *Um die Eigeninduktivität L einer Spule zu messen, legt man zuerst die Gleichspannung* 4,0 V *an; es fließt der Strom* $I = 0{,}10$ A. *Warum bestimmt man jetzt nur den ohmschen Wirkwiderstand? Was be-„wirkt" er? Wie groß ist er?* **b)** *Bei der Wechselspannung* $U_{\text{eff}} = 12$ V, 50 Hz *sinkt die Stromstärke auf* $I_{\text{eff}} = 30$ mA. *Warum? Welche beiden Widerstände kann man nun berechnen? Wie groß ist L und die Phasenverschiebung* φ? *Zeichnen Sie das Zeigerdiagramm!*

2. a) *Warum ist der Scheinwiderstand Z kleiner als die Summe* $R + X_L$? *Warum hat diese algebraische Summe keine physikalische Bedeutung, etwa zum Berechnen der angelegten Spannung?* **b)** *In Versuch 133b war* $R = 10\ \Omega$, $Z = 570\ \Omega$. *Wie groß ist* X_L *bei* $f = 50$ Hz? *Um wieviel % nimmt Z ab, wenn man R vernachlässigt? Warum ist das so wenig? Wie groß wäre der Fehler bei* $R = X_L$?

3. a) *An eine Spule mit* $R = 1000\ \Omega$ *und* $L = 0{,}50$ H *legt man die Spannung* $U_{\text{eff}} = 10$ V *mit* $f_1 = 1{,}0$ Hz *und* $f_2 = 10$ kHz. *Wie verhalten sich die Ströme?* **b)** *Wie verhielten sie sich bei* $R = 0$?

4. a) *Eine Spule hat* $R = 20\ \Omega$ *und* $L = 0{,}10$ H. *Bestätigen Sie für* $\omega = 0\ \text{s}^{-1}$, $100\ \text{s}^{-1}$ *und* $500\ \text{s}^{-1}$ *die Diagramme nach Bild 152.2!* **b)** *Bei welcher Kreisfrequenz* ω *ist* $\varphi = 45°$? *Zeichnen Sie hierzu das Zeigerdiagramm!* **c)** *Begründen Sie das asymptotische Verhalten der Kurven in Bild 152.2!*

5. *Welche zeitliche Verschiebung zwischen den Nulldurchgängen von* $U(t)$ *und* $I(t)$ *ergibt sich bei den Phasenverschiebungen* 90° *und* 60° *bei* 50 Hz, *welche bei* 100 Hz?

6. *Um einen „Phasenschieber" zu bauen, ersetzt man in Bild 146.2 den Kondensator durch eine* 20 cm *lange Spule mit* 1000 *Windungen,* 50 Ω *Wirkwiderstand und* 25 cm² *Querschnittsfläche. Der untere Widerstand hat auch* 50 Ω. **a)** *Welche Phasenverschiebung zeigt das Oszilloskop bei* 200 Hz? **b)** *Durch Eisen wird die Induktivität 10mal so groß. Wie ändern sich* φ *und* I_{eff} *sowie die Teilspannung* U_R *am unteren Widerstand?* **c)** *Wieviel mal so groß müßte man die Wechselstromfrequenz wählen, um die gleiche Wirkung auf* φ *ohne Eisen zu erzielen? Wie würden sich* I_{eff} *und* U_R *ändern?*

7. a) *Die Windungszahl der in Aufgabe 6 beschriebenen Spule wird verdoppelt. Wie ändern sich L und* φ *in (a)?* **b)** *Man schaltet in den Kreis von Aufgabe 6a eine zweite gleiche Spule, ohne daß sich ihre Magnetfelder beeinflussen. Wie ändern sich dabei L, die gesamte Spannung* U_L *und* φ? *Zeichnen Sie für diesen Fall ein Zeigerdiagramm!*

8. *Bestimmen Sie in Gl. 150.1 die Integrationskonstante c, wenn die Wechselspannung* $U(t)$ *für* $t = 0$ *wie eine Sinus- bzw. eine Cosinusfunktion einsetzt* $(R = 0)$! *Vergleichen Sie mit Bild 153.1! Welcher der beiden Fälle ist dort verwirklicht? Was ist im Bild anders als in der Rechnung nach Gl. 150.1?*

9. *Zwei Spulen mit* $L_1 = 0{,}3$ H *und* $L_2 = 0{,}6$ H *werden hintereinandergeschaltet und an Wechselspannung mit* $U_{\text{eff}} = 10$ V, 50 Hz *gelegt. Wie groß sind* I_{eff}, *die Teilspannung* U_L *an* L_1 *und die Phasenverschiebung zwischen Strom und Spannung? Jede Spule habe den Wirkwiderstand* $R = 10\ \Omega$. *Die Magnetfelder der beiden Spulen sollen sich nicht beeinflussen.*

10. *An eine Spule mit* $L = 1{,}0$ H *und* $R = 50\ \Omega$ *legt man in Reihe geschaltet die Wechselspannung* 17 V *eines Eisenbahntrafos und die Gleichspannung* 4,5 V *einer Taschenlampenbatterie. Zeichnen Sie ein* $I(t)$*-Diagramm der zu erwartenden Stromstärke!*

§ 53 Siebkette und Sperrkreis

1. Wettkampf zwischen drei Bauelementen

Bei einer Spule steigt der Blindwiderstand $X_L = \omega L$ mit wachsender Frequenz an, beim Kondensator dagegen sinkt $X_C = 1/\omega C$ ab. In der Spule hinkt der Strom der anliegenden Spannung nach, im Kondensator eilt er dagegen voraus. Am ohmschen Widerstand R gibt es keine Phasenverschiebung. Welches dieser Bauelemente setzt sich durch, wenn man sie in einer „Kette" hintereinanderlegt?

2. Die Siebkette (C, L und R in Reihe)

Versuch 138: a) Wir schalten nach *Bild 154.1* Kondensator C, Spule L und Widerstand R_1 hintereinander und legen mehrere Strommesser in diese Kette. Bei der Wechselspannung $U(t)$ mit $f = 0{,}1$ Hz zeigen sie überall Strom $I(t)$ gleicher Stärke an. Sonst würde irgendwo Ladung gestaut (die entgegengesetzten Ladungen auf den Kondensatorplatten neutralisieren sich nach außen).

b) Nach *Bild 154.1* liegt ein Oszilloskop am ohmschen Widerstand R_1, um die dortige Teilspannung $U_R(t)$ zu registrieren. Auch bei höheren Frequenzen schwingt sie sinusförmig. Nach $U_R = R_1\, I(t)$ zeigt dies, daß auch der Strom $I(t)$ Sinusform hat. Doch ist $U_R(t)$ und damit auch $I(t)$ gegen die von außen angelegte Spannung $U(t)$ in der Phase verschoben. Die Sinusspannung $U(t)$ teilt sich jetzt in drei Teilspannungen U_R, U_L und U_C auf *(Bild 154.1)*. Deren Summe ist gleich $U(t)$, muß aber auch hier wegen der Phasenverschiebung am Zeigerdiagramm gebildet werden *(Bild 154.2)*:

A) Zunächst addieren wir zu R_1 den ohmschen Widerstand von Spule und Leitungen. An dem so entstandenen Wirkwiderstand R liegt die Teilspannung $R\,I(t)$. Sie ist mit $I(t)$ in Phase. Ihr Zeiger $\hat{U}_R = \hat{I} R$ liegt als einziger auf dem gemeinsamen $\hat{I}$-Zeiger, der uns beim Hintereinanderschalten auch hier als Basis dient.

B) Am induktiven Widerstand liegt wie bisher die Teilspannung $U_L(t)$ und kompensiert die induzierte Spannung $-L\dot{I}$. $U_L(t)$ eilt – wie schon in *Bild 151.1* – dem gemeinsamen Strom $I(t)$ um 90° voraus. Ihr Zeiger $\hat{U}_L = \hat{I}\,\omega L$ weist deshalb im *Momentbild 154.2* nach oben.

C) Bei Kondensatoren eilt nach *Bild 146.1* der Strom ($\hat{I} = \hat{U}\,\omega C$) der anliegenden Spannung $U_C(t)$ um 90° vor. In unserer Kette ist $U_C(t)$ aber nur ein Teil der angelegten Gesamtspannung $U(t)$ und hinkt dem gemeinsamen Strom $I(t)$ exakt um 90° nach. Ihr Zeiger $\hat{U}_C = \hat{I}/(\omega C)$ weist im *Momentbild 154.2* nach unten.

c) Um dem mühsamen Zeichnen von Sinuslinien zu entgehen, addieren wir sofort die drei Spannungszeiger. Zunächst bilden wir aus den Gegenzeigern $\hat{U}_L$ und $\hat{U}_C$ die Differenz $\hat{U}_L - \hat{U}_C$. Zu dieser addieren wir den $\hat{U}_R$-Zeiger. So erhalten wir als Hypotenuse den Zeiger $\hat{U}$ der Gesamtspannung $U(t)$. Für ihren Scheitelwert $\hat{U}$ folgt mit $\hat{U}_R = \hat{I} R$, $\hat{U}_L = \hat{I}\,\omega L$ und $\hat{U}_C = \hat{I}/(\omega C)$

$$\hat{U} = \sqrt{\hat{U}_R^2 + (\hat{U}_L - \hat{U}_C)^2} = \hat{I}\sqrt{R^2 + \left(\omega L - \frac{1}{\omega C}\right)^2}. \qquad (154.1)$$

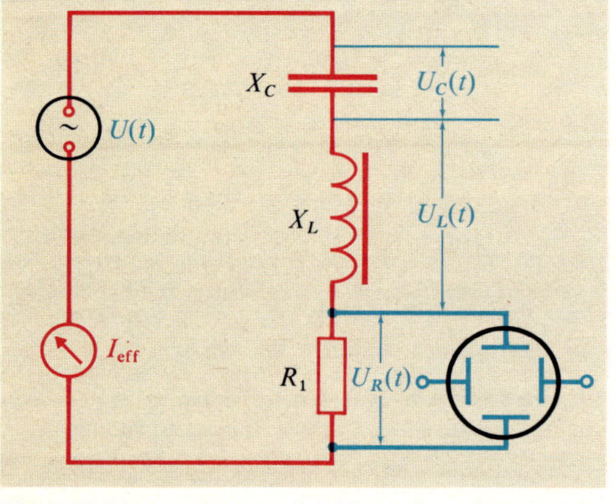

154.1 Siebkette: R, L und C hintereinandergelegt

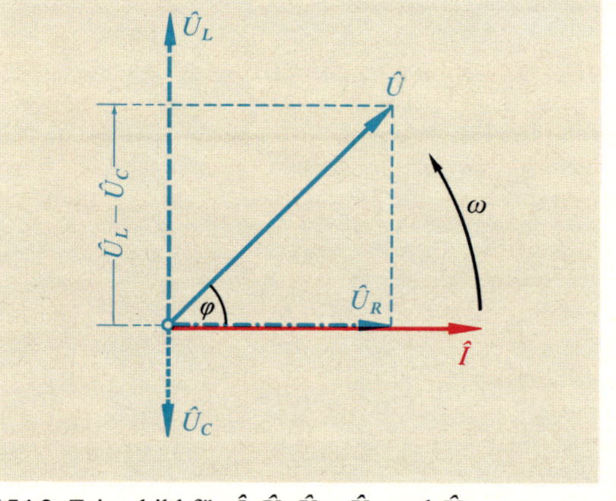

154.2 Zeigerbild für $\hat{I}$, $\hat{U}$, $\hat{U}_R$, $\hat{U}_L$ und $\hat{U}_C$

Wir sehen: **A)** Wiederum ist $\hat{U}$ der Stromstärke $\hat{I}$ proportional; das Ohmsche Gesetz wird für die Scheitel- und die ihnen proportionalen Effektivwerte erfüllt. Deshalb kann auch hier der Scheinwiderstand $Z=\hat{U}/\hat{I}=U_{\text{eff}}/I_{\text{eff}}$ aus *Gl. 154.1* gebildet werden.

B) Dieser Scheinwiderstand Z enthält neben dem Wirkwiderstand R den aus ωL und $1/(\omega C)$ resultierenden Blindwiderstand $X=\omega L-1/(\omega C)$.

C) Die Phasenverschiebung φ lesen wir wiederum am Zeigerdiagramm in *Bild 154.2* ab. Dort gilt $\tan\varphi=X/R=(\omega L-1/(\omega C))/R$.

An der Reihenschaltung aus dem ohmschen Widerstand R, dem induktiven Blindwiderstand ωL und dem kapazitiven $1/(\omega C)$ liege die sinusförmige Wechselspannung $U(t)$ der Kreisfrequenz ω. Der Scheinwiderstand $Z=U_{\text{eff}}/I_{\text{eff}}$ ist

$$Z=\sqrt{R^2+\left(\omega L-\frac{1}{\omega C}\right)^2}; \qquad (155.1)$$

$$I_{\text{eff}}=\frac{U_{\text{eff}}}{\sqrt{R^2+\left(\omega L-\frac{1}{\omega C}\right)^2}}. \qquad (155.2)$$

Der resultierende Blindwiderstand ist

$$X=\omega L-\frac{1}{\omega C}. \qquad (155.3)$$

Der sinusförmige Strom $I(t)=\hat{I}\sin(\omega t-\varphi)$ hinkt der angelegten Sinusspannung $U(t)=\hat{U}\sin\omega t$ um den konstanten Phasenwinkel φ nach. Für ihn gilt

$$\tan\varphi=\frac{X}{R}=\frac{\omega L-\frac{1}{\omega C}}{R}. \qquad (155.4)$$

Wenn $\varphi>0$ ist, hinkt der Strom $I(t)$ der Spannung $U(t)$ nach; für $\varphi<0$ eilt er vor.

Diese Formeln beschreiben, wie Spule, Kondensator und ohmscher Widerstand teils zusammen, teils gegeneinander wirken:

Versuch 139: **a)** Die Wechselspannung $U(t)$ mit $f=50$ Hz bringt ein Lämpchen (0,6 A) zu hellem Leuchten. Sobald man zu ihm zwei Spulen mit je 500 Windungen (auf geschlossenem Eisenkern) ($X_L=\omega L\approx 1000\ \Omega$) und den Kondensator mit $C=5\ \mu\text{F}$ ($X_C=640\ \Omega$) in Reihe schaltet, erlischt es. Der resultierende Blindwiderstand $\omega L-1/(\omega C)$ und damit auch der Scheinwiderstand Z sind viel größer als der Wirkwiderstand $R\approx 10\ \Omega$. Ein Oszilloskop nach *Bild 146.2* zeigt, daß der Strom $I(t)$ der Spannung $U(t)$ nachhinkt. Also ist $\varphi>0$ und nach *Gl. 155.4* auch $\omega L>1/(\omega C)$. Hier überwiegt die Spule.

b) Nun ziehen wir das Eisenjoch auf dem U-förmigen Eisenkern zurück, verkleinern also ωL. Bei einer bestimmten Jochstellung ist die Phasenverschiebung φ auf Null gesunken – als ob es im ganzen Kreis nur den Wirkwiderstand R gäbe. Der induktive Blindwiderstand ωL wurde nämlich auf den Wert des kapazitiven $1/(\omega C)$ reduziert; der resultierende Blindwiderstand $X=\omega L-1/(\omega C)$ und der zugehörige Zeiger sind Null; der $\hat{U}$-Zeiger liegt auf dem $\hat{I}$-Zeiger. In *Gl. 155.1* ist $Z=R$! I_{eff} hat sein Maximum $I_{\text{eff}}=U_{\text{eff}}/R$ erreicht, die Lampe leuchtet maximal – als ob nur ihr Widerstand vorhanden wäre!

c) Wir nehmen den Eisenkern ganz aus der Spule und verkleinern so $X_L=\omega L$ weiter; der Blindwiderstand $X=\omega L-1/(\omega C)$ und die Phasenverschiebung φ werden jetzt negativ. Der Strom eilt also der Spannung voraus, weil der kapazitive Widerstand überwiegt. Im Scheinwiderstand Z tritt der Blindwiderstand X aber als Quadrat auf. Deshalb erhöht sich Z wieder über R hinaus. $I_{\text{eff}}=U_{\text{eff}}/Z$ sinkt schnell ab, die Lampe erlischt.

Versuch 140: Wenn in Versuch 139b die Lampe am hellsten leuchtet, messen wir die Spannungen $U_{L,\text{eff}}=I_{\text{eff}}\,\omega L$ und $U_{C,\text{eff}}=I_{\text{eff}}/(\omega C)$ an Spule und Kondensator. Sie sind unter sich gleich groß und jede ist größer als die angelegte Spannung U_{eff}! Wie ist das möglich?

Im *Zeigerbild 154.2* weisen U_L und U_C nach entgegengesetzten Richtungen, kompensieren sich hier also. Der resultierende Blindwiderstand X ist Null, $Z=R$. Dann wird die Teilspannung $U_{R,\text{eff}}=I_{\text{eff}}\,R$ an R gleich der angelegten Spannung $U_{\text{eff}}=I_{\text{eff}}\,Z$. Nun gilt in unserer Anordnung $\omega L\gg R$ und $1/(\omega C)\gg R$. Also bauen sich in der Reihenschaltung die Teilspannungen $U_{L,\text{eff}}=I_{\text{eff}}\,\omega L$ und $U_{C,\text{eff}}=I_{\text{eff}}/(\omega C)$ auf. Sie sind für sich größer als die angelegte Spannung $U_{\text{eff}}=I_{\text{eff}}\,R$. Ist U_L positiv, so ist U_C gleich stark negativ. Also beeinträchtigen sie I_{eff} nicht. Man kann dieses Gegeneinander an zwei Glimmlämpchen beobachten, die man an Spule und Kondensator legt und an einem gemeinsamen Stiel hin- und herbewegt.

Versuch 141: Nun schließen wir in Versuch 140 den Kondensator oder die Spule kurz. Der Strom I_{eff} sinkt, da wir den Abgleich des resultierenden Blindwiderstands $X = \omega L - 1/(\omega C)$ auf Null zerstört haben.

Wir haben in Versuch 139 den resultierenden Blindwiderstand $\omega L - 1/(\omega C)$ durch Ändern der Eigeninduktivität L auf Null abgeglichen. Dies gelingt auch durch Ändern der Frequenz. Wir erwarten, daß der resultierende Blindwiderstand $X = \omega L - 1/(\omega C)$ Null und die Stromstärke maximal werden, wenn die Kreisfrequenz den aus $\omega_0 L - 1/(\omega_0 C) = 0$ folgenden *Resonanzwert* $\omega_0 = 1/\sqrt{L C}$ annimmt.

Versuch 142: **a)** Wir ändern an der Hintereinanderschaltung von Spule und Kondensator nur die Frequenz f. Bei der Resonanzfrequenz $f_0 = \omega_0/(2\pi)$ zeigt nach *Bild 156.1 a* die Stromstärke I_{eff} ein Maximum wie in Versuch 139 b. Der Scheinwiderstand Z nimmt dabei den Wert des ohmschen Widerstands R an; Phasenverschiebung und resultierender Blindwiderstand X sind Null. Die zu I_{eff} proportionalen Teilspannungen U_L und U_C haben sich bei dieser **Spannungsresonanz** je zu ihrem Maximum aufgeschaukelt und kompensieren sich.

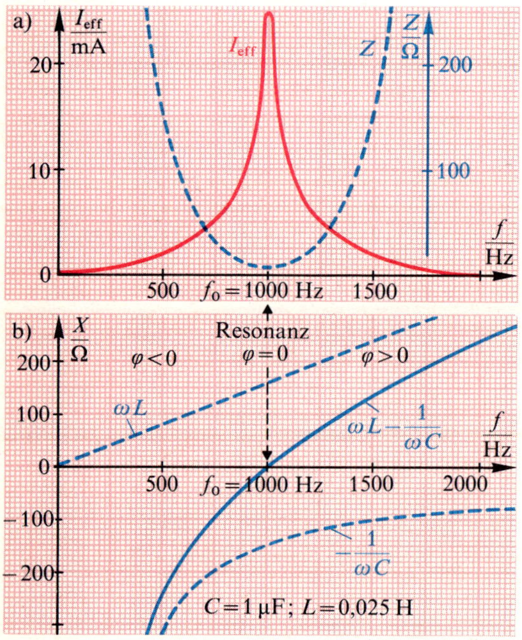

156.1 a) I_{eff} zeigt bei der Resonanzfrequenz f_0 ein Maximum, der Scheinwiderstand Z ein Minimum. b) Bei f_0 ist $X = 0$, links davon negativ ($\varphi < 0$), rechts positiv ($\varphi > 0$); $U = 250$ mV.

b) Bei höheren Frequenzen ist nach *Bild 156.1 b* $\omega L > 1/(\omega C)$. Hier drosselt die Spule den Strom; sie „hat hier das Sagen"; der Strom hinkt der Spannung nach ($\varphi > 0$). Bei Frequenzen unterhalb von f_0 blockiert der Kondensator den Strom; er bestimmt, daß der Strom vorauseilt ($(1/\omega C) > \omega L$; $\varphi < 0$).

Diese **Siebkette** läßt die Resonanzfrequenz f_0 bevorzugt durch; andere Frequenzen werden ausgesiebt. Man kann so einen gewünschten Sender mit der Frequenz f_0 aus einem Frequenzgemisch mit anderen auswählen.

3. Der Sperrkreis verhält sich ganz anders

Versuch 143: **a)** Wir legen bei der Resonanzfrequenz f_0 in Versuch 142 an die Spannung U_{eff} einmal nur den Kondensator, dann nur die Spule. Die Ströme $I_{C,\,eff}$ bzw. $I_{L,\,eff}$ sind etwa gleich groß. Diese Frequenz f_0 haben wir ja so eingestellt, daß beide Schaltelemente den gleichen Blindwiderstand $\omega L = 1/(\omega C)$ aufweisen. Es gilt $\omega_0 = 2\pi f_0 = 1/\sqrt{L C}$.

b) Nun schalten wir die Spule parallel zum Kondensator *(Bild 157.1 a)*. In der Zuleitung sinkt die Stromstärke I fast auf Null. Wegen der Parallelschaltung ist jetzt beiden Elementen die Spannung U gemeinsam – auch der Phase nach. Deshalb nehmen wir hier U als Basis unserer Überlegungen.

Nach dem *Zeigerbild 157.1 b* eilt der Kondensatorstrom I_C der Spannung U um 90° voraus, der Spulenstrom I_L hinkt dagegen um 90° nach. Also ist ihre gegenseitige Phasenverschiebung (fast) 180°. Der Spulenwiderstand R stört etwas. An sich sollten die beiden Ströme I_C und I_L in jedem Augenblick in der Zuleitung einander entgegenfließen. Die Elektronen finden jedoch einen eleganten Ausweg:

Versuch 144: **a)** Wir legen in die Schaltung nach *Bild 157.1 a* drei Lämpchen von geringem Widerstand (4 V; 0,6 A); $C = 30\,\mu F$; die Spule hat 1000 Windungen und liegt in einem U-Eisenkern mit fast geöffnetem Joch. Bei der Spannung $U_{eff} = 40$ V, 50 Hz und einer bestimmten Jochstellung leuchten die Lämpchen L_2 und L_3 hell, während L_1 dunkel bleibt. Die beiden Ströme I_C und I_L sind viel stärker als der Strom I. Fließt I_L nach oben, so I_C nach unten und umgekehrt. Also bilden beide Ströme für sich einen geschlossenen starken Kreisstrom (rot). Brauchen wir noch die Zuleitungen?

b) Wir legen an den Kondensator ein Oszilloskop und trennen den Kreis von der Quelle *U*. Der Kreisstrom schwingt noch etwas weiter. (Widerstand der Lämpchen L_2 und L_3 durch Überbrücken ausschalten!) Was geht hier vor?

Wenn der Strom I_L stark ist, geht nach dem Zeigerdiagramm die Spannung *U* durch Null. Die Energie sitzt im Magnetfeld der Spule. Nach *T*/4 ist *U* groß; die Energie ist zum elektrischen Feld gewandert. Sie pendelt zwischen Kondensator und Spule hin und her; dabei geht sie im Leitungswiderstand allmählich in Wärme über. Diesen selbständig gewordenen **Schwingkreis** besprechen wir auf Seite 173 ausführlich. Hier verlassen wir seine Resonanzfrequenz f_0 und untersuchen Frequenzänderungen:

Versuch 145: a) Wir erniedrigen an dieser Parallelschaltung die Frequenz *f* von f_0 aus. Der Strom $I_L = U/(\omega L)$ durch die Spule steigt nach *Bild 157.2a* an, während der entgegengesetzt gerichtete Kondensatorstrom $-I_C = -U\omega C$ sinkt. Der Gesamtstrom *I* in der Zuleitung steigt nach *Bild 157.2b* links stark an.

b) Bei Frequenzen $f > f_0$ überwiegt dagegen bald der Betrag des Kondensatorstroms I_C; der Gesamtstrom *I* steigt auch hier. Ausgerechnet bei der Frequenz f_0 tritt das Minimum der Stromstärke auf; diese Parallelschaltung hat bei f_0 für die äußere Stromquelle den größten Widerstand. Der rote Stromkreis in *Bild 157.1* heißt deshalb **Sperrkreis**. Baut man ihn in eine Leitung, so wird die unerwünschte Frequenz f_0 eines Störsenders unterdrückt.

Wie kommt die Energie für die hellen Lämpchen L_2 und L_3 über die Zuleitung, obwohl Lämpchen L_1 dunkel bleibt? Beim Energienachschub in den Kreis dürfen wir nach $P = UI$ nicht nur an den Strom *I* in Lämpchen L_1 denken, auch nicht an die kleine Teilspannung 1 V an ihm. Vielmehr ist für den Energienachschub die große Spannung $U = 40$ V zwischen A und B zuständig. Sie liefert das *E*-Feld, das auf die Elektronen des ganzen Kreises einwirkt.

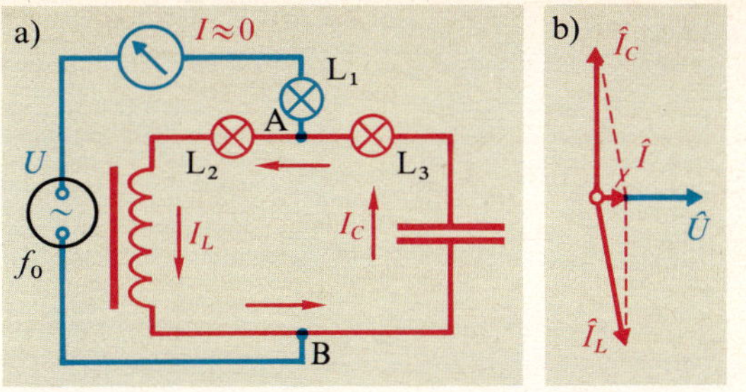

157.1 a) Sperrkreis (rot); b) Zeigerdiagramm bei f_0

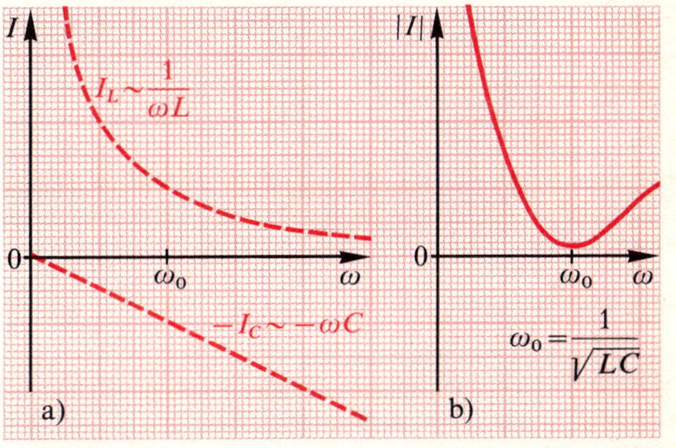

157.2 a) I_L und $-I_C$ hängen von der Kreisfrequenz ω in entgegengesetzer Weise ab. b) Strom *I* in der Zuleitung

4. Frequenzweiche für Hoch- und Tieftöner

Versuch 146: In der Parallelschaltung nach *Bild 157.1a* benutzen wir als Spannungsquelle gemäß Versuch 131 zwei hintereinandergeschaltete Frequenzgeneratoren. Der eine erzeugt 1600 Hz, der andere 200 Hz. Durch Verschieben des Eisenjochs in der Spule haben wir die Resonanzfrequenz auf $f_0 = 400$ Hz gestellt. Die Lämpchen ersetzen wir durch Lautsprecher. Der Lautsprecher in der Kondensatorleitung gibt fast nur den hohen Ton, der andere den tiefen wieder. Das Frequenzgemisch wurde aufgeteilt. Der zum Abstrahlen hoher Töne geeignete Hochtonlautsprecher einer HiFi-Anlage kommt in den Kondensatorzweig, der Tieftonlautsprecher in den Spulenzweig.

5. Musteraufgabe

In einer *Siebkette* ist $C = 10\,\mu$F, $L = 1{,}2$ H und $R = 5\,\Omega$. Bei der Frequenz $f = 50$ Hz sind nach Seite 155 der Scheinwiderstand $Z = 58{,}9\,\Omega$ und die Phasenverschiebung $\varphi = +85°$. Da $\varphi > 0$, hinkt der Strom der Spannung nach. Hat sie den Effektivwert $U_{\text{eff}} = 10$ V, ist $I_{\text{eff}} = U_{\text{eff}}/Z = 0{,}17$ A, also $\hat{I} = 0{,}17\ \text{A} \cdot \sqrt{2} = 0{,}24$ A. Die Spannung $U_{C,\text{eff}} = I_{\text{eff}}/(\omega C) = 54{,}0$ V am Kondensator übertrifft die angelegte Spannung $U_{\text{eff}} = 10$ V!

Geht zur Zeit $t = 0$ die angelegte Spannung $U(t)$ aufsteigend durch Null, ist $U(t) = \hat{U} \sin \omega t$ mit $\hat{U} = 10\ \text{V} \cdot \sqrt{2} = 14{,}1$ V. Zur Zeit $t = 0{,}0025$ s, also nach $\frac{1}{8}$ Periode, ist ihr Phasenwinkel $\alpha = \omega t = 2\pi f \cdot 0{,}0025\,\text{s} = 0{,}785\,(\text{rad}) = 0{,}785 \cdot 180°/\pi = 45°$. Dann hat *U* den Momentanwert $U(0{,}0025\ \text{s}) = \hat{U} \sin \omega t = \hat{U} \sin (314 \cdot 0{,}0025) = 14{,}1\ \text{V} \cdot \sin 45° = 10$ V. Da der Strom um $\varphi = 85°$ nachhinkt, gilt $I(t) = \hat{I} \sin(\omega t - 85°) = -0{,}15$ A.

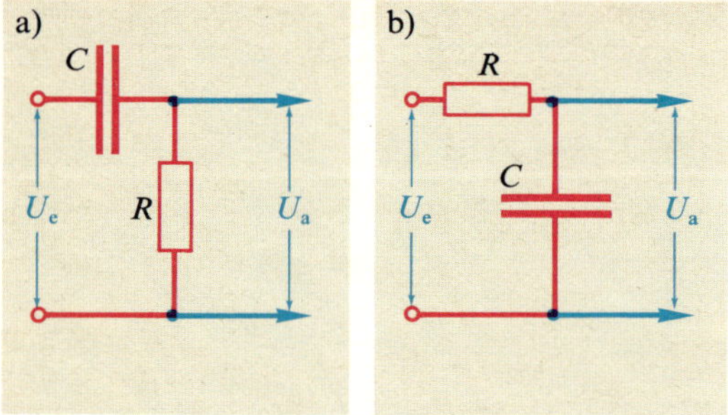

158.1 Aus R und C erzeugt: a) Hochpaß, b) Tiefpaß

6. Tief- und Hochpaß aus Kondensator und Widerstand

Mit den Klangreglern einer HiFi-Anlage können Sie die hohen Töne bevorzugen oder unterdrücken. Hierzu genügen die billigen Bauelemente Kondensator und Widerstand.

a) Im **Hochpaß** nach *Bild 158.1a* enthält die Eingangsspannung U_e das zu regelnde Frequenzgemisch, *etwa so wie in Bild 148.1.* Der Kondensator C läßt Ströme der hohen Frequenzen bevorzugt passieren. Sie geben am Widerstand R eine relativ große Teilspannung U_R als Ausgangsspannung U_a.

b) Beim **Tiefpaß** in *Bild 158.1b* gibt ein über R fließender Strom tiefer Frequenz an C eine große Teilspannung U_C, also eine große Ausgangsspannung U_a. Dabei auftretende Phasenverschiebungen registriert das Ohr nicht.

Aufgaben

(Bei Strom und Spannung jeweils Effektivwerte)

1. a) *Ein Kondensator von* 20 µF, *eine Spule von* 2,0 H *und eine Lampe von* 100 Ω *liegen in Reihe an* 20 V, 50 Hz. *Wie groß sind der Strom, die Phasenverschiebung und die Teilspannungen an R, L und C?* **b)** *Bei welcher Frequenz erreicht der Strom sein Maximum? Wie groß ist es? Wie groß sind dann die Teilspannungen?* **c)** *Zeichnen Sie für (a) und (b) das Zeigerbild maßstäblich und prüfen Sie an ihm den Winkel der Phasenverschiebung!*

2. *In Aufgabe 1 steige bei* $t = \frac{1}{50}$ s *die von außen angelegte Spannung U von* 0 *zu positiven Werten an. Wie groß sind in diesem Augenblick die Stromstärke und die Teilspannungen an den Widerständen* R, X_L *und* X_C *(Ziffer 5)?*

3. a) *Wie groß sind die Resonanzfrequenzen* f_0 *von Siebkette und Sperrkreis, die aus einem Kondensator (*1,0 µF*) und einer Spule (*1,0 H*) aufgebaut wurden?* **b)** *Wie muß man C verändern, damit* f_0 *halbiert wird?* **c)** *Wie ändert sich* f_0, *wenn man die Windungszahl der Spule verdoppelt, die Länge beläßt?*

4. a) *Beim Hochpaß nach Bild 158.1a ist* $C = 0{,}10$ µF, $R = 1{,}0$ kΩ. *Welche Ausgangsspannungen* U_a *werden von der Eingangsspannung* $U_e = 0{,}10$ V *bei den Frequenzen* 50 Hz *und* 5,0 kHz *erzeugt?* **b)** *Wie groß ist* U_a *beim Tiefpaß nach Bild 158.1b für* $U_e = 0{,}10$ V *und* 50 Hz *bzw.* 5,0 kHz*?* **c)** *Wie groß sind jeweils die Phasenverschiebungen zwischen* U_a *und* U_e*?*

5. a) *Man ersetze in Bild 158.1 den Kondensator durch eine Spule mit* 0,10 H. *Welches ist der Hoch-, welches der Tiefpaß? Lösen Sie nun Aufgabe 4!* **b)** *Warum handelt es sich bei diesen Schaltungen stets um Spannungsteiler?*

6. *Um die Dicke einer Kunststoffolie laufend zu messen, zieht man sie zwischen zwei Kondensatorplatten der Fläche* 100 cm² *hindurch, zwischen denen Wechselspannung mit* 40 V *und* $f = 1000$ Hz *liegt.* **a)** *Welche Eigeninduktivität L muß eine mit diesem Kondensator in Reihe gelegte Spule mit* $R = 100$ Ω *haben, daß bei der Solldicke von* $d = 5 \cdot 10^{-6}$ m *der Strom sein Maximum erreicht?* **b)** *Wie groß ist* I_{eff} *bei* $d = 4 \cdot 10^{-6}$ m *und* $6 \cdot 10^{-6}$ m*? Vergleichen Sie dieses Verfahren mit dem in Aufgabe 7 von Seite 148 hinsichtlich der Erkennung von Abweichungen vom Sollwert! (*$\varepsilon_r = 5$*)*

7. a) *Wie groß ist der im Schaubild 156.1 angenommene ohmsche Widerstand R? Prüfen Sie die dortigen Werte für Stromstärke* I_{eff} *und Blindwiderstand X bei den Frequenzen* 0,5 kHz, 1 kHz *und* 2 kHz! *Begründen Sie das Verhalten der Z- und X-Kurve für sehr kleine und sehr große Frequenzen! Warum verhalten sich beide so verschiedenartig, obwohl sie doch Widerstände sind?* **b)** *Bei welcher Frequenz ist die Phasenverschiebung* +45° *bzw.* −45°*?*

8. *Beim Sperrkreis habe die Spule keinen ohmschen Widerstand. Welche Folgen zeigen sich in Versuch 143 und 145?*

9. a) *An eine Siebkette mit Kapazität* $C = 2{,}0$ µF *wird die Wechselspannung* 1,00 V, 600 Hz *gelegt und beim Maximum der Stromstärke* $I_{eff} = 10$ mA *gemessen. Wie groß sind R und L sowie die Teilspannungen an R, L und C? Warum ist ihre algebraische Summe nicht gleich der angelegten Spannung?* **b)** *Wie groß ist die Phasenverschiebung? Skizzieren Sie deren Verlauf, wenn die Frequenz von* 0 *auf* 2 kHz *steigt!* **c)** *Wie groß sind in (a) die maximale magnetische und die maximale elektrische Feldenergie? Treten diese gleichzeitig auf? Wie groß ist ihr zeitlicher Unterschied?*

10. *Jemand kauft einen Restposten Glühlampen (Nennwert* 130 V; 100 W*), das Stück um* 0,60 DM *verbilligt.* **a)** *Er betreibt eine Lampe mit dem ohmschen Vorwiderstand R an* 220 V. *Welche Leistung geht in R verloren? Nach wieviel Betriebsstunden wird das Geschäft unrentabel (*30 Pf kWh^{-1}*)?* **b)** *Welche Kapazität müßte ein vor die Lampe geschalteter Kondensator haben, der R ersetzt? Welche Wärmeleistung geht im Kondensator verloren? Wie groß ist die Phasenverschiebung zwischen Strom und Spannung?* **c)** *Vergleichen Sie die Teilspannung am Kondensator nach (b) und am Widerstand R nach (a)!*

§54 Die Leistung des Wechselstroms

1. Transportieren Elektronen Energie?

Viele sehen die Elektronen als Packeselchen an, denen die Stromquelle Energie auflädt und die sie dann durch die Drähte zum „Verbraucher" tragen. Bei Wechselstrom schwingen die Elektronen aber nur an ihren Plätzen hin und her. Fließt dabei keine Energie vom E-Werk zum „Verbraucher"? Nun, die Elektronen werden vom elektrischen Wechselfeld, also der angelegten Wechselspannung U getrieben. Diese bestimmt mit der Stromstärke I die Leistung P. Doch fließt bei Phasenverschiebung der Strom oft anders, als es U „will". Gilt dann für die Leistung immer noch $P = U\,I$?

2. Energie leihweise?

Versuch 147: Wir legen eine 100 W-Lampe über einen Leistungsmesser (Seite 64) an die Wechselspannung $U_{eff} = 220$ V und messen $I_{eff} = 0{,}45$ A. Der Leistungsmesser zeigt $P = 100\text{ W} = 220\text{ V} \cdot 0{,}45\text{ A}$, also $P = U_{eff}\, I_{eff}$ richtig an. Nach Seite 143 ist dies ein Mittelwert.

Die *Momentanleistung* beträgt bei rein ohmschen Wirkwiderständen $P(t) = U(t)\,I(t) = I(t)^2\,R$. Sie ist in *Bild 159.1* grün getönt und schwankt bei der Glühlampe zwischen Null und dem positiven Höchstwert $\hat{U}\,\hat{I}$ mit der doppelten Wechselstromfrequenz. Die Wärmeentwicklung hängt ja von der Stromrichtung nicht ab und ist beim Maximum $+\hat{I}$ der Stromstärke genau so groß wie beim Minimum $-\hat{I}$.

Versuch 148: Die Lampe in Versuch 147 wird durch einen 10 µF-Kondensator ersetzt. Obwohl nun der Strom $I_{eff} = 0{,}7$ A stärker ist, zeigt der Leistungsmesser Null an. Für diesen „wattlosen Strom" müssen Sie nicht bezahlen! Der Zähler ist für ihn „blind"; man nennt ihn **Blindstrom**. Er eilt nach *Bild 159.2* der Spannung $U(t)$ um 90° in der Phase vor. Während einer Periodendauer T ist die grün getönte Momentanleistung $P(t) = U(t)\,I(t)$ zweimal positiv und zweimal negativ – je gleich stark. Haben $U(t)$ und $I(t)$ gleiches Vorzeichen, ist $P(t) > 0$. Dabei steigt der Absolutwert $|U(t)|$ der Spannung und mit ihm die Energie $W = \frac{1}{2}\,C\,U^2$ des elektrischen Feldes im Kondensator an; das Feld bekommt vom E-Werk Energie. Wenn $P(t)$ dagegen negativ ist, sinkt mit $|U(t)|$ auch die Feldenergie $W = \frac{1}{2}\,C\,U^2$. Geht diese Energie des zusammenbrechenden E-Feldes verloren?

Betrachten wir in *Bild 159.2c* die Leiterschleife des Generators. Dort zeigt der Strom $I(t)$ der momentan induzierten Spannung $U(t)$ entgegen. Die sich im Uhrzeigersinn drehende Schleife erfährt deshalb nach der Dreifingerregel eine Kraft $\vec{F}$ *in* der Drehrichtung: Wären nur Kondensatoren an den Generator angeschlossen, so würde dieser kurzzeitig als Motor von der rückflutenden Energie der zusammenbrechenden E-Felder angetrieben! Wenn dagegen $P(t) > 0$ ist, zeigt die Kraft $\vec{F}$ der Bewegung entgegen wie in *Bild 159.2b*. Die Dampfturbine muß dann die Leiterschleife antreiben und die zum Aufbau des E-Felds nötige Energie liefern. Der Generator läuft ruckweise; die Energie pendelt in den Leitungen hin und her und erwärmt sie. Dies gilt auch für eine Belastung durch Spulen (Motoren, Trafos). Das E-Werk

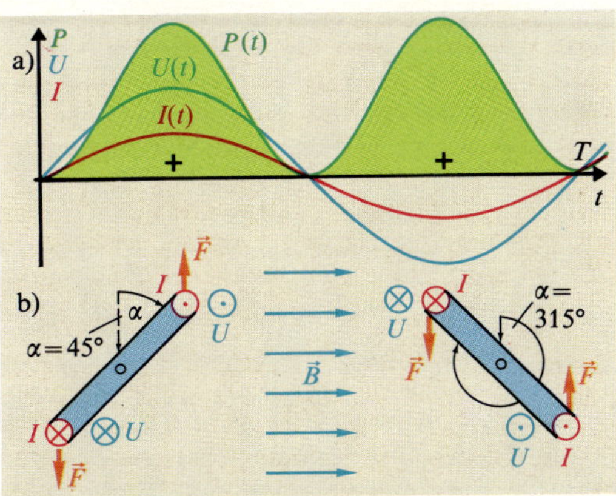

159.1 a) U und I in Phase; $P = U\,I$; b) Kraft F im E-Werk zeigt stets gegen die Drehrichtung.

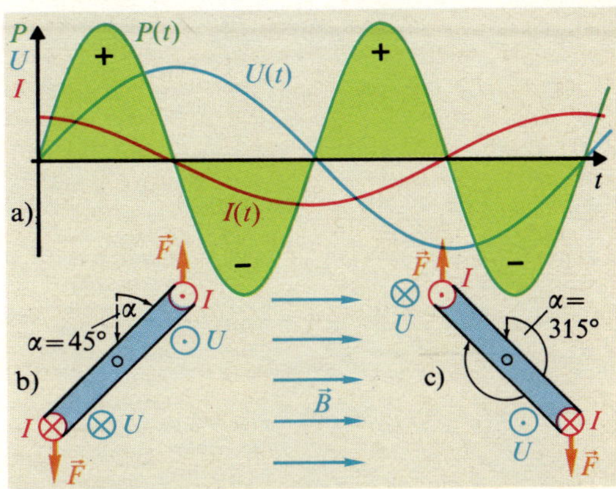

159.2 a) $\varphi = 90°$; $P = U\,I$; b) und c) Kraft F im E-Werk zeigt oft in Drehrichtung.

liest den Blindstrom an Sonderzählern ab und belegt ihn mit Sondertarifen.

Bei einem *ohmschen Wirkwiderstand R* ist die Momentanleistung nie negativ; es wird keine Energie vom Verbraucher an das Netz zurückgegeben. Vielmehr fließt ein reiner Wirkstrom ($P(t) \geqq 0$).

Bei *rein kapazitiven* und *rein induktiven Blindwiderständen* ist die Momentanleistung gleich oft positiv und negativ, die mittlere Leistung Null. Es fließt Blindstrom, d.h. die Energie pendelt zwischen Generator und *E*- bzw. *B*-Feld in jeder Periode zweimal hin und zweimal her. Ein Zähler läuft nicht.

3. Die Leistungsformel wird korrigiert!

Versuch 149: Wir schalten in Versuch 148 hinter den Kondensator eine 100 W-Lampe. Die Stromstärke sinkt zwar auf $I_{eff} = 0{,}38$ A. Doch schlägt jetzt der Leistungsmesser aus, der Zähler läuft. Wegen des ohmschen Wirkwiderstands ist die Phasenverschiebung φ nicht mehr 90°. Dann liefert der Strom auch Wärme. Wir rechnen deshalb mit dem beliebigen Phasenwinkel φ ($-90° \leqq \varphi \leqq +90°$). Zur Spannung $U(t) = \hat{U} \sin\omega t$ gehört dann der Strom $I(t) = \hat{I} \sin(\omega t - \varphi)$ und die Momentanleistung

$$P(t) = U(t)\, I(t) = \hat{U}\hat{I} \sin\omega t\ \sin(\omega t - \varphi).$$

Mit $\sin\alpha \sin\beta = \frac{1}{2}\cos(\alpha - \beta) - \frac{1}{2}\cos(\alpha + \beta)$ und $\hat{U}\hat{I} = U_{eff}\sqrt{2}\, I_{eff}\sqrt{2} = 2\, U_{eff}\, I_{eff}$ folgt

$$\begin{aligned} P(t) &= U_{eff}\, I_{eff} \cos(\omega t - \omega t + \varphi) \\ &\quad - U_{eff}\, I_{eff} \cos(2\omega t - \varphi) \\ &= U_{eff}\, I_{eff} \cos\varphi - U_{eff}\, I_{eff} \cos(2\omega t - \varphi). \end{aligned}$$

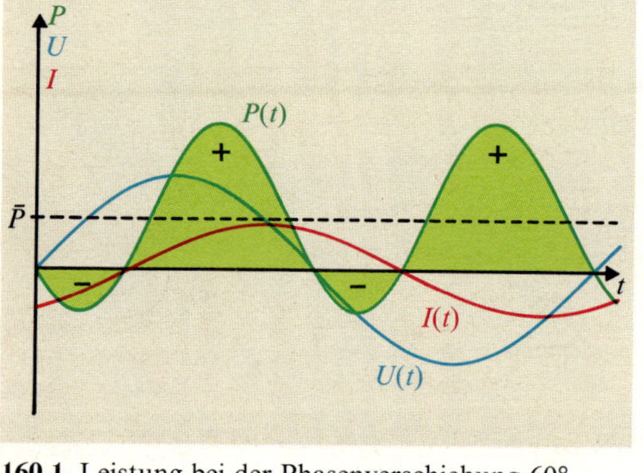

160.1 Leistung bei der Phasenverschiebung 60°

Der zweite, von t abhängende Term zeigt sich in *Bild 160.1* als periodische Funktion. Sie schwankt um die mittlere Leistung $\bar{P}$ mit der doppelten Kreisfrequenz 2ω und beschreibt die Energiependelung zwischen Generator und Feld. Über ganze Perioden gemittelt ist sie wie jede Cosinus-Funktion Null. Das Zeitmittel $\bar{P}$ der Leistung wird also allein vom zeitunabhängigen ersten Term $\bar{P} = U_{eff}\, I_{eff} \cos\varphi$ angegeben. Er ist nie negativ – gleichgültig, ob in Spulen der Strom der Spannung nachhinkt ($0 < \varphi \leqq 90°$) oder in Kondensatoren voreilt ($0 > \varphi \geqq -90°$). Man nennt $\bar{P}$ **Wirkleistung**.

Sie zeigt sich in *Bild 160.1* darin, daß die positiven Bereiche von $P(t)$ die negativen überwiegen. Der Generator gibt mehr Energie ab, als er zurücknehmen muß. Die Differenz erzeugt im „Verbraucher" Wärme oder in Motoren Arbeit. Dafür bezahlt man.

Die Wirkleistung $\bar{P}$ eines Wechselstroms hängt von der Phasenverschiebung φ zwischen Strom und Spannung ab:

$$\bar{P} = U_{eff}\, I_{eff} \cos\varphi. \qquad (160.1)$$

Der Faktor $\cos\varphi$ heißt Leistungsfaktor.

4. Anwendungen in der Technik

a) Ist $\varphi = 0$ und damit $\cos\varphi = 1$, dann gilt $\bar{P} = U_{eff}\, I_{eff}$. Dies entspricht der Gleichstromformel $P = U\, I$.

b) Die großen Magnetfeldwicklungen in Motoren drücken den Leistungsfaktor $\cos\varphi$ unter 1 hinab; $\cos\varphi$ ist auf ihren Typenschildern vermerkt. Ein Motor nimmt bei 220 V, 16 A und $\cos\varphi = 0{,}60$ die gleiche Leistung auf wie ein anderer bei 220 V, 12 A und $\cos\varphi = 0{,}80$, nämlich 2112 W. Der erste belastet aber mit seiner größeren Stromstärke das Netz stärker; bei ihm ist die pendelnde Feldenergie größer. Man verkleinert deshalb die Phasenverschiebung φ, indem man zu Motoren Kondensatoren parallelschaltet. Beim Sperrkreis in Versuch 144 sahen wir ja, daß der Kondensator elektrische Feldenergie aufnimmt, wenn die Spule magnetische abgibt und umgekehrt. Das Netz liefert dann nur noch die in Wärme und Arbeit umzusetzende Wirkleistung. – In *Bild 161.2* hat der Strom des Motors M den Scheitelwert $\hat{I}$ und hinkt der Spannung $\hat{U}$ um den Winkel φ nach. Um φ zu beseitigen, legt man den Kondensator C parallel. Sein Strom $\hat{I}_C$ eilt $\hat{U}$ um 90° voraus.

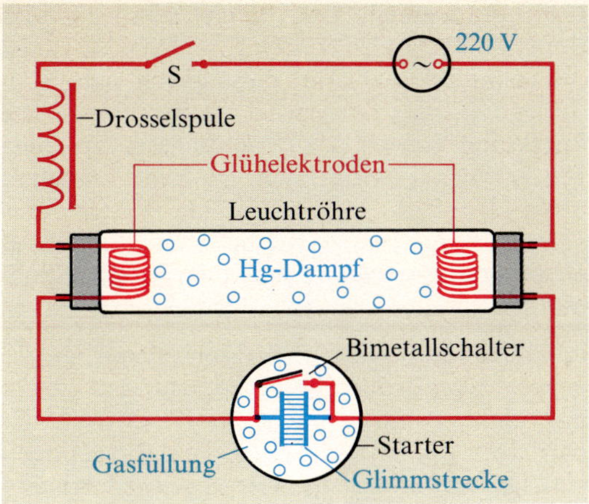

161.1 Zündapparat einer Leuchtstoffröhre

Im Zeigerbild wurde $\hat{I}_C = \hat{I} \sin \varphi$ gewählt. Dann geben die Parallelströme $\hat{I}$ und $\hat{I}_C$ einen Stromzeiger $\hat{I}_S$, der auf dem $\hat{U}$-Zeiger liegt. Im Netz fließt nur der Wirkstrom $\hat{I}_S$.

c) Die auf Seite 151 besprochene *Drosselspule* drosselt auch starke Ströme, ohne viel Wirkleistung zu verbrauchen. Sie wird lange nicht so warm wie ein Vorwiderstand.

d) *Leuchtstoffröhren* zünden wegen der nötigen Ionisationsenergie ihrer Hg-Atome und ihrer Länge erst oberhalb der Scheitelspannung $\hat{U} =$ 311 V des Netzes. Man muß sie deshalb durch einen besonderen Mechanismus starten.

Wenn man nach *Bild 161.1* den Schalter S schließt, leuchtet zunächst die kurze Glimmstrecke im Glimmzünder (eine kleine Glimmlampe) und erwärmt den eingebauten, geöffneten Bimetallschalter. Dieser krümmt sich und schließt dann die Glimmlampe kurz. Folglich erlischt sie und kühlt sich ab. Dafür fließt über die Drosselspule ein starker Strom durch die beiden Glühwendeln. Sie erzeugen beim Einschalten ein dunkelrotes Glühlicht und senden Elektronen in das Gas der Leuchtstoffröhre, nötig für die Stoßionisation beim Zünden. Der sich abkühlende Bimetallstreifen öffnet plötzlich den Stromkreis (Klick!). Dabei entsteht in der Drosselspule nach Seite 131 ein hoher Spannungsstoß. Dieser zündet die Gasentladung. Ihr Strom wird durch die Drossel auf den richtigen Wert begrenzt. Diese wirkt nur noch als Vorwiderstand. An der Leuchtstoffröhre stellt sich die Brennspannung 60 V ein. Mit ihr kann die Glimmlampe nicht mehr gezündet werden; der Bimetallschalter bleibt kalt und geöffnet; die Glühwendeln sind ohne Strom.

Aufgaben

1. *Zeigen Sie, daß die Wirkleistung P auch mit* $P = I_{\text{eff}}^2 R$ *berechnet werden kann! Benutzen Sie Gl. 160.1 und drücken Sie* $\cos\varphi$ *durch* $\tan\varphi$ *aus! Deuten Sie* $P = I_{\text{eff}}^2 R$ *unabhängig von der Rechnung durch physikalische Überlegungen!*

2. *Berechnen Sie für Aufgabe 1 auf Seite 158 die Leistungsfaktoren und die Wirkleistungen! Prüfen Sie das Ergebnis mit Hilfe der Teilspannung am ohmschen Widerstand und der Gleichung* $P = I_{\text{eff}}^2 R$ *nach!*

3. *Ein Kondensator* (10 µF) *und ein ohmscher Widerstand* (100 Ω) *sind in Reihe an* $U_{\text{eff}} = 220$ V, 50 Hz *gelegt. Wie groß sind Stromstärke und Phasenverschiebung? Welche Leistung zeigt ein Leistungsmesser an? Wie lange dauert es, bis ein Zähler* 1,0 kWh *anzeigt?*

4. *Eine Spule mit Eisenkern liegt an* $U_{\text{eff}} = 220$ V, 50 Hz *und wird von* 1,0 A *durchflossen. Ein Leistungsmesser zeigt* $P = 50$ W *an. Wie groß sind Phasenverschiebung, induktiver und ohmscher Widerstand?*

5. *In der Zuleitung zu einem kapazitiven Widerstand fließt ein reiner Blindstrom. Man schaltet ein Hitzdrahtinstrument dazu. Schlägt es aus?*

6. *Jemand sagt,* $\cos\varphi$ *gebe den energetischen Wirkungsgrad* η *des Motors an. Was antworten Sie ihm?*

7. *Wie wird die Leiterschleife im E-Werk bei reinem Wirkstrom belastet (siehe Bild 159.1 b)?*

8. a) *Zeichnen Sie* $P(t)$ *bei einem rein induktiven Blindwiderstand analog zu Bild 159.2! Wann ist* $P(t) < 0$*? Wie wirkt sich die negative Leistung auf die Leiterschleife im E-Werk aus?* **b)** *Vergleichen Sie die Lage der positiven und negativen Teile der* $P(t)$*-Kurve mit denen beim Kondensator (auf* $U(t)$ *bezogen)! Deuten Sie damit die Energiependelung im Sperrkreis!*

9. *Beobachten Sie den Zündvorgang einer Leuchtstoffröhre! Warum brummt ihre Drossel vor dem Startklick lauter als nachher? Könnte man den Starter auch durch einen Schalter ersetzen? Wann müßte man ihn bedienen? Bei welcher Phasenlage von Strom bzw. Spannung versagt der Starter und macht eine Wiederholung nötig?*

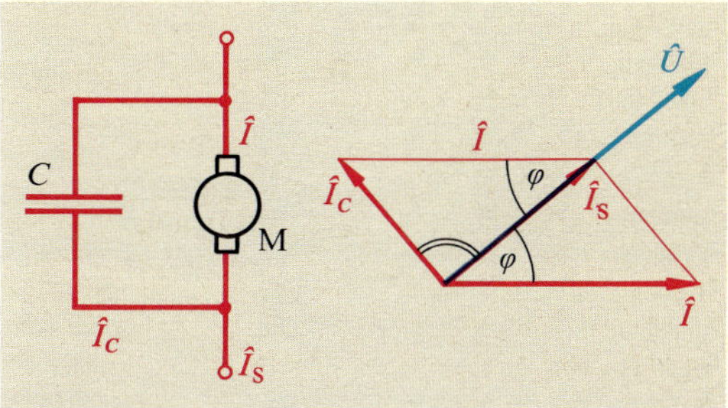

161.2 Der Kondensatorstrom I_C beseitigt die Phasenverschiebung φ des Motorstroms I.

§55 Der Transformator (Trafo)

1. Der unbelastete Trafo (im Leerlauf)

Wir kennen Trafos und ihre Anwendungen aus der Mittelstufe. Welche Naturgesetze sind bei diesen einfachen Geräten wirksam? Im Trafo einer Spielzeugeisenbahn legt man die gefährliche Netzspannung $U_{1,\text{eff}} = 220$ V an die Primärspule mit n_1 Windungen. Sie sitzt auf einem geschlossenen Eisenkern. Dieser brummt, da er von einem magnetischen Fluß Φ durchsetzt und ständig ummagnetisiert wird. Dessen Änderung $\Delta\Phi$ induziert in der Sekundärspule mit $n_2 < n_1$ Windungen die ungefährliche Spannung $U_{2,\text{ind}} = 17$ V. Diese Spule hat keinen metallischen Kontakt mit dem Netz *(Bild 162.1)*. Solange man der Sekundärspule keinen Strom entnimmt ($I_2 = 0$), ist der Trafo *unbelastet*. Die Sekundärspule erzeugt dann selbst kein Magnetfeld, wirkt also nicht auf dic Primärspule. Die Primärspule verhält sich wie ein normaler induktiver Blindwiderstand X_L.

Versuch 150: An der Primärspule liegt zunächst die Gleichspannung $U_1 = 6$ V. Der Primärstrom I ist wegen des geringen ohmschen Widerstands dieser Spule groß, etwa 5 A. Legen wir nun die Wechselspannung 6 V an, so sinkt I_{eff} auf 50 mA, also auf etwa 1%. Wegen des dicken, geschlossenen Eisenkerns ist der induktive Blindwiderstand X_L groß. Dies hat zwei Folgen:

a) Der schwache Magnetisierungsstrom 50 mA genügt in der Primärspule, um in ihren n_1 Windungen eine Selbstinduktionsspannung U_{ind} zu erzeugen, welche die angelegte Spannung U_1 fast kompensiert. Der hierzu nötige Induktionsfluß Φ durchsetzt den Eisenkern und auch die Sekundärspule. Hat diese gleich viele Windungen ($n_2 = n_1$), so wird in ihr die gleiche Spannung $U_2 = U_{\text{ind}} \approx U_1$ induziert. Ist dagegen $n_2 = \ddot{u}\, n_1$, wird auch die Sekundärspannung U_2 $\ddot{u}$-fach: $U_2 = \ddot{u}\, U_1$. Das *Windungsverhältnis* $\ddot{u} = n_2/n_1$ ist – wie bekannt – auch das *Übersetzungsverhältnis* $U_{2,\text{eff}}/U_{1,\text{eff}}$ der Spannungen.

b) Der Primärstrom des unbelasteten Trafos ist wegen des großen Blindwiderstands X_L nicht nur klein, sondern auch ein Blindstrom. Er wird vom Zähler nicht registriert. Ein Klingeltrafo kann ständig am Netz liegen. Er braucht für sich nur wenig Energie, brummt nur so vor sich hin und wird kaum warm.

Versuch 151: Man legt als Sekundärwicklung $n_2 = 2, 4, 6, \ldots$ Windungen eines Experimentierkabels um den Eisenkern und mißt $U_{2,\text{eff}}/U_{1,\text{eff}}$, übereinstimmend mit dem Windungsverhältnis $\ddot{u} = n_2/n_1$. Benutzt man Sekundärspulen mit sehr vielen Windungen, dann treten hohe Spannungen auf. Solche *Hochspannungstrafos* sind lebensgefährlich; sie geben viel mehr Energie ab als Bandgeneratoren!

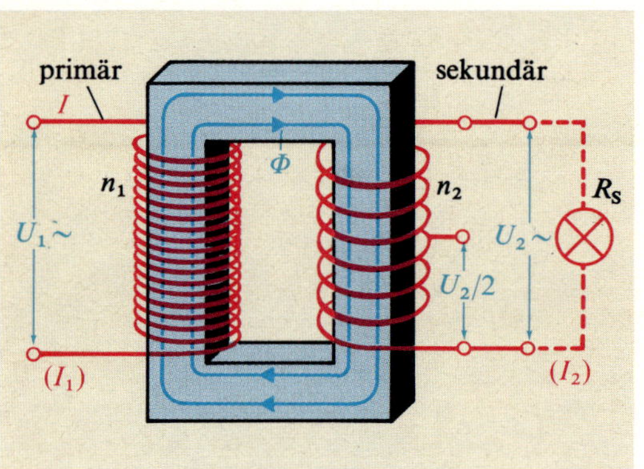

162.1 Im idealen Trafo werden Primär- und Sekundärspule vom gleichen Fluß Φ durchsetzt.

Diese einfachen Darlegungen wollen wir nun vertiefen. R sei der ohmsche Widerstand der Primärspule mit n_1 Windungen, $U_1(t)$ die angelegte Wechselspannung. Dann gilt für den Primärstrom $I(t)$ im Leerlauf nach *Gl. 124.1*

$$I(t) = \frac{U_1(t) + U_{\text{ind}}(t)}{R} = \frac{U_1(t) - n_1\,\dot{\Phi}(t)}{R} \quad \text{oder}$$

$$I(t)\,R = U_1(t) - n_1\,\dot{\Phi}(t).$$

Nach Versuch 150 setzen wir als *erste Idealisierung* $R = 0$. Dann wird die linke Seite der Gleichung zu Null; I entfällt. Also gilt unabhängig von der Stromstärke als Grundgleichung dieses idealen Trafos

$$U_1(t) = +n_1\,\dot{\Phi}(t) = -U_{\text{ind}}(t). \qquad (162.1)$$

Als *zweite Idealisierung* nehmen wir an, der ganze in der Primärspule entstandene Fluß $\Phi(t)$ durchsetze auch die Sekundärspule. Dann wird in ihren n_2 Windungen die Spannung $U_2(t) = -n_2\,\dot{\Phi}(t)$ induziert. *Gl. 162.1* liefert für das Verhältnis $U_2(t)/U_1(t)$ der beiden sinusförmigen Spannungen

$$\frac{U_2(t)}{U_1(t)} = -\frac{n_2}{n_1} \quad \text{und} \quad \frac{U_{2,\text{eff}}}{U_{1,\text{eff}}} = \frac{n_2}{n_1} = \ddot{u}. \qquad (162.2)$$

Die Spannungen eines Trafos verhalten sich wie die Windungszahlen.

2. Der Trafo wird sekundärseitig belastet

Im allgemeinen liegt an der Sekundärspannung $U_2(t)$ ein Wirkwiderstand R_S. Ihn durchfließt der phasengleiche Wirkstrom $I_2(t)=U_2(t)/R_S$, der Wirkleistung abgibt. Sein Magnetfeld durchsetzt über den Eisenkern auch die Primärspule. Was tut sich dort?

Versuch 152: **a)** In der Schaltung nach *Bild 146.2* ersetzen wir den Kondensator durch die Primärwicklung eines guten Netztrafos. (Experimentiertrafos erfüllen die obigen Idealbedingungen nicht.) Das Oszilloskop zeigt die Primärspannung $U_1(t)$ (10 V) und den Primärstrom $I_1(t)$. Solange die Sekundärspule offen ist ($I_2=0$), fließt der schon erwähnte Blindstrom $I(t)$ des unbelasteten Trafos. Er hinkt $U_1(t)$ um 90° nach und erzeugt den Fluß $\Phi(t)$ – wie beim induktiven Blindwiderstand.

b) Wenn wir dann den Sekundärstrom $I_2(t)$ von Null aus langsam erhöhen, belasten wir den Trafo. Dabei tritt etwas Neues auf. Auch der Primärstrom steigt an; seine Phasenverschiebung nimmt dagegen ab. Man kann sagen, dem Blindstrom $I(t)$ in der Primärspule überlagere sich ein immer stärker werdender Wirkstrom $I_1(t)$. Er ist mit $U_1(t)$ phasengleich und nimmt aus dem Netz die Wirkleistung $P_1=U_{1,\text{eff}}\,I_{1,\text{eff}}$ auf. Die Sekundärseite gibt die Wirkleistung $P_2=U_{2,\text{eff}}\,I_{2,\text{eff}}$ ab. Da bei der Induktion die Energie erhalten bleibt, ist $P_2=P_1$ oder $U_{2,\text{eff}}\,I_{2,\text{eff}}=U_{1,\text{eff}}\,I_{1,\text{eff}}$. Für das Verhältnis der Wirkströme gilt:

$$\frac{I_{2,\text{eff}}}{I_{1,\text{eff}}}=\frac{U_{1,\text{eff}}}{U_{2,\text{eff}}}=\frac{n_1}{n_2}=\frac{1}{\ddot{u}}. \qquad (163.1)$$

Die beim Belasten eines Trafos zusätzlich auftretenden Ströme verhalten sich umgekehrt wie die Windungszahlen.

Die primärseitig aufgenommene Wirkleistung ist beim idealen Trafo gleich der sekundärseitig abgegebenen.

Versuch 153: Zur Prüfung von *Gl. 163.1* schließt man die Sekundärspule eines Experimentiertrafos mit einem Strommesser kurz (der Leerlaufstrom I kann dann gegenüber dem primärseitigen Wirkstrom I_1 vernachlässigt werden). Bei $n_2 \ll n_1$ bekommt man einen *Hochstromtrafo*. Man benutzt ihn zum *Elektroschweißen*. Im kleinen Widerstand des Sekundärkreises fließt ein starker Strom $I_2 \approx I_1/\ddot{u}$.

Allgemein gilt: Ist das Windungsverhältnis $\ddot{u}=n_2/n_1$ vorgegeben, so richtet sich die Sekundärspannung U_2 nur nach der Primärspannung U_1, der Primärstrom I_1 dagegen nur nach dem Sekundärstrom I_2!

Versuch 154: Man messe an einem guten Netztrafo die Sekundärspannung U_2, etwa 10 V. Wenn man anderen Klemmen derselben Sekundärspule Ströme entnimmt, sinkt U_2 kaum ab. Also ändert sich beim Belasten der induzierende Fluß Φ eines Trafos kaum. Dies folgt aus der *Grundgleichung 162.1* des idealen Trafos. Nach ihr hängt $\dot{\Phi}$ und damit auch Φ nur von U_1 und n_1, nicht aber von Strömen ab. Ein Sekundärstrom I_2 ändert zwar durch sein Magnetfeld kurzzeitig den Fluß Φ im Eisen. Doch stellt der dann fließende Primärstrom I_1 den ursprünglichen Fluß Φ wieder her. Jeder Trafo enthält also ein einfaches *Regelsystem*, welches die Sekundärspannung konstant hält und das Arbeiten mit Trafos bequem macht.

Die Wirkströme $I_1(t)$ und $I_2(t)$ sind mit den Spannungen $U_1(t)$ bzw. $U_2(t)$ phasengleich. Nach dem Minuszeichen in *Gl. 162.2* sollten sie entgegengesetzt gerichtet sein, sich also nach Seite 60 abstoßen:

Versuch 155: In einer Spule mit vertikaler Achse steckt ein langer über sie hinausragender Eisenkern (gut befestigen!). Über ihn stülpen wir einen Aluminiumring. Dieser fliegt hoch, wenn wir an die Spule Wechselspannung legen. Der Ring ist eine Sekundärspule mit nur einer Windung. In ihr wird zwar nur eine kleine Spannung induziert. Doch fließt in seinem extrem kleinen Widerstand ein starker Sekundärstrom I_2. Man kann den Ring nicht lange festhalten; er wird schnell heiß.

3. Wozu die vielen Transformatorenhäuschen?

Konstante Gleichströme kann man nicht transformieren. Hierin liegt einer der Vorzüge des – auch leicht zu erzeugenden – Wechselstroms. Wenn man seine Spannung von 220 V auf 220000 V hochtransformiert, so sinkt bei gleicher übertragener Leistung $P=U_{\text{eff}}\,I_{\text{eff}}$ die Stromstärke auf $\frac{1}{1000}$. Die Wärmeverluste P_W in den Fernleitungen mit Widerstand R sind $P_W=I^2 R$. Sie sinken wegen I^2 auf $\frac{1}{1\,000\,000}$. Damit wird die Übertragung elektrischer Energie einigermaßen wirtschaftlich und der Aufbau eines elektrischen *Verbundnetzes* sinnvoll (Seite 165). Dafür braucht man zahlreiche Transformatoren. In Stadt und Land transformieren sie die vom E-Werk gelieferte Hochspannung (220 kV bis 380 kV) stufenweise herab. So wird die ständige Wärmeerzeugung in den Fernleitungen reduziert.

§ 56 Drehstrom und Verbundsysteme

1. Warum drei Leitungen?

An der Drehstromsteckdose stehen uns mit drei Außenleitern L_1, L_2 und L_3 drei Wechselspannungen mit $U_{eff} = 220$ V gegen „Erde" zur Verfügung. Worin unterscheiden sie sich?

Versuch 156: **a)** Wir benutzen ein Gerät mit den ungefährlichen Spannungen 12 V und verbinden seine „Phase" L_1 über die Glühlampe G_1 mit Erde. Der Strommesser zeigt nach *Bild 164.2* den Lampenstrom I_1 an. Dann leiten wir auch von der „Phase" L_2 den Strom I_2 über eine zweite gleiche Lampe G_2 und denselben Strommesser zur Erde. Überraschenderweise steigt sein Ausschlag nicht.

b) Er geht sogar auf Null, wenn wir auch noch den Strom I_3 aus L_3 über die Lampe G_3 und das Meßgerät leiten. Wie können sich drei gleich starke Ströme ständig „aufheben"?

Versuch 157: Ein Zweikanal-Oszilloskop zeigt nach *Bild 164.1b*: Bezüglich der Spannung U_1 aus L_1 hinkt U_2 aus L_2 um 120° und U_3 aus L_3 sogar um 240° in der Phase nach. Also fließen in den gleichen Widerständen drei jeweils um 120° gegeneinander phasenverschobene Wechselströme I_1, I_2 und I_3. Ihre Scheitelwerte $\hat{I}$ sind gleich. Wenn wir im Zeitpunkt t_1 die Momentanwerte von Strom oder Spannung unter Beachtung des Vorzeichens addieren, erhalten wir Null: An der gestrichelten Vertikalen sind U_1 und U_3, also auch I_1 und I_3 negativ; I_2 ist doppelt so stark positiv. In diesem Augenblick verlassen L_1 und L_3 zusammen so viele Elektronen, wie L_2 anfordert; L_2 dient als Rückleitung. Dies gilt bei Strömen gleicher Scheitelwerte stets. Im *Zeigerbild 164.1c* ist der

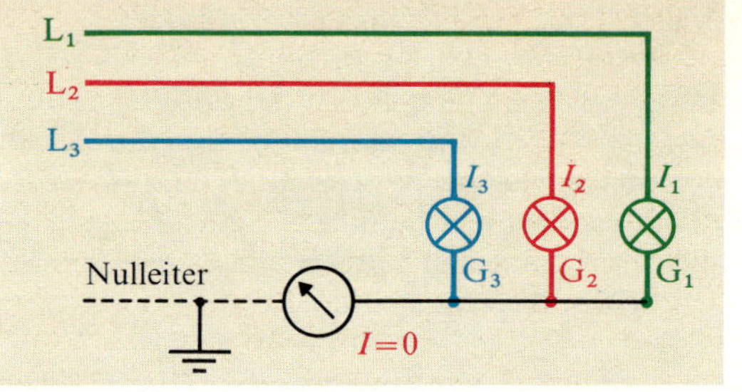

164.2 Drei Ströme addieren sich zu Null!

aus $\hat{I}_1$ und $\hat{I}_3$ resultierende Zeiger $\hat{I}_{1,3}$ genau so lang wie der $\hat{I}_2$-Zeiger. Deshalb war in Versuch 156 die Stromsumme von zwei Lampen gleich dem Strom einer Lampe. Da der $\hat{I}_{1,3}$-Zeiger zum $\hat{I}_2$-Zeiger entgegengesetzt liegt, gibt die Summe aller drei Ströme stets Null. Wenn man die drei ‚Phasen' gleich belastet, braucht man für drei Ströme nur drei Drähte. Wir sehen sie auf den Masten des Drehstromnetzes.

Unsere Steckdosen im Haushalt führen jeweils eine „Phase" (Außenleiter) und den Null-Leiter. Die Wohnungen sind so angeschlossen, daß im Mittel alle drei Phasen gleich belastet werden. Wäre dies ständig erfüllt, so könnte man den Null-Leiter entbehren. Geringe Abweichungen nimmt er bzw. die „Erdung" auf.

2. Generator und Motor — besonders einfach

Bild 165.1 zeigt links, wie einfach man diesen *Dreiphasen-Strom* erzeugt: In einem Innenpolgenerator rotiert ein starker Elektromagnet und sein Feld $\vec{B}_1$ mit der Umlaufdauer T. Die Induktionsspulen für die drei „Phasen" sind gegeneinander um gleiche Winkel versetzt. Also folgen die Maxima der induzierten Spannungen U_1, U_2 und U_3 mit dem Zeitunterschied $T/3$ aufeinander.

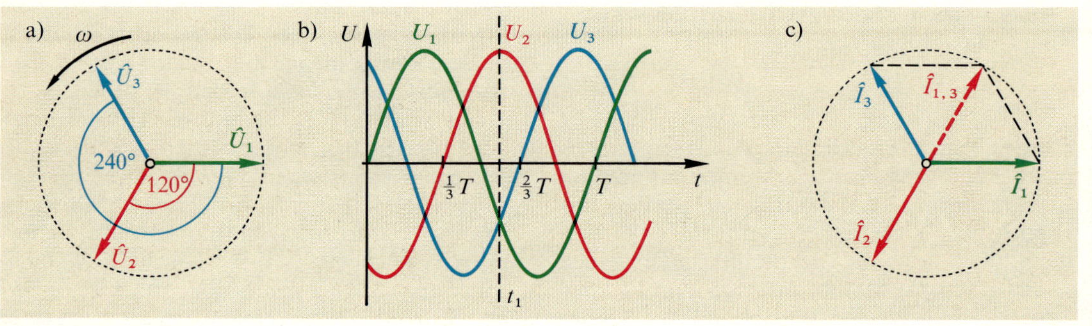

164.1 Zeigerbilder und $U(t)$-Diagramm des Drehstroms

Der rechts dargestellte *Drehstrommotor* ist genauso einfach. Seine drei Spulen sind wie im Generator angeordnet. Dabei ist der Moment herausgegriffen, in dem L_1 und L_3 zwei gleich starke Ströme führen (Pfeile in den Leitungen). Ihre Spulen erzeugen zur Mitte hin zwei benachbarte Nordpole. Sie addieren sich zu einem kräftigen Nordpol rechts. Die L_2-Leitung führt nach *Bild 164.2* den doppelt so starken Rückstrom. Ihre Spule liefert links einen kräftigen Südpol. So entsteht ein resultierendes, nach links gerichtetes Magnetfeld $\vec{B}_2$.

Da die drei „Phasen" kontinuierlich ihre Rolle wechseln, rotiert dieses Feld $\vec{B}_2$ im Kreis mit der gleichen Frequenz wie der Magnet im Generator und sein $\vec{B}$-Feld. Man spricht von **Drehfeldern** und von **Drehstrom**. Was dreht er?

Versuch 158: **a)** Wir stellen drei Spulen nach *Bild 165.1* rechts auf und legen sie an den Drehstromtrafo. Zwischen den Spulen dreht sich nach einem Anstoß eine kleine Magnetnadel mit der Wechselstromfrequenz, also 50mal je Sekunde. Wir erkennen dies beim Beleuchten mit einem Stroboskop. Die Anordnung stellt einen *Synchronmotor* dar (synchron, griech.; im Gleichtakt). Bei geringer Belastung fällt die Nadel außer Tritt und bleibt stehen.

b) In das Drehfeld bringen wir einen käfigartig aufgebauten Anker aus in sich geschlossenen Kupferstäben oder den Induktionsring nach *Bild 165.2*. Er wird vom Drehfeld $\vec{B}_2$ durchsetzt. Der sich dabei ständig ändernde magnetische Fluß Φ induziert in diesem *Kurzschlußanker* einen Strom. Er erfährt im Feld $\vec{B}_2$ eine Kraft und setzt den Anker in Rotation. Würde er gleich schnell wie $\vec{B}_2$ rotieren, so wäre in ihm die Flußänderung $\Delta\Phi$ Null, es würde nichts mehr induziert; Ströme und Kräfte zum Überwinden der Reibung würden fehlen. Deshalb bleibt auch im Leerlauf die Drehzahl des Ankers hinter der des Drehfeldes $\vec{B}_2$ mit einem „*Schlupf*" zurück, der um so größer wird, je mehr man den Motor belastet. Dieser *Asynchronmotor* läuft also nie mit dem Netz synchron. – Wir sehen: Erzeugung, Fortleitung und die Anwendungen des Drehstroms in Motoren sind besonders einfach und bequem.

3. Energieverbund international

Bei 500 km Entfernung kostet der Transport elektrischer Energie etwa 10% der Energiekosten. Dies ist fast doppelt so viel wie bei Kohle oder Erdgas oder sechsmal so viel wie bei einer Öl-Pipeline. Man siedelt deshalb die E-Werke in der Nähe der Verbraucher, also der industriellen Ballungsräume an. Dies gibt Konflikte mit den Anliegen des Umweltschutzes. Man kommt ihnen entgegen, wenn man die E-Werke nicht alle auf Spitzenbelastung auslegt. Dann muß aber ein internationales *Verbundsystem* dafür sorgen, daß sie sich bei Engpässen gegenseitig aushelfen. An dieses System schließt man auch die Wasserkraftwerke an. Die elektrischen Übertragungsverluste reduziert man, soweit es geht. Wie auf Seite 163 dargestellt, benutzt man hierzu hohe Spannungen, in Deutschland bis zu 420 kV. Länder, die große Entfernungen zu überwinden haben (USA, UdSSR) gehen bis 800 kV. Selbstverständlich benutzt man dabei Drehstrom. Bei Entfernungen von mehr als 1000 km ist Gleichspannung von über 1 MV wirtschaftlicher. Bei ihr entfallen die Sprühverluste an die Luft bei der um 40% größeren Scheitelspannung des Wechselstroms. Die Verluste bei der Umwandlung von Gleich- in Wechselspannung liegen heute bei 1%. Transformatoren sind auf der Wechselstromseite nach wie vor nötig. Man arbeitet heute auch an Kabeln aus Supraleitern, die keinerlei Widerstand haben.

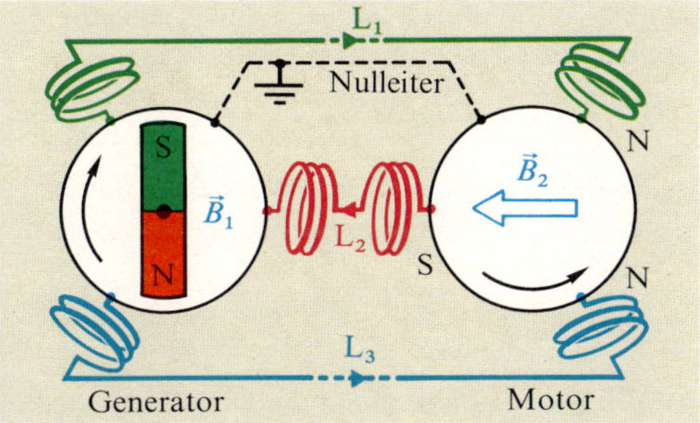

165.1 links Drehstromgenerator, rechts Motor

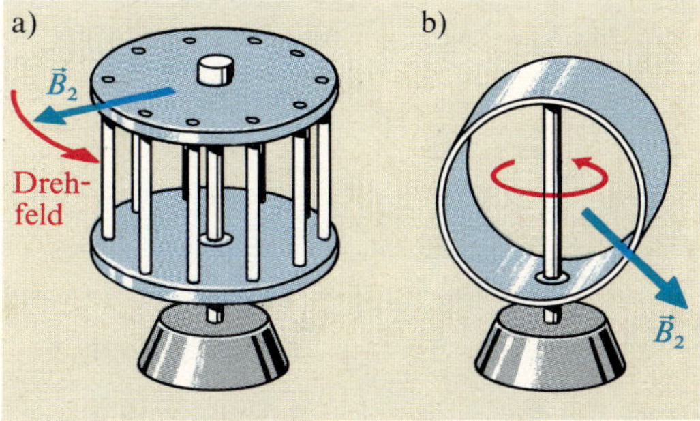

165.2 Kurzschlußanker rotieren wie das Drehfeld.

Aufgaben

1. *Ein Generator erzeugt* 10 kV *und* 15 MW *an Leistung; die Fernleitung hat* 10 Ω *Widerstand. Bei welcher Stromstärke betragen die Leitungsverluste 6%? Welches Übersetzungsverhältnis muß dann der Trafo zwischen Generator und Leitung haben? Um wieviel Prozent fällt die Spannung bis zum Verbraucher ab? Wie groß wären die Leitungsverluste ohne Transformator?*

2. *Ein Trafo hat primärseitig 1000 Windungen und wird an* $U_{\text{eff}} = 220$ V *gelegt. Als Sekundärspule dient ein Kupferring von* 50 mm² *Kupferquerschnitt und* 10 cm *Durchmesser. Auf der Primärseite fließt ein Wirkstrom von* 3,0 A. *Nach* 5 min *Betrieb wird der Ring in* 500 g *Wasser von* 20 °C *geworfen und erhitzt es auf* 80 °C. *Wie groß ist der Wirkungsgrad bei diesem Versuch? (*$c_W = 4{,}2$ J g^{-1} K^{-1}*)*

3. *Eine der drei* 380 kV-*Leitungen besteht aus vier parallelen Seilen. Jedes hat einen Stahlkern von* 60 mm², *einen Aluminiummantel von* 240 mm² *Querschnittsfläche und wird von* 500 A *durchflossen. Wie groß ist der Widerstand eines Seils von* 100 km *Länge, wie groß der Spannungsabfall? (*ϱ *in* Ω mm² m^{-1}: Fe 0,09; Cu 0,025*)*

4. *An einer Drehstromsteckdose hat jede „Phase" gegen Erde die Spannung* $U_{\text{eff}} = 220$ V. *Wie groß ist die Maximalspannung zwischen zwei „Phasen"? Zeichnen Sie ein Zeigerbild!*

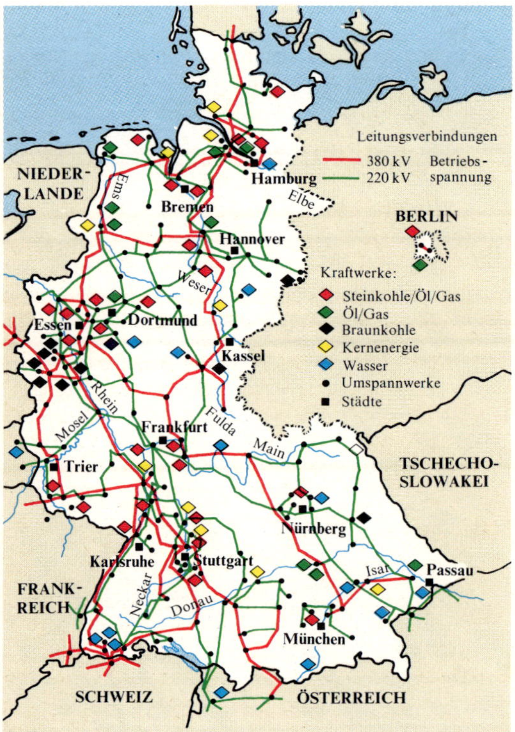

166.1 Verbundsystem der Kraftwerke

§57 Induktion und Wechselstromkreis

1. Erzeugung von Induktionsspannung U_{ind}

a) Ein Leiter der Länge d bewegte sich mit der Geschwindigkeitskomponente v_s senkrecht zu magnetischen Feldlinien. Die Induktionsspannung ist (wegen der Lorentzkraft)

$$U_{\text{ind}} = B\,d\,v_s. \qquad (166.1)$$

b) Die Flußdichte B und der Fluß $\Phi = B\,A_s$ durch die senkrecht zu den Feldlinien stehende Fläche A_s ändern sich. Die Spannung

$$U_{\text{ind}} = -n\dot{\Phi} \qquad (166.2)$$

wird über elektrische Wirbelfelder induziert. Diese beginnen und enden – im Gegensatz zu elektrostatischen Feldern – nicht an Ladungen. Das sich ändernde B-Feld erzeugt ein E-Feld.

c) Das Minuszeichen in $U_{\text{ind}} = -n\,\dot{\Phi}$ weist auf das *Lenzsche Gesetz* hin: Ein von der Induktionsspannung erzeugter Induktionsstrom ist so gerichtet, daß er seine Ursache hemmt.

d) Bei der Änderungsgeschwindigkeit $\dot{I} \approx \Delta I/\Delta t$ der Stromstärke I eines Kreises wird in diesem die *Selbstinduktionsspannung* U_{ind} induziert:

$$U_{\text{ind}} = -L\,\dot{I}. \qquad (166.3)$$

L ist die Eigeninduktivität; $[L] = \text{V s A}^{-1} =$ H(enry).

e) Die *Eigeninduktivität* L einer schlanken Spule mit Länge l und Querschnittsfläche A ist bei Füllung mit Material der Permeabilitätszahl μ_r

$$L = \mu_0\,\mu_r\,n^2\,A/l. \qquad (166.4)$$

f) In Kreisen mit Eigeninduktivität L und ohmschem Widerstand R ist beim Anlegen der Spannung $U(t)$ die Stromstärke stets

$$I(t) = (U(t) - L\,\dot{I})/R. \qquad (166.5)$$

g) Die *Energie des Magnetfeldes* beträgt in einem Kreis mit der Eigeninduktivität L bei der Stromstärke I

$$W_{\text{mag}} = \tfrac{1}{2}\,L\,I^2. \qquad (166.6)$$

h) Die *Energiedichte im Magnetfeld* ist

$$\varrho_{\text{mag}} = B^2/(2\,\mu_0\,\mu_r). \qquad (166.7)$$

2. Gesetze des Wechselstromkreises

a) *Effektivwerte* sinusförmiger Größen sind

$$U_{eff} = \hat{U}/\sqrt{2} \text{ und } I_{eff} = \hat{I}/\sqrt{2}. \quad (167.1)$$

Es sind die Gleichstromwerte, die im gleichen Widerstand die gleiche Wärme erzeugen.

b) *Wechselstromwiderstände* sind die Quotienten U_{eff}/I_{eff}, nicht $U(t)/I(t)$.

c) In ohmschen Wirkwiderständen $R = U_{eff}/I_{eff}$ sind Strom und Spannung in Phase.

d) Im induktiven Blindwiderstand $X_L = \omega L$ hinkt der Strom der Spannung um 90° nach.

e) Im kapazitiven Blindwiderstand $X_C = 1/(\omega C)$ eilt der Strom der Spannung um 90° voraus.

f) *Scheinwiderstände* Z setzen sich aus Wirk- und Blindwiderständen zusammen. Bei der Reihenschaltung von ohmschem, kapazitivem und induktivem Widerstand ist $U_{eff}/I_{eff} = Z$ mit

$$Z = \sqrt{R^2 + (\omega L - 1/(\omega C))^2}. \quad (167.2)$$

g) *Phasenverschiebung* φ zwischen I und U:

$$\tan\varphi = (\omega L - 1/(\omega C))/R. \quad (167.3)$$

h) Die *Wirkleistung eines Wechselstroms ist*

$$P = U_{eff} I_{eff} \cos\varphi. \quad (167.4)$$

Aufgaben

1. a) *In einer* 50 cm *langen Spule mit* $n = 10^4$ *Windungen und* $I_{err} = 2$ A *rotiert ein Drahtrahmen mit* 10^3 *Windungen und* 10 cm *auf* 10 cm *Seitenlänge 20mal in* 1 s *um eine Flächenachse. Stellen Sie die Gleichung* $U(t)$ *der induzierten Spannung auf!* **b)** *Der Rahmen ruht senkrecht zu den B-Linien;* I_{err} *steigt nach* $I_{err} = (0{,}1 \text{ A s}^{-1})\ t$ *an. Wie lautet jetzt* $U(t)$? **c)** *Wie lautet* $U(t)$, *wenn Rotation (a) und Felderhöhung (b) zugleich stattfinden und bei* $t = 0$ *der Rahmen senkrecht zum Feld steht?* **d)** *Der Drahtrahmen setze sich mit der Frequenz* $f = 0{,}10 \text{ s}^{-2} \cdot t$ *aus der Ruhe in Bewegung und wird immer schneller. Wie groß ist* $U(t)$, *wenn* $I_{err} = 2{,}0$ A *konstant bleibt?*

2. *Warum kann man in Aufgabe 1b die induzierte Spannung nicht mit der Lorentzkraft erklären? Welche Kraft setzt die Elektronen im Drahtrahmen in Bewegung?*

3. *Zwei gleiche Spulen haben je die Eigeninduktivität* 1,0 H. *Sie liegen hintereinandergeschaltet an der Spannung* $U_{eff} = 10$ V, 50 Hz. *Wie groß ist die Stromstärke, wenn* **a)** *die Spulen weit voneinander entfernt sind,* **b)** *sie so übereinanderliegen, daß sich jede vollständig im Fluß der andern befindet?* **c)** *Warum gibt es bei (b) zwei Lösungen?*

4. a) *Jemand zeichnet den Stromanstieg* $I(t)$ *beim Anlegen einer Gleichspannung* U *an eine Spule nicht nur asymptotisch zu* $I = U/R$, *sondern auch mit senkrechter Tangente bei* $t = 0$. *Ist das richtig?* **b)** *Zeigen Sie, daß die Anstiegsgeschwindigkeit* $\dot{I}$ *auf halber Höhe (bei* $I = U/2R$) *halb so groß ist wie bei* $I = 0$!

5. *Alte Telefonhörer enthalten eine Eisenmembran vor einer Spule, die in einem Dauermagneten sitzt. Fließt Sprechstrom der Frequenz* 400 Hz *durch die Spule, so schwingt die Membran auch mit* 400 Hz. **a)** *Warum schwingt sie mit* 800 Hz, *wenn der Dauermagnet seine Kraft verloren hat?* **b)** *Warum wirkt die Anordnung mit Dauermagnet als Mikrofon? Welche Frequenz hat der Mikrofonstrom, wenn die Membran mit* 400 Hz *schwingt?*

6. *In welchen Fällen wird in der Messinghülse nach Bild 127.2 Spannung induziert:* **a)** *Die Hülse rotiert, der Magnet nicht;* **b)** *der Magnet rotiert, die Hülse nicht;* **c)** *Magnet und Hülse rotieren im gleichen Sinn mit gleicher Drehfrequenz;* **d)** *mit verschiedenen Drehfrequenzen? Vergleichen Sie mit Aufgabe 7!*

7. *In welchen Fällen wird im Rad von Bild 127.3 Spannung induziert:* **a)** *Das Rad rotiert, der Magnet nicht;* **b)** *der Magnet rotiert um die eingezeichnete Achse, senkrecht zu seiner Längsrichtung, das Rad nicht;* **c)** *beide rotieren im gleichen Sinn mit gleicher Drehfrequenz;* **d)** *mit verschiedenen Drehfrequenzen?*

8. *Durch welche Gleichung ist die Eigeninduktivität* L *definiert? Was ist also Voraussetzung für Selbstinduktion? Ist es ein Selbstinduktionsvorgang, wenn man eine Spule über einen Magneten stülpt oder den Weicheisenstab nach Bild 124.2 in die stromdurchflossene Spule schiebt?*

9. a) *Warum ist die Sekundärspannung eines Trafos sinusförmig, wenn es die Primärspannung auch ist?* **b)** *Man legt an die Primärspule die Spannung nach Bild 145.2, nach Bild 144.1 bzw. nach Bild 145.1. Welche Form hat jeweils die Sekundärspannung?*

10. *Jemand behauptet, der Effektivwert einer sinusförmigen Spannung sei der Mittelwert der Sinuswerte einer positiven Halbschwingung (die Höhe eines flächengleichen Rechtecks). Was sagen Sie dazu?*

11. *Ein Motor läuft bei* 220 V, 50 Hz *mit* 3,0 A *und dem Leistungsfaktor* $\cos\varphi = 0{,}80$. *Welche Kapazität müßte ein parallel gelegter Kondensator haben, damit die Phasenverschiebung kompensiert wird?*

12. *Wir haben die folgenden Mikrofontypen kennengelernt: Kohlekörner-, Kondensator-, Bändchen- und Piezo-Mikrofon sowie das dynamische (Tauchspulen-) Mikrofon und das Gerät nach Aufgabe 5b. Vergleichen Sie die physikalischen Prinzipien, nach denen sie arbeiten! Welche dieser Mikrofone sind aktiv, brauchen also keine zusätzliche Spannungsquelle? Welche kann man umkehren, also als Hörer benutzen?*

Elektromagnetische Schwingungen und Wellen

§58 Gleichungen für Bewegungen

1. Wie schnell ändern sich physikalische Größen?

Wie schnell ändert sich die Stromstärke in einer Spule beim Einschalten? Wie rasch nimmt die Ladung eines Kondensators zu, wenn man ihn über einen Widerstand auflädt? Wie schnell nimmt die Zahl der Atome beim radioaktiven Zerfall ab? – Solche und ähnliche Probleme kommen in der Physik häufig vor. Sie laufen alle auf die Frage hinaus, wie schnell sich eine physikalische Größe mit der Zeit ändert. Ein besonders einfaches Beispiel dafür kennen Sie schon lange: Es ist das Problem, wie schnell sich die Ortskoordinate s eines bewegten Körpers mit der Zeit t ändert, also die Frage nach der *Geschwindigkeit*.

Bei einer gleichförmig-geradlinigen Bewegung läßt sich diese „Schnelligkeit der Ortsveränderung" leicht angeben: Befindet sich der Körper zur Zeit t_1 an der Stelle s_1 und zur Zeit t_2 an der Stelle s_2, so definiert man seine Geschwindigkeit als $v = \frac{s_2 - s_1}{t_2 - t_1} = \frac{\Delta s}{\Delta t}$.

Das Schaubild der Weg-Zeit-Funktion ist eine Gerade, $v = \Delta s / \Delta t$ ihre *Steigung (Bild 168.1)*.

Ist die Bewegung nicht gleichförmig, so erhält man mit $\bar{v} = \Delta s / \Delta t$ nur die *mittlere* Geschwindigkeit im Zeitintervall Δt. Was man unter der **Momentangeschwindigkeit v** in einem Zeitpunkt t zu verstehen hat, muß erst festgelegt werden. Aus der Mechanik (Band MS, Seite 21) kennen Sie die Definition

$$v(t) = \lim_{\Delta t \to 0} \frac{\Delta s}{\Delta t}. \qquad (168.1)$$

Dieser Grenzwert ist nichts anderes als die Ableitung $\dot{s}(t)$ der Weg-Zeit-Funktion nach t; für die Momentangeschwindigkeit gilt also

$$\boldsymbol{v(t) = \dot{s}(t).} \qquad \textbf{(168.2)}$$

Sie können damit einen anschaulichen Sinn verbinden, wenn Sie in Gedanken das in Band MS auf Seite 22 beschriebene Meßverfahren für Momentangeschwindigkeiten anwenden: Betrachten Sie dazu in *Bild 168.2* das Diagramm der Weg-Zeit-Funktion einer nicht gleichförmigen geradlinigen Bewegung! Zur Bestimmung der Momentangeschwindigkeit $v(t)$ denken Sie sich nun einfach, die Bewegung werde vom Zeitpunkt t_1 an *gleichförmig* fortgesetzt. Im Schaubild stellt sich eine solche gedachte Weiterbewegung als Tangente an die Kurve im Punkt $(t_1; s_1)$ dar, die „konservierte" Momentangeschwindigkeit als ihre *Steigung*. Aus der Mathematik wissen Sie aber, daß die Tangentensteigung im Punkt $(t_1; s_1)$ der Kurve gleich der Ableitung $\dot{s}(t_1)$ ist.

Unter der Beschleunigung a versteht man die Schnelligkeit, mit der die Geschwindigkeit v zunimmt. Die Beschleunigung ist also sozusagen die Geschwindigkeit der Geschwindigkeitsänderung. Dementsprechend lautet die Definition der **Momentanbeschleunigung**

$$\boldsymbol{a(t) = \lim_{\Delta t \to 0} \frac{\Delta v}{\Delta t}.} \qquad \textbf{(168.3)}$$

Dieser Grenzwert ist die Ableitung der Geschwindigkeits-Zeit-Funktion nach der Zeit;

es gilt also $\boldsymbol{a(t) = \dot{v}(t) = \ddot{s}(t).}$ **(168.4)**

Damit lassen sich die Bewegungsgesetze der Mechanik wesentlich einfacher behandeln als bisher. Kennt man das Beschleunigungs-Zeit-Gesetz, so erhält man daraus wegen $a(t) = \dot{v}(t)$

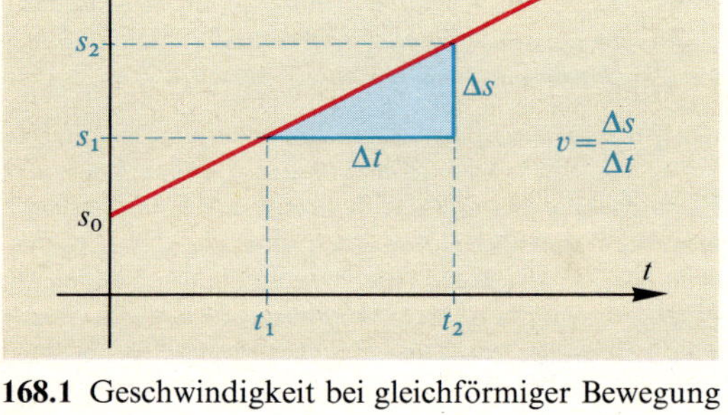

168.1 Geschwindigkeit bei gleichförmiger Bewegung

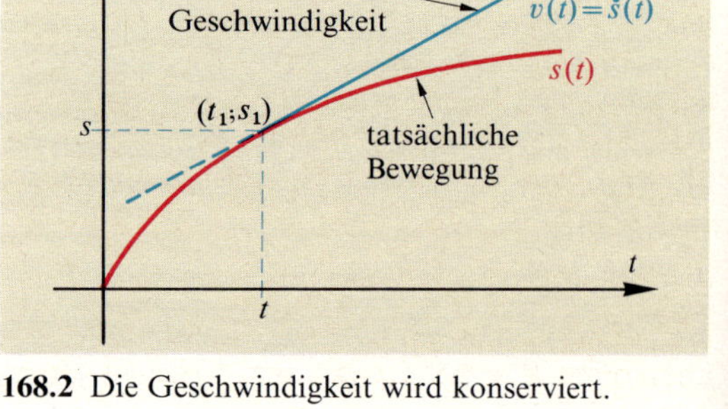

168.2 Die Geschwindigkeit wird konserviert.

das Geschwindigkeits-Zeit-Gesetz als *Stammfunktion* von $a(t)$. Aus $v(t) = \dot{s}(t)$ gewinnt man dann das Weg-Zeit-Gesetz $s(t)$ wiederum als Stammfunktion, diesmal aber von $v(t)$.

Für die Bewegung mit konstanter Kraft F sieht das so aus: Nach dem Grundgesetz von *Newton* ist mit der Kraft F auch die Beschleunigung a konstant. Aus $a(t) = \dot{v}(t) = \text{konstant} = a$ folgt

$$v(t) = \dot{s}(t) = a\,t + v_0 \quad \text{und}$$
$$s(t) = \tfrac{1}{2}\,a\,t^2 + v_0\,t + s_0.$$

v_0 und s_0 sind Konstanten. Ihre physikalische Bedeutung ist unmittelbar einzusehen: v_0 ist die Geschwindigkeit, s_0 der Ort zur Zeit $t = 0$. Lassen Sie zu dieser Zeit die Bewegung aus der Ruhe ($v_0 = 0$) bei der Wegmarke $s_0 = 0$ beginnen, so stehen die bekannten Bewegungsgesetze für die konstante Beschleunigung aus der Ruhe da. Was Sie früher umständlich herleiten mußten, erhalten Sie jetzt auf drei Zeilen. So stark ist die Differentialrechnung!

2. Die Differentialrechnung kann noch mehr

Auch die *Zentripetalbeschleunigung* bei der Kreisbewegung eines Körpers (Band MS, Seite 104) läßt sich jetzt sehr einfach herleiten.

In *Bild 169.1* läuft ein Körper mit dem konstanten Geschwindigkeitsbetrag $v = 2\,\pi\,r/T$ bei der Umlaufdauer T auf einem Kreis mit dem Radius r im Gegenuhrzeigersinn um. Die Komponenten $\vec{v}_x$ und $\vec{v}_y$ des Geschwindigkeitsvektors $\vec{v}$ haben zur Zeit t die Werte

$$v_x(t) = -v \sin \omega\,t \quad \text{und} \quad v_y(t) = v \cos \omega t;$$

dabei ist $\omega = 2\,\pi/T = v/r$. Daraus erhalten Sie durch Ableiten die Beschleunigungskomponenten

$$a_x(t) = \dot{v}_x(t) = -v\,\omega \cos \omega\,t = -\omega\,v_y(t) \quad \text{und}$$
$$a_y(t) = \dot{v}_y(t) = -v\,\omega \sin \omega\,t = -\omega\,v_x(t).$$

Konstruiert man den Beschleunigungsvektor $\vec{a}$ im 1. Quadranten *(Bild 169.1)*, so muß man als x-Komponente a_x das ω-fache von v_y nach *links* und als y-Komponente a_y das ω-fache von v_x nach *unten* abtragen. Der Summenvektor $\vec{a}$ ist dann zum Kreismittelpunkt hin gerichtet. Dasselbe findet man für die anderen Quadranten; $\vec{a}$ ist also eine *Zentripetal*beschleunigung. Ihr Betrag ist

$$a = \omega \sqrt{v_y^2 + v_x^2} = \omega\,v = v^2/r.$$

Mit der Differentialrechnung lassen sich nun aber nicht nur bereits bekannte Formeln neu herleiten. Vielmehr können Sie damit auch Gesetze für ganz andersartige Bewegungen finden, bei denen die beschleunigende Kraft nicht mehr konstant ist. Ein *Beispiel* dafür ist folgende Fragestellung:

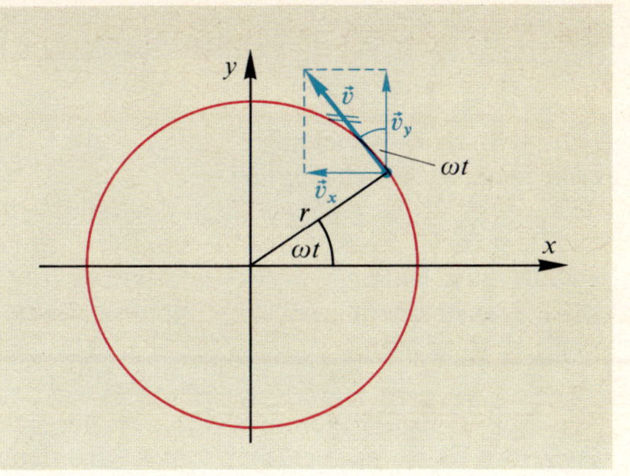

169.1 Geschwindigkeitskomponenten bei der Kreisbewegung

Ein Wagen der Masse 1000 kg werde aus der Ruhe mit der konstanten Leistung $P = 30$ kW beschleunigt. Welche Strecke legt er in 10 s zurück? Wie groß ist dann seine Geschwindigkeit? (Die Reibung werde vernachlässigt.)

Lösung: Da die Leistung P konstant sein soll, gilt $P = W/t$; dabei ist W die verrichtete Beschleunigungsarbeit, t die verflossene Zeit. Es gilt also $\frac{1}{2}\,m\,v^2 = P\,t$; daraus folgt

$$v(t) = \sqrt{\frac{2\,P}{m}}\sqrt{t} \quad \text{oder} \quad v(t) = \dot{s}(t) = k\,\sqrt{t}.$$

Durch Integration ergibt sich $s(t) = \frac{2}{3}\,k\sqrt{t^3} + s_0$. Da zur Zeit $t = 0$ noch kein Weg zurückgelegt ist, gilt $s_0 = 0$. Damit wird $s(t) = \frac{2}{3}\sqrt{2\,P/m}\,\sqrt{t^3}$. Einsetzen von $P = 30$ kW und $t = 10$ s ergibt den Weg $s = 163{,}3$ m und die Geschwindigkeit $v = 24{,}5 \text{ m s}^{-1} = 88{,}2 \text{ km h}^{-1}$.

Aufgaben

1. *Ein Fahrbahnwagen der Masse* 0,8 kg *wird aus der Ruhe heraus durch die Kraft* $F = k\,t$ *mit* $k = 0{,}2 \text{ N s}^{-1}$ *auf waagerechter Bahn beschleunigt. Berechnen Sie Geschwindigkeit und Weg nach 3 Sekunden!*

2. *Ein in Bewegung befindlicher Körper der Masse* m *werde durch die konstante Kraft* F_R *gebremst. Dann gilt die Gleichung* $F = m\,\ddot{s}(t) = -F_R$. *Leiten Sie daraus das Geschwindigkeits-Zeit-Gesetz und das Weg-Zeit-Gesetz her! Zeigen Sie, daß es zwei Integrationskonstanten enthält! Welche physikalische Bedeutung haben diese Konstanten?*

§ 59 Harmonische Schwingungen

1. Die Differentialgleichung der harmonischen Schwingung

Nachdem sich unser neues Rechenverfahren bewährt hat, wollen wir dieses offenbar zugkräftige Instrument auf eine weitere Bewegungsart anwenden.

Versuch 159: Ein Wagen der Masse m, der sich längs einer Fahrbahn bewegen kann, wird nach *Bild 170.1* zwischen zwei Schraubenfedern mit den Federhärten D_1 und D_2 eingespannt. Verschieben wir ihn aus seiner Gleichgewichtslage und lassen ihn dann los, so beginnt er zu schwingen. Ohne Reibung würde seine Hin- und Herbewegung unentwegt fortdauern. Diesen besonderen Fall, den man eine **ungedämpfte mechanische Schwingung** nennt, wollen wir nun genauer untersuchen.

Lenkt man den Wagen aus seiner Gleichgewichtslage nach *rechts* aus, so erfährt er eine Rückstellkraft nach *links*; eine Elongation nach *links* hat dagegen eine nach *rechts* gerichtete Rückstellkraft zur Folge. Dabei ist die Rückstellkraft F wegen des *Hookeschen Gesetzes* proportional zur Elongation s; es gilt also in jedem Augenblick der Bewegung

$$F = -D\,s. \qquad (170.1)$$

Das Minuszeichen sagt aus, daß die Rückstellkraft F der Elongation s immer entgegengerichtet ist. Die positive Konstante D wird *Richtgröße* genannt; in unserem Beispiel ist $D = D_1 + D_2$ (Band MS, Seite 210 und 211).

Die Besonderheit der vorliegenden Schwingung besteht nun darin, daß nach *Gl. 170.1* ein *lineares Kraftgesetz* gilt. In diesem Fall spricht man von einer **harmonischen mechanischen Schwingung**. Ihre gesamte Eigenart steckt bereits im Gesetz $F = -D\,s$. Um sie zu erschließen, müssen wir außer den Definitionen von v und a nur *ein* Naturgesetz heranziehen, nämlich die Newtonsche Grundgleichung der Mechanik $F = m\,a$. Wir setzen sie in das lineare Kraftgesetz ein und erhalten $m\,a = -D\,s$ oder

$$a(t) = -\frac{D}{m}\,s(t) = -k\,s(t) \quad \text{mit} \quad k = \frac{D}{m}. \qquad (170.2)$$

Diese Gleichung zeigt, wie die *zeitlich veränderliche* Beschleunigung $a(t)$ des Schwingers von der jeweiligen Elongation $s(t)$ abhängt.

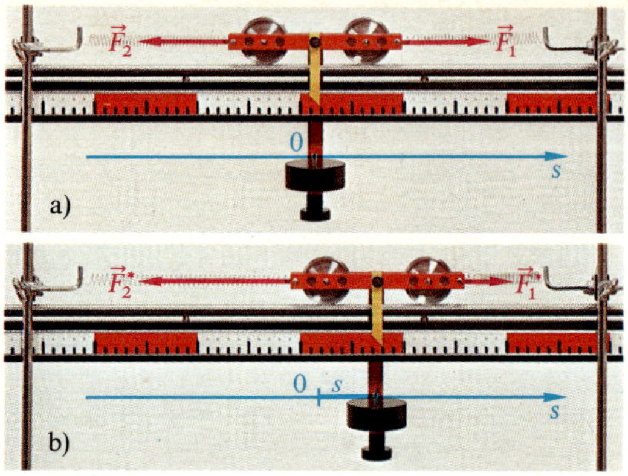

170.1 Ein harmonischer Schwinger; a) in der Gleichgewichtslage; b) mit der Elongation s nach rechts

Mit $a(t) = \ddot s(t)$ lautet *Gl. 170.2*

$$\boldsymbol{\ddot s(t) = -k\,s(t) \text{ mit } k = \frac{D}{m}.} \qquad \mathbf{(170.3)}$$

Gl. 170.3 ist eine sogenannte **Differentialgleichung**. Bisher sind Ihnen nur Gleichungen mit *Zahlenwerten* als Lösungsmenge begegnet. In einer Differentialgleichung werden dagegen als Lösungsmenge *Funktionen* $s(t)$ gesucht: In *Gl. 170.3* sollen sie gleich dem negativen Faktor $-1/k$ mal ihrer eigenen zweiten Ableitung sein. Wenn Sie ein wenig nachdenken, ob Ihnen wenigstens *eine* Funktion mit dieser Eigenschaft bekannt ist, fällt Ihnen als Lösung sicher die *Sinusfunktion* ein. Vielleicht lehnen Sie ein derartiges Erraten einer Lösung als unzureichende Methode ab. Man geht jedoch öfter, als Sie meinen, in dieser Weise vor. So werden Sie z.B. für die Gleichung $x^5 = 32$ schnell eine Lösung finden, nämlich $x = 2$. Und wie sind Sie darauf gekommen? Nun – eben durch Erraten, Probieren und Bestätigen!

Die als Lösung für *Gl. 170.3* in Frage kommende Sinusfunktion lautet in ihrer allgemeinsten Form

$$\boldsymbol{s(t) = \hat s \sin(\omega\,t + \varphi_0).} \text{ Dann ist} \qquad \mathbf{(170.4)}$$

$$\dot s(t) = \hat s\,\omega \cos(\omega\,t + \varphi_0) \text{ und}$$

$$\ddot s(t) = -\hat s\,\omega^2 \sin(\omega\,t + \varphi_0) = -\omega^2\,s(t).$$

Wenn wir wissen wollen, ob $s(t)$ tatsächlich eine Lösung der Differentialgleichung *170.3* ist, müssen wir $s(t)$ und $\ddot s(t)$ in diese Gleichung einsetzen und prüfen, ob sie damit für jeden Zeitpunkt t erfüllt ist. Wir erhalten dabei

$$-\omega^2\,s(t) = -k\,s(t) \quad \text{mit} \quad k = \frac{D}{m}.$$

Wählen wir nun die bis jetzt noch nicht festgelegte Konstante ω so, daß $\omega^2 = k$, also $\omega = \sqrt{k} = \sqrt{D/m}$ ist, so stehen auf der linken und rechten Seite der Differentialgleichung genau dieselben Funktionen; sie ist damit für jeden Zeitpunkt t erfüllt. Nun könnte es auch noch weitere Lösungsfunktionen geben; aus mathematischen Überlegungen folgt jedoch, daß wir mit $s(t) = \hat{s} \sin(\omega t + \varphi_0)$ schon alle Lösungen gefunden haben.

2. Was bedeuten die Konstanten?

Für einen bestimmten harmonischen Schwinger gibt es viele Lösungsfunktionen. Nur $\omega = \sqrt{D/m}$ ist durch die Anordnung (Härte der Federn, Masse des Wagens) festgelegt; die Konstanten $\hat{s}$ und φ_0 sind dagegen frei wählbar.

Die Konstante $\hat{s}$ ist die *Amplitude* der Schwingung; sie wird durch die erstmalige Auslenkung festgelegt. φ_0 ist der *Nullphasenwinkel*, d.h. der Phasenwinkel der Schwingung zur Zeit $t = 0$. φ_0 ist durch den Zeitpunkt bestimmt, in dem der Beobachter die Stoppuhr zur Zeitmessung drückt. Wählt er $\varphi_0 = 0$, so geht der Schwinger zur Zeit $t = 0$ mit positiver Geschwindigkeit durch die Nullmarke. Dann ist $s(t) = \hat{s} \sin \omega t$; das $s(t)$-Diagramm besteht hier also aus einer *Sinuskurve*. Der Beobachter kann auch $\varphi_0 = \pi/2$ wählen: Jetzt hat der Schwinger zur Zeit $t = 0$ maximale positive Elongation. Es gilt $s(t) = \hat{s} \sin(\omega t + \pi/2) = \hat{s} \cos \omega t$; das $s(t)$-Diagramm ist in diesem Fall eine *Cosinuskurve*. Die Konstanten $\hat{s}$ und φ_0 legen also die **Anfangsbedingungen** fest.

Bild 171.1 zeigt ein Diagramm der allgemeinen Lösungsfunktion in Abhängigkeit von der Zeit t und dem Phasenwinkel φ. Nach der *Periodendauer T* wiederholt sich die Sinusfunktion; deshalb gehört zur Zeit T der Phasenwinkel $\varphi = \omega T + \varphi_0 = 2\pi + \varphi_0$. Also ist $\omega T = 2\pi$ oder

$$T = \frac{2\pi}{\omega} = 2\pi \sqrt{\frac{m}{D}}. \qquad (171.1)$$

Die Frequenz ist $f = 1/T$. Die Konstante $\omega = 2\pi/T = 2\pi f$ nennt man auch *Kreisfrequenz*.

Hätte man den Phasenwinkel φ nicht auch im *Gradmaß* angeben können? Dann wäre $\omega T = 360°$, und für die Periodendauer käme etwas ganz anderes heraus. Dieser Einwand ist leicht zu widerlegen: Wir haben in der Herleitung auf Seite 170 benutzt, daß zur Sinusfunktion $y = \sin \varphi$ die Ableitung $y' = \cos \varphi$ gehört. Dies gilt aber nur, wenn für φ das *Bogenmaß* genommen wird.

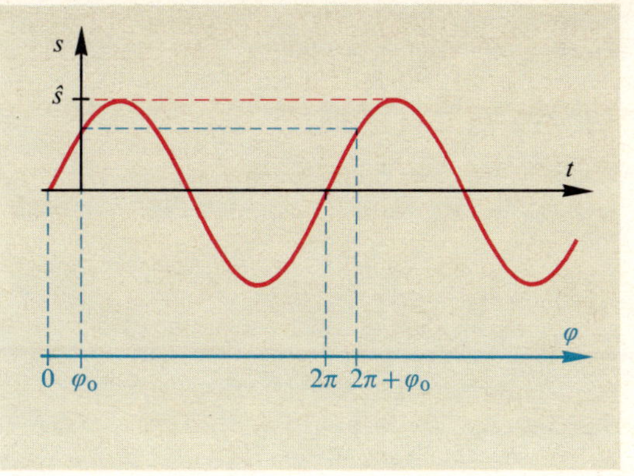

171.1 Lösungsfunktion der harmonischen Schwingung

Die Differentialgleichung $\ddot{s}(t) = -k\, s(t)$ der harmonischen mechanischen Schwingung hat die allgemeine Lösungsfunktion

$s(t) = \hat{s} \sin(\omega t + \varphi_0)$ mit $\omega = \sqrt{k}$.

Dabei ist $k = D/m$, also $\omega = \sqrt{D/m}$; für die Periodendauer gilt $T = 2\pi \sqrt{m/D}$.

$\hat{s}$ ist die Amplitude, φ_0 der Nullphasenwinkel. T ist von $\hat{s}$ und φ_0 unabhängig.

3. Erzwungene mechanische Schwingungen

Bisher haben wir die *freie* harmonische Schwingung behandelt; sie findet ohne äußere Einwirkungen von selbst ihren eigenen Rhythmus, die sogenannte **Eigenfrequenz** $f_0 = 1/T_0 = \frac{1}{2\pi}\sqrt{D/m}$. Die zugehörige Kreisfrequenz bezeichnen wir mit $\omega_0 = 2\pi f_0$.

In Band MS (Seite 223) haben wir experimentell gezeigt, daß sich ein harmonischer Schwinger durch periodisch von außen auf ihn einwirkende Kräfte dazu zwingen läßt, auch mit jeder beliebigen anderen Frequenz zu schwingen. Nun sind wir mit Hilfe der Differentialrechnung in der Lage, die erzwungene mechanische Schwingung auch theoretisch wenigstens für den Fall zu behandeln, daß *keine Dämpfung* vorhanden ist.

Auf einen harmonischen Schwinger mit der Masse m und der Richtgröße D wirke außer der Rückstellkraft noch eine weitere, sich mit der Zwangsfrequenz f_1 nach einer Sinusfunktion andauernd ändernde Kraft $F_1 = \hat{F}_1 \sin \omega_1 t$; dabei ist $\omega_1 = 2\pi f_1$. Dann gilt in jedem Augenblick

$$m\, a(t) = -D\, s(t) + \hat{F}_1 \sin \omega_1 t \quad \text{oder}$$

$$\ddot{s}(t) = -\frac{D}{m} s(t) + \frac{\hat{F}_1}{m} \sin \omega_1 t. \qquad (171.2)$$

Sollte es tatsächlich zu einer erzwungenen Sinusschwingung kommen, so müßte es für die Differentialgleichung *171.2* eine Lösungsfunktion der Form $s(t)=\hat{s}\sin(\omega t+\varphi_0)$ mit der zweiten Ableitung $\ddot{s}(t)=-\hat{s}\,\omega^2\sin(\omega t+\varphi_0)$ geben. Gehen wir also einmal mit diesem Lösungsansatz in die Differentialgleichung *171.2*. Dann erhalten wir die Beziehung

$$-\hat{s}\,\omega^2\sin(\omega t+\varphi_0)$$

$$=-\frac{D}{m}\hat{s}\sin(\omega t+\varphi_0)+\frac{\hat{F}_1}{m}\sin\omega_1 t.$$

Damit diese Gleichung für jeden Zeitpunkt t erfüllt ist, müssen auf beiden Seiten dieselben Funktionen stehen. Hierzu ist zuerst einmal $\varphi_0=0$ und $\omega=\omega_1$ zu setzen. Daraus folgt

$$-\hat{s}\,\omega_1^2\sin\omega_1 t=-\left(\frac{D}{m}\hat{s}-\frac{\hat{F}_1}{m}\right)\sin\omega_1 t.$$

Nun gilt für den Schwinger selbst $D/m=\omega_0^2$ mit $\omega_0=2\pi f_0$, wobei f_0 die Eigenfrequenz des Schwingers ist. Damit erhalten wir

$$\hat{s}\,\omega_0^2-\hat{s}\,\omega_1^2=\frac{\hat{F}_1}{m}\quad\text{oder}$$

$$\hat{s}=\frac{\hat{F}_1}{m}\,\frac{1}{\omega_0^2-\omega_1^2}=\frac{\hat{F}_1}{4\pi^2 m}\,\frac{1}{f_0^2-f_1^2}. \tag{172.1}$$

$s(t)=\hat{s}\sin\omega_1 t$ ist also eine Lösungsfunktion der Differentialgleichung *171.2*, d.h. es kann sich eine harmonische Schwingung mit der Zwangsfrequenz f_1 einstellen. Jetzt ist die Amplitude $\hat{s}$ aber nicht mehr frei wählbar; sie hängt nach *Gl. 172.1* von der Zwangsfrequenz f_1 ab. Betrachten Sie diese Abhängigkeit in *Gl. 172.1*, so finden Sie:

- Je mehr sich die Zwangsfrequenz f_1 von der Eigenfrequenz f_0 unterscheidet, desto kleiner wird die Amplitude $\hat{s}$ der erzwungenen Schwingung.
- Für $f_1\to f_0$ geht die Amplitude gegen Unendlich (Resonanzkatastrophe).
- Für $f_1<f_0$ wird $\hat{s}$ positiv, d.h. in den Gleichungen $F(t)=\hat{F}_1\sin\omega_1 t$ und $s(t)=\hat{s}\sin\omega_1 t$ haben $\hat{F}_1$ und $\hat{s}$ dasselbe Vorzeichen: Anregende Kraft und Elongation der erzwungenen Schwingung sind *in Phase*.
- Für $f_1>f_0$ wird $\hat{s}$ negativ, $\hat{F}_1$ und $\hat{s}$ haben entgegengesetzte Vorzeichen. Anregende Kraft und Elongation der erzwungenen Schwingung sind also in *Gegenphase*.

Die grün gezeichnete Resonanzkurve in *Bild 172.1* zeigt den Zusammenhang zwischen der Zwangsfrequenz f_1 und der Amplitude $\hat{s}$ einer erzwungenen Schwingung *ohne* Dämpfung.

Ist Dämpfung vorhanden, so ergibt sich aus Versuchen, daß die Amplitude $\hat{s}$ für $f_1\to f_0$ nicht gegen Unendlich geht, sondern etwas unterhalb von f_0 ein Maximum erreicht. Die rote Kurve in *Bild 172.1* gibt den Verlauf der Amplituden bei schwacher, die blaue Kurve bei stärkerer Dämpfung wieder.

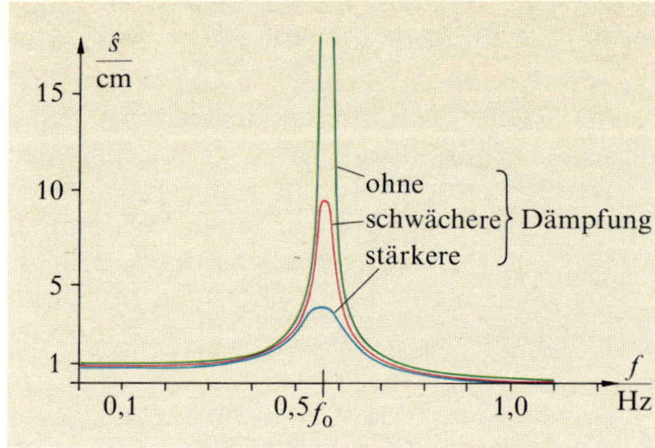

172.1 Resonanzkurven bei unterschiedlicher Dämpfung

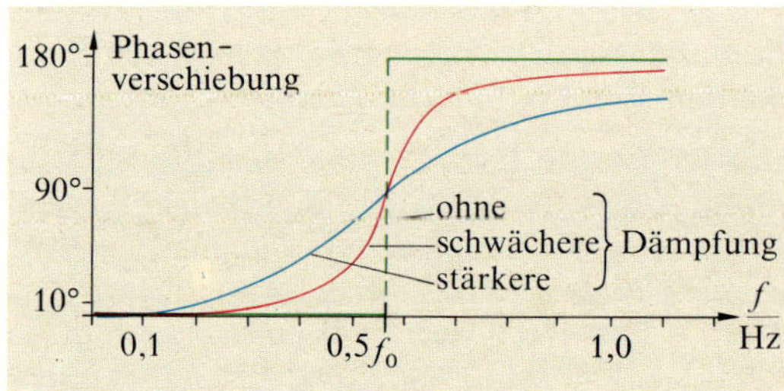

172.2 Phasenverschiebung zwischen Kraft und Elongation einer erzwungenen Schwingung

Wie unsere Rechnung zeigt, können erregende Kraft und erzwungene Schwingung *ohne Dämpfung* nur in Phase oder in Gegenphase sein. *Mit Dämpfung* dagegen geht die Phasenverschiebung stetig von 0° in 180° über; beim Maximum (Resonanz) ist sie 90°. *Bild 172.2* zeigt den Verlauf dieser Phasenverschiebung ohne bzw. mit schwächerer und stärkerer Dämpfung. Experimente zur erzwungenen Schwingung finden Sie in Band MS auf Seite 225.

Aufgaben

1. a) *Zeigen Sie anhand der Differentialgleichung, daß die Bewegung mit dem Elongations-Zeit-Gesetz* $s(t)=\hat{s}_1\sin\omega t+\hat{s}_2\cos\omega t$ *eine harmonische Schwingung darstellt!* **b)** *Berechnen Sie für* $\omega=9{,}42\ \text{s}^{-1}$, $\hat{s}_1=3{,}0$ cm *und* $\hat{s}_2=4{,}0$ cm *Frequenz, Amplitude und maximale Geschwindigkeit dieser Schwingung! (Anleitung: Bei maximaler Elongation ist* $v=0$*; bei maximaler Geschwindigkeit ist* $s=0$.*)* **c)** *Deuten Sie die vorliegende Schwingung als Überlagerung zweier harmonischer Schwingungen!* **d)** *Zeichnen Sie das zugehörige Zeigerdiagramm (wie in Band MS, Seite 226)!*

2. *Die erzwungenen Schwingungen eines ungedämpften harmonischen Schwingers erfolgen bei* $f_1=2{,}0$ Hz *gleichphasig mit* $\hat{s}_1=1{,}4$ cm, *bei* $f_2=4{,}0$ Hz *gegenphasig mit* $\hat{s}_2=1{,}0$ cm. *Die maximale Erregerkraft bleibt konstant. Wie groß ist die Eigenfrequenz?*

§ 60 Der Schwingkreis

1. Was ist ein Schwingkreis?

Bei freien mechanischen Schwingungen wandeln sich Elongationsenergie und Bewegungsenergie periodisch ineinander um. Solche *Energiependelungen* kommen auch bei elektrischen und magnetischen Feldern vor. Entlädt man z.B. einen Kondensator, so verschwindet sein elektrisches Feld und die darin gespeicherte Energie; dafür fließt aber ein Strom, der ein Magnetfeld mit magnetischer Feldenergie aufbaut. Verschwindet andererseits ein Magnetfeld, so entsteht eine Induktionsspannung und damit auch ein elektrisches Feld. Verbinden wir also einmal einen Speicher für elektrische Feldenergie – einen Kondensator – und einen Speicher für magnetische Feldenergie – eine Spule – miteinander!

Versuch 160: a) Zunächst trennen wir nach *Bild 173.2* Kondensator und Spule voneinander, indem wir den Schalter S in die Stellung 1 bringen. Dabei wird der Kondensator (C= 200 µF) über den Schutzwiderstand R auf die Spannung U_0 geladen; es wird ihm also Energie zugeführt.

b) Nun legen wir den Schalter S in die Stellung 2 um. Dann ist der geladene Kondensator mit einer Spule hoher Induktivität ($L \approx 600$ H) verbunden. Was dabei passiert, können Sie an einem Strommesser (I) und einem Spannungsmesser (U) verfolgen: Die Zeiger beider Instrumente schwingen – in der Phase ungefähr 90° gegeneinander versetzt – mit einer Periodendauer von etwa 2 Sekunden hin und her. Der Strommesser zeigt einen Wechselstrom an, der durch die Kondensatorzuleitungen und die Spule fließt, der Spannungsmesser eine in der Phase verschobene Wechselspannung, die am Kondensator und an der dazu parallel geschalteten Spule liegt. Wir haben also ein schwingungsfähiges Gebilde, einen **elektromagnetischen Schwingkreis** hergestellt.

Allerdings nehmen die Ausschläge der Meßinstrumente ziemlich rasch ab: Die Strom- und Spannungsschwingungen sind nach *Bild 173.3* gedämpft. Der Schwingkreisstrom erzeugt nämlich in der Spule nicht nur magnetische Felder, sondern wegen des ohmschen Widerstands der Drähte auch *Wärme*, die dem schwingenden System verlorengeht.

173.1 Ein Schwingkreis besteht aus einem Kondensator als elektrischem und einer Spule als magnetischem Energiespeicher.

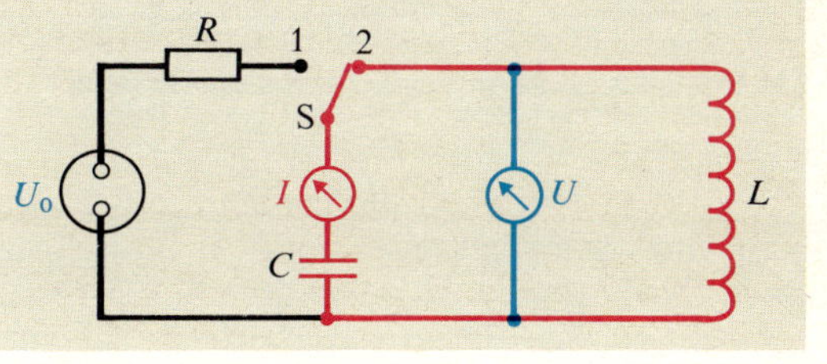

173.2 *Schalterstellung 1:* Der Kondensator wird über den Schutzwiderstand R geladen; *Schalterstellung 2:* Geladener Kondensator und Spule werden zu einem Schwingkreis zusammengeschaltet.

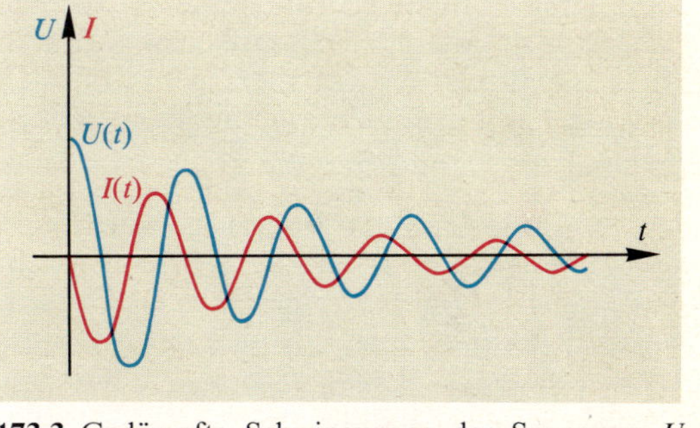

173.3 Gedämpfte Schwingungen der Spannung U und der Stromstärke I im Schwingkreis

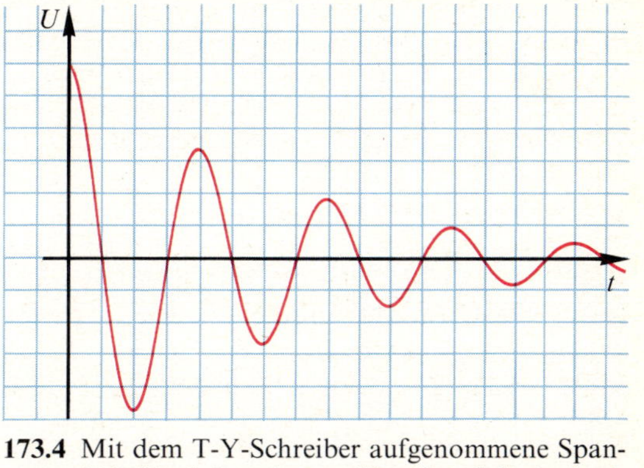

173.4 Mit dem T-Y-Schreiber aufgenommene Spannungs-Zeit-Funktion eines gedämpften Schwingkreises (C = 200 µF, L = 600 H, R = 300 Ω)

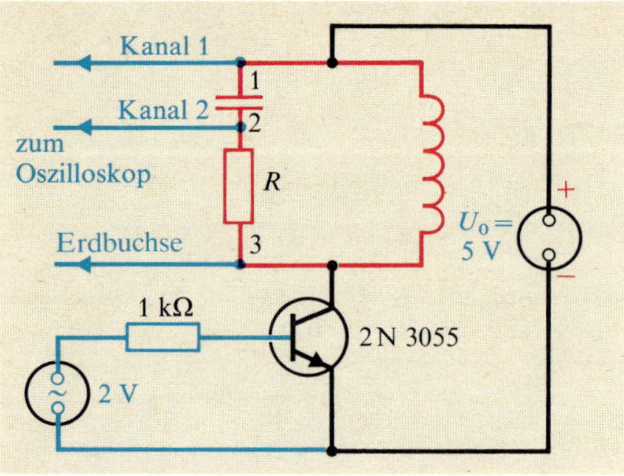

174.1 Schwingkreis mit elektronischem Schalter

Versuch 161: Nun soll die gedämpfte Schwingung eines Schwingkreises auf dem Bildschirm eines Oszilloskops als stehendes Bild sichtbar gemacht werden. Dazu brauchen wir Schwingungen größerer Frequenz, die wir durch Verkleinern der Kapazität C des Kondensators und der Induktivität L der Spule erhalten.

Damit das Oszillogramm ständig der Kippfrequenz angepaßt wird, muß der Schwingkreis regelmäßig im richtigen Takt immer wieder neu „angestoßen" werden. Dies erreichen wir durch einen elektronischen Schalter, den wir nach *Bild 174.1* mit Hilfe eines Transistors herstellen.

Die zwischen Basis und Emitter gelegte Wechselspannung $U_{eff} = 2$ V (bei $f = 50$ Hz) macht den Transistor während eines Teils ihrer positiven Halbperiode leitend, so daß der Schwingkreiskondensator etwas kürzer als $\frac{1}{100}$ Sekunde an der Gleichspannung $U_0 = 5$ V liegt und damit wie in der Schalterstellung 1 des Versuchs 160 *geladen* wird. In der negativen Halbperiode sperrt der Transistor und trennt den Schwingkreis von der Gleichspannung U_0. Wie in der Schalterstellung 2 des Versuchs 160 ist sich der Schwingkreis jetzt selbst überlassen und kann mit hoher Frequenz frei ausschwingen. In der nun folgenden positiven Halbperiode der 50 Hz-Wechselspannung wird der Kondensator wieder mit der Spannung U_0 geladen, und das Spiel beginnt von neuem.

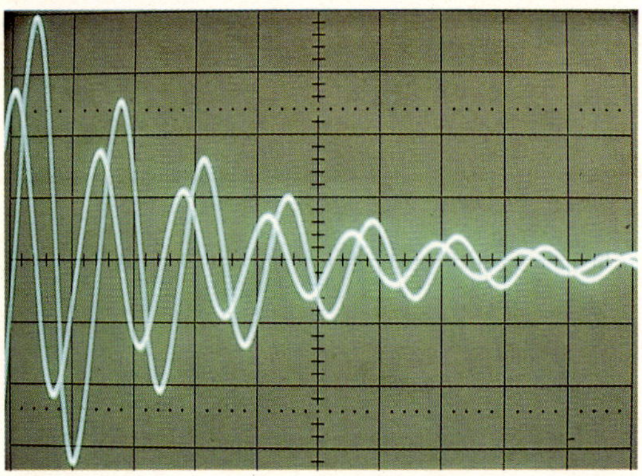

174.2 Spannung (große Amplitude) und Stromstärke (kleine Amplitude) am gedämpften Schwingkreis (nach Versuch 161)

Mit einem Zweikanal-Oszilloskop können wir Spannungs- und Stromstärkeverlauf gleichzeitig sichtbar machen *(Bild 174.2)*. Dazu legen wir die Erdbuchse des Oszilloskops nach *Bild 174.1* an Punkt 3 des Schwingkreises. Punkt 1 wird mit Kanal 1 des Oszilloskops verbunden, so daß dieser den Spannungsverlauf $U(t)$ zeigt. Der Schwingkreisstrom I erzeugt am Widerstand $R = 10\ \Omega$ eine zu I proportionale Teilspannung $U = R\ I$. Sie wird in Punkt 2 an den Kanal 2 gelegt, der dann den Verlauf des Schwingkreisstroms $I(t)$ wiedergibt.

Die *Phasenverschiebung* zwischen Spannung und Stromstärke im Schwingkreis ist leicht einzusehen: Wenn die gesamte Energie im elektrischen Feld steckt, liegt maximale Spannung am Kondensator; die Stromstärke ist in diesem Augenblick Null. Befindet sich dagegen die gesamte Energie im Magnetfeld, so fließt durch die Spule ein Strom maximaler Stärke, wobei gleichzeitig die Spannung am Kondensator Null wird.

Während bei der *mechanischen* Schwingung ein Körper sichtbar hin und her pendelt, verläuft die *elektromagnetische* Schwingung wesentlich unanschaulicher. Bei genauer Betrachtung zeigt sich jedoch, daß beide sehr viel Ähnlichkeit miteinander haben. So wird beim Federpendel zu Beginn eine *Feder* gespannt, deren Energie sich anschließend in kinetische Energie des *Pendelkörpers* umwandelt – beim Schwingkreis wird zuerst ein *Kondensator* geladen, dessen elektrische Feldenergie dann in magnetische Feldenergie der *Spule* übergeht.

Vergleichen wir also einmal die verschiedenen Schwingungsphasen eines Federpendels mit denen eines Schwingkreises! Dabei wollen wir vom Idealfall einer *ungedämpften* Schwingung ausgehen; beim Federpendel sei also keinerlei Reibung vorhanden, Spule und Zuleitungen im Schwingkreis sollen den ohmschen Widerstand Null haben.

Federpendel

a) Der ausgelenkte Körper werde losgelassen. Er wird durch die Kraft der Federn beschleunigt; seine Geschwindigkeit steigt aber infolge der Trägheit nur langsam an. Die Federkraft $F = -Ds$ ist nach der Newtonschen Grundgleichung der Mechanik in jedem Augenblick der Bewegung gleich Masse mal Beschleunigung des Körpers. Die ansteigende Geschwindigkeit ist mit einer Zunahme der kinetischen Energie verbunden; die Spannungsenergie der Feder nimmt dabei entsprechend ab.

b) Schließlich sind die Federn entspannt. In diesem Augenblick ist nur Bewegungsenergie vorhanden; die Geschwindigkeit des Körpers hat jetzt ihr Maximum erreicht. Könnten wir in diesem Augenblick die Federn wegnehmen, so würde der Körper wegen seiner Trägheit mit konstanter Geschwindigkeit weiterfliegen.

c) Die Federn bleiben aber am Körper. Er bewegt sich wegen seiner Trägheit weiter und spannt dabei die Federn entgegengesetzt zu a). Die dazu nötige Kraft $F = ma = -Ds$ wird von der Abnahme seiner Geschwindigkeit geliefert. Diese muß ja abnehmen, da sich die Federn dem Körper entgegenstellen. So geht die kinetische Energie ganz in Federenergie über.

d) Die Federn entspannen sich nun wieder; der Körper wird so beschleunigt, daß die Federkraft $F = -Ds$ in jedem Augenblick gleich Masse mal Beschleunigung ist, und das Spiel setzt sich fort.

Elektromagnetischer Schwingkreis

a) Der geladene Kondensator werde mit der Spule verbunden. Diese wird dann vom Entladestrom durchflossen, dessen Stärke I nach dem Lenzschen Gesetz nur langsam ansteigt. Dabei ist die Spannung $U_C = Q/C$ am Kondensator in jedem Augenblick gleich der in der parallel liegenden Spule induzierten Spannung $U = -L\dot{I}$. Der ansteigende Entladestrom erzeugt in der Spule ein Magnetfeld, dessen Energie zunimmt, während die des elektrischen Feldes im Kondensator abnimmt.

b) Schließlich ist der Kondensator entladen. Da keine Energie verlorengeht, muß in diesem Augenblick die gesamte Energie im Magnetfeld stekken; die Stromstärke I hat jetzt ihr Maximum erreicht. Überbrückten wir in diesem Augenblick den Kondensator ($R = 0\ \Omega$), so würde der Strom mit konstanter Stärke weiterfließen.

c) Der Kondensator bleibt aber an der Spule. Ihr weiterfließender Strom lädt ihn entgegengesetzt zu a) auf. Die dazu nötige Spannung $U_{ind} = -L\dot{I} = Q/C$ wird von der Abnahme des Stroms geliefert. Dieser muß ja abnehmen, da sich ihm die wachsende Ladung des Kondensators entgegenstellt. So geht die magnetische Energie ganz in elektrische des Kondensators über.

d) Der Kondensator entlädt sich nun wieder so, daß seine Spannung $U_C = Q/C$ in jedem Augenblick gleich der in der Spule induzierten Spannung $U = -L\dot{I}$ ist, und das Spiel setzt sich fort.

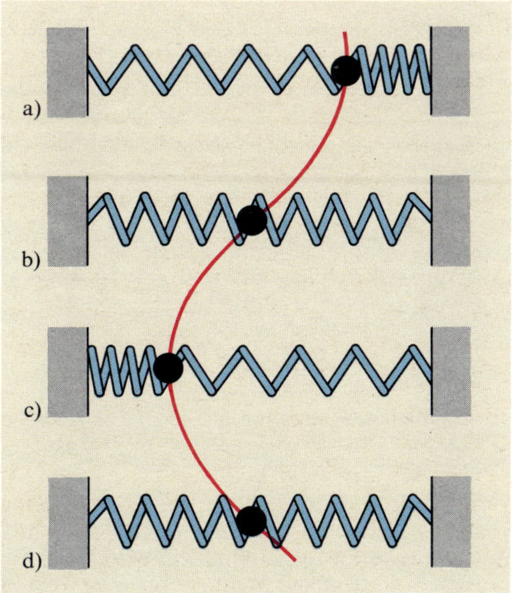

175.1 Mechanische Schwingungen

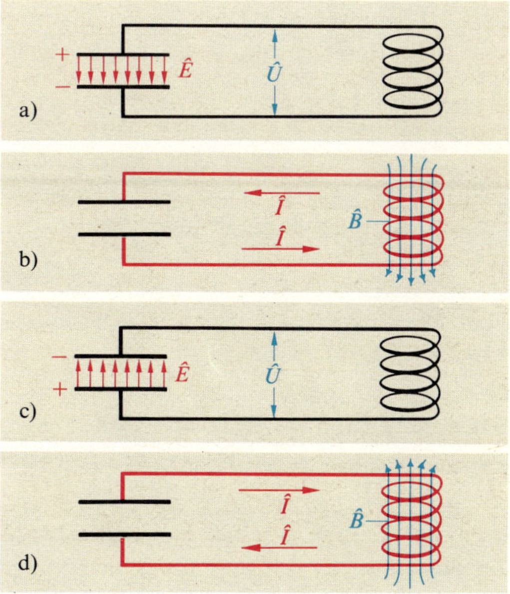

175.2 Elektromagnetische Schwingungen

2. Die Differentialgleichung der elektromagnetischen Schwingung

Leuten, die etwas von Mathematik verstehen, sagen manchmal Formeln mehr als viele Worte. Also wollen wir zum Schluß unserer Betrachtungen über den Schwingkreis die vielen erklärenden Worte des vorigen Abschnitts noch in kurze mathematische Formeln kleiden. Wir brauchen dazu nur die Gleichung $U_C = Q/C$ der am Kondensator liegenden Spannung U_C sowie die Gleichung für die in der Spule induzierte Spannung $U_{\text{ind}} = -L\dot{I}$. Weil Kondensator und Spule parallel geschaltet sind, muß zu jeder Zeit $U_{\text{ind}} = U_C$ sein. Daraus folgt

$$-L\dot{I}(t) = \frac{Q(t)}{C} \quad \text{oder} \quad \dot{I}(t) = -\frac{1}{CL}\,Q(t).$$

Nun ist die Stromstärke $I(t) = \dot{Q}(t)$; also gilt $\dot{I}(t) = \ddot{Q}(t)$. Damit erhalten wir für die sich zeitlich ändernde Kondensatorladung $Q(t)$ die Differentialgleichung

$$\boldsymbol{\ddot{Q}(t) = -k\,Q(t) \quad \text{mit} \quad k = \frac{1}{CL}.} \qquad \textbf{(176.1)}$$

Sie hat genau dieselbe Struktur wie die Differentialgleichung *170.3* der mechanischen harmonischen Schwingung. Wir können also die Lösung einfach übernehmen – mit dem einzigen Unterschied, daß an die Stelle der Elongation $s(t)$ die Kondensatorladung $Q(t)$ tritt und die Konstante $k = 1/(CL)$ ist. Damit erhalten wir die allgemeine Lösungsfunktion

$$\boldsymbol{Q(t) = \hat{Q}\sin(\omega t + \varphi_0)} \quad \text{mit}$$

$$\boldsymbol{\omega = \sqrt{k} = \sqrt{\frac{1}{CL}}.} \qquad \textbf{(176.2)}$$

Dabei ist $\hat{Q}$ die maximale Ladung des Kondensators. Die Periodendauer einer Sinusschwingung ist $T = 2\pi/\omega$; mit $\omega = 1/\sqrt{CL}$ erhalten wir für den Schwingkreis die Periodendauer

$$\boldsymbol{T = 2\pi\sqrt{CL}.} \qquad \textbf{(176.3)}$$

Man nennt diese Beziehung auch die **Thomsonsche Schwingungsgleichung.**

Wir legen nun den Zeitnullpunkt so fest, daß der Kondensator zu Beginn der Schwingung mit der Spannung $\hat{U}$ geladen ist. Zur Zeit $t=0$ hat er dann seine maximale Ladung $\hat{Q} = \hat{U}C$; es gilt also $\hat{Q} = \hat{Q}\sin(0+\varphi_0)$; daraus folgt $\sin\varphi_0 = 1$ und $\varphi_0 = \pi/2$. Mit dieser Anfangsbedingung wird

$$Q(t) = \hat{Q}\sin(\omega t + \pi/2) = \hat{Q}\cos\omega t. \qquad (176.4)$$

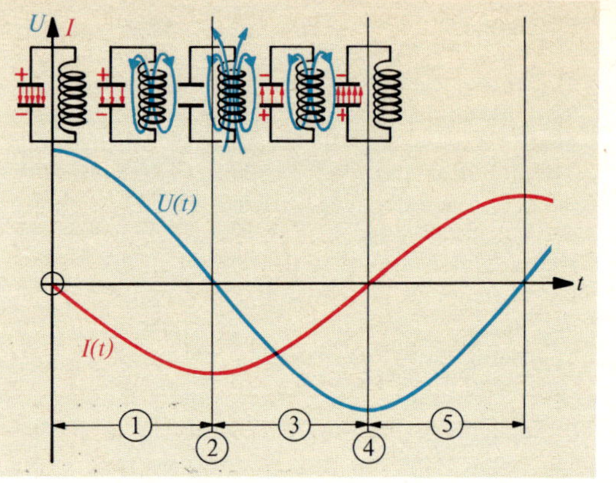

176.1 Verlauf von Spannung $U(t)$ und Stromstärke $I(t)$ beim Schwingkreis

Alle anderen Größen können wir nun aus $Q(t)$ leicht gewinnen:

Für die *Spannung* $U(t)$ am Kondensator gilt

$$U(t) = \frac{Q(t)}{C} = \frac{\hat{Q}}{C}\cos\omega t \quad \text{oder}$$

$$\boldsymbol{U(t) = \hat{U}\cos\omega t \quad \text{mit} \quad \hat{U} = \hat{Q}/C.} \qquad \textbf{(176.5)}$$

Die *Stromstärke* ist $I(t) = \dot{Q}(t)$, also

$$I(t) = -\hat{Q}\omega\sin\omega t \quad \text{oder}$$

$$\boldsymbol{I(t) = -\hat{I}\sin\omega t.} \qquad \textbf{(176.6)}$$

Dabei ist die maximale Stromstärke

$$\boldsymbol{\hat{I} = \hat{Q}\omega = \hat{U}C\frac{1}{\sqrt{CL}} \quad \text{oder} \quad \hat{I} = \hat{U}\sqrt{\frac{C}{L}}.} \qquad \textbf{(176.7)}$$

Bild 176.1 zeigt abschließend ein Spannungs- und Stromdiagramm, an dem Sie alle Vorgänge im elektromagnetischen Schwingkreis ablesen können:

① Die Schwingung beginnt im Zeitpunkt $t=0$ mit der Entladung des Kondensators. Für Spannung U und Ladung Q des Kondensators gilt $U(0) = \hat{U}$ und $Q(0) = \hat{Q}$. Die Stromstärke $I(t) = \dot{Q}(t)$ ist zunächst negativ, da $Q(t)$ bei der Entladung des Kondensators abnimmt, also $\dot{Q}(t) < 0$ wird. Beachten Sie, daß in jedem Augenblick $Q(t) = CU(t)$ ist, daß also die Kurve des Ladungsverlaufs (bis auf den konstanten Faktor C) ebenfalls durch die blaue Kurve des Spannungsverlaufs $U(t)$ wiedergegeben wird. Der Betrag des Entladestroms steigt, $\dot{I}(t) = \ddot{Q}(t)$ ist negativ, wird aber Null, wenn $I(t)$ seinen Tiefstwert $-\hat{I}$ erreicht hat.

② Für den Augenblick, in dem $I(t) = -\hat{I}$ ist, gilt $\dot{I}(t) = 0$, also $U(t) = -L\dot{I}(t) = 0$ und auch $Q(t) = 0$.

③ Jetzt nimmt der Betrag der Stromstärke ab, $I(t)$ selbst steigt von $-\hat{I}$ gegen 0 hin, daher ist $\dot{I}(t)$ positiv; also werden $U(t) = -L\dot{I}(t)$ und $Q(t)$ negativ: Der Kondensator wird mit entgegengesetztem Vorzeichen aufgeladen.

④ An dieser Stelle ist die I-Kurve am steilsten, d.h. die Ableitung $\dot{I}$ der Stromstärke hat ihren größten positiven Wert erreicht; also hat dort die jetzt negative Spannung ebenfalls ihren Extremwert $-\hat{U}$. Die Stromstärke $I(t)$ ist in diesem Augenblick Null, da $Q(t)$ ebenso wie $U(t)$ einen Extremwert hat, also $\dot{Q}(t) = 0$ ist.

⑤ Die Vorgänge wiederholen sich. Dabei haben die Spannung $U(t)$, die Stromstärke $I(t)$ und deren Ableitung $\dot{I}(t)$ jetzt gegenüber ① bis ④ das entgegengesetzte Vorzeichen.

3. Der Energiesatz beim Schwingkreis

Im Schwingkreis wandeln sich elektrische und magnetische Feldenergie periodisch ineinander um. Die folgende Rechnung zeigt, daß dabei in jedem Augenblick die *Energiesumme* erhalten bleibt.

In einem beliebigen Zeitpunkt t ist die Spannung $U(t) = \hat{U} \cos \omega t$, also die Energie des elektrischen Feldes im Kondensator

$$W_{el}(t) = \tfrac{1}{2} C U^2(t) = \tfrac{1}{2} C \hat{U}^2 \cos^2 \omega t.$$

Die Stromstärke ist in diesem Zeitpunkt $I(t) = -\hat{I} \sin \omega t$, also ist die Energie des Magnetfeldes in der Spule

$$W_{mag}(t) = \tfrac{1}{2} L I^2(t) = \tfrac{1}{2} L \hat{I}^2 \sin^2 \omega t.$$

Nun ist $\hat{I} = \hat{U}\sqrt{C/L}$. Setzen wir dies in die Gleichung für die Gesamtenergie W des Schwingkreises ein, so folgt

$$W = \tfrac{1}{2} C \hat{U}^2 \cos^2 \omega t + \tfrac{1}{2} L \hat{U}^2 \frac{C}{L} \sin^2 \omega t$$

$$= \tfrac{1}{2} C \hat{U}^2 \cos^2 \omega t + \tfrac{1}{2} C \hat{U}^2 \sin^2 \omega t \quad \text{oder}$$

$$W = \tfrac{1}{2} C \hat{U}^2 (\cos^2 \omega t + \sin^2 \omega t) = \boldsymbol{\tfrac{1}{2} C \hat{U}^2}.$$

Die Gesamtenergie W ist also in jedem Zeitpunkt der Schwingung konstant und gleich der anfänglich in den Schwingkreis gesteckten Energie $\frac{1}{2} C \hat{U}^2$.

In einem Schwingkreis wandeln sich elektrische und magnetische Energie periodisch ineinander um.

Die Induktivität sei L; ist der ohmsche Widerstand $R = 0$ und wird der Kondensator der Kapazität C zu Beginn auf die Spannung $\hat{U}$ geladen, so entsteht eine ungedämpfte Schwingung mit der Wechselspannung $U = \hat{U} \cos \omega t$ und dem Wechselstrom $I = -\hat{I} \sin \omega t$ mit

$$\omega = \frac{1}{\sqrt{CL}} \quad \text{und} \quad \hat{I} = \hat{U}\sqrt{\frac{C}{L}}. \qquad \textbf{(177.1)}$$

Die Periodendauer einer Schwingung ist

$$T = 2\pi\sqrt{CL}. \qquad \textbf{(177.2)}$$

Aufgaben

1. *Eine* 0,60 m *lange Spule mit 1500 Windungen und* 42 cm² *Querschnittsfläche ohne Eisenkern wird mit einem Kondensator von* $C = 0{,}5\ \mu\text{F}$ *zu einem Schwingkreis zusammengeschaltet. Berechnen Sie seine Periodendauer und seine Frequenz! Wie groß ist die Frequenz bei 3000 Windungen?*

2. a) *Der Kondensator eines Schwingkreises hat die Kapazität* $C = 0{,}5\ \mu\text{F}$, *die Spule eine Induktivität von* $L = 2{,}0$ H. *Der ohmsche Widerstand kann vernachlässigt werden. Berechnen Sie die Periodendauer und die Frequenz der Schwingung!* **b)** *Zeigen Sie, daß die gesamte Energie im ungedämpften Schwingkreis stets* $W = \frac{1}{2} L \hat{I}^2$ *ist!* **c)** *Der Kondensator wird zur Zeit* $t = 0$ s *mit der Spannung* 400 V *geladen. Berechnen Sie die maximale und die effektive Stromstärke des im Schwingkreis fließenden Wechselstroms!* **d)** *Wie groß sind Spannung und Stromstärke zur Zeit* $t = T/6$*? Wie ist die Energie in diesem Augenblick auf das elektrische und das magnetische Feld verteilt?*

3. *Mit einem Kondensator der Kapazität* 80 µF *soll ein Schwingkreis der Frequenz* 40 Hz *gebildet werden.* **a)** *Wie groß muß die Induktivität L sein?* **b)** *Der Kondensator wird zu Beginn der Schwingung* ($t = 0$ s) *mit* 100 V *geladen. Wie groß ist dann die Stromstärke in dem Augenblick, in dem die Spannung am Kondensator* 50 V *beträgt?* **c)** *Wie lange dauert es, bis die Spannung von* 100 V *auf* 50 V *abgesunken ist?* **d)** *Zu welchen Zeiten innerhalb einer Periodendauer des Schwingkreises sind die elektrische und die magnetische Energie gerade gleich?*

4. *Eine ungedämpfte elektromagnetische Schwingung hat eine Frequenz von* 460 Hz. *In den Zuleitungen zum Kondensator mißt man* $I_{eff} = 52$ mA, *zwischen den Platten* $U_{eff} = 12$ V. *Berechnen Sie daraus den induktiven und den kapazitiven Widerstand! Wie groß sind demnach L und C?*

§ 61 Dämpfung und ihre Aufhebung

1. Widerstände sind unvermeidlich

Die Ergebnisse des vorigen Kapitels gelten nur für *ungedämpfte* Schwingungen, gehen also vom Idealfall $R=0$ aus. Die Spule eines Schwingkreises hat aber einen ohmschen Widerstand, welcher der Schwingung dauernd Energie in Form von Wärme entzieht. Wie wirkt sich diese Dämpfung aus? Nun – jetzt wird der Schwingkreiskondensator durch die Selbstinduktionsspannung $U_{\text{ind}} = -L\dot{I}(t)$ nicht direkt, sondern über einen ohmschen Widerstand R aufgeladen *(Bild 178.1)*. Die Spannung U_{ind} ist also stets gleich der Summe der Teilspannungen $U_C = Q/C$ und $U_R = RI$; es gilt in jedem Augenblick $-L\dot{I}(t) = Q(t)/C + RI(t)$ oder

$$\dot{I}(t) = -\left(\frac{Q(t)}{CL} + \frac{R}{L} I(t)\right). \qquad (178.1)$$

Wir können jetzt wieder $I(t) = \dot{Q}(t)$ sowie $\dot{I}(t) = \ddot{Q}(t)$ setzen und erhalten damit eine Differentialgleichung, in der $\ddot{Q}(t)$, $\dot{Q}(t)$ und $Q(t)$ vorkommen. Leider ist es nun aber nicht mehr so einfach, dafür Lösungsfunktionen zu finden. Deshalb überlassen wir diese Aufgabe besser dem Computer!

Dazu müssen wir den Verlauf der Ladungen und Ströme des Schwingkreises in möglichst kleine Zeitschritte Δt zerlegen. Zu diesem Zweck setzen wir näherungsweise $\dot{I} = \Delta I/\Delta t$ und erhalten damit aus der Differentialgleichung *178.1* die *Differenzengleichung*

$$\Delta I = -\left(\frac{Q(t)}{CL} + \frac{R}{L} I(t)\right)\Delta t. \qquad (178.2)$$

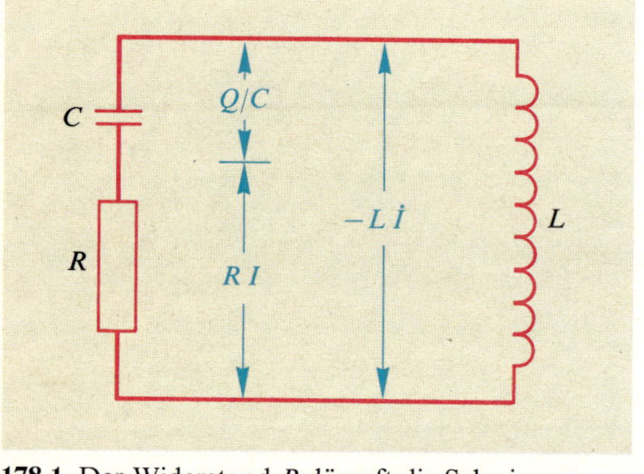

178.1 Der Widerstand R dämpft die Schwingung.

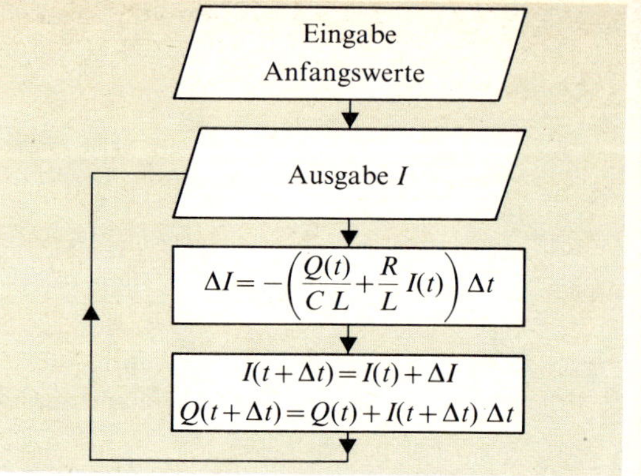

178.2 Flußdiagramm zum gedämpften Schwingkreis

Weiter gilt $I(t+\Delta t) = I(t) + \Delta I$ (178.3)

und $Q(t+\Delta t) = Q(t) + I(t+\Delta t)\Delta t.$ (178.4)

Sind nun zu einem beliebigen Zeitpunkt t die Stromstärke $I(t)$ und die Kondensatorladung $Q(t)$ bekannt, so lassen sich aus *Gl. 178.2* bis *178.4* die neue Stromstärke $I(t+\Delta t)$ und die neue Ladung $Q(t+\Delta t)$ zum etwas späteren Zeitpunkt $t+\Delta t$ ermitteln. Auf diese Weise rechnet der Computer – ausgehend von $I(0)=0$ und $Q(0)=\hat{U}C$ – Schritt für Schritt beliebig viele neue Werte für I und Q aus. Vergessen Sie aber nicht, daß es sich dabei um ein Näherungsverfahren handelt; je kleiner Δt gewählt wird, desto genauer sind die Ergebnisse.

Das Flußdiagramm in *Bild 178.2* gibt Ihnen die Anleitung zu einem Computerprogramm; *Bild 178.3* zeigt die Computergrafik einer aufgrund dieses Programms berechneten gedämpften elektromagnetischen Schwingung. Die Periodendauer T ist konstant und nur unwesentlich größer als bei der ungedämpften Schwingung.

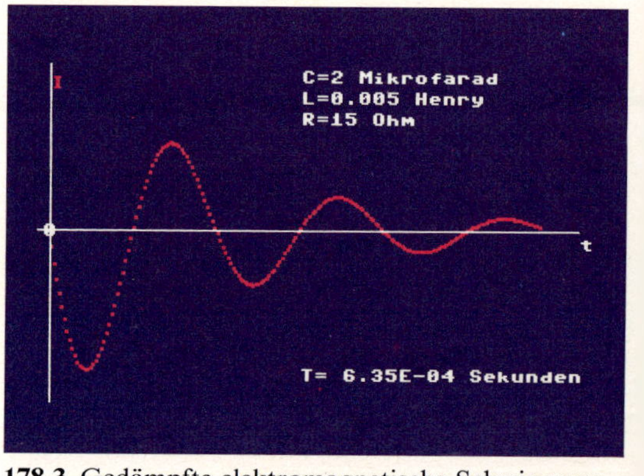

178.3 Gedämpfte elektromagnetische Schwingung

2. Rückkopplung mit der Meißner-Schaltung

Ebenso, wie man eine Schaukel trotz Reibung in Schwung halten kann, lassen sich auch in einem Schwingkreis trotz ohmschem Widerstand *ungedämpfte* elektromagnetische Schwingungen erzeugen. Man muß dazu nur, wie bei der Schaukel, die verlorengegangene Energie immer wieder zur richtigen Zeit ersetzen.

Versuch 162: a) Ein Schwingkreis ($C = 100\ \mu F$; $L = 600$ H) ist nach *Bild 179.1* mit einem Oszilloskop verbunden, dessen Horizontalablenkung ausgeschaltet wurde. Die Anschlüsse der Vertikalablenkung sind so gepolt, daß der Elektronenstrahl nach *oben* abgelenkt wird, wenn der Punkt 1 der Schaltung *positiv* ist. Drücken Sie nun kurz die Taste, so wird der Kondensator geladen, und es entsteht eine elektromagnetische Schwingung: Der Leuchtpunkt des Oszilloskops schaukelt auf und ab.

Wenn Sie den Schwingkreis sich selbst überlassen, klingt die Schwingung rasch wieder ab, denn die Spule hat einen ziemlich hohen ohmschen Widerstand.

b) Versuchen Sie nun, die Taste periodisch so zu drücken, daß eine *ungedämpfte* Schwingung mit möglichst großer Amplitude entsteht! Nach einigem Probieren werden Sie finden, daß Sie dazu die Taste *genau während der Halbperiode gedrückt halten müssen, in welcher der Punkt 1 des Schwingkreises positiv geladen ist.*

Warum gerade so? Nun – so lange die Taste gedrückt ist, soll ja die Batterie dem Schwingkreis Energie liefern, um die Dämpfungsverluste wieder auszugleichen. Das kann sie aber nur tun, wenn der Anschlußpunkt 1 des Schwingkreises gleich gepolt ist wie die Batterie. Nur dann ist es dieser nämlich möglich, dem Kreis eine zusätzliche Energiespritze zu liefern. Bei der umgekehrten Polung würde der Kreis nach außen Energie abgeben; das wäre dann sogar noch eine zusätzliche Dämpfung. Deshalb muß die Taste während der Halbperiode, in der Punkt 1 *negativ* ist, losgelassen werden. Denken Sie zum Vergleich an das Laden eines Akkus: Er erhält nur dann Energie, wenn sein Pluspol an den Pluspol und sein Minuspol an den Minuspol des Ladegerätes angeschlossen ist. Der umgekehrte Fall wäre für den Akku so schlimm wie ein Kurzschluß: Er würde sich rasch entladen.

Ähnlich wie bei den mechanischen Schwingungen (Band MS, Seite 222) wollen wir nun die periodische Energiezufuhr für den Schwingkreis von der handbetriebenen **Rückkopplung** auf eine automatische Schaltung umstellen.

Versuch 163: Als Schalter bauen wir nach *Bild 179.2* einen *Transistor* in die Zuleitung zwischen Batterie und Schwingkreis ein. Die Schwingkreisspule ($L = 600$ H) hat eine zusätzliche Wicklung, die sich als Induktionsspule verwenden läßt. Ihre Enden werden einerseits mit der Basis des Transistors, andererseits mit dem Abgriff eines Spannungsteilers verbunden. Wir stellen ihn so ein, daß der Transistor gerade noch nicht leitet. Dies ist der Fall, wenn die Spannung zwischen Basis und Emitter $U_{BE} \approx 0{,}6$ V beträgt. Wird nun beim Betrieb des Schwingkreises der obere Anschluß 1 gerade *positiv*, so ist die Polarität der Induktionsspannung in der Zusatzspule in Punkt 3 *positiv*, in Punkt 4 *negativ* (bei gleichem Windungssinn). U_{ind} *addiert* sich also zu der am Spannungsteiler eingestellten Spannung von 0,6 V auf $U_{BE} > 0{,}6$ V: Der Transistor leitet, die Batterie pumpt

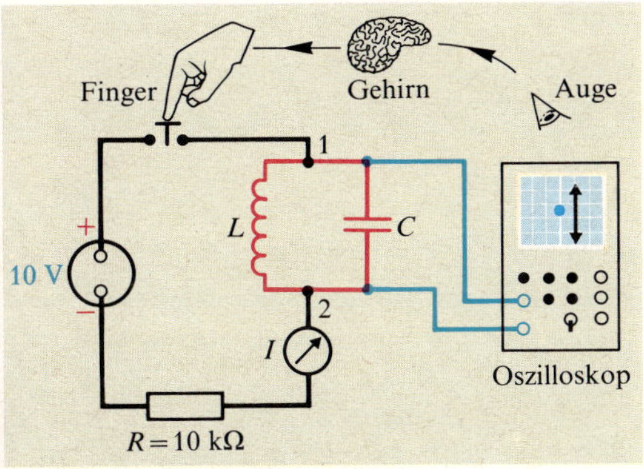

179.1 Handbetriebene Rückkopplung

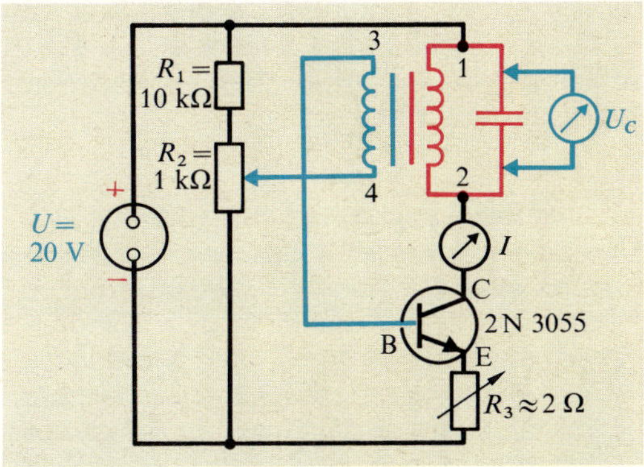

179.2 Rückkopplungsschaltung nach *Meißner*

Energie in den Schwingkreis. – Wird der obere Anschlußpunkt 1 dagegen negativ, so erhält die Induktionsspannung in 3 negative und in 4 positive Polarität. Jetzt *subtrahiert* sich U_{ind} von 0,6 V auf $U_{BE} < 0{,}6$ V: Der Transistor sperrt und trennt so den Schwingkreis von einer weiteren Energiezufuhr durch die Batterie ab.

Der Transistor wird also vom Schwingkreis selbst über die Induktionsspule – man nennt sie auch *Rückkopplungsspule* – so gesteuert, daß er sich genau so verhält wie der von Hand betriebene Schalter in Versuch 162. Dabei wird dem Schwingkreis stets im richtigen Zeitabschnitt eine Energiespritze verpaßt: Die anfangs nur zaghafte elektromagnetische Schwingung schaukelt sich immer weiter auf, bis die während einer Periode entstehenden Dämpfungsverluste durch die in derselben Zeit von der Batterie gelieferten Energiezufuhren gerade ausgeglichen sind.

Die Periodendauer der Schwingung beträgt ungefähr 1,5 s. An einem in die Zuleitung geschalteten Strommesser und einem zwischen die Punkte 1 und 2 geschalteten Spannungsmesser kann man den wechselnden Verlauf der Stromstärke I und der Spannung U_C gut verfolgen. I und U_C sind in der Phase um 90° gegeneinander verschoben. Der Spannungsmesser muß einen hohen Widerstand haben, damit er dem System wenig Energie entzieht; sehr geeignet ist ein T-Y-Schreiber *(Bild 180.1)*.

Ist die Induktionsspannung zwischen den Punkten 3 und 4 der Rückkopplungsspule zu hoch, so wird der Transistor übersteuert. Der Strom I und die Spannung U_C zeigen dann starke Abweichungen von der Sinusform. Abhilfe schafft der Emitterwiderstand R_3: Er bewirkt eine **Gegenkopplung** und damit eine Schwächung. Seine Einstellung ist kritisch: Ist er zu klein, so erhält man Verzerrungen; ist er zu groß, so brechen die Schwingungen ab.

Die erste Rückkopplungsschaltung wurde von *A. Meißner* im Jahr 1913 entwickelt. Als Schalter benutzte er eine Triode; der Transistor war damals noch nicht erfunden.

In der Rückkopplungsschaltung steuert sich der Schwingkreis selbst über eine Induktionsspule so, daß der Transistor stets im richtigen Zeitabschnitt leitet und dabei dem Schwingkreis Energie zuführt. Die Schwingung schaukelt sich auf, bis die Dämpfungsverluste durch diese periodische Energiezufuhr gerade ausgeglichen sind.

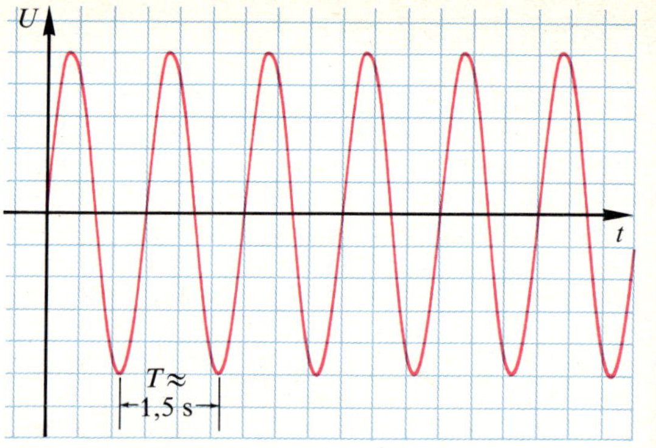

180.1 Mit dem T-Y-Schreiber aufgenommene Spannungs-Zeit-Funktion nach Versuch 163

Versuch 164: **a)** Elektromagnetische Schwingungen höherer Frequenz erhalten wir mit einem Schwingkreis, der aus einem Kondensator der Kapazität $C = 0{,}5\ \mu F$ und einer Spule ohne Eisenkern ($L = 1 \cdot 10^{-2}$ H) besteht. Die Rückkopplungsspule von etwa gleicher Windungszahl stellen wir einfach daneben. Diese Anordnung bauen wir nach Bild *179.2* zu einer Rückkopplungsschaltung zusammen. Dabei wählen wir $R_1 = 5{,}6\ k\Omega$, $R_2 = 1\ k\Omega$ und $U = 5$ V. Auf den Emitterwiderstand R_3 können wir jetzt verzichten, da sich die Stärke der Rückkopplung durch Verändern des Abstandes der beiden Spulen einstellen läßt. Statt des Strommessers nehmen wir einen Lautsprecher (4 Ω): Er erzeugt einen Ton der Schwingkreisfrequenz. Ein Zweikanal-Oszilloskop, das wie in Versuch 161 mit dem Schwingkreis verbunden wird, zeigt den zeitlichen Verlauf von Spannung und Stromstärke *(Bild 180.2)*.

b) Nähert man die Rückkopplungsspule vorsichtig, so kann man beobachten, wie sich die Schwingung allmählich aufschaukelt.

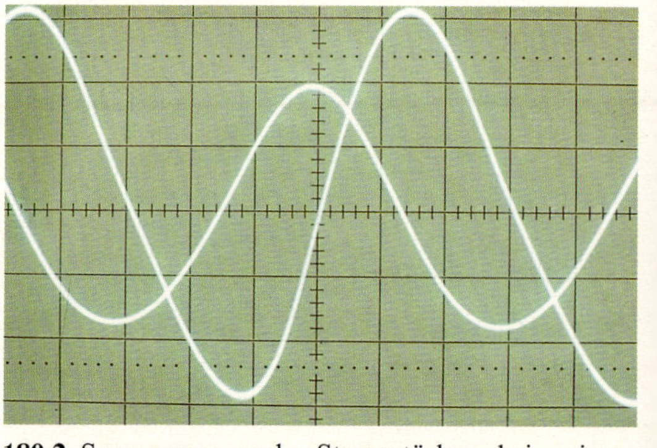

180.2 Spannung und Stromstärke bei einem Schwingkreis nach Versuch 164

3. Erzwungene Schwingungen

Bei unseren bisherigen Überlegungen hat sich eine enge Verwandtschaft zwischen elektromagnetischer und mechanisch-harmonischer Schwingung herausgestellt. Deshalb sind Sie sicher nicht überrascht, daß sich ein elektromagnetischer Schwingkreis ebenso zu *erzwungenen* Schwingungen anregen läßt wie ein mechanischer Schwinger. Wir wollen also versuchen, dem Schwingkreis von außen eine sinusförmige Wechselspannung $U(t)$ aufzuzwingen, deren Frequenz f von der Eigenfrequenz f_0 des Schwingkreises verschieden ist.

Versuch 165: Ein Schwingkreis besteht aus einem Kondensator der Kapazität $C=0{,}5\,\mu F$ und einer langgestreckten Spule der Länge $l=1{,}0$ m mit 2660 Windungen und einer Querschnittsfläche von $46{,}5\,cm^2$. Nach *Gl. 129.2* beträgt ihre Induktivität $L=\mu_0\mu_r n^2\ A/l=41{,}3$ mH; die Eigenfrequenz des Schwingkreises ist also $f_0=1/(2\pi\sqrt{CL})=1100$ Hz. Die Wechselspannung mit der Zwangsfrequenz f wird von einem Sinus-Generator geliefert und nach *Bild 181.1* durch Induktion auf den Schwingkreis übertragen. Punkt 0 der Schaltung verbinden wir mit der Erdbuchse, Punkt 1 und 2 jeweils mit einem der beiden Eingänge eines Zweikanal-Oszilloskops. Erregerspannung und Schwingkreisspannung erscheinen dann gleichzeitig auf dem Bildschirm. Nach kurzer Einschwingzeit ist die Eigenfrequenz f_0 abgeklungen, und der Kreis schwingt mit der ihm vom Erreger aufgezwungenen Frequenz.

a) Wir bestimmen nun am Oszilloskop die Amplituden der erzwungenen elektromagnetischen Schwingung in Abhängigkeit von der Anregungsfrequenz f, die sich mit einem angeschlossenen elektronischen Zähler messen läßt. Dabei müssen wir darauf achten, daß die Amplitude der Erregerspannung konstant bleibt. Die Meßergebnisse übertragen wir in ein Schaubild: Wir erhalten eine **Resonanzkurve**, wie wir sie bereits von den erzwungenen mechanischen Schwingungen kennen. Ihr Maximum liegt etwas unterhalb der Eigenfrequenz $f_0=1100$ Hz des ungedämpften Schwingkreises.

b) Wir wiederholen den Versuch, schalten aber noch zusätzliche Widerstände in den Schwingkreis ein. Dabei stellen wir fest: Je größer der Dämpfungswiderstand ist, desto flacher wird die Resonanzkurve. Mit der Vergrößerung des Widerstandes sinkt auch die Resonanzfrequenz noch weiter unter die Eigenfrequenz f_0 des ungedämpften Schwingkreises.

c) Bei einer nochmaligen Wiederholung des Versuchs achten wir jetzt auf die Phasenverschiebung φ zwischen der Erregerschwingung und der erzwungenen Schwingung. Auch hier finden wir völlige Übereinstimmung mit den erzwungenen mechanischen Schwingungen:

Für $f \ll f_0$ wird $\varphi = 0$;
für $f = f_0$ wird $\varphi = 90°$;
für $f \gg f_0$ wird $\varphi = 180°$.

Versuch 166: Die Resonanzkurve des elektromagnetischen Schwingkreises läßt sich auch mit Hilfe des T-Y-Schreibers aufzeichnen. Dazu wird die am Schwingkreis auftretende Wechselspannung in einer Graetz-Schaltung gleichgerichtet und dem Y-Eingang des Schreibers zugeführt *(Bild 181.2)*. Erhöhen wir nun die Frequenz f der vom Sinus-Generator gelieferten Wechselspannung durch möglichst gleichmäßiges Drehen am Frequenzwähler, so zeichnet der T-Y-Schreiber die Resonanzkurve

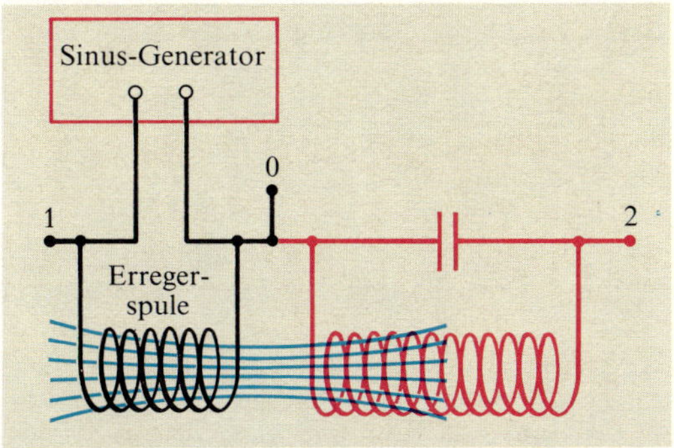

181.1 Schaltung zur Beobachtung erzwungener elektromagnetischer Schwingungen mit dem Oszilloskop

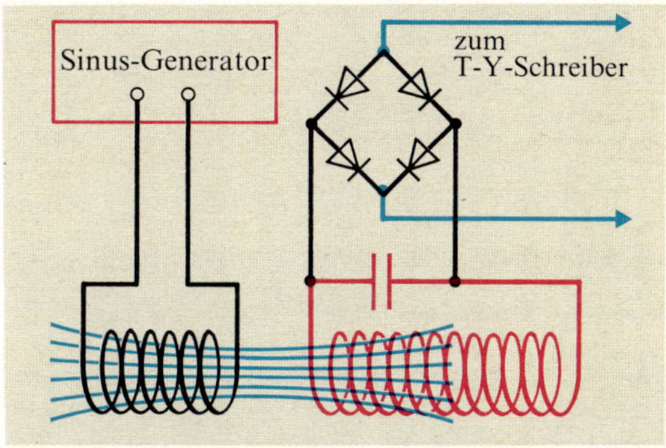

181.2 Schaltung zur Aufzeichnung der Resonanzkurve mit einem T-Y-Schreiber

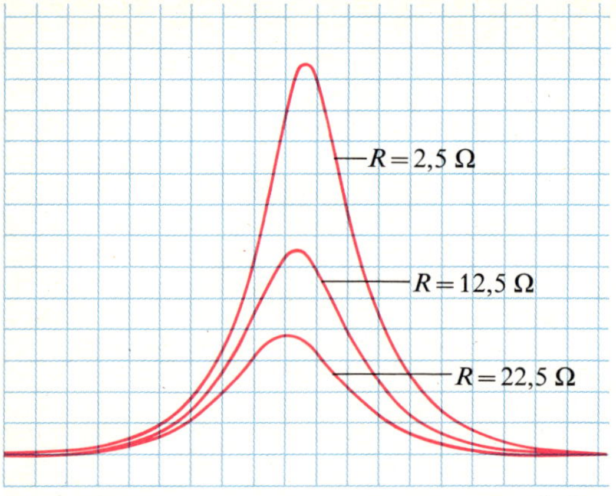

182.1 Resonanzkurven für $C=0,5\,\mu\text{F}$, $L=5,8\cdot10^{-2}\,\text{H}$ und verschiedene Dämpfungswiderstände R

auf. Der Versuch gelingt besonders gut, wenn wir einen Sinus-Generator benutzen, dessen Frequenz proportional zu einer von außen zugeführten Hilfsspannung vergrößert (gewobbelt) werden kann. Wir legen eine linear ansteigende Spannung an den Wobbeleingang eines solchen Generators. Dann ändert sich die Zwangsfrequenz f exakt proportional zur Zeit, und der T-Y-Schreiber, dessen Papiervorschub ja ebenfalls proportional zur Zeit verläuft, zeichnet eine saubere Resonanzkurve auf. Bild *182.1* zeigt das Ergebnis für verschiedene Widerstände.

Aufgaben

1. a) *Stellen Sie ein Computerprogramm für die gedämpfte Schwingung eines Schwingkreises mit* $C=200\,\mu\text{F}$, $L=500\,\text{H}$ *und* $R=200\,\Omega$ *auf! Der Kondensator werde zu Beginn mit der Spannung* $\hat{U}=500\,\text{V}$ *geladen;* $\Delta t=0,1\,\text{s}$. **b)** *Erweitern Sie das Programm, so daß man damit die Periodendauer T der gedämpften Schwingung berechnen kann!* **c)** *Stellen Sie ein weiteres zusätzliches Programm auf, das zu jedem gewünschten Zeitpunkt der Schwingung die elektrische Energie* $W_{el}=\frac{1}{2}CU^2$ *und die magnetische Energie* $W_{mag}=\frac{1}{2}LI^2$ *sowie den Energieverlust durch die Stromwärme* $\sum I^2 R\,\Delta t$ *berechnet.*

2. *Wählt man* $R>2\sqrt{L/C}$, *so schwingt wegen der zu großen Dämpfung der Kreis nicht mehr. Prüfen Sie dies mit dem Computer an einem Beispiel nach!*

3. a) *Die Schwingung eines Schwingkreises mit* $C=0,5\,\mu\text{F}$, $L=0,08\,\text{H}$ *und* $R=10\,\Omega$ *kann zwischen* $I=\hat{I}$ *und* $I=0$ *angenähert als sinusförmig betrachtet werden. Wieviel Prozent der im Magnetfeld gespeicherten Energie gehen demnach als Wärme verloren?* **b)** *Was ergibt sich für* $C=1\,\mu\text{F}$, $L=0,04\,\text{H}$ *und* $R=10\,\Omega$*? Was folgt daraus?*

§62 Hochfrequenz

1. Wozu braucht man hochfrequente Schwingungen?

Elektromagnetische Schwingungen mit sehr hohen Frequenzen (100000 Hz bis zu vielen Millionen Hertz) finden in der Praxis vielfache Anwendungen. So werden z.B. im *Hochfrequenzherd*, den man auch *Mikrowellenherd* nennt, die Speisen dadurch erwärmt, daß die darin vorhandenen Ionen von einem außerordentlich rasch wechselnden elektrischen Feld „geschüttelt" werden. In der *Kurzwellentherapie* werden innere Bereiche des menschlichen Körpers durch hochfrequente Schwingungen erwärmt. Die betreffende Stelle wird in ein hochfrequentes elektrisches Wechselfeld zwischen zwei Kondensatorplatten gebracht. Die dabei zustandekommenden schnellen Schwingungen der Ionen im Gewebe bringen die gewünschte Erwärmung. Die Energie wird hier durch elektrische Felder direkt in das Körperinnere geführt und nicht – wie bei Heizkissen und Heizsonne – in Form von Wärme über die Moleküle der empfindlichen Haut geleitet. Zum Schmelzen von Metallen benutzt man den *Hochfrequenz-Induktionsofen*. In einer Spule, die den Schmelztiegel umfaßt, fließt ein Wechselstrom sehr hoher Frequenz. Er induziert im Metall Wirbelströme, die es bis zum Schmelzen erhitzen. Die zum Abbinden von Kunstharzleimen notwendige Wärme wird ebenfalls durch hochfrequente Schwingungen erzeugt (Hochfrequenzverleimung). Eine besonders hervorragende Rolle spielen hochfrequente elektromagnetische Schwingungen in der *Nachrichtentechnik* (§67).

2. Die Erzeugung hochfrequenter Schwingungen

Zur Erzeugung hochfrequenter elektromagnetischer Schwingungen braucht man nach der Thomsonschen Gleichung Schwingkreise mit möglichst kleiner Kapazität und Induktivität. Statt der induktiven Rückkopplung benutzt man meist eine sogenannte **Dreipunktschaltung** *(Bild 183.1)*. Sie arbeitet folgendermaßen: Während des Zeitabschnitts, in dem der obere Anschluß des Schwingkreises *positiv* geladen ist, entsteht zwischen den Punkten 1 und 3 eine Spannung U; dabei erhält Punkt 1 positive Polarität. Da Punkt 3 in Bezug auf den Minuspol der Spannungsquelle das Potential U_0 hat, erhält Punkt 1 das Potential $U_0 + U$. Der Trennkondensator C' hält die konstante Spannung U_0 zurück und überträgt nur den Wechselspannungsanteil U auf die Basis des Transistors: So lange der obere Anschluß des Schwingkreises *positiv* ist, erhält auch die Basis positive Polarität, und der Transistor leitet. Ist der obere Anschluß dagegen *negativ*, so wird die Basis ebenfalls negativ, und der Transistor sperrt. Es liegen also dieselben Verhältnisse wie bei der in Versuch 163 behandelten induktiven Rückkopplung vor.

Versuch 167: Für den Schwingkreis einer Dreipunktschaltung verwenden wir eine Spule der Länge $l = 10$ cm mit 14 Windungen. Ihr Durchmesser beträgt 4,5 cm, die Querschnittsfläche also $A = 1{,}6 \cdot 10^{-3}\ \text{m}^2$. Nach der Formel $L = \mu_0 \mu_r n^2 A/l$ ist die Induktivität dieser Spule $L \approx 4 \cdot 10^{-6}$ H. Als Kapazität nehmen wir einen Drehkondensator mit $C \approx 100$ pF. Die Eigenfrequenz des Schwingkreises beträgt damit

$$f_0 = \frac{1}{2\pi} \frac{1}{\sqrt{4 \cdot 10^{-6} \cdot 10^{-10}}}\ \text{s}^{-1} \approx 8\ \text{MHz}.$$

Für diese hohe Frequenz ist der bis jetzt benutzte Transistor zu träge. Wir ersetzen ihn deshalb durch den Hochfrequenztransistor 2 N 3553. Bei einer Betriebsspannung von $U_0 = 50$ V nehmen wir $R_1 = 5{,}6\ \text{k}\Omega$, $R_2 = 5\ \text{k}\Omega$, $R_3 = 1\ \text{k}\Omega$ und $C' = 100$ pF; der Abgriff in Punkt 3 liegt an der fünften Windung (von Punkt 1 aus gezählt).

Die hochfrequente Schwingung weisen wir mit dem Oszilloskop nach; ihre Periodendauer ermitteln wir entweder aus der Zeitablenkung des Oszilloskops oder mit einem elektronischen Zähler.

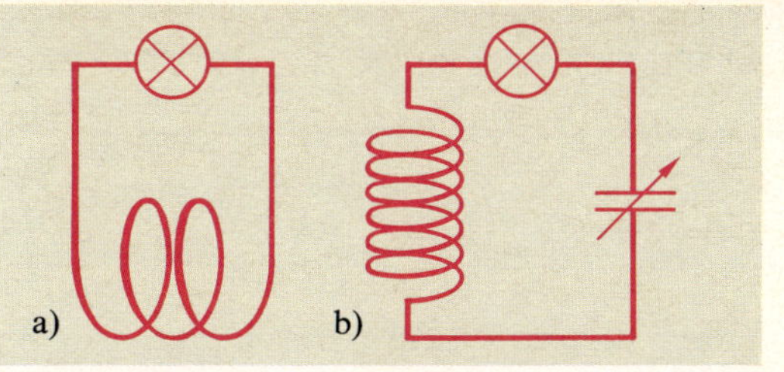

183.2 a) Prüfspule mit Glühlämpchen; b) abstimmbarer Resonanzkreis mit Glühlämpchen

Wir können zum Nachweis der hochfrequenten Schwingung auch eine Prüfspule (5 Windungen, Durchmesser 4,5 cm) mit einem Glühlämpchen (3,8 V; 0,07 A) benutzen *(Bild 183.2a)*. Bringen wir sie in die Nähe der Schwingkreisspule, so wird die Prüfspule von einem Induktionsstrom durchflossen, und das Lämpchen leuchtet.

Versuch 168: Statt der Prüfspule benutzen wir nun einen Resonanz-Schwingkreis mit eingebautem Glühlämpchen *(Bild 183.2b)*. Nähern wir die Spulen der beiden Schwingkreise einander, so leuchtet das Lämpchen nur dann hell auf, wenn die Drehkondensatoren auf Resonanz eingestellt sind.

Versuch 169: Zur Erzeugung noch höherer Frequenzen setzen wir die Induktivität immer weiter herab, bis für die Spule des Schwingkreises schließlich nur noch eine einzige Windung übrigbleibt. So kommt die Dreipunktschaltung nach *Bild 183.3* zustande. Die Schwingkreisspule ist zu einer Drahtschleife verkümmert; die Schwingkreiskapazität wird im wesentlichen durch die Kapazität C_{BC} zwischen Basis und Kollektor des Transistors gebildet. Der

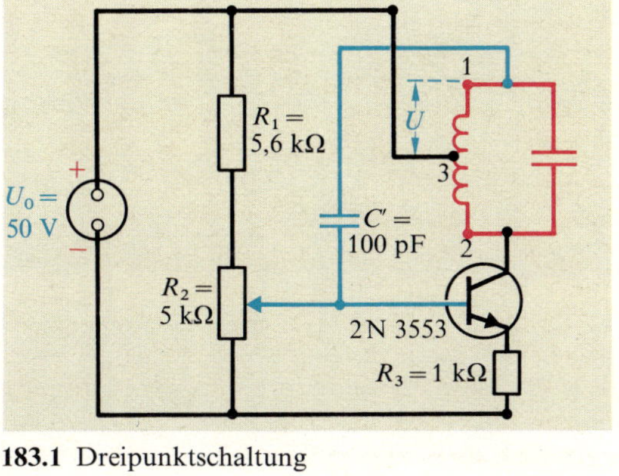

183.1 Dreipunktschaltung

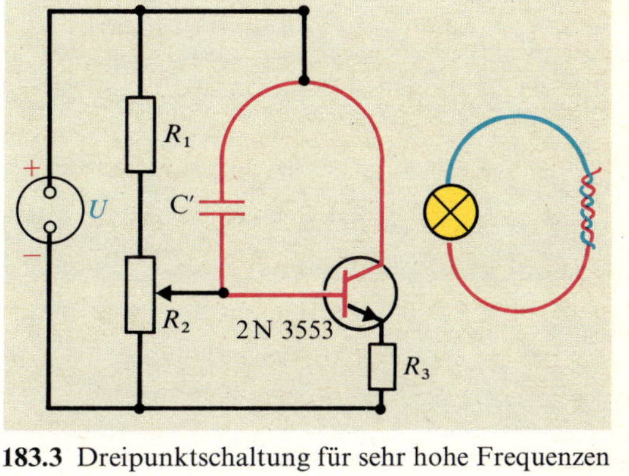

183.3 Dreipunktschaltung für sehr hohe Frequenzen

Trennkondensator C' ist mit C_{BC} in Reihe geschaltet; dadurch wird die frequenzbestimmende Kapazität sogar noch etwas herabgesetzt. ($R_1 = 1$ kΩ, $R_2 = 5$ kΩ, $R_3 = 100$ Ω, $C' =$ 300 pF, $U = 40$ V, Durchmesser der Drahtschleife 5 cm)

Zum Nachweis der hochfrequenten Schwingungen bringen wir einen Resonanzkreis in die Nähe der Drahtschleife. Er besteht nach *Bild 183.3* aus einer einzigen Windung (Durchmesser 5 cm); sie bildet wegen ihres Magnetfeldes die Induktivität des Kreises. Die Kapazität stellen wir dadurch her, daß wir die beiden Enden der isolierten Drähte mehr oder weniger miteinander verflechten, bis das Lämpchen maximal leuchtet. Dann ist der aus der Drahtschleife gebildete Schwingkreis auf Resonanz abgestimmt.

Versuch 170: Noch höhere Frequenzen erreichen wir mit der Röhrenschaltung nach *Bild 184.1*. Sie arbeitet nach demselben Prinzip wie die Transistorschaltung des Versuchs 169, benutzt aber eine *Triode* (Seite 78). Der Widerstand R ist in dieser Schaltung nötig, weil sich sonst Elektronen auf dem isolierten Gitter ansammeln und dieses so lange negativ aufladen würden, bis die Röhre schließlich ganz blokkiert wäre.

Der zum Nachweis der Schwingung benutzte Resonanzkreis besteht wieder aus einer einzigen Windung (der Durchmesser der Schleife beträgt ungefähr 6 cm). Wegen der hohen Frequenz muß die Kapazität noch kleiner sein als in Versuch 169. Deshalb besteht der Kondensator des Resonanzkreises jetzt im wesentlichen nur noch aus den beiden nebeneinander gelegten isolierten Drahtenden. Wir biegen sie so zurecht, daß das eingebaute Lämpchen möglichst hell leuchtet.

§63 Der Hertz-Dipol

1. Vom Schwingkreis zum Dipol

Auf dem Weg zu immer noch höheren Frequenzen ist aus dem elektromagnetischen Schwingkreis eine offene Drahtschleife geworden. Was könnte man jetzt noch tun, um Induktivität und Kapazität weiter herabzusetzen? Nun – man könnte die Schleife nach Bild *184.2* immer mehr auseinanderbiegen, bis man schließlich bei einem geraden Leiter gelandet ist. Ist ein gerades Leiterstück etwa auch schon ein Schwingkreis?

Versuch 171: Wir bringen in die Nähe eines Hochfrequenzgenerators einen leitenden Stab, dessen Länge durch übergeschobene Metallhülsen verändert werden kann. Bei einer bestimmten Länge leuchtet das in der Mitte des Stabs eingebaute Lämpchen hell auf; verändert man diese Länge, so wird es dunkler und erlischt schließlich ganz: Der Stab zeigt überraschenderweise eine *Eigenfrequenz*, wie wir sie vom Schwingkreis aus Versuch 168 kennen.

Versuch 172: Wir streichen mit einer bis kurz unterhalb ihrer Zündung vorgespannten Glimmlampe an dem zu elektrischen Schwingungen angeregten Stab entlang. An seinen Enden leuchtet die Glimmlampe hell auf. Je näher wir sie zur Mitte des Stabs hin führen, desto schwächer leuchtet sie; in der Mitte selbst erlischt die Glimmlampe ganz.

Die Erklärung dafür ist, daß sich an den beiden Enden des Stabs Ladungen anhäufen; dabei entstehen dort in dauerndem Wechsel Plus- und Minuspole. Deshalb wird der stabförmige Schwinger **Hertz-Dipol** genannt (nach *Heinrich*

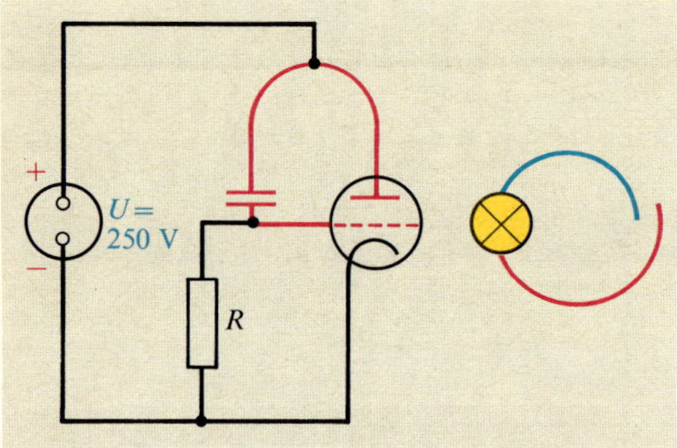

184.1 Röhrengenerator für höchste Frequenzen

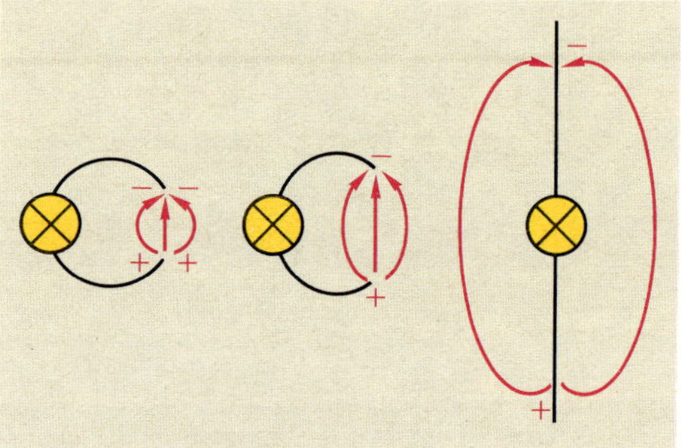

184.2 Vom Schwingkreis zum Dipol

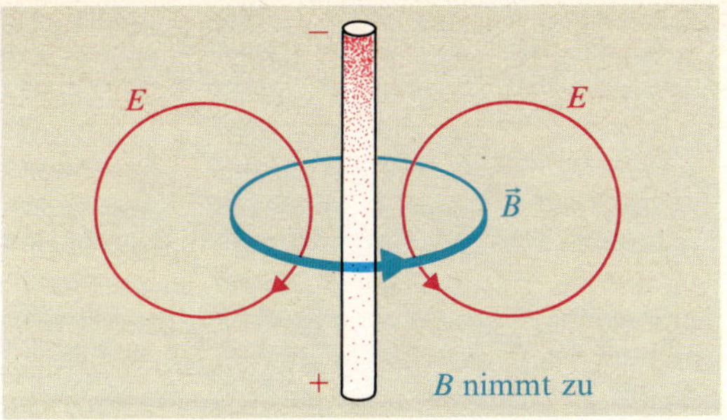

185.1 Die nach unten fließenden Elektronen bauen ein Magnetfeld auf. Dieses induziert ein elektrisches Feld, das dem Elektronenstrom entgegenwirkt.

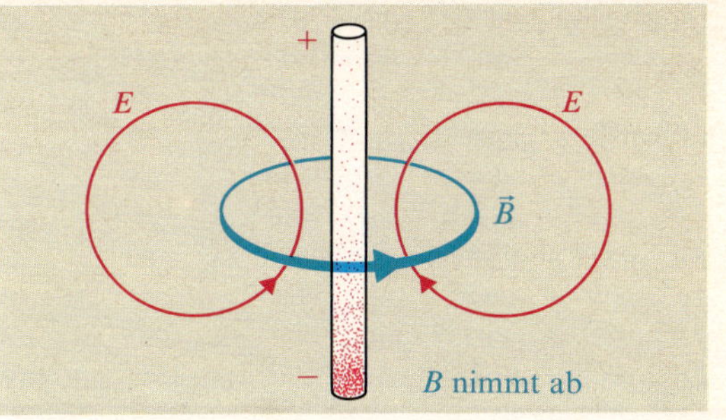

185.2 Das Magnetfeld baut sich ab und induziert dabei ein elektrisches Feld, das die Elektronen weiter nach unten treibt.

Hertz, 1857 bis 1894). Die Ladungsanhäufungen werden durch Elektronenschwingungen hervorgerufen, die der Hochfrequenzgenerator im Stab induziert. Betrachten wir einmal die Viertelperiode, in der sich die Elektronen im Dipol gerade nach oben verschieben!

In der *Stabmitte* können die Elektronen am ungestörtesten schwingen. Hier kommt es zu keinen Ladungsanhäufungen; der Strom ist am größten, und ein an dieser Stelle eingebautes Lämpchen leuchtet besonders hell. In einem Punkt *oberhalb* der Mitte gibt es jedoch ein um so dichteres Ladungsgedränge, je näher dieser Punkt beim oberen Ende des Dipols liegt. Am Ende selbst stauen sich die negativen Ladungen besonders dicht; dort können sich ja die Elektronen nicht mehr weiter nach oben verschieben. Die Stromstärke ist an dieser Stelle stets Null. Entsprechendes gilt für die momentane Verteilung positiver Ladungen auf der unteren Hälfte des Dipols.

Auch für die Dipolschwingung gibt es ein mechanisches Analogon. Stellen Sie sich eine an beiden Enden fest eingespannte Schraubenfeder vor, die in Längsrichtung zu ihrer Grundschwingung angeregt ist (Band MS, Seite 261)! In ihrer Mitte schwingen die Windungen am stärksten, und zwar so, daß sie dabei denselben Abstand voneinander behalten, den sie auch in der Ruhe haben. Je näher die einzelnen Windungen einem der beiden festen Enden sind, desto weniger bewegen sie sich; dafür drängen sie sich dort beim Schwingen immer dichter zusammen.

Damit verstehen wir jetzt, warum ein Lämpchen in der Mitte eines Stabs leuchten kann, obwohl es – entgegen allen bisherigen Vorstellungen von elektrischen Strömen – in keinem geschlossenen Stromkreis liegt. Aber wie kommt es, daß dies nur bei einer gewissen Stablänge funktioniert, daß der Hertz-Dipol also eine *Eigenfrequenz* besitzt?

Wir sind in unseren Überlegungen dabei stehen geblieben, daß die Elektronen im Dipol eine Viertelschwingung nach oben ausgeführt haben, so daß für einen Augenblick an den Dipolenden maximale, jeweils entgegengesetzt gepolte Ladungen angehäuft sind. Die Elektronen werden nun aber durch elektrische Kräfte zurückgezogen: Sie bewegen sich nach unten; die Ladungen gleichen sich wieder aus. Der Gedanke liegt nahe, die Elektronen würden jetzt wegen ihrer Trägheit übers Ziel hinausschießen, dabei die untere Dipolhälfte negativ laden und auf diese Weise eine Eigenschwingung erzeugen. Bei der schwingenden Schraubenfeder ist es zwar so: Sie kommt wegen der Trägheit ihrer Windungen im entspannten Zustand nicht zur Ruhe, sondern spannt sich erneut entgegengesetzt.

Aber wir dürfen das mechanische Analogon nicht zu wörtlich nehmen! Nicht die Masse der Elektronen, sondern die *Induktivität* des Dipols spielt hier eine Rolle: Die sich nach unten verschiebenden Elektronen stellen einen *Strom* dar, der nach *Oersted* um den Stab ein ringförmiges Magnetfeld entstehen läßt *(Bild 185.1)*! Während seines Aufbaus ($\dot{B} > 0$) induziert es dort eine elektrisches Wirbelfeld, dessen Feldlinien so gerichtet sind, daß sie dem nach unten fließenden Elektronenstrom entgegenwirken und seinen Anstieg bremsen. Schließlich haben sich die Ladungen aber doch ausgeglichen; das Magnetfeld baut sich ab ($\dot{B} < 0$) und induziert dabei ein elektrisches Wirbelfeld *(Bild 185.2)*, das so gerichtet ist, daß die Elektronen weiter nach unten getrieben werden. Jetzt entsteht am unteren Ende des Dipolstabs eine negative und am oberen eine positive Überschußladung. Das Spiel geht – mit umgekehrtem Vorzeichen – weiter! Der Dipol kann also selbständig schwingen. (Vergleiche Seite 175!)

Versuch 173: Das den Dipol umgebende magnetische Wechselfeld weisen wir wie in Versuch 169 mit einer induktiven Resonanzschleife nach, in die ein Lämpchen geschaltet ist. Es leuchtet maximal, wenn die Fläche der Schleife vom Magnetfeld senkrecht durchsetzt wird. Dabei können wir feststellen, daß das Magnetfeld – und damit auch der im Stab fließende elektrische Strom – in der Mitte des Dipols am stärksten ist und auf die Dipolenden zu immer mehr bis auf Null abnimmt.

Versuch 174: Wir verfolgen den Verlauf der von den Dipolladungen ausgehenden elektrischen Feldlinien mit einem zweiten Dipol derselben Länge. Halten wir ihn tangential zu den elektrischen Feldlinien, so leuchtet das Lämpchen in seiner Mitte besonders hell; steht er dagegen senkrecht zu den Feldlinien, so erlischt es. In diesem *Empfangsdipol* werden die freien Elektronen durch das elektrische Wechselfeld geschüttelt. Bei Resonanz entsteht dabei ein Wechselstrom von so großer Stärke, daß das Lämpchen leuchtet.

In den Augenblicken maximaler Ladungsanhäufung auf dem Dipol ist nur ein *elektrisches*, in den Momenten des Ladungsausgleichs bei maximaler Stromstärke nur ein *magnetisches* Feld vorhanden. Während der Dipolschwingung wandeln sich die beiden Arten dieses sogenannten **Nahfeldes** periodisch ineinander um. *Bild 186.1* zeigt vier aufeinanderfolgende Momentaufnahmen der elektrischen und magnetischen Feldlinien des mit den Dipolschwingungen verbundenen elektromagnetischen Nahfeldes. Dabei sind nur die in der Zeichenebene liegenden elektrischen Feldlinien dargestellt; in Wirklichkeit sind sie in sämtlichen Ebenen, die den Dipol enthalten, ebenso vorhanden. Dieser ist also nicht nur vom magnetischen, sondern auch vom elektrischen Feld umhüllt.

In *Bild 186.2* ist für dieselben vier Augenblicke die jeweilige Verteilung der maximalen Ladungen $\hat{Q}$ bzw. der maximalen Stromstärken $\hat{I}$ aufgezeichnet.

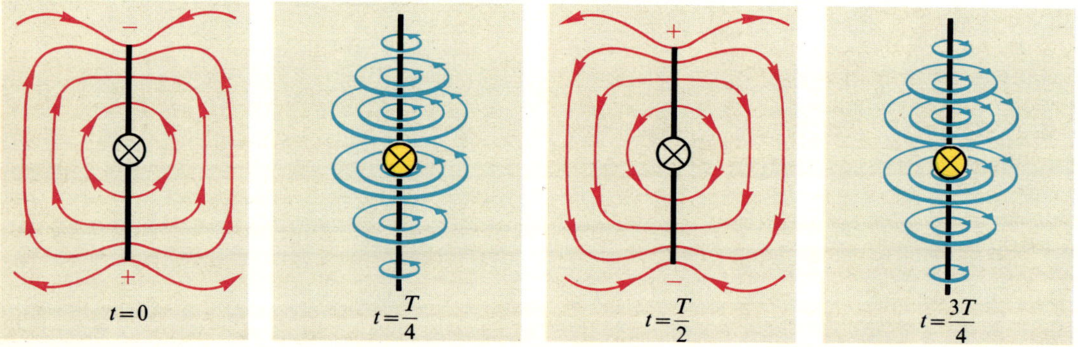

186.1 Während einer Schwingungsperiode von den elektrischen Ladungen bzw. den Strömen des Dipols erzeugte elektrische und magnetische Nahfelder

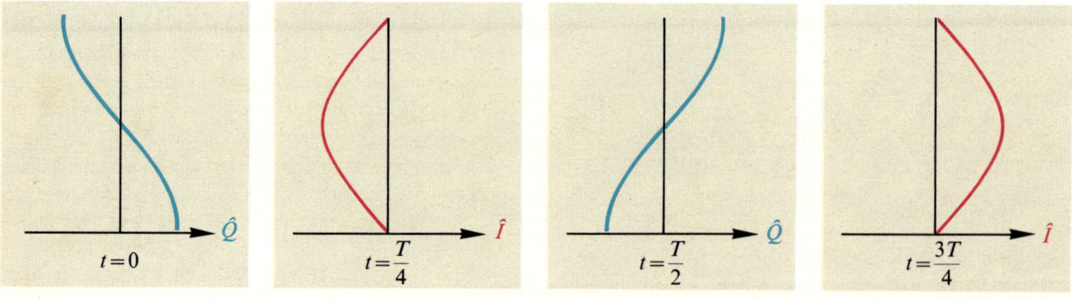

186.2 Verteilung der Überschußladungen $\hat{Q}$ bzw. der maximalen Stromstärken $\hat{I}$ im Dipol während einer Schwingungsperiode

§ 64 Die elektromagnetische Welle

1. Endlich bestätigt sich Faradays Feldidee

Der Raum um einen schwingenden Dipol ist nach *Bild 186.1* von wechselnden elektrischen Feldern erfüllt. Versuch 174 hat gezeigt, daß sie durch einen zweiten Dipol nachgewiesen werden können. Wir wollen deshalb den ersten Dipol einen *Sendedipol*, den zweiten einen *Empfangsdipol* nennen.

Versuch 175: Wir machen den Empfangsdipol empfindlicher, indem wir das Lämpchen durch ein Strommeßgerät (Meßbereich mA) ersetzen. Da es dem hochfrequenten Wechselstrom, der in der Mitte des Empfangsdipols fließt, nicht folgen kann, schalten wir dort eine Gleichrichterdiode in den Dipol. Jetzt fließt nur während der gesperrten Halbschwingung ein Strom stets in derselben Richtung durch das Instrument. Mit dieser Anordnung stellen wir auch noch in großen Entfernungen vom Sender Ströme im Empfangsdipol fest. Reicht das Feld des Sendedipols so weit?

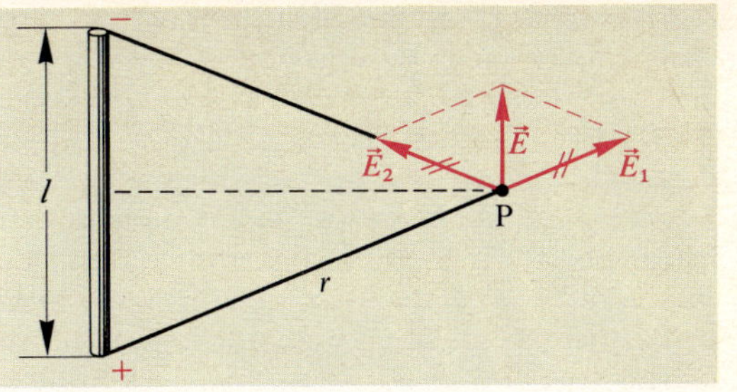

187.1 Die Ladungen des Dipols erzeugen im Punkt P die elektrische Feldstärke $\vec{E}$.

Betrachten wir dazu nach *Bild 187.1* einen Dipol der Länge l, dessen Enden für einen Augenblick entgegengesetzt gleich geladen sind! Die elektrische Feldstärke $\vec{E}$ in einem Punkt P der Mittelachse setzt sich aus den Komponenten $\vec{E}_1$ und $\vec{E}_2$ zusammen. Den ähnlichen Dreiecken entnehmen wir die Beziehung $E/E_1 = l/r$; daraus folgt $E = E_1\, l/r$. Nach dem Coulomb-Gesetz ist aber $E_1 \sim 1/r^2$; also gilt für die im Punkt P herrschende elektrische Feldstärke

$$E \sim 1/r^3. \qquad (187.1)$$

Versuch 176: In 20 cm Entfernung vom Sendedipol messen wir im Empfangsdipol die effektive Stromstärke $I_{\text{eff}} = 40$ mA. Nach *Gl. 187.1* müßte in 1 m Entfernung die Empfangsfeldstärke auf den tausendsten Teil zurückgehen; dementsprechend erwarten wir dort eine Empfängerstromstärke von nur noch 0,04 mA. Diese Voraussage trifft nun aber überraschenderweise nicht ein! Wir können den Empfangsdipol wesentlich weiter als 1 m vom Sendedipol entfernen und erhalten immer noch Stromstärken, die viel mehr als 0,04 mA betragen. Das elektrische Feld, das wir in größerer Entfernung vom schwingenden Dipol nachgewiesen haben, gehorcht also anderen Gesetzen als das von den Ladungen des Dipols ausgehende elektrostatische *Nahfeld*. Anscheinend entsteht außer diesem Nahfeld noch ein weiteres, auch in großem Abstand vom Dipol kräftig wirkendes **Fernfeld**. Schon *Faraday* hatte eine gute Idee, wie es dazu kommen könnte. Er schreibt:

„... Gewisse Versuchsergebnisse bringen mich zu der Überzeugung, daß sich magnetische Wirkungen ausbreiten und dafür Zeit benötigen. ... Ich glaube auch Gründe dafür zu haben, daß die elektrostatische Induktion (*Faraday* meint damit die elektrische Influenz, also im Grunde das elektrische Feld) eine ähnliche zeitliche Fortschreitung erfährt.
Ich bin geneigt, die Ausbreitung magnetischer Kräfte, die von einem Magnetpol ausgehen, mit Wellen an einer Wasseroberfläche oder mit Schallwellen zu vergleichen, d.h. ich meine, daß sich die Wellentheorie auf diese Erscheinungen ebenso anwenden läßt wie auf den Schall und sehr wahrscheinlich auch auf das Licht. Ich denke, daß die Wellentheorie analog dazu auch auf die Erscheinungen der elektrostatischen Induktion angewandt werden kann ...“

Aus der Annahme, daß elektrische und magnetische Felder zu ihrer Ausbreitung Zeit brauchen, schloß *Faraday* auf einen Wellenvorgang. Wie ist das zu verstehen? Nun – stellen Sie sich zur Veranschaulichung vor, die einzelnen Körperchen einer Wellenmaschine (Band MS, Seite 230) seien nicht durch ein elastisches Band, sondern durch einen starren Stab untereinander verbunden. Dann hätten alle Körperchen stets dieselbe Phase wie die Erregerschwingung, und es käme keine Welle zustande. Eine mechanische Welle bildet sich vielmehr nur, wenn ein Körperchen nach dem anderen von der Schwingung erfaßt wird, wenn sich die Störung also mit *endlicher Geschwindigkeit* ausbreitet. Dieselbe Überlegung läßt sich nach *Faraday* auch auf elektrische und magnetische Felder anwenden.

2. Alle Indizien sprechen für eine Welle

Elektrische und magnetische Felder breiten sich wie Wellen aus – so könnte man *Faradays* Idee kurz ausdrücken. Sie lag ihm so am Herzen, daß er sie am 12. März 1832 schriftlich bei der Royal Society in London niederlegte, um sich damit ein Prioritätsrecht zu sichern, seine weitschauenden Gedanken sozusagen patentieren zu lassen.

Folgen wir also *Faradays* Idee und prüfen nach, ob sich die elektrischen und magnetischen Felder des schwingenden Dipols etwa wie Wellen ausbreiten!

Versuch 177: a) Wir bringen zwischen Sende- und Empfangsdipol eine Metallplatte M_1. Darauf geht das Lämpchen im Empfangsdipol aus. Stellen wir nun nach *Bild 188.1* eine weitere Metallplatte M_2 auf, so leuchtet das Lämpchen wieder auf. Unser Versuchsergebnis ist ein erstes – wenn auch noch schwaches – Indiz für eine wellenartige Ausbreitung der vom Sendedipol ausgehenden Felder. Stellen Sie sich vor, derselbe Versuch würde mit Wasserwellen durchgeführt; anstelle des Sendedipols stünde ein periodisch in die Wasseroberfläche eintauchender Stift. Klar, daß dann M_1 der weiteren Ausbreitung einer Wasserwelle im Weg stünde. Dagegen würde die Welle an M_2 *reflektiert* und könnte so an die Empfangsstelle E gelangen.

b) Doch nun folgt ein weitaus stärkeres Indiz: Wir nehmen die Metallplatte M_1 weg. Jetzt kann die vom Sendedipol ausgehende Energie nach *Bild 188.2* einmal direkt und zum anderen auf dem Umweg über die reflektierende Metallplatte M_2 an den Empfangsdipol E gelangen. Verschieben wir die Metallplatte langsam parallel zu sich selbst vor und zurück, so leuchtet und erlischt das Lämpchen abwechselnd. Dieses Versuchsergebnis deutet auf **Interferenz** hin, die je nach dem Gangunterschied zur Verstärkung oder Auslöschung führt.

Interferenzerscheinungen sind nun aber ein besonders typisches Anzeichen für eine Welle. Alles deutet also darauf hin, daß vom schwingenden Sendedipol eine fortschreitende Welle ausgeht. Dann müßte es auch möglich sein, durch Überlagerung zweier einander entgegenlaufender Wellen eine *stehende Welle* zu erzeugen.

Versuch 178: a) Etwa 5 m vor einer Metallwand wird ein von einem Hochfrequenzgenerator angeregter Dipol aufgestellt. Wenn er tatsächlich eine fortschreitende Welle aussendet, müßte sich diese zusammen mit der an der Wand reflektierten Welle zu einer stehenden Welle überlagern. – Tasten wir also den Raum zwischen Sendedipol und Metallwand mit einem Empfangsdipol ab! Von seiner Mitte führen zwei durch eine Diode überbrückte Anschlüsse zu einem empfindlichen Strommesser. Dabei wird unsere Vermutung bestätigt: Zwischen dem Sendedipol und der Metallwand finden wir abwechselnd Stellen mit maximalem und minimalem Empfang, die sich als *Bäuche* und *Knoten* einer stehenden Welle deuten lassen: An den Bäuchen wechselt die elektrische Feldstärke $\vec{E}$ zwischen großen Werten, in den Knoten verschwindet sie ständig. An der Metallwand finden wir einen Knoten der elektrischen Feldstärke.

b) Als Meßinstrument kann man auch einen T-Y-Schreiber verwenden *(Bild 189.1)*. Den Knotenabstand messen wir zu 34,5 cm. Wenn der Dipol also eine fortschreitende Welle aussendet, dann hat diese die Wellenlänge $\lambda =$

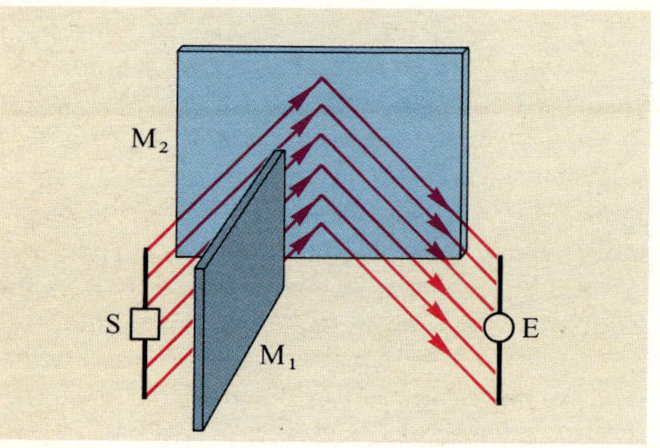

188.1 Eine erstes Indiz für elektromagnetische Wellen ist die Reflexion an einer Metallplatte.

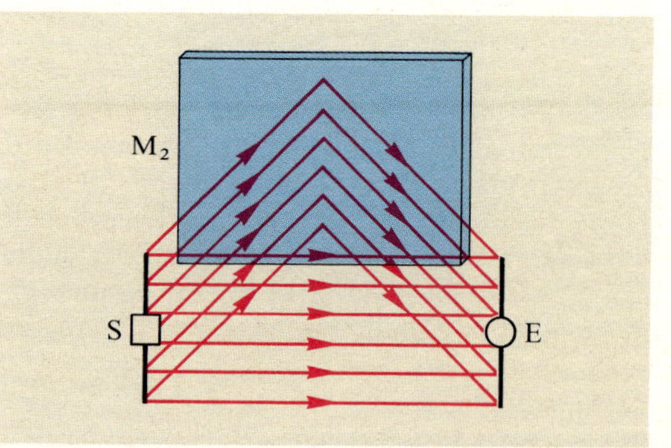

188.2 Wenn der Empfänger die Strahlung direkt und indirekt über M_2 erhält, tritt Interferenz auf.

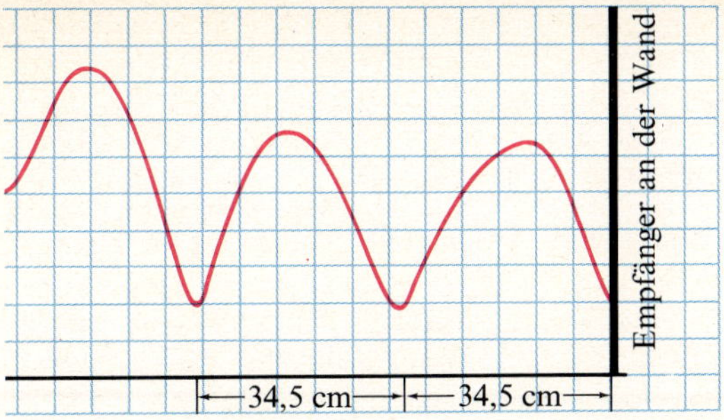

189.1 Der Empfangsdipol wurde an einem Bindfaden mit Hilfe eines Motors auf die Wand zubewegt. Die Empfangsspannung wurde gleichgerichtet und von einem T-Y-Schreiber aufgezeichnet.

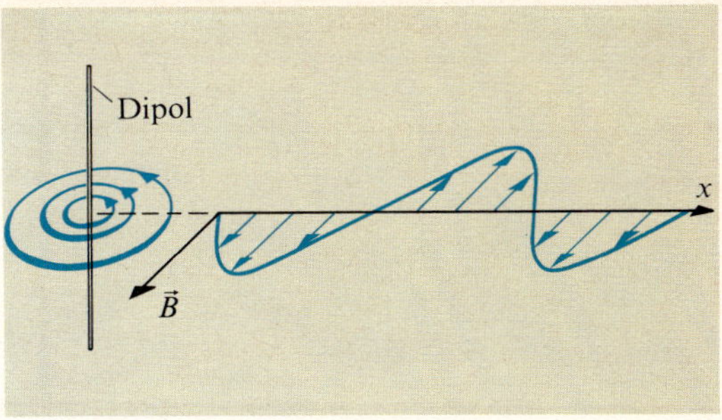

189.2 Die magnetischen Flußdichten B, die bei der Dipolschwingung zeitlich nacheinander folgen, liegen während der Ausbreitung längs der x-Achse räumlich nebeneinander.

69,0 cm. Da der zu unserem Versuch benutzte Generator mit der Frequenz $f = 434$ MHz arbeitet, folgt, daß sich diese Welle mit der unvorstellbar großen Geschwindigkeit

$$c = \lambda f = 0{,}69 \text{ m} \cdot 434 \cdot 10^6 \text{ s}^{-1} \approx 3{,}0 \cdot 10^8 \text{ m s}^{-1}$$

ausbreitet.

c) Die fortschreitende und damit auch die aus ihr hervorgegangene stehende Welle enthält nicht nur *elektrische*, sondern auch *magnetische* Felder. Diese weisen wir mit einer auf Resonanz eingestellten Induktionsschleife nach. Dazu schalten wir der Schleife eine Diode parallel und verbinden sie mit einem empfindlichen Meßinstrument. Wir stellen dabei fest, daß die magnetischen Feldlinien senkrecht auf den elektrischen stehen, und finden auch wieder Knoten und Bäuche in denselben Abständen wie vorher; doch liegen die Bäuche der magnetischen Welle in den Knoten der elektrischen und umgekehrt. Etwas ganz Ähnliches ist Ihnen bei den Schnellebäuchen und Druckknoten einer stehenden Schallwelle schon begegnet.

Zuerst wollen wir uns nun überlegen, wie das *Magnetfeld* rings um einen schwingenden Dipol aussehen muß, wenn es sich mit einer endlichen Geschwindigkeit c ausbreitet. *Bild 189.2* zeigt in einem Ausschnitt das in der Mittelebene senkrecht zum Dipol verlaufende Magnetfeld. Aus dieser Ebene greifen wir eine bestimmte Ausbreitungsrichtung heraus; wir bezeichnen sie als x-Achse.

Die endliche Ausbreitungsgeschwindigkeit c des Magnetfeldes hat zur Folge, daß die magnetischen Flußdichten $\vec{B}$, die bei der Dipolschwingung während einer Periodendauer T *zeitlich nacheinander* auftreten, längs der x-Achse im Bereich einer Wellenlänge λ *räumlich nebeneinander* liegen. In *Bild 189.2* ist die Verteilung der $\vec{B}$-Vektoren in einem bestimmten Augenblick dargestellt; nach der Zeit Δt haben sich alle Vektoren um das Stück $\Delta x = c\,\Delta t$ längs der x-Achse nach rechts verschoben.

3. Der ständige Begleiter

Aus der Elektrizitätslehre kennen Sie den Grundversuch zur *Induktion*: Bewegt man einen geraden Leiter der Länge d mit der Geschwindigkeit v senkrecht zu den Feldlinien eines ruhenden Magnetfeldes der Flußdichte B, so wird an seinen Enden die elektrische Spannung $U = B\,d\,v$ induziert.

Glauben Sie an das Relativitätsprinzip? Nun — soll es wirklich gelten, dann müßte dieselbe Spannung entstehen, wenn der Leiter still steht und das Magnetfeld sich mit der gleichen Geschwindigkeit wie vorher der Leiter, aber in der entgegengesetzten Richtung bewegt.

Versuch 179: **a)** Wir wiederholen Versuch 97, bewegen also einen auf zwei leitenden Schienen gelagerten Metallstab durch das Magnetfeld eines ruhenden Hufeisenmagneten nach *links* (*Bild 190.1*). Ein mit den Schienen verbundener Spannungsmesser zeigt dann die Induktionsspannung $U = B\,d\,v$ an.

b) Nun lassen wir den Stab in Ruhe und bewegen den Hufeisenmagneten mit gleichem Geschwindigkeitsbetrag nach *rechts*. Tatsächlich: Es entsteht dieselbe Spannung wie vorher.

Die Spannung äußert sich darin, daß im Leiter Elektronen verschoben werden. Wo aber zunächst ruhende elektrische Ladungen Kräfte erfahren, besteht ein elektrisches Feld.

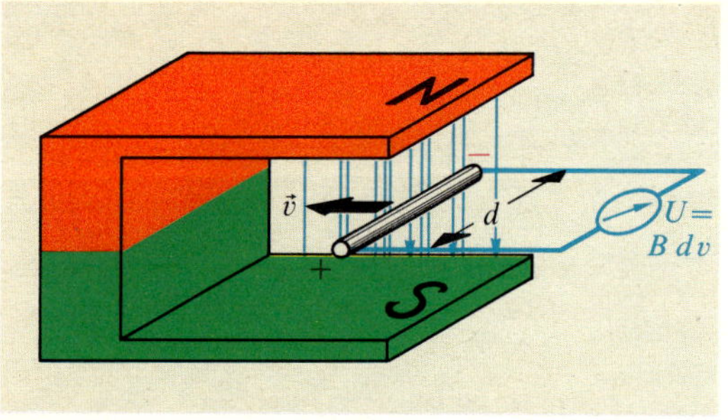

190.1 Auch wenn der Stab ruht und der Magnet sich mit der Geschwindigkeit v nach rechts bewegt, entsteht die Induktionsspannung $U = B\,d\,v$.

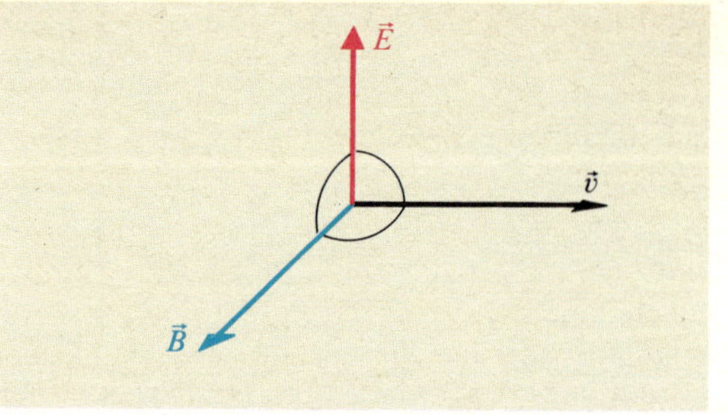

190.2 Richtung des $\vec{E}$-Feldes, das von einem mit der Geschwindigkeit $\vec{v}$ wandernden $\vec{B}$-Feld induziert wird

Seine Feldstärke beträgt

$$E = \frac{U}{d} = \frac{B\,d\,v}{d} = B\,v.$$

Der Leiter, an dem wir die Spannung $U = B\,d\,v$ abnehmen, ist ein Indikator für dieses elektrische Feld – er stellt sozusagen dic Probeladungen zu dessen Nachweis bereit. Das elektrische Feld existiert auch dann, wenn der Leiter gar nicht vorhanden ist (Seite 191). Daraus ergibt sich eine merkwürdige Eigenschaft eines sich ausbreitenden Magnetfeldes:

Ein mit der Geschwindigkeit v über einen Punkt hinwegziehendes Magnetfeld der Flußdichte B induziert dort ein elektrisches Feld der Feldstärke

$$\boldsymbol{E = B\,v}. \qquad \textbf{(190.1)}$$

Wandert das in *Bild 190.1* nach *unten* gezeichnete Magnetfeld mit der Geschwindigkeit $\vec{v}$ nach *rechts*, so erfahren positive Probeladungen dort eine Kraft nach *vorne*. Wenn Sie die Anordnung von unten betrachten (so daß die $\vec{B}$-Feldlinien aus der Zeichenebene herausweisen), erhalten Sie den in *Bild 190.2* dargestellten Zusammenhang zwischen den Richtungen der jeweils aufeinander senkrecht stehenden $\vec{E}$-, $\vec{B}$- und $\vec{v}$-Vektoren.

Aus *Gl. 190.1* folgt:
- Ist die magnetische Flußdichte maximal, so gilt dies zum selben Zeitpunkt und am selben Ort auch für die elektrische Feldstärke E.
- Wird $B = 0$, so ist gleichzeitig an derselben Stelle auch $E = 0$.

Eine magnetische Welle hat also einen ständigen Begleiter in Form einer elektrischen Welle.

Die beiden Wellen sind stets in Phase und breiten sich demnach mit derselben Geschwindigkeit $\vec{v}$ aus. Ihre Feldlinien stehen jeweils aufeinander senkrecht *(Bild 190.3)*. Wir nennen das Ganze eine **elektromagnetische Welle**.

4. Die Welle macht sich selbständig

Elektromagnetische Wellen haben – wie man z.B. vom Echo am Mond weiß – noch eine andere bemerkenswerte Eigenschaft: Sie wandern weiter in den Raum hinaus, auch wenn der Sendedipol längst aufgehört hat zu schwingen. Die vom Dipol ausgesandte elektromagnetische Welle macht sich also selbständig. Wie ist das möglich?

Die in den Raum hinauswandernden Magnetfelder schaffen sich durch Induktion ihren elektrischen Begleiter selbst. Müssen sich deshalb die magnetischen Felder bei der Erzeugung der elektrischen Felder nicht schließlich ganz verzehren? Und was dann? Woher bekommt die wandernde magnetische Welle Nachschub – weitab vom Sender?

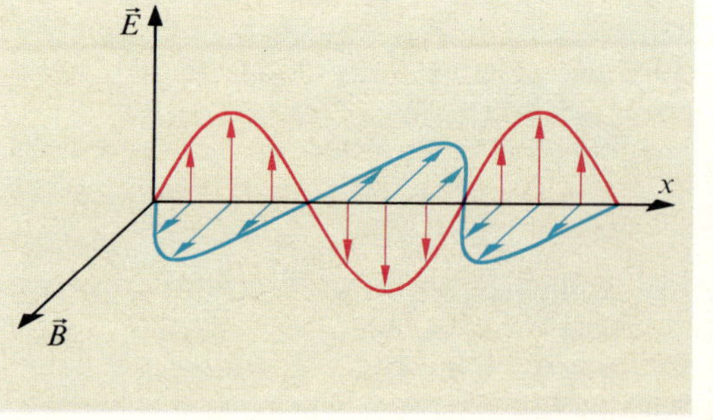

190.3 Die magnetische Welle wird ständig von einer elektrischen Welle begleitet.

An dieser Stelle wird deutlich, daß der selbständigen, vom schwingenden Dipol unabhängig gewordenen Welle noch eine weitere – uns bisher unbekannte – Gesetzmäßigkeit zugrunde liegen muß.

Dem schottischen Physiker *James Clerk Maxwell* (1831 bis 1879) ist es gelungen, *Faradays* Ideen von der Verknüpfung elektrischer und magnetischer Felder in einem umfassenden Gleichungssystem mathematisch festzuhalten. Aus diesen **Maxwell-Gleichungen** folgt nun einerseits die uns schon bekannte Aussage, daß wandernde Magnetfelder mitwandernde elektrische Felder erzeugen. Andererseits folgt aber auch, daß wandernde elektrische Felder wiederum magnetische Felder hervorrufen.

Das folgende Beispiel soll Ihnen diesen neuartigen Gedanken etwas veranschaulichen: Denken Sie sich einen geladenen Kondensator *(Bild 191.1)*, der nach rechts bewegt wird. Seine beiden Platten tragen dann bewegte Ladungen – und bewegte Ladungen erzeugen Magnetfelder! Diese überlagern sich (ähnlich wie in einer stromdurchflossenen Spule) im Innern des Kondensators zu magnetischen Feldlinien, die senkrecht zu den elektrischen Feldlinien verlaufen. In *Bild 191.1* ist ein zugehöriger $\vec{B}$-Vektor eingezeichnet.

Die Maxwell-Gleichungen sagen nun aus, daß man die Platten beliebig weit voneinander entfernen – und sogar ganz weglassen kann. Im Sinne der Faradayschen Feldphysik darf man nämlich die Erzeugung des $\vec{B}$-Feldes allein dem wandernden elektrischen Feld zuschreiben, ohne daß mitbewegte Ladungen nötig wären.

Damit wird verständlich, warum die elektromagnetische Welle ein selbständiges Dasein führen kann: Die wandernden magnetischen Felder induzieren mitwandernde elektrische

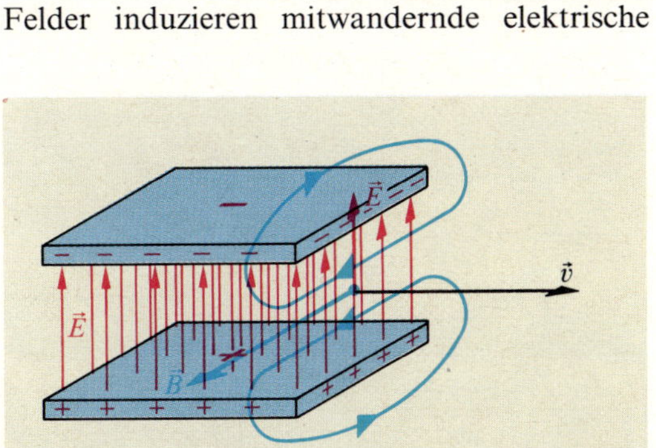

191.1 Mit den Ladungen werden auch elektrische Felder bewegt: Es entsteht ein magnetisches Feld.

191.2 *James Clerk Maxwell* (1831 bis 1879) wirkte als Professor für Physik in London und in Cambridge.

Felder, und diese erzeugen wiederum mitwandernde magnetische Felder. Ein Vergleich von *Bild 190.2* und *191.1* zeigt, daß die neu erzeugten und die ursprünglichen Felder dieselben Richtungen haben. Wegen ihres wechselseitigen Gebens und Nehmens verzehren sich die Felder nicht, sondern erhalten sich gegenseitig am Leben. Dabei darf sich keine der beiden Feldarten auf Kosten der anderen bereichern: Jede muß gleich viel geben und nehmen.

Es liegt nahe, daß diese Bedingung erfüllt ist, wenn die Energiedichten ϱ_{el} des elektrischen und ϱ_{mag} des magnetischen Feldes stets gleich groß sind. Nach *Gl. 44.2* ist $\varrho_{el}=\frac{1}{2}\varepsilon_0\,\varepsilon_r\,E^2$ und nach *Gl. 133.4* $\varrho_{mag}=B^2/2\,\mu_0\,\mu_r$. Aus $\varrho_{el}=\varrho_{mag}$ und $E=B\,v$ folgt $\frac{1}{2}\varepsilon_0\,\varepsilon_r\,B^2\,v^2=B^2/2\,\mu_0\,\mu_r$. Das ist eine Gleichung für die Geschwindigkeit v, mit der sich die elektromagnetische Welle ausbreiten muß. Wir lösen diese Gleichung nach v auf und erhalten

$$\boldsymbol{v=\frac{1}{\sqrt{\varepsilon_0\,\varepsilon_r\,\mu_0\,\mu_r}}}. \qquad \textbf{(191.1)}$$

Wenn die elektromagnetische Welle mit dieser Geschwindigkeit fortschreitet, braucht sie zu ihrer weiteren Existenz keine elektrischen Dipolladungen und Ströme mehr. Sie ist ganz auf sich selbst gestellt und wandert, unabhängig vom Sender geworden, immer weiter in den Raum hinaus.

Mit $\varepsilon_0 = 8{,}85419\cdot 10^{-12}\,\mathrm{C\,V^{-1}\,m^{-1}}$
und $\mu_0 = 1{,}25664\cdot 10^{-6}\,\mathrm{V\,s\,A^{-1}\,m^{-1}}$

ergibt sich für die Ausbreitungsgeschwindigkeit v der elektromagnetischen Welle im Vakuum – und praktisch auch in Luft –

$$v = c = \frac{1}{\sqrt{8{,}85419\cdot 10^{-12}\cdot 1{,}25664\cdot 10^{-6}}}\,\mathrm{m\,s^{-1}}$$
$$= 2{,}99792\cdot 10^{8}\,\mathrm{m\,s^{-1}} \approx 3{,}0\cdot 10^{8}\,\mathrm{m\,s^{-1}}.$$

Denselben Wert erhielten wir schon in Versuch 178, als wir noch auf der Suche nach ersten Indizien für die Existenz von elektromagnetischen Wellen waren.

Die Maxwell-Gleichungen und die Versuche mit dem von *Heinrich Hertz* erfundenen Dipol haben *Faradays* Feldkonzept glänzend bestätigt. In der elektromagnetischen Welle zeigen sich elektrische und magnetische Felder als eigenständige Gebilde: Es gibt sie wirklich, diese elektrischen und magnetischen Felder!

5. Das elektromagnetische Fernfeld

Aus *Bild 190.3* geht hervor, daß die Vektoren der elektrischen Feldstärke $\vec{E}$ und der magnetischen Flußdichte $\vec{B}$ jeweils eine *linear polarisierte Querwelle* bilden; ihre Schwingungsebenen stehen aufeinander senkrecht. Anhand von *Bild 190.3* können wir auch erklären, wie die elektromagnetische Welle auf einen Empfangsdipol wirkt, der in einem beliebigen Punkt der x-Achse parallel zum Sendedipol aufgestellt ist.

Da die Felder mit der Geschwindigkeit $\vec{c}$ über den Empfangsdipol hinwegziehen, kommen dort die wechselnden elektrischen Feldstärken, die sich in der Welle *räumlich nebeneinander* gelegt haben, *zeitlich nacheinander* an und schütteln die Elektronen auf dem Empfangsdipol mit periodisch wechselnden Kräften. Dabei entsteht ein Wechselstrom der Sendefrequenz; er wird besonders stark, wenn der Empfangsdipol auf Resonanz abgestimmt ist.

Wird der Dipol *schräg* zu den elektrischen Feldlinien gehalten, so kann auf ihn nur noch eine Komponente der Feldkräfte wirken: Der Wechselstrom im Dipol wird schwächer. Senkrecht zu den elektrischen Feldlinien gibt es *keine* Kraftkomponente: Ein senkrecht zum elektrischen Feld aufgestellter Dipol wird deshalb nicht angeregt.

Die wechselnden *magnetischen* Felder der Welle werden mit einer Resonanzschleife nach *Bild 184.1* empfangen. Wird ihre Fläche senkrecht vom $\vec{B}$-Feld durchsetzt, so entsteht in der Schleife durch Induktion ein Wechselstrom der Senderfrequenz. Dreht man die Schleife aus dieser Lage, so wird die Fläche A_s senkrecht zum Magnetfeld kleiner, der Induktionsstrom wird schwächer. Dreht man die Schleife weiter, bis $A_s = 0$ ist, so erhält man keinen Induktionsstrom mehr. Übrigens: Mit solchen Induktionsschleifen peilt die Post Schwarzsender an!

Bisher haben wir lediglich die wellenförmige Ausbreitung der $\vec{E}$- und $\vec{B}$-Vektoren längs einer bestimmten Richtung – wir haben sie x-Achse genannt – verfolgt. Diese Vektoren gehören nun zu elektrischen und magnetischen Feldern, die sich rings um den schwingenden Dipol ausbreiten. Dabei liegen die elektrischen Feldlinien in allen Ebenen, die den Dipol enthalten; die magnetischen Feldlinien verlaufen senkrecht dazu.

In *Bild 192.1* sehen Sie einen Ausschnitt der Feldlinien dieses sogenannten elektromagnetischen **Fernfeldes**. Der besseren Übersicht wegen ist nur das obere vordere Viertel dargestellt. Setzen Sie in Gedanken die rot gezeichneten elektrischen Feldlinien nach unten fort und lassen Sie diese außerdem um den Dipol als Achse rotieren, so daß ein zwiebelschalenförmiges Gebilde von geschlossenen Feldlinien entsteht, die weder Anfang noch Ende haben. Die blau gezeichneten magnetischen Feldlinien sind nach hinten zu ergänzen; dazu müssen Sie sich vorstellen, daß sie nicht nur in einer Ebene vorhanden sind, sondern an jeder Stelle des Raums ringförmig um den Dipol senkrecht zu den elektrischen Feldlinien verlaufen. Die momentane Verteilung der elektrischen Feldstärke $\vec{E}$ und der magnetischen Flußdichte $\vec{B}$, die Sie von *Bild 190.3* schon kennen, ist auch hier an einer Stelle nochmals eingezeichnet.

Diese Felder ziehen, sich vom Sendedipol rundum ausbreitend, mit der Geschwindigkeit $c = 3 \cdot 10^8 \text{ m s}^{-1}$ über einen Beobachter hinweg, der sich jetzt nicht nur auf der x-Achse, sondern an irgend einer Stelle des Raums befinden kann. Lediglich in der Verlängerung des Dipols ist kein Empfang möglich.

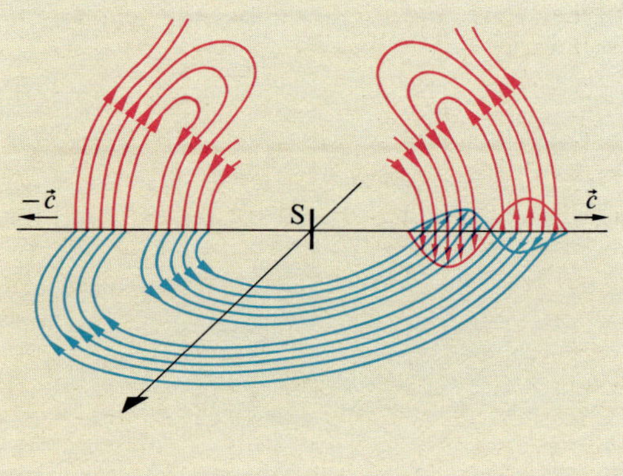

192.1 Momentbild des vom schwingenden Dipol ausgesandten elektromagnetischen Fernfeldes

Der schwingende Dipol sendet eine elektromagnetische Welle aus. Die elektrischen und magnetischen Wechselfelder ihres Fernfeldes sind in Phase; sie bilden jeweils eine linear polarisierte Querwelle mit aufeinander senkrecht stehenden Schwingungsebenen.

Die Ausbreitungsgeschwindigkeit der elektromagnetischen Welle beträgt

$$c = \frac{1}{\sqrt{\varepsilon_0 \, \varepsilon_r \, \mu_0 \, \mu_r}}. \qquad (193.1)$$

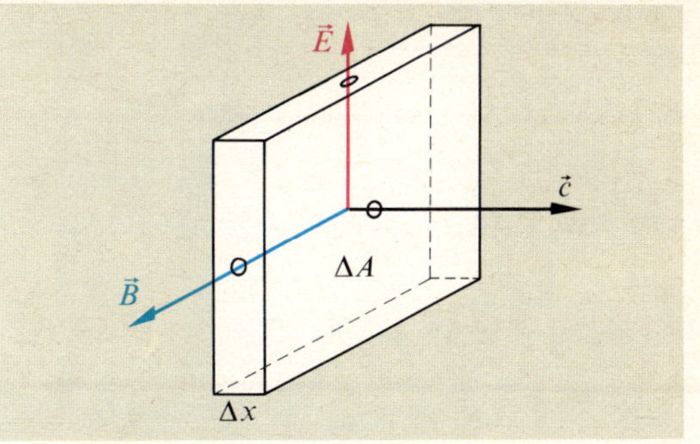

193.1 Aus der elektromagnetischen Welle wird eine mit Energie gefüllte Scheibe herausgeschnitten.

6. Energie scheibchenweise

Man bezeichnet die vom Hertz-Dipol ausgehende elektromagnetische Welle als *Strahlung*; man könnte sie auch „Energie unterwegs" nennen. Denken Sie sich einmal aus der von einem Dipol abgestrahlten elektromagnetischen Welle nach *Bild 193.1* eine Scheibe herausgeschnitten! Am Ort dieser Scheibe herrsche die elektrische Feldstärke $\vec{E}$ und die magnetische Flußdichte $\vec{B}$. Mit welcher Energie ist sie dann „gefüllt"? – Um dies herauszufinden, berechnen wir die gesamte Energiedichte $\varrho = \varrho_{el} + \varrho_{mag}$. Da bei der elektromagnetischen Welle $\varrho_{el} = \varrho_{mag}$ ist, erhalten wir für die gesamte Energiedichte

$$\varrho = 2\,\varrho_{el} = 2 \cdot \tfrac{1}{2}\,\varepsilon_0\,\varepsilon_r\,E^2 = \varepsilon_0\,\varepsilon_r\,E^2. \qquad (193.2)$$

Damit haben wir die Energiedichte allein durch elektrische Feldgrößen ausgedrückt. (Wir hätten dasselbe natürlich auch mit den magnetischen Feldgrößen tun können.)

Aus $\varrho = \Delta W/\Delta V$ folgt für die „Energiefüllung" der Scheibe

$$\Delta W = \varrho\,\Delta V = \varepsilon_0\,\varepsilon_r\,E^2\,\Delta A\,\Delta x. \qquad (193.3)$$

Die Strahlung treffe nun senkrecht auf eine Wand. Da die Energiescheibe mit der Geschwindigkeit c fortschreitet, braucht sie die Zeit $\Delta t = \Delta x/c$, um ganz in die Wand zu schlüpfen. Die Welle trifft also die Wand nach *Gl. 193.3* mit der Strahlungsleistung

$$P = \frac{\Delta W}{\Delta t} = \frac{\varepsilon_0\,\varepsilon_r\,E^2\,\Delta A\,\Delta x}{\Delta x/c} = \varepsilon_0\,\varepsilon_r\,E^2\,\Delta A\,c.$$

Der Quotient „Strahlungsleistung durch bestrahlte Fläche" wird **Bestrahlungsstärke S** genannt (Einheit $1\,\mathrm{W\,m^{-2}}$). Für sie gilt bei senkrechtem Einfall

$$S = \frac{P}{\Delta A} = \varepsilon_0\,\varepsilon_r\,E^2\,c. \qquad (193.4)$$

Dies ist die *momentane* Bestrahlungsstärke. Die im nächsten Augenblick nachfolgende Energiescheibe enthält eine andere Feldstärke E; die Bestrahlungsstärke S ist also zeitlich veränderlich. Wegen der hohen Frequenz einer elektromagnetischen Welle kann man aber nur den Mittelwert $\bar{S}$ der Bestrahlungsstärke erfassen. Ebenso, wie wir in die Formel zur Berechnung der mittleren Leistung einer sinusförmigen Wechselspannung die *effektive Spannung* $U_{eff} = \hat{U}/\sqrt{2}$ einsetzen müssen (Seite 143), erhalten wir bei einer sinusförmigen elektromagnetischen Welle die *mittlere Bestrahlungsstärke* $\bar{S}$, wenn wir in *Gl. 193.4* die momentane Feldstärke E durch $E_{eff} = \hat{E}/\sqrt{2}$, E^2 also durch $\frac{1}{2}\hat{E}^2$ ersetzen. Damit wird die mittlere Bestrahlungsstärke

$$\bar{S} = \tfrac{1}{2}\,\varepsilon_0\,\varepsilon_r\,\hat{E}^2\,c. \qquad (193.5)$$

Ersetzen wir auch in *Gl. 193.2* E^2 durch $\frac{1}{2}\hat{E}^2$, so erhalten wir die mittlere Energiedichte $\bar{\varrho} = \frac{1}{2}\,\varepsilon_0\,\varepsilon_r\,\hat{E}^2$.

Eine sinusförmige elektromagnetische Welle hat die mittlere Energiedichte

$$\bar{\varrho} = \tfrac{1}{2}\,\varepsilon_0\,\varepsilon_r\,\hat{E}^2; \qquad (193.6)$$

bei senkrechtem Einfall erzeugt sie die mittlere Bestrahlungsstärke

$$\bar{S} = \tfrac{1}{2}\,\varepsilon_0\,\varepsilon_r\,\hat{E}^2\,c. \qquad (193.7)$$

Aus großer Entfernung kann man einen Dipol näherungsweise als Punkt betrachten. Das ist auch der Grund, warum die Stärke des *elektrostatischen Feldes*, das von den beiden entgegengesetzt geladenen Enden des Dipols ausgeht, so rasch mit dem Abstand abnimmt. Eine Probeladung „sieht" nämlich aus großer Entfernung die beiden Ladungen so nahe beieinander, daß sie sich in ihrer Wirkung auf diese Probeladung fast aufheben.

Die *elektromagnetische Welle* sieht das anders. Für sie ist der Dipol ein Zentrum, von dem sich nach allen Seiten Energie ausbreitet. Eine Fläche A, auf die sich die Energie bei senkrechter Bestrahlung einer Wand verteilt, wächst dann nach *Bild 194.1* proportional zum Quadrat des Abstandes r vom Dipol. Mit $A \sim r^2$ ergibt sich für die mittlere Bestrahlungsstärke $\bar{S} = \bar{P}/A \sim 1/r^2$. Aus *Gl. 193.7* folgt $\hat{E}^2 \sim 1/r^2$, also

$$\hat{E} \sim \frac{1}{r}. \qquad (193.8)$$

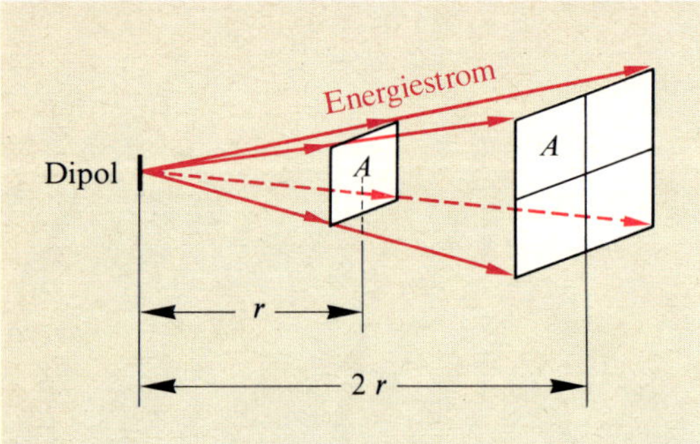

194.1 Die Fläche A, auf die sich die Energie verteilt, wächst proportional zu r^2.

Während die Feldstärke des elektrostatischen Feldes der Dipolladungen proportional zu $1/r^3$ abnimmt (Seite 187), verringert sich die Empfangsfeldstärke der elektromagnetischen Welle nur mit $1/r$. Vergrößert man z.B. den Abstand zwischen Sender und Empfänger von 10 m auf 1 km, so geht die von den Dipolladungen hervorgerufene elektrostatische Feldstärke auf den millionsten, die elektrische Feldstärke der Welle aber nur auf den hundertsten Teil zurück — ein beträchtlicher Unterschied zugunsten der elektromagnetischen Welle!

7. Es muß nicht immer ein Dipol sein

Elektromagnetische Wellen kommen auch in der Natur häufig vor. So erzeugt z.B. jeder *Blitz* elektromagnetische Strahlung; Sie bemerken dies an den Störungen des Rundfunkempfangs, die dabei auftreten.

Zur Erzeugung elektromagnetischer Wellen ist also nicht unbedingt ein schwingender Dipol nötig. Was sind dann die allgemeinen Voraussetzungen für das Entstehen elektromagnetischer Strahlung?

- *Ruhende* elektrische Ladungen erzeugen lediglich *elektrische* Felder.
- *Gleichmäßig fließende* elektrische Ladungen erzeugen darüber hinaus *Magnetfelder*.
- Damit *elektromagnetische Wellen* abgestrahlt werden, müssen sich nach *Maxwell* elektrische und magnetische Felder *ändern*; dies ist der Fall, wenn sich elektrische Ladungen mit wechselnder Geschwindigkeit, also *beschleunigt* bewegen.

Beim *Blitz* werden Ladungen kurzzeitig in Bewegung gesetzt und kommen dann rasch wieder zur Ruhe; deshalb ist er eine Strahlungsquelle. In der *Röntgenröhre* prallt ein Elektronenstrahl auf eine Anode und wird dadurch stark abgebremst. Dabei entsteht Röntgenstrahlung — eine elektromagnetische Welle.

Kreisbewegungen sind beschleunigte Bewegungen. Deshalb senden geladene Teilchen, die z.B. in einem Zyklotron oder Synchrotron (Seite 112) durch Magnetfelder auf Kreisbahnen gezwungen werden, elektromagnetische Wellen — die *Synchrotronstrahlung* — aus. Da diese gefährlich sein kann, müssen solche Beschleuniger abgeschirmt werden. Synchrotronstrahlung gibt es auch in der Natur: Sie wird von Elektronen oder Protonen erzeugt, die im Magnetfeld von Himmelskörpern kreisen.

Die elektromagnetische Strahlung, die von kreisenden Ladungen ausgeht, liefert einen gewichtigen Einwand gegen das Atommodell, in dem die Elektronen auf Kreisbahnen um den Atomkern laufen. Dabei müßte nämlich jedes Elektron eine elektromagnetische Welle aussenden. Die dazu nötige Strahlungsenergie ginge auf Kosten der Bewegungsenergie, und das Elektron müßte in kürzester Zeit vom Atomkern eingefangen werden: Das Atom würde in sich zusammenstürzen.

Ruhende Ladungen erzeugen nur elektrische Felder. Gleichmäßig fließende Ladungen erzeugen darüber hinaus auch Magnetfelder.

Beschleunigte Ladungen strahlen.

Aufgaben

1. *Ein Körper mit der Stirnfläche* $A = 5\ \text{cm}^2$ *werde von einer sinusförmigen elektromagnetischen Welle 10 Minuten lang senkrecht bestrahlt. Dabei werden 20% der Strahlung absorbiert und in Wärme verwandelt. Welche Wärmemenge entsteht, wenn die maximale elektrische Feldstärke* $\hat{E} = 30\ \text{V m}^{-1}$ *beträgt?*

2. *Ein Rundfunksender habe die Leistung* 100 kW. *Nehmen Sie an, er strahle nach allen Richtungen gleichmäßig.* **a)** *Welche Leistung empfängt dann eine senkrecht bestrahlte Antenne von* $80\ \text{cm}^2$ *Fläche in* 10 km *bzw. in* 20 km *Entfernung vom Sender?* **b)** *Wie groß ist die effektive Empfangsfeldstärke in* 10 km *bzw. in* 20 km *Entfernung?*

3. *In einem Mikrowellenherd steht eine Tasse, die mit* $170\ \text{cm}^3$ *Wasser gefüllt ist. Wird die Wasseroberfläche (*$A = 60\ \text{cm}^2$*) senkrecht von der Mikrowelle bestrahlt, so dauert es 90 Sekunden, bis das Wasser von* 20 °C *auf* 100 °C *erwärmt ist.* **a)** *Wie groß ist die Strahlungsleistung, wenn die Mikrowelle vom Wasser vollständig absorbiert wird?* **b)** *Wie groß ist die effektive elektrische Feldstärke der Welle? (Spezifische Wärmekapazität von Wasser:* $c = 4{,}2\ \text{J g}^{-1}\ \text{K}^{-1}$*)*

§ 65 Elektromagnetische Welle in Materie

1. Es kommt auf ε_r an

Wir haben schon manche Parallele zwischen mechanischen und elektromagnetischen Wellen entdeckt. Es gibt aber auch Unterschiede. Der wesentlichste liegt wohl darin, daß die elektromagnetische Welle im Gegensatz zur mechanischen *keinen Träger* braucht. Die sich selbst erhaltenden elektrischen und magnetischen Felder wandern ohne vermittelnden Stoff durch das Vakuum. Elektromagnetische Wellen können aber andererseits auch durch Mauern und geschlossene Fenster zum Empfänger gelangen. Nach *Gl. 193.1* breiten sie sich im Vakuum mit der Geschwindigkeit $c_0 = 1/\sqrt{\varepsilon_0 \mu_0}$ aus; in einem Stoff ist ihre Ausbreitungsgeschwindigkeit

$$c = \frac{1}{\sqrt{\varepsilon_0 \mu_0}} \frac{1}{\sqrt{\varepsilon_r \mu_r}} = \frac{c_0}{\sqrt{\varepsilon_r \mu_r}}. \qquad (195.1)$$

Für die meisten Stoffe – mit Ausnahme der ferromagnetischen – ist die Permeabilitätszahl $\mu_r \approx 1$. Die Ausbreitungsgeschwindigkeit von elektromagnetischen Wellen in solchen Stoffen beträgt deshalb mit guter Näherung

$$c = c_0/\sqrt{\varepsilon_r}. \qquad (195.2)$$

Wasser mit der hohen Dielektrizitätszahl $\varepsilon_r = 81$ eignet sich besonders gut zur Bestätigung von *Gl. 195.2*. Wie die mechanische Welle behält auch die elektromagnetische Welle ihre *Frequenz* nach dem Übergang in ein anderes Medium bei – wie sollte sich auch die Zahl ihrer Schwingungen in der Sekunde ändern? Dagegen wird mit c auch die Wellenlänge $\lambda = c/f$ anders. Nun gilt für die Ausbreitungsgeschwindigkeit der elektromagnetischen Welle in Wasser $c_w = \lambda_w f$ und in Vakuum $c_0 = \lambda_0 f$.

$$\text{Demnach ist } \frac{c_w}{c_0} = \frac{\lambda_w f}{\lambda_0 f} = \frac{\lambda_w}{\lambda_0}. \qquad (195.3)$$

Die Wellenlängen verhalten sich also wie die Ausbreitungsgeschwindigkeiten. Daraus folgt

$$\frac{\lambda_w}{\lambda_0} = \frac{c_0}{c_0 \sqrt{\varepsilon_r}} \text{ oder } \lambda_w = \frac{\lambda_0}{\sqrt{\varepsilon_r}}. \qquad (195.4)$$

$\varepsilon_r = 81$ ergibt $\lambda_w = \lambda_0/9$. Nach Versuch 178 strahlt unser Sender in Luft eine elektromagnetische Welle mit der Wellenlänge $\lambda_0 = 69$ cm aus. Wir erwarten also für die Welle derselben Frequenz in *Wasser* die Wellenlänge $\lambda_w = 69/9 \text{ cm} \approx 7{,}6$ cm.

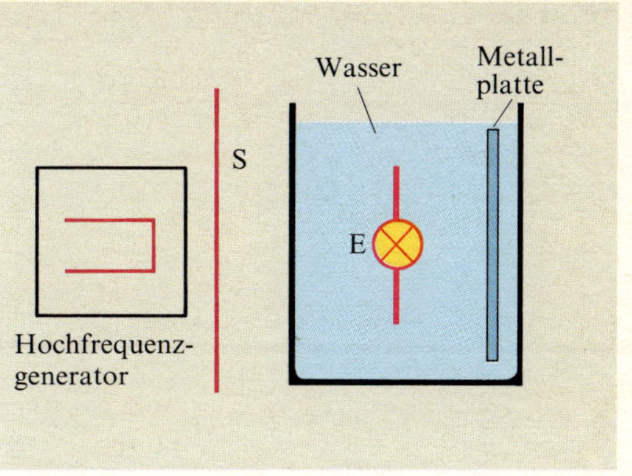

195.1 Stehende elektromagnetische Welle in Wasser. S: Sendedipol; E: Empfangsdipol

Versuch 180: Wir stellen den von einem Hochfrequenzgenerator mit $f = 434$ MHz angeregten Sendedipol neben einen Glastrog, der mit destilliertem Wasser gefüllt ist. Zur Messung der Wellenlänge λ_w in Wasser bringen wir nach *Bild 195.1* eine Metallplatte in den Trog; durch Überlagerung der hinlaufenden und der reflektierten Welle bildet sich eine *stehende* elektromagnetische Welle. Aus dem Knotenabstand $d = \lambda_w/2$ läßt sich dann die Wellenlänge λ_w in Wasser leicht bestimmen. Sobald wir nun aber den Empfangsdipol zur Messung ins Wasser eintauchen, spricht er nicht mehr an: Die Lampe in seiner Mitte erlischt. Destilliertes Wasser leitet nicht; es kann sich also um keinen Kurzschluß handeln. Aber vielleicht hat das Erlöschen der Lampe etwas mit der auf den 9. Teil verkleinerten Wellenlänge in Wasser zu tun?

Tatsächlich – ein auf $\frac{1}{9}$ der ursprünglichen Länge verkürzter Dipol spricht an, sobald er im Wasser ist! Mit diesem Empfangsdipol finden wir nun, daß der Knotenabstand der stehenden elektromagnetischen Welle in Wasser $d = 3{,}8$ cm beträgt. Daraus folgt die Wellenlänge $\lambda_w = 7{,}6$ cm. Unsere Vermutung hat sich damit bestätigt.

Die Ausbreitungsgeschwindigkeit c elektromagnetischer Wellen in Stoffen mit $\mu_r = 1$ und der Dielektrizitätszahl $\varepsilon_r > 1$ beträgt

$$c = \frac{c_0}{\sqrt{\varepsilon_r}}. \qquad \textbf{(195.5)}$$

Sie ist kleiner als die Ausbreitungsgeschwindigkeit c_0 im Vakuum.

2. Eigenfrequenzen beim Dipol

Nicht erst jetzt, sondern schon beim ersten Versuch (Seite 184) sind wir darauf gestoßen, daß die Eigenfrequenz des Hertz-Dipols etwas mit seiner Länge zu tun hat. Messen wir nun die Länge l, die der Dipol in Luft hat, wenn das Lämpchen in seiner Mitte besonders hell leuchtet, so stellen wir $l = 34.5$ cm fest; das ist die *halbe* Wellenlänge der vom Dipol ausgesandten elektromagnetischen Welle.

Dasselbe gilt auch in Wasser: Dort beträgt die Wellenlänge $\lambda_w = 7{,}6$ cm – und der Resonanzdipol spricht bei einer Länge von $\lambda_w/2 = 3{,}8$ cm maximal an.

Versuch 181: In einem Trog sind nach *Bild 196.1* zwei Dipole befestigt. Die Länge des unteren beträgt $\lambda_0/2 = 34{,}5$ cm, die des oberen $\lambda_w/2 = 3{,}8$ cm. Stellen wir vor diese Anordnung den 434 MHz-Sender, so leuchtet das Lämpchen im unteren Dipol auf; das Lämpchen im oberen Dipol bleibt dunkel. Nun füllen wir destilliertes Wasser in den Trog. Sobald es den unteren Dipol bedeckt, geht dessen Lämpchen aus. Hat das Wasser den oberen Dipol erreicht, so leuchtet dort das Lämpchen auf.

Wie kommt es, daß ein Dipol für seine Eigenschwingung die Länge $\lambda/2$ haben muß? – Auf Seite 184 und 185 haben wir uns überlegt, daß längs des schwingenden Dipols ständig *elektrische Ladungsverschiebungen* stattfinden; sie erzeugen elektrische und magnetische Felder, die den Dipol umgeben. Die im Dipol schwingenden Ladungen werden nun durch diese Felder angetrieben und abgebremst. Deshalb muß die Dielektrizitätszahl ε_r des den Dipol *umgebenden* Stoffes seine Eigenschwingung beeinflussen. Damit kommen wir zu folgender Deutung:

Am schwingenden Dipol läuft eine fortschreitende elektromagnetische Welle entlang; sie wird an seinem einen Ende reflektiert, läuft zurück, wird am anderen Ende abermals reflektiert, und so geht das immer weiter. Die am Dipol hin und her huschenden elektromagnetischen Wellen können sich nun aber nur unter bestimmten Bedingungen zu einer kräftigen *stehenden* Welle aufschaukeln und die Ladungen darin antreiben.

An beiden Dipolenden ist die Stromstärke $I = 0$, also auch $B = 0$. Dies bedeutet, daß das *Magnetfeld* der stehenden Welle an den Enden des Dipols einen *Knoten* haben muß. Dagegen wechseln die Ladungsanhäufungen an den Dipolenden am stärksten. Deshalb muß das *elektrische Feld* der stehenden Welle dort jeweils einen *Bauch* haben.

Diese **Randbedingungen** sind die gleichen wie bei einer mechanischen Welle mit zwei festen bzw. zwei freien Enden. Sie sind erfüllt, wenn die Länge l des Dipols ein ganzzahliges Vielfaches von $\lambda/2$ beträgt, wenn also gilt

$$l = k\frac{\lambda}{2} \text{ mit } k = 1, 2, 3, \dots \qquad (196.1)$$

Bei unseren bisherigen Versuchen haben wir mit $k = 1$, also einem Dipol der Länge $\lambda/2$ gearbeitet. Unter dem Gesichtspunkt der stehenden Welle erhalten die schon bekannten $\vec{E}$- und $\vec{B}$-Verteilungen am schwingenden Dipol *(Bild 186.2)* eine neue Bedeutung. Wenn unsere Überlegungen richtig sind, müßten außer der *Grundschwingung* ($k = 1$) auch *Oberschwingungen* am Dipol möglich sein.

Versuch 182: In einem Dipol der Länge $l = 2\,\lambda/2 = 69$ cm sind nach *Bild 196.2* drei Lämpchen eingebaut. Wenn wir ihn entsprechend

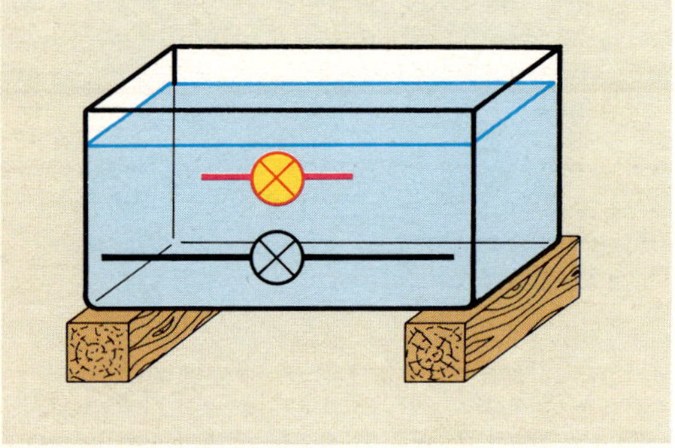

196.1 Die Eigenfrequenz des Dipols hängt von der Dielektrizitätszahl des umgebenden Wassers ab.

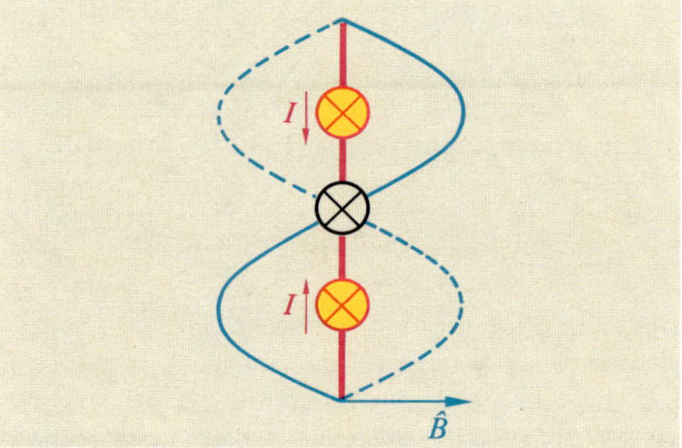

196.2 Erste Oberschwingung eines Dipols. Blau: stehende Welle des Magnetfeldes

nahe an den 434 MHz-Generator bringen, können wir erreichen, daß die beiden äußeren Lämpchen leuchten, während das mittlere dunkel bleibt. Also sind nach *Bild 196.2* bei den beiden leuchtenden Lämpchen Bäuche, an den Enden und in der Mitte jeweils Knoten der Stromstärke und damit auch der stehenden magnetischen Welle entstanden: Wir haben die *erste Oberschwingung* des Dipols erhalten.

Die Frequenzen, mit denen ein Dipol der Länge l zu Eigenschwingungen angeregt werden kann, werden **Eigenfrequenzen** f_k genannt. Setzen wir $\lambda = c/f$ in *Gl. 196.1* ein, so erhalten wir $l = k\,c/(2f)$; daraus folgt

$$f_k = k\frac{c}{2l};\quad k = 1, 2, \ldots . \qquad (197.1)$$

Beim Schwingkreis sind die frequenzbestimmenden Größen Kapazität und Induktivität im Kondensator und in der Spule lokalisiert. Dagegen ist beim Dipol sowohl die Kapazität als auch die Induktivität über den ganzen Stab verteilt. Deshalb kann der Dipol – im Gegensatz zum Schwingkreis – mit vielen verschiedenen Eigenfrequenzen schwingen.

Auch hier gibt es ein mechanisches Analogon: Dem *Schwingkreis* entspricht z.B. das *Federpendel*, bei dem die Richtgröße D in der Feder und die Masse m im Pendelkörper lokalisiert sind. Ein mechanisches Analogon zum *Dipol* ist eine beidseitig eingespannte *Schraubenfeder* (Seite 185). Bei ihr sind die Richtgröße D und die Masse m nicht auf bestimmte Stellen konzentriert, sondern über den ganzen Schwinger verteilt; die eingespannte Schraubenfeder kann ja nun auch – wie der Dipol – mit vielen diskreten Eigenfrequenzen schwingen. Dasselbe gilt für die Querschwingungen einer Saite.

Die Eigenfrequenzen f_k des Dipols hängen von seiner Länge l und der Ausbreitungsgeschwindigkeit c der elektromagnetischen Welle im umgebenden Stoff ab. Es gilt

$$f_k = k\frac{c}{2l} \quad \text{mit } k = 1, 2, 3, \ldots .$$

3. Die Lecherleitung

Sie wissen nun, daß die auf dem Dipol schwingenden Elektronen eigentlich nur die Begleiterscheinung einer stehenden elektromagnetischen Welle sind. Der Dipol selbst dient lediglich dazu, diese Welle zu führen. Das wird besonders deutlich, wenn wir einen Dipol so umbiegen, daß zwei parallele Leitungen entstehen.

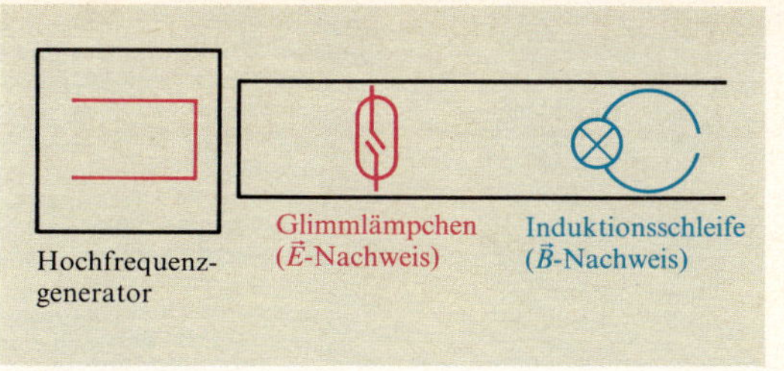

197.1 Lecherleiter

Versuch 183: a) Wir koppeln einen sogenannten **Lecher-Doppelleiter** (*E. Lecher*, 1856 bis 1926) nach *Bild 197.1* induktiv an den 434 MHz-Generator. Dann wandert eine fortschreitende elektromagnetische Welle, von den Paralleldrähten geführt, nach rechts, wird am Ende reflektiert, wandert nach links, wird dort abermals reflektiert usw. Wenn sich am „freien" rechten Ende (wo sich Ladungen anhäufen) ein Bauch und am „geschlossenen" linken Ende ein Knoten des *elektrischen* Wechselfeldes bilden kann, kommt es zu einer stehenden elektromagnetischen Welle. Damit diese Randbedingungen erfüllt sind, richten wir die Länge der Doppelleitung mit Hilfe übergeschobener Metallhülsen so ein, daß eine an das rechte Ende gehaltene Glimmlampe maximal aufleuchtet. Dieselbe Glimmlampe benutzen wir auch als Anzeige für die übrigen Bäuche des elektrischen Feldes. Sie sind von maximalen Ladungsanhäufungen auf einander gegenüber liegenden Drahtstücken begleitet; also herrschen zwischen diesen auch besonders hohe Spannungen.

b) Die Bäuche des *Magnetfeldes*, die mit maximalen Wechselströmen in den Leitungen verknüpft sind, weisen wir mit einem Resonanzschwingkreis nach, wie wir ihn schon in Versuch 170 benutzt haben. Da am rechten Ende keine Ströme fließen können, muß dort ein Knoten des Magnetfeldes sein. Beide Anzeigegeräte werden ohne Berühren knapp über die Drähte gehalten.

Wir finden auch hier (wie schon in Versuch 178), daß die Bäuche des elektrischen Feldes mit den Knoten des Magnetfeldes und dessen Bäuche wiederum mit den Knoten des elektrischen Feldes zusammenfallen. Der Abstand d zweier benachbarter Knoten läßt sich sowohl mit der Glimmlampe als auch mit dem Resonanzschwingkreis messen. Wir finden – wie schon bei früheren Versuchen – $d = 34{,}5$ cm; daraus folgt die Wellenlänge $\lambda = 69$ cm.

Bild 198.1 gibt vier Momentaufnahmen der schwingenden Lecherleitung wieder, die in Zeitabschnitten von je $T/4$ aufeinander folgen. Sie ersehen daraus, daß es sich hier um eine besondere Art von „Stromleitung" handelt:

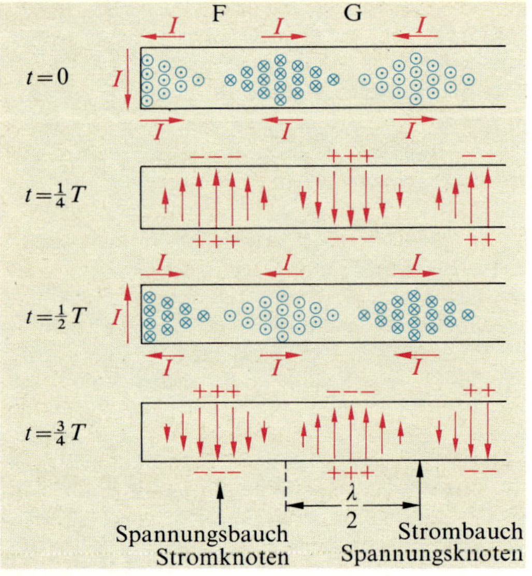

198.1 Elektrische und magnetische Felder der stehenden Welle an einem Lecherleiter

– Es fließen Ströme, obwohl der Stromkreis nicht geschlossen ist;
– die Stromstärke ist zur selben Zeit nicht überall gleich groß;
– auch die Stromrichtung ist zur selben Zeit nicht überall gleich;
– in gewissen Punkten (z.B. G und F) ist die Stromstärke stets Null.

Kein Wunder, wenn bei dieser seltsamen Art von Stromleitung ungewohnte Dinge passieren:

Versuch 184: **a)** Wir überbrücken die vom Hochfrequenzgenerator angeregte Doppelleitung an einer beliebigen Stelle mit einem leitenden Draht. Daraufhin geht eine am rechten Ende angebrachte Glimmlampe aus. Klar – wir haben ja einen Kurzschluß in die Leitung eingebaut!

b) Nun verschieben wir die Überbrückung langsam längs der Lecherleitung. Wenn wir an einem bestimmten Punkt angelangt sind, leuchtet die Glimmlampe plötzlich wieder auf. Trotz Kurzschluß entsteht am Ende der Doppelleitung eine Spannung! Wie ist das möglich?

Wir haben das Lechersystem an einem *Knoten* des elektrischen Feldes überbrückt, also an einer Stelle, an der die elektrische Feldstärke und damit auch die Spannung zwischen den beiden Leitungen andauernd Null ist. Zwei Punkte, zwischen denen keine elektrische Spannung herrscht, kann man aber ruhig miteinander verbinden, ohne die elektrischen Felder und den Verlauf der Ströme dabei zu beeinflussen. Nur wenn der Überbrückungsdraht exakt im Knoten des elektrischen Feldes sitzt, wird die stehende Welle nicht gestört. Schon eine geringfügige Verschiebung des Drahts läßt das Glimmlämpchen am Ende des Lechersystems erlöschen. Damit kann man den Knotenabstand der stehenden Welle sehr genau bestimmen.

Versuch 185: Wir verlängern die Doppelleitung um das Stück $\lambda/4 = 17{,}25$ cm. Jetzt sind die Randbedingungen für das Zustandekommen einer stehenden Welle nicht mehr erfüllt: Die Glimmlampe leuchtet an keiner Stelle mehr auf. Verbinden wir aber die Enden des um $\lambda/4$ verlängerten Drahtsystems leitend, so ist die stehende Welle wieder da. Ein leitendes Ende erzwingt nämlich einen *Knoten* des elektrischen und einen *Bauch* des magnetischen Feldes. Diese Randbedingungen sind beide erfüllt, wenn man den Doppelleiter gegenüber vorher um $\lambda/4$ verlängert.

Aufgaben

1. *Ein Dipol der Länge* $l = 1$ m *wird zu Sinusschwingungen der Frequenz* $f = 150$ MHz *angeregt. Aus der Helligkeit eines Lämpchens in seiner Mitte schließt man auf eine Stromstärke von* $I_{eff} = 100$ mA. **a)** *Wie groß ist die Stromstärke im Dipol an den Stellen, die* 25 cm *bzw.* 12,5 cm *von seinem Ende entfernt sind?* **b)** *Die Anregungsfrequenz wird auf* $f_1 = 300$ MHz *erhöht. Wie groß ist jetzt die Stromstärke in der Mitte des Dipols?*

2. *Der Schwingkreis eines Hochfrequenzgenerators besitzt die Kapazität* $C = 4{,}8$ pF *und die Induktivität* $L = 0{,}3$ µH. **a)** *Welche Länge muß der angekoppelte Sendedipol mindestens haben?* **b)** *Mit diesem Sender werden elektromagnetische Wellen in einen Trog gestrahlt, der mit Alkohol gefüllt ist. Die Länge eines in die Flüssigkeit gebrachten Empfangsdipols kann durch übergeschobene Metallhülsen verändert werden. Bei einer Länge von* 22 cm *tritt erstmals Resonanz ein. Wie groß ist demnach die Ausbreitungsgeschwindigkeit der elektromagnetischen Welle im Alkohol?* **c)** *Berechnen Sie daraus die Dielektrizitätszahl* ε_r *für Alkohol!*

3. *Bei der fortschreitenden elektromagnetischen Welle ist das* $\vec{E}$*-Feld mit dem* $\vec{B}$*-Feld in Phase; bei der stehenden elektromagnetischen Welle sind die beiden Feldarten dagegen um 90° phasenverschoben.* **a)** *Stellen Sie einen Vergleich mit fortschreitenden und stehenden Schallwellen an!* **b)** *Welche mechanische Größe entspricht dort E, welche B?*

4. *Zeichnen Sie entsprechend Bild 198.1 vier Momentbilder für den Fall, daß die Lecherdrähte um* $\lambda/4$ *verlängert und am Ende miteinander leitend verbunden sind!*

5. *Die Paralleldrähte eines Lechersystems werden in eine Isoliermasse eingebettet. Bei der Anregungsfrequenz* $f = 434$ MHz *bildet sich eine stehende Welle aus. Eine über das Drahtsystem geführte Glimmlampe leuchtet in Abständen von je* 15 cm *maximal auf. Berechnen Sie die Dielektrizitätszahl* ε_r *der das Lechersystem umgebenden Isoliermasse!*

§66 Mikrowellen

1. Schwingkreise haben Grenzen

Bisher haben wir elektromagnetische Wellen durch hochfrequente Wechselströme in Schwingkreisen erzeugt, deren Energienachschub durch Transistor- oder Röhrenschaltungen gesteuert wird. In Versuch 170 konnten wir die frequenzbestimmenden Größen auf ein Maß herabdrücken, das sich nicht mehr wesentlich verkleinern läßt. Der Eigenfrequenz einer solchen Schaltung sind Grenzen gesetzt, die bei etlichen hundert Megahertz liegen. Die entsprechenden Wellenlängen sind in der Größenordnung von Dezimetern. Man spricht deshalb auch von *Dezimeterwellen*.

Mit besonderen Geräten kommt man zu noch höheren Frequenzen: In einer speziellen Vakuumröhre, dem sogenannten *Klystron*, können Elektronenströme erzeugt werden, deren Ladungsdichte mit Frequenzen über 1 Gigahertz ($1\,\text{GHz} = 1 \cdot 10^9\,\text{Hz}$) periodisch wechselt. In der *Gunn-Diode* – einer Kombination aus Halbleitern – lassen sich Ladungsträger zu Schwingungen aufschaukeln, die ebenfalls im Gigahertz-Bereich liegen.

Mit dem Klystron oder der Gunn-Diode können elektromagnetische Wellen erzeugt werden, deren Wellenlänge etliche Zentimeter beträgt. Zur Abstrahlung solcher **Mikrowellen** wird statt des Dipols ein Resonanzhohlraum benutzt. Inzwischen haben Sie erfahren, daß der Dipol eigentlich nur dazu dient, die schwingenden elektrischen und magnetischen Felder zu führen sowie ihre Frequenz und Orientierung zu bestimmen. Von daher wird es verständlich, daß auch ein Hohlraum mit entsprechenden Ausmaßen demselben Zweck dienen kann. Ein sich an den Hohlraum anschließender Trichter strahlt die *Zentimeterwellen* als verhältnismäßig schmales Bündel ab. Der Empfänger besteht aus einer *Hochfrequenzdiode*, deren Länge gleich der halben Wellenlänge ist; sie wirkt als Empfangsdipol und zudem noch als Gleichrichter. Die an dieser Diode gleichgerichtete Spannung wird einem Meßverstärker zugeführt. Zur Erhöhung der Empfangs- und Richtungsempfindlichkeit kann vor die Empfangsdiode ebenfalls ein Trichter gesetzt werden. Eine im Abstand $\lambda/4$ hinter dem Diodendipol angebrachte Reflexionsplatte dient im wesentlichen demselben Zweck.

2. Versuche mit Mikrowellen

In den folgenden Versuchen werden wir weitere Eigenschaften elektromagnetischer Wellen kennenlernen, die an Zentimeterwellen wegen ihrer handlichen Wellenlänge besonders gut zu beobachten sind.

Versuch 186: **a)** Wir bringen den Empfangsdipol etwa 50 cm vor den Mikrowellensender. Durch seitliches Verschieben des Empfängers stellen wir fest, daß der Sender ein ziemlich scharf begrenztes Wellenbündel ausstrahlt.

b) Nun schieben wir zwischen Sender und Empfänger verschiedene Stoffe. Schon eine dünne Metallfolie unterbricht den Wellenstrahl. Dagegen sind Nichtleiter wie Holz, Glas, Plexiglas und andere Kunststoffe für die Mikrowelle weitgehend durchlässig; sie *reflektieren* aber auch einen Teil der Welle.

c) Weil der Wellenstrahl gut gebündelt ist, kann man damit auch das **Reflexionsgesetz** für elektromagnetische Wellen nachweisen. Dazu richten wir Sender und Empfänger schräg gegen eine Metallwand und drehen diese so, daß wir maximalen Empfang erhalten.

Dabei stellen wir fest: *Einfallswinkel und Reflexionswinkel sind gleich.* So scharf wie bei Licht erhalten wir dieses Ergebnis allerdings nicht.

Versuch 187: Die Wellenlänge unserer Mikrowelle messen wir wie in Versuch 178 anhand einer *stehenden Welle*, die wir durch Reflexion an einer Metallwand erzeugen. Bewegen wir den Empfangsdipol auf die Wand zu, so registrieren wir nach *Bild 199.1* abwechselnd Minima und Maxima. Aus dem Abstand $d = \lambda/2 =$ 1,6 cm zweier benachbarter Minima ergibt sich die Wellenlänge $\lambda = 3{,}2$ cm. Unser Mikrowellensender schwingt demnach mit der Frequenz $f = 3{,}0 \cdot 10^8 / 3{,}2 \cdot 10^{-2}\,\text{Hz} = 9{,}4\,\text{GHz}$.

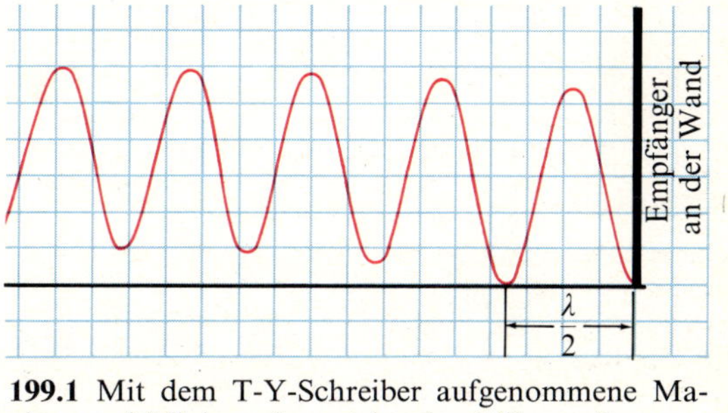

199.1 Mit dem T-Y-Schreiber aufgenommene Maxima und Minima einer stehenden Mikrowelle

Versuch 188: Aus der Lage des Diodendipols läßt sich die *Polarisationsebene* des $\vec{E}$-Vektors (Seite 192) bestimmen: Steht der Diodendipol parallel zum $\vec{E}$-Vektor, so hat man maximalen Empfang. Dreht man nun den Dipol so, daß er mit dem $\vec{E}$-Vektor den Winkel 90° bildet, dann geht der Empfang vollständig zurück.

Aus Versuch 186 wissen Sie schon, daß die Mikrowellen durch eine Metallplatte zurückgehalten werden. Wie ist es aber nun mit einem *Gitter* aus Metallstäben? Werden die Zentimeterwellen dazwischen durchschlüpfen?

Versuch 189: **a)** Mikrowellensender und Empfänger stehen einander in etwa 1 m Abstand gegenüber. Nun bringen wir ein Gitter so dazwischen, daß dessen Metallstäbe parallel zum $\vec{E}$-Vektor (also auch zum Empfangsdipol) sind *(Bild 200.1)*. Daraufhin setzt der Empfang aus; obwohl zwischen den Stäben viel Platz ist, kommt die Welle offenbar nicht durch. Sie wird vom Gitter vollständig reflektiert.

b) Wir drehen das Gitter um 90°, so daß seine Stäbe senkrecht zum $\vec{E}$-Vektor liegen *(Bild 200.2)*. Erstaunlicherweise spricht jetzt der Empfangsdipol voll an. Die Welle wird vom Gitter mit den quer liegenden Stäben nicht mehr reflektiert.

Die Erklärung für diese seltsame Erscheinung liegt darin, daß die Elektronen in den *parallel* zum $\vec{E}$-Vektor ausgerichteten Metallstäben von den elektrischen Wechselfeldern der Welle zu *erzwungenen Schwingungen* angeregt werden. Nun stellt ein solcher Gitterstab einen Dipol dar, dessen Eigenfrequenz f_0 wegen seiner verhältnismäßig großen Länge wesentlich kleiner als die Frequenz f der Mikrowelle ist. Deshalb erfolgen die erzwungenen Schwingungen der Elektronen auf dem Stab im *Gegentakt*. Dabei wirken die Stäbe als Sendedipole und strahlen nach beiden Seiten eine elektromagnetische Welle ab. Sie läuft *hinter* dem Gitter in derselben Richtung wie die Originalwelle; da sie aber gegenüber dieser in der Phase um 180° verschoben ist, *löschen sich die beiden Wellen hinter dem Gitter aus*. Auf der anderen Seite – vor dem Gitter – tritt dagegen eine reflektierte Welle auf.

Dreht man die Stäbe um 90°, so werden sie nach Versuch 188 nicht zu Schwingungen angeregt; es entstehen deshalb auch keine Sekundärwellen. Die vom Mikrowellensender kommende Welle wird also weder reflektiert noch hinter dem Gitter ausgelöscht: *Sie geht einfach durch!*

Wenn wir in Gedanken die Zahl der Gitterstäbe vergrößern, so daß sie immer dichter zusammenrücken, können wir unsere vorigen Überlegungen auch auf die Reflexion der elektromagnetischen Welle an einer *Metallplatte* übertragen: Weil die $\vec{E}$-Vektoren der ankommenden und der reflektierten Welle in der Platte gegenphasig schwingen, heben sie sich dort andauernd auf; deshalb bildet sich an der Metallplatte ein *Knoten der stehenden $\vec{E}$-Welle*. Nun dreht sich aber bei der reflektierten Welle außer dem $\vec{E}$-Vektor auch der Geschwindigkeitsvektor $\vec{c}$ um. Aus der Regel über die gegenseitige Orientierung der Felder einer elektromagnetischen Welle *(Bild 190.2* und *Bild 191.1)* folgt, daß dann die $\vec{B}$-Vektoren der ankommenden und der reflektierten Welle in der Metallplatte *gleich gerichtet* sein müssen *(Bild 201.1)*, sich also verstärken. Aus diesem Grund hat das *$\vec{B}$-Feld* der stehenden elektromagnetischen Welle an der reflektierenden

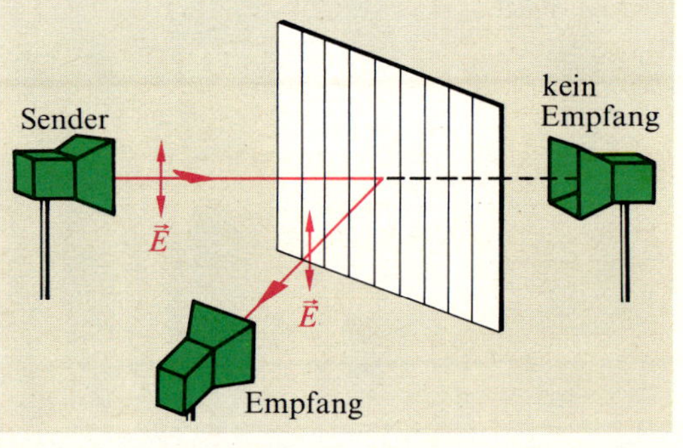

200.1 In dieser Stellung des Gitters wird die Welle nicht durchgelassen; dagegen wird sie reflektiert.

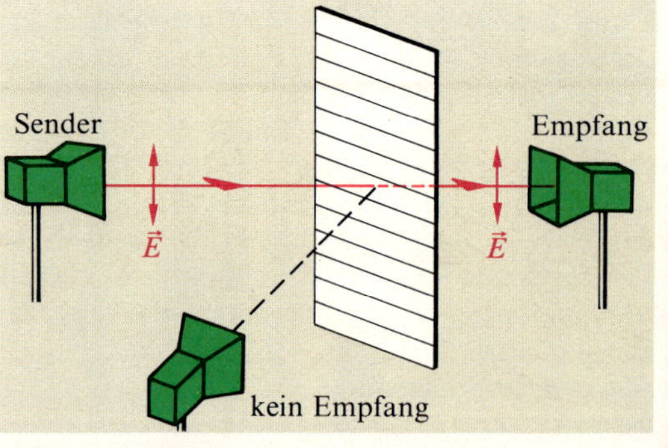

200.2 In dieser Stellung des Gitters wird die Welle voll durchgelassen und nicht reflektiert.

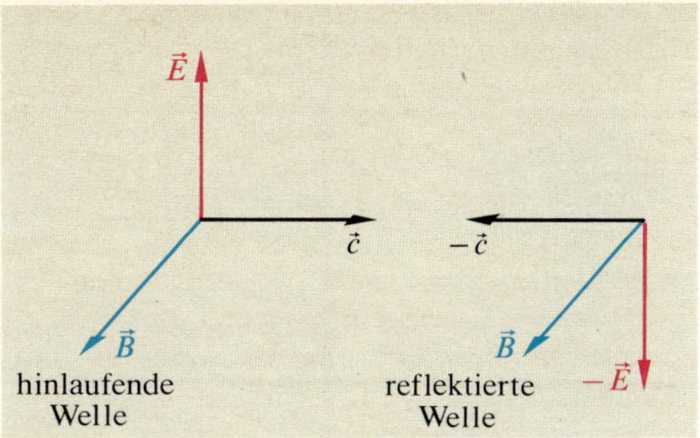

201.1 Die $\vec{B}$-Vektoren der ankommenden und der reflektierten Welle verstärken sich an der Wand.

Wand einen *Bauch*. Wir haben diese merkwürdige Erscheinung in Versuch 178 bereits festgestellt; jetzt besitzen wir endlich eine Erklärung dafür.

Versuch 190: a) Wir bringen nun das Drahtgitter so zwischen Mikrowellensender und Empfänger, daß seine Stäbe *schräg* zum $\vec{E}$-Vektor verlaufen. Dadurch wird der Empfang nicht ganz unterbunden, sondern nur geschwächt.

b) Nun drehen wir den Diodendipol, bis er senkrecht zu den Stäben steht. Dabei wird der Empfang stärker und erreicht schließlich bei der senkrechten Stellung des Dipols ein Maximum.

Zur Erklärung betrachten wir in *Bild 201.2* die momentan im Punkt P eines Gitterstabes herrschende elektrische Feldstärke $\vec{E}$ der vom Sender auf den Betrachter zu laufenden Welle. Wir zerlegen den Vektor $\vec{E}$ in die Komponenten $\vec{E}_1$ parallel zum Stab und $\vec{E}_2$ senkrecht dazu, können also $\vec{E}$ ausstreichen und durch $\vec{E}_1$ und $\vec{E}_2$ ersetzen. $\vec{E}_1$ wird nach Versuch 189a vom Stab

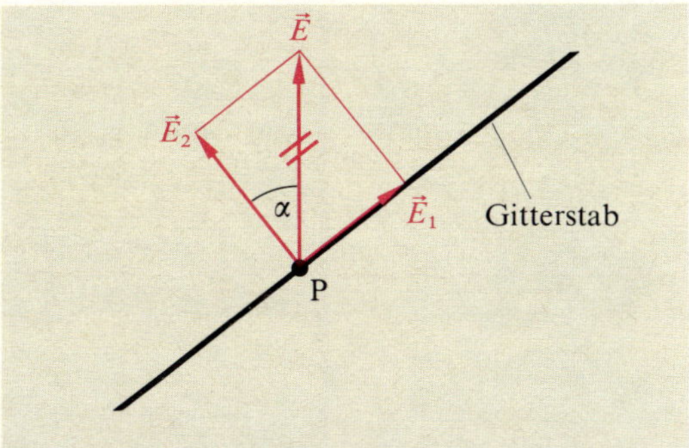

201.2 Nach dem Gitter läuft statt des Vektors $\vec{E}$ der um den Winkel α gedrehte Vektor $\vec{E}_2$ weiter.

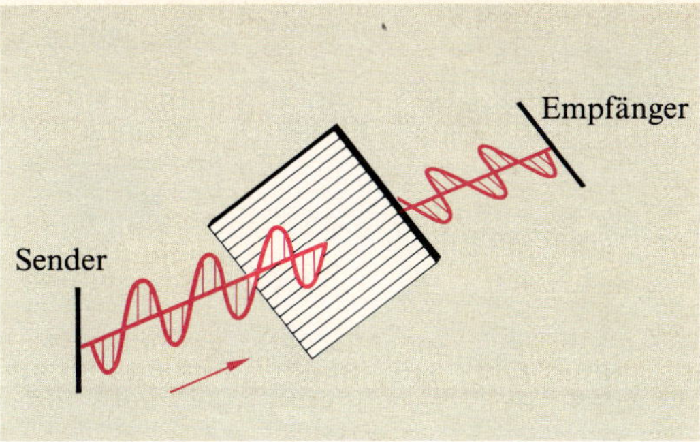

201.3 Das Drahtgitter dreht die Polarisationsebene der elektromagnetischen Welle.

nicht durchgelassen. Übrig bleibt der Vektor $\vec{E}_2$; er wandert ungestört weiter auf den Empfänger zu. *Seine Polarisationsebene ist also gegenüber der des $\vec{E}$-Vektors um den Winkel α gedreht worden (Bild 201.3).* Damit sind unsere Beobachtungen am schräg gestellten Gitter erklärt.

Versuch 191: Wir stellen Sender und Empfänger „gekreuzt" auf, so daß der Empfangsdipol nicht angeregt wird. Bringen wir nun das Drahtgitter *schräg* zum $\vec{E}$-Vektor in das Mikrowellenbündel, dann spricht der Empfänger wieder an.

Durch das Einbringen des Gitters wird die Polarisationsebene der Welle gedreht. Deshalb trifft der $\vec{E}$-Vektor den Empfangsdipol jetzt nicht mehr senkrecht, so daß dieser durch eine Komponente des $\vec{E}$-Vektors angeregt werden kann. Schon *Heinrich Hertz* hat mit einem solchen Drahtgitter experimentiert; es wird deshalb auch *Hertzsches Gitter* genannt.

Die Reflexion gebündelter Zentimeterwellen an metallischen Gegenständen wird beim *Radar* zur Überwachung des Flug- und Schiffsverkehrs benutzt. Aus der Laufzeit der Mikrowellen kann man auf die Entfernung der beobachteten Objekte schließen. Aber auch ihre Geschwindigkeit läßt sich mit Hilfe von elektromagnetischen Wellen ermitteln. Das Prinzip einer solchen *Radar-Geschwindigkeitsmessung* soll der folgende Versuch zeigen.

Versuch 192: Wir wollen mit Hilfe eines gebündelten Mikrowellenstrahls die Geschwindigkeit eines Fahrzeugs ermitteln. Es wird in unserem Modellversuch durch einen kleinen Wagen mit aufgesetzter Metallplatte dargestellt; etwa 1 m davon entfernt bauen wir den Mikrowellensen-

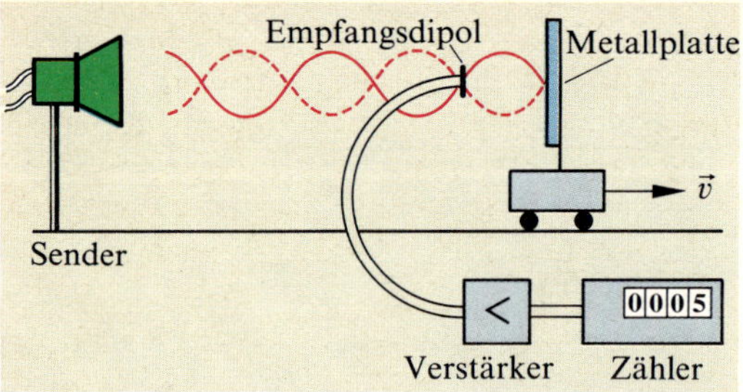

202.1 Ein Modellversuch zur Geschwindigkeitsmessung mit Radar

der so auf, daß sein „Radarstrahl" senkrecht auf die Platte trifft. Zwischen Sender und Wagen wird der Empfangsdipol aufgestellt; er ist über einen Verstärker mit einem elektronischen Zählgerät verbunden. Sobald sich der Wagen bewegt, beginnt der Zähler zu laufen. Wie kommt das?

Nun – die Mikrowelle wird an der Metallplatte reflektiert; dabei überlagert sich das Radarecho mit der Originalwelle zu einer *stehenden Welle*. Angenommen, der Empfangsdipol befinde sich gerade in einem Knoten dieser stehenden Welle; dann registriert er ein Minimum. Bewegt sich nun der Wagen mit der Metallplatte um $\lambda/4$ auf den Dipol zu oder von ihm weg, so verschiebt sich die stehende Welle nach *Bild 202.1* um $\lambda/4$ nach links oder rechts: Der Empfänger gerät dabei in einen Bauch: Es wird ein Maximum des Empfangs registriert und als „Impuls" auf das Zählgerät übertragen. Nach einer weiteren Strecke von $\lambda/4$ sitzt der Empfangsdipol wieder – wie zuvor – in einem Knoten. Wenn der Wagen also die Strecke $\lambda/2$ zurückgelegt hat, erhält das Meßgerät gerade *einmal* maximalen Empfang und registriert dies als einen Zählimpuls.

Werden nun n Impulse in der Zeit Δt gezählt, so hat der Wagen in dieser Zeit die Strecke $\Delta s = n\,\lambda/2$ zurückgelegt. Seine Geschwindigkeit ist dann

$$v = \frac{\Delta s}{\Delta t} = \frac{n\,\lambda}{2\,\Delta t}. \qquad (202.1)$$

Wir lassen den Wagen von einem langsam laufenden Motor mit der Geschwindigkeit $v = 4\ \text{mm s}^{-1}$ an einer Schnur ziehen. Als elektronischer Zähler ist auch ein T-Y-Schreiber möglich: Er registriert in 20 Sekunden 5 Impulse. Bei einer Wellenlänge von $\lambda = 3{,}2$ cm erhalten wir nach *Gl. 202.1* für die Geschwindigkeit des Wagens $v = 5 \cdot 3{,}2\ \text{cm}/40\ \text{s} = 0{,}4\ \text{cm s}^{-1}$.

3. Das Huygenssche Prinzip bei elektromagnetischen Wellen

Versuch 193: Wir stellen den Empfangsdipol nach *Bild 202.2a* so auf, daß er vom Mikrowellenbündel des Senders nicht mehr getroffen wird. Bringen wir nun eine Spaltblende mit einer Öffnung von etwa 2 cm Breite in den Weg des Bündels, so spricht der Empfangsdipol an, obwohl er doch jetzt eigentlich erst recht im „Wellenschatten" stehen müßte.

Das gleiche Problem kennen Sie von einer Wasserwelle, die durch eine Spaltblende läuft und dahinter eine Elementarwelle bildet (Band MS, Seite 265). Genau dasselbe passiert auch mit der elektromagnetischen Welle: Die im Spalt (dessen Öffnung kleiner als die Wellenlänge ist) schwingenden elektrischen und magnetischen Wechselfelder wirken wie ein dort aufgestellter Sendedipol und bilden so das Zentrum einer sich hinter der Blende rundum ausbreitenden **Elementarwelle**: *Elektromagnetische Wellen werden an einem Spalt gebeugt (Bild 202.2b).*

Von den mechanischen Wellen her kennen Sie das **Huygenssche Prinzip**, nach dem man sich eine Wellenfront aus Elementarwellen zusammengesetzt denken darf. Damit konnten wir das *Reflexionsgesetz* und das *Brechungsgesetz* für mechanische Wellen erklären.

Nun haben wir in Versuch 186c schon nachgewiesen, daß das Reflexionsgesetz für elektromagnetische Wellen erfüllt ist. Nach dem Huygensschen Prinzip müßte auch das Brechungsgesetz gelten:

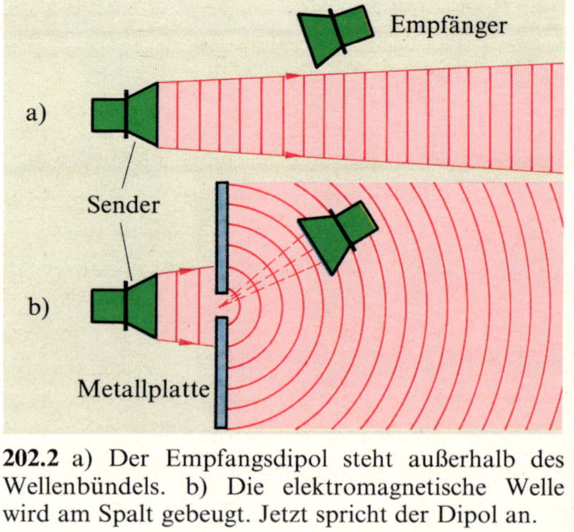

202.2 a) Der Empfangsdipol steht außerhalb des Wellenbündels. b) Die elektromagnetische Welle wird am Spalt gebeugt. Jetzt spricht der Dipol an.

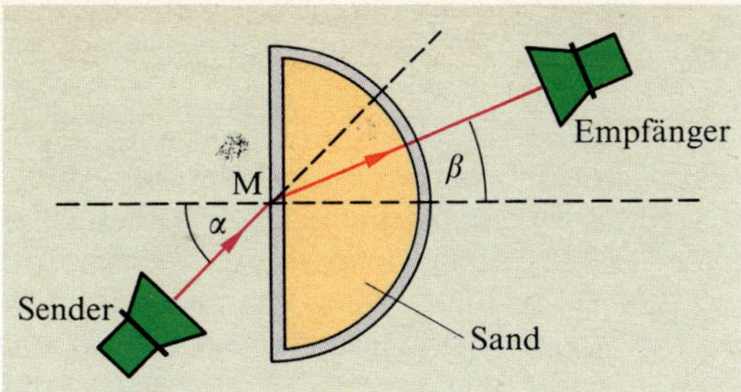

203.1 Die Mikrowellen werden beim Übergang von Luft in Quarzsand gebrochen.

Eine Welle, die aus einem Medium mit der Ausbreitungsgeschwindigkeit c_1 unter dem Winkel α (zum Lot) in ein Medium mit der Ausbreitungsgeschwindigkeit c_2 übergeht, läuft dort unter einem Winkel β weiter; dabei gilt

$$\frac{\sin\alpha}{\sin\beta} = \frac{c_1}{c_2}.$$

Versuch 194: Nach *Bild 203.1* fällt ein Mikrowellenbündel unter dem Winkel α auf einen mit feinem Quarzsand gefüllten Halbzylinder aus Kunststoff. Wir richten den Sender so aus, daß die Mitte des Wellenbündels durch die Mittelachse M des Halbzylinders geht. Dann tritt nämlich der Strahl an der runden Seite des Halbzylinders stets *senkrecht* aus, wird also beim Übergang in die Luft nicht nochmals gebrochen. Deshalb können wir den Empfangsdipol zur Messung des Winkels β außerhalb des sandgefüllten Halbzylinders anbringen. – Mit Hilfe eines um M drehbaren Lineals läßt sich der Winkel α auf einer Gradeinteilung einstellen. Mit dem Diodendipol suchen wir auf der runden Seite des Halbzylinders die Stelle maximalen Empfangs und lesen dann mit Hilfe des Lineals den Winkel β ab. Dabei finden wir die Gültigkeit des Brechungsgesetzes bestätigt.

Geht der Wellenstrahl vom Vakuum mit der Ausbreitungsgeschwindigkeit c_0 in einen Stoff mit der Ausbreitungsgeschwindigkeit c_{St} über, so bezeichnet man den konstanten Quotienten

$$\frac{\sin\alpha}{\sin\beta} = \frac{c_0}{c_{St}}$$ als **Brechungszahl *n***

des betreffenden Stoffs. Nach *Gl. 195.2* gilt für die Ausbreitungsgeschwindigkeit einer elektromagnetischen Welle in einem Stoff $c_{St} \approx c_0/\sqrt{\varepsilon_r}$. Die Brechungszahl dieses Stoffs beträgt also

$$n = c_0/c_{St} \approx \sqrt{\varepsilon_r}.$$

Für den Übergang einer elektromagnetischen Welle vom Vakuum (Ausbreitungsgeschwindigkeit c_0) in einen Stoff (Ausbreitungsgeschwindigkeit c_{St}) gilt das Brechungsgesetz

$$\frac{\sin\alpha}{\sin\beta} = \frac{c_0}{c_{St}} = n. \qquad (203.1)$$

***n* wird die Brechungszahl des betreffenden Stoffs genannt. Für sie gilt**

$$n \approx \sqrt{\varepsilon_r}. \qquad (203.2)$$

Dabei ist ε_r die Dielektrizitätszahl des Stoffs.

Besonders gut läßt sich die Brechung der Mikrowellen an Prismen und Sammellinsen zeigen.

Versuch 195: a) Das Mikrowellenbündel wird auf ein Prisma aus Kunststoff oder Paraffin gerichtet. Wir suchen den Ort des maximalen Empfangs und stellen dabei fest, daß der Wellenstrahl gebrochen wird *(Bild 203.2a)*.

b) Etwa 50 cm vor dem Sender steht eine mit Sand gefüllte Kunststofflinse *(Bild 203.2b)*. Sie konzentriert das Wellenbündel auf einen scharf begrenzten Bereich; er stellt sozusagen die Abbildung des Senders durch die Sammellinse dar.

Von den mechanischen Wellen wissen Sie, daß zwei im Gleichtakt periodisch in eine Wasseroberfläche eintauchende Stifte ein Wellenmuster erzeugen, das von auffälligen „Straßen" durchzogen ist *(Bild 204.1)*. Dort löschen sich die von den beiden Erregern erzeugten Wellen durch **Interferenz** aus. Für Schallwellen kennen Sie einen ganz ähnlichen Versuch: Stellt man zwei vom gleichen Tongenerator gespeiste

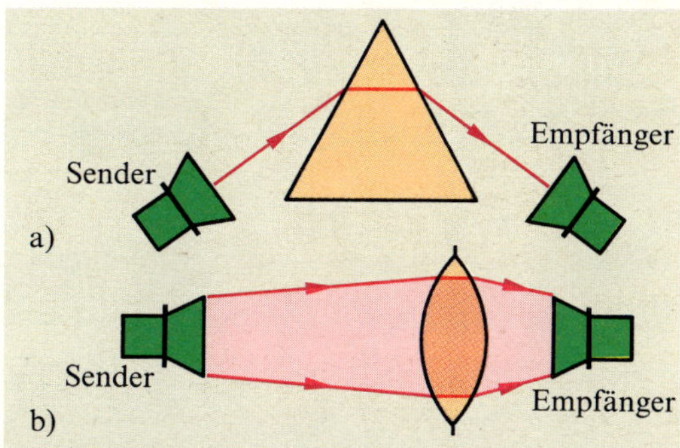

203.2 Brechung von Mikrowellen a) an einem Prisma, b) an einer Sammellinse

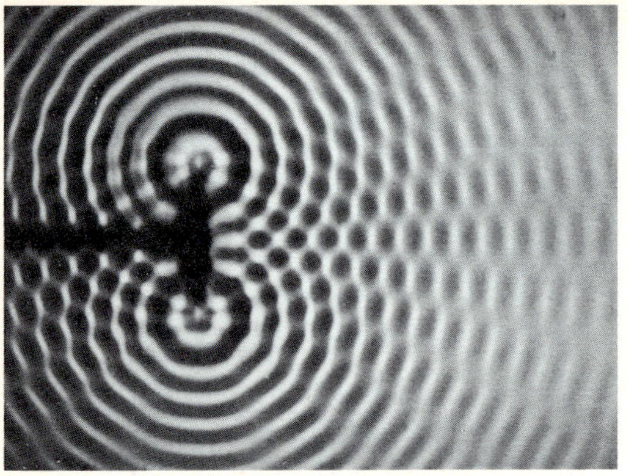

204.1 „Interferenzstraßen" bei Wasserwellen

Lautsprecher nebeneinander auf, so entstehen auch hier Bereiche, in denen sich die ausgesandten Wellen gegenseitig aufheben. Man kann sie zwar nicht mehr wie die Straßen in *Bild 204.1* sehen, dafür aber hören.

Natürlich läßt sich derselbe Versuch auch mit *elektromagnetischen* Wellen durchführen. Diese kann man nun allerdings weder sehen noch hören; deshalb brauchen wir zum Nachweis jetzt einen besonderen Empfänger. Auch können wir nicht einfach statt der Stifte bzw. der beiden Lautsprecher zwei Mikrowellensender nebeneinander stellen. Sie würden nämlich niemals ganz exakt im Gleichtakt bzw. mit einer konstant bleibenden gegenseitigen Phasendifferenz schwingen. Man sagt dazu auch, sie würden keine **kohärenten Wellen** aussenden.

Diese Schwierigkeit läßt sich im nun folgenden Versuch mit einem ganz einfachen Kunstgriff beheben – wir haben ihn übrigens bei Wasserwellen schon angewandt (Band MS, Seite 170, Versuch 60).

Versuch 196: Die von einem Mikrowellensender ausgehenden elektromagnetischen Wellen treffen nach *Bild 204.2* auf einen *Doppelspalt*. Er wird aus zwei Metallplatten und einem schmalen Metallstreifen gebildet. Die Breite der beiden Spalte S_1 und S_2 ist jeweils kleiner als die Wellenlänge λ; der Abstand ihrer Mitten beträgt ungefähr 2 bis 3 Wellenlängen. Von S_1 und S_2 gehen nun Elementarwellen aus. Da diese von einem einzigen Mikrowellensender hervorgerufen werden, wirken die beiden Spalte wie zwei nahe nebeneinander stehende *kohärent* schwingende Sender. Bewegen wir den Empfänger auf einem Kreis um die Mitte des Doppelspaltes herum, so finden wir entsprechend dem schon bekannten Interferenzmuster *(Bild 204.1)* abwechselnd Minima und Maxima des Empfangs.

Der nächste Versuch zeigt Ihnen eine weitere Möglichkeit, ein Bündel von elektromagnetischen Wellen in zwei kohärente Teilbündel aufzuspalten.

Versuch 197: Ein Mikrowellenstrahl trifft nach *Bild 204.3* auf eine ungefähr 2 mm dicke Glasplatte, hinter der eine Metallwand aufgestellt ist. Der Wellenstrahl wird am Glas teilweise reflektiert und gelangt dabei in den Empfänger. Der Rest durchsetzt das Glas, trifft auf die Metallplatte, wird dort reflektiert, geht zum Teil wieder durch die Glasscheibe hindurch und gelangt auf diesem Umweg ebenfalls in den Empfänger.

b) Nun ändern wir die Dicke s der durch die Glas- und Metallplatte gebildeten Luftschicht. Bei $s = \lambda/4$ registriert der Empfänger ein *Minimum*. Vergrößern wir die Schichtdicke s jeweils um weitere $\lambda/4$, so entstehen abwechselnd Maxima und Minima.

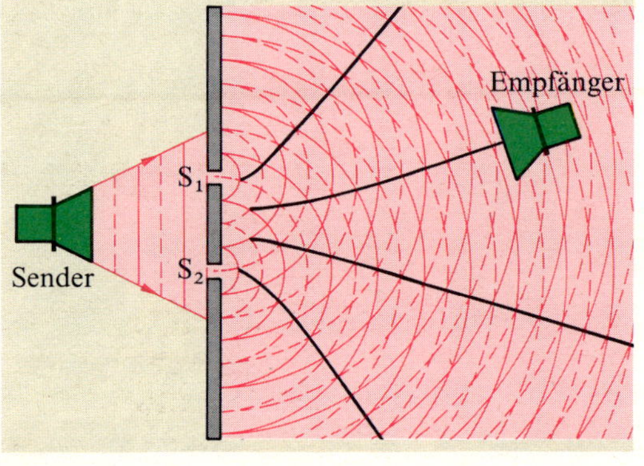

204.2 Interferenz von Mikrowellen am Doppelspalt

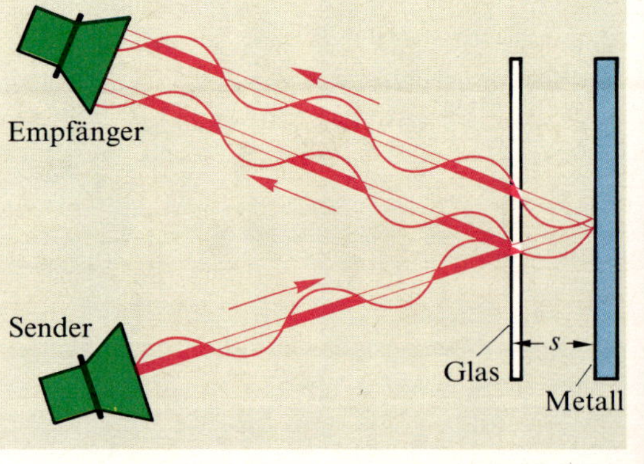

204.3 Interferenz von Mikrowellen an einer Schicht

Die Erklärung dafür liegt im Gangunterschied δ der beiden in den Empfänger gelangenden Wellenstrahlen. Bei der Reflexion an der Glas- und der Metallplatte erhält jeder der beiden Strahlen einen Phasensprung von 180° (Seite 200). Für den Gangunterschied δ ist also allein der Umweg verantwortlich, den der zweite Strahl gegenüber dem ersten macht. Da der Sender so aufgestellt ist, daß der Mikrowellenstrahl fast senkrecht auf die Glasplatte trifft, beträgt dieser Umweg ungefähr $2\,s$. Für den Gangunterschied gilt demnach

$\delta \approx 2\,s$. Bei $s = k\,\lambda/4$ (mit $k = 0, 1, 2, 3, \ldots$)

entstehen die Gangunterschiede $\delta = 0$, $\lambda/2$, λ, $3\,\lambda/2, \ldots$, also abwechselnd Minima und Maxima.

Aufgaben

1. *Ein Dipol, der in Richtung des $\bar{E}$-Vektors einer Mikrowelle aufgestellt ist, empfängt die mittlere elektrische Feldstärke $\bar{E} = 20\ \text{V m}^{-1}$.* **a)** *Nun wird ein Hertzsches Gitter so in das Wellenbündel gehalten, daß seine Stäbe mit dem $\bar{E}$-Vektor der Welle einen Winkel von 30° bilden. Welche Feldstärke empfängt der Dipol jetzt?* **b)** *Wie muß man den Dipol drehen, damit er maximalen Empfang hat? Welche mittlere elektrische Feldstärke empfängt er dann?*

2. *Eine Mikrowelle wird beim Übergang von Luft in einen Kunststoffkörper gebrochen. Man mißt in Luft den Winkel $\alpha = 40°$, im Kunststoff den Winkel $\beta = 24°$ zwischen Strahl und Einfallslot.* **a)** *Wie groß ist der Winkel β bei $\alpha = 50°$?* **b)** *Mit welcher Geschwindigkeit breitet sich die Welle im Kunststoff aus?* **c)** *Der Mikrowellensender hat die Frequenz $f = 9{,}0$ GHz. Berechnen Sie die Wellenlänge in Luft und in Kunststoff!*

3. *Ein Mikrowellenstrahl wird senkrecht auf die Seitenfläche eines Kunststoff-Prismas gesandt. Unter welchem Winkel (zum Lot) verläßt der Strahl die andere Seitenfläche des Prismas wieder? (Keilwinkel des Prismas $\gamma = 25°$; Dielektrizitätszahl des Kunststoffs $\varepsilon_r = 3{,}5$)*

4. *Bei der Radarmessung der Geschwindigkeit v eines Wagens nach Versuch 192 wird die Mikrowelle so reflektiert, als käme sie von einem Sender hinter der Platte her, der sich mit der Geschwindigkeit $2\,v$ bewegt.* **a)** *Warum?* **b)** *Die Frequenz der Welle, die von dieser virtuellen bewegten Quelle ausgeht, ist durch den Dopplereffekt verändert. Dadurch entstehen im Empfänger Schwebungen. Zeigen Sie, daß man auch mit diesen Überlegungen auf Gl. 202.1 kommt!*

5. *In Versuch 197 ist $s = 4{,}0$ cm. Die Mikrowelle ($\lambda = 3{,}2$ cm) trifft unter dem Winkel α (zum Einfallslot) schräg auf. Zeigen Sie, daß der Empfänger den Gangunterschied $\delta = 2\,s\cos\alpha$ registriert! Bei welchen Winkeln treten Maxima, bei welchen Minima auf?*

§ 67 Radiowellen und Rundfunk

1. Von Maxwell bis Marconi

Im Jahr 1865 gelang es *James Clerk Maxwell*, die ganze Fülle an Eigenschaften elektrischer und magnetischer Felder sowie deren Zusammenhänge in vier Gleichungen festzuhalten. Diese **Maxwell-Gleichungen** sind ein besonders eindrucksvolles Beispiel für die Wirksamkeit mathematischer Denkweisen in der Physik. Sie beschrieben das gesamte damalige Wissen über die Elektrizität; weit darüber hinaus wiesen sie aber auch den Weg zu ganz neuen Erkenntnissen. So konnte *Maxwell* aus seinen Gleichungen herauslesen, daß es die schon von *Faraday* vermuteten elektromagnetischen Wellen tatsächlich geben müsse, und daß sie sich mit der Geschwindigkeit $c = 1/\sqrt{\varepsilon_0\,\varepsilon_r\,\mu_0\,\mu_r}$ ausbreiten. Die Feldtheorie war damit bestätigt!

Es dauerte noch über 20 Jahre, bis *Maxwells* Vorhersage verwirklicht werden konnte. Im Jahr 1886 gelang es endlich *Heinrich Hertz*, die lange gesuchten elektromagnetischen Wellen zu erzeugen: In der Technischen Hochschule Karlsruhe führte er die erste Übertragung einer elektromagnetischen Welle von einem Sendedipol zu einem 16 m entfernten Empfangsdipol durch; die Wellenlänge betrug 66 cm. *Heinrich Hertz* standen damals weder die Triode noch der Transistor zur Verfügung. Ein überspringender elektrischer Funke diente als Schalter, der den Senderschwingkreis immer wieder neu anstieß. Die Mitte des Hertzschen Empfangsdipols war unterbrochen. Dort entstand beim Empfang der elektromagnetischen Welle wiederum ein winziger Funke (man mußte ihn

205.1 *Heinrich Hertz* (1857 bis 1894). Ihm gelang 1886 die Erzeugung elektromagnetischer Wellen.

206.1 *Guglielmo Marconi* (1874 bis 1937) glückte im Jahr 1895 die erste drahtlose Übertragung von Nachrichten durch elektromagnetische Wellen.

mit der Lupe beobachten), der anzeigte, daß im Empfangsdipol ein Strom fließt. Das Wort *Rundfunk* erinnert heute noch an den elektrischen Funken des historischen Hertzschen Versuchs. *Maxwell* hat diese großartige Bestätigung seiner Theorie nicht mehr erlebt; er ist 1879 im Alter von 48 Jahren gestorben.

Der italienische Erfinder *Guglielmo Marconi* erkannte, daß sich die Hertzschen Wellen zur drahtlosen Übermittlung von Nachrichten verwenden lassen. 1895 gelang es ihm zum ersten Mal, Signale drahtlos auf eine Entfernung von etlichen hundert Metern zu übertragen. 1901 glückte *Marconi* die erste Funkverbindung auf eine Strecke von 3540 km über den Atlantik hinweg. Die Signale bestanden darin, daß der Sender im Rhythmus von Morsezeichen ein- und ausgeschaltet wurde.

Zur Gleichrichtung der im Empfangsdipol auftretenden hochfrequenten Wechselströme entwickelte *John A. Fleming* 1904 die **Hochvakuumdiode**. Im Jahr 1907 kam *Lee de Forest* auf die Idee, in die Flemingsche Diode ein Gitter einzubauen. Damit war die **Triode** erfunden, die auf der Senderseite die Meißnersche Rückkopplungsschaltung, beim Empfänger eine Verstärkung der aufgefangenen Signale ermöglichte. Lange Zeit beherrschte die Radioröhre allein das Feld, bis im Jahr 1948 der **Transistor** erfunden wurde.

Seit *Marconis* ersten Versuchen hat sich die Nachrichtentechnik stürmisch weiter entwikkelt. Rundfunk, Fernsehen, Telefon und Fernschreiber im Interkontinentalverkehr, Flugsicherung, Radar, Fernsteuerung, Datenübermittlung und Farbfernsehübertragungen durch Raumsonden sind für uns heute selbstverständlich. Möglich geworden ist dies alles erst mit den Maxwell-Gleichungen.

Der österreichische Physiker *Ludwig Boltzmann* hat wohl etwas von solchen Entwicklungen geahnt, als er die Maxwell-Gleichungen mit dem Goethewort rühmte: „War es ein Gott, der diese Zeichen schrieb?“

2. Amplitudenmodulation

Zur Übermittlung von Nachrichten muß die elektromagnetische Welle ein *Signal* übertragen. Im einfachsten Fall verschlüsselt man dazu jeden Buchstaben der Nachricht in einem bestimmten *Code*, z.B. in Morsezeichen. Im Rhythmus dieser Zeichen wird der Sender ein- und ausgeschaltet; dabei nimmt die Amplitude der Welle nur zweierlei Werte, nämlich ihren vollen Betrag und Null, an. Beim Empfänger kann man dann die Information aus der wechselnden Anzeige eines Meßinstrumentes wieder entziffern. Weil das Signal hier nur aus diskreten Amplitudenwerten besteht, die man mit den Fingern abzählen kann, nennt man diese Art der Nachrichtenübermittlung auch *digital* (digitus, lat.; der Finger).

Wie aber überträgt man mit Hilfe elektromagnetischer Wellen Sprache und Musik? Nun – diese bestehen aus Schwingungen, deren Elongationen *kontinuierlich* die verschiedensten Werte annehmen. Also ist es naheliegend, daß man zu ihrer Übertragung die Amplitude einer hochfrequenten elektromagnetischen Welle ebenfalls kontinuierlich – analog zu den Elongationen der Schallschwingungen – ändert. Diese Art der Nachrichtenübermittlung nennt man deshalb auch *analog*. Der nächste Versuch zeigt eine solche kontinuierliche **Amplitudenmodulation.**

Versuch 198: **a)** Als Sender benutzen wir den Hochfrequenzgenerator aus Versuch 169. Direkt neben der Schwingkreisschleife stellen wir einen Dipol der Länge $c/(2f)$ auf; er wird durch Induktion zu Schwingungen angeregt und strahlt dabei eine elektromagnetische Welle aus. In die Basisleitung zum Transistor wird nach *Bild 207.1* ein Kohlekörner-Mikrofon geschaltet. Hält man nun z.B. eine Stimmgabel mit der Frequenz $f^* = 440$ Hz davor, so ändert sich der Widerstand des Mikrofons und damit die Stärke des Basisstroms periodisch. Dadurch wird die Energiezufuhr zum Schwingkreis und entsprechend auch die Amplitude der hochfrequenten Senderschwingung 440mal in der Sekunde vergrößert und verkleinert.

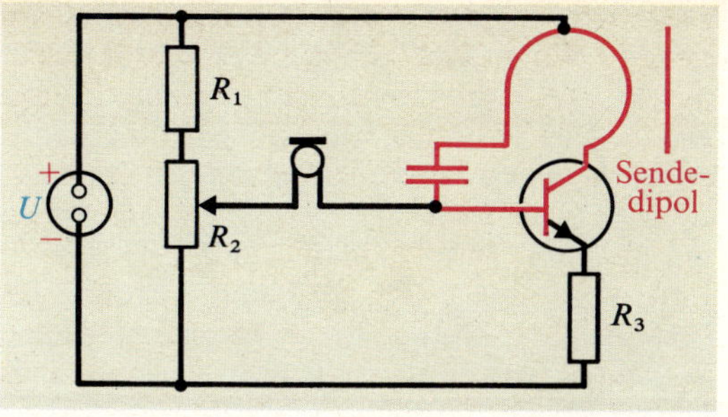

207.1 Das in die Basisleitung eingebaute Kohlekörner-Mikrofon moduliert die Amplitude der Hochfrequenzschwingung.

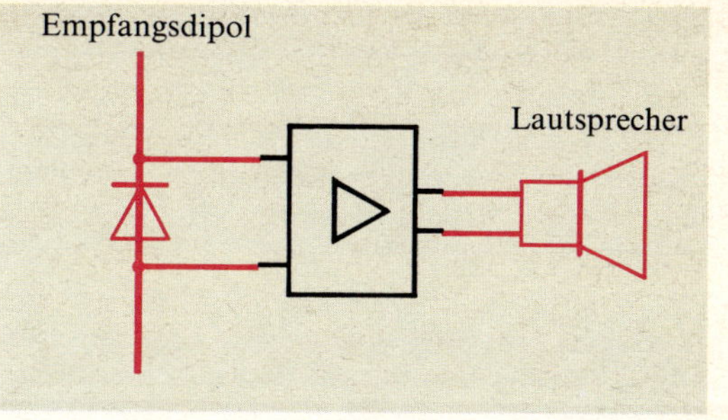

207.2 Die vom Dipol empfangene Hochfrequenzschwingung wird durch eine Diode demoduliert. Anschließend wird die Niederfrequenz verstärkt.

b) Im Empfangsdipol entstehen nun Wechselströme der Senderfrequenz f, deren Amplituden im Rhythmus der Niederfrequenz $f^* = 440$ Hz schwanken *(Bild 207.3)*. Auf einen Lautsprecher machen diese Wechselströme allerdings keinerlei Eindruck. Er ist viel zu träge, um den hochfrequenten Schwingungen folgen zu können. Seine Membran stellt sich auf den Mittelwert ein – und der ist Null.

c) Nun kann und will man im Empfänger ja auch gar nicht die Sender-Hochfrequenz f hören, sondern die Niederfrequenz f^*, mit der sich die Amplitude der hochfrequenten Schwingung ändert. Wie man diese Amplitude mit einem Drehspulinstrument *mißt*, wissen Sie schon aus Versuch 175 (Seite 187): Man muß dazu die hochfrequente Schwingung *gleichrichten*. Genau dasselbe muß man auch für die Wiedergabe der Amplitudenschwankungen durch einen Lautsprecher tun: Baut man nach *Bild 207.2* eine Gleichrichterdiode in den Empfangsdipol ein, so wird der über einen Verstärker angeschlossene Lautsprecher nur noch von elektrischen Strömen wechselnder Stärke erregt, die in *einer* Richtung fließen. Jetzt wird die Wirkung einer Schwingung nicht mehr durch die unmittelbar darauf folgende Gegenschwingung gleich wieder aufgehoben: Die Mittelwerte der *gleichgerichteten* Empfangswechselströme sind nun nicht Null, sondern proportional zu den jeweiligen Amplituden *(Bild 207.4)*. Die Membran des Lautsprechers folgt diesen Mittelwerten und gibt so den Ton der Frequenz $f^* = 440$ Hz wieder.

Die der hochfrequenten *Trägerschwingung* durch Amplitudenmodulation aufgebürdete Niederfrequenzschwingung kommt infolge der *Demodulation* durch die Gleichrichterdiode wieder zum Vorschein!

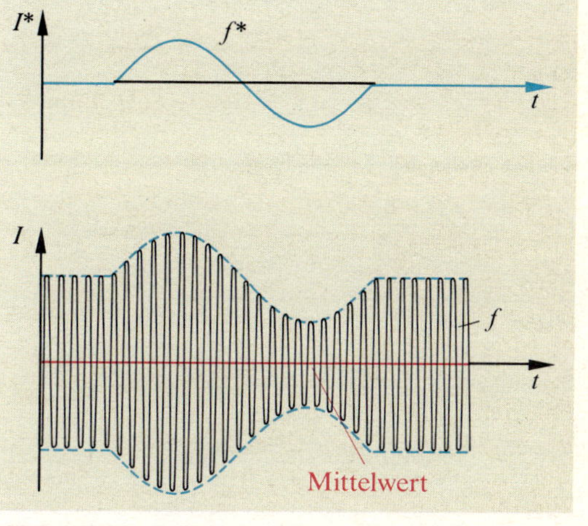

207.3 Mit der Niederfrequenz f^* modulierte Hochfrequenzschwingung. Der Mittelwert ist Null.

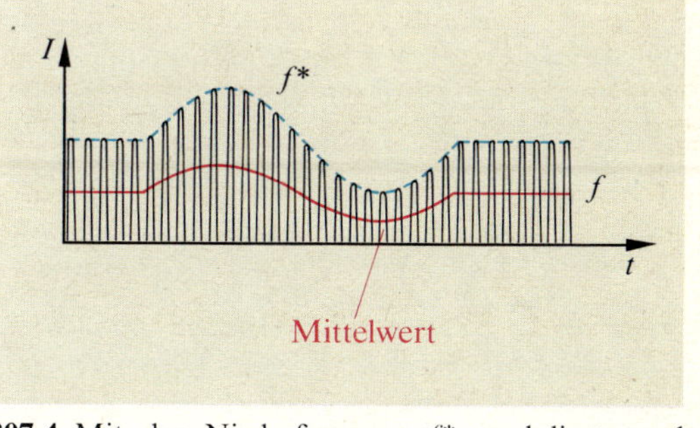

207.4 Mit der Niederfrequenz f^* modulierte und gleichgerichtete Hochfrequenzschwingung. Der Mittelwert gibt die Niederfrequenzschwingung wieder.

Zum Abschluß wollen wir uns die Modulation einer hochfrequenten Trägerschwingung und die nachfolgende Demodulation durch einen Gleichrichter in einem Modellversuch veranschaulichen.

Versuch 199: An die Stelle des Lautsprechers setzen wir ein Drehspulinstrument, das mit einer Wechselspannung von 50 Hz aus einem Netzgerät betrieben wird. Ein Drehspulinstrument ist so träge, daß es die Frequenz $f = 50$ Hz bereits als „Hochfrequenz" empfindet: Es schlägt nicht aus. Wir *modulieren* nun diese hochfrequente Schwingung, indem wir ihre Amplitude durch langsames Bewegen des Drehknopfs am Netzgerät periodisch ändern.

Auf den Zeiger des Drehspulinstruments macht dies keinen Eindruck: Er verharrt auf dem Mittelwert Null, ob nun die Amplitude groß oder klein ist. Schalten wir aber eine Gleichrichterdiode in die Zuleitung, so kommen die aufmodulierten Änderungen der Amplitude zum Tragen: Der Zeiger des Instruments folgt den Bewegungen am Drehknopf.

3. Die Rolle der Trägerfrequenz

Die vielen Rundfunk- und Fernsehsender auf der ganzen Erde schicken eine Unzahl von elektromagnetischen Wellen in den Raum. Damit sie auseinander gehalten werden können, wurde jedem Sender eine ganz bestimmte *Trägerfrequenz* zugeteilt. Nach *Tabelle 208.1* unterscheidet man dabei gewisse Frequenz- bzw. Wellenlängenbereiche. Weitere, hier nicht aufgeführte Bereiche sind für den Fernsprech- und Fernschreibverkehr, für Nautik, Flugdienst und Radar sowie den Amateurfunk freigehalten.

Die Längen $l = \lambda/2$ der Sende- und Empfangsdipole für **Ultrakurzwellen** (UKW) liegen in der Größenordnung von 1 Meter. Wollte man auch Mittel- und Langwellen mit Hertz-Dipolen abstrahlen und empfangen, so müßten diese bis zu 1000 m lang sein. Eine Halbierung auf die Länge $\lambda/4$ wird dadurch erreicht, daß man den Sendedipol leitend mit der Erde verbindet. Die geerdete Seite des Dipols wirkt nämlich dann auf seine elektrischen Ladungen wie ein freies Ende, an dem sie sich – im Gegensatz zur ungeerdeten Seite – nicht stauen. Durch die Influenzladungen, die dabei an der Erdoberfläche entstehen, werden die elektromagnetischen Wellen an dieser entlang geführt; deshalb können sie der Erdkrümmung folgen *(Bild 208.1)*. Eingebaute Spulen erlauben eine weitere Verkürzung der Sendeantenne. Die von ungeerdeten Dipolen ausgesandten ultrakurzen Wellen breiten sich dagegen wie Licht geradlinig aus. Zur Erhöhung der Reichweite werden sie deshalb meist von hohen Fernsehtürmen ausgestrahlt. Sehr große Entfernungen – sogar bis in andere Kontinente – werden dadurch überbrückt, daß man die Ultrakurzwellen auf einen *Satelliten* richtet, der sich ungefähr 36000 km über der Erdoberfläche befindet. Ein in den Satelliten eingebauter Sender strahlt die Welle verstärkt wieder zur Erde zurück. Die zum Betrieb des Satellitensenders nötige elektrische Energie wird aus Solarzellen gewonnen.

Kurzwellen, die sich ebenfalls geradlinig ausbreiten, werden an verschiedenen Schichten der *Ionosphäre* reflektiert. Diese umgibt die Erde in 100 km bis 500 km Höhe; sie entsteht dadurch, daß ultraviolette Sonnenstrahlung dort die dünne Luft teilweise ionisiert und sie damit durch freigewordene Elektronen wie eine Metallplatte zum Reflektor für Kurzwellen macht; sie können auf diese Weise große Entfernungen überbrücken.

Die Sender von Satelliten und Raumsonden arbeiten mit Ultrakurzwellen, da diese die Ionosphäre durchdringen können.

Rundfunk	Frequenzen	Wellenlängen
Langwellen	150 kHz ... 285 kHz	2000 m ... 1050 m
Mittelwellen	525 kHz ... 1605 kHz	571 m ... 187 m
Kurzwellen	3,95 MHz ... 26,1 MHz	76 m ... 12 m
Ultrakurzwellen	87,5 MHz ... 100 MHz	3,4 m ... 3,0 m
Fernsehen		
Bereich I	41 MHz ... 68 MHz	7,3 m ... 4,4 m
Bereich II	87,5 MHz ... 100 MHz	3,4 m ... 3,0 m
Bereich III	174 MHz ... 223 MHz	1,7 m ... 1,3 m
Bereich IV und V	470 MHz ... 790 MHz	0,64 m ... 0,38 m

Tabelle 208.1 Frequenzbereiche von Hörfunk und TV

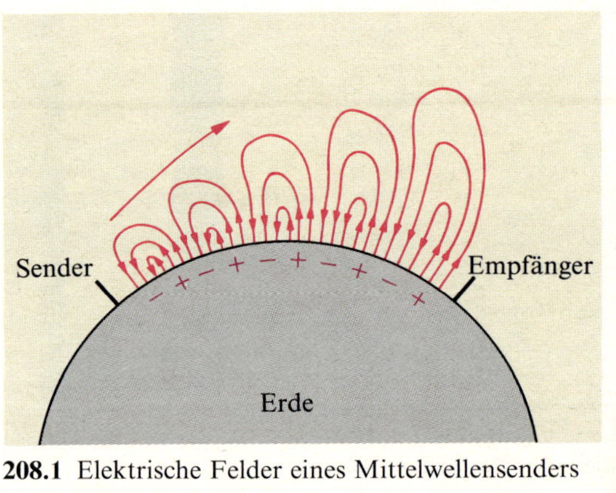

208.1 Elektrische Felder eines Mittelwellensenders

4. Radioempfang – ganz einfach

Und wie empfängt man nun eine Sendung, die von einer der vielen Rundfunkstationen ausgestrahlt wird? – Dazu ist im Prinzip nur folgendes nötig:

- Man braucht eine *Empfangsantenne*. Die über sie hinwegziehenden elektromagnetischen Wellen erregen darin Hochfrequenzströme der jeweiligen Trägerfrequenz.
- Weiter ist eine *Sender-Abstimmung* nötig. Da die Wellen von allen möglichen Sendern kommen, herrscht in der Antenne ein Durcheinander der verschiedensten Trägerfrequenzen. Aus diesem „Wellensalat" muß die Trägerfrequenz des gewünschten Senders herausgefischt werden.
- Die Hochfrequenzschwingung ist nun zu *demodulieren*, so daß die ihr aufgeprägte Niederfrequenz zum Vorschein kommt.
- Die damit gewonnene *elektrische Niederfrequenzschwingung* muß zum Schluß noch durch einen Kopfhörer oder einen Lautsprecher in *mechanische Schallschwingungen* umgewandelt werden. Dazu kann man sie unter Umständen vorher *verstärken*.

Der folgende Versuch zeigt, wie ein nahe gelegener Mittel- oder Langwellensender nach den eben genannten Prinzipien schon mit ganz einfachen Mitteln empfangen werden kann.

Versuch 200: Nach *Bild 209.1* wird eine Spule (ungefähr 100 Windungen) einerseits mit der Erde, andererseits mit einem als Antenne wirkenden langen Draht verbunden. Die Kapazität, die er gegen die Erde hat, bildet zusammen mit der Induktivität der Antennenspule einen sogenannten *offenen Schwingkreis*. Gerät dieser in Schwingungen, so strahlt die Antenne elektromagnetische Wellen ab. Dadurch verliert der Kreis viel Energie; er ist *stark gedämpft* – als enthielte er einen großen ohmschen Widerstand. Deshalb ist seine Resonanzkurve *(Bild 182.1)* nur ganz schwach ausgeprägt; die elektrischen Wechselfelder der verschiedenen am Erdboden entlang laufenden Rundfunkwellen können also für einen weiten Bereich von Trägerfrequenzen in der Antenne und der Spule *erzwungene Schwingungen* hervorrufen, ohne daß eine bestimmte Trägerfrequenz bevorzugt würde. Dagegen hat der induktiv angekoppelte, mit einem Drehkondensator versehene Schwingkreis wegen seiner viel schwächeren Dämpfung eine scharf ausgeprägte Resonanzkurve. Er kann so eingestellt werden, daß er aus dem in der Antennenspule herrschenden Gemisch der verschiedensten Trägerfrequenzen durch Resonanz diejenige des gewünschten Senders heraushebt. Der auf diese Weise ausgefilterte Hochfrequenzstrom wird durch eine Diode gleichgerichtet und dann einem Kopfhörer zugeführt.

Der Empfang ist zwar nicht besonders lautstark; bedenken Sie jedoch, daß dieser Rundfunkempfänger einzig und allein mit der Energie betrieben wird, die der elektromagnetischen Welle durch die Antenne entzogen wird – ein Beweis dafür, daß elektrische und magnetische Felder Energie übertragen!

Der Empfang wird wesentlich besser, wenn man die aufgefangene Energie nicht direkt verwertet, sondern damit einen Transistor steuert.

Versuch 201: In der Schaltung nach *Bild 209.2* wird die vom Schwingkreis ausgesonderte hochfrequente Wechselspannung über den Kondensator C (≈ 500 pF) zwischen Basis und Emitter eines Transistors gelegt. Wir stellen sei-

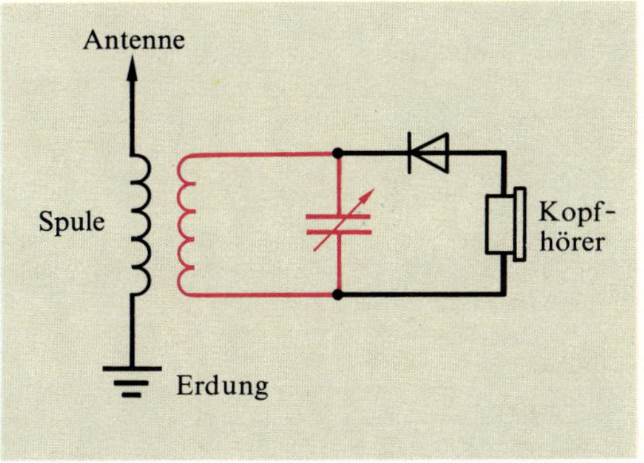

209.1 Der einfachste Rundfunkempfänger

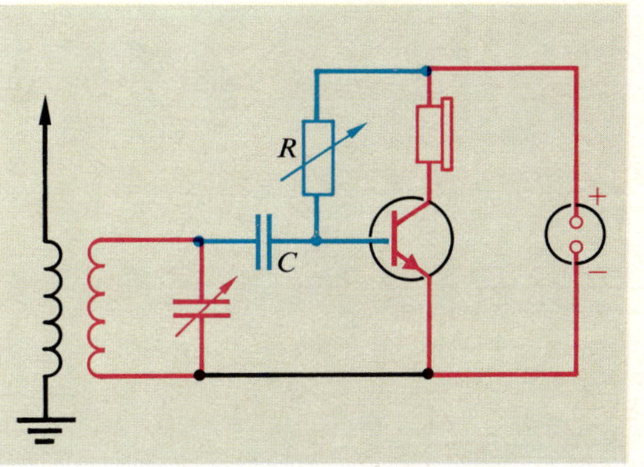

209.2 Einfacher Transistor-Empfänger

nen Arbeitspunkt mit Hilfe des veränderlichen Widerstandes R so ein, daß der Transistor jeweils während der negativen Halbschwingung sperrt, bei der positiven dagegen geöffnet wird. Damit sorgt der Transistor nicht nur für eine *Verstärkung*, sondern gleichzeitig auch noch für eine *Demodulation*. Der Kondensator C läßt die hochfrequente Schwingung durch, hält aber Gleichströme vom Schwingkreis fern, die sonst aus der Batterie über den Widerstand R dorthin gelangen könnten.

5. Was versteht man unter Bandbreite?

Ändert die Amplitudenmodulation eigentlich nur die *Amplitude* der Trägerwelle oder beeinflußt sie auch deren *Frequenz?* — Dazu wollen wir uns folgendes überlegen:

Ist die sinusförmige Senderschwingung der Frequenz f noch *nicht moduliert*, so fließt in der Sendeantenne der hochfrequente Wechselstrom $I(t) = \hat{I} \sin \omega t$ mit der konstanten Amplitude $\hat{I}$; dabei ist $\omega = 2\pi f$.

Bei der Amplitudenmodulation durch die sinusförmige Niederfrequenzschwingung $I^*(t) = \hat{I}^* \sin \omega^* t$ mit $\omega^* = 2\pi f^*$ wird die Amplitude $\hat{I}$ der Trägerschwingung im Rhythmus der wechselnden Stromstärke $I^*(t)$ zur zeitlich wechselnden Amplitude $(\hat{I} + \hat{I}^* \sin \omega^* t)$ verändert. Dabei entsteht in der Sendeantenne der hochfrequente Wechselstrom

$$I(t) = (\hat{I} + \hat{I}^* \sin \omega^* t) \sin \omega t \text{ oder}$$

$$I(t) = \hat{I} \sin \omega t + \hat{I}^* \sin \omega^* t \sin \omega t. \qquad (210.1)$$

Nun gilt für beliebige Winkel α und β die Formel $\cos(\alpha \pm \beta) = \cos\alpha \cos\beta \mp \sin\alpha \sin\beta$. Die Subtraktion dieser beiden Additionstheoreme ergibt

$$\sin\alpha \sin\beta = \tfrac{1}{2}\cos(\alpha - \beta) - \tfrac{1}{2}\cos(\alpha + \beta).$$

Setzen wir dies mit $\alpha = \omega t$ und $\beta = \omega^* t$ in *Gl. 210.1* ein, so erhalten wir für die Stromstärke

$$I(t) = \hat{I} \sin \omega t + \tfrac{1}{2} \hat{I}^* \cos(\omega - \omega^*) t - \tfrac{1}{2} \hat{I}^* \cos(\omega + \omega^*) t.$$

Der durch die Amplitudenmodulation veränderte Strom in der Sendeantenne läßt sich demnach als Summe *dreier* hochfrequenter Wechselströme darstellen. Der erste schwingt mit der Trägerfrequenz f; die beiden anderen haben die von f verschiedenen *Seitenfrequenzen* $f - f^*$ und $f + f^*$.

Nun wird eine Rundfunkwelle normalerweise nicht nur mit einer einzigen sinusförmigen Schwingung der Niederfrequenz f^*, sondern mit allen möglichen Frequenzen des Hörbereichs moduliert. Entsprechend entsteht um die Trägerfrequenz herum eine kontinuierliche Menge von Seitenfrequenzen, ein sogenanntes **Frequenzband**. Ist die höchste bei der Modulation vorkommende Frequenz f^*_{max}, so enthält dieses Band Frequenzen zwischen $f - f^*_{max}$ und $f + f^*_{max}$; die **Bandbreite** beträgt also $\Delta f = 2 f^*_{max}$.

Ein Mittelwellen- bzw. Langwellensender beansprucht demnach nicht nur eine bestimmte Trägerfrequenz, sondern darüber hinaus noch ein gewisses Frequenzband. Die Trägerfrequenzen für Mittel- und Langwellensender sind nun so eingeteilt, daß jedem Sender eine Bandbreite von 9 kHz zur Verfügung steht, also zwischen den Trägerfrequenzen zweier Sender jeweils ein Unterschied von 9 kHz bleibt. Die höchste Frequenz, die gerade noch übertragen wird, beträgt demnach 4500 Hz. (Der höchste Ton des Klaviers hat die Frequenz 4200 Hz.)

Der Schwingkreis im Empfänger, der zur Auswahl eines Senders auf dessen Trägerfrequenz abgestimmt ist, reagiert auch noch auf die um etwa 1% davon abweichenden Seitenfrequenzen (Betrachten Sie dazu die Resonanzkurve des Schwingkreises auf Seite 182).

Zur Erhöhung der Trennschärfe werden Kombinationen aus mehreren Schwingkreisen — sogenannte *Bandfilter* — eingebaut. Sie sind so konstruiert, daß ihr Resonanzbereich gerade die Bandbreite von 9 kHz umfaßt.

6. Frequenzmodulation

Die Amplitudenmodulation ist nicht die einzige Möglichkeit, der elektromagnetischen Welle ein Signal aufzubürden. Man kann auch die Amplitude konstant halten und dafür die *Frequenz* der Trägerschwingung im Rhythmus der zu übertragenden Nachricht ändern. Der Unterschied zwischen dieser Frequenzmodulation und der Amplitudenmodulation läßt sich in folgendem Modellversuch veranschaulichen.

Versuch 202: a) Die Trägerfrequenz wird von einem Sinusgenerator geliefert, der mit einem T-Y-Schreiber verbunden ist.

Bewegen wir den Drehknopf „Amplitude" periodisch hin und her, so zeichnet der Schreiber nach *Bild 211.1a* eine *amplitudenmodulierte* Schwingung auf.

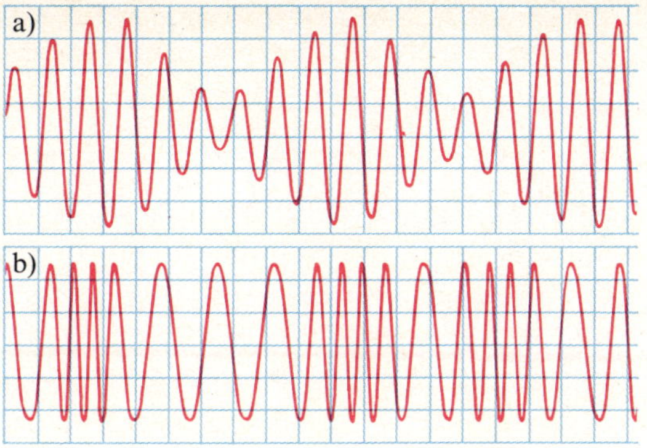

211.1 a) Amplitudenmodulierte, b) frequenzmodulierte Schwingung

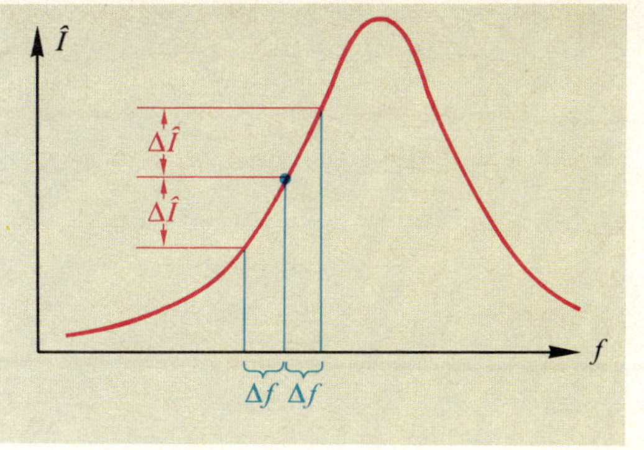

211.2 Der Frequenzhub Δf bewirkt bei der erzwungenen Schwingung die Amplitudenänderung $\Delta \hat{I}$.

b) Nun lassen wir die Amplitude konstant und bewegen im selben Rhythmus wie vorher den Drehknopf für die *Frequenz*. *Bild 211.1 b* zeigt das Ergebnis: So sieht eine *frequenzmodulierte* Schwingung aus!

Dazu ein *Beispiel*: Es soll eine Trägerfrequenz von $f = 100$ MHz mit der Tonfrequenz $f^* = 440$ Hz frequenzmoduliert werden. Dann wird die Trägerfrequenz in einer Sekunde 440mal abgeändert. Bei einer bestimmten Lautstärke erfolge diese Änderung z.B. zwischen $f_{min} = 99{,}95$ MHz und $f_{max} = 100{,}05$ MHz. Ein um 20% stärkerer Ton der Frequenz 440 Hz läßt die Sendefrequenz ebenfalls 440mal in einer Sekunde periodisch schwanken, aber zwischen den um 20% weiter auseinander liegenden Werten $f_{min} = 99{,}94$ MHz und $f_{max} = 100{,}06$ MHz. Der die Lautstärke bestimmende *Frequenzhub* beträgt beim einen Mal $\pm 0{,}05$ MHz, beim anderen $\pm 0{,}06$ MHz.

Die Frequenzmodulation wird bei UKW-Sendern angewandt; ihr Frequenzhub beträgt ca. 75 kHz. UKW-Sender weisen also eine große Bandbreite auf; jedoch macht diese nur einen geringen Bruchteil der sehr hohen Trägerfrequenz aus. Die Sendefrequenzen können deshalb immer noch relativ dicht beieinander liegen. Störungen – z.B. durch Auto-Zündanlagen oder Elektromotoren – beeinflussen meist die Amplitude und nicht die Frequenz einer elektromagnetischen Welle. Dies ist neben der höheren Bandbreite ein weiterer Grund für die gute Qualität des UKW-Empfangs.

Es gibt verschiedene Möglichkeiten, der frequenzmodulierten Welle die ihr aufgeprägte Niederfrequenzschwingung im Empfänger wieder abzunehmen. In einem besonders einfachen Verfahren wird ein Schwingkreis so eingestellt, daß die unmodulierte Trägerfrequenz (also die Trägerfrequenz bei Sendepause) in der Mitte des geradlinig ansteigenden Teils seiner Resonanzkurve liegt *(Bild 211.2)*. Ändert sich nun die Trägerfrequenz z.B. 440mal in der Sekunde, so wird die im Schwingkreis erzwungene Hochfrequenzschwingung 440mal in der Sekunde stärker und schwächer; das bedeutet aber (Bild 211.2), daß ihre *Amplitude* $\hat{I}$ im Takt der 440 Hz-Niederfrequenz schwankt. Bei kleinem Frequenzhub ist die Amplitudenänderung $\Delta \hat{I}$ gering, bei größerem Frequenzhub stärker. Damit läuft die Frequenzmodulation auf dasselbe hinaus wie die Amplitudenmodulation, nämlich auf eine periodische Änderung der *Amplitude* des hochfrequenten Empfangswechselstroms.

7. Radioastronomie

Aus dem Weltall, von Fixsternen und von der Sonne kommen elektromagnetische Wellen mit Wellenlängen zwischen 20 m und 0,02 m zur Erde. Da sie Wolken größtenteils ungehindert durchdringen, kann man sie unabhängig vom Wetter auf der Erde empfangen und auswerten. Durch diese **Radioastronomie** erfahren wir auch von Radioquellen im Weltraum, die optisch nicht erfaßbar sind. *Bild 211.3* zeigt das Radioteleskop Effelsberg (Eifel). Der parabolische Metallspiegel sammelt die ankommenden Wellen in seinem Brennpunkt. Dort werden sie von Dipolen empfangen und dann an Verstärker weitergeleitet. Der Parabolspiegel hat einen Durchmesser von 100 m. Ähnliche Reflektoren kleineren Ausmaßes werden in der drahtlosen Telefonie, beim Radar und zur Funkübertragung durch Fernmeldesatelliten verwendet.

211.3 Radioteleskop Effelsberg

Optik

§ 68 Geometrische Optik

1. Was wir von der Optik schon wissen

Mit Optik haben wir uns schon in der Mittelstufe beschäftigt. Dabei handelte es sich um die sogenannte **geometrische Optik,** in der mit Lichtstrahlen gearbeitet wird. Damit konnten wir *optische Abbildungen*, wie sie z.B. beim Fotoapparat oder in einem Mikroskop vorkommen, mit Hilfe von geometrischen Konstruktionen erfassen. Auch das Auftreten farbiger Lichter bei der *Brechung* ließ sich mit Lichtstrahlen beschreiben.

Auf die Frage, was Licht eigentlich ist, sind wir bis jetzt noch nicht eingegangen. Mit diesem Problem haben sich die Physiker in den letzten 300 Jahren leidenschaftlich auseinandergesetzt. Bevor wir uns damit beschäftigen, wollen wir aber zuerst noch einmal zusammenstellen, was uns aus der geometrischen Optik schon bekannt ist.

- Sowohl das Vakuum als auch jeden Stoff, der von Licht durchdrungen werden kann, bezeichnet man als *optisches Medium.*
- Eine punktförmige Lichtquelle sendet nach allen Richtungen Licht aus. Dieses erreicht einen Empfänger-Punkt in einem homogenen Medium längs einer Geraden; sie gibt die Ausbreitungsrichtung des Lichts an. Wir nennen sie *Lichtstrahl.*
- Außerhalb seiner Bahn hat Licht keine Wirkung; deshalb kann man Licht von der Seite nicht sehen.
- Lichtbündel durchdringen einander, ohne sich gegenseitig zu stören.
- Der Lichtweg ist umkehrbar: Denselben Weg, den das Licht in einer Richtung zurücklegt, kann es auch entgegengesetzt durchlaufen.
- Wenn Licht auf einen Körper trifft, wird es von diesem im allgemeinen *gestreut*, d.h. nach allen möglichen Richtungen verteilt.
- An glatten Oberflächen wird das Licht *gespiegelt.* Dabei gilt das **Reflexionsgesetz:** Der reflektierte Strahl liegt in der vom einfallenden Strahl und dem Einfallslot gebildeten Ebene. Der Einfallswinkel ist gleich dem Reflexionswinkel *(Bild 212.1).*
- Auch an der Grenzfläche zwischen zwei verschiedenen Medien wird Licht nach dem Reflexionsgesetz reflektiert, jedoch nur zu einem Teil. Der andere Teil dringt in das zweite Medium ein und wird dabei *gebrochen (Bild 212.1).* Die Brechung ist um so stärker, je flacher der Strahl auf die Grenzfläche trifft. Das Medium, in dem der Lichtstrahl mit dem Einfallslot den größeren Winkel (α) bildet, wird *optisch dünner*, das Medium, in dem er mit dem Lot den kleineren Winkel (β) bildet, *optisch dichter* genannt. Nur wenn der Lichtstrahl senkrecht auf die Grenzfläche trifft, wird das Licht nicht gebrochen ($\alpha = 0°$; $\beta = 0°$). Einfallender Strahl, Einfallslot und gebrochener Strahl liegen in einer gemeinsamen Ebene.

2. Das Brechungsgesetz für Licht

Wie Sie wissen, werden auch *Wellen* beim Übergang von einem Medium in ein anderes gebrochen (Versuch 194). Diese Brechung wird nach *Bild 213.1* mit dem Huygensschen Prinzip durch die unterschiedlichen Ausbreitungsgeschwindigkeiten c_1 und c_2 der Welle in den beiden Medien erklärt (Band MS, Seite 269). Sind α bzw. β die jeweiligen Winkel zwischen dem Wellenstrahl und dem Lot auf der Grenzfläche, so gilt das

Brechungsgesetz $$\frac{\sin\alpha}{\sin\beta} = \frac{c_1}{c_2} = \text{konst.} \qquad (212.1)$$

Für die Brechung des *Lichts* konnten wir bisher kein Gesetz angeben. Versuchen wir's doch einmal mit *Gl. 212.1*!

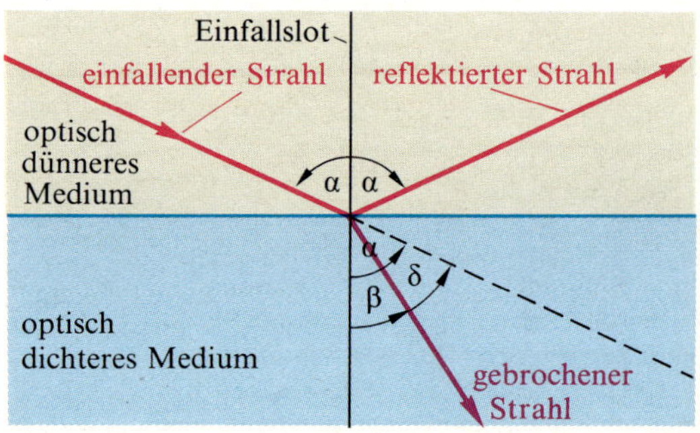

212.1 Das Licht wird einerseits reflektiert, andererseits um den Winkel $\delta = \alpha - \beta$ gebrochen.

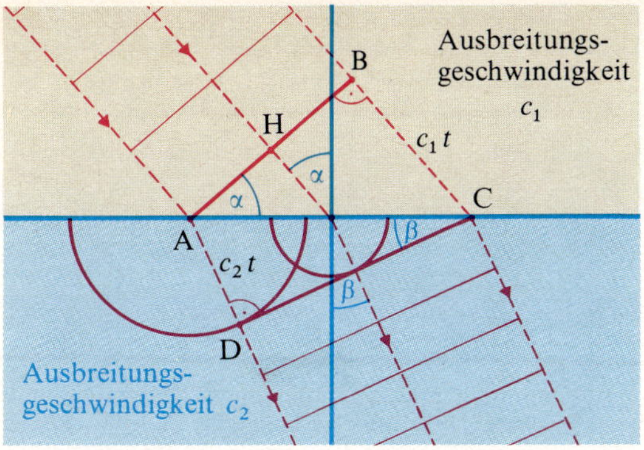

213.1 Brechung einer geraden Welle nach *Huygens*. Löst man die Wellenfronten beim Übergang vom einen Medium in das andere in *Elementarwellen* auf und setzt sie nachher wieder zusammen, so findet man, daß die Fronten wegen $c_2 < c_1$ einschwenken müssen. Aus den Dreiecken ABC und ACD läßt sich das Brechungsgesetz ablesen.

Versuch 203: Mit einer Experimentierleuchte, vor der eine Schlitzblende und eine Farbscheibe angebracht sind, erzeugen wir ein schmales einfarbiges Lichtbündel *(Bild 213.2)*. Es wird an der ebenen Seite eines halbzylindrischen Glaskörpers gebrochen. Da das Licht beim Verlassen des Glases stets senkrecht auf die gewölbte Grenzfläche trifft, geht es dort ungebrochen wieder in die Luft über. Sein gesamter Verlauf wird durch Streuung an einer sogenannten optischen Scheibe sichtbar gemacht. An einer Winkelteilung können wir jeweils den Winkel α (in Luft) und β (in Glas) zwischen Lichtstrahl und Einfallslot ablesen. In *Tabelle 213.1* sind die Ergebnisse für die Brechung des Lichts beim Übergang von Luft in Glas sowie in Wasser zusammengestellt. *Die Tabelle zeigt, daß Licht das Brechungsgesetz für Wellen erfüllt.* Dies wurde auch in Versuchen mit anderen durchsichtigen Stoffen bestätigt.

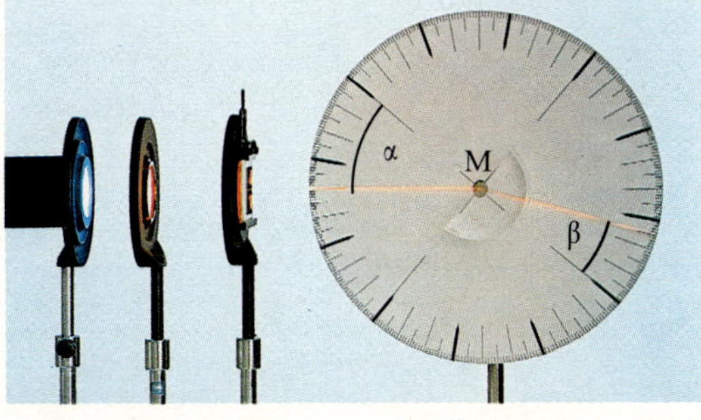

213.2 Brechung des Lichts beim Übergang von Luft in Glas

Ebenso wie bei der Brechung elektromagnetischer Wellen (Seite 203) nennt man den konstanten Quotienten aus dem Sinus des Winkels α im Vakuum und dem Sinus des Winkels β im Stoff die **Brechungszahl *n*** des betreffenden Stoffs. Je größer *n*, desto stärker ist die Brechung. In Versuch 203 ging das Licht zwar von *Luft* in Glas über, jedoch beträgt der Unterschied zu einem Übergang aus dem Vakuum weniger als 0,1%. *Tabelle 213.1* bestätigt also nicht nur die Gültigkeit des Brechungsgesetzes, sondern gibt auch mit guter Genauigkeit die Brechungszahlen für Glas und Wasser an.

Licht wird beim schrägen Übergang von einem Medium in ein anderes gebrochen.

Einfallender Strahl, gebrochener Strahl und Einfallslot liegen in einer Ebene.

Der Quotient aus dem Sinus des Winkels α im Vakuum und dem Sinus des Winkels β im angrenzenden Medium ist konstant; er wird Brechungszahl *n* des betreffenden Mediums genannt:

$$\frac{\sin\alpha}{\sin\beta} = n. \qquad (213.1)$$

Die Winkel α und β werden zum Lot gemessen.

Ist uns die Brechungszahl *n* eines Stoffs bekannt, so können wir mit $\sin\beta = (\sin\alpha)/n$ zu jedem Winkel α, unter dem ein Lichtstrahl aus dem Vakuum (und praktisch auch aus der Luft) auf die Grenzfläche zum anderen Medium fällt, den Winkel β berechnen, unter dem der Strahl darin weiterläuft. Betrachten Sie die *Tabelle 214.1*, so finden Sie für alle dort aufgeführten Stoffe eine Brechungszahl $n > 1$.

Winkel α in Luft	Winkel β in Glas	Winkel β in Wasser	sin α/sin β in Glas	sin α/sin β in Wasser
10°	6,6°	7,5°	1,51	1,33
20°	13,2°	14,9°	1,50	1,33
30°	19,5°	22,0°	1,50	1,33
40°	25,4°	28,8°	1,50	1,33
50°	30,7°	35,1°	1,50	1,33
60°	35,3°	40,5°	1,50	1,33
70°	38,8°	44,8°	1,50	1,33
80°	41,0°	47,6°	1,50	1,33
90°	41,8°	48,6°	1,50	1,33

Tabelle 213.1 Licht erfüllt das Brechungsgesetz für Wellen.

Stoff	Brechungszahl n
Luft	1,00028
Wasser	1,33
Quarzglas	1,46
Kronglas	1,51 ... 1,62
Steinsalz	1,54
Flintglas	1,60 ... 1,75
Schwefelkohlenstoff	1,63
Diamant	2,42

Tabelle 214.1 Brechungszahlen verschiedener Stoffe

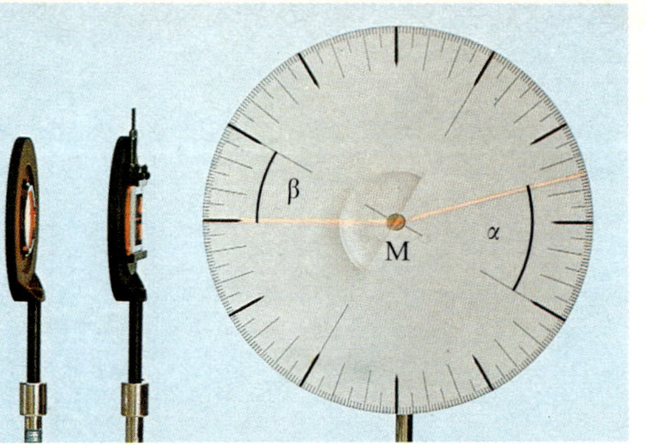

214.1 Brechung beim Übergang von Glas in Luft

In diesen Stoffen ist also $\sin\beta < \sin\alpha$ und darum auch stets $\beta < \alpha$. Da ein Lichtstrahl nur unter Winkeln $\alpha < 90°$ zum Lot auf die Grenzfläche fallen kann, folgt

$$\sin\beta < \frac{\sin 90°}{n} = \frac{1}{n}.$$

Für den Verlauf des Strahls im Stoff gibt es demnach einen **Grenzwinkel** β_g, der nicht überschritten werden kann, und es gilt dafür $\sin\beta_g = 1/n$. Für Glas ($n = 1{,}5$) erhält man $\beta_g = 41{,}8°$, für Wasser ($n = 1{,}33$) wird $\beta_g = 48{,}8°$.

3. Hier versagt das Brechungsgesetz

Da der Lichtweg bei der Brechung umkehrbar ist, erfüllt Licht, das aus einem Stoff in Vakuum (bzw. Luft) übergeht, ebenfalls das Brechungsgesetz *213.1*.

Versuch 204: Wir drehen den halbzylindrischen Glaskörper in der Anordnung des Versuchs 203 so, daß das Licht zuerst auf die Rundung fällt. Dann trifft es stets senkrecht auf die Grenzfläche zwischen Luft und Glas und dringt deshalb ohne Richtungsänderung in den Glaskörper ein. Dagegen wird es jetzt beim Übergang vom Glas in die umgebende Luft gebrochen *(Bild 214.1)*.

Im vorigen Versuch haben wir den Winkel in Luft beliebig zwischen 0° und 90° eingestellt. Daraus ergab sich dann für jeden Winkel α in Luft ein entsprechender Winkel $\beta < \alpha$ in Glas. Nun aber stellen wir den Winkel β in Glas ein. Dabei finden wir dieselben Zuordnungen zwischen α und β wie vorher; die Umkehrbarkeit des Lichtwegs bestätigt sich also auch bei der Brechung.

Ist nun aber der Grenzwinkel β_g erreicht, so wird $\alpha = 90°$. Was passiert, wenn wir $\beta > \beta_g$ wählen? – Nach dem Brechungsgesetz wäre dann $\sin\alpha > n \sin\beta_g = n \cdot 1/n - 1$, also $\sin\alpha > 1$. Der Taschenrechner meldet „ERROR" – klar, denn einen Winkel α, der diese Ungleichung erfüllt, gibt es nicht. Hier versagt also das Brechungsgesetz!

Und was zeigt der Versuch für den Übergang des Lichts von Glas in Luft? – Je näher β dem Grenzwinkel β_g kommt, desto stärker wird der (immer vorhandene) Anteil des *reflektierten* Lichts. Ist nun $\beta > \beta_g$, so wird das Licht **total reflektiert.** Eine solche vollständige Reflexion kann nur beim Übergang vom dichteren ins dünnere Medium auftreten.

4. Ein alter Gelehrtenstreit

Seit der Antike haben sich Philosophen und Naturforscher mit der Frage nach dem Wesen des Lichts beschäftigt. Schon *Euklid* (325 v.Chr.) hat ein Werk über Optik geschrieben. Außer der Reflexion war damals auch die Brechung des Lichts bereits bekannt. Das Brechungs*gesetz* dagegen, nach dem noch *Ptolemaeus* und *Kepler* vergeblich gesucht haben, wurde erst 1621 von *Willebrord Snell van Rojen*, latinisiert *Snellius* (1591 bis 1626), empirisch aus Meßergebnissen gefunden und 1632 in verbesserter Form von dem Mathematiker und Philosophen *René Descartes*, latinisiert *Cartesius* (1591 bis 1650), in seiner „Dioptrik" veröffentlicht.

Ein lange Zeit umstrittenes Problem war die Frage nach der *Natur des Lichts*, aus der sich dann auch eine Erklärung für das Brechungsgesetz ergeben sollte. *Newton* stellte dazu im Jahr 1669 nach einer Anregung von *Descartes* eine Hypothese auf: Er nahm an, eine Lichtquelle sende winzige **Teilchen** eines unwägbar feinen Lichtstoffes aus, die aus dem Vakuum in das optisch dichtere Medium eindringen

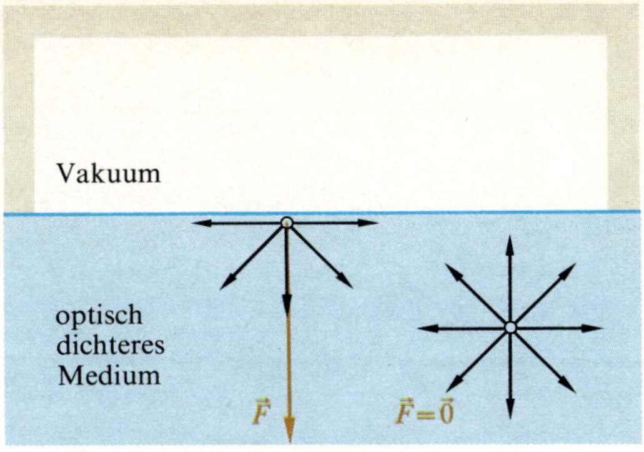

215.1 Newtonsches Lichtteilchen

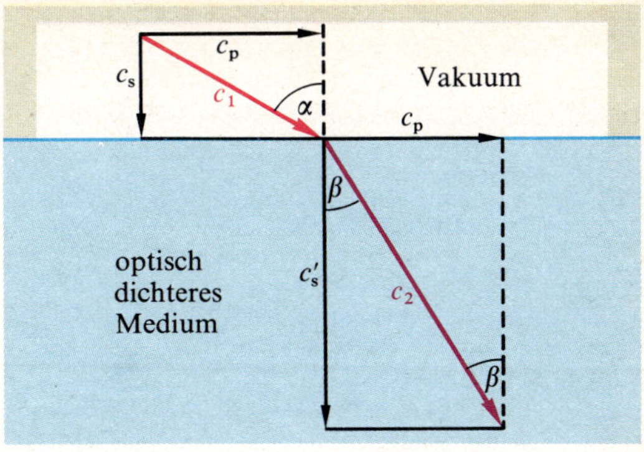

215.2 Erklärung der Brechung nach *Newton*

und dieses reibungslos durchlaufen könnten. *Newton* dachte sich, im Inneren des dichteren Mediums erfahre das Lichtteilchen dann durch die Massenanziehung Kräfte, die sich aber aufheben, weil das Teilchen dabei ringsum von Masse umgeben ist.

Beim Übergang vom Vakuum in das optisch dichtere Medium würden sich zwar die Anziehungskräfte parallel zur Grenzfläche ebenfalls aufheben, senkrecht dazu wäre die Anziehung jedoch nur einseitig wirksam *(Bild 215.1)*. Beim Eindringen in das dichtere Medium würde das Lichtteilchen also kurzzeitig eine beschleunigende Kraft senkrecht zur Grenzfläche erfahren. Deshalb müßte die Geschwindigkeitskomponente c_s senkrecht zur Grenzfläche auf c_s' vergrößert werden, während die parallele Geschwindigkeitskomponente c_p unverändert bliebe *(Bild 215.2)*. Dadurch würde sich die ursprüngliche Geschwindigkeit c_1 im Vakuum auf c_2 im dichteren Medium erhöhen. Starke Massenanziehungskräfte auf ein Lichtteilchen sollten c_s' stärker vergrößern und damit einen kleineren Winkel β bewirken als schwache Anziehungskräfte. Man glaubte nun, solche unterschiedlichen Kräfte auf größere oder kleinere „optische" Dichte zurückführen zu können. Daher rührt die heute noch übliche Bezeichnung „optisch dichteres" bzw. „dünneres" Medium.

Aus den Geschwindigkeitsparallelogrammen in *Bild 215.2* liest man ab:

$$\sin\alpha = \frac{c_p}{c_1} \quad \text{und} \quad \sin\beta = \frac{c_p}{c_2}.$$

Daraus ergibt sich

$$\frac{\sin\alpha}{\sin\beta} = \frac{c_2}{c_1} = n = \text{konstant.}$$

Aus *Newtons* Hypothese folgt also das „richtige" Brechungsgesetz – allerdings unter der wenig einleuchtenden Voraussetzung, daß die Lichtteilchen unabhängig vom Winkel β im Medium stets auf dieselbe Geschwindigkeit c_2 beschleunigt werden. Vor allem aber sollte $c_2 > c_1$, die Lichtgeschwindigkeit im optisch dichteren Medium also *größer* als im Vakuum sein.

Der Versuch, das Brechungsgesetz durch Massenanziehung zu erklären, ist typisch für die Physik des 17. und 18. Jahrhunderts. Unter dem Eindruck der erfolgreichen Newtonschen Mechanik glaubte man damals, alle Probleme mechanisch lösen, d.h. auf die Newtonschen Axiome der Mechanik zurückführen zu können. Auf diese Weise wollte man alle Erscheinungen der Natur aus wenigen Grundgesetzen der Mechanik herleiten. Die Reflexion des Lichts ließ sich so zwanglos wie die Reflexion eines elastischen Balls an einer Wand verstehen, die Brechung erschien durch Gravitationskräfte „einleuchtend" erklärt.

Der holländische Physiker *Christiaan Huygens* (1629 bis 1695) vertrat für das Licht zwar eine völlig andere Modellvorstellung; doch war auch sie noch ganz in mechanischen Ideen befangen. Er schreibt in seinem „Traité de la Lumière" (Abhandlung über das Licht, die 1678 der Pariser Akademie der Wissenschaften vorgelegt wurde): „Man versucht, die Ursachen aller natürlichen Wirkungen auf mechanische Gründe zurückzuführen. ... Dies muß man meiner Ansicht nach tun, oder völlig auf jede Hoffnung verzichten, jemals in der Physik etwas zu begreifen ..." – eine Auffassung, die noch bis zum Ausgang des 19. Jahrhunderts herrschte, als *Helmholtz* sagte: „Es ist die Aufgabe aller Physik, sich in Mechanik aufzulösen." Das im Traité de la Lumière ausgesprochene Huygenssche Prinzip der **Elementarwellen** ist uns bereits bekannt (Band MS, Seite 266). Wir haben es schon zur Erklärung des Brechungsgesetzes für mechanische Wellen (Band MS, Seite 268) und auch für elektromagnetische Wellen (Seite 202) herangezogen. *Huygens* wandte nun dieses Prinzip an, um das Licht als *mechanische Welle* verstehen zu können. Dazu übernahm er die Hypothese, der gesamte Raum – auch das Vakuum – sei von einem besonderen Stoff, dem sogenannten *Äther*, erfüllt. Die Lichtquelle selbst sende keine Korpuskeln aus; sie gebe vielmehr nur an die zunächst liegenden Ätherteilchen Stöße, die sich dann im allgegenwärtig angenommenen Äther fortpflanzten. Damit griff *Huygens* einen Gedanken auf, den schon *Robert Hooke* (1635 bis 1703) ausgesprochen hatte. In einer Veröffentlichung von *Hooke* aus dem Jahr 1665 steht: „Jeder Stoß oder jede

Schwingung eines leuchtenden Körpers wird eine Kugelfläche erzeugen, die sich kontinuierlich vergrößert ... ganz in derselben Weise (obwohl unendlich viel schneller), wie sich die Wellen oder Ringe auf einer Wasseroberfläche ausweiten, wenn man in einem Punkt derselben durch Versenken eines Steins eine Bewegung erzeugt."

Nach *Huygens* lautet das Brechungsgesetz für Wellen aller Arten $\sin\alpha/\sin\beta = c_1/c_2$. Da der Winkel β im dichteren Medium kleiner als der Winkel α im dünneren Medium ist, folgt $c_2 < c_1$. Nach *Huygens* mußte also – im Gegensatz zu *Newton* – die Lichtgeschwindigkeit im dichteren Medium *kleiner* als im Vakuum sein.

So standen damals zwei Hypothesen über die Natur des Lichts einander gegenüber. Beide lieferten für das Reflexions- und Brechungsgesetz eine mit dem Experiment übereinstimmende Erklärung. Die Grundannahmen aber waren verschieden: *Newton* postulierte fliegende Lichtteilchen mit mechanischen Eigenschaften. *Huygens* dagegen dachte an Schwingungen, die von der Lichtquelle erzeugt werden und sich in dem als allgegenwärtig angenommenen Äther fortpflanzen. Die dabei entstehenden *Ätherwellen* stellte er sich als *Längswellen* vor. Die Entscheidung darüber, ob das Licht nun aus Teilchen bestehe oder ob es sich um eine Welle handle, mußte damals noch offen bleiben.

Nun ist es selbstverständlich denkbar, daß ein physikalischer Vorgang aufgrund verschiedener Hypothesen „richtig" (d.h. mit vielen Beobachtungen übereinstimmend) beschrieben wird. Die Newtonsche und die Huygenssche Hypothese konnten jedoch unmöglich nebeneinander bestehen, weil sich aus ihnen widersprechende Aussagen über die Lichtgeschwindigkeit im optisch dichteren Medium ergaben. So mußte die Messung der Lichtgeschwindigkeit in Stoffen zum „experimentum crucis" werden, d.h. zur Entscheidung, welche der beiden Hypothesen zu verwerfen sei.

Aufgaben

1. *Was bedeutet der Begriff „Strahl"* **a)** *in der geometrischen Optik,* **b)** *bei Newton,* **c)** *bei Huygens,* **d)** *bei Maxwell?*

2. *Wie groß ist der Winkel β, wenn ein Lichtstrahl unter dem Winkel $\alpha = 30°$ von Luft in Glas ($n = 1{,}53$) fällt?*

3. *Ein Lichtstrahl fällt unter dem Winkel 30° zum Lot auf eine planparallele Platte aus Glas ($n = 1{,}5$) der Dicke 2,5 cm. Um welche Strecke wird der Lichtstrahl parallel verschoben?*

4. *Ein Lichtstrahl fällt senkrecht auf die Grundfläche eines gleichschenkligen Glasprismas ($n = 1{,}5$) mit dem Keilwinkel γ. Zwischen welchen Winkeln muß γ liegen, damit der Strahl an beiden Seitenflächen des Prismas total reflektiert wird?*

5. *Wie groß ist der Grenzwinkel β_g für Schwefelkohlenstoff? (Tabelle 214.1)*

6. *Auf die Seitenfläche eines Glasprismas ($n = 1{,}50$) mit dem Keilwinkel $\gamma = 60°$ fällt unter dem Einfallswinkel $\alpha_1 = 50°$ (zum Lot) ein Lichtstrahl. Um welchen Winkel φ wird er nach dem Durchgang durch das Prisma insgesamt abgelenkt?*

7. *Ein Lichtstrahl fällt unter einem Winkel von 50° zum Lot aus Luft in einen Glaskörper. Dabei ändert er seine Richtung infolge der Brechung um den Winkel 24°.* **a)** *Um welche Glassorte handelt es sich?* **b)** *Um wieviel Grad ändert der Lichtstrahl seine Richtung, wenn er unter 70° zum Lot aus der Luft in den Glaskörper übergeht?*

8. *In Versuch 204 fällt ein Lichtstrahl* **a)** *unter dem Winkel 30°,* **b)** *unter dem Winkel 55° auf die runde Seite des halbzylindrischen Glaskörpers. Wie läuft der Lichtstrahl weiter?*

9. *Zwei Lichtbündel durchdringen sich gegenseitig ungestört. Untersuchen Sie, ob sich dies besser mit der Hypothese von Newton oder mit der von Huygens erklären läßt!*

10. *Licht geht nach Bild 216.1 unter dem Winkel β_1 aus einem Stoff mit der Brechungszahl n_1 in Vakuum und von dort in einen anderen Stoff mit der Brechungszahl n_2 über.* **a)** *Geben Sie eine Formel für den Winkel β_2 an!* **b)** *Lassen Sie die Breite des Vakuumstreifens gegen Null gehen! Welche Verallgemeinerung des Brechungsgesetzes ergibt sich daraus?* **c)** *Prüfen Sie nach, ob Gl. 213.1 in dieser Verallgemeinerung enthalten ist!* **d)** *Licht fällt unter 45° (zum Lot) von Wasser in Glas ($n = 1{,}50$). Unter welchem Winkel läuft es im Glas weiter?*

11. *Ein Prisma hat den Keilwinkel 40,0°; es besteht aus einer Glassorte mit der Brechungszahl $n = 1{,}462$. Auf eine seiner beiden Seitenflächen fällt unter dem vom Keilwinkel abgewandten Winkel α_1 zum Lot ein Lichtstrahl. Berechnen Sie mit dem Computer für $\alpha_1 =$ 0° bis 90° in Schritten von 10° jeweils den Winkel α_2, unter dem der Lichtstrahl das Prisma wieder verläßt sowie den Winkel φ, um den dieser dabei insgesamt abgelenkt wird! Wie verläuft der Strahlengang durch das Prisma, wenn φ ein Minimum hat?*

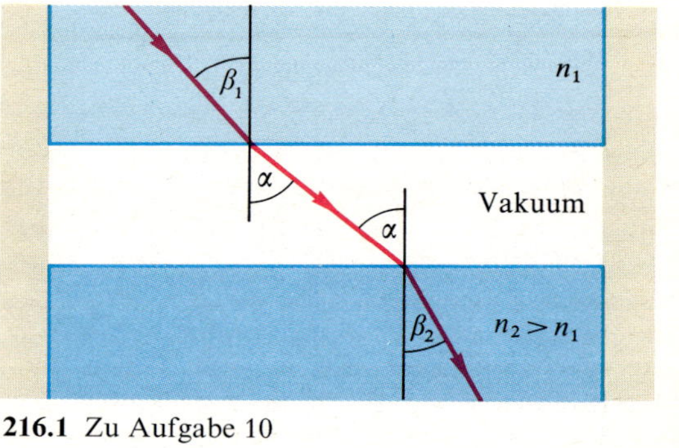

216.1 Zu Aufgabe 10

§69 Die Lichtgeschwindigkeit

1. Messung der Lichtgeschwindigkeit einst ...

Schon *Galileo Galilei* hat untersucht, ob sich das Licht mit einer *endlichen* Geschwindigkeit oder *momentan* ausbreitet. Die Mittel, die er damals einsetzen konnte, führten zu keinem entscheidenden Ergebnis. *Galilei* vermutete jedoch, die Lichtgeschwindigkeit sei endlich und außerordentlich groß.

Zur Messung einer sehr großen Geschwindigkeit $c = \Delta s/\Delta t$ braucht man aber entweder sehr lange Meßstrecken Δs oder Uhren, die sehr kleine Zeitspannen Δt registrieren können. *Galilei* stand weder das eine noch das andere zur Verfügung.

Der dänische Astronom *Ole Römer* (1644 bis 1710) kam als erster auf den Gedanken, für Δs eine astronomische Entfernung zu benutzen. Im Jahr 1675 schloß er aus astronomischen Beobachtungen, daß das Licht eine *endliche* Geschwindigkeit haben müsse.

Die erste *Messung* der Lichtgeschwindigkeit auf der Erde führte der französische Physiker *Hippolyte Fizeau* (1819 bis 1896) im Jahr 1849 durch. Er schickte einen Lichtstrahl durch den Zahnkranz eines schnell rotierenden Zahnrades. Das auf diese Weise „zerhackte" Licht wurde in etwa 9 km Entfernung von einem Spiegel reflektiert. *Fizeau* erhöhte nun die Drehfrequenz des von einer Dampfmaschine angetriebenen Zahnrades so lange, bis das Licht, das auf dem Hinweg durch eine Lücke gegangen war, bei seiner Rückkehr auf den nächstliegenden Zahn fiel. Er erkannte dies daran, daß jetzt das reflektierte Licht plötzlich nicht mehr zu sehen war. Aus der Zahl der Zähne und der Drehfrequenz des Rades konnte *Fizeau* die Zeit Δt berechnen, in der ein Zahn an die Stelle der vorangegangenen Lücke getreten war (Aufgabe 1a).

Fizeaus rotierendes Zahnrad war nichts anderes als ein mechanischer Kurzzeitmesser für sehr kleine Lichtlaufzeiten Δt. Dementsprechend kam er mit einer Meßstrecke Δs aus, die keine astronomische Abmessung mehr, sondern die verhältnismäßig geringe Länge $\Delta s \approx 18$ km besaß. Für noch kleinere Werte von Δt und damit auch von Δs hätte Fizeau die Drehfrequenz weiter erhöhen müssen. Dies stieß jedoch auf technische Schwierigkeiten.

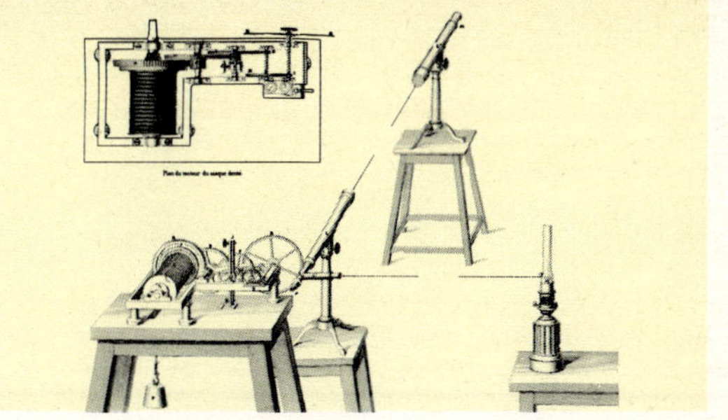

217.1 Zeitgenössische Darstellung der Messung der Lichtgeschwindigkeit durch *Fizeau*

Der französische Physiker *Jean Foucault* (1819–1868) benutzte im selben Jahr wie *Fizeau* zur Bestimmung der Lichtgeschwindigkeit statt eines Zahnrades einen schnell rotierenden Spiegel. Ein daran reflektierter Lichtstrahl traf diesen Spiegel auf dem Rückweg nicht mehr in seiner alten Lage und wurde dadurch abgelenkt. Aus dem Ablenkwinkel ergaben sich so kleine Lichtlaufzeiten Δt, daß die Messung sogar in einem Zimmer möglich wurde.

2. ... und jetzt

Zur Messung der Geschwindigkeit des Lichts muß man ihm Signale mit auf den Weg geben. Sie bestanden bei *Fizeau* daraus, daß ein Lichtbündel periodisch unterbrochen wurde. Wir gehen im Grunde ähnlich vor; nur prägen wir dem Licht diese Signale nicht mechanisch, sondern elektronisch auf, und zwar in außerordentlich rascher Folge, also mit sehr kleinem Δt. Deshalb kommen wir jetzt mit Meßstrekken Δs von nur wenigen Dezimetern aus.

Versuch 205: **a)** Als Lichtquelle dient eine Leuchtdiode. Sie wird mit Wechselstrom der Frequenz 60 MHz betrieben; deshalb sendet sie Licht mit äußerst schnell aufeinander folgenden sinusförmigen Helligkeitsschwankungen aus. Diese rufen in einer etwa 1 m entfernten Fotodiode eine Wechselspannung hervor, die auf dem Bildschirm eines angeschlossenen Oszilloskops als langgestreckte Sinuslinie erscheint *(Bild 218.1)*. Die Zeitpunkte, zu denen die horizontale Ablenkung des Elektronenstrahls immer wieder neu am linken Bildschirmrand einsetzt, werden vom Lichtsender über ein besonderes Kabel „getriggert". Entfernt man nun Sender und Empfänger voneinander, so ist das Licht bis zur Fotodiode länger

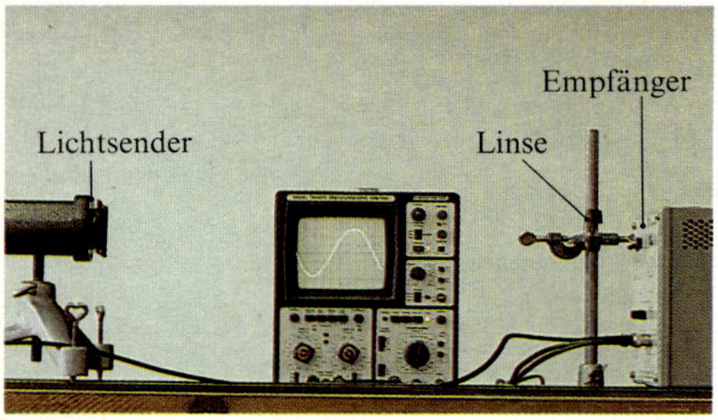

218.1 Auf dem Bildschirm des Oszilloskops erscheint das vom Licht übertragene Signal.

unterwegs; dagegen ändert sich an der Laufzeit der im Kabel geführten Triggersignale nichts. Vergrößert man also den Abstand zwischen Empfänger und Lichtsender, so kommen die vom Licht mitgeführten Signale gegenüber den im Kabel laufenden Triggersignalen jetzt später an als vorher: Die Sinuslinie verschiebt sich längs der Zeitachse nach rechts.

b) Wir stellen die Zeitablenkung am Oszilloskop so ein, daß die Periode der Sinuslinie genau 10,0 cm lang wird. Mit einem Kurzzeitmesser kontrollieren wir die Frequenz f der Signale, die dem Licht aufgeprägt werden. Bei $f = 60$ MHz ist der Länge 10 cm auf dem Bildschirm die Zeit $T = 1/f = \frac{1}{60 \cdot 10^6}$ s zugeordnet. Einer Länge von 1 cm auf der Zeitachse des Oszilloskops entspricht also die Zeit $\frac{1}{6} \cdot 10^{-8}$ s.

c) Nun vergrößern wir den Abstand des Senders vom Empfänger um 50 cm; darauf verschiebt sich die Sinuslinie um 1,0 cm. Bei einer Verlängerung des Weges um $\Delta s = 0{,}50$ m verspätet sich das Licht also um $\Delta t = \frac{1}{6} \cdot 10^{-8}$ s; daraus folgt die Lichtgeschwindigkeit

$$c = \frac{\Delta s}{\Delta t} = 0{,}50\,\text{m} \cdot 6 \cdot 10^8\,\text{s}^{-1} = 3{,}00 \cdot 10^8\,\text{m}\,\text{s}^{-1}.$$

Noch genauere Messungen der Lichtgeschwindigkeit in Luft ergeben $c_{\text{Luft}} = 2{,}9971 \cdot 10^8\ \text{m}\,\text{s}^{-1}$. Für das Vakuum erhält man den um 0,03% höheren Wert $c = 2{,}9979 \cdot 10^8\ \text{m}\,\text{s}^{-1}$ – dieselbe Geschwindigkeit wie die einer elektromagnetischen Welle. Ob das ein Zufall ist? Die bemerkenswerte Übereinstimmung kann wohl eher als ein starkes Indiz dafür gewertet werden, daß Licht eine elektromagnetische Welle ist.

Die Lichtgeschwindigkeit im Vakuum und in der Luft beträgt rund
$3{,}0 \cdot 10^8\ \text{m}\,\text{s}^{-1} = 300\,000\ \text{km}\,\text{s}^{-1}$.

Bei einer so kurzen Meßstrecke wie in unserer Versuchsanordnung bereitet es keine Schwierigkeiten, die Lichtgeschwindigkeit auch in anderen Stoffen zu ermitteln – zum Beispiel in Wasser!

Versuch 206: Zwischen Lichtsender und Empfänger des vorigen Versuchs wird ein wasserdichtes Rohr mit zwei Endfenstern gebracht; es hat die Länge $l = 1{,}00$ m. Füllen wir nun dieses Rohr mit Wasser, so verschiebt sich das Empfangssignal auf dem Bildschirm des Oszilloskops um 0,65 cm längs der Zeitachse nach rechts: Wenn die Lichtsignale durch Wasser gehen, kommen sie später im Empfänger an als durch die Luft. Damit steht fest: *Die Lichtgeschwindigkeit ist in Wasser kleiner als in Luft.* Unser Versuch hat also gegen *Newtons* Lichtteilchen-Hypothese entschieden!

In Luft sei die Lichtgeschwindigkeit c, in Wasser betrage sie c_w. Dann durchläuft das Licht die mit Luft gefüllte Röhre der Länge l in der Zeit $t = l/c$, die mit Wasser gefüllte Röhre dagegen in der Zeit $t_w = l/c_w$. Die Verlängerung der Laufzeit nach der Füllung mit Wasser beträgt $\Delta t = t_w - t = l/c_w - l/c$.

Daraus folgt $\frac{l}{c} + \Delta t = \frac{l}{c_w}$ oder $\frac{l + c\,\Delta t}{c} = \frac{l}{c_w}$,

also $$c_w = \frac{c\,l}{l + c\,\Delta t}. \qquad (218.1)$$

Aus der Verschiebung des Signals um 0,65 cm folgt $\Delta t = \frac{1}{6} \cdot 10^{-8} \cdot 0{,}65$ s. Mit $c = 3{,}00 \cdot 10^8\ \text{m}\,\text{s}^{-1}$ und $l = 1{,}00$ m liefert *Gl. 218.1* für die Lichtgeschwindigkeit in Wasser $c_W = 2{,}26 \cdot 10^8\ \text{m}\,\text{s}^{-1}$.

3. Lichtgeschwindigkeit und Brechungsgesetz

Bei der Untersuchung der Lichtbrechung sind wir durch Messen der Winkel α (im Vakuum) und β (in Wasser) auf das Gesetz $\sin\alpha/\sin\beta = n = 1{,}33$ gekommen *(Tabelle 213.1)*.

Nun kennen wir aber auch die Lichtgeschwindigkeiten c im Vakuum und c_W im Wasser. Aus unseren Versuchsergebnissen folgt, daß das Verhältnis dieser Geschwindigkeiten $c/c_W = 3{,}00 \cdot 10^8 / 2{,}26 \cdot 10^8 = 1{,}33$ beträgt. Die Übereinstimmung der Zahlenwerte für $\sin\alpha/\sin\beta$ und c/c_W ist leicht zu deuten:

Aus der Theorie wissen wir, daß eine *Welle* beim Übergang von einem Medium mit der Ausbreitungsgeschwindigkeit c_1 in ein anderes mit der Ausbreitungsgeschwindigkeit c_2 nach dem Gesetz $\sin\alpha/\sin\beta = c_1/c_2$ gebrochen wird. Unsere Versuchsergebnisse zeigen nun, daß beim Übergang des Lichts von Vakuum in Wasser das bekannte *Brechungsgesetz für Wellen* $\sin\alpha/\sin\beta = c/c_W$ erfüllt ist. Auch an anderen Stoffen findet man dies bestätigt – ein weiteres Indiz für die Wellennatur des Lichts!

Damit sind wir in der Lage, das Brechungsgesetz *213.1* – das wir nur für den Übergang von Licht aus dem *Vakuum* in einen Stoff ausgesprochen haben – zu verallgemeinern:

Licht gehe aus einem Stoff der Brechungszahl n_1 in einen anderen mit der Brechungszahl n_2 über. Die Lichtgeschwindigkeiten in den beiden Medien seien c_1 bzw. c_2, die Winkel der entsprechenden Lichtstrahlen zum Einfallslot α bzw. β. Dann gilt nach dem Brechungsgesetz für Wellen $\sin\alpha/\sin\beta = c_1/c_2$.

Damit die Brechungszahlen n_1 und n_2 – die ja für den Übergang aus dem *Vakuum* definiert sind – ins Spiel kommen, lösen wir $c/c_1 = n_1$ und $c/c_2 = n_2$ nach $c_1 = c/n_1$ und $c_2 = c/n_2$ auf. Es ergibt sich

$$\frac{c_1}{c_2} = \frac{c}{n_1} : \frac{c}{n_2} = \frac{n_2}{n_1}.$$

Damit lautet das *verallgemeinerte Brechungsgesetz*

$$\frac{\sin\alpha}{\sin\beta} = \frac{c_1}{c_2} = \frac{n_2}{n_1}. \qquad (219.1)$$

Da man das Medium, in dem der Lichtstrahl mit dem Einfallslot den *kleineren* Winkel bildet, *optisch dichter* nennt, ist die Lichtgeschwindigkeit nach *Gl. 219.1* im optisch dichteren Medium kleiner als im dünneren. Weiter folgt aus *Gl. 219.1*, daß zum optisch dichteren Medium die größere Brechungszahl gehört.

Ist das erste Medium (Winkel α) das *Vakuum*, so gilt $n_1 = 1$, und *Gl. 219.1* wird zu $\sin\alpha/\sin\beta = n_2$; dies ist nichts anderes als *Gl. 213.1*. Sie ist als Spezialfall im verallgemeinerten Brechungsgesetz enthalten.

Versuch 207: Wir bringen nach *Bild 219.1* die optische Scheibe mit dem halbzylindrischen Glaskörper in einen wassergefüllten Trog und messen die Winkel α und β, die ein Lichtstrahl im dünneren Medium Wasser und im dichteren Medium Glas jeweils mit dem Einfallslot bildet. Dabei stellen wir für alle möglichen Wertepaare (α, β) fest, daß $\sin\alpha/\sin\beta = 1{,}13$ ist.

219.1 Licht geht vom dünneren Medium Wasser in das dichtere Medium Glas über.

Nach *Gl. 219.1* folgt aus den Brechungszahlen $n_1 = 1{,}33$ für Wasser und $n_2 = 1{,}5$ für Glas $\sin\alpha/\sin\beta = 1{,}50/1{,}33 = 1{,}13$. (Vergleichen Sie auch die Lösung desselben Problems in Aufgabe 10 auf Seite 216!)

Licht wird an der Grenzfläche zwischen zwei verschiedenen optischen Medien nicht nur gebrochen, sondern auch reflektiert *(Bild 212.1)*. Haben diese beiden optischen Medien nun *gleiche* Brechungszahlen, so geht das Licht ohne Richtungsänderung vom einen in das andere Medium über. Bezüglich der Brechung gibt es in diesem Fall also gar keine Grenzfläche. Gilt dies auch für die *Reflexion?*

Versuch 208: Ein Reagenzglas wird mit Benzol der Brechungszahl 1,5 gefüllt. Ein Glasstab (Brechungszahl der Glassorte $n = 1{,}5$), den wir in die Flüssigkeit tauchen, verschwindet dort wie von Zauberhand und ist nicht mehr zu sehen. An den beiden Medien mit *gleicher Brechungszahl wird das Licht also weder gebrochen noch reflektiert!* **(Vorsicht! Benzol ist giftig. Dämpfe nicht einatmen!)**

Für den Übergang des Lichts von einem Medium in ein anderes gilt das verallgemeinerte Brechungsgesetz

$$\frac{\sin\alpha}{\sin\beta} = \frac{c_1}{c_2} = \frac{n_2}{n_1}. \qquad (219.2)$$

Dabei ist c_1 die Lichtgeschwindigkeit, n_1 die Brechungszahl und α der Winkel des Lichtstrahls zum Lot im ersten Medium; c_2, n_2 und β sind die entsprechenden Größen im zweiten Medium.

4. Stimmt hier etwas nicht?

Die auffällige Übereinstimmung der Lichtgeschwindigkeit im Vakuum mit $c = 1/\sqrt{\varepsilon_0 \mu_0}$ brachte schon *Maxwell* im Jahr 1864 auf den Gedanken, *Licht als elektromagnetische Welle* zu betrachten.

Nun erfüllt Licht zwar das Brechungsgesetz für Wellen. Bei einer elektromagnetischen Welle müßte sich aber außerdem nach *Gl. 203.2* die Brechungszahl $n = \sqrt{\varepsilon_r}$ ergeben. Wasser mit der Dielektrizitätszahl $\varepsilon_r = 81$ hätte demnach die Brechungszahl $n = 9$; tatsächlich mißt man jedoch nur $n = 1{,}33$. Schade! – Aber es spricht andererseits so vieles beim Licht für eine elektromagnetische Welle, daß es der Überlegung wert ist, ob sich *Maxwells* Hypothese vielleicht doch noch retten läßt!

Erinnern wir uns an die Bedeutung der Dielektrizitätszahl $\varepsilon_r = 81$ für Wasser: Durch ein konstantes elektrisches Feld werden die Dipole des Wassers ausgerichtet. Dabei entsteht ein Gegenfeld, das den ursprünglichen Betrag der Feldstärke auf den 81. Teil herabsetzt (Polarisation des Dielektrikums, Seite 40). Wenn das elektrische Wechselfeld einer elektromagnetischen Welle über die Dipole des Wassers hinwegzieht, ändern sich dort dauernd der Betrag und die Richtung der Feldstärke. Deshalb versuchen nun auch die Dipole fortwährend, ihre Orientierung zu ändern. Bei sehr hohen Frequenzen kommen sie schließlich nicht mehr richtig mit. Deshalb fällt jetzt das (ebenfalls wechselnde) Gegenfeld schwächer aus als bei konstanter Feldstärke E; das heißt aber: Die Dielektrizitätszahl ε_r von Wasser wird bei hohen Frequenzen kleiner.

In Versuch 180 haben wir mit Wechselfeldern der Frequenz $f = 4{,}3 \cdot 10^8$ Hz für Wasser immer noch $\varepsilon_r = 81$ erhalten. Genaue Untersuchungen ergeben, daß die Dielektrizitätszahl ε_r von Wasser der Temperatur 20 °C erst bei Frequenzen über $1 \cdot 10^9$ Hz merklich abnimmt. Für $f = 1 \cdot 10^{10}$ Hz mißt man $\varepsilon_r \approx 50$; bei $f = 1 \cdot 10^{11}$ Hz ist ε_r auf den Wert 10 gesunken. Noch höhere Frequenzen lassen die Dielektrizitätszahl ε_r von Wasser immer mehr abnehmen. Sollte es sich also bei Licht um Wellen mit Frequenzen über 10^{11} Hz handeln? Dann wäre die Welt für die Maxwellsche Hypothese wieder in Ordnung!

Im nächsten Paragrafen werden wir eine Methode kennenlernen, mit der man die Wellenlänge und damit auch die Frequenz des Lichts bestimmen kann. Dabei wird sich herausstellen, ob es möglich ist, den Widerspruch aufzulösen, der mit $n = \sqrt{\varepsilon_r}$ entstanden ist.

5. In Glas ist Blau langsamer als Rot

In der Mittelstufe haben Sie gelernt, daß weißes Licht bei der Brechung in die farbigen Lichter des *Spektrums* zerlegt wird (Mittelstufenband, Seite 246). Geht ein weißer Lichtstrahl z.B. von Luft in Glas über, so wird sein blauer Anteil stärker gebrochen als der grüne und dieser wieder stärker als der rote. Die Brechungszahl n von Glas ist demnach nicht konstant, sondern von der Farbe des Lichts abhängig *(Tabelle 221.1)*. Dies bedeutet nach *Gl. 212.1*, daß sich verschiedenfarbige Lichter im Glas mit unterschiedlichen Geschwindigkeiten ausbreiten: Blaues Licht (größeres n) ist langsamer als rotes (kleineres n).

Im *Vakuum* tritt diese sogenannte **Dispersion** nicht auf. Dort breiten sich alle farbigen Lichter mit derselben Geschwindigkeit $c = 2{,}9979 \cdot 10^8 \text{ m s}^{-1}$ aus.

An der vom Brechungsgesetz für Wellen schon bekannten Konstruktion in *Bild 220.1* können Sie sich nochmals klarmachen, warum beim Übergang von Luft in Glas das langsamere blaue Licht stärker gebrochen wird als das schnellere rote.

Was ist nun aber der Grund dafür? Die unterschiedlichen Ausbreitungsgeschwindigkeiten der einzelnen farbigen Lichter und die damit verbundenen verschiedenen Brechungszahlen hängen mit ε_r zusammen. Was hat aber die Dielektrizitätszahl von Glas mit den Farben zu tun?

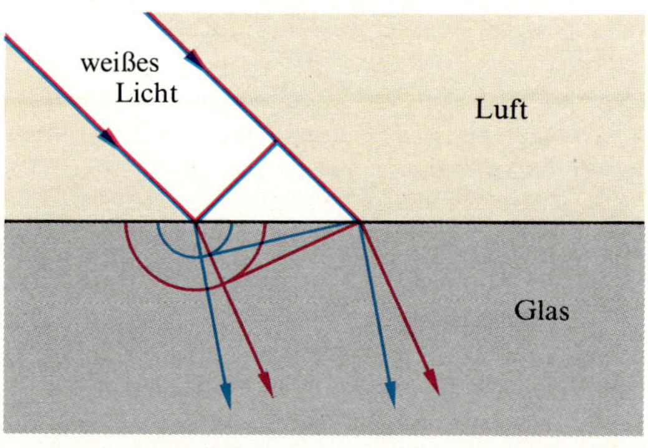

220.1 Blaues Licht breitet sich in Glas langsamer aus als rotes und wird deshalb stärker gebrochen.

Farbe	Brechungszahl *n*
Dunkelblau	1,528
Blaugrün	1,523
Gelb	1,517
Rot	1,514
Dunkelrot	1,511

Tabelle 221.1 Brechungszahlen von Kronglas für verschiedene Farben

Durchdringt Licht eine Glasplatte, so werden die im Glas an ihre Atome gebundenen Elektronen durch das elektrische Wechselfeld geschüttelt: Sie führen erzwungene Schwingungen aus, bei denen *Resonanzen* auftreten können. Nimmt nun die Frequenz der Elektronenschwingung zu und nähert sich dabei einer Resonanzstelle, so kann dort das Gegenfeld ihrer Polarisationsladung zunehmen und deshalb die Dielektrizitätszahl ε_r des Glases ansteigen. Die Lichtgeschwindigkeit muß dann kurz vor einer solchen Resonanzstelle kleiner werden. Dies wäre eine Erklärung dafür, warum blaues Licht langsamer ist als rotes – falls die Frequenz des blauen Lichts größer ist als die des roten.

Aufgaben

1. a) *Bei der von Fizeau in der Nähe von Paris durchgeführten Messung der Lichtgeschwindigkeit wurde das Licht von einem Spiegel reflektiert, der in* 8633 m *Entfernung aufgestellt war. Das Zahnrad wies 720 Zähne auf. Bei einer Drehfrequenz von 756 Umläufen in der Minute wurde das zurückgeworfene Licht zum ersten Mal verdunkelt. Welchen Betrag erhielt Fizeau für die Lichtgeschwindigkeit?* **b)** *Angenommen, man wollte die Lichtgeschwindigkeit mit Fizeaus Zahnrad in einem Laboratorium bei einem Spiegelabstand von* 12 m *messen. Auf welche Drehfrequenz müßte man dann das Zahnrad bringen?*

2. a) *Licht geht unter dem Winkel* $\alpha_1 = 45°$ *zum Lot von Glas* ($n_1 = 1{,}50$) *in Wasser* ($n_2 = 1{,}33$) *über. Unter welchem Winkel* α_2 *läuft es im Wasser weiter?* **b)** *Wie läuft das Licht weiter, wenn es unter* $\alpha_1 = 70°$ *zum Lot auf die Wasseroberfläche trifft?* **c)** *Von welchem Grenzwinkel* $\alpha_{1\,g}$ *an tritt Totalreflexion ein?*

3. *Wie groß ist die Lichtgeschwindigkeit in Schwefelkohlenstoff?*

4. *Licht, das senkrecht auf die Grundfläche eines gleichschenklig rechtwinkligen Prismas* ($n = 1{,}50$) *fällt, wird an dessen Seitenflächen total reflektiert und so um* 180° *umgelenkt. Wie groß darf die Brechungszahl des umgebenden Mediums höchstens sein, damit diese Eigenschaft garantiert ist?*

5. *Eine quaderförmige Glaswanne ist mit Wasser gefüllt. Ein schmales Lichtbündel fällt unter dem Winkel* $\alpha = 60°$ *(zum Lot) auf eine der Seitenwände.* **a)** *Unter welchem Winkel läuft das Lichtbündel im Wasser weiter?* ($n_{Glas} = 1{,}50$; $n_{Wasser} = 1{,}33$; *die Glaswand ist eine planparallele Platte.)* **b)** *Beweisen Sie allgemein, daß das Bündel im Wasser in derselben Richtung verläuft, die es hätte, wenn die Glaswand nicht vorhanden wäre und es direkt von Luft in Wasser überginge!*

6. *Ein weißes Lichtbündel aus einer Experimentierleuchte trifft nach Bild 221.1 unter dem Winkel* $\alpha = 80°$ *auf die Mitte der Seitenfläche eines* 30 cm *breiten und ebenso hohen Glasblocks.* **a)** *Erklären Sie, warum auf einem Schirm, der direkt an der gegenüberliegenden Seite des Glasblocks angebracht ist, ein Spektrum entsteht!* **b)** *In welchem Abstand von M treten dabei jeweils die in Tabelle 221.1 genannten Farben auf? Wie breit ist das Spektrum? Beachten Sie, daß das Licht an der oberen Glasfläche total reflektiert wird!*

7. *Zwei gleichschenklig rechtwinklige Prismen aus Flintglas* ($n_F = 1{,}75$) *und Kronglas* ($n_K = 1{,}51$) *sind nach Bild 221.2 zusammengesetzt. Unter welchem Winkel verläßt das eingezeichnete rote Lichtbündel den Glaskörper?*

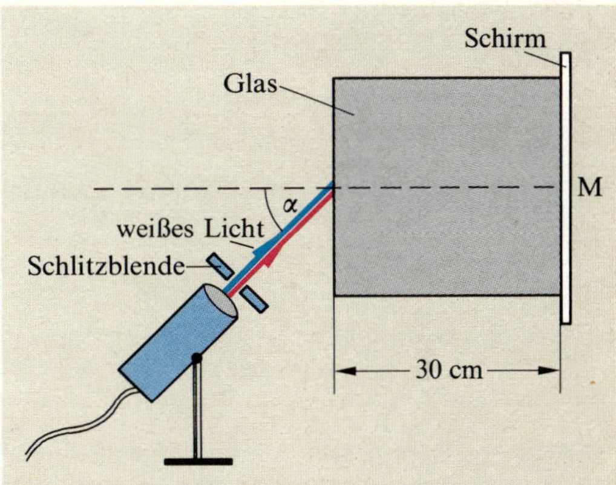

221.1 Zu Aufgabe 6. Zeichnung nicht maßstäblich!

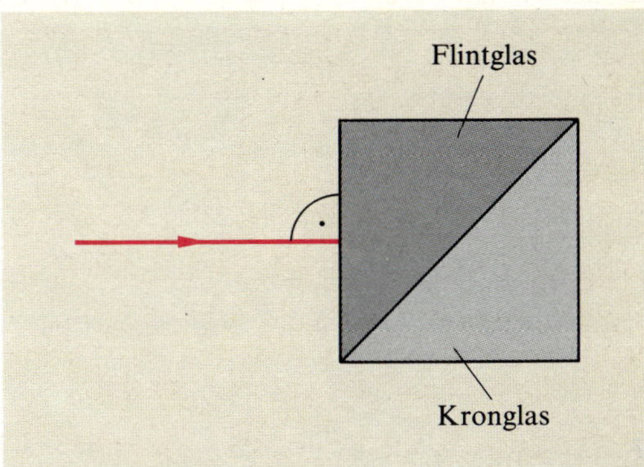

221.2 Zu Aufgabe 7

§70 Interferenz bei Lichtwellen

1. Licht + Licht = Dunkelheit

Erinnern Sie sich an das Interferenzmuster, das durch zwei periodisch in eine Wasseroberfläche eintauchende Stifte erzeugt wird *(Bild 222.1)*? In den auffälligen „Straßen", die dabei entstehen, löschen sich die Wasserwellen durch Interferenz aus. Mit zwei Lautsprechern, die vom gleichen Generator gespeist werden, erhält man etwas Ähnliches: An gewissen Stellen des Raumes hört man so gut wie nichts, weil sich dort die Schallwellen durch Interferenz aufheben (Band MS, Seite 270).

Wir sind jetzt ziemlich sicher, daß Licht eine Welle ist; also müßte doch der entsprechende Effekt auch auftreten, wenn man z.B. zwei Lampen nebeneinander stellt. Mitten im lichtdurchfluteten Raum sollten dann eigentlich Stellen anzutreffen sein, an denen kein Licht zu sehen ist, weil dort Licht plus Licht Dunkelheit gibt.

Bekanntlich ist das aber nicht der Fall. Das kann verschiedene Gründe haben:

- Licht ist eben doch keine Welle.
- Die Lichtwellenlänge ist so klein, daß man die Interferenzen nicht bemerkt.
- Zwei Lampen senden ihre Lichtwellen nicht dauernd im gleichen Takt aus wie zwei miteinander gekoppelte Stifte, die in Wasser tauchen, oder zwei vom selben Tongenerator betriebene Lautsprecher.

Nun gibt es Versuchsanordnungen, bei denen sich Wellen überlagern, die nicht von zwei verschiedenen, sondern einer einzigen Quelle stammen. So kennen Sie z.B. den Versuch, bei dem eine gerade Wasserwelle an einem *Doppelspalt* in zwei **Elementarwellen** aufgeteilt wird, die dann genau dasselbe Interferenzmuster erzeugen wie die beiden miteinander gekoppelten Stifte (Band MS, Seite 270). Auch mit *Mikrowellen* haben wir diesen Kunstgriff bereits erfolgreich ausprobiert (Versuch 196). Vielleicht funktioniert etwas Derartiges auch mit Lichtwellen!

Versuch 209: Wir ersetzen den Mikrowellensender des Versuchs 196 durch eine Lichtquelle und lassen ein paralleles Lichtbündel auf einen Doppelspalt fallen. Besonders geeignet ist ein *Laser*; er sendet ein *monochromatisches* (d.h. einfarbiges) Lichtbündel aus, das allerdings einen verhältnismäßig kleinen Durchmesser hat. Wir können es jedoch nach *Bild 222.2a* mit zwei Sammellinsen zu einem breiteren Parallelbündel aufweiten. Wir stellen dazu die beiden Linsen L_1 und L_2 so auf, daß ihre Brennpunkte F_1 und F_2 zusammenfallen. Je größer das Verhältnis f_2/f_1 ihrer Brennweiten ist, desto stärker wird die Aufweitung. – Mit diesem parallelen Lichtbündel beleuchten wir nun zwei sehr nahe beieinander liegende enge Spalte. Auf einem mehrere Meter entfernten Schirm entdecken wir daraufhin tatsächlich den erwarteten Effekt, nämlich ein Interferenzmuster in Form von parallelen hellen und dunklen Streifen *(Bild 222.2b)*.

Wie beim Doppelspaltversuch mit Mikrowellen (Seite 204) entsteht an den beiden Spalten je eine Elementarwelle *(Bild 223.1)*. S_1 und S_2 lassen sich demnach als Zentren von Wellenstrahlen auffassen, die sich nach allen Seiten des Halbraums rechts vom Doppelspalt ausbreiten. Wie es nun an einer beliebigen Stelle

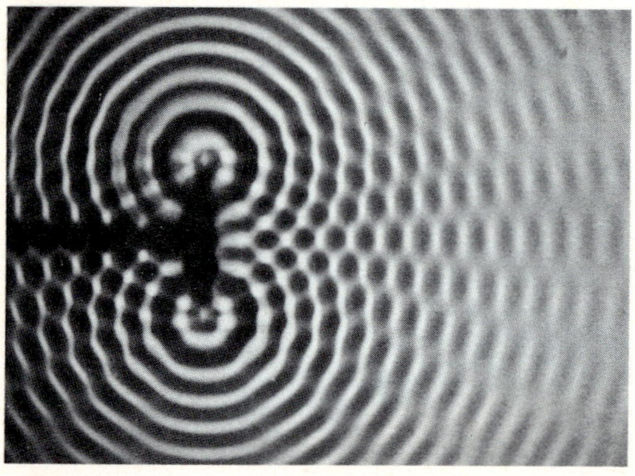

222.1 Gibt es so etwas auch bei Licht?

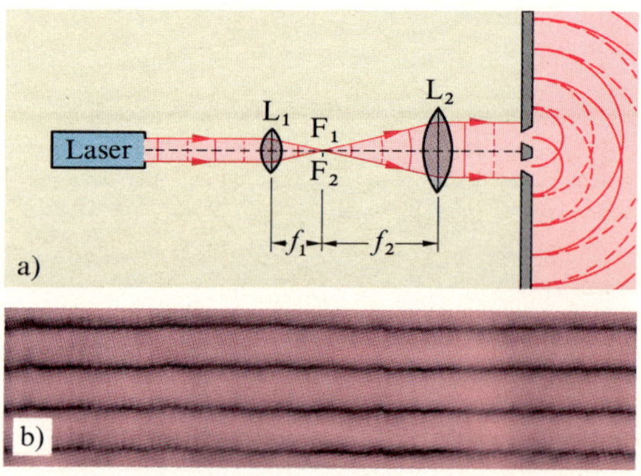

222.2 Aufbau und Ergebnis von Versuch 209

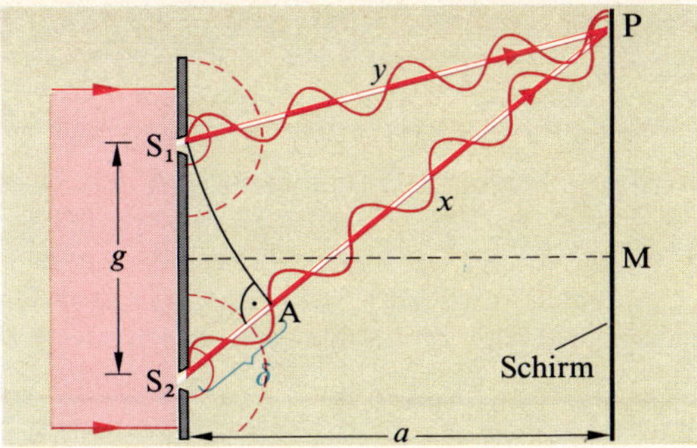

223.1 Im nahegelegenen Punkt P haben die sich überlagernden Wellenstrahlen den Gangunterschied $\delta = \lambda$.

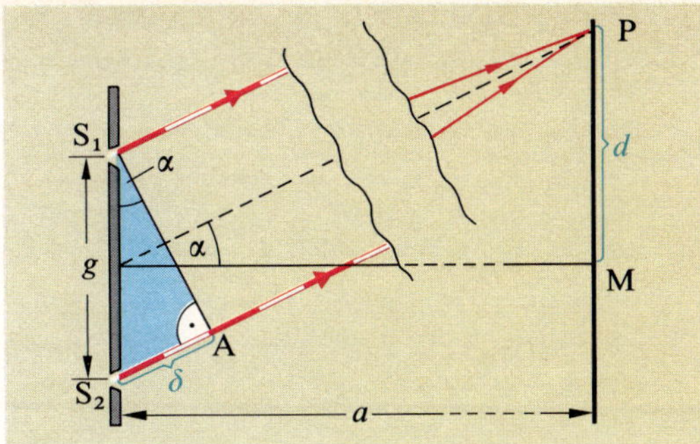

223.2 Die beiden sich im fernen Punkt P treffenden Strahlen verlaufen praktisch parallel.

P des Schirms aussieht, hängt ganz davon ab, welchen Gangunterschied δ diejenigen beiden von S_1 bzw. S_2 herkommenden Wellenstrahlen haben, die sich in P treffen. Ist $\delta = 0, \lambda, 2\lambda, \ldots, k\lambda$, so fällt Berg auf Berg und Tal auf Tal: Die Wellen verstärken sich, und in P entsteht ein *Maximum*, d.h. es ist dort besonders hell. Bei $\delta = \lambda/2,\ 3\lambda/2, \ldots,\ (2k+1)\lambda/2$ fällt Berg auf Tal: Die Wellen löschen sich in P aus, und es entsteht ein *Minimum*, d.h. in P herrscht Dunkelheit.

Aus *Bild 223.1* können Sie ablesen, daß der Gangunterschied $\delta = |x - y|$ in der Mitte M des Interferenzmusters Null ist und mit wachsender Entfernung von M immer mehr zunimmt. Damit ist verständlich geworden, warum Sie auf dem Schirm Zebrastreifen sehen. Überall dort, wo die Streifen schwarz sind, addiert sich Licht plus Licht zu Dunkelheit!

Bei Licht tritt Interferenz auf. Dabei entstehen durch Überlagerung von Lichtwellen abwechselnd helle und dunkle Interferenzstreifen.

2. Vom Interferenzmuster zur Wellenlänge

Für eine Welle ist charakteristisch, daß sich „positive" und „negative" Elemente periodisch aufeinanderfolgend im Raum ausbreiten. Sie bestehen bei der Wasserwelle aus sichtbaren Bergen und Tälern, bei der Schallwelle – schon weniger anschaulich – aus Zonen mit abwechselndem Überdruck und Unterdruck. Noch unanschaulicher ist die elektromagnetische Welle; ihre positiven und negativen Elemente setzen sich aus elektrischen Feldvektoren mit jeweils entgegengesetzten Richtungen und ebensolchen magnetischen Feldvektoren zusammen.

Typisch für alle Wellen ist nun das Auftreten von **Interferenzen:** Wo zwei gleichnamige Elemente zusammentreffen, verstärken sie sich; zwei ungleichnamige Elemente (Berg und Tal) schwächen sich dagegen ab.

Es ist noch nie gelungen, Interferenzen anders als mit Hilfe von Wellen zu deuten. Im Interferenzmuster des Versuchs 209 haben wir also ein besonders starkes Indiz für die Wellennatur des Lichts gewonnen. Aber nicht nur dies – wir können daraus auch die Licht-Wellenlänge bestimmen. Dazu betrachten wir *Bild 223.1*: In Wirklichkeit beträgt der Spaltabstand *g* Bruchteile eines Millimeters, die Entfernung *a* des Schirms dagegen mehrere Meter. Im richtigen Maßstab müßte P also etwa 50 m rechts vom Doppelspalt gezeichnet werden. Deshalb gehen die beiden sich in P treffenden Wellenstrahlen praktisch *parallel* vom Doppelspalt weg, und der Kreisbogen S_1A unterscheidet sich nur geringfügig von der Sehne $\overline{S_1A}$ *(Bild 223.2)*. Für unsere weiteren Überlegungen spielt nun das in *Bild 223.2* blau getönte rechtwinklige Dreieck $A\,S_1S_2$ eine wesentliche Rolle. Seine Kathete $\overline{S_2A}$ ist gleich dem Gangunterschied δ, mit dem die beiden Strahlen in P ankommen; der Winkel bei S_1 ist gleich dem Winkel α, unter dem die Strahlen auf P hinzielen. Aus *Bild 223.2* können Sie nun für δ und $d = \overline{PM}$ zwei wichtige Beziehungen ablesen:

$$\sin\alpha = \frac{\delta}{g}, \qquad \tan\alpha = \frac{d}{a}. \tag{223.1}$$

Das beobachtete Interferenzmuster erstreckt sich auf einen sehr kleinen Bereich um die Mitte M herum; die zugehörigen Winkel α sind kleiner als 1°. Deshalb darf man hier mit sehr guter Näherung $\sin\alpha = \tan\alpha$ setzen. Aus *Gl. 223.1* folgt dann

$$d/a = \delta/g. \tag{224.1}$$

Maxima entstehen auf dem Schirm, wenn der Gangunterschied $\delta = k\,\lambda$ mit $k = 0, 1, 2, \ldots$ beträgt. Für den Abstand d_k des $k$ten Maximums von der Mitte M ergibt sich nach *Gl. 224.1*

$$d_k = k\,\frac{a\,\lambda}{g} \quad \text{mit} \quad k = 0, 1, 2, \ldots . \tag{224.2}$$

Setzen wir in diese Gleichung $k = 0$ ein, so folgt $d_0 = 0$; in der Mitte M des Interferenzmusters ist also ein Maximum. Das kann man natürlich auch ohne Gleichung leicht einsehen, denn dort ist ja der Gangunterschied Null. Nach *Gl. 224.2* haben zwei benachbarte Maxima den Abstand

$$\Delta d = d_{k+1} - d_k = (k+1-k)\,\frac{a\,\lambda}{g} = \frac{a\,\lambda}{g}.$$

Minima erhält man für die Gangunterschiede

$$\delta = (2k+1)\,\frac{\lambda}{2} \quad \text{mit} \quad k = 0, 1, 2, \ldots .$$

Damit wird nach *Gl. 224.1* der Abstand d_k des $k$ten Minimums von der hellen Mitte M $d_k = (2k+1)\,a\,\lambda/(2g)$. Zwei benachbarte Minima haben demnach den Abstand

$$d_{k+1} - d_k = (2k+3-2k-1)\,\frac{a\,\lambda}{2g} = \frac{a\,\lambda}{g}.$$

Sowohl benachbarte Maxima als auch benachbarte Minima im Interferenzmuster des Doppelspalts haben also voneinander denselben Abstand $\Delta d = a\,\lambda/g$.

Beleuchtet man einen Doppelspalt, der den Spaltabstand g hat, mit Licht der Wellenlänge λ, so entstehen auf einem in der Entfernung a dahinter angebrachten Schirm helle und dunkle Streifen; ihr gegenseitiger Abstand beträgt jeweils

$$\Delta d = \frac{a\,\lambda}{g}. \tag{224.3}$$

Versuch 210: **a)** Damit wir nach *Gl. 224.3* die Wellenlänge λ von Licht bestimmen können, erzeugen wir zunächst mit einem Overhead-Projektor eine vergrößerte Abbildung des Doppelspalts und messen darin die Länge l' und den Abstand g' der Spaltbilder. Außerdem bestimmen wir die Originallänge l eines der beiden Spalte. Aus $g/g' = l/l'$ erhalten wir dann

$$g = \frac{l\,g'}{l'}. \tag{224.4}$$

b) Diesen Doppelspalt beleuchten wir nun senkrecht mit dem aufgeweiteten parallelen Lichtbündel des Lasers und fangen das Interferenzmuster auf einem Schirm auf. Es ergeben sich zum Beispiel die folgenden Werte

8facher Streifenabstand:	$8\,\Delta d = 3{,}2$ cm
Länge eines Spalts:	$l = 1{,}9$ cm
Länge seines Bildes:	$l' = 108$ cm
Abstand der Spaltbilder:	$g' = 3{,}7$ cm
Schirmabstand:	$a = 410$ cm

Mit diesen Werten ergibt sich aus *Gl. 224.4* der Spaltabstand $g = 6{,}5 \cdot 10^{-4}$ m. Aus *Gl. 224.3* folgt dann für die Wellenlänge des Laserlichts

$$\lambda = \frac{\Delta d\, g}{a} = \frac{4 \cdot 10^{-3}\,\text{m} \cdot 6{,}5 \cdot 10^{-4}\,\text{m}}{4{,}1\,\text{m}} = 630 \cdot 10^{-9}\,\text{m} = 630\,\text{nm}.$$

Können wir nun also aufgrund unseres Versuchs mit dem Doppelspalt für das Laserlicht eine Wellenlänge von 630 nm garantieren? Betrachten wir einmal die Einzelmessungen, die zu unserem Ergebnis geführt haben: Nehmen wir an, l und g' lassen sich mit einer Genauigkeit von ± 1 mm bestimmen, $8\,\Delta d$ mit ± 2 mm, l' mit $\pm 0{,}5$ cm und a mit ± 1 cm. Dann erhalten wir das ziemlich enttäuschende Vertrauensintervall $545\,\text{nm} < \lambda < 735\,\text{nm}$.

Präzise Messungen mit anderen Methoden ergeben für die Wellenlänge des von uns benutzten Laserlichts $\lambda = 632{,}8$ nm. Aus $f = c/\lambda$ folgt die zugehörige Frequenz $f = 4{,}7 \cdot 10^{14}$ Hz.

3. Filter, Farben und Frequenzen

Der Doppelspalt-Versuch setzt uns nun in die Lage, unserer früheren Vermutung nachzugehen, die *Farbe* des Lichts habe etwas mit seiner *Frequenz* — und damit auch mit seiner *Wellenlänge* — zu tun.

Versuch 211: Verschiedenfarbige Lichter erhalten wir von einer normalen Glühlampe, vor die auswechselbare Farbfilter gesetzt werden. Ihr Licht wird durch eine Kondensorlinse auf einen Spalt konzentriert *(Bild 225.1)*. Ist dieser genügend schmal, so geht von ihm eine Kreiswelle aus — ähnlich wie bei einem Stift, der in eine Wasseroberfläche taucht. Der Spalt steht im Brennpunkt einer Sam-

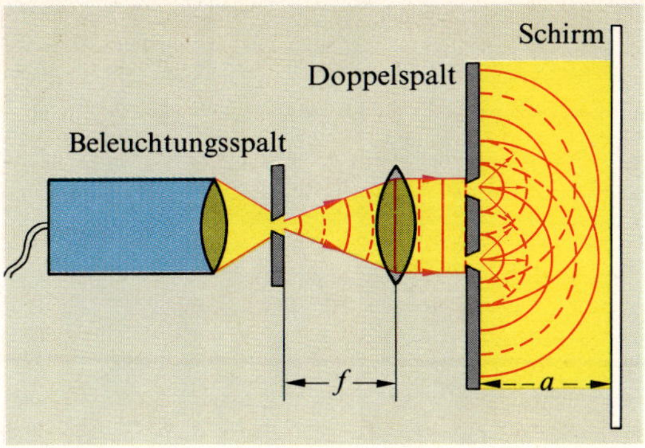

225.1 Bestimmung der Wellenlänge verschiedenfarbiger Lichter mit dem Doppelspalt

225.2 *Thomas Young* (1773 bis 1829) bestimmte im Jahr 1802 als erster die Wellenlänge des Lichts.

mellinse ($f = 30$ cm); sie wirft paralleles Licht, also gerade Wellenfronten, auf einen Doppelspalt. Die beiden von ihm ausgehenden Elementarwellen stammen nur von Licht, das aus dem schmalen Einzelspalt kommt. Bringen wir nun einen Schirm hinter den Doppelspalt, so können wir dort die schon bekannten Zebrastreifen beobachten. Dabei stellen wir fest, daß ihr Abstand von der Farbe des Lichts abhängt: Bei blauem Licht ist der Streifenabstand kleiner als bei rotem. Nach *Gl. 224.3* hat also blaues Licht eine kleinere Wellenlänge als rotes. Aus $f = c/\lambda$ folgt, daß die *Frequenz des blauen Lichtes größer ist als die des roten.*

Das menschliche Auge kann ein Farbspektrum wahrnehmen, das von Violett bis Dunkelrot geht. Messungen haben ergeben, daß die zugehörigen Wellenlängen im Vakuum (und praktisch auch in Luft) ungefähr von 400 nm bis 800 nm gehen; die zugehörigen Frequenzen liegen zwischen $7{,}5 \cdot 10^{14}$ Hz und $3{,}75 \cdot 10^{14}$ Hz. Dies entspricht – akustisch ausgedrückt – dem Umfang einer Oktave.

Der Bereich des sichtbaren Lichts erstreckt sich von Violett bis Rot auf die Vakuum-Wellenlängen 400 nm bis 800 nm.

Schickt man Licht durch einen Stoff mit der Brechungszahl n, so behält es dort seine Farbe bei. Nun nimmt die Lichtgeschwindigkeit im Stoff auf den $n$ten Teil der Vakuum-Lichtgeschwindigkeit ab. Versuche – z.B. Messungen in Wasser – zeigen, daß dabei auch die Wellenlänge auf λ/n sinkt. Wegen

$$f = \frac{c}{\lambda} = \frac{c/n}{\lambda/n}$$

ist die Frequenz dieselbe geblieben. Grundsätzlich ist also die *Frequenz* der Lichtwelle für die Farbe des Lichts zuständig.

Der Doppelspaltversuch liefert uns wichtige Erkenntnisse über die Wellennatur des Lichts:
- Das Licht wird an den Spalten *gebeugt*; von dort gehen also *Elementarwellen* aus.
- Es entstehen die für Wellen typischen *Interferenzerscheinungen.*
- Sichtbares Licht hat Frequenzen in der Größenordnung von 10^{14} Hz. Damit ist die Schwierigkeit behoben, die bei der Deutung der Brechungszahl $n = \sqrt{\varepsilon_r}$ von Wasser auftrat (Seite 220).
- Schließlich hat sich gezeigt, daß blaues Licht eine größere Frequenz hat als rotes.

Also steht uns jetzt eigentlich nichts mehr im Weg, Licht als elektromagnetische Welle zu betrachten.

4. Der Erfinder des Doppelspalts – ein Universalgenie

Der englische Arzt *Thomas Young* (1773 bis 1829) war der erste, der die Wellenlänge des Lichts gemessen hat. Er benutzte dazu einen Doppelspalt – das war im Jahr 1802! *Young* war ein genialer Forscher, der auf vielen Gebieten, besonders in der Optik, Hervorragendes geleistet hat. Es ist ihm z.B. gelungen, von ultraviolettem Licht herrührende Interferenzstreifen auf Papier zu fotografieren, das er zuvor mit lichtempfindlichem Silbernitrat getränkt hatte. *Young* war ungemein vielseitig; er war ein begabter Maler und Musiker; von ihm stammt die Dreifarbentheorie des Sehens; er bestimmte die Größe von Molekülen, machte sich Gedanken über die Berechnung von Lebensversicherungen und leistete überdies noch einen wichtigen Beitrag zur Entzifferung der ägyptischen Hieroglyphen.

5. Ein Fehler, den man vergessen kann

Gl. 224.3 zur Berechnung der Wellenlänge des Lichts aus dem Doppelspalt-Versuch kam sehr einfach zustande – allerdings aufgrund einer *Näherung*: Wir haben angenommen, Lichtstrahlen, die sich in einem fernen Punkt treffen, seien parallel. Es sieht zwar so aus, als hätten wir nur einen kleinen Fehler gemacht; aber die Lichtwellenlänge ist ebenfalls klein. Vielleicht wird dann der Fehler doch wieder groß – wer weiß? Rechnen wir vorsichtshalber einmal genau!

Aus *Bild 226.1* kann man ablesen, daß die beiden sich in P treffenden Strahlen den Gangunterschied $\delta = x - y$ haben. Nach dem Satz des *Pythagoras* ist

$$x^2 = a^2 + (d + \tfrac{1}{2}g)^2 \quad \text{und} \quad y^2 = a^2 + (d - \tfrac{1}{2}g)^2;$$

daraus folgt

$$x^2 - y^2 = d^2 + g\,d + \tfrac{1}{4}g^2 - d^2 + g\,d - \tfrac{1}{4}g^2 = 2g\,d$$

oder $(x+y)(x-y) = 2g\,d$. Damit wird der exakte Gangunterschied

$$\delta_{ex} = x - y = \frac{2g\,d}{x+y}. \qquad (226.1)$$

In unserer vereinfachenden Annahme, die beiden Strahlen seien parallel *(Bild 223.2)*, erhielten wir für den Gangunterschied den Näherungswert $\delta_N = g \sin\alpha$; *Bild 226.1* entnehmen wir, daß dort $\sin\alpha = d/s$ ist, also $d = \delta_N\, s/g$.

Setzen wir dies in *Gl. 226.1* ein, so erhalten wir für das Verhältnis des Näherungswertes zum exakten Wert

$$\frac{\delta_N}{\delta_{ex}} = \frac{x+y}{2s}. \qquad (226.2)$$

Wir ergänzen nun in *Bild 226.1* das Dreieck aus den Seiten x und y zu einem Parallelogramm und betrachten das Teildreieck mit den Seiten $2s$, x und y. Die bekannte Dreiecks-Ungleichung besagt, daß die Summe zweier Dreiecksseiten stets größer als die dritte Seite ist. In unserem Fall bedeutet dies $x + y > 2s$. Aus *Gl. 226.2* folgt damit $\delta_N > \delta_{ex}$.

Unser mit dem Näherungsverfahren gewonnener Wert δ_N für den Gangunterschied ist demnach stets größer als der exakte Wert δ_{ex}. Der absolute Fehler beträgt dann $\delta_N - \delta_{ex} > 0$, der relative Fehler $r = (\delta_N - \delta_{ex})/\delta_{ex}$.

Wenden wir nun die Dreiecksungleichung außerdem noch auf die einzelnen Seiten x und y an, so erhalten wir $x < s + \frac{1}{2}g$ und $y < s + \frac{1}{2}g$. Aus *Gl. 226.2* wird

$$\frac{\delta_N}{\delta_{ex}} < \frac{2s+g}{2s} = 1 + \frac{g}{2s} \quad \text{oder} \quad \frac{\delta_N - \delta_{ex}}{\delta_{ex}} < \frac{g}{2s}.$$

Demnach gilt für den relativen Fehler

$$r < \frac{g}{2s}. \qquad (226.3)$$

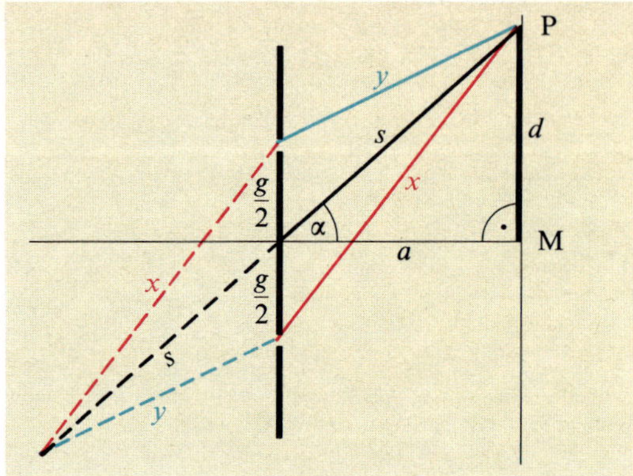

226.1 Der exakte Gangunterschied ist $\delta_{ex} = x - y$.

In Versuch 210 war $g = 6{,}5 \cdot 10^{-4}$ m und $s > 4{,}1$ m; für den relativen Fehler folgt damit nach *Gl. 226.3* $r < \frac{6{,}5 \cdot 10^{-4}\,\text{m}}{8{,}2\,\text{m}} < 8 \cdot 10^{-5}$. Also haben wir bei unserem Näherungsverfahren einen Fehler gemacht, der kleiner als 0,008% ist! Wir können ihn wahrhaftig vergessen!

Aufgaben

1. *Die Öffnungen eines Doppelspalts sind jeweils* 2,0 cm *lang. In einem optischen Bild mißt man für die beiden Spalte jeweils die Länge* 87,9 cm *und einen Abstand von* 0,80 cm. **a)** *Wird der Doppelspalt mit parallelem, einfarbigem Licht senkrecht beleuchtet, so beobachtet man auf einem* 1,20 m *entfernten Schirm ein Interferenzmuster, in dem die Mitte des 1. dunklen Streifens von der Mitte des 6. dunklen Streifens den Abstand* 1,8 cm *hat. Berechnen Sie die Wellenlänge des Lichts!* **b)** *Füllt man den Raum zwischen Doppelspalt und Schirm ganz mit einem Trog aus, in dem sich eine Flüssigkeit befindet, so verringert sich der Abstand des 1. vom 6. Streifen auf* 1,4 cm. *Wie groß ist die Brechungszahl der Flüssigkeit?* **c)** *Welchen Abstand haben der 1. und der 6. Streifen voneinander, wenn der Trog mit Schwefelkohlenstoff ($n = 1{,}63$) gefüllt wird?*

2. *Ein Doppelspalt wird senkrecht mit Laserlicht der Wellenlänge* 632,8 nm *beleuchtet. Auf einer* 5,12 m *entfernten Wand entsteht dann ein Interferenzmuster, in dem die Mitte des 1. dunklen Streifens von der Mitte des 8. dunklen Streifens den Abstand* 5,5 cm *hat.* **a)** *Die Streifen werden durch dünne Bleistiftstriche auf der Wand markiert. Anschließend wird dieselbe Anordnung mit einer andersfarbigen Lichtquelle beleuchtet. Dabei fällt der 1. dunkle Interferenzstreifen mit dem 1. Bleistiftstrich, der 7. dunkle Interferenzstreifen mit dem 8. Bleistiftstrich zusammen. Welche Wellenlänge hat dieses Licht?* **b)** *Berechnen Sie den Abstand g der beiden Spalte!* **c)** *Mit welchem relativen Fehler wurde g bestimmt, wenn die Entfernung des Doppelspaltes von der Wand mit* ±1 cm *und der Abstand des 1. vom 8. Streifen mit* ±1 mm *gemessen wurden?*

3. *Führt man Versuch 211 mit dem weißen Licht einer Glühlampe durch, so beobachtet man auf dem Schirm hinter dem Doppelspalt „Zebrastreifen" mit Farbsäumen. Erklären Sie diese Erscheinung!*

4. *Ein Doppelspalt wird mit Licht der Wellenlänge* 546 nm *senkrecht beleuchtet. Wie ändert sich das Interferenzmuster, wenn das Licht vor einer der beiden Spaltöffnungen zuerst ein Glimmerblatt der Dicke* $d = 8{,}19 \cdot 10^{-3}$ mm *durchläuft? (Brechungszahl von Glimmer* $n = 1{,}50$.*)*

Anleitung: Wie viele Wellenlängen gehen in Luft bzw. in Glas auf die Strecke d? Welche Phasendifferenz haben dann die Wellen in den Spalten?

5. *Zwei vom selben Generator gespeiste gleichphasig schwingende Dipole* D_1 *und* D_2 *sind* 1,20 m *voneinander entfernt lotrecht aufgestellt (Bild 227.1).* **a)** *Inwiefern kann man sie mit einem Doppelspalt vergleichen?* **b)** *Ein Beobachter geht – beginnend in* A *– auf einem Kreis mit dem Radius* 50 m *um die Sendeanlage herum. Dabei stellt er abwechselnd Maxima und Minima des Empfangs fest. Nachdem er den 12ten Teil des Kreises durchlaufen hat, findet er zum zweiten Mal ein Empfangsminimum vor. Mit welcher Frequenz schwingen die Sender?* **c)** *Nach welchem Teil eines gesamten Umlaufs registriert er das erste Minimum?* **d)** *Wie viele Maxima zählt der Beobachter bei einem ganzen Umlauf?* **e)** *Nun wird der Abstand der beiden Dipole auf* 0,60 m *verringert. An welchen Stellen des Rundgangs treten jetzt Maxima und Minima auf?* **f)** *Was ändert sich an den Beobachtungen, wenn die beiden Sendedipole gegenphasig schwingen?*

6. *Ein Mikrowellensender strahlt senkrecht auf einen Doppelspalt mit dem Spaltabstand* $g = 8{,}0$ cm. *Parallel zu dessen Ebene wird im Abstand* $a = 20$ cm *ein Empfänger verschoben. Dabei mißt man für die ersten Minima links und rechts der Mitte eine gegenseitige Entfernung von* $d = 8{,}4$ cm. **a)** *Welche Wellenlänge ergibt sich nach Gl. 224.3?* **b)** *Zeigen Sie, daß für die exakte Berechnung der Wellenlänge* $\sqrt{(d+g)^2/4 + a^2} - \sqrt{(d-g)^2/4 + a^2} = \lambda/2$ *gilt! Berechnen Sie damit erneut die Wellenlänge des Mikrowellenstrahls!* **c)** *Für* $|x| \ll 1$ *gilt die Näherungsformel* $\sqrt{1+x} \approx 1 + x/2$. *Zeigen Sie damit, daß die in b) benutzte exakte Formel für* $g \ll a$ *in Gl. 224.3 übergeht!*

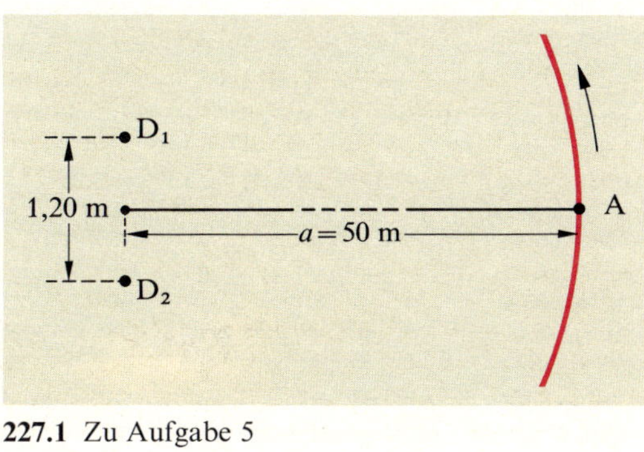

227.1 Zu Aufgabe 5

§ 71 Die Kohärenz des Lichts

1. Kohärente und inkohärente Lichtquellen

Das von einer normalen Glühlampe ausgehende Licht erzeugt bei der Beugung am Doppelspalt nur dann Interferenzstreifen, wenn es vorher durch einen besonderen Beleuchtungsspalt eingeengt wurde. Verwenden wir als Lichtquelle dagegen einen *Laser*, so ist eine solche Maßnahme nicht nötig; das Laserlichtbündel kann in seiner vollen Breite zur Erzeugung von Interferenzen am Doppelspalt verwandt werden. Woran liegt das?

Dazu müssen wir wissen, daß Licht stets von den Atomen der Lichtquelle ausgeht. Beim Laser sind diese nun so organisiert, daß ein einziger langer Wellenzug entsteht, also eine Lichtwelle, die man mit einer Wasserwelle vergleichen kann, deren Wellenfronten von den vielen zusammenhängenden Punkten eines periodisch in eine Wellenwanne eintauchenden Blechstreifens erzeugt werden.

Der Laser sendet also sehr lange Wellenzüge aus, in denen sich alle Wellenfronten regelmäßig im Abstand λ wiederholen. Man nennt diese vom Laser erzeugte Lichtwelle **kohärent** (cohaerere, lat.; zusammenhängen). Läuft sie senkrecht auf einen Doppelspalt zu, so treffen ihre Wellenfronten gleichzeitig in beiden Spalten ein und rufen dort zwei phasengleich schwingende Elementarwellen hervor. Diese erzeugen dann das bekannte Interferenzmuster.

Warum ist das bei gewöhnlichen Lichtquellen anders? Nun – auch dort kommt das Licht von den einzelnen Atomen. Diese sind aber nicht so stramm organisiert wie beim Laser, sondern verhalten sich völlig individualistisch: Jedes sendet unabhängig von den anderen in unregelmäßiger Folge kurze Wellenzüge aus. In Gasentladungslampen bzw. in glühenden festen Körpern erhalten die Atome durch Stöße von Elektronen und Ionen bzw. von Nachbaratomen Energie. Ein auf diese Weise „angeregtes" Atom sendet nun einen Wellenzug aus, der nur so lange andauert, bis es die empfangene Energie wieder losgeworden ist. Dann muß es warten, bis es irgendwann erneut Energie erhält. Die so in ganz unbestimmten Abständen ausgesandten Wellenzüge sind nur kurz; sie hängen nicht miteinander zusammen und haben gegenseitig keine festen Phasenbeziehungen – sie sind **inkohärent.**

Wellen, deren Phasendifferenz in jedem Punkt des Wellenfeldes über längere Zeit konstant bleibt, nennt man kohärent.

Der Laser sendet kohärentes Licht aus. Licht von gewöhnlichen Lichtquellen ist inkohärent.

Nun haben wir in Versuch 211 auch mit einer gewöhnlichen Lichtquelle ein Interferenzmuster erhalten – allerdings nur, wenn wir diese auf eine kleine Umgebung der optischen Achse einschränkten. Betrachten wir daher vorerst einmal nur solche Punkte einer ausgedehnten Lichtquelle, die auf der optischen Achse AM liegen *(Bild 228.1)*. Die von ihnen ausgehenden Wellenzüge rufen in den beiden Öffnungen S_1 und S_2 des Doppelspalts *gleichphasige* Elementarwellen hervor. Diese erzeugen auf dem Schirm die bekannten Interferenzstreifen mit einem Maximum in M. Die unregelmäßigen Pausen zwischen den Ausstrahlungen der einzelnen Wellenzüge nimmt unser Auge nicht wahr; es ist dafür viel zu träge. Eine anstelle des Schirms angebrachte Fotoplatte registriert stets an denselben Stellen Licht bzw. Dunkelheit und summiert dies alles zu einem scharfen Bild des Interferenzmusters.

Nun senden aber auch die oberhalb der optischen Achse liegenden Punkte der Lichtquelle Wellenzüge aus. Auch sie erzeugen auf dem Schirm jeweils ein Interferenzmuster, das jedoch nach unten verschoben ist, und zwar um so mehr, je höher der Punkt über der Achse liegt. Nun sei der lichtaussendende Punkt B *(Bild 228.1)* so weit von der Achse entfernt,

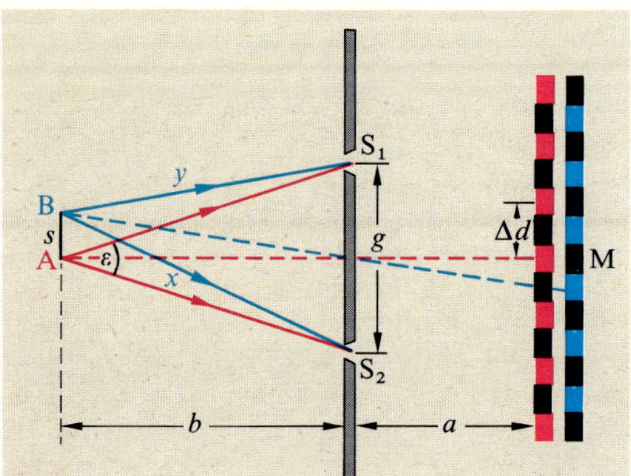

228.1 Die von den verschiedenen Punkten A und B der Lichtquelle erzeugten Interferenzmuster sind gegeneinander verschoben.

daß die von ihm ausgehenden Wellenzüge in S_1 und S_2 mit dem Gangunterschied $\delta = x - y = \lambda/2$ ankommen; dann rufen sie dort *gegenphasige* Elementarwellen hervor: Es entsteht ein Interferenzmuster, das in M ein *Minimum* hat. Dieses neue Interferenzmuster ist also gegenüber dem vorhergehenden gerade um einen halben Streifenabstand $\Delta d/2$ verschoben. Die von B erzeugten Minima fallen auf die von A erzeugten Maxima und umgekehrt: Die Interferenzstreifen schütten sich gegenseitig zu, so daß sie nicht mehr zu sehen sind.

So weit darf es nicht kommen! Wenn noch eine Struktur des Interferenzmusters erkennbar bleiben soll, müssen wir die Lichtquelle so stark einengen, daß sie kleiner als $\overline{AB} = s$ wird. Die Interferenzstreifen sind dann zwar immer noch verwaschen, aber wenigstens voneinander zu unterscheiden. Je stärker wir die Lichtquelle einengen, desto schärfer treten die Interferenzstreifen hervor, weil dann immer weniger „Außenseiter" dazwischenfunken.

2. Wann ist Lampenlicht kohärent?

Aus *Bild 228.1* läßt sich die Ausdehnung l abschätzen, auf die eine Lichtquelle mindestens eingeschränkt werden muß, damit sie noch erkennbare Interferenzstreifen erzeugt. Nach dem Strahlensatz gilt $s/(\frac{1}{2}\Delta d) = b/a$; dabei ist Δd der Streifenabstand. Nach *Gl. 224.3* beträgt er $\Delta d = a\,\lambda/g$. Damit erhalten wir

$$s = \frac{a\,b\,\lambda}{2\,g\,a} = \frac{b\,\lambda}{2\,g}. \qquad (228.1)$$

Für den Öffnungswinkel ε (im Bogenmaß) des zur Interferenz herangezogenen Lichtbündels gilt $\varepsilon \approx g/b$, also $g \approx \varepsilon\, b$. *Gl. 228.1* ergibt dann $s \approx \lambda/(2\varepsilon)$. Da die Ausdehnung l der Quelle kleiner als s sein muß, folgt $l < \lambda/(2\varepsilon)$ oder

$$l\,\varepsilon < \lambda/2. \qquad \mathbf{(228.2)}$$

Wenn diese **Kohärenzbedingung** erfüllt ist, kann man auch das von einer gewöhnlichen Lichtquelle ausgesandte Licht als kohärent ansehen.

Versuch 212: **a)** Wir wiederholen Versuch 211 mit einem *roten* Farbfilter und stellen den Spalt so eng, daß die Interferenzstreifen auf dem Schirm gerade noch deutlich zu sehen sind. Nun wechseln wir das Filter gegen ein *blaues* aus, benutzen also *kurzwelligeres* Licht. Darauf erscheinen die Interferenzstreifen nur noch verwaschen und werden erst wieder deutlich, wenn wir den Spalt *enger* stellen. Da $\lambda/2$ kleiner geworden ist, muß man das Produkt $l\varepsilon$ durch Verkleinern des Faktors l verringern.

b) Nun stellen wir den Spalt wieder so ein, daß die Interferenzstreifen bei rotem Licht deutlich zu erkennen sind. Dann wechseln wir die Sammellinse der Brennweite 30 cm gegen eine solche mit $f = 10$ cm aus. Sie muß der kleineren Brennweite wegen näher an den Spalt herangerückt werden; der Öffnungswinkel ε wird dadurch größer. Wieder beobachten wir, daß die Interferenzstreifen verwischt werden. Sie erscheinen erst deutlicher, wenn wir den Spalt *enger* stellen. Da ε größer geworden ist, müssen wir jetzt den Faktor l so verkleinern, daß das Produkt $l\varepsilon$ wieder den alten Wert erhält.

3. Amplitudenquadrat rettet Energiesatz

Der Doppelspaltversuch zeigt uns, daß Licht plus Licht Dunkelheit geben kann. Wo bleibt dabei aber die *Energie*? Nun – außer Minima gibt es auch noch Maxima. In einem Minimum „addieren" sich die Amplituden der von den beiden Spalten ausgehenden kohärenten Wellen zu Null; deshalb ist dort die Energie Null. Im danebenliegenden Maximum dagegen addieren sie sich zur doppelten Amplitude; also ist dort die Energie *vervierfacht*. Nach *Gl. 193.6* ist nämlich die Energie der Welle zum *Quadrat* ihrer Amplitude proportional.

Die Anhäufung von Energie in einem Maximum macht es möglich, daß diese dafür in einem Minimum verschwinden kann. Der räumliche Mittelwert aus der vierfachen Energie im Maximum und der Energie Null im Minimum ergibt doppelte Energie, also die Energiesumme der von den beiden Spalten kommenden Wellen. Damit ist der Energiesatz gerettet!

Gehen dagegen von den beiden Öffnungen des Doppelspalts *inkohärente* Wellen aus, so wird ein dahinter liegender Schirm im zeitlichen Mittel gleichmäßig beleuchtet.

Aufgaben

1. *Schätzen Sie die Breite des Spalts in Versuch 211 ab, wenn rotes Licht* ($\lambda = 400$ nm) *benutzt wird!*

2. *Eine Natriumdampf-Lampe* ($\lambda = 590$ nm) *mit einem* 5 mm *breiten Brenner wird* 5 m *von einem Doppelspalt* ($g = 8{,}5 \cdot 10^{-5}$ m) *entfernt aufgestellt. Prüfen Sie, ob Interferenzstreifen beobachtet werden können!*

§72 Das optische Gitter

1. Das Gitter – ein Mehrfachspalt

Der Doppelspalt hat zwei große Nachteile:

- Durch die beiden Spalte geht nur wenig Licht. Bei einem Laserlichtbündel, das man in voller Breite ausnutzen kann, erhält man zwar noch einigermaßen helle Interferenzstreifen; eine gewöhnliche Lichtquelle, die wegen der Kohärenzbedingung stark eingeengt werden muß, liefert am Doppelspalt aber nur ein äußerst lichtschwaches Interferenzmuster.
- Die Maxima sind nicht scharf; die Intensität des Lichts geht nämlich nur ganz allmählich von ihrem größten Wert in einem Maximum auf den im nächsten Minimum folgenden Wert Null zurück. *Bild 229.1* zeigt den mit einem Computer berechneten Intensitätsverlauf zwischen zwei Maxima.

Beide Nachteile lassen sich durch dieselbe Maßnahme beseitigen: Statt eines *Doppelspalts* nimmt man einen *Mehrfachspalt*, ein sogenanntes **optisches Gitter.** Es besteht aus sehr vielen Spalten, die in gleichen Abständen nebeneinander angeordnet sind. Bei seiner Herstellung werden mit einem Diamanten feine Striche auf eine Glasplatte geritzt. Die eingravierten Linien lassen kein Licht durch; die nichtgeritzten Glasflächen wirken als Spaltöffnungen. Meist werden fotografische Gitterkopien benutzt.

Versuch 213: Ein Laserstrahl erzeugt auf einer etwa 4 m entfernten Wand einen scharfen kleinen Lichtfleck. Halten wir nun ein optisches Gitter senkrecht in den Strahl, so bleibt der

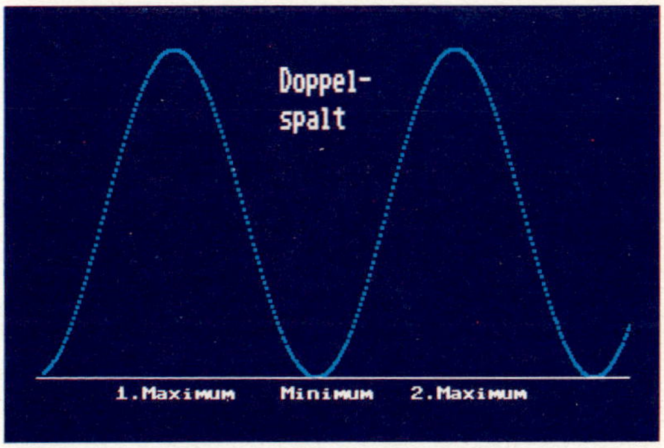

229.1 Intensitätsverteilung beim Doppelspalt: Das Maximum geht ganz allmählich in ein Minimum über.

Fleck scharf. Überraschenderweise reihen sich zu seinen beiden Seiten in gerader Linie weitere scharfe Lichtflecke auf. Wie kommt das?

Nehmen wir an, die Zahl der Gitteröffnungen sei n. Dann bildet sich hinter jedem der n Spalte eine Elementarwelle aus; das Licht wird dort *gebeugt*. Wir bekommen Ordnung in das dabei entstehende Durcheinander, wenn wir daraus zunächst nur solche Wellenstrahlen herausgreifen, deren Nachbarn sich jeweils mit dem gegenseitigen Gangunterschied $\delta = k\,\lambda$ ($k = 0, 1, 2, \ldots$) in einem weit entfernten Punkt P eines Schirms treffen *(Bild 230.1)*. Dann addiert sich jeder der dort ankommenden Wellenberge mit den anderen zu einem $n$mal so hohen Wellenberg (Entsprechendes gilt auch für die Wellentäler): Auf dem Schirm entsteht ein Maximum an Helligkeit.

Auch hier dürfen wir mit sehr guter Näherung annehmen, daß die sich in P treffenden Strahlen praktisch parallel von den Gitterspalten weggehen. Wir können ihren Gangunterschied δ am gleichen rechtwinkligen Dreieck ablesen, das auch schon beim Doppelspalt vorkam. Setzen wir in $\delta = k\,\lambda$ zunächst $k = 0$, so greifen wir damit das Bündel von n Strahlen heraus, das den mittleren hellen Fleck im Schnittpunkt der optischen Achse mit dem Schirm erzeugt. $k = 1$ gibt Bündel, die jeweils zum ersten hellen Fleck links bzw. rechts der Mitte führen, und so geht das mit $k = 2, 3, \ldots$ weiter.

Wie beim Doppelspalt gilt auch hier für die Winkel α_k zu einem *Helligkeitsmaximum*

$$\sin\alpha_k = \frac{k\,\lambda}{g} \leqq 1 \quad \text{mit} \quad k = 0, 1, 2, \ldots; \qquad (230.1)$$

$$\tan\alpha_k = \frac{d_k}{a}. \qquad (230.2)$$

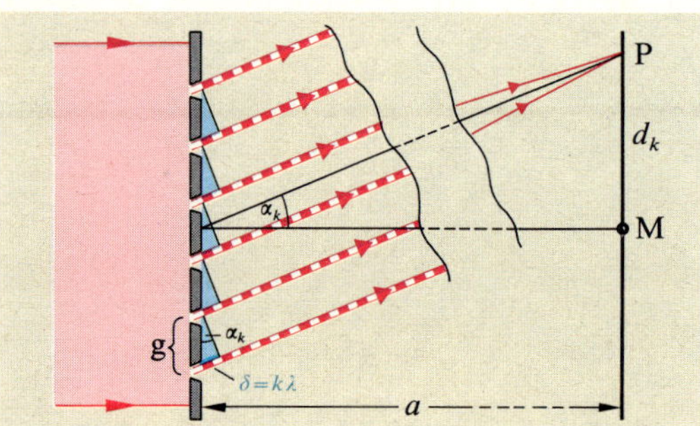

230.1 Beim Gangunterschied $\delta = k\,\lambda$ kommen alle Wellen in P gleichphasig an und bilden ein Maximum.

Der Abstand zweier benachbarter Spalte wird **Gitterkonstante g** genannt. Die einzelnen Maxima unterscheidet man nach ihrer *Ordnungszahl k*. In der Mitte des Interferenzmusters liegt das Maximum nullter Ordnung; links und rechts schließen sich jeweils die Maxima 1., 2., …, $k$ter Ordnung an. Da der Sinus des Winkels α_k höchstens 1 werden kann, ist die Anzahl der Ordnungen beschränkt.

Ein optisches Gitter mit der Gitterkonstante g erzeugt von senkrecht auftreffendem Licht der Wellenlänge λ scharfe Helligkeitsmaxima. Für die zu ihnen weisenden Winkel gilt

$$\sin\alpha_k = \frac{k\,\lambda}{g} \leqq 1 \quad \text{mit} \quad k = 0, 1, 2, 3, \ldots .$$

2. Warum das Gitter dem Doppelspalt überlegen ist

So weit gilt dies alles auch für den Doppelspalt. Die Besonderheit des optischen Gitters mit seinen vielen Spalten zeigt sich erst, wenn wir den Raum *zwischen* zwei Maxima untersuchen: Was machen alle die vielen Wellenstrahlen, die *nicht* in Richtung der Maxima gebeugt werden? Was ergibt sich z.B. zwischen dem 1. und 2. Maximum für $\delta = 1{,}01\,\lambda$; $1{,}02\,\lambda$; …; $1{,}99\,\lambda$?

Es liegt nahe, alle entsprechenden Wellenstrahlen unter Berücksichtigung ihrer jeweiligen Phasenverschiebung zu addieren. Dieses zwar einfache, aber äußerst zeitraubende Verfahren ist für einen Computer kein Problem. *Bild 231.1* zeigt die vom Computer berechnete Intensitätsverteilung zwischen dem 1. und 2. Maximum eines Gitters mit 5 bzw. 8 Spalten.

Vergleichen Sie mit dem Doppelspalt (der ja nichts anderes als ein optisches Gitter mit 2 Spalten ist), so fällt Ihnen auf, daß bei wachsender Spaltzahl *zunehmend Minima* auftreten, die sich mehr und mehr an die Maxima herandrängen und diese dadurch immer schärfer werden lassen. Zwischen den Minima entstehen schwächere *Nebenmaxima*, deren Intensität mit wachsender Anzahl der Spalte abnimmt. Im Unterschied dazu nennt man die nach *Bild 230.1* zustande kommenden Helligkeitsstellen Maxima $k$ter Ordnung oder *Hauptmaxima*. Sie sind bei einem Gitter mit sehr vielen Spalten scharf ausgeprägt; dazwischen herrscht praktisch Dunkelheit.

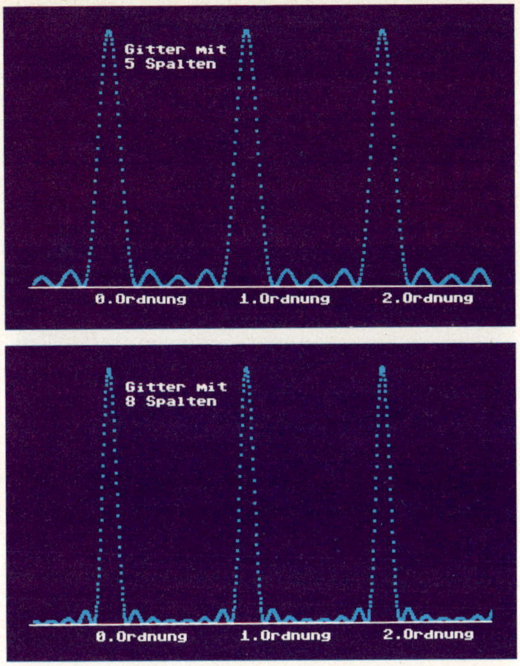

231.1 Intensitätsverteilung für die Beugung an optischen Gittern mit unterschiedlich vielen Spalten

Nur wenn der Gangunterschied zweier benachbarter Wellenstrahlen genau ein ganzzahliges Vielfaches der Wellenlänge ist, fallen nämlich bei der Überlagerung in einem Punkt des Schirms *sämtliche* Wellenberge (bzw. -täler) aufeinander und erzeugen dabei eine resultierende Welle mit maximaler Amplitude. Schon bei einer geringfügigen Abweichung von der Ganzzahligkeit tritt eine Fülle von Phasenverschiebungen auf, so daß es fast zu jedem der vielen Strahlen einen um 180° phasenverschobenen Partner gibt, der ihn auslöscht:

Bei einem Gitter mit 100 Spalten erhält man z.B. schon für einen Gangunterschied zweier benachbarter Strahlen von $\delta = k\,\lambda + \lambda/100$ eine Dunkelstelle dicht neben dem Maximum $k$ter Ordnung. Dann löschen sich nämlich jeweils diejenigen Wellenstrahlen *restlos* aus, die vom 1. und 51., 2. und 52., ..., 50. und 100. Spalt kommen, da ihr Gangunterschied jeweils $50k\,\lambda + 50\,\lambda/100 = 50k\,\lambda + \lambda/2$ beträgt. Auch bei einem etwas größeren Gangunterschied finden sich immer noch viele Paare von Wellenstrahlen, die sich gegenseitig auslöschen. Nur wenige bleiben übrig; daraus resultiert dann die geringe Resthelligkeit der Nebenmaxima. Aber schon für $\delta = k\,\lambda + 2\,\lambda/100$ entsteht eine weitere Dunkelstelle: Jetzt löschen sich nämlich jeweils der 1. und 26., 2. und 27., ..., 75. und 100. Strahl restlos aus. Bis das $(k+1)$te Maximum mit dem Gangunterschied $\delta = k\,\lambda + \lambda = (k+1)\,\lambda$ erreicht ist, kommt es wegen der großen Zahl der Spalte immer wieder zu weiteren solchen Dunkelstellen, die nur von geringfügigen Resthelligkeiten unterbrochen werden. Sie lassen sich jedoch nicht alle mit dem einfachen Trick der paarweisen Auslöschung berechnen, der uns zur Erklärung der ersten und zweiten Dunkelstelle in unserem Beispiel verholfen hat.

Die Schärfe eines Hauptmaximums wird durch die Lage des ersten Minimums bestimmt, das darauf folgt. Verallgemeinert man die Betrachtung, die wir mit 100 Spalten angestellt haben, auf n Spalte, so ergibt sich für das erste Minimum, das auf das Maximum $k$ter Ordnung folgt, der Gangunterschied

$$\delta = k\,\lambda + \lambda/n. \qquad (231.1)$$

Je größer also die Zahl n der Gitterspalte ist, desto dichter schiebt sich das nachfolgende Minimum an das Maximum $k$ter Ordnung heran.

Mit wachsender Anzahl der Spaltöffnungen eines optischen Gitters werden die Hauptmaxima heller und schärfer. Die Helligkeit der Nebenmaxima nimmt dabei immer mehr ab.

Versuch 214: Ein Gitter mit 1000 Strichen pro Zentimeter wird durch Laserlicht senkrecht beleuchtet. Auf einem 3,80 m vom Gitter entfernten Schirm messen wir den Abstand des linken Maximums 2. Ordnung vom rechten Maximum 2. Ordnung zu 97,0 cm.

Aus der Zahl der Gitterstriche pro Zentimeter läßt sich die Gitterkonstante g leicht ermitteln. In unserem Fall ergibt sich $g = \frac{1}{1000}\,\text{cm} = 1{,}00 \cdot 10^{-5}\,\text{m}$. Nach *Gl. 230.2* gilt für den Winkel α_2 zum Maximum 2. Ordnung $\tan\alpha_2 = d_2/a = \frac{48{,}5\,\text{cm}}{380\,\text{cm}} = 0{,}128$; also $\alpha_2 = 7{,}27°$. Aus *Gl. 230.1* folgt für die Wellenlänge des Laserlichts

$$\lambda = \frac{g \sin\alpha_2}{k} = 633\ \text{nm}.$$

Die Zahl der Striche pro cm kann man mit 1% Genauigkeit annehmen. Die Entfernung des Schirms vom Gitter läßt sich auf ± 1 cm, der gegenseitige Abstand der Maxima auf ± 2 mm genau ablesen. Damit erhalten wir das Vertrauensintervall $630\ \text{nm} < \lambda < 636\ \text{nm}$.

3. Gitterspektren

Mit dem optischen Gitter können wir die Wellenlänge für jede beliebige Lichtquelle sehr genau bestimmen. Dazu brauchen wir nur den Doppelspalt in der Anordnung des Versuchs 211 durch ein Gitter zu ersetzen.

Versuch 215: Nach *Bild 232.1* wird das Licht einer Natriumdampf-Lampe durch die Kondensorlinse K auf einen verstellbaren Spalt konzentriert, der ungefähr in der Brennebene einer Sammellinse L liegt. Das dabei entstehende annähernd parallele Lichtbündel erzeugt auf einem etwa 2 m entfernten Schirm ein optisches Bild des Spalts. Bringen wir nun dicht hinter L ein Gitter, so wird das Spaltbild wie der Laserlichtfleck in Versuch 213 vervielfacht: Auf dem Schirm entsteht ein Muster von hellen Streifen.

Man kann diese Streifen im Grunde immer noch als optische Bilder des Beleuchtungsspalts auffassen, denn sie werden breiter, wenn man den Spalt erweitert. Dabei wird dann aber das Interferenzmuster nicht gleich völlig „zugeschüttet", wie dies beim Doppelspalt in Versuch 211 der Fall war. Das liegt daran, daß die Maxima beim Gitter viel schmaler und wesentlich weiter voneinander entfernt sind als beim Doppelspalt. Ihre volle Schärfe kommt jedoch erst zum Vorschein, wenn wir den Beleuchtungsspalt *genügend verengen*. Die dann auftretenden extrem schmalen Linien werden **Spektrallinien** genannt.

In einem Versuch mit Natrium-Licht hatte das Gitter 1000 Striche pro Zentimeter; der gegenseitige Abstand der beiden Spektrallinien 3. Ordnung wurde auf einem 2,00 m vom Gitter entfernten Schirm zu 71,8 cm gemessen. Aus diesen Angaben können wir die Wellenlänge des Natriumlichts leicht ermitteln:

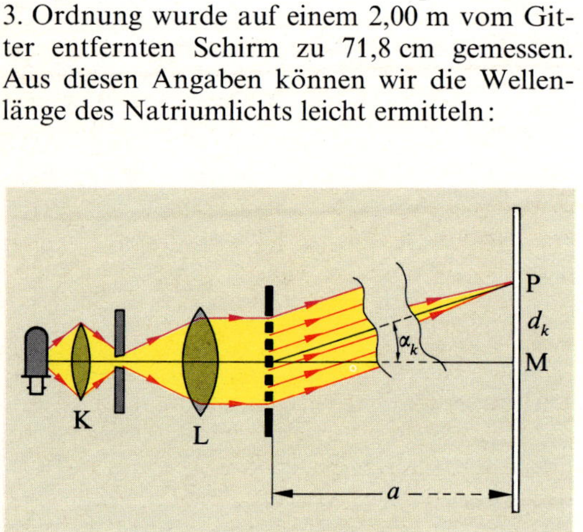

232.1 Messung der Wellenlänge von Natriumlicht

Farbe der Spektrallinie	Wellenlänge im Vakuum
violett	405 nm
blau	436 nm
grün	546 nm
gelb (doppelt)	577 nm und 579 nm

Tabelle 232.1 Spektrallinien von Quecksilber

Die Gitterkonstante beträgt $g = 1{,}00 \cdot 10^{-5}$ m. Für den Winkel α_3 zum Maximum 3. Ordnung erhält man

$$\tan\alpha_3 = \frac{d_3}{a} = \frac{35{,}9\text{ cm}}{200\text{ cm}} = 0{,}180; \quad \alpha_3 = 10{,}18°.$$

Aus $\sin\alpha_3 = \dfrac{3\lambda}{g}$ folgt $\lambda = \dfrac{g \sin\alpha_3}{3} = 589$ nm.

Das gelbe Licht der Natriumdampf-Lampe hat also die ziemlich scharf bestimmte Wellenlänge 589 nm; wir nennen es *monochromatisch*.

Versuch 216: Nun setzen wir als Lichtquelle eine Quecksilberdampf-Lampe ein. Während beim Natrium-Licht in jeder Ordnung nur *eine* gelbe Linie zu beobachten war, erscheint jetzt auf dem Schirm eine Folge verschiedenfarbiger Linien. Aus diesem **Linienspektrum** können wir ablesen, daß die durch Elektronenstoß zum Leuchten angeregten Quecksilber-Atome im sichtbaren Bereich mehrere verschiedenfarbige Lichter mit ganz bestimmten Wellenlängen aussenden.

Die im Linienspektrum vorkommenden Wellenlängen sind für die Art der lichtaussendenden Atome charakteristisch (Farbtafel Seite 427). Mißt man z.B. das Linienspektrum von Quecksilberdampf im Vakuum (und praktisch auch in Luft) aus, so erhält man stets dieselben Wellenlängen. Sie sind in *Tabelle 232.1* angegeben.

Aus solchen Überlegungen heraus entwickelten *R.W. Bunsen* (1811 bis 1899) und *G.R. Kirchhoff* die Methode der **Spektralanalyse.** Damit kann man nicht nur chemische Substanzen im Laboratorium untersuchen, sondern auch Aufschluß über die stoffliche Zusammensetzung von Sternen erhalten. *J. von Fraunhofer* (1787 bis 1826) entdeckte 1814 im kontinuierlichen Sonnenspektrum eine große Zahl dunkler Linien. Sie entstehen dadurch, daß die Dämpfe der Sonnenoberfläche ganz bestimmte Wellenlängen des von tiefer liegenden Schichten der Sonne kommenden weißen Lichts *absorbieren* (Farbtafel Seite 427).

Versuch 217: Als Lichtquelle setzen wir nun eine Experimentierleuchte ein, die weißes Glühlicht liefert. Auf dem Schirm entsteht eine weiße Linie; links und rechts davon erscheinen in allen Farben leuchtende Bänder, die sich teilweise überlappen.

Im weißen Glühlicht kommen sämtliche Wellenlängen des sichtbaren Bereichs vor. Nach *Gl. 230.1* liegt das Maximum 1., 2., ... Ordnung für jede dieser Wellenlängen an einer anderen Stelle. Die im weißen Glühlicht enthaltenen farbigen Lichter werden also ihrer jeweiligen Wellenlänge entsprechend in den verschiedenen Ordnungen zu kontinuierlichen Spektren nebeneinander gelegt *(Bild 233.1)*. Die Richtung zum Maximum nullter Ordnung ($k=0$) ist von der Wellenlänge unabhängig; deshalb erscheinen in der Mitte des Interferenzmusters alle Farben an derselben Stelle und erzeugen dort einen weißen Strich.

Sie wissen, daß auch bei der *Brechung* des weißen Glühlichts an einem Prisma ein Spektrum entsteht (Mittelstufenband, Seite 247). Gegenüber einem solchen **Prismenspektrum** hat das **Gitterspektrum** den Vorzug, daß die Wellenlängen der einzelnen Farben nach *Gl. 230.1* leicht gemessen werden können.

Im Gitterspektrum liegt nach *Gl. 230.1* rotes Licht wegen seiner großen Wellenlänge außen und das kurzwellige Violett innen. Dagegen liegt im Prismenspektrum Rot innen und Violett außen, weil Rot am schwächsten und Violett am stärksten gebrochen wird.

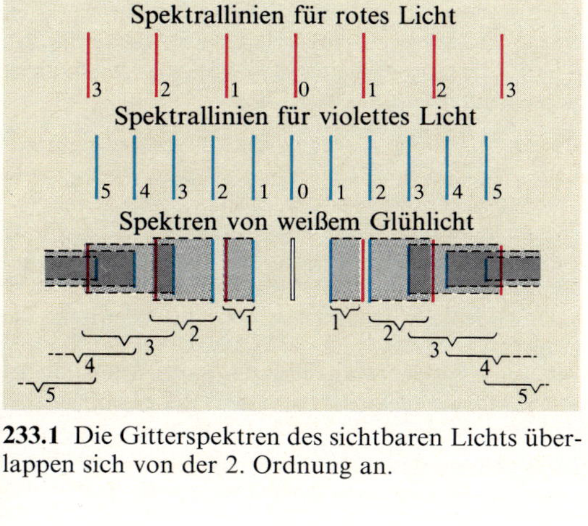

233.1 Die Gitterspektren des sichtbaren Lichts überlappen sich von der 2. Ordnung an.

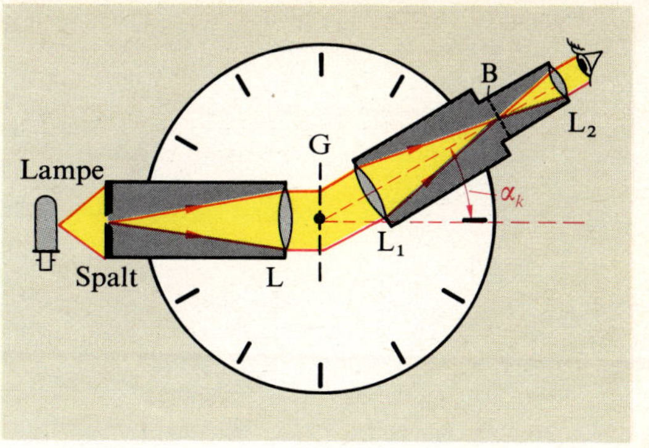

233.2 Schema eines Gitterspektrometers. Das Spektrum wird von Lampe und Gitter G erzeugt.

Für genaue Messungen der Wellenlängen von Spektrallinien benutzt man ein **Gitterspektrometer.** Sein Aufbau ist in *Bild 233.2* schematisch dargestellt. Der Spalt und die Sammellinse L haben dieselbe Funktion wie in Versuch 215. Das Spektrum wird hier aber nicht — wie in Versuch 215 — in großer Entfernung, sondern dicht hinter dem Gitter G beobachtet. Wellenstrahlen, die sich in einem Punkt einer so nahen Beobachtungsebene treffen, kann man für genaue Messungen nicht mehr als parallel ansehen. Deshalb ist eine weitere Sammellinse L_1 eingebaut; sie vereinigt exakt parallele Strahlen in ihrer Brennebene B. Dort wird das Spektrum beobachtet; dazu sind in dieser Ebene zwei dünne gekreuzte Fäden angebracht. Eine weitere Sammellinse L_2 dient als Lupe, durch die man das Gitterspektrum samt dem Fadenkreuz vergrößert betrachtet. L_1 und L_2 bilden übrigens zusammen ein Fernrohr; es ist um eine Achse schwenkbar, so daß man die einzelnen Spektrallinien mit dem Fadenkreuz anvisieren kann. Der zugehörige Winkel α_k wird auf einem Teilkreis abgelesen; aus der Gleichung $\lambda=(g/k)\sin\alpha_k$ läßt sich dann die Wellenlänge sehr genau berechnen.

Der nächste Versuch zeigt, daß man die Wellenlängen eines Linienspektrums auch mit ganz einfachen Mitteln bestimmen kann.

Versuch 218: Eine gasgefüllte Spektralröhre wird so aufgestellt, daß sich ihre dünne, hell leuchtende Kapillare senkrecht vor einem horizontalen Maßstab befindet *(Bild 234.1)*. Blicken wir nun durch ein optisches Gitter auf die Röhre, so sehen wir vor dem Maßstab das weit auseinandergezogene Linienspektrum des leuchtenden Füllgases.

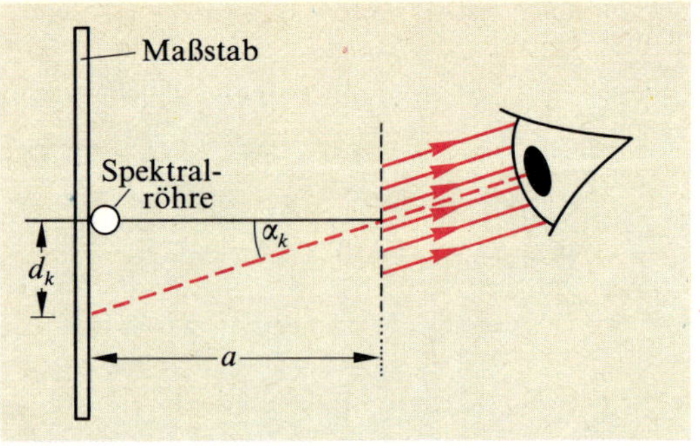

234.1 So kann man ein Gitterspektrum auch mit bloßem Auge beobachten.

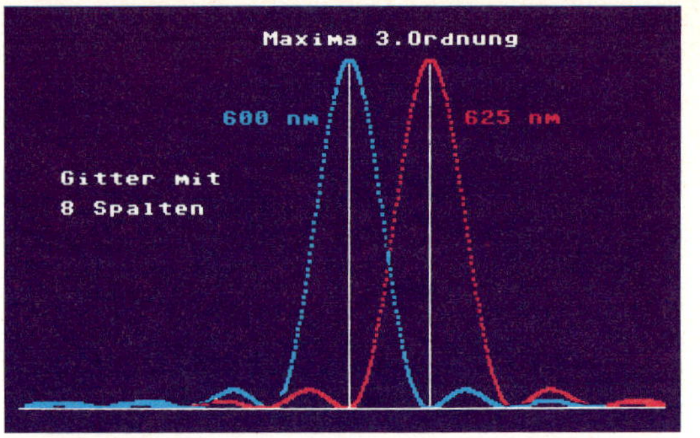

234.2 Die beiden Spektrallinien werden gerade noch getrennt. (Mit dem Computer berechnet)

Die Lichtquelle ist so dünn, daß sie nicht besonders verengt werden muß. Die zum $k$ten Maximum einer Spektrallinie führenden Wellenstrahlen verlassen das optische Gitter unter dem Winkel α_k und werden von der Augenlinse des Beobachters als farbiges Bild dieser Spektrallinie auf die Netzhaut projiziert. Für den Betrachter scheinen die Lichtstrahlen vom Maßstab herzukommen; dort kann er die Strecke d_k ablesen, aus $\tan\alpha_k = d_k/a$ den Winkel zum Maximum $k$ter Ordnung berechnen und aufgrund von *Gl. 230.1* die Wellenlänge der betreffenden Spektrallinie ermitteln.

4. Das Auflösungsvermögen eines optischen Gitters

Versuch 219: Wir richten ein Spektrometer auf eine Natriumdampf-Lampe und betrachten das Linienspektrum des von ihr ausgesandten Lichts. In Versuch 215 erhielten wir für Natriumlicht eine einzige Linie mit der Wellenlänge 589 nm. Gehen wir nun mit unserem guten Spektralapparat zu höheren Ordnungen über, so bemerken wir, daß sich die gelbe Natriumlinie mit wachsender Ordnung immer deutlicher teilt: Das sichtbare Spektrum des Natriumlichts besteht aus zwei sehr nahe beieinander liegenden Linien.

Warum ist uns das erst jetzt aufgefallen? Nun – das liegt am **Auflösungsvermögen** des optischen Gitters. Die von Licht der Wellenlänge λ erzeugte Linie $k$ter Ordnung eines Gitterspektrums erstreckt sich nach *Gl. 231.1* auf einen Wellenlängenbereich von $k\lambda - \lambda/n$ bis $k\lambda + \lambda/n$; dabei ist n die Anzahl der durchstrahlten Gitterspalte. Unterscheidet sich nun die Wellenlänge $\lambda' > \lambda$ einer benachbarten Spektrallinie so wenig von λ, daß ihr Maximum $k$ter Ordnung ebenfalls in diesen Bereich fällt, dann liegen die Maxima $k$ter Ordnung dieser beiden Wellenlängen so dicht beisammen, daß sie bei der Betrachtung zu einer einzigen Linie verschmelzen.

Die beiden Linien können erst dann getrennt wahrgenommen werden, wenn das Maximum der zweiten Spektrallinie auf den Rand des Bereichs der ersten Spektrallinie fällt *(Bild 234.2)*. Damit ergibt sich für die Auflösbarkeit der beiden Linien die Bedingung $k\lambda' \geqq k\lambda + \lambda/n$ oder $k(\lambda' - \lambda) \geqq \lambda/n$. Mit $\lambda' - \lambda = \Delta\lambda$ folgt

$$\Delta\lambda \geqq \frac{\lambda}{k\,n}. \qquad (234.1)$$

Demnach können zwei vom optischen Gitter auflösbare Spektrallinien um so dichter beieinander liegen, je höher die Ordnung k und je größer die Zahl n der ausgenutzten Gitterspalte ist.

5. Ein Computerprogramm zum optischen Gitter

Zum Schluß wollen wir die Struktur des von einem optischen Gitter erzeugten Interferenzmusters auch noch *berechnen*. Dazu überlegen wir uns, wie die aus den n Spalten eines Gitters kommenden n Elementarwellen zusammenwirken: Im allgemeinen treffen sie in einem Punkt P des Schirms mit einer gegenseitigen Phasenverschiebung ein, die zwischen allen benachbarten Wellen jeweils denselben Betrag φ hat.

Der zeitliche Verlauf einer Welle in einem Punkt ist eine *Schwingung*. Es ergibt sich also das Problem, n in der Phase jeweils um den Winkel φ verschobene Schwingungen zu überlagern.

Zwei um φ phasenverschobene Sinusschwingungen kann man ebenso wie zwei phasenverschobene sinusförmige Spannungen mit Hilfe eines *Zeigerdiagramms* addieren (Seite 136ff.). Dazu stellt man die beiden Schwingungsamplituden $\hat{s}_1$ und $\hat{s}_2$ als Zeiger der Längen $\hat{s}_1$ und $\hat{s}_2$ dar, die miteinander den Winkel φ bilden. Ihre Summe ergibt sich, wenn man die Zeiger wie zwei *Vektoren* addiert. Diese Vektorsumme erhält man nun entweder aus der Diagonalen im Vektorparallelogramm oder aber einfacher, indem man das Ende des einen Vektors an die Spitze des anderen heftet.

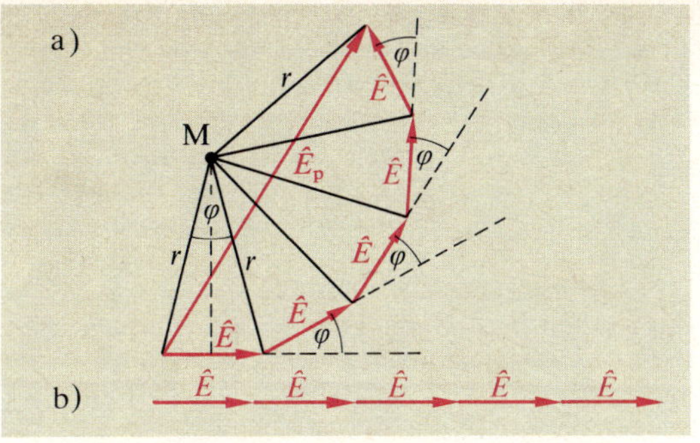

235.1 Zeigerdiagramm von n Elementarwellen: a) Phasenverschiebung $\varphi \neq 2\pi k$; b) $\varphi = 2\pi k$

Setzen wir voraus, daß alle n Elementarwellen in P dieselbe Amplitude $\hat E$ haben, so können wir sie also dadurch addieren, daß wir n Vektoren derselben Länge $\hat E$, jeweils um den Phasenverschiebungswinkel φ gedreht, zu einem regelmäßigen Polygonzug aneinanderfügen *(Bild 235.1)*. Die resultierende Amplitude $\hat E_P$ ist dann gleich der Länge des Vektors, der zwischen Anfang und Ende des Polygonzuges aufgespannt ist. Da das Vektorpolygon regelmäßig ist, kann man ihm einen Kreis mit dem Mittelpunkt M und dem Radius r umbeschreiben; es ist also aus lauter kongruenten gleichschenkligen Dreiecken zusammengesetzt. Diese Dreiecke gehen jeweils ineinander über, wenn man sie um den Winkel dreht, den die einzelnen Vektoren miteinander bilden; folglich tritt der Winkel φ an der Spitze eines jeden solchen Dreiecks wieder auf.

Teilt man ein gleichschenkliges Dreieck durch die Mittelsenkrechte in zwei kongruente Hälften, so kann man seine Grundseite aus dem Sinus des halben Winkels an der Spitze leicht ausrechnen. Für die Grundseite $\hat E$ ergibt sich

$$\hat E = 2r\sin(\varphi/2). \qquad (235.1)$$

Nun ist auch die resultierende Amplitude $\hat E_p$ Grundseite in einem gleichschenkligen Dreieck. Sein Winkel an der Spitze beträgt $n\varphi$; demnach ist

$$\hat E_P = 2r\sin(n\varphi/2). \qquad (235.2)$$

Dividieren wir die linken und rechten Seiten von *Gl. 235.1* und *Gl. 235.2* durcheinander und außerdem noch durch n, so folgt

$$\frac{\hat E_P}{n\hat E} = \frac{\sin(n\varphi/2)}{n\sin(\varphi/2)}. \qquad (235.3)$$

Die *Hauptmaxima* des Interferenzmusters entstehen bei einem gegenseitigen Phasenunterschied benachbarter Wellenstrahlen von $\varphi = 2\pi k$ mit $k = 0, 1, 2, \ldots$. In diesem Sonderfall sind die n Vektoren mit dem Betrag $\hat E$ alle in einer geraden Linie hintereinander aufgereiht, und die resultierende Amplitude ist $\hat E_{P_{max}} = n\hat E$. Damit diese Größe in *Gl. 235.3* auftritt, haben wir ihre beiden Seiten jeweils durch n dividiert.

Was wir in der Umgangssprache mit „Helligkeit" oder auch „Intensität" des Interferenzmusters auf dem Schirm bezeichnen, ist physikalisch nichts anderes als die *Bestrahlungsstärke S*. Sie ist nach *Gl. 193.7* proportional zum Quadrat der Amplitude der Lichtwelle. Quadrieren wir also beide Seiten von *Gl. 235.3*, so erhalten wir eine Beziehung zwischen der Bestrahlungsstärke S_p in einem beliebigen Punkt des Schirms und der Bestrahlungsstärke S_{max} in einem Hauptmaximum. Daraus ergibt sich

$$S_P = S_{max}\left(\frac{\sin(n\varphi/2)}{n\sin(\varphi/2)}\right)^2. \qquad (235.4)$$

Gl. 235.4 liefert für alle Werte der Phasenverschiebung φ die zugehörige Bestrahlungsstärke S_P mit Ausnahme von $\varphi = 2\pi k$ ($k = 0, 1, 2, \ldots$); diese Werte machen nämlich den Nenner des Bruchs zu Null. Das ist nicht weiter schlimm, denn wir wissen ja schon, daß für die Ausnahmewinkel $\varphi = 2\pi k$ jeweils ein Hauptmaximum, also die resultierende Bestrahlungsstärke S_{max} entsteht. Hier liegt also der Fall vor, daß eine Funktion nicht lückenlos durch einen einzigen Term dargestellt werden kann: Für alle $\varphi \neq 2\pi k$ mit $k = 0, 1, 2, \ldots$ gilt *Gl. 235.4*; für $\varphi = 2\pi k$ ist dagegen $S_P = S_{max} \cdot 1$.

Soll nun der Computer die Struktur des Interferenzmusters z.B. vom nullten bis zum zweiten Hauptmaximum ausrechnen, so muß er in kleinen Schritten $\Delta\varphi$ die Werte $\varphi = 0, \Delta\varphi, 2\Delta\varphi, \ldots$ bis $\varphi = 4\pi$ bilden und im Falle von $\varphi \neq 2\pi k$ in *Gl. 235.4* einsetzen. Für $\varphi = 2\pi$ k hat er statt des Bruchs den Wert 1 zu nehmen.

Aufgaben

(Für sichtbares Licht gilt 400 nm $\leqq \lambda \leqq$ 800 nm)

1. *Welchen Abstand hat die Spektrallinie 1. Ordnung von der Spektrallinie 2. Ordnung für rotes Licht ($\lambda_1 = 760$ nm) bzw. für blaues Licht ($\lambda_2 = 400$ nm) bei einem Gitter mit 500 Linien pro* mm *und einem Schirmabstand von* 1,50 m*?*

2. *Ein optisches Gitter mit 2000 Strichen pro* cm *wird von parallelem weißem Licht senkrecht beleuchtet.* **a)** *Wie breit erscheint das Spektrum 1. Ordnung auf einem* 3,20 m *entfernten Schirm?* **b)** *Zeigen Sie, daß sich die sichtbaren Spektren 2. und 3. Ordnung überlappen!* **c)** *Bis zu welcher Wellenlänge ist das Spektrum 2. Ordnung noch ungestört zu sehen?* **d)** *Zeigen Sie, daß die Ergebnisse in b) und c) von der Gitterkonstanten g unabhängig sind!*

3. a) *Welche Gitterkonstante hat ein Gitter, bei dem die beiden Spektrallinien 1. Ordnung von Natriumlicht ($\lambda = 590$ nm) auf einem* 1,00 m *entfernten Schirm den Abstand* 11,8 cm *haben?* **b)** *Bringt man eine durchsichtige Flüssigkeit zwischen Gitter und Schirm, so mißt man für die beiden Spektrallinien nur noch* 8,8 cm *Abstand. Berechnen Sie die Brechungszahl der Flüssigkeit!*

4. *Ein Gitter mit 5000 Strichen pro* cm *wird mit parallelem weißem Glühlicht beleuchtet; der Schirm hat die Form eines Halbzylinders, in dessen Mittelachse das Gitter steht.* **a)** *Bis zu welcher Ordnung kann das sichtbare Spektrum ganz beobachtet werden?* **b)** *Welche Wellenlänge ist in der höchsten Ordnung gerade noch feststellbar?*

5. *Auf einem* 2,50 m *vom Gitter entfernten Schirm wird das Linienspektrum von Quecksilberdampf beobachtet. In der 1. Ordnung beträgt der Abstand der linken violetten Linie* ($\lambda_1 = 405$ nm) *von der rechten* 40,6 cm. **a)** *Berechnen Sie die Gitterkonstante!* **b)** *Wie weit ist in der 2. Ordnung die violette Linie* ($\lambda_1 = 405$ nm) *von der grünen Linie* ($\lambda_2 = 546$ nm) *entfernt?* **c)** *In welcher Ordnung kommt es zum ersten Mal vor, daß die grüne Linie in das Spektrum der nächsthöheren Ordnung fällt?*

6. 2,00 m *von einem optischen Gitter mit 5000 Strichen pro* cm *ist ein* 3,20 m *breiter Schirm so aufgestellt, daß das Maximum 0. Ordnung in seine Mitte fällt. Das Gitter wird mit parallelem weißem Glühlicht senkrecht beleuchtet. Welche Wellenlänge hat das Licht, das am Rand des Schirms gerade noch zu sehen ist?*

7. *Auf dem durchsichtigen Boden eines mit Wasser gefüllten Behälters liegt ein optisches Gitter mit 5000 Strichen pro* cm*; es wird von unten mit parallelem weißem Licht senkrecht beleuchtet.* **a)** *Bis zu welcher Ordnung entstehen im Wasser vollständige Spektren?* **b)** *Von welcher Ordnung an kann das Licht nur noch mit einem Teil seines Spektrums aus dem Wasser in Luft übergehen?* **c)** *Um welchen Wellenlängenbereich handelt es sich dabei? (Brechungszahl von Wasser:* $n = 4/3$*).*

8. *Ein durchsichtiges Gefäß ist mit einer Flüssigkeit gefüllt. Ein optisches Gitter mit 1000 Strichen pro* cm*, das zur Hälfte in diese Flüssigkeit getaucht ist, wird mit parallelem Licht aus einer Quecksilberdampf-Lampe senkrecht beleuchtet. Ein Teil des Lichts geht also nach der Beugung am Gitter durch Luft, ein anderer durch die Flüssigkeit. Auf einem zum Gitter parallelen* 1,50 m *entfernten Schirm, der zum Teil in die Flüssigkeit getaucht ist, entstehen zwei übereinanderliegende, verschieden stark gespreizte Linienspektren.* **a)** *In der 1. Ordnung erscheinen die gelbe Linie* ($\lambda_1 = 577$ nm) *des einen Spektrums und die blaue* ($\lambda_2 = 436$ nm) *des anderen direkt übereinander. Welche Brechungszahl hat die Flüssigkeit? — Erscheinen die beiden Linien auch in den höheren Ordnungen direkt übereinander?* **b)** *Wie weit sind die obere und die untere blaue Linie in der 3. Ordnung gegeneinander versetzt?*

9. *Ein optisches Gitter bestehe aus 3 Spalten und werde mit monochromatischem parallelem Licht der Wellenlänge* λ *beleuchtet. Zeigen Sie, daß zwischen zwei Maxima kter Ordnung jeweils zwei Minima liegen, und zwar bei einem Gangunterschied von* $k\lambda + \lambda/3$ *bzw.* $k\lambda + 2\lambda/3$*! (Anleitung: Die zu den Gangunterschieden gehörenden Phasendifferenzen sind dieselben wie bei Drehstrom.)*

10. *Ein Gitter mit der Gitterkonstante* $5{,}00 \cdot 10^{-5}$ m *besteht aus 4 Spalten. Es wird von parallelem Licht aus einer Natriumdampf-Lampe mit der Wellenlänge* 590 nm *senkrecht beleuchtet. Hinter dem Gitter ist im Abstand von* 2,40 m *ein Schirm aufgestellt.* **a)** *Wie weit ist das auf dem Schirm entstehende 1. Maximum von der Mitte (dem 0. Maximum) entfernt?* **b)** *Zeigen Sie, daß zwischen dem 0. und dem 1. Maximum 3 Minima entstehen; berechnen Sie deren Lage auf dem Schirm!* **c)** *Um wieviel muß sich die Wellenlänge einer Spektrallinie von* 590 nm *unterscheiden, damit sie bei diesem Gitter in der 1. Ordnung von der Natriumlinie gerade noch getrennt erscheint?*

11. *Von welcher Ordnung an erscheinen die dicht beieinander liegenden Spektrallinien* $\lambda_1 = 589{,}0$ nm *und* $\lambda_2 = 589{,}6$ nm *des Natriumlichts getrennt, wenn man ein Gitter mit 400 Spalten benutzt?*

12. *In welchem Abstand vom Gitter muß man den Schirm aufstellen, damit dort das sichtbare Spektrum 2. Ordnung* 50,0 cm *breit wird, wenn das Gitter* **a)** *1000 Striche pro* cm, **b)** *5000 Striche pro* cm *hat?*

13. *Paralleles Licht fällt nach Bild 236.1 auf ein optisches Gitter, das gegenüber der sonst üblichen parallelen Stellung zum Schirm um den Winkel* φ *gedreht ist.* **a)** *Wie setzt sich dann der Gangunterschied* δ*, mit dem zwei benachbarte Wellenstrahlen im Punkt* P *des Schirms zusammentreffen, aus den Strecken* δ_1 *und* δ_2 *zusammen?* **b)** *Zeigen Sie, daß* $\delta = g\,(\sin(\alpha + \varphi) - \sin\varphi)$ *ist!* **c)** *Zeigen Sie, daß diese Anordnung für kleine Beugungswinkel* α *näherungsweise wie ein zum Schirm parallel gestelltes Gitter mit der verminderten Gitterkonstanten* $g' = g\cos\varphi$ wirkt!

14. *Paralleles Licht einer Quecksilberdampf-Lampe fällt senkrecht auf ein optisches Gitter mit 1000 Strichen pro* cm. **a)** *Welchen Abstand hat die grüne Spektrallinie* ($\lambda_1 = 546$ nm) *von der blauen* ($\lambda_2 = 436$ nm) *in der 1. Ordnung auf einem* 2,40 m *entfernten Schirm?* **b)** *Um welchen Winkel muß man das Gitter gegen seine normale Lage verdrehen, damit der Abstand derselben beiden Spektrallinien in der 1. Ordnung auf* 5,0 cm *anwächst?*

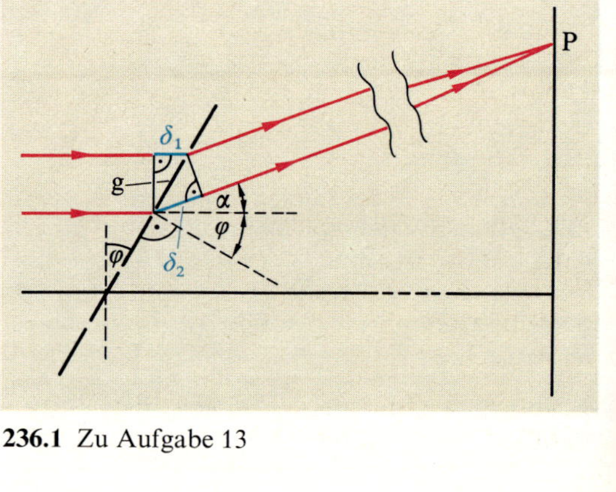

236.1 Zu Aufgabe 13

§ 73 Beugung am Einzelspalt

1. Ein Wirrwarr wird geordnet

Bisher haben wir das Zusammenwirken von Lichtwellen betrachtet, die an den *vielen* Spalten eines optischen Gitters gebeugt werden. Im Anschluß daran wollen wir nun auch noch untersuchen, wie sich die Beugung des Lichts an einem *einzelnen* Spalt auswirkt.

Versuch 220: Ein Laser erzeugt auf einem ungefähr 3 m entfernten Schirm einen scharfen Lichtfleck. Bringen wir nun in das Laserlichtbündel einen vertikalen *Einzelspalt* mit verstellbarer Breite, so fließt der Lichtfleck nach beiden Seiten um so stärker auseinander, je enger wir den Spalt machen. Das ist verständlich: Die Lichtwelle wird ja in den Schattenraum links und rechts des Spaltes hinein gebeugt – wie eine Wasserwelle, die durch eine enge Öffnung geht (Band MS, *Bild 265.2*).

Überraschenderweise ist das gebeugte Licht nun aber von vielen dunklen Stellen unterbrochen, die mit wachsender Verengung des Spaltes immer weiter auseinanderrücken. Woher kommen diese *Minima?* Nun – die Wellenlänge des Lichts ist sehr klein. Auch wenn wir den Spalt schmal machen, so ist er doch immer noch viele Lichtwellenlängen breit. Deshalb dürfen wir uns zwischen den Spaltkanten nicht nur ein einziges Elementarzentrum denken, sondern müssen uns dort eine breite Wellenfront vorstellen. Wenn wir wissen wollen, wie sie hinter dem Spalt weiterläuft, lösen wir sie nach dem *Huygensschen Prinzip* in viele *Elementarwellen* auf. Ihre Anzahl können wir beliebig hoch ansetzen; nehmen wir einmal an, sie betrage 100. Dann erhalten wir hinter dem Spalt ein Gewirr von Elementarwellen, die sich ausbreiten und schließlich bis zu einem Beobachtungsschirm gelangen *(Bild 237.1a)*. Dieses Durcheinander können wir leicht ordnen, wenn wir alle Wellenstrahlen herausgreifen, die jeweils zu einem bestimmten Punkt des Schirms hinführen. Da die Spaltbreite Bruchteile von Millimetern, der Schirmabstand jedoch mehrere Meter beträgt, können wir Wellenstrahlen, die sich in einem Punkt des Schirms treffen, mit guter Näherung als *parallel* betrachten.

Beginnen wir mit den Strahlen, die praktisch parallel zur Mittelachse verlaufen *(Bild 237.1b)* und sich in deren Schnittpunkt M mit dem Schirm treffen: Sie haben alle den gegenseitigen Gangunterschied Null, erzeugen also in M auf dem Schirm eine besonders helle Stelle. Als nächstes greifen wir alle diejenigen zueinander parallelen Wellenstrahlen heraus, deren *Randstrahlen* den Gangunterschied λ haben *(Bild 237.2)*. Man könnte denken, dieser Gangunterschied führe zu einem Maximum. Dann hätte man aber vergessen, daß das Bündel außer den beiden Randstrahlen noch viele weitere Wellenstrahlen – in unserem Beispiel sind es 98 – enthält, die alle auch mitspielen. Der mittlere Strahl – hier der 51. – hat gegenüber dem ersten den Gangunterschied $\lambda/2$; die beiden Strahlen löschen sich also in ihrem Treffpunkt P_1 auf dem Schirm aus. Das gleiche gilt nun aber auch für den 2. und 52., 3. und 53., …, 50. und 100. Wellenstrahl. Jeder Strahl im Teilbündel I findet im Teilbündel II einen Partner mit dem Gangunterschied $\lambda/2$: Also löschen sich alle 100 Wellenstrahlen in P_1 restlos aus; dort entsteht eine Dunkelstelle.

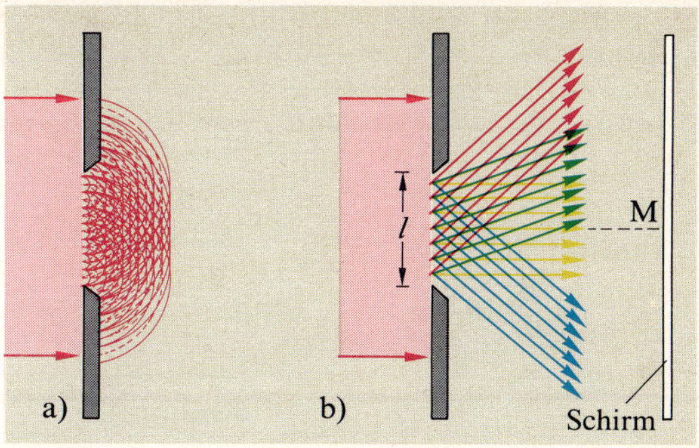

237.1 a) Hinter dem Spalt entsteht ein Gewirr von Elementarwellen. b) Daraus werden Bündel paralleler Wellenstrahlen herausgegriffen.

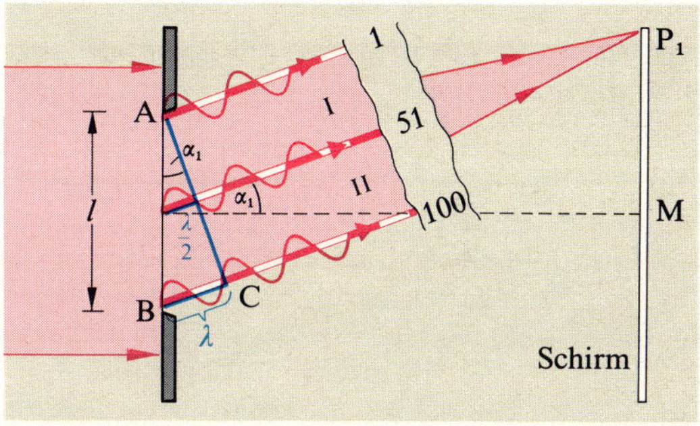

237.2 Die Randstrahlen haben den Gangunterschied λ. Dann findet jeder Strahl des Teilbündels I im Bündel II einen Partner, mit dem er sich auslöscht.

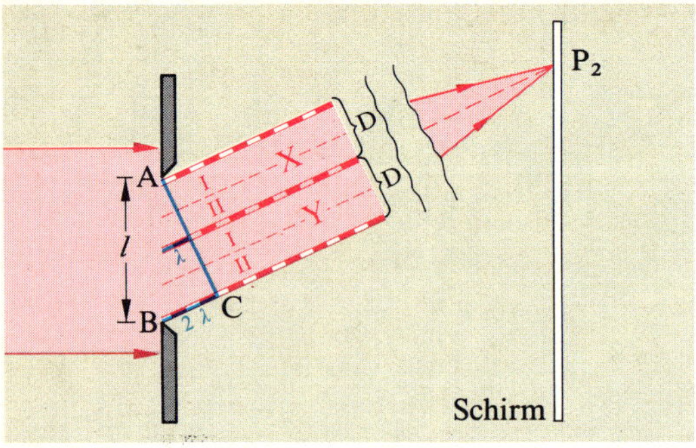

238.1 X und Y lassen sich jeweils in zwei Zonen I und II aufteilen, deren Wellen sich in P_2 auslöschen.

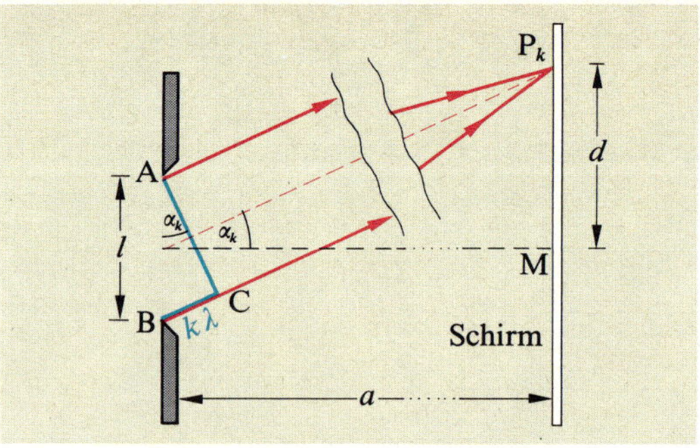

238.2 Im rechtwinkligen Dreieck ABC findet man eine Beziehung für den Winkel zur *k*ten Dunkelstelle.

Diese Überlegung ist nicht an die willkürlich angenommene Zahl von 100 Elementarwellen gebunden; sie gilt genau so für jede beliebige andere Anzahl.

P_1 ist nicht die einzige Dunkelstelle. Auch das Bündel paralleler Wellenstrahlen, dessen Randstrahlen den Gangunterschied $\delta = 2\lambda$ auf weisen, ergibt im Treffpunkt P_2 auf dem Schirm Dunkelheit. Nach *Bild 238.1* kann man dieses Bündel nämlich in die beiden Hälften X und Y aufteilen; ihre Randstrahlen besitzen jeweils den Gangunterschied λ, und sie lassen sich deshalb ihrerseits wieder in zwei Hälften aufteilen, deren Wellenstrahlen sich paarweise gegenseitig aufheben. Solche restlosen Auslöschungen kommen nun immer wieder vor: Für $\delta = 3\lambda, 4\lambda, \ldots, k\lambda$ findet man 3 Teilbündel, 4 Teilbündel, ..., k Teilbündel, deren Randstrahlen jeweils den Gangunterschied λ haben und die sich deshalb insgesamt aufheben. Da $\delta = k\lambda$ nicht größer als die Spaltbreite l sein kann, ist die Zahl solcher sich infolge Interferenz auslöschender Bündel durch $k\, l/\lambda$ begrenzt.

Bild 238.2 zeigt den allgemeinen Fall der *k*ten Dunkelstelle P_k. Auch hier tritt wieder das schon von Doppelspalt und Gitter bekannte rechtwinklige Dreieck ABC auf, aus dem wir eine Beziehung für den Winkel α_k zur *k*ten Dunkelstelle ablesen können. Wir finden

$$\sin\alpha_k = \frac{k\lambda}{l} \quad \text{mit } k = 1, 2, 3, \ldots, < \frac{l}{\lambda}. \quad (238.1)$$

Eine ganz ähnlich lautende Formel haben wir auch für die Beugung am *optischen Gitter* erhalten. Dort gilt sie jedoch für die Winkel zu den *Maxima* des Interferenzmusters. Dagegen bedeuten die Winkel α_k in *Gl. 238.1* die Richtungen zu den *Minima* links und rechts der hellen Mitte; außerdem beginnt ihre Zählung mit $k = 1$.

Versuch 221: Zur Kontrolle von *Gl. 238.1* stellen wir zunächst durch eine optische Abbildung wie in Versuch 210 die Breite l des Spaltes fest. Dann messen wir bei Laserlicht ($\lambda = 633$ nm), das an diesem Spalt gebeugt wird, auf einem $a = 2{,}50$ m entfernten Schirm für die beiden ersten Dunkelstellen links und rechts der hellen Mitte den Abstand $2d = 1{,}6$ cm. Bei einer Spaltbreite von $l = 0{,}20$ mm wird

$$\sin\alpha_1 = \frac{\lambda}{l} = \frac{633 \cdot 10^{-9}}{2 \cdot 10^{-4}} = 3{,}17 \cdot 10^{-3},$$

also $\alpha_1 = 0{,}18°$. Außerdem gilt $\tan\alpha_1 = d/a$. Da α_1 hier sehr klein ist, dürfen wir mit guter Näherung $\tan\alpha_1 = \sin\alpha_1$ setzen und erhalten

$$d = \frac{a\lambda}{l} = \frac{2{,}5 \cdot 633 \cdot 10^{-9}}{2 \cdot 10^{-4}} \text{ m} = 0{,}79 \text{ cm}.$$

Damit wird $2d = 1{,}6$ cm; unser Meßergebnis ist also sehr gut bestätigt.

Bei der Beugung von Licht der Wellenlänge λ an einem Einzelspalt der Breite l gilt für die Winkel α_k zu den Minima

$$\sin\alpha_k = \frac{k\lambda}{l} \quad \text{mit } k = 1, 2, 3, \ldots, < \frac{l}{\lambda}.$$

2. Resthelligkeiten

Die Dunkelstellen im Interferenzmuster des Einzelspalts sind jetzt also erklärt. Wie sieht es nun aber *zwischen* diesen Minima aus? Die Antwort erhalten wir, wenn wir aus dem Durcheinander der gebeugten Wellen beliebige Beugungswinkel α und die jeweils dazugehörigen Parallelbündel herausgreifen. Dabei nehmen wir wieder an, ein solches Bündel enthalte 100 einzelne Wellenstrahlen.

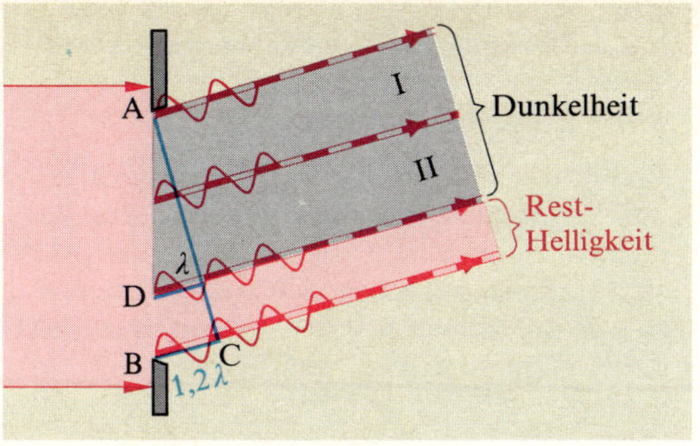

239.1 Bei einem Gangunterschied der Randstrahlen von 1,2 λ entsteht Resthelligkeit.

a) Für $\alpha = 0°$ erhalten wir das Bündel, das zur hellen Mitte des Interferenzmusters führt. Wie Sie schon wissen, verstärken sich dort alle Wellen maximal mit dem jeweiligen Gangunterschied Null. Dieser Fall kann bei keinem anderen Bündel mehr auftreten; deshalb nennt man die helle Mitte auch das *Hauptmaximum*.

b) Wächst α von Null aus nach beiden Seiten der Mittelachse an, so treten zunehmend Gangunterschiede auf; dadurch vermindert sich die Helligkeit. Für den Winkel α, bei dem z.B. der Gangunterschied der Randstrahlen des Bündels $\delta = \lambda/2$ beträgt, löschen sich diese völlig aus; auch die Strahlen 2 und 99 heben sich noch fast ganz auf. Setzen wir die Addition auf diese Weise mit den Strahlen 3 und 98, 4 und 97, ... nach innen fort, so erkennen wir, daß die Amplituden der aus den Partnerstrahlen resultierenden Wellen langsam zunehmen; die beiden mittleren Wellenstrahlen (50 und 51) sind schon fast gleichphasig. Es entsteht also insgesamt eine gewisse Helligkeit, die aber erheblich schwächer ist als im Hauptmaximum.

c) Je näher nun bei der weiteren Vergrößerung von α der Gangunterschied der Randstrahlen an $\delta = \lambda$ herankommt, desto mehr nimmt die Helligkeit ab. Bei dem Bündel, dessen Randstrahlen den Gangunterschied $\delta = \lambda$ erreicht haben, löschen sich alle Wellen zum ersten Mal völlig aus: Das erste Minimum ist erreicht.

d) Vergrößert man den Winkel α weiter, so wird $\delta > \lambda$. Von jetzt an kann man immer ein Teilbündel abspalten, dessen Wellen sich ganz auslöschen. *Bild 239.1* zeigt dies in einem Beispiel für $\delta = 1{,}2\,\lambda$: Das Teilbündel mit den Eckpunkten A und D ist so abgegrenzt, daß seine Randstrahlen den Gangunterschied λ aufweisen. Dann heben sich alle Wellenstrahlen, die es enthält, paarweise auf — wie im ersten Minimum. Das in *Bild 239.1* rot getönte Bündel bleibt übrig und sorgt auf dem Schirm für eine geringe *Resthelligkeit*.

e) Bei $\delta = 2\lambda$ ist der Gangunterschied der Randstrahlen dieses Restbündels auf λ angewachsen. Jetzt löschen sich die Wellenstrahlen beider Teilbündel bei ihrer Vereinigung auf dem Schirm restlos aus: Wir haben damit die schon bekannte zweite Dunkelstelle erhalten.

f) So geht das nun weiter. Zwischen den Dunkelstellen, deren Lagen aus *Gl. 238.1* schon bekannt sind, kommt es nur zu geringfügigen Resthelligkeiten, die mit wachsendem Winkel α immer schwächer werden. Diese Resthelligkeiten haben ungefähr in der Mitte zwischen zwei Dunkelstellen ihre maximale Intensität. *Nebenmaxima* treten also näherungsweise für $\delta = \frac{3}{2}\lambda, \frac{5}{2}\lambda, \frac{7}{2}\lambda, \ldots$ auf. Bei $\delta = \frac{3}{2}\lambda$ kann man *ein* sich völlig auslöschendes Teilbündel abspalten, bei $\delta = \frac{5}{2}\lambda$ sind es *zwei*, bei $\delta = \frac{7}{2}\lambda$ *drei* usw. Das Restbündel umfaßt dann jeweils nur noch $\frac{1}{3}$ bzw. $\frac{1}{5}$ bzw. $\frac{1}{7}$ aller Elementarwellen; die Intensität der Nebenmaxima muß demnach nach außen immer mehr abnehmen.

3. Das Intensitätsdiagramm

Versuch 222: Wir lassen das Lichtbündel eines Lasers auf einen engen Spalt fallen und tasten das dabei entstehende Interferenzmuster etwa 5 m hinter dem Spalt mit einer *Fotodiode* ab; sie ist nach *Bild 239.2* an einem Wagen befestigt, der von einem langsam laufenden Motor über eine Fahrbahn gezogen wird. Bei der Belichtung entsteht an der Fotodiode eine zur Bestrahlungsstärke proportionale Spannung; wir leiten sie über ein abgeschirmtes Kabel einem T-Y-Schreiber zu. Dieser zeichnet eine Kurve auf, deren Ordinaten zur jeweiligen Bestrah-

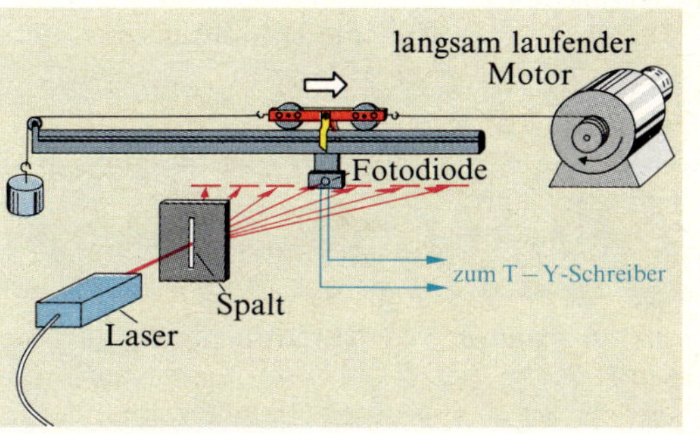

239.2 Das Interferenzmuster wird mit einer Fotodiode abgetastet.

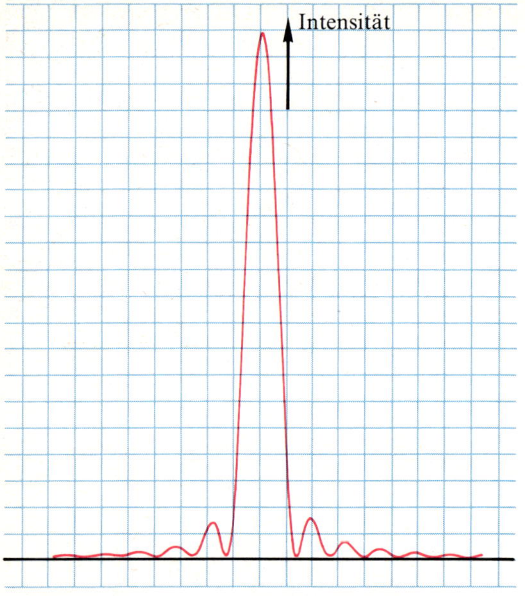

240.1 Intensitätsdiagramm für die Beugung am Spalt, mit dem T-Y-Schreiber aufgenommen

lungsstärke proportional sind. Dabei erhalten wir die in *Bild 240.1* dargestellte Intensitätsverteilung. Sie zeigt, daß die Helligkeit des am Einzelspalt gebeugten Lichts im wesentlichen auf die Umgebung des *Hauptmaximums* konzentriert ist. Die Breite dieses Bereichs wird durch die Lage der ersten linken und rechten Dunkelstelle bestimmt. Aus *Gl. 238.1* ergibt sich eine merkwürdige Folgerung:

Verengt man den Spalt, so wird der helle Bereich um das Hauptmaximum nicht etwa schmaler, sondern immer *breiter*. Wenn die Spaltbreite schließlich nur noch eine Wellenlänge (oder weniger) beträgt, kommen die beiden ersten Dunkelstellen links und rechts der Mitte nicht mehr zustande. Jetzt erst kann man eigentlich davon sprechen, hinter dem Spalt bilde sich *eine* ungestörte Elementarwelle aus, wie wir sie von den Wasserwellen her kennen.

Weiter läßt sich dem Intensitätsdiagramm entnehmen, daß die Nebenmaxima nicht ganz genau in der Mitte zwischen zwei Dunkelstellen liegen, sondern näher am Hauptmaximum – was wir hier nicht weiter begründen wollen.

Bild 241.1 zeigt zum Vergleich die mit dem Computer berechnete Intensitätsverteilung für die Beugung des Lichts am Einzelspalt. Die Theorie für das der Berechnung zugrunde gelegte Computer-Programm wird auf Seite 244 näher erläutert.

Bei der Beugung des Lichts an einem Einzelspalt liegt das Hauptmaximum der Intensität in der Mitte des Interferenzmusters.

Von dort aus nimmt die Helligkeit nach beiden Seiten jeweils bis zur ersten linken und rechten Dunkelstelle kontinuierlich auf Null ab. An diese schließen sich weitere Dunkelstellen an; dazwischen liegen Nebenmaxima, deren Helligkeit nach außen sehr stark abnimmt.

4. Der Einzelspalt spielt auch beim Gitter mit

Das optische Gitter erzeugt ein Interferenzmuster mit scharfen Maxima. Nun besteht ein Gitter aber aus vielen Spalten. Wo bleiben da die typischen Interferenzmuster der einzelnen Gitterspalte? – Diese Frage wollen wir am einfachsten Gitter – dem Doppelspalt – klären.

Versuch 223: **a)** Wir beleuchten einen Doppelspalt wie in Versuch 209 mit dem aufgeweiteten Lichtbündel eines Lasers, decken aber vorerst einen der beiden Spalte mit einer Rasierklinge ab. Auf dem Schirm entsteht dann das Interferenzmuster des Einzelspalts.

b) Nun geben wir den geschlossenen Spalt frei und decken dafür den anderen zu. Selbstverständlich entsteht dann wieder ein gleiches Interferenzmuster; es ist wegen des außerordentlich geringen Abstandes g der beiden Spalte gegenüber dem vorigen kaum merklich verschoben, so daß es praktisch an derselben Stelle des Schirms erscheint.

c) Jetzt öffnen wir *beide* Spalte. Daraufhin ist das Einzelspalt-Interferenzmuster immer noch zu sehen; aber seine Maxima sind heller geworden und von dunklen Streifen durchzogen: *Wir haben zusätzlich das Interferenzmuster des Doppelspalts erhalten.* Erst jetzt erkennen wir, daß es in ein Einzelspalt-Interferenzmuster eingebettet ist. Da dessen Nebenmaxima nur schwach sind, machen sich die Interferenzstreifen des Doppelspaltmusters im wesentlichen nur im Bereich der hellen Mitte bemerkbar.

Bild 241.2 zeigt die mit dem Computer berechnete Intensitätsverteilung für die Beugung des Lichts an einem Doppelspalt. Im Gegensatz zum früheren Diagramm *(Bild 229.1)* ist nun berücksichtigt, daß auch die Beugung an den Einzelspalten mitspielt.

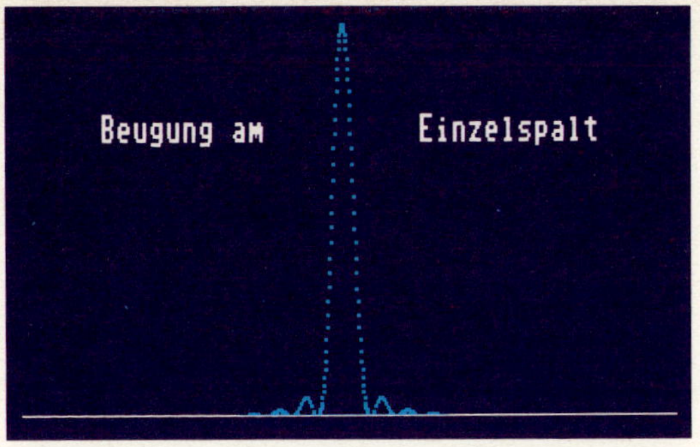

241.1 Intensitätsdiagramm für die Beugung am Spalt, mit dem Computer berechnet

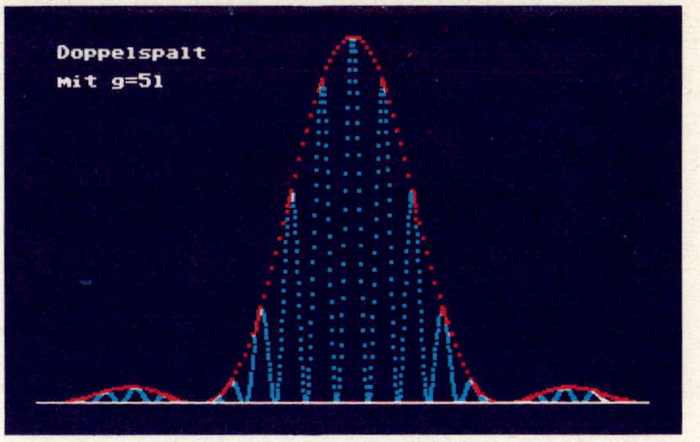

241.2 Beugung am Doppelspalt mit $g = 5l$, mit dem Computer berechnet

Nun wollen wir die Zahl der vom Doppelspalt erzeugten Interferenzstreifen ausrechnen, die innerhalb der hellen Mitte des vom Einzelspalt hervorgerufenen Interferenzmusters auftreten. Nach *Gl. 238.1* gilt für den Winkel α_1 zu der ersten die helle Mitte begrenzenden Dunkelstelle $\sin\alpha_1 = \lambda/l$.

Der Winkel β_k, der zum $k$ten Maximum des Doppelspalt-Interferenzmusters führt, erfüllt die Gleichung $\sin\beta_k = k\,\lambda/g$.

Wenn das $k$te Maximum noch innerhalb der hellen Mitte liegen soll, muß $\sin\beta_k < \sin\alpha_1$, also

$k\,\lambda/g < \lambda/l$ gelten. Daraus folgt $k\,l < g$.

Beträgt z.B. die Breite einer Öffnung des Doppelspalts den 5. Teil des Spaltabstandes g, so ist $g = 5l$, also gilt $k\,l < 5l$ oder $k < 5$. Innerhalb der hellen Mitte bilden sich also bis zur 4. Ordnung Maxima aus, d.h. es sind dort insgesamt 9 helle und 10 dunkle Interferenzstreifen zu sehen.

Bei gewöhnlichem einfarbigem Licht entsteht das Interferenzmuster von *Bild 241.2* nur dann, wenn die *Kohärenzbedingung 228.2* sowohl für die beiden Einzelspalte als auch für den Doppelspalt erfüllt ist. Dies zeigt der nächste Versuch.

Versuch 224: **a)** Wir wiederholen Versuch 211 *(Bild 225.1)*, in dem das Licht einer Glühlampe durch ein Rotfilter auf einen Beleuchtungsspalt fällt. Zur Erzeugung des parallelen Lichtbündels nehmen wir eine Sammellinse mit der Brennweite $f = 10$ cm. Zuerst wird der Beleuchtungsspalt weit geöffnet; dann verringern wir seine Breite allmählich, bis sich auf dem Schirm ein Interferenzmuster zeigt. Wir erkennen an der hellen Mitte und den seitlichen schwachen, von Dunkelstellen unterbrochenen Resthelligkeiten, daß es sich dabei um das Interferenzmuster der *Einzelspalt*-Beugung handelt. Die beiden Spalte sind jetzt jeweils gerade so breit, daß die Kohärenzbedingung zwar für die einzelne Öffnung der Breite l gilt, für den *Doppelspalt* mit dem Spaltabstand $g > l$ dagegen noch nicht erfüllt ist. Seine beiden Spaltöffnungen wirken also wie zwei Lichtquellen, die nicht zueinander kohärent sind: Die Intensitäten ihrer Interferenzmuster addieren sich ohne Rücksicht auf Phasenbeziehungen. Da der Spaltabstand g klein ist, liegen die Interferenzmuster fast genau übereinander. Die beiden Spalte erzeugen deshalb zusammen ein Muster gleicher Struktur wie bei einer Öffnung allein, aber mit doppelter Helligkeit.

b) Nun stellen wir den Beleuchtungsspalt *enger*. Darauf erscheinen zusätzliche dunkle Interferenzstreifen, die innerhalb der hellen Mitte besonders deutlich zu sehen sind. Jetzt ist der Beleuchtungsspalt so eng, daß die Kohärenzbedingung auch für das Auftreten eines Doppelspalt-Interferenzmusters erfüllt ist.

5. Stimmt die Physik nur im Physiksaal?

Wenn die Sonne durch einen Türspalt scheint, sehen Sie auf dem Fußboden oder der gegenüberliegenden Wand sein von Schatten begrenztes Abbild. Eine Beugung des Lichts am Spalt ist hier nicht zu beobachten. Stimmt die Physik etwa nur im Physikunterricht, und ist dann im Alltag alles ganz anders? – Keineswegs. Der Unterschied liegt vor allem einmal darin, daß ein Türspalt etliche Zentimeter, der von uns im Versuch benutzte Spalt aber Bruchteile von Millimetern breit ist. Der nächste Versuch zeigt, wie sich dies auf die Beugung auswirkt.

Versuch 225: Wir beleuchten einen verstellbaren Einzelspalt mit einem durch zwei Sammellinsen aufgeweiteten parallelen Laserlichtbündel und beobachten das Interferenzmuster auf einem etwa 2 m entfernten Schirm. Zuerst verkleinern wir die Spaltbreite l. Dann fließt die helle Mitte des Interferenzmusters immer breiter auseinander, denn die beiden ersten Dunkelstellen links und rechts der Mitte rücken nach der Gleichung $\sin\alpha_1 = \lambda/l$ mit kleiner werdendem l immer mehr voneinander weg. Für $l = \lambda$ ist $\alpha_1 = 90°$ geworden. Damit wäre der Idealfall der Elementarwelle erreicht, die sich im gesamten Raum hinter dem Spalt ungestört ausbreiten kann. Jedoch ist der Schirm durch die starke Verengung des Spalts jetzt nur noch ganz schwach beleuchtet, so daß nichts mehr zu sehen ist.

Nun öffnen wir den Spalt langsam. Dann schrumpft die helle Mitte zuerst einmal wieder zusammen. Gleichzeitig verringern die links und rechts anschließenden Dunkelstellen ihre gegenseitigen Abstände und drängen immer mehr auf die Mitte zu. Die dazwischen liegenden Nebenmaxima können jetzt kaum noch wahrgenommen werden. Öffnen wir den Spalt noch weiter, dann liegen die Dunkelstellen schließlich so dicht nebeneinander, daß links und rechts der hellen Mitte praktisch Dunkelheit herrscht: Es ist ein **Schatten** entstanden. Er wird von den Dunkelstellen gebildet, ist also eine Folge der *Interferenz*. Jetzt dürfen wir in guter Näherung die Schattengrenzen mit Lichtstrahlen konstruieren, die geradlinig durch den Spalt gehen.

Verbreitern wir nun den Spalt noch mehr, so schrumpft die helle Mitte nicht weiter, sondern wird im Gegenteil wieder größer. Der Spalt ist nämlich so breit geworden, daß die auf Seite 237 zur Erklärung der hellen Mitte angestellte Überlegung durch den zweiten Teil des Huygensschen Prinzips ergänzt werden muß: Die von der Spaltöffnung ausgehenden Elementarwellen schließen sich zu geraden Wellenfronten zusammen, die auf die Breite des Spalts begrenzt sind. Damit haben wir die Schwelle zur *geometrischen Optik* überschritten.

Im täglichen Leben benutzen wir zur Beleuchtung keinen Laser, sondern inkohärentes Licht von der Sonne oder von Lampen. Die kaum sichtbare Struktur, die der Schatten bei der Beleuchtung eines breiten Spalts mit kohärentem Licht in Versuch 225 immer noch hatte, wird bei inkohärentem Licht vollends verwischt.

Schatten entstehen infolge der Auslöschung von Elementarwellen durch Interferenz.

Die geometrische Optik ist dann eine brauchbare Näherung für die Wellenoptik, wenn Öffnungen und Körper, an denen Licht gebeugt wird, groß gegen die Wellenlänge des Lichts sind. In diesem Fall kann man die Ausbreitung des Lichts mit geradlinigen Lichtstrahlen beschreiben.

6. Wo Schatten ist, sind trotzdem Lichtwellen

Versuch 226: Wir weiten das Lichtbündel eines Lasers mit Hilfe zweier Sammellinsen zu einem breiteren Parallelbündel auf. Dann bringen wir eine sauber gearbeitete Stahlkugel (von einem Kugellager) in den Strahl; sie wird zur Befestigung auf eine Glasplatte geklebt. Betrachten wir auf einem durchscheinenden Schirm den Schatten, so entdecken wir in seiner Mitte eine leuchtende Stelle. Sie ist so hell, daß man meinen könnte, das Licht scheine durch ein Loch in der Mitte der Kugel hindurch *(Bild 242.1)*.

Betrachten Sie zur Erklärung *Bild 243.1*! Es zeigt, wie eine gerade Wasserwelle an einem Hindernis in den Schattenraum hinein gebeugt wird. In der Mitte dieses Schattenraums treffen alle vom Rand des Hindernisses ausgehenden Elementarwellen *gleichphasig* zusammen und verstärken sich dort durch konstruktive Interferenz. In *Bild 242.1* können Sie noch weitere ringförmige Aufhellungen im Bereich des Schattens beobachten. Auch sie lassen sich mit der Beugung des Lichts erklären.

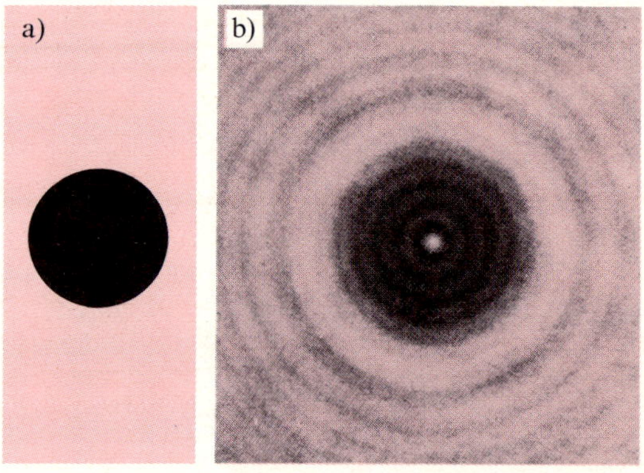

242.1 Schatten eines kreisförmigen Hindernisses, a) wie man ihn nach den Gesetzen der geometrischen Optik erwartet, b) wie er tatsächlich in einem parallelen Laserlichtbündel aussieht.

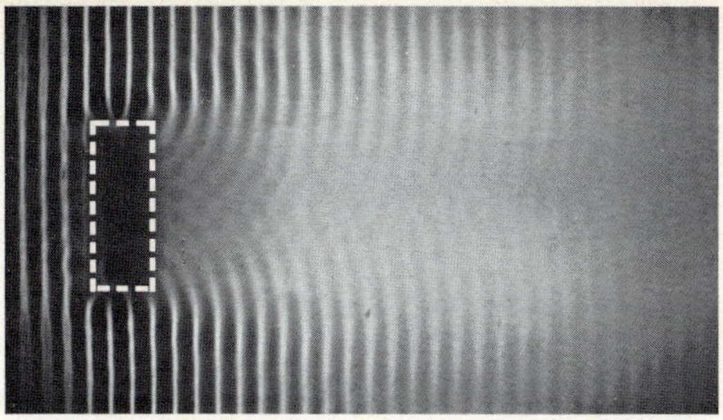

243.1 Beugung von Wasserwellen an einem Hindernis

Der Mathematiker *S. Poisson* (1781 bis 1840) war davon überzeugt, daß diese für Wellen typische Beugungserscheinung bei Licht nicht vorkäme und glaubte, ohne ein Experiment gemacht zu haben, damit sei die Wellentheorie des Lichts widerlegt. Dem Physiker *D. Arago* (1786 bis 1853) gelang es dann durch sorgfältige Beobachtung, den *Poisson-Fleck* in der Mitte eines Schattens nachzuweisen.

Während wir im täglichen Leben die Beugung von *Lichtwellen* kaum wahrnehmen, ist sie uns bei *Schallwellen* selbstverständlich. Jedermann weiß, daß ein Ton, der aus einem Fenster dringt, auch seitlich davon zu hören ist. Das liegt an der relativ großen Wellenlänge des Schalls, die in der Größenordnung unserer Fenster- und Türöffnungen liegt. Hat die Öffnung die Breite l, so kommt bei der Beugung von Schall mit der Wellenlänge $\lambda > l$ nicht einmal das erste Minimum zustande. Wenn also $\lambda = c/f > l$ oder $f < c/l$ ist, kann die gebeugte Schallwelle an keiner Stelle durch Interferenz völlig ausgelöscht werden. Alle Töne mit Frequenzen $f < c/l$ sind also rings um ein Fenster der Breite l zu hören, allerdings mit seitlich abnehmender Intensität. Ihr Hauptmaximum *(Bild 240.1)* wird mit zunehmender Wellenlänge flacher, mit abnehmender immer stärker ausgeprägt. Deshalb können tiefe Töne besser um die Ecke dringen als hohe. So sind z.B. von einer Musikkapelle, die durch eine Straße marschiert, in einer Querstraße fast nur die Bässe zu hören.

Sie sehen: Die Physik stimmt auch im täglichen Leben — um auf unsere anfängliche Frage zurückzukommen. Allerdings passiert es dort oft, daß ein physikalischer Vorgang durch einen anderen so stark unterdrückt wird, daß man den ursprünglich interessierenden Effekt gar nicht mehr wahrnimmt. So wird z.B. bei großen Abmessungen gebeugtes Licht durch Interferenz fast ganz unsichtbar.

Aufgaben

1. *Wie groß ist der Abstand der ersten dunklen Streifen links und rechts der hellen Mitte bei einem Spalt von* 0,50 mm *Breite und dem Schirmabstand* 1,50 m *für rotes* ($\lambda = 760$ nm) *und für blaues Licht* ($\lambda = 400$ nm)*?*

2. *Einfarbiges Licht fällt senkrecht auf einen Spalt der Breite* 0,30 mm. *Auf einem* 3,00 m *entfernten Schirm haben die beiden mittleren dunklen Interferenzstreifen einen Abstand von* 10,0 mm. *Berechnen Sie die Wellenlänge des Lichts!*

3. *Läßt man statt einfarbigem Laserlicht paralleles weißes Licht auf einen Spalt fallen, so entsteht ein Interferenzmuster, dessen Dunkelstellen von Farbsäumen umgeben sind. Wie kommen sie zustande? Handelt es sich um Spektralfarben oder Mischfarben?*

4. *Eine Musikkapelle marschiert durch eine enge Gasse von* 5 m *Breite. Welche Frequenzen sind in einer Seitenstraße besonders laut zu hören? (Schallgeschwindigkeit:* $c = 340$ m s^{-1}*).*

5. *Aus einem Fenster der Breite* 1,00 m *dringt ein Ton. Auf einem im Abstand* 12,50 m *parallel zur Hauswand verlaufenden Weg geht ein Beobachter. Je weiter er sich auf dem Weg von dem Punkt entfernt, der dem Fenster direkt gegenüber liegt, desto leiser hört er den Ton. In* 15,20 m *Abstand hört er nichts mehr; wenn er aber weitergeht, ist der Ton wieder zu vernehmen.* **a)** *Erklären Sie diese Erscheinung mit Bild 240.1!* **b)** *Welche Frequenz hat der Ton? (*$c = 340$ m s^{-1}*).*

6. *Ein Doppelspalt besteht aus zwei Spalten mit jeweils* 0,10 mm *Breite. Der Abstand der Spaltmitten beträgt* 0,45 mm. *Auf diesen Doppelspalt fällt in Richtung der optischen Achse paralleles Licht der Wellenlänge* 630 nm. **a)** *Einer der beiden Spalte wird zunächst verdeckt. Berechnen Sie die Lage der Dunkelstellen 1. und 2. Ordnung des Interferenzmusters, das auf einem* 10,0 m *entfernten Schirm entsteht!* **b)** *Öffnet man beide Spalte, so ist der Bereich zwischen den Dunkelstellen 1. Ordnung aus a) von einem neuen Streifensystem durchzogen. Berechnen Sie den Abstand zweier dunkler Streifen dieses Systems!* **c)** *Wieviele helle Streifen liegen jetzt innerhalb des in b) angegebenen Bereichs? Zeigen Sie, daß ihre Anzahl nicht von der Wellenlänge des benutzten Lichts abhängt!*

7. *Bei einem optischen Gitter sind die Spaltbreiten jeweils halb so groß wie die Gitterkonstante.* **a)** *Zeigen Sie, daß im Interferenzmuster dieses Gitters die Maxima mit geraden Ordnungszahlen nicht zustandekommen!* **b)** *Untersuchen Sie, ob bei einem Gitter, dessen Spaltbreiten jeweils den dritten Teil der Gitterkonstanten betragen, ebenfalls Maxima gewisser Ordnungen ausfallen!*

8. *Ein Doppelspalt wird mit Licht der Wellenlänge* 589 nm *senkrecht beleuchtet. Wie groß müssen Spaltbreite und Spaltabstand gewählt werden, damit auf einem* 4,50 m *entfernten Schirm ein* 7,50 cm *breiter heller Bereich entsteht, der einschließlich der Ränder 6 dunkle Interferenzstreifen enthält?*

§ 74 Berechnung der Intensitäten

1. Vom Gitter zum Einzelspalt

Die Intensitätsverteilung des an einem *optischen Gitter* gebeugten Lichts haben wir in *Gl. 235.4* schon ermittelt. Dabei wurde jeder der n Gitterspalte als Ausgangspunkt einer Elementarwelle betrachtet; wir haben also mit einer *endlichen* Anzahl von Elementarwellen gerechnet.

Auch bei der Beugung des Lichts am *Einzelspalt* arbeiten wir mit Elementarwellen. Im Gegensatz zum Gitter ist ihre Anzahl jedoch *unbegrenzt*: Die Elementarzentren liegen in der Spaltöffnung beliebig dicht. Wir erhalten deshalb die Intensitätsverteilung für die Beugung des Lichts am *Einzelspalt*, indem wir in *Gl. 235.4* die Spaltanzahl $n \to \infty$ gehen lassen.

Wir nehmen also vorerst an, von der Spaltöffnung der Breite l gehen n Elementarwellen aus. Wir greifen nun dasjenige Bündel von gebeugten Wellenstrahlen heraus, bei dem die beiden *Randstrahlen* die Phasenverschiebung ψ haben; dann besitzen zwei benachbarte Wellenstrahlen die Phasenverschiebung $\varphi = \psi/n$. Später werden wir $n \to \infty$ gehen lassen; deshalb setzen wir $k = 1/n$, dann geht bei $n \to \infty$ die neue Variable $k \to 0$. Mit $\varphi = k\,\psi$ lautet *Gl. 235.4* für die Intensität im Punkt P, in dem sich das Bündel auf einem Schirm trifft,

$$S_P = S_{max} \left(\frac{k \sin \frac{\psi}{2}}{\sin \frac{k\psi}{2}} \right)^2 = S_{max} \left(\frac{\sin \frac{\psi}{2}}{\frac{\psi}{2}} \right)^2 \left(\frac{\frac{k\psi}{2}}{\sin \frac{k\psi}{2}} \right)^2.$$

Wir haben den Term für die Intensität S_P durch einfache Umformungen in einen von k abhängigen und einen von k unabhängigen Teil zerlegt. Setzen wir schließlich noch $k\,\psi/2 = z$, so lautet der von k abhängige Faktor $(z/\sin z)^2$. Nun sind wir endlich so weit, daß wir $n \to \infty$ gehen lassen können. Dann geht $k \to 0$, also auch $z \to 0$. Aus der Mathematik ist bekannt, daß $\lim\limits_{z \to 0} (z/\sin z) = 1$ ist. (Sie können sich das z.B. am Einheitskreis klar machen: Je kleiner der Bogen wird, desto weniger unterscheidet er sich vom zugehörigen Sinus!) Damit erhalten wir bei der Beugung am Einzelspalt für die Intensität im Punkt P

$$S_P = S_{max} \left(\frac{\sin \frac{\psi}{2}}{\frac{\psi}{2}} \right)^2. \tag{244.1}$$

Dabei ist S_{max} die Intensität im *Hauptmaximum*.

Man kann das Intensitätsdiagramm der Beugung am Einzelspalt auch mit dem Computer berechnen und auf dem Bildschirm darstellen *(Bild 241.1)*. Dazu erinnern wir uns, daß in *Gl. 244.1* unter der Variablen ψ die Phasenverschiebung der beiden Randstrahlen des jeweiligen Bündels zu verstehen ist. Soll nun der Computer z.B. die Intensitätsverteilung von der 3. linken bis zur 3. rechten Dunkelstelle ausrechnen, so muß er in kleinen Schritten $\Delta\psi$ zwischen $\psi_1 = -3 \cdot 2\pi = -6\pi$ und $\psi_2 = +6\pi$ die Werte ψ_1, $\psi_1 + \Delta\psi$, $\psi_1 + 2\,\Delta\psi$, ..., ψ_2 bilden und in *Gl. 244.1* einsetzen. Für $\psi = 0$ ist sie nicht definiert, da dann der Nenner des Bruchs Null wird. In diesem Ausnahmefall ist aber $S_P = S_{max}$, d.h. der Computer muß hier dem Bruch den Wert 1 geben.

2. Folgerungen für den Doppelspalt

Gl. 235.4 beschreibt das Intensitätsdiagramm eines optischen Gitters unter der vereinfachenden Annahme, das Licht werde an seinen einzelnen Spalten nach allen Richtungen ungestört mit derselben Intensität S_{max} gebeugt. Berücksichtigt man nun, daß auch die Beugung an den einzelnen Gitterspalten eine Intensitätsverteilung aufweist, so muß man in *Gl. 235.4* statt S_{max} die Intensität S_P der Einzelspaltbeugung aus *Gl. 244.1* einsetzen. Für den *Doppelspalt* ($n = 2$) ergibt sich dann folgendes:

Am *Einzelspalt* spielt der Gangunterschied δ bzw. die zugehörige Phasendifferenz ψ der Randstrahlen des aus einer Spaltöffnung kommenden Wellenbündels eine Rolle. Die Berechnung am *Doppelspalt* erfordert dagegen den Gangunterschied Δ zwischen einem Strahl aus dem einen und dem entsprechenden Strahl aus dem anderen Spalt; die zugehörige Phasendifferenz sei φ. Nach *Bild 244.1* gilt dann $\delta/\Delta = l/g$. Da die Gangunterschiede proportional zu den Phasendifferenzen sind, gilt auch $\psi/\varphi = l/g$. Daraus folgt für die Phasendifferenz ψ der Randstrahlen

$$\psi = \frac{l}{g}\,\varphi. \tag{244.2}$$

Also muß man den Computer mit folgender Formel füttern:

$$S_P = S_{max} \left(\frac{\sin \frac{l}{2g}\,\varphi}{\frac{l}{2g}\,\varphi} \right)^2 \left(\frac{\sin \varphi}{2 \sin \frac{\varphi}{2}} \right)^2. \tag{244.3}$$

Für $-4\pi \leqq \varphi \leqq +4\pi$ und $l/g = 1/5$ erhält man das Computerdiagramm in *Bild 241.2*.

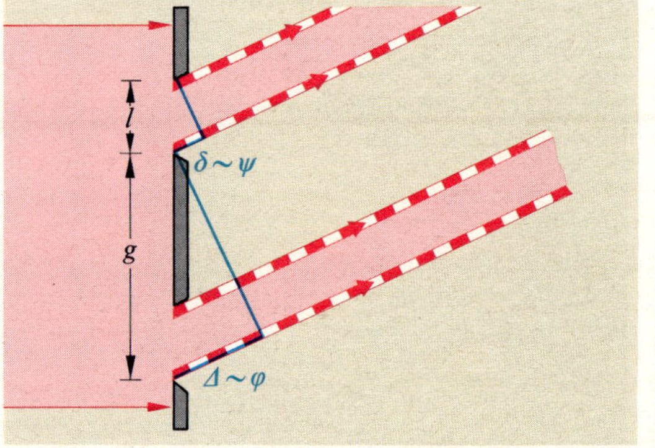

244.1 Gangunterschiede am Einfach- und am Doppelspalt

§75 Beugung und optische Abbildung

1. Die Grenzen der Lochkamera

Die einfachste optische Abbildung eines Gegenstandes erhält man mit der **Lochkamera**. Ihre Öffnung blendet aus der Lichtfülle, die jeweils von einem Gegenstandspunkt ausgeht, ein schmales Bündel aus, das als feiner „Lichtpinsel" auf dem Schirm oder der Fotoplatte einen *Bildfleck* erzeugt. Je kleiner die Öffnung, desto feiner der Lichtpinsel, desto schärfer das Bild – so könnte man denken. Dies ist bis zu einem gewissen Grad auch richtig. Wenn man die Öffnung der Lochkamera verengt, werden die Bilder tatsächlich vorerst schärfer; unterschreitet man jedoch einen bestimmten Lochdurchmesser, so nimmt die Unschärfe wieder zu. Jetzt macht sich nämlich die *Beugung* des Lichts störend bemerkbar.

Versuch 227: Wir lassen das parallele Lichtbündel eines Lasers durch eine Lochblende mit einem Durchmesser von ungefähr 1 mm auf einen ca. 5 m entfernten Schirm fallen. Dort beobachten wir ein *Interferenzmuster*; es besteht aus einer hellen Kreisfläche, die von konzentrischen dunklen und hellen Ringen umgeben ist *(Bild 245.1)*. Benutzt man eine kleinere Blendenöffnung, so wird die helle Mitte – das sogenannte *Beugungsscheibchen* – nicht etwa kleiner, sondern größer.

Die Lochblende wirkt wie ein Beugungsspalt. Während sich bei diesem die Beugung des Lichts jedoch nur quer zum Spalt bemerkbar machen kann, sind bei der kreisförmigen Öffnung alle Richtungen gleichberechtigt. Deshalb entsteht ein rotationssymmetrisches Interferenzmuster. Das Beugungsscheibchen bildet die helle Mitte; es wird vom ersten Minimum in Form eines dunklen Rings begrenzt. Die folgenden weniger hellen Ringe sind *Nebenmaxima*, unterbrochen von weiteren Minima.

Betrachten wir die kreisförmige Öffnung mit dem Durchmesser l näherungsweise als Spalt der Breite l, so erhalten wir für den Winkel α_1 zum ersten dunklen Ring $\sin\alpha_1 \approx \lambda/l$. Die genaue Theorie liefert $\sin\alpha_1 = 1{,}22\,\lambda/l$. Je kleiner also der Durchmesser der Öffnung gemacht wird, desto größer werden die Beugungsscheibchen, aus denen das Bild bei der Lochkamera zusammengesetzt ist.

2. Vorsicht – ab Blende 16 Beugung!

Eine weitere Möglichkeit, scharfe Abbildungen zu erhalten, bietet die **Sammellinse.** Aber auch sie ist zwangsläufig durch eine Öffnung begrenzt, an der Beugung auftreten muß. In *Bild 245.2* fällt von einem weit entfernten Gegenstandspunkt der optischen Achse ein praktisch paralleles Lichtbündel auf die Öffnung einer Sammellinse. Nach den Gesetzen der geometrischen Optik wird es durch die Linse in einem *Bildpunkt* vereinigt, der in unserem Fall aus dem Brennpunkt F besteht.

Nun wird aber das Licht an der Öffnung mit dem Durchmesser *l gebeugt*. Deshalb entsteht statt des Bildpunktes ein *Beugungsscheibchen*. Nach *Bild 245.2* gilt für den Winkel α_1, dessen einer Schenkel zu einem Punkt P_1 der Begrenzung dieses Scheibchens hinzielt, die Beziehung

$$\sin\alpha_1 \approx \frac{\lambda}{l}. \qquad (245.1)$$

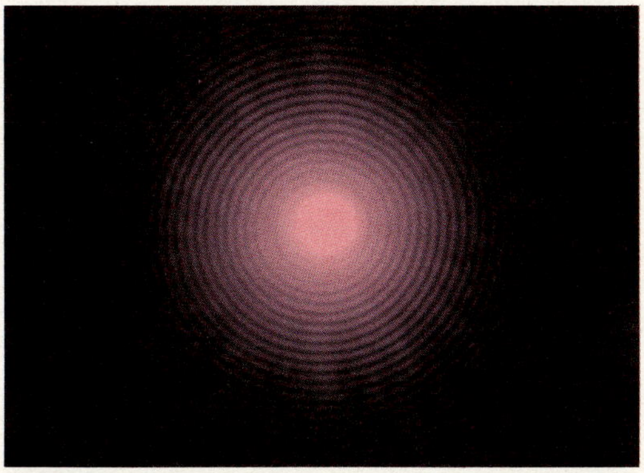

245.1 Beugung des Lichts an einer kreisförmigen Öffnung

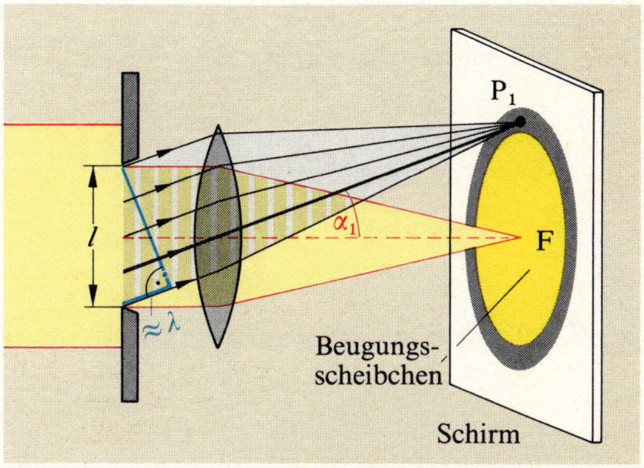

245.2 Beugung an Lochblende mit Sammellinse dahinter

Zwei nahe beieinander liegende Gegenstandspunkte können durch eine Sammellinse gerade noch *getrennt* abgebildet werden, wenn ihre Beugungsscheibchen so liegen, daß die Mitte des einen auf den Rand des anderen fällt. Dies ist nach *Bild 246.1* der Fall, wenn der Winkel φ zwischen den beiden von den Gegenstandspunkten P_1 und P_2 kommenden Mittelpunktsstrahlen gleich dem Winkel α_1 ist, der zum ersten dunklen Ring führt; also gilt $\sin\varphi \approx \lambda/l$.

Da der Durchmesser l einer Linse sehr viel größer als die Wellenlänge λ des Lichts ist, wird der Winkel φ sehr klein, so daß wir $\sin\varphi \approx \varphi$ setzen dürfen. Damit ergibt sich für den Winkel zwischen den Mittelpunktsstrahlen

$$\varphi \approx \frac{\lambda}{l} \text{ (im Bogenmaß).} \qquad (246.1)$$

Zwei Objektpunkte, die von einer Sammellinse mit dem Durchmesser l getrennt abgebildet werden sollen, müssen so weit auseinander liegen, daß die von ihnen zur Linsenmitte gezogenen Strahlen mindestens den Winkel $\varphi = \lambda/l$ bilden.

Versuch 228: Ein Glasmaßstab, der in hundertstel Millimeter geteilt ist, wird von einer Experimentierlampe durchleuchtet und mit dem Objektiv eines Fotoapparates (Brennweite f= 5 cm) bei voll geöffneter Blende auf einen etwa 4 m entfernten Schirm abgebildet. Verkleinern wir nun die Blendenöffnung immer mehr, so wird die Abbildung der $\frac{1}{100}$ mm-Teilung, die vorher gut sichtbar war, etwa von Blende 16 an völlig verschwommen.

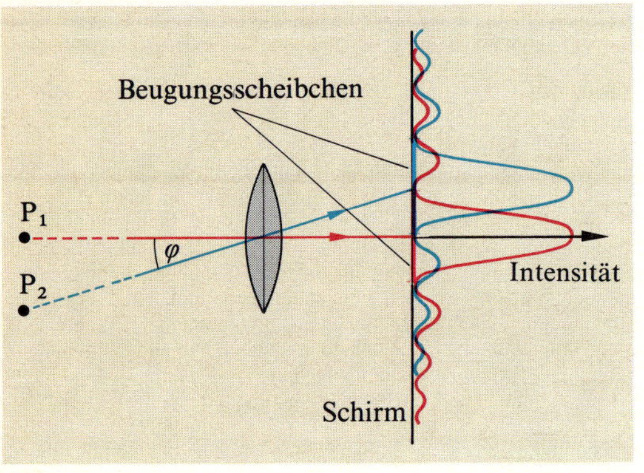

246.1 P_1 und P_2 werden gerade noch getrennt abgebildet, wenn die Mitte des einen Beugungsscheibchens auf den Rand des anderen fällt.

Die Objektpunkte sind in diesem Versuch $d = \frac{1}{100}$ mm auseinander. Da sie ungefähr in der Brennebene der Linse liegen, beträgt der Winkel, den die Strahlen von zwei benachbarten Objektpunkten zur Linsenmitte bilden, $d/f = \varphi = 1 \cdot 10^{-5}$ m$/f$. Damit die Objektpunkte hinreichend getrennt abgebildet werden, muß $\varphi > \lambda/l$ sein; daraus folgt $f/l < d/\lambda = 1 \cdot 10^{-5}$ m$/\lambda$.

Bei einer mittleren Lichtwellenlänge von $\lambda = 600$ nm erhalten wir die Bedingung $f/l < 1 \cdot 10^{-5}$ m$/6 \cdot 10^{-7}$ m $= \frac{100}{6} \approx 16$.

Den Quotienten f/l nennt man die *Blendenzahl* (kurz „Blende") des Objektivs. Damit die $\frac{1}{100}$ mm-Teilung scharf abgebildet wird, muß also die Blendenzahl kleiner als 16 sein. (Da in f/l der Linsendurchmesser l im Nenner steht, gehört zu einer kleinen Blendenzahl eine große Blendenöffnung und umgekehrt.)

Bei einer Fotografie sind die Rollen von Gegenstand und Bild gegenüber Versuch 228 gerade vertauscht: Der abzubildende Gegenstand ist relativ weit vom Objektiv entfernt, während das Bild ungefähr in der Brennebene liegt. Wenden wir also unser Versuchsergebnis auf die *Fotografie* an, so besagt es, daß dort zwei $\frac{1}{100}$ mm voneinander entfernte Bildpunkte nur bei Blendenzahlen getrennt erscheinen, die kleiner als 16 sind. Nun erreicht man auf einem Film schon wegen der Korngröße nicht jeden beliebig kleinen Punktabstand. Die Grenze liegt gerade bei etwa $\frac{1}{100}$ mm. Wer also scharfe Bilder wünscht, darf noch mit Blende 16, aber nicht mehr mit Blende 22 fotografieren!

3. Das Auflösungsvermögen des Auges

Die Pupille unseres Auges hat bei durchschnittlicher Tagesbeleuchtung 3 mm Durchmesser. Nimmt man eine mittlere Lichtwellenlänge von 600 nm an, so folgt nach *Gl. 246.1*

$$\varphi \approx \frac{6 \cdot 10^{-4}\,\text{mm}}{3\,\text{mm}} = 2 \cdot 10^{-4} \text{ (im Bogenmaß).}$$

Im Gradmaß ist dies etwa $\frac{1}{80}$ Grad. Unser Auge kann demnach zwei Gegenstandspunkte gerade noch getrennt wahrnehmen, die zu einem Sehwinkel von etwa $\frac{1}{80}$ Grad gehören. Diese Grenze für das Auflösungsvermögen fand *Robert Hooke* schon 1676.

Die Sehschärfe des Auges wird andererseits durch die *Struktur der Netzhaut* begrenzt (Mittelstufenband, Seite 234). Die Bilder von zwei leuchtenden Objektpunkten können nur dann getrennt wahrgenommen werden, wenn sie auf zwei verschiedene Sehzellen fallen. Diese liegen im *gelben Fleck* am dichtesten; dort ist ihr Abstand gerade so groß, daß die von der Mitte der Augenlinse zu ihnen führenden Strahlen einen Winkel von ca. $\frac{1}{80}$ Grad bilden. Das ist der Sehwinkel, unter dem zwei Objektpunkte sowohl wegen der Beugung als auch wegen der Netzhautstruktur eben noch getrennt abgebildet werden können. Der Raster der Netzhaut ist demnach so fein eingeteilt, daß er die von der Beugung des Lichts gesetzte Grenze voll ausnutzt; eine feinere Struktur wäre eine unnötige Verschwendung der Natur.

4. Das Auflösungsvermögen des Fernrohrs

Sie haben auf der Mittelstufe erfahren, daß die Objektive von *astronomischen Fernrohren* einen großen Durchmesser haben müssen, damit sie möglichst viel Licht von den Sternen einfangen können. Das ist aber nicht der einzige Grund: Je größer die Objektivöffnung eines Fernrohrs ist, desto besser wird sein **Auflösungsvermögen.** Nach *Gl. 246.1* darf nämlich der Sehwinkel φ um so kleiner sein, je größer der Durchmesser l der Objektivöffnung ist. Mit einem guten Himmelsfernrohr ist es deshalb möglich, dicht benachbarte Sterne (z.B. *Doppelsterne*) noch voneinander zu unterscheiden, die bei bloßem Auge als *ein* Punkt erscheinen, weil ihre Bilder auf der Netzhaut zu einem einzigen Beugungsscheibchen verschmelzen.

5. Wie fein sieht man mit dem Mikroskop?

Sehr kleine Gegenstände, die wir mit bloßem Auge überhaupt nicht wahrnehmen, können bekanntlich mit dem *Mikroskop* vergrößert sichtbar gemacht werden. Der folgende Modellversuch soll zeigen, daß dabei der Sichtbarkeit Grenzen gesetzt sind, die nicht allein vom Beobachtungsinstrument, sondern auch von der Struktur des Lichts selbst bestimmt werden.

Versuch 229: a) Als Gegenstand benutzen wir ein optisches Gitter mit 1000 Strichen/cm. Es wird nach *Bild 247.1* vom Lichtbündel eines Lasers durchstrahlt. Ein gutes Projektionsobjektiv ($f = 5$ cm) erzeugt davon auf einem ungefähr 5 m entfernten Schirm eine vergrößerte optische Abbildung, in der wir die Gitterstriche deutlich wahrnehmen können. Sie entspricht dem vergrößerten Zwischenbild in einem Mikroskop (Mittelstufenband, Seite 241). Auch hier spielt die *Beugung* des Lichts eine Rolle – aber eine ganz andere als bisher: Bringen wir in die vom Gitter abgewandte Brennebene des Objektivs vorübergehend einen weiteren Schirm, so sehen wir darauf die von der Beugung am Gitter herrührenden Hauptmaxima verschiedener Ordnungen als scharfe Punkte nebeneinander aufgereiht. Diese Beugung stört nun aber die Abbildung keineswegs. Nachdem wir den Schirm aus der Brennebene wieder herausgenommen haben, vereinigt das Projektionsobjektiv die in verschiedene Richtungen gebeugten Wellenstrahlen auf dem Schirm zu Bildpunkten (genauer zu sehr kleinen Beugungsscheibchen).

b) Nun bringen wir an die Stelle, an der wir vorher den zweiten Schirm eingeschoben haben, einen Spalt; damit decken wir nacheinander die bei der Beugung entstehenden Hauptmaxima ab. Die vergrößerte Abbildung des Gitters auf dem Schirm büßt dabei zwar an Helligkeit ein, bleibt aber im übrigen bestehen. Das ändert sich schlagartig, wenn wir schließlich auch noch die Maxima 1. Ordnung abgedeckt haben: Jetzt verschwindet die Abbildung, obwohl das Licht des Maximums 0. Ordnung immer noch durch das Objektiv auf den Schirm fällt. Im Maximum 0. Ordnung allein ist offenbar noch keine Information über die Struktur des abzubildenden Gitters enthalten; es müssen mindestens die Maxima 1. Ordnung herangezogen werden.

Dieses merkwürdige Versuchsergebnis können wir uns folgendermaßen klar machen: Haben wir in einem Versuch mit Licht der Wellenlänge λ bei einem optischen Gitter den Winkel α_1 zum 1. Hauptmaximum bestimmt, so können wir aus der Gleichung $\sin\alpha_1 = \lambda/g$ die Gitter-

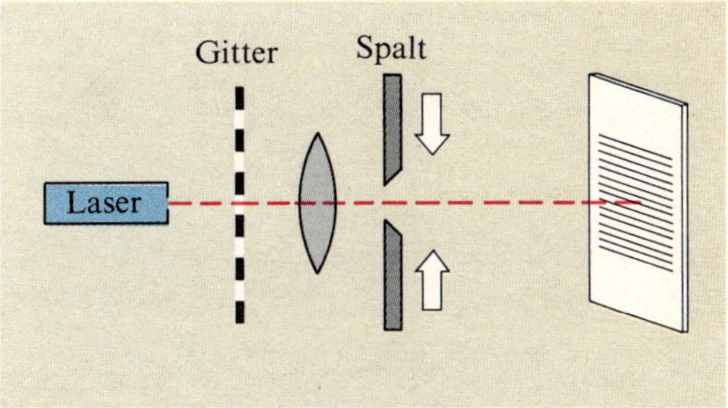

247.1 Zur optischen Abbildung der Gitterstruktur müssen mindestens die Maxima erster Ordnung herangezogen werden.

konstante $g=\lambda/\sin\alpha_1$ berechnen und erhalten damit eine Information über die Struktur des Gitters. Ist uns dagegen lediglich die Lage des Hauptmaximums 0. Ordnung bekannt, so läßt sich damit allein die Gitterkonstante g nicht bestimmen, da $\alpha_0=0$ von g unabhängig ist. Wir bekommen also aus dem Hauptmaximum 0. Ordnung noch keinen Aufschluß über die Gitterstruktur.

Wir denken uns nun ein Gitter mit $g<\lambda$, d.h. der Abstand der Gitterstriche ist kleiner als die Lichtwellenlänge. Bei der Beugung des Lichts an einem solchen Gitter kommt nicht einmal das Maximum 1. Ordnung zustande. Das heißt aber, daß Gitterstriche, deren Abstand kleiner als λ ist, durch Licht der Wellenlänge λ nicht getrennt sichtbar gemacht werden können. Woran dies im Grunde liegt, läßt sich an Wasserwellen zeigen: Treffen sie auf ein Hindernis, das kleiner als die Wellenlänge ist, so schlagen sie wegen der Beugung an seinen Rändern dahinter wieder zusammen, als sei nichts gewesen. Das Hindernis hat auf sie keinen nachhaltigen Eindruck gemacht.

Deshalb ist es auch unmöglich, mit einem Lichtmikroskop beliebig kleine Strukturen zu erkennen. Stellen Sie sich vor, ein optisches Gitter mit der Gitterkonstante g werde durch ein Mikroskop betrachtet. Auch bei der Durchleuchtung mit gewöhnlichem Licht ist die Kohärenzbedingung wegen des kleinen Abstandes zweier benachbarter Gitteröffnungen erfüllt. Damit die Gitterstruktur bei der Abbildung durch das Objektiv noch erkennbar bleibt, muß es nach dem Ergebnis von Versuch 229 mindestens von den beiden Beugungsmaxima erster Ordnung getroffen werden; *Bild 248.1* zeigt den Grenzfall dieser Bedingung. Für den Winkel zum 1. Maximum gilt $\sin\alpha_1=\lambda/g$; daraus folgt $g=\lambda/\sin\alpha_1$. Nach *Bild 248.1* ist dann der Winkel, unter dem die Objektivöffnung vom Gitter aus erscheint, $\psi=2\alpha_1$; also ist $\alpha_1=\psi/2$.

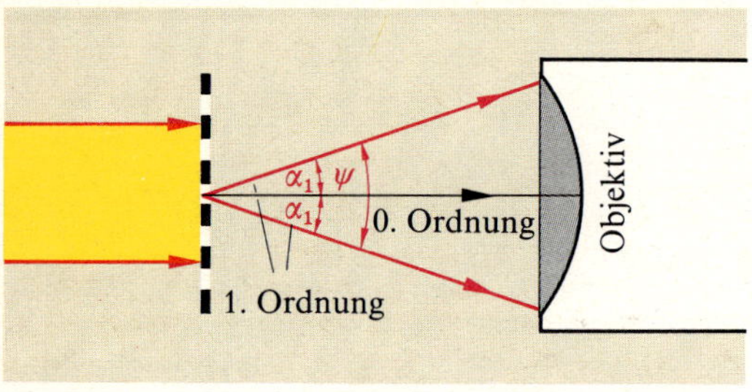

248.1 Das Objektiv muß mindestens von den Beugungsmaxima 1. Ordnung getroffen werden.

Damit zwei benachbarte Gitterspalte durch das Objektiv gerade noch deutlich erkennbar abgebildet werden, muß demnach die Bedingung $g=\lambda/\sin\frac{\psi}{2}$ erfüllt sein. Dies gilt nicht nur für zwei benachbarte Gitterspalte, sondern allgemein für zwei beliebige, im Abstand g nebeneinander liegende Objektpunkte.

Zwei Objektpunkte sind im Mikroskop gerade noch getrennt wahrnehmbar, wenn ihr Abstand

$$g=\frac{\lambda}{\sin\frac{\psi}{2}} \qquad \textbf{(248.1)}$$

beträgt. Dabei ist λ die Wellenlänge des Lichts und ψ der Winkel, unter dem die Objektivöffnung vom Objekt aus erscheint.

Aus *Gl. 248.1* folgt, daß zwei gerade noch auflösbare Objektpunkte um so dichter beieinander liegen dürfen, je kurzwelliger das verwendete Licht ist. Das Auflösungsvermögen des Mikroskops ist deshalb bei violettem Licht größer als bei rotem. Eine Beleuchtung mit ultraviolettem Licht, das eine noch kleinere Wellenlänge hat, bringt eine weitere Verbesserung des Auflösungsvermögens mit sich. Da ultraviolettes Licht vom Auge nicht wahrgenommen wird, muß die vergrößerte Abbildung des Objekts auf einem Fluoreszenzschirm beobachtet oder aber fotografisch festgehalten werden.

Es gibt noch eine weitere Möglichkeit, das Auflösungsvermögen des Mikroskops zu steigern: Man füllt den kleinen Raum zwischen Objekt und Objektiv mit einer *Immersionsflüssigkeit* hoher Brechungszahl n. Dadurch geht die Wellenlänge vom Vakuumwert λ auf λ/n zurück. Die gerade noch auflösbare Entfernung zweier Objektpunkte sinkt damit auf

$$g=\frac{\lambda}{n\sin\frac{\psi}{2}}. \qquad (248.2)$$

Als Immersionsflüssigkeit verwendet man z.B. Zedernholzöl ($n=1{,}5$) oder Monobromnaphtalin ($n=1{,}66$). Das Produkt $n\sin\frac{\psi}{2}$ wird **numerische Apertur** des Objektivs genannt. Sie kann bestenfalls einen Wert von ungefähr 1,5 erreichen, da der Öffnungswinkel $\psi<180°$ bleibt und die Brechungszahl der Immersionsflüssigkeit höchstens bei 1,7 liegt. Wir runden den maximal erreichbaren Wert der numerischen Apertur auf $n\sin\frac{\psi}{2}\approx 2$ und erhalten damit aus *Gl. 248.2* für die Entfernung zweier Objektpunkte, die gerade noch auflösbar sind, $g\approx\lambda/2$.

Objektpunkte, die näher als eine halbe Wellenlänge des benutzten Lichts beieinander liegen, kann man wegen der Wellennatur des Lichts auch im besten Mikroskop nicht getrennt wahrnehmen.

Noch feinere Strukturen lassen sich mit dem *Elektronenmikroskop* (Seite 79) auflösen. Elektronenstrahlen haben Welleneigenschaften, die wir auf Seite 313 kennenlernen werden. Bei einer Beschleunigungsspannung von 60 kV ist einem Elektronenstrahl die Wellenlänge $\lambda = 5 \cdot 10^{-12}$ m zugeordnet. Auch hier spielt die *Apertur* des elektronenoptischen Objektivs eine Rolle; sie ist wesentlich kleiner als die des Lichtmikroskops. Da aber außerdem noch Abbildungsfehler der elektromagnetischen Linsensysteme zu berücksichtigen sind, kann man beim Elektronenmikroskop nicht mit einem Auflösungsvermögen von $\lambda/2$ rechnen. Man erreicht ungefähr $2 \cdot 10^{-10}$ m $= 0{,}2$ nm.

Erfahrungsgemäß kann man mit bloßem Auge in deutlicher Sehweite (25 cm) Objektpunkte noch gut unterscheiden, die 0,3 mm voneinander entfernt sind. Die Leistungsfähigkeit eines Lichtmikroskops ist demnach ausgeschöpft, wenn die bei der günstigsten Lichtwellenlänge $\lambda = 400$ nm gerade noch auflösbare Entfernung $\lambda/2$ zweier Objektpunkte von $\lambda/2 = 2 \cdot 10^{-4}$ mm auf 0,3 mm vergrößert wird. Die dazu notwendige sogenannte *förderliche Vergrößerung* beträgt 0,3 mm$/2 \cdot 10^{-4}$ mm $= 1500$.

Eine stärkere Vergrößerung ließe zwar die Objektpunkte dem Auge noch weiter voneinander entfernt erscheinen, würde jedoch keine neuen Einzelheiten der Struktur des Gegenstandes aufdecken. Die förderliche Vergrößerung des Elektronenmikroskops ist wesentlich höher.

249.1 Mit einer Lochkamera aufgenommenes Foto. Durchmesser der Blendenöffnung $d = 0{,}57$ mm, Bildweite $b = 231$ mm, Belichtungsdauer: 45 s

Aufgaben

(Mittlere Wellenlänge des Lichts $\lambda = 600$ nm)

1. *Man kann näherungsweise annehmen, in Versuch 225 sei die Schwelle zur geometrischen Optik dann erreicht, wenn die helle Mitte des Interferenzmusters so weit geschrumpft ist, daß sie etwa gleich breit geworden ist wie der Spalt.* **a)** *Berechnen Sie aufgrund dieser Annahme, wie groß man bei einer Lochkamera mit der Bildweite* 231 mm *den Durchmesser der Öffnung machen muß, damit die Abbildung optimal scharf wird! – Vergleichen Sie Ihr Ergebnis mit den Daten des Lochkamera-Fotos in Bild 249.1!* **b)** *Wie groß ist die Blendenzahl (f = Bildweite)?*

2. a) *Bei der Fotografie eines weit entfernten Gegenstandes entstehen statt der Bildpunkte Beugungsscheibchen. Zeigen Sie, daß deren Radius nur von der Blendenzahl f/d des Objektivs abhängt!* **b)** *Ein Fotograf nimmt dasselbe Motiv zuerst mit einem Teleobjektiv (große Brennweite) und dann bei gleicher Blendenzahl mit einem normalen Objektiv (kleinere Brennweite) auf. Anschließend vergrößert er das Negativ der zweiten Aufnahme so, daß beide Fotos gleich groß sind. Warum ist das nachträglich vergrößerte Foto unschärfer als die mit dem Teleobjektiv gemachte Aufnahme? (Die Korngröße des Films soll dabei keine Rolle spielen.)*

3. *Welchen Radius hat das Beugungsscheibchen, das durch das Objektiv eines Fotoapparats von einem weit entfernten Gegenstandspunkt erzeugt wird* **a)** *bei Blende 4;* **b)** *bei Blende 11?*

4. *Die Latten eines Zauns haben voneinander den Abstand* 4,5 cm. *Der Zaun wird aus* 250 m *Entfernung mit einem Objektiv der Brennweite $f = 35$ mm fotografiert. Wie groß darf die Blendenzahl höchstens sein, damit die Latten bei der Abbildung auf einen hochauflösenden Film noch getrennt werden?*

5. *Stellen Sie fest, aus welcher Entfernung Sie einen Maßstab betrachten müssen, damit die Millimeterteilung für Sie gerade zu verschwimmen beginnt! Bestimmen Sie aus diesem Versuch das Auflösungsvermögen Ihres Auges!*

6. *Wie groß muß der Objektivdurchmesser eines Fernrohrs sein, das zwei Sterne im Winkelabstand von $1 \cdot 10^{-3}$ Grad getrennt erkennen läßt?*

7. *Ein Doppelstern soll durch ein Fernrohr mit der Objektivöffnung* 100 mm *beobachtet werden. Welchen Winkelabstand dürfen die beiden Teilsterne höchstens haben, damit man sie noch getrennt wahrnehmen kann?*

8. *Ein Fixstern wird durch ein Fernrohr fotografiert. Auf das Wievielfache steigt die Bestrahlungsstärke der Fotoplatte in der Brennebene des Objektivs an, wenn ein anderes Fernrohr mit n-fachem Objektivdurchmesser und gleicher Brennweite benutzt wird? Auf welchen Teil kann dann die Belichtungsdauer reduziert werden? (Vergleichen Sie die Flächen der Objektivlinsen und der Beugungsscheibchen miteinander!)*

§ 76 Interferenz an dünnen Schichten

1. Interferenz – nicht nur bei Beugung

Interferenzerscheinungen sind immer dann zu beobachten, wenn sich kohärente Wellen überlagern. Beim optischen Gitter und beim Einzelspalt entsteht diese Überlagerung aufgrund der *Beugung* des Lichts. Beugung und Interferenz hängen dort so eng miteinander zusammen, daß anstelle von „Interferenzmuster" oft auch die Bezeichnung „Beugungsbild" üblich ist. Nun wollen wir ein Interferenzmuster erzeugen, das *ohne Beugung* zustandekommt.

Versuch 230: Wir halten vor eine Quecksilber-Spektrallampe ein dünnes Glimmerblatt, so daß das daran reflektierte Licht auf eine Wand fällt. *Bild 250.1* zeigt das Ergebnis: Eine ringförmige Interferenzerscheinung!

Zur Erklärung dieses eindrucksvollen Versuchs greifen wir in *Bild 251.1* einen beliebigen Punkt P der Projektionswand heraus. Das von der Lampe ausgehende Licht gelangt auf verschiedenen Wegen dorthin; sie sind in *Bild 251.1* durch den Strahl 1 (rot) bzw. den Strahl 2 (blau) dargestellt. Die sich in P überlagernden Lichtwellen haben nun aus verschiedenen Gründen einen Gangunterschied:

- Die beiden Strahlen 1 und 2 legen bis P verschieden lange Wege zurück.
- Bei der Reflexion tritt unter Umständen ein Phasensprung auf.
- Der Umweg des Strahls 2 führt zum Teil durch das Glimmerblatt. Dort hat das Licht eine kleinere Wellenlänge als in Luft.

Die Wegdifferenz hängt nun vom Ort des Vereinigungspunkts P ab; der Gangunterschied

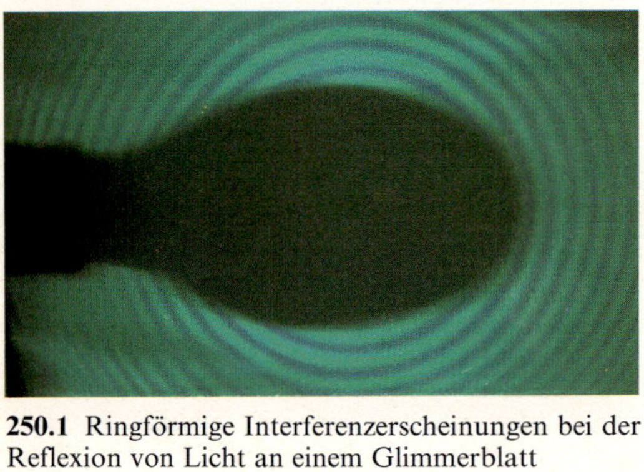

250.1 Ringförmige Interferenzerscheinungen bei der Reflexion von Licht an einem Glimmerblatt

ändert sich also mit der Lage von P. Dabei wechseln konstruktive und destruktive Interferenz miteinander ab: Auf dem Projektionsschirm entstehen Maxima und Minima. *Bild 251.1* stellt lediglich einen ebenen Schnitt dar. In Wirklichkeit führen die Strahlenpaare gleichen Gangunterschieds nicht nur zu den Punkten P und P_1, sondern liegen jeweils auf dem Mantel eines Kegels mit der Achse LM. Die beiden Kegelspitzen kann man als zwei *scheinbare* Lichtquellen L_1 und L_2 auffassen, von denen kohärentes Licht ausgeht. Damit haben wir im Grunde ein ähnliches Wellenfeld erzeugt wie bei der Beugung an den beiden Öffnungen L_1 und L_2 eines Doppelspalts. Dort haben wir jedoch in einer Ebene parallel zu L_1L_2 beobachtet; in unserem Glimmerblattversuch liegt die Beobachtungsebene dagegen senkrecht zu L_1L_2. Wegen der räumlichen Symmetrie zur Achse LM treten die Maxima und Minima an der Wand als *Kreisringe* auf.

2. Eine weitere Kohärenzbedingung

Warum funktioniert der Versuch nur mit einem dünnen Glimmerblatt und nicht auch mit einer gewöhnlichen Glasscheibe? Das hängt mit der *Kohärenz* zusammen. Aus *Bild 251.1* können Sie ablesen, daß der zur Interferenz benutzte Winkelbereich ε um so kleiner wird, je geringer die Schichtdicke d ist. Nur wenn die Glimmerscheibe sehr dünn ist, wird ε so klein, daß die Kohärenzbedingung nach *Gl. 228.2* trotz der großen Ausdehnung der Quecksilberdampflampe erfüllt ist.

Der folgende Versuch zeigt, daß die Interferenzstreifen noch aus einem anderen Grund nur bei sehr geringen Schichtdicken auftreten.

Versuch 231: Wir beleuchten das Glimmerblatt mit einer Quecksilber-Höchstdrucklampe (Enddruck im heißen Zustand: 40facher Atmosphärendruck). Anfangs erhalten wir wieder die kreisförmigen Interferenzstreifen; diese verblassen jedoch zusehends und sind nach etwa 4 Minuten völlig verschwunden.

Was ist passiert? – Wie Sie wissen, sendet eine gewöhnliche Lichtquelle Wellenzüge endlicher Länge aus. Diese Länge nennt man **Kohärenzlänge** (bei einem Mikrowellensender kann sie beliebig groß sein). Ist nun die Kohärenzlänge kleiner als der Gangunterschied, mit dem die beiden aufgespaltenen Wellen 1 und 2 zum Punkt P_1 laufen (*Bild 251.1* rechts), so können

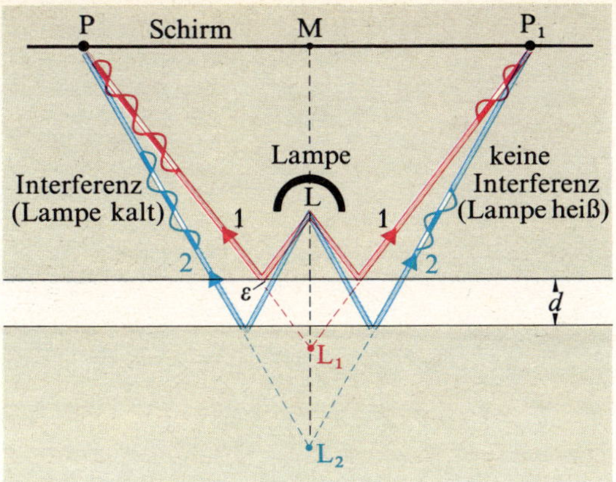

251.1 Das von einem Punkt L der Lampe kommende Licht gelangt auf zwei verschiedenen Wegen nach P (Brechung vernachlässigt).

diese nicht miteinander interferieren: Der Schirm wird genau so gleichmäßig beleuchtet wie durch das Licht zweier getrennter Lampen, nämlich mit stochastisch aufeinanderfolgenden nichtkohärenten Wellenzügen.

In unserem Versuch gibt es also nur dann Interferenz, wenn die Kohärenzlänge größer als ungefähr die doppelte Dicke der reflektierenden Schicht bleibt. Diese Bedingung ist anfangs bei kalter Lampe erfüllt. Nach einigen Minuten hat sich jedoch der Dampfdruck in der Lampe erhöht: Jetzt erfahren die Quecksilberatome viel häufigere Stöße als zu Beginn. Dadurch werden die einzelnen Ausstrahlungsakte zeitlich kürzer; die Kohärenzlänge nimmt ab und unterschreitet schließlich den Gangunterschied: Die anfänglich sichtbaren Interferenzstreifen verblassen.

Da die Länge der Wellenzüge von der *Zeit* abhängt, in der sie abgestrahlt werden, spricht man hier auch von der **zeitlichen Kohärenzbedingung**; im Gegensatz dazu wird *Gl. 228.2 räumliche* Kohärenzbedingung genannt.

Die Kohärenzlänge ist bei der Quecksilberdampflampe kurz nach dem Einschalten über 1 mm; im Licht einer guten Spektrallampe beträgt sie ungefähr 30 cm, im Sonnenlicht dagegen nur etwa $1 \cdot 10^{-3}$ mm.

An einer Schicht können nur dann Interferenzerscheinungen entstehen, wenn das an den beiden Grenzflächen dieser Schicht reflektierte Licht genügend zeitlich und räumlich kohärent ist.

Versuch 232: Lassen wir das divergent aufgeweitete Lichtbündel eines Lasers auf eine gewöhnliche Glasplatte fallen, so erzeugt das reflektierte Licht wie beim Glimmerblatt-Versuch ein System von Interferenzstreifen. Kleine Unebenheiten der Glasscheibe wirken sich als Verzerrungen des Interferenzmusters aus. Mit Laserlicht erhält man also auch an dicken Schichten Interferenzerscheinungen. Damit haben wir einen weiteren Vorzug des Lasers entdeckt: Die von ihm ausgesandten Wellenzüge haben eine *sehr große Kohärenzlänge*. Aus unserem Versuch können wir lediglich schließen, daß sie größer als die doppelte Dicke der Glasscheibe ist. Bei Gaslasern kommen Kohärenzlängen von vielen hundert Kilometern vor.

3. Warum schillern Seifenblasen?

Sicher haben Sie schon beobachtet, daß Seifenblasen oder auch Ölflecke auf nasser Straße in allen Farben schillern können. Das hat wohl etwas damit zu tun, daß es sich dabei um *dünne Schichten* handelt. Fassen wir also einmal eine dünne Schicht genauer ins Auge!

Versuch 233: Im verdunkelten Raum wird eine weiße Wand mit einer Quecksilber- oder Natrium-Spektrallampe beleuchtet. Nehmen Sie nun das schon in Versuch 230 benutzte Glimmerblatt in die Hand und blicken so darauf, daß sich die beleuchtete Wand darin spiegelt! Seltsamerweise sehen Sie dann im Spiegelbild der Wand dieselben kreisförmigen Interferenzstreifen wie in Versuch 230. Wie kommt das?

Mit unserem Blick auf das Glimmerblatt haben wir im Grunde den Versuch 230 wiederholt – aber mit vertauschten Rollen: An der Stelle der Lichtquelle befindet sich jetzt unser Auge; dafür geht das Licht nun von den Punkten der Wand aus. Dort kam es in Versuch 230 jeweils auf zwei verschiedenen Wegen mit einem gewissen Gangunterschied an *(Bild 251.1)*. Derselbe Gangunterschied entsteht auch beim umgekehrten Lichtweg. Die Interferenz findet jetzt aber nicht mehr an der Wand, sondern auf der Netzhaut unseres Auges statt. Dadurch erhalten wir den Eindruck, als käme das Licht vom gleichen Interferenzmuster wie in Versuch 230.

Das Glimmerblatt ist ungefähr 0,05 mm dick. Nehmen wir an, sein Abstand von der Wand sei 2 Meter, dann müßte sie in *Bild 251.1* eigentlich 200 m weit entfernt gezeichnet werden.

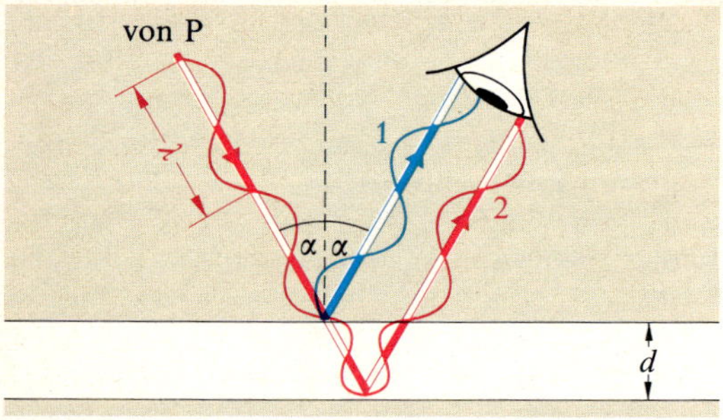

252.1 Das von einem Punkt P einer diffus beleuchteten Wand ausgehende Licht gelangt auf zwei verschiedenen Wegen in das Auge.

252.2 Auf der dünnen Seifenhaut sieht man im diffusen einfarbigen Licht Zebrastreifen. Oben bildet sich stets eine dunkle Zone aus.

Von einem Punkt P dieser Wand ausgehende Lichtstrahlen kommen also praktisch *parallel* am Glimmerblatt an. *Bild 252.1* zeigt den Verlauf der von P unter einem bestimmten Winkel α auf die dünne Schicht fallenden Lichtwelle. Ist die Schicht an jeder Stelle gleich dick, so hängt der Gangunterschied der auf unterschiedlichen Wegen in das Auge gelangenden Wellenstrahlen 1 und 2 lediglich vom Winkel α, also von ihrer Neigung, ab. Man nennt die hier beobachteten Zebrastreifen deshalb auch *Interferenzstreifen bei gleicher Neigung*.

Falls die Schichtdicke d kleiner als die Kohärenzlänge des benutzten Lichts ist, überlappen sich die Wellenzüge 1 und 2 im Auge und interferieren weitgehend.

Der nächste Versuch zeigt, daß man auch an einer Seifenblase Interferenzstreifen beobachten kann.

Versuch 234: Wir ziehen einen rechteckigen Drahtrahmen vorsichtig aus einer Seifenlösung; dabei bildet sich zwischen den Drähten eine feine Haut aus Wasser. Auf diese dünne Schicht lassen wir einfarbiges Licht fallen; es geht von einem Transparentschirm aus, der auf seiner Rückseite mit einer Natriumdampflampe beleuchtet wird. Im an der Seifenhaut reflektierten Licht sehen wir dann viele dunkle Interferenzstreifen *(Bild 252.2)*.

Sie kommen aus demselben Grund zustande wie im vorigen Versuch. Und doch beobachten wir hier noch etwas anderes: Die Interferenzstreifen verändern andauernd ihre Lage; dabei bildet sich nach einiger Zeit am oberen Rand der Schicht eine dunkle Zone aus, die nach unten hin immer breiter wird – bis die Seifenhaut schließlich platzt.

Weil das in der Seifenhaut enthaltene Wasser nach unten absinkt, haben wir es hier mit einer *keilförmigen* Schicht zu tun. Ihre nach unten hin zunehmende Dicke ändert sich wegen der Verdunstung des Wassers allmählich; dabei wird die Seifenhaut an ihrer oberen Kante besonders dünn. Dort wird die Wegdifferenz der beiden Strahlen 1 und 2 schließlich so gering, daß sie praktisch keine Rolle mehr spielt. Entstünde der Gangunterschied allein durch die Wegdifferenz, so müßte an dieser Stelle jetzt durch konstruktive Interferenz andauernd *Helligkeit* auftreten.

Der Versuch zeigt das Gegenteil; daraus können wir schließen, daß der Gangunterschied hier nicht nur aus der Wegdifferenz, sondern außerdem noch aus einem *Phasensprung* von 180° entsteht.

Von den mechanischen Wellen ist Ihnen bekannt, daß sie am *festen Ende mit* einem Phasensprung von 180°, *am freien* Ende dagegen *ohne* einen solchen Phasensprung reflektiert werden. Auch bei der Reflexion von *Mikrowellen* ist uns der Phasensprung schon begegnet. Unser Versuchsergebnis legt nun die Deutung nahe, daß die eine Grenzfläche der dünnen Schicht auf die Lichtwelle wie ein *festes*, die andere wie ein *freies* Ende wirkt. Tatsächlich findet man für die teilweise Reflexion einer Welle beim Übergang von einem Medium in ein anderes folgendes Gesetz: Am *dichteren* Medium (größere Brechungszahl) wird *mit* einem Phasensprung von 180° reflektiert; die Reflexion am *dünneren* Medium (kleinere Brechungszahl) findet dagegen *ohne* Phasensprung statt.

Demnach erfolgt in unserem Versuch die Reflexion des Strahls 1 (aus der Luft an Wasser) mit 180° Phasensprung, die des Strahls 2 (aus dem Wasser an Luft) ohne Phasensprung.

Und wie entstehen nun die **Farben,** die man an Seifenblasen oder auch an dünnen Ölschichten im weißen Licht beobachten kann? – Bei der Beleuchtung mit *einfarbigem* Licht, z.B. einem bestimmten Gelb, entstehen *schwarze* Interferenzstreifen. Benutzt man *weißes* Licht, so fällt das darin enthaltene gleiche Gelb längs dieser Interferenzstreifen durch destruktive Interferenz ganz weg; die Nachbarfarben treten nur geschwächt auf. Das Auge empfindet deshalb dort die Komplementärfarbe zu Gelb, nämlich Violett. Auf die gleiche Weise entstehen bei der Beleuchtung einer dünnen Schicht mit weißem Licht auch andere Farben.

Leider werden Seifenblasen rasch immer dünner, so daß sie bald platzen. Deshalb zeigen wir im nächsten Versuch die Farberscheinungen bei Interferenzen an einer dauerhaften dünnen Schicht aus Zaponlack.

Versuch 235: Wir lassen auf eine (zuvor mit einem Spülmittel entspannte) Wasseroberfläche einen Tropfen Zaponlack fallen. Er breitet sich aus und bildet dabei eine dünne Schicht. Wir beleuchten sie von oben und erhalten mit einer großen Abbildungslinse auf der Zimmerdecke herrliche Interferenzfarben. Man kann die Schicht auch abheben, auf ein Diarähmchen spannen und die Farben im reflektierten Licht direkt beobachten *(Bild 253.1)*.

Während das Lösungsmittel verdunstet, ändert sich die Dicke der Lackschicht; dadurch kommt es zu wechselnden Interferenzen. Auch die Farben, die Sie beim Blick auf einen Ölfleck wahrnehmen können, entstehen auf diese Weise.

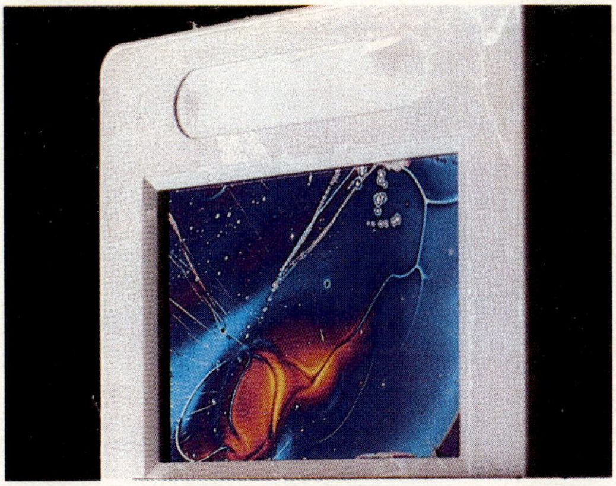

253.1 Keine Kunst – nur Reflexion weißen Glühlichts an einer dünnen Schicht aus Zaponlack

4. Die Newtonschen Ringe

Interferenzerscheinungen an dünnen Schichten sind schon lange bekannt. *Newton* griff im Jahr 1675 eine Idee von *Hooke* auf und baute eine Anordnung, in der eine schwach gekrümmte plankonvexe Linse gegen eine planparallele Platte gedrückt wird *(Bild 253.2a)*. Dadurch bildet sich zwischen den beiden Glaskörpern eine dünne Luftschicht, deren Dicke d von der Berührungsstelle in der Mitte ($d=0$) nach außen hin zunimmt. Im reflektierten, aber auch im durchgehenden Licht beobachtet man konzentrische kreisförmige Interferenzstreifen um den Berührungspunkt der beiden Gläser. Diese sogenannten *Newtonschen Ringe* kann man auch im Tageslicht sehen *(Bild 253.2b)*; die Streifen sind dann farbig. Im folgenden Versuch wollen wir Newtonsche Ringe sowohl im reflektierten als auch im durchgehenden Licht durch eine optische Abbildung sichtbar machen.

Versuch 236: a) Die aus der plankonvexen Linse und der planparallelen Platte bestehende Anordnung wird nach *Bild 254.1* mit einer Natrium-Spektrallampe beleuchtet; die Kondensorlinse K ($f=10$ cm) sorgt für ein annähernd paralleles Lichtbündel. Die im *durchgehenden* Licht entstehenden Newtonschen Ringe werden von der Sammellinse L_1 ($f_1=15$ cm) auf den Schirm S_1 abgebildet. Das an der Anordnung reflektierte Licht gelangt über einen halbdurchlässigen Spiegel (Strahlenteiler) zu einem zweiten Schirm S_2. Dort werden die im *reflektierten* Licht auftretenden Newtonschen Ringe von der Sammellinse L_2 ($f_2=15$ cm) abgebildet.

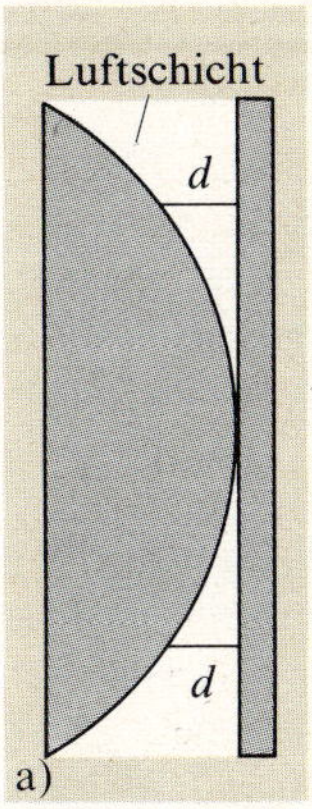

253.2 a) Anordnung zur Erzeugung Newtonscher Ringe, b) Newtonsche Ringe im Tageslicht

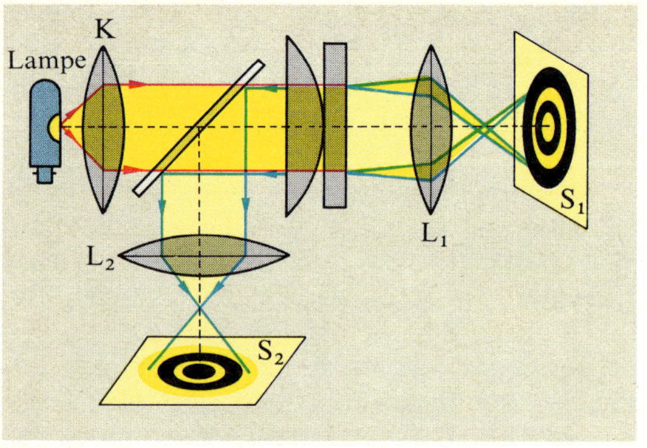

254.1 Optische Abbildung Newtonscher Ringe im reflektierten und im durchgehenden Licht

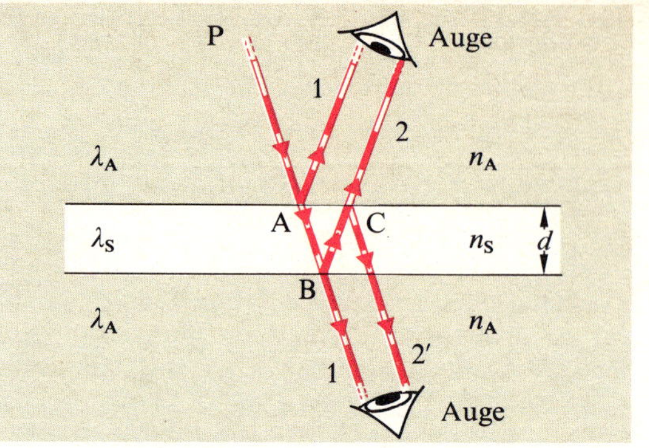

254.2 Das Licht wird an beiden Grenzflächen einer dünnen Schicht teilweise reflektiert

b) Wir halten nun eine Stecknadel dicht vor die Newton-Glaslinse und markieren mit ihrer Spitze einen bestimmten Ring: Er erscheint auf dem einen Schirm dunkel, auf dem anderen dagegen hell. Im reflektierten bzw. im durchgehenden Licht entsteht also jeweils die komplementäre Interferenzerscheinung.

Zur Erklärung der Newtonschen Ringe beschränken wir uns auf einfarbiges Licht, das – wie in Versuch 236 – *senkrecht* auf die Anordnung fällt. In *Bild 254.2* ist eine Schicht der Dicke d gezeichnet, die aus einem durchsichtigen Stoff mit der Brechungszahl n_S besteht; das Licht habe darin die Wellenlänge λ_S. Das Medium außerhalb dieser Schicht besitze die Brechungszahl n_A; die Wellenlänge des Lichts sei dort λ_A. Der einfallende Strahl PA ist der Übersichtlichkeit wegen etwas schräg gezeichnet; da er in Wirklichkeit senkrecht auf die Schicht fallen soll, wird er *nicht* gebrochen. Deshalb wurde auch in unserer Zeichnung die Brechung trotz des schiefen Einfalls vernachlässigt. Nun wollen wir uns überlegen, auf welchen Wegen das Licht in das Auge eines Beobachters gelangt.

Betrachtung des reflektierten Lichts: Ein Teil des Lichts wird bei A reflektiert und gelangt als Strahl 1 in das Auge. Der Rest geht durch die Schicht, wird zu einem weiteren Teil in B reflektiert und gelangt auf einem Weg, der sich von dem des Strahls 1 um $2d$ unterscheidet, als Strahl 2 in das Auge. Ist $n_S > n_A$, so entsteht bei der Reflexion in A ein Phasensprung von 180°, in B keiner. Ist dagegen $n_S < n_A$, so wird das Licht bei A ohne und bei B mit einem Phasensprung von 180° reflektiert. In jedem Fall kommt also zum Wegunterschied $2d$ noch ein Phasensprung von 180° hinzu; bei der Betrachtung der dünnen Schicht in der Reflexion haben die Strahlen 1 und 2 also den Gangunterschied

$$\delta = 2d + \lambda_S/2. \qquad (254.1)$$

Betrachtung des durchgehenden Lichts: Strahl 1′ gelangt direkt ins Auge. Ein Teil des Lichts wird in B und dann nochmals teilweise in C reflektiert und gelangt so auf einem Weg, der sich von dem des Strahls 1′ um $2d$ unterscheidet, als Strahl 2′ in das Auge. Ist $n_S > n_A$, so erfolgt die Reflexion sowohl in B als auch in C *ohne* Phasensprung. Ist dagegen $n_S < n_A$, so entsteht bei B und auch bei C jeweils ein Phasensprung von 180°; insgesamt ergibt dies einen Phasensprung von $360° \mathrel{\hat=} 0°$. Der Gangunterschied δ ist hier also allein gleich der Wegdifferenz, und es gilt

$$\delta = 2d. \qquad (254.2)$$

Der Vergleich mit *Gl. 254.1* zeigt, daß wir bei Versuch 236 im durchgehenden Licht stets die zum reflektierten Licht komplementäre Interferenzerscheinung erhalten. Das muß schon wegen des Energiesatzes so sein: Nehmen Sie einmal an, bei einer bestimmten Schichtdicke würde sowohl das reflektierte als auch das durchgehende Licht durch Interferenz ausgelöscht. Wo bliebe dann seine Energie?

Bei der Betrachtung einer Schicht im senkrechten Lichteinfall hängt die Art der Interferenzerscheinung allein von der Schichtdicke ab. Man spricht deshalb von *Interferenzstreifen bei gleicher Dicke.*

Tabelle 255.1 zeigt, bei welchen Schichtdicken konstruktive Interferenz (Helligkeit) bzw. destruktive Interferenz (Dunkelheit) im reflektierten sowie im durchgehenden Licht auftritt.

Schicht-dicke d	Wegunter-schied $2d$	reflek-tiertes	durch-gehendes
		Licht	
≈ 0	≈ 0	D	H
$\lambda_S/4$	$\lambda_S/2$	H	D
$\lambda_S/2$	λ_S	D	H
$3\lambda_S/4$	$3\lambda_S/2$	H	D
λ_S	$2\lambda_S$	D	H
$k\,\lambda_S/2$	$k\,\lambda_S$	D	H
$(2k+1)\,\lambda_S/4$	$(2k+1)\,\lambda_S/2$	H	D

Tabelle 255.1 Interferenz an einer dünnen Schicht; D = Dunkelheit; H = Helligkeit; $k = 0, 1, 2, \ldots$

Damit lassen sich die Newtonschen Ringe nun leicht erklären: Da die Dicke der Luftschicht zwischen den beiden Gläsern *(Bild 253.2a)* von der Mitte aus immer mehr anwächst, entstehen sowohl im reflektierten als auch im durchgehenden einfarbigen Licht entsprechend der jeweiligen Schichtdicke konzentrische dunkle und helle Interferenzstreifen.

5. Kontraste und Reflexe

In unserem Versuch fällt auf, daß die Newtonschen Ringe im reflektierten Licht sehr viel kontrastreicher erscheinen als im durchgehenden. Woran liegt das? – Wenn Sie in ein Fenster blicken, sehen Sie bekanntlich nur ein sehr schwaches Spiegelbild. Bei senkrechtem Einfall werden an der Grenzfläche zwischen Luft und Glas nur 4% der Intensität des Lichts reflektiert; 96% gehen ohne wesentliche Verluste hindurch. Betrachten wir nun anhand von *Bild 254.2* die Anteile des Lichts, die an einer dünnen Luftschicht zwischen zwei Gläsern zu Interferenzen führen!

- Im reflektierten Licht interferieren die Strahlen 1 und 2 miteinander. Strahl 1 wurde einmal (in A) reflektiert, hat also noch 4% der ursprünglichen Intensität. Strahl 2 ging zuerst bei A durch die Grenzschicht, wurde bei B reflektiert und passierte bei C nochmals die Grenzschicht; er hat demnach noch einen Bruchteil von $0{,}96 \cdot 0{,}04 \cdot 0{,}96 = 0{,}037$ der anfänglichen Intensität, das sind 3,7%. Die Amplituden der miteinander interferierenden Wellen sind also annähernd gleich; fällt ein Wellenberg auf ein Wellental, so löschen sich beide fast vollständig aus.
- Im durchgehenden Licht hat der Strahl 1′ zweimal die Grenzschicht durchsetzt und hat demnach noch einen Bruchteil von $0{,}96 \cdot 0{,}96 = 0{,}92$, also 92% der ursprünglichen Intensität. Auch der Strahl 2′ ging zweimal durch die Grenzschicht; außerdem wurde er aber zweimal (in B und in C) reflektiert; deshalb ist nur noch der Bruchteil $0{,}96 \cdot 0{,}04 \cdot 0{,}04 \cdot 0{,}96 = 0{,}0015$ seiner ursprünglichen Intensität vorhanden, das sind 0,15%. Die Amplituden der miteinander interferierenden Wellen sind demnach so verschieden, daß beim Zusammentreffen von Wellenbergen und Wellentälern keine schwarzen Streifen entstehen, sondern nur eine ganz geringfügige Abschwächung der Helligkeit eintritt.

Ähnlich wie die Newtonschen Ringe entstehen auch die Zebrastreifen im folgenden Versuch durch Interferenzen an einer dünnen Luftschicht.

Versuch 237: Zwei ebene Glasplatten werden so aufeinander gelegt, daß sie sich an der einen Seite berühren, auf der anderen dagegen durch einen dazwischengelegten Stanniolstreifen etwas voneinander abgehoben sind. Dadurch entsteht eine keilförmige Luftschicht mit zunehmender Dicke, an der im reflektierten einfarbigen Licht helle und dunkle Interferenzstreifen zu beobachten sind. Zur Beleuchtung benutzt man wie in Versuch 234 das an einem Transparentschirm gestreute Licht einer Natriumdampf-Lampe.

Die Interferenz an dünnen Schichten wird dazu benutzt, um störende Reflexe an Glasflächen optischer Geräte zu beseitigen. Dazu wird ein durchsichtiger Stoff mit einer Brechungszahl kleiner als der des Glases (z.B. Kryolith oder Magnesiumfluorid) und der Schichtdicke $\lambda_S/4$ auf das Glas gebracht. Dann löscht sich das Licht, das an der Vorder- und Rückseite der Schicht reflektiert wird, für die Wellenlänge λ_S aus und wird dafür ganz durchgelassen. Benachbarte Wellenlängen werden nur zu einem verhältnismäßig kleinen Teil reflektiert; damit werden die Reflexe für den gesamten Bereich des sichtbaren Spektrums stark vermindert. Eine solche Behandlung der Glasflächen nennt man **Vergütung.** Die Objektive von Hochleistungs-Kameras werden mit mehreren Schichten vergütet; diese sogenannte *Mehrschichten-Vergütung* bewirkt, daß das Licht des gesamten sichtbaren Spektrums vom Objektiv nahezu ohne Reflexe durchgelassen wird. Vergütete Brillengläser erkennt man an ihrem bläulichen Glanz. Er entsteht als Komplementärfarbe zur bevorzugten Mitte des Spektrums, die ungeschwächt ins Auge gelangen soll.

6. Die Lichtwellenlänge als Meterstab

Die Interferenzerscheinungen an dünnen Schichten kommen dadurch zustande, daß kohärente Wellenstrahlen aufgeteilt werden, auf verschieden langen Wegen weiterlaufen und dann wieder zusammentreffen. Dabei spielen die Begrenzungsflächen der Schicht sowohl die Rolle von Spiegeln als auch die von Strahlenteilern. Nach demselben Prinzip sind auch die sogenannten **Interferometer** aus *Spiegeln* und *Strahlenteilern* aufgebaut. Im folgenden Versuch benutzen wir das nach seinem Erfinder benannte *Michelson-Interferometer*.

Versuch 238: Nach *Bild 256.1* wird mit Hilfe einer Sammellinse ein divergentes Laserlichtbündel erzeugt. Es trifft auf eine schräg gestellte Glasplatte, die als Strahlenteiler wirkt: Ein Teil des Lichts (blau gezeichnet) wird daran zum Spiegel S_1 reflektiert und gelangt von dort zum Schirm; der andere (rot gezeichnet) durchsetzt den Strahlenteiler, wird vom Spiegel S_2 dorthin zurückgeworfen und so reflektiert, daß er ebenfalls am Schirm ankommt.

Das Ergebnis ist ein kontrastreiches Interferenzmuster in Form konzentrischer Ringe. Es erinnert stark an die Interferenzerscheinung beim Glimmerblattversuch (Seite 250).

Tatsächlich läßt sich der Strahlengang am Michelson-Interferometer darauf zurückführen: Der Spiegel S_2 ist etwas weiter von der Strahlenteilerplatte entfernt als der Spiegel S_1. Man sagt dazu auch, die beiden Interferometer-Arme seien verschieden lang. Nun wird das vom Spiegel S_2 zurückkommende Licht an der Teilerplatte so reflektiert, als käme es vom symmetrisch zu deren Ebene liegenden Spiegel S_2' (in *Bild 256.1* gestrichelt eingezeichnet). Denken Sie sich nun den Spiegel S_2 weg und an seine Stelle den Spiegel S_2' gesetzt, so erhalten Sie dieselben Verhältnisse wie beim Glimmerblattversuch: Über die schräg gestellte Glasplatte fällt ein divergentes Lichtbündel auf eine Schicht, das an deren Vorder- und Rückseite jeweils reflektiert und anschließend auf den Schirm geworfen wird.

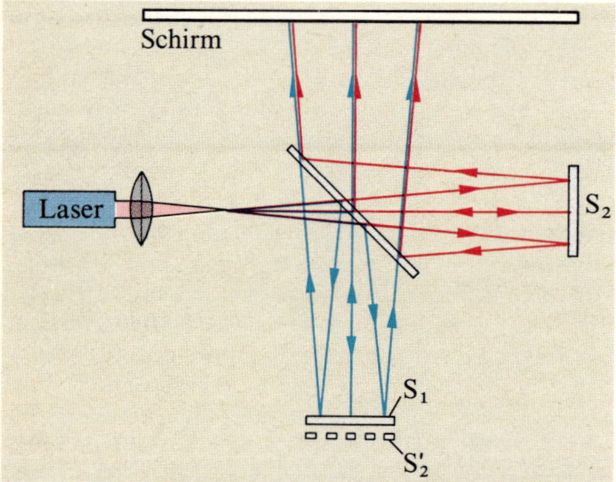

256.1 Strahlengang am Michelson-Interferometer

Das Besondere am Michelson-Interferometer ist, daß man die Dicke dieser vorgetäuschten Luftschicht durch Verschieben des einen oder des anderen Spiegels beliebig verändern kann.

Versuch 239: Einer der beiden Spiegel des Michelson-Interferometers wird auf einen *Feinstelltrieb* gesetzt. Dieser besteht aus einer Mikrometerschraube, der eine Untersetzung im Verhältnis 100:1 vorgeschaltet ist. Dreht man den Bedienungsknopf des Untersetzungsgetriebes um 360°, so wird der aufgesetzte Spiegel um nur 0,005 mm = 5000 nm in Richtung der optischen Achse verschoben, während der andere Spiegel in Ruhe bleibt.

Eine solche Verschiebung wirkt sich nun in beeindruckender Weise auf das Interferenzmuster aus: Die konzentrischen Ringe geraten in Bewegung. Wo vorher helle Streifen waren, entstehen jetzt dunkle und umgekehrt. Diese Erscheinung läßt sich anhand von *Bild 256.1* einfach erklären: Wird einer der beiden Spiegel um die Strecke $\lambda/4$ verschoben, so wirkt dies ebenso, als habe die Dicke der scheinbaren Luftschicht zwischen S_1 und S_2' um $\lambda/4$ zu- oder abgenommen. Dabei verändert sich nun aber nach *Tabelle 255.1* das Interferenzmuster: Maxima verwandeln sich in Minima und umgekehrt. Nach einer weiteren Verschiebung des Spiegels um $\lambda/4$ ist wieder die ursprüngliche Verteilung von Hell und Dunkel erreicht, und so geht das weiter, so lange der Spiegel bewegt wird. Am besten beobachtet man, wie sich die *Mitte* des Ringsystems ändert; bei jedem Umschlag von Hell auf Dunkel bzw. umgekehrt hat sich der bewegliche Spiegel um die Strecke $\lambda/4$ verschoben. Nach einer Verschiebung um $\lambda/2$ ist dann wieder der alte Zustand hergestellt.

Wir drehen nun den Bedienungsknopf des Untersetzungsgetriebes einmal um seine Achse; dann geht die Mitte des Interferenzmusters 16mal von Dunkel über Hell wieder in Dunkel über. Daraus folgt $16\,\lambda/2 = 5000$ nm; also erhalten wir für die Wellenlänge des benutzten Laserlichts $\lambda = \frac{5000}{8}$ nm $= 625$ nm.

Versuch 240: Wir befestigen einen der beiden Spiegel des Michelson-Interferometers am Ende eines Metallstabes. Dieser wird durch eine übergeschobene Heizwicklung elektrisch erwärmt. Er dehnt sich aus und verschiebt dabei den Spiegel. Die Anzahl der neu aus der Mitte hervorquellenden hellen Ringe gibt die Verlängerung des Stabes in Vielfachen der halben Wellenlänge des Laserlichts an. Stellen wir gleichzeitig die Temperaturerhöhung mit Hilfe einer Meßsonde fest, so können wir den Ausdehnungskoeffizienten des Stabmaterials berechnen.

Damit haben wir eine Lichtwellenlänge als Maßstab zur Bestimmung einer Länge benutzt. Derartige interferometrische Methoden spielen bei Präzisionsmessungen eine wichtige Rolle.

Der nächste Versuch zeigt, wie man mit dem Interferometer die Brechungszahl von Luft und damit den geringfügigen Unterschied der Geschwindigkeit des Lichts in Luft gegenüber seiner Vakuumgeschwindigkeit bestimmen kann.

Versuch 241: Zwischen den Strahlenteiler und einen der beiden Spiegel des Interferometers wird eine Kammer gebracht. Sie ist durch zwei Glasfenster abgeschlossen, so daß das Laserlicht durch sie hindurch gehen kann. Diese Kammer wird mit einer Vakuumpumpe bis auf einen Restdruck von etwa 1 hPa evakuiert. Lassen wir nun die Luft langsam wieder einströmen, so kommt das Interferenzmuster auf die uns schon bekannte Weise in Bewegung. Warum eigentlich? Wir haben doch an der Länge des Lichtwegs gar nichts geändert.

Nun – der Gangunterschied δ zweier Wellen muß ja nicht unbedingt gleich ihrem Wegunterschied Δs sein. Für das Entstehen von Gangunterschieden ist in erster Linie die *Lichtlaufzeit* verantwortlich. Diese hängt aber nicht allein vom *Lichtweg*, sondern auch vom *Medium* ab, in dem sich das Licht ausbreitet.

Da die Kammer der Länge l zweimal vom Licht durchlaufen wird, beträgt hier der konstante Lichtweg $s=2l$. Ist c_0 die Lichtgeschwindigkeit im Vakuum, so beträgt die Laufzeit des Lichts in der evakuierten Kammer $t_0=s/c_0$; in der luftgefüllten Kammer ist dann die Laufzeit $t_L=s/c_L>t_0$, wobei c_L die Lichtgeschwindigkeit in Luft bedeutet. In der mit Luft gefüllten Kammer ist das Licht also *länger* unterwegs. Im Vakuum liefe es in derselben Zeit t_L die größere Strecke

$$s_V = c_0\, t_L = \frac{c_0}{c_L} s = n\, s. \qquad (257.1)$$

Dabei ist $c_0/c_L=n$ nach *Gl. 219.1* die Brechungszahl von Luft.

Für den Gangunterschied δ kommt es nun auf dasselbe hinaus, ob man die Kammer mit Luft füllt oder aber in Gedanken das Vakuum beibehält und dafür den Lichtweg von s auf $n\,s$ vergrößert. Diesen ersatzweise gedachten Lichtweg nennt man die **optische Weglänge.** Durchläuft also das Licht den gleichen Weg s zu einem Teil in Luft und zum anderen in Vakuum, so entsteht dabei der Gangunterschied

$$\delta = n\,s - s = s\,(n-1). \qquad (257.2)$$

Zurück zu unserem Versuch: Wir zählen, wie oft sich die Mitte des Interferenzmusters von Dunkel über Hell wieder in Dunkel verwandelt, während die Luft langsam in die Kammer einströmt. Geschieht dies $k$mal, so hat die Luftfüllung den Gangunterschied $k\,\lambda$ bewirkt. Mit dem Lichtweg $s=2l$ erhalten wir dann nach *Gl. 257.2* gegenüber dem Vakuum den Gangunterschied $\delta=k\,\lambda=2l\,(n-1)$. Daraus folgt die Beziehung

$$2l\,n = k\,\lambda + 2l, \quad \text{also} \quad n = k\frac{\lambda}{2l}+1. \qquad (257.3)$$

Bei einem Versuch wurde $k=43$ gezählt; die Länge der Kammer betrug $l=5{,}0$ cm, die Wellenlänge des Laserlichts $\lambda=632{,}8$ nm. Setzt man diese Werte in *Gl. 257.3* ein, so ergibt sich für Luft die Brechungszahl

$$n = \frac{43\cdot 632{,}8\cdot 10^{-9}\,\text{m}}{0{,}10\,\text{m}}+1=1{,}00027.$$

Aufgaben

1. *Auf eine Linse aus Glas ($n=1{,}50$) ist eine* 310 nm *dicke Schicht aus Kryolith ($n=1{,}33$) aufgebracht. Für welche Wellenlänge des sichtbaren Lichts wird dadurch die Reflexion unterdrückt?*

2. *Zwischen zwei eben geschliffenen Glasplatten liegt ein Haar (vergleiche Versuch 237). Beleuchtet man die Platten senkrecht mit Licht der Wellenlänge* 590 nm, *so sieht man im reflektierten Licht parallele dunkle Interferenzstreifen; der erste liegt an der Berührungskante der beiden Gläser, der 43. am Haar. Wie dick ist dieses?*

3. *Ein Doppelspalt wird senkrecht mit Laserlicht der Wellenlänge* 630 nm *beleuchtet. Wie ändert sich das Interferenzmuster, wenn man hinter eine der beiden Spaltöffnungen ein* $6{,}93\cdot 10^{-3}$ mm *dickes Glasplättchen ($n=1{,}50$) bringt?*

§ 77 Die Polarisation des Lichts

1. Ein Indiz für Querwellen

Nach den zahlreichen Versuchen zum Nachweis von Beugung und Interferenz haben Sie sicher am Wellencharakter des Lichts keinen Zweifel mehr. Handelt es sich dabei aber nun um *Quer*wellen oder um *Längs*wellen? Beugung und Interferenz sind ja bei beiden möglich. Auch diese Frage haben wir im Grunde schon geklärt: Nach *Maxwell* ist Licht eine *elektromagnetische* Welle und damit eine **Querwelle.** Dafür konnten wir bis jetzt allerdings noch kein experimentelles Indiz beibringen.

Bei einer elektromagnetischen *Mikrowelle* läßt sich die Richtung ihrer Schwingungsebene nach Versuch 189 mit einem *Hertzschen Gitter* herausfinden. Etwas Ähnliches gibt es nun auch für Lichtwellen, nämlich die sogenannte **Polarisationsfolie.** Bei ihrer Herstellung wird eine Folie aus Kunststoff in einer Richtung sehr stark auseinander gezogen. In die sich dabei bildenden parallelen Kohlenwasserstoffketten werden Jodverbindungen eingelagert. Die Jodatome liefern – ähnlich wie die Dotierungsatome eines n-Halbleiters – *Elektronen*, die sich nur längs dieser Ketten bewegen können. Dadurch entstehen in der Folie außerordentlich dünne parallel ausgerichtete „Leitungsdrähte" – das ist nichts anderes als ein mikroskopisch feines Hertzsches Gitter.

Versuch 242: **a)** Wir lassen das Lichtbündel einer Experimentierleuchte durch eine Polarisationsfolie fallen. Drehen wir die Folie um die senkrecht zu ihr verlaufende optische Achse, so ändert sich an der Intensität des durchgehenden Lichts nichts; es ist also keine ausgezeichnete Schwingungsrichtung zu erkennen. – Ist Licht etwa doch keine Querwelle? Das wäre eine Möglichkeit der Deutung. Es gibt aber auch noch eine andere: Sie wissen, daß eine gewöhnliche Lichtquelle in unregelmäßigen Abständen kurze, voneinander unabhängige Wellenzüge aussendet. Es liegt nahe, daß diese jeweils ganz verschiedene Schwingungsrichtungen haben, wobei im Mittel keine bevorzugt wird. Denken Sie sich zum Vergleich viele Mikrowellensender mit kreuz und quer durcheinander liegenden Sendedipolen, die ihre elektromagnetischen Wellen auf ein Hertzsches Gitter strahlen. Nach Versuch 190 werden von allen $\vec{E}$-Vektoren lediglich die zu den Gitterstäben *senkrechten* Komponenten durchgelassen. Hinter dem Hertzschen Gitter liegt also nur noch *eine* Schwingungsrichtung des $\vec{E}$-Vektors vor: Es ist eine *linear polarisierte* elektromagnetische Welle entstanden. Man kann sie mit einem zweiten Hertzschen Gitter nachweisen: Richtet man dessen Stäbe parallel zu denen des ersten Gitters, so läßt es die linear polarisierte Welle ungehindert durch; stellt man sie dagegen senkrecht dazu, so kann die Welle das Gitter nicht passieren.

b) Ist also das durch die Folie gegangene Licht *linear polarisiert*? Zur Prüfung bringen wir hinter die Folie noch eine zweite *(Bild 258.1)*. In einer bestimmten Stellung läßt sie das Licht ungeschwächt durch; dreht man sie um 90°, so ist dahinter Dunkelheit. Damit hat sich unsere Vermutung bestätigt: **Licht kann linear polarisiert werden, ist also eine Querwelle.**

Wir haben die Polarisationsfolie in zwei verschiedenen Funktionen eingesetzt:
- Sie filtert aus vielen Schwingungsrichtungen einer transversalen Lichtwelle eine einzige heraus und erzeugt so linear polarisiertes Licht. Dabei wirkt die Folie als sogenannter *Polarisator*.
- Man kann damit prüfen, ob linear polarisiertes Licht vorliegt. In dieser Funktion wird die Folie als *Analysator* bezeichnet.

In Versuch 191 wurde gezeigt, daß ein schräg zum Sendedipol gestelltes Hertzsches Gitter eine elektromagnetische Welle zum Teil durchläßt und dabei die Polarisationsebene dieses Anteils *dreht*. Im nächsten Versuch weisen wir nach, daß eine Polarisationsfolie dieselbe Eigenschaft besitzt.

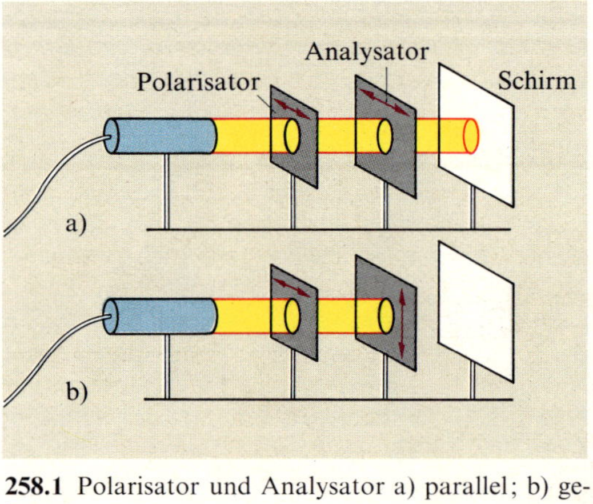

258.1 Polarisator und Analysator a) parallel; b) gekreuzt

Versuch 243: Zwei Polarisationsfolien werden so hintereinander angeordnet, daß ihre Durchlaßrichtungen aufeinander senkrecht stehen. Dann wird das Lichtbündel einer Experimentierleuchte nicht durchgelassen: Ein hinter den beiden Folien aufgestellter Schirm bleibt dunkel *(Bild 259.1 a)*. Nun bringen wir eine weitere Polarisationsfolie dazwischen. Wenn wir sie so drehen, daß ihre Durchlaßrichtung mit den entsprechenden Richtungen der beiden anderen Folien den Winkel 45° bildet, dann hellt sich der Schirm auf *(Bild 259.1 b)*. Die vorher gesperrte Anordnung ist durch das Einbringen der weiteren Folie durchlässig geworden. Das sieht wie ein Zaubertrick aus, ist aber einfach zu erklären: Die zusätzliche Folie läßt einen Lichtanteil mit um 45° gedrehter Polarisationsebene durch; dieser kann jetzt den Analysator (teilweise) passieren. Das ist derselbe Effekt, den wir in Versuch 191 mit einem Hertzschen Gitter gezeigt haben.

2. Das Gesetz von Brewster

Polarisationsfolien werden auch in der Fotografie benutzt; sie sollen störende Lichtreflexe ausschalten. Betrachten Sie einmal ein verglastes Bild schräg von der Seite, dann werden Ihnen diese Lichtreflexe deutlich auffallen. Sie können so stark sein, daß vom Bild so gut wie nichts mehr zu sehen ist. Schauen Sie nun dasselbe Bild durch eine Polarisationsfolie an! Drehen Sie diese um die optische Achse, so sind die Reflexe bei einer bestimmten Stellung der Folie fast ganz verschwunden. Sie können das Bild hinter dem Glas jetzt viel deutlicher erkennen. Wenn Sie durch die Folie unter verschiedenen Blickwinkeln auf das Bild schauen, finden Sie einen Winkel, bei dem die Reflexe sogar völlig ausgeschaltet sind; er liegt bei etwa 60°.

Die „Entspiegelung" durch eine Polarisationsfolie legt die Vermutung nahe, daß das Licht bei der Reflexion an der Glasscheibe des Bildes linear polarisiert wurde. Prüfen wir diese Vermutung in einem Versuch nach!

Versuch 244: Ein schmales Lichtbündel wird nach *Bild 259.2* an einem Glaskörper reflektiert, der an einer optischen Scheibe mit Winkelteilung befestigt ist. Wir untersuchen den reflektierten Strahl bei verschiedenen Einfallswinkeln mit einer Polarisationsfolie als Analysator. Dabei stellen wir fest, daß das reflektierte Licht tatsächlich linear polarisiert ist. Allerdings erreichen wir hinter dem Analysator im allgemeinen keine völlige Dunkelheit; die Polarisation erfolgt anscheinend nur teilweise.

Ein Einfallswinkel ist von dieser Einschränkung ausgenommen: Fällt der Strahl unter 56° auf den Glaskörper, so erweist sich das reflektierte Licht als *völlig* linear polarisiert.

Warum ausgerechnet bei 56°? Wenn Sie außer dem in die Luft reflektierten auch noch den in das Glas *gebrochenen* Strahl betrachten, stellen Sie fest, daß in diesem besonderen Fall beide aufeinander senkrecht stehen. Die einfallende Welle ist nicht polarisiert; ihre $\vec{E}$-Vektoren schwingen also in allen möglichen Richtungen senkrecht zum Strahl. Wir gehen nun ganz wie bei den Mikrowellen in Versuch 190 vor und zerlegen die $\vec{E}$-Vektoren jeweils in eine Komponente parallel zur Einfallsebene (in *Bild*

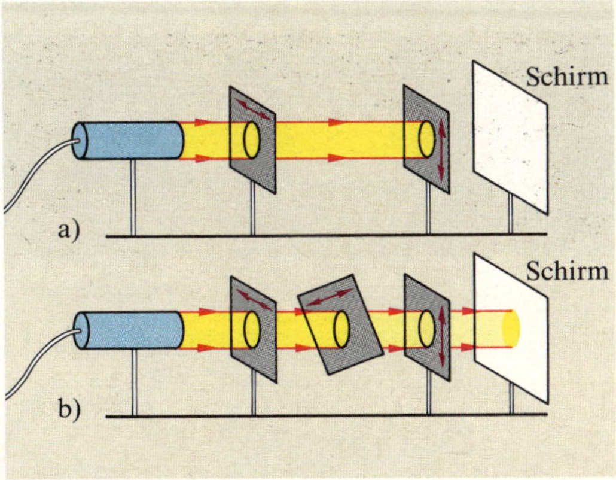

259.1. a) Die gekreuzten Folien lassen kein Licht durch; b) so kommt trotzdem Licht auf den Schirm.

259.2 Bei diesem Einfallswinkel ist die reflektierte Welle vollständig linear polarisiert.

259.2 rot gezeichnet) und eine Komponente senkrecht dazu (blau gezeichnet). Ist die Welle im Glas angekommen, so schüttelt sie dort Elektronen und regt sie zu erzwungenen Schwingungen an. Diese schwingenden Ladungen senden nun aber ihrerseits wieder elektromagnetische Wellen aus – das ist ja der Grund für die Reflexion.

Die erzwungenen Schwingungen der Elektronen im Glas erfolgen – wie die Erregerschwingungen auch – in den verschiedensten Richtungen senkrecht zum dort laufenden gebrochenen Strahl. Wir betrachten nun deren Komponenten parallel (rot) bzw. senkrecht (blau) zur Einfallsebene: Die rot gezeichnete Komponente liegt in Richtung des *reflektierten* Strahls; deshalb kann sie keinen Beitrag zur reflektierten Welle liefern. Eine schwingende Ladung sendet nämlich zwar rundum eine elektromagnetische Welle aus – aber mit einer Ausnahme: *Längs* ihrer Schwingungsrichtung kann sie nicht strahlen (Seite 192). Also besteht die am Glas reflektierte Welle nur noch aus der blau gezeichneten Komponente: Sie ist *linear polarisiert*; ihre $\vec{E}$-Vektoren liegen alle senkrecht zur Einfallsebene.

Der unter dem Winkel α einfallende Lichtstrahl werde unter dem Winkel β gebrochen. Damit der reflektierte und der gebrochene Strahl aufeinander senkrecht stehen, muß $\alpha+\beta=90°$, also $\beta=90°-\alpha$ sein. Aus dem Brechungsgesetz

$$\frac{\sin\alpha}{\sin\beta} = n \quad \text{folgt} \quad \frac{\sin\alpha}{\sin(90°-\alpha)} = \frac{\sin\alpha}{\cos\alpha} = n$$

oder $\quad \tan\alpha = n. \qquad$ **(260.1)**

Die Brechungszahl für Kronglas beträgt $n=1{,}5$; daraus ergibt sich $\tan\alpha=1{,}5$; also ist $\alpha=56°$.

Gl. 260.1 für die Polarisation des reflektierten Lichts wurde 1813 von *David Brewster* (1781 bis 1868) gefunden. Man nennt sie deshalb auch das **Brewstersche Gesetz.** 1817 zog *Young* daraus den Schluß, Licht sei eine Querwelle.

Fällt Licht so auf ein durchsichtiges Medium mit der Brechungszahl n, daß reflektierter und gebrochener Strahl aufeinander senkrecht stehen, dann ist das reflektierte Licht vollständig linear polarisiert.

Für den Einfallswinkel α muß dazu $\tan\alpha=n$ gelten.

3. Warum gestreutes Licht polarisiert ist

Warum ist eigentlich der Himmel blau? – Das muß etwas mit der Luft zu tun haben. Auf dem Mond gibt es keine Atmosphäre; dort erscheint der Himmel immer tief schwarz.

Bevor das Sonnenlicht die Erde erreicht, muß es dagegen eine Lufthülle durchdringen. Sie besteht aus Molekülen, deren Elektronen von der elektromagnetischen Lichtwelle zu erzwungenen Schwingungen angeregt werden. Dabei entstehen sekundäre Lichtwellen; man sagt dazu, das Licht werde an den Molekülen der Luft *gestreut*. Die Intensität des gestreuten Lichts ist nun aber sehr stark von der Wellenlänge des erregenden Lichts abhängig: Sein kurzwelliger blauer Anteil wird viel kräftiger gestreut als der langwellige rote; deshalb erscheint der Himmel blau.

Betrachten Sie einmal den wolkenlosen blauen Himmel durch eine Polarisationsfolie! Sie werden entdecken, daß das von dort kommende Licht teilweise linear polarisiert ist. Blicken Sie senkrecht zur Verbindungslinie Ihres Standortes mit der Sonne in die Höhe, so können Sie sogar eine völlige lineare Polarisation des Himmelslichts feststellen. Diese *Polarisation durch Streuung* wollen wir nun näher untersuchen.

Versuch 245: Wir lassen das parallele Lichtbündel einer Experimentierleuchte durch eine Küvette gehen; sie ist mit Wasser gefüllt, in das wir einen Tropfen Milch gegeben haben. Das Licht wird dadurch gestreut. Blicken wir nun durch eine Polarisationsfolie genau senkrecht zum Strahl auf das Bündel, so erweist sich das in dieser Richtung gestreute Licht als vollständig linear polarisiert.

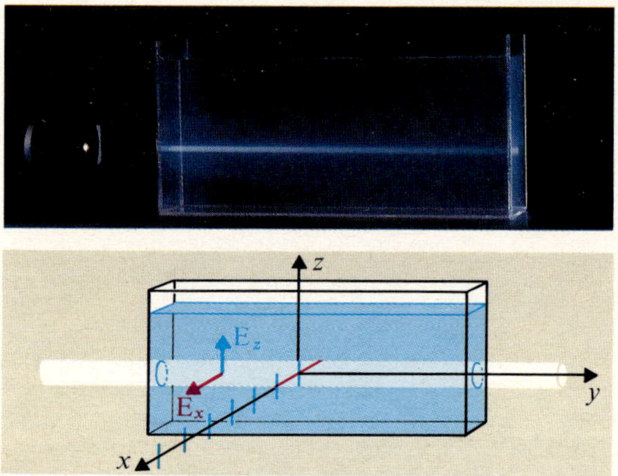

260.1 Polarisation durch Streuung

Die Erklärung dafür ist ähnlich wie beim Gesetz von *Brewster*: Man zerlegt die in den verschiedenen Richtungen quer zum Lichtstrahl schwingenden $\vec{E}$-Vektoren der Lichtwelle nach *Bild 260.1* jeweils in die zueinander senkrechten Komponenten $\vec{E}_x$ und $\vec{E}_z$. Die Komponente $\vec{E}_x$ kann zur Streustrahlung in x-Richtung nichts beitragen; also ist nur $\vec{E}_z$ wirksam, d.h. aber, das in x-Richtung gestreute Licht ist in z-Richtung linear polarisiert.

Mit den Versuchen zur Polarisation haben wir nun also nachgewiesen, daß das Licht eine *Querwelle* ist. Da es sich dabei um eine *elektromagnetische Welle* handeln soll, müßte die Lichtausbreitung doch eigentlich von elektrischen und magnetischen Feldern irgendwie beeinflußt werden. Das ist in Materie tatsächlich der Fall. Für Magnetfelder hat dies schon *Faraday* in wahrhaft weitschauender Weise gezeigt.

Versuch 246: Ein Stück Flintglas wird zwischen die Polschuhe eines starken Elektromagneten gebracht. Diese sind durchbohrt, so daß wir ein Lichtbündel längs der magnetischen Feldlinien durch das Glas schicken können. In dieses Lichtbündel stellen wir nun vor bzw. hinter den Polschuhen je eine Polarisationsfolie als Polarisator bzw. als Analysator und kreuzen die beiden Folien bei abgeschaltetem Magnetfeld, so daß dahinter Dunkelheit herrscht. Schalten wir nun das Magnetfeld ein, so bemerken wir hinter dem Analysator eine deutliche Aufhellung. Erst wenn wir diesen etwas verdrehen, erhalten wir wieder Dunkelheit. Durch das Magnetfeld wurde also die Schwingungsebene des linear polarisierten Lichts gedreht.

Diesen **Faraday-Effekt** können wir wenigstens im Prinzip verstehen: Die vom wechselnden $\vec{E}$-Vektor des linear polarisierten Lichts geschüttelten Elektronen des Glases erfahren im senkrecht zu ihrer Schwingungsrichtung verlaufenden Magnetfeld die *Lorentzkraft*. Man kann sich schon vorstellen, daß die dadurch bewirkte Bahnänderung der Elektronen im Glas auf die Schwingungsrichtung der elektromagnetischen Welle einen Einfluß ausübt.

Bringt man zwischen einen Polarisator und den dazu gekreuzten Analysator eine Röhre mit *Zuckerlösung*, so wird das Gesichtsfeld dadurch etwas aufgehellt. Eine Drehung des Analysators ergibt wieder völlige Dunkelheit. Die Zuckerlösung dreht die Schwingungsrichtung des polarisierten Lichts; dabei ist der Drehwinkel (bei gleichbleibender Länge der Röhre) zur Konzentration der Lösung proportional. Daher kann man mit diesem Gerät den Zuckergehalt von Lösungen bestimmen *(Saccharimeter)*.

Eine solche Drehung der Polarisationsrichtung erfolgt auch durch zahlreiche feste Körper, z.B. durch *Quarz*. Dabei kann eine Links- oder Rechtsdrehung erfolgen, entsprechend den beiden zueinander spiegelbildlichen Kristallstrukturen. Der wasserklare Quarz ist meist ein „Rechtsquarz", der Rauchtopas ein „Linksquarz". Wenn diese „optische Aktivität" bei organischen Verbindungen auftritt, z.B. beim Zucker, liegt ein sogenanntes *asymmetrisches Kohlenstoffatom* im Molekülaufbau vor.

Bienen können mit dem Auge polarisiertes Licht von nicht polarisiertem unterscheiden. Damit sind sie in der Lage, sich am polarisierten Streulicht des Himmels zu orientieren.

Mit polarisiertem Licht kann man plastisch wirkende Filme herstellen: Auf die Leinwand werden gleichzeitig aus zwei Projektoren stereoskopisch aufgenommene Filme mit polarisiertem Licht projiziert, dessen Schwingungsebenen jeweils um 90° gegeneinander gedreht sind. Der Besucher betrachtet die Bilder durch eine Brille mit zwei Polarisationsfolien. Ihre Durchlaßrichtungen sind so orientiert, daß in jedes Auge nur eines der beiden Bilder gelangt. Dadurch entsteht ein räumlicher Eindruck.

Aufgaben

1. *Unter welchem Winkel muß Licht auf Diamant ($n=2{,}5$) bzw. auf Schwefelkohlenstoff ($n=1{,}63$) fallen, damit es nach der Reflexion völlig linear polarisiert ist?*

2. *Was ist zur Polarisierbarkeit von Schallwellen zu sagen?*

3. *Ein Lichtbündel durchstrahlt zwei hintereinander aufgestellte Polarisationsfolien, deren Durchlaßrichtungen parallel sind, und fällt dann auf einen Schirm. Dort wird die mittlere Bestrahlungsstärke $\bar{S}_0$ gemessen. Nun dreht man eine der Folien mit dem Drehwinkel α um die optische Achse. Zeigen Sie, daß dann für die mittlere Bestrahlungsstärke $\bar{S}=\bar{S}_0 \cos^2\alpha$ gilt! (Anleitung: Benutzen Sie Gl. 193.7!)*

4. *In der Versuchsanordnung der Aufgabe 3 werden die beiden Polarisationsfolien gekreuzt; dann wird eine dritte Polarisationsfolie mit einer um 45° gedrehten Durchlaßrichtung dazwischen gebracht.* **a)** *Wie groß ist jetzt die mittlere Bestrahlungsstärke auf dem Schirm?* **b)** *Wie groß ist sie, wenn die Durchlaßrichtung der mittleren Polarisationsfolie um 60° gedreht wird?*

5. *Jede Polarisationsfolie weist eine bestimmte Richtung auf, in der sie den $\vec{E}$-Vektor einer Lichtwelle nicht durchläßt. Geben Sie eine Versuchsanordnung an, mit der man diese charakteristische Richtung feststellen kann!*

§78 Interferenz an Kristallen

1. Gibt es wirklich Atome?

Wir können uns heute kaum mehr vorstellen, daß diese Frage um 1910 immer noch strittig war! Die intellektuelle Redlichkeit erlaubte es manchen Physikern und Chemikern immer noch nicht, die Frage mit einem klaren „Ja" zu beantworten. Die Belege waren ihnen noch nicht zwingend genug.

In den *Kristallen* sind die Atome – wenn es welche gibt – sicherlich regelmäßig angeordnet. Ein Kochsalzkristall z.B. hat von Natur aus oft quaderförmige Teile. Parallel zu den Quaderflächen läßt er sich auch leicht mit einem Messer spalten; in anderen Richtungen erhält man keine glatte Spaltfläche. Die Annahme scheint plausibel, daß in ihm die Atome so wie in *Bild 262.1* angeordnet sind.

Max v. Laue (1879 bis 1960, Nobelpreis 1914) hatte nun folgende Idee: Wenn Licht an sehr kleinen Hindernissen (Staubteilchen, Luftmolekülen; Seite 260) *gestreut* wird, so ist die von jedem Streuzentrum ausgehende Elementarwelle *kohärent* zur einfallenden Welle. D.h. sie hat die gleiche Frequenz und eine konstante Phasenverschiebung. Kohärente Elementarwellen, die von *regelmäßig aufgereihten* gleichartigen Zentren ausgehen, ergeben aber ein charakteristisches Interferenzmuster (optisches Gitter, Seite 229). Also müßten auch an den Kristallatomen durch Streuung einer Wellenstrahlung Interferenzen erzeugt werden können! Wir wissen allerdings, daß man die Interferenz nur beobachten kann, wenn der Abstand benachbarter Zentren größer als eine halbe Wellenlänge der Strahlung ist (Seite 249). Aufgrund des Ölfleckversuchs (Mittelstufenband, Seite 112) sollten Atome in Flüssigkeiten und Festkörpern Abstände unter 1 nm haben. *Die Wellenlänge von sichtbarem Licht ist also viel zu groß* für Interferenzerscheinungen an Kristallen. Aber die Röntgenstrahlen – so überlegte *v. Laue* – könnten genügend kleine Wellenlängen haben. Die auf seine Anregung hin von *Friedrich* und *Knipping* 1912 ausgeführten Versuche gaben ihm recht.

2. Konstruktive Interferenz gesucht

Bevor wir mit den uns noch wenig vertrauten Röntgenstrahlen experimentieren, wollen wir überlegen, welche Erscheinungen zu erwarten sind. Vom *eindimensionalen optischen Gitter* wissen wir, daß merkliche Intensität nur in den Beobachtungsrichtungen auftritt, für die *alle* gestreuten Lichtwellen konstruktiv interferieren, d.h. einen Gangunterschied von 0, λ, 2λ, 3λ, ... haben. In allen anderen Richtungen löschen sich die gestreuten Wellen praktisch völlig aus. Werden wir da beim *dreidimensionalen räumlichen Gitter* überhaupt noch Richtungen konstruktiver Interferenz finden können? Wir beginnen mit einem Sonderfall: Die Atome sollen zunächst alle in einer Ebene liegen.

Versuch 247: Eine leere Styroporplatte läßt die Strahlung eines Mikrowellensenders ungehindert durch. Wir drücken Reißnägel als Modell-Atome geordnet oder ungeordnet in die Platte. Dann gehen die Wellen weiterhin durch; dem Sender genau gegenüber ist der Empfang maximal. Die Wellen werden jetzt aber auch reflektiert *(Bild 262.2)*. Dabei ist für jeden beliebigen Einfallswinkel das Reflexionsgesetz erfüllt.

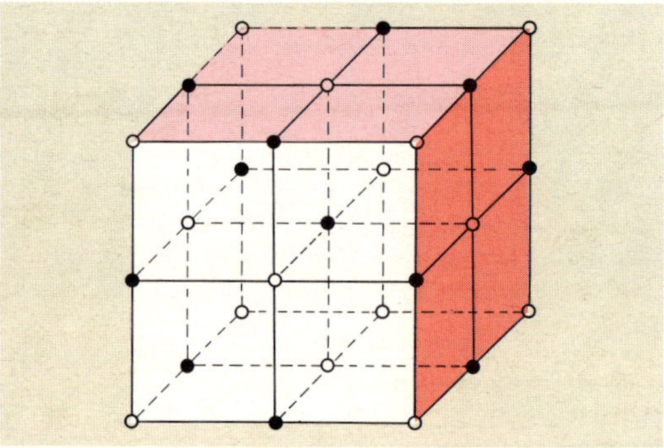

262.1 Kubisches Gitter eines NaCl-Kristalls; Abstand der Nachbaratome etwa $0{,}3 \cdot 10^{-9}$ m

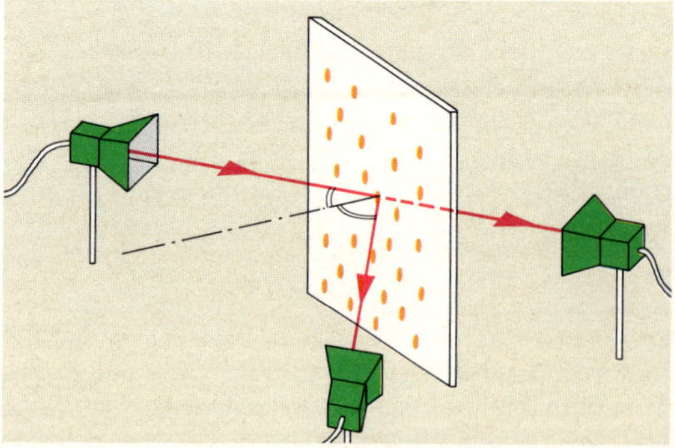

262.2 Richtungen maximalen Empfangs bei einer streuenden Ebene

Wir können diese Beobachtung leicht als Interferenzerscheinung deuten. *Bild 263.1a* zeigt die einfallende Welle (vertreten durch die zwei parallelen Strahlen e_1 und e_2) sowie die zwei an den beliebigen Zentren A und B gestreuten Wellen. Es genügt auch bei ihnen, sie durch je einen Strahl a bzw. b darzustellen, der zum fernen Empfänger zeigt. Aus der Zeichnung *263.1b* geht hervor, daß Punkt B um die Strecke s näher am Sender liegt als Punkt A. Dafür liegt er aber um die gleiche Strecke s weiter vom Empfänger weg als A. Also sind die Wellenwege vom Sender zum Empfänger über A und B gleich lang; die gestreuten Wellen verstärken sich deshalb am Empfänger.

Eine einzelne mit Streuzentren beliebig besetzte Ebene wirkt bei jedem Einfallswinkel wie ein Spiegel.

Versuch 248: Wir lassen weiterhin den Empfänger auf das Spiegelbild des Senders bezüglich der streuenden Ebene schauen, stellen aber hinter dieser parallel zu ihr eine zweite Reißnagelplatte auf. Die Strahlung dringt ja auch in die Tiefe; beim Empfänger kommt eine zweite Streuwelle an. Wird also der Empfang stärker? Nicht unbedingt! Beim Schwenken des Senders und Empfängers – die Spiegelungsbedingung muß unbedingt erfüllt bleiben – *finden wir nur noch bei ganz bestimmten Einfallswinkeln Intensitätsmaxima;* dazwischen ist der Empfang geschwächt. Fügen wir eine dritte und vierte Reißnagelplatte hinzu, so erscheinen die Maxima schärfer ausgeprägt.

Zur Erklärung dieser Phänomene bedenken wir, daß auch die zweite und weitere Ebenen wie Spiegel wirken; die von ihnen ausgehenden Streuwellen haben aber einen Gangunterschied zur Streuwelle der ersten Ebene. Er ergibt sich aus dem Unterschied $2s$ der Wellenwege in *Bild 263.1c*. Genau dann, wenn für benachbarte Ebenen $2s = 2d\sin\varphi$ ein ganzzahliges Vielfaches der Wellenlänge ist, erhalten wir konstruktive Interferenz. Diese Methode, Maxima der Streustrahlung aufzufinden, stammt von den Engländern *W.H.* und *W.L. Bragg* (Vater 1862–1942, Sohn 1890–1971, Nobelpreis gemeinsam 1915).

***Reflexionsbedingung von Bragg:* Zwei oder mehr parallele streuende Ebenen im Abstand *d* interferieren konstruktiv, wenn gilt**

$$2d\sin\varphi = \lambda, 2\lambda, 3\lambda, \ldots \qquad (263.1)$$

φ: Winkel zwischen Einfalls- bzw. Beobachtungsrichtung und den Ebenen.

Bei Einfallsrichtungen gemäß *Gl. 263.1* „glänzt" die Schar der streuenden Ebenen. Daher heißen die Lösungen φ dieser Gleichungen auch die (zu d und λ gehörenden) **Glanzwinkel.**

Beispiel: Für $d = 4$ cm und die Wellenlänge $\lambda = 3{,}2$ cm unserer Mikrowellen errechnen wir $\sin\varphi = 0{,}4$; $0{,}8$; ($1{,}2$; $1{,}6$; ... führen zu keiner Lösung). Es gibt also die Glanzwinkel

$$\varphi_1 = 24° \quad \text{und} \quad \varphi_2 = 53°. \qquad (263.2)$$

Stellen wir in Versuch 248 Sender *und* Empfänger auf einen dieser Winkel ein, so erhalten wir maximale Intensität.

Auch beim optischen Strichgitter kann man den Strahlengang nach *Bild 263.1c* anwenden *(Bild 264.1)*. Statt jeder streuenden Ebene hat man nur einen einzigen beugenden Gitterspalt. Für ein Hauptmaximum gilt dann ebenfalls *Gl. 263.1*. Diese Anord-

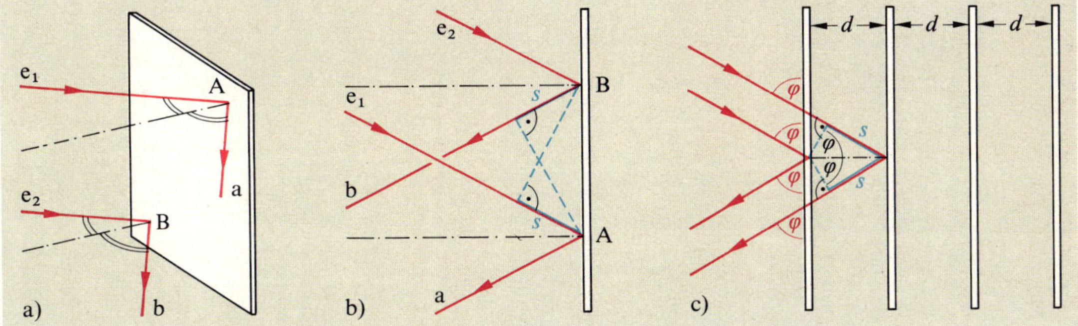

263.1 a) Konstruktive Interferenz der an A und B gestreuten Wellen; b) Blickrichtung senkrecht zu den Einfallsebenen; c) Wegunterschied $2s$ der Wellen bei zwei benachbarten streuenden Ebenen

nung hat sogar den Vorteil, daß man noch höhere Spektralordnungen beobachten kann als bei senkrechtem Lichteinfall (Aufgabe 12).

Bild 264.2 zeigt das einfach-kubische Gitter, in Richtung einer Würfelkante gesehen. In einem solchen Kristallgitter sind die Atome auf äquidistanten Ebenen angeordnet, siehe z.B. die mit 010 bezeichneten Linien in der Zeichnung. Wegen der Regelmäßigkeit des Gitters kann man aber noch viele andere Ebenenscharen finden, durch die ebenso alle Atome erfaßt werden. Im Bild sind drei weitere Beispiele zu sehen, mit 100, 110 und 120 bezeichnet. Die Ziffern geben die Stellung der Ebenen an. Sie sind die Koordinaten eines Normalenvektors, ganzzahlig und teilerfremd gewählt (x-Achse nach rechts, y-Achse nach oben, z-Achse aus der Bildebene heraus). Man nennt alle diese Ebenen, die zur Einteilung dienen können, **Netzebenen** des Kristallgitters.

Wir können eine beliebige Schar paralleler Netzebenen als die Reißnagel-Ebenen von Versuch 248 auffassen und für sie Richtungen konstruktiver Interferenz nach *Gl. 263.1* ausrechnen. Für die 010-Ebenen sind Sende- und Empfangsrichtung in *Bild 264.2* eingezeichnet. Dabei muß φ einen der Werte aus *Gl. 263.2* haben, wenn $d = 4$ cm und $\lambda = 3{,}2$ cm ist. Wir können aber im gleichen Gitter auch Reflexe an den 110-Ebenen suchen. Dann müssen Sende- und Empfangsrichtung mit *diesen* Ebenen je einen Winkel ψ einschließen, der

$$2\,d_{110}\sin\psi = \lambda, 2\lambda, \ldots \quad \text{mit} \quad d_{110} = d/\sqrt{2}$$

erfüllt (halbe Quadratdiagonale!). Es folgt $\sin\psi = 0{,}4\cdot\sqrt{2}$; $(0{,}8\cdot\sqrt{2}; \ldots)$ und es gibt nur eine Lösung $\psi = 34°$, da schon die zweite der rechts zur Wahl stehenden Zahlen größer als 1 ist. Bei den 120-Ebenen ist der Abstand der Nachbarn noch kleiner. Man erhält für sie den einzigen Glanzwinkel $\chi = 63°$ (Aufgabe 2b). Für Netzebenen mit noch höheren Nummern gibt es bei den gegebenen Daten keine Glanzwinkel mehr (Aufgabe 2c); d wird zu klein.

Versuch 249: Als vereinfachtes Modell für das NaCl-Gitter stellen wir senkrechte Drähte in einem Quadratraster auf (*Bild 265.1*, „Gitterkonstante“ $d = 4$ cm). Alle auf einer senkrechten Geraden liegenden Atome werden also gemeinsam durch einen einzigen Draht vertreten. Für waagerecht einfallende Wellen, wie wir sie benutzen, bedeutet dies keinen Unterschied zu den wirklichen räumlichen Verhältnissen. Auch den Unterschied zwischen Na- und Cl-Ionen vernachlässigen wir. Als erstes fassen wir die 010-Netzebenen ins Auge, d.h. wir stellen Sender und Empfänger gemäß *Bild 264.2* auf. Dann können wir die Glanzwinkel von *Gl. 263.2* nochmals bestätigen. Ebenso finden wir Reflexe, wenn wir Sender und Empfänger mit den berechneten Winkeln ψ bzw. χ auf die 110- bzw. 120-Ebenen einstellen.

Bei gegebenem Raumgitter und gegebener Wellenlänge können wir mit unserer Methode stets herausbekommen, wie man dem Gitter Streustrahlung entlockt: Wir wählen eine Netzebene aus, bestimmen ihren Abstand d zu ihren Nachbar-Netzebenen und stellen dann Sender und Empfänger auf einen Glanzwinkel φ zu der Netzebene ein, den wir aus einer der *Bragg-Gleichungen 263.1* berechnet haben. – Gibt es vielleicht darüber hinaus noch weitere Stellungen von Sender, Empfänger und Gitter, für die ebenfalls die Streuwellen sämtlicher Atome konstruktiv interferieren? Mit Hilfe der analytischen Geometrie kann man beweisen, daß dies nicht der Fall ist.

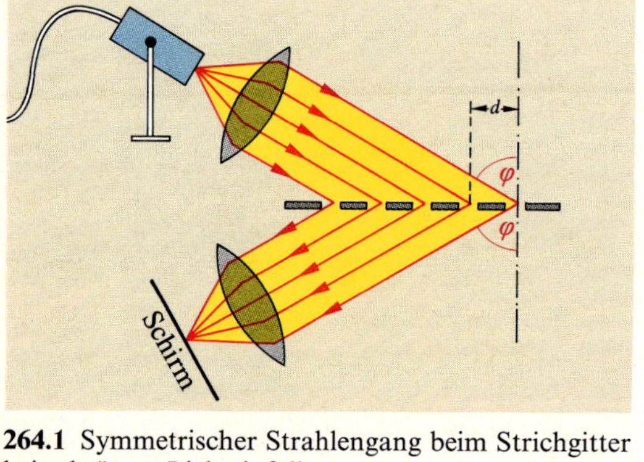

264.1 Symmetrischer Strahlengang beim Strichgitter bei schrägem Lichteinfall

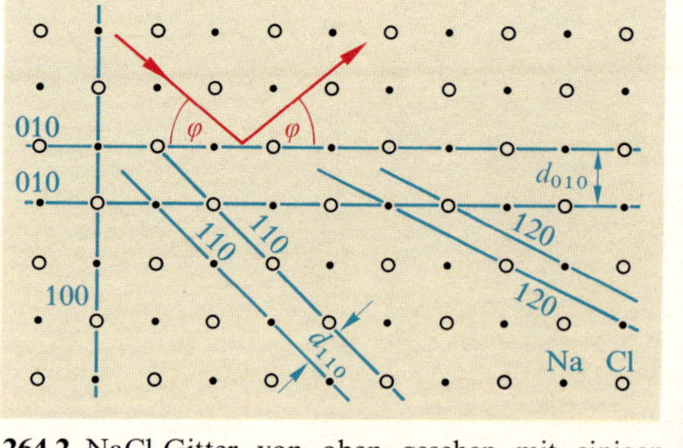

264.2 NaCl-Gitter von oben gesehen mit einigen Netzebenen. Winkel φ gemäß Versuch 249

Die Bragg-Bedingungen $2d \sin\varphi = \lambda$, 2λ, $3\lambda \ldots$, angewandt auf alle Netzebenen, liefern alle Interferenzmaxima bei Streuung an einem regelmäßigen räumlichen Gitter.

3. Nun aber zu den Atomen!

Versuch 250: Der Sender ist nun eine Röntgenröhre mit zwei vorgeschalteten feinen Lochblenden *(Bild 265.3)*. Ein dünner Röntgenstrahl fällt auf ein Plättchen aus NaCl. Als Empfänger nehmen wir ein Zählrohr („Geigerzähler"). Eindringende Röntgenstrahlen lösen in seiner Wand „Foto-Elektronen" aus; diese ionisieren das Füllgas und verursachen so einen kleinen Stromstoß im angeschlossenen Stromkreis. Die „Zählrate" (Anzahl der Stromstöße/Zeit) ist proportional zur Intensität der Röntgenstrahlung. Als Netzebene wählen wir die Spaltfläche des Kristallscheibchens, das ist eine 010-Ebene (oder 100-Ebene) in *Bild 264.2*. Weil jetzt der Sender (die Röntgenröhre) unbeweglich ist, müssen wir Zählrohr *und* Kristall drehen, um für verschiedene Winkel die „Spiegelbild-Beobachtung" zu ermöglichen *(Bild 265.3)*. Man spricht daher von der **Drehkristallmethode.** *Am Röntgengerät muß der Zeiger für das Zählrohr immer auf dem doppelt so großen Winkelwert stehen wie der Zeiger für den Kristall.*

Die Wellenlänge λ ist diesmal unbekannt. Möglicherweise enthält die Strahlung ein ganzes Spektrum verschiedener Wellenlängen. Bei gegebenem Winkel φ kann aber nur solche Strahlung eine Zählrate verursachen, für deren Wellenlänge nach *Gl. 263.1* gilt:

$\lambda = \lambda_1 = 2d \sin\varphi$ oder $\lambda = \frac{1}{2}\lambda_1$ oder $\lambda = \frac{1}{3}\lambda_1 \ldots$

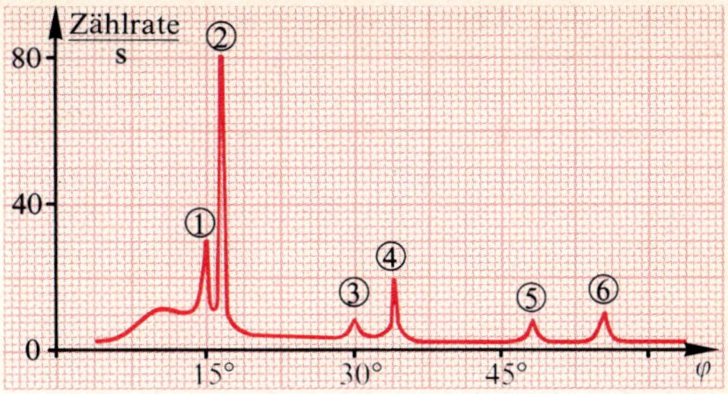

265.2 Spektrum einer Röntgenröhre mit Cu-Anode

Welcher λ-Wert ist der richtige? Sehen wir uns dazu die Meßergebnisse an, die bei systematischer Änderung von φ herauskommen *(Bild 265.2)*. Die Gitterkonstante von NaCl beträgt $d = 282$ pm (Aufgabe 4). Also gehört die „Spektrallinie" ① zu $\lambda_1 = 564 \text{ pm} \cdot \sin 14° = 0{,}14$ nm. Die Wellenlänge der Strahlung ist hier wirklich 0,14 nm und nicht 0,14 nm/2 oder noch kleiner. Denn sonst hätte man ja bei noch kleineren Winkeln φ ebenfalls Strahlung beobachten müssen! Dort war aber die Intensität sehr gering, abgesehen von der unmittelbaren Umgebung von $\varphi = 0$, wo die ungestreute Strahlung alles „erschlägt". Der erste Intensitätsanstieg ist also sicher nicht durch „höhere Ordnungen" verdorben. Bei $\varphi = 28°$ dagegen haben wir eine Mischung aus 0,14 nm- und 0,28 nm-Strahlung. Bei der Spektrallinie ⑤ wirken sogar drei Wellenlängen zusammen, wenn auch die 0,14 nm-Strahlung, jetzt in dritter Ordnung, deutlich überwiegt. – Das Problem der Überlappung von Spektren verschiedener Ordnung kennen wir auch von der Spektroskopie mit Licht (Seite 233). Wie dort begegnet man ihm in der Praxis durch *Ausfiltern* genügend enger Spektralbereiche.

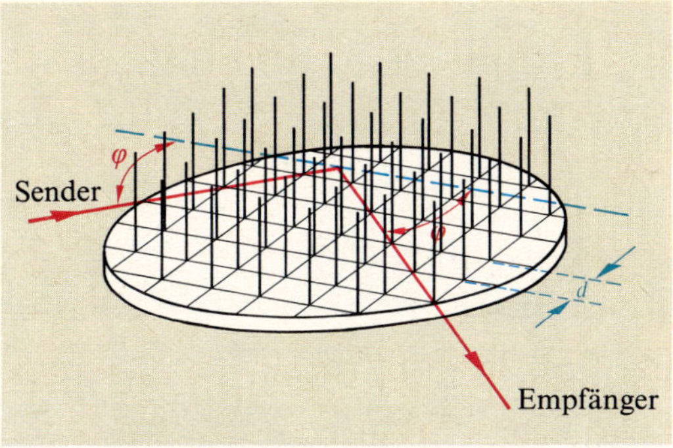

265.1 Drahtmodell des NaCl-Gitters für waagerechte Einfalls- und Beobachtungsrichtung

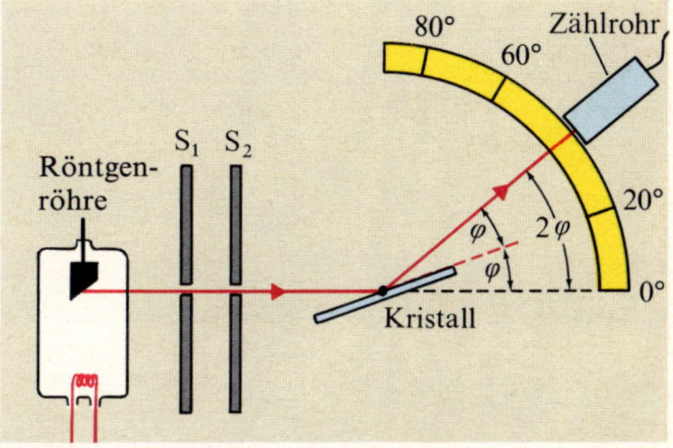

265.3 Spektroskop für Röntgenstrahlung; die Strahlung trifft ungefiltert auf den Kristall.

Unser Versuch bestätigt nicht nur die Vorstellung, daß die Materie „körnig" ist – aus Atomen besteht –, sondern zeigt zugleich, daß man auch die Röntgenstrahlung als Wellenvorgang auffassen kann. Man hat auch die Geschwindigkeit der Röntgenwellen gemessen und dabei die Lichtgeschwindigkeit gefunden. Daher können wir sagen:

Röntgenstrahlen erweisen sich als elektromagnetische Wellen mit besonders kleinen Wellenlängen.

4. Strukturforschung mit Röntgenstrahlen

Stellt man in Versuch 250 den Winkel $\varphi = 14°$ ein, so erhält man im Zählrohr intensive Röntgenstrahlung der Wellenlänge 0,14 nm. Man könnte mit dieser *monochromatischen* Strahlung weiter experimentieren. Auch mit Metallfolien als Filter kann man Strahlung von scharf definierter Wellenlänge aussondern. Schickt man eine solche Strahlung durch einen Kristall, so kann man aus dem Interferenzmuster der Streustrahlung Atomabstände berechnen und sogar Schlüsse auf die Kristallstruktur ziehen. Die Drehkristallmethode von Versuch 250 benötigt einen *Einkristall*, der oft nicht in genügender Größe zu beschaffen ist. Aber schon in winzigen Kriställchen sind Milliarden von Atomen enthalten, die für ein scharfes Interferenzbild längst ausreichen. Man kann die kleinen Kristalle nur nicht einzeln montieren und ausrichten. Es geht auch viel einfacher:

Versuch 251: Wir streuen ganz fein zerriebenes Pulver aus einem Kochsalzkristall auf einen Tesafilmstreifen und falten diesen so zusammen, daß eine etwa $\frac{1}{4}$ mm dicke, von Tesafilm umhüllte Pulverschicht entsteht. Dieses Präparat befestigen wir vor der Austrittsöffnung des Röntgengeräts. Wenige Zentimeter dahinter wird ein Röntgenfilm aufgestellt und einige Stunden belichtet. Nach der Entwicklung zeigt er ein Ringmuster wie *Bild 266.1 links.* – Eine Metallfolie besteht schon von selbst aus vielen kleinen Kriställchen, die ungeordnet dicht aneinanderliegen. Bei Durchstrahlung ergeben sich ebenfalls konzentrische Ringe (*Bild 266.1 rechts*).

Wie kommen die Ringe zustande? Die kleinen Kriställchen liegen in allen nur denkbaren Stellungen. Insofern sind alle Winkel φ von *Bild 265.2* gleichzeitig eingestellt. Der Röntgenfilm ist ein Empfänger, der die Streustrahlung für viele Richtungen gleichzeitig registriert, sozusagen ein ganzes Feld von Zählrohren. Im Unterschied zu Versuch 250 sind aber Kristall- und Empfängerstellung jetzt nicht mehr aufeinander abgestimmt. Das bedeutet, daß man nicht mehr eine bestimmte Netzebenenschar ins Auge gefaßt hat, sondern daß die Bragg-Reflexionen an *beliebigen* Netzebenen zum Bild beitragen.

a) Für jeden Glanzwinkel φ gilt nach *Gl. 263.1*:

$$\sin\varphi = \frac{n\lambda}{2d_{ijk}} \quad \text{mit} \quad n = 1, 2, \ldots$$

d_{ijk}: Abstand der mit ijk bezifferten Netzebenen; $d_{010} = d$ ist die Gitterkonstante. Wir kennen $d_{110} = d/\sqrt{2}$ (Seite 264). Mit analytischer Geometrie kann man für das kubische Gitter allgemein die Beziehung $d_{ijk} = d/\sqrt{i^2 + j^2 + k^2}$ herleiten. Es folgt

$$\sin\varphi = \sqrt{(n\,i)^2 + (nj)^2 + (n\,k)^2}\,\frac{\lambda}{2d}.$$

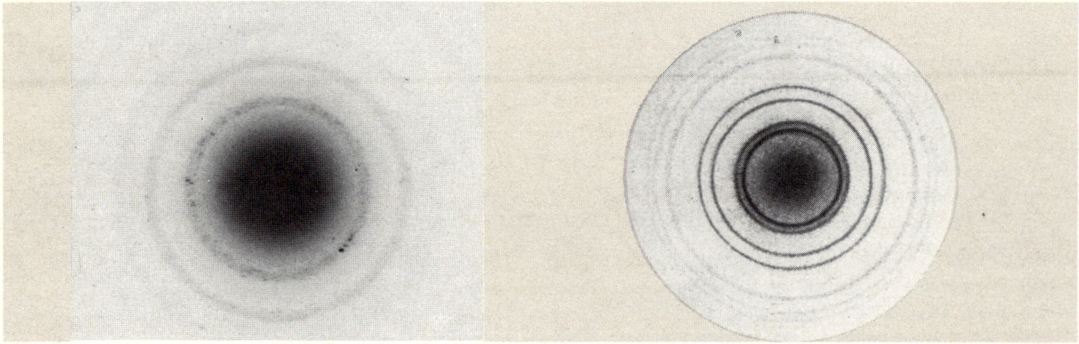

266.1 *Debye-Scherrer-Aufnahme* der Interferenz von monochromatischen Röntgenstrahlen links an Kochsalz (fotografisches Negativ), rechts an einer Silberfolie

ni	nj	nk	φ	tan 2φ	$2r$ in mm	$2r/\tan 2\varphi$ in mm
0	1	0	7,3°	0,26	23,5	90
1	1	0	10,4°	0,37	34	92
1	1	1	12,8°	0,48	43	90
0	2	0	14,8°	0,57	50	88
1	2	0	16,6°	0,65	58	89
1	1	2	18,2°	0,74	67	91

Tabelle 267.1 Glanzwinkel φ für Strahlung mit $\lambda = 72$ pm an NaCl ($d = 282$ pm). $2r$: an *Bild 266.1* gemessene Ringdurchmesser

Mit dieser Gleichung und den Daten $\lambda = 72$ pm, $d = 282$ pm zu *Bild 266.1* können wir die Glanzwinkel der Reihe nach berechnen. Die gemessenen Ringdurchmesser $2r$ müßten sich wie die aus den φ berechneten Werte tan 2φ verhalten. *Tabelle 267.1* zeigt, daß das gut stimmt; unsere Theorie wird somit bestätigt.

b) Beim Silber (*Bild 266.1 rechts*) gibt es Lücken in der Schar der Ringe. Der Silberkristall kann daher nicht die einfach-kubische Struktur von *Bild 262.1* haben. Bei ihm wie bei vielen anderen Metallkristallen sitzt in der Mitte jeder Würfelfläche noch ein weiteres Atom *(kubisch-flächenzentriertes Gitter)*. Die Atome in den Mitten der rosa Würfelflächen bilden für sich allein ebenfalls ein einfach-kubisches Gitter, ebenso die Atome in den weißen und die in den roten Würfelflächen. Wir haben also insgesamt 4 ineinandergestellte kubische Gitter. Sie streuen die Strahlung alle in genau der gleichen Weise. Werden dadurch nicht die Reflexe noch verstärkt? Nur dann, wenn die Phase stimmt! Für manche Reflexrichtungen löschen sich aber die vier Wellen am Empfänger genau aus. So kommt es zu den Lücken. Das Interferenzbild des Silbergitters hat sein eigenes Gesicht. Anhand ihrer Interferenzbilder lassen sich Kristallstrukturen unterscheiden.

Das Verfahren geht auf *Peter Debye* (niederländischer Physiker und Chemiker, 1884 bis 1966, Nobelpreis für Chemie 1936) und *Paul Scherrer* (schweizerischer Physiker) zurück.

Durchstrahlt man polykristalline Proben oder Kristallpulver mit Röntgenstrahlen einheitlicher Wellenlänge, so erhält man auf einem Röntgenfilm, der senkrecht zum einfallenden Licht steht, konzentrische Kreise. An ihren Durchmessern lassen sich Annahmen über die Kristallstruktur überprüfen.

Aufgaben

1. *Warum läßt sich ein einfach-kubischer Kristall (Bild 262.1) parallel zu den Würfelflächen leichter spalten als in jeder anderen Richtung? (Beachten Sie die Entfernungen der Atome von ihren nächsten Nachbarn!)*

2. a) *Tragen Sie in eine Zeichnung ähnlich Bild 264.2 die Sende- und Beobachtungsrichtung für Versuch 249 zu den* 110- *und den* 120-*Netzebenen ein!* **b)** *Bestätigen Sie die Werte ψ und χ von Seite 264 durch Rechnung! Zwischenergebnis: $d_{120} = 1{,}79$ cm.* **c)** *Warum gibt es zu den* 130-*Ebenen in Versuch 249 keine Bragg-Reflexion (rechnerische Begründung)?*

3. *Berechnen Sie die Glanzwinkel der Bragg-Reflexion an der Spaltebene für* LiF *(Gitterkonstante* 201 pm*) bei einer Wellenlänge $\lambda = 72$ pm des einfallenden Röntgenlichts (Molybdän-Anode)!*

4. a) *Wie viele Ionenpaare Na^+Cl^- enthält* 1 cm³ *Kochsalz? (Dichte* 2,16 g cm^{-3}*; Atommassen siehe Tabelle 426.2). Überzeugen Sie sich, daß im Gitter von Bild 262.1 auf jeden Würfel ein Ion (*Na *oder* Cl*) trifft! (Die Würfel am Rande des Kristalls sind dabei vernachlässigbar.) — Berechnen Sie nun die Gitterkonstante d für* **b)** NaCl *und* **c)** *Lithiumfluorid (Dichte* 2,65 g cm^{-3}*)!*

5. *Eine gewisse Strahlung wird an einer gewissen Netzebenenschar in erster Ordnung mit dem Glanzwinkel $\varphi = 22{,}5°$ reflektiert. Welcher Glanzwinkel gehört zur zweiten Ordnung? Wie viele Ordnungen sind möglich?*

6. *Versuch 251 bringt auch mit ungefilterter Strahlung leidliche Ergebnisse. Erklären Sie dies anhand von Bild 265.3!*

7. *Was bedeutet es in Bild 266.1, daß auf den Ringen bisweilen stark geschwärzte Punkte liegen?*

8. *Welche Bedeutung hat die in Tabelle 267.1 in der letzten Spalte berechnete Länge?*

9. *Zu welcher Ordnung n gehören jeweils die in Tabelle 267.1 aufgezählten Glanzwinkel?*

10. *Verlängern Sie Tabelle 267.1 um 3 weitere Zeilen! (Die Glanzwinkel sollen in lückenlos aufsteigender Folge stehen; die Ringdurchmesser sind zu schätzen.)*

11. *Röntgenstrahlen zeigen bei üblichen Strichgittern und senkrechtem Einfall keine Interferenz. Erklären Sie dies an dem Beispiel $\lambda = 154$ pm, Gitter mit 5000 Strichen je cm, Beobachtung in* 1 m *Abstand!*

12. *An einem Gitter mit 500 Strichen je mm beobachtet man gemäß Bild 264.1 im Bereich $\lambda \approx 500$ nm. Welche höchste Ordnung müßte noch zu sehen sein? Wodurch wird die Beobachtung allerdings erschwert?*

13. *Man führt Versuch 250 mit streng monochromatischer Strahlung aus und bringt statt des Geigerzählers einen Röntgenfilm an, der den ganzen von diesem überstrichenen Winkel ausfüllt. Welches Bild ist zu erwarten?*

§ 79 Das elektromagnetische Spektrum

1. Alles strahlt

Elektromagnetische Wellen spielen sowohl in der Natur als auch in technischen Anwendungen eine herausragende Rolle. Sie entstehen, wenn elektrische Ladungen beschleunigt werden. Dies kann auf unterschiedliche Weise geschehen. Entsprechend teilt man die elektromagnetische Strahlung nach ihrer Entstehungsart ein *(Bild 268.1)*; ihre Wellenlängen erstrecken sich über ein breites Spektrum.

Die längsten elektromagnetischen Wellen gehen von Leitungen aus, in denen technische Wechselströme fließen; sie werden durch Generatoren erzeugt. Rundfunk- und Fernsehsender strahlen Wellen von 2000 m bis zu etwa 40 cm Wellenlänge ab. Sie kommen durch Röhren- bzw. Transistorschaltungen mit Schwingkreisen zustande. Auch die Mikrowellen bis $\lambda = 0{,}1$ mm werden elektronisch erzeugt.

Die elektromagnetischen Wellen vom fernen Infrarot über Ultraviolett (Mittelstufenband, Seite 249) bis zu Röntgenstrahlen nennt man „Licht", weil sie auf gleiche Weise wie sichtbares Licht entstehen, nämlich durch *Temperaturstrahlung* (in Glühlampen) oder durch *Stöße von Elektronen* (in Leuchtstoffröhren und Röntgenröhren). Jedes Atom enthält elektrische Ladungen. Nun schwingen aber die Atome eines festen Körpers wegen der *Wärmebewegung* dauernd um ihre Ruhelagen; man kann sich vorstellen, daß dabei elektromagnetische Wellen entstehen. So kann man sagen: *Alle Körper, deren Temperatur größer als Null Kelvin ist, strahlen.* Auch ein Eisklotz strahlt; die von ihm ausgehenden elektromagnetischen Wellen liegen im Infrarotbereich. Trotzdem ist es nicht ratsam, sich zum Aufwärmen vor einen Eisblock zu setzen. Zwar strahlt er Ihnen elektromagnetische Wellen zu; Sie selbst aber geben wegen Ihrer höheren Temperatur viel mehr Energie durch Strahlung an den Eisblock ab, als Sie von diesem empfangen. Das Ergebnis: Sie frieren – der Eisklotz schmilzt.

Je höher die Temperatur eines festen Körpers ist, desto kleiner werden die Wellenlängen seiner Strahlung. Deshalb sendet ein fester Körper von einer bestimmten Temperatur an sichtbares Licht aus – erst Rot, dann kommen Gelb und Grün dazu, bis schließlich bei *Weißglut* alle Farben ausgestrahlt werden.

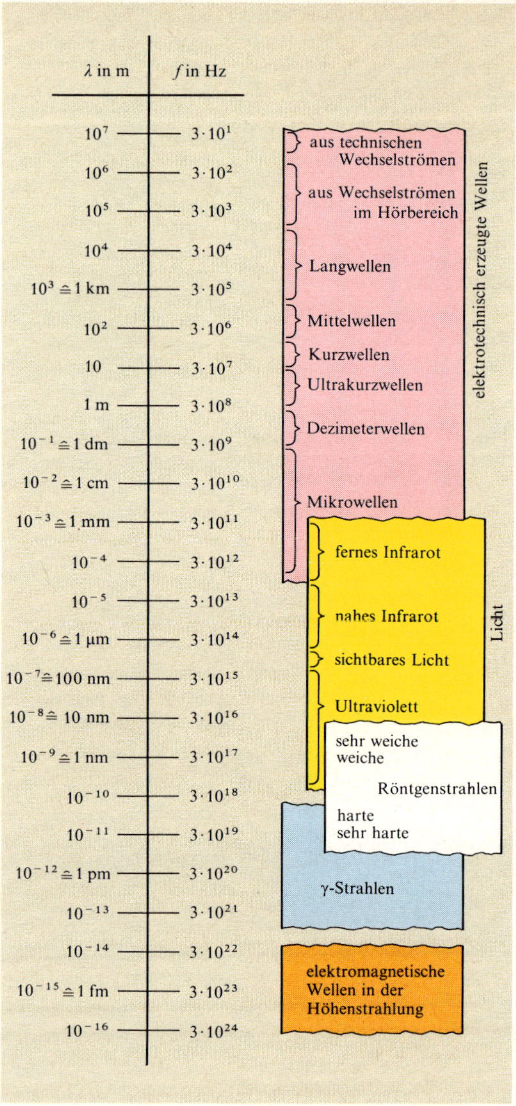

268.1 Das elektromagnetische Spektrum ($1\,\text{fm} = 1$ Femtometer $= 1\cdot10^{-15}$ m)

Mit den kürzesten Wellen des Ultraviolett überschneiden sich die längsten elektromagnetischen Wellen von *Röntgenstrahlen.* Diese werden in der Röntgenröhre bei sehr hohen elektrischen Spannungen durch Abbremsen schneller Elektronen an der Anode erzeugt. Die sogenannten *harten* Röntgenstrahlen sind die kürzesten elektromagnetischen Wellen, die technisch hergestellt werden können.

γ-Strahlen entstehen bei der Umwandlung von Atomkernen. Die kürzesten elektromagnetischen Wellen, die uns bekannt sind, kommen in der kosmischen *Höhenstrahlung* vor.

2. Alles über Strahlung

A. Wie entsteht Strahlung?

1. Beschleunigte Ladungen strahlen.

2. Der *elektromagnetische Schwingkreis* besteht aus einem Kondensator und einer parallel geschalteten Spule. Seine Schwingung hat die Periodendauer $T = 2\pi\sqrt{CL}$. Bei der Wechselspannung $U = \hat{U}\cos\omega t$ fließt der Wechselstrom $I = -\hat{I}\sin\omega t$ mit $\omega = 1/\sqrt{CL}$ und $\hat{I} = \hat{U}\sqrt{C/L}$.

3. Der *Hertzsche Dipol* dient zur Abstrahlung und zum Empfang elektromagnetischer Wellen. Bei der Länge $\lambda/2$ ist er in Resonanz.

4. Im *statischen Feld* eines geladenen Dipols nimmt die Feldstärke E mit der Entfernung r vom Dipol nach $E \sim 1/r^3$ rasch ab. Dagegen verringert sie sich bei der vom Dipol abgestrahlten *Welle* nach $E \sim 1/r$ viel langsamer.

B. Wie breitet sich Strahlung aus?

1. Alle elektromagnetischen Wellen haben die Ausbreitungsgeschwindigkeit $c = 1/\sqrt{\varepsilon_0 \varepsilon_r \mu_0 \mu_r}$. Sie beträgt im Vakuum

$$c = 1/\sqrt{\varepsilon_0 \mu_0} = 3{,}0 \cdot 10^8\,\mathrm{m\,s^{-1}}. \qquad (269.1)$$

2. Eine sinusförmige elektromagnetische Welle hat die mittlere Energiedichte $\bar{\varrho} = \frac{1}{2}\varepsilon_0 \varepsilon_r \hat{E}^2$; bei senkrechtem Einfall erzeugt sie die mittlere Bestrahlungsstärke

$$\bar{S} = \tfrac{1}{2}\varepsilon_0 \varepsilon_r \hat{E}^2 c. \qquad (269.2)$$

3. Geht eine elektromagnetische Welle unter dem Winkel α (zum Einfallslot) vom Vakuum (Ausbreitungsgeschwindigkeit c_0) in einen Stoff (Ausbreitungsgeschwindigkeit c_{Stoff}) über, so wird sie unter dem Winkel β gebrochen. Dabei gilt das *Brechungsgesetz*

$$\frac{\sin\alpha}{\sin\beta} = \frac{c_0}{c_{\text{Stoff}}} = n \approx \sqrt{\varepsilon_r}. \qquad (269.3)$$

Geht die Welle von einem Medium mit n_1 und c_1 in ein anderes mit n_2 und c_2 über, so gilt

$$\frac{\sin\alpha}{\sin\beta} = \frac{c_1}{c_2} = \frac{n_2}{n_1}. \qquad (269.4)$$

4. An der Grenzfläche vom dichteren Medium (größere Brechungszahl) zum dünneren kann *Totalreflexion* auftreten. Besteht das dünnere Medium aus dem *Vakuum*, so gilt für den Grenzwinkel β_g der Totalreflexion $\sin\beta_g = 1/n$.

C. Die Wellennatur der Strahlung

1. Typisch für alle Wellen ist *Interferenz*. Zwei Wellen mit dem Gangunterschied $\delta = 0, \lambda, 2\lambda, \ldots, k\lambda$ *verstärken* sich maximal; bei $\delta = \lambda/2, 3\lambda/2, \ldots, (2k-1)\lambda/2$ *schwächen* sie sich maximal bzw. löschen sich sogar aus.

2. Interferenz kann nur bei *kohärenten* Wellen beobachtet werden, d.h. bei Wellen mit konstant bleibender Phasendifferenz.

3. Das Licht eines *Lasers* ist kohärent. Normale Lichtquellen erzeugen *inkohärentes* Licht, denn sie senden in unregelmäßiger Folge kurze Wellenzüge aus. Soll Interferenz auftreten, so müssen die Größe l der Lichtquelle und der Öffnungswinkel ε des Lichtbündels die *Kohärenzbedingung* $l\varepsilon < \lambda/2$ erfüllen.

4. Wellen werden hinter einer Öffnung *gebeugt*, d.h. sie laufen dort nach allen möglichen Richtungen auseinander. Dies wird aber erst an kleinen Öffnungen deutlich bemerkbar.

5. Bei der Beugung am *Doppelspalt* (Gitterkonstante g) entsteht ein Interferenzmuster mit allmählich ineinander übergehenden Maxima und Minima. Am *optischen Gitter* mit vielen Spalten treten dagegen die Maxima um so schärfer hervor, je größer die Anzahl der Spalte ist. Für die Richtungen α_k zu den *Maxima* der verschiedenen Ordnungen k gilt

$$\sin\alpha_k = \frac{k\lambda}{g} \quad \text{mit } k = 0, 1, 2, \ldots < \frac{g}{\lambda}. \qquad (269.5)$$

6. Auch bei der Beugung des Lichts an einem *Einzelspalt* der Breite l entsteht ein Interferenzmuster. Für die Richtungen α_k zu den *Minima* der verschiedenen Ordnungen k gilt

$$\sin\alpha_k = \frac{k\lambda}{l} \quad \text{mit } k = 1, 2, \ldots < \frac{l}{\lambda}. \qquad (269.6)$$

7. Für das *Auflösungsvermögen* bei der optischen Abbildung durch eine Sammellinse mit dem Durchmesser l gilt: Zwei Objektpunkte müssen so weit auseinander liegen, daß die von ihnen zur Linsenmitte gezogenen Strahlen mindestens den Winkel λ/l bilden. Objektpunkte, die näher als $\lambda/2$ beieinander liegen, kann auch das beste Lichtmikroskop nicht trennen.

8. Bei der *Bragg-Reflexion* an einem räumlichen Gitter (Netzebenenabstand d) wird eine Welle nur für bestimmte *Glanzwinkel* φ_k reflektiert. Es gilt

$$2d\sin\varphi_k = k\lambda \quad \text{mit } k = 1, 2, 3, \ldots. \qquad (269.7)$$

Spezielle Relativitätstheorie

§80 Die Konstanz von *c*

Die spezielle Relativitätstheorie ist eine Theorie, die zu neuen Erkenntnissen über die physikalischen Grundbegriffe Länge, Zeit und Masse führt. Sie entstand um 1905 und wurde im wesentlichen von *Albert Einstein* (deutscher Physiker, 1879–1955, Nobelpreis für Physik 1921, seit 1933 im Exil in den USA) geschaffen. Raum und Zeit bilden den Rahmen, in dem sich unser Denken abspielt; nach *Immanuel Kant* sind sie „Kategorien der Anschauung". Ist nicht jedermann von Kind auf mit ihnen völlig vertraut? Kann es da noch neue Gesichtspunkte geben? Als die Relativitätstheorie mit ihren eigenartigen Aussagen auftrat, gab es dementsprechend heftigen Widerspruch, der sich in manchen Kreisen bis heute nicht gelegt hat. Nun machen sich die von der Theorie vorausgesagten ungewöhnlichen Eigenschaften von Raum und Zeit allerdings erst dann deutlich bemerkbar, wenn hohe Geschwindigkeiten, vergleichbar der Lichtgeschwindigkeit, auftreten. Sie bleiben uns daher im Alltag verborgen. Im kosmischen Bereich jedoch und bei Experimenten mit atomaren Teilchen sind solche Geschwindigkeiten nicht selten; dort werden auch die Behauptungen der Relativitätstheorie bestens durch die Erfahrung bestätigt.

1. Das Licht tut nicht, was es soll

Wir haben in einem modernen Experiment die Laufzeit von Licht über eine Strecke bekannter Länge gemessen und damit die Lichtgeschwindigkeit c bestimmt (Versuch 205). Versetzen wir uns im Geiste weit in den Weltraum hinaus und betrachten von dort aus das Experiment! Lichtsender und -empfänger rasen mit der Erdbahngeschwindigkeit von 30 km s^{-1} hintereinander her, wenn die Meßstrecke gerade tangential zur Erdbahn steht. Wenn der Empfänger vorn ist, läuft er dem Lichtsignal davon. Das Licht sollte dann länger brauchen als bei einer ruhend gedachten Erde. 12 Stunden später läuft umgekehrt der Empfänger dem Licht entgegen; die Lichtlaufzeit sollte sich verkürzen. Da das Licht 10000mal so schnell ist wie die Erde, ist der zu erwartende Unterschied zu klein, als daß er sich in unserem Schulversuch bemerkbar machen könnte. Es finden aber auf der Erde dauernd entsprechende Experimente mit viel größeren Meßstrecken und viel genauerer Zeitmessung als bei uns statt: Auf Europa und Nordamerika verteilt gibt es insgesamt sieben Institute, die mit den derzeit genauesten Uhren (Cäsium-Atomuhren) die Weltzeit überwachen. Sie kontrollieren ihre Uhren gegenseitig durch Funksignale und könnten dabei Effekte wie den eben besprochenen leicht feststellen (Aufgabe 2). *Der Befund ist einwandfrei negativ:* Die Signal-Laufzeiten hängen nicht vom Bewegungszustand der Meßstrecke ab.

Man kannte dieses experimentelle Resultat schon vor 1900 und suchte vergeblich, es zu erklären. Schleppt die Erde etwa den Träger der Lichtwellen – man nannte ihn damals *Äther* – mit sich, so wie sie ihre Atmosphäre mitnimmt? Dann hätte in größeren Höhen über dem Erdboden ein Einfluß auf die Laufzeit eintreten müssen, denn es war kaum anzunehmen, daß die Erde den Äther des ganzen Weltalls (angenommen, es gäbe ihn überhaupt) mitnimmt. Experimente im Ballon widerlegten aber diese Erklärung. Oder gibt etwa die bewegte Lichtquelle dem Licht einen Schubs, so daß es den davoneilenden Empfänger wieder rechtzeitig erreicht? Diesen Gedanken hat man in einem Experiment aus neuester Zeit weiterverfolgt. Als Lichtquelle wurden nahezu mit Lichtgeschwindigkeit bewegte Elementarteilchen (Pionen, π-Mesonen) benutzt. Sie zerfallen und senden dabei Gammastrahlung u.a. in der eigenen Bewegungsrichtung aus. Diese Strahlung müßte also bei einem solchen Schubs schneller sein als Licht aus einer ruhenden Quelle. Sie hatte aber im Versuch genau die gleiche gewöhnliche Lichtgeschwindigkeit c.

Wir fassen die Ergebnisse aller einschlägigen Experimente zusammen: Man mißt die Geschwindigkeit von Licht- und Radiosignalen. Dazu braucht man eine Meßstrecke fester Länge, die durch einen starren Körper realisiert wird. (Auch die ganze Erdkugel kann man in diesem Zusammenhang als starr, d.h. unveränderlich in Gestalt und Größe, ansehen.) Ferner braucht man eine Uhr, mit der die Abgangs- und Ankunftszeit eines Signals bestimmt werden. Eigentlich braucht man sogar zwei Uhren, die jederzeit das Gleiche anzeigen („*synchronisiert*" sind). Man kann sich aber wie in Versuch 205 mit einer Uhr und biegsamen Signalleitungen unveränderlicher Länge behelfen, die von den Enden der Meßstrecke zu der Uhr führen. Allemal findet man:

Ein Apparat, der mit Hilfe eines starren Körpers und mit ihm verbundener Uhren die Lichtgeschwindigkeit mißt, liefert im Vakuum unabhängig von seinem eigenen Bewegungszustand und dem der Lichtquelle immer denselben Wert $c = 299\,792\,458 \text{ m s}^{-1}$. (271.1)

Wir müssen dies als eine Eigenschaft unserer Welt ansehen, von der alle weiteren Überlegungen auszugehen haben, auch wenn sich der „gesunde Menschenverstand" dagegen sträuben sollte. Die Vorstellung von einem irgendwie materiellen Träger für elektromagnetische Wellen geben wir dagegen auf. Wir nehmen den Standpunkt ein, zu dem sich *Einstein* um 1905 durchgerungen hat und von dem er in der Folgezeit auch die physikalische Fachwelt überzeugen konnte. Die Annahme der Unveränderlichkeit von c, das **Prinzip von der Konstanz der Lichtgeschwindigkeit**, wird heute ebenso zu den Grundprinzipien der Physik gerechnet wie etwa der Satz von der Erhaltung der Energie.

Die in dem *Satz 271.1* genannten Bewegungen dürfen übrigens nicht beschleunigt sein. Der starre Körper darf also z.B. nicht rotieren. Doch bringen mäßige Beschleunigungen wie die Rotation der Erde noch keine meßbaren Änderungen der Lichtgeschwindigkeit mit sich.

2. Das Licht als Uhrwerk

Wenn man die Bewegung eines Körpers zahlenmäßig beschreiben will, muß man immer wieder seinen Ort und die zugehörige Zeit feststellen. Zur Ortsbestimmung braucht man ein Koordinatensystem. Physikalisch gesehen ist das ein genügend dichtes Gerüst von Körpern, die alle starr untereinander verbunden sind. Jeden Punkt im Koordinatensystem denken wir uns mit drei Zahlen, seinen Koordinaten, beschriftet. Meistens arbeitet man mit kartesischen Koordinaten *(Bild 271.1)*.

Zur Zeitbestimmung braucht man Uhren, und zwar im Prinzip an jedem Raumpunkt eine eigene, die das Zeitmaß für die Ereignisse an eben diesem Raumpunkt angibt. Denn an jeder entfernten Uhr kann man wegen der Laufzeit des Lichts nur die Zeit früherer Ereignisse ablesen — alles, was wir wahrnehmen, ist Vergangenheit! Alle Uhren im Raum müssen richtig gestellt, *synchronisiert* sein. Was bedeutet das und wie prüft man es nach? Zwei Uhren, die sich am gleichen Ort befinden, kann man un-

271.1 Würfelgerüst mit kartesischen Koordinaten (nach *M.C. Escher*: Kubische ruimteverdeling)

mittelbar miteinander vergleichen, auch wenn sie gerade mit großem Tempo aneinander vorbeifliegen. Man braucht sie ja nur zu fotografieren und das Foto anschließend auszuwerten. Das zeitlich-räumliche Zusammenfallen von Ereignissen, die *Koinzidenz*, ist ein unproblematischer Begriff. Schwieriger ist es mit Ereignissen an verschiedenen Orten.

Wir kennen aber alle das Zeitzeichen des Rundfunks. Es ist ein Signal, nach dem wir im Alltag unsere Uhr synchronisieren. Genau so verfährt man auch in der Wissenschaft, nur daß man auch noch die Laufzeit des Zeitzeichens berücksichtigt. An einem Ort, der 3000 km vom Zeitsender entfernt ist, stellt man also die Uhr „mit dem letzten Ton des Zeitzeichens" nicht z.B. auf genau 12 Uhr, sondern auf 12 Uhr 0,01 Sekunden, da das Signal für den Weg vom Sender zum Empfänger $\frac{1}{100}$ s braucht. Wenn man bei einer Zentraluhr einen Sender aufstellt, der fortwährend Zeitsignale abstrahlt (wie z.B. der Sender DCF 77 bei Darmstadt, Frequenz 77,5 kHz), erübrigen sich im Grunde alle anderen Uhren. Man kann ja dann gleich durch die Zeitsignale selbst ein Zählwerk steuern lassen. Nach diesem Verfahren werden z.B. die Bahnhofsuhren synchronisiert. Zumindest in Gedanken können wir nun sogar auf die Zentral-Uhr verzichten! Wir kennen ja die Lichtgeschwindigkeit. Lassen wir ein Licht- oder Radiosignal eine 30 cm lange Strecke durchlaufen und an ihrem Ende reflektieren, so kommt es nach 2,0 Nanosekunden wieder beim Startpunkt an. Dieser Vorgang läßt sichbeliebig oft wiederholen. Wir haben eine **Lichtuhr** *(Bild 272.1)*! Sie „tickt" im Rhythmus von 2 Nanosekunden. Wenn uns diese Zeiteinteilung zu grob ist, nehmen wir eine kürzere Laufstrecke. Eine Taschen-Lichtuhr mit 3 cm Laufstrecke tickt alle 0,2 ns. Eine ähnliche Frequenz haben übrigens die hochgenauen Cs-Atomuhren (ca. 9 GHz). Sie sind aber keine Lichtuhren, sondern arbeiten mit inneren „Schwingungen" einzelner Atome.

Ein Koordinatensystem zusammen mit Geräten zur Zeitbestimmung für jeden Raumpunkt wollen wir ein *(zeitlich-räumliches) Bezugssystem* nennen.

3. Vom Urmeter zum Uhr-Meter

Das Prinzip von der Konstanz der Lichtgeschwindigkeit gilt heute als derart gut gesicherte Erfahrung, daß man sich entschlossen hat, den Betrag der Lichtgeschwindigkeit definitorisch festzusetzen. Die internationale „Generalkonferenz für Maß und Gewicht" hat im Jahre 1983 beschlossen, daß das Licht in einer Sekunde *per definitionem* im Vakuum den Weg 299792458 m zurücklegt. Damit ist der Pariser Urmeterstab als Verkörperung der Längeneinheit entbehrlich geworden. Man fürchtet ohnehin, daß sich seine Länge durch Umlagerungen im Kristallgefüge ändern könnte. Sollte er einmal verloren gehen, so könnte man jederzeit mit Cäsiumatomen eine Uhr bauen, an ihr 9192631770 Schwingungen abzählen – dies entspricht der Dauer einer Sekunde – und den zugehörigen Lichtweg bestimmen. Der 299792458ste Teil davon ist ein Meter.

In der Astronomie nennt man schon lange den Weg des Lichts in einem Jahr *Lichtjahr* (kurz LJ). Für irdische Zwecke eignet sich die *Licht-Mikrosekunde* (1 Lμs ≈ 300 m) oder die *Licht-Nanosekunde* (1 Lns ≈ 30 cm). In der Praxis ist die Längenmessung mit Uhr und elektromagnetischem Signal heute schon recht verbreitet. Das in *Bild 272.2* gezeigte Gerät arbeitet mit Laserlicht. Im kosmischen Bereich (Entfernung des Mondes, der Venus und anderer Planeten) verwendet man meist Radiowellen. Das z.Zt. modernste weltweite Navigationssystem „Omega" besteht aus 8 über die Erde gleichmäßig verteilten Langwellensendern mit Frequenzen um 10 kHz. Ein Schiff empfängt die Signale von dreien dieser Sender und kann aus den Differenzen der Ankunftszeiten seinen Standort ermitteln.

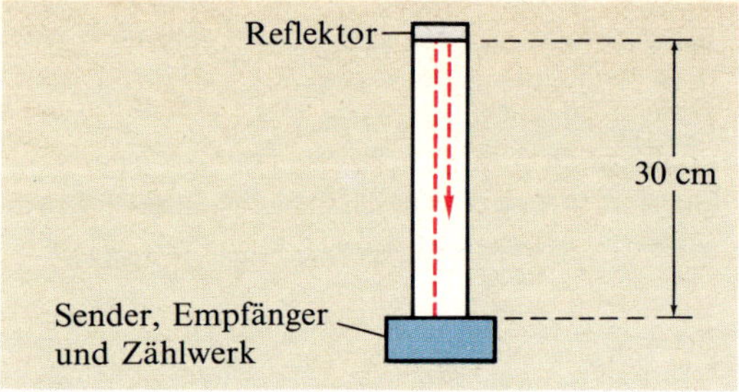

272.1 Lichtuhr mit 2 ns-Rhythmus

Aufgaben

1. *Ein Gerät nach Bild 272.2 mißt* 500 ns *Lichtlaufzeit zur Abwurfstelle und* 650 ns *zur Auftreffstelle eines Speers (jeweils hin und zurück; ein Schiedsrichter stellt dazu ein „Katzenauge" an die anzumessenden Stellen). Die Meßrichtungen schließen den Winkel* 46,0° *ein. Berechnen Sie die Wurfweite!*

2. *Zwei Atomuhren seien auf der Erde so stationiert, daß ihre Verbindungsgerade zweimal täglich tangential zu Erdbahn steht. Die Laufzeit eines Radiosignals zwischen ihnen beträgt in beiden Richtungen stets rund* 5 ms. *(Die Messung ist auf* 0,1 μs *genau.) Um wieviel müßte diese Laufzeit während eines Tages schwanken, wenn sich die Geschwindigkeit der Erdbewegung voll auswirken würde?*

3. *Die Entfernungen von einer Uhr O zu den Punkten P und Q seien bekannt und unveränderlich. Man sendet ein Lichtsignal von O nach P und über Q zurück nach O. Wie kann man damit* $\overline{PQ}$ *messen?*

272.2 Lasergerät zur Entfernungsmessung am Sportplatz. Es werden die Lichtlaufzeiten vom Gerät zum Anfang und Ende der Meßstrecke und zurück bestimmt sowie der Winkel zwischen den Richtungen zu ihnen; daraus wird dann automatisch die gesuchte Länge berechnet.

§ 81 Die Zeitdehnung

1. „Alles ist relativ"...?

Die Relativitätstheorie hat ihren Namen gewiß nicht daher, daß sie so etwas behaupten würde. Sie wird uns allerdings bald die Relativität von Begriffen lehren, von denen wir das nicht geglaubt hätten. *Relativ* soll hier heißen: abhängig von der Beobachtungsart, vom Standpunkt des Beobachters. In diesem Sinne relativ sind schon manche Begriffe des Alltags, insbesondere der Begriff der *Bewegung*.

In einem Bahnhof stehen zwei gleiche Züge nebeneinander zur Abfahrt in entgegengesetzten Richtungen bereit. Der eine wird um 12 Uhr abfahren, der andere später. Ein Reisender ist in einen der Züge gestiegen und sieht um 12 Uhr durchs Fenster, wie sich der Nachbarzug bewegt. Er erschrickt: Sitze ich im richtigen Zug? Er kann es nicht entscheiden, solange er keine Zusatzinformation (Fahrgeräusch, Blick auf den Bahnsteig) erhält! Jeder Zug bewegt sich *relativ zum andern* mit derselben Geschwindigkeit in dieselbe Richtung (nämlich „nach hinten"), und Bewegung „an sich" ist bei vernachlässigbarer Beschleunigung nicht feststellbar. Die beiden Züge sind, als zeitlich-räumliche Bezugssysteme aufgefaßt, völlig gleichberechtigt. In jedem gelten die gleichen grundlegenden Naturgesetze (Band MS, Seite 55); die Beziehungen des einen Systems zum jeweils anderen sind völlig gleichartig. Diesen Sachverhalt erkannte für den Bereich der Mechanik schon *Galilei*.

Bewegen sich Körper relativ zu einem zeitlich-räumlichen Bezugssystem alle mit der gleichen konstanten Geschwindigkeit in gleicher Richtung, so bilden diese Körper unter sich wieder ein Bezugssystem, das zu dem ersten gleichberechtigt ist.

In beiden Systemen gelten die gleichen Naturgesetze. (273.1)

Man nennt diesen grundlegenden und sehr allgemeinen Satz das **Relativitätsprinzip** und sieht ihn heute als für alle Naturvorgänge gültig an. Zur Gleichberechtigung der Bezugssysteme gehört insbesondere, daß jedes sich vom anderen aus gesehen *gleich schnell* bewegt. Wir werden dies im folgenden stets voraussetzen.

2. Die Uhren zieh'n dahin...

Wir wollen nun untersuchen, wie die gleichen Vorgänge von verschiedenen Bezugssystemen aus beurteilt werden, wenn sich diese relativ zueinander bewegen.

Wir denken uns unser „ruhendes" Bezugssystem als Gerüst aus starren Stäben, von dem wir aber jetzt nur eine Ebene, die x-y-Ebene, benutzen *(Bild 273.1)*. Der bewegte Beobachter O′ fahre längs unserer x-Achse mit der Geschwindigkeit v. Zur Zeitmessung benutze er eine Lichtuhr, und zwar einen Stab von 30 cm = 1 Licht-Nanosekunde (Lns) Länge. Er soll zwischen unseren Geraden $y = 0$ und $y = 1$ Lns dahingleiten, so wie eine Achse eines Eisenbahnwagens zwischen den Schienen. Bild *273.1* zeigt eine Momentaufnahme, als O′ gerade unseren Nullpunkt O passiert. Die aufnehmende Kamera müssen wir uns dabei auf der z-Achse in großer Entfernung aufgestellt denken, damit alle Punkte auf dem Foto praktisch gleich weit von ihr entfernt sind. Dann wird das Bild nicht durch ungleiche Lichtlaufzeiten verfälscht. Im dargestellten Augenblick werde in O = O′ ein Lichtsignal gezündet, das sich nach allen Seiten kreisförmig ausbreitet und sowohl in unserem als auch im O′-Bezugssystem zur Zeitmessung dienen soll. In unserem O-System beginne in diesem Augenblick die Zeitzählung (O-Zeit Null). Auch O′ stelle sein Zählwerk in diesem Augenblick auf Null.

Wenn das Lichtsignal in der O′-Uhr einmal hin und zurück gelaufen ist, sind 2 ns für O′ verstrichen. Eine am unteren Ende angebrachte mitbewegte Atom- oder Quarzuhr würde das bestätigen. Weniger genau und erst bei viel längeren Zeiten könnte O′ auch mit seinem Pulsschlag, mit der Halbwertszeit radioaktiver Prä-

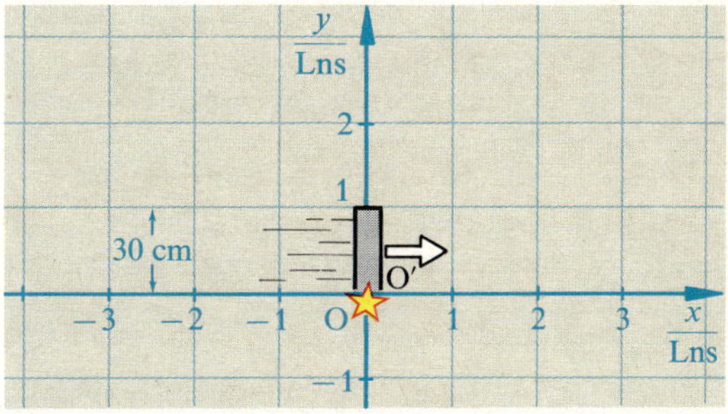

273.1 Ruhendes Bezugssystem (blau) und bewegte Lichtuhr (schwarz). Momentaufnahme vom ruhenden System aus. In O wird ein Lichtsignal gezündet, während O′ dort gerade vorbeikommt.

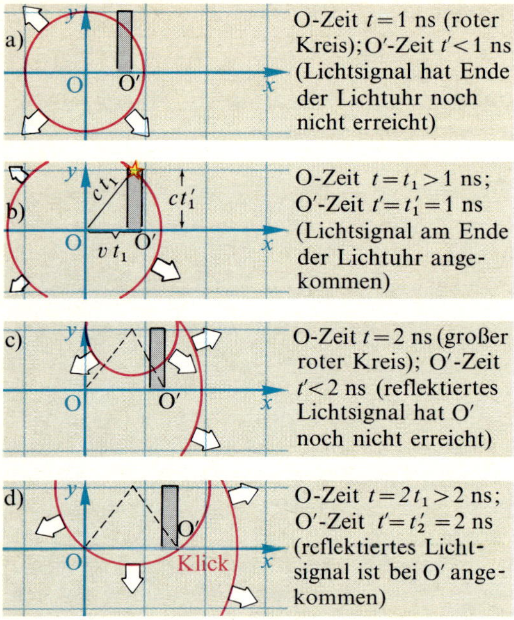

274.1 Bewegte Lichtuhr. Momentaufnahmen vom ruhenden System aus. Kreisradien sind Lichtwege im O-System, entsprechen also der O-Zeit.

parate oder der Lebensdauer von Eintagsfliegen vergleichen – er würde keinen Widerspruch finden. Seine Zeitskala ist in Ordnung. Daß er an uns vorbeifliegt, stört ihn nicht. Nach dem *Relativitätsprinzip 273.1* kann er mit gleichem Recht behaupten, er selbst ruhe und wir bewegten uns. Oder er nimmt von uns und unseren Ansichten überhaupt keine Notiz!

In *Bild 274.1* zeigen nun weitere Momentaufnahmen, wie sich O′ mit seiner Lichtuhr im Laufe der Zeit weiterbewegt und wie sich das Lichtsignal und seine Reflexionen entwickeln. *Bild 274.1b* greift den O-Zeitpunkt t_1 heraus, als das Lichtsignal gerade das Ende der O′-Lichtuhr erreicht hat und ein neues (reflektiertes) Lichtsignal ausgelöst wird. Zum O-Zeitpunkt $t_2=2\,t_1$ kommt dieses reflektierte Signal bei O′ an; der O′-Zähler springt auf $t'=t'_2=$ 2 ns *(Bild 274.1d)*.

Nun sind wir aber überrascht: Die O′-Uhr zeigt 2 ns an, während diejenige Uhr des ruhenden Systems, an der sie gerade vorbeikommt, mehr, nämlich $2\,t_1$ anzeigt. Der schräge Lichtweg $c\,t_1$ ist ja länger als 1 Lns; also ist t_1 größer als $t'_1=1$ ns. Zuvor bei der Begegnung von O und O′ haben aber die beiden *koinzidierenden* Uhren der Bezugssysteme das Gleiche, nämlich beide Null, angezeigt. Die O′-Uhr bleibt während ihrer Reise längs der *x*-Achse gegenüber den O-Uhren *mehr und mehr zurück*. Schuld daran ist die Konstanz der Lichtgeschwindigkeit!

Wir können den Zusammenhang zwischen den Zeitanzeigen anhand des rechtwinkligen Dreiecks in *Bild 274.1b* leicht berechnen: Nach Pythagoras gilt

$$(c\,t_1)^2=(v\,t_1)^2+(c\,t'_1)^2, \qquad t_1\sqrt{1-v^2/c^2}=t'_1\,.$$

(In *Bild 274.1b* ist $t'_1=1$ ns.) Stets gehört zur O-Zeit t die O′-Zeit t' mit der Beziehung $t\sqrt{1-v^2/c^2}=t'$. Fliegt O′ z.B. mit $\frac{3}{5}$ der Lichtgeschwindigkeit wie in *Bild 274.1*, so ist $t'=t\sqrt{1-(\frac{3}{5})^2}=0{,}8\,t$. Die O′-Uhr zeigt dann stets nur $\frac{4}{5}$ der Zeit an im Vergleich zu der ruhenden Uhr, an der sie gerade vorbeikommt. Wir können allgemein feststellen:

Relativistische Zeitdehnung (Zeitdilatation):
Eine relativ zu einem Bezugssystem bewegte Uhr geht langsamer im Vergleich zu den ruhenden Uhren, an denen sie vorbeikommt. Während im Bezugssystem das Zeitintervall Δt vergeht, rückt die Anzeige der bewegten Uhr nur um $\Delta t'$ vor:

$$\Delta t'=\Delta t\sqrt{1-\beta^2} \quad \text{mit } \beta=v/c. \qquad (274.1)$$

Was sollen wir (O-System) von dieser O′-Zeitmessung halten? Das Licht braucht für uns in der O′-Uhr länger, weil es längs einer schrägen Bahn laufen muß, die länger als 30 cm ist *(Bild 274.1b)*. Es geht aber auch der Puls von O′ für uns langsamer, seine radioaktiven Präparate halten länger, seine Eintagsfliegen leben für unsere Begriffe zu lange. O′ hat für uns – nicht für sich selbst! – einen langsameren Zeitablauf: **Die Zeit ist relativ**. Seit *Einstein* gibt es keine absolute Zeit mehr. Wäre es anders, so müßten wir die Konstanz der Lichtgeschwindigkeit bestreiten, also gesicherte Erfahrungen leugnen. Wo aber bleibt die Gleichberechtigung der Bezugssysteme?

Die Uhr O′ geht langsamer als die ruhenden Uhren, also auch langsamer als die Uhr in O. Muß dann nicht nach dem Relativitätsprinzip mit dem gleichen Recht auch die Uhr in O langsamer als die Uhren von O′ gehen, und ist das nicht ein logischer Widerspruch? Halt, solche O′-Uhren haben wir noch gar nicht eingeführt; wir müssen den *Satz 274.1* genau lesen! Die *eine* Uhr O′ bleibt hinter den *vielen* ruhenden Uhren zurück, die zu einem Bezugssystem zusammengespannt sind. Im Verlauf ihrer Reise wird sie durchaus nicht fortwährend mit der Uhr in O verglichen, weil das wegen der Ortsverschiedenheit gar nicht möglich ist, sondern immer wieder mit einer anderen ruhenden Uhr. Will man die dazu symmetrische Situation mit vertauschten Rollen der Bezugssysteme herstellen, so muß man zu O′ noch eine Reihe *weiterer bewegter* Uhren hinzufügen, die alle längs unserer x-Achse dahinfliegen. Dann muß man *eine* ruhende Uhr, sagen wir die in O, fortlaufend mit derjenigen bewegten Uhr vergleichen, die gerade an ihr vorbeikommt. Die bewegten Uhren sind aber so wie die ruhenden untereinander mit Lichtsignalen („Zeitzeichen") zu synchronisieren. Wir können nur hoffen, daß sich dann der scheinbare Widerspruch von selbst auflöst (Seite 277).

3. Spielt die Natur mit?

Gl. 274.1 haben wir aus der Konstanz der Lichtgeschwindigkeit gewonnen, und diese ist experimentell gesichert. Trotzdem verlangen wir nach einem direkten Experiment mit irgendwelchen physikalischen Uhren. Die bewegte Uhr muß sich sehr schnell bewegen, sonst ist der Effekt unmeßbar winzig (Aufgabe 1). Instabile Elementarteilchen sind solche „Uhren". Die Zeit, in der von einer großen Anzahl Teilchen ein bestimmter Bruchteil zerfallen ist, hängt nicht von äußeren Einflüssen ab. Ein ruhendes und ein bewegtes Elementarteilchen der gleichen Sorte sind auch physikalisch gleichartige „Uhren".

Beim Eindringen der kosmischen Strahlung in die Erdatmosphäre entstehen u.a. Myonen (früher fälschlich auch µ-Mesonen genannt), und zwar nur in großer Höhe (16 bis 25 km). Myonen sind geladene Teilchen. Beim Eindringen in einen geeigneten Kunststoffkörper kann ein Myon seine Energie durch Abstrahlen eines schwachen Lichtblitzes verlieren, entsprechend der Röntgenstrahlung von Elektronen beim Eindringen in Metall. Es wird dadurch so langsam, daß es anschließend noch im Kunststoffkörper zerfällt. Das merkt man daran, daß die Lichtblitze vorwiegend paarweise in einem Zeitabstand von wenigen Mikrosekunden auftreten. Der erste Blitz rührt von der Abbremsung des Myons her. Den zweiten Blitz deutet man als Anzeige für seinen Zerfall. Wenn man für hinreichend viele ruhende Teilchen den Zeitabstand zwischen Abbremsung und Zerfall

t in µs	0	1	2	3	4	5	6	7	8
N	568	373	229	145	99	62	36	17	6

Tabelle 275.1 Zahl N der nach der Zeit t noch vorhandenen Myonen

gemessen hat, besitzt man eine geeichte *ruhende* „Myonen-Uhr". Es gilt dabei das gleiche Zerfallsgesetz wie für radioaktive Atomkerne (Seite 369f.).

Tabelle 275.1 zeigt ein Versuchsergebnis, das während einer Stunde in 2000 m Höhe über dem Meer gewonnen wurde. Es wurden insgesamt 568 Myonen abgebremst. Davon lebten nach 1 µs noch 373, nach 2 µs noch 229 usw., wie die Zeitfolge der Zerfälle zeigte. Myonen bewegen sich, wie alle bisher beobachteten Teilchen, nicht schneller als das Licht. Werden sie nicht im Detektor aufgefangen, so brauchen sie bis zur Meereshöhe, also für 2000 m Weg, mindestens die Zeit $2000\ \text{m}/c \approx 7\ \mu\text{s}$. Nach 7 µs sind gemäß *Tabelle 275.1* von 568 relativ zu uns ruhenden Myonen nur noch etwa 17 vorhanden. Man fand aber in Meereshöhe in einer Stunde mit dem gleichen Zählgerät viel mehr, nämlich 412 Myonen! Offensichtlich ist auf der bewegten Myonen-Uhr während des 2000 m langen Fluges eine Zeit von weniger als 1 µs vergangen. (Nach 1 µs dürften gemäß *Tabelle 275.1* nur noch etwa 373 Myonen vorhanden sein.)

Myonen zeigen die Zeitdilatation! Könnte man ihre Geschwindigkeit genau bestimmen, so wäre *Gl. 274.1* nachprüfbar. Dies gelingt zwar nicht bei den in der freien Natur entstehenden Myonen, aber bei den in großen Beschleunigern künstlich erzeugten und in Speicherringen „aufbewahrten" Elementarteilchen. Die Zeitdilatation ist in den Beschleunigerlabors eine keineswegs „unlogische", sondern ganz alltägliche Erscheinung.

Aufgaben

1. *Jemand packt eine Atomuhr ins Auto und fährt nonstop mit* 200 km h^{-1} *immer geradeaus von München nach Hamburg* (600 km). *Um wieviel bleibt seine Uhr gegenüber einer mit München synchronisierten Hamburger Uhr zurück? Von einem Einfluß der Erddrehung werde abgesehen. Verwenden Sie für die Rechnung die Näherung* $\sqrt{1-x} \approx 1-x/2$ *für* $x \ll 1$*!*

2. *Berechnen Sie mit Gl. 274.1 die Myonengeschwindigkeit* v, *indem Sie* $\Delta t' = 1\ \mu\text{s}$ *und* $\Delta t = 2\ \text{km}/v$ *einsetzen!*

§ 82 Relativistische Überraschungen

1. Was heißt „gleichzeitig"?

Ganz einfach: Wenn man ein Bezugssystem hat, in dem überall richtig synchronisierte Uhren stehen, so braucht man bei zwei Ereignissen, die irgendwo – auch in großer Entfernung voneinander – passieren, nur sofort auf die jeweils dabeistehende Uhr zu sehen. Zeigen die Uhren das gleiche an, so sind die Ereignisse gleichzeitig, andernfalls nicht.

Wie synchronisiert man aber zwei Uhren eines Bezugssystems richtig? Dies haben wir schon auf Seite 271 geklärt. Wir wollen noch ein anderes Verfahren nennen, das recht anschaulich ist: „Sende von der Mitte zwischen den Uhren ein Lichtsignal nach beiden Seiten aus. Starte jede Uhr, sobald sie von dem Lichtsignal erreicht wird. Dann laufen die Uhren synchron weiter."

Interessant ist es zu beobachten, wie ein bewegter Beobachter O′ mit diesem Verfahren zwei seiner mitbewegten Uhren A′ und B′ synchronisiert. Wir sehen es uns in einem „Film" an *(Bild 276.1)*. Er zündet das Auslösesignal beim Vorbeiflug an O *(a)* und wartet, bis die Kontrollsignale der gestarteten Lichtuhren bei ihm ankommen *(d)*. Der Stand der Lichtuhren wird nach Art eines Thermometers angezeigt.

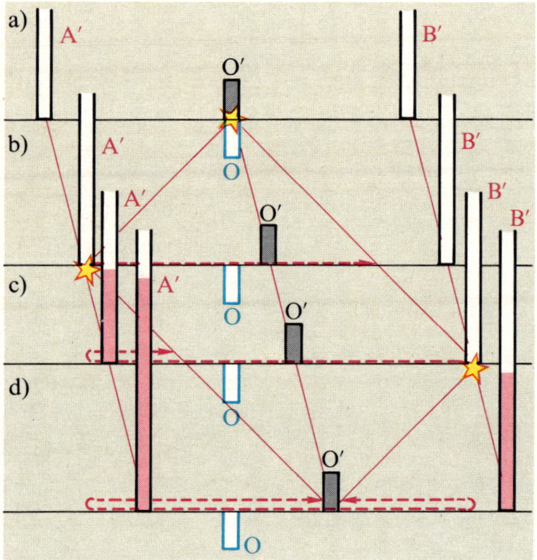

276.1 Synchronisation bewegter Uhren, Momentaufnahmen im ruhenden System

O′ spricht: Die Rückmeldungen kamen bei mir gleichzeitig an. Das bestätigt mir, daß ich in der Mitte zwischen A′ und B′ sitze und die beiden Uhren von mir aus gesehen gleichzeitig gestartet habe. Sie sind richtig synchronisiert.

O – und wir mit ihm – sagen: Die Uhr A′ fliegt dem Auslösesignal entgegen, wird also früher gestartet als die Uhr B′, die ihrem Auslösesignal davonläuft. Die Uhren zeigen, ganz einfach wegen der Lichtlaufzeiten, eine Zeitdifferenz. Sie ist um so größer, je weiter die Uhren voneinander entfernt sind und je schneller sie sich bewegen.

Was also für O′ an verschiedenen Orten gleichzeitig stattfand, hat für O nicht gleichzeitig stattgefunden. Wer von den Beobachtern hat einen Fehler gemacht? Keiner; jeder hat von seinem Standpunkt aus recht. **Gleichzeitigkeit** ist kein absoluter Begriff, genausowenig wie *Zeit* an sich; ob zwei Ereignisse gleichzeitig sind oder nicht, hängt vom Bezugssystem ab.

Der Zeitunterschied zwischen zwei Ereignissen ist keine absolut feststehende Größe.

Zwei Ereignisse, die von einem Bezugssystem aus beurteilt gleichzeitig stattfinden, können in einem relativ dazu bewegten System nacheinander geschehen.

Sind nun die Uhren A′ und B′ synchron oder nicht? Hier müssen wir dem Beobachter O′ eine Vorzugsstellung einräumen. *Er* ruht relativ zu den beiden Uhren. Er allein ist daher für die Synchronisation zuständig. Die Uhren sollen ja in *seinem* Bezugssystem die Zeit richtig anzeigen und nicht in unserem. Daß es die „Zeit an sich" nicht gibt, daß jedes Bezugssystem seine eigene Zeit hat, damit müssen wir uns abfinden. Übrigens bleibt es dabei, daß nur *getrennte* Ereignisse der Relativität der Gleichzeitigkeit unterworfen sind. Fallen zwei Ereignisse *im Ort und in der Zeit* für einen Beobachter zusammen, so tun sie es für jeden Beobachter.

Wie steht es mit der Gleichberechtigung der Bezugssysteme, mit dem Relativitätsprinzip? Was O recht ist, muß O′ billig sein. Synchronisieren wir also zwei Uhren A und B des ruhenden Bezugssystems – wir können dazu genau das gleiche Auslösesignal benutzen – und lassen nun den Beobachter O′ zuschauen *(Bild 277.1)*. Die Rückmeldungen vom Start der Uhren treffen sich in O (Teilbild *d*); die Synchronisation ist vom Ruhesystem aus gesehen in Ordnung. Der nach rechts bewegte Beobachter O′ dagegen sagt: Das Signal vom Start der Uhr B erreicht mich früher als das vom Start der Uhr A (Teilbild *c* bzw. *e*). Also ist B auch früher gestartet worden als A. – Diese Aussagen entsprechen denen von vorhin.

2. Auflösung des Uhrenparadoxons

Auf Seite 274 forderten wir, daß eine ruhende Uhr gegenüber bewegten Uhren, die an ihr vorbeikommen, mehr und mehr zurückbleiben müsse. Daß das möglich ist, können wir nun einsehen. Eine für uns ruhende Uhr U begegne der voraneilenden Uhr B′ von *Bild 276.1* und übernehme großzügig deren momentane Zeitanzeige (aber natürlich nicht ihre Ganggeschwindigkeit!). Etwas später fliegt die Uhr A′ an U vorbei. A′ wurde für uns viel früher als B′ gestartet und hat damit vor ihr einen bleibenden zeitlichen Vorsprung. Dieser Vorsprung rührt vom Lichtlauf *längs* der Bewegungsrichtung her, während die Zeitdilatation – A′ läuft für uns „zu langsam" – vom *schrägen* Lichtlauf auf der Hypotenuse in *Bild 274.1* herkommt. So ist es plausibel, daß der Vorsprung von A′ nicht durch die Zeitdilatation aufgezehrt wird und A′ *mehr* anzeigt als unsere Uhr U, wenn sie an dieser vorbeikommt. Der bewegte Beobachter O′ sagt so mit Recht: Eure Uhr U läuft langsamer im System meiner für mich synchronisierten Uhren A′ und B′.

Die Relativität der Gleichzeitigkeit wird uns noch öfter helfen, scheinbare Paradoxien der Relativitätstheorie aus dem Wege zu räumen.

3. Auch Längen sind relativ

Jeder LKW-Fahrer weiß, welche Länge sein Lastzug hat. Sie steht in den Fahrzeugpapieren. Wollte er sie während der Fahrt ohne Meterstab nachprüfen, so könnte er im Prinzip so vorgehen: Er stoppt die Zeit Δt, die es dauert, bis der Lastzug an einem Markierungspfahl der Straße vorbeigefahren ist. Er multipliziert Δt mit der am Tacho abgelesenen Geschwindigkeit v und erhält so die *Eigenlänge* $L = v\,\Delta t$.

Auch bei einem sehr schnellen „relativistischen" Lastzug kann er so verfahren. Es müssen dann nur an den beiden Stoßstangen Uhren angebracht sein, die im Bezugssystem des Fahrers synchronisiert sind und das Vorbeiflitzen des Markierungspfahls registrieren.

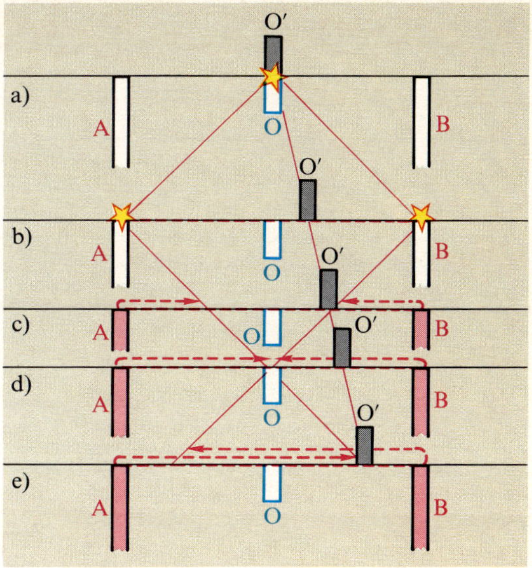

277.1 Synchronisation zweier ruhender Uhren (Uhrenanzeigen verkürzt gezeichnet)

Die Polizei am Straßenrand will ebenfalls die Fahrzeuglänge messen. Sie ermittelt mit Radar die Geschwindigkeit und erhält den gleichen Wert v (Seite 273). Mit ihrer Uhr (nur *einer*!) stoppt sie die Zeit $\Delta t'$ der Vorbeifahrt und rechnet: Länge $L' = v\,\Delta t'$. Der LKW-Fahrer freut sich, daß er trotz seines zu langen Zuges ungeschoren bleibt. Er weiß ja, daß die von der vorderen zur hinteren Stoßstange vorbeisausende Polizeiuhr wegen der Zeitdilatation eine kürzere Zeit anzeigt als seine eigenen beiden Stoßstangen-Uhren: $\Delta t' = \Delta t\sqrt{1-\beta^2}$. Also ist der Lastzug für die Polizei auf die geringere Länge $L' = v\,\Delta t' = L\sqrt{1-\beta^2}$ *kontrahiert*. Bei $v = 0{,}8\,c$ ist $\sqrt{1-\beta^2} = 0{,}6$; es ergeben sich 60% der Eigenlänge.

> ***Längenkontraktion:*** **Ein mit der Geschwindigkeit v in Längsrichtung bewegter Stab wird gegenüber seiner Ruhe- oder „Eigenlänge" verkürzt gemessen um den Faktor**
>
> $\sqrt{1-\beta^2}$ **mit $\beta = v/c$. (277.1)**

Wie lang ist das Auto nun wirklich? Das ist eine gegenstandslose Frage. Die Länge ist eben bezugssystemabhängig. Man bezeichnet aber weiterhin die im Ruhesystem des Autos gemessene Länge L als „seine" Länge schlechthin.

Wenn die Polizei die Geschwindigkeit des Lastzugs nicht kennt, muß sie anders vorgehen. Sie

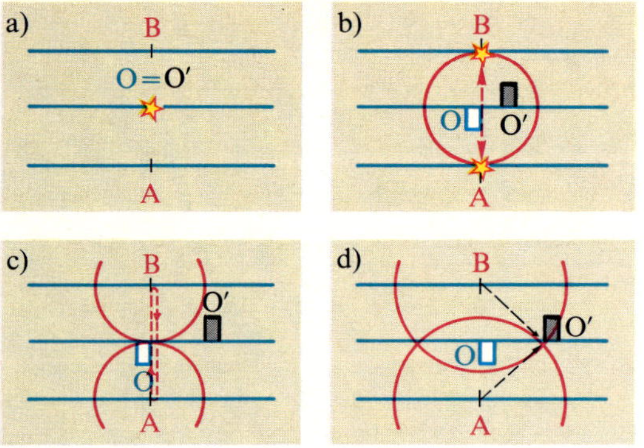

278.1 Gleichzeitige Auslösung der übereinanderstehenden Kameras A und B: a) Start des Auslöseimpulses; b) Auslösung; c) Rückmeldungen kommen bei O an; d) Rückmeldungen kommen bei O′ an. Alle Bilder sind Momentaufnahmen im Ruhesystem des Beobachters O.

fotografiert ihn und mißt das Bild aus. Damit es aber keine Fehler durch unterschiedliche Lichtlaufzeiten gibt, stellt sie an der Straße hinreichend dicht viele Kameras auf und löst sie – in ihrem Bezugssystem – gleichzeitig aus. Später sucht sie aus den vielen Bildern diejenigen beiden heraus, welche die vordere bzw. hintere Stoßstange in unmittelbarer Nähe zeigen. Die Entfernung der zugehörigen Kameras ergibt die „bewegte Länge" L'. – Sollte der im Vergleich zur Eigenlänge L kleinere Wert L' dem LKW-Fahrer Nachteile bringen, so kann er protestieren: „Fehlmessung! Nach meiner Beobachtung wurden die Enden nicht gleichzeitig aufgenommen, das Vorderende früher als das Heck. (In *Bild 276.1* wird für O die Uhr A′ früher gestartet als die Uhr B′) Mein Lastzug ist länger." Ganz klar: Würden die Kameras nebenherfahren und im Sinne des Fahrers gleichzeitig ausgelöst, so käme für den Lastzug die Eigenlänge L heraus; dafür wären die ruhig herumstehenden Polizeifahrzeuge längenkontrahiert. Wegen der Relativität der Gleichzeitigkeit sieht jeder die Längserstreckung des andern kontrahiert – ohne logischen Widerspruch!

Wie ist es mit der *Höhe* des Autos? – Zwei Kameras A und B, die genau übereinander am Boden und in Fahrzeughöhe stehen, können durch einen Lichtblitz aus halber Fahrzeughöhe synchron ausgelöst werden *(Bild 278.1)*. Die Rückmeldungen von der Auslösung kommen beim Beobachter O und auch bei O′ jeweils gleichzeitig an *(Bild 278.1c, d)*. Es gibt keine unterschiedlichen Auffassungen von der Gleichzeitigkeit der Aufnahmen und auch nicht vom Ergebnis der Höhenmessung:

Ein Körper wird quer zu seiner Bewegungsrichtung nicht kontrahiert gemessen.

Ein Stab, der sich irgendwie *schräg* zur eigenen Richtung bewegt, wird zwar verkürzt gemessen, aber nicht so stark wie nach *Satz 277.1*.

Ein noch komplizierteres Problem ist es, herauszufinden, wie man einen schnell bewegten Gegenstand *sieht* oder wie er auf einer Fotografie erscheint. Hierbei spielt nämlich die Laufzeit des Lichts mit. Am einfachsten kann man sich noch überlegen, wie ein schnell bewegter Quader *aus großer Entfernung* von der Seite aussieht *(Bild 278.2)*. Licht, das von der weiter entfernten Hinterkante H ausgeht, findet wegen der Bewegung des Quaders freie Bahn zum Betrachter vor. Es kommt dort gleichzeitig mit dem etwas später von der Vorderkante V gestarteten Licht an, so daß die ganze Seitenfläche S auf einem Foto zu sehen ist. Der Quader erscheint also gedreht.

Welche Verzerrungen *in der Nähe* noch hinzukommen, zeigt *Bild 278.3*, das eine Kamera aufnehmen würde. Die Kamera befände sich 2,5 Kantenlängen vor der vorderen Schiene und 1,5 Kantenlängen darüber. Sie würde ausgelöst, wenn die Mitte des Würfels gerade an der Kamera vorbeifährt.

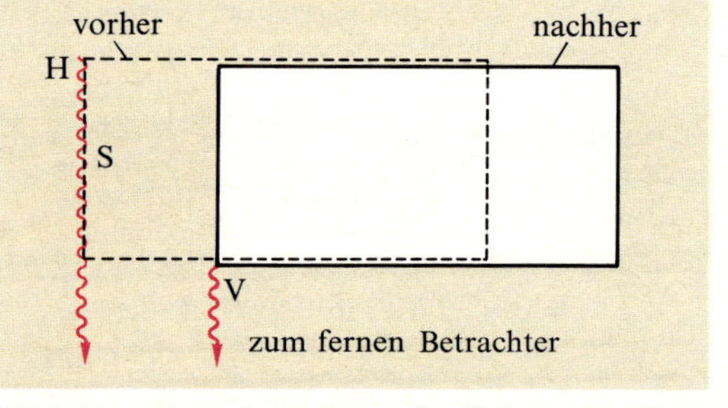

278.2 Zum Aussehen eines schnell bewegten Quaders; Momentbilder im Ruhesystem des Betrachters

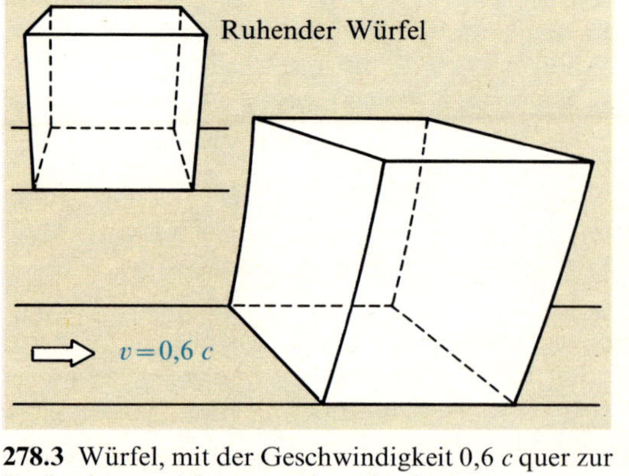

278.3 Würfel, mit der Geschwindigkeit 0,6 c quer zur Beobachtungsrichtung nach rechts bewegt

4. Ein Ausflug in die Elektrik

Ein Teilchen mit der Ladung q bewege sich parallel zu einem ungeladenen, jedoch stromdurchflossenen Draht *(Bild 279.1)*. Es gibt (im Bezugssystem des Drahts) also kein elektrisches Feld, wohl aber ein Magnetfeld der Flußdichte B am Ort des Teilchens. Ist dieses negativ geladen und bewegt es sich so wie die Elektronen, dann wird es vom Draht mit der Kraft $F=|q\,v\,B|$ angezogen. Nun möge sich ein Beobachter mit dem Teilchen bewegen, so daß dieses in seinem Bezugssystem ruht. Ruhende Teilchen werden nur von elektrischen, nicht aber von magnetischen Feldern beeinflußt. Sollte also für diesen Beobachter die Anziehungskraft auf das Teilchen verschwunden sein? Das ist nicht möglich, denn auch für ihn nähert sich das Teilchen dem Draht.

Hier haben wir ein „Paradoxon" der klassischen Elektrodynamik. Aufgelöst wird es durch die Relativitätstheorie. Im Draht fließen Minusladungen, während die kompensierenden Plusladungen ruhen. Der Einfachheit halber sei auch die Ladungsgeschwindigkeit im Draht gleich der Geschwindigkeit v des Beobachters angenommen. Dann sieht dieser im Draht ruhende Minusladungen und mit $-v$ bewegte Plusladungen (Atomrümpfe), also insgesamt ebenfalls einen Strom. Dieser erzeugt auch ein Magnetfeld, das aber dem für den Beobachter ruhenden Teilchen nichts tun kann. Die Relativitätstheorie läßt nun noch eine weitere Folgerung zu: Im ursprünglichen Bezugssystem „Draht" saßen die Ladungen beiderlei Vorzeichens auch bei Stromfluß gleich dicht, denn der Draht war voraussetzungsgemäß ungeladen. Bei einem Wechsel des Bezugssystems ändern sich Ladungen nicht – dafür gibt es gute Gründe. (Z.B. müßte sonst ein ungeladener Körper beim Aufheizen geladen erscheinen, weil die Elektronen in ihm eine viel größere mittlere Geschwindigkeit erhalten als die Atomkerne.) Die relativ zum Beobachter bewegten Plusladungen sind nun wegen der Längenkontraktion enger zusammengerückt, die nun relativ zum Beobachter ruhenden Minusladungen aus dem gleichen Grunde weiter voneinander entfernt als zuvor. Es ergibt sich ein *Ladungsüberschuß*! Der Draht erscheint positiv geladen und zieht deshalb das Probeteilchen an. Das ursprüngliche $\vec{B}$-Feld hat sich durch den Wechsel des Bezugssystems teilweise in ein $\vec{E}$-Feld verwandelt.

Wir lernen aus diesem Beispiel zweierlei:

1. Elektrisches und magnetisches Feld sind für sich allein keine absoluten Begriffe, da sie bei einem Wechsel des Bezugssystems ineinander übergehen können. Nur das elektromagnetische Feld insgesamt ist eine vom Bezugssystem unabhängige Größe.

2. In der Elektrik kommt die Relativitätstheorie schon bei kleinen Geschwindigkeiten v zum Tragen. Man kann sagen: Magnetfelder und damit die Kraft, mit der die E-Lok ihren Zug zieht, folgen aus der Elektrostatik (aus dem Coulomb-Gesetz) als Effekt der Längenkontraktion.

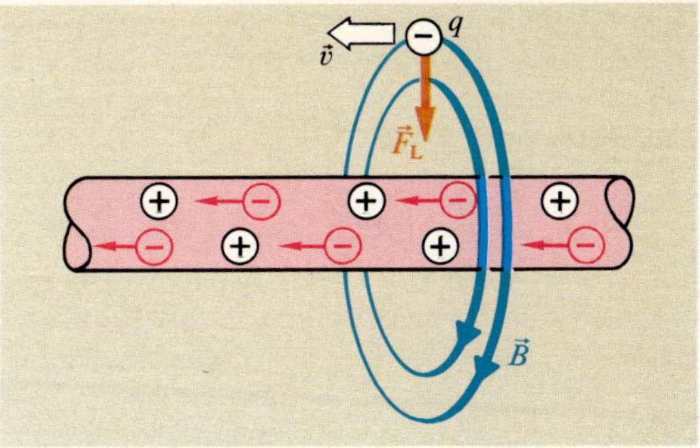

279.1 Bewegtes Teilchen im Magnetfeld eines stromdurchflossenen Drahtes

Die Gesetze der Elektrik haben übrigens den Hauptantrieb für die Entwicklung der Relativitätstheorie gegeben. Dies ist insofern nicht verwunderlich, als ja das Licht, von dessen Ausbreitungseigenschaften wir ausgegangen sind, als elektromagnetische Erscheinung verstanden werden kann.

5. Schnelle Läufer leben länger

Das vielleicht berühmteste relativistische „Paradoxon" knüpft unmittelbar an die Zeitdilatation an. Das Myonenexperiment (Seite 275) zeigte einwandfrei: Bewegte Teilchen leben länger. Wir haben uns schon klar gemacht (Seite 273), daß die mit Atomuhren, Myonenzerfällen usw. gemessene Zeit auch für die biologischen Vorgänge wie den Pulsschlag oder die Alterung eines Menschen zuständig ist. Man nehme also zwei physikalisch gleichartige Menschen (eineiige Zwillinge), belasse den einen auf der Erde und schicke den anderen auf eine lange Reise mit hoher Geschwindigkeit. Wenn er wieder zur Erde zurückkehrt, wird er jünger sein als sein Bruder auf der Erde!

Zwei Einwände werden gegen diesen Gedankenversuch immer wieder vorgebracht. Sehen wir zu, ob wir mit ihnen fertig werden.

Erster Einwand: Es gilt doch das Relativitätsprinzip. Also kann man auch sagen: Der auf der Erde bleibende Zwillingsbruder entfernt sich mit hoher Geschwindigkeit von dem Reisenden, bleibt dabei jünger als er und kehrt verjüngt zurück, im Widerspruch zum ersten Ergebnis. – Dieser Einwand berücksichtigt nicht, daß der Bruder auf der Erde ständig in ein und demselben zeitlich-räumlichen Bezugssystem ruht. Der Reisende dagegen ruht bei der Hin- und Rückfahrt in zwei verschiedenen Bezugssystemen, die sich relativ zu einander mit großer Geschwindigkeit bewegen. Würden beide Brüder symmetrisch nach entgegengesetzten Richtungen reisen, umkehren und wieder zusammenkommen, ergäbe sich in der Tat kein Altersunterschied.

Zweiter Einwand: Während der Beschleunigungsphasen, ohne die ja eine Rückkehr nicht möglich ist, ruht der Reisende nicht in einem der von uns bisher untersuchten Bezugssysteme. Wir haben keine Theorie über beschleunigte oder verzögerte Uhren entwickelt. Je nach Uhrentyp könnte das Verhalten ganz verschieden sein. Vielleicht geht die biologische „Uhr" des Reisenden während der Umkehr infolge der Anstrengungen sehr schnell, so daß er um viele Jahre altert. Der Verjüngungseffekt der Reise mit konstanter Geschwindigkeit wäre dann wieder zunichte gemacht. – Wir untersuchen diesen Einwand anhand eines Beispiels.

Der Reisende werde auf 0,8 c beschleunigt und behalte diese Geschwindigkeit insgesamt 20 Erdenjahre bei. Dann bringt ihm das gegenüber seinem Bruder eine Verjüngung um

$$20 \text{ Jahre} - 20 \text{ Jahre} \cdot \sqrt{1-0{,}8^2} = 8 \text{ Jahre}$$

ein. Nun möge er beim Beschleunigen am Start, beim Umkehren und beim Abbremsen insgesamt 10 Jahre gegenüber dem Erdbewohner verlieren. Dann ist er bei der Rückkehr um 2 Jahre älter als dieser. Die verlorenen 10 Jahre sind aber „Fixkosten", die ganz bestimmt nur von den Umständen während des Beschleunigens und Bremsens und nicht davon abhängen, wie lange man mit konstant 0,8 c gefahren ist. Man verdopple also einfach die Zeit für die konstante Geschwindigkeit, dann übersteigen die nun 16 Jahre Zeitgewinn den Verlust von 10 Jahren um volle 6 Jahre!

Wenn wir hier übrigens beschleunigte Bewegungen betrachten, überschreiten wir nicht den Bereich der speziellen Relativitätstheorie! Wir führen ja nicht ein *beschleunigtes Bezugssystem* ein.

Die Zeitdilatation läßt es aussichtsreich erscheinen, in einer Zeit, die wesentlich kürzer als ein Menschenleben ist, sogar zu einer benachbarten Galaxie zu gelangen. Man muß nur ein genügend schnelles Raumschiff haben. Aber abgesehen davon, daß die Raumfahrer bei ihrer Rückkehr die Menschheit kaum noch vorfinden würden (Aufgabe 4), ist die Weltraumreise energetisch gesehen völlig utopisch (Seite 293). Wir sehen heute klarer denn je, daß der Bewegungsspielraum des Menschen auf den Bereich des Sonnensystems, ja im Grunde auf den Planeten Erde ein für allemal beschränkt ist. Im Reich der Mikroteilchen dagegen ist das Zwillingsparadoxon längst kein Paradoxon mehr, sondern eine ganz alltägliche Erscheinung.

Im Jahre 1971 leisteten sich zwei amerikanische Physiker den „physikalischen Lausbubenstreich", das Zwillingsparadoxon mit Atomuhren und einer Reise um die Erde auszuprobieren. Sie benutzten Linienflugzeuge; die Reise verlief also keineswegs mit konstanter Geschwindigkeit und auch nicht geradlinig. Man rechnete so, als gälte in jedem Augenblick der Zeitdilatationsfaktor $\sqrt{1-\beta^2}$ mit dem momentanen β-Wert – und die Natur gab der Theorie recht! Die Zeitdilatation ist damit auch für makroskopische Uhren bestätigt.

Aufgaben

1. *Die Relativität der Gleichzeitigkeit widerstrebt unseren Denkgewohnheiten, eine „Relativität der Gleich-Ortigkeit" jedoch keineswegs. Geben Sie hierzu ein einfaches Beispiel an!*

2. *Bei einem Raumschiffrennen über 12 Lichtstunden braucht Schiff A bei konstanter Geschwindigkeit* 20 h. *Schiff B bleibt am Start zunächst wegen eines Schadens* 6 h *liegen, fliegt dann um so schneller und kommt* 1 h *nach Schiff A am Ziel an. Nun behaupten die B-Leute: „Wir haben das Rennen trotzdem gewonnen, denn nach den neuen Wettkampfregeln sind die Borduhren der Raumschiffe für die Zeitnahme zuständig." Prüfen Sie diese Argumentation nach!*

3. *Erklären Sie die unerwartet lange Lebensdauer der bewegten Myonen (Seite 275) mit der Längenkontraktion des Laufweges!*

4. *Eine Reise rund um die Milchstraße (Weg: 200000 Lichtjahre) soll für die Raumfahrer 20 Jahre dauern. Wie viele Jahre vergehen während der Reise auf der Erde? (Näherungsrechnung ähnlich Aufgabe 1, Seite 275)*

5. *Fliegen der Familie Drosophila (Taufliege) haben eine rasche Generationenfolge. Nehmen wir an, daß jeden Tag eine neue Generation entsteht. Ein Raumschiff mit Drosophila-Kulturen fliegt mit der konstanten Geschwindigkeit* $\frac{1}{4}c$ *an der Erde vorbei und zähle von da an die Generationen. Wenn gerade die 1000. Generation erschienen ist, begegne ihm ein zweites Raumschiff, in dem ebenfalls Fliegen gezüchtet werden. Es fliegt mit der Geschwindigkeit* $\frac{1}{4}c$ *auf die Erde zu und zählt die Generationen von der Begegnung mit dem ersten Raumschiff an weiter, nachdem ihm die Zahl 1000 von diesem per Funk mitgeteilt worden ist. Beim Vorbeiflug an der Erde wird man im zweiten Raumschiff also gerade bei der Zahl 2000 angekommen sein. Wie viele Generationen hat ein Fliegenzüchter auf der Erde zwischen den Vorbeiflügen der beiden Raumschiffe gezählt?*

§ 83 Die Lorentz-Transformation

1. Die ganze Theorie in einer Hand

In der *relativistischen Kinematik*, die wir bisher kennengelernt haben, geht es immer um punktuelle Ereignisse wie das Aufleuchten einer Lampe, das Vorbeifliegen eines schnellen Raumschiffs an der Erde, das Eintreffen eines Lichtsignals usw. Immer haben wir zwei Beobachter, die jeder für sich in ihrem Bezugssystem einem solchen Ereignis eine Zeit und einen Ort zuweisen. Wenn man Zeit und Ort für das bewegte System kennt, so möchte man die Zeit und die drei Ortskoordinaten für das ruhende System ermitteln, braucht also vier Berechnungsformeln.

Wie lauten diese vier „Transformationsformeln" in der Kinematik des Alltags? Das bewegte System fliege mit seiner x'-Achse längs der ruhenden x-Achse; zur Zeit Null fallen die Nullpunkte aufeinander. Die bewegte y'- und z'-Achse seien parallel zur ruhenden y- bzw. z-Achse *(Bild 281.1)*.

$t = t'$ (Es gibt nur eine absolute Zeit, keine Relativität der Gleichzeitigkeit und keine Zeitdilatation)

$y = y'$, $z = z'$ (Die Bewegung erfolgt in x-Richtung)

$x = v\,t' + x'$ (Streckenaddition) (281.1)

Dies ist die sogenannte **Galilei-Transformation.**

Nun wollen wir die entsprechenden Formeln für die Relativitätstheorie auffinden. Die Achsen der Bezugssysteme sollen genau wie in *Bild 281.1* gerichtet sein. Dann gilt auch weiterhin für jedes Ereignis $y = y'$ und $z = z'$, denn ein quer bewegter Stab erscheint nicht verkürzt (Seite 278). Nun sehen wir *Bild 281.1* als Momentbild im *un*gestrichenen O-System an. Alle Orte bewegter Gegenstände gehören also zur gleichen „ungestrichenen Zeit" t. Insbesondere gilt $\overline{OO'} = v\,t$. Der von O′ nach x' gehende Stab des bewegten Systems wird im O-System längenkontrahiert gemessen, hat also dort nur noch die Länge $x'\sqrt{1-v^2/c^2}$. Die Streckenaddition ergibt nun

$$v\,t + x'\sqrt{1-\beta^2} = x \qquad (\beta = v/c). \qquad (281.2)$$

Nun brauchen wir noch eine zweite unabhängige Gleichung, um dann das System nach x und t auflösen zu können. Zu ihr verhilft uns das Relativitätsprinzip. Wir können *Bild 281.1* gerade so gut als Momentbild ansehen, das ein Beobachter im gestrichenen statt wie bisher im ungestrichenen System entwirft. Alle Ortsangaben gelten dann natürlich für die gestrichene Zeit t'. O fährt in negativer x'-Richtung, und es gilt $\overline{OO'} = v\,t'$. Der ungestrichene, jetzt bewegte Stab von O nach x erscheint im O′-System kontrahiert auf $x\sqrt{1-\beta^2}$, während der jetzt ruhende gestrichene Stab von O′ nach x' die Länge x' behält. Man liest so ab:

$$x\sqrt{1-\beta^2} = v\,t' + x'.$$

Aus dieser Gleichung kann man sofort x berechnen (s.u., zweite Gleichung im Kasten). Setzt man diesen für x gefundenen Ausdruck in *Gl. 281.2* ein, so ergibt sich auch t:

$$t = \frac{1}{v}\left(\frac{v\,t' + x'}{\sqrt{1-\beta^2}} - x'\sqrt{1-\beta^2}\right) = \frac{1}{\sqrt{1-\beta^2}}\left(t' + \beta\frac{x'}{c}\right).$$

Das Ziel ist damit erreicht. Wir fassen zusammen:

***Lorentz-Transformation:* Bewegen sich zwei Bezugssysteme mit der Geschwindigkeit v in x-Richtung gegeneinander, so gilt:**

$$t = \frac{1}{\sqrt{1-\beta^2}}\left(t' + \frac{v}{c^2}x'\right);$$

$$x = \frac{1}{\sqrt{1-\beta^2}}(x' + v\,t') \quad \text{mit} \quad \beta = \frac{v}{c};$$

$$y = y';$$
$$z = z'. \qquad \textbf{(281.3)}$$

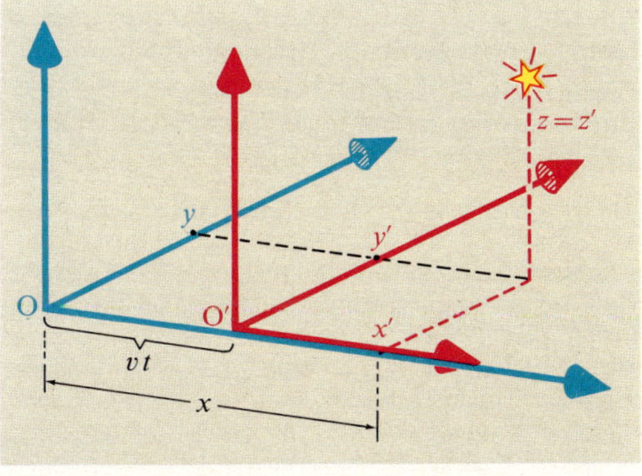

281.1 Koordinatenachsen der Bezugssysteme; Momentbild im ruhenden (ungestrichenen) System

Schon vor der Relativitätstheorie hat der niederländische Physiker *Hendrik A. Lorentz* (1853–1929, Nobelpreis 1902) diese Umrechnungsgleichungen im Zusammenhang mit seiner Elektronentheorie aufgestellt. Aber erst *Einstein* gab ihnen die heutige einfache Deutung.

Wir sehen, daß sich der Ausdruck für die Ortskoordinate x aus der „naiven" *Galilei-Gleichung 281.1* einfach durch Multiplikation mit dem typischen relativistischen Faktor $1/\sqrt{1-\beta^2}$ und Ersetzen von t durch t' ergibt. Nur die Lorentz-Gleichung für die Zeittransformation ist schwer zu behalten. Wenn man sie nicht nachschlagen will, kann man folgendes Rezept anwenden:

1. Vertausche in der x-Gleichung überall den Ort mit der Zeit!
2. Bringe die Benennungen durch den Divisor c^2 in Ordnung!

2. Kritische Besinnung

Die Lorentztransformation enthält die gesamte relativistische Kinematik. Also müssen sich alle unsere bisherigen Sätze aus ihr herleiten lassen. Wir wollen dies an einigen Beispielen nachprüfen.

a) Die Konstanz der Lichtgeschwindigkeit: Ein Lichtsignal starte zur Zeit Null im (dann) gemeinsamen Nullpunkt der beiden Bezugssysteme. Es kommt an der Stelle (x', y', z') im bewegten (gestrichenen) System an. Die dortige Uhr zeigt gerade die „gestrichene" Zeit t'. Dann gilt

$$(\text{Weg des Lichts})^2 = x'^2 + y'^2 + z'^2 = (c\,t')^2. \qquad (282.1)$$

Jeder Punkt der Lichtfront hat die gleiche Entfernung vom Nullpunkt; die Lichtfront bildet eine Kugel *(Bild 274.1)*. Im ruhenden (ungestrichenen) Bezugssystem trägt die Ankunftsstelle die Koordinaten (x, y, z); die dortige „ungestrichene" Uhr zeigt t. Auch im ungestrichenen System muß die Lichtfront stets eine Kugel um den (ungestrichenen) Nullpunkt bilden. Wir müssen also prüfen, ob aus *Gl. 282.1* stets folgt:

$$x^2 + y^2 + z^2 = (c\,t)^2.$$

Wir bilden die Differenz aus linker und rechter Seite dieser Gleichung und rechnen sie mit der Lorentztransformation um:

$$\begin{aligned} x^2 + y^2 + z^2 - (c\,t)^2 &= \\ &= \frac{1}{1-\beta^2}(x' + v\,t')^2 + y'^2 + z'^2 - \frac{c^2}{1-\beta^2}\left(t' + \frac{v}{c^2}x'\right)^2 \\ &= \frac{1}{1-\beta^2}\left[(x' + v\,t')^2 - \left(c\,t' + \frac{v}{c}x'\right)^2\right] + y'^2 + z'^2 \\ &= x'^2 - c^2\,t'^2 + y'^2 + z'^2. \end{aligned}$$

Der sich ergebende Term hat den Wert Null nach Voraussetzung. Damit ist der Beweis geführt. Er würde für ein Lichtsignal, das an einer beliebigen Stelle zu einer beliebigen Zeit startet, ganz analog verlaufen.

b) Zeitdilatation: x' hat für eine im gestrichenen System ruhende Uhr immer denselben Wert; t' ist dagegen veränderlich, ebenso der Ort x dieser Uhr im ungestrichenen System und die Zeit t, zu der sie sich gerade dort befindet. Wir fassen zwei Anzeigen t'_1 und $t'_2 > t'_1$ der bewegten Uhr ins Auge und bilden nach *Gl. 281.3*

$$t_2 - t_1 = \frac{1}{\sqrt{1-\beta^2}}(t'_2 - t'_1) > t'_2 - t'_1.$$

(Die Terme mit x' heben sich wegen $x'_1 = x'_2$ weg!) Hier steht sinngemäß nichts anderes als *Gl. 274.1.* Denn $t'_2 - t'_1$ ist die Länge eines Zeitintervalls gemäß der gestrichenen Uhr, während $t_2 - t_1$ der zugehörige Zeitunterschied auf den zwei (verschiedenen!) ungestrichenen Uhren ist, an denen sie vorbeikommt.

c) Relativität der Gleichzeitigkeit: Wir nehmen zwei Ereignisse, die im gestrichenen System gleichzeitig stattfinden ($t'_1 = t'_2$), und bilden wieder den „ungestrichenen" Zeitunterschied

$$t_2 - t_1 = \frac{1}{\sqrt{1-\beta^2}}\,\frac{v}{c^2}(x'_2 - x'_1).$$

Die Ereignisse haben im ungestrichenen System einen von Null verschiedenen Zeitunterschied, sie sind dort nicht gleichzeitig – es sei denn, sie hätten im gestrichenen System auch die gleiche x'-Koordinate. Je größer $x'_2 - x'_1$ und je größer v, um so stärker macht sich die Relativität der Gleichzeitigkeit bemerkbar.

d) Der Michelson-Versuch: Der amerikanische Physiker *Albert A. Michelson* (Nobelpreis für Physik 1907) prüfte 1881 erstmals, ob die Erdbewegung einen Einfluß auf die Lichtgeschwindigkeit habe. Im Prinzip ließ er gleichzeitig gestartete Lichtsignale längs gleich langer zueinander senkrechter Stäbe laufen und verglich die Rückkehrzeiten nach der Reflexion *(Bild 283.1a)*. Man war damals überrascht, keinen Unterschied zu finden, gleichgültig wie der rechte Winkel relativ zur Erdbahn gerichtet war. Wir rechnen zunächst im Ruhesystem der Stäbe (Beobachter O').

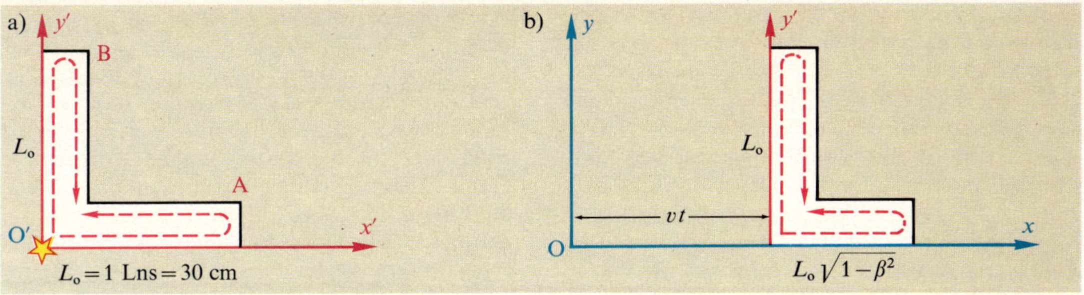

283.1 a) Michelson-Winkel im Bezugssystem der bewegten Erde (Beobachter O'); b) Michelson-Winkel bewegt (Momentbild des Beobachters O)

Die Signale starten zur Zeit Null im Nullpunkt O'. Sie werden für den mitbewegten Beobachter beide zur Zeit $t' = 1$ ns auf der x'-Achse (Ereignis A, $x'_A = L_0$) und der y'-Achse (Ereignis B, $y'_B = L_0$) reflektiert und kommen gleichzeitig zur Zeit $2\,t' = 2$ ns wieder bei O' an. Ihr Laufweg ist 2 Lns $= c \cdot 2$ ns $= 60$ cm.

Was stellt ein Beobachter O fest, für den sich die Stäbe mit der Geschwindigkeit $v = 0{,}7\,c$ bewegen *(Bild 283.1b)*? Der Start der Lichtsignale erfolge auch für ihn im Nullpunkt zur Zeit Null. Gestrichene und ungestrichene Koordinatenachsen decken sich. Es ist $\beta = 0{,}7$ und $v \cdot 1$ ns $= v/c \cdot 1$ Lns $= \beta$ Lns.

– Die *Rückkehr der Signale* findet auch für O gleichzeitig statt, und zwar zur Zeit
$$t_2 = \frac{1}{\sqrt{1-\beta^2}}(2\,t' + \beta \cdot 0) = \frac{2\text{ ns}}{\sqrt{0{,}51}} = \mathbf{2{,}80\ ns}.$$

– Der *Ort der Rückkehr* ist für O
$$x_2 = \frac{1}{\sqrt{0{,}51}}(0 + v \cdot 2\text{ ns}) = \mathbf{1{,}96\ Lns}.$$

– Das *vertikale Signal* wird für O zur Zeit
$$t_B = \frac{1}{\sqrt{1-\beta^2}}(t' + \beta \cdot 0) = \frac{1\text{ ns}}{\sqrt{0{,}51}} = \mathbf{1{,}40\ ns}$$
reflektiert, also zu einer späteren Zeit als für O'. Die O'-Uhren laufen ja für O langsamer als die O-Uhren.

– Der *Reflexionsort* des vertikalen Signals liegt bei $y_B = L_0 = 1$ Lns und
$$x_B = \frac{1}{\sqrt{0{,}51}}(0 + v\,t') = \mathbf{0{,}98\ Lns.}$$
x_B ist richtig die Mitte zwischen 0 und x_2.

– Das *horizontale Signal* wird für O' ebenfalls zur Zeit $t' = 1$ ns reflektiert, für O aber zur Zeit
$$t_A = \frac{t' + \beta\,L_0/c}{\sqrt{1-\beta^2}} = \frac{(1+0{,}7)\text{ ns}}{\sqrt{0{,}51}} = \mathbf{2{,}38\ ns}.$$
t_A ist größer als t_B. Die Reflexionen an den Stabenden, für O' selbstverständlich gleichzeitig ($t' = 1$ ns), sind es für O nicht, da die x'-Koordinaten dieser Ereignisse verschieden sind. Im Gegensatz dazu fällt die Rückkehr der Lichtblitze für O' nach Ort *und* Zeit zusammen, daher ebenso auch für O.

– Der *Ort für die Reflexion* des horizontalen Signals ist im O-System $y_A = 0$ und
$$x_A = \frac{L_0 + v\,t'}{\sqrt{0{,}51}} = \frac{(1+0{,}7)\text{ Lns}}{\sqrt{0{,}51}} = \mathbf{2{,}38\ Lns}.$$
Das Licht braucht ja von O aus gesehen die Zeit $t_A = 2{,}38$ ns, um an diesen Ort zu gelangen! Zur Zeit t_A befindet sich das linke Stabende O' bei $x = v\,t_A = 0{,}7 \cdot 2{,}38$ Lns $= 1{,}67$ Lns.

Der horizontale Stab O'A hat für den Beobachter O die Länge 2,38 Lns − 1,67 Lns = 0,71 Lns. Er erscheint *kontrahiert*. Wir erhalten seine bewegte Länge auch nach *Gl. 277.1* zu $\sqrt{0{,}51}$ Lns $= 0{,}71$ Lns.

3. Addition einmal anders

In einem vorüberfahrenden Zug steht ein Mann und wirft mit aller Kraft einen Ball nach vorn. Für uns am Bahnsteig fliegt der Ball viel schneller dahin, als wenn derselbe Mann neben uns stehen und mit aller Kraft werfen würde. Zur „Eigengeschwindigkeit" des Balls, die der Werfer erzielen kann, addiert sich die Geschwindigkeit des Zugs. – Im vorüberfahrenden Zug steht ein Mann und schießt ein Blitzlicht nach vorn ab. Für uns am Bahnsteig fliegt der Lichtblitz genau so schnell, wie wenn wir ihn selbst abgeschossen hätten! Es addiert sich nichts zu seiner Geschwindigkeit. Das ist sogar für extrem schnell fahrende „Züge" nachgeprüft worden (Seite 270). Nun gut – Bälle und Lichtblitze sind sehr verschieden schnell. Aber wo ist die Grenze? Wie schnell dürfen Bälle geworfen werden, damit sich eine Zuggeschwindigkeit z.B. noch zu 50% zu ihrer Eigengeschwindigkeit addiert (Aufgabe 4a)? Die Lorentztransformation verhilft uns ohne viel Nachdenken zur gesuchten Formel.

Der Zug fährt mit der Geschwindigkeit v. Der Mann im Zug wirft den Ball mit der Eigengeschwindigkeit w' im Nullpunkt zur O'-Zeit Null. In seinem bewegten Bezugssystem gilt also für den Ort x' des Balls: $x' = w' t'$. Wir beobachten im ruhenden Bahnsteigsystem, daß der Ball in der Zeit t den Ort x erreicht hat. Für uns hat der Ball die Geschwindigkeit $w = x/t$. Alles weitere erledigt die Algebra mit der Lorentztransformation. Es folgt aus *Gl. 281.3*:

$$w = \frac{x}{t} = \frac{x' + v\,t'}{t' + \frac{v}{c^2}x'} = \frac{t'(w' + v)}{t'(1 + \frac{v}{c^2}w')} = \frac{w' + v}{1 + \frac{v}{c^2}w'}.$$

***„Einstein-Addition" der Geschwindigkeiten.* Bewegt sich ein Bezugssystem mit der Geschwindigkeit v und ein Gegenstand relativ zu diesem mit der Geschwindigkeit w' auf der x-Achse, so hat er im Ruhsystem nicht die Geschwindigkeit $v + w'$, sondern nur**

$$w = \frac{v + w'}{1 + \frac{v}{c^2}w'}. \qquad \textbf{(284.1)}$$

Im Zähler des Bruches erblicken wir die vertraute „Galilei-Addition" der Geschwindigkeiten aus der Alltagskinematik. Der Nenner drückt das Ergebnis herunter, um so mehr, je größer v und w' sind. Wird der Ball zum Lichtblitz ($w' = c$), so wirkt sich v überhaupt nicht mehr vergrößernd aus:

$$w = \frac{v + c}{1 + \frac{v}{c^2}c} = c.$$

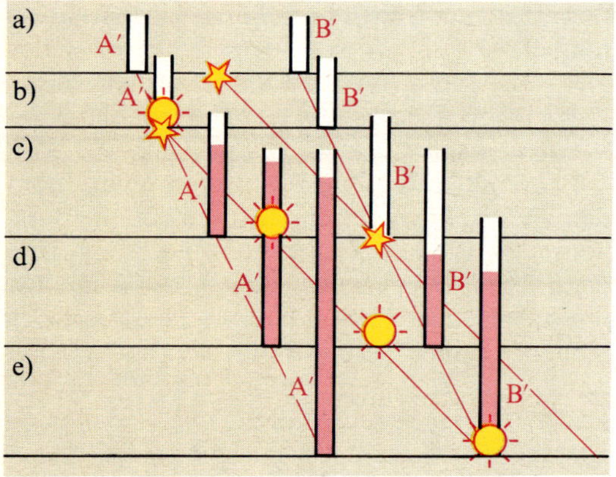

284.1 Lichtsignal ☼ in einem Zug A' B', der mit $v = 0{,}5\,c$ fährt: a) Start des Synchronisationssignals; b) Auslösung der Uhr A' und Start des Lichtsignals; c) Auslösung der Uhr B', Lichtsignal unterwegs; d) Lichtsignal immer noch unterwegs; e) Ankunft des Lichtsignals

Wie können wir das anschaulich verstehen? Schauen wir uns in einem „Film" an, wie ein Lichtsignal von der Lichtuhr A' (Ende des Zuges) zur Lichtuhr B' (Spitze des Zuges) läuft *(Bild 284.1)*. Die Lichtuhren werden wie in *Bild 276.1* durch ein Auslösesignal synchron in Gang gesetzt. Das Lichtsignal ☼ startet, wenn die Uhr A' Null anzeigt. Seine Laufzeit ist für den bewegten Beobachter daher durch die Anzeige der Uhr B' gegeben, wenn das Lichtsignal dort ankommt. Hat es das Lichtsignal ☼ nicht ungemein schwer, die Uhr B' zu erreichen, da sie ihm ja mit $0{,}5\,c$ davonläuft? Muß der bewegte Beobachter nicht deshalb Unterlichtgeschwindigkeit melden? — Nun, die Uhr B' lief auch zuvor schon ihrem Synchronisationssignal davon und wurde daher sehr spät gestartet. Sie geht (für uns) erheblich gegenüber der Uhr A' nach. So kommt es, daß sie dem bewegten Beobachter dennoch die richtige kurze Laufzeit meldet, aufgrund deren er den Wert c für die Geschwindigkeit des Signals erhält. Die Relativität der Gleichzeitigkeit rettet uns hier wieder einmal vor einem Widerspruch.

4. Der Doppler-Effekt

Wir kennen den Effekt vom Schall (Band MS, Seite 273). Er tritt aber überall auf, wo Signale in zeitlicher Folge abgesandt werden und sich Signalquelle oder -empfänger bewegen, also auch bei Licht- und Radiowellen. Wenn wir den Effekt relativistisch behandeln, haben wir „auf Vorrat" auch den Fall hoher Relativgeschwindigkeit von Sender und Empfänger mit erfaßt.

Beim Schall mußten wir unterscheiden, ob sich die Quelle oder der Empfänger relativ zum Schallträger bewegt. Für einen ruhenden Empfänger, der sich *vor* einer mit der Geschwindigkeit v auf ihn zukommenden Schallquelle befindet, erhielten wir die Frequenz $f_V = f/(1-\beta)$ mit $\beta = v/c$.

Bewegte sich dagegen der Empfänger mit der Geschwindigkeit v auf die Quelle *zu*, so registrierte er die Frequenz $f_Z = f(1+\beta)$.

Für Licht im Vakuum gibt es keinen Träger, der sich bewegen könnte, sondern nur die Relativbewegung zwischen Quelle und Empfänger. Also müssen die beiden Formeln für f_V und f_Z in eine einzige zusammenfallen, wenn man sie relativistisch korrekt abändert. Die Zeitdilatation bringt das zustande:

Bewegte Quelle: „Bewegte Uhren gehen langsamer" bedeutet hier, daß das Licht für den ruhenden Empfänger mit der *verkleinerten* Frequenz $f\sqrt{1-\beta^2}$ „tickt". In der Formel für f_V muß also f durch $f\sqrt{1-\beta^2}$ ersetzt werden. Dann erhalten wir

$$f_V = f\frac{\sqrt{1-\beta^2}}{1-\beta} = f\sqrt{\frac{(1+\beta)(1-\beta)}{(1-\beta)^2}}$$

oder $f_V = f\sqrt{\dfrac{1+\beta}{1-\beta}}$.

Bewegter Empfänger: „Bewegte Uhren gehen langsamer" bedeutet jetzt, daß die Sekunde für den Empfänger länger dauert. Er erhält also pro Sekunde mehr Schwingungen und mißt statt f die *vergrößerte* Frequenz $f/\sqrt{1-\beta^2}$. In der Formel für f_Z ist demnach f durch $f/\sqrt{1-\beta^2}$ zu ersetzen. Damit erhalten wir

$$f_Z = f\frac{1+\beta}{\sqrt{1-\beta^2}} = f\sqrt{\frac{(1+\beta)^2}{(1+\beta)(1-\beta)}}$$

oder

$$f_Z = f\sqrt{\frac{1+\beta}{1-\beta}},$$ dieselbe Formel wie für f_V.

Die Relativgeschwindigkeit von Sender und Empfänger betrage v. Dann ist bei Annäherung die Empfangsfrequenz *k*mal so groß wie die Sendefrequenz, mit

$$k = \sqrt{\frac{1+\beta}{1-\beta}} \quad \text{und} \quad \beta = v/c.$$

Entfernen sich Sender und Empfänger voneinander, so ist die Empfangsfrequenz der *k*te Teil der Sendefrequenz.

Für sehr kleine Werte β sind übrigens alle drei „Dopplerfaktoren" k, der relativistische und die beiden nichtrelativistischen, nahezu gleich groß, da der Korrekturfaktor $\sqrt{1-\beta^2}$ dann sehr nahe bei 1 liegt, viel näher als die Zahlen $1+\beta$ selbst.

Aufgaben

1. a) *Berechnen Sie die Reflexionszeit t_A (Seite 283) wie folgt: Das Licht muß in dieser Zeit den Weg $v\,t_A$ des linken Stabendes und zusätzlich die kontrahierte Stablänge $L_0\sqrt{1-\beta^2}$ zurücklegen.* **b)** *Berechnen Sie die Zeit t_R von der Reflexion A bis zur Rückkehr des Lichts nach O' wie folgt: Der Lichtweg ist gleich der kontrahierten Stablänge $L_0\sqrt{1-\beta^2}$, verringert um die Strecke $v\,t_R$, die das linke Stabende dem Licht entgegenkommt.*

2. *Der Gegenstand A ruhe auf der x-Achse des Systems O an der Stelle $x=L_0$. Die Uhrenkette der x'-Achse fährt vorbei. Auf ein verabredetes Zeichen lösen alle gestrichenen Uhren O'-gleichzeitig Kameras aus. Es werden die Fotos ausgesucht, auf denen O und A zu sehen sind, und so die Entfernung $\overline{OA}$ bestimmt. Zeigen Sie mit der Lorentztransformation, daß sich die Längenkontraktion richtig ergibt!*

3. *Legen Sie zu Gl. 284.1 eine Zahlentafel an! Über den Spalten steht $w'/c = 0{,}1; 0{,}2; \ldots; 0{,}9$; vor den Zahlen steht $v/c = 0{,}1; \ldots; 0{,}9$. Im Zahlenfeld stehen die entsprechenden Werte von w/c.*

4. *Ein Zug fahre mit halber Lichtgeschwindigkeit. In ihm wird ein Ball mit w' geworfen.* **a)** *Für welche w' ist nach Gl. 284.1 $w = v/2 + w'$ bzw. $= 0{,}7\,v + w'$?* **b)** *Stellen Sie w als Funktion von w' graphisch dar ($c \mathrel{\hat=} 5$ cm)! Wie würde das Schaubild für die „Galilei-Addition" der Geschwindigkeiten aussehen?*

5. *Ein echter Fall von relativistischem Dopplereffekt ist die Rotverschiebung von Galaxienspektren (Bild 285.1). Jedes Foto zeigt in der Mitte das Spektrum einer Galaxie und daneben Spektrallinien einer künstlichen Lichtquelle als Wellenlängenskala. Die Sternspektren sind kontinuierlich und nur durch zwei Absorptionslinien unterbrochen (Pfeilspitze), die als zum ionisierten Calcium gehörig identifiziert werden konnten. Auf der Erde haben diese Linien eine Wellenlänge von ca.* 394 nm, *in den Aufnahmen liegen sie um so viel weiter nach dem Roten verschoben, wie der eingezeichnete Pfeil angibt. Berechnen Sie die Geschwindigkeiten der Galaxien!*

6. *Ein Widerleger der Relativitätstheorie argumentiert wie folgt: Nach relativitätstheoretischer Lehre gilt $x = (x' + v\,t')/\sqrt{1-\beta^2}$ sowie $x = c\,t$ und $x' = c\,t'$. Hieraus folgt $t' = t\sqrt{(1-\beta)/(1+\beta)}$. Dies widerspricht eklatant der Gleichung für die Zeitdilatation, nach der doch $t' = t\sqrt{1-\beta^2}$ sein muß. Wo steckt der Fehler?*

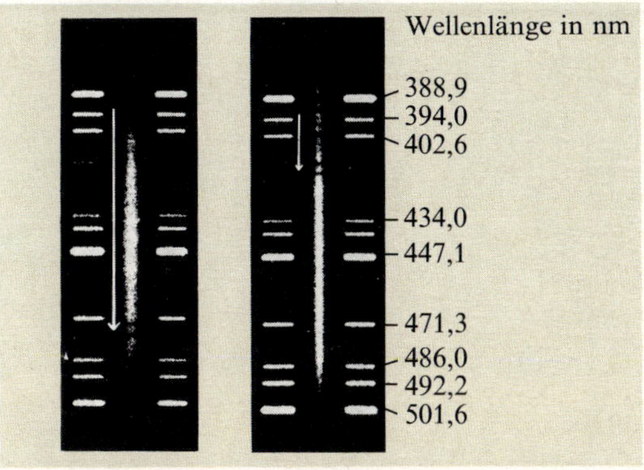

285.1 Rotverschiebung der Spektren zweier Galaxien, die sich von der Erde unterschiedlich schnell entfernen

§84 Der Einstein-Impuls

1. Tempo 300000 ist absolutes Limit

Nach *Newtons* Gesetzen der Mechanik müßte man einem Körper beliebig hohe Geschwindigkeiten verleihen können. So wäre es z.B. nicht allzu schwierig, Elektronen auf Überlichtgeschwindigkeit zu beschleunigen (Aufgabe 1). Wenn man solche Geschwindigkeiten dennoch nicht erzielt, so folgt daraus, daß die uns bekannten Gesetze der Mechanik für hohe Geschwindigkeiten nicht mehr gelten. Wir müssen neue Gesetze finden!

Man kann bei Elektronen wegen ihrer geringen Masse die Verhältnisse sehr direkt untersuchen. So hat man in einem Linearbeschleuniger (Seite 112) die Laufzeit und damit die Geschwindigkeit v einer stoßweise erzeugten Elektronenwolke gemessen. *Bild 286.1* zeigt die Resultate für die verschiedenen erreichten kinetischen Energien. Es ist deutlich zu sehen, daß bei beliebig wachsender Energie die Elektronengeschwindigkeit sich asymptotisch der Lichtgeschwindigkeit nähert.

Die für die schnellsten Signale, die elektromagnetischen, gültige Ausbreitungsgeschwindigkeit c kann also auch durch materielle Teilchen angenähert erreicht, jedoch nicht überschritten werden. Die in *Bild 286.1* als Rechtswert aufgetragene kinetische Energie ist gleich der Beschleunigungsarbeit im elektrischen Feld gesetzt, also gleich $e\,U$. Sie ist aber nicht proportional zu dem aus der Laufzeit bestimmten Geschwindigkeitsquadrat v^2, wie man es nach der Gleichung $e\,U=\frac{1}{2}m\,v^2$ der Newton-Mechanik erwarten würde. Sonst müßten die Meßpunkte auf einer Ursprungsgeraden liegen.

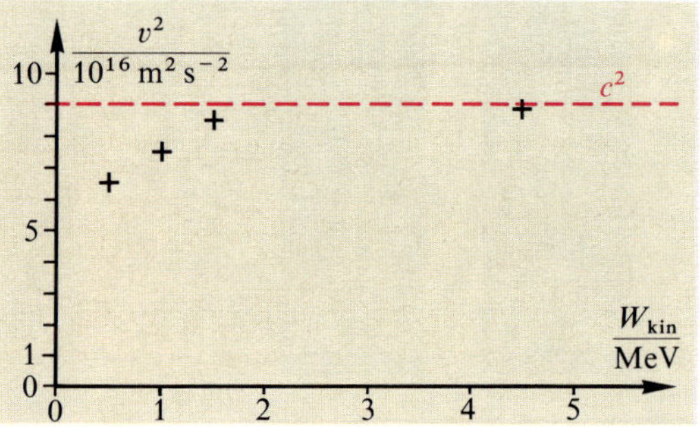

286.1 Zusammenhang zwischen Geschwindigkeit und kinetischer Energie von Elektronen

Die Gleichung $W_{\mathrm{kin}}=\frac{1}{2}m\,v^2$ ist also im relativistischen Bereich nicht mehr gültig. Der Energie-Erhaltungssatz ist aber nach wie vor erfüllt, wie man in einem Kontrollversuch gezeigt hat: Die Elektronen wurden am Ende der Beschleunigungsstrecke in einem Faraday-Becher (Seite 14) aufgefangen und abgebremst. Die dabei erzeugte Wärme war gleich dem Produkt $e\,U$. *Der Energiebegriff ist also weiterhin sinnvoll; nur die Formel für die kinetische Energie muß gemäß Bild 286.1 korrigiert werden.*

Bei hohen Geschwindigkeiten kann man Teilchen kaum mehr beschleunigen. Ihre Trägheit wächst sehr stark mit der Geschwindigkeit an. In diesem Sinne spricht man auch von einem **relativistischen Massenzuwachs**.

2. Erhaltungssätze sind erhaltenswert

Nicht nur *Newtons* Formel für die kinetische Energie wird bei hohen Geschwindigkeiten unbrauchbar. Auch der **Impuls** $\vec{p}$ gehorcht dann nicht mehr den Gesetzen, die wir von ihm gewohnt sind. Nach der Newton-Mechanik besteht bei konstanter Kraft $\vec{F}$ die Gleichung $\Delta\vec{p}=\vec{F}\,\Delta t$. Danach müßte der Impulsbetrag im Laufe der Zeit beliebig groß werden können, während aber das Produkt „konstante Masse mal Geschwindigkeit" durch den Wert $m\,c$ beschränkt bleibt.

Energie und Impuls erfüllen **Erhaltungssätze**. Diese sind für die Naturbeschreibung so wesentlich, daß sie kein Physiker ohne zwingende Gründe aufgeben wird. Jeder wird stattdessen versuchen, einen Erhaltungssatz für einen neuen Erfahrungsbereich, in dem er nicht von selbst gilt, durch passende Abänderung der Erhaltungsgröße zu „retten". Für den Impuls suchen wir demgemäß nach einer neuen vektoriellen Größe, die so wie der *Newton-Impuls* aus Masse und Geschwindigkeit gebildet wird. Dieser *„Einstein-Impulsvektor"* soll wie bei *Newton* die Richtung des Geschwindigkeitsvektors haben; sein Betrag soll durch den Geschwindigkeitsbetrag und eine geschwindigkeitsabhängige Masse $m(v)$ bestimmt sein:

Relativistischer Impulsvektor $\vec{p}=m(v)\,\vec{v}$

mit $v=|\vec{v}|$. Die Funktion $m(v)$ ist durch den bewegten Körper festgelegt; ihr Wert muß für kleine Geschwindigkeiten in die gewöhnliche Masse m_0 im Sinne von *Newton* übergehen:

$$m(v)\approx m_0 \quad \text{für} \quad v\ll c.$$

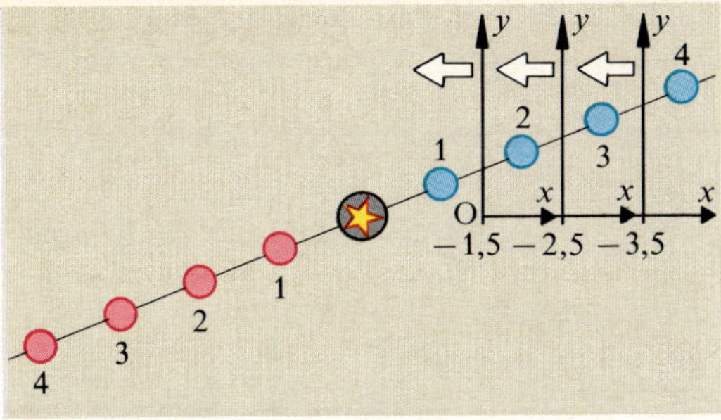

287.1 Symmetrische Explosion eines ruhenden Körpers mit von rechts nahendem Beobachter O; Stroboskopbild. Die Zahlen bedeuten Zeitwerte in einer beliebigen Einheit.

Wir vermuten anhand von *Bild 286.1*, daß die „relativistische Masse" $m(v)$ mit v wachsen und für $v \approx c$ extrem groß werden wird.

In der Newton-Mechanik bleibt der Vektor des Gesamtimpulses bei Stoßvorgängen aller Art erhalten, auch wenn sich die (mechanische) Energie dabei ändert. Das gleiche verlangen wir jetzt vom Einstein-Impuls. Betrachten wir ein besonders einfaches Beispiel *(Bild 287.1)*: Ein ruhender Körper explodiert plötzlich und zerplatzt in zwei genau gleiche Teile, die mit gegengleichen Geschwindigkeiten auseinanderfliegen. Bei diesem hochsymmetrischen Vorgang, der bestimmt nicht gegen Naturgesetze verstößt, haben wir zu Anfang den Gesamtimpuls Null. Nach der Explosion sind die Impulsvektoren (auch die neuen nach *Einstein*!) gegengleich, ihre Summe also wieder der Nullvektor. Der Impulssatz gilt von selbst – gleichgültig, wie die Funktion $m(v)$ lautet.

Nun wird die Explosion von einem Beobachter O wahrgenommen, der ungefähr in Richtung des roten Bruchstücks fliegt, und zwar gerade so schnell, daß dieses sich entlang seiner y-Achse nach unten bewegt (Geschwindigkeit $v_\perp$, *Bild 287.2*). Das blaue Bruchstück fliegt dann mit entsprechend großem Tempo ungefähr in x-Richtung (Geschwindigkeitskomponenten v_x und v_y). Im O-System hat der noch nicht explodierte Körper (schwarz gezeichnet) einen von Null verschiedenen Impuls $\vec{p}_0$. Der Impuls $\vec{p}_\perp$ des roten Bruchstücks steht darauf senkrecht. Der Impulssatz gilt jetzt nicht mehr ohne weiteres für jede Funktion $m(v)$! Soll er gelten, fordert er für den Impuls $\vec{p}$ des blauen Bruchstücks: $\vec{p}_\perp + \vec{p} = \vec{p}_0$ (Vektordreieck in *Bild 287.2*).

Für einen zweiten Beobachter O′, der in *Bild 287.1* genau gegengleich zu O fliegt, tauschen die beiden Bruchstücke ihre Rollen: Das blaue fliegt längs der y'-Achse, das rote schräg zu ihr. Die Impulsvektoren der Bruchstücke sind gegenüber dem O-System vertauscht und haben umgekehrte Vorzeichen *(Bild 287.3)*. Wir erkennen sofort: *Die Querkomponente* (y- bzw. y'-Komponente) *des Impulses ist beim blauen Bruchstück für beide Beobachter gleich groß* (ebenso beim roten Bruchstück). Nun ist eine Impulskomponente ja gleich „relativistische Masse" mal Geschwindigkeitskomponente. In *Bild 287.2* hat das blaue Bruchstück die relativistische Masse $m(v)$, in *Bild 287.3* dagegen $m(v_\perp)$. Diese Massenwerte müssen sich also umgekehrt wie die Quergeschwindigkeiten v_y und $v_\perp$ verhalten!

Für die Umrechnung von Geschwindigkeiten von einem Bezugssystem in ein anderes ist allein die Kinematik zuständig, zusammengefaßt in der Lorentz-Transformation. Wir brauchen diese nur auf die Bewegung des blauen Bruchstücks anzuwenden (nächste Ziffer). Dann erhalten wir das Gesetz, nach dem sich die relativistische Masse mit der Geschwindigkeit ändert: Die Trägheit der Körper wird auch von der Raum-Zeit-Struktur der Welt diktiert.

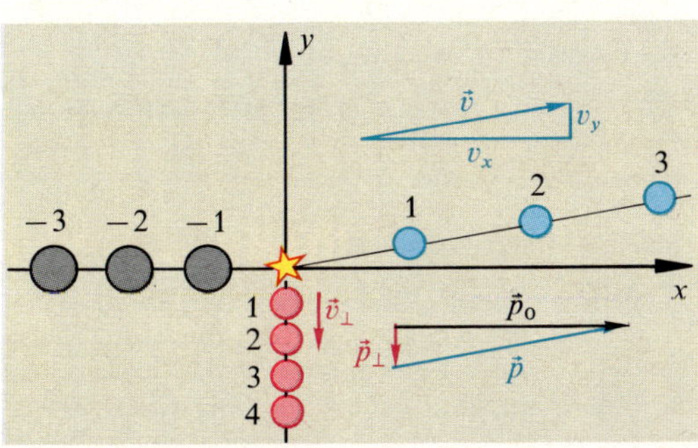

287.2 Die Explosion von *Bild 287.1*, gesehen im Bezugssystem des Beobachters O; Stroboskopbild

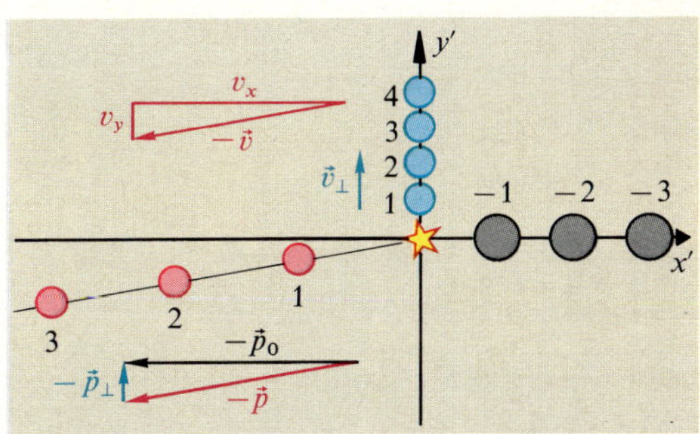

287.3 Die Explosion von *Bild 287.1*, gesehen im Bezugssystem des Beobachters O′; Stroboskopbild

3. Immer diese Fußgänger

Ein blauer Fußgänger *(Bild 287.3)* überquert in flottem Gehtempo $v_\perp$ den Zebrastreifen y'. Trotzdem schimpft der Autofahrer O, der auf der Straße x' mit Tempo v_x (nach links) fährt, über die Bummelei der Nichtmotorisierten. Für ihn ist die Quergeschwindigkeit des Fußgängers v_y, nämlich viel kleiner! Schuld ist die Zeitdilatation.

Der Fußgänger startet im O'-System im Nullpunkt zur Zeit Null und erreicht zur Zeit t' den Ort $(x'; y')$ mit $x'=0$ und $y'=v_\perp t'$. Für den Autofahrer O gilt nach *Gl. 281.3* der Lorentztransformation:

$$t = \frac{t'}{\sqrt{1-\beta_x^2}} > t' \quad \text{mit} \quad \beta_x = v_x/c.$$

Start und Ankunft des Fußgängers haben die gleiche x'-Koordinate, daher gilt für ihren Zeitabstand die gewöhnliche Zeitdilatation. Für den gleichen Querweg $y=y'$ braucht im System des Autofahrers O der Fußgänger eine $1/\sqrt{1-\beta_x^2}$ mal so lange Zeit; seine Quergeschwindigkeit ist dementsprechend kleiner:

$$v_y = v_\perp \sqrt{1-\beta_x^2}.$$

Die Quergeschwindigkeiten sind verschieden, die Querimpulse aber gleich (Ziffer 2): $m(v)\, v_y = m(v_\perp)\, v_\perp$. Es folgt:

$$m(v)\sqrt{1-\beta_x^2} = m(v_\perp). \qquad (288.1)$$

Wir haben einen Zusammenhang zwischen den relativistischen Massen bei verschiedenen Geschwindigkeiten gefunden. Er wird übersichtlich, wenn wir für $v_\perp$ einen sehr kleinen Wert einsetzen, d.h. den Beobachter O in *Bild 287.1* fast parallel zu den Bruchstücken fliegen lassen. Dann gilt $v_x \approx v$ und $m(v_\perp) \approx m_0$ (Ruhemasse). Es folgt

$$m(v) = \frac{m_0}{\sqrt{1-v^2/c^2}}$$

und wir finden:

Relativistischer Impuls:

$$\vec{p} = \frac{m_0}{\sqrt{1-\beta^2}}\vec{v} \quad \text{mit} \quad \beta = v/c \qquad \textbf{(288.2)}$$

Diese Impulsformel hat sich zwangsläufig ergeben. Haben wir damit den Impulserhaltungssatz für die relativistische Physik gerettet? Das muß die Erfahrung zeigen. Tatsächlich: In allen Experimenten mit schnell bewegten Teilchen bewährt sich der gefundene Term aufs beste. Weiterhin können wir den Impuls als Masse mal Geschwindigkeit deuten, wenn wir vereinbaren:

Die (bewegte) Masse ist geschwindigkeitsabhängig gemäß

$$m_{\text{rel}} = m(v) = \frac{m_0}{\sqrt{1-\beta^2}} \quad \text{mit} \quad \beta = v/c. \qquad \textbf{(288.3)}$$

m_{rel} ist die relativistische Masse, m_0 die für kleine Geschwindigkeiten gültige „Ruhemasse".

Wir können nun hoffen, auch für die relativistische Energie den zutreffenden Term zu finden.

Aufgaben

1. *Welche Beschleunigungsspannung würde einem Elektron nach der Newton-Mechanik die doppelte Lichtgeschwindigkeit verleihen?*

2. *Im Bezugssystem O bewege sich ein Teilchen gemäß $x=u_x t$, $y=u_y t$ (u_x, u_y konstant). Berechnen Sie seinen Geschwindigkeitsvektor in einem mit v längs der x-Achse bewegten Bezugssystem! Anleitung: Rechnen Sie das Ereignis „der Hochwert y_0 wird erreicht" mit der Lorentz-Transformation um!*

3. *Bestimmen Sie durch Ausmessen der Bilder auf Seite 287, welche Geschwindigkeitskomponenten die beiden Bruchstücke in Bild 287.1 haben! Anleitung: Die Geschwindigkeit v_x ist das „relativistisch Doppelte" der Geschwindigkeit, die Beobachter O in Bild 287.1 hat.*

4. *Prüfen Sie durch Messung und Rechnung, ob $v_\perp$ und v_y (Seite 287) richtig gezeichnet sind!*

5. *Wir haben Gl. 288.1 zunächst nur für den Grenzfall $v_\perp \to 0$ gelöst und die Formel 288.2 gefunden. Zeigen Sie nun, daß mit dieser Formel die Gl. 288.1 von selbst auch für beliebige Werte $v_\perp$ erfüllt ist!*

6. *Ein Raumschiff prallt infolge eines Bedienungsfehlers mit der Geschwindigkeit 0,755 c auf eine ruhende Raumstation, die aus 10 Raumschiffen der gleichen Bauart zusammengesetzt ist. Durch eine hervorragende Federung wird es mit 0,655 c unversehrt zurückgeworfen. Wie schnell fliegt die Raumstation davon?*

7. *Der Einstein-Impuls p (Gl. 288.2) und der Newton-Impuls $p_{\text{New}} = m_0 v$ weichen um so stärker voneinander ab, je größer v ist. Zeichnen Sie die relative Abweichung $y=(p-p_{\text{New}})/p$ als Funktion von $x=\beta=v/c$! Welche Kurve ergibt sich? Für welche Werte β bleibt y unter 1%?*

§85 Die Einstein-Energie

1. Da fehlt doch was!

Nochmals schauen wir uns die symmetrische Explosion von *Bild 287.1* an. Diesmal bewegen wir uns als Beobachter O″ genau senkrecht zur Bahngeraden der Bruchstücke. Wir erhalten in unserem Bezugssystem *Bild 289.1* und wenden den Impulssatz auf die x''-Richtung an. (In der y-Richtung gilt er, wie man sieht, von selbst.)

$$\frac{M_0\, v_0}{\sqrt{1-v_0^2/c^2}} = 2\,\frac{m_0\, v_0}{\sqrt{1-v^2/c^2}} \qquad (289.1)$$

M_0 ist die Ruhemasse vor der Explosion, $2\,m_0$ die gesamte Ruhemasse nachher. Aus $v_0 < v$ folgt $M_0 > 2\,m_0$. Das bedeutet, daß bei der Explosion Ruhemasse verlorengegangen ist! Kommt so etwas wirklich vor? Betrachten wir elementare Explosionen, nämlich den Zerfall radioaktiver Atome. Ein Atom des Uran-Isotops U 238 z.B. hat die Masse 238,04 u. Es zerfällt schrittweise unter Aussendung von insgesamt 8 Atomen He 4 der Masse 4,0026 u, bis dann schließlich das stabile Atom Pb 206 mit der Masse 205,97 u entsteht. In Wirklichkeit fliegen natürlich aus dem Uran-Kern Heliumkerne (α-Teilchen) sowie aus der Hülle des Uranatoms Elektronen heraus. An der Massenbilanz ändert sich dadurch aber nichts. Die gesamte Ruhemasse verringert sich tatsächlich um $(238{,}04 - 8\cdot 4{,}0026 - 205{,}97)\,\mathrm{u} = 0{,}05\,\mathrm{u}$.

Diese Masse verschwindet nun aber nicht ganz spurlos. Beim Atomzerfall entsteht ja eine beträchtliche kinetische Energie. Auch in unserem Beispiel *Bild 289.1* hängt der *Massendefekt* $\Delta m = M_0 - 2\,m_0$ mit der entstehenden kinetischen Energie zusammen. *Gl. 289.1* gilt für beliebige v_0; wir dividieren sie durch v_0 und gehen dann zum Grenzwert für $v_0 \to 0$ über. So erhalten wir

$$M_0 = 2\,m_0 \frac{1}{\sqrt{1-\beta^2}} \quad \text{mit } \beta = v/c \quad \text{und}$$

$$\Delta m = 2\,m_0 \left(\frac{1}{\sqrt{1-\beta^2}} - 1\right). \qquad (289.2)$$

In dieser Gleichung ist v der Geschwindigkeitsbetrag jedes Bruchstücks im Bezugsystem von *Bild 289.1*. Die kinetische Energie ist wegen $v_0 \to 0$ zu Anfang gleich Null und hinterher um so größer, je größer Δm ist, denn zu größerem Δm gehört auch ein größerer Wert von v. Handelt es sich um eine „sanfte" Explosion mit

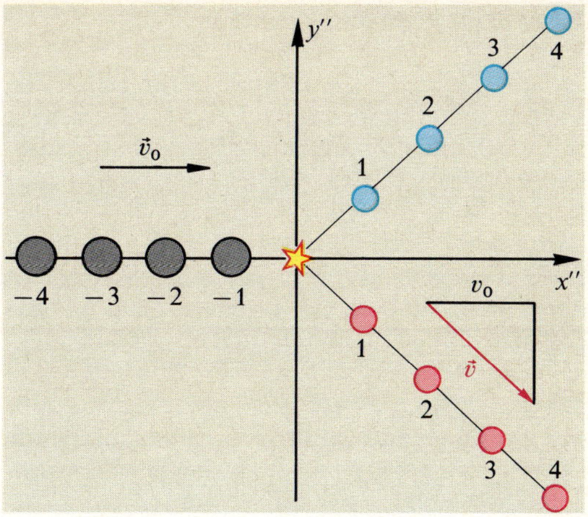

289.1 Symmetrische Explosion; Beobachter quer zur Bahn der Bruchstücke bewegt. Die Dreiecke geben die Geschwindigkeitskomponenten an.

so kleinem v, daß die Newton-Mechanik noch gilt, so können wir in *Gl. 289.2* eine einfache Näherung für den Klammerausdruck angeben. Wir schreiben ihn dazu als Bruch und erweitern ihn mit $(1+\sqrt{1-\beta^2})$:

$$\Delta m = 2\,m_0 \frac{\beta^2}{\sqrt{1-\beta^2}\,(1+\sqrt{1-\beta^2})}.$$

Bei sehr kleinem β ist jetzt der Nenner mit sehr guter Näherung gleich 2:

$$\Delta m \approx 2\,m_0 \cdot \frac{1}{2}\frac{v^2}{c^2} \quad \text{für} \quad v \ll c.$$

Der Massendefekt ist also im Grenzfall, wenn die Newton-Mechanik gilt, gleich der gesamten kinetischen Energie, dividiert durch c^2.

Die Annahme liegt nahe, daß dies auch bei den hohen relativistischen Geschwindigkeiten noch stimmt. Und von da ist es kein großer Schritt zu der Hypothese, daß für einen beliebigen Körper die kinetische Energie durch die Gleichung

$$\boldsymbol{W_{\mathrm{kin}} = m_0\left(\frac{1}{\sqrt{1-\beta^2}} - 1\right) c^2} \qquad \textbf{(289.3)}$$

$$= (\text{relativistische Masse} - \text{Ruhemasse}) \cdot c^2$$

gegeben sei, auch wenn er nicht durch eine Explosion mit Vernichtung von Ruhemasse beschleunigt wurde. Diese Hypothese können wir sofort an den Versuchsergebnissen von *Bild 286.1* nachprüfen und finden sie gut bestätigt (Aufgabe 1). Damit ist das in Ziffer 1 angesprochene Ziel, eine korrigierte Formel für die kinetische Energie zu finden, erreicht.

2. Einsteins berühmte Formel

In dem Term für die relativistische kinetische Energie fällt der Subtrahend $m_0 c^2$ auf. Er stellt ja für sich allein schon einen Energiebetrag dar, und zwar wegen des Wertes von c einen sehr großen. Für ein Kilogrammstück hat er den horrenden Wert von $9 \cdot 10^{16}$ Joule. Kommt diese Riesenenergie dem ruhenden Körper in irgendeiner Weise zu? Durchaus, denn wir haben ja schon gesehen, wie sich ein Teil der Ruhemasse M_0 des Körpers in *Bild 289.1* „in Energie verwandelt" hat. Bei manchen Vorgängen mit Massendefekt kann man die anfallende Energie sehr genau messen, so bei der Zerstrahlung (Seite 307). Hier verschwinden ein Elektron und ein Positron völlig, und es entsteht elektromagnetische Feldenergie (γ-Strahlung), die man exakt gleich $2\,m_e c^2 = 1{,}02$ MeV findet, wobei m_e der für Elektron und Positron übereinstimmende Massenwert ist. Es ist also sinnvoll, die Größe $m_0 c^2$ als *Ruhe-Energie* eines Körpers zu bezeichnen und in die Energiebilanz bei Vorgängen mit einzubeziehen. Addiert man zur *Ruhenergie* die kinetische Energie, so erhält man die

Relativistische Gesamtenergie eines sich frei mit der Geschwindigkeit v bewegenden Körpers

$$W = \frac{m_0 c^2}{\sqrt{1 - v^2/c^2}} = m_{\text{rel}}\, c^2. \qquad \textbf{(290.1)}$$

Diese berühmte Formel von *Einstein* trägt noch weiter: Heizen wir einen Körper auf, so führen wir ihm eine Energie ΔW zu, ohne ihn als Ganzes schneller zu machen. Seine Atome bewegen sich aber im Mittel schneller. Ihre relativistische Masse wächst. Dies äußert sich in einer Vergrößerung der Ruhemasse des Gesamtkörpers, und zwar genau um $\Delta m = \Delta W / c^2$. Aber auch wenn die zugeführte Energie anders gespeichert wird, z.B. als potentielle Energie einer gespannten Feder, erhöht sich die Ruhemasse entsprechend. Die gespannte Feder ist ebenso wie der erhitzte Körper etwas „träger" und (wie wir ohne nähere Erörterung hinzufügen) auch etwas schwerer. Jede Energiezufuhr zu einem System verrät sich durch eine Zunahme der relativistischen Gesamtmasse.

Bei Vorgängen in einem abgeschlossenen System bleibt die gesamte relativistische Energie und damit die gesamte relativistische Masse stets erhalten. In dieser Form gilt der Energie-Erhaltungssatz unter allen Umständen, auch wenn Reibung, Wärme und chemische Umsetzungen, ja selbst Kernreaktionen im Spiel sind. Freilich sind bei allen Vorgängen außer den Kern- und Elementarteilchenprozessen die umgesetzten Energien so klein, daß man die zugehörigen Massenunterschiede niemals messen könnte (Aufgabe 2).

Aufgaben

1. *Berechnen Sie aus Gl. 289.3 v^2 als Funktion von W_{kin} für Elektronen, zeichnen Sie die Kurve auf Transparentpapier im Maßstab von Bild 286.1 und prüfen Sie so die Theorie an dem auf Seite 286 beschriebenen Experiment!*

2. *Um welchen Bruchteil nimmt die Masse eines Eisenstücks zu, wenn es geschmolzen wird? (Schmelzpunkt* 1540 °C, *spezifische Wärmekapazität für festes Eisen* 0,45 J g^{-1} K^{-1}, *spezifische Schmelzwärme* 130 J g^{-1}; *man gehe von* 0 °C *aus.)*

3. *Ein ruhender Körper der Masse M_0 zerplatze in zwei gleiche Bruchstücke, die je mit der Geschwindigkeit v wegfliegen.* **a)** *Münchhausen reitet auf einem der Bruchstücke. Welche Geschwindigkeit hat für ihn das andere?* **b)** *Zeigen Sie, daß im Münchhausen-Bezugssystem bei der Explosion der Newton-Impuls (Ruhemasse mal Geschwindigkeit) nicht erhalten bleibt!*

4. *Ein Atomkern stößt mit der Geschwindigkeit* 0,5 c *auf einen ihm gleichen ruhenden Kern und verschmilzt mit ihm zu einem neuen Teilchen. Welche Geschwindigkeit hat dieses nach den Sätzen von der Erhaltung des relativistischen Impulses und der relativistischen Energie? Was ergäbe sich nach der Newton-Mechanik?*

5. *Prüfen Sie, ob bei der Raumschiff-Kollision von Aufgabe 6, Seite 288 der Energiesatz erfüllt ist. Unversehrtes Zurückprallen bedeutet natürlich, daß die Ruhemassen aller beteiligten Körper ungeändert bleiben.*

6. *Ein Raumschiff rast mit $v = 0{,}755\,c$ in eine Raumstation, die aus 10 Raumschiffen der gleichen Bauart zusammengesetzt ist, und bleibt darin stecken. Mit welcher Geschwindigkeit fliegt das ganze Schrottpaket weiter?*

7. *Die kinetische Energie W_{kin} nach Einstein (Gl. 289.3) und die Newton-Energie $W_{\text{New}} = \frac{1}{2} m_0 v^2$ weichen um so stärker voneinander ab, je größer v ist. Zeichnen Sie die relative Abweichung $y = (W_{\text{kin}} - W_{\text{New}})/W_{\text{kin}}$ als Funktion von $x = \beta = v/c$! Für welche Werte β bleibt y unter 1%? (Näherungslösung durch Probieren)*

8. *Münchhausen faßt in Aufgabe 3 die zwei Bruchstücke als einen einzigen zusammengesetzten Körper auf, der mit der Geschwindigkeit v fliegt. Welche relativistische Energie W schreibt er dem Körper zu? Welche Ruhemasse errechnet er für ihn nach Gl. 290.1?*

§ 86 Relativistische Mechanik

1. Erhaltungsgrößen unter sich

In der Newton-Mechanik besteht ein einfacher Zusammenhang zwischen Impuls p und kinetischer Energie W_{kin}

$$W_{kin} = \frac{1}{2\,m_0}\,p^2 \text{ (Newton-Mechanik).}$$

In der Relativitätstheorie besteht ein entsprechender Zusammenhang. Eine einfache Formel erhält man aber nur, wenn man statt der kinetischen Energie die relativistische Gesamtenergie nach *Gl. 290.1* nimmt.

Wir führen zunächst in *Gl. 288.2* und *Gl. 290.1* die Ruhenergie $W_0 = m_0\,c^2$ ein:

$$c\,\vec{p} = \frac{W_0}{\sqrt{1-\beta^2}}\,\frac{\vec{v}}{c} \quad \text{und} \quad W = \frac{W_0}{\sqrt{1-\beta^2}}.$$

Durch Quadrieren und Subtrahieren folgt

$$W^2 - c^2\,p^2 = \frac{W_0^2}{1-\beta^2}(1-\beta^2) = W_0^2.$$

Die Geschwindigkeit ist eliminiert, nur Energie und Impuls sind geblieben. In der Form

$$\mathbf{W^2 = W_0^2 + (c\,p)^2} \qquad \textbf{(291.1)}$$

können wir uns die Gleichung leicht als *„relativistischen Pythagoras"* merken *(Bild 291.1 a)*. Bei Aufgaben, die allein mit den Erhaltungssätzen zu lösen sind, ist sie von Vorteil.

2. „Elastisch" – ein dehnbarer Begriff

In der Newton-Mechanik verstehen wir unter einem elastischen Stoß einen Vorgang, bei dem neben dem Gesamtimpuls(vektor) auch die gesamte kinetische Energie erhalten bleibt. Selbstverständlich soll aber auch jeder der beteiligten Körper seine Masse behalten. Wir wissen, daß wegen der unvermeidlichen Reibung bei makroskopischen Körpern elastische Stöße nur näherungsweise zu verwirklichen sind. Aber schon bei den Molekülen eines Gases spielen die elastischen Stöße eine wichtige Rolle, weil es hier keine „Reibung" im üblichen Sinn gibt (Band MS, Seite 171). Ebenso ist es bei Atomkernen und Elementarteilchen. Daher lohnt es sich, elastische Stöße im relativistischen Bereich zu betrachten.

***Definition:* Ein Stoßvorgang heißt elastisch, wenn sich die Ruhemassen der beteiligten Körper dabei nicht ändern.**

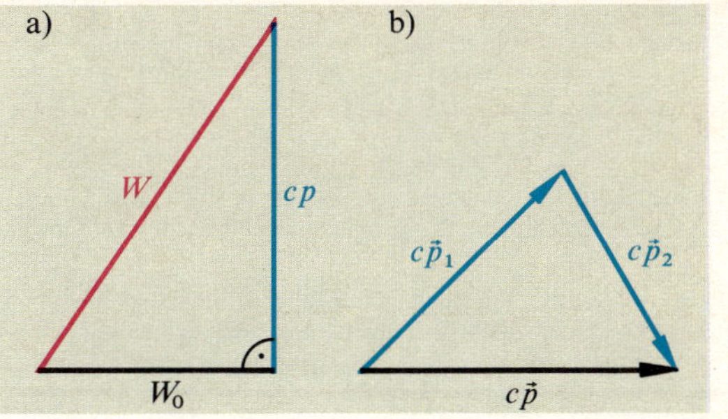

291.1 a) Geometrische Veranschaulichung von *Gl. 291.1*; b) Impulserhaltung beim Stoß eines bewegten Teilchens auf ein ruhendes

Ist diese Definition in Ordnung? Fehlt da nicht die Hauptsache, nämlich die Erhaltung der kinetischen Energie? Diese Erhaltung folgt von selbst! Denn die relativistische Gesamtenergie des ganzen Systems bleibt ja auf jeden Fall erhalten, ebenso wie der Gesamtimpuls. Bleiben nun auch alle einzelnen Ruhemassen und damit die gesamte Ruhe-Energie erhalten, so kann sich auch die Differenz (Gesamtenergie minus Gesamt-Ruhenergie) = gesamte kinetische Energie nicht ändern.

In Beschleunigerlabors werden meist hochenergetische Teilchen auf ein ruhendes „target" (engl., Ziel) geschossen. Untersuchen wir also den elastischen Stoß eines bewegten Teilchens (Impulsvektor $\vec{p}$, Ruhenergie W_{01}) auf ein ruhendes (Impuls Null, Ruhenergie W_{02}). Die Erhaltungssätze schreiben vor, wie die Bahnen der Teilchen nach dem Stoß gerichtet sind:

Impulsbilanz: $c\,\vec{p} = c\,\vec{p}_1 + c\,\vec{p}_2$ **(291.2)**

($\vec{p}_1$, $\vec{p}_2$ Impulsvektoren der Teilchen nach dem Stoß, Bild *291.1 b*; die Vektoren sind mit c multipliziert, um später den Zusammenhang mit der Energie leichter herstellen zu können.)

Energiebilanz: $W + W_{02} = W_1 + W_2$, **(291.3)**

wobei nach *Gl. 291.1* gilt:

$$W^2 = W_{01}^2 + (c\,p)^2;$$
$$W_1^2 = W_{01}^2 + (c\,p_1)^2; \quad W_2^2 = W_{02}^2 + (c\,p_2)^2. \qquad (291.4)$$

Um Teilchenbahnen vorherzusagen, muß man das *Gleichungssystem 291.3* und *291.4* lösen. Gegeben sind $c\,p$, W_{01} und W_{02}; gesucht sind $c\,p_1$ und $c\,p_2$. Hat man sie gefunden, so kann man das Vektordreieck *Bild 291.1 b* konstruieren oder berechnen. Zur Lösung der Gleichungen wollen wir wie folgt schrittweise vorgehen:

a) Bestimmung der Gesamtenergie $W + W_{02}$ aus den gegebenen Größen;
b) Beliebige Aufteilung der Gesamtenergie auf W_1 und W_2, jedoch so, daß $W_1 \geqq W_{01}$ und $W_2 \geqq W_{02}$ erfüllt ist;
c) Bestimmung von $c\,p_1$ und $c\,p_2$ aus den letzten beiden *Gleichungen 291.4*.

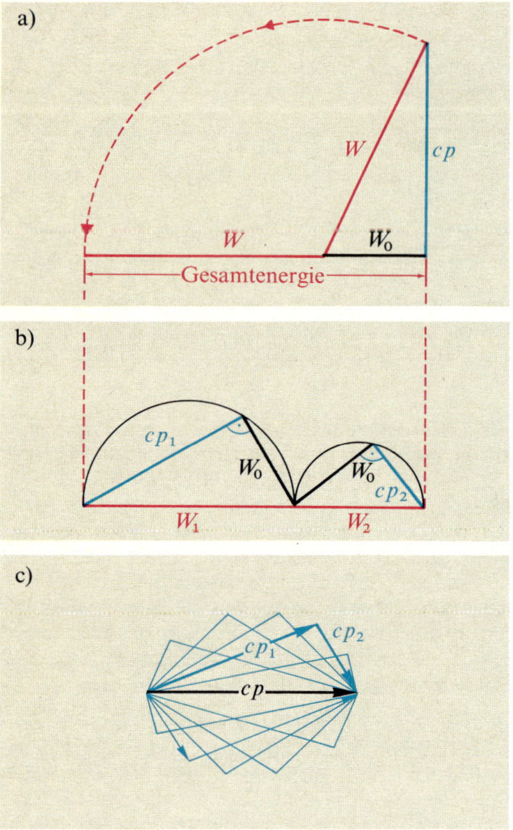

292.1 Bahnkonstruktion zum elastischen Stoß

Die einzelnen Schritte lassen sich leicht zeichnerisch ausführen. Wir zeigen als *Beispiel* den Stoß zweier gleicher Teilchen ($W_{01} = W_{02} = W_0$). cp und W_0 seien als Strecken vorgegeben (*Bild 292.1 a*, wo schon die Gesamtenergie W konstruiert ist). In *Bild 292.1 b* ist W_1 beliebig gewählt, jedoch $W_1 \geqq W_0$ und $W_2 = W + W_0 - W_1 \geqq W_0$. Die Beträge cp_1 und cp_2 werden mit Hilfe von Thaleskreisen konstruiert. *Bild 292.1 c* zeigt schließlich das fertige Vektordreieck sowie noch einige andere ebenso konstruierte Dreiecke. Man sieht, daß die Bahnen nach dem Stoß immer einen spitzen Winkel einschließen.

3. Mit Speicherringen sparen

Der Forscher im Beschleunigerlabor interessiert sich noch mehr für die unelastischen Stöße als für die elastischen. Er will ja erreichen, daß sich Teilchen umwandeln oder sogar Materie neu entsteht. Für diese Prozesse ist hohe Energie nötig – deshalb baut man die riesigen Anlagen z.B. in Genf (Europäisches Kernforschungszentrum CERN) und Hamburg (Deutsches Elektronensynchrotron DESY).

Unelastische Stöße gibt es leider auch im Straßenverkehr. Dort weiß man, daß der Frontalzusammenstoß zweier Autos besonders gefährlich ist. Bei gleicher Masse und Geschwindigkeit bleiben die ineinander verkeilten Wracks unbewegt liegen: Die gesamte kinetische Energie wird durch Verformungsarbeit in innere Energie der Wrackteile umgewandelt. Beim Auffahrunfall dagegen bewegt sich der Trümmerhaufen wegen der Impulserhaltung zunächst noch weiter (bei gleichen Massen und beim Stoß auf ein stehendes Auto mit halber Geschwindigkeit). Nur ein Teil der kinetischen Energie kann in innere Energie übergehen. – Übertragen wir dies auf den Teilchenbeschleuniger! Bei CERN bringt man Protonen auf die kinetische Energie 30 GeV und läßt sie dann symmetrisch gegeneinander stoßen. Hierzu speichert man einen Pulk beschleunigter Protonen in einer ringförmigen Vakuumröhre, wo er wie beim Synchrotron auf seiner Bahn geführt wird. Ein gleichartiger zweiter *Speicherring*, der den ersten unter sehr spitzem Winkel kreuzt, wird mit gegenläufigen Protonen der gleichen höchstmöglichen Energie beschickt. Im Kreuzungsbereich prallen die Pulks aufeinander. Je Stoß steht die Energie 60 GeV zur Erzeugung neuer Teilchen zur Verfügung. Da die Ruhenergie eines Protons $W_0 = 0{,}938$ GeV beträgt, können im Idealfall z.B. 32 Protonen und 32 Antiprotonen entstehen (bei Autos wäre es nur erwärmter Schrott).

Wie groß ist nun der Vorteil der Speicherringtechnik? Aus den beiden Speicherringprotonen mit der relativistischen Gesamtenergie $2\,W = 2\,W_{\text{kin}} + 2\,W_0$ wird ruhende Materie mit einer Ruhenergie von genau $2\,W$. Reiten wir bis zum Stoß als Münchhausen auf dem einen Speicherringproton, so bewegt sich die Materie nach dem Stoß für uns ebenso schnell, wie sich die Speicherringprotonen vor dem Stoß relativ zum Speicherring bewegt haben. Ihre relativistische Gesamtenergie ist daher gegenüber ihrer Ruhenergie $2\,W$ um den Faktor W/W_0 vergrößert. Sie hat folglich die Energie $W' = 2\,W^2/W_0$. Wo kommt diese Energie her? Das Proton, auf dem wir saßen, hat nur W_0 beigesteuert. Alles andere muß von dem zweiten für uns ja sehr schnell bewegten Speicherringproton stammen, dessen kinetische Energie (in unserem Bezugssystem) W^* betrage:

$$W^* + 2\,W_0 = W';$$

$$W^* = 2\left(\frac{W^2}{W_0} - W_0\right). \qquad (292.1)$$

Mit dieser Energie W^* müßte also ein Proton auf ein ruhendes Target geschossen werden, um dieselbe Wirkung wie die Speicherringprotonen hervorzubringen. Setzen wir die CERN-Werte ein:

$$W^* = 2\left(\frac{30{,}938^2}{0{,}938} - 0{,}938\right) \text{GeV} = 2039 \text{ GeV}.$$

Beschleuniger, die diese gewaltige Energie liefern, kann man noch lange nicht bauen. Und man bedenke: Nur 60 GeV davon, das sind knapp 3%, wären „physikalisch verwertbar". Die restlichen 97% stecken in nutzloser Raserei. Speicherringe zahlen sich aus!

4. Newtons glückliche Formulierung

Als Grundgesetz der Newton-Mechanik haftet die Gleichung „Kraft gleich Masse mal Beschleunigung" tief in unserem Gedächtnis. Was wird aus dieser Gleichung bei hohen Geschwindigkeiten im relativistischen Fall? Könnte sie nicht etwa einfach genau so heißen, nur mit der relativistischen Masse anstelle der Ruhemasse? Mit dieser Vermutung haben wir leider Pech, denn dann würde im Experiment von Seite 286 die Geschwindigkeit der Elektronen schneller wachsen, als man es tatsächlich beobachtet (Aufgabe 4). Müssen wir *Newtons* Kraftgesetz tiefergreifend abändern? *Newton* selbst kommt uns zu Hilfe: Er pflegte in seinen Texten Masse und Geschwindigkeit zum Impuls zusammenzufassen und statt von Masse mal Beschleunigung von der Zeitableitung des Impulses zu sprechen. Diese Formulierung hat schon in der Newton-Mechanik ihre Vorteile (Aufgabe 5), und für unser Problem bringt sie einen wertvollen Fingerzeig. Wir probieren es mit „$\dot{\vec{p}} = \vec{F}$" und setzen hier für $\vec{p}$ den relativistischen Impuls ein.

Als gesicherte Erfahrung kann gelten, daß der Zuwachs an relativistischer Energie gleich der als „Kraft mal Weg" berechneten Arbeit ist (Seite 290, Aufgabe 1). Setzen wir voraus, daß dies nicht nur pauschal über den ganzen Beschleunigungsweg, sondern auch in jedem Teilstück Δx gilt, so können wir schreiben (F bedeute die elektrische Kraft $q\,E$):

$$\Delta W = F\,\Delta x \quad \text{oder} \quad \frac{\Delta W}{\Delta t} = F\,\frac{\Delta x}{\Delta t},$$

und nach dem Grenzübergang $\Delta t \to 0$:

$$\text{Leistung } P = \dot{W} = F\,v, \tag{293.1}$$

in Worten: Leistung gleich Kraft mal Geschwindigkeit. Diese Gleichung können wir also als empirisch gesichert ansehen. Nun errechnen wir aus *Gl. 291.1* durch Differenzieren nach der Zeit: $W\dot{W} = c^2\,p\,\dot{p}$. Setzen wir hier $\dot{W} = F\,v$ ein, so folgt

$$F = \frac{c^2\,p\,\dot{p}}{W\,v}.$$

Bedenken wir nun, daß $p = m_{\text{rel}}\,v = W\,v/c^2$ ist, so sehen wir unmittelbar, daß auch in der Relativitätstheorie $\vec{F} = \dot{\vec{p}}$ gilt. (Die allgemeine Begründung für die vektorielle Gleichung übergehen wir.)

Auch bei hohen Geschwindigkeiten gilt: Kraft gleich Zeitableitung des Impulses

$$\vec{F} = \dot{\vec{p}};$$

Leistung gleich Kraft mal Geschwindigkeit

$$P = \dot{W} = \vec{F} \cdot \vec{v}.$$

Hierbei sind Impuls $\vec{p}$ und Energie W in der relativistischen Form 288.2 bzw. 290.1 zu verwenden. $\vec{F}$ ist für geladene Teilchen die Summe aus elektrischer Kraft und magnetischer Lorentzkraft.

5. Energieprobleme der Raumfahrt

Eine Reise zu den allernächsten Fixsternen ist nicht völlig absurd, wenn man nur in Betracht zieht, was ein Mensch an Beschleunigungskräften aushält und wie lange er lebt. Aber wie steht es mit dem Antrieb des Raumschiffs? Wir begnügen uns mit einer Abschätzung dessen, was man mit einer idealen Rakete bestenfalls erreichen kann.

Das Raumschiff habe beim Start die Ruhenergie $W_0 = M_0\,c^2$. Raketen müssen durch Materie- oder Strahlungsausstoß beschleunigt werden. Weil die ausgestoßene Materie oder Strahlung positive Energie mit sich führt, nimmt die relativistische Gesamtenergie der Rakete fortwährend ab. Sie hat bei der Geschwindigkeit $v = \beta\,c$ den Wert $W(\beta)$ erreicht. Der Impuls der Rakete ist dann $p(\beta) = W(\beta)\,\beta/c$. Die ausgestoßene Materie und Strahlung hat insgesamt die Energie $W_0 - W(\beta)$ und nach dem Impulssatz den Gesamtimpuls $-p(\beta)$. Das einzelne ausgestoßene Materieteilchen oder Strahlungsquantum habe die Energie ΔW und den Impuls Δp. Nach *Gl. 291.1* ist $c^2\,p^2 \leqq W^2$, also $|c\,p| \leqq W$ und folglich

$$|c\,\Delta p| \leqq \Delta W.$$

Dabei würde das Gleichheitszeichen zu dem Grenzfall von Teilchen verschwindender Ruhemasse gehören.

Die Summe aller ΔW ergibt $W_0 - W(\beta)$, die Summe aller Beträge $|\Delta p|$ ergibt mindestens den Betrag $p(\beta)$ des Gesamtimpulses. Also folgt

$$c\,p(\beta) \leqq W_0 - W(\beta) \quad \text{oder} \quad W(\beta)(1+\beta) \leqq W_0 .$$

Setzen wir $W(\beta)\sqrt{1-\beta^2} = W_0(\beta)$, die Ruhenergie der Rakete *im Fluge* bei der Geschwindigkeit $v = \beta c$, so ergibt sich

$$W_0(\beta) \leqq W_0 \sqrt{\frac{1-\beta}{1+\beta}}. \qquad (294.1)$$

Begnügt man sich mit etwa der Hälfte der Lichtgeschwindigkeit, was für eine Reise zum Sirius noch erträglich wäre, so ist $\sqrt{(1-\beta)/(1+\beta)} = 0{,}6$, also gar nicht sehr klein. Entscheidend ist aber das Zeichen $<$! Von Raketen, für die in der *Ungleichung 294.1* das Gleichheitszeichen gilt, wagt man heute kaum zu träumen. Es müßten „Photonenraketen" sein, die nur Strahlung ausstoßen. Für heute realisierbare Raketen ist die linke Seite der Ungleichung nur ein winziger Bruchteil der rechten Seite. Wenn nach der Reise von der Rakete noch ein Gehäuse übrigbleiben soll, in dem sich Menschen aufhalten können, so muß die Rakete beim Start unvorstellbar riesige Ausmaße haben. Man kann die Behauptung wagen, daß die Reise zum nächsten Fixstern dem Menschen ein für allemal verwehrt sein wird.

Aufgaben

1. *Formulieren Sie den Zusammenhang zwischen W_{kin}, $c\,p$ und W_0 für die Newton-Mechanik! Stellen Sie ihn geometrisch dar (Höhen- oder Kathetensatz im rechtwinkligen Dreieck)!*

2. *Ein Körper der Ruhemasse $m_{01} = M$ stößt elastisch mit dem Impuls $p = 3\,M\,c$ auf einen ruhenden Körper der Masse $m_{02} = 2\,M$. Konstruieren Sie Bahnrichtungen nach dem Stoß (Maßstab: $Mc^2 \mathrel{\hat=} 3$ cm)!*

3. *Beim Speicherring PETRA des DESY in Hamburg werden Elektronen und Positronen je auf* 20 GeV *Energie gebracht.* **a)** *Warum kann man sie im selben Speicherring laufen lassen?* **b)** *Mit welcher Energie müßte ein Elektron auf ein ruhendes Positron stoßen, um die gleiche Wirkung hervorzubringen wie die Speicherringteilchen?* **c)** *Warum ist der Effekt des Speicherrings bei Elektronen noch viel stärker als bei Protonen?*

4. *Angenommen, ein Elektron würde sich gemäß der Gleichung $m_{rel}\,\dot{v} = e\,E = const.$ bewegen. Bestätigen Sie, daß es nach Durchlaufen der Spannung U aus der Ruhe heraus auf $v = c\sqrt{1-(1-eU/W_0)^2}$ käme und daher im Vergleich zur Erfahrung viel zu früh die Lichtgeschwindigkeit erreichen würde!*

5. *Eine Lokomotive zieht mit konstanter Kraft F an einem Zug, dessen Wagen locker aneinandergehängt sind. Gesucht ist die Geschwindigkeit des Zuges nach der gegebenen Zeit t. Warum ist die Gleichung $F = \dot{p}$ für dieses Problem nützlicher als $F = m\,a$?*

§ 87 Gesetze der Relativität

1. Prinzipien

Die spezielle Relativitätstheorie fußt auf ganz wenigen einfachen Grundannahmen, die an der Erfahrung geprüft sind:

a) Konstanz der Lichtgeschwindigkeit: Die Laufzeit des Lichts entlang einem starren Körper ist immer die gleiche, unabhängig davon, wie sich dieser (unbeschleunigt) bewegt.

b) Relativitätsprinzip: Bezugssysteme, die sich relativ zueinander geradlinig mit konstanter Geschwindigkeit bewegen, sind physikalisch gleichberechtigt. (Mit Bezugssystemen sind hier immer *Inertialsysteme* gemeint. In ihnen gilt der Trägheitssatz.)

c) Grenzgeschwindigkeit: Die Vakuumlichtgeschwindigkeit c wird von keinem materiellen Körper und keinem Signal übertroffen.

2. Zeit, Raum, Bewegung (Kinematik)

a) *Lorentz-Transformation:* Der Nullpunkt O′ eines Bezugssystems bewege sich mit der Geschwindigkeit v längs der x-Achse eines Systems mit Nullpunkt O. Beide Systeme haben gleichgerichtete Koordinatenachsen. Dem Ereignis „Begegnung der Nullpunkte" schreiben wir in beiden Systemen den Zeitpunkt Null zu. Alle andere punktuelle Ereignisse haben i.a. verschiedene Zeiten und Orte. Es gilt:

$$\boldsymbol{t = \frac{1}{\sqrt{1-\beta^2}}\left(t' + \frac{v\,x'}{c^2}\right);} \qquad \textbf{(294.2)}$$

$$\boldsymbol{x = \frac{1}{\sqrt{1-\beta^2}}(x' + v\,t');} \qquad \textbf{(294.3)}$$

$$\boldsymbol{y = y'; \quad z = z'} \quad \textbf{(Abkürzung: } \boldsymbol{\beta = v/c}\textbf{)}$$

Alle Aussagen über Zeit-Raum-Beziehungen folgen aus der Lorentz-Transformation.

b) *Zeitdilatation:* Eine bewegte Uhr geht langsamer im Vergleich zu den ruhenden Uhren, an denen sie vorbeikommt. Bewegt sich die Uhr mit der Geschwindigkeit v und vergeht zwischen zwei Uhrenvergleichen auf ihr die Zeit $\Delta t'$, so unterscheiden sich die Anzeigen der verglichenen ruhenden Uhren um den größeren Betrag Δt. Es gilt

$$\boldsymbol{\Delta t' = \sqrt{1 - v^2/c^2}\,\Delta t.} \qquad \textbf{(294.4)}$$

c) *Längenkontraktion:* An einem mit v bewegten Körper werden Strecken, die in der Bewegungsrichtung liegen, gemäß

$$l = l_0 \sqrt{1 - v^2/c^2} \qquad (295.1)$$

verkürzt gemessen. Die „Eigenlänge" l_0 mißt ein Beobachter, der sich mit dem Körper mitbewegt. Strecken senkrecht zur Bewegungsrichtung werden unverkürzt gemessen.

d) *Gleichzeitigkeit* ist ein relativer Begriff: Finden zwei Ereignisse für einen Beobachter gleichzeitig, aber bei verschiedenen x-Koordinaten statt, so finden sie für in x-Richtung relativ zu ihm bewegte Beobachter nicht gleichzeitig statt.

e) *Einstein-Addition der Geschwindigkeiten:* Bewegt sich ein Bezugssystem und relativ zu diesem ein Körper, so ist der resultierende Geschwindigkeitsvektor nicht einfach die Summe der einzelnen Geschwindigkeitsvektoren. Für Bewegung längs der x- bzw. x'-Achse gilt

$$w = \frac{v + w'}{1 + v\,w'/c^2}. \qquad (295.2)$$

Dabei sind v Geschwindigkeit des Bezugssystems, w' Geschwindigkeit relativ zum bewegten Bezugssystem, w Geschwindigkeit relativ zum ruhenden Bezugssystem.

f) *Doppler-Effekt:* Der Zeitabstand von Lichtsignalen, die zwischen bewegten Körpern laufen, ist bei der Ankunft kürzer als bei der Absendung, wenn die Körper aufeinander zufliegen. Für Bewegung auf einer gemeinsamen Geraden gilt der Umrechnungsfaktor

$$k = \sqrt{\frac{1+\beta}{1-\beta}} \quad \text{mit} \quad \beta = v/c. \qquad (295.3)$$

Bei Entfernung der Körper voneinander ändern sich die Zeitabstände umgekehrt; es ist ebenfalls k maßgebend.

3. Energie, Impuls, Kraft (Dynamik)

a) *Energie:* Ein mit der Geschwindigkeit v bewegter Körper besitzt die (relativistische Gesamt-)Energie

$$W = m_{\text{rel}}\, c^2. \qquad (295.4)$$

Hierbei ist die „relativistische Masse"

$$m_{\text{rel}} = \frac{m_0}{\sqrt{1 - v^2/c^2}} \qquad (295.5)$$

größer als die „Ruhemasse" m_0, d.i. die Masse im Sinne der Newton-Mechanik. Ein ruhender Körper hat die relativistische Gesamtenergie $W_0 = m_0\,c^2$, genannt „Ruhenergie". Ändert sich die innere Energie des Körpers um ΔW, so ändert sich seine Ruhemasse um $\Delta W/c^2$.

In einem abgeschlossenen System von Körpern ist die relativistische Gesamtenergie des ganzen Systems konstant (Energie-Erhaltungssatz).

Die *kinetische Energie* ist definiert als

$$W_{\text{kin}} = W - W_0 = (m_{\text{rel}} - m_0)\, c^2. \qquad (295.6)$$

Für kleine Geschwindigkeiten gilt näherungsweise $W_{\text{kin}} = \frac{1}{2}\, m_0\, v^2$ in Übereinstimmung mit der Newton-Mechanik.

b) *Impuls:* Ein mit dem Geschwindigkeitsvektor $\vec{v}$ bewegter Körper besitzt den Impulsvektor

$$\vec{p} = m_{\text{rel}}\, \vec{v} = \frac{m_0}{\sqrt{1 - v^2/c^2}}\, \vec{v}. \qquad (295.7)$$

Der Impuls hat also stets die Richtung der Geschwindigkeit, ändert sich aber nicht proportional zu dieser.

In einem abgeschlossenen System von Körpern ist die Summe aller Impulsvektoren unveränderlich (Impulserhaltungssatz). Relativistische Gesamtenergie W und Impuls $\vec{p}$ hängen über die Ruhenergie miteinander zusammen („relativistischer Pythagoras"):

$$W^2 = W_0^2 + c^2\, p^2. \qquad (295.8)$$

c) *Kraft:* Für die Bewegung von geladenen Teilchen im elektromagnetischen Feld gilt

$$\dot{W} = \vec{F}\,\vec{v} \quad \text{und} \quad \dot{\vec{p}} = \vec{F}. \qquad (295.9)$$

Hierbei wird $\vec{F}$ genauso wie für kleine Geschwindigkeiten aus den Feldvektoren $\vec{E}$ und $\vec{B}$ berechnet. W und $\vec{p}$ sind jedoch die relativistischen Größen.

Die Relativitätstheorie hat uns zu radikal neuen Ansichten über Zeit, Raum und Bewegung verholfen. Wir mußten lernen, daß unsere bisherigen Vorstellungen davon keineswegs denknotwendig waren, daß sie im Bereich hoher Geschwindigkeiten nicht mehr zutrafen und daß sie widerspruchsfrei berichtigt werden konnten. Trotzdem werden die Alltags-Kinematik und die Mechanik *Newtons* durch die Relativitätstheorie nicht abgeschafft. Als Näherungen für „langsame" Bewegungen – Maßstab ist dabei die Lichtgeschwindigkeit – bleiben sie weiterhin in Kraft.

§88 Fotoeffekt und Energiequanten

1. Gibt es beim Licht noch Rätsel?

In der Lichtwelle schwingen nach *Maxwell* und *Hertz* elektrische und magnetische Feldstärken quer zur Ausbreitungsrichtung. Können wir damit alles beim Licht erklären oder gibt es noch Rätsel? Licht von einem 1 W-Lämpchen schwärzt in kurzer Zeit fotografische Filme. In schwarzes Papier gehüllt kann man diese jedoch auf einem Fernsehturm stundenlang den viel stärkeren elektromagnetischen Wellen eines 100 kW-Senders aussetzen. Was ist bei ihnen anders? – Durch Ultraviolettstrahlung erhält man einen Sonnenbrand, nicht aber durch starke Wärmestrahlung (Infrarot). Sind Ultraviolett- und Röntgenstrahlen gefährlicher, nur weil sie kurzwelliger sind? Darf man sagen, sie seien energiereicher als sichtbares Licht oder als Fernsehwellen? Was heißt hier energiereicher? – Wie wirkt Licht auf Materie, auf die Elektronen darin? Mit diesen zahlreichen Fragen betreten wir das auch noch heute aktuelle Forschungsgebiet der **Wechselwirkung zwischen Licht und Materie.**

2. Wie wirkt wohl Licht auf ein Elektron?

Die Antwort scheint einfach zu sein, wenn wir an ein Boot denken, das von einer Welle geschüttelt wird. Ebenso schüttelt die sich periodisch mit der Frequenz f ändernde elektromagnetische Welle nach Seite 200 die Elektronen einer Metallwand. Von der Wand geht deshalb wie von einem Hertz-Dipol eine reflektierte Welle gleicher Frequenz aus. Beim Fotoeffekt werden die Elektronen vom Licht sogar aus dem Metall herausgeschleudert. Können wir aus der Energie eines Fotoelektrons auf die Energie schließen, die im Licht steckt?

Bevor wir experimentieren, versuchen wir – wie jeder Physiker – das Ergebnis mit unseren Kenntnissen vorherzusagen:

a) Die Energie eines Fotoelektrons sollte mit der Feldstärke der Lichtwelle, also der Helligkeit des Lichts, zunehmen (Seite 193).

b) Bei größerer Lichtfrequenz beschleunigt die Feldkraft ein im Metallinnern freies Elektron in einer bestimmten Richtung nicht so lange wie bei kleiner Frequenz. Blau sollte ihm also (bei gleicher Feldstärke) weniger Energie geben als Rot. Stimmen diese Vermutungen?

3. Auf Vermutungen folgen Experimente

Versuch 252: **a)** Nach *Bild 296.1* und *296.2* fällt Licht auf die Metallschicht K einer Vakuum-Fotozelle, nicht aber auf den Drahtring A. Zwischen K und A legen wir einen Meßverstärker mit großem Widerstand und dem Meßbereich 1 V. Seine Anzeige steigt schnell auf eine bestimmte Spannung U, z.B. 0,8 V. Das Licht befreit nämlich Fotoelektronen aus dem Metall K. Die schnellsten haben die Energie $W = e\,U = 0{,}8$ eV. Sie laden den Ring A so lange negativ auf, bis keine weiteren Elektronen dagegen anlaufen können. Jedes der schnellsten Fotoelektronen verläßt also das Metall mit der Energie

$$W_{\max} = \tfrac{1}{2} m v^2 = e\,U. \qquad (296.1)$$

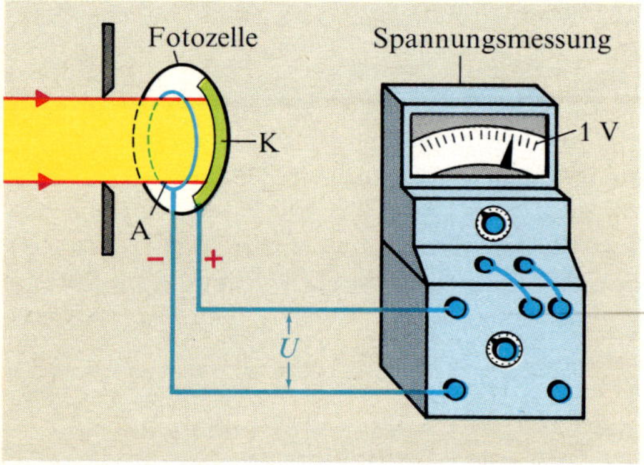

296.1 Messung der Energie von Fotoelektronen

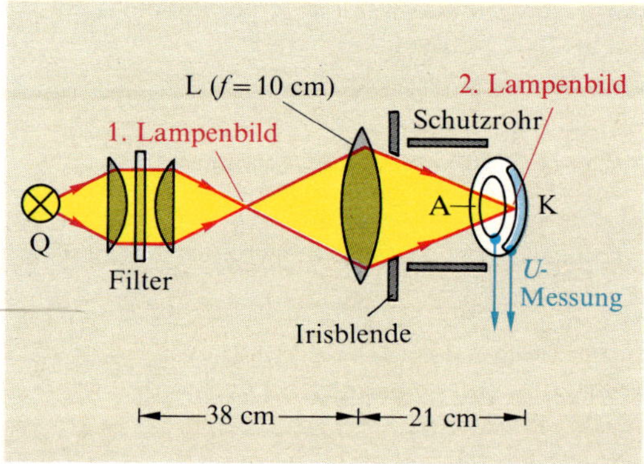

296.2 Kleinere Blende – langsamere Elektronen?

b) Auch wenn wir die Intensität des Lichts durch langsames Schließen der Blende verringern, ändert sich an der Spannung U und an der Energie $e\,U$ nichts. Also ist die Vermutung von Ziffer 2a widerlegt. (Bei zu enger Blende sinkt allerdings U; dann fließen die wenigen freigesetzten Elektronen über den Widerstand R_i des Meßverstärkers zu schnell ab; man müßte ihn über $10^{10}\ \Omega$ vergrößern.)

c) Wenn wir Licht einer Quecksilberdampflampe benutzen, können wir mit einzelnen Spektrallinien arbeiten. Wir sondern die jeweilige Linie sorgfältig aus. Dabei steigt die Spannung U und damit die Energie $W_{max}=e\,U$ der schnellsten Fotoelektronen mit der Lichtfrequenz f *(Tabelle 297.1)*. Dies widerlegt auch die Vermutung in Ziffer 2b. Wir tragen in *Bild 297.1* die Energie W_{max} über der Frequenz $f=c/\lambda$ auf und erhalten die blaue Gerade Cs, also einen einfachen linearen Zusammenhang. Er hängt von der Licht-Intensität nicht ab.

Fotozellen mit anderen Metallen, etwa mit Natrium oder Lithium, liefern parallele Geraden. Bezeichnen wir ihren negativen Abschnitt auf der Energieachse mit W_a und die gemeinsame Steigung mit h, so lautet ihre Gleichung $W_{max}=hf-W_a$. Die Größe W_a ist nur vom Metall bestimmt, also eine Materialkonstante. Die Steigung h dagegen hängt weder vom Kathodenmaterial noch von der Frequenz oder von der Intensität des Lichts ab. h erweist sich als eine neuartige, allgemeine *Naturkonstante*.

4. Lichtenergie gibt es nur portionsweise!

Um unser Ergebnis physikalisch zu deuten, bedenken wir, daß die Terme der Gleichung $W_{max}=hf-W_a$ Energien darstellen. W_a ist bei edlen Metallen, die schwerer Elektronen abgeben, besonders groß *(Tabelle 297.2)*. Man nennt sie die zum Ablösen der Fotoelektronen vom Metall nötige **Ablösearbeit.** Sie ist auch beim glühelektrischen Effekt aufzubringen. Die langsameren Fotoelektronen mit $W<W_{max}$ haben schon im Metall Energie verloren; in Versuch 252 treten sie nicht auf, da sie vom negativ geladenen Ring abgestoßen werden.

Aus $W_{max}=hf-W_a$ folgt $hf=W_{max}+W_a$. Also ist hf die Energie, die Licht der Frequenz f insgesamt an ein einzelnes Elektron abgibt. Diese Energie $W_{phot}=hf$ ist zur Lichtfrequenz f proportional und in *Bild 297.1* als rote Ursprungsgerade eingezeichnet.

Die blauen Geraden in *Bild 297.1* schneiden die f-Achse bei der vom Metall abhängigen **Grenzfrequenz** f_{gr} *(Tabelle 297.2)*. Licht der Frequenz f_{gr} gibt so viel Energie hf_{gr} ab, daß das Elektron gerade noch die Ablösearbeit W_a verrichten kann; es gilt $hf_{gr}=W_a$. Dies zeigt sich, wenn wir weißes Licht in sein kontinuierliches Spektrum zerlegen und die Fotozelle im Spektrum verschieben. Bei Frequenzen f, die kleiner als f_{gr} sind, kann auch helles Licht keine Elektronen aus dem Metall freisetzen. Also gibt selbst helles Licht keine Energie, die größer als $W_{phot}=hf$ ist, an ein Elektron ab.

Farbe	Wellenlänge in nm	Frequenz f in 10^{14} Hz	Energie W_{max} in eV
violett	405	7,41	1,02
blau	436	6,88	0,81
grün	546	5,50	0,27
gelb	578	5,19	0,13

Tabelle 297.1 Frequenz f und Energie $W_{max}=e\,U$ der schnellsten Fotoelektronen bei Cäsium

Metall bzw. Legierung	Grenzfrequenz in 10^{14} Hz	Ablösearbeit in eV
Ag-Cs-O	2,5 (IR)	1,04
Cäsium	4,7 (orange)	1,94
Natrium	5,5 (grün)	2,28
Zink	10,3 (UV)	4,27
Silber	11,4 (UV)	4,70
Platin	13 (UV)	5,36

Tabelle 297.2: Grenzfrequenz f_{gr} und Ablösearbeit W_a; Ag-Cs-O eignet sich für Bildwandler im Infrarot.

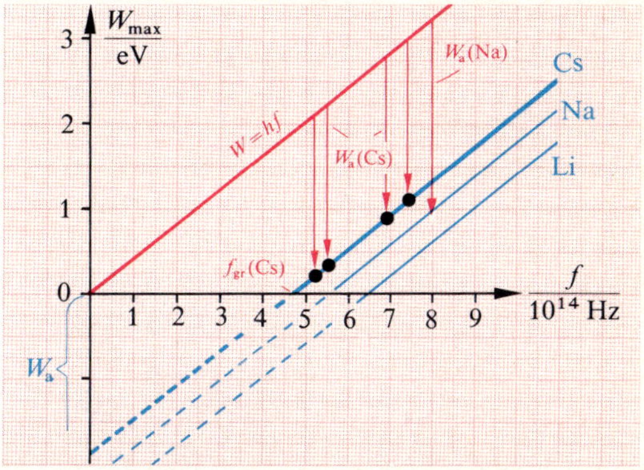

297.1 Die Energie W_{max} der schnellsten Fotoelektronen steigt linear mit der Lichtfrequenz f an.

298.1 *M. Planck* und *A. Einstein* im Jahre 1929

Um 1900 fand *Max Planck*: Licht erhält von glühenden Körpern Energie nur in Portionen, sogenannten **Quanten,** der Größe hf. *Einstein* ging 1905 und 1909 einen wichtigen Schritt weiter. Er folgerte, daß Licht Energie nur als Quanten enthält und nannte die von ihm als unteilbar postulierte Licht-Energie-Portion hf **Lichtquant** oder **Photon.** Diese Aussagen widersprechen der klassischen Physik. Nach ihr darf die Natur keine Sprünge machen und kann Energie nur stetig umsetzen. *Einstein* forderte für die Energie der schnellsten Fotoelektronen die obige Gleichung

$$W_{max} = hf - W_a. \qquad (298.1)$$

Sie wurde 1916 von *Millikan* experimentell bestätigt. Er benutzte Elektroskope zur Spannungsmessung; es gab keine Meßverstärker.

Würde ein Quant nur einen Teil seiner Energie abgeben, so müßte als Rest ein neues Quant mit der kleineren Energie $W_2 = hf_2$ entstehen. Ein mit blauem Licht bestrahltes Metall müßte dann auch grün und rot zurückstrahlen. Doch hat man dies nie beobachtet.

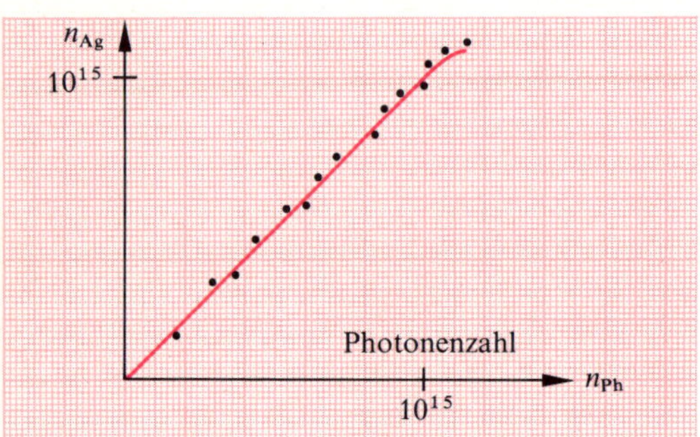

298.2 Jedes absorbierte Photon setzt in Fotoschichten ein Ag-Atom frei.

5. Plancksche Konstante h und Ablösearbeit W_a

Die neue Konstante h tritt in *Bild 297.1* als Geradensteigung auf. Wir erhalten sie aus *Gl. 296.1* und *298.1* mit den Werten der gelben (g) und der violetten (v) Linie:

$$W_v = hf_v = e\,U_v + W_a; \quad W_g = hf_g = e\,U_g + W_a.$$

Subtraktion liefert

$$h = e\,(U_v - U_g)/(f_v - f_g) = 6{,}4 \cdot 10^{-34}\ \text{J s}.$$

Die Konstante h wurde *Planck* zu Ehren **Plancksches Wirkungsquantum** genannt. Ihre Einheit J s oder e V s ist die von Energie mal Zeit, *Wirkung* genannt. Diese Größe Wirkung ist für uns neu. Man nennt h auch *Plancksche Konstante.*

Setzen wir h in eine der Ausgangsgleichungen ein, so folgt für die Ablösearbeit von Cäsium $W_a = hf - e\,U = 1{,}9$ eV *(Tabelle 297.2).*

Licht der Frequenz f enthält Energie nur in Form unteilbarer Energiequanten oder Photonen der Größe

$$W_{phot} = hf. \qquad (298.2)$$

Die Plancksche Konstante ist

$$h = 6{,}626 \cdot 10^{-34}\ \text{J s} = 4{,}136 \cdot 10^{-15}\ \text{eV s}.$$

6. Helles Licht – starker Photonenstrom

Licht einer bestimmten Frequenz f transportiert also seine Gesamtenergie W in Portionen der Größe hf; n Photonen haben die Energie $W = n\,hf$. Wir berechnen Photonenzahlen n: Außerhalb der Erdatmosphäre stehe die Fläche $A = 1\ \text{m}^2$ senkrecht zur Sonnenstrahlung. Diese liefert in $\Delta t = 1$ s die Energie $W = 1{,}38$ kJ durch diese senkrecht stehende Fläche $A = 1\ \text{m}^2$. Die Bestrahlungsstärke $S = W/(A\,\Delta t)$, *Solarkonstante* S_0 genannt, beträgt $S_0 = 1380\ \text{J}\,(\text{m}^2\,\text{s})^{-1}$. Nehmen wir an, es handle sich um monochromatisches Licht der Frequenz $f = 5 \cdot 10^{14}$ Hz ($\lambda = c/f = 600$ nm), so ist die Energie eines Quants $hf = 3{,}3 \cdot 10^{-19}$ J. Dann treffen in 1 s auf 1 m² $n = 1380\ \text{J}/3{,}3 \cdot 10^{-19}\ \text{J} = 4 \cdot 10^{21}$ Photonen. Die Zahl der von ihnen freigesetzten Fotoelektronen je Sekunde, also der Fotostrom I im Belichtungsmesser, ist der je Sekunde eintreffenden Photonenzahl und damit der Bestrahlungsstärke S proportional (Seite 78). Dabei muß die Photonenenergie hf gleich sein.

7. Bildwandler für Nachtwandler!

Im Bildwandler (Seite 106) wird die Natur mit der Quantenphysik überlistet: Aus besonderen Legierungen (etwa Ag-Cs-O; *Tabelle 297.2)* kann unsichtbares Infrarot ($\lambda = 1200$ nm bis 800 nm) langsame Elektronen freisetzen. Eine Beschleunigungsspannung (20 kV) gibt ihnen zusätzliche Energie. (Den neutralen Photonen könnte man solche Energiespritzen nicht geben.) Dann werden diese Elektronen von magnetischen Linsen gebündelt und lösen in einem Leuchtschirm Photonen höherer Energie, vorwiegend im sichtbaren Bereich, aus.

8. Halbleiter behalten Fotoelektronen

Bei Halbleitern registrieren wir die Fotoelektronen auch dann, wenn sie den Festkörper nicht verlassen. Sie werden bei diesem *inneren Fotoeffekt* vom Valenz- in das Leitungsband gehoben und erhöhen die Leitfähigkeit eines Fotowiderstands. Dazu ist viel weniger Energie nötig als zum Ablösen vom Metall (bei Germanium nur 0,66 eV; Seite 83). Deshalb arbeiten Fotowiderstände schon im Infrarot (Fernbedienung des Fernsehers). Auch erreicht bei ihnen die *Quantenausbeute* 100%. Das heißt, jedes absorbierte Photon hebt ein Elektron an und erzeugt ein Elektron-Loch-Paar. Beim *äußeren Fotoeffekt* an Metalloberflächen dagegen ist die Quantenausbeute mit 0,1% klein. Die restliche Lichtenergie gibt i.a. Wärme.

Beim Belichten fotografischer Filme werden Ag^+-Ionen zu Ag-Atomen reduziert. Nach *Bild 298.2* ist die Zahl n_{Ag} der so gebildeten Ag-Atome gleich der Zahl n_{Ph} der absorbierten Photonen. Die Quantenausbeute beträgt also auch hier 100%. (Beim Entwickeln des Films wird allerdings längst nicht aus jedem Ag-Atom ein sichtbares Silberkorn.) Die Quantenenergie muß bei diesem Prozeß mindestens 1 eV betragen. Licht mit einer Frequenz unter $f = 1\,\text{eV}/h = 2{,}4 \cdot 10^{14}$ Hz (λ über 1200 nm) bleibt deshalb fotografisch völlig unwirksam, selbst wenn von einem Fernsehsender noch so viele Quanten mit wenig Energie auftreffen.

9. Der sogenannte Dualismus Teilchen-Welle

Den ersten Zugang zur Quantisierung der Lichtenergie fand der deutsche Physiker *Max Planck* (Nobelpreis 1920). Er konnte 1900 die genau gemessene Lichtemission glühender Körper durch sein berühmtes *Strahlungsgesetz* exakt beschreiben (Seite 302).

Planck schrieb die Quantisierung den glühenden Körpern – nicht dem Licht – zu: Die Körper seien so beschaffen, daß sie Energie nur in Quanten der Größe $W = hf$ an die Lichtwelle abgeben oder von ihr aufnehmen können.

Albert Einstein ging wesentlich weiter. Ihm war daran gelegen, den Atomismus der Materie, den er durch seine Theorie der Brownschen Bewegung bewiesen hatte, auch beim Licht einzubringen. Am Planckschen Strahlungsgesetz zeigte er 1905 und 1909 theoretisch, daß das *Licht stets Wellen- und Teilcheneigenschaften zugleich* besitze. Damit begründete er den *Dualismus Teilchen-Welle*. Er war aber weit davon entfernt zu sagen, man könne den Fotoeffekt *nur* mit einem Teilchenmodell, die Lichtausbreitung dagegen *nur* mit einem Wellenmodell verstehen.

Wenn man bei dem Wort „Photon“ an ein fliegendes Lichtteilchen denkt, gibt es nämlich Schwierigkeiten. Ein solches Teilchen sollte das Photoelektron aus einem Atom in Strahlrichtung herausstoßen. Die Elektronen werden jedoch etwa senkrecht dazu – und zwar in Richtung des $\vec{E}$-Vektors der Welle – herausgeschleudert. Man kann also auch beim Fotoeffekt die Welleneigenschaften nicht verleugnen. *Planck* warnte davor, die von ihm für die Lichtentstehung postulierte Energieportion hf als Teilchen anzusehen. Er fürchtete, die von *Maxwell* vollendete Wellentheorie des Lichts würde um Jahrhunderte wieder auf die *Newtonsche Korpuskulartheorie* zurückgeworfen (Seite 215). Planck bangte um die Einheit der Naturbeschreibung.

Ein widerspruchsfreier Einbau des Photons in die Wellentheorie des Lichts gelang erst 25 Jahre später, 25 Jahre, die wohl zu den aufregendsten der Physikgeschichte gehören und einen wichtigen Abschnitt in der Auseinandersetzung des menschlichen Denkens mit der Natur darstellen. *Man sieht heute Photonen als Energieportionen – als Quanten – einer Lichtwelle mit neuartigen Quanteneigenschaften an.* Von diesen wollen wir im folgenden ein wenig erfahren.

Bild 300.1 zeigt die ersten Zeilen von *Einsteins* Arbeit. Sie wurde in den *Annalen der Physik* veröffentlicht (aber nur von wenigen ernst genommen). Heute machen die Physiker auf diese Weise in zahlreichen Zeitschriften ihre neuesten Erkenntnisse und Experimente den interessierten Fachkollegen bekannt und sichern sich so die Priorität. Die meist kurz gefaßten Artikel werden auf Anhieb nur von den auf dem gleichen Gebiet arbeitenden Fachkolle-

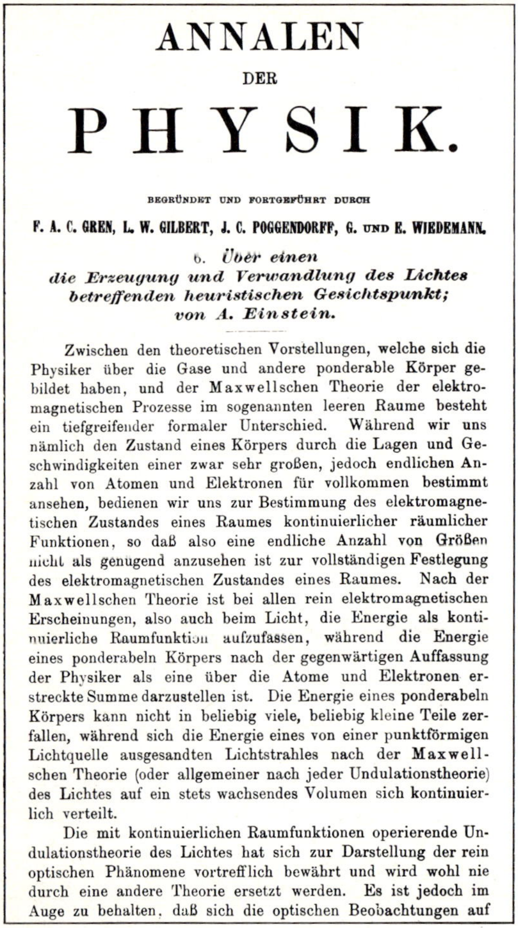
ANNALEN

DER

PHYSIK.

BEGRÜNDET UND FORTGEFÜHRT DURCH

F. A. C. GREN, L. W. GILBERT, J. C. POGGENDORFF, G. UND E. WIEDEMANN.

6. *Über einen die Erzeugung und Verwandlung des Lichtes betreffenden heuristischen Gesichtspunkt; von A. Einstein.*

Zwischen den theoretischen Vorstellungen, welche sich die Physiker über die Gase und andere ponderable Körper gebildet haben, und der Maxwellschen Theorie der elektromagnetischen Prozesse im sogenannten leeren Raume besteht ein tiefgreifender formaler Unterschied. Während wir uns nämlich den Zustand eines Körpers durch die Lagen und Geschwindigkeiten einer zwar sehr großen, jedoch endlichen Anzahl von Atomen und Elektronen für vollkommen bestimmt ansehen, bedienen wir uns zur Bestimmung des elektromagnetischen Zustandes eines Raumes kontinuierlicher räumlicher Funktionen, so daß also eine endliche Anzahl von Größen nicht als genügend anzusehen ist zur vollständigen Festlegung des elektromagnetischen Zustandes eines Raumes. Nach der Maxwellschen Theorie ist bei allen rein elektromagnetischen Erscheinungen, also auch beim Licht, die Energie als kontinuierliche Raumfunktion aufzufassen, während die Energie eines ponderabeln Körpers nach der gegenwärtigen Auffassung der Physiker als eine über die Atome und Elektronen erstreckte Summe darzustellen ist. Die Energie eines ponderabeln Körpers kann nicht in beliebig viele, beliebig kleine Teile zerfallen, während sich die Energie eines von einer punktförmigen Lichtquelle ausgesandten Lichtstrahles nach der Maxwellschen Theorie (oder allgemeiner nach jeder Undulationstheorie) des Lichtes auf ein stets wachsendes Volumen sich kontinuierlich verteilt.

Die mit kontinuierlichen Raumfunktionen operierende Undulationstheorie des Lichtes hat sich zur Darstellung der rein optischen Phänomene vortrefflich bewährt und wird wohl nie durch eine andere Theorie ersetzt werden. Es ist jedoch im Auge zu behalten, daß sich die optischen Beobachtungen auf

300.1 Arbeit von *Einstein* zum Fotoeffekt, veröffentlicht 1905. In diesem Jahr erschien auch seine spezielle Relativitätstheorie und sein physikalischer Beweis für die Existenz von Atomen durch mathematische Analyse der Brownschen Bewegung.

gen verstanden. Physiker treffen sich auch regelmäßig bei Tagungen, um ihre Ideen und Erfahrungen auszutauschen. Solche Tagungen sind entweder auf ein Spezialgebiet beschränkt oder zerfallen – nach wenigen Übersichtsreferaten – in kleine Diskussionsgruppen; so sehr hat sich die Physik heute spezialisiert. Sie entwickelt sich durch internationale Zusammenarbeit zahlreicher Forschergruppen. Etwas Neues spricht sich schnell herum. Neue Experimente werden sofort von anderen, meist unter veränderten Bedingungen, wiederholt. Erfolgversprechende Ideen werden weltweit unter den verschiedensten Gesichtspunkten geprüft, angenommen, verbessert oder verworfen. So hat sich seit 1900 die moderne Quantentheorie entwickelt. Sie reicht weit über die Physik in Chemie, Biologie und auch in die Philosophie hinein und ist die experimentell am besten gesicherte physikalische Theorie; keine uns bekannte Naturerscheinung widerspricht ihr.

Aufgaben

1. a) *Eine Fotozelle enthält eine Kaliumkathode. Berechnen Sie die Grenzfrequenz* ($W_a = 2{,}25$ eV)! *Welche Energie und Geschwindigkeit haben die schnellsten Fotoelektronen bei UV-Licht* ($\lambda = 100$ nm)? *Ist ihre Energie bei* 50 nm *doppelt so groß?* **b)** *Warum gelingt der Fotoeffekt bei Zink erst im ultravioletten Licht?* **c)** *Woran erkennt man, daß h eine universelle Naturkonstante ist?*

2. *Man legt in Bild 296.1 eine äußere, von Null ansteigende Gegenspannung U zwischen Foto„kathode“ (+) und Ring (–) der belichteten Fotozelle. Der Meßverstärker mißt jetzt den Fotostrom I. Zeichnen Sie die Schaltskizze (Bild 78.1)! I sinkt stetig auf* 0. *Warum zeigt dies, daß es auch langsamere Fotoelektronen gibt? Wie bestimmt man hier* W_{max}? *Vergleichen Sie mit Versuch 252! Wie entstand dort U?*

3. *Das dunkel adaptierte Auge nimmt eine Bestrahlungsstärke von* 10^{-10} W m^{-2} *bei* $\lambda = 600$ nm *gerade noch wahr. Wie viele Photonen treffen je Sekunde die Pupillenöffnung von* 6 mm *Durchmesser?*

4. a) *Schwärzen Radarstrahlen oder Mikrowellen im Herd* ($f = 2{,}5$ GHz) *einen Film (sie durchdringen die Papierhülle)? Warum wird ihm die Röntgendurchleuchtung auf dem Flughafen gefährlich?* **b)** *Wie viele Photonen erzeugt ein Mikrowellenherd* ($P = 0{,}7$ kW) *in* 1 s? **c)** *Wie viele Photonen liefert ein Röntgenstrahl von* 1 mW *Leistung* ($\lambda = 10$ pm) *in* 1 s? *Welche Leistung hat er, wenn er* 10^6 *Photonen in* 1 s *liefert?*

5. *Wie groß ist die Bestrahlungsstärke in* 20 m *Abstand von einem* 100 kW-*Sender bei gleichmäßiger Ausstrahlung? Wie viele Quanten werden bei* $\lambda =$ 30 cm *in* 1 s *abgestrahlt?*

6. *Licht der Wellenlänge* 400 nm *und der Bestrahlungsstärke* S_0 *des Sonnenlichts fällt auf ein Metall. Wie viele Photonen treffen je Sekunde auf* 1 cm^2? *Wie viele Fotoelektronen werden dort bei einer Quantenausbeute von 0,1% freigesetzt? Welche Energie wird durch sie in* 1 s *abgeführt?* ($W_a = 2$ eV; $S_0 =$ 1,38 kW m^{-2})

7. *Wo liegen die Grenzwellenlängen für* Si *und* Ge *als Fotohalbleiter (Seite 83)?*

8. *Die Feldstärke* $E = \hat{E} \sin \omega t$ *des Lichts schüttle ein freies Elektron im Metall. Berechnen Sie seine Beschleunigung* $\ddot{x}$ *und seine maximale Bewegungsenergie* $W_{kin} = \frac{1}{2} m \dot{x}^2$ *durch Integration! Zeigen Sie, daß* W_{kin} *bei dieser klassischen Rechnung und bei konstanter Bestrahlungsstärke* $S = \frac{1}{2} \varepsilon_0 \, c \, \hat{E}^2$ *proportional zu* $1/f^2$ *sein müßte! Wie groß müßte S sein, um die Ablösearbeit* $W_a = 2{,}0$ eV *aufzubringen? Würde Sonnenlicht zur Ablösung ausreichen* ($S_o = 1{,}38$ kW m^{-2}; $f = 5 \cdot 10^{14}$ Hz)? *Was ist nach der Quantentheorie anders? (Nach klassischer Vorstellung wird jedes Elektron von der Welle geschüttelt.)*

9. *Bei welcher Wellenlänge entstehen Fotoelektronen mit* $v_{max} = 100$ km s^{-1}? ($W_a = 3{,}0$ eV)

§ 89 Photonen der Röntgenstrahlung

1. Photonen aus der Röhre

In glühenden Körpern erzeugt die thermische Energie der Atome Quanten mit etwa 1 eV Energie. Röntgenstrahlen dagegen sollten wegen ihrer viel höheren Frequenz f Quanten mit größerer Energie $W = hf$ besitzen. Man gibt ja in Röntgenröhren den Elektronen mit einer hohen Spannung U (ab 20 kV) eine große kinetische Energie eU (Seite 265). Diese Energie verlieren sie beim Abbremsen an der Anode schnell. Kehrt sich dabei der Fotoeffekt um? Wird also die ganze Energie eU eines einzelnen abgebremsten Elektrons in die Energie $W = hf$ eines Röntgenquants umgesetzt? Da die Ablösearbeit W_a (ca. 2 eV) klein gegen 20 keV ist, vernachlässigen wir sie und schreiben

$$W = hf = eU. \qquad (301.1)$$

Bei der Beschleunigungsspannung $U = 30$ kV sollten Röntgenstrahlen der Wellenlänge $\lambda = c/f = hc/(eU) = 41$ pm entstehen. Sie würden nach der Bragg-Gleichung $\lambda = 2d \sin \varphi$ in einem Lithium-Fluorid-Kristall mit der Gitterkonstante $d = 201$ pm beim Glanzwinkel $\varphi = 6°$ reflektiert (Seite 263). Stimmt das?

Versuch 253: Aus der Röntgenröhre fällt ein mit $U = 30$ kV erzeugter Röntgenstrahl auf einen Lithium-Fluorid-Kristall. Tatsächlich werden ab $\varphi = 6°$ Röntgenstrahlen reflektiert. Doch schließt sich zu größeren Winkeln, also zu längeren Wellen hin, ein kontinuierliches Spektrum an *(Bild 301.1)*. Widerlegt dies die Quantenhypothese?

Die nach *Gl. 301.1* berechnete Frequenz f der Röntgenstrahlen rührt von den wenigen Elektronen her, die in einem einzigen Bremsprozeß ihre ganze Energie eU in hf_{max} eines Röntgenquants umsetzen konnten. f_{max} heißt *Grenzfrequenz*. $\lambda_{min} = c/f_{max}$ ist die ihr zugeordnete *Grenzwellenlänge*. Die meisten Elektronen verwenden ihre Energie jedoch stufenweise zum Erzeugen kleinerer Quanten mit größerer Wellenlänge $\lambda > \lambda_{min}$. Deshalb beginnt ab $\lambda_{min} = 41 \text{ pm} \mathrel{\hat{=}} \varphi_{min} = 6°$ ein **kontinuierliches Röntgenspektrum.** Wir sehen: Ein Elektron kann zahlreiche Lichtquanten bilden und weiterbestehen. Ein Lichtquant muß dagegen seine ganze Energie hf in einem einzigen Prozeß abgeben. Dabei verschwindet es.

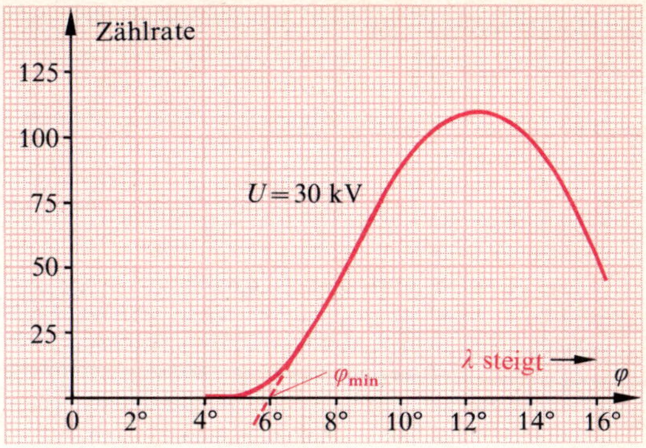

301.1 Stärke der Röntgenbremsstrahlung als Funktion des Glanzwinkels φ

2. Quanten helfen der Medizin

Die Grenzfrequenz f_{max} ist gemäß $hf_{max} = eU$ proportional zur Beschleunigungsspannung U *(Bild 301.2)*. Die Steigung der dortigen Geraden beträgt $f_{max}/U = e/h$ und liefert ebenfalls das Plancksche Wirkungsquantum h.

In der Röntgenröhre entstehen in Einzelprozessen Röntgen-Quanten der Energie hf. Bei der Spannung U findet man ein kontinuierliches Röntgenspektrum mit der Grenzfrequenz $f_{max} = c/\lambda_{min}$. Es gilt

$$eU = hf_{max}. \qquad \textbf{(301.2)}$$

Die Quantentheorie zeigt hier ihre Bedeutung für die *Medizin*: Um kurzwellige Röntgenstrahlen zu bekommen, die Körperteile besser durchdringen, erhöht der Arzt die Beschleunigungsspannung U an der Röntgenröhre. Will er dagegen die Strahlen nur intensiver machen, also mehr Röntgenquanten der

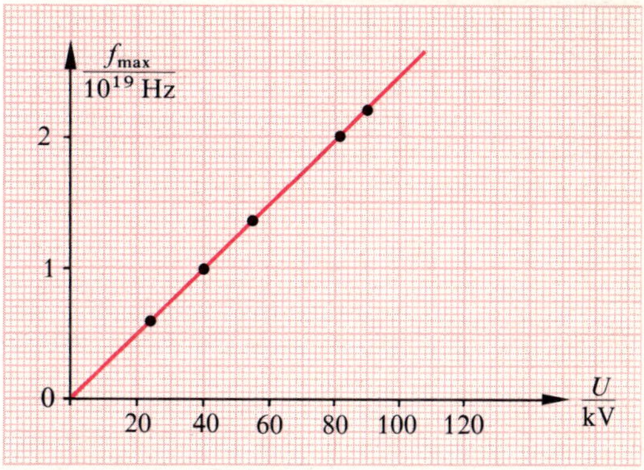

301.2 Grenzfrequenz f_{max} ist proportional zur Röhrenspannung U.

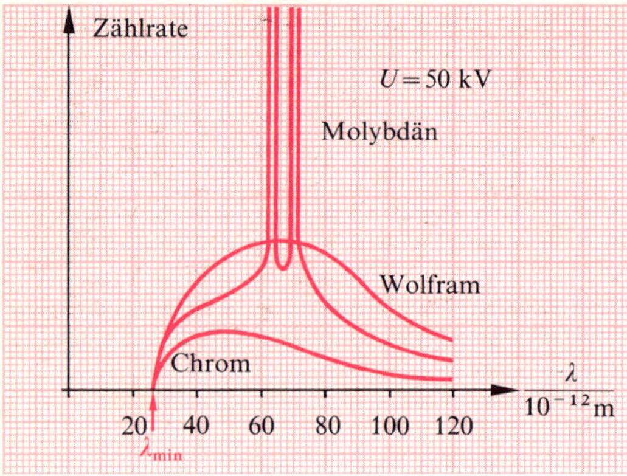

302.1 Spektrum der Röntgenbremsstrahlung bei verschiedenen Anodenmaterialien ($U = 50$ kV)

gleichen Qualität erzeugen, so läßt er mehr Elektronen auf die Anode prallen, indem er die Kathode stärker heizt. Das Schirmbild wird heller, die Belichtungszeit bei fotografischen Aufnahmen kürzer.

Spielt das Material der Anode, in der die Elektronen abgebremst werden, keine Rolle? *Bild 302.1* zeigt die Röntgenspektren von Chrom-, Molybdän- und Wolfram-Anoden. Sie haben die gleiche Grenzwellenlänge $\lambda_{min} = c/f_{max}$ und damit gleiches f_{max}. Dies rechtfertigt die materialunabhängige Quantengleichung $h f_{max} = e U$. Die bei Molybdän aufgesetzten beiden **Röntgenspektrallinien** deuten auf Quantengesetze in den Atomen hin (Seite 341).

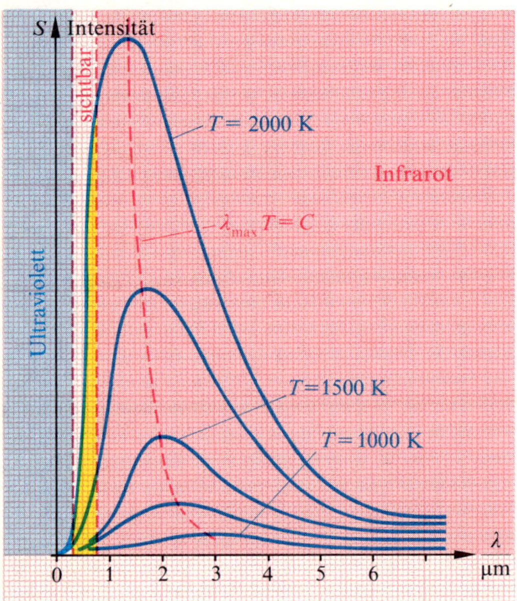

302.2 Das Maximum der Strahlung S glühender Körper verschiebt sich mit steigender Temperatur T zu kürzeren Wellen hin. Die Gesamtintensität der Strahlung steigt.

3. Photonen aus glühenden Körpern (Wiensches Gesetz)

Körper glühen beim Erhitzen zuerst rot, dann gelb. Mit steigender Temperatur verschiebt sich das Maximum der Zahl emittierter Photonen in Richtung zu kürzeren Wellenlängen hin *(Bild 302.2)*. So mißt man die Temperatur von Sternen durch die Analyse ihres Spektrums. Was ist der Grund? Nun, in Gasen und Festkörpern liegt die Bewegungsenergie der Teilchen in der Größenordnung von $k\,T$; sie ist der absoluten Temperatur T proportional (Band MS, Seite 174; $k = 1{,}38 \cdot 10^{-23}$ J K^{-1}). Durch Stoß erzeugen die Teilchen Photonen; die meisten Photonen bekommen nach *Planck* Energien $W_{phot} = h f \sim T$, also proportional zur Glühtemperatur T. Deshalb liegt bei einer bestimmten Temperatur T das *Intensitätsmaximum* der Strahlung bei der Wellenlänge $\lambda_{max} = c/f = c\,h/W_{phot} \sim 1/T$. Es gilt $\lambda_{max}\,T = C$. Messungen und Rechnungen zeigen: $\boldsymbol{\lambda_{max}\,T = 2{,}9 \cdot 10^{-3}}$ **K m.** Dies ist das **Wiensche Verschiebungsgesetz.**

Aufgaben

1. a) *Welche Grenzwellenlänge tritt bei einer mit* 500 kV *betriebenen Röntgenröhre auf?* **b)** *Welches ist die kürzeste Röntgen-Wellenlänge, die in einer Farbfernsehröhre (*22 kV*) erzeugt wird? (Sie wird vom Glas absorbiert.)*

2. a) *Auch Röntgenlicht kann Fotoelektronen freisetzen. Welche Energie haben die schnellsten von ihnen, verglichen mit den Elektronen in der Röntgenröhre?* **b)** *Vergleichen Sie die Entstehung der Grenzfrequenz f_{gr} beim Fotoeffekt mit f_{gr} bei der Röntgenbremsstrahlung!* **c)** *Was muß man an einer Röntgenröhre ändern, um ein helleres Schirmbild bei gleicher Wellenlänge zu bekommen?*

3. *Ruhende Protonen bzw.* He*-Kerne ($q = 2e$; Seite 69) werden mit* 30 kV *beschleunigt und dann abgebremst. Wie groß ist die Grenzwellenlänge der Bremsstrahlung? Hängt sie von der Masse m ab?*

4. a) *Erklären Sie die Entstehung von Licht in Leuchtdioden mit Lichtquanten (Seite 84)! Wie hängt sie mit dem Energieunterschied ΔW zwischen Leitungs- und Valenzband zusammen?* **b)** *Welche Wellenlänge hat Licht von Leuchtdioden aus Germanium und Silizium?* **c)** *Warum benutzt man z.B. Gallium-Phosphid mit dem Energieunterschied $\Delta W = 2{,}3$ eV zwischen Valenz- und Leitungsband?*

5. a) *Wo liegt das Maximum λ_{max} des Sonnenlichts ($T = 6000$ K), von Glühlicht (1500 K)? Bei welcher Temperatur leuchtet ein Stern blau ($\lambda_{max} = 400$ nm)?* **b)** *Setzen Sie $h f = z\,k\,T$! Für welchen Wert von z entsteht das Wiensche Verschiebungsgesetz? Aufgabe einer genaueren Theorie ist es, diesen Wert zu begründen.*

6. *Bestimmen Sie aus Bild 301.2 das Plancksche Wirkungsquantum h!*

§ 90 Photonenimpuls; Comptoneffekt

1. Wie schwer sind Photonen?

Im gleichen Jahre 1905, in dem *Einstein* die Photonen postulierte, veröffentlichte er auch seine spezielle Relativitätstheorie. Sie enthält die berühmte Gleichung $W = m c^2$. Nach ihr ist jede Masse m eines Systems mit dessen Gesamtenergie $W = m c^2$ verknüpft (c: Lichtgeschwindigkeit). So verliert die Sonne durch Abstrahlung von $3{,}9 \cdot 10^{26}$ J Lichtenergie in 1 s auch $4 \cdot 10^6$ t Masse – ohne deswegen ein einziges Atom abzugeben. Wegen $W = m c^2$ schreiben wir jedem Quant hf die ihm äquivalente relativistische Masse m_{phot} zu:

$$m_{\text{phot}} = \frac{W}{c^2} = \frac{hf}{c^2} = \frac{h}{c\lambda}. \qquad (303.1)$$

Diese Masse hat die Energieportion Photon natürlich nur „im Flug“, denn anders als mit der Geschwindigkeit c kann es nicht existieren; die Schildbürger konnten Sonnenlicht nicht im Sack auffangen und mit Unterlichtgeschwindigkeit in ihr fensterloses Rathaus tragen! Nach Seite 288 ist die Ruhemasse m_0 des Photons $m_0 = m_{\text{Ph}} \sqrt{1-(v/c)^2} = 0$. Im Gegensatz zu Elektronen haben Photonen die Ruhemasse 0.

Lichtquanten erfahren wegen ihrer Masse auch eine Gewichtskraft $G = m g = h f g / c^2$. Wenn ein Quant im Gravitationsfeld um die Strecke ΔH höher steigt, nimmt seine Lageenergie um $\Delta W = G\, \Delta H = h f g\, \Delta H / c^2$ zu. Im Gegensatz zu einem hochgeworfenen Ball kann seine Geschwindigkeit c nicht abnehmen. Dafür sinkt seine Frequenz f um $\Delta f = \Delta W / h = f g\, \Delta H / c^2$. Das Licht wird etwas langwelliger. Diese Differenz Δf ist zwar sehr klein, kann aber an scharfen γ-Spektrallinien auf 1% genau gemessen werden. Auch sind alle Photonen, die das Gravitationsfeld der Sonne verlassen haben, etwas zu längeren Wellen hin verschoben.

Wenn ein Stern mit mehr als zehn Sonnenmassen erkaltet ist, quetscht ihn die Gravitationskraft nicht nur fast auf einen Punkt zusammen; sie hindert sogar die Lichtquanten, den „Stern“ zu verlassen. Wir sehen von ihm nichts mehr und nennen ihn ein *schwarzes Loch*. Doch ist sein Gravitationsfeld außen geblieben; sichtbare Sterne können in diesem Feld um das Loch kreisen. Wahrscheinlich gibt es schwarze Löcher in der Milchstraße, nicht nur im Science-fiction-Film (Seite 335).

303.1 Schweif des Kometen West 1976

2. Licht als Photonenhagel

Die Energieportion $W = hf$ des Lichts hat die Masse $m_{\text{phot}} = hf/c^2$. Sie bewegt sich mit Lichtgeschwindigkeit c. *Einstein* schrieb diesem Photon 1917 auch **Impuls p** zu vom Betrag

$$p = m_{\text{phot}}\, v = m_{\text{phot}}\, c = \frac{hf}{c} = \frac{h}{\lambda}. \qquad (303.2)$$

Er nimmt mit abnehmender Wellenlänge λ zu. Wo wirkt er sich aus? Man weiß schon lange, daß das Sonnenlicht auf die Staubteilchen eines Kometenschweifs einen Lichtdruck ausübt, der von der Sonne wegweist *(Bild 303.1)*. Licht gibt den Teilchen des Staubschweifs Impuls. Doch konnte dies *Maxwell* mit seiner Wellentheorie auch ohne Quanten erklären, nämlich mit einem Querdruck der Feldlinien vor bestrahlten Flächen. Die Feldlinien der Querwelle „Licht“ stehen ja senkrecht zur Ausbreitungsrichtung. Der Lichtdruck ist also noch kein Beweis für die Quantisierung des Lichtimpulses.

2. Billard zwischen Photonen und Elektronen

Kann man den quantisierten Photonenimpuls bei der Wechselwirkung von Photon und Elektron nachweisen? In der Mechanik nennt man eine kurzzeitige Wechselwirkung *Stoß* und berechnet ihn durch Aufstellen der Energie- und Impulsbilanz. Dann braucht man die auftretenden Kräfte und die Stoßdauer nicht zu kennen. Dies versuchen wir auch hier und bedenken dabei, daß die Energieübertragung besonders groß ist, wenn das stoßende Photon und das gestoßene Elektron die gleiche Masse haben. Dann ist nach *Gl. 303.1* $m_{\text{phot}} = h/(c\lambda) = m_e$ (m_e: Elektronenmasse); das Photon hat in diesem Fall die Wellenlänge $\lambda_C = h/(m_e c) = 2{,}4$ pm. Sie liegt im Röntgenbereich und heißt **Comptonwellenlänge.**

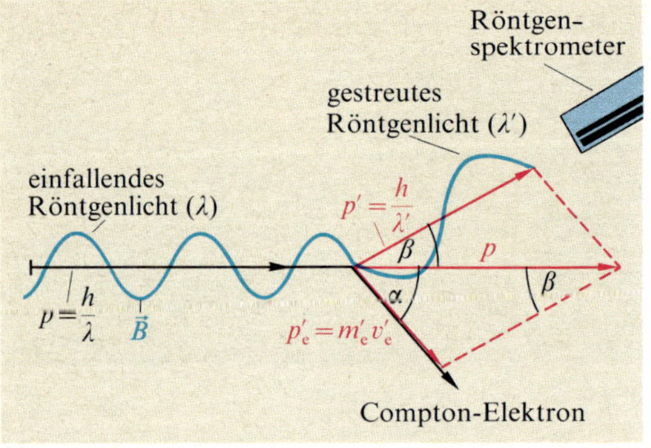

304.1 Von links kommende Photonen (λ) werden nach oben in das Röntgenspektrometer (λ') gestoßen, Elektronen nach unten. Dargestellt sind Impulsvektoren.

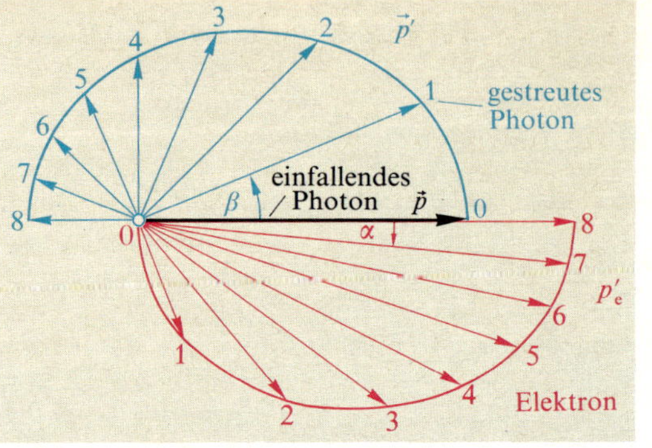

304.3 Der Impuls $\vec{p}$ des einfallenden Photons der Comptonwellenlänge wird aufgeteilt auf das neue Photon (blau) und das Elektron (rot). Der Streuwinkel β wächst von 0 bis 180°.

A.H. Compton (Nobelpreis 1927) ließ nämlich 1922 Röntgenstrahlen dieser Wellenlänge auf Elektronen in Graphit fallen. Dort ist die Ablösearbeit vieler Elektronen gegenüber der Photonenenergie hf klein. *Compton* und andere Forscher fanden in berühmten Experimenten:

a) Die Elektronen werden vom Röntgenstrahl unter Winkeln α zwischen 0° und 90° weggestoßen (*Bild 304.1 unten*; mit Zählrohren oder in der Nebelkammer beobachtet). Also treten meist schiefe Stöße zwischen Photon und Elektron auf. Der gerade Stoß ist selten.

b) Wird ein Elektron unter dem Winkel α nach unten gestoßen, findet man im gleichen Augenblick ein neues Photon größerer Wellenlänge λ'. Es wurde in der gleichen Ebene nach oben unter dem Winkel β gestreut. Das alte ist verschwunden. Im Röntgenspektrometer zeigt sich nach *Bild 304.2 rechts* eine neue Spektrallinie (rot). Ihre Wellenlänge ist gegenüber dem einfallenden Röntgenlicht (blau) um $\Delta\lambda$ vergrößert. Dies erregte erhebliches Aufsehen, da sich bei der Lichtstreuung λ nicht ändert.

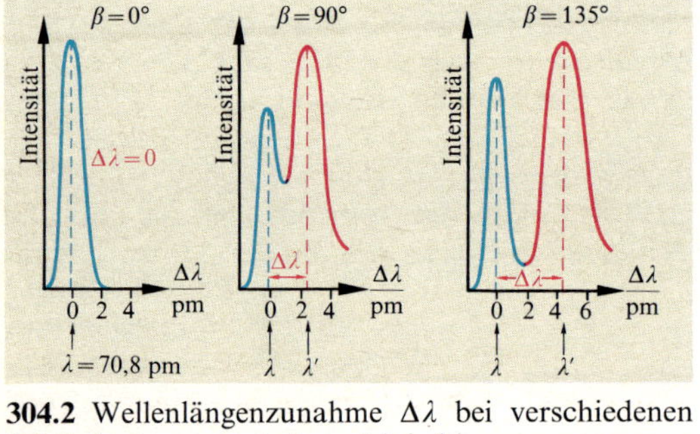

304.2 Wellenlängenzunahme $\Delta\lambda$ bei verschiedenen Winkeln β; unverschobene Linie blau

Das stoßende Photon hat die Frequenz f, das neue $f' < f$. Das neue Photon besitzt nur noch die Energie $W' = hf'$ und den Impuls $p' = h/\lambda'$. Dafür steigt die relativistische Masse des zunächst ruhenden Elektrons von m_e auf m_e' und seine Energie von $W_e = m_e c^2$ auf $W_e' = m_e' c^2$. Der **Energiesatz** fordert $hf + m_e c^2 = hf' + m_e' c^2$. Links steht die Energiesumme des anfliegenden Photons und des noch nicht getroffenen Elektrons, rechts die Energiesumme beider nach dem Stoß.

c) Die oberen blauen Pfeile in *Bild 304.3 zeigen die Impulsvektoren* $\vec{p}'$ der gestreuten Photonen, die unteren roten Pfeile die Impulse $\vec{p}_e'$ der zur gleichen Nummer gehörenden gestoßenen Elektronen. Je mehr Impuls p_e' das nach vorn gestoßene Elektron erhält, um so weniger (p') verbleibt dem gestreuten Photon. Der **Impulssatz** ist nach dem Parallelogramm von *Bild 304.1* vektoriell erfüllt. – Aus den Erhaltungssätzen für Energie und Impuls allein leiten wir in Ziffer 4 die experimentell bestätigte Gleichung für die Wellenlängenzunahme $\Delta\lambda$ her:

$$\Delta\lambda = \lambda' - \lambda = \frac{h}{m_e c}(1 - \cos\beta). \qquad (304.1)$$

d) Diese Wellenlängenzunahme $\Delta\lambda$ hängt von der einfallenden Wellenlänge λ nicht ab. Sie steigt aber wegen des Faktors $(1 - \cos\beta)$ mit wachsendem Streuwinkel β (Bestätigung in *Bild 304.2*). Für $\beta = 90°$ (Photon senkrecht zum ursprünglichen Strahl) ist die Wellenlängenzunahme $\Delta\lambda = h/(m_e c) = 2{,}4$ pm. Das ist die *Comptonwellenlänge* λ_C, bei der Photon und Elektron gleiche Masse haben. Röntgenstrahlen, die mit λ_C einfallen, verdoppeln also unter $\beta = 90°$ ihre Wellenlänge.

Photonen der Wellenlänge λ haben keine Ruhemasse, aber relativistische Masse und Impuls. Es gilt

$$m_{\text{phot}} = \frac{h}{c\,\lambda} \quad \text{und} \quad p = \frac{W}{c} = \frac{h}{\lambda}. \qquad \textbf{(305.1)}$$

Beim Comptoneffekt stoßen Photonen auf freie Elektronen. Die gestreuten Photonen haben eine kleinere Frequenz. Dies ist nur quantentheoretisch zu deuten und bestätigt die Erhaltungssätze für Energie und Impuls auch bei Einzelprozessen.

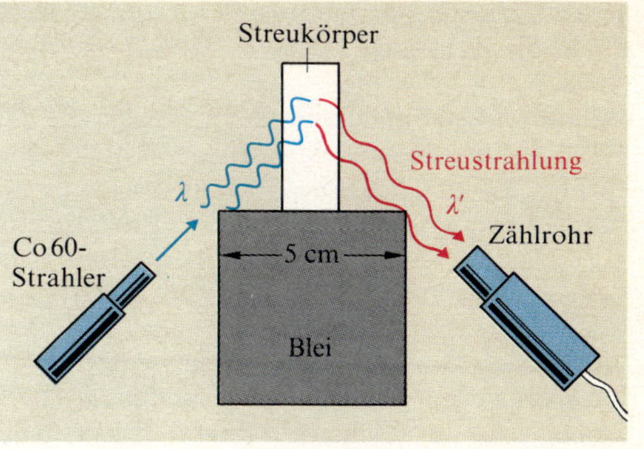

305.1 Nachweis der „weichen" Streustrahlung

4. Relativistische Rechnung

Energie des Quants
vorher: $W = hf = hc/\lambda$
nachher: $W' = hf' = hc/\lambda'$ (*)

Impuls des Quants
vorher: $p = W/c$
nachher: $p' = W'/c$ (**)

Relativistische Gesamt-Energie des Elektrons
vorher: $W_e = m_e c^2$
nachher: $W_e' = m_e' c^2$ (***)

Impuls des Elektrons
vorher: $p_e = m_e v_e = 0$
nachher: $p_e' = m_e' v_e'$

Energiebilanz für Photon und freies Elektron:

$$W + W_e = W' + W_e'. \qquad \textbf{(305.2)}$$

Impulsbilanz für beide (*Bild 304.1*; Cosinussatz):

$$p_e'^2 = p^2 + p'^2 - 2pp'\cos\beta. \qquad \textbf{(305.3)}$$

Nach Multiplikation mit c^2 liefert dies mit *Gl.* **

$$p_e'^2 c^2 = W^2 + W'^2 - 2WW'\cos\beta.$$

Wegen relativistischer Geschwindigkeiten ist $p_e'^2 c^2 = W_e'^2 - W_e^2$ (Seite 291); also gilt

$$W_e'^2 - W_e^2 = W^2 + W'^2 - 2WW'\cos\beta.$$

Einsetzen von $W_e'^2 = (W + W_e - W')^2$ aus *Gl. 305.2* liefert

$$W_e W - W_e W' = WW'(1 - \cos\beta).$$

Daraus folgt durch Division mit $W W' W_e$

$$1/W' - 1/W = (1 - \cos\beta)/W_e$$

und mit *Gl.* * und *Gl.* ***

$$\lambda' - \lambda = \Delta\lambda = \frac{h}{m_e c}(1 - \cos\beta). \qquad (305.4)$$

Beispiel: Unter dem Streuwinkel $\beta = 45°$ für das im Spektrometer beobachtete Quant ist $\Delta\lambda = 0{,}7$ pm, unabhängig von der Wellenlänge des einfallenden Quants.

5. Wie kann man Kernstrahlung aufweichen?

Das beim Comptonversuch gestreute Röntgenlicht wird wegen der Wellenlängenvergrößerung „weicher" und kann von Materie stärker absorbiert werden. Dies zeigt sich besonders bei γ-Strahlen aus Kobalt 60. Ihre Wellenlänge 1 pm liegt nämlich deutlich unter der Comptonwellenlänge $\lambda_C = 2{,}4$ pm und wird beim Streuwinkel $\beta = 90°$ nach *Gl. 304.1* auf 3,4 pm vergrößert, also mehr als verdreifacht.

Versuch 254: Nach *Bild 305.1* stellen wir zwischen einen Co60-Strahler und ein Zählrohr einen 5 cm dicken Bleiziegel zur Abschirmung der direkten Strahlung. Trotzdem registriert das Zählrohr in 10 min noch 1200 Photonen. Wenn wir den 2 cm dicken Streukörper aus Plexiglas aufsetzen, erhöht sich ihre Zahl auf 1720. γ-Quanten werden nämlich im Innern des Plexiglases durch Comptoneffekt um etwa 90° gestreut. Sie treffen zusätzlich das Zählrohr. (Comptonelektronen dagegen werden im Streukörper selbst absorbiert.) Zunächst setzen wir ein 1 mm dickes Aluminiumblech vor die Eintrittsöffnung des Zählrohrs. Dieses registriert in 10 min nur noch 1490 Quanten. Unmittelbar am γ-Strahler besitzt dagegen die Strahlung noch ihre ursprüngliche kleine Wellenlänge und damit hohe Durchdringungsfähigkeit. Dort vermindert das gleiche Blech die Photonenzahl nur unwesentlich von 1720 auf 1680. Wir sehen: Der Comptoneffekt ändert mit der Wellenlänge auch die Durchdringungsfähigkeit, also die Qualität der Strahlung. – Bei der Streuung von sichtbarem Licht bleibt dagegen die Wellenlänge unverändert (Aufgabe 12). Ein Filter verkleinert deshalb vor und nach einem Streukörper die Intensität sichtbaren Lichts in gleichem Maße.

6. Darf man beim Comptoneffekt die Welle verleugnen?

Bild 304.2 zeigt auch eine unverschobene Linie (blau). Man kann sie klassisch verstehen: Elektronen, die an die Kerne der Graphitatome gebunden bleiben, werden vom $\vec{E}$-Vektor der einfallenden Welle nur geschüttelt. Deshalb senden sie Wellen (und damit Photonen) der Anregungsfrequenz aus. Dies kennen wir vom Hertzschen Dipol und der Streuung polarisierter Lichtwellen an Milchtröpfchen (Seite 260). Dabei wird das Licht bevorzugt in der Ebene senkrecht zum $\vec{E}$-Vektor gestreut (*Bild 304.1* zeigt den $\vec{B}$-Vektor der Welle). Diese Polarisation beobachtet man auch beim gestreuten und in der Wellenlänge veränderten Comptonlicht. Wir sehen: Man darf auch beim Comptoneffekt den $\vec{E}$-Vektor und seine Welle nicht verleugnen, muß aber die Quantisierung von Energie und Impuls der Welle beachten. Die benutzten Erhaltungssätze sind kein Privileg für den Stoß von Korpuskeln! Wie beim Fotoeffekt treten auch hier Wellen- und Quanteneigenschaften zugleich auf. – Zur unverschobenen Linie gibt es kein Comptonelektron, das Impuls abführt. Dies besorgen die Atomkerne, an die schwingende Elektronen gebunden sind.

Beim *Lichtdruck* sehen wir ferner: Man kann Kräfte zwischen Körpern (Sonne-Kometenschweif) nicht nur mit Feldvorstellungen, also in der Feldliniensprache, sondern auch mit Quanten beschreiben. Die moderne Physik benutzt dies in großem Umfang (Seite 416).

Aufgaben

1. a) *Welche relativistische Masse haben Photonen der gelben Natriumlinie* (590 nm)*? Vergleichen Sie mit der Elektronenmasse!* **b)** *Welche Spannung muß man an eine Röntgenröhre legen, damit die energiereichsten Photonen* $\frac{1}{100}$ *der Elektronenmasse* m_e *bzw.* m_e *selbst bekommen?* **c)** *Bei welcher Spannung hat ein Quant Protonenmasse?* **d)** *Berechnen Sie die Impulse dieser Photonen! Vergleichen Sie mit dem Impuls eines Elektrons der Energie* 1 eV*!*

2. *Die bekannte Lichtmühle in Schaufenstern dreht sich bei Lichteinfall. Eine Seite eines jeden Flügels reflektiert, der andere ist berußt. Wie müßte sich das Rad drehen, wenn es vom Lichtdruck angetrieben würde? (Leider dreht es sich in der entgegengesetzten Richtung: Die schwarze Fläche absorbiert stärker und wird wärmer; ihre Moleküle schwingen schneller und geben aufprallenden Luftmolekülen einen stärkeren Rückstoß. Bei geringem Gasdruck ist dieser Effekt groß und überwiegt den Lichtdruck bei weitem.)*

3. *Bei welcher Mindestspannung liefert eine Röntgenröhre die Comptonwellenlänge? Welche Energie in* eV *und welchen Impuls haben dann die Elektronen, welchen Impuls die Photonen (Seite 291)?*

4. *Photonen mit halber Comptonwellenlänge stoßen auf freie Elektronen.* **a)** *Wie groß ist die relative Wellenlängenänderung bei* $\beta = 0°$, 45°, 90° *und* 180°*?* **b)** *Prüfen Sie den Energie- und Impulserhaltungssatz für* $\beta = 90°$ *nach!*

5. a) *Beim Stoß von Münzen verliert die stoßende um so mehr an Geschwindigkeit, je stärker sie aus der ursprünglichen Richtung abgelenkt wird. Wird beim Comptoneffekt auch das Photon langsamer? Welche Photonengröße ändert sich?* **b)** *Nehmen Sie an, beim Comptoneffekt verschwinden die Photonen ganz, und es gelte zudem der Energieerhaltungssatz! Wie stünde es mit dem Impulssatz – und umgekehrt?*

6. *Wie schnell wären mit* $\lambda_C = 2{,}4$ pm *ausgelöste Fotoelektronen bei nichtrelativistischer Rechnung?*

7. *Wiederholen Sie die Rechnung in Ziffer 4 für den Sonderfall* $\beta = 180°$ *(Rückstreuung)!*

8. a) *Berechnen Sie die Wellenlängenzunahme* $\Delta\lambda$ *und die Frequenz* f' *der gestreuten Photonen als Funktion des Streuwinkels* β *mit den energiereichsten Photonen einer Röntgenröhre, die mit* 300 kV *Spannung betrieben wird!* **b)** *Leiten Sie für diese Photonen eine Beziehung zwischen der Energie* W_e' *des gestoßenen Elektrons und* β *her! Berechnen Sie* W_e' *für verschiedene Winkel* β*!*

9. *Ein kurzer Laser„impuls" der Energie* 1 J *wird an einem als ballistisches Pendel aufgehängten Spiegelchen der Masse* 20 mg *und der Länge* 10 cm *vollständig und senkrecht reflektiert. Um wieviel verschiebt es sich? Spielt die Reflexionsdauer eine Rolle? Nach diesem Prinzip mißt man die Energie starker Laser.*

10. *Wie groß ist die Kraft, die das Sonnenlicht bei völliger Absorption auf die Erde in Richtung von der Sonne weg ausüben würde? (Solarkonstante: Seite 298;* $F = \Delta p / \Delta t$; $p = W/c$*)*

11. *Welche Beschleunigung erfährt ein Kügelchen mit Radius* 0,0010 mm *und Dichte* 2,0 g cm^{-3} *durch den Strahlungsdruck des Sonnenlichts im Vakuum bei vollständiger Absorption? Vergleichen Sie diese Kraft mit seiner Gewichtskraft* ($g = 10$ m s^{-2})*! Wie weit käme das Kügelchen aus der Ruhe heraus in* 1 min *allein auf Grund des Strahlungsdrucks? (Solarkonstante: Seite 298)*

12. *Wie groß wäre die Comptonverschiebung* $\Delta\lambda$ *unter* 90° *bei sichtbarem Licht* (600 nm) *in %?*

13. *Man schickt aus Meereshöhe einen Radarimpuls* ($\lambda = 3$ cm) *und einen Gammastrahl* ($\lambda = 0{,}1$ pm) *zu einem Flugzeug in* 10 km *Höhe.* **a)** *Um wieviel % ändert sich jeweils die Wellenlänge allein wegen des Höhenunterschieds?* **b)** *Wie groß ist die Änderung in der Höhe eines geostationären Satelliten* (36000 km)*, wie groß im Unendlichen?*

§91 Paarbildung und Zerstrahlung

1. Energie mit Masse äquivalent?

Kann sich nach *Einsteins* Gleichung $W = m\,c^2$ Energie vollständig in Masse verwandeln und umgekehrt? Experimente brachten 1932 Klarheit. In *Bild 307.1* treffen energiereiche Gammaquanten eine Bleiplatte von links. Nach rechts sieht man zwei Nebelkammerspuren; sie sind im Magnetfeld entgegengesetzt gekrümmt, gehören also zu zwei entgegengesetzt geladenen Teilchen. Das eine ist das längst bekannte Elektron. Das andere erwies sich als ihm gleich – nur positiv geladen. Es ist das vom englischen Physiker *P. Dirac* (Nobelpreis 1933) vier Jahre früher rein theoretisch vorhergesagte **Positron.** Dieses *Elektron-Positron-Paar* entstand aus einem Quant mit der Ruhemasse $m_0 = 0$, das Energie und Masse nur „im Flug" hatte. Aus seiner Energie hf entstanden bei dieser **Paarbildung** die Ruhemassen m_e zweier Elektronen, äquivalent der Energie $W_e = 2\,m_e\,c^2$.

2. Teilchen entstehen, Teilchen vergehen, nur die Erhaltungssätze bleiben bestehen!

a) Bei dieser Paarbildung geht die Energie hf eines Röntgen- oder Gammaquants zum einen Teil über in die Energiesumme $W_e = 2\,m_e\,c^2 = 2 \cdot 9{,}1 \cdot 10^{-31}\,\text{kg} \cdot 9 \cdot 10^{16}\,\text{m}^2\,\text{s}^{-2} = 16{,}4 \cdot 10^{-14}\,\text{J} = 1{,}02\,\text{MeV}$ der beiden Ruhemassen $m_e = 9{,}1 \cdot 10^{-31}\,\text{kg}$. Der Rest gibt beiden Teilchen zusammen die kinetische Energie W_{kin}. Die **Energiebilanz** lautet

$$hf = 2\,m_e\,c^2 + W_{kin} = 2\,m_{rel}\,c^2\,. \qquad (307.1)$$

Quanten mit der Energie $hf < 2\,m_e\,c^2 = 1{,}02\,\text{MeV}$ können kein Elektron-Positron-Paar erzeugen; W_{kin} wäre negativ.

b) Auch die **Ladungsbilanz** ist erfüllt: Dem ungeladenen Quant entspricht die Ladungssumme $Q = -e + e = 0$. Selbst bei Paarbildung ändert sich die Gesamtladung der Welt nicht.

c) Fliegen beide Teilchen mit der gleichen Geschwindigkeit $v < c$ in gleicher Richtung weg, so ist die Summe ihrer Impulse (relativistisch)

$p = 2\,m_{rel}\,v < 2\,m_{rel}\,c$. *Gl. 307.1* liefert

$p < 2\,m_{rel}\,c = hf/c$.

Die Impulssumme p beider Teilchen ist demnach kleiner als der Quantenimpuls hf/c. Um den **Impulssatz** zu erfüllen, muß das Quant Impuls noch anderweitig abgeben, etwa an ein Bleiatom in *Bild 307.1*. Ohne einen solchen Stoßpartner – also im Vakuum – ist Paarbildung unmöglich.

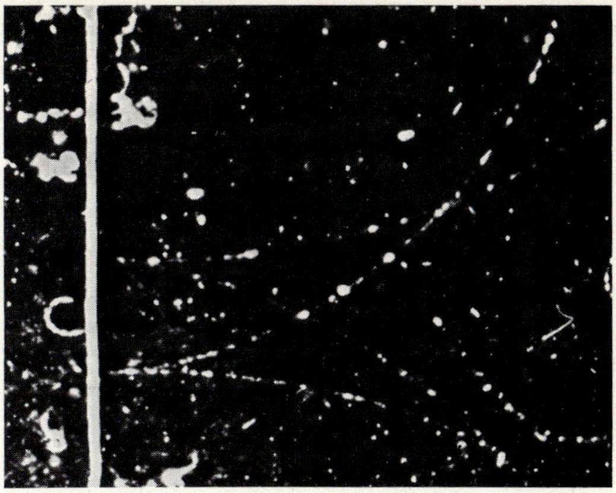

307.1 Wilsonkammeraufnahme einer Paarbildung

d) *Die Paarbildung ist umkehrbar.* Das radioaktive Präparat Na22 liefert Positronen. In Materie werden sie fast ganz abgebremst. Dann können sie mit Elektronen reagieren und Photonen bilden: Plus- und Minusladung geben wieder die Gesamtladung Null. Auch die Ruhemasse $2m_e$ beider Teilchen verschwindet und geht in die Energie $W_e = 1{,}02\,\text{MeV}$ über, d.h. in die relativistische Masse m_{phot} von Photonen. Ihr käme der Impuls $p = W_e/c = 0{,}55 \cdot 10^{-21}\,\text{N s}$ zu. Die abgebremsten Teilchen hatten aber keinen Impuls. Ist der Impuls p aus Nichts entstanden? Die Natur hilft sich mit einem Trick: Bei dieser *Zerstrahlung* fliegen zwei Quanten je mit halber Energie in entgegengesetzte Richtungen weg. Die Vektorsumme der Impulse bleibt dann Null. Zwei einander gegenüberliegende Zählrohre registrieren gleichzeitig je einen γ-Impuls.

Ein Quant mit der Energie $hf > 1{,}02\,\text{MeV}$ kann in Materie verschwinden und ein Elektron-Positron-Paar bilden. Die Ruhemasse des Paars ist der Energie 1,02 MeV äquivalent; die restliche Quantenenergie gibt dem Paar kinetische Energie.

Ein Positron kann mit einem Elektron zerstrahlen. Dabei bilden sich mindestens zwei Quanten. Bei solchen Umwandlungen von Teilchen gelten die Erhaltungssätze für Energie, Impuls und Ladung.

Diese Umwandlungen zwischen Ruhemasse und Quantenenergie haben die vollständige Äquivalenz von Energie und Masse experimentell bestätigt. Sie zählen zu den wichtigsten Ergebnissen der modernen Elementarteilchenphysik. Zeigen sie doch, daß es zu jedem Teilchen ein **Antiteilchen** gibt, etwa zum Proton p^+ das *Antiproton* p^-. Man kann heute leicht Atome aus Antiprotonen und Positronen herstellen und sich *Antimaterie* aus solchen Atomen denken. Käme sie mit unserer „normalen" Materie in Berührung, würden beide in einer ungeheuren Zerstrahlungskatastrophe verschwinden. Also gibt es im Grunde keine beständigen Teilchen.

Aufgaben

1. *Ein Quant hat die Energie* 1,040 MeV. *Wie groß ist die kinetische Energie von Positron und Elektron bei der Paarbildung (gleiche Flugrichtung; Bild 307.1)? Welchen Impuls haben beide? Welchen Impuls muß also ein Bleikern aufnehmen?*

2. *Bei welcher Wellenlänge hat ein Quant die Masse eines Protons? Von welcher Wellenlänge und welcher Energie ab entstehen Proton-Antiproton-Paare?*

3. *Zählen Sie alle Beispiele auf, bei denen Photonen entstehen oder vergehen! Woher kommt jeweils die nötige Energie, wohin geht die Photonenenergie?*

4. a) *Berechnen Sie aus der Solarkonstanten* $S_0 = 1{,}38\ \text{kW m}^{-2}$ *und dem Radius der Erdbahn* ($1{,}5 \cdot 10^8$ km) *die Masse, welche die Sonne in* 1 s *durch Lichtausstrahlung verliert! Wie viele Photonen sind dies bei einer mittleren Wellenlänge von* 550 nm?
b) *Wie viele Photonen erhält hiervon die Erde? Diese Energie strahlt sie im IR ab. Sind dies mehr oder weniger Photonen?*

§ 92 Die Quanten im Gesamtspektrum

Tabelle 308.1 zeigt eine Übersicht über das elektromagnetische Gesamt-Spektrum. Die Zahlen sagen Ihnen erst etwas, wenn Sie die Wechselwirkung der Strahlung mit einzelnen Elektronen betrachten. In der rechten Spalte wird deshalb die Photonenmasse m_{phot} mit der Elektronenmasse m_e verglichen. Wenn dieses Verhältnis in die Größenordnung von 1 kommt (Röntgen-, Gamma- und kosmische Strahlung), können die Quanten *Comptoneffekt* und vor allem *Paarbildung* auslösen. Diese Entstehung von Teilchen aus Energie nennt man bisweilen *Materialisation*. Man könnte vermuten, daß es Sterne oder gar Galaxien aus Antimaterie gibt. Doch fand man bislang hierfür keine Hinweise. Die Photonen, die sie aussenden würden, wären die gleichen wie „unsere".

Quanten viel niedrigerer Energie lösen nur *Fotoeffekt* aus. Als Vergleichswert benutzen wir die Ablösearbeit W_a von ca. 2 eV. Sie wird im sichtbaren Bereich erreicht. Solche Energien sind für chemische Prozesse nötig. Bei der *Fotosynthese* absorbiert Chlorophyll Photonen bestimmter Wellenlängen und setzt Elektronen frei. Schließlich bilden sich aus Kohlenstoffdioxid und Wasser Kohlenhydrate. Die sehr zahlreichen Photonen eines Rundfunksenders haben hierfür zu wenig Energie. In seiner Nähe wachsen also die Bäume nicht schneller. Bei den Photonen macht es eben die Energie und nicht nur die Zahl. *Wenn man sagt, eine Strahlung sei „energiereich", so meint man die Energie ihrer Photonen.*

Erzeugungsort bzw. -art	Wellenlänge	Frequenz in Hz	Photonenenergie in eV	Masse in m_e
elektrotechnisch (Rundfunk u.ä.)	von $6 \cdot 10^6$ m bis 50 µm	50 $6 \cdot 10^{12}$	$2 \cdot 10^{-13}$ 0,025	$4 \cdot 10^{-19}$ $5 \cdot 10^{-8}$
Atome: IR grünes Licht UV	von 1 mm 600 nm bis 10 nm	$3 \cdot 10^{11}$ $5 \cdot 10^{14}$ $3 \cdot 10^{16}$	$1 \cdot 10^{-3}$ 2 $1 \cdot 10^2$	$2 \cdot 10^{-9}$ $4 \cdot 10^{-6}$ $2 \cdot 10^{-4}$
Röntgenstrahlen aus Röntgenröhren	von 100 nm bis 0,1 pm	$3 \cdot 10^{15}$ $3 \cdot 10^{21}$	12 $1 \cdot 10^7$	$2 \cdot 10^{-5}$ 20
Gamma-Strahlen aus Atomkernen	von 10 pm bis 0,01 pm	$3 \cdot 10^{19}$ $3 \cdot 10^{22}$	$1 \cdot 10^5$ $1 \cdot 10^8$	0,2 200
Kosmische Strahlung aus dem Weltall	$<0{,}01$ pm	$>3 \cdot 10^{22}$	$>1 \cdot 10^8$	>200

Tabelle 308.1 Das elektromagnetische Spektrum und seine Quanten (m_e: Elektronenmasse $9{,}1 \cdot 10^{-31}$ kg)

§93 Was bedeutet die Welle?

1. Wann kommt das erste Fotoelektron?

Versuch 255: Im verdunkelten Raum fällt Licht eines Lämpchens (4 V; 0,5 A) aus $r = 1$ m Entfernung auf eine Fotozelle. Es strahlt höchstens 5% seiner Leistung 2 W, also $0{,}1\ \mathrm{J\,s^{-1}}$, als fotoelektrisch wirksames Licht ab. Diese Lichtenergie verteilt sich in 1 m Entfernung auf die Kugelfläche $A = 4\pi r^2 \approx 10^5\ \mathrm{cm^2}$. 1 $\mathrm{cm^2}$ der Fotoschicht erhält dort in $\Delta t = 1$ s die Lichtenergie $W = 10^{-6}$ J. Davon reflektiert sie 90%. Also dringt je Sekunde und $\mathrm{cm^2}$ nur die Energie $W_L = 10^{-7}$ J ein. Was geschieht mit ihr im Metall?

In Metallen, etwa in Blattgold, wird Licht in einer Schicht von 10^{-6} cm Dicke fast ganz absorbiert. Hinter 1 $\mathrm{cm^2}$ Oberfläche liegt also ein lichtaufnehmendes Volumen von $10^{-6}\ \mathrm{cm^3}$ mit 10^{16} Atomen und gleich vielen freien Elektronen (Seite 66). Niemand anderes als diese Elektronen nehmen die oben berechnete Energie $W_L = 10^{-7}$ J in 1 s auf. Stellen wir uns vor, die Lichtenergie W_L ströme in das Metall und verteile sich dort auf alle 10^{16} Elektronen gleichmäßig. Ein Elektron erhielte dann je Sekunde die Energie $W_L/10^{16} = 10^{-23}$ J. Zum Ablösen aus dem Metall braucht es aber etwa $3\ \mathrm{eV} = 5 \cdot 10^{-19}$ J. Also müßte es 50000 s warten, bis es genügend Energie aus dem Wellenfeld aufgesammelt hätte (angenommen, es könnte das). Vor dieser Zeit dürfte kein Elektron das Metall verlassen; dann aber müßten sie alle in großer Zahl ausbrechen. Doch erhält man das erste Elektron schon nach 10^{-12} s! Berücksichtigen wir noch, daß die tiefer liegenden Elektronen weniger Energie je Sekunde erhalten, so müßten sie noch später austreten; der Fotostrom würde mit der Zeit stärker werden.

Nun brauchen auch die zuerst ausgelösten Fotoelektronen Energie von etwa 3 eV. Sie wurden also vom Licht bevorzugt; es verteilt seine Energie wahllos. Ein Elektron wird im nächsten Augenblick getroffen, während Milliarden daneben erst nach Stunden ein Lichtquant bekommen und dann erst das Metall verlassen. Hat hier das Wellenfeld überhaupt noch etwas mitzureden – oder herrscht der blinde Zufall? Damit haben wir die *Grundfrage der Quantenphysik* angeschnitten. Sie lautet: Wie verhält sich ein *Einzelakt* – hier die Bevorzugung eines Elektrons – zu einer *stetigen Welle*?

2. Wie verbinden sich Zufall und Gesetz?

Versuch 256: Wir lassen Laserlicht auf einen Doppelspalt fallen. Sein Beugungsbild werfen wir unmittelbar auf einen sehr feinkörnigen Film (*Bild 309.1*; Empfindlichkeit nicht über 15 DIN). Hierzu stellen wir einen Fotoapparat ohne Objektiv unmittelbar hinter den Doppelspalt. Die Helligkeit des Lichts setzen wir am Laser durch Filter so stark herab, daß wir das Bild auch im verdunkelten Raum kaum noch sehen. Dann belichten wir aufeinanderfolgende Filmbilder mit $\frac{1}{1000}$ s, $\frac{1}{100}$ s usw. und entwickeln den Film (aber nicht so lange, bis Schleier entstehen). Unter dem Mikroskop erkennt man bei 600facher Vergrößerung, wie sich das Interferenzmuster mit steigender Belichtungszeit aus einer wachsenden Zahl unregelmäßig verteilter, gleich aussehender schwarzer Silberkörner aufbaut. (*Bild 309.2* gibt nur einen schwachen Eindruck von der im Mikroskop erkennbaren Kornschärfe.) An Stellen großer Beleuchtungsstärke liegen die geschwärzten Silberkörner dichter. Sie fehlen dafür ganz an den Stellen, die wegen destruktiver Interferenz kein Licht bekommen. Mit wachsender Belichtungszeit nimmt die Zahl, nicht aber die Schwärzung der einzelnen Körner zu. Ein Computerprogramm simuliert dies *(Bild 310.1)*.

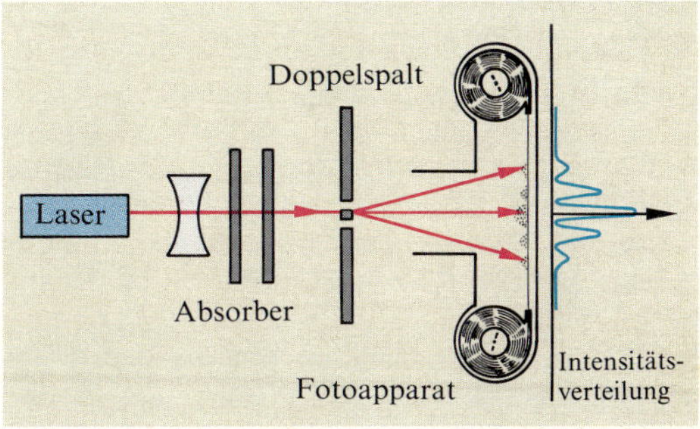

309.1 Auf dem Film entsteht ein Interferenzmuster.

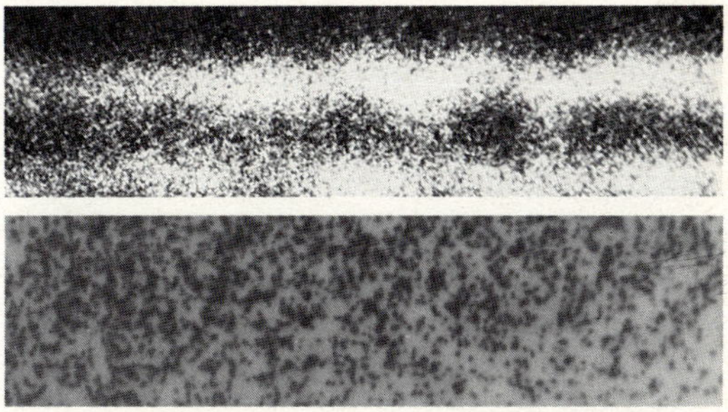

309.2 Interferenzmuster aus Silberkörnern

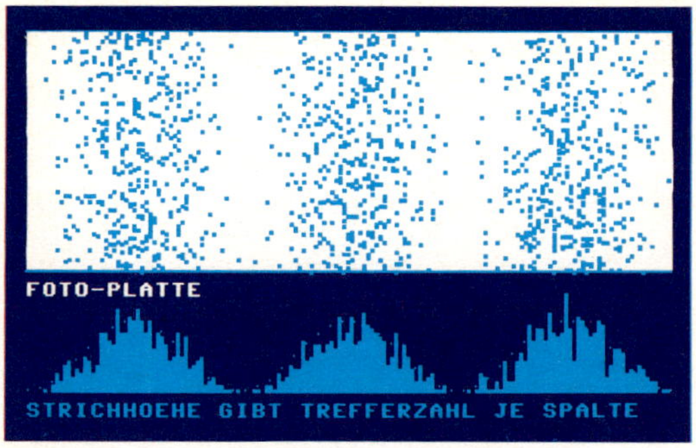

310.1 Computersimulation zu Versuch 256

Zur Bildung der Ag-Körner stehen so viele Ag-Atome bereit, wie Lichtquanten absorbiert worden sind *(Bild 298.2)*. Also zeigen die geschwärzten Körner die scharf lokalisierten Orte, an denen ein einzelnes Lichtquant seine Energie an ein Elektron abgegeben hat und verschwunden ist. Diese **Photonenlokalisationen sind stochastisch verteilt.** Den nächsten Lokalisationsort kann niemand vorhersagen.

Man sieht aber, daß die Lokalisationen in einem Bezirk um so wahrscheinlicher auftreten, je größer dort die Bestrahlungsstärke $S = \frac{1}{2} c \varepsilon_0 \hat{E}^2$ durch das Licht ist. S ist dem Amplitudenquadrat $\hat{E}^2$ der Welle proportional. **Die Antreffwahrscheinlichkeit w für Photonenlokalisationen ist proportional zu $\hat{E}^2$: $w \sim \hat{E}^2$.**

Bei Beugungsversuchen wird die Verteilung der Bestrahlungsstärke S und damit von $\hat{E}^2$ durch das Intensitätsdiagramm angegeben. Dieses können wir auf dem Papier aus Spaltweite, Spaltabstand, Wellenlänge usw. genau vorausberechnen, insbesondere die Lage seiner Nullstellen. Sie sind streng *determiniert* (berechenbar). Doch handelt es sich nur um Rahmengesetze – für unser Denken. Für die Natur beschreiben sie nur die Wahrscheinlichkeit des stochastischen Verhaltens der tatsächlich auftretenden Einzelprozesse.

Durch die Anordnung (etwa eines Beugungsversuchs) und die Wellenlänge ist die Verteilung der Bestrahlungsstärke S, also des Amplitudenquadrats $\hat{E}^2$ der Lichtwelle, streng determiniert.

Die Einzelprozesse dagegen, also die tatsächlichen Quantenlokalisationen, erfolgen stochastisch. Ihre Antreffwahrscheinlichkeit w ist dem Amplitudenquadrat $\hat{E}^2$ der Welle proportional: $w \sim \hat{E}^2$.

Betrachten wir nochmals eine *Fotoschicht*. Würde die Lichtenergie in ihr nach klassischer Vorstellung an die Silberionen gleichmäßig verteilt, so blieben an schwächer belichteten Stellen alle Ionen während der Belichtungszeit unbeeinflußt. An nur etwas stärker belichteten Stellen könnten dagegen alle Ionen genügend Energie ansammeln und den Film total schwärzen. Er zeigte dann keine stetige Helligkeitsabstufung. Erst die stochastische Verteilung der Lokalisationen nach den Quantengesetzen macht eine helligkeitsgetreue Fotografie möglich. Hätten Sie nur früher Ihre Filme unter dem Mikroskop angesehen, so würde wohl das im Mikrokosmos auftretende Zufallsgeschehen Ihre Vorstellung vom stetigen Ablauf der Naturvorgänge längst korrigiert haben. Die Idee einer großräumigen Lichtwelle mit kontinuierlicher Energieverteilung wäre wohl gar nicht aufgekommen. Die Wechselwirkung Licht-Materie kann man eben mit der klassischen Physik nicht verstehen; trauern Sie ihr nicht nach! Vielleicht können Sie sich den Energietransport von der Sonne zur Erde leichter mit Photonen als mit Energie, die in Vakuumfeldern stetig verteilt ist, vorstellen.

3. Tanzen die Photonen Ballett?

Die Welle und ihre Quanten hängen also eng miteinander zusammen. Helfen hier klassische Modelle weiter?

Eine *Schallwelle* wird durch die Relativbewegung der eng benachbarten Luftmoleküle gebildet. Bestehen auch elektromagnetische Wellen einfach aus Photonen, die im Flug zusätzlich im Takte der Lichtfrequenz schwingen, ähnlich wie Arme und Beine beim Revue-Ballett? Wissen wir nun endlich, was in der Welle schwingt? Um dies zu klären, hat man Interferenzversuche mit Licht so geringer Photonendichte ausgeführt, daß die Photonen mit einem mittleren Abstand von etwa 1000 m aufeinander folgten. Dann befand sich jeweils höchstens ein Photon in der Apparatur. In Versuch 256 war es ähnlich; trotzdem baute sich nach längerem Belichten das gewohnte Beugungsbild aus den stochastisch verteilten Photonenlokalisationen auf; jedes Photon fügte sich dem Interferenzfeld und ordnete sich so der Welle unter! Wenn man Photonen beobachtet, darf man die Welle nicht verleugnen. So zeigt Versuch 256 Wellen- und Teilcheneigenschaften zugleich, wie es *Einstein* 1909 theoretisch gefordert hat.

Wie dicht sind die Photonen im *Sonnenlicht*? Bei ihm strömt in 1 s durch 1 m^2 die Energie 1,38 kJ. In 1 s läuft sie um $3 \cdot 10^8$ m weiter, füllt also einen Zylinder vom Volumen $V = 3 \cdot 10^8\,\text{m}^3$. Die Energiedichte beträgt somit nur $5 \cdot 10^{-6}\,\text{J}\,\text{m}^{-3}$. Da ein Photon die Energie $3\,\text{eV} = 5 \cdot 10^{-19}\,\text{J}$ hat, ist die Photonendichte $n = 10^{13}\,\text{m}^{-3}$ und der mittlere Photonenabstand $a = 1/\sqrt[3]{n} = 0{,}05$ mm! (Man kann jedem Photon als Aufenthaltsbereich einen Würfel der Kantenlänge a zuschreiben. Dann ist $n\,a^3 = 1$.)

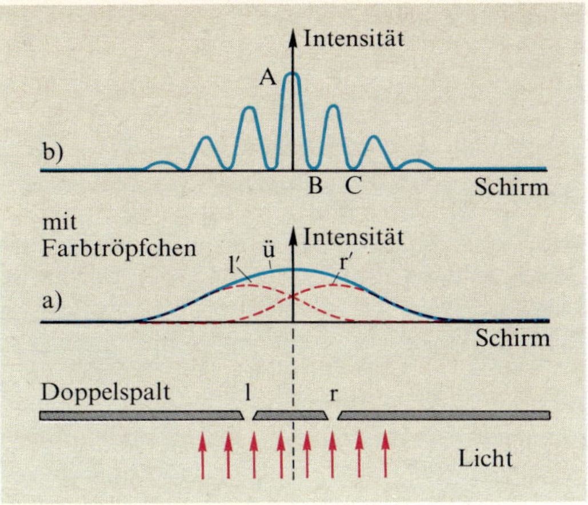

311.1 Doppelspaltversuch a) mit klassischen Korpuskeln; b) beobachtet in Übereinstimmung mit der Wellentheorie (vergleiche mit Seite 240!)

Dies mag wenig erscheinen; doch sind dies bereits 10000 Wellenlängen! Stellen Sie sich einmal vor, Luftmoleküle in einem gegenseitigen Abstand von 10000 m sollten eine Schallwelle mit $\lambda = 1$ m erzeugen! Also können selbst im hellen Sonnenlicht die Photonen durch ein Mit- und Gegeneinanderschwingen keine Lichtwelle bilden. Die Lichtwelle ist kein Photonenballett!

4. Das Photon – ein kurzer Lichtwellen-Blitz?

Ist vielleicht umgekehrt jedes Quant für sich nichts weiter als ein kurzer klassischer Wellenzug? Im Augenblick der Lokalisation müßte er dann wohl seine stetig verteilte Energie und Masse mit Überlichtgeschwindigkeit in einen Punkt zusammenziehen – im Widerspruch zur Relativitätstheorie. Noch schlimmer: Bei geringer Lichtintensität fliege ein solcher Quant-Welle- Zwitter allein in einem Gitterspektralapparat. Er müßte sich nicht nur in viele Elementarwellen aufteilen – hinter jedem Gitterspalt eine; er müßte sich auch am Schirm in die zahlreichen „Ordnungen“ aufspalten. Energie $W = hf$ und Frequenz f würden geteilt. Man findet jedoch die Energie hf eines Quants stets in einem *unteilbaren Punktereignis* nur an einer Stelle. Photonen sind keine kurzen Wellenzüge. Es sind die Energieportionen einer Welle mit Masse und Impuls. Dabei soll es bleiben!

Aufgabe

1. *Wie viele Photonen kommen* **a)** *bei Sonnenlicht* ($S = 1{,}38$ kW m^{-2}; $\lambda = 600$ nm), **b)** *an einem Sender* (1 kW m^{-2}; $\lambda = 0{,}5$ m) **c)** *bei Röntgenstrahlen* (0,01 mW cm^{-2}; $\lambda = 1$ pm), **d)** *in extrem starkem Laserlicht* (10^{16} W m^{-2}; $\lambda = 600$ nm) *auf einen Würfel der Kantenlänge* λ?

§ 94 Was bedeutet das Quant?

1. Sind Photonen fliegende Farbtröpfchen?

Vielleicht haben Sie für sich die Welt mit der folgenden Vorstellung wieder in Ordnung gebracht: Von der Lichtquelle gehen kleine, mit Energie bepackte Teilchen aus und durcheilen mit Lichtgeschwindigkeit ihre Bahn. Zufällig – wie Hagelkörner – treffen sie auf dieser Bahn ein Elektron. Sind wir allerdings so unvorsichtig und schicken Photonen nach dieser Vorstellung von Photonenbahnen durch einen Doppelspalt, so gibt es Probleme:

Versuch 257: **a)** Wir beleuchten einen Doppelspalt mit *Laserlicht.* Zunächst werde nur der linke Spalt l geöffnet. Man sieht auf dem Schirm im wesentlichen nur das ihm zugehörige breite Beugungsmaximum l′. Öffnen wir nur den rechten Spalt r, so sehen wir sein nur wenig nach rechts verschobenes Maximum r′. Nun öffnen wir beide Spalte und erhalten die bekannte feingliedrige Verteilung nach *Bild 311.1b.* Ganz nahe neben der Achse mit ihrem Maximum A liegen die von der Wellenoptik geforderten Minima B, C usw. der Doppelspaltbeugung. Was ist daran so merkwürdig?

b) Stellen Sie sich die Photonen auch unterwegs als Teilchen vor, die auf Bahnen fliegen! Hierzu wiederholen wir den Doppelspaltversuch mit den *Farbtröpfchen* einer Sprühdose (an größeren Spalten). Ein Tröpfchen kann nur durch den linken oder den rechten Spalt treten. Wir bekommen als Farbfleck auf dem Schirm die Überlagerung ü zweier verwaschener Einzelspaltbilder, ähnlich l′ und r′. Nimmt ein Tröpfchen seine Bahn durch den linken Spalt l, so bleibt es für seinen Bahnverlauf völlig gleichgültig, ob wir den rechten Spalt r geöffnet oder geschlossen haben.

Bei *Licht* dagegen gibt es Interferenz. Photonen verhalten sich anders als Farbtröpfchen, anders als makroskopische Körperchen, deren Wege man – wenigstens in Gedanken – nachvollziehen könnte. Man nennt Photonen deshalb **Quantenobjekte.** Für ihre Verteilung ist nicht die Newtonsche Mechanik zuständig, sondern das *Huygenssche Prinzip* und das *Interferenzprinzip für Wellen.* Bei ihnen gibt es keine Bahnen, sondern Elementarwellen. Wir zeichnen sie völlig gleichberechtigt für beide Spalte und konstruieren so das Interferenzmuster.

Deshalb soll man sich das Photon nicht schon an einer Spaltöffnung lokalisiert denken. Auch darf man nicht sagen, das Photon habe sich auf beide Spaltöffnungen „verteilt“. Dann müßte man dort Lichtquanten halber Energie, also doppelter Wellenlänge, finden. Einen bestimmten Ort können wir dem unteilbaren Photon erst dann sinnvoll zuschreiben, wenn es sich auf dem Film lokalisiert hat.

2. Wahrscheinlichkeit als absolutes Prinzip — oder nur aus Bequemlichkeit und Unkenntnis?

Bei Farbtröpfchen, also bei *klassischen Teilchen*, könnte man nach genauer Kenntnis des Entstehungsorts, der Geschwindigkeit und der Luftströmungen wenigstens im Prinzip — aber überaus mühsam — den Bahnverlauf, den Durchflugspalt und die Einschlagstelle vorausberechnen. Nur aus Bequemlichkeit gibt man sich mit Wahrscheinlichkeitsangaben zufrieden — wie bei Lotto und Würfelspiel! Beim Doppelspaltversuch mit Licht läßt sich dagegen eine solche Kausalkette und damit ein Bahnverlauf für Photonen prinzipiell nicht verfolgen. Dafür springt der viel einfachere Wellenformalismus ein. Das Computerprogramm zum Doppelspalt „erwürfelt“ allein aus dem Amplitudenquadrat $\hat{E}^2$ die Lokalisationen der Photonen so vollständig wie nur sinnvoll. Dabei kommt es ohne Bahnverlauf und ohne irgendwelche auf die Photonen wirkenden Kräfte aus. Die **Wahrscheinlichkeitsdeutung gilt als grundlegendes Prinzip.** *W. Heisenberg* (Seite 317) sagt klar: Die *Wellenfunktion* bestimmt nur die *Möglichkeit* für das Eintreten eines Quantenereignisses. Wo und wann es jedoch zur *Wirklichkeit* wird, kann nicht vorhergesagt werden.

3. Finden Sie Ihren Frieden mit den Quanten?

Wir können Intensitätsdiagramme auf dem Papier entwerfen. Sie geben die Wahrscheinlichkeitsverteilung für künftige Versuche, also zunächst nur ein reines Wissen. Die Energie, also etwas viel Realeres, sitzt in den Photonen. Bei den hohen Frequenzen von Röntgen- und γ-Strahlen können wir sie beim Comptoneffekt und der Paarbildung einzeln nachweisen. Hier zeigt sich vornehmlich die Quantennatur. Auf die elektromagnetische Welle dagegen sind wir von einem andern Grenzfall kommend gestoßen. Ein Radiosender der Frequenz 1 MHz ($\lambda = 300$ m) liefert bei der Leistung 100 kW in 1 s etwa 10^{32} Photonen der Energie 10^{-27} J. Ihr mittlerer Abstand ist in 100 m Entfernung 10^{-6} m, also etwa $10^{-8}\,\lambda$! Im Gegensatz zu Sonnenlicht (Photonenabstand $10^4\,\lambda$) wird hier eine kontinuierliche Energieverteilung vorgetäuscht. Mit einer Empfangsantenne empfängt man eine kohärente Welle und macht ihre Schwingungen am Oszilloskop sichtbar. Man kann bei dieser riesigen Photonenzahl in stehenden Wellen die *Wellennatur* mit einem Dipol abtasten, „mit Händen greifen“. Hier wird sie etwas Reales. Wir haben den *Grenzfall einer klassischen, kohärenten elektromagnetischen Welle mit kontinuierlicher Energieverteilung* vor uns. Doch dürfen wir ihn nicht verallgemeinern. Bei Materie erfassen unsere Sinne ja auch ein Kontinuum und nicht die Atome.

Diesen Grenzfall gibt es auch im Sichtbaren. In extrem starkem **Laserlicht** ist die Photonendichte so groß, daß in einer Halbschwingung $T/2$ der Welle viele Laserquanten ein einzelnes Stickstoffmolekül der Luft treffen. Um aus ihm ein Elektron zu schlagen, braucht man 16 eV. Die Energie $hf = 3$ eV der sehr zahlreichen Quanten addiert sich an *einem* Elektron; es wird in Richtung des $\vec{E}$-Vektors beschleunigt und erhält dabei mehr als 16 eV an Energie. Damit verläßt es das Molekül. Seine Energie steigt dabei mit der Photonenzahl, also der Lichtintensität — wie wir es beim Fotoeffekt zunächst klassisch erwartet haben (Seite 296). Sehr starkes Laserlicht ($S > 10^{15}\ \mathrm{W\,m^{-2}}$) verhält sich also wie eine klassische Welle.

Lichtquanten sind weder auf Bahnen fliegende klassische Korpuskeln noch Wellen mit kontinuierlicher Energieverteilung. Es sind die Energieportionen einer Welle mit neuartigen Quanteneigenschaften.

Die Welle bestimmt die Wahrscheinlichkeitsverteilung der Photonenlokalisationen. Erst im Grenzfall hoher Photonendichte verhält sie sich wie eine klassische elektromagnetische Welle.

Die Wahrscheinlichkeitswelle beschreibt an sich nur unser „Wissen“ über mögliche Photonenlokalisationen. „Handgreiflich real“ wird die Welle erst im klassischen Grenzfall. Verallgemeinern wir ihn und sehen die Welle stets als „real“ an, so verwickeln wir uns in die genannten Widersprüche mit der Erfahrung. Dies gilt auch, wenn wir Photonen als klassische Teilchen betrachten. **Photonen sind weder Welle noch Teilchen, sondern etwas Neues!**

§95 De Broglies Materiewellen

1. Vom Widerspruch zum universellen Prinzip

Auch der französische Prinz *Louis de Broglie* (Nobelpreis 1929) konnte das Nebeneinander von Lichtwelle und Quant nicht beseitigen. Vielmehr erhob er es zum universellen Prinzip und sagte: Die Quanten einer Lichtwelle besitzen Impuls; warum sollte umgekehrt nicht auch den Elektronen und allen materiellen Teilchen mit Impuls eine **„Materiewelle"** zugeordnet sein? Für ihre Wellenlänge λ postulierte *de Broglie* 1924 gemäß $p = h/\lambda$ die

De-Broglie-Wellenlänge $\lambda = h/p$. **(313.1)**

Von dieser umfassenden Idee waren die Physiker sofort fasziniert. Vorher hatten sie – trotz Comptonexperiment – die Quanten nicht ernst genommen. Nun wurde das Elektron selbst zum Quant einer Welle. Den experimentellen Beweis für eine mit der Elektronenausbreitung verknüpfte Welle lieferten drei Jahre später (1927) *C.J. Davisson* und *L.H. Germer* in den amerikanischen Bell Telephone Laboratories, also in der Industrie, abseits der Universitäten. Führen wir den Versuch aus!

2. Beugung und Interferenz bei Elektronen

Versuch 258: In einem evakuierten Glaskolben wird mit einer Anodenspannung von 5 kV ein feiner Strahl parallel fliegender Elektronen erzeugt *(Bild 313.1)*. Sie durchsetzen eine dünne Schicht aus polykristallinem Graphit, der auf einer durchsichtigen Folie liegt (rot), und treffen dann auf einen Leuchtschirm. Der helle Fleck in der Mitte ist von konzentrischen Kreisringen umgeben. Ihre Radien r schrumpfen mit zunehmender Spannung U, also mit wachsendem Elektronenimpuls p. Könnten wir durch diese Folie Röntgenstrahlen schicken, so erhielten wir die gleichen Ringe *(Bild 313.2)*. Es sind *Debye-Scherrer-Ringe*; sie deuten auf einen Wellenvorgang (*Bild 313.3*; Seite 266).

An der Graphitfolie werden Elektronen gebeugt und interferieren! Können wir die von deBroglie postulierte Wellenlänge $\lambda = h/p$ bestätigen? Die mit $U = 5$ kV beschleunigten Elektronen haben den Impuls $p = mv = \sqrt{2\,U\,e\,m} = 3{,}8 \cdot 10^{-23}$ N s. Ihre Wellenlänge sollte $\lambda = h/p = 17$ pm betragen. Messen wir!

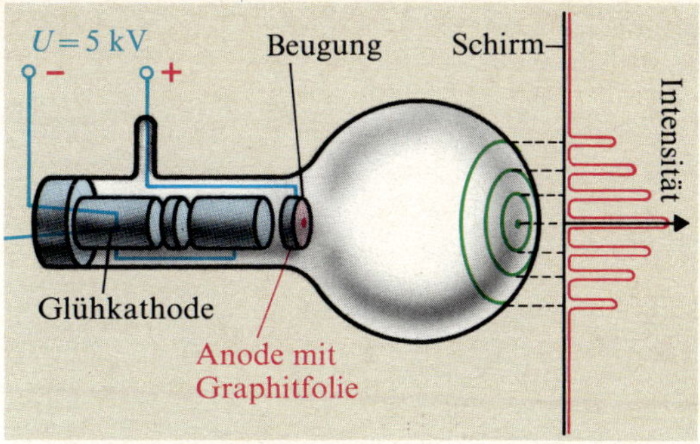

313.1 Beugungsringe bei Elektronenbeugung

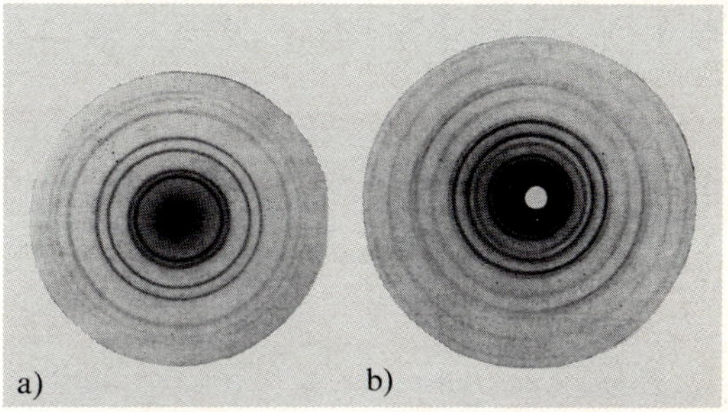

313.2 Beugungsbilder: a) von Röntgenstrahlen, b) von Elektronenstrahlen, je an einer Silberfolie

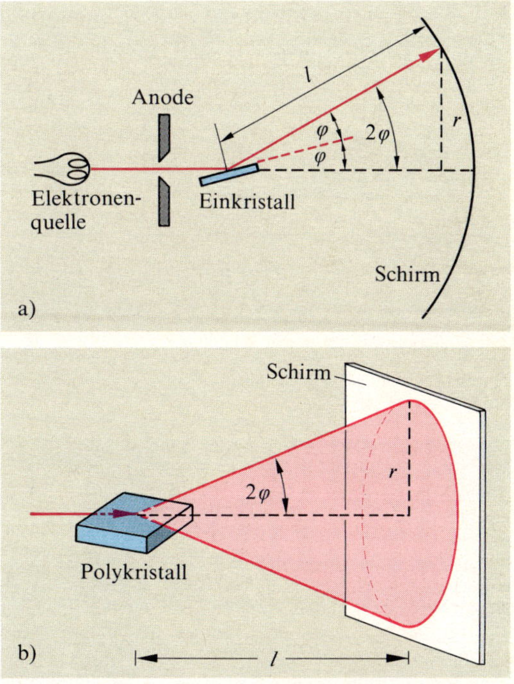

313.3 Beugung a) an Graphit-Einkristall, b) an Polykristall; die räumliche Orientierung des Polykristalls ist ohne Einfluß auf die Debye-Scherrer-Ringe.

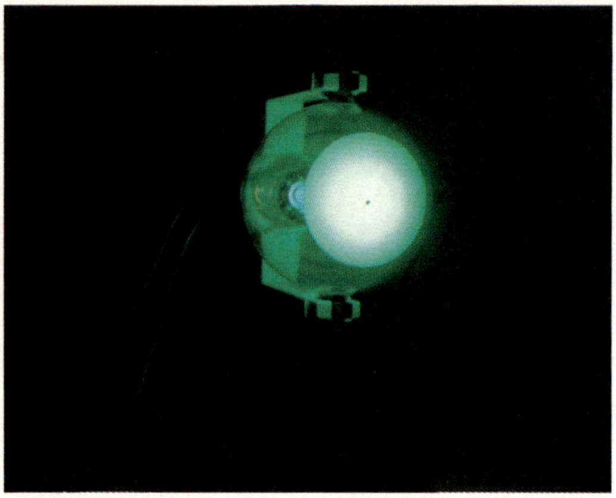

314.1 Elektronenbeugungsringe in Versuch 259

Versuch 259: Bei der Spannung 5 kV sind die Radien der beiden Elektronen-Beugungsringe $r_1 = 1{,}1$ cm und $r_2 = 1{,}9$ cm. Der Abstand der Graphitfolie von der Glaswand ist $l = 13{,}5$ cm. Da die Glanzwinkel φ_n klein sind, dürfen wir in *Bild 313.3a* setzen $r/l = \sin 2\varphi_n \approx 2 \sin\varphi_n$. Mit der *Bragg-Gleichung* $\sin\varphi_n = n\lambda/(2\,d)$ von Seite 263 folgt $r/l = n\lambda/d$ oder

$$\lambda = \frac{d\,r}{n\,l}. \qquad (314.1)$$

Mit der Spannung steigt der Elektronenimpuls p, Wellenlänge $\lambda = h/p$ und Ringradien r sinken.

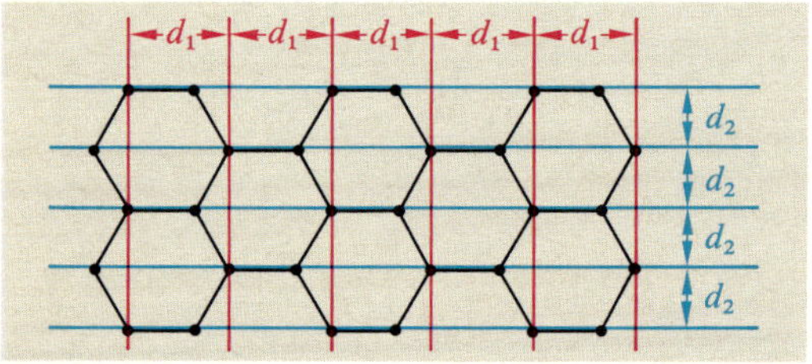

314.2 Graphit-Gitter mit zwei Netzebenenabständen d_1 und d_2

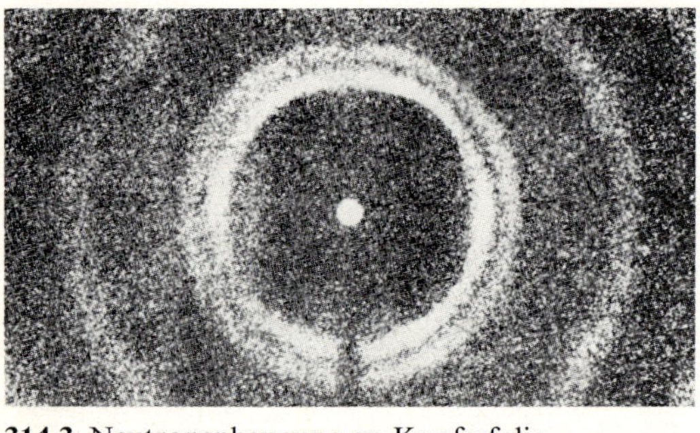

314.3 Neutronenbeugung an Kupferfolie

Aus Strukturmessungen mit Röntgenstrahlen kennt man das bienenwabenähnliche Kristallgefüge von Graphit nach *Bild 314.2* und seine beiden Netzebenenabstände $d_1 = 213$ pm und $d_2 = 123$ pm. Bereits in der 1. Ordnung $(n=1)$ liefert d_1 mit r_1 und l auch die nach *de Broglie* vermutete Wellenlänge $\lambda = d_1\,r_1/l = 17$ pm. Der gleiche Wert folgt für d_2, r_2 und $n=1$. Höhere Ordnungen $(n=2)$ beobachten wir nicht. Die Gleichung $p = h/\lambda$ gilt also mit demselben Wert von h sowohl für die Photonen als Quanten einer elektromagnetischen Welle als auch für fliegende Elektronen. Selbst Neutronen und fliegende Wasserstoff- oder Heliumatome werden gebeugt und bilden Interferenzmuster mit der Wellenlänge $\lambda = h/p$ *(Bild 314.3)*. Dies waren sensationelle Schritte zur Vereinheitlichung unseres Bildes von der Natur. Was aber bedeuten die *De-Broglie-Wellen?*

3. Die Materiewelle – ein Elektronenballett?

a) Sind Wasserwellen nicht auch „Materiewellen"? Bei ihnen schwingen die sich berührenden Wasserteilchen relativ zueinander. Der Abstand der Elektronen untereinander im Strahl von Versuch 258 ist aber 10^6 mal so groß wie ihre Wellenlänge und 10mal so groß wie die Dicke der Graphitschicht (Aufgabe 4)! Bei so großen Abständen kann keine Welle analog zur Wasserwelle zustandekommen. *De Broglies* Materiewelle ist kein Elektronenballett, kein Schwingen von Materieteilchen gegeneinander (Seite 310)!

b) Ist vielleicht schon jedes Elektron für sich ein kurzer Wellenzug, ein Elektronenwellen-Blitz? Interferiert es gar mit sich selbst? Dann müßte es sich an den Atomen des Kristallgitters in unzählige, weit voneinander entfernte Elementarwellen aufspalten. Man fand jedoch nie geteilte Elektronen. Ein Elektron kann auch für sich nie einen ganzen Beugungsring zum Aufleuchten bringen oder gar alle Ringe zusammen. Ein Elektron ist also keine ausgedehnte Ladungswolke, die in sich wellenartig strukturiert wäre; es ist punktförmig.

c) Wenn man die Elektronendichte soweit herabsetzt, daß jeweils höchstens ein Elektron in der Beugungsanordnung fliegt, können die Elektronen nicht untereinander interferieren. Trotzdem baut sich auf einer Fotoplatte nach einiger Zeit ein Beugungsbild auf. Es besteht aus Elektronenlokalisationen, erkennbar an scharf lokalisierten Silberkörnern.

Also liegt es ganz im Sinne eines einheitlichen Naturprinzips, wenn man der von *de Broglie* postulierten Welle eine **Wahrscheinlichkeitsdeutung** gibt: Durch den Impuls $p=m\,v$ wird den Elektronen die Wellenlänge $\lambda=h/p$ und der Anordnung als Ganzes ein Beugungsbild zugeordnet. Ihm fügen sich die Elektronen ein – aber nur stochastisch: Für das **Amplitudenquadrat** dieser Welle schreibt man allgemein ψ^2; es entspricht $\hat{E}^2$ beim Licht. *ψ^2 gibt die Wahrscheinlichkeit an, im betreffenden Bereich ein Elektron lokalisiert zu finden.* Diese Wahrscheinlichkeitsdeutung gab *Max Born* 1926 (Nobelpreis 1954). Sie ist der eigentliche Kern der modernen Quantentheorie. ψ selbst hat – im Gegensatz zu E – noch keine physikalische Bedeutung.

Den Elektronen und allen anderen Teilchen sind Wahrscheinlichkeitswellen zugeordnet. Ihre Wellenlänge heißt De-Broglie-Wellenlänge. Für sie gilt

$$\lambda = \frac{h}{p}. \qquad \textbf{(315.1)}$$

4. Das Elektronenmikroskop als Kronzeuge

Im Lichtmikroskop können zwei Objekte, deren Abstand kleiner als eine halbe Wellenlänge ist (200 nm), nicht mehr getrennt „aufgelöst" werden; sie erscheinen als ineinanderfließende Beugungsscheibchen (Seite 247). Im *Elektronenmikroskop* (Seite 79) begrenzen sie das Auflösungsvermögen auf die Größenordnung der De-Broglie-Wellenlänge λ. Mit steigender Elektronengeschwindigkeit v sinkt diese nach $\lambda=h/(m\,v)$ in atomare Dimensionen ab. Deshalb läßt sich heute das Auflösungsvermögen im Elektronenmikroskop bis an die atomare Schwelle treiben *(Bild 79.2b)*.

5. Die Qual der Wahl am Doppelspalt

Auch bei Elektronen zeigen sich hinter einem Doppelspalt Interferenzstreifen wie bei Licht (*Bild 315.1a*; stark vergrößert).

Dies ist zunächst einmal eine Bestätigung. Gegen den Elektronenbeugungsversuch in Graphit könnte man nämlich einwenden, die Ringe seien nicht durch Beugung und Interferenz, sondern durch uns noch unbekannte Effekte beim Durchdringen der kompliziert aufgebau-

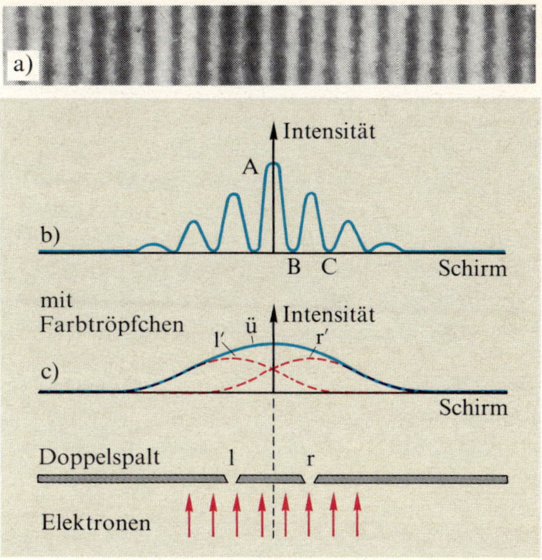

315.1 a) Elektroneninterferenz am Doppelspalt *(Jönsson)*; b) Interferenz von Elementarwellen aus den Spalten l und r; c) Farbtröpfchen gehen entweder durch l oder r.

ten Graphitschicht entstanden. Doppelspaltversuche dagegen bestätigen Materie-Wellen bei nur im Vakuum fliegenden Elektronen.

Der Doppelspaltversuch schockiert aber auch: Er läuft bei Elektronen wie bei Photonen ab. Ersetzen Sie auf Seite 311 das Wort Photon durch Elektron! Nicht einmal ein Elektron fliegt auf einer wohldefinierten Bahn, sei es durch den rechten oder den linken Spalt. Stets nimmt es von beiden Spalten gleichermaßen Notiz! Dabei findet man das Elektron nie an beiden Spalten zugleich und halbiert. Das Elektron ist also wie das Photon ein **Quantenobjekt,** kein Farbtröpfchen. Uns bleibt nur die Wahrscheinlichkeitsdeutung der zugeordneten Welle!

6. Die kleinen Unterschiede zum Photon

Trotz dieser Analogie zwischen Photon und Elektron darf man doch einige Unterschiede zwischen beiden nicht übersehen:

a) Elektronen haben eine Ruhemasse $m_0>0$, während man dem Photon nur „im Flug" Masse zuschreiben kann. Elektronen existieren ja auch bei kleinen Geschwindigkeiten. Sie können – im Gegensatz zu Photonen – Bestandteile der Materie sein. Wir lernten sie zunächst als Teilchen kennen, die den Gesetzen der Newtonschen Mechanik gehorchen. Jetzt finden wir, daß bei ihrem Verhalten auch das Amplitudenquadrat ψ^2 einer Wahrscheinlichkeitswelle mitspricht.

b) Sie kennen Wahrscheinlichkeitswellen für Elektronen aus dem Chemieunterricht unter dem Namen **Orbitale.** Ihr Amplitudenquadrat ψ^2 bestimmt die Antreffwahrscheinlichkeit für Elektronen (1s- oder 2p-Orbital usw.; *Bild 336.2*). Jedes dieser Orbitale kann nach dem **Pauliprinzip** mit höchstens zwei Elektronen besetzt sein. Diese Orbitale sind *stehende Wellen.* Mit nur zwei Elektronen läßt sich aber noch lange keine klassische Welle aufbauen. Die Wellenamplitude ψ bleibt als quantenphysikalischer Begriff auf unser Denken beschränkt, ohne unmittelbaren klassischen Bezug, ohne Realität. Anders ist es bei Lichtwellen. Für ihre Photonen gilt das Pauliprinzip nicht. Sie können sich deshalb in großer Zahl in einem kohärenten Wellenzug tummeln und diesen – bei Radiowellen und beim Laser – zum Grenzfall eines klassischen elektromagnetischen Wellenzugs mit der meßbaren Feldstärke E „aufwerten" (Seite 312). Wir haben ihn zuerst beim Licht kennengelernt. Beim Elektron dagegen fanden wir zunächst den klassischen Grenzfall „Korpuskel". Auf diese Grenzfälle haben wir jeweils unser Denken fixiert und unsere Sprache ausgerichtet – leider!

Wegen des täglichen Umgangs mit makroskopischen Körpern sehen wir die klassischen Grenzfälle Welle und Korpuskel als „real" an. Wenn wir aber diese realistische Deutung auf die Quantenbegriffe übertragen, kommen wir zu den oben diskutierten scheinbaren Widersprüchen – etwa beim Doppelspaltversuch.

c) Elektronen sind geladen, Photonen nicht.

Versuch 260: Wir nähern der Elektronenbeugungsröhre in Versuch 258 einen Magneten. Die ganze Beugungsfigur wird verschoben. Dies geschieht auch in elektrischen Feldern.

Nun werden Sie sagen, die geladenen Elektronen erfahren im Feld Kräfte und werden deshalb abgelenkt. Doch verschieben sich auch die Nullstellen, zu denen kein Elektron fliegt. Also ändert sich im Feld die Wellenlänge. Die Gleichung $\lambda = h/p$ gilt nur im feldfreien Raum. In Feldern wird die Materiewelle sozusagen gebrochen, genau so wie Licht beim Durchgang durch die Erdatmosphäre. Der österreichische Physiker *E. Schrödinger* (Nobelpreis 1933) stellte eine Gleichung auf, mit der man die Amplituden ψ der Wahrscheinlichkeitswelle in beliebigen – insbesondere atomaren – Feldbereichen berechnen kann. Sie ist als **Schrödingergleichung** bekannt und bekam für die Berechnung des Atombaus, die chemische Bindung und noch sehr viele andere Quantenphänomene Jahrhundert-Bedeutung.

Aufgaben

1. a) *Wie ändern sich die Radien der Beugungsringe, wenn man die Beschleunigungsspannung U in der Beugungsröhre nach Versuch 258 verdoppelt?* **b)** *Welche Radien müßten dort die beiden Beugungsringe 2. Ordnung bei der Spannung* 5 kV *haben?*

2. *Elektronen mit* 25 keV *Energie werden auf ein einfach-kubisches Gitter mit der Gitterkonstante* $d =$ 201 pm *geschossen. Man dreht es um eine Achse parallel zu einer Kante. Bei welchen Glanzwinkeln treten Reflexionen auf?*

3. a) *Welche De-Broglie-Wellenlänge ist Protonen zugeordnet, die durch* 500 kV *beschleunigt worden sind? Haben auch neutrale* H-*Atome dieser Geschwindigkeit die gleiche Wellenlänge?* **b)** *Was gilt für* He-*Kerne und* He-*Atome (Masse vierfach, Ladung doppelt) in (a)?*

4. *In der Beugungsröhre ist die Spannung* 5,0 kV, *die Strahlstromstärke* 1,0 mA; *die Anodenöffnung und der Elektronenstrahl haben die Querschnittsfläche* 1,0 mm². *Wie groß ist die Dichte der Elektronen und ihr mittlerer Abstand (Seite 66 und 310)? Das Wievielfache ihrer De-Broglie-Wellenlänge ist dieser Abstand?*

5. *Wie groß müßte bei Farbtröpfchen der Masse* 100 µg *und der Geschwindigkeit* 10 m s⁻¹ *der Abstand zweier Spalte sein, damit auf dem* 100 cm *entfernten Schirm Beugungsstreifen mit* 1,0 mm *Abstand zu erwarten wären?*

6. *Wie schnell und mit welcher kinetischen Energie müssen sich Elektronen bewegen, damit ihre De-Broglie-Wellenlänge so groß wie ihre Comptonwellenlänge wird? (Relativistisch rechnen; Gl. 291.1)*

7. *Welche Energie müßten Elektronen eines idealen Elektronenmikroskops mindestens haben, damit man Atome getrennt wahrnehmen kann* ($d = 0{,}2$ nm; $\lambda/2 = d$)?

8. *Mit welcher Spannung muß man Elektronen beschleunigen, daß im Beugungsversuch am Doppelspalt* ($g = 0{,}010$ mm) *der Beugungswinkel 10. Ordnung* 0,10° *beträgt?*

9. *Welche De-Broglie-Wellenlänge kommt einem Staubkörnchen der Masse* 1,0 pg *bei der Geschwindigkeit* 300 m s⁻¹ *zu? Welche Ablenkung würde es durch ein Gitter der Gitterkonstante* $g = 1{,}0$ µm *in* 1,0 m *Entfernung in der 10. Ordnung erfahren? Welche Folgerungen ziehen Sie für die Gültigkeit der klassischen Mechanik?*

§ 96 Die Unbestimmtheitsrelationen

Born zu *Einstein*: „Die Quanten sind schon eine hoffnungslose Schweinerei.“

1. Wie scharf schießen Photonenkanonen?

Versuch 261: **a)** Wir versuchen, eine entfernte Nähnadel mit den Photonen von Laserlicht zu bestrahlen. Geht das? Wir haben doch beim Doppelspalt mit Photonenbahnen keine guten Erfahrungen gemacht. Zunächst gehen die meisten Photonen des breiten Laserbündels an der Nadel vorbei. Wir sagen, die **Ortsunschärfe** $\overline{\Delta x}$ der Photonen quer zur Strahlrichtung sei zu groß. Also engen wir das Bündel durch einen Spalt der Breite b ein *(Bild 317.1)*. Die Ortsunschärfe $\overline{\Delta x}$ am Spalt sinkt. Wir setzen sie der Einfachheit halber näherungsweise gleich der Spaltbreite: $\overline{\Delta x} \approx b$.

b) Wenn wir b weiter verkleinern, werden zunächst die Photonen besser auf die Nadel konzentriert. Doch tritt dann *Beugung* auf. Das Bündel wird wieder breiter; die meisten Photonen verfehlen die Nadel erst recht.

Dieser Versuch gelingt im Prinzip auch mit Elektronen. Wir zeigen mit ihm die Grenzen des klassischen Teilchenmodells. Hierzu bringen wir dessen Begriffe Ort und Geschwindigkeit (Impuls) in den Beugungsvorgang ein:

Mit sinkender Ortsunschärfe $\overline{\Delta x}$ im enger werdenden Spalt erhalten Photonen wie Elektronen durch Beugung einen zunehmenden Querimpuls p_x in x-Richtung. Vor dem Spalt war ihr Impuls $p = h/\lambda$ scharf bestimmt, der Querimpuls $p_x = 0$. Wegen des stochastischen Verhaltens können wir die einzelnen Querimpulse p_x hinter dem Spalt nicht vorhersagen. Wir schätzen deshalb mit den Beugungsgesetzen einen Mittelwert $\overline{\Delta p_x}$ ihrer Beträge grob ab. Da der Beugungsstreifen nicht überall gleich dicht beschossen wird, genügt als Mittelwert $\overline{\Delta p_x}$ näherungsweise der Querimpuls, der zum Winkel φ_1 des ersten seitlichen Minimums führt. Für φ_1 gilt

$$\sin\varphi_1 = \lambda/b \approx \lambda/\overline{\Delta x}.$$

Beugung ändert die Wellenlänge λ und den Betrag $p = h/\lambda$ des Photonenimpulses nicht. *Bild 317.1* liefert deshalb für φ_1 zudem

$$\sin\varphi_1 = \overline{\Delta p_x}/p. \qquad (317.1)$$

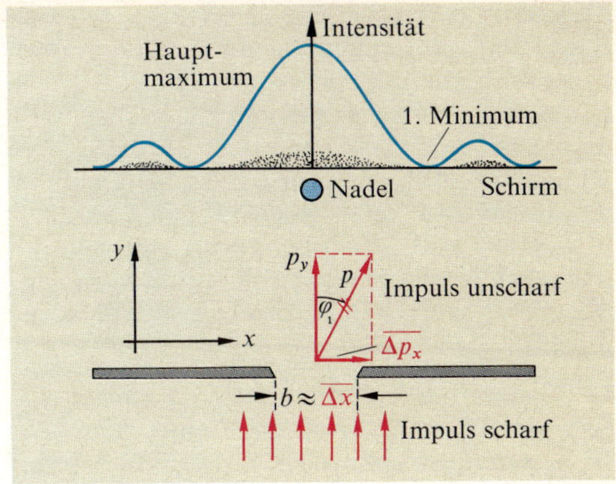

317.1 Bei der Spaltbeugung erfahren die Begriffe Ort und Impuls des Teilchenmodells prinzipielle Grenzen.

Mit $\sin\varphi_1 \approx \lambda/\overline{\Delta x}$ und $p = h/\lambda$ folgt

$$\lambda/\overline{\Delta x} \approx \overline{\Delta p_x}/p \quad \text{oder} \quad \overline{\Delta x}\,\overline{\Delta p_x} \approx p\,\lambda = h.$$

> ***Heisenbergsche Unbestimmtheitsrelation:***
> **Ort und Impuls von Quantenobjekten sei in x-Richtung nur mit den Genauigkeiten $\overline{\Delta x}$ und $\overline{\Delta p_x}$ bestimmt. Dann gilt**
>
> $$\overline{\Delta x}\,\overline{\Delta p_x} \approx h. \qquad (317.2)$$

Werner Heisenberg (1901 bis 1976, Nobelpreis 1932) war einer der Schöpfer der Quantentheorie. Seine berühmte Relation haben wir am Beugungsexperiment erläutert, wenn auch nicht streng bewiesen. Sie gilt für alle Teilchen, auch für Elektronen. Mit Meßfehlern hat sie nichts zu tun. Vielmehr zeigt sie die prinzipiellen Grenzen, die klassischen Begriffen in der Mikrowelt gezogen sind. Es gibt bis heute kein Experiment und keine nachprüfbare Theorie, die diese Grenzen überwunden hätte.

3. Heisenberg beschränkt Begriffe und Bilder

a) Man kann bei Photonen- oder Elektronenkanonen mit $\overline{\Delta x} \to 0$ den Ausgangsort der Teilchen immer schärfer in den Griff bekommen. Doch wird dann wegen $\overline{\Delta p_x} \approx h/\overline{\Delta x} \to \infty$ der Querimpuls p_x immer unbestimmter; in unserem Versuch wird die Beugung größer. – Wollen wir aber den ursprünglich scharfen Impuls ($\overline{\Delta p_x} \to 0$) beibehalten, so müssen wir auf breiter Front ($\overline{\Delta x} \approx h/\overline{\Delta p_x} \to \infty$), also auch ins Ungewisse, schießen.

Man kann je für sich $\overline{\Delta x}=0$ oder $\overline{\Delta p_x}=0$ machen; die jeweils andere Größe wird dann aber völlig unbestimmt. Die Unbestimmtheitsrelation beseitigt also die zu einem klassischen Teilchen gehörenden Begriffe „Ort" und „Geschwindigkeit" an und für sich nicht. Vielmehr schränkt sie nur ihren gemeinsamen Gebrauch so weit ein, daß sie mit der zugehörigen Wahrscheinlichkeitswelle nicht in Konflikt kommen. Mit dieser Welle haben wir ja die Relation gefunden.

b) Deshalb beseitigt die Unbestimmtheitsrelation den Konflikt des *Dualismus Teilchen-Welle* genau so weit, wie es auf Grund der Experimente nötig ist. Die beiden klassischen Bilder „Teilchen" und „Welle" müssen dabei Federn lassen. Dann erst kann man sie, wie wir es hier bei der Spaltbeugung getan haben, zugleich und ohne Widerspruch mit der Erfahrung anwenden.

c) Die exakte Beschreibung der *Bahn* eines Körpers fordert, daß man in jedem scharf bestimmten Ort zugleich einen Geschwindigkeits- und damit auch einen Impuls-Vektor exakt angeben kann. *Heisenberg* schränkte mit seiner Relation die Voraussetzungen hierzu und damit den Bahnbegriff prinzipiell ein.

d) Beim Elektron können wir uns von der klassischen Physik noch viel schwerer lösen als beim Photon. Könnte man nicht sagen, die Ortsunbestimmtheit eines Elektrons in der Spaltöffnung rühre nur von unserem unvollkommenen Wissen her? Tatsächlich gebe es einen scharf bestimmten Ort P in der Spaltöffnung, durch den jedes Elektron geflogen sei, wenn es später in einem Punkt C des Schirms ankommt. Gut! Wenn Sie eine bestimmte Durchflugstelle vermuten, so engen Sie den Spalt auf diese Stelle ein! Dann müßten alle Elektronen in C ankommen. Weit gefehlt: Das Beugungsbild wird noch viel breiter.

Vielleicht sagen Sie, die Spaltbacken sind dabei eben dem Elektron näher gerückt und verunsichern seinen weiteren Flug durch eine „Beugungskraft" noch stärker. Wie erklären Sie aber mit einer solch unbestimmten Kraft die scharfen Nullstellen der Beugungsfigur, an denen nie ein Elektron ankommt? Sie kennen die Antwort: Um die Nullstellen – wie die ganze Beugungsfigur – zu ermitteln, muß man von jedem Elementarzentrum innerhalb der Spaltöffnung eine Elementarwelle ausgehen lassen und diese Wellen miteinander zur Interferenz bringen. Dabei sind alle Elementarzentren gleichberechtigt, ob sie nun nahe an den Spaltbacken liegen oder weitab von ihnen. Also ist nicht erkennbar, welchen Nutzen die Angabe eines Durchflugorts bringen sollte. Sie bringt nur unnötige Schwierigkeiten, obwohl wir einen solchen Ort gerne kennen würden. Das Wort „Durchflugort" verliert beim Einfach- wie beim Doppelspalt einen nachweisbaren Sinn; die „Qual der Wahl" am Doppelspalt ist beseitigt! *Heisenberg* schreibt: *Ein über $\overline{\Delta x}\,\overline{\Delta p_x}\approx h$ hinausgehender, genauerer Gebrauch der Wörter Ort und Geschwindigkeit ist ebenso inhaltslos wie die Anwendung von Wörtern, deren Sinn nicht definiert worden ist.* Diese rigorose Einstellung wird auch noch heute nach 50 Jahren von allen Experimenten gedeckt. In der Elementarteilchenphysik veranschaulichen wir die „Bahn" eines Teilchens quantentheoretisch (Seite 425).

4. Wo ist der Bahnbegriff noch zu retten?

Nach *Heisenberg* ist nun der *Bahnbegriff* im Prinzip nicht mehr anwendbar. Warum konnten wir mit ihm trotzdem so erfolgreich arbeiten und Planeten- und Geschoßbahnen vorausberechnen? Auch Planeten und Gewehrkugeln sind doch aus Mikrogebilden zusammengesetzt. Wir dürfen also auch auf makroskopische Gebilde die Unbestimmtheitsrelation anwenden: Eine Kugel der Masse 10 g habe die Geschwindigkeit $v=500\,\mathrm{m\,s^{-1}}$. Ihr Abschußort sei von einem Scharfschützen mit Supermikroskop auf einen Atomdurchmesser genau, also zu $\overline{\Delta x}=10^{-10}$ m, festgelegt worden. Für die Unschärfe $\overline{\Delta p_x}$ des Querimpulses muß er nach $\overline{\Delta x}\,\overline{\Delta p_x}\approx h$ mit dem Wert $\overline{\Delta p_x}\approx h/\overline{\Delta x}=6{,}6\cdot10^{-34}\,\mathrm{J\,s}/10^{-10}\,\mathrm{m}=6{,}6\cdot10^{-24}\,\mathrm{N\,s}$ rechnen. Die Quergeschwindigkeit $v_x=p_x/m$ der Kugel hat wegen der großen Masse die Unschärfe $\overline{\Delta v_x}=6{,}6\cdot10^{-24}\,\mathrm{N\,s}/10^{-2}\,\mathrm{kg}\approx 7\cdot10^{-22}\,\mathrm{m\,s^{-1}}$. In 1 s, also auf 500 m Entfernung, gibt dies eine Abweichung von 10^{-21} m. Das ist viel weniger als ein Kernradius. Schützen kümmern sich deshalb kaum um die Quantentheorie! Für ihre Zielfehler haben sie viel stichhaltigere Erklärungen. Physiker und Chemiker dagegen sollten *Gl. 317.2* beachten:

Fliegt z.B. ein Elektron in einem Atom, so ist sein Ort auch auf $\overline{\Delta x}=10^{-10}$ m, folglich sein Impuls auf $\overline{\Delta p_x}=h/\overline{\Delta x}=6{,}6\cdot10^{-24}$ N s festgelegt – wie bei der Gewehrkugel. Wegen der kleinen Elektronenmasse $m=9{,}1\cdot10^{-31}$ kg steigt aber die Geschwindigkeitsunschärfe auf ca. $\overline{\Delta v_x}=\overline{\Delta p_x}/m=7\cdot10^{6}\,\mathrm{m\,s^{-1}}$. Dies ist schon $\frac{1}{50}$ der Lichtgeschwindigkeit und macht es völlig illusorisch zu sagen, im Atom bewegen sich die Elektronen auf irgendwelchen Bahnen. **Atommodelle müssen ohne Bahnen auskommen,** auch wenn diese Vorstellung schwerfällt!

Anders in einer Fernsehröhre. Dort habe die Anodenöffnung den Durchmesser $\overline{\Delta x}=0{,}1$ mm. Der Querimpuls bekommt die Unschärfe $\overline{\Delta p_x}\approx h/\overline{\Delta x}=6{,}6\cdot10^{-30}$ N s. Bei 10^4 V

Beschleunigungsspannung ist der Impuls des Elektrons in der Flugrichtung $p_y = \sqrt{2\,e\,m\,U} = 5 \cdot 10^{-23}$ N s. Bei einer Flugstrecke von $l = 0{,}5$ m weitet sich der Strahl um $l\,\Delta p_x / p_y = 6 \cdot 10^{-8}$ m auf. Dies stört kein Fernsehbild; der Fernsehtechniker darf klassisch rechnen.

Wir dürfen also in *makroskopischen Bereichen* selbst Elektronen unbedenklich wie klassische Teilchen behandeln. Dort können wir von den fundamentalen Einschränkungen, welche uns die Unbestimmtheitsrelation auferlegt, absehen. Dennoch sind Elektronen keine klassischen Teilchen: In der Elektronenbeugungsröhre hatten sie eine Graphitfolie zu durchlaufen, deren Gitterkonstante d in atomaren Dimensionen lag. Sofort zeigte sich die für die Quantenphysik charakteristische Beugung und damit die Wellennatur. d lag nämlich in der Größenordnung der De-Broglie-Wellenlänge.

Nur in Bereichen weit oberhalb der De-Broglie-Wellenlänge kann man mit Elektronen und anderen Teilchen klassische Physik treiben und von Bahnen sprechen. Die Unbestimmtheitsrelation ordnet die klassische Physik der Quantenphysik unter.

5. Unbestimmtheiten längs der Flugrichtung?

Gilt diese wichtige Beziehung auch längs der Flugrichtung von Photonen, die wir mit y bezeichnen? Hierzu müssen wir zunächst die Ortsunschärfe $\overline{\Delta y}$ in Ausbreitungsrichtung messen: Mit sehr schnell arbeitenden Verschlüssen kann man die lange, kohärente Welle eines Lasers in kurze Stücke von einigen Wellenlängen zerhacken *(Bild 319.1)*. Solche Wellenzüge huschen mit Lichtgeschwindigkeit c in der Zeit $\overline{\Delta t} = \overline{\Delta y}/c$ über den Beobachter B hinweg.

Nur auf ihrer Länge $\overline{\Delta y}$ ist das Amplitudenquadrat $\hat{E}^2$ nicht Null; nur dort kann man die Photonen eines Wellenzugs antreffen. Die momentane *Ortsunschärfe* dieser Photonen in der Flugrichtung ist $\overline{\Delta y} = c\,\overline{\Delta t}$. Wir messen $\overline{\Delta y}$ am Licht einer Quecksilberhöchstdrucklampe.

Versuch 262: a) Licht einer Quecksilberhöchstdrucklampe fällt auf ein Glimmerblatt der Dicke $d = 7 \cdot 10^{-5}$ m *(Bild 320.1)*. Nach *Bild 319.2* wird seine Welle an der Vorder- wie auch an der Rückseite reflektiert. Die beiden Teilwellen a und b überlagern sich und geben durch große Interferenzringe einen überzeugenden Beweis für die Wellentheorie des Lichts. Doch sehen wir diese Ringe nach dem Einschalten der Lampe nur etwa 4 min lang. Dann verblassen ihre Konturen.

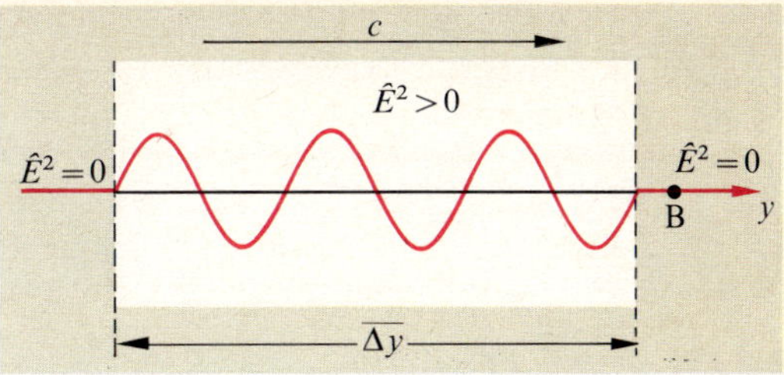

319.1 Lichtwellenzüge mit der mittleren Länge $\overline{\Delta y}$ ziehen in der Zeit $\overline{\Delta t} = \overline{\Delta y}/c$ über den Punkt B hinweg.

Die Welle ist nicht etwa verschwunden. Vielmehr ist der Wellenzug so kurz geworden, daß a und b hintereinander herlaufen und nicht mehr interferieren. Die Länge $\overline{\Delta y}$ ist unter die doppelte Dicke $2d = 1{,}4 \cdot 10^{-4}$ m des Glimmerblatts gesunken. Mit wachsender Stromstärke in der Lampe prasseln nämlich die Elektronen immer häufiger auf die lichtaussendenden Hg-Atome. So verkürzen sie die ungestörte Aussendung des Lichtwellenzugs und mit dessen Länge $\overline{\Delta y} = c\,\overline{\Delta t}$ die Ortsunschärfe der Photonen in Flugrichtung (Seite 250).

b) Die zugehörige *Impulsunschärfe* $\overline{\Delta p_y}$ erkennen wir an den Spektrallinien, die das Geradsichtprisma rechts in *Bild 320.1* auf die lichtempfindliche Schicht einer Fernseh-Kamera wirft. Sie sind zunächst sehr scharf *(Bild 320.2 links)*. Also senden die Atome scharf be-

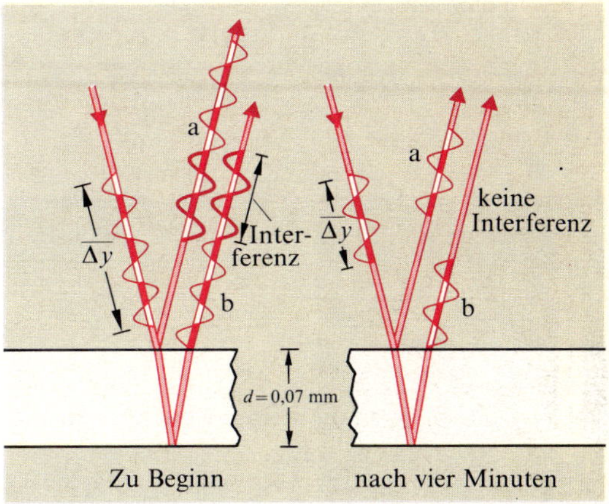

319.2 Wenn die Länge des Wellenzugs $\overline{\Delta y} < 2d$ ist, interferieren seine Teile a und b nicht mehr miteinander.

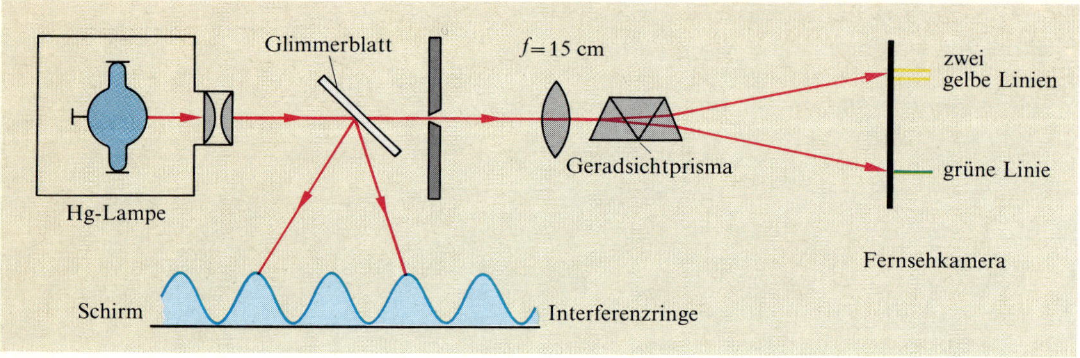

320.1 Zu Versuch 262: Unten Interferenzringe; rechts geben Spektrallinien die Impulsunschärfe $\overline{\Delta p_y}$.

stimmte Energieportionen $W = hf$ mit den scharfen Impulsen $p = h/\lambda$ aus. Die beiden benachbarten gelben Linien haben die Wellenlängen $\lambda_1 = 576{,}95$ nm und $\lambda_2 = 578{,}97$ nm, d.h. die Impulse $p_1 = h/\lambda_1 = 1{,}148 \cdot 10^{-27}$ N s und $p_2 = h/\lambda_2 = 1{,}144 \cdot 10^{-27}$ N s. Beim Verschwinden der Interferenzringe sind diese Linien so verbreitert, daß sie praktisch ineinanderfließen *(Bild 320.2 rechts)*. Die Wellenlängen und nach $p = h/\lambda$ auch die Impulse p_y der Photonen in Flugrichtung werden unscharf. Diese Impulsunschärfe $\overline{\Delta p_y}$ ist beim Ineinanderfließen der Linien etwa gleich dem Linienabstand, also $\overline{\Delta p_y} \approx p_1 - p_2 = 0{,}004 \cdot 10^{-27}$ N s. Einige Photonen bekamen einen etwas größeren, andere einen kleineren Impuls als im scharfen Zustand.

Im Versuch nahm die Ortsunschärfe $\overline{\Delta y}$ ab und zugleich die Impulsunschärfe $\overline{\Delta p_y}$ zu. Ihr Produkt $\overline{\Delta y}\,\overline{\Delta p_y} = 14 \cdot 10^{-5}\ \text{m} \cdot 0{,}004 \cdot 10^{-27}\ \text{N s} = 6 \cdot 10^{-34}$ J s ist etwa das Plancksche Wirkungsquantum h. Die Unbestimmtheitsrelation gilt also auch in Flugrichtung.

Heisenberg zeigte, daß sie für alle Koordinatenrichtungen gilt, ja sogar für alle Größen, deren Produkt eine *Wirkung* mit der Einheit J s ist. Wir prüfen dies für Energie W und Zeit t.

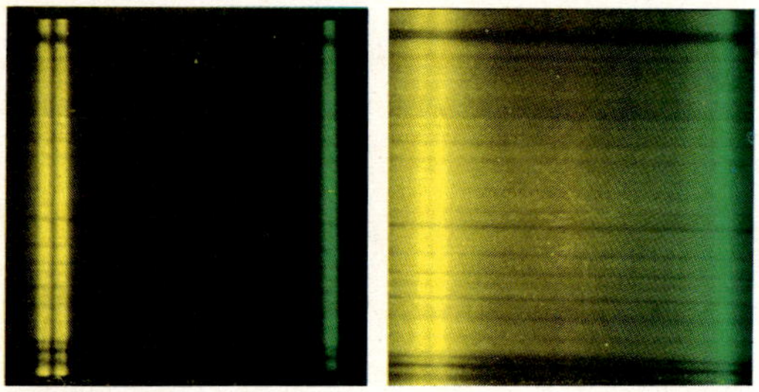

320.2 Hg-Linien links kurz nach dem Einschalten scharf; rechts nach 4 min verbreitert mit Impulsunschärfe Δp_y

6. Unschärfe für Energie und Zeitdauer

Die unscharfen Spektrallinien in *Bild 320.2b* zeigen mit der Unschärfe $\overline{\Delta f}$ ihrer Frequenz auch eine Unbestimmtheit $\overline{\Delta W} = h\,\overline{\Delta f}$ der Quantenenergie. Wegen $p_y = h/\lambda = hf/c = W/c$ gilt auch $\overline{\Delta p_y} = \overline{\Delta W}/c$. Aus $\overline{\Delta y}\,\overline{\Delta p_y} \approx h$ folgt mit $\overline{\Delta y} = c\,\overline{\Delta t}$ (Bild 319.1) die weitere Relation

$$\overline{\Delta y}\,\overline{\Delta p_y} = c\,\overline{\Delta t}\,\overline{\Delta W}/c = \overline{\Delta t}\,\overline{\Delta W} \approx h.$$

Sie besagt: Je kürzer die Zeit $\overline{\Delta t}$ ist, in der wir Quanten antreffen, um so unschärfer wird die Energie, die wir an ihnen messen können. Der Energieerhaltungssatz kann um ΔW verletzt erscheinen. Dies hat in der Kern- und Elementarteilchenphysik unerwartete Folgen.

Zwischen der Unschärfe $\overline{\Delta t}$ der Antreffzeit von Quanten und ihrer Energieunschärfe $\overline{\Delta W}$ gilt die Beziehung

$$\overline{\Delta W}\,\overline{\Delta t} \approx h. \qquad (320.1)$$

7. Frequenzunschärfe beschränkt Fernsehen!

$\overline{\Delta W} = h\,\overline{\Delta f}$ in $\overline{\Delta W}\,\overline{\Delta t} \approx h$ eingesetzt, liefert

$$\overline{\Delta f}\,\overline{\Delta t} \approx 1. \qquad (320.2)$$

In dieser Relation ist das Plancksche Wirkungsquantum h entfallen. Sie gilt also auch in der klassischen Physik bei makrophysikalischen Wellenzügen und beschreibt eine allgemeine Welleneigenschaft. Ziehen solche Wellenzüge während der begrenzten Zeit $\overline{\Delta t}$ an uns vorüber, so können wir ihre Frequenz f nur mit der Unschärfe $\overline{\Delta f}$ ermitteln. Wir sahen dies in Versuch 262 an Licht und prüfen es nun an Wechselspannung, also einer elektromagnetischen Welle extrem niederer Frequenz.

Versuch 263: Wir legen über den Doppelschalter S in *Bild 321.1* eine Wechselspannung der Frequenz $f=50$ Hz an einen Zungenfrequenzmesser, zunächst für längere Zeit. Dann schwingt nur die Zunge, deren Eigenfrequenz 50 Hz beträgt. Kürzen wir nun die Einwirkungsdauer Δt auf 2 s oder gar 0,1 s, so schwingen um so mehr Zungen benachbarter Frequenzen mit, je kürzer $\overline{\Delta t}$ ist *(Bild 321.2)*. Die Zahl der schwingenden Zungen gibt die Frequenzunschärfe $\overline{\Delta f}$ an. Mit dem Doppelschalter wird zugleich eine elektrische Stoppuhr betätigt und $\overline{\Delta t}$ gemessen. Nach *Tabelle 321.1* ist die Relation $\overline{\Delta f}\,\overline{\Delta t} \approx 1$ erfüllt. Damit die Zungen bei kleinem $\overline{\Delta t}$ deutlich sichtbar schwingen, erhöht der Transformator T die Spannung U. Damit sie bei größerem $\overline{\Delta t}$ nicht am Gehäuse anschlagen, erniedrigen wir U mit dem Widerstand R. **(Vorsicht, Hochspannung!)**

Beim *Fernsehen* sind etwa 10^7 Signale je Sekunde zu übertragen, für jeden Bildpunkt eines. Ein Signal dauert nur $\overline{\Delta t}=10^{-7}$ s. Es moduliert die Trägerwelle des Senders der hohen Trägerfrequenz f. Sie wird sozusagen in Wellenzüge der Dauer $\overline{\Delta t}$ und damit der Frequenzunschärfe $\overline{\Delta f} \approx 1/\overline{\Delta t} = 10^7$ Hz zerhackt. Um diesen Betrag schwankt die Senderfrequenz f (Seite 210). Damit Nachbarsender nicht gestört werden, soll $\overline{\Delta f}$ 10% von f nicht übersteigen. Also müssen die Trägerfrequenzen bei mindestens $f=10^8$ Hz liegen, die Wellenlängen bei höchstens $\lambda = c/f = 3$ m. Wegen der geringen Beugung dieser Wellen ist ihre Reichweite längs der Erdoberfläche sehr begrenzt, Fernsehen ist kein Sehen aus der Ferne!

Δt in s	0,1	0,2	0,25	0,5	1	2
Δf in Hz	>6	5	4	2	1	≈0,5

Tabelle 321.1 Meßwerte zu Versuch 263

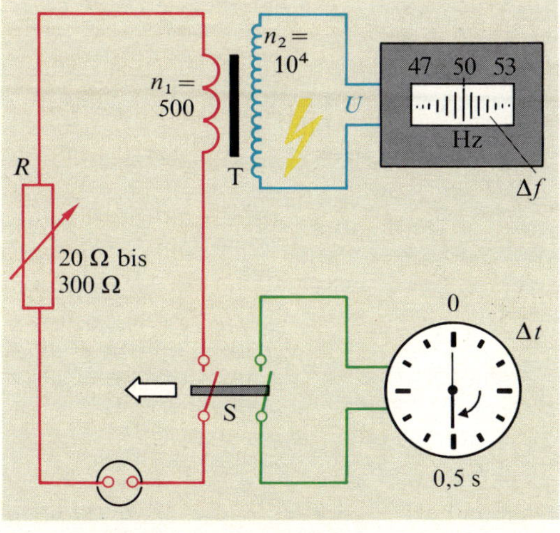

321.1 Schaltung des Zungenfrequenzmessers in Versuch 263. **Vorsicht, Hochspannung!**

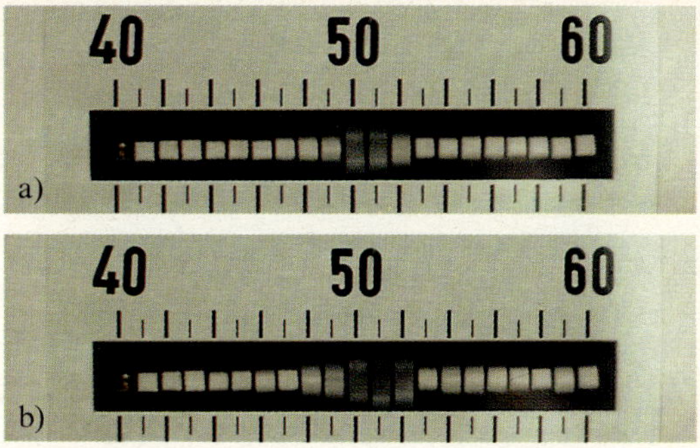

321.2 Schwingende Zungen des Frequenzmessers a) $\Delta t = \frac{1}{2}$ s, $\Delta f \approx 2$ Hz; b) $\Delta t = \frac{1}{4}$ s; $\Delta f \approx 4$ Hz

Für alle Schwingungen und Wellen gilt in der klassischen wie in der Quantenphysik

$$\overline{\Delta f}\,\overline{\Delta t} \approx 1. \qquad (321.1)$$

Aufgaben

1. *Wie groß ist die Impulsunschärfe in Querrichtung in Prozent für Photonen der Wellenlänge* $\lambda=600$ nm *hinter einer Öffnung von* 1 cm *Breite (Schlüsselloch) und einer von* 0,01 mm *Breite (Nadelstich in Papier)?*

2. *Die Relation* $\overline{\Delta f}\,\overline{\Delta t} \approx 1$ *kann mathematisch für jede Welle bewiesen werden. Leiten Sie aus ihr rückwärts die anderen Unbestimmtheitsrelationen her! Welche Aussagen sind dabei typisch quantentheoretisch?*

3. a) *Wie groß müßte die Öffnung einer Laserkanone sein, damit man mit dem zentralen Beugungsmaximum den Mond (*0,50° *Sehwinkel) genau treffen würde?* **b)** *Wie groß ist der Lichtfleck in Mondentfernung (60 Erdradien) bei einer Laseröffnung von* 10 mm *Durchmesser (*$\lambda=600$ nm*)?*

4. *Wir versuchen das Verhalten des Frequenzmessers in Versuch 263 anschaulich zu deuten:* **a)** *Wie verhalten sich die Zungen bei einem kurzen Faustschlag auf das robuste Gerät?* **b)** *Was geschieht, wenn dieser „Schlag" aus nur einer Halbperiode einer* 50 Hz-*Schwingung besteht (*Δt *klein),* **c)** *wenn er immer mehr Schwingungen umfaßt (*Δt *wird immer größer)?*

5. *Eine Ortsunschärfe sei* $\overline{\Delta x}=1$ mm. *Müssen dann alle x-Werte um* 1 mm *vom Sollwert abweichen?*

6. *Berücksichtigen Sie in Versuch 262 die Brechungszahl* $n=1{,}5$ *von Glimmer (Seite 250)! Führen Sie den Begriff Kohärenzlänge von dort ein!*

§97 *h* und der Mikrokosmos

1. Die Welt der Planckschen Konstante *h*

Die Unbestimmtheitsrelation $\overline{\Delta x}\,\overline{\Delta p_x} \approx h$ und damit die Plancksche Konstante h stecken den Bereich des **Mikrokosmos** ab, in dem die klassischen Näherungsgesetze nicht mehr gelten. Darüber hinaus machte *Heisenberg* mit dieser Relation auch konstruktive Aussagen zur Struktur des Mikrokosmos. Dies schloß eine Lücke: Die *klassische Physik* beschreibt *Vorgänge* wie die Bahnbewegung von Körpern. Die *Quantenphysik* wendet sich darüber hinaus der *Struktur* von Körpern zu, also ihrem Aufbau aus Elementarteilchen und Atomen. Damit betreten wir physikalisches Neuland.

2. Kleiner Käfig – energische Insassen

Im Atom sind Elektronen, im Kern Protonen und Neutronen auf Bereiche einer Länge l eingegrenzt. Die Ortsunschärfe dieser Teilchen in x-Richtung ist $\overline{\Delta x} \approx l$ *(Bild 322.1)*. Hätte ihre Impulskomponente sicher den Wert Null, so müßten wir die Impulsunschärfe $\overline{\Delta p_x} = 0$ setzen. Damit wäre die Unbestimmtheitsrelation $\overline{\Delta x}\,\overline{\Delta p_x} \approx l\,\overline{\Delta p_x} \approx h$ verletzt. Also können eingesperrte Teilchen nicht in Ruhe sein. Nehmen wir an, ihre Impulskomponente schwanke zwischen $+p_x$ und $-p_x$. Dann ist $\overline{\Delta p_x} \approx 2\,p_x = 2\,m\,v_x$. $\overline{\Delta x}\,\overline{\Delta p_x} \approx l \cdot 2\,m\,v_x \approx h$ liefert für die Größenordnung der Geschwindigkeitskomponente

$$v_x \approx \frac{h}{2\,m\,l}. \qquad (322.1)$$

Beschränken wir uns auf die x-Richtung, so folgt nach dieser Abschätzung die Energie

$$\boldsymbol{W_{\text{kin}} = \tfrac{1}{2}\,m\,v_x^2 \approx \frac{h^2}{8\,m\,l^2}}. \qquad \textbf{(322.2)}$$

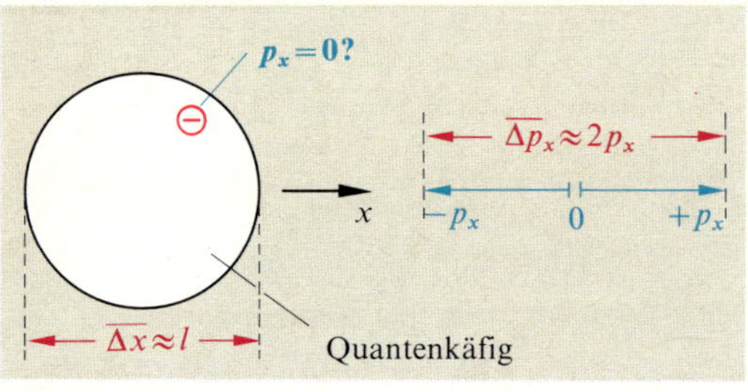

322.1 Je kleiner der „Quantenkäfig", um so größer die Lokalisationsenergie W_L des Teilchens!

In dreidimensionalen Würfeln mit der Kantenlänge l sind $v_y = h/(2\,m\,l)$ und $v_z = h/(2\,m\,l)$. Nach *Pythagoras* folgt die kinetische Energie

$$W_{\text{kin}} = \tfrac{1}{2}\,m\,v^2 = \tfrac{1}{2}\,m\,(v_x^2 + v_y^2 + v_z^2) \approx \frac{3\,h^2}{8\,m\,l^2}. \qquad (322.3)$$

Diese kinetische Energie hängt von der Planckschen Konstante h ab, ist also ein quantentheoretischer Effekt. Sie hat mit der thermischen Bewegung nichts zu tun und ist auch am absoluten Nullpunkt vorhanden. Man nennt sie *Nullpunktsenergie* oder besser **Lokalisationsenergie W_L.** Wie nämlich l^2 im Nenner zeigt, wird sie um so größer, je enger man den „Quantenkäfig" Atom, Kern usw. macht, auf den das Teilchen lokalisiert ist.

Teilchen, die räumlich auf einen Bereich der Länge *l* eingeengt sind, können nicht in Ruhe sein; sie haben eine mit sinkendem *l* steigende Lokalisationsenergie W_L:

$$\boldsymbol{W_L = W_{\text{kin}} \approx \frac{3\,h^2}{8\,m\,l^2}}. \qquad \textbf{(322.4)}$$

Diese etwas grobe Abschätzung mit Hilfe der Unbestimmtheitsrelation werden wir auf Seite 328 verfeinern, können aber schon jetzt fundamentale Aussagen über die *Energieverhältnisse* in der *Mikrowelt* machen, die sogar in unsere Makrowelt hineinreichen.

a) Die **Elektronenhülle** des Wasserstoffatoms hat den Durchmesser $l \approx 3 \cdot 10^{-10}$ m. In ihr hält sich das Elektron auf. Mit $m = 9{,}1 \cdot 10^{-31}$ kg wird seine Lokalisationsenergie $W_L \approx 12$ eV. Messungen und genauere Rechnungen liefern 13,6 eV. Ähnliche Werte erhält man auch für andere Atome. Da sich alle *chemischen Prozesse*, auch die fundamentalen Lebensvorgänge, in der Elektronenhülle abspielen, liegen ihre Energieumsetzungen im eV-Bereich (ca. $5 \cdot 10^{-19}$ J). Multipliziert man mit der Avogadrokonstante $N_A = 6{,}6 \cdot 10^{23}$ mol^{-1}, so erhält man die Größenordnung der bei 1 mol freiwerdenden Energie zu $3 \cdot 10^5$ J = 300 kJ. Bei Kohle, Öl, Butter, Alkohol und vielen anderen „Brenn"-Stoffen mißt man Verbrennungswärmen um 350 kJ mol^{-1}. Viel größere Werte sind nach der Quantentheorie aus der Atomhülle nicht zu erwarten.

Chemische Reaktionen in der Haut (Sonnenbrand) können erst von UV-Quanten mit etwa 4 eV ausgelöst werden, während Quanten eines

Radiosenders und von Infrarot höchstens durch ihre große Zahl Wärme erzeugen. Die zugehörenden Felder schütteln im *Mikrowellenherd* Wassermoleküle als elektrische Dipole und Ionen. – In Batterien trennen chemische Reaktionen die Ladungen. Deshalb liegt ihre Energie bei 2 eV, ihre Spannung bei 2 V.

b) Atomkerne haben noch kleinere Durchmesser; l in *Gl. 322.4* liegt unter 10^{-14} m. In die Kerne sind die Nukleonen *Proton* und *Neutron* je mit der Masse $1{,}67 \cdot 10^{-27}$ kg eingesperrt. Also haben sie dort eine nicht unterschreitbare Lokalisationsenergie von etwa 6 MeV. Teilchen, die den „Käfig Kern" verlassen, trumpfen deshalb mit mehreren MeV an Energie auf.

Wegen der Lokalisationsenergie W_L liegen die in der Elektronenhülle des Atoms umgesetzten Energien im Bereich einiger Elektronvolt, während die Kernenergien Megaelektronvolt betragen.

3. *h* gibt dem Mikrokosmos eine Struktur

Atomkerne können Elektronen einfangen und beim **β-Zerfall** auch aussenden. Da man vor 1932 das Neutron noch nicht kannte, nahm man an, auch im Kern gäbe es ständig Elektronen: Ein Kohlenstoffkern sollte aus 12 Protonen und 6 Elektronen bestehen und deshalb die Ladung $+6e$ und die Massenzahl 12 haben. *Heisenberg* dagegen erklärte 1932 diese gemessenen Werte mit der Existenz von 6 Protonen und 6 Neutronen im Kern. Er zeigte nämlich, daß Elektronen im Kern eine so hohe Lokalisationsenergie haben, daß sie ihn sofort verlassen: Mit dem Kerndurchmesser $l = 10^{-14}$ m liefert *Gl. 322.4* nichtrelativistisch die Energie $W = 10^4$ MeV. Nach einer relativistischen Verfeinerung folgt 100 MeV als niedrigste Energie eines in den Kern eingesperrten Elektrons. Um ein Elektron von der Oberfläche eines mittelschweren Kerns ins Unendliche zu reißen, muß man gegen die Coulombanziehung die Arbeit 5 MeV aufwenden. Sie wird leicht von der Lokalisationsenergie $W_L = 100$ MeV geliefert.

Nach diesen Überlegungen *Heisenbergs* können sich Elektronen nicht ständig im Kern aufhalten, wohl aber die schwereren Teilchen Proton und Neutron. Ihre Bindungsenergie ist mit 8 MeV (Seite 383) größer als ihre Lokalisationsenergie 6 MeV. Der kleine Spielraum führt zur Instabilität radioaktiver Kerne.

Wenn also beim β-Zerfall ein Elektron aus dem Kern kommt, so muß es dort soeben neu entstanden sein. Dies geschieht, indem sich spontan, ohne äußeren Anlaß, ein Neutron in ein Proton und ein Elektron umwandelt (Seite 391). Daß sich Elementarteilchen umwandeln können, wissen wir von der Paarerzeugung. Wäre das Neutron nur ein Proton mit angeheftetem Elektron, so käme dem Elektron eine noch größere Lokalisationsenergie zu als im viel größeren Kern. Das Neutron ist vielmehr ein eigenständiges Teilchen (Seite 418). *Heisenberg* sagte auf Einwände zu seiner Kerntheorie: „Kinder, ihr habt nicht genug Phantasie. Seht dort das Hallenbad. Da gehen die Leute angezogen hinein und kommen angezogen heraus. Könnt ihr daraus schließen, daß sie auch drinnen angezogen schwimmen?"

Die schweren Elementarteilchen Neutron und Proton können sich trotz ihrer Lokalisationsenergie auf kleinstem Raum im Kern halten, während dem Elektron mit seiner viel kleineren Masse der ungleich größere Bereich der Atomhülle zur Verfügung stehen muß.

4. Akausale Physik im Mikrokosmos

Der französische Mathematiker *Laplace* beschrieb um 1850 die *kausale*, streng berechenbare (deterministische) Physik seiner Zeit angesichts der Erfolge der *Newtonschen Mechanik* am Himmel mit einer grandiosen Vision: „Wir müssen den jetzigen Zustand des Weltalls als die Wirkung eines früheren und als die Ursache des folgenden Zustands betrachten. Ein Geist, der alle Kräfte der Natur kennen würde und für einen Augenblick die Lage und die Geschwindigkeit aller Teilchen, aus denen die Natur besteht, erfassen könnte und der genügend groß wäre, alle diese Daten einer Rechnung zugrunde zu legen, könnte die Bewegung der größten Körper des Weltalls und die der kleinsten Atome vorhersagen. Für ihn wäre nichts unbestimmt, Zukunft und Vergangenheit lägen offen vor ihm."

Nach der Unbestimmtheitsrelation $\overline{\Delta x}\,\overline{\Delta p_x} \approx h$ sind jedoch im Mikrokosmos Ort und Geschwindigkeit nicht mehr zugleich scharf bestimmt. Damit entzog *Heisenberg* einer strengen Vorausberechenbarkeit, wie wir sie etwa von Planetenbahnen kennen, im Mikrokosmos die Voraussetzung.

Im Mikrokosmos fehlen die Voraussetzungen für eine kausale Beschreibung von *Einzelprozessen.* Die *Wellenfunktion* beschreibt deren Wahrscheinlichkeitsverhalten; sie ist streng berechenbar (z.B. Nullstellen bei Beugung).

Einstein konnte sich mit einer im Prinzip akausalen Natur nie abfinden. Er schrieb an *Born*, der die Wahrscheinlichkeitsdeutung der Wellenfunktion gab: „Die Quantenmechanik ist sehr achtunggebietend. Aber eine innere Stimme sagt mir, daß das doch nicht der wahre Jakob ist. Die Theorie liefert viel, aber dem Geheimnis des Alten bringt sie uns kaum näher. Jedenfalls bin ich überzeugt, daß der nicht würfelt." *Einstein* versuchte durch zahlreiche Gedankenexperimente, die akausale Quantentheorie gegen die streng deterministische Relativitätstheorie auszuspielen.

Experimente der letzten Jahre geben der Quantenphysik recht. Ein Zurück zu einer durchgängig kausalen und zugleich klassischen Beschreibung kann als ausgeschlossen gelten. Zudem schränkte in den letzten Jahren die Theorie des *deterministischen Chaos* die Fiktion des *Laplaceschen Geistes* auch in der klassischen Physik erheblich ein. Dies gilt bei komplizierteren Vorgängen wie Turbulenzen in Strömungen, insbesondere bei Vorhersagen des Wettergeschehens.

5. Was ist noch real in der Mikrowelt?

Mit dem „Geheimnis des Alten" denkt *Einstein* an die Welt an sich, so wie sie Gott sieht. Er war als Realist davon überzeugt, daß der Mensch sie auch so erkennen könne, wie sie tatsächlich ist. Hierzu sagt jedoch *W. Heitler* sehr vorsichtig:

„Der philosophisch interessierte Leser mag selbst entscheiden, ob er das Wellenfeld eines Elektrons (die ψ-Funktion) als Teil einer ‚objektiven Wirklichkeit' oder ‚nur' als ein nützliches Produkt des menschlichen Gehirns anzusehen hat, das geeignet ist, die Ergebnisse der Experimente vorherzusagen (wobei es sich zeigt, daß diese Voraussagen stets mit den ‚objektiven Tatsachen' übereinstimmen). Was diesen Punkt betrifft, so möchte der Autor den Leser in seinem Glauben nicht beeinflussen. Er empfiehlt ihm lediglich, sich zunächst über das, was unter ‚objektiver Wirklichkeit' zu verstehen ist, Klarheit zu verschaffen."

Heisenberg sprach sich radikaler aus: „Wenn man eine genaue Beschreibung des Elementarteilchens geben will, so ist das einzige, was niedergeschrieben werden kann, die Wahrscheinlichkeitsfunktion. Aber daraus erkennt man, daß nicht einmal die Eigenschaft des ‚Seins' dem Elementarteilchen ohne Einschränkung zukommt. Es ist eine Möglichkeit oder eine Tendenz zum Sein."

6. Quantenphysik heute

Bis heute ist keine einzige Naturerscheinung bekannt, die der modernen Quantentheorie in ihrer relativistischen Verfeinerung widersprechen würde. Die Wechselwirkung Licht-Materie wird mit einer Genauigkeit beschrieben und experimentell bestätigt, die sonst nirgends in der Physik erreicht ist. Wenn man allerdings die Wellenfunktion ψ als ‚objektive Wirklichkeit' deutet (*Heitler-Zitat*) oder Photonen und Elektronen beim Doppelspalt-Versuch als klassische Teilchen ansieht, kommt man in der Anschauung zu Widersprüchen. In der Rechnung gibt es sie nicht. *C.F. von Weizsäcker* schrieb 1985: „ψ ist ‚Wissen', ein Wissen von objektiven Fakten der Vergangenheit und eine Wahrscheinlichkeitsfunktion für die Zukunft, die durch Messung relativer Häufigkeiten empirisch bestätigt werden kann. Alle Paradoxien entstehen nur, wenn man ψ noch in irgendeinem andern Sinn als ein ‚objektives Faktum' ansieht."

Die Zitate zeigen, daß es in der Quantenphysik den Physikern nicht nur um eine Erforschung der grundlegenden Strukturen der Natur ging. Sie diskutierten auch die geistigen Möglichkeiten, mit denen wir diese Natur erforschen, kritisch und leidenschaftlich.

7. Schrödinger berechnet den Mikrokosmos

Wir können die von *Schrödinger* aufgestellte Gleichung weder herleiten noch anwenden. Deshalb skizzieren wir nur Gedanken, die zu ihr führten.

Die Lehre vom Licht begann als **geometrische Optik.** Mit ihr wird Licht durch *Strahlen* beschrieben, die sich geradlinig ausbreiten, aber auch reflektiert und gebrochen werden. Um dies zu verstehen, postulierte *Newton* kleine *Korpuskeln*, die den Gesetzen der **klassischen Mechanik** gehorchen sollten, insbesondere dem Trägheitssatz. Für *Newton* war die geometrische Optik ein Teilgebiet der Mechanik. Wir stellen beide in *Bild 325.1* auf die unterste Stufe. Sie umfaßt die

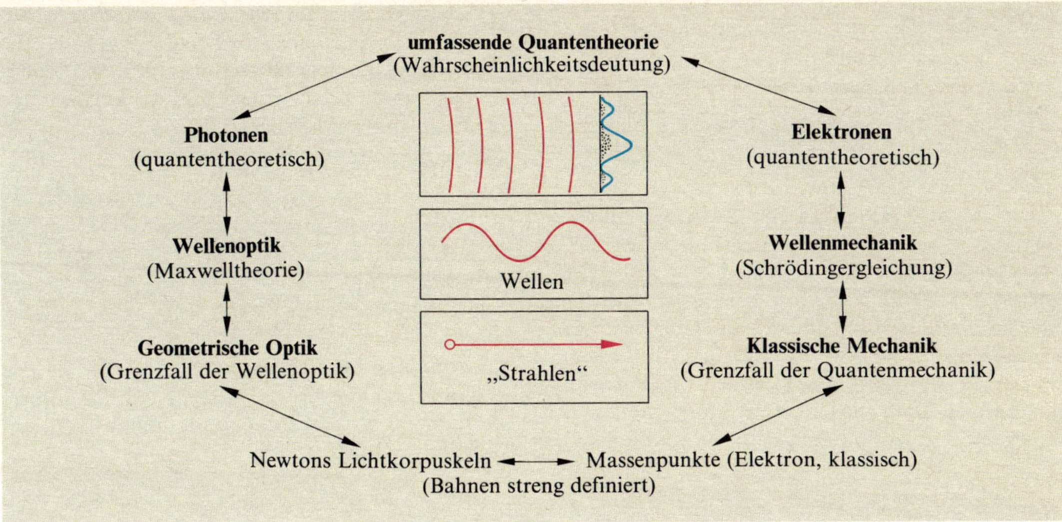

325.1 Teilchenstrahlen → Wellen → Quanten: drei aufeinanderfolgende Strukturelemente zur Naturbeschreibung

hypothetischen Newtonschen Lichtkorpuskeln und die Elektronen, deren Verhalten wir im Makrokosmos nach *Newton* beschreiben konnten. Danach sollte man Licht- wie Elektronenstrahlen durch Spalte beliebig fein machen können – ohne Beugung.

Nun sehen wir an der Spaltbeugung, daß die geometrische Optik nur ein Grenzfall der umfassenderen Wellenoptik ist. Deren Gesetze folgen aber nicht aus der Newtonschen Mechanik, sondern aus den **Maxwellschen Grundgleichungen** der Elektrizität. Deshalb zog *Schrödinger* den Schluß, auch die klassische Mechanik sei nur ein Grenzfall einer umfassenderen **Wellenmechanik.** Sie steht in *Bild 325.1* mit der Wellenoptik auf der zweiten Stufe. Mit seiner Schrödingergleichung schuf er so das Analogon zu den Maxwell-Gleichungen. Beide Gleichungen erlauben eine streng kausale Berechnung von stetigen Wellenfunktionen, etwa die exakte Lage von Nullstellen bei Interferenzversuchen mit Licht bzw. Elektronen. *Beide Gleichungen sind also kausal.* Die Stochastik bei Photonen- und Elektronenlokalisationen ist ihnen noch völlig fremd. Das Elektron als solches stellt einen Fremdkörper in Maxwells wie in Schrödingers Theorie dar; beide Theorien befassen sich mit Feldern.

Das stochastische Verhalten von lokalisierbaren Photonen wie Elektronen zwang zur *Wahrscheinlichkeitsdeutung* der aus beiden Gleichungen berechneten stetigen und kausal bestimmten Wellenfunktion. Erst die solchen Wellen zugeordneten *Quanten*, nämlich Photon und Elektron als Quantenobjekte, bringen das quantisierte und stochastische Element in die Theorie. Sie stehen auf der obersten Stufe von *Bild 325.1* und werden in der modernen geschlossenen und widerspruchsfreien **Quantentheorie** durch *„Quantisierung der Wellenfunktionen"* gewonnen. So heben sie sich von den Newtonschen Lichtkorpuskeln wie auch den klassischen Elektronen ab.

Von Licht, das auf eine Glasplatte fällt, werden 4% reflektiert; der Rest geht weiter. Dies erklärte Newton durch „fits" (Anwandlungen) seiner Korpuskeln. Heute würde man ihnen Wahrscheinlichkeitswellen für Reflexion und Weiterflug zuordnen.

Aufgaben

1. *Wie groß ist die Lokalisationsenergie eines Elektrons in der K-Schale eines* Na-*Atoms mit* 18 pm *Durchmesser? Welche Geschwindigkeit hat es dort? Warum ist sie größer als im* H-*Atom?*

2. *Wie groß wäre die Lokalisationsenergie eines Elektrons im Kern mit* 10^{-14} m *Durchmesser* **a)** *ohne relativistische Korrektur,* **b)** *mit ihr* $(W^2=(m_0 c^2)^2+p^2 c^2$*; Seite 291; Impuls p nach Seite 322)?* **c)** *Wie groß wäre die Geschwindigkeit nach (a)?*

3. *Ein Krypton-Kern hat den Radius* $5{,}7\cdot 10^{-15}$ m *und die Ladung* $36e$. *Welche Arbeit ist nötig, um ein Elektron von seiner Oberfläche ins Unendliche zu transportieren? Vergleichen Sie mit der Lokalisationsenergie des Elektrons im Kern!*

4. *Man nehme an, ein Neutron sei ein Proton (Durchmesser* 10^{-15} m*) mit angeheftetem Elektron. Wie groß wäre die Lokalisationsenergie des Elektrons, wie groß die Arbeit, um es von der Oberfläche des Protons ins Unendliche zu entfernen?*

5. *Wie groß ist die Lokalisationsenergie eines in einer feldfreien Röhre eingeschlossenen Elektrons (Raum kubisch mit* $l=1$ cm*)? Mit welcher Spannung könnte man es auf diese Energie bringen? Vergleichen Sie diesen Wert mit der thermischen Energie* $\frac{3}{2}kT$ *bei* 20 °C *(*$k=8{,}6\cdot 10^{-5}$ eV K^{-1}*)? Was folgt für die Bedeutung der Lokalisationsenergie in der Makrophysik?*

Atomphysik

§98 Der lineare Potentialtopf

1. Das Atom – ein Planetensystem im kleinen?

„Atombau und Spektrallinien" war der Titel eines wegweisenden Buchs von *Sommerfeld* aus der Gründerzeit der Quantentheorie. Man sah die Spektrallinien als verschlüsselte Botschaft der Atome an und suchte sie zu enträtseln. Dies gab bereits beim einfachsten Atom, dem des Wasserstoffs, große Probleme:

Im Wasserstoffatom tummelt sich nur ein Elektron um den Kern. Man kann es aber nicht so einfach berechnen wie die kreis- oder ellipsenförmige Bewegung eines Planeten um die Sonne. Nach aller Erfahrung ist das H-Atom nicht scheibenförmig, auch wenn es oft so gezeichnet wird. Wenn man zudem nach *Bild 326.1* ein um den Kern kreisendes Elektron von einem Punkt B seiner Bahnebene aus betrachtet, sieht man es wie in einem *Hertzschen Dipol* hin und her schwingen. Dabei müßte es nach Seite 194 ständig eine Welle abstrahlen und hätte seine Energie in kürzester Zeit aufgezehrt. Es wäre in den Kern gestürzt.

Das klassische Modell eines um den Atomkern kreisenden Elektrons konnte die scharfen Spektrallinien nicht erklären. Also proklamierte 1913 der dänische Physiker *Niels Bohr* (Nobelpreis 1922) „Polizeiverordnungen für Elektronen", die berühmten **Bohrschen Postulate:**

① Elektronen dürfen – anders als Planeten – nur auf bestimmten Bahnen kreisen.

② Elektronen dürfen auf diesen Kreisbahnen um den Kern nicht strahlen.

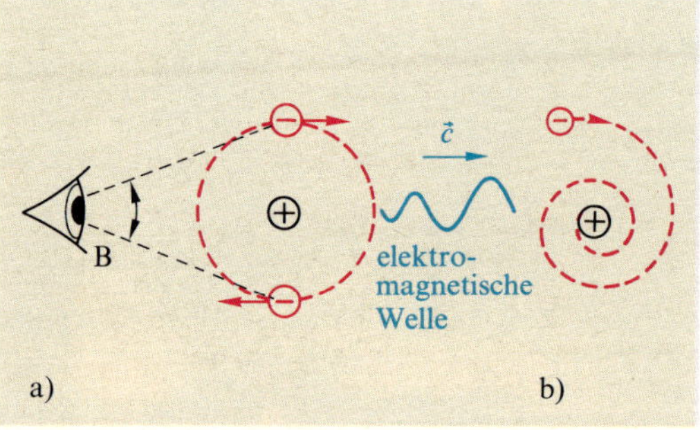

326.1 a) Kreisende Elektronen müßten ständig wie ein Hertz-Dipol strahlen und b) in den Kern fallen.

③ Elektronen springen von einer solchen zulässigen zu einer weiter innen, also energetisch tiefer liegenden Bahn. Mit der dabei frei werdenden Energie strahlen sie ein Lichtquant der Energie $W = hf$ ab.

Mit diesen Prinzipien leitete *Bohr* zwar eine sehr gute Formel für die Frequenzen der Spektrallinien des H-Atoms her (Seite 348). Doch versagen sie beim Erklären vieler anderer Eigenschaften und vor allem bei Atomen mit mehr als einem Elektron. Wir wissen heute warum: Nach der *Unbestimmtheitsrelation* ist in atomaren Bereichen der Bahnbegriff sinnlos geworden. Deshalb entwickeln wir das quantentheoretisch Wesentliche an einem noch einfacheren Modell.

2. Quantengesetze des eingesperrten Elektrons

Die Coulomb-Kräfte der Atomkerne halten die Elektronen in einem dreidimensionalen Bereich beisammen. Wir beschränken uns zunächst auf *eine* Dimension und betrachten Elektronen, die auf einer Strecke der Länge l zwischen zwei Wänden eingesperrt sind. Ihr Verhalten veranschaulicht ein Versuch mit Mikrowellen, also mit Photonen nach *Bild 327.1*.

Versuch 264: a) Ein Mikrowellensender erzeugt fortschreitende Wellen mit $\lambda = 3{,}2$ cm. Sie führen einen Strom von Photonen mit sich. Vor der Metallwand M entsteht eine stehende Welle, die wir mit einem Dipol abtasten. Dieser spricht auf den $\vec{E}$-Vektor an. $\vec{E}$ hat an der reflektierenden Metallwand einen Knoten.

b) In eine beliebige Knotenebene der stehenden Welle setzen wir eine dünne Glasplatte G. Sie reflektiert die von rechts kommende Welle nochmals. So ist eine *stehende Welle* mit ihren Photonen zwischen zwei reflektierenden Wänden eingeschlossen. Diese Welle kann nur dann stark werden, wenn ihre Länge l ein ganzzahliges Vielfaches von $\lambda/2$ ist. Wie bei Saiten gilt

$$l = n\,\lambda/2 \quad \text{mit} \quad n = 1, 2, 3, \dots . \qquad (326.1)$$

Wir wiederholen in Gedanken diesen Versuch an Elektronen. Sie fliegen nach *Bild 327.2a* mit der Geschwindigkeit v, der De-Broglie-Wellenlänge $\lambda = h/p = h/(m\,v)$ und der Energie $W_{kin} = \frac{1}{2}m\,v^2$ kräftefrei nach rechts. W_{kin} ist durch die Wellenlänge λ bestimmt zu

$$W_{kin} = \tfrac{1}{2}m\,v^2 = \tfrac{1}{2}m\left(\frac{h}{m\,\lambda}\right)^2 = \frac{h^2}{2\,m\,\lambda^2}. \qquad (326.2)$$

Damit die Elektronen rechts reflektiert werden, denken wir uns dort nach *Bild 327.2a* ein Doppelnetz angebracht und seinen linken Teil positiv geladen, den rechten negativ. Im elektrischen Feld zwischen beiden Netzen kehren die Elektronen ohne Energieverlust um. Die hin- und die zurücklaufende De-Broglie-Welle bildet eine *stehende Welle*. Rechts vom Doppelnetz hält sich kein Elektron auf, dort ist die Antreffwahrscheinlichkeit $\psi^2=0$. Da die ψ-Funktion stetig ist, muß ψ^2 auch unmittelbar links am Doppelnetz Null sein. Dort hat die stehende Welle als Randbedingung einen Knoten, genau wie vorher die Mikrowelle.

Nun stellen wir in Gedanken ein zweites reflektierendes Doppelnetz in einer weiter links liegenden Knotenebene auf *(Bild 327.2b)*. Seine linke Hälfte sei negativ geladen. Dann sind die Elektronen in den kräftefreien Bereich zwischen zwei unüberwindlichen *Potentialwänden* mit Abstand l eingesperrt *(Bild 327.2c)*.

An beiden Enden dieses **linearen Potentialtopfs** erzwingt die Randbedingung $\psi^2=0$ einen Knoten. Deshalb sind in ihm nur noch bestimmte stehende Wellen möglich. Ihre Wellenlängen λ hängen mit der Topflänge l ebenfalls nach *Gl. 326.1* zusammen. Diese stehenden Wellen erlauben nur noch ganz bestimmte ψ-(Wellen-)Funktionen der Elektronen im Topf. Man kennzeichnet diese wichtigen Elektronenzustände mit den aus der Chemie bekannten **Quantenzahlen** $n=1, 2, 3, \ldots$. So liefert $n=1$ den *Grundzustand*. Auch bei Saiten wählen solche Randbedingungen die allein möglichen und nach *Bild 327.3a* sinusförmigen Eigenschwingungen aus.

Die Antreffwahrscheinlichkeit ψ^2 des Elektrons im Topf wird also durch $\sin^2$-Funktionen beschrieben (*Bild 327.3*). Ihre Maxima und Minima bleiben stehen. Nun wird in stehenden Wellen – im Gegensatz zu fortschreitenden – weder Masse noch Ladung transportiert. Als wichtiges Ergebnis folgt: Die Ladungsverteilung ψ^2 schwingt – im Gegensatz zum Hertzschen Dipol – nicht hin und her. Sie kann also keine elektromagnetische Welle abstrahlen (Bestätigung Ziffer 4). Wir haben **stationäre Zustände,** in denen das Elektron keine Energie verliert.

In der Quantentheorie folgen die unbegründeten Polizeiverbote ① und ② von *Bohr* in abgeänderter Form aus allgemeinen Quantengesetzen. Dies löst die Grundfrage der Atomphysik nach Stabilität und Eigenschaften der Atome.

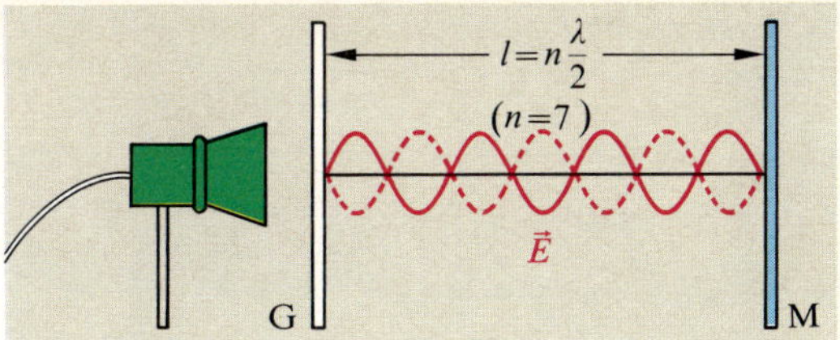

327.1 Stehende Zentimeterwelle zwischen Reflektoren

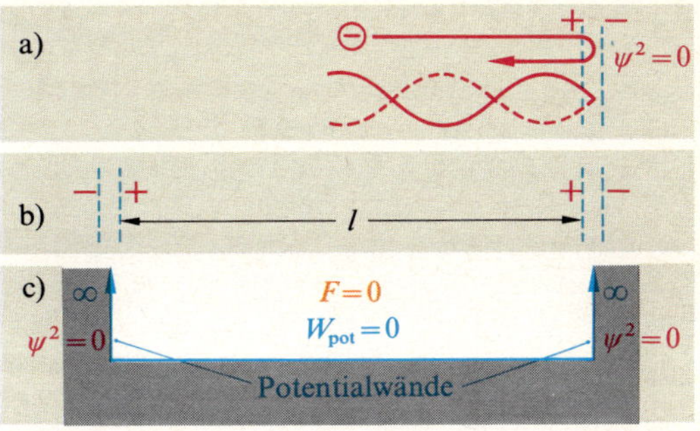

327.2 Gedankenversuch zum linearen Potentialtopf; Doppelnetze sperren die Elektronen ein.

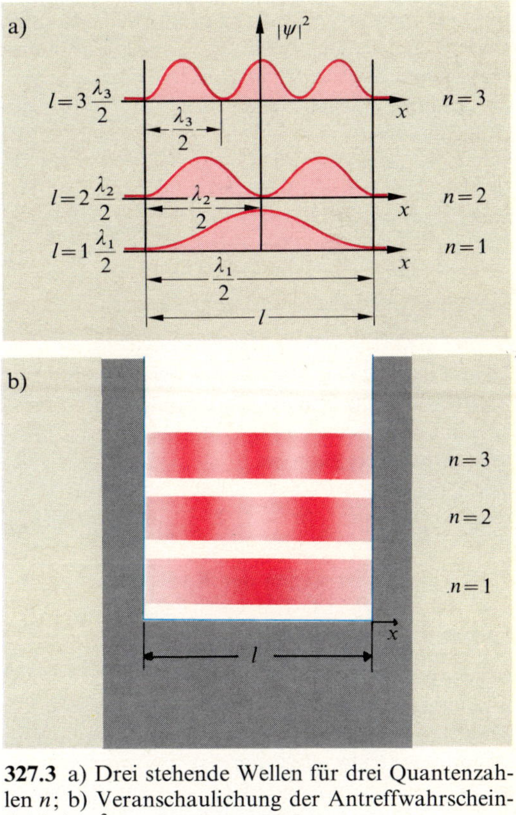

327.3 a) Drei stehende Wellen für drei Quantenzahlen n; b) Veranschaulichung der Antreffwahrscheinlichkeit ψ^2 durch erhöhte Färbung

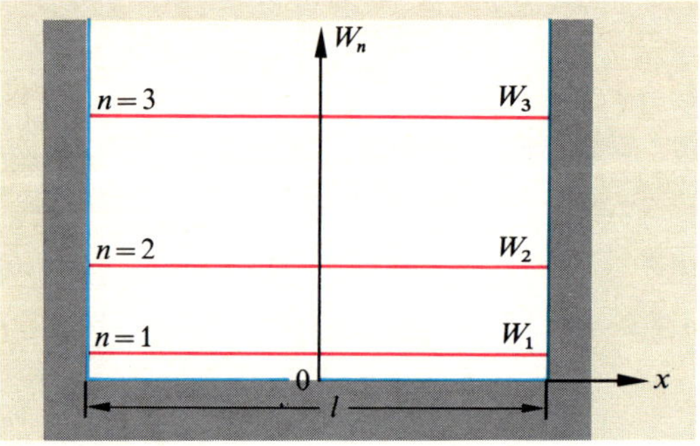

328.1 Energieniveaus eines Elektrons im Potentialtopf

3. Nicht jede Energie ist im Topf erlaubt!

Da die Elektronen im Topf kräftefrei sind, haben sie dort überall die gleiche potentielle Energie W_{pot}; wir setzen diese gleich Null. Zudem verloren sie beim Einsperren keine Energie. Nach *Gl. 326.2* ist mit $\lambda = 2\,l/n$ die Gesamtenergie eines Elektrons

$$W_n = W_{\text{pot}} + W_{\text{kin}} = 0 + \frac{h^2}{8\,m\,l^2}\,n^2 \quad (n = 1, 2, \ldots).$$

Ein Elektron im Potentialtopf kann also wegen $n = 1, 2, 3, \ldots$ nicht beliebige, sondern nur **diskrete Energiewerte W_n** annehmen. Diese scharfen Energieniveaus zeigt *Bild 328.1*. Für die Quantenzahl $n = 1$ erhalten wir den tiefstmöglichen Energiezustand $W_1 = h^2/(8\,m\,l^2)$. Er ist uns bereits als *Lokalisationsenergie* für eine Dimension nach der Unbestimmtheitsrelation bekannt *(Gl. 322.2)*. Wir müssen deshalb $n = 0$ ausschließen: Ein eingesperrtes Teilchen kann nicht energielos im Topf herumliegen!

Ein Teilchen der Masse m sei in einen linearen Potentialtopf der Länge l eingeschlossen. Es hat nur die durch die Quantenzahlen n bestimmten Energiewerte

$$W_n = \frac{h^2}{8\,m\,l^2}\,n^2 \quad (n = 1, 2, 3, \ldots). \qquad (328.1)$$

Die Energie ist wegen der Randbedingungen $\psi^2 = 0$ quantisiert. Die natürlichen Zahlen n nennt man Quantenzahlen.

Wieder taucht die Plancksche Konstante h als Kennmarke der Quantentheorie auf. Die Energiequantisierung eingesperrter Teilchen gilt als eine ihrer hervorstechendsten Aussagen. Allerdings ist Energie an sich nicht quantisiert. Freie Elektronen, die aus einer Elektronenkanone kommen, können beliebige Energiewerte annehmen; man kann ja die Beschleunigungsspannung kontinuierlich ändern. Hier fehlen die beiden Randbedingungen, die zur Quantisierung führen. – Wie die nicht schwingende Ladung es nun fertig bringt, die „Lichtmusik der Spektrallinien" nach außen dringen zu lassen, untersuchen wir an alltäglichen Beispielen.

4. Potentialtöpfe als Farbtöpfe

Gl. 328.1 gilt für Elektronen, die in Metallen oder in n-Halbleitern eingeschlossen sind. Man kann sie leicht an *Farbstoffmolekülen* überprüfen. Bei ihnen sind Atome zu linearen Ketten angeordnet *(Bild 328.2)*. Jedes C-Atom ist an zwei andere C-Atome, aber nur an ein H-Atom gebunden. Von den vier Valenzelektronen des C-Atoms werden also nur drei zur Bindung gebraucht (bekannt vom dotierten n-Halbleiter). Die beiden vierten Elektronen zweier Nachbaratome zeichnet man als zweiten Strich (rot) einer alternierenden Doppelbindung nach *Bild 328.2a*. In Wirklichkeit sind sie nicht zwischen Nachbarn gebunden, sondern bevölkern einen linearen Potentialtopf (*b*). Ein stark vereinfachtes Molekül enthalte $Z = 8$ C-Atome. Sie geben auch $Z = 8$ freie Elektronen an den Topf der Länge $l \approx 8\,a = 1{,}2$ nm ab. Der Atomabstand $a = 0{,}15$ nm ist durch Röntgenstrahlinterferenz bestimmt. Die quantisierten Energiewerte der Elektronen sind

$$W_n = n^2\,h^2/(8\,m\,l^2) \quad (n = 1, 2, 3, \ldots).$$

Vom Chemieunterricht wissen Sie, daß nach dem *Pauliprinzip* höchstens zwei Elektronen denselben Zustand besetzen können. Die acht Elektronen besetzen die vier tiefsten Niveaus

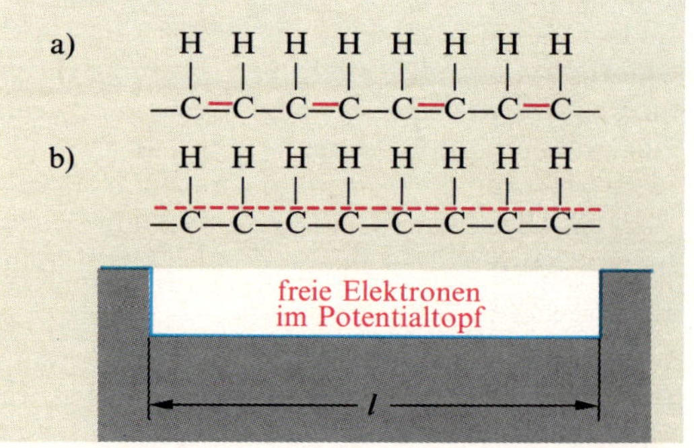

328.2 Alternierende Doppelbindungen als linearer Potentialtopf mit acht freien Elektronen besetzt

mit den Quantenzahlen $n=1$ bis $n=4$ je doppelt. Dies gibt den energetisch tiefsten Zustand für das Molekül, den stabilen Normalzustand *(Bild 329.1)*. In den vier stationären Elektronen-Zuständen ändert sich die Ladungsverteilung ψ^2 nicht. Deshalb wird keine elektromagnetische Welle abgestrahlt. Farbstoffmoleküle leuchten im Dunkeln nicht. Woher kommt dann ihre Farbe? Wie wirken hier Licht und Materie aufeinander?

Versuch 265: **a)** Weißes Licht einer Bogenlampe fällt durch eine Küvette mit einer winzigen Spur des in Alkohol gelösten roten Farbstoffs und wird anschließend spektral zerlegt *(Bild 329.2)*. Im grünen Bereich des ursprünglich kontinuierlichen Spektrums fehlt Licht bei $\lambda=530$ nm. Wir sehen dort eine *Absorptionslinie* gemäß der Farbtafel auf Seite 427.

b) Bei normaler Betrachtung im Tageslicht vereinigen sich die nicht absorbierten farbigen Lichter zur Komplementärfarbe von Grün, nämlich zu Rot; deshalb sind Rosen rot.

c) Im scharfen Strahl der Lampe geht von dem Farbstoff grünes Licht nach allen Seiten weg; er *fluoresziert* allseitig grün (Seite 333).

Die Quantentheorie erklärt diese Wechselwirkung von Elektronen mit Licht gemäß dem Postulat ③ von *Bohr*: Die Energiequanten des absorbierten grünen Lichts heben Elektronen des Potentialtopfs vom obersten besetzten Energieniveau W_4 mit der Quantenzahl $n=4$ auf das nächste, unbesetzte Niveau W_5 (blau). Sie regen das Molekül energetisch an. Hierzu brauchen sie ihre Quantenenergie $W=hf$ ganz auf und werden absorbiert. Nach *Gl. 328.1* gilt

$$\Delta W=hf=W_5-W_4=\frac{h^2}{8\,m\,l^2}(5^2-4^2)=\frac{9\,h^2}{8\,m\,l^2}.$$

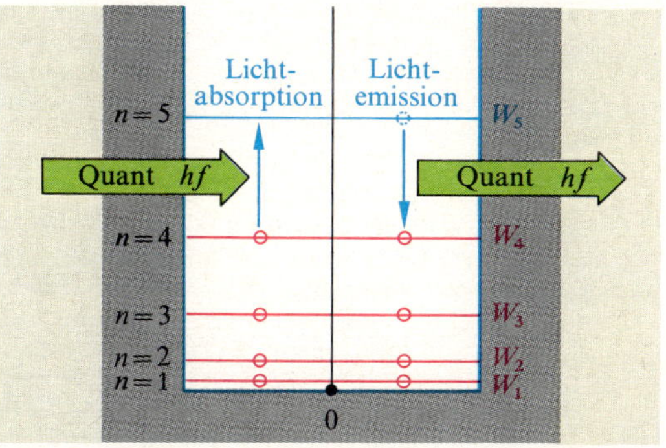

329.1 Vier quantisierte Energieniveaus im Potentialtopf von *Bild 328.2*, je mit zwei Elektronen besetzt

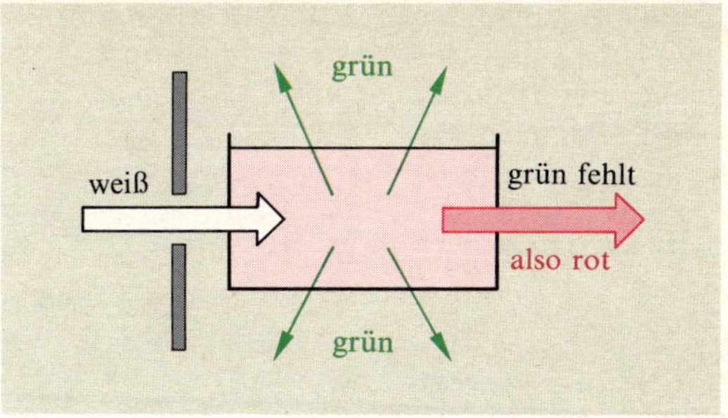

329.2 Aus Weiß wird Grün absorbiert; der Farbstoff erscheint rot. Grün wird gestreut.

Z	λ berechnet	λ gemessen	absorb. Farbe
10	581	590	Orange
12	710	710	Rot
14	835	820	Infrarot
16	965	930	Infrarot

Tabelle 329.1 Carbocyanin-Farbstoffe mit Z freien Elektronen; $a=0{,}139$ nm; λ in nm

Für die Wellenlänge der beobachteten Absorptionslinie folgt $\lambda=c/f=8\,m\,l^2\,c/9\,h=530$ nm. Wenn die Molekül-Kette länger wird, steigt nach dieser Gleichung die Wellenlänge λ der absorbierten Quanten. Dies zeigt *Tabelle 329.1*. Auch das Blattgrün enthält Potentialtöpfe.

5. Quantensprünge erzeugen und vernichten Lichtquanten

Die im Potentialtopf energetisch angehobenen Elektronen bleiben nicht oben, sondern fallen nach kurzer Zeit wieder in ihr Niveau W_4 zurück. Bei diesem **Quantensprung** ändert sich sprunghaft die ψ^2-Funktion, also die Ladungsverteilung in der stehenden Welle *(Bild 327.3)*. Diese kurzzeitige Ladungsverschiebung strahlt die vorher absorbierte Energie als Quant $W=hf$ im grünen Bereich nach allen Seiten ab (Versuch 265c; *Bild 329.2*). Auch bei der Absorption ändert sich ψ^2 plötzlich; beim zugehörigen Sprung des Elektrons nach „oben" nimmt das Molekül ein Lichtquant auf.

Nur wenn sich die Ladungsverteilung (ψ^2) ändert, können Lichtquanten emittiert oder absorbiert werden. Man spricht von einem Quantensprung.

Vom Fotoeffekt und der Röntgenbremsstrahlung her kennen Sie solche sprungartigen Vorgänge. Bei ihnen ändert ein Elektronensystem seine Energie um $\Delta W = hf$. Ein Lichtquant dieser Energie wird erzeugt oder vernichtet. *Heisenberg* zeigte, wie lang solch ein Sprung dauert: Während er stattfindet, bleibt die Energie W des Systems um diese Energiedifferenz $\overline{\Delta W} = hf$ unbestimmt (das System ist noch im oberen oder schon im unteren Zustand; Zwischenenergien fehlen). Nach der Unbestimmtheitsrelation $\overline{\Delta W}\,\overline{\Delta t} \approx h$ (Seite 320) ist die Dauer dieses Quantensprungs $\overline{\Delta t} \approx h/\overline{\Delta W} = h/(hf) = 1/f = T$; das ist die winzig kleine Periodendauer T des emittierten Lichts (im sichtbaren Bereich etwa 10^{-14} s). Das Wort „Sprung“ ist berechtigt. Eine Stimmgabel braucht viel länger, bis sie ihre Energie abgestrahlt hat!

Das Elektron verweilt im oberen, energetisch angeregten Zustand ungestört während der viel längeren Zeit $\overline{\Delta t_1} \gg T$. Ihr entspricht nach Seite 319 ein Wellenzug der Länge $\overline{\Delta y} = c\,\overline{\Delta t_1}$. Wir erhielten $\overline{\Delta t_1} \approx 100\,T$. Dies ist sehr viel mehr als die Zeit $\overline{\Delta t} = T$ eines Quantensprungs, in der das Quant tatsächlich ausgesandt wird. Während der langen Zeit $\overline{\Delta t_1}$ „schlummerte“ das Atom im angeregten Zustand; dabei besteht die Wahrscheinlichkeit, ein Quant zu emittieren. Wir erkennen wiederum die Wahrscheinlichkeitsbedeutung dieser Wellenzüge. Zudem sehen wir nochmals, daß eine Quantenlokalisation (als Faktum) nicht mit der Welle (als Möglichkeit; Seite 312) gleichgesetzt werden darf.

6. Eine Brücke zwischen zwei Welten

Wir fanden nun mehrfach die uns wohlvertrauten klassischen Gesetze als Grenzfälle der Quantenphysik. Läßt sich eine ähnliche Brücke auch zwischen zwei so konträren Auffassungen wie dem momentanen Quantensprung und dem kontinuierlichen Hin- und Herschwingen eines Elektrons im Hertzschen Dipol finden?

Dem Impuls $p = h/\lambda = h\,n/2\,l$ eines Elektrons im Potentialtopf entspricht die Geschwindigkeit $v = p/m = h\,n/(2\,m\,l)$. Mit ihr sollte das Elektron – klassisch gesehen – zwischen den Enden, also auf einer Strecke der Länge l, hin und her schwingen. In einer Periode würde es den Weg $s = 2\,l$ zurücklegen und dazu die Zeit $T = s/v = 4\,m\,l^2/(h\,n)$ brauchen. Es müßte nach dieser *klassischen Vorstellung* Licht der Frequenz $f_{\text{kl}} = 1/T = h\,n/(4\,m\,l^2)$ ausstrahlen.

Quantentheoretisch erhält man die Frequenz f_{q} der ausgesandten Quanten nach einem völlig anderen Prinzip: Beim Quantensprung zwischen den Energiestufen W_{n+1} und W_n ändert sich die Ladungsverteilung ψ^2. Nach *Gl. 328.1* entsteht Licht der Frequenz

$$f_{\text{q}} = \frac{W_{n+1} - W_n}{h} = \frac{h}{8\,m\,l^2}\left((n+1)^2 - n^2\right) = \frac{h\,(2\,n+1)}{8\,m\,l^2}.$$

Sie ist größer als die klassisch erwartete Frequenz $f_{\text{kl}} = h \cdot 2\,n/(8\,m\,l^2)$. Bei hohen Quantenzahlen unterscheiden sich jedoch $2n+1$ und $2n$ kaum; dort gilt $f_{\text{q}} \approx f_{\text{kl}}$. Nur für diesen Grenzfall hoher Quantenzahlen *korrespondiert* das klassisch zu erwartende Bild eines zwischen zwei Wänden hin- und herfliegenden Elektrons mit der völlig anderen Vorstellung des Quantensprungs! Bei den kleinen Quantenzahlen, die wir später in Atomen betrachten, ist nur die quantentheoretische Vorstellung brauchbar. Doch tastete man sich mit diesem **Bohrschen Korrespondenzprinzip** seit 1913 vorsichtig von der gewohnten klassischen Auffassung in die Quantenphysik vor. Es war kein leichter Weg! Wir haben ihn durch das Einführen des linearen Potentialtopfes abgekürzt.

Aufgaben

1. *Welche Wellenlänge hat die absorbierte Spektrallinie in einem Farbstoffmolekül mit* 18 C-*Atomen? (Der Atomabstand beträgt* $a = 0{,}139$ nm.*)*

2. *Das zur Bindung nicht benutzte vierte Elektron in Bild 328.2 hat sein Atom (Durchmesser* $2a = 0{,}3$ nm*) verlassen und hält sich im Topf der Länge* $l = 8a$ *auf. Warum ist dies energetisch gesehen günstiger? Mit welchem Aufwand an Energie müßte man es wieder in den „Quantenkäfig Atom“ zwingen? Warum halten sich die locker gebundenen äußeren Elektronen der Metallatome frei im Metall auf (Seite 347)?*

3. a) *Wie breit müßte eine Spektrallinie (*$\lambda = 600$ nm*) sein, wenn für ihre Breite nicht die Lebensdauer* $\overline{\Delta t_1}$ *des angeregten Zustands, sondern die des Quantensprungs maßgebend wäre?* **b)** *Wie groß war die Verweilzeit* $\overline{\Delta t_1}$ *des Elektrons in Versuch 262 im angeregten Zustand, als die Interferenzringe gerade verschwunden sind?*

4. *Ein sehr schneller Fotoverschluß zerschneidet die Wellenzüge, die von einer* Hg-*Lampe kommen. Wird das Quant, also die Frequenz, geteilt? Wie wirkt sich dies auf die Spektrallinie aus; entstehen zwei Linien? Darf man also Quant und Wellenzug gleichsetzen?*

5. *Die Grundfrage des Atomismus ist: Wie können Teilchen ohne Ausdehnung ausgedehnte Körper bilden? Auf welche Weise löst die kinetische Gastheorie dieses Problem bei den Gasen? Was bietet das Bohrsche Modell, was die Quantenphysik als Lösung an?*

§99 Quantisierung im Experiment

1. Anregende Stöße im Franck-Hertz-Versuch

Farbstoffmoleküle sind wählerisch; sie lassen sich nur durch Quanten bestimmter Energie anregen und senden auch nur solche aus. Gilt dies auch für freie Atome? *J. Franck* und *G.L. Hertz* (Nobelpreise 1925) beschossen deshalb 1913 Quecksilberatome mit Elektronen. Deren Energie $W = e\,U_b$ steigerten sie mit der Spannung U_b stetig. Wurden die Hg-Atome nur durch bestimmte Energien angeregt oder nahmen sie alles, was sich ihnen bot?

Versuch 266: Eine mit Hg-Dampf gefüllte Röhre wird auf 180 °C erhitzt *(Bild 331.1a)*. Von der Glühkathode K werden Elektronen mit der Spannung U_b zur Gitterelektrode G beschleunigt. Der Meßverstärker registriert aber nicht die Elektronen, die auf G landen, sondern nur diejenigen, die bis zur *Auffängerelektrode* A vordringen. Diese ist zur Abstoßung langsamer Elektronen gegenüber G mit der Spannung $U_v = 2$ V negativ geladen. Enthielte die Röhre keine Hg-Atome, so müßten bei $U_b > 2$ V alle Elektronen hinter G nach A gelangen und als Auffängerstrom I_A registriert werden. Wenn wir U_b stetig steigern, schwankt I_A jedoch wegen der Hg-Atome periodisch *(Bild 331.1b)*. Was geht in der Röhre vor?

Wenn wir U_b von Null aus bis 4,9 V erhöhen, steigt I_A; die Elektronen stoßen zwar auf Hg-Atome, können jedoch keine Energie an deren Inneres abgeben: Sie sind nicht in der Lage, ein Atom-Elektron vom obersten besetzten Energieniveau in das nächste freie zu heben. Die „Festung Atom" bleibt unerschüttert. Atome verhalten sich wie Automaten, die auf Markstücke eingestellt sind und deshalb Groschen, auch wenn sie noch so zahlreich kommen, verschmähen. Die Elektronen stoßen hier elastisch, ohne Energieverlust.

Bei $U_b = 4{,}9$ V sinkt I_A stark ab. Jetzt bekommen die stoßenden Elektronen kurz vor G genügend Energie, um dort Hg-Atome **anzuregen.** Dabei verlieren diese Elektronen ihre Energie und können nicht mehr gegen die negativ geladene Elektrode A anlaufen; sie kehren nach G zurück. Die Stöße sind jetzt unelastisch. Die wenigen Elektronen, die trotzdem A erreichen, haben zufällig kein Hg-Atom getroffen und ihre Energie behalten.

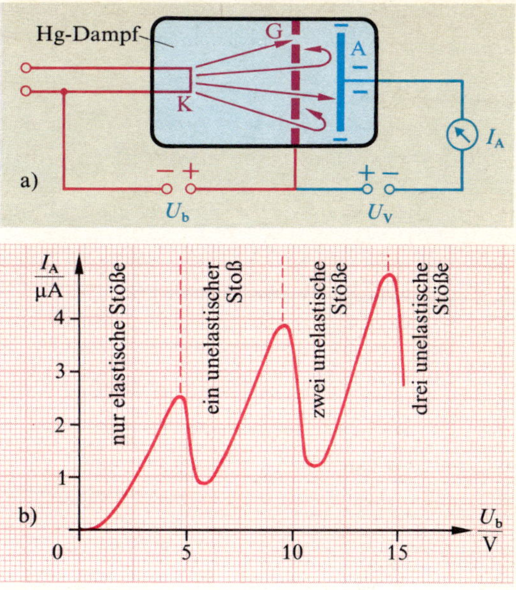

331.1 a) Schema des Franck-Hertz-Versuchs. b) Wenn U_b stetig steigt, schwankt I_A mit der Periode 4,9 V.

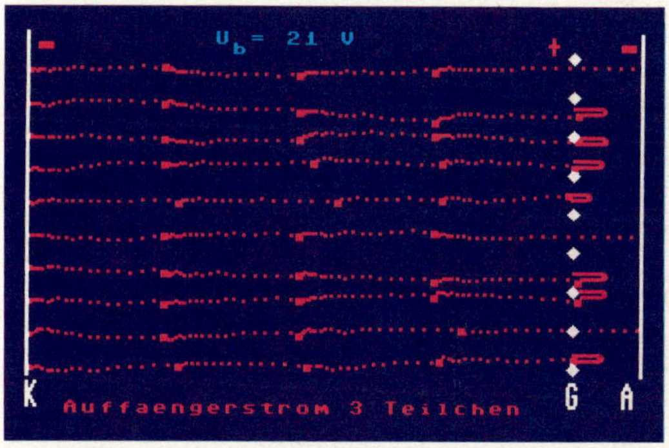

331.2 Computersimulation zum Franck-Hertz-Versuch

Bei jeweils der *n*fachen Beschleunigungs-Spannung $U_b = n \cdot 4{,}9$ V ($n = 2, 3, 4, \ldots$) sinkt I_A wieder. Die Hg-Atome haben aber keine höheren Niveaus mit gleichen Abständen. Vielmehr kommt die Periodizität von der Elektronenbeschleunigung: Die Elektronen bekommen schon nach der Strecke $\overline{KG}/2, \overline{KG}/3, \ldots, \overline{KG}/n$ die zur energetischen Anregung nötige Energie 4,9 eV und verlieren sie sofort an die dort gestoßenen Hg-Atome. Dann werden die Elektronen wieder beschleunigt. Regen sie kurz vor G zum *n*ten Mal Hg-Atome an, so haben sie ihre kinetische Energie abgegeben und können nicht mehr gegen die negativ geladene Platte A anlaufen. I_A sinkt zum *n*ten Mal.

Was machen die angeregten Hg-Atome mit ihrer Energie? *Franck* und *Hertz* fanden eine Spektrallinie der Frequenz $f = W/h = 4{,}9\ \text{eV}/h = 1{,}18 \cdot 10^{15}$ Hz. Sie entsteht beim Rücksprung des angeregten Atom-Elektrons in das Ausgangsniveau. Leider liegt ihre Wellenlänge $\lambda = c/f = 253{,}7$ nm im UV. Sonst hätten wir eine weitere Möglichkeit, h zu bestimmen.

2. Enttarnung durch passendes Licht

Reagieren die Energieniveaus in Gasatomen auch auf *Photonen* – analog zu Farbstoffen?

Versuch 267: Ein luftleerer Glaskolben enthält etwas metallisches Natrium. In einem Ofen wird der Kolben auf 250 °C erhitzt. Sein Innenraum füllt sich mit Natriumdampf, den wir aber nicht sehen. Er läßt nämlich die Photonen des Tageslichts ungehindert passieren. Doch enttarnen ihn die Photonen einer Natriumdampf-Lampe. In ihrem gelben Licht ($\lambda = 590$ nm; Quantenenergie $W_{Na} = hf = 2{,}07$ eV; Spektraltafel Seite 427) sieht der Na-Dampf wie massiv gelber Nebel aus. Was geht bei dieser Enttarnung vor?

Die Na-Atome werden jetzt nur noch von Photonen getroffen, die in Na-Atomen entstanden sind. Diese Photonen haben genau die Energie $W_{Na} = hf = 2{,}07$ eV, mit der sie – nur im Na-Atom – das Elektron des obersten besetzten Niveaus in den nächsthöheren Zustand heben können. Deshalb werden all diese Photonen absorbiert. Nach sehr kurzer Zeit (etwa 10^{-8} s) fallen die Elektronen wieder in ihr Ausgangsniveau zurück und geben Quanten derselben Frequenz ab, aber jetzt – wie Nebel – diffus nach allen Seiten (vergl. mit *Bild 329.2*). Man spricht wegen der exakt gleichen Frequenz von **Resonanzfluoreszenz.**

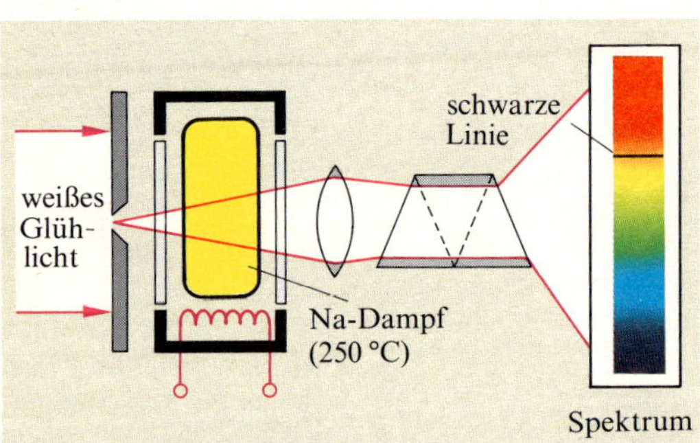

332.1 Umkehrung der Natrium-Linie; Versuch 268

Versuch 268: Auch weißes Licht enthält einige wenige Photonen, die exakt die Energie W_{Na} haben. Was geschieht mit ihnen? Wir lassen Licht nach *Bild 332.1* zunächst auf einen engen Spalt fallen. Er wird mit einem guten Objektiv auf einen Schirm abgebildet. Ein Geradsichtprisma hinter der Linse erzeugt ein helles kontinuierliches Spektrum. In das weiße Licht am Spalt bringen wir die erhitzte Röhre aus Versuch 267, die mit Natriumdampf gefüllt ist. Ihn durchdringen – wie bekannt – fast alle Photonen ungehindert und geradlinig. Nur im gelben Teil des Spektrums sehen wir eine fast schwarze Linie. Die zugehörigen Photonen mit der Quantenenergie W_{Na} wurden durch Resonanzfluoreszenz absorbiert und dann wieder nach allen Seiten ausgestrahlt. Nur wenige treffen das Prisma; deshalb ist die Linie nicht ganz schwarz. Man nennt diesen Versuch **Umkehrung der Natrium-Linie.**

Das Gleiche haben wir bei den Farbstoffmolekülen beobachtet. Nur nahm dort die Absorptionslinie einen viel breiteren Bereich des Spektrums ein; also fehlte ein breiter Farbbereich. Der Rest konnte sich nicht mehr zu Weiß vereinigen und lieferte die Komplementärfarbe. In Flüssigkeiten stören nämlich Nachbarmoleküle die Lichtaussendung, kürzen die Wellenzüge und verbreitern so die Energieniveaus (Seite 319). In freien Gasatomen jedoch sind die Energieniveaus sehr scharf.

3. „Fingerabdrücke" der Atome im Spektrum

Die Umkehrung der Spektrallinien nach Versuch 268 läuft im Großen auf der Sonne und den Fixsternen ab. Weißes Licht aus tieferen Schichten durchsetzt die äußere Gasatmosphäre des Sterns. Aus dem kontinuierlichen Spektrum absorbieren dort Gasatome die zu ihren Energieniveaus passenden Photonen. Wenn Sie *Sonnenlicht* mit einem Taschenspektroskop zerlegen, sehen Sie ein kontinuierliches Spektrum, das jedoch von vielen scharfen schwarzen *Absorptionslinien* durchzogen ist. Sie heißen nach ihrem Entdecker **Fraunhofersche Linien** (Farbtafel Seite 427). Da man aus Laborversuchen ihre Zuordnung zu den Elementen mit der sprichwörtlichen spektroskopischen Genauigkeit kennt, erfährt man durch diese „Fingerabdrücke" im kontinuierlichen Spektrum, welche Elemente in den Gashüllen der Fixsterne vorkommen. Man kann sogar ihre Anteile im Weltall abschätzen. Das Element *Helium* wurde 1868 durch zunächst noch unbekannte Absorptionslinien auf der Sonne entdeckt und konnte erst 1882 auch in Erdgasquellen nachgewiesen werden. In der **Spektralanalyse** hat die Chemie eine Methode zum Erkennen und Untersuchen von Atomen und Molekülen entwickelt. Sie benutzt dabei Emissions- und Absorptionsspektren. Die *Flammenfärbung* ist eine Vorstufe hierzu. In der Flamme angestoßene Atome senden Licht aus.

4. Fluoreszenz und Phosphoreszenz: Ändern und Speichern von Photonen-Energie

a) Versuch 269: Wir bestrahlen *Fluorescein-Lösung* mit weißem Licht und betrachten sie im Spektroskop. Im durchfallenden Licht fehlen Blau und Violett; die Lösung erscheint daher in der Komplementärfarbe Rot-Gelb *(Bild 329.2)*. Nach den Seiten hin leuchtet sie dagegen in einer neuen Farbe, sie **fluoresziert** grün. Anders als bei der Resonanzfluoreszenz in Natriumdampf kehrt das Fluoresceïn-Molekül nicht unmittelbar aus dem angeregten Zustand W_a in den Grundzustand W_u zurück, sondern über Zwischenzustände W_1, $W_2, \ldots$ *(Bild 333.1 b)*. Deshalb sind die Quanten des gestreuten Lichts energieärmer, d.h. langwelliger (rot und grün) als die des absorbierten (blau). Quantenenergie wurde unterteilt.

Man kann sogar unsichtbares Ultraviolett in sichtbares Licht umwandeln. Dies geschieht im Leuchtstoff von *Leuchtstoffröhren* (Seite 119). – Chemische Zusätze in *Waschmitteln* fluoreszieren im UV des Tageslichts bläulich. Dieses Blau addiert sich zum Gelb des Schmutzes und gibt „strahlendes Weiß". – *Fluoreszenzschirme* wandeln unsichtbare Röntgenstrahlen in sichtbares Licht um. In *Braunschen Röhren* regen aufprallende Elektronen die Atome des Leuchtschirms an. Diese geben die Energie als Licht ab.

b) Bestrahlt man *Zinksulfid*, das Spuren von Kupfer enthält, so leuchtet es anschließend längere Zeit im Dunkeln nach; es **phosphoresziert.** Dabei werden Elektronen im Kristallgitter aus dem Valenzband in das Leitungsband gehoben und dort einige Zeit wegen der Cu-Atome festgehalten. Durch die Wärmebewegung freigeschüttelt, fallen die Elektronen ins Valenzband dieses Licht-Akkus zurück und liefern – wie eine Leuchtdiode – Lichtquanten. Nicht die Photonen werden gespeichert, sondern ihre Energie. Ziffern und Zeiger von Uhren werden oft mit solchen phosphoreszierenden Stoffen bestrichen. Sie enthalten keinen Phosphor.

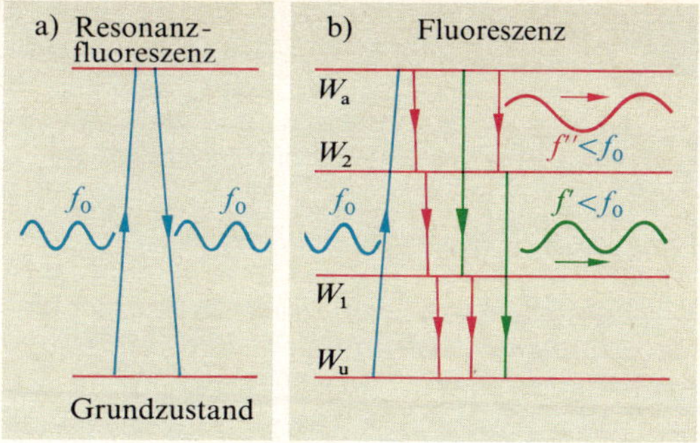

333.1 a) Resonanzfluoreszenz (Versuch 267); b) Fluoreszenz (Versuch 269)

5. Brownsche Bewegung – ohne Reibung?

Bei normalen Temperaturen sind die Stöße zwischen Atomen völlig elastisch; ihre kinetische Energie liegt bei nur $\frac{1}{30}$ eV (Aufgabe 1) und kann – wie der Franck-Hertz-Versuch zeigt – nicht in die „Festung Atom" eindringen. Deshalb gibt es bei der *Brownschen Bewegung* (Fett-Tröpfchen in Milch) keine Spur von Reibungsverlusten; in atomaren Bereichen fehlt Reibung! Die kinetische Energie bleibt als solche erhalten. Sie kann nur zwischen Teilchen hin und her wandern und das eine kurzzeitig schneller machen – auf Kosten eines andern. Aus dem gleichen Grunde bleiben die Luftmoleküle ständig in Bewegung und fallen nicht zu Boden.

Atome können durch Elektronenstoß und Absorption von Photonen aus dem Grundzustand in energetisch höhere Zustände gelangen.

Aufgaben

1. *Bei welcher Temperatur würde nach $W = \frac{3}{2} k T$ die kinetische Energie von Gasmolekülen so groß, daß sie* Hg-*Atome anregen können? ($k = 1{,}38 \cdot 10^{-23}$ J K^{-1})*

2. *Ein* Na-*Atom ($m = 23$ u) sendet ein Photon der Wellenlänge* 590 nm *aus. Welche Rückstoßgeschwindigkeit erhält das Atom? (Bestätigungsversuch für den Impuls von Einzelphotonen; R. Frisch)*

3. *Photonen können nur mit genau passender Energie Atome anregen, Elektronen dagegen auch mit höheren Energien. Geben Sie Beispiele! Womit hängt dies zusammen?*

4. *Wie viele Perioden ($\lambda = 590$ nm) umfassen Wellenzüge freier* Na-*Atome, wenn sie im angeregten Zustand 10^{-8} s verweilen? Wie groß ist ihre Frequenzunschärfe?*

5. *Warum wird bei Phosphoreszenz nicht das Photon selbst gespeichert, sondern nur seine Energie?*

§ 100 Vom H-Atom zum Schwarzen Loch

1. Wieder hilft die Unbestimmtheitsrelation

Die Bewährungsprobe bestand die *Schrödingergleichung,* als ihr Entdecker 1926 alle Eigenschaften des Wasserstoffatoms richtig berechnen konnte. Zu Beginn der sehr mühsamen Rechnungen klagte *Schrödinger*: „Wenn ich nur mehr Mathematik könnte". Wir können noch viel weniger, erinnern uns aber, daß wir auf Seite 322 die Lokalisationsenergie des Elektrons im H-Atom mit der Unbestimmtheitsrelation zu etwa 12 eV richtig abgeschätzt haben.

Allerdings mußten wir dort den Atomradius R vorgeben. Ist er ein nicht weiter erklärbares „Sondermaß" der Natur, oder kann man ihn auf allgemeine Naturkonstanten zurückführen? Warum sind die locker gebauten Atome und damit die ganze Materie stabil? Hellt die Quantentheorie ihre Struktur auf?

2. Warum sind Atome stabil?

Ein Gebilde ist um so stabiler, je mehr Energie man braucht, um es zu zerlegen. Schätzen wir diese Energie beim H-Atom ab: Durch die Anziehung des Kerns ist das Elektron in einen gewissen Bereich eingeschlossen, sagen wir in

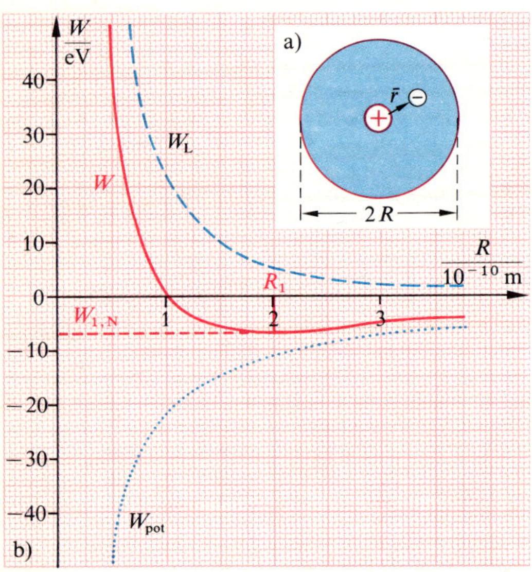

334.1 a) H-Atom als Kugel mit Radius R; b) Die Gesamtenergie $W = W_{pot} + W_L$ hat bei R_1 ein Minimum und liefert so den stabilen Grundzustand.

eine Kugel mit dem noch unbekannten Radius R. Im Mittel hält es sich etwa im Abstand $\bar{r} = R/2$ vom Kern mit der Zentralladung $+e$ auf. Dort ist nach Seite 35 das Coulomb-Potential $\varphi = W_{pot}/q = -e/(4\pi\varepsilon_0 \bar{r}) = -e/(2\pi\varepsilon_0 R)$. Das Elektron hat im Mittel die potentielle Energie

$$W_{pot}(R) = \varphi e = -\frac{e^2}{2\pi\varepsilon_0 R} = -\frac{A}{R} \qquad (334.1)$$

mit dem Faktor $A = e^2/(2\pi\varepsilon_0)$. *Bild 334.1b* zeigt punktiert die stets negative Energie $W_{pot}(R)$. Sie wird Null für $R \to \infty$.

Dazu kommt die quantenmechanische Form der kinetischen Energie, nämlich die *Lokalisationsenergie* W_L. Da sie aus der Unbestimmtheitsrelation folgt, kann man sie nicht verdächtigen, etwas mit Elektronenbahnen zu tun zu haben. Nach *Gl. 322.4* ist $W_L = 3h^2/(8ml^2)$ beim Atomdurchmesser $l = 2R$ etwa

$$W_L(R) = \frac{3h^2}{32mR^2} = \frac{B}{R^2} \qquad (334.2)$$

mit dem Faktor $B = 3h^2/(32m)$. $W_L(R)$ ist stets positiv und wird durch die gestrichelte Kurve in *Bild 334.1b* dargestellt. Mit *Gl. 334.1* folgt die *Gesamtenergie W* als Funktion von R zu

$$\boldsymbol{W(R) = W_L + W_{pot} = +\frac{B}{R^2} - \frac{A}{R}.} \qquad \textbf{(334.3)}$$

Die rote Kurve in *Bild 334.1b* zeigt diese Funktion $W(R)$. Ihr Minimum bei R_1 ermöglicht die Existenz und Stabilität der Atome: Um nämlich den Atomradius R von diesem Wert R_1 aus zu vergrößern, muß man das Elektron vom Kern entfernen. Die potentielle Energie ($\sim -1/R$) nimmt dabei rascher zu, als die Lokalisationsenergie ($\sim 1/R^2$) sinkt: Man muß Energie zuführen. – Um dagegen den Atomradius R von R_1 aus zu verkleinern, braucht man ebenfalls Energie; hier steigt die Lokalisationsenergie schneller, als die potentielle Energie sinkt. Weicht der Radius R von R_1 ab, geht das zu groß oder zu klein geratene H-Atom unter Abgabe von Energie in diesen **stabilen Zustand** mit Radius R_1 über und verharrt in ihm. *Der Verlauf der roten Kurve in Bild 334.1 ist typisch für stabile Systeme.*

Den Atomradius R_1 erhalten wir durch Nullsetzen der Ableitung von $W(R)$ nach R:

$$W'(R_1) = -\frac{2B}{R_1^3} + \frac{A}{R_1^2} = 0, \quad \text{d.h.}$$

$$\boldsymbol{R_1 = \frac{2B}{A} = \frac{3\pi\varepsilon_0 h^2}{8me^2} = 2 \cdot 10^{-10}\,\text{m}.} \qquad \textbf{(334.4)}$$

Bild 335.1 zeigt den von *Schrödinger* berechneten mittleren Elektronenabstand r_S und die Antreffwahrscheinlichkeit ψ^2 des Elektrons im H-Atom. Unser Wert R_1 für den Atomradius paßt gut; der von *Bohr* berechnete sogenannte *Bohrsche Radius* $r_B = 0{,}53 \cdot 10^{-10}$ m ist zu klein (Seite 348).

3. Die Gesamtenergie des stabilen H-Atoms

Für die Gesamtenergie W_1 des stabilen H-Atoms folgt durch Einsetzen von R_1 in *Gl. 334.3* der Näherungswert

$$W_{1,N} = \frac{B}{R_1^2} - \frac{A}{R_1} = \frac{A^2}{4B} - \frac{A^2}{2B} = -\frac{A^2}{4B}$$

$$= -\frac{2}{3\pi^2}\frac{m e^4}{\varepsilon_0^2 h^2} = -7{,}3 \text{ eV}. \qquad (335.1)$$

Die Schrödingergleichung liefert ebenfalls den Term $m e^4/(\varepsilon_0^2 h^2)$, also die gleiche Abhängigkeit von den Naturkonstanten m, e, ε_0, h. Doch ist unser Zahlenfaktor $2/(3\pi^2) \approx \frac{1}{15}$ durch $\frac{1}{8}$ ersetzt. Wir arbeiten künftig mit dem auch experimentell exakt bestätigten Wert

$$\mathbf{W_1 = -\frac{m e^4}{8 \varepsilon_0^2 h^2} = -13{,}6 \text{ eV}.} \qquad \mathbf{(335.2)}$$

13,6 eV braucht man, um das Elektron aus dem stabilen Zustand des Atoms zu entfernen, um also das H-Atom zu ionisieren. Seine **Ionisierungsenergie** beträgt 13,6 eV. Umgekehrt wird die Energie 13,6 eV frei, wenn ein Proton ein ruhendes Elektron aus dem Unendlichen einfängt, um ein Wasserstoffatom zu bilden.

Radius $R_1 = 2 \cdot 10^{-10}$ m und Grundzustandsenergie $W_1 = -13{,}6$ eV der H-Atome folgen quantentheoretisch aus allgemeinen Naturkonstanten. Ihre Stabilität ist ein Kompromiß zwischen zu großer potentieller Energie und zu großer Lokalisationsenergie.

Die Elektronen fallen nur wegen der Lokalisationsenergie nicht in die sie anziehenden Atomkerne. Auch sind Atome keineswegs harte Kugeln mit scharfem Rand, sondern eine lockere Elektronenwolke. Trotzdem sind sie stabil. Dies gilt folglich auch für die feste und flüssige Materie insgesamt. Ihre Dichte liegt in der Größenordnung von 1 g cm^{-3} (Aufgabe 1).

Nur Gase haben wegen ihrer großen Molekülabstände eine viel kleinere Dichte.

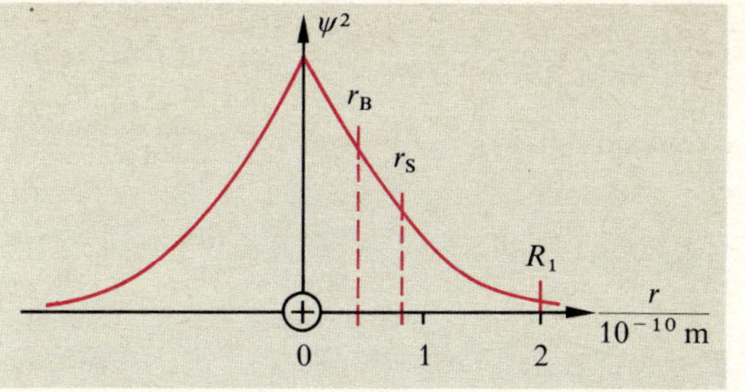

335.1 Antreffwahrscheinlichkeit ψ^2 des Elektrons (auf gleiche Volumenelemente bezogen); mittlerer Elektronenabstand r_S im H-Atom nach *Schrödinger*; r_B: Bohrscher Radius; R_1: Atomradius nach Ziffer 2

4. Stabilisierung der Sternmaterie

Im Inneren unserer *Sonne* besteht der Gravitationsdruck 10^{16} N m^{-2}. Ihm hält – wie in einem Gas – die Bewegungsenergie der Teilchen stand, aber erst bei $T = 20 \cdot 10^6$ K. Diese hohe Temperatur entsteht durch *Kernfusion* beim Verschmelzen von H- zu He-Kernen. Wenn diese Energiequelle versiegt, fällt der Stern in einem *Gravitationskollaps* schnell zusammen. Der Endzustand hängt von der noch verbleibenden Masse ab:

a) Weiße Zwerge (bis 1,4fache Sonnenmasse) schrumpfen auf das Volumen der Erde zusammen. Die Dichte steigt durch den Gravitationsdruck im Innern auf das 10^6fache der Sonnendichte, also auf etwa 10^7 g cm^{-3}. Ihm hält die gewaltig gestiegene Lokalisationsenergie der Elektronen, also ein Quanteneffekt, beliebig lange stand; der Stern erkaltet.

b) In kalten Sternen mit mehr als 1,4facher Sonnenmasse zwingt der Gravitationsdruck die Elektronen zu noch größerer Dichte. Ihre Lokalisationsenergie und damit ihre Geschwindigkeit steigt solange an, bis sie mit Protonen zusammen Neutronen bilden. Dies ist die Umkehrung des β-Zerfalls (Seite 391), braucht also Energie. Die Lokalisationsenergie der nun verbleibenden Neutronen ist wegen ihrer größeren Masse zunächst klein. Sie stabilisiert diesen **Neutronenstern** erst, wenn er auf 10 km Radius geschrumpft ist. Der Stern wird eine Neutronenkugel mit der Dichte von Atomkernen (10^{14} g cm^{-3}).

c) Bei über 10facher Sonnenmasse ist die Energie so groß, daß relativistische Effekte das Aufbringen der nötigen Lokalisationsenergie verhindern. Der Stern sackt zum **Schwarzen Loch** zusammen.

Aufgabe

1. a) *Berechnen Sie W_{pot} und W_L beim H-Atom im stabilen Zustand in der angegebenen Näherung! Vergleichen Sie beide Werte!* **b)** *Welche Dichte hat flüssiger Wasserstoff mit obigen Angaben? (Experimentell bei* 30 K: 50 g l^{-1}*)*

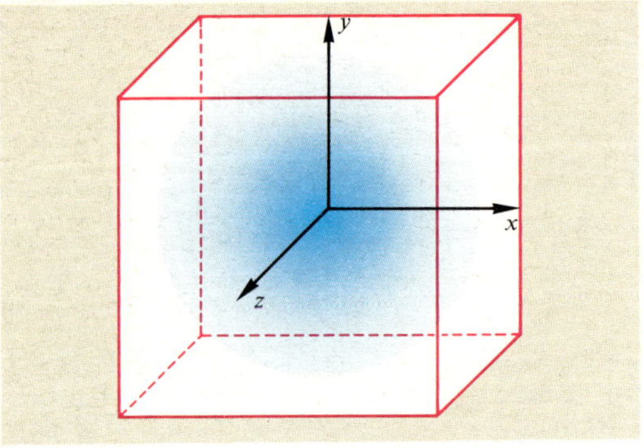

336.1 Orbital für $n_x = n_y = n_z = 1$; Antreffwahrscheinlichkeit des Elektrons im 1 s-Zustand

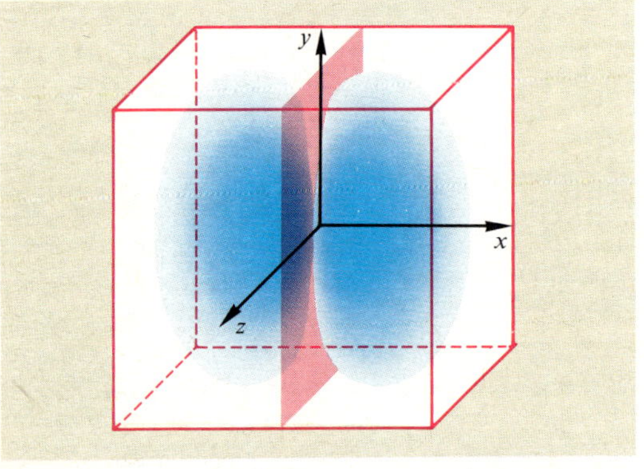

336.2 Das Orbital für $n_x = 2$; $n_y = n_z = 1$ zeigt die Antreffwahrscheinlichkeit im 2 p_x-Zustand.

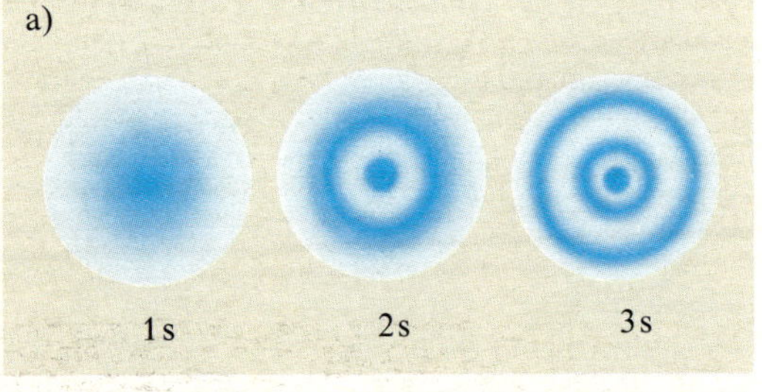

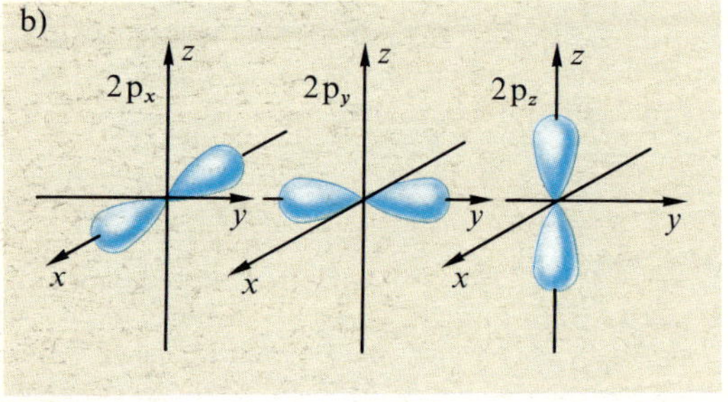

336.3 a) Schalenstruktur (1s-, 2s-, 3s-Orbital); b) gerichtete Orbitale ($2p_x$, $2p_y$, $2p_z$)

§ 101 Atombau und Spektrallinien

1. Stehende Wellen – nach drei Richtungen

Wir betrachten die räumliche Struktur des Atoms genauer. Hierzu erweitern wir den linearen Potentialtopf auf einen Würfel mit Kantenlänge l. In ihm bilden sich stehende Elektronenwellen aus, wenn sie auf alle drei Würfelkanten passen. Am einfachsten sind die stehenden Wellen zwischen gegenüberliegenden Wänden. An den Wänden bilden sich wegen der Randbedingung $\psi^2 = 0$ Knotenflächen. Die räumliche Elektronenwelle projiziert auf die x-Kante des Würfels der Länge l die Wellenlänge λ_x, auf die y-Kante λ_y und auf die z-Kante λ_z. Wegen der Knoten an den Wänden gilt analog zum eindimensionalen Fall (Saite):

$$l = n_x \lambda_x/2; \quad l = n_y \lambda_y/2; \quad l = n_z \lambda_z/2.$$

Im Dreidimensionalen gibt es also drei voneinander unabhängige Quantenzahlen n_x, n_y und n_z (jeweils gleich 1, 2, ...). Die Energie in diesem **dreidimensionalen Topf** liefert der Impulsvektor $\vec{p}$ mit den Komponenten p_x, p_y und p_z. Nach $p = h/\lambda$ gilt für die Komponenten und für den Gesamtimpuls p

$$p_x = \frac{h}{\lambda_x} = \frac{h}{2\,l} n_x; \quad p_y \text{ und } p_z \text{ entsprechend;}$$

$$p^2 = p_x^2 + p_y^2 + p_z^2 = \frac{h^2}{4\,l^2}(n_x^2 + n_y^2 + n_z^2). \quad (336.1)$$

Aus ihm berechnen wir die kinetische Energie $W_{\text{kin}} = \frac{1}{2} m v^2 = p^2/(2\,m)$, quantentheoretisch die *Lokalisationsenergie* W_L. Die potentielle Energie sei wie im linearen Topf Null. Die **Gesamtenergie W_L** eines Elektrons im dreidimensionalen kräftefreien Potentialtopf ist dann

$$\boldsymbol{W_L = \frac{p^2}{2\,m} = \frac{h^2}{8\,m\,l^2}(n_x^2 + n_y^2 + n_z^2).} \quad \textbf{(336.2)}$$

Für Niveaus mit gleichen Quantenzahlen $n = n_x = n_y = n_z$ ergibt sich die Energie

$$W_{L,n} = \frac{3\,h^2}{8\,m\,l^2} n^2 \quad (n = 1, 2, 3, \ldots). \quad (336.3)$$

$W_{L,n}$ ist wie im linearen Topf dem Quadrat der Quantenzahl n proportional und wurde für $n = 1$ als Lokalisationsenergie aus der Unbestimmtheitsrelation gewonnen (Seite 322). Wir betrachten nun Zustände für verschiedene Werte der Quantenzahlen und beginnen mit dem Grundzustand $n_x = n_y = n_z = 1$, d.h. $n = 1$.

2. Stehende Wellen – nicht Elektronenbahnen – strukturieren die Atomhülle

a) Den Grundzustand ($n=1$) im Würfel zeigt *Bild 336.1*. Es gibt nicht etwa die Gestalt des Elektrons an; dieses ist stets punktförmig. Vielmehr handelt es sich um die Wahrscheinlichkeit ψ^2, das Elektron in einem Volumenelement bestimmter Größe, etwa in einem winzigen Würfelchen von 1 pm Kantenlänge, anzutreffen. In der Würfelmitte liegt der „Bauch" für diese Antreffwahrscheinlichkeit. Eine entsprechende Verteilung fand auch *Schrödinger* für den Grundzustand des H-Atoms, für das **1s-Orbital.** Bei ihm und allen andern s-Orbitalen sitzt der Atomkern an der Stelle größter Antreffwahrscheinlichkeit. Würden dagegen Elektronen nach dem Bohrschen Modell den Kern umkreisen, so kämen sie nie in Kernnähe; der Kern könnte keine Elektronen einfangen. Doch beobachtet man dies beim Elektroneneinfang aus 1s-Orbitalen (Seite 392).

b) Viele Moleküle haben eine gewinkelte Struktur. Um sie zu verstehen, zeigen wir in *Bild 336.2* das Orbital mit den Quantenzahlen $n_x=2$, $n_y=n_z=1$. Man kann es sich aus der ersten Oberschwingung ($n=2$) im linearen Topf entstanden denken. Dreidimensional ist es eine stehende Elektronenwelle, welche die y-z-Ebene zur Knotenebene hat ($\psi^2=0$ bei $x=0$). Zu beiden Seiten der Knotenebene liegt ein Bauch der Antreffwahrscheinlichkeit in Form einer deformierten Kugel. Dies entspricht dem hantelförmigen **$2p_x$-Atom-Orbital,** das gerichtete Bindungen längs der x-Achse ermöglicht *(Bild 336.3b)*. Die auch von der Chemie bekannten $2p_y$- und $2p_z$-Orbitale erhält man für die Quantenzahlen $n_y=2$, $n_x=n_z=1$ bzw. $n_z=2$, $n_x=n_y=1$. Diese drei Elektronenzustände stehen mit ihrer Längsachse im Raum aufeinander senkrecht und bilden so die überaus wichtigen gewinkelten Strukturen von Molekülen. Mit Elektronen, die auf Bahnen umlaufen, könnte man solche Winkelbeziehungen nicht erklären. Wir veranschaulichen nun einige Orbitalformen:

Versuch 270: Das zweidimensionale klassische Analogon zu den stehenden dreidimensionalen Elektronenwellen sind die *Chladnischen Klangfiguren*. Sie bilden sich auf der gespannten Membran eines Tamburins oder auf einer Seifenlamelle, wenn diese von einem Lautsprecher zu Schwingungen in einer ihrer zahlreichen Eigenfrequenzen angeregt werden (*Bild 337.1* und *337.2*). An den Knotenlinien findet keine Bewegung statt. Zu beiden Seiten davon schwingen die Membranteile gegenphasig wie bei den Knoten einer schwingenden Saite. In einem von Knotenlinien umgrenzten Bereich dagegen haben die Membranteilchen gleiche Phase.

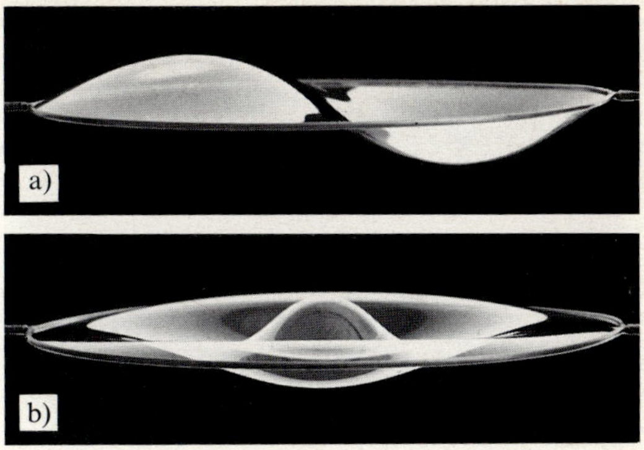

337.1 Schwingende Seifenhaut entspricht a) dem hantelförmigen $2p_x$, b) dem schalenförmigen 2s-Orbital.

Den 1s-Zustand im Atom demonstriert eine kreisförmige Membran, die der Phase nach einheitlich auf- und abschwingt. Der festgehaltene Umfang ist die Knotenlinie und stellt den Rand des Atoms dar. Die größte Amplitude tritt im Mittelpunkt, also in Kernnähe, auf. Die stehenden Wellen mit kreisförmigen Knotenlinien in *Bild 337.1b* und *336.3a* veranschaulichen die Schalenstruktur der Atome (s-Orbitale).

Aus der Wellenstruktur der Atomhülle folgen Orbitale mit Schalenform. Sie erklären die Schalenstruktur des Atoms. Gerichtete Orbitale dagegen erzeugen die für die chemische Bindung wichtigen Winkelbeziehungen in Molekülen.

337.2 Chladnische Klangfiguren

3. Ändert die Coulomb-Kraft die Orbitale?

Im Innern eines Potentialtopfes ist die Kraft auf die Elektronen Null; im Atom wirkt dagegen die Coulomb-Anziehung des Kerns. Was ändert sie? Wir betrachten zunächst die Antreffwahrscheinlichkeit für Elektronen:

a) Der Kern zieht die Elektronen stärker zu sich her. Der sinusförmige Grundzustand *(Bild 338.1a)* wird nach Schrödinger in der Mitte zu einer 1s-Funktion mit einer Spitze zusammengezogen (*b*); dies erhöht die Antreffwahrscheinlichkeit am Kern noch weiter.

b) Der Kern zieht die sinusförmige Oberschwingung *(Bild 338.1c)* ebenfalls etwas zur Mitte hin (*d*) und erzeugt das bekannte hantelförmige $2p_x$-Orbital *(Bild 336.2)*. Die Coulomb-Kraft beseitigt dabei das gegenphasige Schwingen zu beiden Seiten der Knotenebene und damit diese Ebene nicht. Die Wellennatur ist stärker! Deshalb kommen 2p-Elektronen – im Gegensatz zu 1s-Elektronen – dem Kern kaum nahe und werden nicht eingefangen.

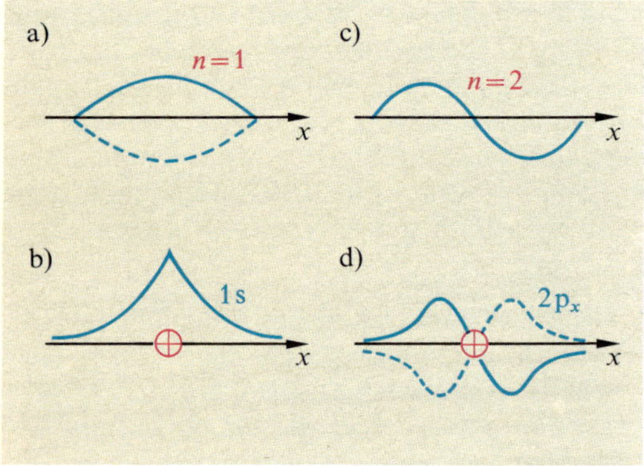

338.1 ψ^2-Funktionen ohne und mit Zentralladung. Der Kern deformiert die Orbitale nur ein wenig.

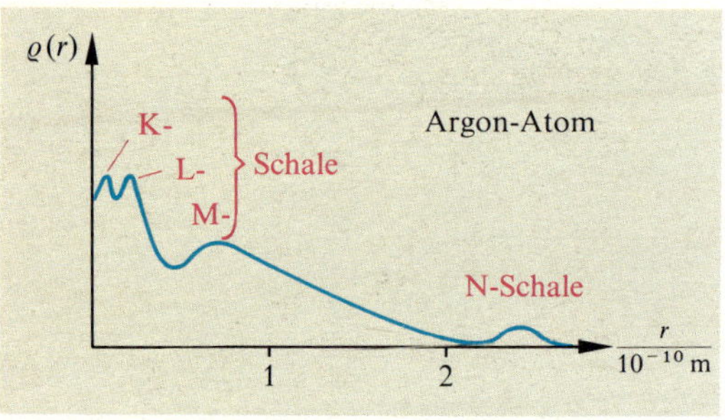

338.2 Elektronenverteilung $\varrho(r)$ nach *Schrödinger* berechnet, durch Elektronenstreuung bestätigt. Man erkennt deutlich die Schalenstruktur.

4. Energieniveaus in angeregten Atomen

Auf Seite 334 haben wir Größe und Energie des H-Atoms im Grundzustand $n=1$ mit Hilfe der Lokalisationsenergie $W_L = 3\,h^2/(32\,m\,R^2) = B/R^2$ abgeschätzt. Für höhere Quantenzahlen $n=2, 3, \ldots$ wurde W_L in *Gl. 336.3* um den Faktor n^2 zu $W_{L,n} = n^2 \cdot 3\,h^2/(8\,m\,l^2)$ erweitert. Mit $l = 2\,R$ folgt $W_{L,n} = n^2 \cdot 3\,h^2/(32\,m\,R^2)$. Wir erweitern deshalb auch den zur Abkürzung eingeführten Faktor $B = 3\,h^2/(32\,m)$ auf $B\,n^2$. Dann bekommen wir Radius und Energie des Atoms in angeregten Zuständen, also für $n = 2, 3, \ldots$:

a) Nach *Gl. 334.4* steigt der Radius eines Atoms mit der Quantenzahl n wegen des um n^2 erweiterten Faktors B von $R_1 = 2\,B/A$ auf $R_n = R_1\,n^2$. Mit steigender Quantenzahl n, also bei Energiezufuhr, entfernt sich das Elektron vom Kern. Man sagt, es besetzt weiter außen liegende „Schalen"; auf die K-Schale mit $n=1$ folgt die L-Schale mit $n=2$, die M-Schale mit $n=3$ usw. Dies gilt nach *Bild 338.2* auch dann noch, wenn ein Atom mehr als ein Elektron hat. So verteilen sich im Argon-Atom 18 Elektronen auf 3 Schalen.

b) Nun berechnen wir die Energie der höheren Niveaus im H-Atom. Hierzu ersetzen wir auch in *Gl. 335.1* für die Energie $W_1 = -A^2/(4\,B)$ des Grundzustands den Faktor B durch $n^2\,B$. Da B im Nenner steht, kommt die Quantenzahl in der Form $1/n^2$ auch in den Nenner. Aus $W_1 = -m\,e^4/(8\,\varepsilon_0^2\,h^2)$ *(Gl. 335.2)* folgen die von n abhängenden Energieniveaus W_n:

Energieniveaus des H-Atoms

$$W_n = \frac{W_1}{n^2} = -\frac{m\,e^4}{8\,\varepsilon_0^2\,h^2}\,\frac{1}{n^2}. \qquad (338.1)$$

Das Niveauschema des H-Atoms nach *Bild 339.2* zeigt diese Energieniveaus W_n als horizontale Linien. Für $n=1$ erhält man den Grundzustand mit der Energie $W_1 = -13{,}6$ eV. Die Energien aller Niveaus W_n sind negativ; Elektronen, die sich in ihnen befinden, können also das Atom nicht mit eigener Energie verlassen; sie sind gebunden. Die oberen Zustände rücken wegen des Faktors $1/n^2$ für $n \to \infty$ immer näher auf $W=0$ zusammen. Darüber hat sich das Elektron vom Atom entfernt; das Atom ist ionisiert. Beim linearen Potentialtopf stiegen dagegen die Energieniveaus proportional zu n^2 an.

5. Energieniveaus und Spektrallinien

Versuch 271: Wie schon in der Optik beobachten wir die Kapillare einer mit Wasserstoff gefüllten Spektralröhre durch ein Gitter *(Bild 234.1)*. H_2-Moleküle dissoziieren, wenn durch die Röhre Strom fließt. Die entstandenen Atome werden durch aufprallende Elektronen zum Leuchten angeregt. Man sieht rechts und links der Kapillare auf den Maßstab projiziert H-Linien. Sie rücken zu höheren Frequenzen, also mit steigender Quantenenergie $W=hf$, für $n\to\infty$ immer näher zusammen *(Bild 339.1)*.

Betrachten wir zur Erklärung das Niveauschema in *Bild 339.2*. In einem energetisch angeregten Atom befindet sich das Elektron in einem der zahlreichen Niveaus W_n mit der Quantenzahl $n>1$. Nach kurzer Zeit fällt es in den Grundzustand W_1 zurück ($n=1$). Die frei werdende Energie $\Delta W = W_n - W_1$ erzeugt Lichtquanten der Frequenzen $f=\Delta W/h$. Man faßt ihre Spektrallinien zur **Lymanserie** zusammen. *Gl. 338.1* liefert ihre Frequenzen

$$f=\frac{W_n-W_1}{h}=\frac{m\,e^4}{8\,\varepsilon_0^2\,h^3}\left(\frac{1}{1^2}-\frac{1}{n^2}\right). \qquad (339.1)$$

Der Faktor $f_R = m\,e^4/(8\,\varepsilon_0^2\,h^3) = 3{,}29\cdot 10^{15}$ Hz vor der Klammer heißt **Rydbergfrequenz.** Mit ihrer Hilfe kann man Frequenzen und Wellenlängen aus allgemeinen Naturkonstanten berechnen. *Tabelle 339.1* vergleicht berechnete und gemessene Wellenlängen. Die Übereinstimmung ist beeindruckend. Mit größer werdender Quantenzahl rücken die Linien – analog den Energieniveaus in *Bild 339.2* – zur **Seriengrenze** zusammen.

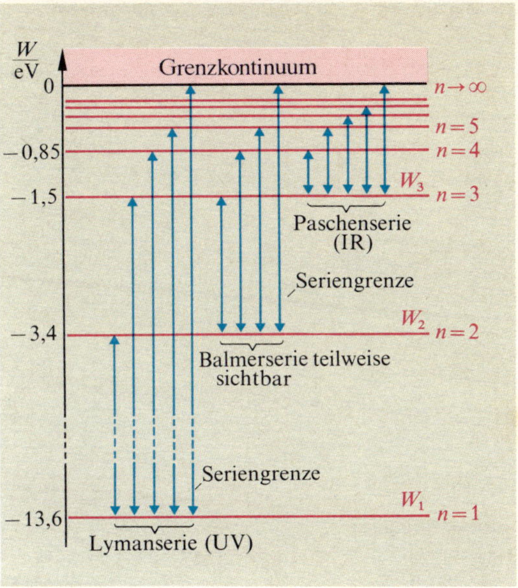

339.2 Energieniveauschema des H-Atoms nach *Gl. 338.1* mit Spektrallinien (blaue Doppelpfeile)

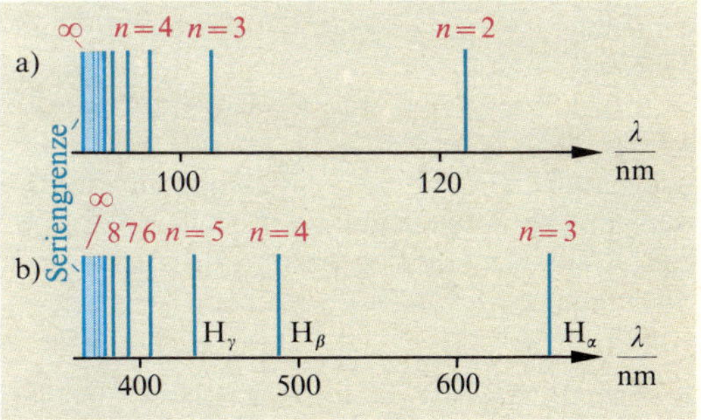

339.3 a) Lymanserie im UV, b) Balmerserie des Wasserstoffspektrums (teilweise sichtbar)

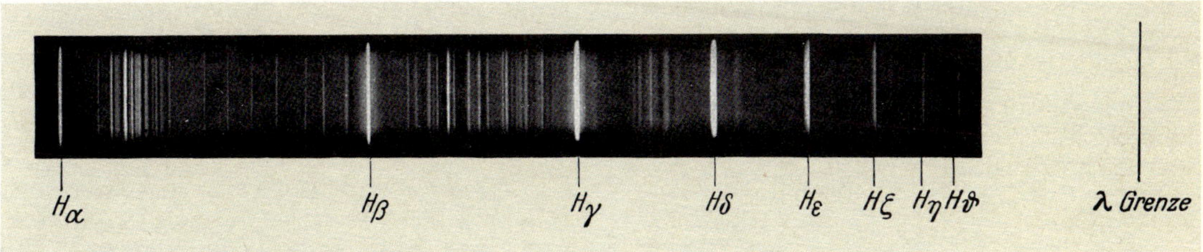

339.1 Die Linien einer Spektralserie rücken für höhere Energien näher zusammen.

	$n=2$	$n=3$	$n=4$	$n=5$	$n=6$	$n=7$
λ_{exp} in nm	121,5664	102,5718	97,2533	94,9739	93,7800	93,0744
λ_{ber} in nm	121,5666	102,5718	97,2533	94,9739	93,7799	93,0744

Tabelle 339.1 Vergleich der beobachteten und berechneten Wellenlängen der Lymanserie

6. Die Entstehung sichtbarer Spektrallinien

Die Linien der *Lymanserie* liegen im unsichtbaren Ultraviolett. Wie kommen nun die in Versuch 271 sichtbaren Linien niedrigerer Frequenz zustande? Sie entstehen, wenn im Wasserstoffatom Elektronen nach *Bild 339.2* aus höheren Niveaus ($n>2$) nicht auf das erste, sondern das zweite Energieniveau ($n=2$) mit $W_2 = -3{,}4$ eV fallen. Dabei entstehen Quanten des sichtbaren Bereichs der Frequenzen

$$f = f_R\left(\frac{1}{2^2}-\frac{1}{n^2}\right) \quad \text{mit} \quad n>2. \qquad (340.1)$$

f_R ist die oben angeführte Rydbergfrequenz; $f_R = e^4/(8\,\varepsilon_0^2\,h^3) = 3{,}29 \cdot 10^{15}$ Hz.

Diese Formel *340.1* fand schon 1885 der Baseler Gymnasiallehrer *Balmer* ohne Theorie nach vielem Probieren. Er kombinierte die Meßwerte von Spektrallinien der **Balmerserie** *(Bild 339.3b)*. Die Formel erregte großes Aufsehen, da sie hinter der verwirrenden Vielfalt der zahlreichen Spektrallinien eine Gesetzmäßigkeit zeigte. Nach 40 Jahren konnte *Schrödinger* dieses Rätsel „Sphärenmusik der Atome" endgültig lösen. Fallen Elektronen gar in das dritte oder in höhere Niveaus, so wird noch weniger Energie frei. Man findet Spektralserien im unsichtbaren Infrarot. So erhält man mit relativ wenigen Energieniveaus sehr viele Spektrallinien. Beim Klavier dagegen braucht jeder Ton eine eigene Saite! Musik wird eben ganz anders erzeugt als Licht!

Außerhalb des Atoms können Elektronen beliebige positive und nicht quantisierte kinetische Energiewerte haben, wenn „Randbedingungen" fehlen. Dieser Energiebereich ist in *Bild 339.2* für $W>0$ als **Grenzkontinuum** rot getönt. Fällt aus ihm ein Elektron in ein scharfes Energieniveau, so ist seine Energie nicht quantisiert. Es bildet sich ein *kontinuierliches Emissions-Spektrum*. Wir kennen es als weißes Sonnenlicht, entstanden in H^--Ionen an der Sonnenoberfläche.

Stehende Elektronenwellen quantisieren die Energie in Atomen. Die scharfen Energieniveaus können aus allgemeinen Naturkonstanten berechnet werden. Durch Quantensprünge zwischen diesen Niveaus entstehen die scharfen Spektrallinien. Das Grenzkontinuum liefert das kontinuierliche Spektrum des Sonnenlichts.

Enthält ein Atom mehrere Elektronen, so beeinflussen sich diese untereinander. Doch liefern die Quantengesetze wiederum scharfe Spektrallinien, die bei Na, Hg usw. im Sichtbaren liegen. Es gibt eben in Atomen nur scharfe Energieniveaus. Man kann sie aus der Schrödingergleichung mit Großcomputern berechnen. Mit ihnen kann man heute sogar den Ablauf chemischer Reaktionen und die dabei ablaufenden Elektronenumsetzungen rechnerisch verfolgen: Chemie am Rechner, nicht nur im Probierglas!

Aufgaben

1. *Was ist der Unterschied zwischen einem scharfen Energieniveau und einer scharfen Spektrallinie? Hängen beide miteinander zusammen? Warum kann es bei Atomen auch ein kontinuierliches Spektrum geben?*

2. a) *Berechnen Sie die Rydbergfrequenz* f_R *und mit ihr die fünf tiefsten Energieniveaus des* H-*Atoms (eine kleine Differenz rührt von der Bewegung des Kerns)!* **b)** *Welche Wellenlängen haben die sichtbaren Linien* H_α *bis* H_γ *der Balmerserie in Bild 339.3b? Zwischen welchen Quantenzahlen finden die zugehörigen Quantensprünge statt? Liegt die Seriengrenze der Balmerserie im Sichtbaren? Berechnen Sie ihre Wellenlänge!* **c)** *Die rechte Linie der Lymanserie liegt nach Bild 339.3a bei* 122 nm. *Gibt es in dieser Serie noch eine weiter rechts liegende Linie?*

3. a) *Berechnen Sie die kleinste Frequenz der Lymanserie!* **b)** *Welche Richtung und welche Geschwindigkeit muß ein Quasar (am Rande des Weltalls) relativ zu uns mindestens haben, damit wir die zugehörige Lyman-Linie sehen (*$\lambda_s > 400$ nm*; Seiten 225 und 284)?*

4. *Auf dem zur Quantenzahl* $n=3$ *gehörenden Niveau enden die Linien der Paschenserie. Zeigen Sie, daß diese alle im Infrarot liegen! Wie und mit welcher Geschwindigkeit müßten sich* H-*Atome in Ionenstrahlen relativ zu uns bewegen, daß wir zumindest die Seriengrenze der Paschenserie sehen? (Siehe Aufgabe 3;* $\lambda_s < 800$ nm*; Seite 284)*

5. *In der stellaren Radioastronomie findet man* H-*Linien vom Übergang* $n=167$ *auf* 166. *Wie groß ist ihre Wellenlänge, wie groß beim Übergang* 139 *auf* 137?

6. *Ritz kombinierte 1908 lange vor jeder Theorie: Die Frequenzen der Balmerserie können als Frequenzdifferenzen der Lymanserie, die der Paschenserie als Differenzen von Lyman- wie auch von Balmer-Frequenzen berechnet werden.* **a)** *Begründen Sie dieses Ritzsche Kombinationsprinzip! Es gab den Anstoß zum Aufstellen der Energieniveaus. Dürfte es auch anwendbar sein auf Spektren von Atomen, für deren Linien wir keine einfache Formel haben?* **b)** *Warum gilt ein ähnliches Prinzip nicht auch für die Frequenzen eines Klaviers?* **c)** *Läßt es sich auch für die Werte der Wellenlängen aufstellen?*

§ 102 Röntgenspektren

1. Zeigt sich die Kernladung im Spektrum?

Wir wenden uns nun größeren Atomen zu. Ihre Kerne enthalten Z Protonen, die Hülle Z Elektronen. Liefern ihre Quantensprünge im Feld der Z-fachen Kernladung $Q = Z e$ energiereichere Quanten? Können wir an den Spektrallinien gar die Protonenzahl Z ablesen? Oder wird die verstärkte Kernladung durch Elektronen in Kernnähe abgeschirmt? Betrachten wir also nur Elektronen, die in die K-Schale, welche dem Kern am nächsten liegt, hinabspringen. Sie „spüren" dabei die starke Kernladung fast unmittelbar.

Vorher müssen wir aber in der K-Schale eine Lücke schaffen, also aus ihr ein Elektron entfernen. Hierzu lassen wir energiereiche Elektronen auf die Anode einer Röntgenröhre fallen.

Bild 341.1 zeigt Röntgenspektren vom Beschuß einer Kupferanode mit Elektronen (20 kV und 30 kV). *Bragg-Reflexion* erzeugte die Spektren an einem NaCl-Kristall mit dem wirksamen Netzebenenabstand $d = 282$ pm. Den kontinuierlichen Untergrund und seine kurzwellige Grenze λ_{min} kennen wir von Seite 301. λ_{min} hängt von der Energie $e\,U$ der aufprallenden Elektronen ab, nicht aber die Lage der mit ① bis ⑥ bezeichneten **scharfen Röntgenlinien.** Ihre Lage ist für das Anodenmetall charakteristisch; sie bilden das **charakteristische Röntgenspektrum.** Wir werten es aus:

Nach der *Bragg-Gleichung* $n_B \lambda = 2 d \sin\varphi$ von Seite 263 finden wir aus den Winkeln 2φ in *Bild 341.1* für die Spitze ① die Wellenlänge $\lambda_1 =$ 139 pm, für die Spitze ② $\lambda_2 = 154$ pm. Beide Male haben wir versuchsweise die spektrale Ordnungszahl $n_B = 1$ gesetzt. Diese Wellenlängen liefern mit $n_B = 2$ auch die Spitzen ③ und ④ und mit $n_B = 3$ die Spitzen ⑤ und ⑥. Wir haben also die Ordnungszahlen n_B richtig zugeordnet.

Wie kommen nun diese Linien im Atom zustande? Wir beschränken uns auf solche Quantensprünge, die ein Elektron aus der Schale mit der Quantenzahl n in die K-Schale ($n = 1$) ausführt. Im H-Atom gäbe dies die *Lymanserie* mit den Frequenzen

$$f = \frac{\Delta W}{h} = f_R \left(\frac{1}{1^2} - \frac{1}{n^2}\right). \qquad (341.1)$$

$f_R = m\,e^4/(8\,\varepsilon_0^2\,h^3)$ ist die *Rydbergfrequenz*.

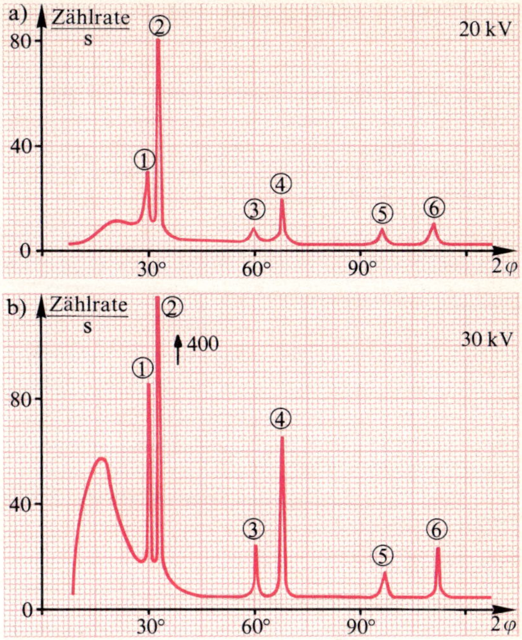

341.1 Charakteristisches Röntgenspektrum einer Kupferanode a) bei der Spannung 20 kV, b) bei 30 kV; 2φ ist 28,5°; 31,7°; 59°; 66°; 95°; 110°

Wie der Faktor e^4/ε_0^2 zeigt, steckt in f das Quadrat der Coulomb-Energie *(Gl. 334.1)*. Diese enthält beim Wasserstoffatom das Produkt $Q\,q = e^2$ aus der Kernladung $Q = e$ und der Elektronenladung $q = e$. In schwereren Kernen führt ein Elektron einen Quantensprung im Feld der Z-fachen Kernladung $Q = Z e$ aus. Also ist $Q\,q = Z\,e^2$, das Quadrat hiervon $Z^2\,e^4$.

In Atomen mit der Ordnungszahl Z sollten also die Frequenzen der Spektrallinien das Z^2-fache der entsprechenden Wasserstoff-Frequenzen sein. Springt also das Elektron aus der Schale mit der Quantenzahl n in die K-Schale ($n = 1$), so erhält man die sogenannten **K-Linien.** Sind ihre Frequenzen das Z^2-fache der Werte von *Gl. 341.1*? Der englische Physiker *H.G.J. Moseley* fand 1913 erst dann Übereinstimmung mit den gemessenen Frequenzen, als er von der Kernladungszahl Z noch $a = 1$ abzog, also Z^2 durch $(Z - a)^2 = (Z - 1)^2$ ersetzte. Wenn nämlich ein Elektron in ein Loch der K-Schale fällt, so findet es schon das andere Elektron der Schale vor. Dieses schirmt für das fallende Elektron die Coulomb-Kraft der Kernladung mit etwa einer Elementarladung ab. $a = 1$ heißt *Abschirmzahl.* Beim Sprung von einer Schale mit der Quantenzahl n in die K-Schale entsteht die Frequenz

$$f_K = (Z-1)^2 f_R \left(\frac{1}{1^2} - \frac{1}{n^2}\right).$$

Wenn das Elektron unmittelbar aus der L-Schale in die K-Schale springt, ist $n=2$ und

$$f_K = (Z-1)^2 f_R \left(\tfrac{1}{1} - \tfrac{1}{4}\right) = \tfrac{3}{4}(Z-1)^2 f_R.$$

Dann gilt $\sqrt{f_K} = \sqrt{\tfrac{3}{4} f_R}\,(Z-1)$.

Nach *Bild 342.1* liefern Meßwerte für $\sqrt{f_K}$ über Z aufgetragen die sogenannte *Moseley-Gerade*.

Man entfernt durch aufprallende schnelle Elektronen kernnahe Elektronen aus schweren Atomen. Andere Atomelektronen fallen in die frei gewordenen tiefliegenden Niveaus und emittieren Röntgenquanten hoher Energie für die Linien des charakteristischen Röntgenspektrums.

Die Frequenzen f_K der charakteristischen K-Linien beim Sprung in die K-Schale sind mit $n=2, 3, \ldots$

$$f_K = (Z-1)^2 f_R \left(\frac{1}{1^2} - \frac{1}{n^2}\right). \qquad (342.1)$$

Die Ordnungszahl Z ist wegen der Abschirmung durch das zweite Elektron der K-Schale auf $Z-1$ vermindert. Rydbergfrequenz $f_R = m\,e^4/(8\,\varepsilon_0^2\,h^3) = 3{,}29 \cdot 10^{15}$ Hz.

Beispiel: Kupfer hat die Kernladungszahl $Z=29$, bekannt als Ordnungszahl im Periodensystem. *Gl. 342.1* liefert für $n=2$

$$f_K(\text{Cu}) = (29-1)^2 \cdot 3{,}29 \cdot 10^{15}\ \text{Hz} \cdot (1 - \tfrac{1}{4}) = $$
$$= 193 \cdot 10^{16}\ \text{Hz}.$$

Die zugehörige Wellenlänge $\lambda = c/f = 155$ pm stimmt mit dem gemessenen Wert $\lambda = 154$ pm von Linie ② in *Bild 341.1* sehr gut überein. Zur Linie ① gehört eine höhere Frequenz. Sie stammt vom Sprung aus der M-Schale ($n=3$).

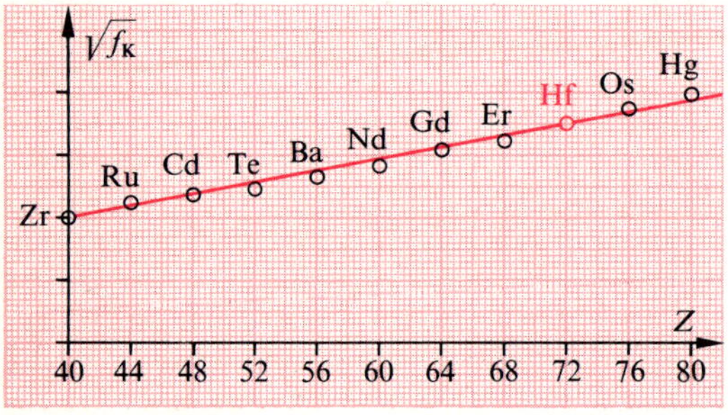

342.1 *Moseley-Gerade:* $\sqrt{f_K}$ über der Ordnungszahl Z aufgetragen

2. Eine Gerade schafft Ordnung

Die Moseley-Gerade half den Chemikern, Lükken und Unklarheiten in der Reihenfolge des Periodensystems der Elemente zu beseitigen. So war das in *Bild 342.1* rot eingetragene Element Hafnium (Hf) mit $Z=72$ noch unbekannt, bildete also eine Lücke in der Moseley-Geraden und im Periodensystem. Sie konnte später geschlossen werden. Auch ordnete man erst mit dieser Geraden die *seltenen Erden* (Z zwischen 58 und 71) richtig ein; chemisch unterscheiden sie sich kaum voneinander. Die Moseley-Gerade bestätigte einwandfrei, daß von Wasserstoff ($Z=1$) bis Uran genau 92 Elemente mit verschiedenen Kernladungszahlen existieren und daß für Uran $Z=92$ gilt. Dabei müssen an mehreren Stellen die Elemente gemäß ihrer Ordnungszahl Z anders eingereiht werden, als es ihrer Atommasse entsprechen würde. Dies rührt von unterschiedlichen Isotopenmassen her. So half die Physik der Chemie. Die der Moseley-Geraden zugrundeliegenden Vorgänge laufen in Kernnähe ab und zeigen keine Periodizität. Diese tritt erst in den Außenschalen auf (Seite 346).

Aufgaben

1. *Geben Sie die Quantengesetze für das kontinuierliche und das charakteristische Röntgenspektrum an! Welche sind gleich?*

2. *Wie groß sind die Glanzwinkel erster Ordnung für die beiden langwelligsten Kupfer-K-Linien an einem* LiF-*Kristall* ($d=201$ pm)*?*

3. *Berechnen Sie mit der Abschirmzahl $a=1$ die Frequenz der Uran-K-Linie, die beim Sprung aus der M-Schale ($n=3$) entsteht!*

4. a) *Das* He^+-*Ion hat* $Z=2$, *das* Li^{++}-*Ion* $Z=3$. *Wie viele Elektronen haben sie? Geben Sie die Energieterme W_n und die ungefähren Ionenradien R_1 an. Verallgemeinern Sie auf Ionen mit der Ordnungszahl Z und nur einem Elektron!* **b)** *Bei der Z-fachen Kernladung ist die Coulomb-Energie bei gleichem Kernabstand auch nur Z-fach. Warum kann die Frequenz f rund Z^2mal so groß werden?*

5. a) *Wie groß ist die Frequenz der K-Linie von Natrium ($Z=11$)?* **b)** *Warum benutzt man für die L-Linien (Sprünge in die L-Schale) die viel größere Abschirmzahl $a=7$? Berechnen Sie die L-Linie mit der kleinsten Frequenz für* Na*!*

6. *Bei der Röntgenbremsstrahlung verliert das durch Atome abgelenkte Elektron meist nur einen Teil seiner Energie. In welchem Bereich des Niveauschemas nach Bild 339.2 findet dieser Vorgang statt? Warum gibt es dabei ein kontinuierliches Röntgenspektrum?*

§ 103 Der Laser; Synergetik

1. Lichtverstärkung durch stimulierte Emission

Das Wort LASER ist aus den Anfangsbuchstaben von **L**ight **A**mplification by **S**timulated **E**mission of **R**adiation zusammengezogen. Zur Verstärkung (amplification) von Radiowellen zapft man mit einem schnellen Schalter (Transistor) eine Batterie an. In der *Meißner-Schaltung* gibt sie Energiebeträge in der gewünschten Phase und Stärke ab (Seite 179). Bei den hohen Frequenzen des Lichts (10^{14} Hz) geht das nicht mehr. Statt dessen ruft man die Energie von angeregten Atomen phasenrichtig ab. Dies erläutert ein Modellversuch:

Versuch 272: **a)** Der Luftstrom eines Föns wird nach *Bild 343.1* gegen ein ruhendes Pendel gerichtet. Ein an ihm befestigter Karton reflektiert den Luftstrom. Dieser führt dem Pendel periodisch Energie zu, wenn man ihn mit der Hand geeignet unterbricht. Hierzu gibt man den Luftstrom immer dann frei, wenn das Pendel vom Fön wegschwingt. Der Luftstrom wird am zurückweichenden Pendel mit kleinerer Geschwindigkeit reflektiert und verliert an das Pendel Energie wie ein Ball, der auf einen zurückweichenden Tennisschläger prallt.

b) Nun gibt man den Luftstrom immer dann frei, wenn das Pendel auf ihn zuschwingt. Jetzt verliert das Pendel schnell seine Energie und *verstärkt* den reflektierten Luftstrom (ein dem Ball entgegenschwingender Tennisschläger gibt dem Ball Energie). Die Luftstöße schütteln phasensynchron Energie aus dem Pendel. *Dies erfolgt um so wirkungsvoller, je stärker die Luftstöße sind und je mehr Energie das Pendel hat.*

Auf einen Resonator wirkt eine Schwingung gleicher Frequenz. Sie kann nicht nur Energie an den Resonator abgeben, sondern auch phasenrichtig von ihm abrufen.

Analoges postulierte *Einstein* 1917 für Licht. Betrachten wir die Resonanzfluoreszenz (Seite 332). Ein erhitzter Glaskolben enthält Na-Atome im Grundzustand. Einerseits hebt eingestrahltes Natriumlicht gleicher Frequenz die Elektronen in einen höheren Quantenzustand. Wären andererseits alle Elektronen oben, so würde ein eingestrahlter Wellenzug Energie freischütteln und sich selbst phasenrichtig ver-

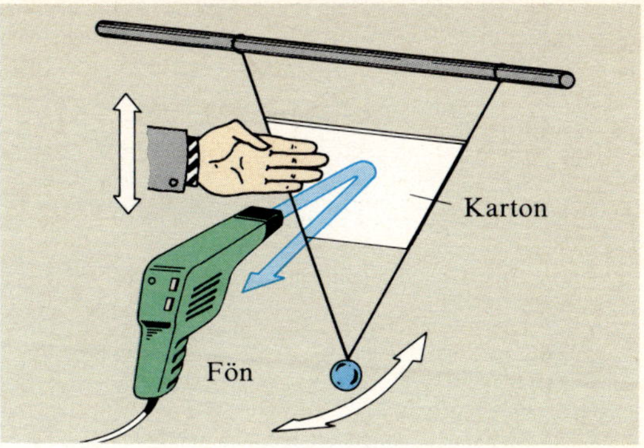

343.1 Modellversuch zur stimulierten Emission am Laser

stärken. Man nennt diesen neuartigen Vorgang **stimulierte Emission.** Wie bei der bisher betrachteten *spontanen Emission* fallen die angeregten Elektronen in den Grundzustand zurück.

Die bei stimulierter Emission freigesetzten Photonen treten in den sie abrufenden Wellenzug mit *gleicher Richtung und Phase* ein (sie sind ja Energieportionen einer Welle). Die Verstärkung des Wellenzugs ist um so größer, je mehr Photonen er schon hat und je mehr angeregte Atome bereitstehen (Versuch 272b). Deshalb schickt man im **MASER** schwache **M**ikrowellen, die von fernen Sternen kommen und nur wenige Quanten enthalten, durch eine Ansammlung angeregter Atome. Die Wellen schütteln aus Atomen Energie frei und werden phasenrichtig verstärkt.

Eine Verstärkung erhält man natürlich nur, wenn „die Batterie geladen ist“, wenn sich also mehr Atome im oberen, angeregten als im unteren Zustand befinden. Andernfalls absorbieren die Atome des unteren Zustands mehr Photonen, als aus dem angeregten freigeschüttelt werden. Im *Helium-Neon-Laser*, der im Unterricht benutzt wird, regt man He-Atome durch Elektronenstöße einer Gasentladung an *(Bild 344.1)*. Sie geben diese Energie (20 eV) wiederum durch Stöße an Ne-Atome weiter. Die Ne-Atome kommen dabei vom Grundzustand ① in den Zustand ③, der eine große Lebensdauer besitzt. Deshalb sammeln sich in diesem angeregten Zustand ③ sehr viele Neon-Atome an. Sie warten dort auf eine stimulierende Welle mit $\lambda = 632{,}8$ nm, um sie zu verstärken. Dabei fallen sie aus dem Zustand ③ in einen wenig darunter liegenden kurzlebigen Zustand ② und aus ihm schnell in den Grundzustand ① zurück. Welcher Vorgang liefert nun die auslösende stimulierende Welle?

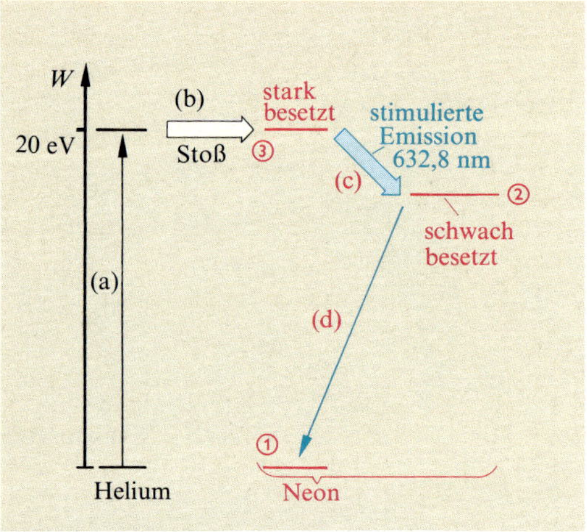

344.1 Helium-Neon-Laser: a) Anregung der He-Atome; b) Energieübertragung von He- auf Ne-Atome ③; c) stimulierte Emission von ③ nach ②; d) schnelle Entleerung von ② in den Grundzustand ①

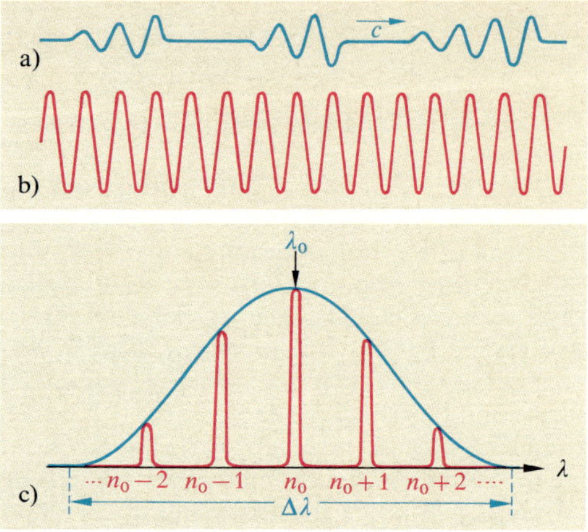

344.3 Die spontan emittierten Wellenzüge (a) werden durch stimulierte Emission zu einem langen kohärenten Zug (b). c) Die breite Spektrallinie (blau) geht in eine der scharfen Linien (rot) über.

2. Selbstorganisation geordneten Laserlichts

a) Wenn man den Laser einschaltet, werden zunächst durch die Gasentladung die oberen Energieniveaus überbesetzt. Sofort fallen Elektronen *spontan* vom oberen Zustand ③ in den nächsten Zustand ② und liefern Photonen. So entstehen zunächst voneinander unabhängige kurze Wellenzüge, ein chaotisches „Lichtspaghetti", wie es bei normalen Lichtquellen auftritt *(Bild 344.3a)*. Könnten wir dieses Licht hören, so gäbe es nur ein häßliches Rauschen.

Die Wellenzüge sind zudem wie bei freien Schwingkreisen stark gedämpft und deshalb kurz. Ihre Spektrallinie ist nach Seite 319 breit *(Bild 344.3c)*. Das Termschema in *Bild 344.1* ist stark vereinfacht; siehe Aufgabe 3b.

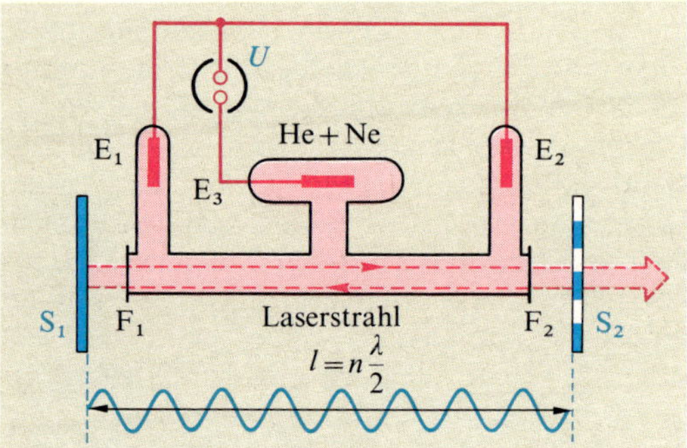

344.2 Gasentladungsröhre mit zwei Endfenstern F_1 und F_2 zwischen zwei Spiegeln S_1 und S_2.

b) Nun sitzt nach *Bild 344.2* die Quarzröhre, in der die Gasentladung stattfindet, zwischen zwei parallelen Spiegeln S_1 und S_2. Photonen, die zufällig senkrecht auf einen Spiegel fallen, werden in die Röhre zurückgeworfen. Dort schütteln sie weitere Photonen durch *stimulierte Emission* frei, verstärken also ihren Wellenzug. Seine Dämpfung wird durch diese stimulierte Verstärkung aufgehoben. Die Wellenzüge werden länger, die Spektrallinien schärfer.

Doch gibt es nun eine Auslese. Zwischen die beiden Spiegel mit Abstand l passen nämlich nur stehende Wellen, die exakt aus einer ganzen Zahl n von Bäuchen bestehen. Dabei gilt $l = n\,\lambda/2$. Ist exakt $l = 0{,}5$ m und $\lambda_0 = 632{,}8005$ nm, so nimmt n den Wert $n_0 = 1\,580\,277$ an. In den Bereich der breiten Spektrallinie fallen aber auch stehende Wellen für $n_0 + 1 = 1\,580\,278$, $n_0 + 2 = 1\,580\,279$, $n_0 - 1 = 1\,580\,276$ usw. Damit beginnt ein „Kampf ums Dasein", ähnlich dem, den *Darwin* für Lebewesen beschrieben hat: Eine Spektrallinie in der Nähe des Maximums λ_0 habe durch Zufall etwas mehr Photonen als eine andere. Damit kann sie auch mehr aus den angeregten Atomen abrufen und auf Kosten der andern weiterwachsen – „Wer hat, dem wird gegeben".

Die „Futtermenge" (Pumpleistung der Gasentladung von Zustand ① nach ③) ist aber begrenzt. Die stärkere Welle „hungert" die schwächeren aus – und überlebt als einzige. Ändert sich aber die „Umwelt", etwa der Spiegelabstand l, so kann eine andere Welle favorisiert werden.

c) Macht man den rechten Spiegel etwas durchsichtig, so verläßt ein Teil der so durch *Selbstorganisation* entstandenen Laserwelle die Quarzröhre. Dieses Laserlicht bildet nun einen *geordneten Wellenzug* mit bis zu 10^5 km Länge, also einer großen Linienschärfe. Er hat fast konstante Amplitude. Wir würden jetzt einen reinen Ton hören!

3. Der Laser – ein Modell für die Biologie

Wir haben soeben mit Absicht Begriffe aus der *Evolutionstheorie* benutzt. Ihr wird auch heute noch entgegengehalten, daß die unbelebte Natur stets von der Ordnung zur Unordnung strebe. Der *2. Hauptsatz der Wärmelehre* (Band MS, Seite 181) fordere dies angeblich; Leben, also Ordnung, entstehe erst durch eine der unbelebten Natur völlig fremde ‚Lebenskraft'. Wenn Sie jedoch einen Laser einschalten, organisiert sich ein geordneter, berechenbarer Naturvorgang in anorganischem Material von selbst. *Dabei wird aus Unordnung Ordnung*, wie in Lebewesen, mit vielen Analogien zur Evolution. Solche Überlegungen wurden von *H. Haken* (Stuttgart) zu einer neuen Wissenschaft, der **Synergetik** (Lehre vom Zusammenwirken) ausgebaut. Wie in Lebewesen ist auch beim Laser der 2. Hauptsatz der Wärmelehre nicht anwendbar. Er gilt nur für abgeschlossene Systeme. Durch den Laser fließt dagegen – wie durch ein Lebewesen – ständig Energie; beides sind *offene Systeme*. Diese Synergetik erklärt z.B. die periodischen Rippelmarken im Meeressand oder im Korkmehl der Kundtschen Röhre (Band MS, Seite 258) oder die Periodizität der Wolkenwellen am Himmel.

4. Anwendungen des Laserlichts

Scharf gebündeltes Laserlicht wird durch die Augenlinse wegen seiner Kohärenz auf einen extrem kleinen Fleck der Netzhaut konzentriert. Diese Stelle kann schon bei den geringen Leistungen der Schullaser (0,5 mW) zerstört werden. Dabei genügt bereits eine unbeabsichtigte Reflexion. Also: **Vorsicht mit Laserlicht!** Das austretende Laserlicht ist scharf gebündelt und fast parallel. Ein kleiner Öffnungswinkel (um 0,01°) entsteht durch Beugung an der Austrittsöffnung. Das Licht bildet eine über den Strahlquerschnitt *kohärente, einheitliche Phasenfläche,* die sich gemäß dem Huygensschen Prinzip weiter ausbreitet.

Die geraden Laserstrahlen werden zum Vermessen von Bergwerkschächten, Tunneln usw. benutzt. Mit Laserstrahlen bestimmt man Abstand und Relativgeschwindigkeit von Raumfahrzeugen, von Mond und Venus. Die langen Wellenzüge gestatten exakte *interferometrische Längenmessungen.* Wir konnten mit ihnen Interferenz- und Beugungsversuche leicht und übersichtlich demonstrieren. Sehr starke Laser geben im Dauerbetrieb einige Kilowatt an Lichtleistung ab. Man kann *Laserblitze* erzeugen, deren Leistung mit 10^{12} W so groß ist wie die der gesamten elektrischen Energieerzeugung auf der Erde, allerdings für nur 10^{-11} s. Ihre Energiedichte übertrifft die von fokussiertem Sonnenlicht um das 10^{10}fache. Sie schneiden, bohren und schweißen harte Materialien mit hohem Schmelzpunkt (Wolfram, Molybdän, Diamant). Dies ist auf kleinstem Querschnitt möglich; man kann so mikroelektronische Bauelemente bearbeiten oder in der *Augenmedizin* eine abgelöste Netzhaut wieder befestigen. – Kohärente Laserstrahlen lassen sich mit zahlreichen Telefongesprächen und Fernsehsendungen gleichzeitig modulieren (wie die kohärenten Trägerwellen von Radiosendern) und im Glasfaserkabel störungsfrei weiterleiten. Bei den kurzen Wellenzügen natürlichen Lichts wäre dies undenkbar.

Aufgaben

1. *Wie groß ist die Linienbreite, die zu einem Laserwellenzug der Länge* 10^4 km *gehört? Wie viele Lichtperioden sind in ihm enthalten? Was ändert sich, wenn man ihn in Stücke von* 10 cm *Länge zerhackt?*

2. *Das Austrittsfenster eines Lasers hat den Durchmesser* 5,0 mm. *Unter welchem Winkel gegen die optische Achse tritt bei* $\lambda = 600$ nm *das erste Beugungsminimum auf? In welcher Entfernung bekommt der Strahl hierdurch den doppelten Durchmesser? Bedeckt er den Mond?*

3. a) *Um welche Energie (in* eV*) liegt Zustand ② von Neon unter ③?* **b)** 1,08 eV *über Zustand ② liegt ein ebenfalls stark besetzter Zustand ④ (durch Stöße der* He-*Atome). Welche Wellenlänge hat das von ihm durch stimulierte Emission in den Zustand ② übergehende Licht? In welchem Bereich liegt es?* **c)** *Warum muß Zustand ② schnell entleert werden? (Die betrachteten Zustände zeigt Bild 344.1.)*

4. *Vergleichen Sie den Laser mit der Meißnerschen Rückkopplungsschaltung! Wo ist die Energiequelle, wo das verstärkende Element? Wie erfolgt die Rückkopplung, so daß die Schwingung sich aufschaukelt? Was bestimmt die Frequenz, was den Beginn der Schwingung? Wo sehen Sie Unterschiede?*

§ 104 Quantenphysik der Materie

1. Periodische Eigenschaften der Elemente

Das Periodensystem der Elemente bringt Ordnung in die Vielfalt der chemischen Verbindungen. Kann die Quantentheorie dieses System erklären?

a) *Schrödinger* bewies, daß die Zahl der Orbitale in einer Schale beschränkt ist. In der K-Schale ($n=1$) gibt es nur *ein* Orbital, das 1s-Orbital. In der L-Schale ($n=2$) kommen zum 2s-Orbital noch drei gerichtete 2p-Orbitale ($2p_x$, $2p_y$, $2p_z$) hinzu. Die L-Schale besitzt also vier Orbitale, die M-Schale neun usw.

b) Nach dem *Pauliprinzip* kann ein Orbital höchstens zwei Elektronen aufnehmen. Die K-Schale ist also bei He mit zwei Elektronen gefüllt, die L-Schale bei Ne mit acht usw.

c) Stets werden die energetisch tiefer liegenden Zustände vor den höher liegenden besetzt. Da die Energie mit der Quantenzahl n ansteigt, füllt sich zuerst die K-Schale, dann die L-Schale. Dabei wird in jeder Schale zunächst das s-Orbital besetzt. So bilden sich zuerst die unter dem Wasserstoff stehenden Alkalimetalle Li, Na, K, Rb usw. s-Orbitale haben nämlich in Kernnähe einen Bauch und keinen Knoten wie etwa p-Orbitale. Deshalb ist ein Teil des Aufenthaltsbereichs eines s-Elektrons durch weitere Elektronen vor der Kernladung weniger stark abgeschirmt als bei p-Elektronen. s-Elektronen senken deshalb die negative potentielle Energie von Mehrelektronenatomen besonders stark und sind energetisch bevorzugt. Dies zeigt sich nach *Bild 346.1* bereits bei Lithium im Vergleich mit Wasserstoff. – Beim Kalium liegt das 4s-Orbital energetisch sogar unter den 3d-Orbitalen und wird vor diesen besetzt. – Aus dem gleichen Grund werden bei den sich anschließenden Übergangsmetallen Scandium bis Nickel die höher liegenden 3d-Orbitale erst nach den 4s-Orbitalen gefüllt.

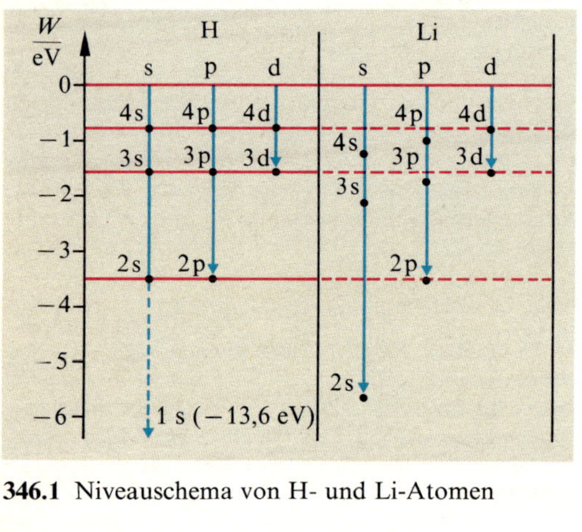

346.1 Niveauschema von H- und Li-Atomen

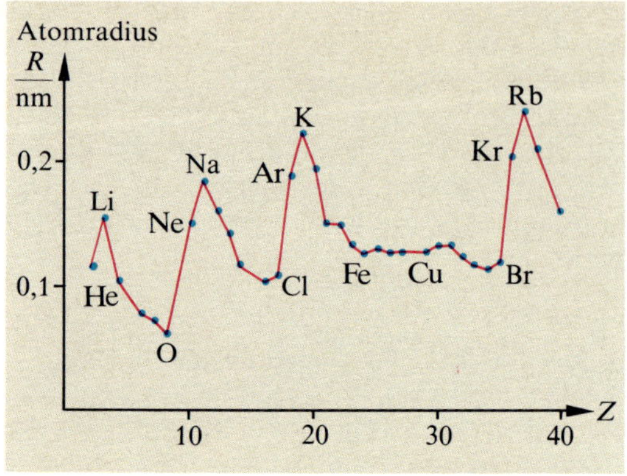

346.2. Die Atomradien sind auch periodisch.

d) Das äußerste Elektron einer neuen Schale wird von den darunterliegenden Elektronen von der Kernladung bis auf etwa eine positive Elementarladung abgeschirmt (Seite 341). Dieses äußerste Elektron verhält sich deshalb ähnlich wie das Elektron im H-Atom, ein weiterer Grund, mit den s-Orbitalen der Alkalimetalle eine neue Periode zu beginnen. p- und d-Orbitale können nach *Bild 346.1* trotz verschiedener Kernladung (in Li und H) energetisch etwa gleich hoch liegen. Dies bestärkt die *Periodizitäten*, die man nicht nur bei den chemischen Eigenschaften, sondern auch bei den *Atomradien (Bild 346.2)* und bei Spektrallinien findet.

2. Molekülorbitale liefern gerichtete Bindungen

a) Warum binden sich neutrale Atome aneinander? Warum bildet sich gar als einfachstes Molekül H_2^+ *(Bild 347.1 a)*? Es besteht aus zwei Protonen mit Abstand a, die sich abstoßen, und einem Elektron. Hält sich dieses in der Mitte zwischen den Protonen auf, so hat es zu jedem nur den Abstand $a/2$; es zieht beide nach dem Coulomb-Gesetz ($F \sim 1/r^2$) 4mal so stark nach innen wie sich diese gegenseitig abstoßen. Der Protonenabstand a sinkt und mit ihm die negative potentielle Energie des Systems proportional zu $-1/a$ *(Bild 334.1)*. Das Elektron wird dabei aber immer stärker eingeengt; nach der Quantentheorie steigt deshalb seine positive Lokalisationsenergie mit $+1/a^2$. Wenn man analog zu Seite 334 beide Energieformen berechnet, erhält die Gesamtenergie beim Kernabstand $a_0 = 0{,}1$ nm ein Minimum; das H_2^+-Molekül ist dort stabil.

b) Warum gehört dieses Bindungselektron zu beiden Kernen und hält sich bevorzugt in der Mitte zwischen ihnen auf? Betrachten wir nach *Bild 347.1* den von beiden Kernen gebildeten und idealisiert gezeichneten Potentialtopf. Sein Grundzustand ist eine stehende Welle (ψ_1); in der Mitte besitzt sie ihren Bauch, in dem man das Elektron bevorzugt antrifft. Diese Welle bildet ein zu beiden Kernen gehörendes *Molekülorbital*. Es wird nach dem Pauliprinzip höchstens von zwei Elektronen besetzt, die so auf die Mitte zwischen beiden Kernen konzentriert sind und diese beisammen halten. Der Valenzstrich der Chemiker kennzeichnet diese **Atombindung,** auch *kovalente Bindung* genannt. Wir kennen sie vom neutralen H_2-Molekül sowie von der Bindung in den Halbleiterelementen Si und Ge *(Bild 81.1)*. Und wenn sich mehr Elektronen in diesem Topf aufhalten?

c) Versuchen wir nun, zwei Heliumatome aneinander zu binden! Das 1s-Orbital eines jeden ist mit zwei Elektronen paarweise gefüllt. Bei der Atombindung treten vier Elektronen in den gemeinsamen Topf ein, zwei davon in den Grundzustand ψ_1 und zwei in den höher liegenden Zustand ψ_2 *(Bild 347.1b)*. Doch besitzt ψ_2 zwischen den sich abstoßenden Kernen einen Knoten, also ein Minimum der Antreffwahrscheinlichkeit. Dort fehlt also die zur Bindung nötige Ladungskonzentration; die an jedem He-Atom verdoppelte positive Kernladung $+2e$ treibt folglich das Gebilde auseinander. Der beim H_2-Molekül gewonnene Vorteil ist wieder verloren, zumal der höher liegende Zustand ψ_2 eine höhere Energie als der Grundzustand ψ_1 hat. Deshalb gibt es kein Heliummolekül; He ist ein Edelgas.

d) Der Vergleich von H_2 und Helium zeigt: Zur Bindung tragen nur solche Elektronen bei, die in ihrem Atom nicht schon in einem Atom-Orbital paarweise „abgesättigt" sind. Nur solche „unpaarigen" Elektronen können binden. Bei C-, Si- und Ge-Atomen haben wir mit vier unpaarigen Elektronen in der L-Schale (maximal acht Elektronen) ein Optimum. Wir kennen ihr Kristallgitter von den Halbleitern. Jedes der vier Valenzelektronen bildet zu einem der vier nächsten Nachbaratome ein Molekülorbital, das mit je zwei Elektronen besetzt ist. Da diese Valenzelektronen zwischen zwei Atomen sitzen, binden sie nur diese beiden aneinander. *Atombindungen sind stets auf zwei Partner gerichtet.* Dies macht das stark vernetzte Diamantgitter so stabil und Diamant hart.

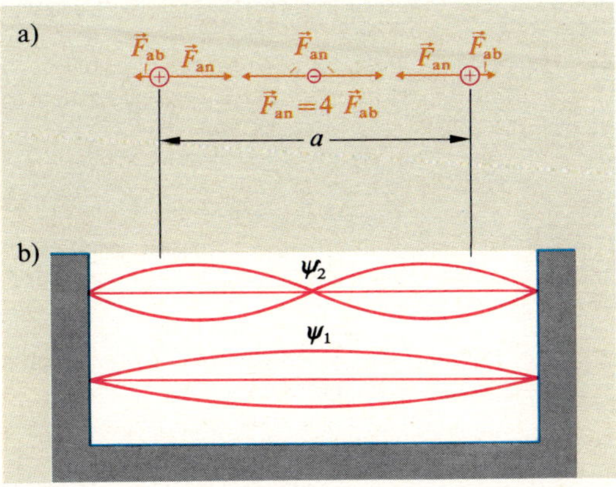

347.1 a) Ein Elektron zwischen zwei Kernen; b) Orbitale dieses Elektrons im gemeinsamen Potentialtopf. Die Protonen sitzen etwa an den Bäuchen des ψ_2-Orbitals, das nach *Bild 338.1* dort Spitzen hat.

3. Andere Bindungsarten

a) Die Ionenbindung. Betrachten wir einen Kochsalzkristall. Bei seiner Bildung gehen mit wenig Energieaufwand (1 eV) Elektronen von Na-Atomen zu Cl-Atomen über. So entstehen beständige Na^+- und Cl^--Ionen, bekannt von Elektrolyten. Diese Ionen ziehen sich elektrostatisch an. Dabei wird eine Energie von 5 eV frei. Das Gebilde ist deshalb mit einem Überschuß von 4 eV je Ionenpaar sehr stabil. Die Coulombkraft geht hier von jedem Ion selbst aus, nicht wie bei den oben besprochenen Molekülorbitalen von der erhöhten Elektronenkonzentration zwischen zwei Partnern. Die Kraft ist also nicht auf zwei Partner konzentriert. Vielmehr kann ein Na^+-Ion viele Cl^--Ionen um sich scharen. Die Größenverhältnisse der Ionen bestimmen, welches die energetisch günstigste Kristallform ist. Diese bildet sich aus.

b) Bei den H_2O-Molekülen zeigt sich ein Übergang von der Atom- zur Ionenbindung. Die Bindungselektronen haben sich ein wenig vom H-Atom weg zum O-Atom verschoben. So wird das H_2O-Molekül zu einem elektrischen **Dipol** (Seite 41). Entgegengesetzte Dipolladungen benachbarter Moleküle ziehen sich an. Diese Dipolladungen bilden wie Ionen kein festes, gerichtetes Molekülorbital; sie bevorzugen keine Richtung. Deshalb hängen im Wassertropfen die Moleküle aneinander und sind trotzdem noch leicht gegeneinander verschiebbar. So entstehen die typischen Eigenschaften einer *Flüssigkeit.*

c) Van-der-Waals-Kräfte. Erst bei $-269\,°C$ halten in flüssigem Helium die kugelsymmetrischen, unpolaren und ungeladenen He-Atome zusammen. Valenzelektronen gibt es nach Ziffer 2d nicht. Also fehlt an sich jegliche Kraft zwischen ihnen. Man muß schon nach subtileren Gründen für den Zusammenhalt suchen: Wegen der ständigen stochastischen Bewegung der Elektronen schwankt der Schwerpunkt der Minusladung etwas um den Kern hin und her. Kommen dabei zufällig zwei Moleküle mit entgegengesetzten Ladungen zusammen, so verstärkt sich dieser Zustand durch gegenseitige Anziehung und verlängert sich auch zeitlich gesehen. Zwei gleichnamige Ladungen dagegen meiden sich oder bauen ihre Verteilung schnell wieder ab. Also überwiegt eine Anziehung. Gegenüber der Atombindung ist diese *Van-der-Waals-Bindung* sehr schwach. Da keine Winkel bevorzugt sind, bleiben die Teilchen leicht gegeneinander verschiebbar; es bilden sich Flüssigkeiten, etwa flüssige Luft. Man findet diese Bindung auch bei der Reibung und der Adhäsion fester Körper aneinander.

d) Metallische Bindung. Von n-Halbleitern und Farbstoffen wissen wir: Elektronen, die nicht an der Atombindung (Ziffer 2) teilnehmen, können sich u.U. vom Atom lösen und auf Wanderschaft begeben. Dabei sinkt ihre Lokalisationsenergie erheblich; dieser Zustand wird energetisch bevorzugt. Man müßte diese Elektronen nämlich unter Energieaufwand wieder in ihren „Quantenkäfig Atom" zu-

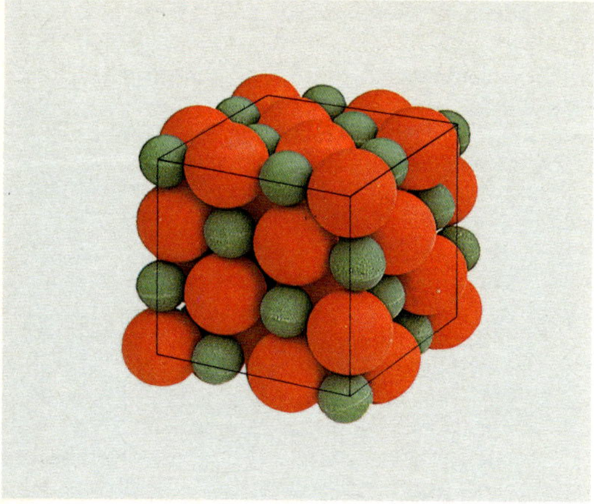

348.1 Anordnung der Atome im NaCl-Kristall

rückbringen. Gleiches geschieht in den *Metallen.* Sie liegen im Periodensystem links, haben also nur 1 bis 3 freie Elektronen. Dies sind zu wenig, um mit 4 oder 6 Nachbarn fixierte, gerichtete Molekülorbitale zu bilden. So entsteht ein ‚Gas' aus freien, vagabundierenden Elektronen. Wie beim H_2^+-Molekül ziehen diese freien Elektronen die stets positiven Ionenrümpfe, zwischen denen sie sich gerade befinden, stärker zusammen, als sich diese abstoßen. Die freien Elektronen gehören aber nicht mehr zu Atomen, sind also nicht an deren Winkelbeziehungen gebunden. Deshalb fehlen gerichtete Bindungen. So entsteht die leichte Verformbarkeit des Metalls. Metalle kann man zu Drähten ziehen, nicht aber Kochsalz oder Diamant! Die freien Elektronen machen Metalle zu hervorragenden Leitern.

Die verschiedenen Bindungskräfte sind Coulombkräfte. Die sich dabei ausbildenden Ladungsverteilungen und damit die Bindungsenergien können nur quantentheoretisch verstanden und berechnet werden.

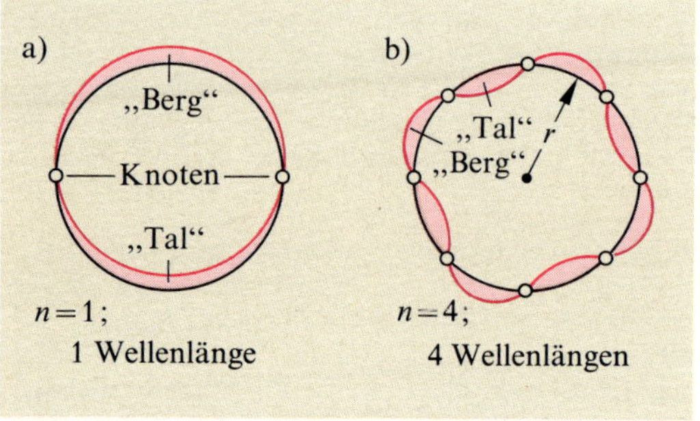

348.2 So stellte sich *de Broglie* stehende Elektronenwellen auf Bohrschen Kreisbahnen vor.

§ 105 Quantengesetze

1. Das Bohrsche Modell als Vorläufer

Bohr ließ in seinem Modell für das Wasserstoffatom nur bestimmte Kreisbahnen für das Elektron zu. Sein 1. Postulat (Seite 326) machte *de Broglie* 1924 durch eine kreisförmig in sich geschlossene Materiewelle plausibel *(Bild 348.2)*. Im Umfang $2\pi r$ der Kreisbahn mit Radius r sollten exakt n Wellenlängen $\lambda = h/p$ enthalten sein ($n=1, 2, 3, \ldots$). Dann würde die Welle überall mit sich selbst konstruktiv interferieren. An jedem Punkt einer stabilen Elektronenbahn wäre ψ^2 eindeutig definiert. Also sollte gelten

$$2\pi r = n\lambda = \frac{n h}{(m v)} \quad \text{mit} \quad n = 1, 2, 3, \ldots . \qquad (348.1)$$

Die Coulomb-Kraft wirkt auf das kreisende Elektron als Zentripetalkraft. Dies gibt

$$e^2/(4\pi\varepsilon_0 r^2) = m v^2/r. \qquad (348.2)$$

Also hängen die erlaubten Radien r_n und Geschwindigkeiten v_n von der Quantenzahl n ab nach

$$r_n = \frac{\varepsilon_0 h^2}{\pi e^2 m} n^2 \quad \text{und} \quad v_n = \frac{e^2}{2\varepsilon_0 h}\frac{1}{n}. \qquad (348.3)$$

Der kleinstmögliche Radius ergibt sich für $n=1$ zu $r_1 = 0{,}53 \cdot 10^{-10}$ m (*Bohrscher Radius,* Seite 335). Auf ihm hat das Elektron die Geschwindigkeit $v_1 = 2{,}2 \cdot 10^6\ \mathrm{m\,s^{-1}}$. Mit steigender Quantenzahl n sollten die Radien nach $r_n = r_1 n^2$ steigen und die Geschwindigkeiten nach $v_n = v_1/n$ fallen. Dies klingt plausibel.

Doch ist r_1 zu klein; auch sollte nach *Gl. 348.1* die stehende Welle auf der engsten Kreisbahn mit Quantenzahl $n=1$ zwei Knoten haben *(Bild 348.2a)*. In Wirklichkeit ist das ihr zugeordnete 1s-Orbital kugelsymmetrisch, also dreidimensional und knotenfrei. Ein glücklicher Zufall in der Physikgeschichte ließ aber die weiteren Rechnungen *Bohrs* mit der Erfahrung wenigstens beim H-Atom übereinstimmen:

Um das Elektron von der Bahn mit Quantenzahl n_1 auf die mit n_2 zu heben, braucht man nach Seite 34 und *Gl. 348.3* gegen die Coulomb-Kraft die Arbeit

$$\Delta W_{\text{pot}} = \frac{m e^4}{4\varepsilon_0^2 h^2}\left(\frac{1}{n_1^2} - \frac{1}{n_2^2}\right). \qquad (348.4)$$

Einen Teil dieser Arbeit liefert die frei werdende kinetische Energie $\frac{1}{2} m (v_1^2 - v_2^2)$ oder mit *Gl. 348.3*

$$\Delta W_{\text{kin}} = \frac{m e^4}{8\varepsilon_0^2 h^2}\left(\frac{1}{n_1^2} - \frac{1}{n_2^2}\right). \qquad (348.5)$$

Zum Anheben ist also insgesamt die Energie

$$\mathbf{\Delta W = \Delta W_{pot} - \Delta W_{kin} = \frac{m e^4}{8\varepsilon_0^2 h^2}\left(\frac{1}{n_1^2} - \frac{1}{n_2^2}\right)} \qquad \mathbf{(348.6)}$$

nötig. Sie wird beim Rücksprung als Quant der Größe $\Delta W = h f$ frei, genau wie nach Seite 338.

2. Quantengesetze für Licht

a) Eigenschaften von Photonen: Energieaufnahme und -abgabe durch Licht der Frequenz f erfolgt durch Quanten der Größe

$$\boldsymbol{W = hf.} \qquad \textbf{(349.1)}$$

Das Plancksche Wirkungsquant ist

$$h = 6{,}626 \cdot 10^{-34}\,\text{J s} = 4{,}136 \cdot 10^{-15}\,\text{eV s}. \qquad (349.2)$$

Photonen sind relativistische Teilchen; ihre Ruhemasse ist Null. Ein Quant der Vakuum-Wellenlänge λ hat den relativistischen Impuls

$$\boldsymbol{p = h/\lambda.} \qquad \textbf{(349.3)}$$

b) Wechselwirkung mit Materie: Die schnellsten *Fotoelektronen* aus Metallen mit Ablösearbeit W_a haben die Energie

$$W_{max} = hf - W_a. \qquad (349.4)$$

Für die Quanten mit der Frequenz f_{max} aus einer Röntgenröhre gilt bei der Spannung U

$$e\,U = h f_{max}. \qquad (349.5)$$

Beim *Comptoneffekt* streut Röntgenlicht an praktisch freien Elektronen. Dabei gelten die Erhaltungssätze für Energie und Impuls. Unter dem Streuwinkel β findet man eine um

$$\Delta\lambda = h\,(1 - \cos\beta)/(m_e\,c) \qquad (349.6)$$

größere Wellenlänge. Das beteiligte Elektron (m_e) wird nach der anderen Seite gestoßen.

Paarbildung und Zerstrahlung: Ein Quant der Energie $hf > 2\,m_e\,c^2 = 1{,}02$ MeV kann in Materie ein Elektron-Positron-Paar bilden, dessen Ruhemasse der Energie 1,02 MeV äquivalent ist. Umgekehrt kann ein Positron zusammen mit einem Elektron zerstrahlen und mindestens zwei Quanten der Gesamtenergie $2\,m_e\,c^2$ erzeugen (m_e: Elektronenmasse).

3. Wahrscheinlichkeitsdeutung von Wellen:

a) In der Quantentheorie hat die Welle eine Wahrscheinlichkeitsbedeutung: Ihr Amplitudenquadrat gibt die Antreffwahrscheinlichkeit für Photonen bzw. Teilchen an. Die Welle ist durch die Versuchsanordnung streng determiniert, nicht aber die einzelne Teilchenlokalisation. Die klassische elektromagnetische Welle ist ein Grenzfall eines kohärenten Wellenzugs mit sehr vielen Photonen.

b) Ort x und Impuls p_x von Photonen und Teilchen können nicht zugleich scharf bestimmt werden. Für ihre Unbestimmtheiten gilt

$$\boldsymbol{\overline{\Delta x}\;\overline{\Delta p_x} \approx h.} \qquad \textbf{(349.7)}$$

c) In der Zeit $\overline{\Delta t}$ kann Energie nur mit der Unbestimmtheit $\overline{\Delta W}$ gemessen werden. Es gilt

$$\boldsymbol{\overline{\Delta W}\;\overline{\Delta t} \approx h.} \qquad \textbf{(349.8)}$$

4. Quantengesetze für Teilchen mit Ruhemasse

a) Einem Teilchen mit Impuls p ist im feldfreien Raum eine *Materiewelle* zugeordnet mit der Wellenlänge

$$\boldsymbol{\lambda = h/p.} \qquad \textbf{(349.9)}$$

Die dem Teilchen zugeordnete Wahrscheinlichkeitswelle hat keinen klassischen Grenzfall. Ihr Amplitudenquadrat ψ^2 gibt die Antreffwahrscheinlichkeit für Teilchen.

b) Teilchen, die auf einen *Würfel* der Länge l eingeengt sind, haben mindestens die *Lokalisationsenergie*

$$\boldsymbol{W \approx 3\,h^2/(8\,m\,l^2).} \qquad \textbf{(349.10)}$$

Die Energie von Teilchen in einem *linearen Potentialtopf* der Länge l ist quantisiert und hängt von der Quantenzahl n (1, 2, 3, ...) ab:

$$\boldsymbol{W = \frac{h^2}{8\,m\,l^2}\,n^2.} \qquad \textbf{(349.11)}$$

5. Quantenphysik der Atome

Die Energie von Atomen, Molekülen usw. ist quantisiert, nicht dagegen die Energie von freien Elektronen.

Das Wasserstoffatom hat die Energieterme

$$\boldsymbol{W_n = -\frac{m_e\,e^4}{8\,\varepsilon_0^2\,h^2}\,\frac{1}{n^2}.} \qquad \textbf{(349.12)}$$

Bei einem *Quantensprung* mit der Energiedifferenz ΔW wird ein Lichtquant der Frequenz $f = \Delta W/h$ emittiert oder absorbiert. Spektrallinien entstehen durch Quantensprünge zwischen diesen Energieniveaus. Stimulierte Emission liefert kohärentes Licht.

Orbitale in Atomen sind stehende Elektronenwellen. Gestalt und Energie hängen von Quantenzahlen ab. Diese Orbitale zeigen eine Schalenstruktur sowie Richtungsbeziehungen.

Die Strahlung radioaktiver Stoffe

§ 106 Grundlagen; Nachweisgeräte

1. Aus dem Atomkern kommt Strahlung

Bisher haben wir die Elektronenhülle der Atome untersucht. Sie kann Lichtquanten mit einer Energie von Bruchteilen eines eV (Infrarot) bis zu einigen keV (Röntgenlicht) emittieren. Diese Elektronenhülle bindet in Molekülen und Festkörpern die Nachbaratome; sie wird bei chemischen Reaktionen umgelagert, wobei auch Energien in der Größenordnung von einigen eV umgesetzt werden. Wenn z.B. 1 g Wasserstoff verbrennt, wird die Energie $1{,}2 \cdot 10^5$ J frei. Da 1 g Wasserstoff $6{,}02 \cdot 10^{23}$ Atome enthält, entfällt auf jedes H-Atom ungefähr die Energie $W = 2{,}0 \cdot 10^{-19}\,\text{J} = 1{,}2$ eV.

1896 fand *Henri Antoine Becquerel* (1852 bis 1908; Nobelpreis 1903), daß von Uran eine bis dahin unbekannte Strahlung ausgeht. Bald entdeckten *Marie Sklodowska-Curie* (1867 bis 1934; Physiknobelpreis 1903; Chemienobelpreis 1911; Bild 350.1) und andere weitere **radioaktive** *(strahlende)* Elemente. Wir werden bald sehen, daß die Strahlung aus einzelnen Teilchen bzw. Quanten besteht und daß deren Energie einige MeV betragen kann. Die Strahlung stammt also nicht aus der Atomhülle von Einzelatomen, sondern — wie die quantentheoretische Lokalisationsenergie vermuten läßt (Seite 322) — aus dem viel kleineren **Atomkern** (Durchmesser 10^{-14} m). — *Für die Strahlung hat der Mensch kein Sinnesorgan*; deswegen müssen wir zuerst geeignete Nachweisgeräte kennenlernen, wenn wir die Strahlung näher untersuchen wollen.

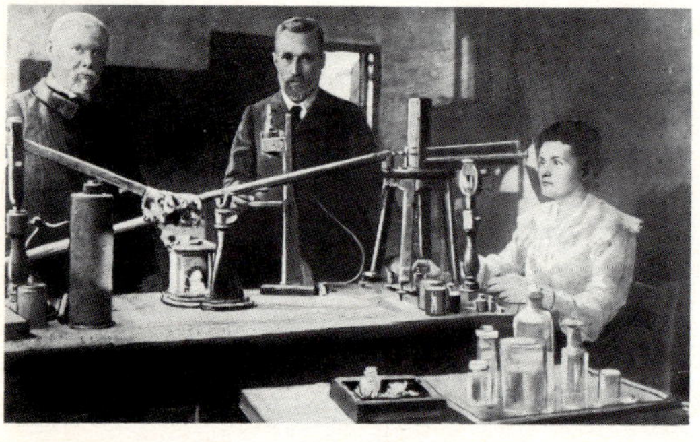

350.1 Marie Curie und ihr Mann Pierre Curie

2. Zur Erinnerung

Die Massenspektroskopie (Seite 112) zeigt: Ein Atomkern ist aus Z positiv geladenen *Protonen* und N neutralen *Neutronen* fast gleicher Masse aufgebaut. Protonen und Neutronen bezeichnet man daher auch als *Nukleonen* (Kernbausteine). Die Zahl Z der Protonen im Atomkern (Kernladungszahl) ist gleich der Zahl der Elektronen in der Hülle des neutralen Atoms und bestimmt sein chemisches Verhalten. Z ist gleich der *Ordnungszahl* im Periodensystem. — Eine *Kernart (Nuklid)* wird durch Z und die Gesamtzahl A der Nukleonen, auch *Massenzahl* genannt, gekennzeichnet. Es ist $A = N + Z$. Beispiel: $^{226}_{88}$Ra hat $A = 226$ Nukleonen; davon sind $Z = 88$ Protonen, also $N = 226 - 88 = 138$ Neutronen. Oft schreibt man nur Ra-226.

Ein Nuklid ^A_ZX wird durch die Protonenzahl Z und die Massenzahl A gekennzeichnet. A ist die Summe aus Protonenzahl Z und Neutronenzahl N: $A = Z + N$. Z ist gleich der Ordnungszahl des Atoms im Periodensystem.

Versuch 273: **a)** Hält man ein radioaktives Präparat mit dem radioaktiven Stoff Radium Ra-226 nahe an den Kopf eines geladenen Elektroskops, wird dieses entladen, gleichgültig, ob es positiv oder negativ geladen war.

b) Bringen wir ein Blatt Papier zwischen Präparat und Elektroskopknopf, so hört die Entladung fast — aber nicht ganz — auf.

Radioaktive Stoffe senden ohne äußeren Einfluß eine Strahlung aus. Diese führt Energie mit sich und ionisiert Moleküle.

3. Nebel bringt Klarheit

Versuch 274: Wir bringen ein Ra-226-Präparat in eine mit Wasser- und Alkoholdampf gesättigte **Wilsonsche Nebelkammer** *(Bild 351.1)*. Sie besitzt einen durchsichtigen Plexiglasdeckel. Mit Hilfe eines Gummiballs wird die Luft in der Kammer kräftig zusammengedrückt und gleichzeitig wird mit einem Tuch am Plexiglasdeckel gerieben. Läßt man nach kurzer Zeit den Ball los, so sieht man im Licht einer seitlich aufgestellten Lampe geradlinige Nebelspuren *(Bild 351.2)*. Bringt man ein Stück Papier in ihren Weg, so enden sie in ihm.

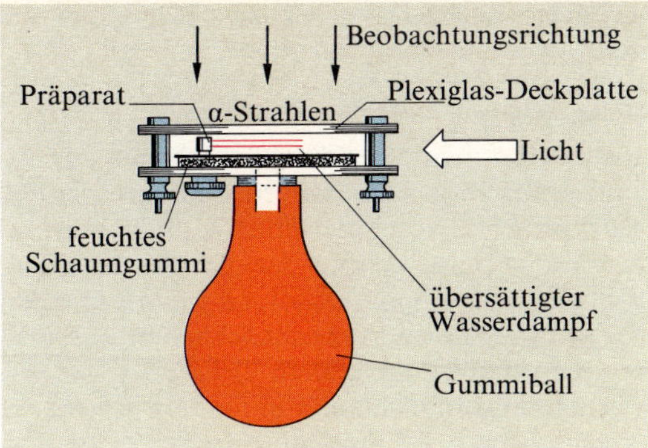

351.1 Aufbau einer Nebelkammer

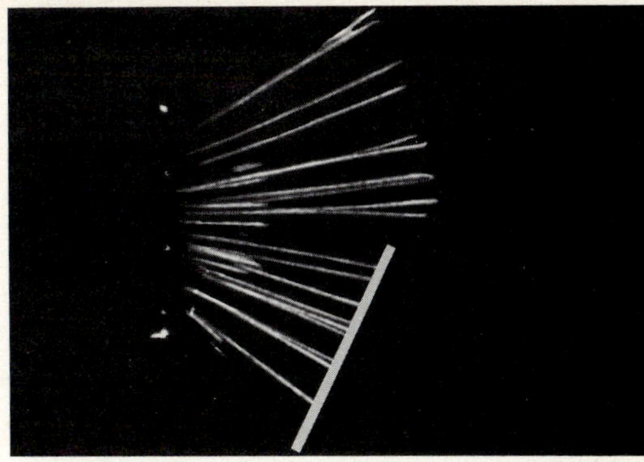

351.2 Spuren von α-Teilchen in der Nebelkammer

Die von dem radioaktiven Präparat ausgesandte Strahlung besteht aus vielen Teilchen. Wir erkennen hier jeweils die Bahn eines einzelnen. Die Teilchen ionisieren die Luftmoleküle auf ihrem Weg durch die Kammer. Läßt man den zusammengedrückten Ball los, dehnt sich die Luft adiabatisch aus (Band MS Seite 180). Sie kühlt sich ab und wird dadurch mit Dampf übersättigt. Der überschüssige unsichtbare Dampf schlägt sich an den soeben gebildeten Luftionen nieder und bildet Nebeltröpfchen; denn die Wassermoleküle lagern sich wegen ihres Dipolcharakters an Ionen an *(Bild 351.3)*. So wird die Bahn eines Teilchens – aber nicht das Teilchen selbst – sichtbar. Damit nur die Ionen wirksam sind, die während der schnellen Expansion entstehen, lädt man das Plexiglas durch Reiben mit einem Tuch elektrostatisch auf. Es zieht dann die vor der Expansion gebildeten Ionen aus dem Luftraum. Sonst bildet sich ein diffuser Nebel in der ganzen Kammer.

Die in Versuch 274 nachgewiesenen Teilchen nennt man **α-Teilchen**. Wir erkennen sie u.a. daran, daß sie Papier, das eine Massenbelegung von mehr als 15 mg Masse je cm^2 aufweist, nicht durchdringen können (Aufgabe 1 und Seite 363). – In der Umgebung von α-Strahlern finden sich Spuren von Helium. Wir werden auf Seite 355ff. bestätigen, daß es sich bei α-Teilchen um energiereiche (Größenordnung einige MeV), zweifach positiv geladene Heliumkerne ^4_2He handelt. Demnach kommen α-Teilchen aus Atomkernen.

α-Teilchen sind zweifach geladene Heliumkerne ^4_2He. Ihre kinetische Energie beträgt einige MeV. Die Bahnen von α-Teilchen werden in Nebelkammern sichtbar gemacht.

4. Jeder Knacks ein Teilchen

Ein vielfach benutztes Nachweisgerät für energiereiche geladene Teilchen ist das **Geiger-Müller-Zählrohr**. In ihm wird durch einzelne Teilchen eine Gasentladung (Seite 109) ausgelöst. Ein Zählrohr *(Bild 352.1)* besteht aus einem Metallrohr von wenigen Kubikzentimetern Inhalt. Längs der Achse ist ein gegen das Gehäuse mit etwa 500 V oder mehr positiv geladener dünner Draht gespannt. Das Rohr enthält ein Edelgas von etwa 100 hPa (0,1 bar) Druck. Durch das extrem dünne Abschlußfenster (etwa 2 mg cm^{-2} Massenbelegung) gelangt ein schnelles geladenes Teilchen ohne großen Energieverlust ins Innere. Es ionisiert auf seiner Bahn die Gasatome. Dabei werden die freigesetzten Elektronen in das sehr starke Feld in Drahtnähe (Feldstärken über 10^5 V m^{-1}) gezogen und lösen lawinenartig Stoßionisation und damit eine Gasentladung aus. Diese breitet sich sofort längs des ganzen Drahts aus und hüllt ihn ein. Die dabei freigesetzten Elektronen werden wegen ihrer kleinen Masse sehr schnell zum Draht gezogen und neutralisieren ihn kurzzeitig. Die trägen positiven Ionen bilden eine positive Raumladung um den Draht,

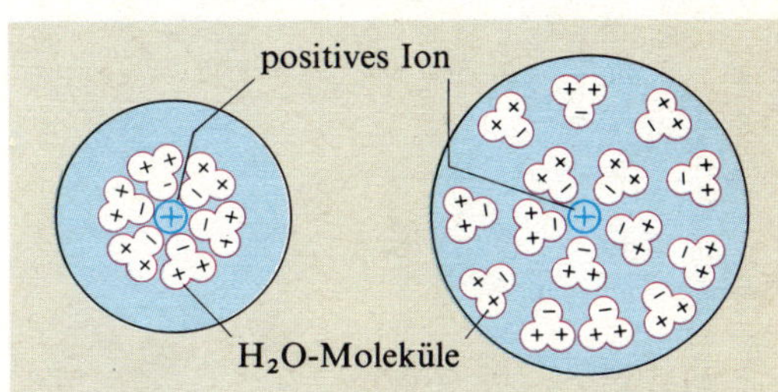

351.3 Bildung von Wassertröpfchen durch Kondensation einzelner Wassermoleküle

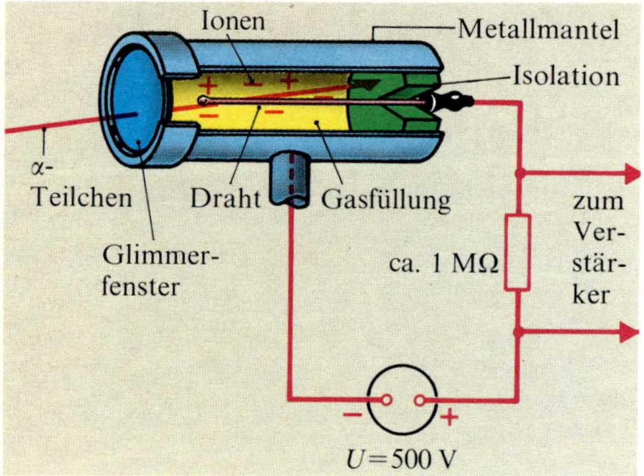

352.1 Geiger-Müller-Zählrohr

die „langsam“ (in etwa 10^{-4} s) zur negativ geladenen Zählrohrwand wandert. Da nun die Feldlinien nicht mehr am Draht, sondern an der positiven Raumladung beginnen, wird das Gebiet um den Draht kurzzeitig feldfrei; das Zählrohr spricht während dieser Zeit („Totzeit“) nicht auf weitere Teilchen an *(Bild 352.2)*. Die Verschiebung der Ladungsträger gibt einen Stromstoß aus etwa 10^9 Elementarladungen. Die Ladung des registrierten Teilchens wird also etwa 10^9fach verstärkt. Der Stromstoß erzeugt am Vorwiderstand von etwa $10^6\ \Omega$ eine Teilspannung, die zu einem Verstärker geleitet und mit Zählwerk, Oszilloskop oder Lautsprecher registriert wird. Jedes im Zählrohr nachgewiesene Teilchen erzeugt somit im Lautsprecher einen Knacks, am Oszilloskop einen kurzen Ausschlag.

Die durch ein ionisierendes Teilchen in Gang gekommene Entladung wird durch Zusätze von Alkoholdampf oder Halogengasen zum Füllgas wieder gelöscht, so daß das Zählrohr möglichst rasch auf das nächste Teilchen ansprechen kann. Auf den sehr komplizierten Löschmechanismus gehen wir aber nicht weiter ein.

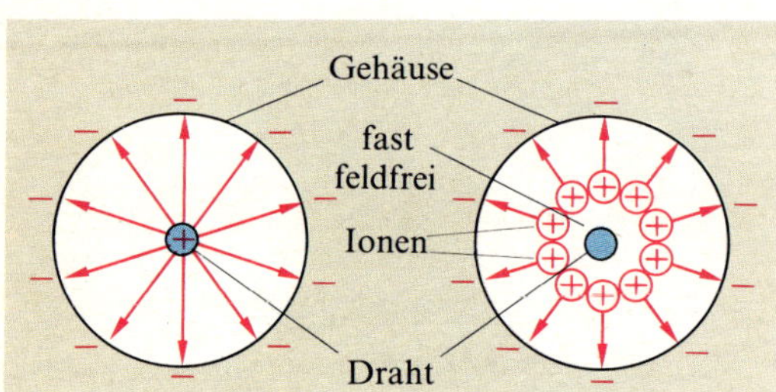

352.2 Geiger-Müller-Zählrohr: Feldlinien im Zählrohr; links vor, rechts kurz nach der Ionisation

Teilchen, die nicht zu schnell aufeinander folgen, lösen getrennte Stromstöße, auch *„Zählrohrimpulse“* genannt, aus. Ihre Gesamtzahl Z in der Zeit t registriert ein elektronisches Zählwerk. Man nennt $z=Z/t$ die **Zählrate** (Impulszahl je Sekunde oder Minute). Bei großen Raten werden mehrere der schnell aufeinanderfolgenden Impulse infolge der Totzeit des Zählrohrs als ein Impuls gezählt. Ist jedoch z kleiner als $100\ s^{-1}$, so sind bei schulüblichen Zählrohren diese Zählratenverluste kleiner als 1%. Oft werden die Impulse auch mit einem *Ratemeter* erfaßt. Dies zeigt die Zählrate als Zeigerausschlag oder digital an.

Versuch 275: Wir nähern das Radiumpräparat von Versuch 273 oder 274 einem Geiger-Müller-Zählrohr. Die Zählimpulse erfolgen **stochastisch**, d.h. zufallsbedingt. Dies entspricht der Beobachtung in der Nebelkammer, nach der die Zahl der Nebelspuren bei den einzelnen Expansionen stark schwankt. Auf Seite 354 untersuchen wir die Zählstatistik weiter.

Mit dem Geiger-Müller-Zählrohr kann man einzelne ionisierende Teilchen hoher Energie nachweisen.

Die Zählimpulse erfolgen stochastisch. Die Zählrate z ist definiert als der Quotient aus der Zahl Z der Impulse und der Beobachtungszeit t: $z=Z/t$.

5. Es tickt auch ohne Präparat

Versuch 276: Wir entfernen alle radioaktiven Präparate aus der Umgebung des Zählrohrs. Wider Erwarten registriert das Gerät immer noch Impulse. Zählrohre zeigen einen **Nulleffekt** mit der Zählrate z_0. Schulübliche Zählrohre haben einen Nulleffekt von 10 bis 20 Impulsen pro Minute.

Der Nulleffekt rührt von Spuren radioaktiver Elemente in der Luft und in der Umgebung des Zählrohrs her. Außerdem reagiert das Rohr auf die **kosmische Strahlung** (Seite 375). Durch Metallabschirmungen kann die Nullrate deutlich herabgesetzt werden.

Zählgeräte zeigen einen Nulleffekt. Auch wenn keine radioaktiven Präparate in der Nähe sind, führt er zu einer Nullrate z_0.

6. Es gibt nicht nur Alphas

Versuch 277: Wir stellen ein Sr-90-Präparat vor ein Zählrohr. Halten wir Papier zwischen Präparat und Zählrohr, so nimmt die Zählrate kaum ab. Erst wenn wir ein 5 mm dickes Aluminiumblech vor das Zählrohr bringen, geht die Zählrate auf den Nulleffekt zurück. Sr-90 sendet keine α-, sondern **β-Teilchen** aus.

Diese β-Teilchen verhalten sich wie Elektronen, die man aus einem Glühdraht freigesetzt und durch eine Spannungsquelle auf hohe Energien beschleunigt hat. So werden z.B. β-Teilchen wie Elektronen im Magnetfeld abgelenkt *(Bild 353.1)*. Auf Seite 359 werden wir zeigen, daß die Energie von β-Teilchen einige MeV betragen kann. Folglich kommen sie aus dem Atomkern.

Versuch 278: Wir verwenden ein Cs-137-Präparat, das mit einer solchen Hülle gekapselt ist, daß weder α- noch β-Teilchen austreten. Hält man dieses Präparat vor ein Zählrohr, so tickt der Lautsprecher trotzdem. Erst dickere Bleischichten zwischen Präparat und Zählrohr senken die Zählrate merklich.

Cs-137 sendet eine sehr durchdringende Strahlung aus. Sie verhält sich wie Röntgenstrahlung sehr hoher Quantenenergie. Man nennt sie **γ-Strahlung**; ihre Quanten können Energien $W = hf$ in der Größenordnung 0,01 MeV bis einige MeV besitzen und stammen deshalb ebenfalls aus dem Atomkern.

Der Nachweis von γ-Strahlung mit Zählrohren beruht darauf, daß die γ-Quanten im Mantel des Zählrohrs durch Photo- oder Comptoneffekt bisweilen schnelle Elektronen auslösen. Diese gelangen ins Zählrohrinnere und zünden dort eine Gasentladung. Von 100 Quanten reagiert allerdings nur etwa eines mit dem Zählrohrmantel und wird somit registriert. Die *Nachweiswahrscheinlichkeit eines Zählrohrs für γ-Strahlung ist also nur etwa 1%.*

β-Strahlung besteht aus sehr schnellen Elektronen, deren Energie einige MeV betragen kann. Sie durchdringt 5 mm dickes Aluminiumblech nicht mehr.

γ-Strahlung ist elektromagnetische Strahlung mit hoher Quantenenergie. Die Photonenzahl wird erst durch dicke Materieschichten – insbesondere aus Blei – geschwächt.

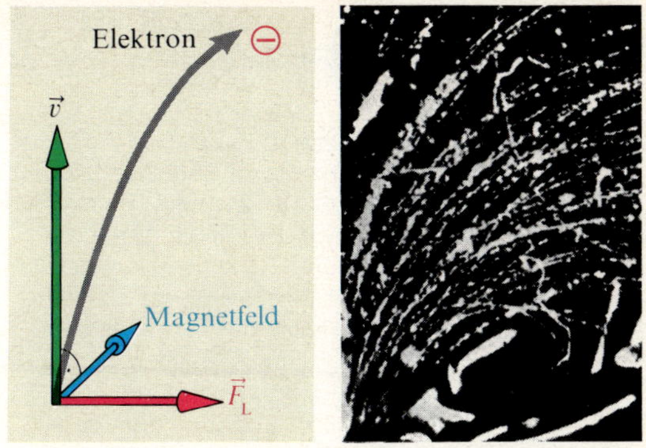

353.1 Nebelkammeraufnahme der Bahnen von β-Teilchen unter der Einwirkung eines senkrecht in die Bildebene hineinweisenden Magnetfeldes. Die Teilchen starten am unteren Bildrand. Sie werden wie negativ geladene Teilchen abgelenkt. Quelle: Bi-210

Aufgaben

1. *Die Dicke einer dünnen Materieschicht gibt man häufig durch die Massenbelegung d' in* g cm^{-2} *an, d.h. man schneidet aus der Schicht ein Stück mit der Grundfläche A (z.B.* 1 cm^2*) heraus und bestimmt dessen Masse m. Es ist* $d' = m/A$. **a)** *Zeigen Sie: Hat das Material die Dichte ϱ und hat die Schicht die Dicke d, so gilt* $d' = \varrho\, d$*!* **b)** *Bestimmen Sie d' in der Einheit* g cm^{-2} *für ein Blatt Papier* ($\varrho = 1$ g cm^{-3}) *der Dicke* $d = 0{,}15$ mm*!* **c)** *Welche Dicke d hat das Glimmerfenster* ($\varrho = 2{,}8$ g cm^{-3}) *eines Zählrohrs mit der Massenbelegung* 2 mg cm^{-2}*?* **d)** *Bestimmen Sie d' einer* 1 cm *dicken Luftschicht* ($\varrho = 1{,}3$ g l^{-1})*!*

2. *Machen Sie mit Hilfe der Lokalisationsenergie (Seite 322) plausibel, daß α- und β-Teilchen sowie γ-Quanten aus dem Atomkern und nicht aus der Atomhülle stammen!*

3. *Begründen Sie, daß man trotz der Gültigkeit der Unschärferelation die Bahn von α- und β-Teilchen in der Nebelkammer verfolgen kann! Die Spur setzt sich aus Wassertröpfchen mit* 0,1 mm *Durchmesser zusammen. Wiederholen Sie die Rechnung von Seite 318 für Elektronen mit* 10^5 eV*! Rechnen Sie relativistisch!*

4. a) *Was läßt sich aus der Länge der Spuren in Bild 351.2 folgern?* **b)** *Warum sind die Bahnen der β-Teilchen in Bild 353.1 Kreise? Was folgt aus der Tatsache, daß die Radien der Kreise verschieden sind?*

5. *Trotz gleicher Anfangsenergie sind die Spuren der α-Teilchen in der Nebelkammer (Bild 351.2) viel massiver als die Spuren der β-Teilchen (Bild 353.1). Versuchen Sie, dies zu erklären (Seite 366)!*

6. *Vergleichen Sie die Nachweisgeräte Nebelkammer und Zählrohr! Welche Vor- und Nachteile haben sie?*

7. *Beschreiben Sie eine Versuchsanordnung, mit der man die Wellenlänge einer γ-Strahlung messen kann, die etwa dieselbe Frequenz wie Röntgenstrahlung hat!*

§ 107 Zählstatistik

Versuch 279: Wir stellen ein radioaktives Präparat in einem festen Abstand vor einem Zählrohr auf und messen mehrmals die Zahl der Impulse Z in einer bestimmten Zeit Δt. Man findet z.B. in $\Delta t = 1$ s $Z = 4,8,2,4,5,8...$ Wie viele Impulse im nächsten Zeitabschnitt Δt gezählt werden, ist nicht voraussehbar. Es läßt sich für dieses **stochastische Verhalten** jedoch eine **Wahrscheinlichkeitsverteilung** angeben. Um dies zu erkennen, ist in *Tabelle 354.1* die Häufigkeit $H(Z)$ der einzelnen Impulszahlen Z, also die Zahl der Messungen mit gleichem Z, für $N = 570$ Einzelmessungen angegeben. Der Mittelwert $\bar{Z}$ aller N Einzelmessungen Z_i beträgt:

$$\bar{Z} = \frac{1}{N} \sum_{i=1}^{N} Z_i = \frac{2666}{570} = 4{,}68.$$

Bild 354.1 zeigt das Ergebnis einer anderen Messung mit $N = 1000$ Einzelmessungen und $\bar{Z} = 64{,}8$. Für eine solch umfangreiche stupide Messung schließt man das Zählrohr am besten über eine geeignete Zwischenschaltung (Interface) an einen Computer an, der die Auswertung übernimmt und das Ergebnis der Messung z.B. auf einem Bildschirm ausgibt.

Man erhält bei derartigen Messungen immer eine sogenannte **Poissonverteilung** der Impulszahlen (vgl. Aufgabe 4 und Lehrbücher der Wahrscheinlichkeitsrechnung). Sie streuen um den *Erwartungswert* μ, den man eigentlich sucht, aber nie exakt findet. Bei großem N ist der Mittelwert $\bar{Z}$ eine gute Näherung für den Erwartungswert μ.

Z	0	1	2	3	4	5	6	7	8	9	10	11	12	13	14
$H(Z)$	7	29	55	86	110	101	62	54	39	16	6	3	1	1	0

Tabelle 354.1 Häufigkeit $H(Z)$ der Impulszahlen Z in Versuch 279 bei $N = 570$ Einzelmessungen; $\bar{Z} = 4{,}68$

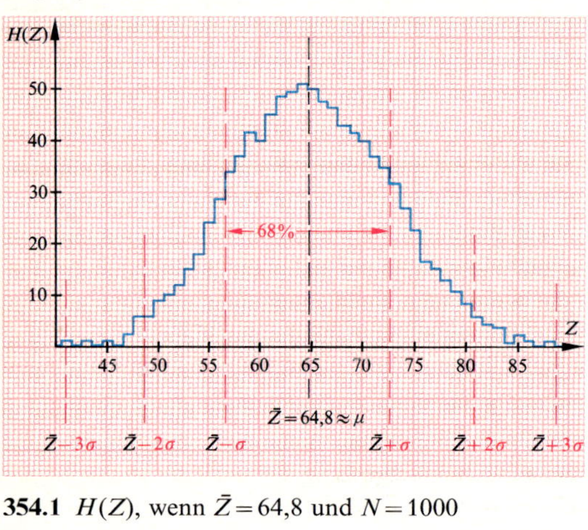

354.1 $H(Z)$, wenn $\bar{Z} = 64{,}8$ und $N = 1000$

Nach der Theorie liegen bei einer Poissonverteilung die Impulszahlen zu ca. 68% im Intervall $[\mu - \sigma, \mu + \sigma]$ *(Bild 354.1)*. σ ist dabei die **Standardabweichung**, für die hier gilt: $\sigma = \sqrt{\mu} \approx \sqrt{\bar{Z}}$. Mißt man daher eine Impulszahl nur ein einziges Mal, so trifft man in der Regel das Richtige, wenn man den unbekannten gesuchten Wert μ im Intervall $[Z - \sqrt{Z},\ Z + \sqrt{Z}]$ vermutet. In diesem Sinn nennt man $\Delta Z = \sqrt{Z}$ den Fehler der Einzelmessung und entsprechend $\sqrt{Z}/Z = 1/\sqrt{Z}$ den relativen Fehler. Dieser ist um so kleiner, je größer Z ist. Hat man $Z = 100$ Impulse gemessen, so liegt er bei 10%, bei $Z = 10^4$ Impulsen dagegen nur noch bei 1%. *Wie lange man zur Zählung von Z braucht, spielt keine Rolle.* Man sagt, daß sich zwei Zählraten **signifikant** unterscheiden, wenn sich die in gleichen Zeitintervallen Δt gemessenen Impulszahlen Z_1 und Z_2 um mehr als $(\sqrt{Z_1} + \sqrt{Z_2})$ unterscheiden.

Bei einer gemessenen Impulszahl Z ist ein relativer Fehler von $1/\sqrt{Z}$ zu erwarten. Soll der relative Fehler unter 1% liegen, so müssen mehr als 10^4 Impulse gezählt werden. Die Zeitdauer der Messung ist ohne Belang.

Aufgaben

1. a) *Wie groß ist der absolute und relative Fehler bei einer Messung von 400 bzw. 40000 Impulsen?* **b)** *Bei einer Zählrohrmessung findet man in* 3 min *1605 Impulse. Wie lange müßte man bei dieser Messung zählen, um den Meßwert auf 1%* genau zu erhalten?

2. a) *Man mißt in* 10 min *2520 Impulse, nach einer kleinen Änderung (z.B. nach Einbringen eines Papierblattes) 2380 Impulse in* 10 min. *Trat eine signifikante Abschwächung ein?* **b)** *Bei* 1 min *mißt man nur 253 bzw. 241 Impulse. Ist dieser Unterschied signifikant?*

3. *Bildet man die Summe oder die Differenz $Z = Z_1 \pm Z_2$ zweier auf die gleiche Zeit Δt bezogener Zählwerte Z_1 und Z_2 mit den Fehlern ΔZ_1 und ΔZ_2, so ergibt sich nach der Theorie für deren Fehler $\Delta Z = \sqrt{(\Delta Z_1)^2 + (\Delta Z_2)^2} = \sqrt{Z_1 + Z_2}$. Mit einem Präparat zählt man 192 Impulse in* 3 min, *ohne Präparat mißt man 180 Impulse in* 10 min *(Nulleffekt). Welcher Zählwert in* 1 min *(mit Fehler) stammt vom Präparat allein?*

4. *Für die Poissonverteilung gilt $P(Z) = \frac{\mu^Z}{Z!} e^{-\mu}$. Für die „ideale" Häufigkeit $H(Z)$ erhält man bei N Messungen somit $H(Z) = N\,P(Z)$. Zeichnen Sie ein Diagramm $H(Z)$ über Z (Treppenkurve) für die Messung nach Tabelle 354.1! Zeichnen Sie in dasselbe Diagramm $H_{\text{ideal}}(Z) = N\,P(Z)$ mit $\mu = \bar{Z} = 4{,}68$ ein und vergleichen Sie! Wie groß ist σ? Vergleichen Sie mit dem Wert $\sigma = \sqrt{\frac{1}{N} \sum_{i=1}^{N} (Z_i - \bar{Z})^2}$!*

§ 108 Energie und q/m der α-Teilchen

1. Nebelspuren verraten noch mehr

Je länger die Nebelkammerspur eines α-Teilchens ist, um so energiereicher muß es gewesen sein; denn es konnte auf seinem Weg mehr Moleküle ionisieren. Die Länge der Spur ist die **Reichweite** des α-Teilchens in dem betreffenden Medium, das sich in der Nebelkammer befindet. Gleichlange Spuren gehören folglich zu α-Teilchen gleicher Energie. In *Bild 351.2* beobachtet man zwei Gruppen von jeweils gleichlangen Spuren in Luft. Von der Quelle aus gemessen, die im Schnittpunkt der rückwärtigen Verlängerungen der Strahlen sitzt, sind die Spuren 4,7 cm bzw. 8,5 cm lang. Nie hat man bei diesem in *Bild 351.2* verwendeten radioaktiven Präparat unter denselben Bedingungen andere Spurlängen gemessen. Das Präparat sendet also α-Teilchen mit zwei verschiedenen *diskreten* (scharf bestimmten) Energien aus. Ebenso hat man bei allen anderen α-Strahlern nur α-Teilchen diskreter Energie beobachtet.

Betrachtet man fotografierte Nebelkammerspuren unter dem Mikroskop, so erkennt man hunderttausende Nebeltröpfchen, d.h. die Teilchen haben auf ihrem Weg sehr viele Ionenpaare gebildet. Da zur Bildung eines Ionenpaares in Luft im Mittel 35 eV nötig sind, liegen die Energien der α-Teilchen in der Größenordnung 1 MeV und mehr.

α-Teilchen, die von radioaktiven Nukliden ausgesandt werden, haben diskrete Energien in der Größenordnung MeV.

2. Wie schnell sind α-Teilchen?

Im Geschwindigkeitsfilter (Seite 73) durchsetzen Teilchen mit der Ladung q und der Masse m ein elektrisches Feld $\vec{E}$ und gleichzeitig ein dazu senkrecht stehendes Magnetfeld $\vec{B}$. Man stellt $\vec{E}$ und $\vec{B}$ so ein, daß die elektrische Feldkraft $F_{el} = q\,E$ und die Lorentzkraft $F_L = q\,v\,B$ entgegengesetzt gerichtet und gleich groß sind. Als Folge bewegen sich die Teilchen geradlinig und senkrecht zum $\vec{E}$- und $\vec{B}$-Feld weiter. Aus $q\,E = q\,v\,B$ folgt $v = E/B$ unabhängig von der Ladung q und der Masse m der Teilchen. – Für eine entsprechende Messung an α-Teilchen verwenden wir ein Am-241-Präparat. In einer Nebelkammer hinterlassen α-Teilchen aus diesem Präparat nur gleichlange Spuren. Am-241 sendet also α-Teilchen einer einzigen Energie aus.

Versuch 280: In der vakuumdichten Ablenkkammer nach *Bild 355.1a* fliegen die α-Teilchen aus dem Am-241-Präparat durch einen Plattenkondensator mit sehr kleinem Plattenabstand $d = 0{,}9$ mm. Legt man an diesen die Spannung U, so herrscht in ihm die elektrische Feldstärke $E = U/d$. Die magnetische Flußdichte $\vec{B}$ senkrecht zum elektrischen Feld $\vec{E}$ wird mit Hilfe eines starken Elektromagneten erzeugt und mit einer Hallsonde gemessen. Die α-Teilchen verlassen die Kammer durch ein 3,5 μm dickes Fenster und werden anschließend von einem Zählrohr registriert. – Bei normalem Luftdruck durchsetzen sie allerdings die Kammer nicht, weil ihre Reichweite in Luft kleiner ist als die Kammerlänge. Wir entfernen deshalb mit einer Vakuumpumpe die Luft aus der Kammer. Dann können die Teilchen das Zählrohr erreichen.

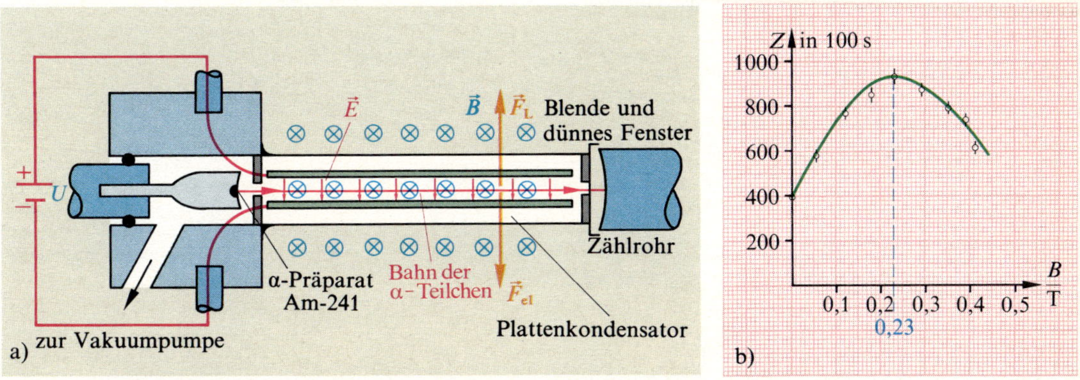

355.1 a) Ablenkkammer zur Bestimmung der Geschwindigkeit v der α-Teilchen (Versuch 280); b) Zählrate in Versuch 280 bei veränderlichem B-Feld und $U = 3{,}0$ kV am Plattenkondensator

Die Zählrate steigt deutlich. Legen wir dann die Spannung $U=3{,}00$ kV an den Plattenkondensator, so fällt die Zählrate wieder stark ab, da die Teilchen durch das elektrische Feld auf eine Parabelbahn gezwungen werden und das Fenster meist nicht mehr erreichen. Erhöhen wir jetzt B, so steigt die Zählrate *(Bild 355.1b)*, bekommt bei $B=0{,}23$ T ein Maximum und fällt dann ab. Bei $B=(0{,}23\pm0{,}015)$ T durchlaufen die α-Teilchen die gekreuzten Felder also geradlinig. Damit finden wir für ihr v:

$$v=\frac{E}{B}=\frac{U}{d\,B}=\frac{3000\ \text{V}}{0{,}9\cdot10^{-3}\ \text{m}\cdot0{,}23\ \text{T}}$$
$$=1{,}45\cdot10^{7}\ \text{m s}^{-1}. \qquad (356.1)$$

Dieser Wert beträgt etwa 1/20 der Lichtgeschwindigkeit. – Obwohl die α-Teilchen aus Am-241 einheitliche Geschwindigkeit haben, ergibt sich aufgrund der Versuchsbedingungen in *Bild 355.1b* eine breite Meßkurve. Es gelangen nämlich infolge der endlichen Spaltbreiten α-Teilchen auch auf etwas gekrümmten Bahnen ins Zählrohr. Das Maximum der Zählrate läßt sich daher nur auf $\pm0{,}015$ T bestimmen, und somit ist v nur auf $\approx\pm7\%$ genau.

3. α-Teilchen auf krummen Wegen

Versuch 281: Wir zwingen in der Ablenkkammer nach *Bild 356.1* mit Hilfe eines starken Magnetfeldes B die positiv geladenen α-Teilchen von Am-241 auf einen Kreis. Dessen Radius r ist durch drei Blenden in der Kammer auf $r=1{,}05$ m festgelegt. Da wir die Geschwindigkeit v der α-Teilchen aus Versuch 280 kennen, läßt sich deren spezifische Ladung q/m berechnen. Die Lorentzkraft $F_L=q\,v\,B$ bringt nämlich die nötige Zentripetalkraft $F_Z=m\,v^2/r$ auf, und mit $F_L=F_Z$ findet man:

$$\frac{q}{m}=\frac{v}{B\,r}. \qquad (356.2)$$

Erhöhen wir die Flußdichte B von Null aus, so steigt die Zählrate, hat bei $B=0{,}32$ T ein Maximum und sinkt dann wieder. Bei $B=(0{,}32\pm0{,}02)$ T zwingt also das Magnetfeld die α-Teilchen auf die vorgegebene Kreisbahn. Nach *Gl. 356.2* wird:

$$\left(\frac{q}{m}\right)_\alpha=\frac{v}{B\,r}=\frac{1{,}45\cdot10^{7}\ \text{m s}^{-1}}{0{,}32\ \text{T}\cdot1{,}05\ \text{m}}$$
$$=4{,}3\cdot10^{7}\ \text{C kg}^{-1}. \qquad (356.3)$$

Da sowohl v als auch B nur auf $\approx\pm7\%$ genau bestimmt werden konnte, ist dieser gemessene q/m-Wert mit einem Meßfehler von $\approx\pm14\%$ behaftet. He^{2+}-Ionen haben zum Vergleich eine spezifische Ladung von

$$\left(\frac{q}{m}\right)_{He^{2+}}=\frac{2\,e}{m_{He}}=\frac{2\cdot1{,}60\cdot10^{-19}\ \text{C}}{6{,}64\cdot10^{-27}\ \text{kg}}$$
$$=4{,}82\cdot10^{7}\ \text{C kg}^{-1}. \qquad (356.4)$$

Im Rahmen der Meßfehler stimmen die Werte überein. α-Teilchen sind also Heliumkerne.

Unsere Anordnung zur Bestimmung von q/m ist im Prinzip ein Massenspektrometer (Seite 112). Wie bei allen massenspektroskopischen Untersuchungen erhält man m und q nicht allein für sich, sondern nur q/m. Man hat deswegen die Ladung q von α-Teilchen für sich gemessen, indem man eine bekannte Anzahl α-Teilchen in einen Faraday-Becher geschossen und anschließend dessen Ladung bestimmt hat. So fand man $q=2\,e$. α-Teilchen sind also tatsächlich Heliumkerne. Ihre Masse ist nach *Gl. 356.4* $m_\alpha=6{,}64\cdot10^{-27}$ kg. Die kinetische Energie W der α-Teilchen des Am-241-Präparats wird mit *Gl. 356.1*:

$$\tfrac{1}{2}\,m\,v^2=4{,}4\ \text{MeV}.$$

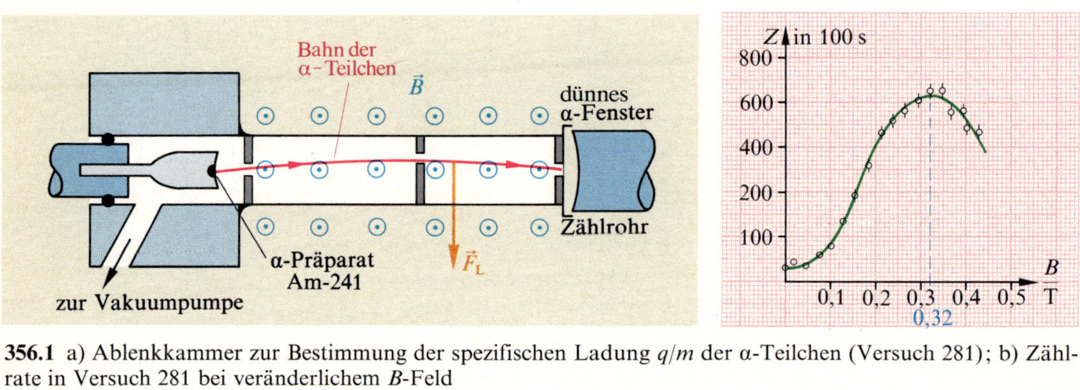

356.1 a) Ablenkkammer zur Bestimmung der spezifischen Ladung q/m der α-Teilchen (Versuch 281); b) Zählrate in Versuch 281 bei veränderlichem B-Feld

Der Meßfehler beträgt $\approx \pm 14\%$, da v nur auf $\pm 7\%$ genau bekannt ist. Eine relativistische Korrektur bei der Berechnung von W ist infolge der „Kleinheit" von v ($v \approx \frac{1}{20}\, c$) nicht notwendig. Der Literaturwert für die Energie der α-Teilchen von Am-241 beträgt $W = 5{,}48$ MeV. Der Unterschied erklärt sich so: Unser Präparat ist aus Strahlenschutzgründen mit einer 4 mg cm^{-2} dicken Edelmetallfolie abgedeckt; in ihr verlieren die α-Teilchen einen Teil ihrer Energie. Die Messung von q/m stört dies aber nicht.

Die spezifische Ladung von α-Teilchen ist genau so groß wie die von He^{2+}-Ionen. Da zudem die Ladung der α-Teilchen $q = 2\,e$ ist, handelt es sich um Heliumkerne.

4. Komfortable Energiemessung

Wenn man die Energie der α-Teilchen eines Präparats mühsam bestimmt hat, kann man andere α-Energien leicht mit Hilfe eines *Halbleiterdetektors (Bild 357.1 a)* ermitteln. Dies ist im Prinzip eine in Sperrichtung gepolte Halbleiterdiode (Seite 84, ähnlich der Fotodiode). Tritt ein α-Teilchen in die an Ladungsträgern arme p-n-Schicht ein und erzeugt durch Ionisierungsprozesse Ladungsträger, so kommt es in den Zuleitungen zum Halbleiterdetektor zu einem Stromstoß ΔI. Er erzeugt am Arbeitswiderstand R einen Spannungsimpuls, den ein Oszilloskop registriert. Den zeitlichen Verlauf des Impulses zeigt *Bild 357.1 b*. Seine Amplitude U_m ist um so größer, je mehr Ladungsträger erzeugt werden; der Zusammenhang ist – wie man sorgfältig untersucht hat – sogar linear. Da α-Teilchen in festen Stoffen eine sehr geringe Reichweite haben (Seite 363), geben sie in der Sperrschicht ihre gesamte kinetische Energie ab und kommen dort zur Ruhe. Die Amplitude U_m des Spannungsstoßes ist also – analog zur Tröpfchenzahl in der Nebelkammer – proportional zur Energie W des α-Teilchens. Beim Geiger-Müller-Zählrohr war dies ganz anders. Gleichgültig, welche Energie das α-Teilchen besaß, der Zählrohrimpuls hatte immer dieselbe Höhe.

Versuch 282: **a)** Wir stellen ein Am-241-Präparat ohne Abdeckfolie vor einem Halbleiterdetektor auf. Den Versuch führen wir möglichst im Vakuum durch, damit die α-Teilchen auf dem Weg vom Präparat bis in den Detektor keine Energie verlieren. An einem *triggerbaren* Oszilloskop beobachten wir die auftretenden Impulse. Es schreibt bei ihm nacheinander ankommende Impulse von derselben Stelle aus. Dadurch werden sie von einem trägen Auge oder einem Fotoapparat bei längerer Belichtungszeit so registriert, als ob sie gleichzeitig aufgetreten wären. *Bild 358.1 a* zeigt das so entstandene Schirmbild. Alle Impulse bei Am-241 haben dieselbe Amplitude $U_m = 3{,}6$ V; d.h. alle α-Teilchen haben – wie bekannt – dieselbe Energie.

b) Verwenden wir als Quelle ein Ra-226-Schulpräparat, erhalten wir mit derselben Versuchsanordnung am Oszilloskop *Bild 358.1 d*. Es treten Impulse unterschiedlicher Höhe auf; das Präparat sendet also α-Strahlen unterschiedlicher Energie aus.

Oft möchte man Messungen verschiedener Präparate miteinander vergleichen, z.B. bezüglich der Energie von α-Strahlung. Deshalb sortiert man Impulse, die von der Strahlung eines Präparats hervorgerufen werden, nach ihren Impulshöhen. Man schaltet dazu hinter den Verstärker in *Bild 357.1 a* einen *Impulshöhenanalysator*. Mit Hilfe dieses Geräts zählt man in einer Zeit Δt die Anzahl Z der Impulse mit der Höhe U_m (genauer: Impulse, deren Höhen in einem kleinen Intervall ΔU um U_m liegen), führt diese Messung für die auftretenden Höhen $0 < U_m < U_{m,\,max}$ durch und trägt dann die Zahlen Z über U_m auf. So erhält man das *Impulshöhenspektrum* der α-Strahlung.

Versuch 283: Mit Hilfe eines Impulshöhenanalysators nehmen wir unter denselben Bedingungen wie in Versuch 282 die Impulshöhenspektren von Am-241 und eines Ra-226-Schulpräparats auf. Mit Am-241 erhält man *Bild 358.1 b*, das bei $U_m = 3{,}6$ V einen „Peak" hat und mit Ra-226 *Bild 358.1 e* mit vier Peaks. – Da $U_m \sim W$ ist, kann man die horizontale U_m-Achse in den Impulshöhenspektren als Energieachse eichen, wenn man die Energie der α-Teilchen von Am-241 mit $W = 5{,}48$ MeV als bekannt voraussetzt. Die Peaks bei Ra-226 liegen demnach bei $W = 3{,}8$ MeV, 4,7 MeV, 5,4 MeV und 7,2 MeV.

Versuch 284: Wir nehmen unter denselben Bedingungen wie in Versuch 282 das Impulshöhenspektrum der abgedeckten Am-241-Quelle aus Versuch 280 und 281 auf *(Bild 358.1 c)*. Der Peak ist gegenüber Versuch 282 a nach links verschoben und liegt bei $W = 4{,}3$ MeV. Die am Halbleiterdetektor ankommenden α-Teilchen haben also eine um 1,2 MeV klei-

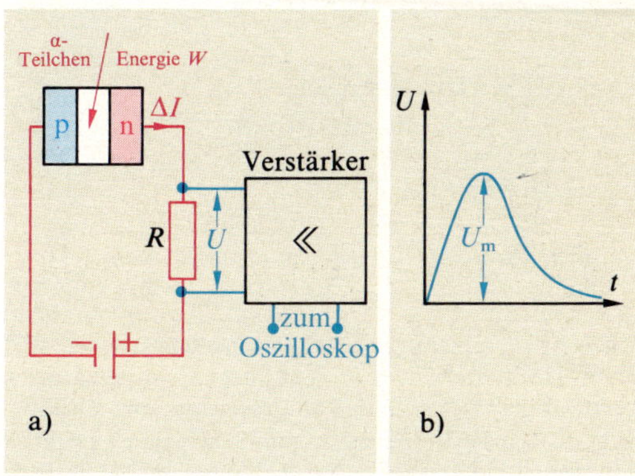

357.1 a) Prinzip eines Halbleiterdetektors; b) Verlauf eines Impulses an R; es gilt $U_m \sim W$

nere Energie als die α-Teilchen aus dem nicht abgedeckten Präparat in Versuch 282a. Dieses Ergebnis stimmt im Rahmen der Meßgenauigkeit mit der Energiebestimmung der α-Teilchen nach Versuch 281 gut überein. – Der verbreiterte Peak in *Bild 358.1c* sagt uns weiterhin, daß die α-Teilchen längst nicht mehr so *monoenergetisch* (d.h. mit einer einzigen Energie) auftreten wie bei nicht abgedecktem Präparat. Die α-Teilchen kommen aus verschieden tiefen Schichten und verlieren dementsprechend mehr oder weniger Energie beim Verlassen des Präparats.

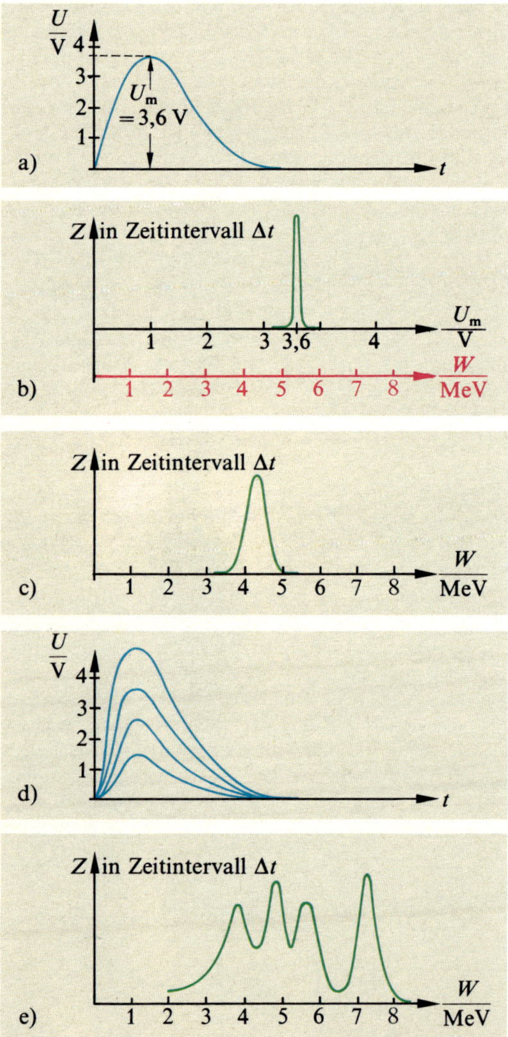

358.1 Spektren von α-Strahlern, aufgenommen mit einem Halbleiterzähler im Vakuum: a) Impulse eines nicht abgedeckten Am-241-Präparats am Oszilloskop; b) Impulshöhenspektrum von (a); c) Impulshöhenspektrum eines abgedeckten Am-241-Präparats; d) Impulse eines abgedeckten Ra-226-Präparats am Oszilloskop; e) Impulshöhenspektrum von (d)

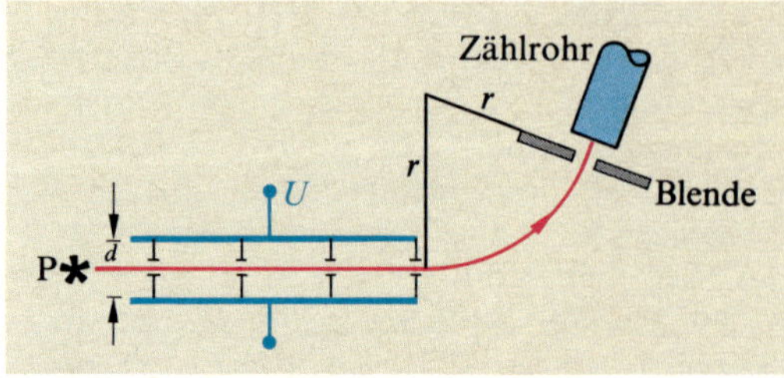

358.2 Zu Aufgabe 3

Ra-226-Schulpräparate sind mit einer dünnen – sogar gasdichten – Folie überzogen und enthalten auch die Folgeprodukte von Ra-226 (Seite 393). Zusammen senden sie α-Teilchen mit sechs verschiedenen Energien aus: $W = 4{,}59$ MeV, 4,78 MeV, 5,31 MeV, 5,49 MeV, 6,00 MeV und 7,69 MeV. Bedingt durch die Bauart des Präparats sind in Versuch 283 *(Bild 358.1e)* die Linien bei 4,59 MeV und 4,78 MeV sowie 5,31 MeV und 5,49 MeV nicht voneinander zu trennen (man sagt: sie werden nicht aufgelöst). Außerdem liegen die Peaks bei tieferen Energien und sind verbreitert.

Aufgaben

1. *Berechnen Sie die Geschwindigkeit der α-Teilchen von* Po-214 *aus deren kinetischer Energie* $W = 7{,}7$ MeV*! Wie groß ist in diesem Fall die relativistische Massenvergrößerung? Darf man also nichtrelativistisch rechnen?*

2. a) *Warum spielt es bei der Messung der spezifischen Ladung* q/m *in Versuch 281 keine Rolle, daß die α-Teilchen beim Durchdringen der Abdeckfolie Energie verlieren?* **b)** *Wie kann man in Versuch 281 feststellen, daß α-Teilchen positive Ladung tragen?*

3. *In der Anordnung nach Bild 358.2 gelangen α-Teilchen vom Präparat P in das Zählrohr. Die Blenden legen im Kondensator(*$d = 5{,}00$ mm*) eine geradlinige Bahn fest. Hinter dem Kondensator beschreiben die α-Teilchen eine Kreisbahn mit dem Radius r. Die gesamte Anordnung wird von einem hinreichend starken Magnetfeld durchsetzt.* **a)** *Geben Sie an, wie die Orientierung der Felder* $\vec{E}$ *und* $\vec{B}$ *zu wählen ist, daß die α-Teilchen in den Detektor gelangen!* **b)** *Bei* $U = 30{,}0$ kV, $r = 1{,}27$ m *und* $B = 0{,}312$ T *gelangen α-Teilchen ins Zählrohr. Bestimmen Sie mit diesen Daten* $(q/m)_\alpha$*! Welche Geschwindigkeit und welche Energie (in* MeV*) haben die α-Teilchen?* **c)** *Als Präparat verwendet man jetzt* Po-210, *das α-Teilchen der Energie* 5,3 MeV *aussendet. Wie groß muß die Spannung U sein, damit bei* $B = 0{,}312$ T *die α-Teilchen durch den Kondensator gelangen? Wie groß ist dann r?*

4. a) *Skizzieren Sie qualitativ das Impulshöhenspektrum von* Pb-212*!* Pb-212 *sendet Teilchen der Energie* 6,05 MeV, 6,09 MeV *und* 8,78 MeV *aus, und zwar im Verhältnis* 25:10:100 *der Teilchenzahlen.*

§ 109 Energie der β-Teilchen

1. β-Teilchen bilden fast keinen Nebel

Nur in sehr empfindlichen Nebelkammern sieht man Spuren von β-Teilchen. *Bild 353.1* zeigt ein Nebelkammerbild mit dem β-Strahler Bi-210 als Quelle. Die Spuren sind viel dünner und länger als die von α-Teilchen und enden nicht in der Nebelkammer.

Um trotzdem Aussagen über die Energie der β-Teilchen machen zu können, hat man im *Bild 353.1* zusätzlich ein Magnetfeld angelegt, das senkrecht in die Bildebene hineinweist. Die Radien der einzelnen Bahnkurven sind verschieden, d.h. die Geschwindigkeit der vom β-Strahler ausgesandten β-Teilchen und damit deren kinetische Energie ist nicht einheitlich. β-Strahler haben ein **kontinuierliches**, α-Strahler dagegen ein **diskretes Energiespektrum**.

2. β-Teilchen auf krummen Wegen

Versuch 285: *Bild 359.1* zeigt den Querschnitt eines β-Spektrometers. Die von einem β-Strahler ausgehenden Teilchen werden durch ein Magnetfeld abgelenkt. Das Zählrohr registriert nur solche β-Teilchen, die den durch Blenden festgesetzten Kreis mit dem Radius $r = 5$ cm durchlaufen haben. Je größer die Energie der β-Teilchen ist, um so größer muß hierzu B sein. Ändert man die Flußdichte B und mißt die zugehörige Zählrate, so findet man für den β-Strahler Tl-204 die Meßkurve in *Bild 359.2*. Bis zu einem Wert B_{max} registriert man Teilchen. Bei jedem Wert für B mit $0 < B < B_{max}$ gelangen also vom Präparat β-Teilchen ins Zählrohr, d.h. das Energiespektrum der β-Teilchen ist, wie in der Nebelkammer bereits erkannt, *kontinuierlich*. Die β-Teilchen besitzen allerdings eine Maximalenergie W_{max}; für Flußdichten $B > B_{max}$ kommen deshalb keine Teilchen mehr ins Zählrohr.

Für die Auswertung der Messung müssen wir relativistisch rechnen (Aufgabe 1). Die kinetische Energie W_{kin} des Elektrons ist nach Seite 289 der Überschuß der Gesamtenergie W über die Ruheenergie $W_0 = m_0 c^2 = 0{,}511$ MeV:

$$W_{kin} = W - W_0. \tag{359.1}$$

Aus *Gl. 295.8* folgt

$$W_{kin} = \sqrt{W_0^2 + p^2 c^2} - W_0. \tag{359.2}$$

Gl. 356.2 und deren physikalische Begründung gilt auch für die obige Versuchsanordnung. Aus ihr folgt für den Impuls p des Elektrons:

$$p = m v = m (B r) \frac{e}{m} = (B r) e. \tag{359.3}$$

Damit wird

$$W_{kin} = \sqrt{W_0^2 + e^2 c^2 (B r)^2} - W_0. \tag{359.4}$$

Es besteht ein eindeutiger Zusammenhang zwischen $(B r)$ und W_{kin}. Damit läßt sich die B-Achse in *Bild 359.2* in eine Energieachse umdeuten; man kann also sofort angeben, welche kinetische Energie die Elektronen besitzen, die bei der Flußdichte B auf einen Kreis mit vorgegebenem Radius r gezwungen werden. Für die maximale Energie von Tl-204 findet man so aus *Bild 359.2* $W_{max} = 720$ keV (Literaturwert 766 keV). Die Maximalwerte anderer β-Strahler bewegen sich von etwa 10 keV (z.B. H-3: $W_{max} = 19$ keV) bis zu einigen MeV.

Die Kurve in *Bild 359.2* wurde mit einem an Schulen zugelassenen Präparat ermittelt. Es ist abgedeckt, und die β-Teilchen verlieren deshalb beim Durch-

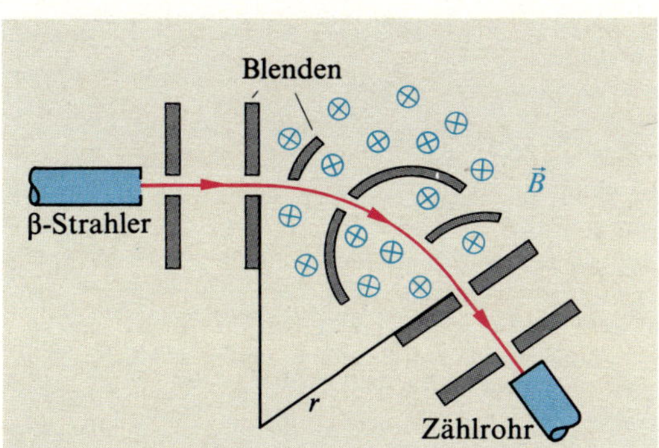

359.1 Magnetisches β-Spektrometer. Die Blenden halten die Streustrahlung möglichst gering.

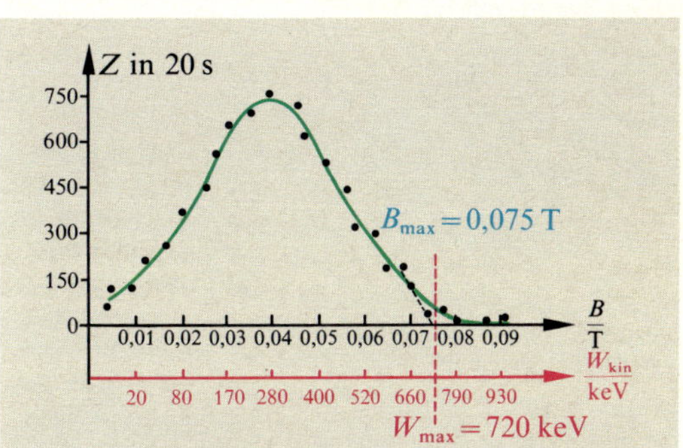

359.2 β-Spektrum von Tl-204. Apparatur *Bild 359.1*; abgedecktes Präparat; kein Vakuum

dringen der Deckschicht Energie. Niederenergetische β-Teilchen bleiben sogar stecken und können das Präparat nicht verlassen. Infolge der Bauart des Präparats ist das β-Spektrum verzerrt. Für eine saubere Messung müßte man zudem im Vakuum arbeiten.

Die Geschwindigkeit der Elektronen, die bei der Flußdichte B auf einen Kreis mit Radius r gezwungen werden, findet man, indem man $m = m_0/\sqrt{1-v^2/c^2}$ in $m v = (B r) e$ einsetzt und die Gleichung nach v auflöst. Man erhält:

$$v = \frac{\left(\frac{e}{m_0}\right)(B r)}{\sqrt{c^2 + \left(\frac{e}{m_0}\right)^2 (B r)^2}}\, c = \frac{c}{\sqrt{1 + (W_0/e\, B\, r\, c)^2}}.$$

Die zur Maximalenergie W_{max} gehörende Geschwindigkeit v_{max} wird mit $B_{max} = 0{,}075$ T $v_{max} = 0{,}91\, c$, d.h. fast Lichtgeschwindigkeit.

Die β-Teilchen eines β-Strahlers besitzen ein kontinuierliches Energiespektrum mit einer Maximalenergie W_{max}. – Die Geschwindigkeit der β-Teilchen kann nahezu Lichtgeschwindigkeit erreichen.

3. Falsch gepolt?

Versuch 286: Wir untersuchen die von Na-22 ausgehende Strahlung. Ein Papier zwischen Präparat und Zählrohr ändert die Zählrate nicht. Dagegen verringert sie sich stark, wenn man ein 5 mm dickes Aluminiumblech verwendet. Na-22 sendet also β- und γ-Strahlung aus.

Versuch 287: Wir untersuchen im magnetischen Spektrometer von Versuch 285 das β-Spektrum von Na-22. Interessanterweise finden wir außer dem schwer abschirmbaren γ-Untergrund bei derselben Magnetfeldpolung wie in Versuch 285 keine Zählrate. Polen wir dagegen das Magnetfeld um, so erhalten wir die Meßkurve von *Bild 360.1*, also ein β-Spektrum wie in Versuch 285.

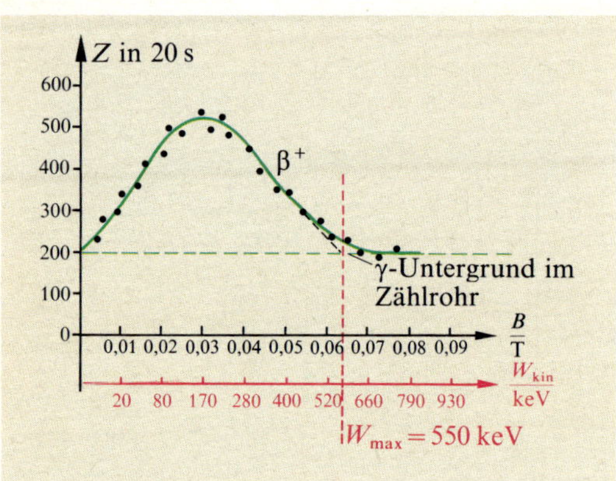

360.1 β^+-Spektrum von Na-22 (Versuch 287)

Na-22 sendet *positiv* geladene Teilchen aus! Versuche zeigen, daß sie dieselbe Masse und denselben Betrag der Ladung wie Elektronen haben. Man nennt diese Teilchen **Positronen** oder **β^+-Teilchen.** Sie wurden 1932 von *C.D. Anderson* bei der Untersuchung der Höhenstrahlung gefunden. – Außer Na-22 kennt man heute viele Nuklide, die Positronen abstrahlen (Nuklidkarte Seite 434).

Positronen haben dieselben Eigenschaften wie Elektronen, sind aber positiv geladen. – Auch das Energiespektrum eines Positronenstrahlers ist kontinuierlich mit einer Maximalenergie W_{max}.

Aufgaben

1. *Bestimmen Sie Geschwindigkeit und kinetische Energie der β-Teilchen, die in Versuch 285 bei $B =$ 0,07 T ins Zählrohr gelangen! Rechnen Sie zunächst nichtrelativistisch, dann relativistisch!*

2. a) *Für den Zusammenhang zwischen v und W_{kin} gilt $v = c\sqrt{1 - 1/(1 + W_{kin}/W_0)^2}$. Leiten Sie diese Beziehung her!* **b)** *Berechnen Sie v_{max} der β-Teilchen von* Y-90 *($W_{max} = 2{,}27$ MeV) und* Sr-90 *($W_{max} = 0{,}546$ MeV)! Welche relativistische Masse haben diese Teilchen?* **c)** *Bei welchem $(B r)$-Wert gelangen diese Teilchen in einem magnetischen Spektrometer wie in Versuch 285 ins Zählrohr?*

3. *Wie groß muß die Flußdichte B gemacht werden können, um mit der Apparatur in Bild 359.1 ($r =$ 5 cm) das Positronenspektrum von* P-30 *($W_{max} =$ 3,27 MeV) aufzunehmen?*

4. *In der Versuchsanordnung nach Bild 361.2 herrscht in dem quadratisch gezeichneten Bereich der Größe a^2 ein homogenes Magnetfeld. Deshalb können β-Teilchen auf der gezeichneten Bahn, die in der Zeichenebene verläuft, vom Präparat ins Zählrohr gelangen.* **a)** *Welche Orientierung muß das Magnetfeld haben, damit Positronen vom Präparat ins Zählrohr gelangen?* **b)** *Leiten Sie eine Beziehung her, in der die kinetische Energie W_{kin} der im Zählrohr nachgewiesenen β-Teilchen in Abhängigkeit von B und a angegeben wird!* **c)** *Mit dieser Anordnung wird ein β-Spektrum von* Bi-210 *aufgenommen. Skizzieren Sie den qualitativen Verlauf des Spektrums! Es ist $a = 0{,}14$ m; dann wird bei $B = 0{,}053$ T die Maximalenergie dieses β-Spektrums gemessen. Wie groß ist W_{max}?* **d)** *Wie groß ist v_{max} der β-Teilchen von* Bi-210*?*

§ 110 Energie der γ-Strahlung

γ-Strahlung transportiert keine elektrische Ladung und wird deshalb weder in elektrischen noch magnetischen Feldern abgelenkt. Wie läßt sich dann die Energie ihrer Photonen bestimmen? Da es sich bei γ-Strahlung um elektromagnetische Strahlung handelt, kann man daran denken, die Wellenlänge λ und somit die Frequenz f mit Hilfe der Braggschen Drehkristallmethode (Seite 265) zu bestimmen und dann nach $W = hf$ die Energie zu berechnen. Ist dies experimentell möglich? – Nehmen wir an, die γ-Quanten hätten eine Energie von 200 keV, dann ist die Wellenlänge:

$$\lambda = \frac{ch}{W} = \frac{3\cdot 10^8\ \text{m s}^{-1}\cdot 6{,}62\cdot 10^{-34}\ \text{J s}}{2\cdot 10^5\cdot 1{,}6\cdot 10^{-19}\ \text{J}} = 0{,}62\cdot 10^{-11}\ \text{m}.$$

Der Glanzwinkel, unter dem dann Interferenzmaxima auftreten, folgt aus (Gitter NaCl: Netzebenenabstand $d = 282$ pm):

$$\sin\varphi = \frac{\lambda}{2d} = \frac{0{,}62\cdot 10^{-11}\ \text{m}}{2\cdot 2{,}82\cdot 10^{-10}\ \text{m}} = 1{,}1\cdot 10^{-2}$$

zu $\varphi = 0{,}63°$.

Mit ganz speziellen Geräten läßt sich ein solcher Winkel noch ausmessen; bei höheren Energien jedoch, wo die Winkel noch kleiner werden, versagt auch diese Methode. Man muß daher ein anderes Energiemeßverfahren für γ-Strahlung suchen. Man fand es im **Szintillationszähler**.

Versuch 288: Wir beobachten mit dunkel adaptiertem Auge durch eine Lupe einen Zinksulfidschirm, in den Spuren von Radium eingelagert sind *(Spinthariskop)* und sehen stochastisch verteilte Lichtblitze, die von den α-Strahlen aus Ra-226 verursacht werden. Die Energie radioaktiver Strahlen wird in Licht umgesetzt.

Auf derselben Erscheinung beruht der Szintillationszähler *(Bild 361.1a)*. In seinem Kopf befindet sich ein Natriumjodid(NaI)-Kristall, der mit Thallium(Tl)-Atomen dotiert ist. Trifft ein γ-Quant auf diesen Kristall, so kann es dort einen Lichtblitz erzeugen. Dieser wird mit einem sehr lichtempfindlichen „Auge", einem *Photomultiplier*, beobachtet. In der *Photokathode* des Multipliers löst der Lichtblitz Elektronen aus, die durch eine angelegte Spannung zur ersten „Dynode" beschleunigt werden. Die Oberfläche einer solchen Dynode gibt beim Auftreffen eines energiereichen Elektrons mehrere Sekundärelektronen ab. Diese werden zur nächstfolgenden Dynode mit immer höherem Potential beschleunigt. So verstärkt sich der ursprünglich an der Photokathode ausgelöste Elektronenstrom lawinenartig um einen Faktor 10^7 bis 10^8. Als Folge tritt am Arbeitswiderstand R ein Spannungsimpuls auf, der einem Verstärker zugeführt wird. Wir betrachten nun die Energieumsetzungen:

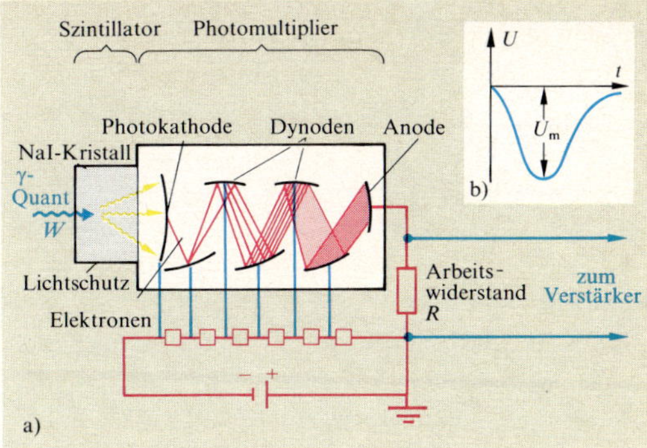

361.1 a) Szintillationszähler; NaI-Kristall und Photomultiplier sind lichtdicht verpackt; b) Impuls am Ausgang; es ist $U_m \sim W$

Je größer die Energie W eines γ-Quants ist, um so mehr Licht erzeugt es im NaI-Kristall und um so größer ist die Amplitude U_m des Spannungsimpulses am Ausgang des Photomultipliers *(Bild 361.1b)*. Wie sorgfältige Untersuchungen gezeigt haben, ist der Zusammenhang zwischen W und U_m praktisch linear. Wie beim Halbleiterzähler gewinnt man also Informationen über die Energie der γ-Strahlung, wenn man das *Impulshöhenspektrum* des Szintillationszählers aufnimmt.

Versuch 289: Wir verwenden ein möglichst wenig gekapseltes Cs-137-Präparat und nehmen von dessen γ-Strahlung das Impulshöhenspektrum mit einem Szintillationszähler auf *(Bild 362.1)*. – Lassen wir den flachen Berg unterhalb $U_m = 3{,}2$ V zunächst außer acht, so folgern wir aus dem Peak bei $U_m = 4$ V, daß die γ-Strahlung von Cs-137 monoenergetisch ist; Cs-137 sendet also γ-Strahlung mit einer einzigen diskreten Quantenenergie aus.

Der flache Berg findet seine Erklärung, wenn man die Wechselwirkung eines γ-Quants mit dem NaI-Kristall näher betrachtet. Dieses kann nämlich im Kristall entweder einen Fotoeffekt oder einen Comptoneffekt auslösen. Beim Fotoeffekt gibt das γ-Quant seine gesamte Energie W an ein Elektron ab, wäh-

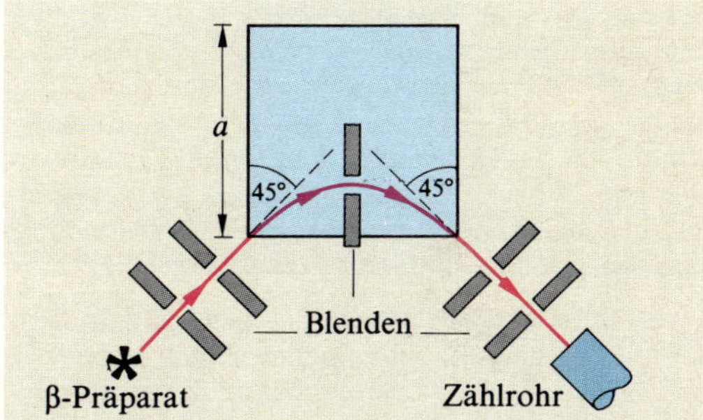

361.2 Zu Aufgabe 4 auf Seite 360

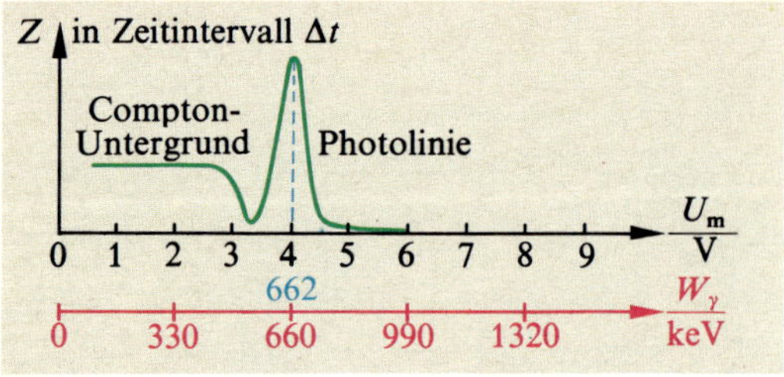

362.1 Impulshöhenspektrum der γ-Strahlung von Cs-137 aufgenommen mit einem Szintillationszähler

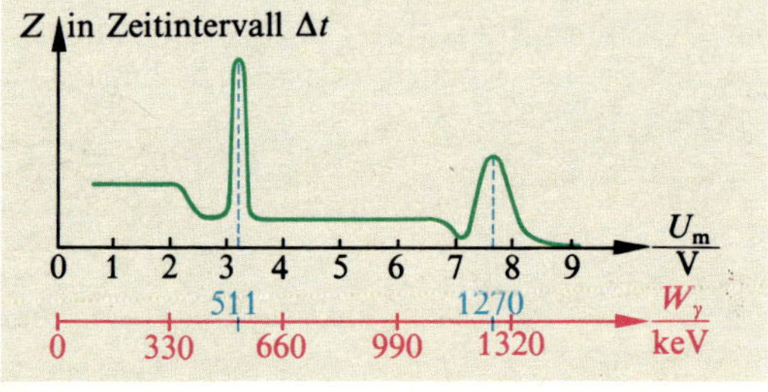

362.2 Impulshöhenspektrum der γ-Strahlung von Na-22 aufgenommen mit einem Szintillationszähler

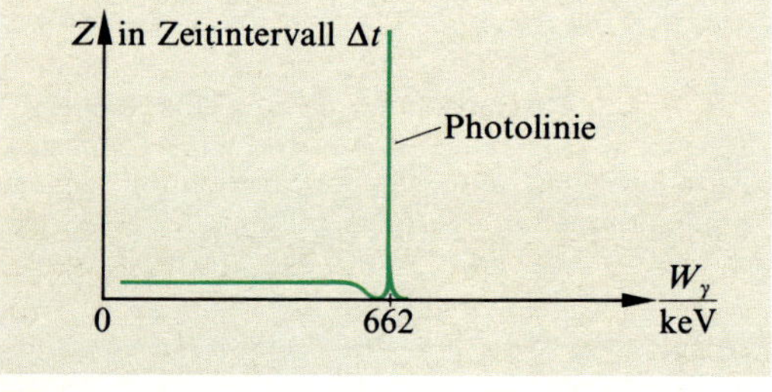

362.3 Impulshöhenspektrum der γ-Strahlung von Cs-137 aufgenommen mit einem Ge(Li)-Halbleiterdetektor

rend es beim Comptoneffekt ein Elektron anstößt, dann mit geringerer Energie W' weiterfliegt und den Kristall wieder verlassen kann. Das γ-Quant überträgt seine Energie also ganz oder teilweise auf Elektronen, die dann im Kristall weiterfliegen und durch Ionisations- und Anregungsprozesse ihre Energie sehr rasch verlieren. Im NaI-Kristall entsteht dabei Licht. Hat man eine monoenergetische γ-Linie, so besteht das Impulshöhenspektrum somit aus einer „Photolinie" und einem „Comptonuntergrund". γ-Quanten, die im Kristall Fotoeffekt auslösen, erscheinen in der Photolinie, solche, die Comptoneffekt auslösen, im Comptonuntergrund (Aufgabe 1).

Über die Energie der γ-Strahlung gibt die Photolinie Auskunft. Kennt man die Energie einer γ-Linie (z.B. Cs-137: $W = 662$ keV), so kann man die Meßanordnung mit Hilfe der Photolinie eichen und die Energien anderer γ-Strahlen bestimmen.

Versuch 290: Mit der Anordnung von Versuch 289 nehmen wir das Impulshöhenspektrum der γ-Strahlung von Na-22 auf. Wir beobachten zwei Photolinien mit dem zugehörigen Comptonuntergrund *(Bild 362.2)*. Na-22 sendet also Quanten mit zwei diskreten Energien aus. Wir messen $W_1 = 510$ keV und $W_2 = 1270$ keV. 511 keV ist die Ruhenergie $m_0 c^2$ eines Positrons oder Elektrons, Na-22 ein Positronenstrahler. Die Linie bei 510 keV hat also ihre Ursache in der Zerstrahlung eines Positrons und eines Elektrons in zwei γ-Quanten (Seite 307).

Viele radioaktive Nuklide senden γ-Strahlung aus. Immer stellt man fest, daß das Energiespektrum der Strahlung aus einzelnen Linien besteht, also ein *diskretes Spektrum* ist. – In Wirklichkeit sind die γ-Linien sehr viel schärfer als die bisherigen Messungen vermuten lassen. Eine Messung mit einem Germanium-Lithium-Halbleiterzähler, den man bei der Siedetemperatur des flüssigen Stickstoffs ($T = 77$ K) betreiben muß, zeigt dies *(Bild 362.3)*. Die breiten Linien bei Messungen mit Szintillationszählern sind also apparativ bedingt. – Z. B. besitzt die γ-Linie mit $W = 14$ keV von Fe-57 eine Breite von nur $\Delta W = 5 \cdot 10^{-9}$ eV. Die Frequenzungenauigkeit $\Delta f/f = \Delta W/W$ ist daher $3 \cdot 10^{-13}$; die γ-Strahlung stellt ein äußerst genaues Frequenznormal dar.

Das γ-Spektrum radioaktiver Nuklide ist diskret mit sehr scharfen Linien. Es wird mit Szintillationszählern ausgemessen.

Aufgaben

1. *Den Abfall des Comptonuntergrundes vor der Photolinie nennt man Comptonkante (z.B. Bild 362.1). Ein γ-Quant der Energie W führe im* NaI-*Kristall einen Comptoneffekt durch und verlasse den Kristall wieder mit der Energie W'. Es gilt* $1/W' - 1/W = (1 - \cos\beta)/W_0$ *(*$W_0 = m_0 c^2 = 511$ keV, *β Streuwinkel; Seite 305). Der Rest der Energie* $\Delta W = W - W'$ *verbleibt im Kristall und ergibt einen Impuls im Comptonuntergrund.* **a)** *Zeigen Sie: Für* $\beta = 180°$ *wird* ΔW *am größten, und zwar* $\Delta W = 2W^2/(W_0 + 2W)$. *Dort ergibt sich also die Comptonkante. Warum fällt dort der Comptonuntergrund ab?* **b)** *Wo liegt die Comptonkante der γ-Linien von* Cs-137 *und* Na-22*?*

2. Co-60 *emittiert γ-Quanten der Energien* $W_1 = 1{,}33$ MeV *und* $W_2 = 1{,}17$ MeV *mit gleicher Intensität.* **a)** *Wo liegen die Comptonkanten (vgl. Aufgabe 1) dieser Linien?* **b)** *Skizzieren Sie qualitativ, wie das Impulshöhenspektrum von* Co-60, *aufgenommen mit einem Szintillationsspektrometer und mit einem* Ge(Li)-*Halbleiterzähler, aussehen könnte!*

3. *Bestimmen Sie die kinetische Energie* W_{kin} *und den Impuls p der Elektronen, die durch γ-Quanten der Energie* 121 keV, 352 keV, 570 keV, 835 keV *und* 1770 keV *infolge eines Comptoneffektes mit dem Streuwinkel* $\beta = 180°$ *angestoßen werden!*

§ 111 Absorption von Strahlung

1. Wie weit kommen α-Teilchen?

Vor allem im Hinblick auf das Thema Strahlengefahr und Strahlenschutz wollen wir uns etwas näher mit der Absorption der Strahlung radioaktiver Stoffe in Materie beschäftigen. *Bild 363.1* zeigt den prinzipiellen Aufbau der folgenden Versuche. Teilchen bzw. Quanten einer Strahlung fallen senkrecht auf eine Materieschicht der Dicke d ein. Hinter der Materie mißt ein Zähler die Zählrate z als Funktion von d. Um definierte Verhältnisse zu schaffen und um die Schwächung der Strahlung durch Auseinanderlaufen zu vermeiden (Aufgabe 1), werden die Strahlenquerschnitte durch geeignete Blenden begrenzt. Teilchen bzw. Quanten, die in der Materie stecken bleiben oder die aus der primären Strahlrichtung abgelenkt werden, können also nicht in den Zähler gelangen.

Versuch 291: Das aus Versuch 281 bekannte Am-241-Präparat liefert α-Teilchen der Energie $W = 4{,}4$ MeV. Mit einem als Zähler eingesetzten Halbleiterdetektor messen wir die Absorption der α-Teilchen in Luft.

Mit zunehmender Schichtdicke d bleibt die Zählrate zunächst konstant, um dann rasch auf Null abzunehmen. Alle α-Teilchen durchlaufen eine bestimmte Materieschicht und bleiben dann fast an derselben Stelle stecken. Aufgrund der Nebelkammerbilder *(Bild 351.2)* überrascht dieses Ergebnis nicht. Die Strecke $d = 2{,}8$ cm, bei der in *Bild 363.3* die Zählrate auf die Hälfte gesunken ist, nennt man *Reichweite* R der α-Strahlen in Luft. *Bild 363.2* zeigt R für verschiedene Materialien als Funktion der α-Energien. Da fast kein Nuklid α-Strahlung mit mehr als 10 MeV emittiert, gilt:

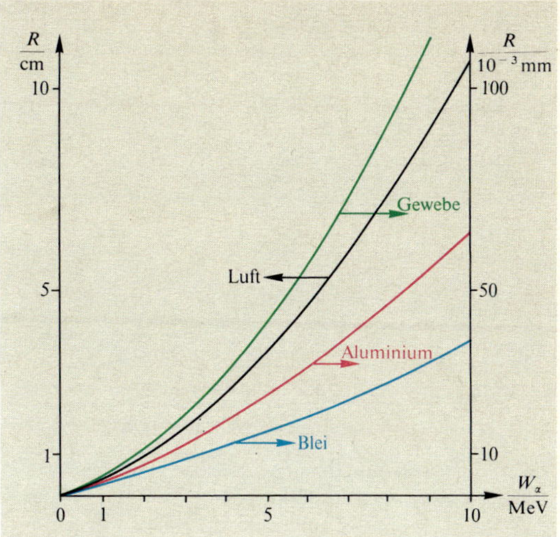

363.2 Reichweite R von α-Strahlung in Materie für einige Materialien

Die Reichweite der α-Strahlung radioaktiver Nuklide ist in Luft kleiner als 10 cm und in fester Materie kleiner als 0,1 mm.

2. γ-Strahlung verhält sich völlig anders

Versuch 292: Mit der Anordnung nach *Bild 363.1* und einem Geiger-Müller-Zählrohr messen wir die Zählratenabnahme eines Strahles von γ-Quanten des Nuklids Cs-137 ($W = 662$ keV) in Blei bzw. Eisen. Das Versuchsergebnis ist in *Bild 364.1* in einem gewöhnlichen Koordinatensystem als Funktion der Schichtdicke d dargestellt, wobei der Nulleffekt der Umgebungsstrahlung bereits abgezogen ist. Nach *jeder Dicke d* ist noch eine gewisse Zählrate vorhanden. *Man kann also so etwas wie eine Reichweite der γ-Strahlung in Materie nicht angeben.*

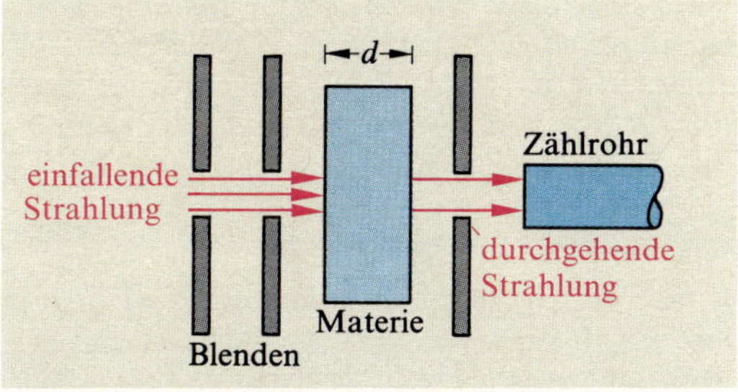

363.1 Versuchsaufbau zur Messung der Absorption von Strahlung in Materie

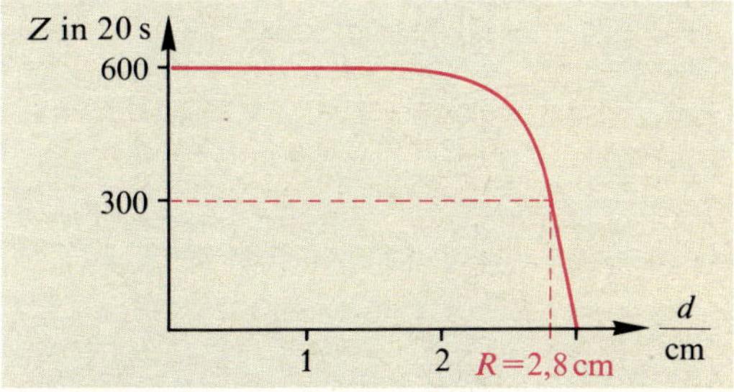

363.3 Absorption der α-Strahlung der Energie $W = 4{,}4$ MeV in Luft; R ist die Reichweite.

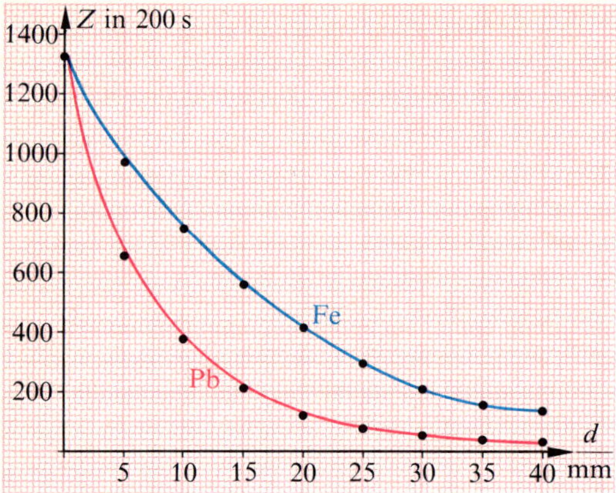

364.1 Absorption der γ-Strahlung von Cs-137 (662 keV) in Eisen und Blei

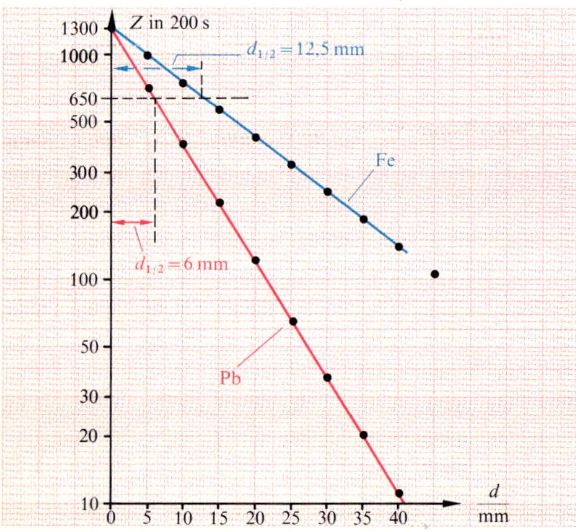

364.2 Messung von *Bild 364.1* auf einfach-logarithmischem Papier

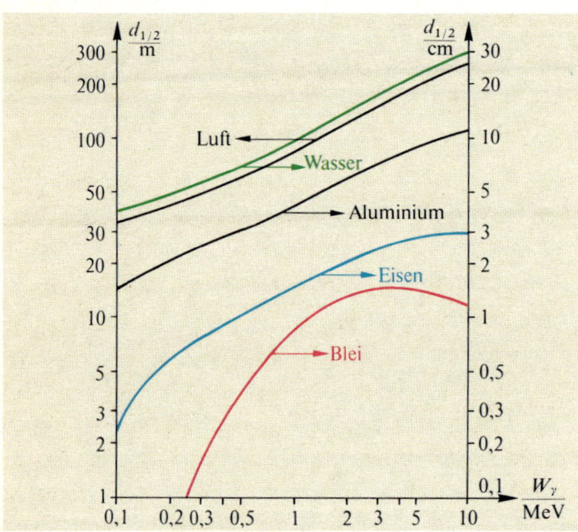

364.3 Halbwertsschichtdicke $d_{1/2}$ von γ-Strahlung

Ähnliche Meßkurven wie in *Bild 364.1* sind uns schon mehrfach begegnet, z.B. bei der Entladung eines Kondensators. Als Funktion, die den Verlauf der Meßkurven beschreibt, vermuten wir daher eine Exponentialfunktion der Form (vgl. Seite 42):

$$Z(d) = Z_0\, 2^{-d/d_{1/2}} \qquad (364.1)$$

$d_{1/2}$ ist dabei die **Halbwertsdicke**, bei der die Zählrate auf die Hälfte des Ausgangswertes abgesunken ist, Z_0 ist die Zahl der Impulse für $d=0$. Um den Exponentialverlauf deutlich zu erkennen, tragen wir die Meßwerte in einfach logarithmisches Papier *(Bild 364.2)* ein. Bei diesem sind die Ordinaten bereits als Logarithmen der jeweiligen Funktionswerte Z bemessen. Hat die Meßkurve die Form nach *Gl. 364.1* und bilden wir den Logarithmus, so erhalten wir

$$y(d) = \lg Z(d) = \lg Z_0 - \frac{\lg 2}{d_{1/2}}\, d.$$

$y(d)$ muß also auf einfach logarithmischem Papier eine Gerade ergeben, die bei dem zu Z_0 gehörenden Logarithmus auf der Ordinatenachse beginnt und die Steigung $m = -\lg 2/d_{1/2}$ hat. Tatsächlich liegen unsere Meßwerte jeweils auf einer Geraden. Unsere Vermutung hat sich also bestätigt. – Den Wert von $d_{1/2}$, z.B. für Blei, kann man auf zwei Arten aus *Bild 364.2* ablesen: Einmal wie skizziert als die Strecke $d=0{,}6$ cm, bei der Z auf die Hälfte des Anfangswertes gesunken ist, zum anderen aus der Steigung m der Geraden. Es ist $m = -(\lg 1300 - \lg 12)/4{,}0\ \text{cm} = -0{,}511\ \text{cm}^{-1}$ und damit $d_{1/2} = -\lg 2/m = 0{,}6$ cm. Für Eisen findet man $d_{1/2} = 1{,}25$ cm. Die Literaturwerte sind $d_{1/2} = 0{,}55$ cm bzw. $d_{1/2} = 1{,}20$ cm.

Bild 364.3 zeigt $d_{1/2}$ für einige Materialien als Funktion der Energie der γ-Quanten. Blei schwächt die γ-Strahlung besonders stark; eine Tatsache, die für den Strahlenschutz wichtig ist. In Luft hat die γ-Strahlung von Cs-137 eine Halbwertsdicke von $d_{1/2} \approx 70$ m; ein hinreichend paralleler Strahl wird dort also fast nicht abgeschwächt. *Bild 364.3* gilt natürlich auch für Röntgenstrahlen. Mit der Beziehung $2 = e^{\ln 2}$ wird aus *Gl. 364.1*

$$Z(d) = Z_0\, e^{-\ln 2 \cdot d/d_{1/2}} = Z_0\, e^{-\mu d}. \qquad (364.2)$$

$\mu = (\ln 2)/d_{1/2}$ nennt man den *linearen Schwächungskoeffizienten*. Je stärker das Material γ-Strahlung absorbiert, je kleiner also seine Halbwertsdicke $d_{1/2}$ ist, um so größer ist der lineare Schwächungskoeffizient.

Die Abschwächung von γ-Strahlung durch Materie erfolgt nach einem Exponentialgesetz. Eine Reichweite von γ-Strahlung in Materie kann man nicht angeben, wohl aber eine Halbwertsdicke $d_{1/2}$.

3. Wie werden β-Strahlen abgeschwächt?

Versuch 293: Mit einer Anordnung nach *Bild 363.1* und einem Geiger-Müller-Zählrohr, das ein für β-Teilchen durchlässiges Fenster hat, messen wir die Absorption der β-Strahlung von Tl-204 (Versuch 285) in Aluminium. Das Versuchsergebnis auf einfach logarithmischem Papier zeigt *Bild 365.1* einmal mit und einmal ohne Abzug der Umgebungsstrahlung. Die bezüglich des Nulleffekts korrigierte Zählrate nimmt mit zunehmender Dicke fast exponentiell ab, um dann – im Gegensatz zur γ-Strahlung *(Bild 364.1)* – abrupt abzusinken. Bei $d=$ 0,85 mm ist nur noch die Nullrate vorhanden. Mit zunehmender Dicke d bleiben also immer mehr β-Teilchen des kontinuierlichen β-Spektrums in der Materie stecken. Die Strecke $d=0{,}85$ mm kann kein β-Teilchen mehr überwinden. Man nennt $d=$ 0,85 mm die **Reichweite *R*** der von Tl-204 ausgehenden β-Strahlen in Aluminium (Literaturwert $R=$ 1,11 mm).

Hat die β-Strahlung eines anderen radioaktiven Nuklids eine höhere Maximalenergie W_{max}, so hat sie auch eine größere Reichweite R. *Bild 365.2* zeigt den Zusammenhang zwischen R und W_{max} für verschiedene Materialien. Er gilt auch für Positronen.

Die Reichweite von β-Teilchen und Positronen aus radioaktiven Nukliden kann in Luft bis zu einigen Metern, in fester Materie bis zu einigen Millimetern und in Körpergewebe ein bis zwei Zentimeter betragen.

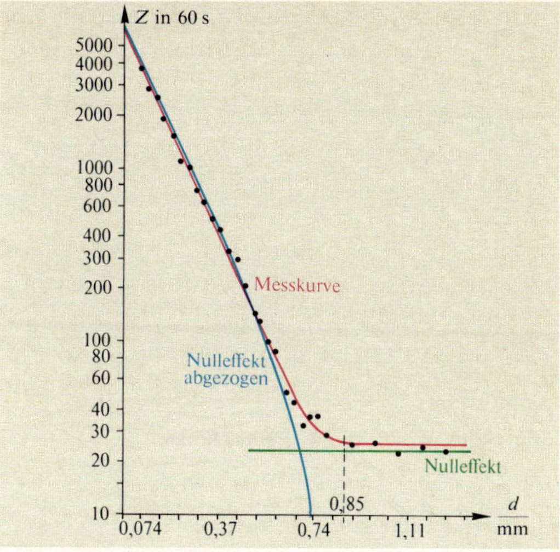

365.1 Absorption der β-Strahlung von Tl-204 in Aluminium (Versuch 293)

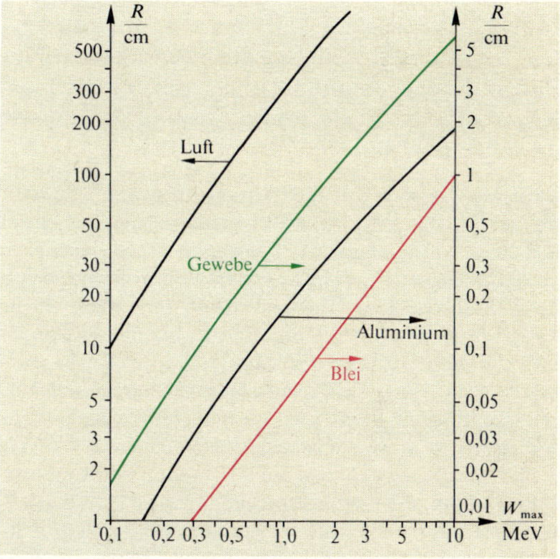

365.2 Reichweite R von β-Strahlen; W_{max}: Maximalenergie des β-Strahlers

4. Coulombkräfte bremsen die Teilchen

Welche physikalischen Ursachen sind für die unterschiedlichen Ergebnisse der Absorptionsmessungen bei α-, β- und γ-Strahlung verantwortlich? Wir betrachten zunächst die Wechselwirkung von α- und β-Teilchen mit Materie genauer. Diese sind geladen. Dringen sie in Materie ein, so können auf sie die Coulombkräfte der Hüllenelektronen und der Kerne einwirken. Man unterscheidet folgende Reaktionsmechanismen:

a) Das geladene Teilchen erfährt eine Wechselwirkung *mit dem Feld eines Hüllenelektrons eines Atoms* („*Stoß*" mit einem Hüllenelektron). Auf dieses wird Energie übertragen und das Atom dadurch angeregt oder ionisiert. Man spricht von *Ionisationsbremsung*.

b) Das geladene Teilchen verliert Energie *durch Abbremsung im Feld eines Atomkerns* („Stoß" mit einem Atomkern). Es wird abgelenkt, strahlt infolge der Beschleunigung Energie in Form elektromagnetischer Wellen ab und wird dadurch langsamer. Hier spricht man deshalb von *Strahlungsbremsung*. (Vergleichen Sie mit dem Röntgenbremsspektrum von Seite 301.)

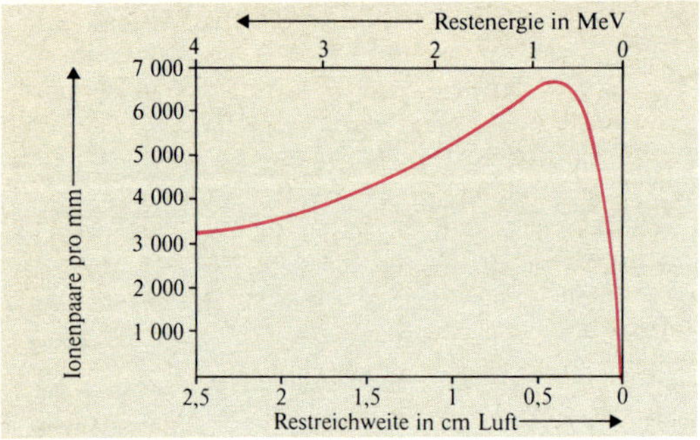

366.1 Anzahl der gebildeten Ionenpaare je mm der α-Strahlung von Po-210 ($W_\alpha = 5{,}31$ MeV) am Ende ihrer Bahn in Luft (15 °C, 1000 hPa)

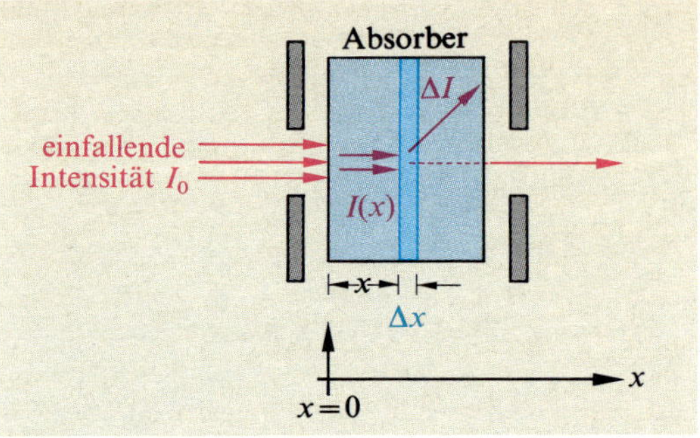

366.3 Zur Absorption von γ-Quanten. In der Schicht der Dicke Δx werden ΔI Photonen gestreut. $I(x)$ ist die Intensität an der Stelle x.

c) Das geladene Teilchen erfährt im Feld eines Atomkerns eine Richtungsänderung und verliert dabei nur soviel an kinetischer Energie, wie wegen der Impulsübertragung nötig ist (*Rutherford-Streuung*, Seite 378).

Man hat festgestellt, daß bei den Energiewerten, die α- und β-Teilchen aus radioaktiven Nukliden haben, hauptsächlich die *Ionisationsbremsung* eine Rolle spielt. Deshalb gehen wir im folgenden darauf ein.

Stoßen *α-Teilchen* mit Elektronen zusammen, so werden sie infolge ihrer sehr viel größeren Masse kaum aus ihrer Bahn abgelenkt (Aufgabe 7). Sie verlieren beim Stoß zwar Energie, aber ihre Bahn bleibt geradlinig. Erst wenn die Energie durch sehr viele Stöße aufgebraucht ist, endet die Bahn abrupt. *Bild 363.3* und die Nebelkammeraufnahmen finden so ihre Erklärung. – Wird ein Atom ionisiert, lagert sich das weggeschlagene Elektron meist an ein anderes neutrales Atom an; es entsteht ein *Ionenpaar*. – Wie viele Ionenpaare pro mm die α-Teilchen entlang ihrer Bahn bilden, läßt sich aus *Bild 366.1* entnehmen. Je geringer die Energie der α-Teilchen ist, um so mehr Ionenpaare pro mm entstehen. Dann fliegen sie nämlich viel langsamer an den Atomen vorbei, und die mögliche Zeitdauer für eine Wechselwirkung wird größer. Am Ende der Bahn fällt die Kurve in *Bild 366.1* stark ab, weil sich das α-Teilchen durch den Einfang eines Elektrons umlädt.

Wechselwirken *β-Teilchen* mit Hüllenelektronen, so können sie wegen der viel kleineren Masse viel stärker als α-Teilchen aus ihrer Richtung abgelenkt werden (Aufgabe 7). Folglich beschreiben sie in Materie meist eine Zickzackbahn *(Bild 366.2)*. Elektronen gleicher Energie können daher in der Richtung, in der sie in Materie eindringen, ganz unterschiedliche Reichweiten haben. Da zudem die β-Teilchen ein kontinuierliches Energiespektrum besitzen (Versuch 285), ist das Absorptionsverhalten der β-Strahlung in Materie *(Bild 365.1)* komplizierter als das der α-Strahlung *(Bild 363.3)*. Daß sich nahezu ein exponentieller Abfall in *Bild 365.1* ergibt, ist – im Gegensatz zur Absorption der γ-Strahlung in Materie (siehe unten) – *reiner Zufall*. – *Tabelle 366.2b* zeigt die Zahl der von β-Teilchen gebildeten Ionenpaare pro mm Wegstrecke. Sie ist viel geringer als bei α-Teilchen gleicher Energie, denn β-Teilchen fliegen schneller an Atomen vorbei.

α- und β-Teilchen wechselwirken in Materie hauptsächlich mit den Hüllenelektronen der Atome und werden dadurch abgebremst.

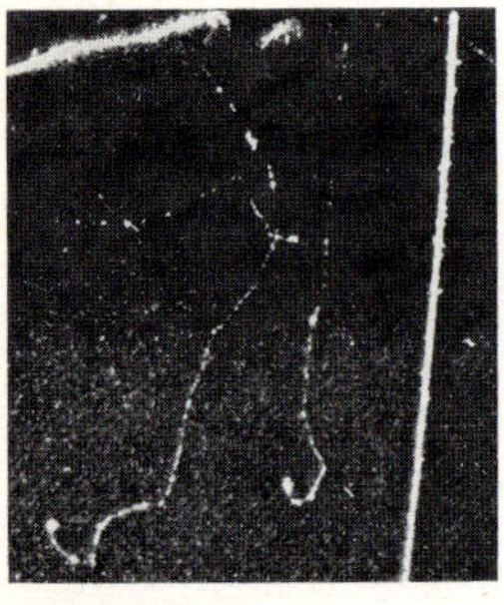

Energie der Elektronen	Anzahl der gebildeten Ionenpaare in Luft
10 keV	250/mm
100 keV	15/mm
1000 keV	5/mm

366.2 Spuren von β-Teilchen in einer Nebelkammer und Ionisationsvermögen von β-Teilchen

5. Photonen sind nicht geladen

Photonen wechselwirken anders mit Materie als α- und β-Teilchen und zwar im wesentlichen mit drei uns bereits bekannten Prozessen:

– dem *Fotoeffekt* (Seite 297): das γ-Quant überträgt seine gesamte Energie auf ein gebundenes Elektron und verschwindet;

– dem *Comptoneffekt* (Seite 304): das γ-Quant gibt einen Teil seiner Energie durch einen Stoß mit einem Elektron ab und fliegt als energieärmeres Photon in eine andere Richtung;

– der *Paarbildung* (Seite 307): im Feld eines Atomkerns kann sich das γ-Quant, wenn es mehr als 1,02 MeV Energie hat, in ein Positron und ein Elektron materialisieren.

Warum aber weisen die Absorptionskurven in *Bild 364.1* einen exponentiellen Verlauf auf? Betrachten wir dazu *Bild 366.3*. Die γ-Strahlung tritt an der Stelle $x=0$ mit der Intensität I_0 in die Materie ein. Sie hat nach der Strecke x noch die Intensität $I(x)$ und fällt damit auf die in Gedanken herausgegriffene dünne Schicht der Dicke Δx ein. Darin führt ein gegen $I(x)$ kleiner Anteil ΔI der Photonen einen der obengenannten Prozesse durch und scheidet damit aus dem Strahlquerschnitt ganz aus, im Gegensatz etwa zu α-Teilchen, die nach einer Wechselwirkung mit einem Atom fast geradlinig weiterfliegen.

Ob ein bestimmtes γ-Quant in dieser Schicht der Dicke Δx einen Prozeß durchführt oder nicht, bleibt dem Zufall überlassen. Aber eines ist gewiß: Bei doppelter Intensität $I(x)$ werden etwa doppelt so viele γ-Quanten in einen der Prozesse verwickelt; demnach ist auch die Abnahme ΔI der Intensität doppelt so groß. Dasselbe gilt, wenn man die kleine Schichtdicke Δx verdoppelt. Aus beiden Überlegungen folgt: $\Delta I \sim I(x)\,\Delta x$ oder

$$\Delta I = -\mu\, I(x)\,\Delta x. \qquad (367.1)$$

Dabei ist die Konstante μ positiv. Da die Intensität abnimmt, ist $\Delta I < 0$.

Gl. 367.1 gilt an allen Stellen x innerhalb des Körpers mit dem gleichen Faktor μ. Wollen wir die Intensität $I(x)$ in Abhängigkeit von x bestimmen, so dividieren wir die linke und die rechte Seite der *Gl. 367.1* durch Δx und erhalten $\Delta I/\Delta x = -\mu\, I(x)$. Lassen wir $\Delta x \to 0$ gehen, dann ergibt sich die Differentialgleichung

$$I'(x) = -\mu\, I(x). \qquad (367.2)$$

Sie ist uns bereits von der Entladung eines Kondensators bekannt (Seite 42). Da an der Stelle $x=0$ die Intensität I_0 beträgt, ergibt sich als Lösung

$$I(x) = I_0\, \mathrm{e}^{-\mu x} = I_0\, 2^{-x/d_{1/2}}, \qquad (367.3)$$

wobei wieder $d_{1/2} = (\ln 2)/\mu$ ist. Mit $x=d$ ist das die bekannte *Gl. 364.1.* bzw. *364.2. Der exponentielle Abfall folgt allein aus der stochastischen Wechselwirkung der γ-Quanten mit den Atomen.* Das heißt, der Anteil der den Strahl verlassenden Teilchen hängt nur von der *Wahrscheinlichkeit* ab, mit der sie mit Atomen wechselwirken. Sie ist der Zahl der sich zum Stoß anbietenden Teilchen wie auch der Zahl der stoßenden Teilchen proportional. Allerdings: Auch bei den α- und β-Teilchen erfolgt die Wechselwirkung stochastisch. Nur scheiden diese Teilchen nach einem Prozeß aus dem Strahlenbündel noch nicht gleich aus.

γ-Strahlung wechselwirkt mit Materie durch Fotoeffekt, Comptoneffekt und Paarbildung.

6. Eine mikroskopische Betrachtungsweise

Bewegt sich eine sehr kleine Kugel (Radius r_1) auf eine große harte Kugel mit dem Radius $R(R \gg r_1)$ zu, so kommt es zu einem Stoß, d.h. einer Wechselwirkung, wenn die kleine Kugel die Querschnittsfläche πR^2 trifft. Analog dazu kann man sich vorstellen, daß jedes Atom in der Materie eine wirksame *Querschnittsfläche* σ aufweist, die von einem γ-Quant getroffen werden muß, wenn es mit dem Atom reagieren soll.

Betrachten wir nochmals *Bild 366.3*. Das Absorbermaterial besitze n Atome pro Volumeneinheit; die von den γ-Quanten bestrahlte Fläche des Absorbers sei A. Dann befinden sich im durchstrahlten Teil der herausgegriffenen dünnen Schicht der Dicke Δx $n\,A\,\Delta x$ Atome. Die wirksame Querschnittsfläche ΔA, die diese Atome insgesamt den γ-Quanten zur Wechselwirkung anbieten, beträgt dann: $\Delta A = n\,A\,\sigma\,\Delta x$. Dabei setzen wir voraus, die Dicke Δx der Schicht sei so klein, daß sich die wirksamen Querschnitte σ der einzelnen Atome in Strahlrichtung nicht überdecken (Aufgabe 8).

Nun können wir annehmen, daß sich die durch Wechselwirkung mit den Atomen bedingte *Abnahme* ΔI der Intensität zur Gesamtintensität $I(x)$ der auf die Schicht treffenden Strahlung im Mittel wie die von den Atomen angebotene Fläche ΔA zur Gesamtfläche A verhält. Damit gilt $\Delta I/I = -\Delta A/A$. Mit $\Delta A = n\,A\,\sigma\,\Delta x$ ergibt sich daraus

$$\frac{\Delta I}{I} = -n\,\sigma\,\Delta x. \qquad (367.4)$$

Vergleichen wir mit *Gl. 367.1*, so finden wir:

$$\sigma = \frac{\mu}{n} \text{ oder } \sigma = \frac{\ln 2}{n\, d_{1/2}}. \qquad (367.5)$$

σ nennt man den **Wirkungsquerschnitt** der Materie für den Absorptionsprozeß von γ-Strahlung. *Er beschreibt die Wahrscheinlichkeit, daß ein γ-Quant mit einem Atom wechselwirkt.*

Beispiel: Nach Versuch 292 gilt für die Absorption der γ-Strahlung von Cs-137 in Blei $d_{1/2} = 0{,}55$ cm ($\varrho = 11{,}3$ g cm^{-3}; Atommasse $m = 207{,}2$ u). Die Anzahldichte n (Teilchenzahl je Volumeneinheit) multipliziert mit der Masse m eines einzelnen Teilchens gibt die Massendichte ϱ (Masse je Volumeneinheit). Es ist also $\varrho = n\,m$ oder $n = \varrho/m$. Damit wird

$$\sigma = \frac{m \ln 2}{d_{1/2}\,\varrho} = \frac{\ln 2 \cdot 207{,}2 \cdot 1{,}66 \cdot 10^{-24}\ \mathrm{g}}{0{,}55\ \mathrm{cm} \cdot 11{,}3\ \mathrm{g\ cm^{-3}}}$$

$$= 38 \cdot 10^{-28}\ \mathrm{cm}^2.$$

Der Radius eines Atoms ist etwa $1 \cdot 10^{-10}$ m; damit ergibt sich die geometrische Querschnittsfläche zu $\pi r^2 \approx 3 \cdot 10^{-20}$ m^2, also erheblich größer als σ. Es liegt eben eine Wechselwirkung von Feldern vor, und es verhält sich nicht so wie bei einem mechanischen Stoß makroskopischer Kugeln.

Aufgaben

1. a) *γ-Strahlung wird in Luft praktisch nicht absorbiert* ($d_{1/2} \approx 70$ m). *Entfernt man aber ein Zählrohr von einem punktförmigen γ-Strahler, der seine Strahlung in alle Raumrichtungen mit gleicher Wahrscheinlichkeit emittiert (man sagt, die Strahlung ist isotrop), so nimmt die Zählrate mit* $1/r^2$ *ab, (r: Abstand Präparat-Zählrohr). Versuchen Sie, dies zu erklären!* **b)** *Ob bei einer derartigen Messung die Zählrate z mit* $1/r^2$ *abnimmt, erkennt man am besten, wenn man in doppelt-logarithmischem Papier (beide Achsen sind dort logarithmisch geteilt) lg z über lg r aufträgt. Begründen Sie dies!* **c)** *Wie wird z mit r abnehmen, wenn man in Luft einen β-Strahler als Präparat verwendet?* **d)** *Wie nimmt z mit r ab, wenn man die Messung im Vakuum durchführt und einen α-, β- oder γ-Strahler verwendet?*

2. a) *Bestimmen Sie mit Hilfe von Bild 363.2 die Reichweite der α-Strahlung von* Po-212 (8,79 MeV) *und* Po-210 (5,30 MeV) *in Luft und Körpergewebe!* **b)** *Wie groß ist die Energie dieser α-Strahlen in Luft* 2 cm *bevor die Teilchen dort zur Ruhe kommen?* **c)** *Wie dick muß die empfindliche Schicht eines* Si-*Halbleiterzählers sein, damit diese α-Teilchen dort vollständig steckenbleiben? (Verwenden Sie in Bild 363.2 die Kurve für Aluminium.)*

3. *Versuch 291 wird mit einem* Pb-212-*Präparat durchgeführt (Daten Aufgabe 4, Seite 358). Wie sieht die Bild 363.3 entsprechende Meßkurve aus?*

4. *Versuch 292 wird mit Blei als Absorber und* Co-60 *als γ-Strahler durchgeführt. Für jeweils* $Z = 1000$ Impulse *benötigt man folgende Meßzeiten:*

$\frac{d}{\text{mm}}$	4	8	12	16	20	25	30	35	40
$\frac{t}{\text{s}}$	45,1	61,0	71,0	84,9	110,4	158	199	265	335

Der Nulleffekt Z_μ *ist noch nicht abgezogen; er beträgt* 1000 Impulse *in* 53 min. **a)** *Warum wurden bei jeder Messung gleich viele Impulse gezählt?* **b)** *Werten Sie die Messung grafisch aus, indem Sie für jede Dicke d die Zählrate* $(Z - Z_\mu)/t$ *bilden und diese Größe auf einfach-logarithmischem Papier über d auftragen! Wie groß sind die Halbwertsdicke* $d_{1/2}$ *und der lineare Schwächungskoeffizient μ? Welche Zählrate* Z_0 *mißt man ohne Blei?* **c)** *Ermitteln Sie mit Bild 364.3 aus* $d_{1/2}$ *die Energie der γ-Quanten von* Co-60 *(Daten Aufgabe 2, Seite 362)!*

5. *γ-Strahlung der Energie* 1,33 MeV *trifft gemäß Bild 368.1 auf einen Streukörper S aus Eisen. Das Zählrohr steht unter* 90° *und registriert eine Zählrate* z_0. *Mit einer Bleiblende Bl der Dicke d in Stellung 1 geht die Zählrate* z_0 *auf* z_1, *in Stellung 2 auf* z_2 *zurück. Es ist* $z_2 < z_1$. **a)** *Warum registriert das Zählrohr Strahlung?* **b)** *Erklären Sie mit Bild 364.3, warum* $z_2 < z_1$ *ist!* **c)** *Schätzen Sie ab, um wieviel die Zählrate* z_2 *von* z_1 *abweicht* ($d = 1$ mm)*!*

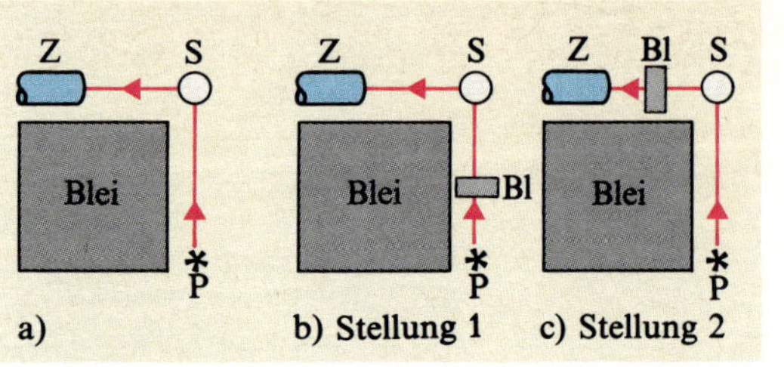

368.1 Zu Aufgabe 5. P: Präparat, S: Streukörper, Z: Zählrohr

6. *Erläutern Sie die Wechselwirkung von α-Teilchen bzw. γ-Strahlung mit Materie! Begründen Sie jeweils den Verlauf der Absorptionsmeßkurve! Welcher Verlauf ergibt sich im Vakuum bei punktförmigen Strahlern?*

7. a) *Ein ruhendes Teilchen der Masse* m_2 *befindet sich im Ursprung eines Koordinatensystems. Auf dieses stößt ein sich in* $+x$-*Richtung bewegendes Teilchen der Masse* m_1 *mit dem Impuls* $m_1 \vec{v}_1$. *Nach dem Stoß hat* m_1 *den Impuls* $m_1 \vec{u}_1$ *und* m_2 *den Impuls* $m_2 \vec{u}_2$. *Nach dem Impulserhaltungssatz gilt:* $m_1 \vec{v}_1 = m_2 \vec{u}_2 + m_1 \vec{u}_1$ *(Bild 368.2). Zeigen Sie, daß die Spitzen aller möglichen denkbaren Impulsvektoren* $m_2 \vec{u}_2$ *auf einem Kreis mit dem Radius* $r = m_1 m_2 u_1/(m_1 + m_2)$ *liegen. Lösungshinweis: Stellen Sie für die Koordinaten x und y der Punkte P in dem skizzierten Koordinatensystem unter Verwendung des Energieerhaltungssatzes eine Beziehung auf!* **b)** *Es sei* $m_1 \gg m_2$. *Zeigen Sie, daß dann für den Winkel zwischen* $\vec{v}_1$ *und* $\vec{u}_1$ *gilt:* $\sin\varphi \leqq m_2/m_1$! *Berechnen Sie* φ_{max}, *wenn* m_1 *ein α-Teilchen und* m_2 *ein Elektron ist! Was bedeutet das Ergebnis?* **c)** *Zeigen Sie: Hat ein α-Teilchen die Energie W, so kann es bei einem Stoß mit einem Elektron maximal die Energie* $\Delta W = 4\,(m_e/m_\alpha)\,W = W/1836$ *verlieren! Hinweis: Der maximale Energieverlust tritt beim zentralen Stoß auf. Wie groß ist* ΔW, *wenn* $W =$ 7,7 MeV *ist?* **d)** *Was kann man aus dem Ergebnis in (a) über den Stoß eines schnellen Elektrons mit einem ruhenden Elektron folgern?*

8. a) *Wie viele Bleiatome sind in einer Schicht der Dicke* 0,1 mm *und der Grundfläche* 1 cm² ($\varrho_{Blei} = 11{,}3$ g cm^{-3})*? Welche Fläche bedeckten alle Kerne, wenn sie in einer einzigen Schicht dicht nebeneinanderlägen?* **b)** *Bestimmen Sie den Wirkungsquerschnitt σ für die Absorption einer γ-Strahlung der Energie* 2 MeV *und* 0,2 MeV *in Blei und Eisen.*

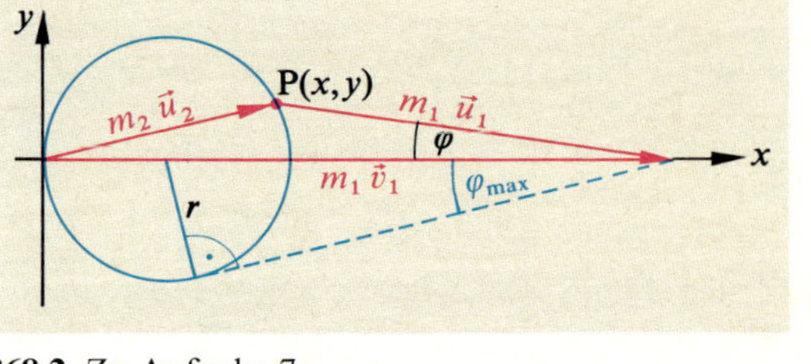

368.2 Zu Aufgabe 7

§ 112 Halbwertszeit

1. Gemeinsamkeiten radioaktiver Nuklide

Radioaktive Strahlung kommt aus Atomkernen. Diese müssen sich also durch die Aussendung der Strahlung verändern; man sagt, sie *zerfallen*. Nehmen wir an, wir haben eine Anzahl N_0 von Atomkernen, die zerfallen können. Radioaktive Strahlen treten stochastisch auf. Lassen sich trotzdem Aussagen über den zeitlichen Verlauf der Zerfälle machen?

Versuch 294: Eine *Ionisationskammer* besteht aus zwei gegeneinander isolierten Metallkörpern, zwischen denen eine Gleichspannung (2 kV) liegt. Werden in der Kammer Luftmoleküle durch radioaktive Strahlen ionisiert, so wird die Luft leitend, und in den Zuleitungen registriert ein Meßverstärker Strom.

a) Wir blasen in eine Ionisationskammer Luft aus einem Gefäß, das eine kleine Menge einer Thoriumverbindung enthält. Der Meßverstärker zeigt Strom an. Zusammen mit der Luft ist also ein radioaktiver Stoff in die Kammer gelangt: Es handelt sich um das Edelgas Thoron, das ein Isotop $^{220}_{86}$Rn des Radons ist und α-Strahlen aussendet. Die stochastisch erfolgenden α-Zerfälle lassen die Anzeige des Meßverstärkers ständig schwanken.

b) Blasen wir mehrmals hintereinander thoronhaltige Luft in die Kammer, so steigt der Ionisationsstrom; er ist im Rahmen der stochastischen Schwankungen der Zahl N der radioaktiven Atome proportional. Ist diese Zahl n-fach, so zerfallen in 1 s auch etwa n-mal so viele Atome.

c) Gibt man kein weiteres Thoron in die Kammer, so bleibt der Ionisationsstrom nicht etwa konstant, sondern fällt jeweils in 55 s auf die Hälfte ab *(Bild 369.1)*. Also wird auch die Zahl der Atome, die je Sekunde zerfallen, im Rahmen der stochastischen Schwankungen halbiert. Folglich ist nach jeweils 55 s die Zahl der insgesamt noch vorhandenen Thoronatome auf die Hälfte der anfangs bestehenden gesunken. Man nennt $T_{1/2} = 55$ s die **Halbwertszeit** des radioaktiven Nuklids $^{220}_{86}$Rn.

Das Gesetz, nach dem die Zahl $N(t)$ der noch nicht zerfallenen Atome zeitlich abnimmt, entspricht der Entladungsfunktion eines Kondensators im Versuch 33 auf Seite 42. Zur Zeit

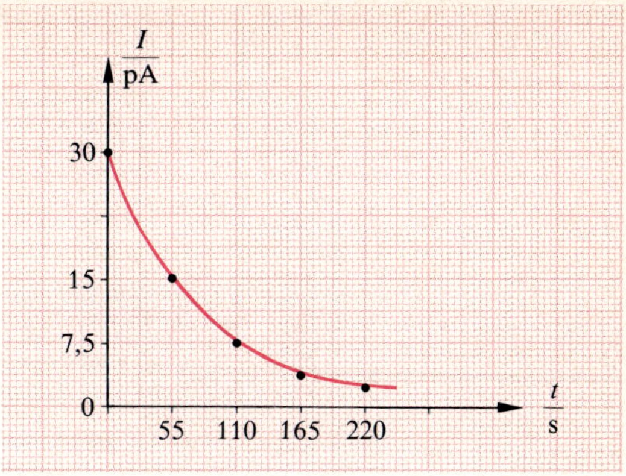

369.1 Zusammenhang zwischen Ionisationsstrom I und Zeit t in Versuch 294

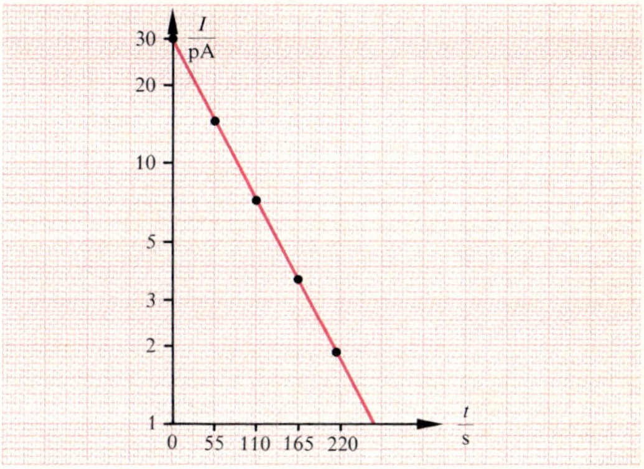

369.2 Messung aus *Bild 369.1* auf einfach logarithmischem Papier

$t = 0$ sei die Zahl der nicht zerfallenen Atome N_0. Nach einer Halbwertszeit, also nach $t = T_{1/2}$, ist diese Zahl auf $N_1 = \frac{1}{2} N_0$ gesunken, nach $t = 2\,T_{1/2}$ auf $N_2 = \frac{1}{2}(\frac{1}{2} N_0) = N_0\, 2^{-2}$, nach n Halbwertszeiten, also für $t = n\,T_{1/2}$, auf $N_n = N_0\, 2^{-n}$ $(n = 1, 2, 3 \ldots)$. Dieses Gesetz gilt auch für beliebige andere Zeitpunkte t. In Versuch 294c sind z.B. nach $t = 69$ s $n = t/T_{1/2} =$ 1,25 Halbwertszeiten verstrichen. Mit dem Taschenrechner ergibt sich $N = 0{,}42\, N_0$. In Übereinstimmung mit *Bild 369.1* ist die Zahl der noch nicht zerfallenen Atome also auf 42% der ursprünglichen Anzahl gesunken. Mit $n = t/T_{1/2}$ erhalten wir allgemein:

$$N(t) = N_0\, 2^{-t/T_{1/2}}. \qquad (369.1)$$

$N(t)$ nimmt nach einem Exponentialgesetz ab. Tragen wir daher unsere Meßwerte in einfach-logarithmischem Papier auf, dann muß sich — analog zu der Absorption von γ-Strahlung in Materie (Seite 364) — eine Gerade ergeben.

Mit Hilfe der Beziehung $2 = e^{\ln 2}$ folgt aus *Gl. 369.1* schließlich

$$N(t) = N_0 \, e^{-\ln 2 \cdot t / T_{1/2}}. \qquad (370.1)$$

oder

$$N(t) = N_0 \, e^{-kt} \quad \text{mit} \quad k = \frac{\ln 2}{T_{1/2}}. \qquad (370.2)$$

Die Größe k nennt man auch **Zerfallskonstante**. Für Rn-220 finden wir aus *Bild 369.1* $k = \ln 2 \, (55 \text{ s})^{-1} = 1{,}2 \cdot 10^{-2} \text{ s}^{-1}$.

Versuch 295: **a)** Durch einen sogenannten Caesiumisotopengenerator drücken wir einige Tropfen Salzsäure und fangen die Lösung in einem Reagenzglas auf, das wir vor ein Zählrohr halten. Dieses zeigt, daß die Salzsäure aus dem Isotopengenerator eine radioaktive γ-strahlende Substanz herausgelöst hat (Ba*-137). Je mehr radioaktive Substanz sich im Reagenzglas befindet, desto größer ist die Zählrate. Wie in Versuch 294b die Stromstärke $I(t)$, so ist hier die Zählrate $z(t)$ proportional zur Zahl der noch nicht zerfallenen Kerne $N(t)$.

b) Messen wir die Zählrate alle 20 s, so erhalten wir eine Meßkurve wie in *Bild 369.1*, allerdings mit einer Halbwertszeit von $T_{1/2} = 2{,}6$ min. *Das Zerfallsgesetz gilt für alle radioaktiven Substanzen. Doch hat jedes radioaktive Nuklid eine andere Halbwertszeit (Tabelle 371.1).*

Beim radioaktiven Zerfall sind von der ursprünglich vorhandenen Zahl N_0 von Kernen nach der Zeit t etwa $N(t) = N_0 \, e^{-kt}$ Kerne nicht zerfallen. Die Halbwertszeit $T_{1/2}$ gibt die Zeitspanne an, nach der etwa die Hälfte der Kerne zerfallen ist. Es ist $k = \ln 2 / T_{1/2}$.

Das Zerfallsgesetz gilt für alle radioaktiven Substanzen. Jedes radioaktive Nuklid hat eine charakteristische Halbwertszeit.

2. Die Aktivität und ihre Einheit

$-\Delta N = N(t) - N(t + \Delta t)$ gibt die in der Zeit Δt erfolgte *Abnahme* der Kernanzahl durch den radioaktiven Zerfall an. Als **Aktivität** oder *Zerfallsrate* definiert man nun den Quotienten

$$A = -\frac{\Delta N}{\Delta t} \quad \text{für } \Delta t \ll T_{1/2}. \qquad (370.3)$$

Da ΔN negativ ist, wird die Aktivität A durch das Minuszeichen in *Gl. 370.3* positiv. A ist sozusagen die Geschwindigkeit, mit der die radioaktive Substanz zerfällt (Seite 168!). Die *Einheit der Aktivität* ist 1 s^{-1}, genannt **1 Becquerel** (1 Bq). Früher benutzte man die Einheit **1 Curie** (1 Ci) $= 3{,}7 \cdot 10^{10} \text{ s}^{-1} = 3{,}7 \cdot 10^{10}$ Bq, die der Aktivität von 1 g Ra-226 entspricht. Radioaktive Präparate, die aufgrund der Strahlenschutzverordnung an Schulen zugelassen sind, besitzen maximal eine Aktivität von $3{,}7 \cdot 10^6$ Bq $= 100$ µCi. Man bedenke: Obgleich solche Präparate schon jahrelang in der Schule lagern, zerfallen bei ihnen in jeder Sekunde 3 700 000 Kerne, dies bei Tag und Nacht, auch in den Ferien. Dabei hat die radioaktive Substanz eine Masse von wenigen µg. Vielleicht vermittelt Ihnen das ein Gefühl für die riesige Anzahl von Atomen in einer so winzigen Substanzmenge.

Die Ableitung $\dot{N}(t)$ der Funktion $N(t)$ ist:

$$\dot{N}(t) = -k \, N_0 \, e^{-kt} = -k \, N(t). \qquad (370.4)$$

Läßt man in *Gl. 370.3* die Zeit $\Delta t \to 0$ gehen, so erhält man für die Aktivität A

$$A = -\dot{N}(t) = k \, N(t). \qquad (370.5)$$

Die Aktivität ist demnach eine Funktion $A(t)$ der Zeit; wie man sieht, ist sie außerdem auch proportional zur Zahl $N(t)$ der noch nicht zerfallenen Atome. Dies kennen wir bereits aus Versuch 294 und 295. Wie wir dort sahen, ist der Ionisationsstrom bzw. die Zählrate sowohl ein Maß für die Zahl der in einer Zeit $\Delta t \ll T_{1/2}$ zerfallenen Kerne – also für die Aktivität des Präparats – als auch ein Maß für die Zahl der noch nicht zerfallenen Kerne $N(t)$.

Nach *Gl. 370.5* ist die Aktivität $A(t)$ um so größer, je mehr Kerne $N(t)$ noch vorhanden sind und je größer die Zerfallskonstante k des betreffenden Nuklids ist. Mit $k \, N_0 = A_0$ folgt

$$A(t) = A_0 \, e^{-kt}. \qquad (370.6)$$

Die Aktivität $A(t)$ einer radioaktiven Substanz fällt mit der gleichen Halbwertszeit wie $N(t)$ exponentiell ab.

Die Aktivität einer radioaktiven Substanz ist der Quotient aus der Anzahl der in einer kleinen Zeitspanne $\Delta t \ll T_{1/2}$ stattfindenden Zerfälle und dieser Zeitspanne Δt.

Die Aktivität ist proportional der noch nicht zerfallenen Anzahl an Atomen und nimmt wie diese exponentiell ab: $A(t) = k \, N(t)$. Die Einheit der Aktivität ist $1 \text{ Bq} = 1 \text{ s}^{-1}$.

3. Das Zerfallsgesetz genauer betrachtet

Wir wenden uns wieder der Funktion $N(t)=N_0\,e^{-kt}$ in *Gl. 370.2* zu. Es handelt sich um eine stetige, beliebig oft differenzierbare Funktion. Da aber immer nur ein ganzer Kern zerfällt, und zwar momentan, so müßte die tatsächliche Zerfallsfunktion eine Treppenfunktion mit Stufenhöhe 1 sein, deren einzelne Abwärtssprünge zudem noch stochastisch regellos über die Zeit verteilt erfolgen. *Wie in der Quantenmechanik gilt ein Wahrscheinlichkeitsgesetz:* Nicht der einzelne Zerfallsprozeß ist determiniert und durch eine mathematische Funktion vorhersagbar, sondern allein seine Wahrscheinlichkeit.

Die Funktion $N(t)$ stellt also gar nicht die wirkliche, sondern vielmehr die *mittlere* Anzahl $N(t)$ noch unzerfallener Kerne als Funktion der Zeit dar; $N(t)$ ist genauso streng determiniert wie das Intensitätsdiagramm bei der Licht- oder Elektronenbeugung (Seite 314), während der einzelne Zerfall stochastisch erfolgt. Die stetige und differenzierbare Funktion $N(t)=N_0\,e^{-kt}$ läßt sich also experimentell nicht streng, sondern nur durch Mittelwertbildung bei einer hinreichend häufigen Wiederholung der Meßreihe oder einer entsprechend großen Anzahl von Kernen (wie in den Versuchen 294c und 295b) mit kleinem relativem Fehler bestimmen. Die Funktion $N(t)$ mit ihren im allgemeinen nicht ganzzahligen Werten ist also nicht etwa eine bequeme, wenngleich ungenaue mathematische Näherung des Zerfallsgesetzes, sondern sie ist dieses nur durch eine Wahrscheinlichkeit ausdrückbare Gesetz selbst! (Die Mittelwerte bei sehr vielen Meßreihen liefern in der Regel auch nicht ganzzahlige Werte für N.)

Aus *Gl. 370.3* und *Gl. 370.5* folgt für kleine $\Delta t \ll T_{1/2}$

$$-k\,N(t) \approx \frac{\Delta N}{\Delta t} \quad \text{oder} \quad k\,\Delta t \approx -\frac{\Delta N}{N}. \qquad (371.1)$$

Von $N(t)$ Kernen zerfallen in der Zeit Δt im Mittel ΔN Kerne. $\Delta N/N$ ist somit die Wahrscheinlichkeit, mit der ein Kern in dieser Zeit zerfällt. Der Zahlenwert von k gibt also nach *Gl. 371.1* – wenn man $\Delta t = 1$ s setzt – die Wahrscheinlichkeit an, mit der ein Kern innerhalb der nächsten Sekunde zerfällt (falls $T_{1/2} \gg 1$ s). k nennt man daher zu Recht *Zerfallskonstante*. (Das Minuszeichen in *Gl. 371.1* stört nicht; es gibt an, daß $N(t)$ abnimmt).

Bemerkenswert an *Gl. 371.1* ist folgendes: Die Zerfallswahrscheinlichkeit eines Kerns ist unabhängig von der Zeit t, d.h. vom Alter des Kerns. *Die Wahrscheinlichkeit, daß ein Kern jeweils in der nächsten Sekunde zerfällt, ist stets gleich groß, er altert nicht!* (Bei Lebewesen steigt bekanntlich mit dem Alter die Wahrscheinlichkeit, innerhalb des nächsten Jahres zu sterben.) *Die Zerfallskonstante k und die Halbwertszeit $T_{1/2}$ können zudem durch äußere Einflüsse* (Druck, Temperatur, chemische Bindung im Atom usw.) *nicht verändert werden.* Es gibt keine uns noch so verborgene determinierte Größe, die insgeheim den Zerfall eines bestimmten Kerns verursachen würde.

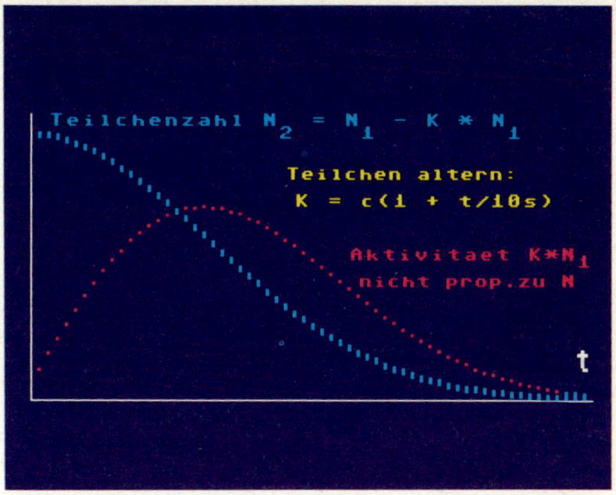

371.1 Zerfall von N_0 Kernen, wenn die Zerfallskonstante k mit dem Alter nach $k=c(1+\frac{t}{10\,\text{s}})$ wächst

Wie der Zerfall einer radioaktiven Substanz aus N_0 Kernen verliefe, wenn k mit dem Alter des Atomkerns stark stiege, läßt sich mit Hilfe eines Computerprogramms demonstrieren. *Bild 371.1* zeigt das Ergebnis. Es stimmt nicht mit dem experimentellen Ergebnis (z.B. *Bild 369.1*) überein. Also ist k wirklich eine unveränderliche Stoffkonstante.

Von einem einzelnen Zerfallsprozeß kann man nur vorhersagen, mit welcher Wahrscheinlichkeit er in der nächsten Sekunde eintreten wird. Diese Wahrscheinlichkeit wird durch die Zerfallskonstante $k = \ln 2\ /\ T_{1/2}$ angegeben.

Sie ist für alle Kerne derselben Nuklidart gleich groß, unabhängig vom Alter der Kerne und kann von außen nicht beeinflußt werden.

Element	$T_{1/2}$	Element	$T_{1/2}$
Th-232	$1{,}4\cdot 10^{10}$ a	Sr-90	28,5 a
U-238	$4{,}5\cdot 10^{9}$ a	H-3	12,3 a
K-40	$1{,}28\cdot 10^{9}$ a	Kr-85	10,8 a
U-235	$7{,}1\cdot 10^{8}$ a	Co-60	5,27 a
C-14	5730 a	Tl-204	3,8 a
Ra-226	1600 a	Na-22	2,6 a
Am-241	433 a	Rn-220	55 s
Cs-137	30 a	Po-214	$0{,}16\cdot 10^{-3}$ s

Tabelle 371.1 Halbwertszeit einiger Nuklide

4. Aktivität verrät das Alter

a) Wie bestimmt man das Alter hölzerner Gegenstände, die in einer ägyptischen Pyramide gefunden wurden *(Bild 372.1)*? Eine Möglichkeit bietet die **C-14-Methode**. In der Atmosphäre wird nämlich unter dem Einfluß der konstanten kosmischen Strahlung laufend das radioaktive Kohlenstoffisotop C-14 gebildet ($T_{1/2} = 5730$ a). Es verbindet sich mit dem Sauerstoff der Luft zu radioaktivem Kohlendioxid. Infolge der konstanten Neubildungsrate und des laufenden Zerfalls hat sich in der Luft eine Gleichgewichtskonzentration an C-14 eingestellt. Das Häufigkeitsverhältnis der Kerne C-14 und der stabilen Kerne C-12 ist etwa $1{,}5 \cdot 10^{-12}$. Durch die Assimilation wird C-14 von den Pflanzen bzw. durch pflanzliche Nahrung von den Tieren aufgenommen. Solange ein Tier oder eine Pflanze leben, steht deren Kohlenstoffgehalt laufend in Kontakt mit dem Kohlenstoff der Atmosphäre und hat somit die gleiche Konzentration an C-14 wie dieser. In 1 g Kohlenstoff findet man dabei etwa 16 Zerfälle von C-14 Atomen in einer Minute. Stirbt das Lebewesen ab, sinkt der C-14 Gehalt nach dem Zerfallsgesetz *Gl. 370.2.*

Mißt man in 1 g Kohlenstoff eines Gegenstandes aus einer Pyramide noch 10,7 Zerfälle pro Minute, so ist sein Alter nach *Gl. 370.6*

$$t = -\ln\left(\frac{A(t)}{A_0}\right)\frac{T_{1/2}}{\ln 2} = -\ln\left(\frac{10{,}7}{16}\right)\frac{5370\,\text{a}}{\ln 2}$$

$$= 3330\,\text{a}.$$

Entsprechend der Halbwertszeit von 5370 a eignet sich die C-14 Methode zur Datierung von Gegenständen, deren Alter etwa zwischen 1000 und 30000 Jahren ($\approx 6\,T_{1/2}$) liegen. Ihre Unsicherheit beträgt ungefähr 5%.

372.1 Das Alter dieses Holzsarges ließ sich mit der C-14-Methode auf ± 200 a genau bestimmen.

b) Um das Alter von Gesteinen und damit das der festen Erdkruste (ca. $3{,}5 \cdot 10^9$ a) zu bestimmen, benötigt man Nuklide mit großen Halbwertszeiten. Bei der **Uran-Blei-Methode** benutzt man U-238 mit $T_{1/2} = 4{,}5 \cdot 10^9$ a als Uhr. U-238 zerfällt über mehrere Stufen in das stabile Nuklid Pb-206. (Zerfallsreihe Seite 393). Im Gegensatz zur C-14-Methode kennt man allerdings die Konzentration $N_{0,\text{U}}$ von U-238 in der Gesteinsprobe bei deren Entstehung ($t=0$) nicht. In dem langen Zeitraum ist aber praktisch aus jedem zerfallenen U-238-Kern ein stabiler Bleikern Pb-206 geworden. Die Anzahl $N_{\text{Pb}}(t)$ der Bleiatome ist also gleich der Abnahme $N_{0,\text{U}} - N_{\text{U}}(t)$ der Uran-Kerne; es gilt mit

$$N_{\text{U}}(t) = N_{0,\text{U}}\,\text{e}^{-kt} \quad \text{oder} \quad N_{0,\text{U}} = N_{\text{U}}(t)\cdot\text{e}^{+kt}$$

$$N_{\text{Pb}}(t) = N_{0,\text{U}} - N_{\text{U}}(t) = N_{\text{U}}(t)\,(\text{e}^{+kt} - 1)$$

und damit

$$t = \frac{1}{k}\ln\left(1 + \frac{N_{\text{Pb}}(t)}{N_{\text{U}}(t)}\right) = \frac{T_{1/2}}{\ln 2}\ln\left(1 + \frac{N_{\text{Pb}}(t)}{N_{\text{U}}(t)}\right).$$

Das Verhältnis $N_{\text{Pb}}(t)/N_{\text{U}}(t)$ läßt sich z.B. massenspektroskopisch bestimmen.

c) Bei Erzen, die schon bei ihrer Entstehung Blei enthalten, wird vielfach die **Kalium-Argon-Methode** benutzt. K-40 zerfällt mit einer Halbwertszeit von $T_{1/2} = 1{,}28 \cdot 10^9$ a in Argon-40. Diese Methode läßt sich bei vielen Gesteinen anwenden, da fast überall Kalium und damit K-40 vorkommt.

d) Bei den besprochenen Verfahren weiß man im allgemeinen nicht sicher, ob die Gesteinsprobe bei ihrer Entstehung nicht doch schon Spuren der Tochtersubstanz (Pb, Ar) enthielt, oder ob die gasförmige Tochtersubstanz Argon teilweise wieder verschwunden ist. Deshalb zählt man heute die **Kernspaltungsspuren** von U-238 aus. Dieses Nuklid spaltet sich nicht nur nach einer Neutronenaufnahme, sondern auch spontan, d.h. von selbst: In 1 g Uran finden in einer Stunde 25 spontane Spaltprozesse statt. Die beiden mit großer Energie wegfliegenden Kernbruchstücke erzeugen eine mikroskopisch sichtbare Störung des Kristallgefüges; diese bleibt genauso lange bestehen, wie das Mineral nicht verändert wird. Man erhält zuverlässige Werte für das Gesteinsalter, wenn man die Störstellen auszählt und mit dem Gehalt an U-238 vergleicht. – Dank dieser kernphysikalischen Methoden wurde z.B. das Alter der Erde zu $4{,}7 \cdot 10^9$ a oder das Mondentstehungsalter aus den von der Apollo-Mission zur Erde gebrachten Proben zu $4{,}6 \cdot 10^9$ a bestimmt.

Aufgaben

1. In eine Ionisationskammer wird ein radioaktives Gas gepumpt und der Strom I in Zeitabständen von je 10 Sekunden gemessen. Man erhält folgende Meßwerte:

$\frac{t}{s}$	0	10	20	30	40	50	60	70	80	90	100	110	120
$\frac{I}{10^{-12}\,A}$	60	50	42	35	28	24	20	16	14	11	9	8	7

a) Begründen Sie, warum die Stromstärke I proportional zur Teilchenzahl $N(t)$ des radioaktiven Gases abfällt! **b)** Bestimmen Sie die Halbwertszeit $T_{1/2}$ und die Zerfallskonstante k des Gases so genau wie möglich! **c)** Wird die Luft in der Ionisationskammer beim Nachweis radioaktiver Strahlung verbraucht oder nicht? Begründen Sie Ihre Aussage!

2. Nach der wievielfachen Halbwertszeit ist die Zahl der jetzt gerade vorhandenen Kerne einer radioaktiven Substanz auf 90%, 50%, 1% und 0,1% gesunken?

3. Stellen Sie die physikalischen Vorgänge zusammen, die Sie bisher kennengelernt haben und bei denen eine Zerfallsfunktion wie in Gl. 369.1 bzw. 370.2 aufgetreten ist! Warum kommt es immer zur gleichen Zerfallsfunktion?

4. In der Mitte einer mit Luft gefüllten Ionisationskammer (Durchmesser 10 cm) befindet sich ein abgedecktes Am-241-Präparat, das α-Teilchen der Energie $W = 4{,}4$ MeV aussendet (Versuch 281). Der Strom am Meßverstärker beträgt $2{,}4 \cdot 10^{-9}$ A. **a)** Begründen Sie, daß alle α-Teilchen ihre gesamte Energie in der Kammer abgeben und nicht an die Kammerwand gelangen! **b)** Wie viele α-Teilchen je Sekunde sendet das Präparat in die Ionisationskammer aus? (Zur Bildung eines Ionenpaars benötigt ein α-Teilchen 35,5 eV.) **c)** Die Halbwertszeit von Am-241 beträgt 458 Jahre. Welche Masse besitzt der Am-241-Anteil des Präparats, wenn man annimmt, daß ein Drittel der von Am-241 ausgesandten α-Teilchen in die Ionisationskammer gelangt?

5. Zerfällt ein Kern von Rn-220, so sendet er kurz hintereinander zwei α-Teilchen der Energie 6,29 MeV und 6,78 MeV aus. Wie viele Rn-Atome waren zu Beginn des Versuchs 294c in der Kammer, und welche Masse hatten sie? (Verluste durch Auftreffen von α-Teilchen auf die Kammerwände sind zu vernachlässigen.)

6. 1 g Ra-226 sendet in einer Sekunde $3{,}7 \cdot 10^{10}$ α-Teilchen aus. Berechnen Sie daraus die Halbwertszeit und die Zerfallskonstante von Ra-226!

7. Die Halbwertszeit von Po-210 ist $T_{1/2} = 138$ d. Welche Aktivität entwickeln 10^{-7} g Po-210?

8. U-238 hat eine Halbwertszeit von $4{,}5 \cdot 10^{9}$ a. In einer Probe zerfallen 10^{3} Atome in 1 min. Wie viele Atome enthält die Probe? Berechnen Sie die Masse der gesamten Probe!

9. Ein Cu-64-Präparat wird hergestellt und verschlossen. Cu-64 ist radioaktiv und zerfällt mit der Halbwertszeit $T_{1/2} = 12{,}8$ h. Nach 20 Tagen beträgt die Aktivität noch 20 Bq. Welche Masse in Gramm besaß der Cu-64-Anteil des Präparats bei der Herstellung?

10. a) Die Halbwertszeit eines radioaktiven Präparats liege in der Größenordnung 15 min. Wie kann man die Zerfallskonstante k messen? **b)** Ist die Halbwertszeit eines radioaktiven Präparats sehr groß (d.h. Größenordnung Jahre und mehr), so ändert sich $N(t)$ und damit die Aktivität $A(t)$ während einer üblichen Meßzeit nicht. Überlegen Sie, wie die Halbwertszeit dieses Präparats trotzdem zu messen ist (Atommasse des zerfallenden Nuklids sei bekannt)!

11. Die Messung der Aktivität einer radioaktiven Substanz ergibt folgende Meßreihe (z = Zählrate):

$\frac{t}{s}$	0	15	30	45	60	90	120	150	180	240	300
$\frac{z}{s^{-1}}$	151	112	85	67	55	40	31	26	22	15	11

a) Tragen Sie die Meßergebnisse in einem einfach-logarithmischen Papier auf und begründen Sie damit, daß in der radioaktiven Substanz zwei Nuklide mit unterschiedlicher Halbwertszeit vorhanden waren! **b)** Bestimmen Sie die Halbwertszeiten beider Nuklide! (Hinweis: Das Nuklid mit der kürzeren Halbwertszeit ist bei größeren Zeiten t nahezu vollständig verschwunden. Um dessen Halbwertszeit zu finden, muß man die Aktivität des längerlebigen Nuklids von der Gesamtaktivität subtrahieren.)

12. Zerfällt ein Nuklid mit der Halbwertszeit $T_{1/2}(1)$, so zerfällt häufig der Nachfolgekern, auch Tochterkern genannt, nochmals mit einer Halbwertszeit $T_{1/2}(2)$ in einen stabilen Kern. Es sei $T_{1/2}(1) \gg T_{1/2}(2)$. Begründen Sie qualitativ, daß die Aktivitäten beider Nuklide, die in einem Präparat lange nebeneinander existieren, gleich groß sind! Man nennt dies radioaktives Gleichgewicht.

13. Cs-137 zerfällt mit einer Halbwertszeit $T_{1/2} = 30$ a in einen Ba-137-Kern, der mit $T_{1/2} = 2{,}6$ min weiter zerfällt (Versuch 295b). Vor 5 Jahren wurde ein reines Caesiumpräparat der Masse $1{,}1 \cdot 10^{-10}$ kg hergestellt. **a)** Welche Aktivität besaß das Präparat zum Zeitpunkt der Herstellung? **b)** Wie viele Caesiumatome sind bis heute zerfallen? **c)** Wieviel Ba-137-Atome enthält das Präparat heute (Aufgabe 12)?

15. Ein altes Holzstück, bei dem der Kohlenstoffanteil die Masse 25 g hat, zeigt eine Gesamtrestaktivität (herrührend von C-14) von $A = 2{,}4 \cdot 10^{2}\ \text{min}^{-1}$. **a)** Wie viele C-14-Atome sind noch in diesem Holzstück? **b)** Vor wie vielen Jahren starb das Holzstück ab?

16. Bestimmen Sie das Massenverhältnis von U-238 zu Pb-206, das sich nach der Zeit $t = 1{,}4 \cdot 10^{9}$ a in einer Gesteinsprobe aufgrund des radioaktiven Zerfalls von U-238 in Pb-206 eingestellt hat! Zur Zeit $t = 0$ sei die Zahl der Pb-206-Kerne Null gewesen.

§ 113 Strahlenschäden

1. Erste böse Erfahrungen

H.A. Becquerel (1852–1908, Nobelpreis 1903), der 1896 die radioaktive Strahlung entdeckte, trug 1901 ein nicht abgeschirmtes Radiumpräparat in der Westentasche. Nach zwei Wochen zeigte seine Haut Verbrennungserscheinungen mit einer schwer abheilenden Wunde. Bei Physikern und Ärzten, die mit Röntgenstrahlen ohne Schutzvorrichtungen umgingen, traten chronische Entzündungen und schmerzhafte Geschwüre, ja sogar Todesfälle auf. – Heute kennt man die Wirkung radioaktiver Strahlen auf den lebenden Organismus sehr viel genauer. Man weiß, daß nicht jede Strahlenbelastung gleich zu einem biologischen Schaden führen muß, wohl aber kann.

2. Woher rühren die Schäden?

Der Schaden, den radioaktive Strahlen verursachen, ist das Endglied einer komplexen Reaktionskette aus physikalischen, chemischen und biologischen Prozessen. Am Anfang steht ein physikalischer Vorgang: Die Strahlen ionisieren in Zellen Moleküle. Das kann in der Zelle zwei Reaktionen auslösen:

1) In den Desoxyribonukleinsäure-Molekülen (DNA), den Trägern des genetischen Codes, treten Veränderungen auf, die an die Tochterzellen weitergegeben werden können.

2) Veränderungen in einer getroffenen Zelle führen möglicherweise zu deren Absterben oder zur Hemmung der Zellteilung.

Doch verfügt der Organismus über Abwehrmechanismen, mit denen er Schäden reparieren oder durch das Immunsystem erkennen und eliminieren kann. Erst wenn die Abwehrsysteme versagen, kommt es zum Strahlenschaden.

Ursache der Strahlenschäden ist die Ionisation von Molekülen. Abwehrmechanismen verhindern, daß jede Bestrahlung schädlich ist.

3. Messung der Strahlenbelastung

a) Ein Strahlenschaden tritt um so eher auf, je mehr Moleküle ionisiert oder angeregt werden, d.h. je mehr Energie von der Strahlung auf die Materie übertragen wird. Im Körpergewebe der Masse Δm werde die Strahlenenergie ΔW absorbiert. Der mögliche Schaden wächst mit dem Quotienten $\boldsymbol{D = \Delta W / \Delta m}$, **Energiedosis** $\boldsymbol{D}$ genannt. Als Einheit benutzt man **1 Gray** = 1 J kg^{-1}. Wenige Teilchen hoher Energie erzeugen gleich viele Ionenpaare wie viele niedriger Energie. Sind die Teilchen von der gleichen Art, so können sie auch den gleichen Schaden auslösen.

b) Doch gibt es Unterschiede zwischen verschiedenen Strahlenarten. α-Teilchen haben nach Nebelkammerbildern eine hohe Ionisationsdichte. Sie erzeugen beim Durchqueren einer Zelle 10000 bis 70000 Ionenpaare, β-Strahlen nur 10 bis 100. Wenn α-Strahlung in einem Gewebe dieselbe Energiedosis erzeugt wie β-Strahlung, so sind im ersten Fall zwar viel weniger Zellen betroffen als im zweiten; dennoch gehen mehr zugrunde, weil bei geringerer Ionisationsdichte die Selbstheilungsaussichten wesentlich günstiger sind. Um die biologische Wirkung ionisierender Strahlen verschiedener Art in demselben Gewebe quantitativ miteinander vergleichen zu können, hat man darum die **Äquivalentdosis** $\boldsymbol{H}$ eingeführt. Sie ist definiert als das Produkt $\boldsymbol{H = Q\,D}$ aus der Energiedosis D und dem dimensionslosen Faktor Q. Dieser charakterisiert die Ionisationsdichte einer Strahlung und wird bezogen auf 200 keV Röntgenstrahlung, für die man $Q=1$ setzt. Für Röntgen-, γ- und β-Strahlung ist $Q=1$, für schnelle Neutronen und Protonen $Q=10$ und für α-Teilchen sowie andere mehrfach geladene Teilchen $Q=20$. Q wurde unter Berücksichtigung biologischer Erkenntnisse so ermittelt, daß *gleiche Äquivalentdosen unabhängig von der Strahlenart gleiche biologische Wirkungen hervorrufen.* Zur Unterscheidung von der meßbaren Energiedosis D hat man der Äquivalentdosis H die Einheit **1 Sievert (1 Sv)** = 1 J kg^{-1} gegeben, früher **1 rem = 0,01 Sv.** Treffen mehrere Strahlenarten gleichzeitig ein Gewebe, wird die gesamte schädliche Wirkung nicht durch die Summe der Energiedosen, sondern der Äquivalentdosen der einzelnen Strahlenarten richtig charakterisiert.

Beispiel: Bei einer Röntgenreihenuntersuchung der Lunge erhält diese eine mittlere Energiedosis von 2 mGy = 2 mJ kg^{-1}, die 2 mSv entsprechen ($Q=1$). Eine Neutronenbestrahlung mit der Energiedosis 2 mGy = 2 mJ kg^{-1} hat wegen $Q=10$ dagegen die biologische Wirksamkeit von 20 mGy = 20 mJ kg^{-1}. Träfen beide Strahlen zusammen, wäre das Strahlenrisiko 22 mSv.

Die Energiedosis $D = \Delta W / \Delta m$ gibt die in Gewebe der Masse Δm absorbierte Strahlenenergie ΔW an (Einheit 1 Gray: 1 Gy = 1 J kg^{-1}).

Mit der Äquivalentdosis $H = Q\,D$ vergleicht man die gesamte biologische Strahlenbelastung eines Gewebes durch Strahlung verschiedener Art (Einheit 1 Sievert = 1 Sv); Q ist der von der Strahlenart abhängige Qualitätsfaktor.

c) Die absorbierten Energiedosen lassen sich in der Praxis nicht durch die winzige Energieerhöhung messen, die sie im bestrahlten Medium hervorrufen (Aufgabe 2). Man bestimmt sie deshalb z.B. aus der Schwärzung von Filmplaketten oder der Entladung von Elektroskopen, also über die Ionisation der Luft. Solche Geräte müssen strahlengefährdete Personen bei sich tragen (Mittelstufenband, *Bild 398.2*). Aus diesen Dosismessern schließt man auf die Energiedosis D und berechnet daraus die Äquivalentdosis $H = Q\,D$ unter der Voraussetzung, daß man die Strahlenart kennt. Dabei ist es gleichgültig, ob intensive Strahlung innerhalb weniger Sekunden oder schwache Strahlung derselben Art über Stunden hinweg verabreicht wird.

d) Die soeben angesprochene zeitliche Verteilung einer Dosis wird durch die **Äquivalentdosisleistung $\dot{H} = \Delta H / \Delta t$** bestimmt. ΔH ist die in der Zeit Δt absorbierte Äquivalentdosis.

Versuch 296: Mit Hilfe eines Dosisleistungsmessers für γ-Strahlung messen wir die Äquivalentdosisleistung von γ-Schulpräparaten. Die stärksten unter ihnen, das 3,7 MBq Co-60- und das 3,7 MBq Cs-137-Präparat erzeugen in 0,5 m Abstand 5,2 μSv h^{-1} bzw. 1,2 μSv h^{-1}. Dosisleistungsmesser enthalten meist Zählrohre, denn deren Zählrate ist ein Maß für $\Delta H / \Delta t$. Ältere Dosisleistungsmesser zeigen $\Delta H / \Delta t$ in Rem pro Stunde (rem h^{-1}) an. Es ist **1 rem h^{-1} = 0,01 Sv h^{-1}**.

e) Die Bestrahlung eines Menschen führt fast immer zu einer gleichzeitigen Bestrahlung mehrerer Gewebe bzw. Organe. Diese sind jedoch nicht alle im gleichen Maß strahlengefährdet. Daher bewertet man den gesamten möglichen Schaden hinsichtlich der krebsauslösenden und genetischen Schäden (Seite 376) bei *schwachen* Ganzkörperbestrahlungen durch die **effektive Äquivalentdosis**. Sie ist die Summe aus den einzelnen Äquivalentdosen, die einzelne Gewebe bzw. Organe erhalten haben, wobei jede Dosis entsprechend der Strahlenempfindlichkeit des Gewebes bzw. Organs mit einem Gewichtungsfaktor W_G ($\Sigma W_G = 1$) multipliziert wird.

Die effektive Äquivalentdosis ermöglicht eine Bewertung der gesamten Strahlengefährdung einzelner Personen bei schwachen Ganzkörperbestrahlungen.

4. Die Strahlenbelastung des Menschen

a) Jeder Mensch ist einer natürlichen Strahlenbelastung ausgesetzt (Mittelstufenband, Seite 394), die sich aus drei Komponenten zusammensetzt:

- Die **terrestrische Strahlung** (≈20%) stammt aus radioaktiven Stoffen (z.B. U-238, Ra-226, K-40), die in der Erde fein verteilt sind. Die Strahlung schwankt in ihrer Intensität je nach Zusammensetzung des Bodens.
- Die **kosmische Strahlung** (≈15%) kommt aus dem Weltraum. Sie nimmt mit der Höhe zu und ist bei Bergtouren oder im Flugzeug verstärkt wirksam.
- Die **Eigenstrahlung des Körpers** (≈65%) rührt von radioaktiven Nukliden im Körper her (K-40, Ra-226, Rn-222). Die stärkste Belastung erzeugt das gasförmige Radon Rn-222. Es entsteht beim Zerfall von Ra-226, das fein verteilt überall in unterschiedlicher Konzentration im Mauerwerk vorhanden ist. Aus Wänden und Böden diffundiert der α-Strahler Rn-222 in die Räume und wird vom Menschen eingeatmet (Versuch 297, Seite 387).

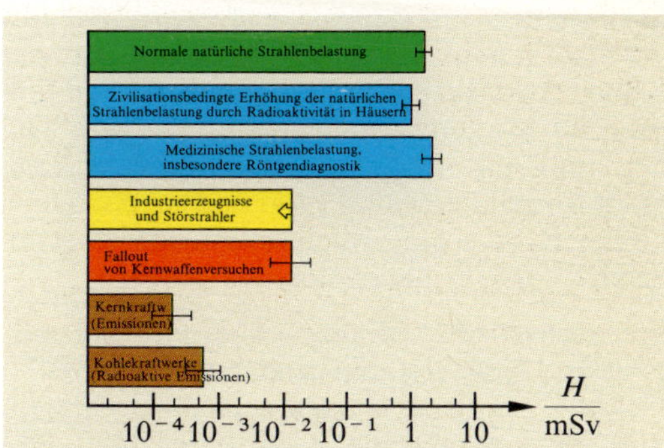

375.1 Mittlere jährliche Strahlenbelastung eines Menschen in der Bundesrepublik Deutschland. Aufgetragen ist die effektive Äquivalentdosis.

Bild 375.1 zeigt die mittlere jährliche Strahlenbelastung eines Menschen in der Bundesrepublik Deutschland. Man beachte in dem Diagramm den logarithmischen Maßstab. Die drei Komponenten der natürlichen Strahlenbelastung sind nicht ausdrücklich aufgeführt. Vielmehr ist die natürliche Strahlenbelastung in zwei Anteile aufgespalten. Der zweite beträgt etwa 30–45% der gesamten natürlichen Strahlenbelastung und ist ausschließlich durch das Leben in Häusern bedingt.

b) Zusätzlich zu dieser natürlichen Strahlenbelastung, die im Jahr 1,5 – 2 mSv ausmacht, liefert die Medizin heute nochmals einen Anteil von ca. 1 mSv, am meisten durch Röntgendiagnostik, aber auch durch radioaktive Isotope (Mittelstufenband, Seite 398).

c) Die restlichen in *Bild 375.1* aufgeführten Strahlenbelastungen sind um mehr als einen Faktor 100 geringer, so z.B. die Belastung durch Kohle- und Kernkraftwerke.

Ein Mensch ist im Jahr durchschnittlich einer Strahlenbelastung von 2,5 bis 3 mSv an effektiver Äquivalentdosis ausgesetzt.

5. Welche Schäden können im Körper auftreten?

a) Sofortschäden bei höherer Dosis: Eine kurzzeitige Ganzkörperbestrahlung von über 7 Sv führt fast immer nach wenigen Tagen zum Tod. Andere Sofortschäden (Appetitlosigkeit, Haarausfall, Übelkeit) treten oberhalb eines Schwellenwerts auf, der je nach Gewebe und Zeitdauer der Bestrahlung bei 0,25 – 1 Sv liegt. Unterhalb dieser Grenze sind Sofortschäden nicht festzustellen; darüber nimmt die Schwere des Schadens mit steigender Dosis zu. Gefährdet sind Gewebe mit hoher Zellteilung, etwa das Knochenmark. – Wird ein menschlicher Embryo im Mutterleib einer intensiven Strahlenbelastung mit mehr als 0,2 Sv ausgesetzt, kann es zu Mißbildungen und Entwicklungsschäden kommen. Bei Röntgenuntersuchungen schwangerer Frauen ist daher Vorsicht geboten.

b) Stochastische Strahlenschäden (Leukämie, Krebs): Diese Schäden sind besonders heimtückisch. Sie treten sowohl nach einer einmaligen hohen Strahlendosis als auch nach einer längeren schwachen Strahlenbelastung auf. Als Spätschäden kommen sie oft erst nach Jahren oder Jahrzehnten zum Vorschein. So wurde in Japan das Maximum an Leukämieerkrankungen 10 Jahre nach den Atombombenabwürfen beobachtet. – Es ist unwahrscheinlich, daß es eine für alle Menschen gleiche Schwellendosis gibt, unterhalb der man vor solchen Späterkrankungen absolut sicher ist. Doch besitzt der Körper zahlreiche Abwehrmechanismen – auch gegen die sehr häufig spontan auftretenden Krebszellen. Man beachte: Das Risiko, also die Wahrscheinlichkeit an Krebs bzw. Leukämie zu erkranken – nicht die Stärke einer möglichen Erkrankung – steigt mit wachsender Dosis. Man spricht deshalb von **stochastischen Schäden**.

Das Krebsrisiko von Kollektiven, die starken Strahlenbelastungen ausgesetzt sind, wurde untersucht (z.B. Uranbergarbeiter, Atombombenüberlebende in Japan). Daraus vermutet man heute, daß die natürliche Strahlenbelastung von 1,5 – 2 mSv im Jahr etwa 1% der Krebsfälle verursacht. Dieses und das weitere Strahlenkrebsrisiko der in *Bild 375.1* angegebenen Strahlenbelastungen zeigt *Bild 377.2*.

c) Genetische Strahlenschäden: Bisher besprachen wir nur die Schäden, die bei den bestrahlten Personen selbst auftreten, zusammenfassend auch **somatische Schäden** genannt. Genetische Strahlenschäden dagegen wirken sich erst bei den Nachkommen aus. Sie rühren von Mutationen her, die in den Keimzellen der Gonaden ausgelöst worden sind und *treten ebenfalls stochastisch auf*. Oft stirbt die betroffene Zelle ab, ehe sich daraus ein neues Lebewesen bildet.

Die rezessiven Genmutationen wirken sich bei den Nachkommen nur dann aus, wenn von beiden Elternteilen jeweils die gleiche Genveränderung zusammentrifft. Das ist äußerst selten. Genetische Schäden hat man mit Sicherheit bis heute nur in Tierversuchen mit hohen Strahlenbelastungen nachgewiesen, nicht dagegen bei Menschen, wie den 20000 Kindern, deren Eltern in Japan hohen Dosen ausgesetzt waren.

Man kann das genetische Risiko durch Vergleich mit der spontanen Mutationsrate abschätzen. Diese beträgt bei 1000 männlichen Keimzellen etwa 140 Mutationen. Eine Verdopplung dieser Rate durch Strahlung erfolgt nach heutiger Erkenntnis bei einer Gesamtdosis zwischen 0,5–2 Sv. Zum Vergleich: Innerhalb von 30 Jahren erhält ein Mensch nach *Bild 375.1* bei normaler Belastung im Mittel eine Gesamtdosis von 30,3 mSv. Das genetische Schadensrisiko liegt also wohl deutlich unter dem Krebsrisiko. Trotzdem haben wir gerade bezüglich der genetischen Schäden den nachfolgenden Generationen gegenüber eine große Verantwortung. *Man sollte jede Strahlenbelastung so gering wie irgend möglich halten und die Strahlenschutzbestimmungen beachten.*

Man kann auch das Strahlenrisiko durch den Verlust an Lebenserwartung mit anderen Risiken unseres Lebens vergleichen. *Bild 377.1* zeigt, daß die ionisierende Strahlung hiervon nur einen kleinen Bruchteil ausmacht.

Für nichtstochastische Schäden existiert eine Schwellendosis, nicht aber für stochastische Strahlenschäden. Zu den letzteren zählen Krebs, Leukämie und genetische Schäden.

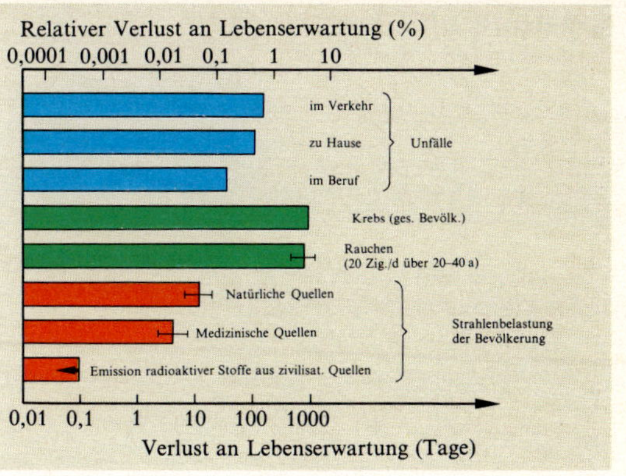

377.1 Geschätzter Verlust an Lebenserwartung durch verschiedene Schadensrisiken (Lebenserwartung 70 Jahre)

6. Strahlenschutz

Bereits im Mittelstufenband auf Seite 379 wurden die Grundregeln des Strahlenschutzes mit dem Ziel einer möglichst geringen Strahlenbelastung ausführlich dargelegt. Sie lauten:

- Man entferne sich weit von einer Strahlenquelle. Die Intensität einer Strahlung nimmt nämlich mit $1/r^2$ ab (r: Abstand Quelle-Meßpunkt), es sei denn, sie wird vorher absorbiert (Aufgabe 1, Seite 368).
- Bei Versuchen mit radioaktiven Stoffen strebe man eine kurze Arbeitszeit an; denn je kürzer diese ist, um so geringer ist auch die Dosis.
- Dicke Materieschichten schirmen radioaktive Strahlung ab. Das beste Schutzmaterial ist Blei, für Neutronen Wasser.
- Radioaktive Stoffe dürfen nicht in den Körper gelangen. Beim Umgang mit ihnen sind Essen, Trinken und Rauchen verboten.

Gesetzliche Strahlenschutzvorschriften regeln streng den Umgang mit radioaktiven Stoffen und Röntgengeräten. *Sie wollen erreichen, daß die zusätzliche Belastung der Bevölkerung unter der Schwankungsbreite der Strahlenbelastung liegt, welcher der Mensch schon immer in der Natur ausgesetzt war.* Dadurch wird das biologische Gleichgewicht innerhalb der Natur nicht gestört. So darf die maximale jährliche Belastung außerhalb des Zauns einer kerntechnischen Anlage auch unter ungünstigen Bedingungen 0,3 mSv nicht überschreiten. Überall, wo radioaktive Strahlen auftreten können, muß das *Strahlenwarnzeichen* angebracht sein (Mittelstufenband, *Bild 398.1*).

Aufgaben

1. *An einem Arbeitsplatz wird eine Energiedosisleistung von* $2\cdot10^{-5}$ Gy h^{-1} *gemessen, hervorgerufen von langsamen Neutronen* ($Q=2{,}3$). *Wie groß ist die Äquivalentdosisleistung? Wie viele Stunden einer Arbeitswoche darf man sich dort aufhalten, wenn die wöchentliche Äquivalentdosis auf* 1 mSv *begrenzt ist?*

2. *Welche Energie absorbiert ein Mensch von* 75 kg *bei einem Strahlenunfall, bei dem er eine lebensbedrohliche Dosis von* 4 Gy *empfängt? Um wieviel Grad erhöht sich die Temperatur des Menschen? Aus welcher Höhe müßte ein Körper der Masse* 75 kg *frei fallen, um eine ebenso große kinetische Energie zu erhalten?*

3. *Warum unterscheidet man zwischen Äquivalentdosis und effektiver Äquivalentdosis? Warum sind in Bild 375.1 und 377.2 immer die effektiven Dosen angegeben?*

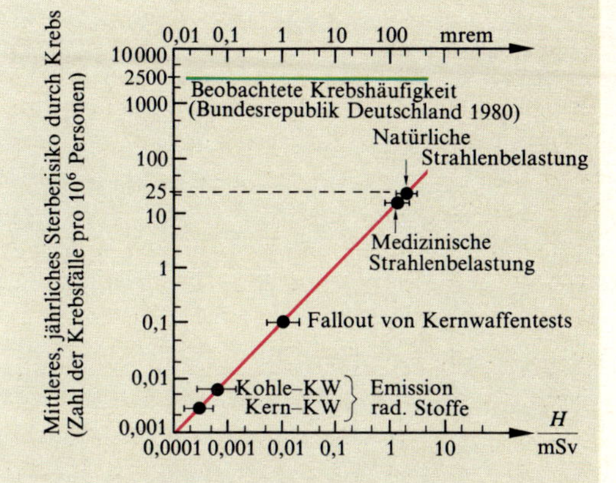

377.2 Strahlenkrebsrisiko, summiert über alle Krebsarten im Vergleich zur beobachteten Krebshäufigkeit (H: effektive Äquivalentdosis).

Kernbau und Kernenergie

§ 114 Der Atomkern

1. So klein und doch entdeckt

Um 1900 waren die Physiker allmählich vom atomaren Aufbau der Materie überzeugt. Sir *Joseph Thomson* vermutete, die positive Atomladung (und damit auch die Masse des Atoms) sei gleichmäßig über das Volumen des ganzen Atoms verteilt und die leichten Elektronen seien in diese verschmierte Plusladung wie Rosinen in einen Teig eingebettet. *Ernest Rutherford (Bild 379.2)* wollte dieses Atommodell um 1911 überprüfen und beschoß dazu eine sehr dünne Goldfolie mit einem Strahl von α-Teilchen. Er untersuchte, unter welchen Winkeln die α-Teilchen gegen die Einfallsrichtung gestreut werden *(Bild 378.1)*. Hierzu tastete er den Raum um die Folie mit einem Szintillationsschirm ab und zählte die Lichtblitze, die durch den Einschlag der gestreuten α-Teilchen entstanden. *Rutherford* erwartete, daß die α-Teilchen durch die Atome (und damit durch die Folie) hindurchfliegen und kaum aus ihrer Richtung abgelenkt würden. Sie sollten nämlich die leichten Elektronen nur etwas zur Seite schieben und durch das elektrische Feld der im Atom auf einen Raum vom Durchmesser 10^{-9} m fein verteilten positiven Ladung nur wenig beeinflußt werden. Das Experiment aber ergab ein gänzlich anderes Resultat *(Bild 378.2a)*. Zwar durchsetzten die meisten α-Teilchen die Folie geradlinig, jedoch wurden bei allen Winkeln gestreute α-Teilchen beobachtet.

Rutherford konnte das Versuchsergebnis nur so erklären: Die gesamte positive Ladung und damit die Masse des Atoms ist in einem Atomkern mit dem Durchmesser von weniger als $3 \cdot 10^{-14}$ m konzentriert (dieser ist also etwa $\frac{1}{100\,000}$ von dem des Atoms). Der größte Teil des Atoms ist somit leer und nur von Elektronen erfüllt. *Erst in nächster Nähe eines solch kleinen positiv geladenen Kerns wird die Coulombkraft auf ein α-Teilchen so groß, daß es die beobachtbare Ablenkung erfährt.* Die Elektronen mit ihrer 7300mal kleineren Masse können die α-Teilchen fast nicht beeinflussen.

Mit dem Computer läßt sich die Ablenkung durchrechnen. α-Teilchen einer bestimmten Energie (z.B. 7,7 MeV) laufen mit immer kleiner werdendem Abstand *d* auf einen Goldkern der Ladung $79\,e$ mit dem Radius $7 \cdot 10^{-15}$ m zu. Unter Verwendung des Coulombgesetzes und der Gesetze der klassischen Mechanik berechnet der Computer die Bahnen der α-Teilchen. *Bild 379.1* zeigt das Ergebnis. Zum Vergleich verdeutlicht *Bild 379.3* die Bahnen der α-Teilchen, wäre das Thomsonsche Atommodell gültig. Man beachte die verschiedenen Maßstäbe in beiden Bildern. Nur beim Rutherfordschen Atommodell treten Streuungen mit größerem Winkel ϑ auf. Je näher ein α-Teilchen einem Kern kommt, je kleiner also *d* ist (vgl. *Bild 379.1*), desto stärker wird das α-Teilchen abgelenkt. – Die größte Annäherung r_1 an den Kern erreichen die α-Teilchen, wenn sie um $\vartheta = 180°$ zurückgestreut werden. Mittels einer Energiebetrachtung findet man r_1: Befindet sich das α-Teilchen mit seiner Ladung $2\,e$ im Abstand *r* von der Ladung $Z\,e$ des Kerns, so hat es nach Seite 35 die potentielle Energie

$$W = \frac{1}{4\pi\varepsilon_0}\,\frac{(Z\,e)\,(2\,e)}{r}. \qquad (378.1)$$

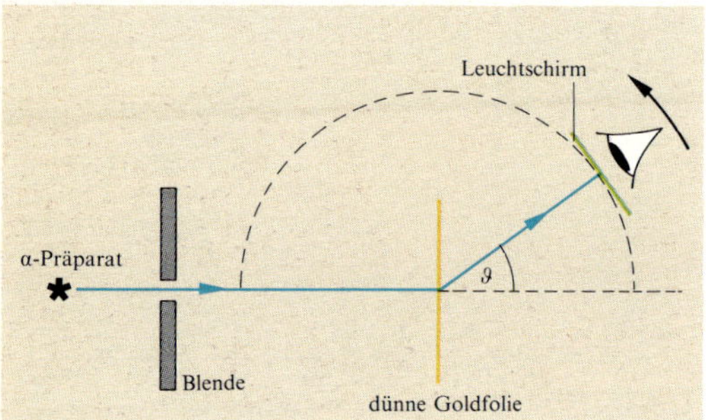

378.1 Rutherfordscher Streuversuch (Prinzip); *Rutherford* verwendete zum Nachweis einen Leuchtschirm, da das Zählrohr noch nicht erfunden war.

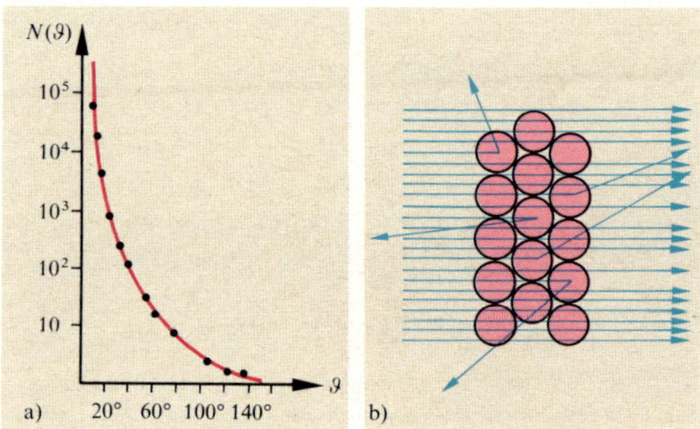

378.2 a) Ergebnis des Rutherfordschen Streuversuchs; b) ein α-Teilchen wird höchstens an einem Kern gestreut.

An der Stelle r_1 ist das α-Teilchen kurzzeitig zur Ruhe gekommen. Seine gesamte kinetische Energie W_{kin} hat sich dort in potentielle Energie W im Coulombfeld des Kerns verwandelt. Aus *Gl. 378.1* folgt:

$$r_1 = \frac{1}{4\pi\varepsilon_0}\frac{(Ze)(2e)}{W_{\text{kin}}}. \qquad (379.1)$$

Für Gold ($Z=79$) und $W_{\text{kin}}=7{,}7$ MeV findet man $r_1 = 3\cdot 10^{-14}$ m. Da *Rutherford* keine höherenergetischen α-Teilchen zur Verfügung standen, konnte er nur sagen, der Kernradius von Gold sei kleiner als $3\cdot 10^{-14}$ m.

Der Bruchteil der bei Rutherfordschen Streuversuchen unter dem Winkel ϑ gestreuten α-Teilchen hängt von der *Ladung der Kerne* ab. Durch Vergleich theoretischer Überlegungen und experimenteller Ergebnisse fand man damals, daß die Ladung der Kerne ein Vielfaches Z der Elementarladung e ist, wobei Z mit der Ordnungszahl des Elements im Periodensystem übereinstimmt. Dies bestätigte unabhängig die Moseleyschen Messungen (Seite 342). Erst einige Zeit danach lernte man dann, daß Z mit der Zahl der Protonen im Kern übereinstimmt.

Weil die α-Teilchen im Experiment gleichmäßig verteilt auf die dünne Goldfolie auftreffen, würden sie ohne Ablenkung in verschiedensten Abständen an den einzelnen Atomkernen vorbeilaufen. Daraus ergibt sich die Verteilung der gestreuten Teilchen auf verschiedene Streuwinkel. Da aber die Wahrscheinlichkeit für ein α-Teilchen sehr gering ist, beim Durchschlagen der dünnen Folie überhaupt in die Nähe eines so kleinen Atomkerns zu kommen, wird ein α-Teilchen höchstens einmal gestreut *(Bild 378.2b)*. Ein α-Teilchen „sieht" im allgemeinen in der ganzen Folie höchstens einen Kern.

379.2 *Ernest Rutherford* (1871–1937); Nobelpreis für Chemie 1908

Aus der Streuung von α-Teilchen an dünnen Folien konnte *Rutherford* folgern, daß Masse und Ladung eines Atoms im Atomkern konzentriert sind, dessen Durchmesser rund $\frac{1}{100\,000}$ des Atomdurchmessers ist.

2. Weiteres über den Kern

a) Kernkraft: Heutzutage kann man mit Beschleunigern α-Teilchen sehr hoher Energie erzeugen. Führt man damit Streuexperimente an Gold durch, so treten ab $W_{\text{kin}} \approx 24$ MeV im Experiment Abweichungen von den oben skizzierten, ausschließlich auf die Coulombkraft zurückgeführten theoretischen Ergebnissen auf. α-Teilchen dieser Energie kommen nämlich dem Kern so nahe, daß dieser mit einer anderen ihm eigenen Kraft, **Kernkraft** genannt, die

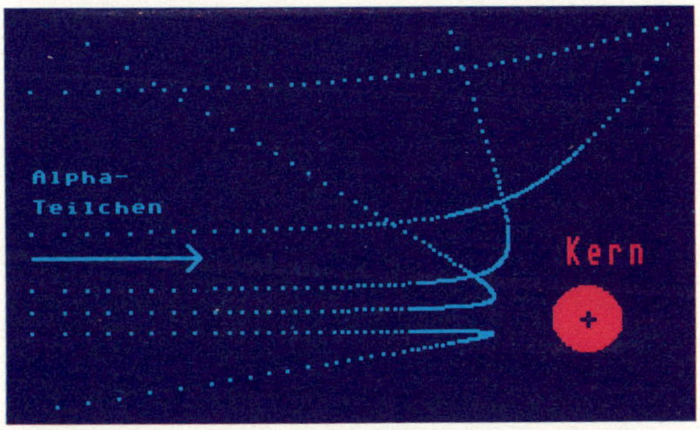

379.1 Ablenkung der α-Teilchen nach dem Rutherfordschen Atommodell, berechnet mit einem Computer

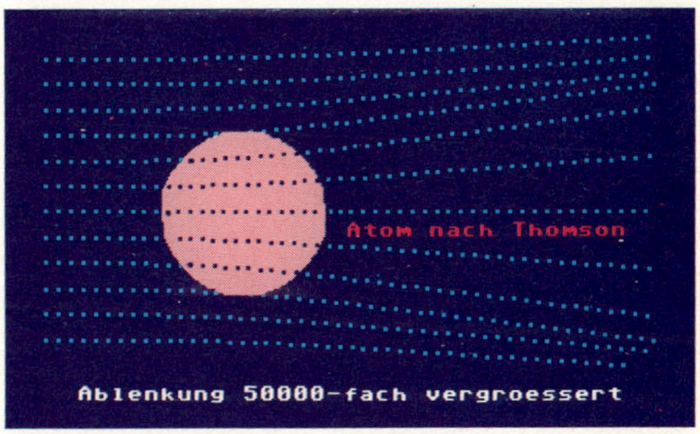

379.3 Ablenkung der α-Teilchen nach dem Thomsonschen Atommodell (Maßstab im Vergleich zu *Bild 379.1* beachten)

380.1 Jedes Proton im Atomkern wird von allen anderen Protonen abgestoßen. Dagegen üben nur die nächstgelegenen Nukleonen anziehende Kräfte aus.

Bahn stört. Man hat bis heute sehr viel über Kernkräfte gelernt. Es gibt aber keinen mathematischen Ansatz, mit dem alle bisher beobachteten Phänomene korrekt beschrieben werden können. Sicher ist man sich über folgende Eigenschaften der Kernkraft:

– Sie ist *anziehend* und tritt nur zwischen *Nukleonen* auf (nicht z.B. zwischen einem Elektron und einem Nukleon).

– Sie ist *ladungsunabhängig*; d.h. sie wirkt zwischen Protonen und Neutronen genauso wie zwischen zwei Protonen oder zwei Neutronen.

– Sie ist zwischen benachbarten Protonen *viel stärker als die Coulombkraft*. Die Protonen im Kern werden gegen die abstoßende Wirkung der Coulombkraft durch die Kernkraft zusammengehalten.

– Sie ist *kurzreichweitig*; d.h. sie wirkt zwischen zwei Nukleonen nur, wenn deren Abstand kleiner als ca. $2 \cdot 10^{-15}$ m ist. Die Coulombkraft ist langreichweitig, fällt mit r^{-2} ab und reicht theoretisch unendlich weit. Im Kern wird daher jedes Proton von allen anderen Protonen abgestoßen; dagegen üben nur die nächstgelegenen Nukleonen anziehende Kernkräfte auf das Proton aus *(Bild 380.1)*. Die wenigen Wechselwirkungen, die ein Proton z.B. in einem Bleikern an die nächstgelegenen Nukleonen binden, reichen aus, um die Abstoßung der restlichen 81 Protonen zu überwinden. Auf Seite 421 werden wir sehen, daß die Kernkraft auf der sogenannten *starken Wechselwirkung* beruht.

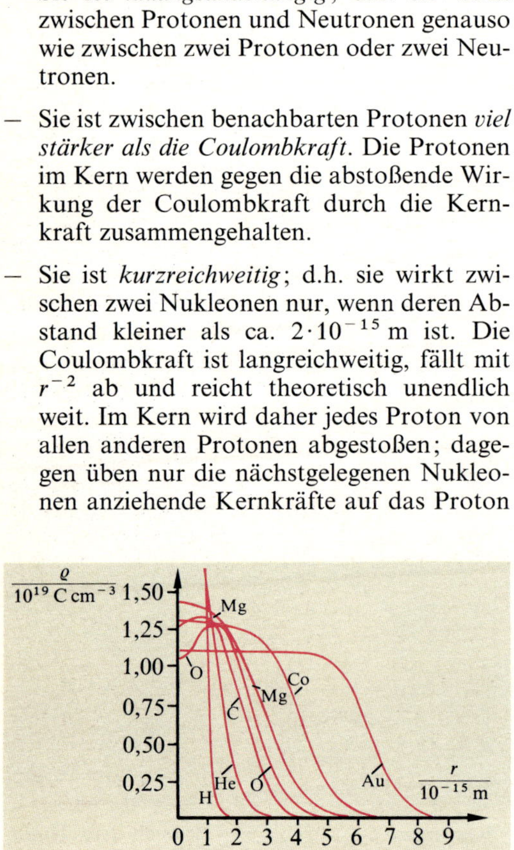

380.2 Ladungsdichteverteilung verschiedener Kerne

b) Der Kernradius: Genausowenig wie das Atom ist der Atomkern eine starre Kugel. Auch er muß durch eine Wahrscheinlichkeitswelle beschrieben werden, deren Amplitudenquadrat $|\psi(r)|^2$ die Wahrscheinlichkeitsdichte angibt, an der Stelle r Kernmaterie lokalisiert zu finden. $|\psi(r)|^2$ hat keinen scharfen Rand. Kernmaterie ist aber sicher dort nicht mehr zu entdecken, wo keine Kernkräfte mehr wirken. Daher betrachtet man als Radius R_K eines Kerns *die aus Streuversuchen bestimmbare Reichweite seiner Kernkräfte*. – Da die Energie $W = 24$ MeV gerade ausreicht, α-Teilchen gegen die Coulombabstoßung eines Goldkerns ($Z = 79$) in den Bereich von dessen Kernkräften zu bringen, folgt für den Kernradius R_K von Goldkernen aus *Gl. 379.1*: $R_{K,\,Gold} = 9{,}7 \cdot 10^{-15}$ m, wenn man den Radius r_α des α-Teilchens vernachlässigt. Dies ist allerdings nicht zulässig, denn r_α beträgt – wie man aus anderen Messungen weiß – $2{,}1 \cdot 10^{-15}$ m. Demzufolge wird der Radius des Goldatoms $R_{K,\,Gold} = (9{,}7 - 2{,}1) \cdot 10^{-15}\ \mathrm{m} = 7{,}6 \cdot 10^{-15}$ m. Streuexperimente an Kernen verschiedener Nuklide ergaben, daß R_K nur von der Massenzahl A abhängt, d.h. von der Zahl der Kernbausteine. Für Kernradien gilt in guter Näherung:

$$R_K = r_0\, A^{1/3} \quad \text{mit} \quad r_0 = (1{,}3 \pm 0{,}1) \cdot 10^{-15}\ \mathrm{m}. \qquad (380.1)$$

c) Dichte der Kernmaterie: Der Kern hat das Volumen – Kugelform vorausgesetzt – von $V_K = \frac{4}{3}\pi R_K^3$. Mit *Gl. 380.1* folgt also: $V_K \sim A$. Andererseits ist die Masse m_K des Kerns: $m_K \approx (m_p Z + m_n N)$. In guter Näherung gilt $m_p \approx m_n = 1{,}67 \cdot 10^{-27}$ kg (Seite 426) und somit $m_K \approx 1{,}67 \cdot 10^{-27}\ \mathrm{kg} \cdot (Z + N)$. Also ist auch $m_K \sim A$. Für die Dichte der Kernmaterie folgt

$$\varrho_K = \frac{m_K}{V_K} = \frac{1{,}67 \cdot 10^{-27}\ \mathrm{kg}\ A}{\frac{4}{3}\pi\,(1{,}3 \cdot 10^{-15}\ \mathrm{m})^3\, A}$$

$$= 1{,}8 \cdot 10^{17}\ \mathrm{kg\,m^{-3}} = 180000\ \mathrm{t\,mm^{-3}}.$$

An diesem Ergebnis überrascht zweierlei:

– Einmal die Größe des Zahlenwertes. Ein Würfel Kernmaterie von 1 mm Seitenlänge hätte dieselbe Masse wie ca. 150000 PKW!

– Zum anderen: In erster Näherung ($m_p \approx m_n$) sind *die Kerne alle gleich dicht gepackt*. Kernmaterie ist nicht komprimierbar.

Letzteres bestätigt die kleine Reichweite der Kernkräfte. Die Kernbestandteile lagern sich wie Wassermoleküle in einem Tröpfchen aneinander; auch bei Tröpfchen wirken die Molekularkräfte nur zwischen den nächsten Nachbarn.

Die Kernkraft, die auf der starken Wechselwirkung beruht, hält die Nukleonen im Atomkern zusammen. Die Kernkraft eines Nukleons wirkt nur auf die unmittelbaren Nachbarn. Deswegen haben alle Kerne die gleiche außerordentlich hohe Dichte.

Die Reichweite der Kernkräfte definiert den Radius R_K des Kerns. Es ist (*A*: Massenzahl) $R_K = r_0 A^{1/3}$ mit $r_0 = 1{,}3 \cdot 10^{-15}$ m.

3. Streuung enträtselt die Materie

Rutherford hat mit seinem Experiment nicht nur den Atomkern entdeckt, sondern auch die Grundlage für weitere Strukturuntersuchungen im subatomaren Bereich gelegt. In der Arbeit, in der er die Entdeckung des Atomkerns bekanntgab, finden sich die prophetischen Worte: "Since the α- and β-particles transverse the atom, it should be possible from a close study of the nature of the deflection to form some idea of the constitution of the atom to produce the effect observed. In fact, the scattering of high-speed charged particles by the atoms of matter is one of the most promising methods of attack of this problem."

Das Prinzip eines modernen Streuexperiments entspricht der Anordnung von *Rutherford (Bild 378.1)*: Ein Teilchenstrahl bekannter Energie wird gegen ein Ziel, *Target* genannt, gerichtet. Mit einer Zähleranordnung untersucht man die Winkelverteilung der gestreuten Teilchen. Entsprechend der Anlage des Experiments erhält man Aufschlüsse über den Aufbau des Targets, über die Struktur des Teilchens und die Kräfte zwischen den Teilchen und dem Target. Beispiele solcher Streuexperimente sind uns längst bekannt (wenn man die Wellennatur zusätzlich beachtet), z.B. die Streuung von Röntgenstrahlen (Seite 266), die uns über die Struktur des Kristalls etwas aussagt, oder der Comptoneffekt, der uns neue Erkenntnisse über die Photonen brachte. **Die Streuung ist heute ein unentbehrliches Hilfsmittel in der *Strukturforschung* geworden.**

Ein Beispiel sind die berühmten Streuversuche von *R. Hofstadter* (Nobelpreis 1961) und Mitarbeitern. Sie schossen Elektronen der Energie 500 MeV bis 1 GeV, die sie in einem Linearbeschleuniger (Seite 112) erzeugten, auf Atome. Die hochenergetischen Elektronen durchdrangen die Atomhülle fast ungestört und wurden am Kern gestreut. Da sie nicht der starken Wechselwirkung unterliegen (d.h. sie „sehen" auch die Kernkraft nicht) und allein auf das Coulombfeld der Kerne reagieren, konnte man aus der Winkelverteilung der gestreuten Elektronen auf die Ladungsverteilung in den Atomkernen schließen. *Bild 380.2* zeigt das Ergebnis. Mit Ausnahme der leichten Kerne sind die Ladungen und damit die Protonen gleichmäßig über den Kern verteilt. Die Ladung am Kernrand fällt rasch auf 0 ab. Je größer *A* ist, auf einen um so größeren Raum sind die Ladungen verteilt. Nimmt man an, daß die Neutronen in gleicher Weise im Kern verteilt sind, gibt *Bild 380.2* auch die Dichteverteilung der Kernmaterie an. Die obigen Ergebnisse der Rutherfordstreuung werden sehr gut bestätigt. – Bei einer Elektronenenergie von 1 GeV ist die de-Broglie-Wellenlänge $\lambda = 1{,}25 \cdot 10^{-15}$ m. *Hofstadter* gelang es sogar, die Ladungsverteilung im Proton zu untersuchen (Seite 418).

Aufgaben

1. *Wie weit kann sich ein α-Teilchen mit der kinetischen Energie von* 5,5 MeV *einem Atomkern von Blei (Z* = 82*) nähern? Vergleichen Sie mit dem Radius eines Bleiatomkerns!*

2. *Eine Goldfolie* ($\varrho_{Gold} = 19{,}3$ g cm^{-3}) *der Fläche* 0,7 cm^2 *hat die Dicke* $6{,}5 \cdot 10^{-7}$ m. **a)** *Berechnen Sie die Anzahl N der in der Folie enthaltenen Goldatome!* **b)** *Bestimmen Sie die Gesamtquerschnittsfläche aller Goldkerne der Folie!* **c)** *Begründen Sie, warum ein α-Teilchen bei einem Streuexperiment nach Bild 378.1 in dieser Folie i.a. höchstens einmal gestreut wird!*

3. a) *Warum muß man bei Rutherfordschen Streuversuchen dünne Folien verwenden?* **b)** *Müßte man in einer Nebelkammer nicht auch Rutherfordstreuung mit größeren Ablenkwinkeln* ϑ *beobachten? Geben Sie Gründe an, warum dies sehr unwahrscheinlich ist!*

4. *Bestimmen Sie die potentielle Energie, die in einem System von 2 Protonen steckt, die einen Abstand von* $3 \cdot 10^{-15}$ m *haben!*

5. *Die Überlegungen, die zu Gl. 378.1 führten, gingen davon aus, daß der Kern im Laborsystem ruht. In Wirklichkeit handelt es sich um einen zentralen geraden Stoß, bei dem der Kern eine Geschwindigkeit erhält. Um* r_1 *aus Gl. 378.1 korrekt zu ermitteln, muß man daher die kinetische Energie* $\bar{W}_{kin}$ *einsetzen, die das α-Teilchen (Masse* m_α*) und der Kern (Masse* m_K*) zusammen in ihrem Schwerpunktsystem haben. (Das Schwerpunktsystem ist das Bezugssystem, in dem der Schwerpunkt ruht.)* **a)** *Zeigen Sie, daß* $\bar{W}_{kin} = W_{kin}\, m_K/(m_\alpha + m_K)$ *ist!* **b)** *Es sei* $W_{kin} = 7{,}7$ MeV. *Wie groß ist dann der korrekte Radius* r_1 *bei Gold?*

6. a) *Wie groß ist die De-Broglie-Wellenlänge von Elektronen der Energie* 500 MeV? **b)** *Warum kann man die Versuche von Hofstadter mit Beugungsversuchen aus der Optik vergleichen? Warum benötigt man Elektronen so hoher Energie?*

§ 115 Die Nuklidkarte

Die physikalischen Eigenschaften eines Atomkerns hängen sowohl von der Protonenzahl Z als auch von der Neutronenzahl N ab. Deshalb ordnet man die Nuklide mit Hilfe eines Koordinatensystems *(Bild 382.1)*. Auf der horizontalen Achse trägt man die Neutronenzahl N, auf der vertikalen die Protonenzahl Z eines Kerns auf. In den Gitterpunkten ist das betreffende Nuklid mit seinen wichtigsten Eigenschaften aufgezeichnet. So entsteht die **Nuklidkarte,** *das Ordnungsschema der Kernphysik.* Seite 434 zeigt einen Ausschnitt davon:

– Alle **Isotope** eines chemischen Elements – das sind Nuklide mit gleichem Z, aber verschiedenem N – liegen auf einer Zeile, an deren linken Rand die Protonenzahl Z angeschrieben ist. Jedes Nuklid wird durch das chemische Symbol des Elements und die Massenzahl $A = N + Z$ gekennzeichnet (Beispiel: U-235; $Z = 92$). Die Neutronenzahl N steht am unteren Ende der betreffenden Spalte (bei U-235 ist $N = 143$).

– Die Nuklide sind durch verschiedene Farben gekennzeichnet. *Schwarz* unterlegt sind die *stabilen* Nuklide, die nicht radioaktiv sind (Beispiel: Bi-209). Die Zahl in den schwarzen Kästen gibt an, mit welchem Prozentanteil das betreffende Nuklid in natürlichen Vorkommen auftritt (Beispiel: C-12 zu 98,89%, C-13 zu 1,11%).

– Die farbigen Kästen stellen *instabile* Kerne dar, die radioaktive Strahlung aussenden. Angegeben ist die Halbwertszeit des Nuklids (Beispiel: Am-241; $T_{1/2} = 432{,}6$ Jahre). Darunter stehen die Energien der jeweils prozentual am häufigsten emittierten α- und β-Strahlen in der Einheit MeV und der γ-Strahlen in der Einheit keV.

– Die stabilen Nuklide erstrecken sich in der Nuklidkarte von links unten nach rechts oben *(Bild 382.1)*. Bei den leichteren ist in den meisten Fällen die Neutronenzahl N gleich der Protonenzahl Z, sie liegen also auf der Winkelhalbierenden der Achsen. Die Neutronenzahl N überwiegt eindeutig bei den schweren Nukliden. Dadurch vergrößert sich nämlich der Abstand zwischen den Protonen, ihre elektrostatische Abstoßung wird durch zwischenliegende Neutronen „verdünnt". Kerne bleiben dann bis zu $Z = 92$ stabil.

– Die *blau* unterlegten Nuklidkästchen liegen als Isotope rechts von den jeweils stabilen Nukliden mit der gleichen Protonenzahl, d.h. sie haben mehr Neutronen als die stabilen. Es sind β^--Strahler. Links von den stabilen Nukliden liegen *rot* gekennzeichnete Isotope. Sie besitzen weniger Neutronen als die stabilen. Es handelt sich um β^+-Strahler. α-Strahler sind *gelb* eingetragen und finden sich fast nur bei den schwereren Elementen. Weitere Details sind am Fuß der Tabelle erklärt.

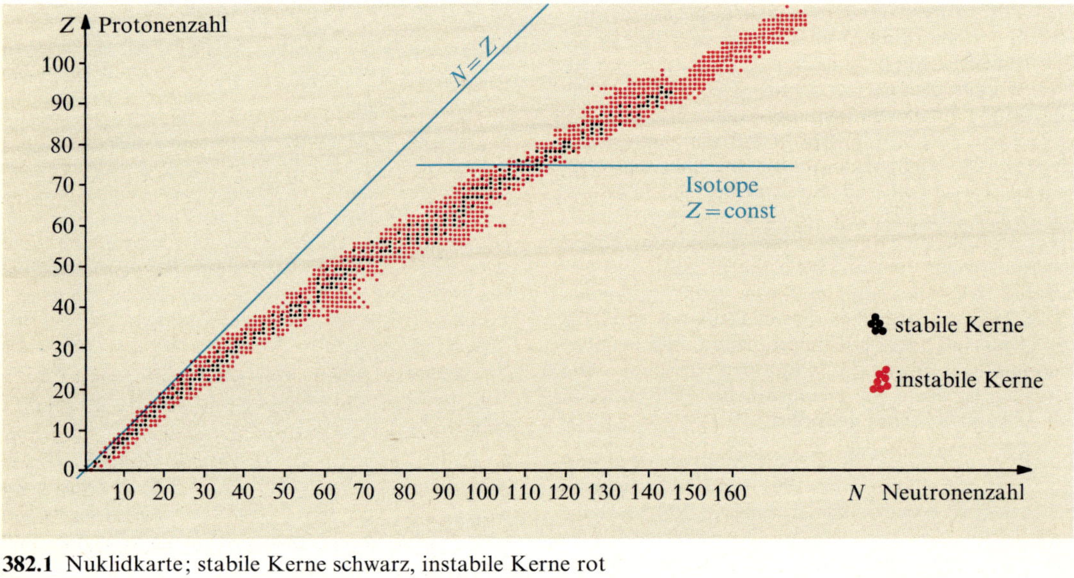

382.1 Nuklidkarte; stabile Kerne schwarz, instabile Kerne rot

§ 116 Kernbindungsenergie

1. Schon wieder fehlt etwas

Um ein Wasserstoffatom im Grundzustand in seine Bestandteile Proton und Elektron zu zerlegen, ist nach Seite 335 eine Energie von 13,6 eV nötig. Man sagt daher auch, die *Bindungsenergie* des H-Atoms im Grundzustand ist 13,6 eV. Völlig analog dazu nennt man die Energie, die nötig ist, um einen Atomkern in seine Einzelbestandteile zu zerlegen, die *Bindungsenergie* W_B *des Atomkerns.* Die Nukleonen muß man dabei räumlich so weit trennen, daß sich keines mehr innerhalb der Reichweite der Kernkräfte eines anderen befindet und daß die elektrische Kraft keine Rolle mehr spielt.

Ist es möglich, die Bindungsenergie eines Atomkerns anzugeben? Als Beispiel diene ein Heliumkern, d.h. ein α-Teilchen, das aus zwei Protonen und zwei Neutronen besteht. Die Massen von Proton und Neutron sind: $m_p = 1{,}0072765$ u bzw. $m_n = 1{,}0086650$ u (1 u = $1{,}66056 \cdot 10^{-27}$ kg). Summiert man die Massen von zwei Protonen und zwei Neutronen, so findet man: $2\,m_p + 2\,m_n = 4{,}0318830$ u. Die experimentell mit dem Massenspektrometer (Seite 112) bestimmte Masse des Heliumkerns beträgt dagegen nur $m_{He} = 4{,}0015061$ u. Es muß also beim Zusammenfügen der vier Einzelteilchen 2 p und 2 n zum Heliumkern He-4 ein *Massendefekt* Δm entstanden sein von

$$\Delta m = 2\,m_p + 2\,m_n - m_{He} = 0{,}0303769 \text{ u}.$$

Ihm entspricht nach Seite 290 eine Energie von

$$W_B = \Delta m\, c^2 = 28{,}3 \text{ MeV}.$$

Sie muß bei der Bildung eines α-Teilchens aus den freien Nukleonen frei werden. Die Energie des α-Teilchens ist somit um 28,3 MeV kleiner als die Energie seiner Einzelbestandteile. Nach dem Energieerhaltungssatz ist dann aber umgekehrt genau diese Energie von 28,3 MeV nötig, um das α-Teilchen in zwei Protonen und zwei Neutronen zu zerlegen. *Die Bindungsenergie* W_B *läßt sich also aus dem Massendefekt* Δm *mit* $W_B = \Delta m\, c^2$ *berechnen.*

Für einen beliebigen Atomkern aus Z Protonen und N Neutronen mit der Masse m_K ist Δm

$$\Delta m = Z\,m_p + N\,m_n - m_K > 0 \qquad (383.1)$$

und damit die Bindungsenergie $W_B = \Delta m\, c^2$:

$$W_B = (Z\,m_p + N\,m_n - m_K)\, c^2 > 0. \qquad (383.2)$$

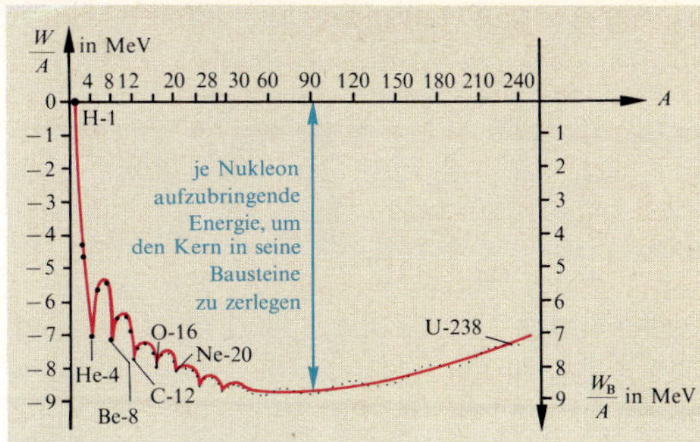

383.1 Zusammenhang zwischen der Energie je Nukleon (W/A) oder der Bindungsenergie je Nukleon (W_B/A) und der Nukleonenzahl A (bis $A = 30$ gespreizt!)

Der gesamte Energieinhalt W_{ges} eines Atomkerns ist $W_{ges} = m_K\, c^2$. Aus *Gl. 383.2* folgt

$$W_{ges} = m_K c^2 = (Z\,m_p + N\,m_n)\, c^2 - W_B. \qquad (383.3)$$

W_{ges} ist um den Betrag W_B kleiner als die Energie der Einzelbestandteile. Setzt man im folgenden die Energie der Einzelbausteine in Analogie zu Seite 35 und 334 Null, so hat der Kern die negative Energie $W = -W_B$. Beim Zerlegen in seine Bestandteile ($W = 0$) muß man ihm die Bindungsenergie W_B zuführen.

Da sich m_K sehr genau bestimmen läßt (Seite 112), kennt man W_B und damit W für alle Kerne. Von großer Bedeutung ist, um welchen Wert die Energie *eines einzelnen Nukleons im Mittel* abnimmt, wenn es in den Kern eingebaut wird. Diese mittlere Energie je Nukleon W/A bzw. die mittlere Bindungsenergie je Nukleon W_B/A ist in *Bild 383.1* als Funktion von A aufgetragen (für He-Kerne ist z.B. $W/A = -\frac{1}{4} \cdot 28{,}3 \text{ MeV} = -7{,}07 \text{ MeV}$).

W/A fällt zunächst mit zunehmendem A auf $-8{,}6$ MeV je Nukleon, um dann leicht bis etwa $-7{,}5$ MeV je Nukleon für große A-Werte anzusteigen. Um mittelschwere Kerne ($A \approx 60$) gegen ihre Bindungskräfte in ihre Bestandteile zu zerlegen, muß man am meisten Energie je Nukleon aufwenden.

Die Masse jedes Atomkerns ist kleiner als die Summe der Massen seiner Bestandteile (Protonen und Neutronen) vor der Vereinigung. Die Differenz heißt Massendefekt Δm. Die Energie jedes Atomkerns liegt um die Bindungsenergie $W_B = \Delta m\, c^2$ unter der Gesamtenergie all seiner freien Bestandteile.

2. Was eine Kurve alles verraten kann

a) Wie *Bild 383.1* zeigt, ändert sich für $A > 30$ die Größe von W/A wenig mit A, es ist also annähernd $W \sim A$. Der Grund für diese doch etwas überraschende Tatsache liegt in der Natur der Kernkräfte. Sie sind kurzreichweitig (Seite 380) und im Kern nur zwischen benachbarten Nukleonen wirksam. Nimmt man dagegen an, daß jedes Nukleon eines Kerns mit jedem anderen in Wechselwirkung durch Kernkräfte steht, so gäbe es von jedem der A Nukleonen $(A-1)$ „Bindungen" zu anderen Nukleonen. Insgesamt existierten also $\frac{1}{2}A(A-1) = \frac{1}{2}(A^2 - A)$ „Bindungen" im Kern. Die Energie W müßte mit A^2 und W/A demzufolge mit A abfallen. Dem ist jedoch nicht so.

b) Nach *Bild 383.1* ist die Größe der Bindungsenergie W_B eines Atomkerns im Mittel etwa $8\,\text{MeV} \cdot A$ und damit ein Millionenfaches der Bindungsenergien von Elektronen in der Atomhülle. Wie wir bereits auf Seite 323 lernten, sind die bei Veränderungen im Atomkern freiwerdenden Energien viel größer als diejenigen, die bei einer Veränderung in der Atomhülle auftreten. Die die Energie aus dem Atomkern „hinaustransportierende" Strahlung (α-, β-, γ-Strahlung) ist deshalb fast durchweg viel energiereicher als die Strahlung aus der Atomhülle (Licht, Röntgenstrahlen).

c) Der Verlauf der Kurve in *Bild 383.1* liefert insbesondere die Grundlage für das Verständnis der Energiegewinnung aus zwei wichtigen Kernumwandlungen: Da nämlich W/A für $A \approx 60$ ein Minimum hat, läßt sich sowohl durch Spaltung schwerer Kerne (*Kernspaltung*) als auch durch Verschmelzung leichter Kerne (*Kernfusion*) Energie gewinnen. Am Beispiel der Kernspaltung sei dies kurz in einem stark vereinfachten Beispiel erläutert. Nehmen wir an, ein Kern K mit A Nukleonen spalte sich in zwei identische Kerne K_1 mit $B = \frac{1}{2}A$.

$\bar{W}$ sei die Energie, die bei diesem Prozeß frei werden kann ($\bar{W} < 0$) oder aufgebracht werden muß ($\bar{W} > 0$), damit der Prozeß überhaupt energetisch möglich ist. Ist m_K bzw. m_{K_1} die Masse der Kerne und W_K bzw. W_{K_1} deren Energieinhalt, so wird:

$$\bar{W} = 2m_{K_1}c^2 - m_K c^2 = 2W_{K_1} - W_K$$

oder mit $B = \frac{1}{2}A$

$$\frac{\bar{W}}{A} = \frac{W_{K_1}}{B} - \frac{W_K}{A}.$$

$\bar{W}/A$ und damit $\bar{W}$ ist also negativ, wenn die mittlere Energie pro Nukleon W_{K_1}/B des Spaltprodukts K_1 kleiner ist als die mittlere Energie pro Nukleon W_K/A des Ausgangskernes A. (Beispiel: $W_{K_1}/B = -8{,}5$ MeV/Nukleon; $W_K/A = -7{,}5$ MeV/Nukleon.) Aus energetischen Gründen ist deshalb nach *Bild 383.1* eine Spaltung *schwerer Kerne* möglich. Darüber, ob ein Kern sich tatsächlich spaltet, sagen diese Überlegungen nichts aus. Sie sind nur eine notwendige Bedingung. Niemand würde sich etwa Gold kaufen ($A = 195$), wenn er wüßte, daß es sich bald in Eisen ($A = 56$) und andere Elemente aufspaltete. Es muß also noch andere Parameter geben, die eine Kernspaltung beeinflussen. Auf Seite 399 werden wir darauf zurückkommen. Soviel läßt sich aber schon hier sagen: Spaltet sich ein schwerer Kern, wird viel Energie frei, nämlich etwa 1 MeV pro Nukleon und damit bei Kernen mit $A = 200$ etwa 200 MeV.

Nach diesen Überlegungen leuchtet es aufgrund des Verlaufs der Kurve in *Bild 383.1* ein, daß bei der *Fusion von leichten Kernen* noch mehr Energie frei werden kann (Aufgabe 3).

Die mittelschweren Kerne haben die kleinste Energie W/A pro Nukleon.

Durch die Kernspaltung schwerer Kerne und die Kernfusion leichter Kerne wird relativ viel Energie freigesetzt.

Ursache dafür ist die unterschiedliche Energie pro Nukleon W/A bei leichten, mittelschweren und schweren Kernen.

Aufgaben

(Nuklidmassen finden Sie auf Seite 426!)

1. *Experimentell bestimmt man mit dem Massenspektrometer die Ionenmassen (Seite 112). Wie erhält man daraus die Kernmassen?*

2. a) *Bestätigen Sie durch Nachrechnen:* $1\,\text{u} = 1{,}66056 \cdot 10^{-27}\,\text{kg} = 931{,}502\,\text{MeV} \cdot c^{-2}$! **b)** *Bestimmen Sie die Bindungsenergie W_B und W_B/A für folgende Nuklide* H-2, O-16, Ni-60, U-235!

3. *Die Kurve für die Energie W/A in Bild 383.1 steigt schließlich leicht mit zunehmendem A. Versuchen Sie unter Verwendung der im Kern wirksamen Kräfte dafür eine Erklärung zu finden!*

4. *Zeigen Sie mit einer analogen Überlegung zu der Kernspaltung auf dieser Seite, daß bei der Kernfusion zweier Kerne Energie freigesetzt wird, wenn die Energie pro Nukleon des Endkerns kleiner ist als die Energie pro Nukleon der Einzelkerne!*

§ 117 Ein Kernmodell

1. Der Atomkern als Potentialtopf

Warum hat die Nuklidkarte die in *Bild 382.1* gezeigte Struktur, d.h. warum gibt es gerade die dort eingezeichneten Kerne? Da die Bausteine der Kerne, Proton und Neutron, Mikrogebilde sind, müssen wir die Frage unter Verwendung eines Kernmodells beantworten, das die Gesetze der Quantenphysik berücksichtigt.

Auf Seite 399 haben wir das Wasserstoffatom und dessen Spektrum verstehen gelernt. Die *diskreten Energieniveaus* sind eine Folge davon, daß das Elektron durch das Coulombpotential des Kerns in einen bestimmten Bereich eingesperrt ist. Aufbauend auf diesen Erkenntnissen kann man das Periodensystem der Elemente mit Hilfe des *Pauliprinzips* entwickeln. – Es liegt nahe, die gesamten Überlegungen auf den Atomkern zu übertragen. Doch durch welchen Potentialverlauf ist ein Proton oder ein Neutron im Kern eingesperrt? Lassen wir zunächst die Coulombabstoßung außer acht und suchen nach einem Potential, das den Kernkräften gerecht wird. Außerhalb des Kerns muß es konstant sein, da dort keine Kernkräfte wirksam sind. Am Kernrand wird es infolge des scharf definierten Kernradius (Seite 380) steil abfallen. Und innerhalb des Kerns? In der Kernmitte kann man sich von der Vorstellung leiten lassen, daß ein Nukleon von allen Seiten die gleiche Kraft erfährt und somit das Potential dort ebenfalls als konstant anzunehmen ist. So bietet es sich an, als einfachstes Potential für die Kernkräfte das Rechteckpotential von *Bild 385.1* anzunehmen. Es ist $W(r) = -W_0$ für $r < R_0$ und sonst $W(r) = 0$; R_0 ist der Kernradius und W_0 die Tiefe des „Potentialtopfes".

Wie sich jedes Elektron der Atomhülle im Coulombpotential des Kerns bewegt, soll sich entsprechend jedes Nukleon *frei* in diesem *Rechteckpotential* – als pauschale Beschreibung für den Einfluß aller übrigen Nukleonen – bewegen. Es darf auch innerhalb dieses Potentialtopfes weder Energie noch Impuls durch Stöße mit anderen Nukleonen verlieren. Später werden wir sehen, daß allein das Pauliprinzip diese „freche" Annahme rechtfertigt. Der Kernrand ist für ein Nukleon undurchdringlich, denn es ist im Kern gebunden und hat i.a. nicht genügend Energie, ihn zu verlassen. – *Als Modell eines Atomkerns haben wir somit nichts anderes als einen Potentialtopf, in dem sich die Nukleonen völlig unabhängig voneinander frei bewegen können.* (Daß der Boden des Topfes bei $-W_0$ und nicht bei 0 liegt, spielt wegen der Willkür des Energienullpunkts keine Rolle; wie üblich haben wir nämlich das Potential für große Werte von r gleich Null gesetzt).

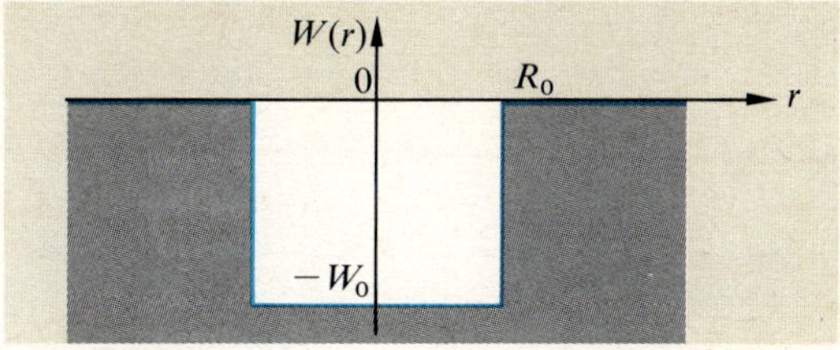

Bild 385.1 Einfachste Annahme für ein mittleres Kernpotential $W(r)$. R_0 : Kernradius

2. Warum sind Protonen in der Minderheit?

In der Atomhülle können Elektronen wegen der Beschränkung der Aufenthaltswahrscheinlichkeit auf einen bestimmten Raumbereich nur ganz bestimmte Energiezustände einnehmen (Seite 326). Ebenso nehmen auch *Nukleonen in einem Potentialtopf nur bestimmte diskrete Energiezustände ein.* Man hat zudem festgestellt, daß sowohl für Neutronen als auch für Protonen je für sich das *Pauliprinzip* gilt. Wären die Protonen ungeladen, so könnte man also jedes Niveau mit zwei Protonen und zwei Neutronen besetzen. Da aber zwischen den Protonen auch noch die Coulombkraft wirkt, muß man jeder Teilchensorte einen eigenen Potentialtopf zuordnen. Die Töpfe sind in *Bild 386.1* symbolisch nebeneinander gezeichnet. Die Coulombabstoßung der Protonen innerhalb des Kerns führt zu einer geringeren mittleren Bindungsenergie der Protonen, d.h. die Energieniveaus der Protonen liegen höher. Der Protonentopf besitzt folglich eine geringere Tiefe als der Neutronentopf. Deshalb gibt es i.a. mehr Neutronen als Protonen im Kern.

In *Bild 386.1* ist für die Protonen der Potentialverlauf auch außerhalb des Kerns mit eingezeichnet. Man benötigt nämlich Energie, um dem Kern von außen ein Proton zu nähern, da die Coulombabstoßung zu überwinden ist. Man sagt, der Kern sei für positiv geladene Teilchen von einem *Coulombwall* umgeben. Für den Potentialverlauf außerhalb des Kerns gilt $W \sim 1/r$; d.h., der Coulombwall steigt mit $1/r$ (wenn r der Abstand vom Kernmittelpunkt ist) bis zu der Stelle, an der die Kernkräfte einsetzen.

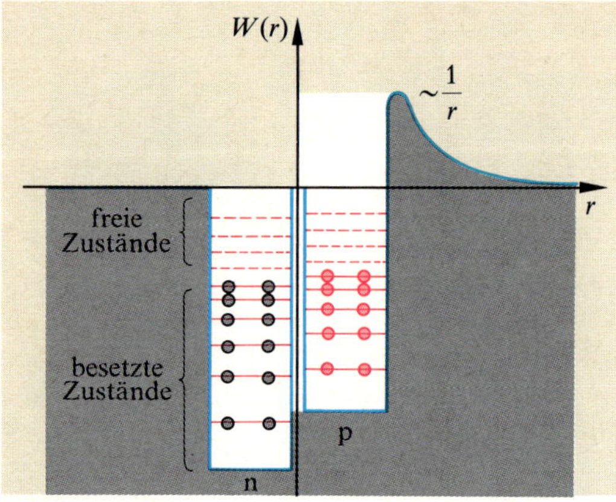

Bild 386.1 Potentialtopf für Protonen (p) und Neutronen (n). Der Protonentopf ist infolge der Coulombabstoßung der Protonen untereinander energetisch angehoben.

Bei stabilen Kernen sind die beiden Potentialtöpfe etwa bis zum gleichen Niveau gefüllt. Wäre das nicht der Fall, so könnte sich ein Neutron unter Energieabgabe in ein Proton (oder umgekehrt) verwandeln (β-Zerfall Seite 391). Stabile Kerne mit beliebiger Neutronen- und Protonenzahl treten daher in der Natur nicht auf. Infolge der Coulombabstoßung haben allerdings stabile schwere Kerne viel weniger Protonen als Neutronen. Bei stabilen leichten Kernen, wo die Coulombabstoßung keine wesentliche Rolle spielt, sind die beiden Potentialtöpfe nahezu gleich tief, deshalb ist dort auch $Z \approx N$. Diese Nuklide liegen auf der blauen Geraden $N = Z$ in *Bild 382.1*.

Betrachten wir einen stabilen Kern im Grundzustand, so sind die untersten Niveaus sowohl im Protonen- als auch im Neutronentopf besetzt. Ein einzelnes Nukleon kann daher nicht in besetzte tiefere oder höhere Niveaus absinken bzw. aufsteigen. Es behält seine Energie bei und kann sich im ganzen Kern so verhalten, als ob die anderen Nukleonen nicht einzeln (etwa als Stoßpartner) vorhanden seien. Das Pauliprinzip gibt also jedem Nukleon – wie vorher bereits angenommen – paradoxerweise eine gewisse Unabhängigkeit gegenüber den anderen.

Z	N	Typ	Zahl m
g	g	(gg)	162
g	u	(gu)	56
u	g	(ug)	52
u	u	(uu)	6

Tabelle 386.1 Zahl *m* der stabilen Kerne; g: gerade, u: ungerade

Protonen und Neutronen befinden sich in getrennten Potentialtöpfen. Damit wird z.B. verständlich, daß Nukleonen im Kern nur diskrete Energiezustände einnehmen können.

3. Paarweise lebt es sich besser

Will man einem Kern das oberste Proton bzw. Neutron entreißen, so benötigt man Energie, die man **Separationsenergie** nennt. Sie entspricht der Ionisierungsenergie für die Atomhülle und ist nicht identisch mit der auf Seite 383 angeführten mittleren Bindungsenergie pro Nukleon W_B/A. Z.B. ist die Separationsenergie $S_n(Z, N)$ für die Abspaltung des obersten Neutrons aus einem Kern mit Z Protonen und N Neutronen (m_n: Neutronenmasse)

$$S_n(Z, N) = [m(Z, N-1) + m_n - m(Z, N)]\, c^2.$$

Berechnet man die Separationsenergien aus den Massetafeln für verschiedene Kerne (Seite 426), so findet man Werte, die von wenigen MeV bis zu etwa 20 MeV variieren. Es fällt auf, daß S_n bei Kernen mit gerader Neutronenzahl stets wesentlich größer als bei ungerader Neutronenzahl ist. Entsprechendes gilt für die Protonenseparationsenergien. Ist die Neutronenzahl gerade, so sitzen auf jedem Niveau genau zwei Neutronen. Dasselbe gilt für Protonen. Es ist also ungleich schwieriger, aus einem Paar Protonen oder Neutronen am obersten Niveau eines herauszubrechen, als ein einzelnes, dort alleinsitzendes Nukleon aus dem Kern herauszulösen. Offenbar erreichen also Neutronen bzw. Protonen einen energetisch günstigen Zustand, wenn sie paarweise ein Niveau besetzen. Man spricht vom **Paarungseffekt**. – Wegen dieses Effektes sind Nuklide besonders stabil, die sowohl eine gerade Zahl von Protonen als auch gleichzeitig eine gerade Anzahl von Neutronen aufweisen. Man nennt sie **gg-Kerne**. Nach *Tabelle 386.1* gibt es mehr stabile gg-Kerne als gu-, ug- oder gar uu-Kerne. So entfallen auf die gg-Kerne $^{16}_{8}O$ und $^{28}_{14}Si$ fast 75% der Erdkruste.

Sieht man vom Paarungseffekt ab und trägt die Separationsenergie für ein Neutron oder Proton für verschiedene Kerne über der Nukleonenzahl auf, so erhält man eine verhältnismäßig glatte Kurve. Diese hat aber charakteristische Sprünge, wenn Z oder N die Werte 2, 8, 20, 50, 82 und 126 annehmen. Diese **magischen Zahlen** lassen sich mit Hilfe des **Schalenmodells** verstehen, das eine wesentliche Erweiterung des Potentialtopfmodells ist.

Aufgabe

1. *Bestimmen Sie die Separationsenergie* $S_n(Z, N)$ *eines Neutrons für die Kerne* O-15, O-16, O-17, O-18, Zr-89, Zr-90, Zr-91, Zr-92, Pb-206, Pb-207, Pb-208, Pb-209 *und* Pb-210! *Was fällt auf?*

§ 118 α-Zerfall und Tunneleffekt

1. Der Zerfall eines α-Strahlers

Ein Kern, der ein α-Teilchen (^4_2He) ausstößt, verringert seine Kernladungszahl Z um 2, seine Neutronenzahl N um 2 und deshalb seine Massenzahl A um 4. Ein Beispiel für den α-Zerfall ist der Zerfall von $^{210}_{84}Po$

$$^{210}_{84}Po \longrightarrow {}^{206}_{82}Pb + {}^4_2He + 5{,}30 \text{ MeV}.$$

5,30 MeV ist dabei die kinetische Energie W_α des α-Teilchens (Aufgabe 1). Gelegentlich nennt man Po-210 den Mutterkern und Pb-206 den Tochterkern. Vor und nach der Aussendung eines α-Teilchens befindet sich der Kern jeweils in einem seiner diskreten Energiezustände. Daher stellt man die Zerfälle – ähnlich wie in der Atomhülle – in einem **Energieniveauschema** (**Zerfallsschema**) dar (*Bild 387.1 a*). Der Tochterkern ist dabei wegen seiner kleineren Kernladung nach links versetzt gezeichnet.

Das bei einem α-Zerfall neu entstehende Atom hätte zunächst zwei Elektronen zuviel in der Hülle, da die zwei positiven Ladungen des α-Teilchens dem ursprünglichen Kern fehlen. Wegen des Rückstoßes, den das Atom nach dem Impulserhaltungssatz beim Zerfall erfährt (Aufgabe 1), wird aber ein Teil der Hüllenelektronen bei Stößen mit Nachbaratomen abgestreift, so daß zuerst sogar ein positives Ion entsteht. Durch Aufnahme von Elektronen aus der Umgebung wird es dann zu einem neutralen Atom des Folgeelements. Die zunächst positive Aufladung läßt sich nachweisen:

Versuch 297: In einem beliebigen Raum, am besten im Keller, spannen wir einen isoliert aufgehängten Draht aus und laden ihn mit etwa 6 kV negativ gegen die Erde auf. Nach 2–3 Stunden kann man von ihm radioaktive Substanz abstreifen. Lädt man den Draht positiv auf, so hat man weniger Erfolg.

Ursache dieser Radioaktivität sind aus dem Erdreich oder den Wänden austretende Isotope des Gases Radon (Rn-222 und Rn-220), die α-Strahler sind und deren Tochterkerne ebenfalls radioaktiv sind. Rn-222 und Rn-220 entsteht beim Zerfall der sehr langlebigen radioaktiven Stoffe U-238, Ra-226 und Th-232, die überall im Erdreich und in den Wänden als fein verteilte Spuren zu finden sind.

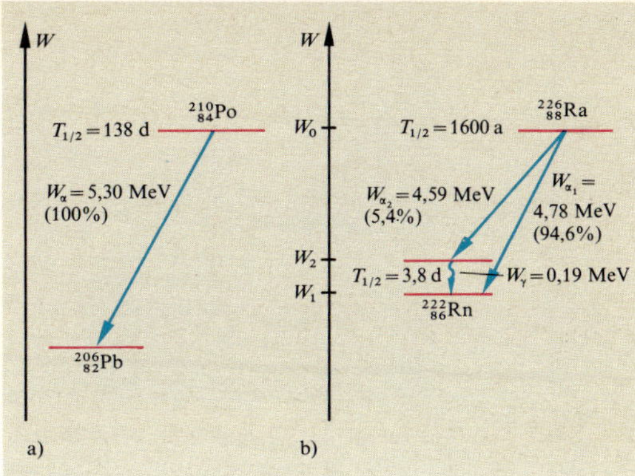

Bild 387.1 α-Zerfall von Po-210 (a) und Ra-226 (b)

2. γ-Emission nach α-Zerfall

Mit Hilfe eines Halbleiterzählers und eines Szintillationszählers kann man zeigen, daß *reines* Ra-226 α-Teilchen mit der Energie $W_{\alpha_1} = 4{,}78$ MeV und $W_{\alpha_2} = 4{,}59$ MeV emittiert und γ-Strahlung der Energie $W_\gamma = 0{,}19$ MeV. W_γ ist genau die Differenz ΔW von W_{α_1} und W_{α_2}. Die Erklärung bietet *Bild 387.1 b*. Ra-226 zerfällt durch Aussendung eines α-Teilchens nicht nur in den Grundzustand W_1 von Rn-222, sondern mit einer Wahrscheinlichkeit von 5,4% auch in einen angeregten Zustand W_2 von Rn-222. Dabei führt das α-Teilchen nur die Energie $W_{\alpha_2} = 4{,}59$ MeV ab. Anschließend daran „fällt" der Rn-222-Kern aus diesem angeregten Zustand W_2 in den Grundzustand W_1 unter Aussendung eines γ-Quants der Energie $\Delta W = W_\gamma = 0{,}19$ MeV.

Die γ-Emission aus einem angeregten Kernniveau erfolgt völlig analog zur Emission von Licht aus angeregten Niveaus in der Atomhülle. Die Vorgänge unterscheiden sich allein durch die Größe der Energie, die das Atom als γ-Quant oder Photon verläßt. In der Kernphysik sind dies meist Beträge in der Größenordnung von 100 keV bis einige MeV, in der Atom-Hüllen-Physik meist etliche eV, bei Röntgenstrahlen auch bis einige keV.

γ-Quanten werden bei Übergängen zwischen diskreten Energiezuständen des Kerns nach der Gleichung $\Delta W = h f$ emittiert.

α-Strahler emittieren γ-Strahlung, wenn der α-Zerfall einen Kern in angeregte Zustände des Tochterkerns überführt.

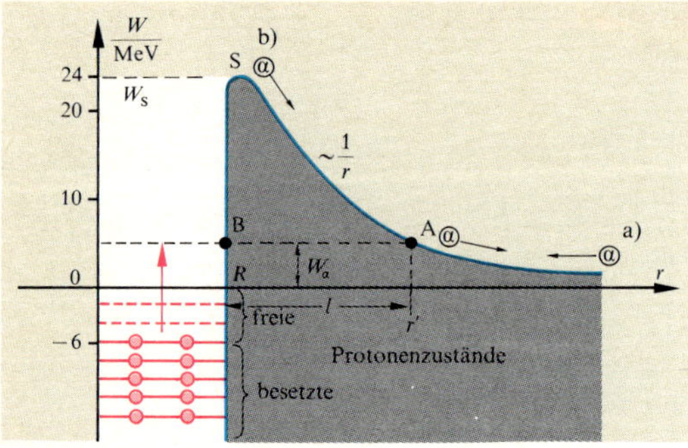

Bild 388.1 Coulombwall für α-Teilchen bei Pb-206. Die tieferen Zustände im Protonentopf sowie der Neutronentopf sind weggelassen.

3. Am Coulombwall

Genauso wie Protonen sehen α-Teilchen einen Coulombwall, wenn sie sich einem Kern nähern. *Bild 388.1* zeigt seinen Verlauf für den Kern Pb-206. (Der Potentialtopf der Neutronen bleibt von unseren Überlegungen unberührt und ist deswegen nicht gezeichnet.) Nach *Gl. 378.1* gilt für den Potentialverlauf außerhalb des Kerns

$$W = \frac{1}{4\pi\varepsilon_0}\frac{2Ze^2}{r}. \qquad (388.1)$$

Der Wall steigt also mit $1/r$ an, bis sich das α-Teilchen (Radius R_α) und der Kern (Radius R_K) bei $R = R_\alpha + R_K$ berühren. Dann beginnen die Kernkräfte zu wirken. Die Höhe des Walls beträgt etwa 24 MeV; sie läßt sich mit Hilfe von Teilchenbeschleunigern, in denen schnelle Heliumkerne erzeugt werden, ausmessen (Fall (a) in *Bild 388.1*). Die Versuchsanordnung dazu entspricht der von *Rutherford* (Seite 378). Wird ein $^4_2$He-Kern nach Überwinden des Coulombwalls in einem $^{206}_{82}$Pb-Kern eingefangen, so entsteht ein $^{210}_{84}$Po-Kern. Dies ist ein α-Strahler mit der Halbwertszeit 138 d und einer Energie von 5,3 MeV des ausgesandten α-Teilchens.

Welche Energie würde man aber nach unseren bisherigen Erkenntnissen für die α-Strahlen von Po-210 erwarten? Im Prinzip müßte man sich doch vorstellen, daß das α-Teilchen den beschriebenen Weg des He-Kerns aus dem Teilchenbeschleuniger rückwärts durchläuft. Es müßte dazu im Kern soviel Energie auf sich vereinigen, daß es bis zur Spitze S des Potentialwalls angehoben wird. Dann würde es dort durch die Coulombkraft abgestoßen (Fall (b) in *Bild 388.1*) und im Unendlichen mindestens mit der kinetischen Energie von 24 MeV ankommen. Aber kein α-Teilchen der bekannten Strahler hat die Energie, die sich nach *Gl. 388.1* als Höhe des Coulombwalls aus den Kernladungszahlen und Kernradien bestimmen läßt, kein α-Teilchen kommt also vom Punkt S.

Setzen wir die α-Energie von Po-210 (5,3 MeV) in *Gl. 388.1* ein, so erkennen wir, daß das α-Teilchen nur von Punkt A des Potentialwalls in *Bild 388.1* durch Coulombkräfte abgestoßen worden sein kann; der Abstand r berechnet sich zu etwa $4 \cdot 10^{-15}$ m (ungefähr 4,5faches von R). Es erscheint zunächst völlig unverständlich, wie das α-Teilchen den Kern verlassen konnte.

Dürften wir uns den Potentialwall bildlich als Berg der „Höhe" 24 MeV vorstellen, dann ließe sich sagen, das α-Teilchen mit 5,3 MeV habe diesen Berg längs der Strecke $\overline{BA}$ *„durchtunnelt"* und beginne erst bei A seine „Talfahrt". In der klassischen Physik gibt es keine Tunnels durch Coulombwälle, wohl aber in der Quantenphysik, und diese gilt für α-Teilchen. Wir ziehen einen Vergleich mit Licht heran.

4. Die vorwitzige Welle

Bei der Totalreflexion fällt das aus einem optisch dichteren Medium (Brechungszahl n_2) kommende Licht auf die Trennfläche zum dünneren Medium ($n_1 < n_2$) unter einem Winkel β, der den Grenzwinkel β_g überschreitet; das Licht kann also bei der Totalreflexion den Bereich des dichteren Mediums nicht verlassen, es ist dort eingeschlossen (wie das α-Teilchen im Potentialtopf des Kerns).

Wie wir früher schon sahen, müssen viele Aussagen der geometrischen Optik korrigiert werden, wenn man in Bereiche vordringt, die in der Größenordnung der Wellenlänge liegen. Dies ist auch bei der Totalreflexion so, wie der folgende Versuch mit Zentimeterwellen zeigt.

Versuch 298: **a)** Wir benutzen einen halbkreisförmigen Paraffinzylinder (Radius 20 cm; Dielektrizitätszahl $\varepsilon_r = 2$; Brechungszahl $n_2 = \sqrt{\varepsilon_r}$ (Seite 203); $\beta_g = 45°$; zunächst ohne das Prisma von *Bild 389.1*). Auf die ebene Zylinderfläche trifft nach *Bild 389.1* eine elektromagnetische Welle ($\lambda = 3{,}2$ cm) unter dem Einfallswinkel $\beta = 70° > \beta_g$. Da an der ebenen Trennfläche der Grenzwinkel für Totalreflexion weit überschritten ist, wird die Welle dort ganz reflektiert. Ein Empfangsdipol, der weiter als 5 cm von der Trennfläche entfernt ist, registriert in der Luft bei ② nichts. (Das entspricht genau dem Verhalten von Licht, das wir von der geometrischen Optik her erwarten.)

b) Man findet aber unmittelbar an der Trennfläche bei ① innerhalb des Abstands $l \approx \lambda$ eine sehr schnell auf Null abnehmende Intensität. Offensichtlich treten die Wellen und die ihnen zugeordneten Photonen in einem Streifen der Dicke $l \approx \lambda$ aus dem optisch dichteren Medium in das dünnere aus – eine Tatsache, die nach der geometrischen Optik nicht mehr verständlich ist. *Bild 389.2a* zeigt, daß rechts von 0 die Feldstärke asymptotisch auf Null absinkt.

c) Wir schieben nun an den Paraffinzylinder ein zweites, dichteres Medium heran, z.B. das Quarzsandprisma von *Bild 389.1*. Dann finden wir bei D mit dem Empfangsdipol eine im Prisma weiterlaufende Welle *(Bild 389.2b)*; die Intensität der im Paraffin reflektierten Welle nimmt jetzt ganz deutlich ab.

Photonen können also eine nach der geometrischen Optik verbotene Luftstrecke durchlaufen. Dabei nimmt zwar die Intensität der Welle, d.h. die Antreffwahrscheinlichkeit der Photonen mit wachsender Dicke l der „verbotenen" Zone sehr rasch ab; die Energie $W = hf$ der einzelnen Quanten und damit auch die Frequenz f bleiben aber erhalten. Bei einer Frequenzänderung hätte der auf Resonanz abgestimmte Empfangsdipol nicht mehr ansprechen können. – Der Versuch mit dem Zentimeterwellensender zeigt, daß Quantenobjekte (hier Photonen) einen nach der klassischen Physik verbotenen Bereich durchtunneln können.

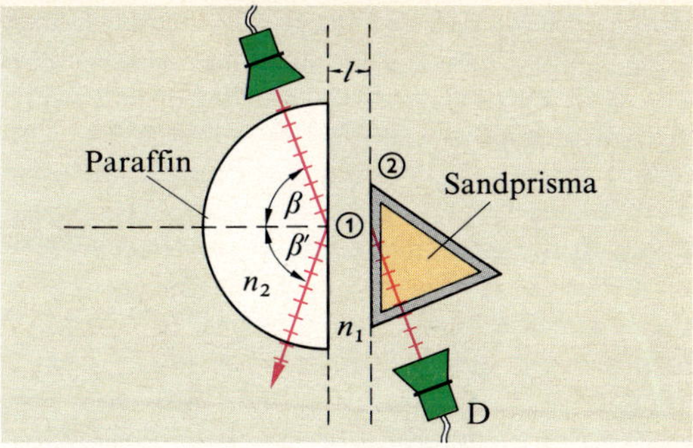

Bild 389.1 Tunneleffekt bei Zentimeterwellen: Schematischer Aufbau von Versuch 298

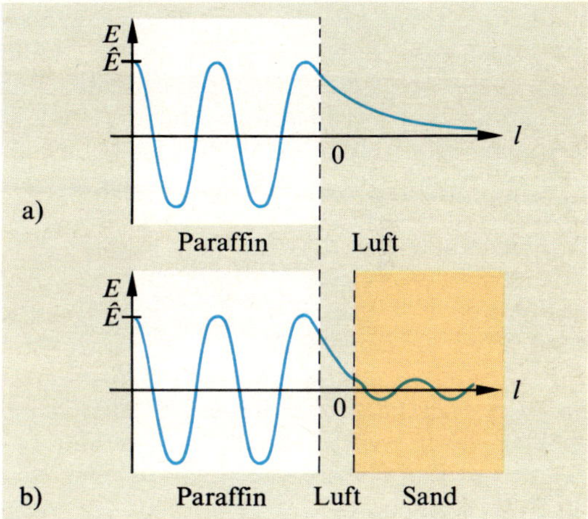

Bild 389.2 Tunneleffekt bei Zentimeterwellen: Feldstärke E in Abhängigkeit vom Abstand l des Detektors von der Trennfläche bei Versuch 298

5. Der Tunneleffekt bei α-Teilchen

Nach der Schrödingeranalogie (Seite 325) dürfen wir die Ergebnisse von Versuch 298 mit Photonen auf andere Quantenobjekte – hier α-Teilchen – übertragen. Nukleonen sind im Kern im Mittel mit etwa 8 MeV gebunden *(Bild 383.1)*. Die im Potentialtopf nach *Bild 388.1* oben liegenden Nukleonen haben jedoch Bindungsenergien von nur ca. 6 MeV; sie liegen also um 6 MeV unter dem Nullniveau. Der Kern kann keine Protonen oder Neutronen emittieren. Finden sich jedoch am Kernrand zwei Protonen und zwei Neutronen zu einem α-Teilchen zusammen, so wird die besonders große Bindungsenergie von 28,3 MeV frei (Seite 383). Dies übertrifft die Bindungsenergie von rund $(4 \cdot 6)$ MeV $= 24$ MeV der vier Nukleonen deutlich. Das α-Teilchen liegt also mit der Energie $W = 4$ MeV über dem Nullniveau. Den Coulombwall mit seiner Höhe von 24 MeV kann es damit keinesfalls überschreiten, wohl aber *mit einer gewissen Wahrscheinlichkeit durchtunneln*. Dem α-Teilchen ist ja eine Wahrscheinlichkeitswelle zugeordnet. Und wie in Versuch 298 für die Photonen die Amplitude der Wahrscheinlichkeitswelle hinter dem „verbotenen Bereich" nicht Null ist, so gilt dies auch für die Amplitude der Wahrscheinlichkeitswelle von α-Teilchen hinter dem Coulombwall.

Zu diesem Durchtunneln ist – wie wir im Beispiel mit den Photonen oben gesehen haben, als sich f nicht änderte – *keine* Energie nötig. Das α-Teilchen kann also mit der Energie W_α

außerhalb des Atoms registriert werden. Dieses Durchtunneln erfolgt in der sehr kurzen Zeit Δt. Während dieser Zeit besteht für die Energiemessung eine Unschärfe $\Delta W \approx h/\Delta t$. Um diesen Betrag ΔW kann der Energiesatz also nicht nachgeprüft werden. Er kann also sozusagen in dieser Zeit Δt um diesen Betrag ΔW verletzt sein. ΔW ist dabei die Differenz $\Delta W = W_S - W_\alpha$. Die berechnete Energie $W_\alpha = 4$ MeV stimmt nicht mit der gemessenen $W = 5{,}3$ MeV überein, weil wir vereinfachend alle vier Nukleonen mit einer Bindungsenergie von 6 MeV angesetzt haben. Die α-Strahlen verschiedener Nuklide besitzen ja auch unterschiedliche Energie (Nuklidkarte Seite 434).

Führt man genaue Rechnungen mit der Schrödingergleichung durch, so findet man: Wälle werden mit um so größerer Wahrscheinlichkeit durchtunnelt, je kleiner ihre Dicke l und je niedriger die Höhe $W_S - W_\alpha$ ist. Nach *Bild 388.1* muß also ein α-Strahler, der α-Teilchen mit großer Energie aussendet, eine hohe Wahrscheinlichkeit für den Tunneleffekt aufweisen, d.h. eine kleine Halbwertszeit $T_{1/2}$ haben (Aufgabe 5). Dies bestätigt sich im Experiment, etwa an den α-Strahlern der Uran-Radium-Zerfallsreihe *(Bild 393.2)*. – Diese Deutung des α-Zerfalls mit Hilfe von Wahrscheinlichkeitswellen erklärt auch, warum die radioaktiven Zerfallsprozesse stochastischer Natur sind (Aufgabe 7).

Der α-Zerfall läßt sich quantentheoretisch mit Hilfe des Tunneleffekts erklären.

Das stochastische Auftreten von Kernprozessen ist ein Quantenphänomen.

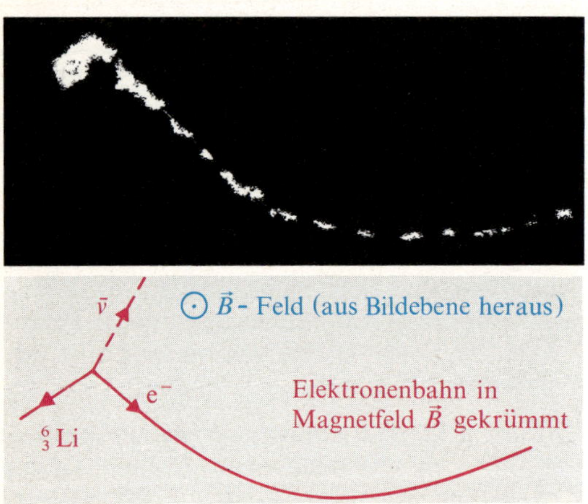

390.1 Zerfall von He-6: $^6_2\text{He} \rightarrow {}^6_3\text{Li} + e^- + \bar{\nu} + 3{,}5$ MeV

Aufgaben

Nuklidmassen auf Seite 426

1. a) Po-212 *zerfällt durch einen α-Zerfall in das Bleiisotop* Pb-208. *Bestimmen Sie aus den Nuklidmassen die Energie* Q_α*, die bei dem Zerfall freigesetzt wird!* **b)** *Begründen Sie mit Hilfe von Energie- und Impulserhaltungssatz, daß die kinetische Energie* W_α *des α-Teilchens kleiner als* Q_α *ist, und zwar* $W_\alpha = 8{,}78$ MeV*! (Vor dem Zerfall befindet sich der Kern in Ruhe.)* **c)** *Zeigen Sie allgemein: Ist* m_K *die Masse des Tochterkerns,* m_α *die Masse des α-Teilchens, so gilt für jeden α-Zerfall* $W_\alpha = m_K (m_K + m_\alpha)^{-1} Q_\alpha$ *und* $W_K = m_\alpha (m_K + m_\alpha)^{-1} Q_\alpha$ *(*W_K*: kinetische Energie des Tochterkerns). – Begründen Sie mit Hilfe der Nuklidkarte, daß für fast alle α-Strahler* W_K *etwa 2% von* Q_α *ist!*

2. a) Pu-238 *sendet α-Teilchen der Energie* 5,499 MeV *und* 5,456 MeV *aus. Zeichnen Sie ein Zerfallsschema!* **b)** *Erklären Sie damit, wie es bei diesem α-Zerfall auch zum Auftreten einer γ-Strahlung kommt!* **c)** *Berechnen Sie die Energie und die Wellenlänge der γ-Strahlung!* **d)** *Wie groß ist die Höhe des Coulombwalls für die α-Teilchen? Berücksichtigen Sie dabei, daß das α-Teilchen einen Radius von* $r_\alpha = 2{,}1 \cdot 10^{-15}$ m *besitzt.*

3. Am-241 *sendet α-Teilchen der Energie* 5,545 MeV, 5,486 MeV, 5,443 MeV *und* 5,389 MeV *aus.* **a)** *Zeichnen Sie ein Zerfallsschema!* **b)** *Erklären Sie damit, wie es bei diesem Zerfall auch zum Auftreten von γ-Strahlung kommt!* **c)** *Berechnen Sie von allen denkbaren auftretenden γ-Strahlen die Energie und die Wellenlänge!* **d)** *Wie groß ist die Energie* Q_α *des Zerfalls? (Zu* Q_α *siehe Aufgabe 1)*

4. a) *Bestimmen Sie vom Tochterkern des α-Strahlers* Po-212 ($W_\alpha = 8{,}78$ MeV; $T_{1/2} = 0{,}3 \cdot 10^{-6}$ s) *die Protonen- und Neutronenzahl und versuchen Sie, damit eine Erklärung zu finden, warum* Po-212 *α-Teilchen verhältnismäßig hoher Energie emittiert!* **b)** *Bestimmen Sie die Höhe des Coulombwalls für die α-Teilchen! (Radius des α-Teilchens berücksichtigen!)* **c)** *Warum ist die Halbwertszeit von* Po-212 *so klein?*

5. *Suchen Sie in der Nuklidkarte α-Strahler! Lesen Sie dort deren Halbwertszeit* $T_{1/2}$ *und die Energie* W_α *der ausgesandten α-Teilchen ab! Tragen Sie* $T_{1/2}$ *in doppelt-logarithmischem Papier über* W_α *auf! Welche Beziehung besteht in erster Näherung zwischen den beiden Größen?*

6. *Begründen Sie, daß schwere, nicht angeregte Atomkerne zwar α-Teilchen, nicht aber Protonen, Neutronen, Deuteronen* H-2 *oder* Li-7*-Kerne aussenden!*

7. *Erläutern Sie, warum die quantentheoretische Deutung des α-Zerfalls das stochastische Auftreten der α-Teilchen erklärt!*

8. *Ein* U-234*-Kern zerfällt durch einen α-Zerfall in einen Kern, der selbst wieder α-Strahler ist. Insgesamt sendet* U-234 *so nach und nach fünf α-Teilchen aus. Wie lautet der Endkern? Verfolgen Sie diese Zerfallsreihe in der Nuklidkarte! Beachten Sie die verschiedenen Halbwertszeiten!*

§ 119 Der β-Zerfall

1. Wo bleibt die Energie?

Elektronen, von einem β-Strahler ausgesandt, müssen aufgrund ihrer hohen Energie aus dem Atomkern kommen (Seite 323). Wie ist das möglich, da doch der Atomkern nur Protonen und Neutronen enthält? Wie erklärt man sich zudem, daß die β-Teilchen im Gegensatz zu den α-Teilchen ein kontinuierliches Energiespektrum mit einer Maximalenergie W_{max} haben? *Frederick Soddy* (1887 bis 1956, Nobelpreis für Chemie 1921) und sein Mitarbeiter *Fajans* fanden 1913, daß sich nach Aussendung eines Elektrons die Kernladungszahl des emittierenden Kerns um 1 erhöht. Der Kern verändert sich also. Da aber der Ausgangskern wie der Endkern bei diesem β-Zerfall einen wohldefinierten Energiezustand haben, müßten die emittierten Teilchen wie beim α-Zerfall diskrete Energiewerte besitzen. Das Spektrum ist jedoch kontinuierlich, folglich müßte der Energiesatz verletzt sein. Wie Messungen ergaben, befriedigen allein β-Teilchen mit der Energie W_{max} den Energiesatz.

Auch der Impulssatz schien beim β-Zerfall nicht zu stimmen. Der das β-Teilchen aussendende Kern hätte einen Impuls in genau entgegengesetzter Richtung zum β-Teilchen erhalten müssen, da er sich vor dem Zerfall in Ruhe befand. Das *Nebelkammerbild 390.1* zeigt aber am Beispiel des gasförmigen β^--Strahlers He-6, daß der Rückstoßkern und das β-Teilchen nicht unter 180° auseinanderfliegen.

Um diese beiden wichtigen Erhaltungssätze „zu retten", entschloß sich *Wolfgang Pauli* 1930 zu einer kühnen Annahme: Beim β^--Zerfall eines Atomkerns soll gleichzeitig mit dem Elektron ein weiteres, aber ungeladenes Teilchen, heute **Antineutrino $\bar{\nu}$** genannt, ausgeschleudert werden. Dieses ungeladene Teilchen nimmt zwar Energie und Impuls mit, zeigt aber fast keine Wechselwirkung mit der Materie. Heute weiß man, daß sich beim β^--Zerfall eines Atomkerns ein Neutron in ein Proton unter Aussendung eines Elektrons e^- und eines Antineutrinos $\bar{\nu}$ verwandelt:

$$n \longrightarrow p + e^- + \bar{\nu} + \text{Energie.}$$

Bei jedem β-Zerfall wird der feste Energiebetrag W_{max} frei und verteilt sich auf das Elektron und das Antineutrino (die Energie, die der Tochterkern infolge des Rückstoßes erhält, ist zu vernachlässigen; Aufgaben 2 und 5). Für die Elektronen sind kontinuierlich Energien von 0 bis W_{max} möglich, wenn die Antineutrinos die jeweiligen Restenergien zwischen W_{max} und 0 übernehmen. Da jetzt auch drei „Stoßpartner" vorhanden sind, kann der Impulssatz immer erfüllt werden. Z.B. lautet der Zerfall von ${}^{204}_{81}\text{Tl}$ mit $W_{max} = 0{,}766$ MeV

$${}^{204}_{81}\text{Tl} \longrightarrow {}^{204}_{82}\text{Pb} + e^- + \bar{\nu} + 0{,}766 \text{ MeV.}$$

Die Massenzahl A eines Kerns ändert sich also bei einem β^--Zerfall nicht, die Kernladungszahl Z steigt dagegen um 1. In der Nuklidkarte rutscht der Kern um eine Stelle nach links und um eine Stelle nach oben. β^--Strahler (in der Nuklidkarte blau) haben einen Neutronenüberschuß.

Auch ein **freies Neutron** zerfällt durch einen β^--Zerfall mit einer Halbwertszeit von $T_{1/2} = 10{,}6$ min nach der Reaktionsgleichung (Aufgabe 2):

$$n \longrightarrow p + e^- + \bar{\nu} + 0{,}78 \text{ MeV.}$$

Erst nach über 20 Jahren gelang es, das Antineutrino in einem sehr aufwendigen Versuch experimentell nachzuweisen. Ursache dieser späten Entdeckung ist seine äußerst geringe Wechselwirkung mit Materie (Seite 414).

Beim β^--Zerfall wandelt sich ein Neutron in ein Proton, ein Elektron und ein Antineutrino um. Energie, Impuls und Ladung bleiben bei dem Zerfall erhalten.

2. β^+-Zerfall und Elektroneneinfang

β^+-Strahler haben ebenfalls ein kontinuierliches Energiespektrum (Seite 360). Man stellte fest: Zerfällt ein Kern durch Aussendung eines Positrons, verringert sich seine Kernladungszahl bei konstanter Massenzahl um 1. Es muß sich also ein Proton in ein Neutron unter Aussendung eines Positrons verwandelt haben. Genauso wie beim β^--Zerfall muß aber auch hier, um den Energie- und Impulssatz zu erfüllen, ein zweites ungeladenes Teilchen ausgesandt werden. Man nennt es **Neutrino**:

$$p \longrightarrow n + e^+ + \nu.$$

Ein Beispiel ist der β^+-Zerfall von Na-22:

$${}^{22}_{11}\text{Na} \longrightarrow {}^{22}_{10}\text{Ne} + e^+ + \nu + 0{,}545 \text{ MeV.}$$

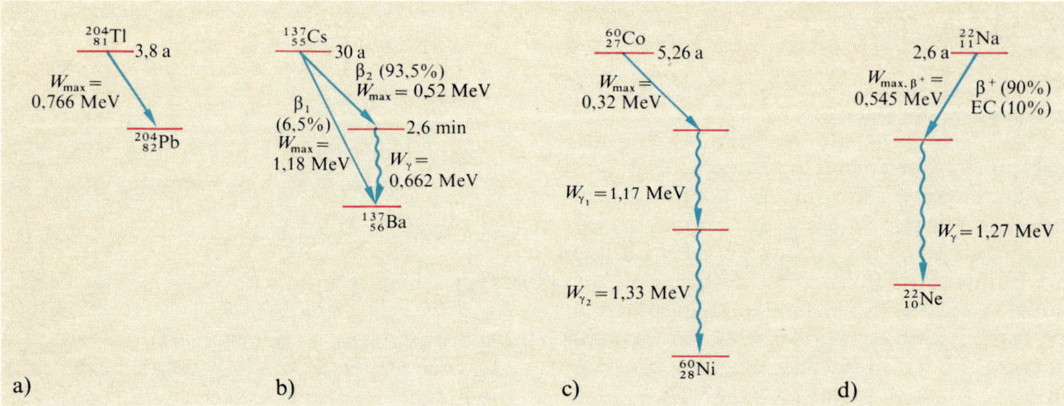

392.1 Zerfallsschema von a) Tl-204; b) Cs-137; c) Co-60; d) Na-22 (a: Jahr; min: Minute)

Die Massenzahl *A* bleibt beim β^+-Zerfall konstant, die Kernladungszahl *Z* vermindert sich um 1, und in der Nuklidkarte findet man den neuen Kern um eine Stelle nach rechts und um eine Stelle nach unten verschoben. β^+-Strahler (in der Nuklidkarte rot) haben einen Protonenüberschuß.

In Konkurrenz zum β^+-Zerfall steht der Zerfall durch **Elektroneneinfang** (auch EC-Zerfall genannt, von *electron capture*). Er ist in der Nuklidkarte durch den Buchstaben ε in dem rot gefärbten Kästchen angegeben. Dabei wird ein Elektron aus der Atomhülle, meist aus der K-Schale, vom Kern eingefangen, das mit einem Proton ein Neutron und ein Neutrino bildet:

$$p + e^- \longrightarrow n + \nu + \text{Energie.}$$

Die Energie verteilt sich dabei auf die Bindungsenergie des Elektrons – die überwunden werden muß, um das Elektron aus seiner Schale zu lösen – und eine nunmehr feste Energie des ausgesandten Neutrinos. Experimentell erkennt man den K-Einfang an der Emission der charakteristischen Röntgenstrahlung. Diese entsteht, wenn das Loch in der Hülle durch ein außenliegendes Elektron aufgefüllt wird. Ein Beispiel für einen reinen Elektroneneinfang ist der Zerfall von Ni-59:

$$^{59}_{28}\text{Ni} \xrightarrow{\text{EC}} {}^{59}_{27}\text{Co} + \nu.$$

β^+-Zerfall: ein Proton zerfällt in Neutron, Positron und Neutrino.

Elektroneneinfang: ein Elektron der Atomhülle verbindet sich mit einem Proton zu Neutron und Neutrino.

3. γ-Emission nach β-Zerfall

Wie mancher α-Zerfall führt sehr häufig ein β-Zerfall nicht in den Grundzustand (wie etwa Tl-204, *Bild 392.1 a*), sondern in einen angeregten Zustand des Tochterkerns. Als Folge davon sendet dieser Kern γ-Strahlung aus. Deswegen emittieren β-Strahler oft auch γ-Strahlung.

Als Beispiele sind in *Bild 392.1 b* und *d* die Zerfälle von Cs-137 (β^--Strahler) und Na-22 (β^+-Strahler) dargestellt. Im Fall von Cs-137 ist noch interessant, daß der angeregte Zustand von Ba-137 im Mittel erst nach 2,6 min in den Grundzustand zerfällt. Man spricht von einem **isomeren Zustand** des Ba-137. Dessen Halbwertszeit haben wir in Versuch 295 gemessen. Üblicherweise leben solche angeregten Zustände in der Größenordnung von 10^{-8} s oder weniger, wie z. B. die Zustände von Ni-60 oder Ne-22.

Wie das Beispiel von Co-60 zeigt, kann ein angeregter Zustand auch über mehrere Zwischenniveaus seine Energie „portionsweise" – hier in zwei Portionen γ_1 und γ_2 – abstrahlen. (Co-60-Schulpräparate sind meist so gekapselt, daß keine β^--Strahlung austreten kann.)

Bei einem β^+-Strahler tritt immer auch noch die Vernichtungsstrahlung von 511 keV auf ($e^+ + e^- \rightarrow 2\,\gamma$).

β-Strahler emittieren sehr häufig auch γ-Strahlung, da der β-Zerfall eines Kerns oft nicht in den Grundzustand, sondern in angeregte Zustände des Tochterkerns führt.

4. β-Zerfall im Potentialtopfmodell

a) *Bild 393.1a* zeigt links einen mit Neutronen besetzten Topf. Der rechts liegende Protonentopf muß bei den stabilen Kernen etwa bis zum gleichen Energieniveau mit Protonen gefüllt sein. Erreicht er diese Höhe nicht, so wandelt sich ein im Neutronentopf energetisch höherliegendes Neutron unter Aussendung eines Elektrons und eines Antineutrinos in ein Proton um; es geht also in den Protonentopf über und gibt Energie ab. Der neue Kern hat weniger Energie; er ist stabiler, da man ihn nur unter Energieaufwand wieder in den früheren Zustand bringen kann. Dies erklärt, warum Kerne mit zu hoher Neutronenzahl Elektronenstrahler sind. Sie liegen in der Nuklidkarte rechts von den stabilen Kernen.

b) Ist umgekehrt die Protonenzahl zu groß, so wandelt sich ein energetisch hochliegendes Proton in ein Neutron um und geht unter Energieabgabe in den Neutronentopf, damit beide Töpfe etwa bis zum gleichen Niveau gefüllt sind *(Bild 393.1b)*. Dabei werden ein Positron und ein Neutrino emittiert. Die Positronenstrahler liegen deshalb in der Nuklidkarte links von den stabilen Kernen.

Anhand dieses Modells läßt sich auch verdeutlichen, warum die im freien Zustand stabilen Protonen im Kern zerfallen ($m_n > m_p$); im Kern ist Energie, die den Massenunterschied ausgleichen kann. Ebenso leuchtet ein, daß die im freien Zustand nicht stabilen Neutronen im Kern stabil sein können.

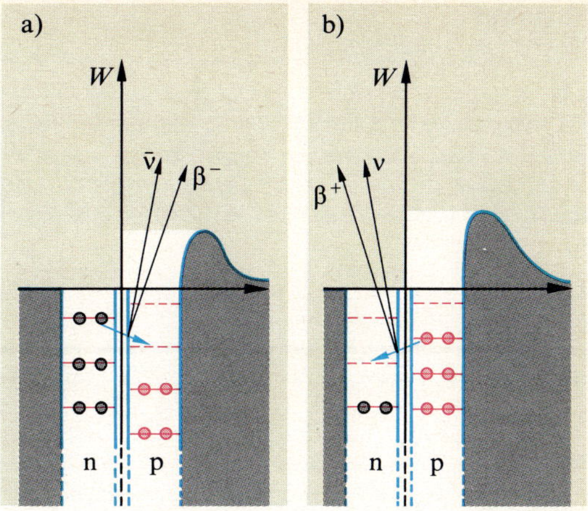

393.1 Deutung von a) β^-- und b) β^+-Zerfall im Potentialtopfmodell. Die Potentialtöpfe sind unvollständig gezeichnet, da nur die obersten besetzten Niveaus wichtig sind.

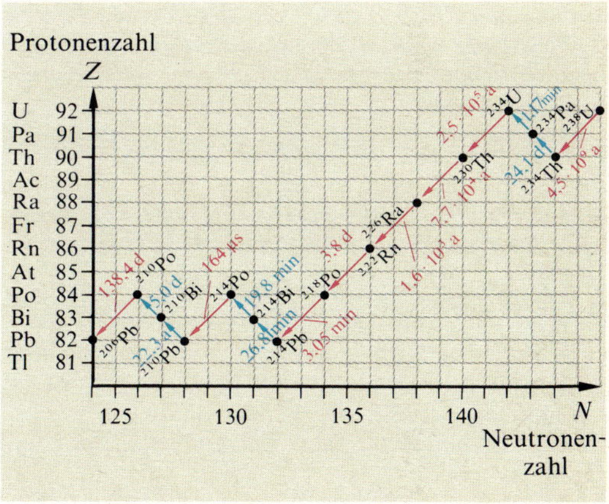

393.2 Zerfallsreihe von U-238

5. Die radioaktiven Zerfallsreihen

Sehr häufig ist der Tochterkern eines radioaktiven Kerns selbst wieder radioaktiv, dessen Folgeprodukt ebenfalls. So können ganze Zerfallsreihen entstehen. In der Natur gibt es drei Zerfallsreihen, die in Uran-238 ($T_{1/2} = 4{,}5 \cdot 10^9$ a), Thorium-232 ($T_{1/2} = 1{,}4 \cdot 10^{10}$ a) und Uran-235 ($T_{1/2} = 7 \cdot 10^8$ a) ihren Ursprung haben; sie enden alle bei einem Bleiisotop. Die zwei wichtigsten Zerfallsreihen – in denen auch radioaktive Nuklide wie Ra-226 auftreten – zeigen *Bild 393.2* und *Bild 393.3* – Die Elemente entstanden vor über sechs Milliarden Jahren durch zufälliges Zusammenfügen von Protonen und Neutronen. Von ihnen sind bis auf die 130 stabilen Nuklide nur noch die sehr langlebigen radioaktiven Nuklide K-40, Th-232, U-238 und U-235 übriggeblieben!

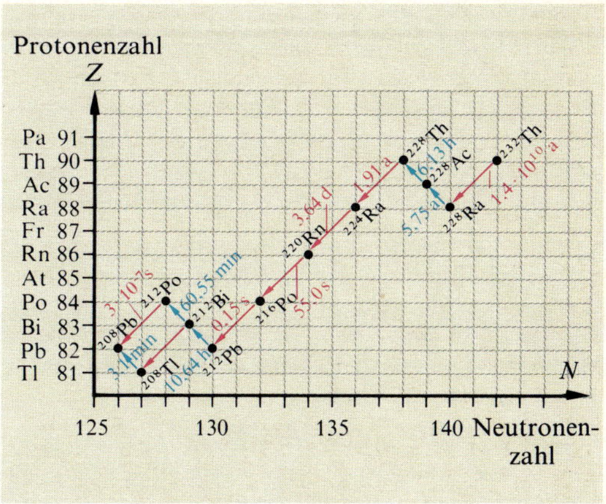

393.3 Zerfallsreihe von Th-232

Aufgaben

Nuklidmassen auf Seite 426

1. a) *Begründen Sie mit Hilfe der Nuklidmassen, daß ein freies Neutron durch einen β-Zerfall in ein Proton zerfallen kann, während ein freies Proton gegenüber einem β-Zerfall stabil ist!* **b)** *Berechnen Sie die gesamte Energie Q_{β^-}, die beim β^--Zerfall des freien Neutrons auftritt!*

2. a) *Berechnen Sie für den β^--Zerfall eines freien ruhenden Neutrons die Rückstoßenergie des Protons für den Fall, daß ein Elektron mit maximaler Energie emittiert wird (relativistische Rechnung; Q_{β^-} aus Aufgabe 1b)!* **b)** *Wie groß ist die Rückstoßenergie, wenn ein Antineutrino mit maximaler Energie emittiert wird? (Für das Antineutrino gilt wie für das Photon $W = p\,c$.)* **c)** *In Versuchen wurde festgestellt, daß der Impuls des Protons um einen gewissen Winkel von der entgegengesetzten Richtung des emittierten Elektrons abweicht und daß diese Winkelabweichung um so größer ausfällt, je kleiner die Energie des Elektrons ist. Begründen Sie dieses Versuchsergebnis!*

3. *Geben Sie jeweils eine Gleichung für den β^--, den β^+- und den EC-Zerfall an, aus der man die Energie Q_β berechnen kann, die bei den Zerfällen freigesetzt wird! Bekannt seien die Nuklidmassen von Mutter- und Tochterkern.*

4. *Zeigen Sie mit Hilfe der Gleichungen von Aufgabe 3: Zerfällt ein Kern durch einen β^+-Zerfall, so wird weniger kinetische Energie freigesetzt als bei einem Elektroneneinfang! Wie groß ist die Differenz?*

5. a) *Berechnen Sie aus den Nuklidmassen die gesamte Energie Q_β, die beim β^--Zerfall von* He-6 *(Bild 390.1) frei wird!* **b)** *Berechnen Sie für diesen β^--Zerfall die Rückstoßenergie des Tochterkerns für den Fall, daß ein Elektron mit maximaler Energie und für den Fall, daß ein Antineutrino mit maximaler Energie emittiert wird!*

6. *Der β^--Zerfall von* Co-60 *ist in Bild 392.1c dargestellt. Berechnen Sie mit Hilfe der dortigen Angaben die Nuklidmasse von* Co-60*, wenn die Nuklidmasse von* Ni-60 *bekannt ist!*

7. Mn-54 *zerfällt durch einen Elektroneneinfang in einen angeregten Zustand des Tochterkerns, der unter Aussendung eines Photons der Energie* 835 keV *in den Grundzustand übergeht.* **a)** *Zeichnen Sie ein Zerfallsschema!* **b)** *Welche Energie wird bei diesem EC freigesetzt?* **c)** *Welche Energie hat das emittierte Neutrino?*

8. Be-7 *führt einen Elektroneneinfang durch, wobei der Grundzustand von* Be-7 *in den Grundzustand des Tochterkerns übergeht.* **a)** *Stellen Sie die Zerfallsgleichung auf!* **b)** *Berechnen Sie aus den Nuklidmassen die Energie Q_β, die bei diesem Zerfall frei wird!* **c)** *Berechnen Sie die Rückstoßenergie des Tochterkerns!*

9. *Was geschieht in der Atomhülle, wenn der Kern eines Atoms* **a)** *einen β^--,* **b)** *einen β^+-Zerfall und* **c)** *einen Elektroneneinfang durchführt? Beachten Sie auch Seite 387!*

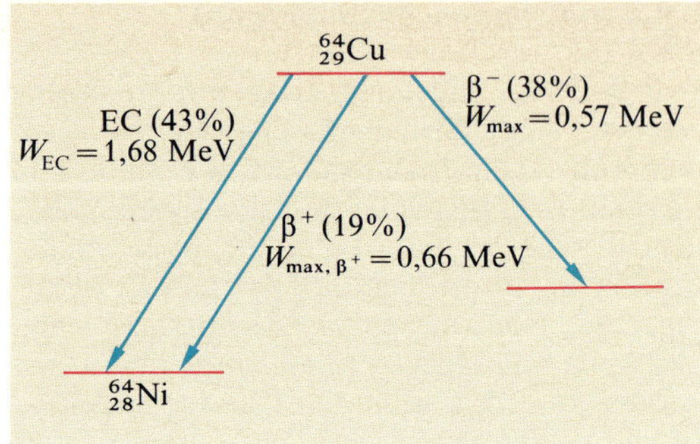

394.1 Zerfall von Cu-64; zu Aufgabe 10

10. Cu-64 *kann entweder durch einen β^-, einen β^+- oder einen Elektroneneinfang zerfallen (Bild 394.1).* **a)** *Geben Sie den Endkern des β^--Zerfalls an!* **b)** *Beim β^+-Zerfall beträgt die maximale Energie der β^+-Teilchen* 0,66 MeV. *Berechnen Sie mit Hilfe der Nuklidmasse von* Cu-64 *daraus die Nuklidmasse von* Ni-64*!* **c)** *Begründen Sie, daß beim EC-Zerfall die freigesetzte kinetische Energie größer ist als beim β^+-Zerfall!* **d)** *Wie läßt sich experimentell nachweisen, daß* Cu-64 *auch durch einen Elektroneneinfang zerfallen kann?*

11. *Radioaktives* K-40 ($T_{1/2} = 1{,}26 \cdot 10^9$ a) *ist in natürlichem Kalium zu 0,012% enthalten. Es emittiert β^--Strahlung mit* $W_{max} = 1{,}35$ MeV *und γ-Strahlung der Energie* $W_\gamma = 1{,}46$ MeV. *Letztere entsteht nach einem möglichen EC-Zerfall von* K-40 *in einen angeregten Zustand eines Tochterkerns.* **a)** *Berechnen Sie die beim EC-Prozeß insgesamt freiwerdende Energie!* **b)** *Stellen Sie ein Zerfallsschema von* K-40 *auf!* **c)** *Welchen Höchstwert hat die Energie des beim β^--Zerfall freiwerdenden Antineutrinos bzw. des beim EC-Prozeß entstehenden Neutrinos?* **d)** *Berechnen Sie die Aktivität von* 1,0 kg *käuflichem Kaliumchlorid* (KCl)*!*

12. *Befindet sich ein Kern in einem angeregten Zustand, so kann er seine Energie auch anders als durch die Aussendung eines γ-Quants der Energie W_γ loswerden. Er überträgt seine Energie z.B. auf ein Elektron der K-Schale, das herausgerissen wird und den Atomverband verläßt. Man spricht von innerer Konversion. Insbesondere isomere Zustände zerfallen gern durch innere Konversion.* **a)** *Wie groß ist die Energie des herausgerissenen Elektrons?* **b)** *Wie läßt sich die Konversion experimentell nachweisen?* **c)** *Im γ-Spektrum von* Cs-137 *(Zerfallsschema Bild 392.1b) tritt eine niederenergetische Linie von* 32 keV *auf (in Bild 362.1 weggelassen) und im Elektronenspektrum eine Linie bei* 624 keV. *Was kann man daraus folgern?*

13. *Neben den Zerfallsreihen von* U-238 *und* Th-232 *gibt es die von* U-235 *und* Np-237 *(dessen Halbwertszeit allerdings „nur" $T_{1/2} = 2{,}1 \cdot 10^6$ Jahre beträgt).* **a)** *Stellen Sie mit Hilfe der Nuklidkarte diese Zerfallsreihen wie in Bild 393.2 und 393.3 dar!* **b)** *Kann es außer den genannten vier noch weitere Zerfallsreihen geben?* **c)** *Stellen Sie eine Zerfallsreihe in einem $A(Z)$-Diagramm dar (A: vertikale Achse)!*

§ 120 Kernreaktionen

1. Wovon Alchemisten träumten

Auf Seite 381 sahen wir, welch wichtiges Hilfsmittel Streuversuche für die Physik sind. Um mehr über Atomkerne zu erfahren, beschoß *Rutherford* 1919 reinen Stickstoff, der zu fast 100% aus $^{14}_{7}N$ besteht, in einer Nebelkammer mit α-Teilchen der Energie 7,7 MeV. Die α-Teilchen stammten aus dem Zerfall des Nuklids Po-214, einem Zerfallsprodukt von Ra-226 *(Bild 393.2)*. Überraschenderweise fand er gelegentlich das in *Bild 395.1* dargestellte Ereignis: Die Spur eines α-Teilchens verzweigte sich plötzlich. Die nach unten laufende lange Spur entpuppte sich aufgrund der Tröpfchendichte als die eines Protons.

Den genauen Vorgang erkannte *Rutherford*, indem er aus der Gesamtzahl der entlang einer Spur gebildeten Nebeltröpfchen (die proportional der Zahl der entstandenen Ionen ist) die Energie der Teilchen bestimmte und mit Hilfe stereoskopischer Aufnahmen die Winkel zwischen den Spuren ausmaß. Mittels der Erhaltungssätze für Energie, Impuls und elektrische Ladung fand er dann: Das α-Teilchen überwindet die Coulombschwelle eines $^{14}_{7}N$-Kerns und dringt in den Kern ein. Es bildet sich kurzzeitig ein energetisch hoch angeregter Fluorkern $^{18}_{9}F^*$, der sofort unter Aussendung eines Protons p in einen Sauerstoffkern $^{17}_{8}O$ zerfällt. (Der Stern bei F* bedeutet, daß der Kern in einem energetisch angeregten Zustand ist.) Dieser erhält einen Rückstoß und erzeugt in der Nebelkammer die nach rechts oben gerichtete kurze Spur. Man sagt, es hat eine **Kernreaktion** stattgefunden. Die Reaktionsgleichung lautet:

$$^{14}_{7}N + ^{4}_{2}\alpha \longrightarrow ^{18}_{9}F^* \longrightarrow ^{17}_{8}O + ^{1}_{1}p.$$

Den *Zwischenkern* $^{18}_{9}F^*$, der 10^{-15} bis 10^{-18} s lang „lebt“, läßt man meist außer acht und schreibt für diese sogenannte (α, p)-Reaktion

$$^{14}_{7}N\,(\alpha, p)\,^{17}_{8}O.$$

Zum erstenmal war damit eine **künstliche Kernumwandlung** gelungen. Wir werden davon noch einige kennenlernen und häufig die Kurzschreibweise benutzen: Links vor der Klammer steht der Ausgangskern, in der Klammer zunächst das aufgeschossene Teilchen, dann das ausgesandte Teilchen und rechts von der Klammer der entstehende Kern. – Mit dieser Kernreaktion erfüllte sich ein alter Traum der Alchemisten, ein chemisches Element in ein anderes umzuwandeln.

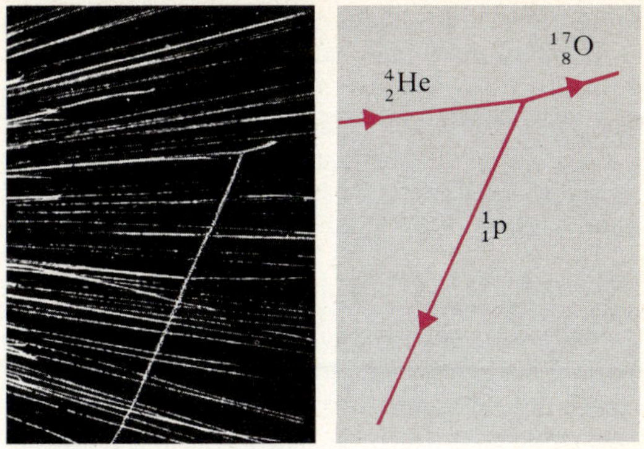

395.1 Nebelkammeraufnahme einer Kernreaktion. Rechts ist die Reaktion herausgezeichnet.

Kernreaktionen lassen sich nicht nur mit α-Teilchen auslösen, sondern mit allen bekannten Teilchen wie Protonen $^{1}_{1}p$, Deuteronen $^{2}_{1}d$, Neutronen $^{1}_{0}n$ und heutzutage sogar mit Kernen bis hinauf zu U-238. Wesentliche Hilfsmittel dazu sind *Beschleuniger*, mit denen man geladenen Teilchen hohe kinetische Energie erteilen kann, die zur Überwindung des Coulombwalls nötig ist, und *Kernreaktoren* als intensive Neutronenquelle.

Schießt man schnelle Teilchen auf Atomkerne, so können Kernreaktionen ausgelöst werden. – Die erste Kernreaktion erzielte Rutherford:

$$^{14}_{7}N\,(\alpha, p)\,^{17}_{8}O.$$

Auch bei Kernreaktionen gelten die Erhaltungssätze für Energie, Impuls und elektrische Ladung.

2. Neutronenstrahlen

a) Zwischen 1930 und 1932 lief in der Kernphysik eine aufregende Entdeckungsgeschichte bei einer Serie von Experimenten in den drei Städten Berlin, Cambridge und Paris ab. An allen Orten untersuchte man intensiv die Kernreaktionen von Be-9 (und Be-10) mit α-Teilchen. Dabei trat eine stark durchdringende Strahlung auf, die man sich zunächst nicht erklären konnte. *J. Chadwick* (geb. 1881, Nobelpreis 1935) gelang es 1932 in Cambridge, ein nicht geladenes Teilchen, das annähernd dieselbe Masse wie das Proton hat, als Reaktionsprodukt zu analysieren. Das **Neutron** war entdeckt. Nach ihm hatte bereits *Rutherford* ab 1920 vergeblich gesucht. Folgende Kernreaktion lief bei der Untersuchung von *Chadwick* ab:

$^{9}_{4}\mathrm{Be}\,(\alpha, n)\,^{12}_{6}\mathrm{C}$.

Die Reaktion (α, n) benutzt man auch heute noch in *Neutronenquellen*: Eine Metallkapsel mit einem Gemisch aus dem α-Strahler Ra-226 und Be-9 gibt je Milligramm Radium $1{,}5 \cdot 10^4$ Neutronen in jeder Sekunde ab.

b) Neutronen konnten sich so lange versteckt halten, weil sie als ungeladene Teilchen keine ionisierende Wirkung haben. Ihr *Nachweis* kann daher nur *indirekt* durch Stöße auf ionisierende Teilchen erfolgen. Eine Möglichkeit dazu zeigt die Nebelkammeraufnahme in *Bild 396.1*. Von links oben fallen Neutronen ein, ohne eine Spur zu hinterlassen. Die plötzlich mitten in der Kammer einsetzenden Spuren rühren von Wasserstoffkernen her, die die Neutronen in dem wasserstoffhaltigen Gas der Nebelkammer angestoßen haben. Erst die Protonen verraten die Neutronen. Ein Neutron kann nämlich mit einem Proton in Wechselwirkung treten, da beide Kernkräfte aufeinander ausüben. Bei einem solchen „Stoß" wird Energie vom Neutron auf das Proton übertragen, welches dann die Gasmoleküle in der Kammer ionisiert.

c) Soll ein Zählrohr für ionisierende Strahlung auf Neutronen ansprechen, so kleidet man seine Innenwand mit *Bor* oder einer Borverbindung aus. Die durch die Neutronen bewirkte Kernreaktion

$^{10}_{5}\mathrm{B}\,(n, \alpha)\,^{7}_{3}\mathrm{Li}$,

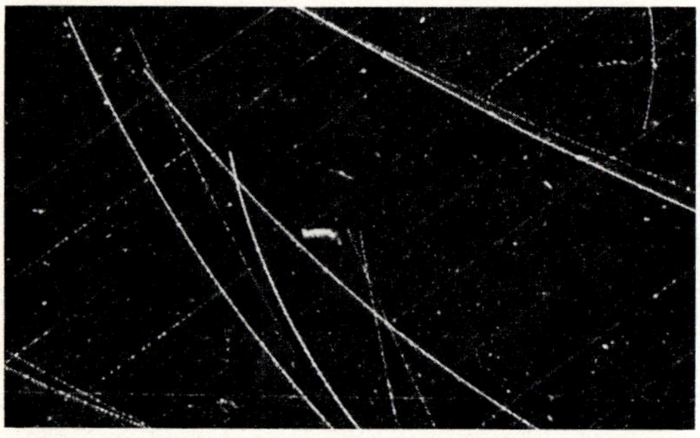

396.1 Spuren von Protonen, die durch eine (n, p)-Reaktion mitten in der Nebelkammer entstehen. Schnelle Neutronen fallen von links oben ein.

die mit besonders großer Wahrscheinlichkeit auftritt, setzt α-Teilchen frei; sie werden gezählt.

d) Neutronen lösen Kernreaktionen besonders leicht aus, da sie ungeladen sind und keinen Coulombwall spüren. Sie erreichen mit beliebig kleiner Energie jeden Kern. Sobald sie aber in Reichweite der Kernkräfte kommen, können sie in den Kern eingebaut werden und in dessen Potentialtopf fallen *(Bild 386.1)*. Dabei wird die Bindungsenergie des Neutrons – im Mittel 8 MeV – frei. Man spricht von **Neutroneneinfang**. Gleichgültig also, ob das Neutron viel oder wenig kinetische Energie mitgebracht hat, der Zwischenkern befindet sich in einem angeregten Zustand. War die kinetische Energie des Neutrons klein, so reicht die Energie des Zwischenkerns allerdings meist nicht aus, um ein Teilchen auszusenden. Er zerfällt vielmehr in seinen Grundzustand unter Aussendung energiereicher γ-Strahlung. Ein Beispiel für eine derartige (n, γ)-Reaktion ist der Einfang eines Neutrons durch ein Proton im Wasserstoffatom. Es entsteht ein Deuteron.

$$^{1}_{1}\mathrm{H}\,(n, \gamma)\,^{2}_{1}\mathrm{D} \qquad (396.1)$$

Die dabei auftretende γ-Strahlung hat die Energie $W_\gamma = 2{,}23$ MeV.

e) Neutronen durchdringen selbst dicke Bleischichten fast ungeschwächt, nicht hingegen wasserstoffhaltige Stoffe wie Paraffin oder Wasser. Ursache dafür sind die Stoßgesetze für Teilchen. Bei dem zentralen Stoß eines Neutrons mit einem Proton übernimmt nämlich das Proton fast die gesamte kinetische Energie des Neutrons, weil es nahezu dieselbe Masse besitzt (Band MS, Seite 94). Nach wenigen Stößen mit Protonen (ca. 20) hat das Neutron eine kinetische Energie von $\frac{1}{40}$ eV, die der Temperatur von 20 °C der Bremssubstanz, auch **Moderator** genannt, entspricht. Solche Neutronen heißen im Gegensatz zu energiereichen, schnellen Neutronen **thermische Neutronen**. Sie werden früher oder später von einem Kern eingefangen, wobei durch einen (n, γ)-Prozeß fast immer γ-Strahlen entstehen. Es können noch (n, p)- bzw. (n, d)-Prozesse auftreten, z.B. $^{14}_{7}\mathrm{N}\,(n, p)\,^{14}_{6}\mathrm{C}$. Will man etwa in einem Kernreaktor Neutronenstrahlen abschirmen, verwendet man am besten *meterdicke Beton- oder Wasserschichten*. Diese bremsen nicht nur die Neutronen ab, sondern absorbieren auch die beim Neutroneneinfang entstehende γ-Strahlung.

f) Kernreaktionen, insbesondere die in (b) beschriebene (n, p)-Reaktion, machen schnelle Neutronen für den Menschen äußerst *gefährlich*, da sie energiereiche ionisierende Teilchen im Körper freisetzen. Aber auch thermische Neutronen sind trotz ihrer geringen kinetischen Energie alles andere als harmlos. Bei ihrem Einfang in einen Kern eines biologischen Gewebes entstehen γ-Strahlen mit Energien bis zu einigen MeV (z.B. bei der Reaktion *396.1*). Die Qualitätsfaktoren *Q* der Neutronen zur Bestimmung der Äquivalentdosis sind daher im Vergleich zu anderen Strahlenarten groß (Seite 374).

Durch Kernreaktionen können Neutronen freigesetzt werden. – Neutronen können selbst leicht Kernreaktionen auslösen. – Nur durch Wechselwirkung mit geladenen Teilchen kann man sie indirekt nachweisen. – Meterdicke Beton- oder Wasserschichten schirmen Neutronen am besten ab.

3. Friedliche Kerne werden radioaktiv

Versuch 299: In Schul-Neutronenquellen werden durch (α, n)-Reaktionen schnelle Neutronen erzeugt. Die Quellen sind von Paraffin umgeben, in dem die Neutronen abgebremst und eingefangen werden. – Wir bestrahlen in einer Bohrung des Paraffinblocks, die von etwa 100 langsamen Neutronen pro Sekunde und cm^2 durchsetzt wird, mindestens 4–5 Stunden lang ein Indiumblech. Das nicht radioaktive, natürlich vorkommende Indium besteht zu 95,7% aus dem Isotop In-115. Halten wir nach der Bestrahlung das Blech vor ein Zählrohr, so stellen wir fest, daß es radioaktiv geworden ist. Die Strahlung entpuppt sich als β- und γ-Strahlung; sie kann Papier nahezu ungestört durchdringen. Messen wir die Zählrate als Funktion der Zeit – etwa indem wir die Meßwerterfassung einem Computer überlassen – erweist es sich, daß sie mit einer Halbwertszeit von 54 Minuten abnimmt.

Wie kommt diese Radioaktivität zustande? Ein In-115-Kern fängt ein Neutron ein und wird zu einem angeregten In-116-Kern, der zunächst ein γ-Quant aussendet:

$${}^{115}_{49}\mathrm{In}\,(\mathrm{n}, \gamma)\,{}^{116}_{49}\mathrm{In}.$$

In-116 besitzt einen Neutronenüberschuß und ist radioaktiv; es zerfällt mit einer Halbwertszeit von $T_{1/2} = 54$ min unter β^-- und γ-Ausstoß in Sn-116. Wir schreiben dafür

$${}^{116}_{49}\mathrm{In} \xrightarrow[54\,\mathrm{min}]{\beta^-,\,\gamma} {}^{116}_{50}\mathrm{Sn}.$$

Die bei der Bestrahlung mit Neutronen erreichte Aktivität des Indiumblechs hängt von der Dauer der Bestrahlung in der Neutronenquelle ab. Wie lange bestrahlt man es dann sinnvollerweise? Man gewinnt die Zahl $N(t)$ der radioaktiven In-116-Kerne und damit die Aktivität $A(t) = k\,N(t)$ ($k = \ln 2/T_{1/2}$, Seite 370) nach der Bestrahlungszeit t aus folgenden Überlegungen: Da der Neutronenfluß konstant ist, werden in jeder Sekunde gleich viele Kerne A_0 an In-116 gebildet. Die Änderung $\Delta N(t)$ von $N(t)$ in der Zeit Δt setzt sich aus zwei Anteilen zusammen.

1) In der Zeit Δt zerfallen $N_1 = k\,N(t)\,\Delta t$ Kerne.
2) In Δt werden neu gebildet $N_2 = A_0\,\Delta t$ Kerne.

Die gesamte Änderung von $N(t)$ ist also

$$\Delta N(t) = N_2 - N_1 = A_0\,\Delta t - k\,N(t)\,\Delta t \text{ oder}$$

$$\frac{\Delta N(t)}{\Delta t} = A_0 - k\,N(t).$$

Für $\Delta t \to 0$ findet man somit für die Zahl $N(t)$ der In-116-Kerne die Differentialgleichung

$$\dot{N}(t) = A_0 - k\,N(t)$$

mit der Lösung (für $t = 0$ ist $N(0) = 0$)

$$N(t) = \frac{A_0}{k}(1 - \mathrm{e}^{-kt})$$

wie durch Ableiten nachzuprüfen ist. Somit bekommt das Indiumblech in der Neutronenquelle während der Bestrahlungsdauer t die Aktivität

$$A(t) = k\,N(t) = A_0(1 - \mathrm{e}^{-kt}). \qquad (397.1)$$

(Hinweis: Da laufend neue In-116-Kerne gebildet werden, gilt hier nicht $A(t) = -\dot{N}(t)$.) Für $t \to \infty$ geht $A(t) \to A_0$; d.h., es zerfallen pro Sekunde so viele Atome wie erzeugt werden. *Bild 397.1* zeigt den zeitlichen Verlauf von $A(t)$. Bereits nach $t = 5\,T_{1/2}$ hat man aber über 97% der Aktivität A_0 erreicht. Deswegen haben wir die Probe in Versuch 299 etwa 5 Stunden ($\sim 5\,T_{1/2}$ von In) bestrahlt.

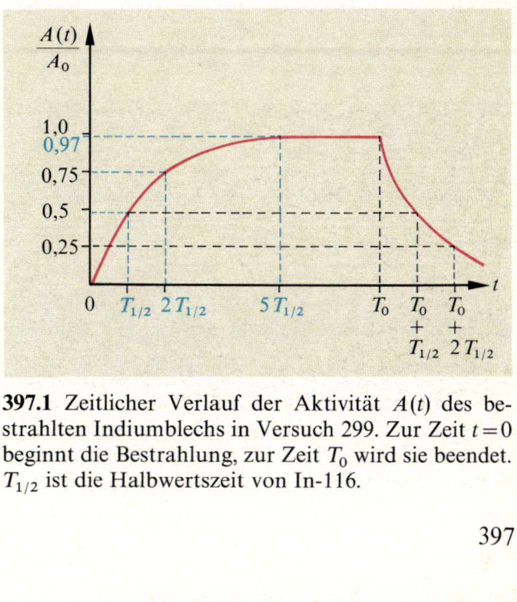

397.1 Zeitlicher Verlauf der Aktivität $A(t)$ des bestrahlten Indiumblechs in Versuch 299. Zur Zeit $t = 0$ beginnt die Bestrahlung, zur Zeit T_0 wird sie beendet. $T_{1/2}$ ist die Halbwertszeit von In-116.

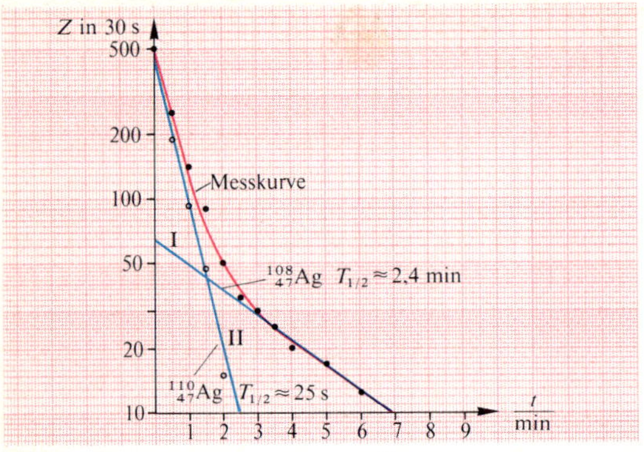

398.1 Aktivität eines 1 min lang mit thermischen Neutronen bestrahlten Silberblechs (10 Sekunden nach der Entnahme aus der Quelle begann die Messung; die Nullrate ist abgezogen.)

Dieselben Verhältnisse liegen beim „Melken" der Thorium- bzw. Caesium-Quellen in Versuch 294 und 295 vor. Dort sorgt jeweils ein langlebiges Nuklid (Th-232 bzw. Cs-137) für eine konstante Nachbildungsrate. Nach etwa 5 $T_{1/2}$ der Tochtersubstanzen (Rn-220 bzw. Ba*-137) lassen sich die Kühe wieder melken; dann hat sich nämlich das *radioaktive Gleichgewicht* – wie oben die Aktivität $A(t)$ – zwischen Zerfall und Nachbildung fast vollständig wieder eingestellt.

Versuch 300: Wir bestrahlen in der Neutronenquelle ein Silberblech mit langsamen Neutronen und bringen es sofort nach Entnahme aus der Quelle vor ein Zählrohr. *Bild 398.1* zeigt die logarithmisch aufgetragene β-Aktivität des etwa 1 min lang bestrahlten Silberblechs als Funktion der Zeit *t*. Wir erhalten keine Gerade. Wie läßt sich dies verstehen? Das Rätsel löst sich, wenn man bedenkt, daß das natürlich vorkommende Silber 51,8% Ag-107- und 48,2% Ag-109-Kerne enthält. Durch (n, γ)-Reaktionen bilden sich in der Neutronenquelle zwei radioaktive Isotope Ag-108 und Ag-110 mit unterschiedlichen Halbwertszeiten

$$^{109}_{47}\text{Ag}(n,\gamma)\,^{110}_{47}\text{Ag} \xrightarrow[25\,\text{s}]{\beta^-} {}^{110}_{48}\text{Cd}$$

$$^{107}_{47}\text{Ag}(n,\gamma)\,^{108}_{47}\text{Ag} \xrightarrow[2{,}4\,\text{min}]{\beta^-} {}^{108}_{48}\text{Cd}.$$

Die Aktivität von Ag-110 ist zu Beginn der Messung deutlich größer als die von Ag-108, da wir nur eine Minute bestrahlt haben (2,4 $T_{1/2}$ von Ag-110 und nur 0,4 $T_{1/2}$ von Ag-108.) Dafür ist die Aktivität von Ag-110 nach etwa drei Minuten (7,2 $T_{1/2}$ von Ag-110) fast verschwunden. Für Zeiten größer als drei Minuten ergibt sich daher als Meßkurve die Gerade I in *Bild 398.1*. Den Anteil von Ag-110 an der Gesamtaktivität (Gerade II in *Bild 398.1*) gewinnt man, indem man von der gemessenen Zählrate (rote Kurve in *Bild 398.1*) die Zählrate abzieht, die sich aufgrund von Gerade I ergibt.

4. Kernreaktionen machen's möglich

a) Nicht nur bei Kernreaktionen mit Neutronen, sondern auch bei solchen mit geladenen Teilchen treten radioaktive Nuklide auf. Ein Beispiel:

$$^{27}_{13}\text{Al}(\alpha, n)\,^{30}_{15}\text{P} \xrightarrow[2{,}55\,\text{min}]{\beta^+} {}^{30}_{14}\text{Si}. \qquad (398.1)$$

Mit dieser Reaktion entdeckten 1934 *Irène Curie*, die Tochter *Pierre* und *Marie Curies*, und ihr Mann *Frédéric Joliot* das erste radioaktive nicht in der Natur vorkommende Nuklid, nämlich P-30. Man nennt derartige Nuklide im Gegensatz zu den *„natürlich" radioaktiven* auch manchmal *„künstlich" radioaktiv*. P-30 war auch der erste bekannte Positronenstrahler. Bis 1934 kannte man das Positron nur als Bestandteil der Höhenstrahlung (Seite 360).

b) Bestrahlt man Uran U-238 mit Neutronen, so laufen folgende Vorgänge ab:

$$^{238}_{92}\text{U}(n,\gamma)\,^{239}_{92}\text{U} \xrightarrow[23{,}5\,\text{min}]{\beta^-} {}^{239}_{93}\text{Np} \xrightarrow[2{,}4\,\text{d}]{\beta^-} {}^{239}_{94}\text{Pu}. \qquad (398.2)$$

Die bei der β-Strahlung entstandenen Elemente Neptunium (Np) und Plutonium (Pu) sind künstlich erzeugt; sie werden – wie Uran – nach den Planeten Uranus, Neptun und Pluto benannt und heißen *Transurane*, da sie im Periodensystem der Elemente jenseits von Uran einzuordnen sind. Alle Transurane (Ordnungszahlen über $Z=92$) sind radioaktiv. Pu-239 ist ein α-Strahler und hat mit $T_{1/2}=2{,}4\cdot 10^4$ a eine der größten Halbwertszeiten unter Transuranen. Ähnliche Vorgänge treten beim Beschuß von Th-232 mit Neutronen ein:

$$^{232}_{90}\text{Th}(n,\gamma)\,^{233}_{90}\text{Th} \xrightarrow[22{,}3\,\text{min}]{\beta^-} {}^{233}_{91}\text{Pa} \xrightarrow[27\,\text{d}]{\beta^-} {}^{233}_{92}\text{U}. \qquad (398.3)$$

Die beiden erwähnten Reaktionsketten sind wichtig, da sowohl Pu-239 als auch U-233 spaltbares Material ist (Seite 401).

c) Radioaktive Nuklide, hergestellt über Kernreaktionen, setzt man heute vielfältig in Physik und Technik ein. Im Mittelstufenband Seite 398 sind einige Beispiele dazu aufgeführt, so z. B. die Verwendung bei der Diagnose und der Therapie in der Medizin.

Aufgaben

Nuklidmassen auf Seite 426

1. a) *Was ist das Ergebnis der Reaktion* $^{18}_{8}\text{O}(p,d)$? *Wozu führt die Kernreaktion* $^{14}_{7}\text{N}(n,p)$? **b)** *Das Ergebnis der Reaktion* $^{11}_{5}\text{B}(\alpha,p)$ *ist ein β-Strahler. Wie lautet der stabile Endkern?* **c)** *Auch γ-Quanten können Kernreaktionen auslösen (Kernfotoeffekt). Was entsteht bei der Reaktion* $^{2}_{1}\text{D}(\gamma,n)$? *Wie groß ist die dazu notwendige γ-Energie?*

2. *Eine beliebige Kernreaktion hat die Form* $a+A\rightarrow B+b+Q$ *(a, b: Teilchen; A, B: Kerne). Q ist* *die Reaktionsenergie; für sie gilt* $Q=(m_A+m_a)c^2-(m_B+m_b)c^2$ *(m sind Ruhemassen).* **a)** *Wie groß ist Q für die Reaktion* $^{14}_{7}N(\alpha, p)^{17}_{8}O$*? Was bedeutet es, daß Q negativ ist?* **b)** *Geben Sie Gründe an, warum das α-Teilchen mehr Energie als* $|Q|$ *mitbringen muß, damit die Reaktion stattfindet!*

3. *Bestrahlt man* B-10 *mit thermischen Neutronen, verwandelt es sich in* Li-7. **a)** *Welches Teilchen wird bei diesem Prozeß ausgesandt?* **b)** *Die Reaktionsenergie beträgt bei diesem Prozeß* 2,8 MeV. *Berechnen Sie die kinetische Energie des ausgesandten Teilchens (kinetische Energie des Neutrons vernachlässigen)!*

4. *Neutronen werden mit einer* (Ra-226, Be-9)*-Quelle erzeugt. Die von* Ra-226 *ausgesandten α-Teilchen haben Energien bis* 7,7 MeV. *Berechnen Sie, wie groß die Energie der emittierten Neutronen höchstens sein kann, wenn die Rückstoßeffekte außer acht bleiben!*

5. *Durch eine* (n, p)*-Reaktion kann aus* Zn-64 *das radioaktive* Cu-64 *hergestellt werden (Aufgabe 10, Seite 394). Kann die Reaktion durch thermische Neutronen ausgelöst werden?*

6. *Mit einer* 2,62 MeV *γ-Strahlung läßt sich Deuterium D-2 in ein Proton und ein Neutron spalten.* **a)** *Welche kinetische Gesamtenergie besitzen die Spaltprodukte, wenn ein ruhender Deuteriumkern von einem γ-Quant dieser Strahlung gespalten wird?* **b)** *Berechnen Sie den Winkel, den die Bahnen des Neutrons und des Protons nach der Spaltung miteinander bilden, falls beide die gleiche kinetische Energie erhalten! Setzen Sie dabei vereinfachend* $m_p=m_n$.

7. Sr-90 *zerfällt mit* $T_{1/2}^{(1)}=28\,\text{a}$ *durch einen* β^-*-Zerfall in* Y-90, *das seinerseits durch einen* β^-*-Zerfall mit* $T_{1/2}^{(2)}=64\,\text{h}$ *in* Zr-90 *zerfällt.* **a)** *Die Aktivität von* Sr-90 *sei* A_0. *Stellen sie analog zu den Überlegungen, die zu Gl. 397.1 führen, eine Gleichung für die Zahl* $N(t)$ *der* Y-90*-Kerne bzw. deren Aktivität* $A(t)$ *auf (zur Zeit* $t=0$ *sei* $N(0)=0$*)!* **b)** Sr-90 *habe eine Aktivität von* 40 kBq. *Wie lange dauert es, bis* Y-90 *eine Aktivität von* 30 kBq *hat? Nach welcher Zeit erreicht* Y-90 *mehr als 99% seiner maximal erreichbaren Aktivität? (Es sei immer zur Zeit* $t=0$ *die Zahl der Y-Kerne Null.)*

8. *Wie für die Absorption von γ-Strahlung in Materie (Gl. 367.3) gilt auch für die Absorption von Neutronen in Materie — etwa durch Neutroneneinfang — das Gesetz* $N(x)=N_0 e^{-\mu x}$ *(x: Dicke der durchstrahlten Schicht;* $\mu=\ln 2/d_{1/2}$*;* $d_{1/2}$ *= Halbwertsdicke). Völlig analog zu Seite 367 gibt es auch für diese Reaktion einen Wirkungsquerschnitt σ. Es ist ebenfalls* $\sigma=\mu/n$ *(Gl. 367.5).* **a)** *Eine Folie aus* Co-59 *der Dicke* $x=0{,}25\,\text{cm}$ ($\varrho_{Co}=8{,}9\,\text{g cm}^{-3}$) *läßt 63,7% eines Bündels thermischer Neutronen durch, der Rest wird absorbiert. Welchen Wirkungsquerschnitt σ hat* Co-59 *für den Einfang thermischer Neutronen?* **b)** *Cadmium hat einen hohen Wirkungsquerschnitt* $\sigma=3{,}5\cdot 10^{-25}\,\text{m}^2$ *für den Einfang thermischer Neutronen. Welcher Prozentsatz eines thermischen Neutronenstrahls wird von einem* 1 mm *dicken Blech durchgelassen?*

§ 121 Kernspaltung

1. Wer Transurane sucht, kann Barium finden

1938 beschossen *Otto Hahn* (1879–1968; Nobelpreis für Chemie 1945) und *Fritz Straßmann* (1902–1980) natürliches Uran, das zu 99,3% U-238 und zu 0,7% U-235 enthält, mit langsamen Neutronen. Sie erwarteten (n, γ)-Reaktionen und als Reaktionsprodukte Transurane, die sie chemisch analysieren wollten. Zu ihrer großen Überraschung fanden sie in den Uranproben nach der Bestrahlung Barium vor. Sie deuteten zusammen mit *Lise Meitner* und *O.R. Frisch* dieses Ergebnis sofort richtig: Ein U-235-Kern spaltet sich nach der Aufnahme des langsamen Neutrons in zwei ungefähr gleich schwere Teile, wobei mehrere schnelle Neutronen und γ-Strahlung frei werden. Die beiden Kernbruchstücke fliegen mit sehr hohen Energien in der Größenordnung von 170 MeV auseinander. Ein Beispiel einer Spaltung ist:

$$^{235}_{92}U + ^{1}_{0}n \longrightarrow ^{89}_{36}Kr + ^{144}_{56}Ba + 3\,^{1}_{0}n + \gamma.$$

Anhand eines einfachen Modells kann man veranschaulichen, wie eine Kernspaltung vor sich geht: Die nicht sehr stabilen Urankerne, die man sich wie Tröpfchen zunächst kugelför-

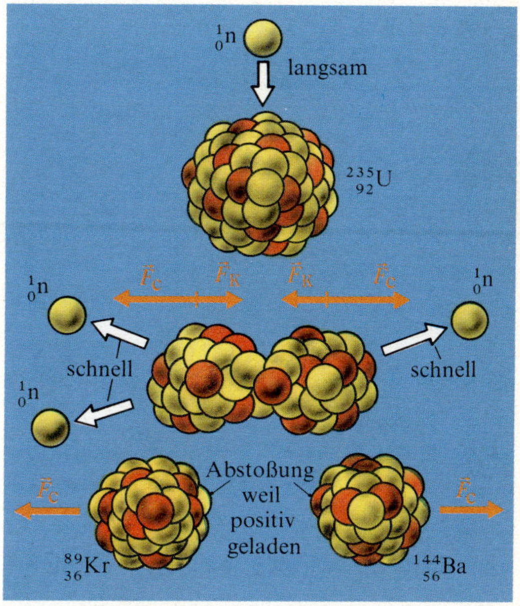

399.1 Kernspaltung: Auseinanderbrechen eines U-235-Kerns nach dem Einfang eines Neutrons

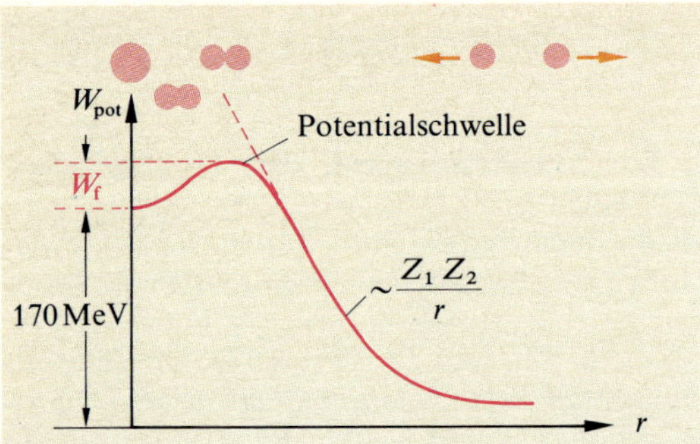

400.1 Verlauf der potentiellen Energie der Spaltprodukte eines Kerns relativ zueinander. Die Bilder darüber deuten die jeweilige Kernform an.

mig vorstellt, werden durch den Einfang eines Neutrons und der damit verbundenen Energiezufuhr stark deformiert. Sie nehmen dabei hantelförmige Gestalt an *(Bild 399.1)*. Die Einschnürungsstelle wird immer enger; dort reduziert sich stark die Zahl der Nukleonen, die mit ihren Kernkräften F_K kurzer Reichweite die beiden Kernteile zusammenhalten. Diese Kernkräfte F_K reichen nicht mehr aus, die Hantel gegen die weitreichenden elektrostatischen Abstoßungskräfte F_C der beiden positiv geladenen Kernteile zusammenzuhalten. Der Kern bricht auseinander. Die Coulombabstoßung beschleunigt die Bruchstücke dann auf große kinetische Energie. Näherungsweise wollen wir diese berechnen. Nach *Gl. 380.1* sind die Radien der beiden Spaltprodukte $^{144}_{56}Ba$ und $^{89}_{36}Kr$ $r_{Ba} = 6{,}8 \cdot 10^{-15}$ m und $r_{Kr} = 5{,}8 \cdot 10^{-15}$ m. Wir können also annehmen, daß sich diese aus der Entfernung $r_1 = r_{Ba} + r_{Kr} \approx 13 \cdot 10^{-15}$ m ihrer Mittelpunkte gegenseitig ins Unendliche ($r_2 \to \infty$) abstoßen. Nach der Gleichung

$$W_{12} = \frac{Z_1 Z_2 e^2}{4 \pi \varepsilon_0} \left(\frac{1}{r_1} - \frac{1}{r_2} \right)$$

die aus *Gl. 378.1* folgt, wird mit $Z_1 = 56$, $Z_2 = 36$ und $r_2 \to \infty$ die Energie $W_{12} = 220$ MeV frei. Nach *Bild 399.1* muß r_1 größer sein, deshalb wird W_{12} kleiner, paßt sich folglich dem gemessenen Wert von 170 MeV hinreichend an.

Die Energie der Kernspaltung wird demnach durch elektrostatische Coulombkräfte freigesetzt. Dabei nimmt die gesamte Ruhemasse ab. Wollte man umgekehrt die Bruchstücke wieder vereinigen, so müßte man diese Energie aufwenden. Bei genügender Annäherung würden dann die Kernkräfte mit ihrer kurzen Reichweite – wie eine Sperrklinke – einrasten und die Spaltstücke zusammenhalten.

Betrachtet man die benötigte Energie, um Spaltprodukte wieder zu einem Kern zusammenzufügen, so erhält man qualitativ den Verlauf von *Bild 400.1*. r ist der Abstand der Schwerpunkte zweier Bruchstücke. Bei großem r sind nur die Coulombkräfte wirksam, folglich ist die potentielle Energie in diesem Bereich $\sim 1/r$. Wird r kleiner als die Reichweite der Kernkräfte, so erfahren die beiden Bruchstücke eine anziehende Kraft, und die potentielle Energie sinkt. Man erhält eine *Potentialschwelle.*

Bei der Kernspaltung entstehen aus einem schweren Kern zwei etwa gleich große Spaltkerne, einige schnelle Neutronen und γ-Strahlung.

2. Kernspaltung – spontan und erzwungen

Der spontane Zerfall des Urankerns in zwei Bruchstücke wird nach *Bild 400.1* lediglich durch die Potentialschwelle verhindert. Die Spaltprodukte können aber ähnlich wie α-Teilchen die Potentialschwelle durchtunneln, d.h. ein Kern kann sich **spontan** spalten. Allerdings ist bei Urankernen die Wahrscheinlichkeit dafür nicht groß. In 1 g Natururan beobachtet man insgesamt etwa 20 spontane Spaltungen von U-238- und U-235-Kernen in der Stunde. Spontan spaltende Kerne sind in der Nuklidkarte grün eingezeichnet.

Erzwungene Kernspaltung tritt ein, wenn man einem Kern die Energie W_f *(Bild 400.1)* zuführt. Am einfachsten gelingt dies mit einem Neutron. In *Tabelle 401.1* ist für verschiedene Nuklide neben W_f die Bindungsenergie W_b angegeben, die beim Einfang eines Neutrons durch das betreffende Nuklid frei wird. Die Energie W_n in *Tabelle 401.1* zeigt, welche zusätzliche kinetische Energie das Neutron mindestens mitbringen muß, damit das Nuklid gespalten werden kann. Ist $W_n = 0$, d.h. $W_b > W_f$, so kann die Spaltung eines Kerns bereits durch *thermische Neutronen* eingeleitet werden. Dies ist der Fall für die (gu)-Kerne U-233, U-235, Pu-239 und Pu-241, die alle *ungerade Neutronenzahlen* haben. Fangen sie nämlich ein Neutron ein, so entstehen als Zwischenkerne die (gg)-Kerne U-234, U-236, Pu-240 und Pu-242 mit *gerader* Neutronenzahl. Diese liegen wegen der auf Seite 386 besprochenen Paarungsenergie energetisch besonders tief.

Nuklid	$^{232}_{90}Th$	$^{233}_{92}U$	$^{235}_{92}U$	$^{238}_{92}U$	$^{239}_{94}Pu$	$^{240}_{94}Pu$	$^{241}_{94}Pu$
Halbwertszeit	$1{,}4 \cdot 10^{10}$ a	$1{,}6 \cdot 10^{8}$ a	$7 \cdot 10^{8}$ a	$4{,}5 \cdot 10^{9}$ a	$2{,}4 \cdot 10^{4}$ a	6550 a	14,4 a
W_f/MeV	6,4	5,2	5,8	6,3	4,8	5,0	5,0
W_b/MeV	5,1	6,7	6,4	4,8	6,4	4,5	5,2
W_n/MeV	1,3	0	0	1,5	0	0,5	0

Tabelle 401.1 Einige Daten zu spaltbaren Nukliden

Will man dagegen die (gg)-Kerne Th-232, U-238 und Pu-240 spalten, so braucht man *schnelle Neutronen*, die viel kinetische Energie mitbringen. Man bezeichnet oft nur die durch langsame Neutronen spaltbaren Kerne als **spaltbares Material**. Von den in der Natur vorkommenden spaltbaren Nukliden Th-232, U-235 und U-238 läßt sich nur U-235 durch thermische Neutronen spalten. Auf Seite 398 ist beschrieben, wie U-233 und Pu-239 mit (n, γ)-Reaktionen aus Th-232 und U-238 entstehen. Aus Pu-239 gewinnt man – etwa in einem Kernreaktor – durch (n, γ)-Prozesse Pu-240 und Pu-241. Andere Nuklide als in der *Tabelle 401.1* angeführt, spielen in der technischen Ausnutzung der Kernspaltung keine wesentliche Rolle.

Thermische Neutronen spalten die (gu)-Kerne U-233, U-235 und Pu-239. Für die Spaltung von Th-232 und U-238 benötigt man schnelle Neutronen.

3. Die Spaltung hat Konkurrenz

Beschießt man spaltbare Kerne mit Neutronen, so werden diese mit einer gewissen Wahrscheinlichkeit mit einem Kern reagieren. Neben der Spaltung treten dabei auch andere Prozesse auf. Die drei wesentlichen davon sind:

- (n, γ)-Reaktion. Das Neutron wird eingefangen und die Bindungsenergie als γ-Strahlung abgestrahlt.
- (n, n′)-Reaktion. Das Neutron wird eingefangen und dafür ein Neutron n′ mit geringerer Energie vom Kern abgegeben. Die überschüssige Energie strahlt der Kern als γ-Strahlung ab. Man spricht von *unelastischer Streuung* des Neutrons.
- (n, n)-Reaktion. Bei dieser *elastischen Streuung* wird ein Neutron mit derselben Energie (abgesehen vom Rückstoß) wie das eingefangene abgegeben.

Welche der Reaktionen eintritt, hängt wesentlich von der Energie der Neutronen ab. *Tabelle 401.2* zeigt dies am Beispiel von U-235 und U-238. Die Wahrscheinlichkeit einer bestimmten Reaktion ist dort mit Hilfe des *Wirkungsquerschnitts* σ erfaßt. Wir haben diesen Begriff bereits bei der Absorption von γ-Strahlen Seite 367 kennengelernt. Wie dort beschrieben, gibt der Wirkungsquerschnitt einer Reaktion eine fiktive Fläche an, die der Kern dem Neutron für eine bestimmte Reaktion anbietet. Er hat also die Einheit m^2. Je größer die Fläche ist, um so mehr steigt die Wahrscheinlichkeit, daß eine Reaktion eintritt.

Für manche, nicht für alle Reaktionen kann man grob annehmen, daß ihr Wirkungsquerschnitt mit wachsender Geschwindigkeit v des Neutrons abnimmt. Je größer nämlich v ist, um so kleiner wird die Zeit, in der das Neutron in Kernnähe verweilt und mit dem Kern reagieren kann. Abweichungen von diesem Verlauf treten z.B. auf, wenn eine bestimmte Schwellenenergie für die Reaktion nötig ist, um sie in Gang zu setzen (z.B. Spaltung eines U-238-Kerns) oder wenn aufgrund der speziellen Kernstruktur einzelne Prozesse bevorzugt werden.

4. Bilanz einer Spaltung

a) Die Spaltprodukte von U-235 sind von Fall zu Fall unterschiedlich. Am häufigsten haben sie die Massenzahlen 95 und 140. Alle Spaltprodukte sind hoch angeregt und besitzen einen großen Neutronenüberschuß. Daher „dampfen" sie sofort nach ihrem Entstehen (innerhalb von 10^{-14} s) 2–3 Neutronen ab, „prompte" Neutronen genannt. Deren Energie-

Kern	Neutronenenergie	$\sigma_{Spaltung}$	$\sigma_{(n,\gamma)}$	$\sigma_{(n,n')}$	$\sigma_{(n,n)}$
^{235}U	thermisch 0,025 eV	585	98	0	16
	schnell 2 MeV	1,3	<0,1	1,8	4
^{238}U	thermisch 0,025 eV	0	2,7	0	9
	schnell 2 MeV	0,6	0,06	2,7	4

Tabelle 401.2 Wirkungsquerschnitt σ in 10^{-28} m^2 für Reaktionen von Neutronen mit Urankernen. Zum Vergleich: Der geometrische Querschnitt eines Urankerns ist $\approx 2 \cdot 10^{-28}$ m^2.

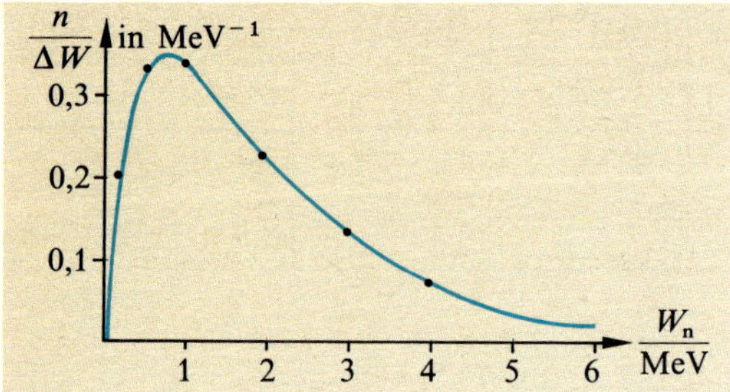

402.1 Das Energiespektrum der bei Spaltungen von U-235-Kernen freigesetzten Neutronen. Die mittlere Energie je Neutron liegt bei etwa 2 MeV.

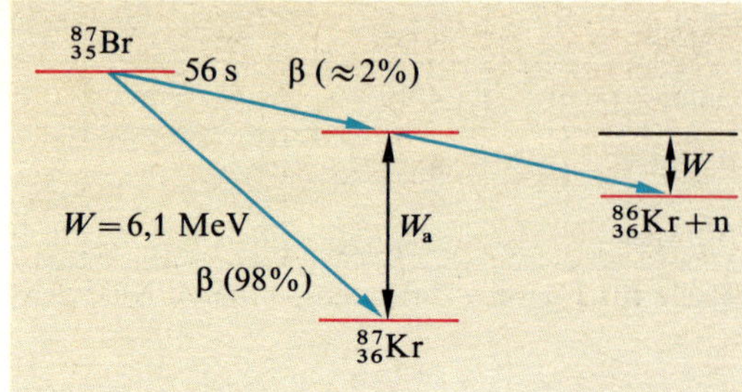

402.2 Entstehung verzögerter Neutronen; W_a: Anregungsenergie des Folgekerns; W: kinetische Energie der verzögerten Neutronen

spektrum – gewonnen aus vielen Spaltungen – zeigt *Bild 402.1*. Die meisten Neutronen werden mit der Energie 0,7 MeV frei, *die mittlere Energie je Neutron liegt nahe bei 2 MeV*. Weitere Energie verlieren die Spaltprodukte innerhalb der nächsten 10^{-9} s durch Aussenden von 7 „prompten" γ-Quanten mit einer Gesamtenergie von 8 MeV.

b) Auch nach der Abstrahlung prompter Neutronen und γ-Quanten haben die Spaltprodukte noch einen großen Neutronenüberschuß. Sie verwandeln sich daher durch mehrere β^-- und γ-Zerfälle mit unterschiedlichen Halbwertszeiten in stabile Isotope. Diese β^-- und γ-Strahlung wird „verzögert", also lange nach der Spaltung, abgegeben. Ein Beispiel einer Zerfallskette ist:

$$^{135}_{52}\mathrm{Te} \xrightarrow[18\,\mathrm{s}]{\beta^-} {}^{135}_{53}\mathrm{I} \xrightarrow[6{,}6\,\mathrm{h}]{\beta^-,\gamma} {}^{135}_{54}\mathrm{Xe} \xrightarrow[9{,}2\,\mathrm{h}]{\beta^-,\gamma} {}^{135}_{55}\mathrm{Cs} \xrightarrow[2\cdot 10^6\,\mathrm{a}]{\beta^-} {}^{135}_{56}\mathrm{Ba}$$

c) In der Zerfallskette der Spaltprodukte treten teilweise hohe Energien auf. Ein Beispiel ist der Zerfall von $^{87}_{35}$Br, der folgendermaßen verläuft:

$$^{87}_{35}\mathrm{Br} \xrightarrow[56\,\mathrm{s}]{W_\beta = 6{,}1\,\mathrm{MeV}} {}^{87}_{36}\mathrm{Kr} \xrightarrow[76\,\mathrm{min}]{W_\beta = 3{,}8\,\mathrm{MeV}} {}^{87}_{37}\mathrm{Rb} \xrightarrow[5\cdot 10^{10}\,\mathrm{a}]{W_\beta = 0{,}27\,\mathrm{MeV}} {}^{87}_{38}\mathrm{Sr}$$

Nach dem Zerfall von Br-87 ist in 2% aller Fälle der Folgekern Kr-87 so hoch angeregt, daß er sogar ein Neutron aussenden kann. *Bild 402.2* verdeutlicht dies. Das Neutron erscheint erst nach dem Zerfall von Br-87, das mit $T_{1/2} = 56$ s zerfällt. Man spricht von **verzögerten Neutronen**. Etwa 0,7% aller bei einer Spaltung eines U-235-Kerns auftretenden Neutronen sind mit Halbwertszeiten von 0,2 bis 60 s verzögert. Sie erweisen sich als entscheidend für die Regelung eines Reaktors (Seite 406).

kin. Energie der Spaltprodukte	166,2 MeV
kin. Energie der Spaltneutronen	4,8 MeV
prompte γ-Strahlung	8,0 MeV
verzögerte γ-Strahlung	7,2 MeV
verzögerte β-Strahlung	7,0 MeV
Antineutrinos	9,6 MeV
je Spaltung freigesetzte Energie	202,7 MeV
im Reaktor nutzbar	192,9 MeV
γ-Energie aus Neutroneneinfängen	8,8 MeV
im Reaktor nutzbare Gesamtenergie	201,7 MeV

Tabelle 402.1 Energiebilanz einer U-235-Spaltung

d) Die **Energiebilanz der Spaltung** eines U-235-Kerns zeigt *Tabelle 402.1*. Die beim β^--Zerfall der Spaltprodukte entstehenden rund 10 MeV Energie der Antineutrinos können technisch in einem Reaktor (Seite 404f.) nicht genutzt werden, da diese fast nicht mit Materie wechselwirken. In einem Reaktor werden aber andererseits Neutronen von Kernen eingefangen, wobei nur γ-Strahlung entsteht. Für die technische Nutzung steht je Spaltung eines U-235-Kerns eine Energie von

$$W_f = 202\ \mathrm{MeV} = 3{,}2 \cdot 10^{-11}\ \mathrm{J}$$

zur Verfügung. Zur Aufrechterhaltung einer Wärmeleistung von 1 W müssen demnach pro Sekunde $3{,}1 \cdot 10^{10}$ Spaltungen stattfinden. Aus der Spaltung aller Kerne in 1 g U-235 erhält man eine Energie von $202 \cdot 6{,}02 \cdot 10^{23} \cdot (235)^{-1}\ \mathrm{MeV} = 5{,}2 \cdot 10^{23}\ \mathrm{MeV} = 8{,}3 \cdot 10^{10}\ \mathrm{J} = 2{,}3 \cdot 10^4\ \mathrm{kWh} = 0{,}96\ \mathrm{MWd}$ (Megawatt · Tag). Je Megawatt und Tag verbraucht ein Reaktor folglich etwa 1 g U-235.

Die Spaltprodukte einer Kernspaltung sind hoch radioaktiv mit teilweise großen Halbwertszeiten. Sie senden β^-- und γ-Strahlung, teilweise auch verzögerte Neutronen aus.

Je Spaltung eines U-235-Kerns werden etwa 200 MeV frei.

Aufgabe

1. *Bei der Kernspaltung von* U-235 *durch Neutronen treten als unmittelbare Spaltprodukte* Cs-140 *und* Rb-94 *auf. Schätzen Sie die bei der Spaltung freiwerdende Energie ab, indem Sie die Energie W_{12} berechnen, die aufgrund der elektrostatischen Abstoßung der Spaltprodukte frei wird!*

§ 122 Kettenreaktion, Kernreaktor

1. Die ungezähmte Kettenreaktion

Findet eine Kernspaltung in einem Medium statt, das spaltbares Material (z.B. U-235) enthält, so können die zwei bis drei freigesetzten Neutronen weitere Spaltungen auslösen. Dabei werden dann wiederum Neutronen erzeugt, die ihrerseits erneut Kernspaltungen verursachen können und so fort. Eine derart von Generation zu Generation sich fortsetzende Spaltungsfolge nennt man eine **Kettenreaktion**.

Verläuft diese ungeregelt, so kann sich die Zahl der Spaltungen in Bruchteilen von Sekunden ins Unermeßliche steigern, da bei einer Spaltung immer mehr als ein Neutron freigesetzt wird. Riesige Energiemengen werden in kürzester Zeit frei; es kommt zu einer *Atombombenexplosion*. Da für die bei einer Spaltung freigesetzten energiereichen, schnellen Neutronen *(Bild 402.1)* der Wirkungsquerschnitt σ für eine weitere Spaltung klein ist *(Tabelle 401.2* und *Bild 404.2)*, wird in Atombomben als Spaltmaterial fast reines U-235 oder Pu-239 verwendet.

Beispiel: In *reinem* Pu-239 erzeugen von den bei einer Spaltung freigesetzten schnellen Neutronen im Mittel 1,6 Neutronen weitere Spaltungen. Nach n Neutronengenerationen beträgt die Zahl der Spaltungen $1{,}6^n$. 1 kg Pu-239, das $2{,}5 \cdot 10^{24}$ Kerne enthält, ist somit nach dem Ablauf von 120 Generationen vollständig gespalten, denn es ist $(1{,}6)^{120} \approx 2{,}5 \cdot 10^{24}$. Da eine Neutronengeneration in der Atombombe in etwa $2{,}5 \cdot 10^{-9}$ s abläuft, ist 1 kg Pu-239 nach $120 \cdot 2{,}5 \cdot 10^{-9}\ \text{s} \approx 0{,}3\ \mu\text{s}$(!) gespalten. Die Energie, die in dieser kurzen Zeit frei wird, beträgt

$$180\ \text{MeV} \cdot 2{,}5 \cdot 10^{24} = 7{,}2 \cdot 10^{13}\ \text{J} = 2 \cdot 10^{7}\ \text{kWh}.$$

Dies entspricht dem Energiegehalt von 20000 t des herkömmlichen Sprengstoffs Trinitrotoluol (TNT).

Ein Stück spaltbares Material ist aber erst dann explosiv, wenn es die *kritische Masse* überschreitet (bei reinem Pu-239 in Kugelform 5–10 kg; bei reinem U-235 15–20 kg). Ist die Masse kleiner, treten so viele Neutronen durch die Oberfläche aus, daß die Kettenreaktion abstirbt. Eine Atombombe wird gezündet, indem zwei unterkritische Massen (die zusammen größer als die kritische Masse sind) durch eine mit normalem Sprengstoff ausgelöste Explosion zusammengeschossen werden. Technisch gilt die Herstellung einer Atombombe als schwierig. Setzt nämlich die Kettenreaktion ein, so wird durch die starke Erhitzung und den entstehenden Explosionsdruck das Spaltmaterial sofort auseinandergetrieben. Es würde rasch wieder unterkritische Zustände bei einer nur geringen Anzahl von Kernspaltungen erreichen. Mit geeigneten Maßnahmen muß man daher während der notwendigen Bruchteile von Mikrosekunden die überkritische Masse zusammenhalten.

Da bei einer Kernspaltung mehr als ein Neutron freigesetzt wird, besteht in einem überkritischen Block spaltbarer Kerne die Möglichkeit einer Kettenreaktion.

2. Neutronenausbeute und Wirkungsquerschnitt

Will man die bei Kernspaltungen freiwerdende Energie friedlich nutzen, muß man sich ein System ausdenken, in dem die Kettenreaktion *kontrollierbar*, d.h. von außen regelbar, abläuft. Ein solches System heißt **Reaktor** (Mittelstufenband Seite 404f.). Das Medium, in dem dort die Kettenreaktion abläuft, wird *Brennstoff* genannt. Er besteht nur zu einem Teil aus spaltbarem Material (Beispiel für die Zusammensetzung: 97% U-238 und 3% U-235). Unter welchen Bedingungen läuft im Brennstoff eine kontrollierte Kettenreaktion ab?

a) Spaltet sich im Brennstoff ein Kern, so entstehen zwei bis drei Neutronen, die regellos durch das Reaktorsystem wandern. Soll eine Kettenreaktion zustande kommen, muß mindestens eines dieser Neutronen wieder für eine neue Spaltung zur Verfügung stehen. Dies ist nicht selbstverständlich, denn in jeder Neutronengeneration treten Verluste auf. Neutronen können das System verlassen oder werden von einem nicht spaltbaren Kern eingefangen.

b) Eine wesentliche Rolle bei der Auslegung von Reaktoren spielt deshalb die **Neutronenausbeute η** der spaltbaren Kerne im Brennstoff. η gibt an, wie viele Neutronen im Mittel von einem spaltbaren Kern nach der Absorption eines Neutrons erzeugt werden. Da nicht jedes absorbierte Neutron zu einer Spaltung führt (es kann z.B. auch nur eine (n, γ)-Einfangreaktion stattfinden, Seite 401), ist η nicht identisch mit der mittleren Zahl ν von Neutronen, die bei einer Spaltung freigesetzt werden, sondern kleiner. (Beispiel: Mittlere Anzahl von Spaltneutronen bei einer Spaltung eines U-235-Kerns durch thermische Neutronen $\nu = 2{,}4$; Neutronenausbeute von U-235 nach Absorption eines thermischen Neutrons nur $\eta = 2{,}07$). *Bild 404.1* zeigt, wie η von der Energie W des vom Kern eingefangenen Neutrons abhängt.

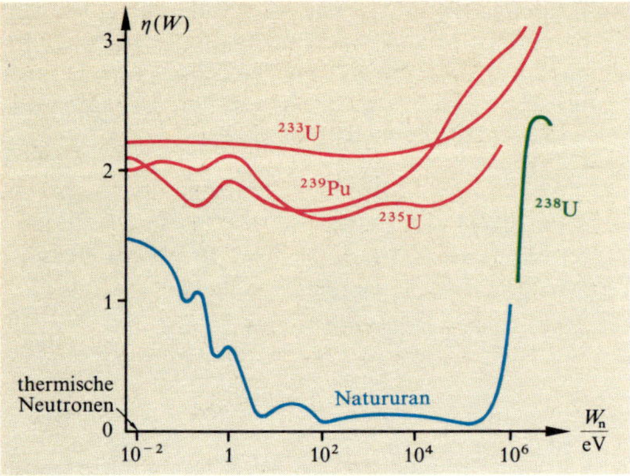

404.1 Neutronenausbeute $\eta(W)$ als Funktion der Neutronenenergie W für verschiedene Materialien

Eine notwendige Voraussetzung für das Zustandekommen einer Kettenreaktion im Brennstoff ist also, daß $\eta(W)$ der spaltbaren Kerne größer als 1 ist. Bei $\eta(W) < 1$ erzeugt ein von einem spaltbaren Kern absorbiertes Neutron im Mittel weniger als ein neues Spaltneutron; die Kettenreaktion muß abbrechen. Je größer $\eta(W)$ ist, um so eher können Neutronenverluste im Reaktorsystem ausgeglichen werden.

Verwendet man als spaltbares Material Pu-239 oder U-235, sind solche Reaktortypen neutronenökonomisch am günstigsten, bei denen die Spaltprozesse entweder durch langsame Neutronen (z.B. *thermische* Neutronen mit $W_{kin} \approx \frac{1}{40}$ eV) oder schnelle Neutronen ($W_{kin} >$ 50 keV) ausgelöst werden; denn dort ist $\eta(W)$ relativ groß. Daher verfolgt man weltweit zwei Reaktorkonzepte: den **Thermischen Reaktor**, in dem die Spaltungen durch langsame Neutronen ausgelöst werden, oder den **Schnellen Reaktor**, wo die Spaltungen durch schnelle Neutronen bewirkt werden. Beide werden wir in Kürze kennenlernen.

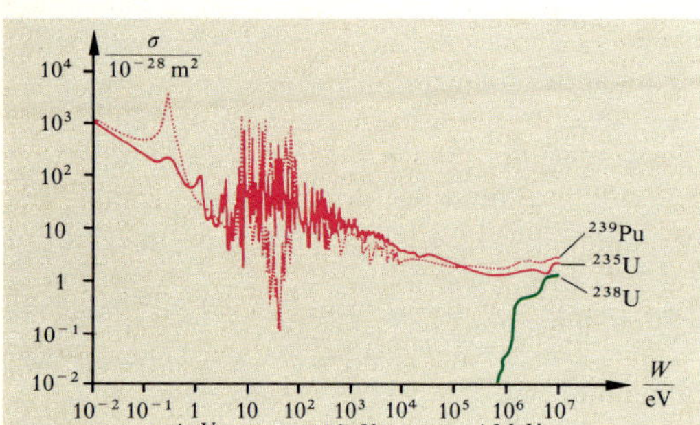

404.2 Wirkungsquerschnitt $\sigma_f(W)$ für die Spaltung als Funktion der Neutronenenergie W

c) Eine wesentliche Bedeutung bei der Auslegung von Reaktoren hat auch noch der Wirkungsquerschnitt σ_f, der angibt, mit welcher Wahrscheinlichkeit eine Spaltung auftritt, wenn ein spaltbarer Kern von einem Neutron getroffen wird. Je größer σ_f ist, um so eher ruft ein im Brennstoff herumvagabundierendes Neutron in einem spaltbaren Kern eine Spaltung hervor. Ist σ_f klein, so ist eine höhere Konzentration der spaltbaren Kerne im Brennstoff zu wählen, um eine Kettenreaktion in Gang zu halten. *Bild 404.2* zeigt, wie $\sigma_f(W)$ von der Energie W der Neutronen abhängt.

Damit in einem Reaktor eine Kettenreaktion abläuft, muß die Neutronenausbeute $\eta(W)$ größer als 1 sein. Einen kleinen Wirkungsquerschnitt σ_f kann man durch eine höhere Konzentration der spaltbaren Kerne im Brennstoff kompensieren.

3. Brut- und Spaltstoffe

Zum Betrieb eines Reaktors möchte man spaltbare Nuklide verwenden, die häufig in der Natur vorkommen. U-238 gibt es weit mehr als U-235. Nach *Bild 404.1* ist $\eta(W)$ für schnelle Neutronen mit $W_n = 2$ MeV für U-238 deutlich größer als 2. Demnach müßte es möglich sein, einen Schnellen Reaktor mit U-238 zu betreiben. Leider geht das nicht! *Tabelle 401.2* verrät die Ursache. Der Wirkungsquerschnitt σ(n, n′) für die unelastische Streuung ist nämlich so groß, daß bei ihr die meisten Neutronen sehr rasch an Energie verlieren (im Mittel 1,5 MeV bei einem Stoß) und so anschließend keinen U-238-Kern mehr spalten können. Es kommt daher in reinem U-238 zu keiner Kettenreaktion. Aus ähnlichen Gründen gilt dies auch für das in der Natur vorkommende Th-232. Aus beiden Nukliden kann man lediglich mit den Reaktionen *398.2* und *398.3* die spaltbaren Stoffe Pu-239 bzw. U-233 erbrüten. U-238 und Th-232 bezeichnet man daher als **Brutstoffe**, U-233, U-235 und Pu-239 als **Spaltstoffe** (bisher spaltbares Material genannt), denn mit diesen kann man tatsächlich Reaktoren betreiben.

In reinem U-238 und Th-232 kann keine Kettenreaktion ablaufen. Es lassen sich daraus nur Pu-239 bzw. U-233 erbrüten, die mit U-235 die Spaltstoffe bilden.

4. Thermische Reaktoren

a) In *natürlichem Uran*, das den Spaltstoff U-235 zu 0,7% enthält, wird $\eta(W)$ für *thermische Neutronen* deutlich größer als 1 *(Bild 404.1)*. Mit diesem Material könnte die Chance bestehen, einen thermischen Reaktor zu bauen, weil auch der Wirkungsquerschnitt σ für die Kernspaltung bei thermischen Neutronen sehr groß ist *(Bild 404.2)*. Allerdings muß man die bei der Spaltung entstehenden schnellen Neutronen durch Stöße mit anderen Kernen abbremsen, bis sie thermische Energie besitzen, ohne daß dabei zuviele Neutronen verlorengehen. In einem Block aus natürlichem Uran gelingt dieses Vorhaben aber nicht, denn U-238 hat die Eigenschaft, Neutronen mit Energien zwischen 10 und 1000 eV häufig über eine (n, γ)-Reaktion einzufangen *(Gl. 398.2)*. *Natururan ist nicht explosiv.*

In reinem Natururan (99,3% U-238, 0,7% U-235) kann keine Kettenreaktion ablaufen.

b) Bremst man Neutronen *außerhalb* des Uranblocks in einem sogenannten **Moderator** ab, so läßt sich eine Kettenreaktion in Gang halten. Man ordnet dazu das Uran (meistens in Oxidform) in Stäben an, zwischen denen sich der Moderator befindet (*Bild 405.1*).

Als Moderator eignen sich Nuklide mit kleiner Massenzahl, denn bei Stößen mit derartigen Kernen verlieren Neutronen relativ viel Energie (Aufgabe 2) und sind daher nach wenigen Stößen thermisch. Dieses rasche Abbremsen ist notwendig, damit die Neutronen schnell über das Gebiet von 1000 bis 10 eV hinwegkommen, in dem sie leicht von U-238-Kernen eingefangen werden. Wichtig dabei ist, daß der Moderator möglichst wenig Neutronen absorbiert. *Tabelle 405.1* zeigt Eigenschaften üblicher Moderatoren sowie von U-238.

Statt H-1 und D-2 benutzt man einfach Wasser H_2O oder schweres Wasser D_2O, die beide auch zum Abtransport der freigesetzten Energie dienen. Betreibt man einen Reaktor mit Natururan, so muß man das teure D_2O oder Graphit als Moderator verwenden, da H-1 die Neutronen zu stark absorbiert.

c) Reichert man das Natururan auf etwa 3% mit U-235 an, läßt sich normales Wasser H_2O als Moderator verwenden. Die höhere Konzentration an U-235 läßt ein thermisches Neutron eher einen spaltbaren Kern finden, als daß es

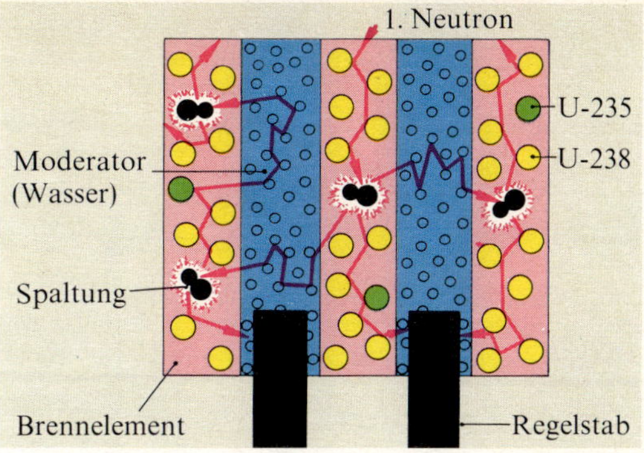

405.1 Geregelte Kettenreaktion im Kernreaktor

von einem H-1 Atom absorbiert wird. In den heute am meisten verwendeten Reaktortypen, dem Druckwasserreaktor (DWR) und dem Siedewasserreaktor (SWR), dient das zu 3% mit U-235 angereicherte Uran als Brennstoff.

Es handelt sich um *Thermische Reaktoren*, da in ihnen die Spaltungen durch thermische Neutronen ausgelöst werden. Man nennt sie **Leichtwasserreaktoren** im Gegensatz zu den **Schwerwasserreaktoren**, weil sie normales und nicht schweres Wasser als Moderator verwenden.

In Oklo (Gabun) in Afrika ist vor ca. 400 Millionen Jahren in einer Uranlagerstätte eine Kettenreaktion auf natürliche Weise zustande gekommen, die sich 150000 Jahre lang aufrechterhalten hat. Wegen der relativ kürzeren Halbwertszeit von U-235 betrug damals der Gehalt an U-235 noch ca. 3%. Durch Einsickern von Wasser in die Lagerstätte entstand ein „Leichtwasserreaktor".

Bremst man die bei Spaltungen entstehenden schnellen Neutronen außerhalb des Spaltstoffs in einem Moderator ab, so kann man mit Natururan oder mit an U-235 angereichertem Uran einen thermischen Reaktor betreiben. Die Wahl des Moderators richtet sich nach der Konzentration von U-235.

Moderator	H-1	D-2	C-12	U-238
N	18	25	115	2170
$\sigma(n, \gamma)$ in $10^{-28}\,m^2$	0,33	0,001	0,0034	2,7

Tabelle 405.1 Eigenschaften von einigen Moderatoren und U-238; N ist die Zahl der Stöße, bis die Neutronen thermisch sind, σ der Wirkungsquerschnitt für die Einfangreaktionen.

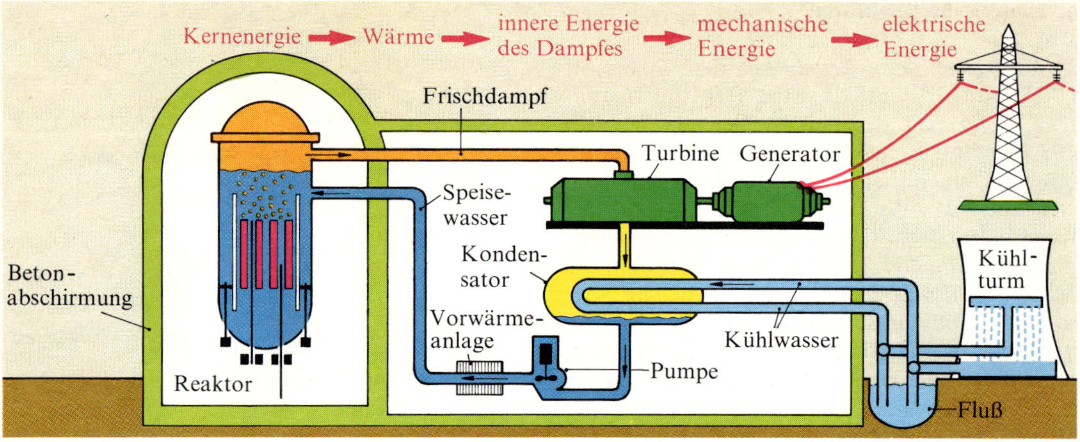

406.1 Aufbau eines Siedewasserreaktors und eines Kernkraftwerkes

d) *Bild 406.1* zeigt links den prinzipiellen Aufbau eines *Siedewasserreaktors SWR*. Die zu Brennelementen zusammengesetzten Brennstäbe enthalten das bis zu 3% mit U-235 angereicherte Natururan in Oxidform UO_2. Dazwischen befindet sich Wasser als Moderator, das gleichzeitig als Kühlmittel für die durch Kernspaltungen stark erhitzten Brennstäbe dient. Das Wasser siedet, und der Dampf führt die freigesetzte Energie nach außen ab. Im anschließenden Kraftwerk *(Bild 406.1 rechts)* wird damit elektrische Energie erzeugt. Das **Kernkraftwerk** ist ein Wärmekraftwerk.

Ein weiterer oft gebauter Leichtwasserreaktor ist der *Druckwasserreaktor DWR (Bild 406.2)*. Er besitzt aus Sicherheitsgründen einen zusätzlichen Primärkreislauf. Die Wirkungsgrade von SWR und DWR liegen bei 33%. Haben sie also eine elektrische Ausgangsleistung von 1000 MW, so gibt der Reaktor 3000 MW thermische Leistung ab.

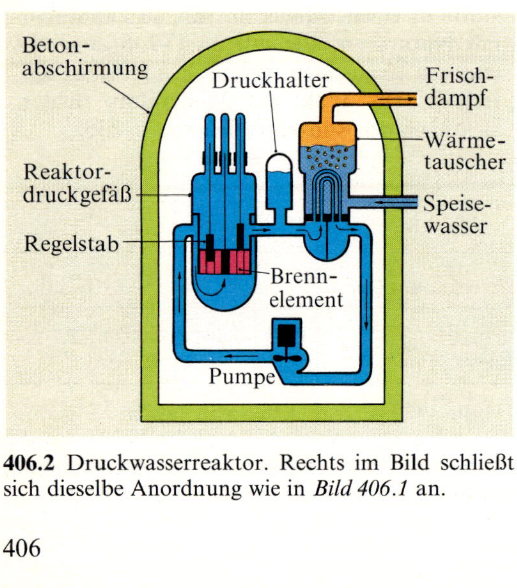

406.2 Druckwasserreaktor. Rechts im Bild schließt sich dieselbe Anordnung wie in *Bild 406.1* an.

4. Regelung

a) Mit den *Regelstäben (Bild 405.1)*, die man zwischen die Brennstäbe schieben kann, regelt man die Kettenreaktion. Sie enthalten Elemente wie Bor, Cadmium oder Gadolinium, die einen großen Wirkungsquerschnitt für (n, γ)-Einfangreaktionen von thermischen Neutronen aufweisen. Man kann mittels dieser Stäbe dem System somit Neutronen entziehen. Sind die Regelstäbe vollständig eingefahren, so läuft keine Kettenreaktion ab. Setzt man den Reaktor in Betrieb (in der Fachsprache: der Reaktor wird angefahren), zieht man die Regelstäbe langsam heraus, bis die für die gewünschte Leistung des Reaktors notwendigen Spaltungen pro Sekunde stattfinden. Eine Neutronenquelle, die sich an geeigneter Stelle zwischen den Brennstäben befindet, hilft die Kettenreaktion in Gang zu bringen. Im Dauerbetrieb hält man mit Hilfe der Regelstäbe die Zahl der Spaltungen konstant; man sagt, der Reaktor ist *kritisch*. Der kritische Zustand ist der *normale* Betriebszustand.

b) Während des Reaktorbetriebs treten Vorgänge ein, die den Neutronenhaushalt stören und durch Regelanordnungen ausgeglichen werden müssen:

- Beim Hochfahren der Leistung erhitzt sich der Moderator. Dadurch sinkt seine Dichte und somit auch seine Fähigkeit zu moderieren.
- Eine Erhöhung der Brennstofftemperatur bewirkt ebenfalls eine stärkere Absorption von Neutronen in U-238.
- Beim Reaktorbetrieb entstehen rasch Spaltprodukte wie Xenon Xe-135 (Seite 402) oder Samarium Sm-149 und Sm-151, die stark Neutronen absorbieren („Xenonvergiftung des Reaktors“).

c) Der Brennstoff im Reaktor wird im Laufe der Zeit verbraucht. Man spricht vom **Abbrand** des Brennstoffs. Teilweise ausgeglichen wird dies dadurch, daß während des Betriebs aus U-238 über die Reaktion *398.2* der neue Spaltstoff Pu-239 entsteht *(Bild 407.1)*. Im SWR werden im Mittel 60 spaltbare Kerne erbrütet, wenn sich gleichzeitig 100 andere Kerne spalten. Man sagt, die **Konversionsrate** ist 0,6. Je höher die Konversionsrate, um so besser die Ausnutzung der Brennstoffe.

Ein Brennelement befindet sich etwa drei Jahre im Reaktor und liefert dabei etwa 33 GWd Energie (thermisch) pro Tonne Uran. Der Abbrand *(Bild 407.1)* in GWd/t ist ein Maß dafür, wieviel Energie das Brennelement schon abgegeben hat. Ist die Menge des Gesamtspaltstoffs an U-235 und Pu-239 unter eine gewisse Grenze gefallen, so muß das Brennelement ausgewechselt werden.

Vor dem Austausch der Brennelemente kann man die Abnahme des Spaltstoffs mit Hilfe von Regeleinrichtungen ausgleichen. Im DWR wird z.B. dem Wasser Neutronen absorbierende Borsäure zugesetzt, deren Konzentration mit der Zeit abnimmt.

d) Ist ein Reaktor kritisch, muß die Zahl der Neutronen, die pro Sekunde Spaltungen hervorrufen, konstant sein. Entscheidend für die Regelung des Reaktors ist, daß unter diesen Neutronen *verzögerte* sind, die mit einer mittleren Halbwertszeit von $T_{1/2} \approx 10$ s von den Spaltprodukten ermittiert werden. Die prompten Neutronen aus den Kernspaltungen erzeugen im thermischen Reaktor im Mittel nämlich schon nach etwa 10^{-4} s die nächste Spaltung. Gäbe es nur sie im Reaktor, könnte daher bei einer noch so kleinen Störung die Leistung in kürzester Zeit so gewaltig ansteigen (Aufgabe 9), daß mit mechanisch betriebenen Regelvorrichtungen die Leistungserhöhung nicht mehr kontrolliert werden könnte. Da aber verzögerte Neutronen am Neutronenhaushalt beteiligt sind, bewegen sich bei Störungen die Leistungssteigerungen innerhalb mehrerer Sekunden, in denen mechanisch betriebene Regelvorgänge jederzeit wirksam werden können.

e) Der *Neutronenvermehrungsfaktor k* in einem Reaktorsystem ist allgemein definiert als

$$k = \frac{\text{Zahl der erzeugten Neutronen}}{\text{Zahl der absorbierten und ausfließenden Neutronen}}$$

wobei Zähler und Nenner auf gleiche Zeiträume bezogen sind. Ist der Reaktor *kritisch*, so ist $k=1$; $k>1$ bedeutet, die Zahl der Spaltungen je Sekunde nimmt zu, der Reaktor ist *überkritisch*; $k<1$ heißt, sie nimmt ab, der Reaktor ist *unterkritisch*.

Oft benutzt man die **Reaktivität** ϱ. Es ist:

$\varrho=(k-1)/k=1-1/k$.

ϱ mißt die Abweichung des Neutronenvermehrungsfaktors von 1 und geht daher vor allem in die Beschreibung nicht stationärer Vorgänge ein. Erhöht sich etwa k, spricht man von Reaktivitätszugabe.

5. Sicherheit der Leichtwasserreaktoren

Einige die Sicherheit eines Reaktors betreffende Punkte sind:

- **Bei jedem denkbaren Unfall darf nicht mehr als die gesetzlich zulässige Menge an radioaktiven Stoffen in die Umwelt freigesetzt werden. Eine ausreichende Schutzhülle ist unabdingbar.**
- Bei jeder Störung werden die Regelstäbe automatisch zwischen die Brennelemente geschossen, so daß die Kettenreaktion schlagartig abstirbt.
- Steigt im Reaktor aus irgendeinem Grund der Neutronenvermehrungsfaktor k an, so führt dies zu einer Leistungssteigerung und damit zu einer Temperaturerhöhung; k sinkt demzufolge wieder, so daß ein weiteres Anwachsen der Leistung beschränkt bzw. die Leistung wieder abgesenkt wird. Man spricht von *inhärenter Sicherheit*.
- Erlischt der Spaltungsprozeß im Reaktor, muß die *Nachzerfallswärme* der radioaktiven Spaltprodukte sicher abgeführt werden. Diese beträgt etwa 5% der Reaktorleistung *(Tabelle 402.1)*. Ohne ausreichende Wärmeabfuhr würden die Brennelemente rasch schmelzen. Mehrere voneinander unabhängige Notkühlsysteme müssen deshalb für den Ernstfall bereit stehen.
- Auch wenn alle Kühleinrichtungen versagen und das Wasser im Reaktorkernbereich verdampft, kann der Leichtwasserreaktor aus physikalischen Gründen nie wie eine Atombombe explodieren. Da ohne Wasser die Spaltneutronen kaum noch moderiert werden, kommt die Kettenreaktion sofort zum Erliegen.
- In Anbetracht der großen Gefahr bei einem Unfall müssen mögliche Störfälle in aller Welt intensiv studiert werden. Vorrangiges Forschungsobjekt ist die benötigte Dicke des Betonfundaments unter einem Reaktor, damit ein durch zu hohe Nachwärme bedingtes Durchschmelzen eines ungekühlten Reaktorkerns durch diese Barriere mit Sicherheit verhindert wird.

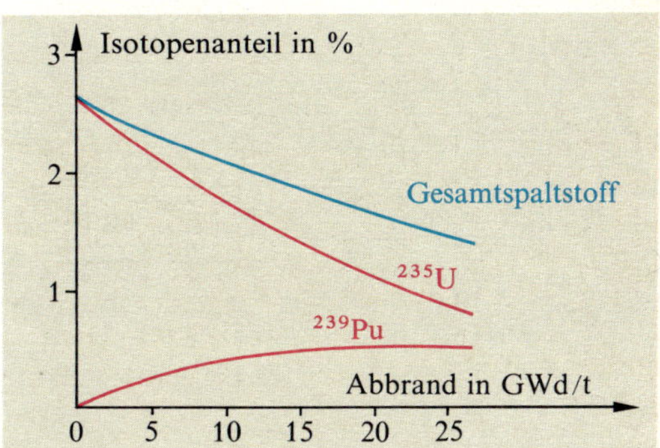

407.1 U-235 und Pu-239 in einem Leichtwasser-Uran-Brennelement (1 GWd $= 24 \cdot 10^6$ kWh)

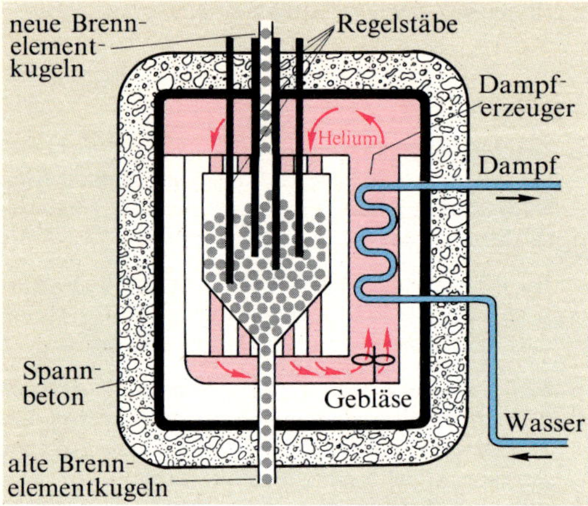

408.1 Hochtemperaturreaktor; rechts schließt sich dieselbe Anordnung wie in *Bild 406.1* an.

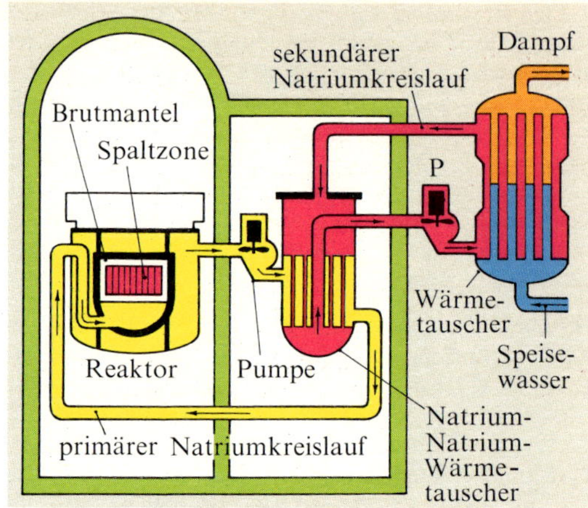

408.3 Schneller Brüter; rechts im Bild schließt sich dieselbe Anordnung wie in *Bild 406.1* an.

6. Der Hochtemperaturreaktor

Als weiteres Reaktorsystem wird der Hochtemperatur- oder Kugelhaufenreaktor HTR *(Bild 408.1)* erprobt. Es handelt sich um einen thermischen Reaktor, dessen Brennstoff aus 93% mit U-235 angereichertem Uran als Spaltstoff und Th-232 als Brutstoff besteht. Der Brennstoff ist in Graphitkugeln vom Durchmesser 6 cm gasdicht eingeschlossen. Th-232 wird durch Neutroneneinfang in das spaltbare U-233 umgewandelt *(Gl. 398.3)*; die Konversionsrate kann einen Wert von bis zu 0,9 erreichen. Die für eine geregelte Kettenreaktion erforderlichen Funktionen sind beim HTR auf zwei Medien aufgeteilt. Graphit dient als Moderator, und mit Helium wird die Wärme abgeführt. Die Graphitkugeln schließen die Spaltprodukte so gut ein, daß der gesamte Helium-Vorrat des Reaktors ins Freie abgelassen werden könnte, ohne irgendwelche Sicherheitsbestimmungen zu verletzen. Bei allen Störfällen soll die Temperatur nie über 1600 °C steigen. Auch dann sind die Graphitkugeln noch so dicht, daß eine massive Freisetzung radioaktiver Spaltprodukte als ausgeschlossen gilt. Die Brennstoffkugeln lassen sich auch ohne Wiederaufarbeitung direkt endlagern. – Es ist möglich, den HTR in relativ kleinen Einheiten von 200 MW wirtschaftlich zu betreiben. Zudem kann die Wärme bei über 900 °C erzeugt werden, was nicht nur einen guten Wirkungsgrad von 40% erlaubt, sondern auch eine Vielzahl von Möglichkeiten der Wärmenutzung bringt. Mit Prozeßwärme dieser Temperatur läßt sich etwa Kohle vergasen oder „Fernenergie" erzeugen. Bei diesem ADAM- und EVA-Konzept (**E**inzelspalt**r**ohr**v**ersuchs**a**nlage) wird durch die Wärmezufuhr aus dem HTR Methan aufgespalten, das Produkt, ein Gemisch aus CO und H_2, „kalt" zum Verbraucher transportiert und dort unter Energieabgabe zu Methan und Wasser „verbrannt". Anschließend führt man Methan zum HTR zurück. Die Reaktionsgleichungen lauten

$$CO + 3\,H_2 \rightleftarrows H_2O + CH_4 + 60\ \text{kWh/kmol}$$

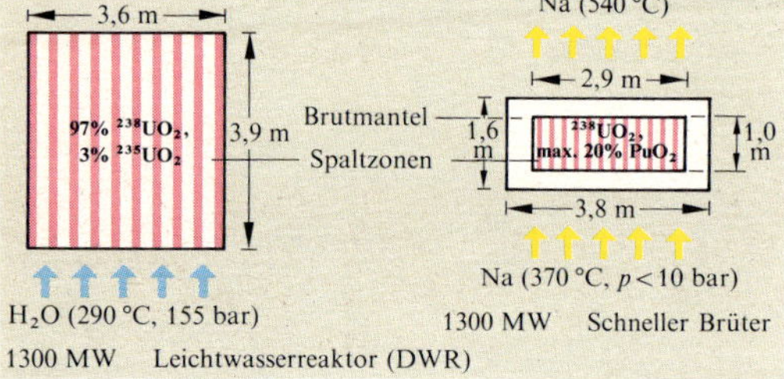

408.2 Reaktorkern eines Leichtwasserreaktors (DWR) und eines Schnellen Brüters gleicher Leistung (schematisch)

7. Schneller Reaktor und Schneller Brüter

Nach *Bild 404.1* ist $\eta(W)$ für schnelle Neutronen bei Pu-239 am größten. Deshalb baut man auch Schnelle Reaktoren mit Pu-239 als Spaltstoff. Man gewinnt es aus abgebrannten Brennelementen von Leichtwasserreaktoren. Der geringe Wirkungsquerschnitt für die Spaltung von Pu-239 mit schnellen Neutronen ($\sigma = 2 \cdot 10^{-28}\ \text{m}^2$ bei $W_n = 2$ MeV; *Bild 404.2*) erfordert allerdings einen viel kompakteren Bau der Spaltzone als beim thermischen Reaktor *(Bild 408.3)*, was höhere Leistungsdichten zur Folge hat. Zusätzlich ist der Brennstoff stärker mit dem Spaltstoff anzureichern; der Brennstoff besteht zu 20% aus Pu-239 und zu etwa 80% aus U-238. Als Kühlmittel wählt man flüssiges Natrium, da es sehr gute Wärmeübertragungseigenschaften besitzt, erst bei 900 °C siedet und keinen hohen Absorptionsquerschnitt für schnelle Neutronen hat. Weil die Spaltungen durch schnelle Neutronen erfolgen, dürfen die Spaltungsneutronen nicht durch das Kühlmittel abgebremst werden. Der hohe Siedepunkt erlaubt ein Arbeiten bei geringem Druck (≈ 10 bar) und hoher Temperatur (≈ 540 °C), wodurch ein guter Wirkungsgrad (40%) der Anlage erzielt wird. Nachteilig sind die heftigen chemischen Reaktionen des Natriums mit Wasser und Luft, die unbedingt vermieden werden müssen. *Bild 408.3* zeigt den Querschnitt eines Schnellen Reaktors. Aus Sicherheitsgründen werden zwei getrennte Natriumkreisläufe verwendet.

Die Neutronenausbeute $\eta(W)$ beim beschriebenen Schnellen Reaktor fällt so hoch aus, daß nach Abzug der Neutronenverluste (z.B. durch das Austreten der Neutronen aus dem System) und einem Neutron zur Aufrechterhaltung der Kettenreaktion immer noch Neutronen übrigbleiben. Sorgt man dafür, daß diese überzähligen Neutronen von U-238 absorbiert werden, wobei sich nach *Gl. 398.2* Pu-239 bildet, so kann die Konversionsrate größer als 1 werden. Deshalb umgibt man die Spaltzone des Schnellen Reaktors mit einer Brutzone aus U-238 *(Bild 408.2)*. Damit kann in Spalt- und Brutzone zusammen aus U-238 mehr Spaltstoff Pu-239 „erbrütet" werden, als durch die Spaltungen von Pu-239 verbraucht wird. Gleichzeitig kommt es zur Erzeugung elektrischer Energie.

Als Vorteil des Schnellen Brüters wird angeführt, daß man den Energieinhalt des natürlich vorkommenden Urans weit besser als mit thermischen Reaktoren ausnützen kann. Während diese etwa maximal 1% nutzen, hofft man, mit Schnellen Brütern auf 60% zu kommen.

Was die Sicherheit des Schnellen Brüters anbelangt, so verfügt er bei einer sprunghaften Vergrößerung des Neutronenvermehrungsfaktors k nicht über die Selbstregelung wie der thermische Reaktor, da die Spaltungen durch schnelle Neutronen erfolgen. Es kann daher in einem sehr unwahrscheinlichen Fall zu einer großen Energiefreisetzung, nicht aber zu einer Nuklearexplosion kommen. Eine beginnende Explosion verdünnt nämlich umliegende Spaltstoffe derart, daß die Kettenreaktion schnell abbricht. Die Behälter des Schnellen Brüters müssen bei einem derartigen Unfall der maximal freigesetzten Energie standhalten. Der Sicherheitsaufwand ist also noch höher als beim thermischen Reaktor.

8. Entsorgung

Der Spaltstoff im Reaktor wird mit der Zeit verbraucht *(Bild 407.1)*. Von den 100 t Uran, die ein 1000 MW-Leichtwasserreaktor benötigt, sind jährlich 30 t auszutauschen. Wie sich der abgebrannte Brennstoff zusammensetzt, zeigt *Tabelle 409.1*. Der Abfall enthält Spaltstoffe wie U-235 und Pu-239 sowie viel U-238, aus dem im Schnellen Brüter neuer Spaltstoff gewonnen werden könnte. Will man diese ausgedienten Brennelemente nicht endlagern, so stellt man sich folgende *Entsorgungslösung* vor: Die

28,7 t	nicht verbrauchtes Uran (meist U-238)
1,0 t	Spaltprodukte
260 kg	Plutonium (verschiedene Isotope); 200 kg sind spaltbares Material
30 kg	Transurane (Elemente mit $Z > 92$)

Tabelle 409.1 Jährlicher Abfall eines Reaktors (SWR oder DWR) mit 1000 MW elektrischer Leistung

Brennelemente werden zunächst etwa 1 Jahr lang im Wasserbecken beim Reaktor gelagert; in dieser Zeit klingt die Aktivität infolge des Zerfalls kurzlebiger Spaltprodukte auf unter 1% des Anfangswerts ab. Anschließend transportiert man die Brennelemente in speziellen Behältern in eine **Wiederaufbereitungsanlage**. Dort trennt man Uran und Plutonium chemisch ab und sorgt für eine sichere **Endlagerung** der nicht verwertbaren radioaktiven Spaltprodukte und Transurane (sie entstehen wie Plutonium aus U-238 durch Neutroneneinfang).

Man möchte dazu die hochradioaktiven Abfälle, die jahrhundertelang intensiv strahlen, in Glasstäbe einschmelzen und sicher verpackt in sorgfältig ausgewählten geologischen Formationen, wie z.B. Salzstöcken, in über 1000 m Tiefe vergraben. – Aus dem in der Wiederaufbereitungsanlage gewonnenen U-235 und Plutonium können wieder Brennelemente für Reaktoren gebaut werden. *Bild 409.1* zeigt den so entstehenden **Brennstoffkreislauf**.

Wiederaufbereitungsanlagen sind vor allem deshalb umstritten, weil aus dem Reaktorplutonium – wenn auch mit immensen Schwierigkeiten – Atombomben

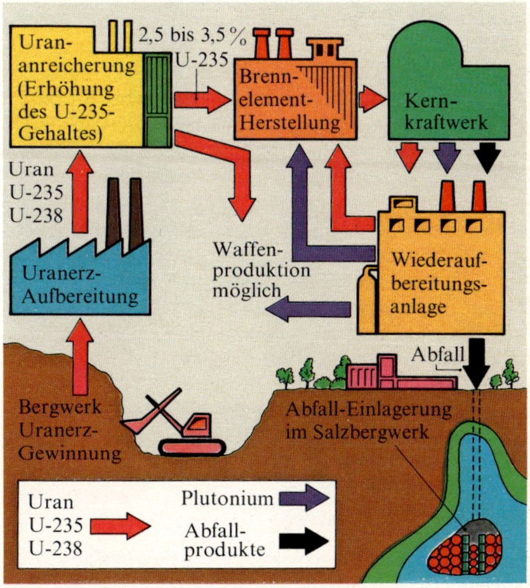

409.1 Brennstoffkreislauf

gebaut werden könnten. *Bild 409.1* zeigt, an welchen Stellen des Brennstoffkreislaufs spaltbares Material abzuzweigen wäre. Die Bundesrepublik Deutschland hat vertraglich auf die Herstellung jeglicher Kernwaffen verzichtet *(Atomwaffensperrvertrag)*. – Ebenso kontrovers diskutiert man die Endlagerung hoch radioaktiver Abfälle, da die vorgesehenen Salzstöcke noch nicht genügend erforscht sind. Eine Gefahr für die Umwelt durch ein solches Endlager kann nur aus dem Transport radioaktiver Substanzen aus der Tiefe in oberflächennahes Grundwasser resultieren. Selbst wenn die Nuklide aus den Glasstäben herausgelöst würden, brauchten sie sehr lange, bis sie die dazwischenliegenden Gesteinsschichten durchlaufen hätten. So sind z.B. die Spaltprodukte des natürlichen Reaktors in Oklo/Gabun in etwa 1,5 Millionen Jahren lediglich 100 m weit gewandert.

9. Umweltproblematik; CO_2-Problem

Neben den auf Seite 409 im Mittelstufenband ausführlich diskutierten Fragen zur Gefahr und Umweltproblematik der Nutzung von Kernenergie (Strahlenbelastung der Umwelt, Plutonium, Endlagerung) bedenke man, daß jegliche Art der Energiegewinnung Gefahren und Umweltbelastungen zur Folge hat. So ist z.B. die Energiegewinnung durch Verbrennen von Kohle, Öl oder Gas immer mit der Produktion von Kohlenstoffdioxid (CO_2) verbunden, das im Gegensatz zu Schwefeldioxid (SO_2) oder den Stickstoffoxiden (NO_x) nicht aus Abgasen wirtschaftlich abgetrennt werden kann. Es sammelt sich in der Atmosphäre, ein Tatbestand, der durch Rodung tropischer Regenwälder verstärkt wird; denn die Pflanzen verbrauchen damit insgesamt nicht mehr soviel CO_2 für die Assimilation.

Die mittlere Temperatur auf der Erde wird durch das Gleichgewicht zwischen Energie-Einstrahlung von der Sonne und Wärmeabstrahlung der Erde bestimmt. Die Wärmeabstrahlung erfolgt bei größeren Wellenlängen als die Einstrahlung. CO_2 ist nun durchlässig für die Einstrahlung, nicht aber für den gesamten Wellenlängen-Bereich der Abstrahlung. Folglich bildet sich im Strahlungsgleichgewicht bei gestiegenem CO_2-Gehalt der Atmosphäre eine erhöhte Temperatur auf der Erde, was katastrophale Auswirkungen zur Folge hätte. Ein mittlerer Temperaturanstieg schon von 1–2 Kelvin würde eine deutliche Verschiebung der Klimazonen bewirken. Dichtbesiedelte, fruchtbare Winterregenzonen um das Mittelmeer, in den USA und in der südlichen UdSSR würden sich in subtropische Trockengebiete verwandeln. Auch würden die Polkappen zu schmelzen beginnen, und als Folge würde der Meerwasserspiegel so ansteigen, daß heute bewohnte Küstengebiete dann unter Wasser liegen.

Das Thema **Energieversorgung** wurde in seiner Gesamtheit in §55 von Band MS „Energiequellen der Zukunft" besprochen.

Aufgaben

1. a) *Erklären Sie, warum die Zahl* ν *der Neutronen pro Spaltung größer ist als die Neutronenausbeute* η*!* **b)** *Warum ist* $\eta(W)$ *für* U-238 *und* Th-232 *für kleine Energien W Null?* **c)** *Begründen Sie, daß* $\eta(W)>1$ *sein muß, damit eine Kettenreaktion zustande kommt!*

2. *Ein Neutron der Masse m und der Geschwindigkeit v stößt elastisch mit einem ruhenden Kern der Masse* m_0 *zusammen (gerader, zentraler Stoß). Bestimmen Sie die Geschwindigkeit des gestoßenen Kerns und den Energieverlust* ΔW *des Neutrons durch den Stoß (nichtrelativistische Rechnung)! Welche Folgerungen sind aus der Rechnung für einen Moderator zu ziehen?*

3. a) *In Bild 404.1 ist* $\eta(W)$ *für Natururan bei kleinen Neutronenenergien größer als* 1, *obwohl Natururan nur 0,7%* U-235 *(und 99,3%* U-238*) enthält. Wie ist dies zu erklären?* **b)** *Warum kann bei Natururan eine Kettenreaktion nur in Verbindung mit einem Moderator ablaufen?* **c)** *Erläutern Sie, warum mit Natururan ein thermischer Schwerwasserreaktor, aber kein Leichtwasserreaktor betrieben werden kann!*

4. *Berechnen Sie mit Hilfe der Werte von Tabelle 402.1 die Zahl der Spaltungen je Sekunde in einem* 1000 MW *(elektrisch) Leichtwasserreaktor, der einen Wirkungsgrad von 33% besitzt!*

5. *Begründen Sie, warum ein Reaktor so zu bauen ist, daß vor dem ersten Anfahren bei ausgefahrenen Regelstäben* $k>1$ *sein muß!*

6. *Durch welche Möglichkeiten ist die Reaktivität in einem Reaktor zu steigern, durch welche zu mindern?*

7. *Bild 408.2 enthält vergleichende Daten eines LWR und eines Schnellen Brüters. Warum sind die geometrischen Maße der Spaltzonen und der prozentuale Anteil des Spaltstoffes so verschieden?*

8. *Thermische Reaktoren werden mit* U-235 *als Spaltstoff und* U-238 *als Brutstoff betrieben. Mit der Konversionsrate* $R<1$ *wird aus* U-238 *neuer Spaltstoff* Pu-239 *gebildet. Unter der Annahme, daß durch laufende Wiederaufbereitung alle Spaltstoffe nutzbar sind, zeige man: Der insgesamt genutzte Natururananteil beträgt* $A/(1-R)$, *wenn* $A=0{,}7\%$ *der Anteil von* U-235 *in natürlichem Uran ist!*

9. *Zur Zeit* $t=0$ *werde in einem Reaktor, der kritisch ist, k um den Betrag* Δk *erhöht, so daß* $k=1+\Delta k$ *für* $t>0$ *ist.* **a)** *Zeigen Sie, daß dann für die Änderung* Δn *der Neutronenzahl* $n(t)$ *während einer Generation* $\Delta n=n(t)\,\Delta k$ *gilt und daß für* $n(t)$ *die Differentialgleichung* $\dot{n}(t)=n(t)\,\Delta k/t_0$ *erfüllt ist, wobei* t_0 *die mittlere Zeit zwischen zwei aufeinanderfolgenden Neutronengenerationen ist. (*t_0 *ist sehr klein.) Lösen Sie die Differentialgleichung!* **b)** *Im LWR ist* t_0 *für prompte Neutronen* $t_0=10^{-4}$ s, *im Schnellen Brüter* $t_0=10^{-7}$ s. *Um welchen Faktor würde sich jeweils die Neutronenzahl in* 1 s *ändern, wenn zur Zeit* $t=0$ *k um* $\Delta k=0{,}001$ *erhöht wird?* **c)** *Warum kann man trotzdem einen Reaktor mit mechanisch betriebenen Regelstäben steuern?*

§ 123 Die Kernfusion

1. Verschmelzung der Kerne

Wie die Bindungsenergie pro Nukleon in *Bild 383.1* zeigt, wird nicht nur Energie frei, wenn sich schwere Kerne spalten, sondern auch bei der Verschmelzung leichter Kerne zu schweren. Man nennt dies **Kernfusion**. Ein Beispiel ist die Fusion eines Deuterons H-2 und eines Tritiumkerns H-3

$$^2_1H + ^3_1H \longrightarrow ^4_2He + ^1_0n + 17{,}58 \text{ MeV}. \qquad (411.1)$$

Die Kernfusion stellt eine große Energiequelle dar. Bezogen auf gleiche Masse der „Brennstoffe" verhalten sich die Energiefreisetzungen bei Kernfusion, Kernspaltung und Kohleverbrennung wie

$$W_{\text{Fus.}} : W_{\text{Spalt.}} : W_{\text{Kohleverb.}} = 10^7 : 3 \cdot 10^6 : 1.$$

Um aber die Kernfusion in Gang zu setzen, müssen sich die beiden Kerne H-2 und H-3 zuerst so nahe kommen, daß die Kernkräfte einhaken und die Kerne verschmelzen können. Dazu müssen die geladenen Kerne mit genügend hoher kinetischer Energie gegen ihre Coulombabstoßung anrennen. Nach *Gl. 380.1* ist der Radius des Deuteriumkerns $r_1 = 1{,}3 \cdot 10^{-15}\,\text{m} \cdot \sqrt[3]{2} = 1{,}6 \cdot 10^{-15}\,\text{m}$ und der des Tritiumkerns $r_2 = 1{,}9 \cdot 10^{-15}\,\text{m}$. Das Maximum des Potentialwalls liegt daher etwa bei $r \approx r_1 + r_2 = 3{,}5 \cdot 10^{-15}\,\text{m}$ und hat die Höhe von

$$W = \frac{e^2}{4\pi \varepsilon_0 r} \approx 0{,}4 \text{ MeV}.$$

Mit dieser oder einer höheren Energie müßten also die Kerne aufeinander zufliegen, um fusionieren zu können. Infolge des Tunneleffekts genügen dazu allerdings auch kleinere Energiebeträge.

Für eine großtechnische Energienutzung will man die Fusion auf eine ähnliche Weise realisieren, wie sie in den Fixsternen schon seit Jahrmillionen vor sich geht. Dort herrschen sehr hohe Temperaturen von 10^7 K und mehr. Die Atome sind vollständig ionisiert, und es liegt ein nach außen neutrales Gemisch aus freien Elektronen und frei beweglichen Ionen vor, das man **Plasma** nennt. Durch die Wärmebewegung haben die Ionen bei $T = 10^8$ K eine mittlere kinetische Energie von (Band MS Seite 174; k: Boltzmannfaktor)

$$W = \tfrac{3}{2} k T = 1{,}5 \cdot 1{,}38 \cdot 10^{-23}\,\text{J K}^{-1} \cdot 10^8\,\text{K} \approx 13\,\text{keV}.$$

Obgleich dieser Betrag sehr viel kleiner ist als die Höhe der Coulombbarriere, gibt es beim Stoß der Ionen untereinander laufend Fusionsprozesse. Der Grund liegt außer im Tunneleffekt einmal darin, daß infolge der Geschwindigkeitsverteilung (Band MS *Bild 175.1*) Ionen in diesem Plasma auch sehr viel höhere kinetische Energie als 13 keV besitzen können und zum anderen herrscht in den Fixsternen eine sehr hohe Dichte (Sonne: $200\,\text{g cm}^{-3}$).

2. Der Fusionsreaktor

Die Schwierigkeiten, auf der Erde kontrollierte Fusionsprozesse ablaufen zu lassen, liegen auf der Hand. (Militärisch wurde die Freisetzung riesiger Energiemengen durch eine unkontrollierte Fusion in der *Wasserstoffbombe* längst verwirklicht.) Kein Material hält z.B. die benötigten hohen Temperaturen aus. Ein Weg zur kontrollierten Kernfusion ist, sie in einem auf Entzündungstemperatur aufgeheizten Plasma zu erzeugen, welches mittels starker Magnetfelder berührungslos in einem Torus (Hohlring) eingeschlossen ist.

Bild 411.1 zeigt stark vereinfacht das Prinzip einer *Tokamak-Anordnung*. (Das Wort Tokamak stammt aus dem Russischen und bedeutet „Großer Strom".) Auf den Torus sind Spulen gewickelt, deren Magnetfeld den Kontakt des Plasmas mit den Wänden verhindert. Zur Aufheizung des Plasmas benötigt man einen im Plasma fließenden Strom. Dieser Kreisstrom wird nach dem Transformatorprinzip (vgl. Betatron Seite 126) mit einem Stromstoß durch die um das Eisenjoch gewundene Primärspule erzeugt; das Plasma bildet die Sekundärspule. Zusätzlich zu dieser „Ohmschen Heizung" des Plasmas kann ein weiteres Aufheizen durch Einschuß eines Strahls hochenergetischer Neutralteilchen, z.B. Wasserstoffgas, in das Plasma erreicht werden. Die kinetische Energie der eingeschossenen Teilchen überträgt sich auf die Plasmateilchen und macht sie schneller.

Je länger die Zeit τ ist, in der das Plasma zusammengehalten wird, und je höher die Dichte n des Plasmas ist, um so eher wird eine Fusion exotherm ablaufen, d.h. es wird mehr Energie freigesetzt als hineingesteckt. In *Bild 412.1* ist als Funktion der Temperatur die untere Grenze des Produkts $n\tau$ angegeben, ab der das Fusionsplasma zündet und die Fusionsprozesse sich selbst in Gang halten. In dem schraffierten Bereich muß man eine Anordnung

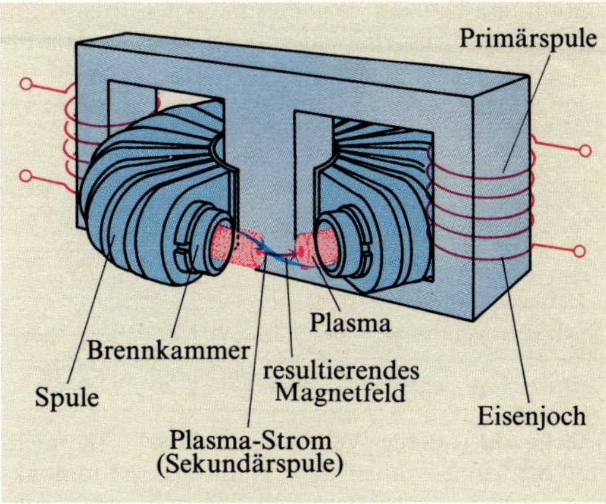

411.1 Tokamak-Anordnung für den Magnetfeldeinschluß eines Plasmas

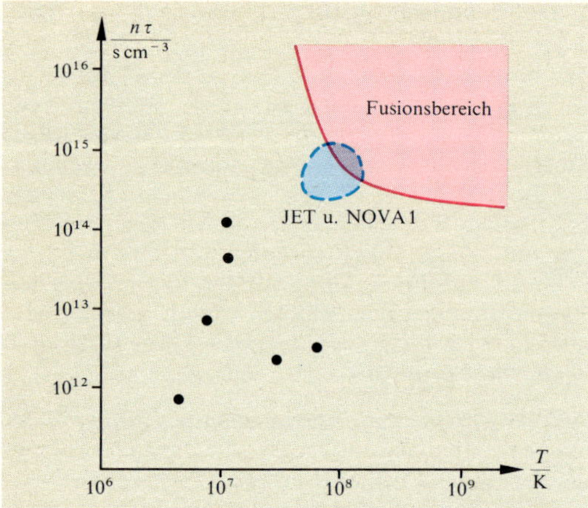

412.1 Produkt aus Teilchendichte n und Einschlußzeit τ. Im schraffierten Bereich muß ein Fusionsreaktor betrieben werden. Schwarze Punkte bedeuten erreichte Werte; JET und NOVA 1 sind neuere Experimente.

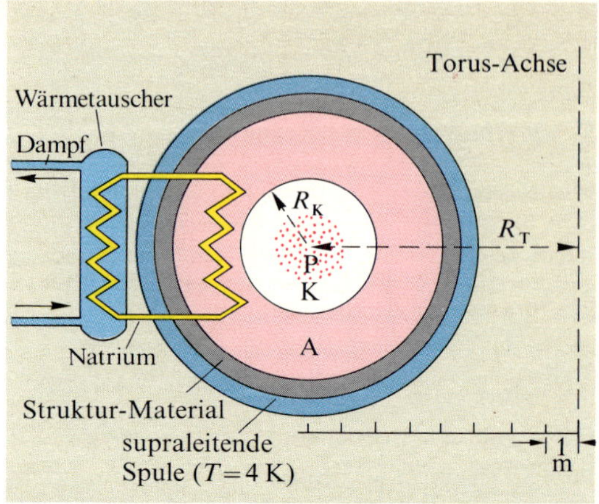

412.2 Schnitt durch den Torus eines Tokamak-Fusions-Kraftwerks (Prinzip). R_T = Torus-Radius; R_K = Kammer-Radius; P = Plasma ($T = 10^8$ K); K = Brennkammer; A = Wärme-Absorber ($T = 10^3$ K) und Li-Brutmantel

betreiben – **Fusionsreaktor** genannt –, mit der man Energie aus der Fusion großtechnisch gewinnen möchte. Die eingezeichneten schwarzen Zustände hat man in Experimenten schon erreicht, den blauen Bereich strebt man mit geplanten Großexperimenten an.

3. Der Fusionsreaktor – eine Vision?

Auch wenn es gelingt, die Demonstration des physikalischen Prozeßablaufs einer Fusion im Plasma, wie im *Bild 411.1* angedeutet, zu erreichen, ist man von einer wirtschaftlichen Energiegewinnung noch meilenweit entfernt. Ob es eines Tages den Fusionsreaktor geben wird, ist mehr als fraglich. Die Probleme sind riesengroß. Um nur einige davon aufzuzeigen, ist in *Bild 412.2* das Prinzip einer Tokamak-Anordnung skizziert. Das Plasma in den Brennkammern ist von Absorbermaterial umgeben, in dem die

$^{1}H + {}^{12}C \rightarrow {}^{13}N + \gamma + 1{,}94$ MeV	$\tau = 10^6$ a
$^{13}N \rightarrow {}^{13}C + e^{+} + \nu + 1{,}20$ MeV	$T_{1/2} = 10$ min
$^{1}H + {}^{13}C \rightarrow {}^{14}N + \gamma + 7{,}54$ MeV	$\tau = 10^6$ a
$^{1}H + {}^{14}N \rightarrow {}^{15}O + \gamma + 7{,}29$ MeV	$\tau = 10^8$ a
$^{15}O \rightarrow {}^{15}N + e^{+} + \nu + 1{,}7$ MeV	$T_{1/2} = 2$ min
$^{1}H + {}^{15}N \rightarrow {}^{12}C + {}^{4}He + 4{,}96$ MeV	$\tau = 10^5$ a

Tabelle 412.1 Bethe-Weizsäcker-Zyklus (Kohlenstoff-Stickstoff-Zyklus) $T_{1/2}$: Halbwertszeit radioaktiver Zerfälle; τ: mittlere Zeit, bis sich zwei Reaktionspartner so nahekommen, daß ein Umwandlungsprozeß stattfindet.

bei der Fusion freigesetzten Neutronen ihre Energie abgeben und dabei auch aus Lithium das für die Fusion notwendige Tritium erbrüten:

$${}^{6}_{3}\mathrm{Li} + {}^{1}_{0}\mathrm{n} \longrightarrow {}^{4}_{2}\mathrm{He} + {}^{3}_{1}\mathrm{H} + 4{,}8\ \mathrm{MeV}.$$

Deuterium existiert genügend auf der Welt, denn es ist zu 0,015% in normalem Wasser enthalten. Die erzeugte Wärme führt man z.B. mit flüssigem Natrium nach außen und produziert in einem Wärmetauscher Dampf, mit dem man Turbinen antreibt. Als kleinste sinnvolle Leistung eines derartigen Kraftwerks werden 30000 MW thermisch angesehen. Das Magnetfeld zum Einschluß des Plasmas müßte man dann mit supraleitenden Magneten erzeugen (Temperatur der Magnete 4 K), sonst erreicht es nicht die notwendige Stärke. Bricht dieses Magnetfeld zusammen ($B \approx 10$ T), womit man im Dauerbetrieb immer rechnen muß, dann werden infolge des großen Volumens ($\approx 640\ \mathrm{m}^3$) 25000 MJ an magnetischer Energie frei. Das entspricht einer Explosion von 4,6 t Dynamit. Die Materialbelastungen durch den Neutronenfluß stellen ein Mehrfaches dessen dar, was ein Reaktordruckbehälter eines thermischen Reaktors aushalten muß. Zusätzlich herrschen hohe Temperaturunterschiede zwischen Innen- und Außenraum der Wände (Legende *Bild 412.2*).

Auch die *Umweltbelastungen* durch einen Fusionsreaktor sind nicht unproblematisch. So müßte man für den Betrieb täglich 500 g radioaktives Tritium H-3 aus dem Absorbermaterial in Wiederaufbereitungsanlagen extrahieren. (Zum Vergleich: Die in einer Wiederaufbereitungsanlage für zehn Kernkraftwerke jährlich anfallende Menge an Tritium beträgt 10 g.) Wird man all diese Probleme eines Tages in den Griff bekommen? Wird der Fusionsreaktor sicherer als der Fissions-(Spaltungs-)Reaktor?

4. Fixsterne als Fusionsreaktoren

Die Fusion des Wasserstoffs zu Helium stellt die Energiequelle der Sonne und aller Fixsterne dar. Dabei vollzieht sich der Aufbau des Heliums in komplizierten Zyklen. Enthält ein Stern das Kohlenstoffisotop C-12, so verläuft z. B. der Bethe-Weizsäcker-Zyklus *(Tabelle 412.1)* bei Temperaturen oberhalb von $1{,}5 \cdot 10^7$ Kelvin ab. C-12 mit seinen Zwischenprodukten N und O wirkt dabei nur als Katalysator, wird also wieder regeneriert.

Die Bilanz erhält man durch Addition aller sechs Gleichungen:

$$4\,{}^1_1\mathrm{H} \longrightarrow {}^4_2\mathrm{He} + 3\,\gamma + 2\,\mathrm{e}^+ + 2\,\nu + 25\ \mathrm{MeV}.$$

In jeder Sekunde werden z. B. im Inneren der Sonne $6{,}7 \cdot 10^{11}$ kg Wasserstoff verarbeitet, wobei die entstehenden Heliumkerne wegen des Massendefektes eine um $4{,}2 \cdot 10^9$ kg geringere Masse aufweisen. Pro Sekunde werden dabei $4 \cdot 10^{26}$ J frei und in Form von Strahlung in den Weltraum abgegeben.

Die „Fusionsreaktoren" Fixsterne brennen seit einigen Milliarden Jahren permanent im thermischen Gleichgewicht zwischen Wärmeerzeugung durch Fusion und Wärmeabstrahlung ins Weltall an der Oberfläche. Das Plasma wird durch die Fusionswärme selbst aufgeheizt und so auf der nötigen Temperatur gehalten. Der „Abbrand" des Brennstoffs ist minimal; bei der Sonne beträgt er 10^{-10} des Gesamtvorrats pro Jahr. Es ist also nicht zu befürchten, daß sich in historisch überschaubaren Zeiten die Zusammensetzung der Sonne so stark ändert, daß die Kernfusion aufhört. — Da die Sonne ein ungeheures Volumen besitzt, ist trotz der großen Energieabstrahlung die Fusionsleistung pro Plasmavolumen nur $40\ \mathrm{W\,m^{-3}}$ (!). Durch das viel ungünstigere Verhältnis von Plasmaoberfläche zu Plasmavolumen muß ein möglicher Fusionsreaktor eine Leistungsdichte von $10^9\ \mathrm{W\,m^{-3}}$ (!!) aufweisen.

Die Fusion leichter Atomkerne ist die Energiequelle aller Fixsterne. Die technische Nutzung der Fusion als Energiequelle ist derzeit noch Utopie.

Aufgaben

1. *Bestätigen Sie mit Hilfe des Energie- und Impulssatzes, daß bei der Fusion eines Deuterons* H-2 *und eines Tritiumkerns* H-3 *das α-Teilchen* 3,52 MeV *und das Neutron* 14,1 MeV *Energie erhalten. Die Energie der* H-2- *und* H-3-*Teilchen vor dem Stoß ist zu vernachlässigen!*

2. *Versuchen Sie, Gründe zu finden, warum großtechnisch die bei der Fusion freiwerdende Energie nicht dadurch nutzbar ist, daß man mit einem Beschleuniger Deuteronen auf ein tritiumhaltiges Target schießt!*

§ 124 Zusammenfassung

1. Wir haben Eigenschaften von α-, β- und γ-Strahlung untersucht. Dabei ergaben sich vier Schwerpunkte:

a) Als *Nachweisgeräte für die Strahlung* lernten wir Nebelkammer, Zählrohr, Halbleiterzähler und Szintillationszähler kennen.

b) Die *Energie* der α-Teilchen, der β-Teilchen sowie der γ-Quanten bewegt sich in der Größenordnung keV bis einige MeV. α-Teilchen weisen scharfe diskrete kinetische Energiewerte auf, β-Teilchen bilden dagegen ein kontinuierliches Energiespektrum mit einer Maximalenergie W_{max}, da neben dem Elektron auch ein Neutrino den Kern verläßt.

c) Die *Wechselwirkung der Strahlung mit Materie* war die Grundlage für das Thema *Strahlengefahr* und *Strahlenschutz*. Wir untersuchten die *Reichweite* der Strahlung in Materie; γ-Strahlung wird beim Durchdringen einer Schicht der Dicke x nach einem Exponentialgesetz $I(x) = I_0\,\mathrm{e}^{-\mu x}$ abgeschwächt.

d) Der *radioaktive Zerfall* findet mit einer für jedes Nuklid charakteristischen *Halbwertszeit* $T_{1/2}$ statt. Es gilt für die Zahl $N(t)$ der Nuklide einer radioaktiven Substanz

$$N(t) = N_0\,\mathrm{e}^{-kt} \quad \text{mit} \quad k = \ln 2 / T_{1/2}.$$

2. Mit Hilfe des *Potentialtopfmodells* konnten wir einige Vorgänge im Atomkern und bei der Aussendung von α-, β- und γ-Strahlung verständlich machen. Der Aufbau der *Nuklidkarte* war uns eine hilfreiche Leitlinie. Beim β^--Zerfall zerfällt im Kern ein Neutron ($\mathrm{n} \rightarrow \mathrm{p} + \mathrm{e}^- + \bar{\nu}$), beim β^+-Zerfall ein Proton ($\mathrm{p} \rightarrow \mathrm{n} + \mathrm{e}^+ + \nu$); dementsprechend liegen β^--Strahler rechts der Stabilitätslinie in der Nuklidkarte und β^+-Strahler links davon. α-Strahler findet man am oberen Ende.

3. Ein unentbehrliches Hilfsmittel moderner Strukturforschung sind *Streuexperimente*. Das Prinzip lernten wir beim *Rutherfordschen Streuversuch* kennen. Die Entdeckung der *Kernreaktionen* und der *Kernspaltung* gelang mit analogen Versuchsanordnungen.

4. Die Anwendung physikalischer Gesetze in der Technik beschäftigte uns bei der *Kernenergie* und *Kernfusion*. Die erarbeiteten Grundlagen sollten eine physikalisch fundiertere Diskussion des Problems der Energieversorgung ermöglichen.

Elementarteilchenphysik

§ 125 Neues über alte Teilchen

1. Die vier Grundkräfte der Natur

Wir haben bisher Elektronen, Protonen, Neutronen, Positronen und Neutrinos kennengelernt (Seite 307, 391). Sie üben Kräfte aufeinander aus und wechselwirken auch sonst auf vielfältige Weise miteinander. Welche Arten der Wechselwirkung zeigen sich dabei?

a) Zwischen Teilchen, die geladen sind, wirken *elektrische Kräfte* und bei Bewegung *Lorentzkräfte*. Man spricht von der **elektromagnetischen Wechselwirkung**. Mit ihr erklärte die Quantentheorie um 1930 den Atombau und alle Bindungsarten zwischen Atomen (Seite 346).

b) Ab 1930 untersuchte man die Kräfte in Atomkernen. Dort stoßen sich die geladenen Protonen ab. Doch halten *Kernkräfte* die Nukleonen unabhängig von deren Ladung zusammen; Kernkräfte sind also viel stärker als die elektromagnetische Wechselwirkung.

Man führt Kernkräfte heute auf eine sogenannte **starke Wechselwirkung** zurück. Sie hat auf Elektronen keine Wirkung; diese verlassen beim β-Zerfall nach ihrer Entstehung den Kern.

c) Beim β-Zerfall entstehen auch Antineutrinos $\bar{\nu}_e$. Sie unterliegen weder der elektromagnetischen noch der starken Wechselwirkung; sie durchfliegen sogar den Erdball, d.h. viele Atome, meist völlig ungehindert. Man weist sie durch eine neuartige, äußerst seltene Kraft, die sogenannte **schwache Wechselwirkung** nach. Diese hat nur eine Reichweite von etwa 10^{-17} m, d.h. $\frac{1}{100}$ Protonendurchmesser. Es ist selten, daß ein Antineutrino $\bar{\nu}_e$ auf diesen winzigen Abstand hin ein Proton p trifft. Geschieht dies aber, so kann sich nach $\bar{\nu}_e + p \rightarrow n + e^+$ ein Neutron n und ein Positron e^+ bilden. Das e^+ zerstrahlt mit einem Elektron, erkennbar an zwei γ-Quanten γ_1 und γ_2, die gleichzeitig nach entgegengesetzten Richtungen wegfliegen (*Bild 414.1*; Seite 362). Nach etwa 1 μs wird das Neutron n von einem Kern unter Aussendung eines dritten γ-Quants γ_3 eingefangen. An der charakteristischen Zeitabfolge der drei γ-Impulse in γ-Zählgeräten findet man diesen sehr seltenen Vorgang aus vielen anderen heraus.

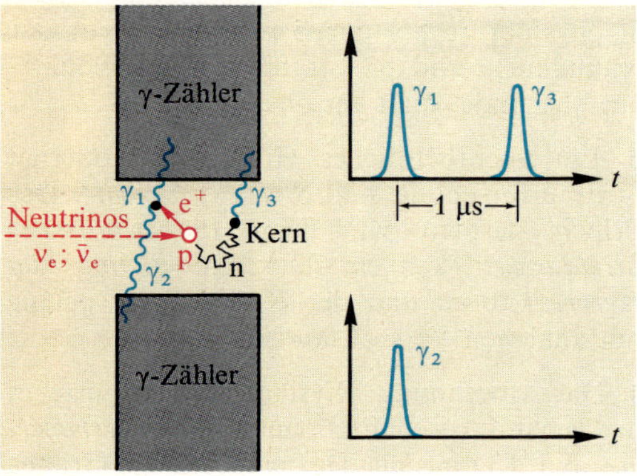

414.1 Nachweis des Neutrinos durch 3 charakteristische γ-Impulse nach schwacher Wechselwirkung mit Protonen

Bei diesem Neutrinonachweis, also der schwachen Wechselwirkung zwischen Neutrinos und Nukleonen, stehen nicht Kräfte, sondern *Umwandlungen von Teilchen* im Vordergrund. Die schwache Wechselwirkung vermittelt auch den mit 10,6 min Halbwertszeit relativ seltenen Zerfall eines freien Neutrons in Proton, Elektron und Antineutrino sowie den im Kern ablaufenden β^--Zerfall des Neutrons und den β^+-Zerfall eines Protons (Seite 391).

d) Zwischen allen Teilchen mit Masse besteht zudem die noch viel schwächere **Gravitationswechselwirkung**. Man kann sie in der Elementarteilchenphysik vernachlässigen.

Es gibt vier Wechselwirkungen (WW), erkennbar an Kräften bzw. an Umwandlungen von Teilchen:
- **Starke WW (zwischen Nukleonen)**
- **Elektromagnetische WW (bei Ladungen)**
- **Schwache WW (beim Neutronen-Zerfall)**
- **Gravitations-WW (bei Massen)**

Wenn sich Körper gegenseitig nicht durchdringen, sagen wir einfach, sie seien *massiv*. In Wirklichkeit wechselwirken die Elektronenhüllen ihrer Atome miteinander elektromagnetisch. Auch Atomkerne sind nicht massiv. Sie werden leicht von Neutrinos durchdrungen, die dabei nur selten die schwache Wechselwirkung erfaßt. Neutronen und Protonen dagegen, die sich einem Kern nähern, werden von der starken Wechselwirkung eingefangen und aneinandergelagert. „Massivsein“ ist also kein physikalischer Begriff. Wir müssen vielmehr stets nach den Grundkräften fragen, die ein Teilchen beeinflussen.

2. Das Vakuum brodelt

Wenn wir α-Teilchen von 4 MeV Energie nachweisen, zweifeln wir nicht, daß diese aus Atomkernen kommen. Wie aber haben diese Teilchen den Potentialwall von 24 MeV Höhe um die Kerne durchtunnelt (Seite 389)? Nach der Unbestimmtheitsrelation $\Delta t \approx h/\Delta W$ drückt die Natur für die kurze Zeit $\Delta t \approx h/20\ \text{MeV} = 2 \cdot 10^{-22}$ s ein Auge zu und toleriert die Verletzung des Energiesatzes um $\Delta W = 20$ MeV (Seite 320). Muß sie das dann nicht immer so machen?

Zum Erzeugen von Elektron-Positron-Paaren braucht man nach Seite 307 das Energieäquivalent $W_0 = 2\, m_e c^2 = 1{,}02$ MeV der gesamten Ruhemasse $2\, m_e$. Solche Paare können aber auch gemäß der Unbestimmtheitsrelation ohne Energiezufuhr entstehen, wenn sie nur nach der Zeit $\Delta t \approx h/W_0 = 4 \cdot 10^{-21}$ s wieder verschwinden. In dieser kurzen Zeit fällt die Abweichung W_0 vom Energiesatz in die quantentheoretische Unbestimmtheit. Dabei wird – im Gegensatz zur „dauerhaften" Paarerzeugung – die Energie solcher **virtueller Elektron-Positron-Paare** nicht von einem γ-Quant geliefert. Deshalb entfällt die Notwendigkeit, den Impuls eines γ-Quants an einen Atomkern abzugeben (Seite 307). Virtuelle Paare entstehen also auch im Vakuum – im Gegensatz zu den echten. Allerdings kann man virtuelle Teilchen nicht leicht voneinander trennen und damit nachweisen. In ihrer kurzen Lebensdauer $\Delta t \approx 10^{-22}$ s fliegen sie mit fast Lichtgeschwindigkeit höchstens $\Delta s = c\, \Delta t \approx 10^{-13}$ m ≈ 100 Protonenradien weit. Das Vakuum bleibt deshalb für unsere groben Beobachtungsmittel neutral und leer. Bei der echten Paarbildung finden wir diese „Möchte-Gern-Teilchen", wenn sie durch die Zufuhr von 1,02 MeV Energie materialisiert worden sind und beliebig weit fliegen.

Ein Atomkern schiebt allerdings mit seiner positiven Ladung $+Q_0$ die kurzzeitig entstandenen virtuellen Positronen e^+ etwas von sich weg und zieht die negativ geladenen Elektronen e^- zu sich her *(Bild 415.1)*. Diese e^- schwächen das Feld des Atomkerns. Man kennt Ähnliches von der elektrischen Polarisation in Dielektrika und spricht deshalb von **Vakuumpolarisation**. Die virtuellen Ladungen können sich aber höchstens um $\Delta s \approx h/(2\, c\, m_e) \approx 10^{-13}$ m gegeneinander verschieben. Nur innerhalb dieses Abstands vom Kern findet man eine negative Polarisationsladung $-\Delta Q$. Sie schirmt für uns die wahre Kernladung Q_0 auf die *effektive*

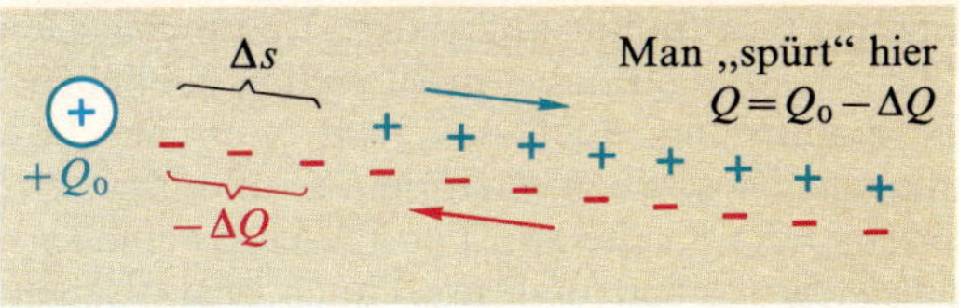

415.1 Vakuumpolarisation durch virtuelle Teilchen

Ladung $Q = Q_0 - \Delta Q$ ab. Weit außerhalb des Abstands Δs spüren wir also nur diese effektive Ladung Q; wir messen Q und nicht Q_0! Dringt aber ein Atomelektron in den Bereich Δs ein, so ist dort die Gesamtwirkung der Polarisationsladung $-\Delta Q$ kleiner. Das Elektron spürt mehr als die effektive Ladung Q; die Energie seines Spektralterms wird abgesenkt gegenüber dem Term, den weiter entfernte Elektronen liefern (man vergleiche mit der Abschirmung bei Röntgenspektren, Seite 341). Bei 1s-Elektronen an Wasserstoffatomen beträgt dieser Effekt 0,01 eV und wurde an Spektrallinien mit der größten Genauigkeit bestätigt, die man bisher in der Physik erreichen konnte ($1:10^8$).

Myonen μ sind schwere Elektronen (Seite 420). Sie können wie gewöhnliche Elektronen Atome bilden, sogenannte *Myonen-Atome*, die allerdings nur sehr kurzlebig sind. Dabei halten sich die Myonen wegen ihrer 200fachen Masse nach *Gl. 334.4* viel näher am Kern auf als Wasserstoffelektronen, ja sogar im Kern selbst (als Elektronen spüren sie dabei die starke Wechselwirkung nicht, nur die elektromagnetische). Wegen der großen Kernnähe beträgt die Energieabsenkung durch die Vakuumpolarisation ca. 1 keV.

Somit ist sogar das *Vakuum* ein physikalisches Forschungsobjekt geworden. Es ist nicht einfach der leere Raum, in dem man ein Koordinatensystem aufspannt und in dem sich Körper tummeln, die man dorthin gebracht hat. Das Vakuum produziert virtuelle Teilchen mit sehr kurzer Lebensdauer!

3. Kraft durch Teilchen-Tausch

Den Strahlungsdruck (etwa am Kometenschweif) haben wir Seite 303 auf zwei Arten beschrieben: In der Feldliniensprache der klassischen Maxwelltheorie entsteht er als Querdruck von Feldlinien. Anschaulicher wird er als Aufprall von Photonen verstanden.

Mit den Photonen haben wir Energie und Impuls der elektromagnetischen Welle quantisiert. Photonen entstehen beim Quantensprung von Ladungen, durcheilen den Raum mit Lichtgeschwindigkeit und übertragen dabei

Energie und Impuls auf andere Ladungen. Die Theoretiker sind dabei nicht stehen geblieben; sie quantisieren auch das Feld statischer Ladungen. Diese üben nach dem Coulombgesetz aufeinander Kräfte aus. Da $F = \Delta p / \Delta t$ eine Impuls*änderung* bedeutet, muß auch in statischen Feldern Impuls mit Lichtgeschwindigkeit übertragen werden, um die Impulserhaltung auch unterwegs zu erfüllen; man beschreibt dies in der Quantensprache durch den *Austausch von impulstragenden Photonen* zwischen den wechselwirkenden Ladungen. Da keine Strahlung auftritt, handelt es sich nicht um die von der elektromagnetischen Welle her bekannten Photonen, sondern um *virtuelle* Photonen. Auch sie haben die Ruhemasse $m_0 = 0$. Deshalb entstehen sie noch viel leichter als virtuelle Elektronen-Paare und haben die von Coulombkräften her bekannte sehr große Reichweite $\Delta s = h/(2 m_0 c)$. Da Photonen ungeladen sind, beschweren sie den Raum nicht mit einer Vakuumpolarisation. Deshalb werden virtuelle Photonen bei der elektromagnetischen Wechselwirkung von Ladungen erzeugt, einander zugespielt und absorbiert, also ausgetauscht. *R. Feynman* (Nobelpreis 1964) beschreibt diesen Photonenaustausch durch eine besondere Art von Graphen *(Bild 416.1)*: Das Elektron e_1^- emittiert ein virtuelles Photon und erhält einen Rückstoß, erkennbar am Knick seines Bahnverlaufs. Das zweite Elektron e_2^- absorbiert das Photon und erfährt die gleich große Abstoßungskraft. Dabei gilt das Coulombgesetz. Vergleichen Sie mit dem *Feldlinienbild 12.3*! Beides sind Bilder, also Modellvorstellungen, an die man sich erst gewöhnen muß! Doch trägt der Photonenaustausch in der Elementarteilchenphysik wesentlich weiter. Man schreibt nämlich heute jeder der oben genannten 4 Wechselwirkungen ein sie charakterisierendes **Austauschteilchen** zu. Bei der Gravitationskraft nennt man es *Graviton*.

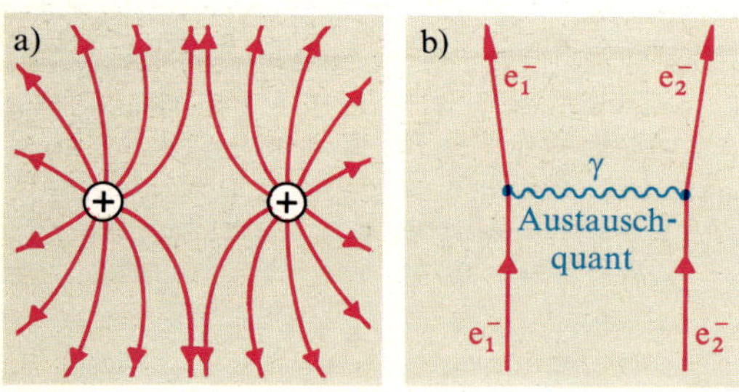

416.1 Feynman-Graph für Photonenaustausch zur quantentheoretischen Beschreibung der Coulombkraft

§ 126 Elementarteilchen-Experimente

1. Wie sieht man der Natur ins Innerste?

Im Lichtmikroskop sieht man eine Zelle, weil sie Licht bricht, streut und teilweise absorbiert. Dabei können wir Strukturen, die kleiner als eine halbe Wellenlänge sind, nicht mehr auflösen. Wegen der viel kleineren Materiewellenlänge führt das Elektronenmikroskop weiter. Kristalle werden mit Röntgenstrahlen untersucht, deren Wellenlänge in der Größenordnung der Netzebenenabstände liegt.

Nun hängt bei den in dieser *Strukturforschung* benutzten Photonen bzw. Elektronen, überhaupt bei allen Quantenobjekten, die Wellenlänge λ nach derselben Beziehung $p = h/\lambda$ mit dem Impuls p zusammen. Je feiner die Struktur ist, die man untersuchen will, desto größer muß also der Impuls p der zum „Abtasten" benutzten Testteilchen sein. In der Elementarteilchenphysik benutzt man Testteilchen im relativistischen Bereich ($v \approx c$). Sie müssen riesige Beträge an Impuls p und an Energie W haben. Wie für relativistische Photonen gilt $W = hf = hc/\lambda = cp$. *Elementarteilchenphysik ist aufwendige Hochenergiephysik!*

Rutherford leuchtete das Atom mit Alpha-Teilchen von α-Strahlern mit „nur" 5 MeV Energie aus und fand den Atomkern (Seite 381). Für das Innere der Protonen ($r \approx 10^{-15}$ m) braucht man Teilchen mit Energien von vielen Milliarden eV. Man muß sie in riesigen Teilchenbeschleunigern (Seite 112 und 292) auf diese Energie bringen. Mit deren Fortschritt wächst laufend die experimentelle Kunde aus dem Bereich des Kleinsten. Energiereichere Teilchen „sehen" nämlich nicht nur schärfer; sie lösen auch Reaktionen aus, die unsere Kenntnisse ungemein erweitern, etwa die Paarbildung von Elektron und Positron, allgemein die Erzeugung neuer Teilchen aus Energie. Dabei wird oft das beschossene Ziel verändert oder gar zerstört. Gerade bei solchen radikalen Vorgängen äußern sich grundlegende Naturgesetze.

Wichtig ist, daß das Geschoß mit dem Ziel wechselwirkt. Sonst durchquert es dieses unbeeinflußt; „man sieht nichts". Elektronen werden vor allem wegen ihrer Ladung abgelenkt, Neutronen durch die starke, Neutrinos durch die schwache Wechselwirkung. Das Forschungsziel bestimmt die Art der benutzten Geschosse.

2. Dampfblasen als Spurendetektive

Schnelle geladene Teilchen ionisieren längs ihrer Bahn Moleküle. In der bekannten *Nebelkammer* entstehen an den so gebildeten Luftionen in übersättigtem Wasserdampf Nebeltröpfchen. Diese liegen bei schnellen β-Teilchen zu weit auseinander. In den viel dichteren Flüssigkeiten dagegen entstehen die Ionen in kleineren Abständen; die Teilchenspuren werden deutlicher und auch viel kürzer. Deshalb benutzt man in **Blasenkammern** statt übersättigtem Wasserdampf überhitzten flüssigen Wasserstoff von −253 °C. Hoher Druck verhindert das Sieden. Wird die Kammer von Teilchen durchsetzt und der Druck plötzlich gesenkt, so fällt der Siedepunkt unter die Temperatur der Flüssigkeit. Sie siedet aber nicht sofort als Ganzes. Die energiereichen Teilchen erzeugen längs ihrer Bahn Ionen. An diesen Ionen entstehen kleine Dampfbläschen in dichter Folge *(Bild 417.1)*. Bevor der Wasserstoff als Ganzes siedet, erhöht man wieder den Druck. Die Kammer steht dann für den nächsten Teilchenschauer bereit. Man baute Blasenkammern bis zu 4 m Durchmesser. In ihnen geben die meisten Teilchen ihre Energie ab, die Bahnen enden in der Kammer. Aus der Bläschenzahl kann man dann auf die Teilchenenergie schließen. Die Krümmung der Bahn in einem starken Magnetfeld liefert zudem den Impuls $p = m v = e B r$. Da v meist in der Nähe von c liegt, läßt sich die relativistische Masse zu $m \approx p/c$ abschätzen. Aus der Laufstrecke Δs bis zum Zerfall des Teilchens ermittelt man dessen Lebensdauer $\Delta t = \Delta s / v$.

Um die Bahn sehr schneller Teilchen zu verfolgen, könnte man viele Zählrohre nebeneinanderlegen. Einfacher ist es, in einem großen Hohlraum viele parallele *Zähldrähte* auszuspannen. Jeder geladene Draht registriert Zählimpulse, die auf einen eigenen Verstärker wirken. Aus der Zeitabfolge dieser Zählimpulse wird von Computern die Bahn des Teilchens auf 0,1 mm genau bestimmt, automatisch aufgezeichnet und die Teilchengeschwindigkeit v berechnet. Dabei muß die Laufzeit des registrierten Impulses längs des Zähldrahts berücksichtigt werden. Mit dem aus der Bahnkrümmung ermittelten Impuls $p = v m$ folgt die Ruhemasse m_0 nach der relativistischen Gleichung $p = v m_0 / \sqrt{1-(v/c)^2}$. Die Targets von Teilchenbeschleunigern werden von solchen riesigen **Driftkammern** umgeben. *Bild 417.2* zeigt registrierte Teilchenbahnen.

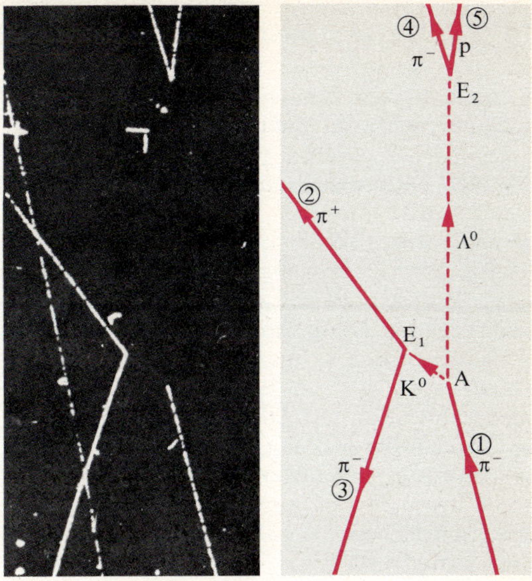

417.1 Blasenkammeraufnahme von Pi-Mesonen, einem K- und Λ-Teilchen (Seite 423) und einem Proton. Ungeladene Teilchen (in der Auswertung rechts gestrichelt) geben keine sichtbaren Bahnen; man muß sie erschließen: Bei A endet die Bahn des geladenen Teilchens ①. Von E_1 und E_2 gehen je die Bahnen zweier neu entstandener geladener Teilchen ②, ③, ④ und ⑤ aus. Bei A entstanden zwei schnelle neutrale Teilchen, die in E_1 und E_2 wirksam wurden. Ihre Daten lassen sich aus den Spuren berechnen.

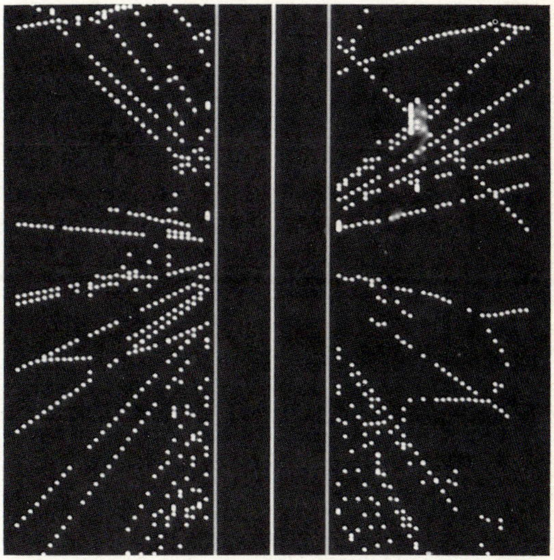

417.2 In einer Driftkammer sind zahlreiche parallele Drähte unter Spannung gesetzt. Ein geladenes Teilchen löst auf ihnen durch Gasentladung Zählimpulse aus. Diese werden registriert und vom Computer zu einer Bahnkurve zusammengesetzt. Jeder Bahnpunkt kommt von einem Zähldraht. Es ist nicht immer einfach, die Teilchen und ihre Eigenschaften zu ermitteln.

§ 127 Die elementaren Bausteine

1. Streuversuche an Nukleonen

Ab 1960 untersuchte man das Innere von Nukleonen, also Protonen und Neutronen. Man beschoß diese Teilchen mit sehr schnellen Elektronen. Da Elektronen geladen sind und keine starke Wechselwirkung zeigen, sprechen sie auf Ladungen an. Dank ihrer kleinen De-Broglie-Wellenlänge konnte man den Protonendurchmesser von 10^{-15} m bestätigen. Dann aber wiederholte sich zur Überraschung vieler die historische Entdeckung *Rutherfords* in einer viel kleineren Dimension (Seite 378): Die Protonen erwiesen sich nämlich weder als kleine harte Kügelchen noch als gleichmäßig mit Ladung erfüllte Wolken. Entweder schlugen die Elektronen glatt hindurch; oder aber sie wurden im Innern erheblich abgelenkt (*Bild 418.1*, vergleiche mit *Bild 379.1* und *379.3*). In Protonen wie Neutronen fand man drei praktisch voneinander unabhängige punktförmige Teilchen, die auch in Neutronen geladen sind. So wurden die Nukleonen als Elementarteilchen entthront.

Die in Nukleonen gefundenen drei Ladungszentren hatten schon vorher die amerikanischen Physiker *M. Gell-Mann* (Nobelpreis 1969) und *G. Zweig* vermutet, als sie mühsam Ordnung in den „Teilchenzoo" zu bringen suchten. So nennt man scherzhaft die Liste der ca. 400 früher als elementar eingestuften Teilchen. Die mittelschweren heißen **Mesonen** (von griech. mittel), die schweren **Baryonen** (von griech. schwer). Zu den Baryonen zählen auch die *Nukleonen*. *Gell-Mann* gab den drei Ladungszentren den Phantasienamen **Quarks**. Ihr Verhalten wird heute mit riesigem Aufwand in internationalen Institutionen erforscht.

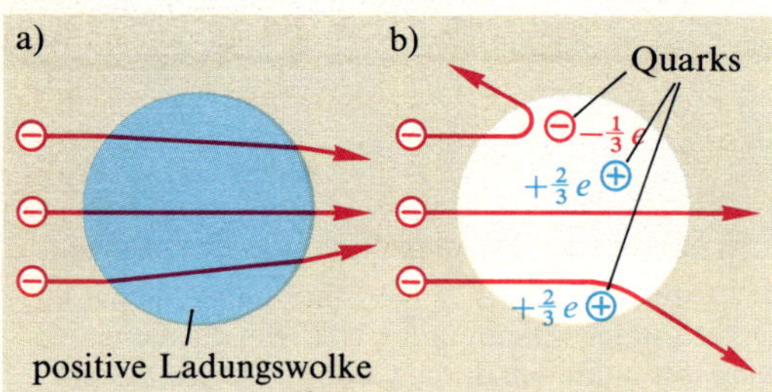

418.1 a) Wäre die Ladung im Proton gleichmäßig verteilt, müßten alle Elektronen hindurchfliegen; b) manche werden jedoch an Quarks gestreut.

2. Die Bestandteile der Baryonen

Es gibt nicht nur eine Sorte Quarks. Im *Proton* fand man zwei punktförmige **u-Quarks** („up") mit je $\frac{2}{3}$ der Elementarladung e und ein **d-Quark** („down") mit $-\frac{1}{3}e$. Zusammen ergibt sich eine Elementarladung e. Das *Neutron* dagegen besteht aus einem u-Quark ($\frac{2}{3}e$) und zwei d-Quarks ($-\frac{1}{3}e$), ist also nach außen hin elektrisch neutral. Die sich wegen der Lokalisationsenergie bewegenden geladenen Quarks machen nicht nur das Proton, sondern auch das ungeladene Neutron zu einem kleinen Magneten. Man weiß jetzt, warum es magnetisch ist.

Proton: u+u+d; Ladung $\frac{4}{3}e-\frac{1}{3}e = e$
Neutron: u+d+d; Ladung $\frac{2}{3}e-\frac{2}{3}e = 0$

Weil die Quarks keine ganzzahlige Elementarladung tragen, nahmen viele Physiker das Quark-Modell zunächst nicht ernst. Warum – fragten sie – hat man diese Quarks noch nicht isoliert, was hält sie mit so starken Kräften im Nukleon fest? Warum findet man beim Millikan-Versuch nicht auch $\frac{2}{3}e$ und $-\frac{1}{3}e$?

Elektronen, die man an schnell fliegenden Nukleonen streut, registrieren die Ursache dieser starken Kräfte: Die Quarks tragen nur etwa die Hälfte des Nukleonenimpulses; der restliche Impuls sitzt in zahlreichen weiteren ungeladenen Teilchen, den **Gluonen** (*Bild 419.1a*; von engl. glue, Klebstoff; unmittelbarer Nachweis Ziffer 8). Es sind die *Austauschteilchen der starken Wechselwirkung*, welche die Quarks mit einem sogenannten *Gluonenband* am Verlassen des Nukleons hindern. Die Gluonen entsprechen nämlich den virtuellen Photonen, also den Austauschteilchen der elektromagnetischen Wechselwirkung (*Bild 419.1b*).

Bei Streuversuchen mit Neutrinos fand man zudem in den Nukleonen *virtuelle Quarks* Q und *Antiquarks* $\bar{Q}$. Zu jedem Quark gibt es ein Antiquark, das auch entgegengesetzte Ladung trägt. Antineutronen wie Antiprotonen bestehen aus Antiquarks. Antineutronen sind also – trotz ihrer Neutralität – nicht mit Neutronen identisch! Antiprotonen unterscheiden sich von Protonen in mehr als nur im Vorzeichen der Ladung. Virtuelle Quark-Antiquark-Paare entstehen und vergehen ständig wie virtuelle Elektron-Positron-Paare nach der Unbestimmtheitsrelation. Die Neutrino-Streuung zeigte zudem, daß Quarks auch an der schwachen Wechselwirkung teilnehmen. Wir haben sie beim Neutrinonachweis benutzt (Seite 414).

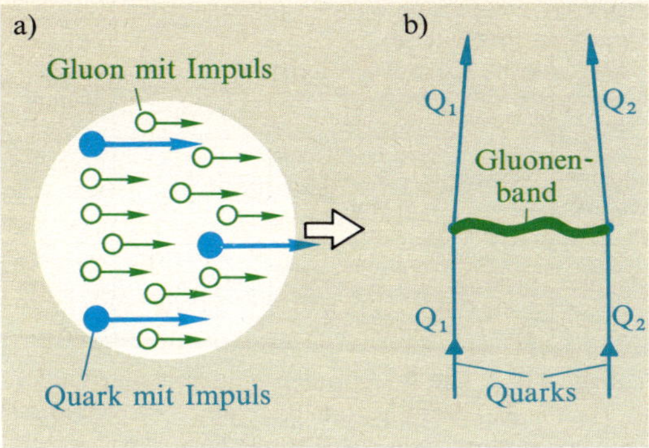

419.1 a) Der Impuls des fliegenden Nukleons verteilt sich auf Quarks und Gluonen. b) Mit dem Gluonenband im Feynmangraphen beschreibt man die starke Wechselwirkung zwischen zwei Quarks (Ziffer 8).

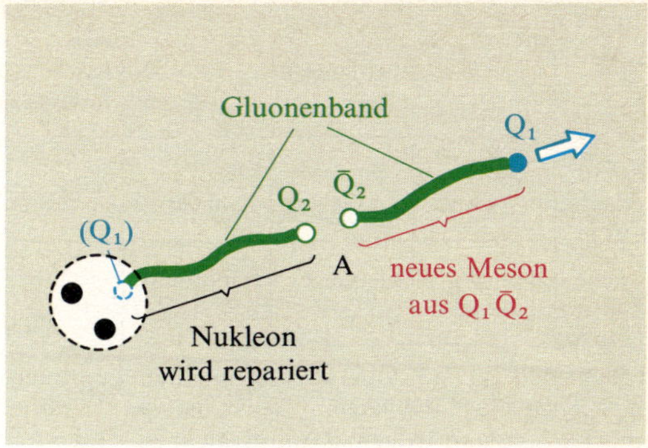

419.2 Beim Versuch, ein Quark Q_1 (blau) aus einem Nukleon zu holen, zerreißen virtuelle Quarks Q_2 und $\bar{Q}_2$ das Gluonenband und erzeugen Mesonen $Q_1\,\bar{Q}_2$. Q_2 ersetzt im Nukleon das Quark Q_1.

Quarks tragen die Ladung $\frac{2}{3}e$ und $-\frac{1}{3}e$ und nehmen an allen vier Wechselwirkungsarten teil. Gluonen sind die Austauschteilchen der starken Wechselwirkung.

Baryonen bestehen aus drei Quarks und zahlreichen Gluonen.

3. Warum bleiben die Quarks im Proton?

Rechnungen zeigen: Würde man ein Quark Q_1 aus einem Nukleon auf 10 cm Abstand ziehen, so brauchte man zum Ausziehen des Gluonen-Bandes die riesige Energie 10^{13} GeV (Ziffer 8)! Doch kommt es nicht soweit. In der Umgebung lauern nämlich in kleinen Dimensionen zahlreiche virtuelle Quarks Q und Antiquarks $\bar{Q}$ als „Möchte-Gern-Teilchen" auf Energie, um materialisiert zu werden. Nach *Bild 419.2* zerreißt ein solches virtuelles Quark Q_2 zusammen mit seinem benachbarten Antiquark $\bar{Q}_2$ das Gluonenband bei A. Dabei heftet sich Q_2 an das linke Ende der Bruchstelle und wird zum Nukleon gezogen. Vom gespannten Gluonenband nimmt es Energie auf und wird ein richtiges Quark. Als solches ersetzt es im Nukleon das herausgezogene Quark Q_1. Das Nukleon ist wieder so vollständig wie vorher; es gelang nicht, ein Quark zu isolieren. Das übrigbleibende Antiquark $\bar{Q}_2$ bleibt auch nicht allein. Es bildet mit dem herausgezogenen Quark Q_1 ein neues, selbständiges Teilchen, ein *Meson*. Mesonen waren im Teilchenzoo zunächst als Elementarteilchen eingestuft worden. Sie bestehen aber aus einem Quark und einem Antiquark und aus Gluonen.

Leider kann man mit den heute verfügbaren Energien diesen vergeblichen Versuch, ein Proton zu zerlegen, noch nicht deutlich nachweisen. Ein Teilvorgang wurde aber 1979 zum erstenmal am DESY in Hamburg beobachtet. Dort ließ man Positronen und Elektronen hoher Energie gegeneinanderstoßen. Es entstand ein freies Quark Q und sein Antiquark $\bar{Q}$. Beide flogen fast mit Lichtgeschwindigkeit voneinander weg. Doch wurde das zwischen ihnen gespannte Gluonenband mehrfach zerrissen. Am Riß bildeten sich aus virtuellen Q-$\bar{Q}$-Paaren und der Energie des gespannten Gluonenbandes zahlreiche Mesonen. Sie erzeugten in Richtung der beiden ursprünglichen Quarkbahnen je einen *Jet*, d.h. einen Pulk von Teilchen gleicher Richtung *(Bild 419.3)*. Beim Vorgang nach *Bild 419.2* sieht man dagegen nur einen einzigen Quark-Jet.

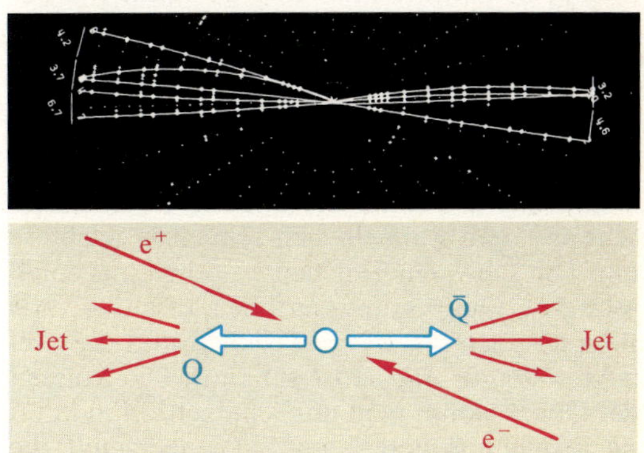

419.3 Zwei Mesonen-Jets entstehen bei der Zerstrahlung eines e^--e^+-Paars, jeder aus einem Quark. Die Krümmung der Teilchenbahnen rührt vom Magnetfeld her; die Punkte sind Zählrohrdrähte.

	QUARKS alle 4 Wechselwirkungen			elektrische Ladung
Name Masse	u (up) 0,31 GeV	c (charm) 1,5 GeV	t (top) ≈40 GeV	$+\frac{2}{3}e$
Name Masse	d (down) 0,31 GeV	s (strange) 0,5 GeV	b (bottom) 4,9 GeV (?)	$-\frac{1}{3}e$

Tabelle 420.1 Die 6 Quarks sind mit den Leptonen in *Tabelle 420.2* die letzten Bausteine der Materie (mit Ladung und Ruhemasseäquivalent $m\,c^2$).

	LEPTONEN keine starke Wechselwirkung			elektrische Ladung
Name Masse	Neutrino ν_e ≈0	ν_μ ≈0	ν_τ $<$0,16 GeV	0
Name Masse	Elektron e 0,005 GeV	Myon μ 0,1 GeV	Tau τ 1,78 GeV	$-1\,e$

Tabelle 420.2 Die 6 Leptonen sind mit den Quarks in *Tabelle 420.1* die letzten Bausteine. Zu jedem der Teilchen gibt es noch ein Antiteilchen.

4. Teilbarkeit als philosophisches Problem

Die Philosophen fanden schon immer im Atomismus einen logischen Widerspruch: Spricht man den *kleinsten Teilchen* jede Ausdehnung ab, so versteht man nicht, wie aus ihnen ein ausgedehnter Körper entstehen kann. Gesteht man ihnen aber Ausdehnung zu, so fragt man, warum sich diese Teilchen nicht weiter unterteilen lassen. Bei Atomen löste die Lokalisationsenergie das Rätsel. Sie garantiert selbst punktförmigen Elektronen einen ausgedehnten Aufenthaltsbereich. Auch bei Nukleonen spielt die Energie eine Rolle. Will man ein Nukleon in seine Bestandteile, die Quarks, zerlegen, so braucht man Energie. Diese stellt, wie wir sahen, durch Materialisation das ursprüngliche Gebilde wieder her. Man darf also nicht nur an Ausdehnung denken, wenn man über Atome und Teilbarkeit philosophiert; man muß alle physikalischen Eigenschaften berücksichtigen.

5. Zwei Quarks sind zu wenig!

Könnte man mit den Quarks nur den Aufbau der beiden Nukleonen Proton und Neutron erklären, so hätte man wenig gewonnen. Man möchte den ganzen ‚Teilchenzoo' mit seinen über 400 z.T. sehr schweren Teilchen ordnen. Hierzu braucht man insgesamt 6 Quarks und ihre 6 Antiquarks *(Tabelle 420.1)*. Von Bedeutung für die stabile Materie sind aber nur das u und das d-Quark. Die andern Quarks sind schwerer und wandeln sich schnell in leichtere um. Die schweren Teilchen bestehen aus solch schweren Quarks und zerfallen rasch. – Als Beispiel seien die vier Δ-Teilchen und die drei π-Mesonen in *Bild 420.1* genannt. Die Massen der Quarks kann man nur schätzen. Man kann sie ja nicht isolieren; im Baryon erzeugt die Bindungsenergie W_b eine erhebliche Massenänderung $\Delta m = W_b/c^2$. Wir geben die Masse durch ihr Energieäquivalent $W = m\,c^2$ in GeV an; 1 GeV entspricht etwa der Protonenmasse.

6. Die leichten Elementarteilchen (Leptonen)

Die leichten Teilchen, **Leptonen** genannt, umfassen *Elektronen* e^-, die ihnen zugeordneten *Neutrinos* ν_e sowie die jeweiligen Antiteilchen e^+ usw. *(Tabelle 420.2)*. Neben dem stabilen Elektron e^- fand man noch die instabilen Teilchen *Myon* μ^- und *Tau* τ^-. Die beiden sind schwere Ausgaben des Elektrons e^- und unterscheiden sich von diesem ausschließlich in der Masse. Das Myon μ entsteht aus der kosmischen Strahlung in großer Höhe (Seite 275). Da es an der starken Wechselwirkung nicht teilnimmt, durchsetzt es die Atmosphäre spielend und kann noch in Bergwerken im Zählrohr nachgewiesen werden. Es zerfällt mit der Halbwertszeit 2,2 μs in ein Elektron, dessen Antineutrino $\bar{\nu}_e$ und ein Myonneutrino ν_μ.

Leptonen enthalten keine Quarks und keine Gluonen, nehmen also an der starken Wechselwirkung nicht teil. Man fand bei Streuversuchen von Leptonen an Leptonen auch keinerlei Hinweis auf eine Ausdehnung. Deshalb wirken Elektronen bis auf die derzeit kleinste meßbare Distanz von 10^{-19} m wie punktförmige Teilchen; es sind echte Elementarteilchen.

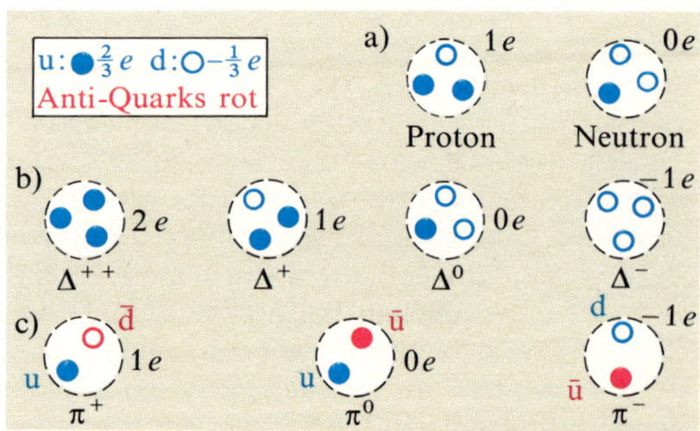

420.1 Aufbau a) der Nukleonen, b) der 4 Δ-Teilchen (Seite 423) und c) von Mesonen aus Quarks

Diese 6 Leptonen und ihre 6 Antiteilchen bilden gegenüber den 6 Quarks eine eigene Gruppe von elementaren Bausteinen unserer Welt. Da sie mit den Quarks durch dieselbe Elementarladung verbunden sind, sucht man heute nach tieferen Zusammenhängen. Spekulationen darüber liest man auch in der Presse. Vielleicht bestehen auch die Quarks aus noch elementareren Bausteinen. Verringert sich die Zahl der Elementarteilchen noch weiter? Bringen noch größere Beschleuniger noch kleinere Teilchen ans Tageslicht?

7. Die Kernkraft – ein kleiner Nebeneffekt?

Als Austauschteilchen für die starke Kraft zwischen Quarks wurden im Proton und im Neutron Gluonen nachgewiesen. Sie haben wie Photonen die Ruhemasse $m_0 = 0$; nach Seite 415 ist deshalb die Reichweite $\Delta s = h/(2\, m_0\, c)$ dieser **Gluonenkraft** sehr groß. Warum haben dann die *Kernkräfte* zwischen Nukleonen nur eine kurze Reichweite? Hängen Kernkräfte mit der von Gluonen erzeugten starken Wechselwirkung zwischen Quarks zusammen? Betrachten wir die Quellen der verschiedenen Kraftarten:

Die Quelle der **Gravitationskraft** ist die *Masse*. Da es nur eine Art von Masse gibt, fehlt jegliche Neutralisierung der Gravitation. – Die Quellen der **elektrischen Kräfte** sind die *elektrischen Ladungen*, von denen es zwei Arten gibt, die sich neutralisieren können. – Was ist die Quelle der sehr starken und weitreichenden **Gluonenkräfte**? Kann man sie auch neutralisieren? Das kurzlebige Δ^{++}-Teilchen nach *Bild 420.1* gibt einen Hinweis. Es besteht aus drei u-Quarks, die ihm die Ladung $+2\,e$ verleihen. Doch verletzen diese drei gleichen Quarks zunächst das *Pauliprinzip*, so wie es drei Elektronen in der K-Schale eines Atoms tun würden.

Um das Pauli-Prinzip im Δ^{++} zu retten, unterscheidet man seine drei sonst gleichen u-Quarks durch eine neue Art von Zuständen, eine neue Art von Ladungen. Ihre Werte müssen sich in den selbständigen Δ^{++}-Teilchen wie auch in den Nukleonen nach außen hin aufheben, da diese Teilchen keine starke Kraft großer Reichweite ausüben. Mit nur zwei Werten (etwa + und –) ist eine solche Neutralisation bei drei sonst gleichen Quarks nicht möglich. Es ist ähnlich wie bei den Farben, wo Rot, Grün und Blau zusammen die Neutralfarbe Weiß ergeben. (Betrachten Sie eine weiße Stelle des Farbfernsehbilds mit der Lupe.) Man sagt nun in bildhafter Analogie, die Quarks tragen die drei *Farbladungen Rot, Grün* und *Blau* (davon rührt das Wort **Quantenchromodynamik** für die Quarktheorie; chroma, Farbe). In Protonen, Neutronen usw. heben sich die Farbladungen für größere Abstände stets auf; diese Teilchen sind *farbneutral*, „weiß“. Sie können deshalb als freie Teilchen auftreten, ohne auf größere Abstände starke Kräfte auszuüben.

Allerdings schimmert in nächster Nähe auch beim „weißen“ Nukleon noch etwas Farbladung von den einzelnen Quarks durch (entsprechend heben sich beim neutralen elektrischen Dipol Plus- und Minus-Ladung in der Nähe nicht ganz auf). Danach ist die auf 10^{-15} m Reichweite respektable *Kernkraft* eine stark reduzierte Gluonen-Wechselwirkung zwischen Quarks und gibt einen Eindruck, wie stark diese Gluonenkraft an sich ist! Der Ableger Kernkraft entspricht nur noch der sehr schwachen *Van-der-Waalsschen Kraft* zwischen Molekülen. Diese ist nach Seite 347 eine Coulombkraft, die bei kleinen Abständen als Dipolkraft zwischen neutralen Atomen etwas durchschimmert. Für die komplizierte Van-der-Waals-Kraft kann man kein einfaches Gesetz aufstellen; man braucht sich also nicht zu wundern, daß man auch in der Kernphysik kein Elementar-Gesetz für Kernkräfte fand. *Vielmehr ist heute die Kernphysik ein Teilgebiet der Elementarteilchenphysik, so wie sich die Chemie als ein Teilgebiet der Atomhüllenphysik erwies.*

In Mesonen tragen die Antiquarks eine ‚Antifarbe‘, etwa Antirot (Türkis) zu Rot usw. Deshalb sind auch Mesonen farbneutral und zeigen nach außen kaum etwas von der starken Wechselwirkung ihrer Gluonen. Mesonen können wie Nukleonen frei existieren.

Die starke Wechselwirkung beruht auf der Gluonenkraft zwischen den Farbladungen der Quarks. Baryonen und Mesonen sind nach außen hin farbneutral und können deshalb frei existieren. Die Kernkräfte kurzer Reichweite sind ein Ableger der starken Gluonenkraft großer Reichweite.

Die Gluonenkraft, oft auch *Farbkraft* genannt, ist zwischen zwei entfernten Quarks etwa gleich der Gewichtskraft 10^5 N von ca. 10 t Masse. Seite 424 führen wir Experimente an, mit denen man diese Gluonenkraft bestimmen kann.

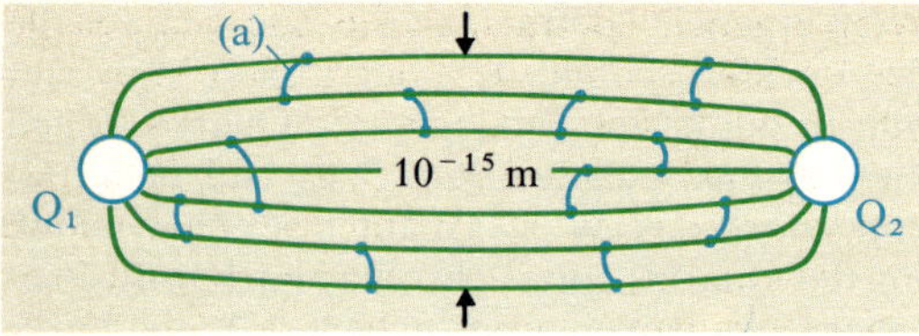

422.1 Gluonenband zwischen entfernten Quarks; Querlinien (a) zeigen Kräfte zwischen den farbtragenden Gluonen.

8. Das Gluonenband gibt konstante Kraft

Man fand nicht nur Quark-, sondern auch Gluonen-Jets (Ziffer 3). Sie zeigen, daß auch die Gluonen Farbladung tragen. Man kann also die zwischen Quarks fliegenden Gluonen mit fliegenden geladenen Watteflocken vergleichen. Ein solcher Vergleich wäre bei den neutralen Photonen als den Austauschteilchen der elektromagnetischen Wechselwirkung nicht angebracht. Wenn viele Watteflocken zwischen den Kugeln des Bandgenerators hin und her fliegen, bilden sie Ströme parallel laufender gleicher oder einander entgegenlaufender entgegengesetzter Ladungen. Beide ziehen sich nach Seite 60 an und fliegen nur noch entlang einer dünnen Feldlinien„röhre". Ähnlich machen es nach der Quantenchromodynamik die Gluonen und erzeugen ein 10^{-15} m dickes Gluonenband zwischen Quarks. Ein Gluonenfeld gibt es aber nur dort, wo Gluonen sind. Also erscheinen die Feldlinien quer zu ihrer Längsrichtung geschrumpft. Sie laufen praktisch parallel zueinander *(Bild 422.1)*. Dies erinnert an ein homogenes Kondensatorfeld, das die Kondensatorplatten mit einer vom Abstand unabhängigen Kraft zusammenzieht. So wird die beobachtete, vom Abstand fast unabhängige Kraft F ($\approx 10^5$ N) zwischen den Quarks verständlich. Sie fordert eine zum Abstand s proportionale Energie $W = Fs$ zum Auseinanderziehen der Quarks.

Coulombkräfte verhalten sich völlig anders; sie nehmen mit steigendem Abstand ab. Deshalb kann man entgegengesetzte Ladungen mit erträglichem Energieaufwand beliebig weit voneinander trennen.

9. Freie Quarks in den Nukleonen!

Die Quarks im Nukleon selbst konnte man nach *Bild 418.1* durch Elektronen einzeln nachweisen; sie kleben nämlich nicht zusammen. Auf kleine Distanz ist offensichtlich das Gluonenband entspannt; die Quarks sind im Nukleon praktisch frei. Warum ist dies anders als bei der Coulombkraft und ihrem Austauschteilchen, dem Photon?

Nun, die Gluonen tragen Farbladung. So können sie — ähnlich wie Watteflocken am Bandgenerator — die Farbladungen der Quarks etwas in deren Umgebung verteilen. Dieses Verschmieren der Farbladung schützt (Faradaybecher) die Quarks im Nahbereich vor Gluonenkräften. Dieser Nahbereich bestimmt zusammen mit der Lokalisationsenergie die Größe des Nukleons, in dem die Quarks fast frei sind. Die Welt der Quarks ist schon recht seltsam!

10. Zwei ganz verschiedene Teilchenarten

Man darf die Austauschteilchen, welche die Wechselwirkungen beschreiben, nicht mit den Grundbausteinen, die von ihnen zusammengehalten werden, verwechseln. Die Grundbausteine der Materie, Quarks wie Leptonen, gehorchen dem *Pauliprinzip*. In einem Gebilde können sich also nicht beliebig viele von ihnen aufhalten, z.B. nicht mehr als zwei Elektronen in der K-Schale eines Atoms oder mehr als drei gleiche Quarks in einem Nukleon. Für die Austauschteilchen Photonen und Gluonen gilt jedoch das Pauliprinzip nicht. So besorgen sehr viele virtuelle Photonen die Kräfte zwischen Ladungen und im Nukleon viele Gluonen dessen Zusammenhalt.

In den letzten Jahren fand man auch die Austauschteilchen für die schwache Wechselwirkung, *Weakonen* genannt. Sie haben die riesige Masse von 37 GeV, also 39 Protonenmassen. Nach Seite 415 hängt dies mit der kurzen Reichweite der schwachen Wechselwirkung zusammen. Die Theoretiker erwarten bei hohen Energien eine Verschmelzung der verschiedenen Wechselwirkungen wie auch der Teilchenarten. Hat dann die Physik ihr Ende gefunden?

Aufgaben

1. *Schätzen Sie die Energie ab, die Elektronen mindestens haben müssen, um Strukturen von $\frac{1}{10}$ des Protonendurchmessers zu analysieren!*

2. *In populären Darstellungen erklärt man die Anziehung durch virtuelle Photonen mit der Anziehungs‚kraft', die ein Tischtennisball auf die beiden Spieler ausübt. Denken Sie darüber physikalisch nach!*

3. *Der Japaner Yukawa postulierte zur Erklärung der Kernkräfte von 10^{-15} m Reichweite ein Austauschteilchen. Welche Ruhemasse sollte es nach Seite 415 haben? Welche Art von Teilchen könnte hierfür in Frage kommen? Was machte diese Vorstellung überflüssig?*

§ 128 Die zusammengesetzten Teilchen

1. Mesonen aus Quark und Antiquark

Als „mittelschwere" Teilchen kennt man die *Mesonen* seit 1940 aus der kosmischen Strahlung. Sie bestehen aus einem Quark Q und einem Antiquark $\bar{Q}$. Alle Mesonen zerfallen; ihre Halbwertszeiten liegen zwischen 10^{-8} s und 10^{-21} s *(Tabelle 423.1)*. In neutralen Pi-Mesonen (Pionen) π^0 sind beide Quarks von gleicher Art (z.B. d und $\bar{d}$). Folglich können sie wie Elektron und Positron zusammen sehr schnell zerstrahlen; die Halbwertszeit ist mit 10^{-16} s kurz. Im π^+-Meson sind dagegen Quark und Antiquark von verschiedener Sorte ($u\bar{d}$); es zerfällt nach $\pi^+ \longrightarrow \bar{\mu}^+ + \nu_\mu$ in zwei quarkfreie Leptonen, das Antiteilchen $\bar{\mu}^+$ zum Myon μ^- und sein Neutrino ν_μ. Hier verwandelt sich durch schwache Wechselwirkung, also langsam, zunächst ein Quark in ein anderes (u in d). Dann zerstrahlen beide (d und $\bar{d}$) wie bei π^0. Die Halbwertszeit ist viel größer ($\approx 10^{-8}$ s). Das π^0 entsteht in Teilchenbeschleunigern beim Stoß eines energiereichen Protons auf ein anderes Proton nach $p+p \longrightarrow p+p+\pi^0$ aus der kinetischen Energie der stoßenden Protonen.

π^+ entsteht nach $p+p \longrightarrow p+n+\pi^+$.

π^- entsteht nach $p+n \longrightarrow p+p+\pi^-$.

Mesonen bestehen aus einem Quark und einem Antiquark. Sie zerfallen rasch.

Meson	Quarks	mc^2 in GeV	Halbwertszeit
π^+	u $\bar{d}$	0,140	$1{,}8 \cdot 10^{-8}$ s
π^0	d $\bar{d}$	0,135	$0{,}6 \cdot 10^{-16}$ s
π^-	d $\bar{u}$	0,140	$1{,}8 \cdot 10^{-8}$ s
K^+	u $\bar{s}$	0,494	$0{,}9 \cdot 10^{-8}$ s
K^0	d $\bar{s}$	0,498	$0{,}6 \cdot 10^{-10}$ s
K^-	s $\bar{u}$	0,494	$0{,}9 \cdot 10^{-8}$ s
ψ	c $\bar{c}$	3,094	$\approx 10^{-20}$ s
ψ'	c $\bar{c}$	3,685	$\approx 10^{-21}$ s
Y	b $\bar{b}$	9,5	

Tabelle 423.1 Einige der 200 Mesonen, gebildet aus Quarks Q und Antiquarks $\bar{Q}$. s-, c- und b-Quarks haben größere Masse als u- und d-Quarks.

2. Drei Quarks bilden Baryonen

Das *Proton* ist das leichteste Baryon. Man hat noch keinen Zerfall beobachtet. Dagegen zerfällt das nur wenig massereichere *Neutron* im freien Zustand und beim β-Zerfall im Kern in ein Proton, ein Elektron und ein Antineutrino $\bar{\nu}_e$; dabei geht ein d-Quark in ein u-Quark über nach $d \longrightarrow u + e^- + \bar{\nu}_e$. Die Ladungsdifferenz $\frac{2}{3}e - (-\frac{1}{3}e) = e$ und die Energie 0,002 GeV führt das Elektron ab. Wäre dagegen das Proton etwas schwerer als das Neutron, so würden die Wasserstoffkerne zerfallen.

Das aus 3 u-Quarks gebildete Δ^{++}-Teilchen *(Bild 420.1)* und sein Antiteilchen $\bar{\Delta}^{--}$ entstehen beim Zusammenstoß von sehr energiereichen Protonen p^+ und Antiprotonen p^- nach $p^+ + p^- \longrightarrow \Delta^{++} + \bar{\Delta}^{--}$ *(Bild 424.1)*. Dabei gehen zwei d-Quarks in zwei u-Quarks über. Die Δ-Teilchen zerfallen nach $\Delta^{++} \longrightarrow p^+ + \pi^+$ und $\bar{\Delta}^{--} \longrightarrow p^- + \pi^-$, also wieder in die zwei Ausgangsprotonen. Die überschüssige Energie erzeugt die zwei Pionen. Beim Zerfall von Baryonen entstehen am Schluß stets Protonen als die leichtesten Baryonen. Δ^+ und Δ^0 haben nach *Tabelle 423.2* die gleichen Quarks wie Nukleonen, aber viel größere Masse, also mehr Energie. Es sind energetisch angeregte Teilchen, **Resonanzen** genannt, analog zu den angeregten Atomen bei der Resonanzfluoreszenz (Seite 332). Wir besprechen solche angeregten Quarkzustände in Ziffer 3 und 4. Sie zerfallen schnell. Bei angeregten Atomen sind dagegen Kräfte, Energien ΔW und die Massenzunahme $\Delta m = \Delta W/c^2$ winzig klein; man spricht hier nicht von neuen Teilchen.

Baryon	Quarks	mc^2 in GeV	Halbwertszeit
Proton	u u d	0,938	10^{31} Jahre (?)
Neutron	u d d	0,940	636 s
Δ^{++}	u u u	1,23	$\approx 10^{-24}$ s
Δ^+	u u d	1,23	$\approx 10^{-24}$ s
Δ^0	u d d	1,23	$\approx 10^{-24}$ s
Δ^-	d d d	1,23	$\approx 10^{-24}$ s
Λ	u d s	1,116	$1{,}7 \cdot 10^{-10}$ s
Σ^+	u u s	1,189	$0{,}5 \cdot 10^{-11}$ s
Σ^0	u d s	1,192	$\approx 10^{-20}$ s
Σ^-	d d s	1,197	$1{,}0 \cdot 10^{-10}$ s
Ω^-	s s s	1,672	$0{,}9 \cdot 10^{-10}$ s

Tabelle 423.2 Einige Baryonen, zusammengesetzt aus drei Quarks; alle zerfallen in ein Proton und in Leptonen.

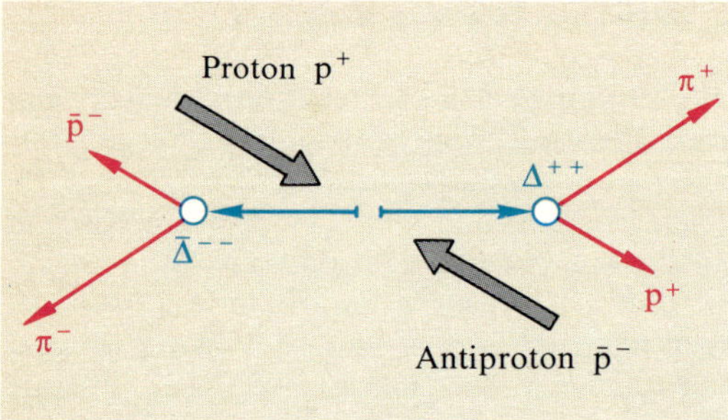

424.1 Proton p^+ und Antiproton p^- bilden ein Δ^{++} und sein Antiteilchen $\bar{\Delta}^{--}$, die sofort zerfallen.

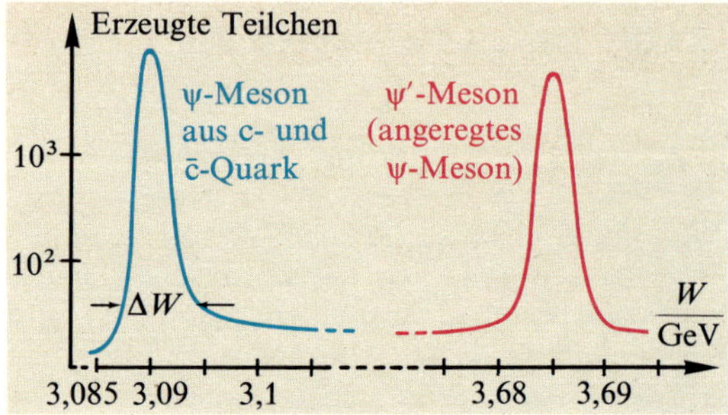

424.2 Bildung und Zerfall von Mesonen: Resonanzlinie a) der Reaktion $e^+ e^- \rightarrow \psi$; b) $e^+ e^- \rightarrow \psi'$

Baryonen bestehen aus drei Quarks oder drei Antiquarks und haben stets ganzzahlige Ladung. Andere Kombinationen von Quarks als bei Baryonen und Mesonen gibt es in der Natur nicht. Sie wären nicht farbneutral und würden sehr starke Gluonenkräfte aufeinander ausüben.

3. Erzeugung und Nachweis neuer Teilchen

Die ersten Mesonen entdeckte man in der Höhenstrahlung durch die Spuren, die sie und ihre Zerfallsteilchen in Fotoplatten hinterließen. Diese Platten brachte man auf hohe Berge oder mit Ballons in große Höhen. Heute erzeugt man Mesonen und Baryonen gezielt in Teilchenbeschleunigern. Seit 1974 kann man aus Speicherringen Elektronen und Positronen mit über 3 GeV gegeneinander prallen lassen. Beim Steigern der Energie zeigen die Detektoren um den Kollisionsort nach *Bild 424.2* bei 3,09 GeV und 3,68 GeV an, daß neue Teilchen entstehen. Diese Energien materialisieren sich zu kurzlebigen Teilchen mit den Ruhemassen $m_0 = 3{,}09\ \mathrm{GeV}/c^2 = 3{,}3\ m_p$ bzw. $3{,}68\ \mathrm{GeV}/c^2 = 4\ m_p$ (m_p: Protonenmasse). Die Linien in *Bild 424.2* beschreiben mit ihrer Lage die Teilchenenergie. Die Linienbreite $\Delta W \approx 0{,}003$ GeV gibt zudem nach der Unbestimmtheitsrelation den Zerfall und die sehr kurze Halbwertszeit $\Delta t \approx h/\Delta W \approx 10^{-20}$ s an (analog zu *Bild 320.2*). Diese kurzlebigen Teilchen sind angeregte Quarkzustände, also auch Resonanzen. Da es – wie bei Atomen – beliebig viele Anregungszustände gibt, können sich aus wenigen Quarks theoretisch unendlich viele kurzlebige Teilchen mit verschiedenen Massen bilden. Sie bevölkern den Teilchenzoo.

4. Quarks bilden sogar „Atome"

Das linke Teilchen ψ in *Bild 424.2* besteht aus zwei c-Quarks (je $1{,}5\ \mathrm{GeV}/c^2$ Masse). Ein c-Quark und sein Antiquark c̄ „umkreisen" sich kurzzeitig wie zwei Sterne. Dabei befolgen sie die Quantengesetze, die man vom Atombau her kennt. Sie sind dem Wasserstoffatom ähnlich, nur daß beide Partner gleiche Masse haben. Auch werden die beiden Quarks durch die starke Wechselwirkung, also durch Gluonenkräfte, zusammengehalten. Deshalb konnte man an diesen **Quark-Atomen** die oben angeführten Eigenschaften der weitreichenden Gluonenkräfte untersuchen und ihren riesigen Betrag von 10^5 N ermitteln. – Das ψ′-Meson stellt einen angeregten Zustand des ψ-Teilchens (auch J/ψ genannt) mit wesentlich höherer Energie dar. Viele Mesonen sind nichts weiter als angeregte Zustände solcher Quark-Atome. Deshalb gibt es so viele kurzlebige Mesonen. Man kann für sie Termschemata entsprechend *Bild 339.2* aufstellen. Die Lebensdauer liegt oft nur bei 10^{-24} s, also der Zeit, in der Licht um einen Protonendurchmesser weiterkommt!

Aufgaben

1. a) *Prüfen Sie bei den Mesonen in Tabelle 423.1 Ladung und Masse aufgrund der Quark-Zusammensetzung! Was fällt bei der Masse auf? Suchen Sie eine Begründung!* **b)** *Verfolgen Sie bei den angegebenen Mesonen-Reaktionen die Quarkzusammensetzung!*

2. a) *Erklären Sie die Ladung von Δ^{++}, Δ^+, Δ^- und Δ^0 nach Tabelle 423.2!* **b)** *Versuchen Sie aus drei Quarks bzw. aus drei Antiquarks Teilchen mit nicht ganzzahliger Ladung zu konstruieren!* **c)** *Versuchen Sie dies bei 4 oder 2 Quarks! Was verhindert solche Kombinationen?* **d)** *Warum müssen Mesonen ganzzahlige Ladungen haben (Null eingeschlossen)?*

§ 129 Teilchen und Felder

1. Gibt es beständige Teilchen?

Die Atomisten waren fasziniert von der Idee, die Vielfalt der Stoffe auf wenige beständige Teilchen zurückführen zu können. Aber nicht einmal das Elektron ist beständig; es kann mit dem Positron zusammen zerstrahlen. Nur die *Energie* bleibt und geht in γ-Quanten über. Fast alle andern Teilchen können zerfallen; man sucht heute sogar nach dem Zerfall des Protons. Mit der Erkenntnis, daß Teilchen entstehen und vergehen können, hat die Physik die Suche nach unwandelbaren Teilchen, die auf Bahnen laufen, aufgegeben.

2. Alternative für stetige Teilchenbahnen

Niemand fällt es leicht, beim Doppelspaltversuch den Bahnbegriff in atomaren Dimensionen aufzugeben. Das Entstehen und Vergehen von Teilchen bietet eine anschauliche Alternative für den uns vertrauten klassischen Bahnbegriff. Betrachten wir eine wandernde Lichtreklame! Auf ihrer Leuchttafel leuchten Lämpchen auf und erlöschen wieder, von einer Zentrale „nach Gesetz" gesteuert. Geschieht dies stochastisch und großflächig verteilt, so scheint auf der Tafel ein Punkt zu springen. Auf diese Weise beschreibt heute die Quantentheorie die *Bewegung* eines Teilchens. An einer Stelle wird es vernichtet und irgendwoanders wieder erzeugt – die Unbestimmtheitsrelationen machen dies möglich. Leuchtet dagegen das jeweils in einer bestimmten Richtung benachbarte Lämpchen auf, so wird auf der Leuchttafel die uns vertraute stetige Bahn eines klassischen Teilchens simuliert; die Sprünge sind aus großem Abstand nicht mehr zu erkennen. Wir „sehen" die Bewegung eines bestimmten Körpers längs einer kontinuierlichen Bahn. Unsere klassisch geschulte Anschauung ist zufrieden.

3. Ist das Feld eine letzte Realität?

Die wandelbaren Teilchen faßt die Quantentheorie als Quanten eines Feldes auf. Sind also *E*- und *B*-Felder letzte Realität? Die uns aus der Elektrizitätslehre vertraute elektromagnetische Welle mit ihrem *E*- und *B*-Feld ist aber nur ein Grenzfall einer mit sehr vielen Photonen besetzten *Wahrscheinlichkeitswelle.* Das klassische Feld kann man also auch nicht als letzte Realität ansehen. Man muß es quantisieren, ihm also Quanten zuordnen. **Teilchen sind Quanten von Feldern und befolgen Wahrscheinlichkeitsgesetze**. Mit den dabei entstehenden *Austauschteilchen* als den Trägern von Impuls und den Vermittlern von Kraft ist die alte Fernwirkungstheorie vollends zu Grabe getragen. Die Feldvorstellungen *Faradays* und *Maxwells* haben in den modernen Quantenfeldtheorien eine tiefere Bestätigung gefunden.

Wenn es in jedem Raum von virtuellen Teilchen wimmelt, so erscheint die Tatsache, daß elektromagnetische Felder Sitz von Energie sind, nicht mehr so abwegig. Hört man, wie moderne Theoretiker die Feldlinien der Quarkkräfte als Gluonenbänder darstellen, so denkt man sofort an Zugkräfte längs Feldlinien.

4. Energie und Gesetz als letzte Realitäten

Was bleibt, sind **abstrakte Begriffe**, die Erhaltungssätzen gehorchen wie *Energie*, *Impuls* und *Ladung*. Die Erhaltungssätze spielen eine immer größere Rolle. *Heisenberg* stellte sich die Energie als die Ursubstanz der Welt vor, die ein letztes Gesetz *(„Weltformel")* befolgt und unser Weltall mit seinen ungeheuer vielfältigen Strukturen bildet. Nur ist diese Weltformel noch nicht gefunden.

5. Quantentheorie als Universaltheorie

Die endgültige Weltformel haben wir noch nicht. Wie auf Seite 324 gesagt, stößt aber die moderne Quantentheorie – relativistisch verfeinert – in diese Richtung vor. Sie umfaßt nicht nur einen ungeheuren Bereich der Natur. Selbst Betrachtungen zur Entstehung des Weltalls (Kosmologie) sind ohne sie undenkbar. Es gibt kein Phänomen, das der Quantentheorie widerspricht; ihre Voraussagen werden dort, wo man exakt rechnen und messen kann, mit einer Genauigkeit von $1:10^8$ bestätigt. Die klassische Physik ist ein Grenzfall von ihr.

Schwierigkeiten bereitet die Quantentheorie allerdings, wenn man liebgewordene anschauliche Vorstellungen aus diesem uns vom täglichen Leben vertrauten Grenzfall heranzieht, um die abstrakt anmutende Theorie zu *deuten.* Wer aber bereit ist, die geforderte Abstraktion vorzunehmen, kann heute seinen Frieden mit der Physik machen. Er hat ein sicheres Fundament, um noch ungelöste Fragen anzugehen. Die Elementarteilchenphysik dieser Tage ist hierfür ein Beispiel.

Anhang

Physikalische Konstanten

	Symbol	Wert
Gravitationskonstante	G^*	$6{,}670\cdot10^{-11}\ \mathrm{m^3\,kg^{-1}\,s^{-2}}$
Molvolumen idealer Gase bei NB	V_0	$22{,}414\ \mathrm{dm^3\,mol^{-1}}$
Gaskonstante	R_0	$8{,}3143\ \mathrm{J\,mol^{-1}\,K^{-1}}$
Physikalischer Normdruck	p_0	$101\,325\ \mathrm{Pa} = 1013{,}25\ \mathrm{mbar}$
Boltzmannsche Konstante	k	$1{,}38062\cdot10^{-23}\ \mathrm{J\,K^{-1}}$
Avogadrosche Konstante	N_A	$6{,}0221\cdot10^{23}\ \mathrm{mol^{-1}}$
Vakuumlichtgeschwindigkeit	c_0	$2{,}997924562\cdot10^{8}\ \mathrm{m\,s^{-1}}$
elektrische Feldkonstante	ε_0	$8{,}85419\cdot10^{-12}\ \mathrm{F\,m^{-1}}$
magnetische Feldkonstante	μ_0	$1{,}25664\cdot10^{-6}\ \mathrm{T\,m\,A^{-1}} = 4\pi\cdot10^{-7}\ \mathrm{H\,m^{-1}}$
Plancksches Wirkungsquantum	h	$6{,}62618\cdot10^{-34}\ \mathrm{J\,s} = 4{,}13570\cdot10^{-15}\ \mathrm{eV\,s}$
Elementarladung	e	$1{,}6022\cdot10^{-19}\ \mathrm{C}$
Spezifische Elektronenladung	e/m_e	$1{,}7588\cdot10^{11}\ \mathrm{C\,kg^{-1}}$
Spezifische Protonenladung	e/m_p	$9{,}5788\cdot10^{7}\ \mathrm{C\,kg^{-1}}$
atomare Masseneinheit	1 u	$1{,}6605519\cdot10^{-27}\ \mathrm{kg}$
Elektronenmasse	m_e	$9{,}1095\cdot10^{-31}\ \mathrm{kg} = 5{,}48580\cdot10^{-4}\ \mathrm{u}$
Neutronenmasse	m_n	$1{,}6749\cdot10^{-27}\ \mathrm{kg} - 1{,}0086650\ \mathrm{u}$
Protonenmasse	m_p	$1{,}6726\cdot10^{-27}\ \mathrm{kg} = 1{,}0072765\ \mathrm{u}$

Atom- und Kernmassen (in u)

Nuklid	Atommasse	Kernmasse
n	–	1,0086650
H-1 (P)	1,0078250	1,0072765
H-2 (d)	2,0141018	2,0135532
H-3	3,0160493	3,0155007
He-3	3,0160293	3,0149321
He-4	4,0026033	4,0015061
He-6	6,0188910	6,017794
Li-6	6,0151232	6,013477
Li-7	7,0160045	7,014359
Be-7	7,0169297	7,014735
Be-9	9,0121825	9,009988
B-10	10,0129380	10,010195
B-11	11,0093053	11,006562
C-12	12,0000000	11,996708
C-13	13,0033548	13,000063
C-14	14,0032420	13,999940
N-13	13,0057387	13,001899
N-14	14,0030740	13,999234
N-15	15,0001090	14,996269
O-14	14,0085972	14,004208
O-15	15,0030654	14,998677
O-16	15,9949146	15,990526
O-17	16,9991306	16,994742
O-18	17,9991594	17,994771
F-18	18,0009366	17,996000
F-19	18,9984033	18,993466
Ne-20	19,9924391	19,986953
Ne-22	21,9913837	21,985898
Na-22	21,9944348	21,988400
Na-23	22,9897697	22,983735
Al-27	26,9815413	26,97441
Si-28	27,9769284	27,96925
Si-30	29,9737717	29,96609
P-30	29,9783098	29,97008
Ar-40	39,9623831	39,95251

Nuklid	Atommasse	Kernmasse
K-40	39,9639988	39,95358
Ca-40	39,9625907	39,95162
Cr-54	53,9388822	53,92572
Mn-54	53,9403605	53,92665
Fe-56	55,9349393	55,92068
Co-57	56,9362938	56,92148
Co-59	58,9331978	58,91839
Co-60	59,9338202	59,91901
Ni-59	58,9343502	58,91899
Ni-60	59,9307890	59,91543
Ni-64	63,9279680	63,91261
Cu-64	63,9297661	63,91386
Zn-64	63,9291454	63,91269
Br-87	86,92034	86,90114
Kr-85	84,9125371	84,89279
Kr-86	85,910614	85,89086
Kr-87	86,913358	86,89361
Kr-89	88,91757	88,89782
Rb-87	86,9091836	86,88889
Rb-94	93,92543	93,90513
Sr-87	86,9088902	86,88804
Sr-90	89,907746	89,88690
Y-90	89,9071559	89,88576
Zr-88	87,910230	87,88829
Zr-89	88,9089003	88,88696
Zr-90	89,9047080	89,88276
Zr-91	90,9056442	90,88370
Zr-92	91,9050392	91,88310
Ag-107	106,905095	106,87931
Ag-108	107,905956	107,88017
Ag-109	108,904754	108,87897
Ag-110	109,906113	109,88033
Cd-108	107,904186	107,87785
Cd-110	109,903007	109,87667
Cd-113	112,9044013	112,87807

Nuklid	Atommasse	Kernmasse
In-115	114,903875	114,87699
In-116	115,905257	115,87838
Sn-116	115,9017435	115,87431
Cs-137	136,907075	136,87690
Cs-140	139,91709	139,88692
Ba-137	136,905816	136,87509
Ba-144	143,92267	143,89195
Tl-204	203,973856	203,92942
Pb-204	203,973037	203,92805
Pb-205	204,974475	204,92949
Pb-206	205,974455	205,92947
Pb-207	206,975885	206,93090
Pb-208	207,976641	207,93166
Pb-209	208,981080	208,93609
Pb-210	209,984178	209,93919
Bi-207	206,978467	206,93293
Po-210	209,982864	209,93678
Po-212	211,988856	211,94277
Rn-220	220,011378	219,96420
Rn-222	222,017574	221,97039
Ra-226	226,025406	225,97713
Th-231	231,036299	230,98693
Th-232	232,038054	231,98868
Th-234	234,043598	233,99422
U-233	233,039629	232,98916
U-234	234,040947	233,99048
U-235	235,043925	234,99346
U-238	238,050786	238,00031
U-239	239,054291	239,00382
Np-239	239,052932	239,00191
Pu-239	239,052158	239,00059
Pu-240	240,053809	240,00224
Pu-241	241,056847	241,00528
Am-241	241,056825	241,00471

Spektraltafel

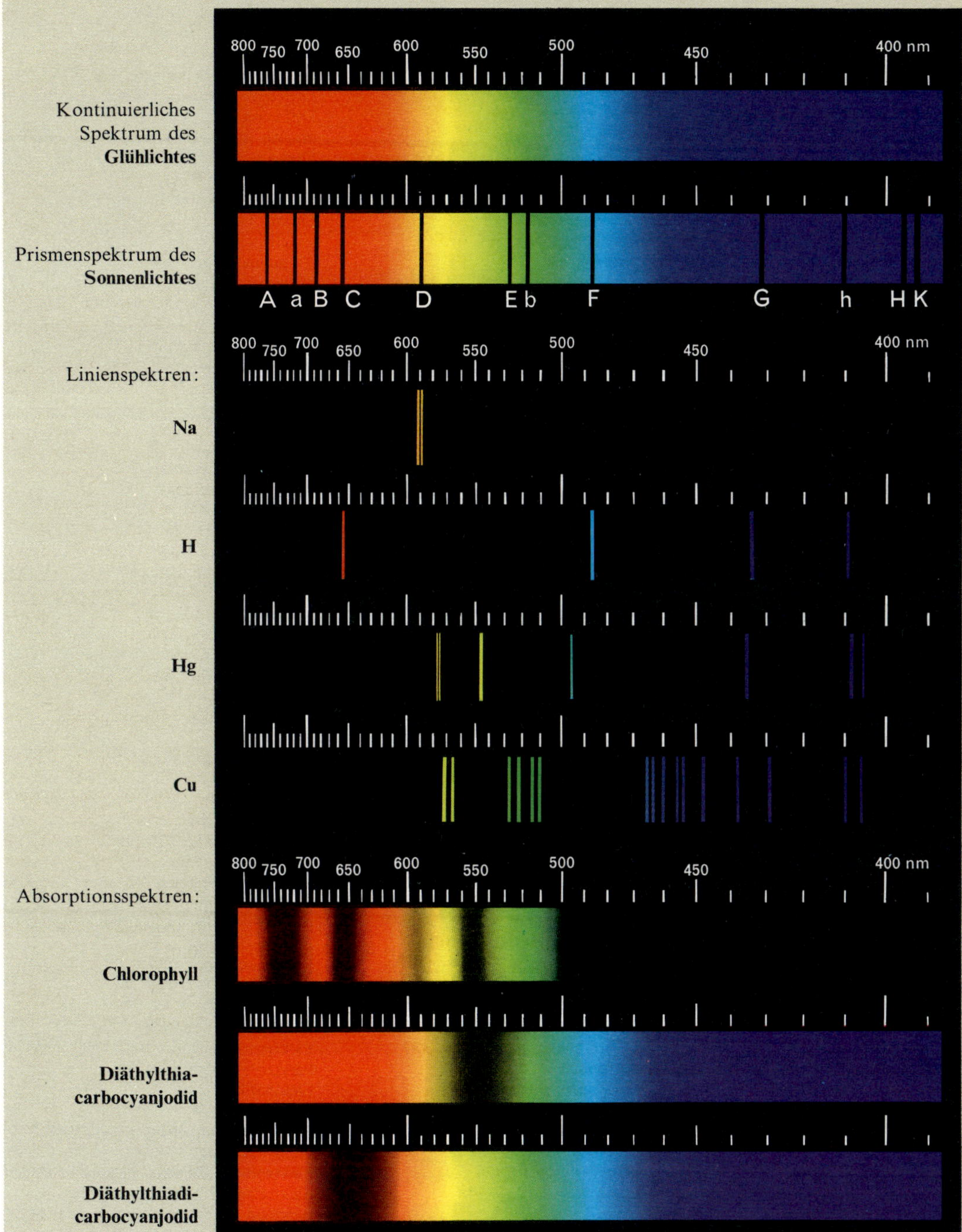

Stichwortverzeichnis

Abbildung, optische 245
Ablenkkondensator 70
Ablichten 106
Ablösearbeit 297
Abschirmzahl 342
Absorptionslinie 329, 332
Äquipotentialfläche 23f., 33f., 46
Äquivalentdosis 374
–, effektive 375
Äther 6, 215, 270
Akku 21, 23
Aktivität 370
Alarmanlage 96
Alpha-Teilchen 69, 351
–, Absorption 363, 365
–, Energie 355
–, Reichweite 363
–, Spektrum 358
–, q/m 356
Alpha-Zerfall 387
Altersbestimmung 372
Ampere 9, 55
Amplitude 171
Amplitudenmodulation 206, 210
Amplitudenquadrat 310
analog 100, 206
Analog-Technik 91f.
Analysator 258
Anfangsbedingungen 171
Anker 137, 139, 141
Anlasser 140
Anlaufstrom 76, 78
Antimaterie 308
Antiprotonen 292
Antreffwahrscheinlichkeit 310
Anzahldichte 66
Apertur, numerische 248
Arbeit 18, 20, 23, 35, 46, 293
Arbeitspunkt 90, 210
Arbeitswiderstand 77
Asynchronmotor 165
Atom 32, 48, 289, 322ff., 326ff.
Atombau 336
Atombindung 347
Atombombe 403
Atomkern 31, 323, 350, 378, 385
Atommodelle 318
Atomradien 346
Atomuhr 272, 280
Auflösungsvermögen 234, 246f., 269
Ausbreitungsgeschwindigkeit 195, 202, 269
Austauschteilchen 416
Außenleiter 164
Avogadrokonstante 48, 53

B-Feld-Messung 80
Bändchenmikrofon 126
Bahn 318
Balmerserie 339f.
Bandbreite 210
Bandfilter 210
Bandgenerator 35
Baryonen 418, 423
Basis 88
Becquerel 370
Belichtungsmesser 85
Bereich, makroskopischer 319
Beschleunigung 280
Beschleunigungsarbeit 286
Bestrahlungsstärke 193, 235, 269, 298
Beta-Teilchen 353
–, Absorption 365
–, Energie 359
–, Geschwindigkeit 360
–, Reichweite 365
–, Spektrum 359
Beta-Zerfall 323, 391, 393
Betatron 126
Bethe-Weizsäcker-Zyklus 413
Beugung 202, 237, 245, 250, 269
Beugungsbild 250
Beugungsscheibchen 245
Bezugssystem 272, 278
–, beschleunigtes 280
Bildpunkt 245
Bildsignal 107
Bildwandler 106, 299
Bildzeilen 61
Bindung, kovalente 81
Bindungsarten 346f.
Blasenkammer 417
Blendenzahl 246
Blindstrom 159
Blindwiderstand 147, 149f., 155, 160
Blinkschaltung 96, 105
Blitz 109, 110, 194
Blitzschutz 13
Bohrscher Radius 335, 348
Bohrsches Korrespondenzprinzip 330
Bohrsches Modell 337, 348
Bragg-Gleichung 301, 314, 341
Bragg-Reflexion 269
Braunsche Röhre 14, 20, 56, 70, 77
Brechungsgesetz 203, 212, 269
–, verallgemeinertes 219
Brechungszahl 203, 213, 221
– von Luft 257
Brewster-Gesetz 259f.
Brownsche Bewegung 49, 333
Brutstoff 404
Bürokopiergerät 106, 110
Büschelentladung 111

CO_2-Problem 410
Chaos, deterministisches 324
Chladnische Klangfiguren 337
Comptoneffekt 303
Comptonwellenlänge 303
Coulomb 9
Coulombfeld 32
Coulombgesetz 32, 37
Coulombpotential 34
Coulombkraft 338, 348
Curie 370

DeBroglie-Materiewelle 313
Debye-Scherrer-Aufnahme 266
Debye-Scherrer-Ringe 313
Demodulation 207, 210
Determinismus 310, 324
Dezimeter-Wellen 199
Dielektrikum 36, 40
Dielektrizitätszahl 195, 203, 220
Differentialgleichungen 170, 176
Differenzverstärker 100
Diffusion 85
digital 206
Digitaltechnik 89, 91f.
Diode 78, 83ff.
Dioden-Transistor-Logik 97
Dipol 184f.
–, elektrischer 41
–, magnetischer 54
Dispersion 220
Doppelbindung, alternierende 328
Doppelspalt 204, 222, 224f., 240f., 244, 269, 309, 311, 315
Doppler-Effekt, relat. 284, 295
Dopplerfaktor 285
Dotieren 82
Drehfeld 165
Drehkondensator 38
Drehkristallmethode 265
Drehspulinstrument 9, 64, 125
Drehstrom 164
Dreifingerregel 56, 117
Dreipunktschaltung 182f.
Driftgeschwindigkeit 66
Driftkammer 417
Drosselspule 152, 160
Dualismus 299, 318
Dualsystem 63, 89, 91
Durchlaßpolung 84
Dynamik, relativistische 295
dynamoelektrisches Prinzip 138

Effekt, glühelektrischer 297
Effektivwert 142
Eigenfrequenz 171, 184f., 196
Eigeninduktivität 128
Eigenlänge 277, 295
Eigenleitung 83
Eingangswiderstand 101f.
Einschaltvorgang 147, 153
Einstein-Addition 284, 295
Einstein-Energie 289
Einstein-Impuls 286
Einzelspalt 237, 244, 269
elastisch 291
Elektrik, relativistische 279
Elektrizitätsleitung 108f.
Elektro-Fotografie 106
Elektrofilter 110
Elektrolyse 49
Elektrolyt-Kondensator 38
Elektromagnet 131
Elektrometer-Gegenkopplung 102
Elektromotor 60, 125, 139
Elektron 6, 50, 66, 70, 108, 113, 142, 159, 313, 315
Elektron-Positron-Paar 307
Elektronenblitz 44
Elektronendichte 80
Elektroneneinfang 392

Elektronengas 8, 82
Elektronengeschwindigkeit 66
Elektronenhülle 322
Elektronenkanone 20
Elektronenlinse 60
Elektronenmasse 67
Elektronenmikroskop 74, 79, 249, 315
Elektronenröhre 76
Elektronenschleuder 126
Elektronen-Synchrotron 114
Elektronenwolke 76
Elektronvolt 53, 69
Elektroskop 17, 37, 39, 102
Element, galvanisches 6
Elementarladung 50
Elementarmagnet 54
Elementarteilchen 275, 414ff.
Elementarwelle 202, 213ff., 222ff, 237
Elemente, chemische 346
Elmsfeuer 110
Emission, stimulierte 343
Emissionsspektrum 340
Emitter 88
Emitterschaltung 91
Energie 6, 8, 17f., 20f., 35, 44, 46, 123, 157, 159, 425
– des Magnetfeldes 133
–, kinetische 286, 289
–, relativistische 290, 295
Energieband 106
Energiedichte, elektrische 44, 46
–, magnetische 133, 166
– von elmag. Wellen 193
Energiedosis 374
Energieniveau 81, 320, 328, 338, 387
Energiequanten 296
Energiesatz 177, 229
Energieverbund 165
Entfernungsmessung 272
Entladen von Akku 21, 23, 46
– von Kondensator 42, 46
Entmagnetisieren 54, 63
Entspiegelung 259
Erdfeld, elektrisches 20
–, magnetisches 64, 138
Erhaltungssätze 286
Ersatzkapazität 38
Ersatzschaltbild 150
Ersatzwiderstand 27f.
Evolution 345
Experimentum crucis 216

Fadenstrahlrohr 67, 79
Farad 36
Faraday-Effekt 261
Faraday-Gesetz 49, 51
Faraday-Käfig 13, 22, 33, 112
Farbe 224
Farberscheinungen 253
Farblackieren 110
Farbladung 421
Farbstoffmoleküle 328, 332
Feld, elektrisches 11, 32, 46, 110, 121
–, magnetisches 54, 58
–, radiales 12, 31, 46
Feldelektronenmikroskop 48
Feldemission 48
Feldenergie 45, 133
Feldkonstante, elektrische 30
–, magnetische 62
Feldlinie, elektrische 7, 11, 14, 24, 30, 32, 45f., 118
–, magnetische 54
Feldlinienrichtung 55
Feldlinienzahl 118
Feldstärke 16, 18f., 30, 32f., 46, 48
Feldstrategie 46
Feldtheorie 16, 44, 55, 425
Fernfeld 187, 192
Fernkraft 6, 11
Fernsehen 60f., 321
Fernsehkamera 107
Festkörperphysik 81
Feynman-Graph 416
Filme, fotografische 299
Filter 266
Flächenladung 30, 36
Flammenfärbung 333
Flammensonde 22
Flasche, magnetische 74
Flip-Flop 95, 98
Fluoreszenz 329, 333
Fluß, magnetischer 118f.
Flußdichte, magnetische 58
Fokussierung 79
Foto-Element 85
Fotodiode 85, 87
Fotoeffekt 78, 106, 296, 299
–, innerer 106
Fotoelektron 265, 296, 309
Fotografie 106, 246
–, relativistische 278
Fotoleiterplatte 107
Fotoschichten 298, 309f.
Fotostrom 85, 108
Fotowiderstand 81, 85
Fotozelle 78, 108, 296
Franck-Hertz-Versuch 331
Fraunhofersche Linien 332
Frequenz 225
Frequenzband 210
Frequenzhub 211
Frequenzmodulation 210f.
Frequenzweiche 157
Funke 110
Fusion 75
Fusionsreaktor 412

Galaxienspektren 285
Galilei-Addition 284
Galilei-Transformation 281
Gamma-Emission 387, 392
Gamma-Strahlung 268, 353ff.
–, Absorption 363, 366
–, Energie 361
–, Spektrum 362
Gangunterschied 205, 223
Gasentladung 108
Gatter 97f., 102
Gegenkopplung 101, 180
Geigerzähler 264
Generator 116, 137, 139
–, magneto-hydrodynamischer 119
Gesamtspektrum 308
Geschwindigkeit von Elektronen 80
Geschwindigkeitsfilter 73
Geschwindigkeitsmessung 201
Geschwindigkeitsvektor 288
Gewitter 19f., 110
Gitter 76, 234, 263
–, dreidimensionales 262
–, einfach-kubisches 264, 266
–, kubisch-flächenzentriertes 267
–, optisches 229, 234, 263, 269
Gitterkonstante 230, 264, 267
Gitterspektrum 232, 233
Gitterstrom 77
Glättung 86
Glanzwinkel 263f.
Gleichrichten 76, 83, 86
Gleichspannung, pulsierende 86
Gleichstrom 26
Gleichzeitigkeit 276, 295
Glimmerblattversuch 250
Glimmlampe 9, 109, 111, 161
Glimmlicht, negatives 109
Glimmzünder 161
Glühemission 48
Glühlampe 110
Gluonen 418
Graetz-Schaltung 86
Gravitation 8, 46
Gravitationsfeld 15, 32, 34, 303
Gravitationskollaps 335
Gray 374
Greinacher-Schaltung 87
Grenzfrequenz 297, 301
Grenzgeschwindigkeit 294
Grenzkontinuum 340
Grenzwellenlänge 301
Grenzwinkel 214
Grundkräfte 32
Gunn-Diode 199

HIGH 97
Halbleiter 80f., 299
Halbleiter-Diode 83
Halbleiter-Detektor 357
Halbwertsdicke 364
Halbwertszeit 42, 369
Halleffekt 80
Hallsonde 59
Hallspannung 59, 80
Hauptmaximum 230f., 239f.
Heizung, elektrische 20
Heißleiter 81
Helmholtz-Spulenpaar 67
Henry 129
Hertzscher Dipol 269, 296, 326
Hertzsches Gitter 201, 258
HiFi-Qualität 92
Hintereinanderschaltung 27, 38, 46
Hitzdrahtinstrument 143, 144
Hochfrequenz 182
Hochfrequenz-Vormagnetisierung 64
Hochpaß 148, 158
Hochspannungsleitung 110
Hochspannungstrafo 162
Hochtemperaturreaktor 408
Hochtöner 157
Hochvakuumdiode 206
Höhensonne 110
Höhenstrahlung, kosmische 74, 268
Horizontalkomponente 64
Huygenssches Prinzip 212, 237, 311
Hysterese 63, 94

IC-Baustein 97
Immersionsflüssigkeit 248
Impuls 8, 68, 303, 317

–, relativistischer 288, 295
Impulshöhenanalysator 357
Impulsunschärfe 319
Induktion 116, 189
Induktionsgesetz 118, 124
Inertialsystem 294
Influenz 8, 11, 13, 16f., 19f., 31, 41
Influenzladung 38
Informatik 6, 81, 90
Infrarot 268, 296, 299
Inklinationswinkel 64
Innenpolmaschine 137
Innenwiderstand 27, 101
Intensitäten am Doppelspalt 244
– am Einfachspalt 244
– am Gitter 244
Interferenz 188, 203, 222f., 238f., 250ff., 2699
– an dünnen Schichten 250
– bei gleicher Dicke 254
– bei gleicher Neigung 252
Interferenzmuster 204, 222f., 228ff., 250, 256
Interferenzprinzip 311
Interferometer 256f.
Ion 50, 112
Ionenkarussell 57
Ionenstrahl 110
Ionisationskammer 108, 369
Ionisierungsenergie 108
Ionosphäre 209
Isolator 8, 36, 40
isomerer Zustand 392
Isotop 112, 382

K-Linien 341
Kapazität 36
Kaskadenschaltung 87
Kategorien 270
Kathodenstrahl 110
Kausalität 323, 325
Kennlinie 76, 103, 108
Kernbindungsenergie 383
Kerneinfang 337
Kernfusion 384, 411
Kernkräfte 379, 414, 421
Kernkraftwerk 406f.
Kernladung 341
Kernradius 380
Kernreaktion 395
Kernspaltung 384, 399
–, Energiebilanz 402
–, erzwungene 400
–, spontane 400
Kernstrahlung 305
Kernverschmelzung 75
Kettenreaktion 110, 403
Kilowatt 21
Kilowattstunde 20
Kinematik, relativistische 281, 294
Kippschaltung 93, 96
Kippspannung 111
Kirchhoffsche Gesetze 26f.
Klemmenspannung 27
Klystron 199
Knallgaszelle 9
Kohärenz 227, 269
Kohärenzbedingung 228, 250, 269
–, räumliche und zeitliche 251
Kohärenzlänge 250
Koinzidenz 271
Kollektor 88
Kommutator 139
Kondensator 12f., 30, 36, 42, 145f.
Kondensatormikrofon 43
Konstantspannungsquelle 91
Konstanz der Lichtgeschwindigkeit 271, 274, 282, 294
Koordinatensystem 271
Korona-Entladung 110
Korpuskeln 324
Kraft 293, 295
Kräfte auf Ströme 60
Kraftgesetz, lineares 170
Kreisbeschleuniger 73, 113
Kreisfrequenz 135, 171
Kristall-Diode 83
Kristalle 262, 266
Kristallfeuerzeug 41
Kristallgitter 81
Kristallmikrofon 41
Kristallstruktur 266
Kugelkondensator 37, 46
Kurzschluß 27f.
Kurzschlußanker 165
Kurzschlußbremse 140
Kurzwellen 182, 208

LDR 81
LOW 97
Ladung 8f., 19, 26, 36, 49, 279, 307
–, felderzeugende 30
–, spezifische 68, 74
Ladungsbild 106
Ladungsdichte 46
Ladungserhaltung 26
Längenkontraktion 277, 279, 285, 295
Längenmessung 345
Langwellen 208
Laser 222, 227f., 269, 312, 343
Lautsprecher 28, 60
Lecherleitung 197
Leerlauf 28, 162
Leerlaufspannung 27f.
Leidener Flasche 37
Leistung 20, 28, 140, 143, 293
– des Wechselstroms 159
Leistungsanpassung 28
Leistungsfaktor 160
Leistungsmesser 64
Leistungsverstärkung 102
Leiter 19, 26, 46, 54, 56, 60
Leiterschleife 136
Leitung in Gasen 108
–, selbständige 109
Leitungsband 81
Leitungselektron 82
Lenzsches Gesetz 123, 175
Leptonen 420
Leuchtdiode 84
Leuchtstoff, fluoreszierender 110
Leuchtstoffröhre 110, 161, 333
Licht 7, 296
–, kohärentes 228
–, monochromatisches 232
–, ultraviolettes (UV) 78, 110
Lichtausbeute 110
Lichtbild 106
Lichtdruck 303, 306
Lichtgeschwindigkeit 217f., 270, 272
Lichtintensität 78
Lichtjahr 272
Lichtmaschine 136
Lichtmikroskop 48, 79
Lichtquant 7, 298, 312, 329
Lichtreklame 110
Lichtstrahl 212, 242
Lichtuhr 272
linear polarisiert 258
Linearbeschleuniger 112, 286
Linienspektrum 232
Linse, magnetische 74, 79
Loch 82
–, schwarzes 303, 335
Lochkamera 245, 249
Löschkopf 64
Löschspannung 111
logisch Eins 97
logisch Null 97
Lokalisationsenergie 322, 328, 334
Lorentz-Transformation 281, 294
Lorentzkraft 56f., 66, 113, 116
Loschmidt-Zahl 48
Luft 36
Luftion 20, 108
Luftmoleküle 108
Lymanserie 339

MASER 343
MHD-Generator 119
Magnetfeld 60
Magnetismus 6, 54
Magnetkarte 63
Magnetpol 54
Masse, relativistische 287f.
Massendefekt 289, 383
Masseneinheit, atomare 48, 112
Massenspektrometer 112
Massenzuwachs, relativistischer 286
Materialisation 308
Materiewelle 313
Maxima am Gitter 238, 269
Maxwell-Gleichungen 191, 325
Mechanik, klassische 324f.
Medium, optisches 212
Meißner-Schaltung 343
Mesonen 270, 418, 426
Meßinstrumente 125
Meßverstärker 10, 37
Michelson-Interferometer 256
Michelson-Versuch 282
Mikrofon 43, 126
Mikrokosmos 322f.
Mikroskop 247f.
Mikrowellen 182, 199, 323
Millikan-Versuch 52
Minima am Gitter 238, 269
Mitkopplung 102
Mittelwellen 208
Mißweisung 64
Moderator 396, 405
Modulieren 345
Mol 48
Molekülorbitale 346
Momentanbeschleunigung 168
Momentangeschwindigkeit 168
Momentanleistung 159
Momentanstromstärke 9, 42, 147
monochromatisch 222, 266
Moseley-Gerade 342

Motor 116, 131, 139, 165
Multiplier 108
Multivibrator 95f., 105
Myonen 275, 415, 420

NAND 97
NICHT-Glied 97f.
NTC-Widerstand 81
Nahfeld 186f.
Nebelkammer 350, 417
Nebenmaxima 230f., 239f.
Negator 97
Neonröhre 110
Netz 135
Netzbrumm 86
Netzebene 264
Netzgeräte, stabilisierte 91
Netzhaut 106, 246f.
Neukurve 63
Neutralisation 8, 10, 26, 32
Neutrino 391
Neutron 112, 323, 350, 393, 418
–, Zerfall 391
–, thermisches 396
–, verzögertes 402
Neutronenausbeute 403
Neutroneneinfang 396
Neutronenstern 59, 335
Newtonsche Korpuskulartheorie 299
Newtonsche Mechanik 323
Newtonsche Ringe 253
Nichtleiter 40
Niederfrequenz 207
Nordpol 54f.
Nuklidkarte 382
Nulleffekt 352
Nullpunktsenergie 322

ODER 98
Oberschwingungen am Dipol 196
Ohmscher Wirkwiderstand 150
Omega-Navigationssystem 272
Operationsverstärker (OV) 100
Optik, geometrische 212, 242, 324f.
optisch dichter, dünner 212
Orbitale 316, 337f., 346
Ordnung 345
Ortsunschärfe 317
Oszilloskop 71

P-N-Übergang 83
PETRA 294
Paarbildung 307
Paarungseffekt 386, 400
Paradoxon 279
Parallelschaltung 26, 38, 46
Pauliprinzip 81, 316, 328, 346, 422
Periodendauer 135, 171
Periodensystem der Elemente 342
Permeabilitätszahl 62
Perpetuum mobile 24
Phase 135, 142, 164, 343
Phasensprung 252
Phasenverschiebung 151, 174
Phosphoreszenz 333
Photomultiplier 361
Photonen 298, 303, 315, 325, 349, 415
Photonenimpuls 303
Photonenlokalisation 310
Photonenrakete 294
Photonenstrom 298
Piezo-Effekt 41
Pionen 270
Plancksche Konstante 298, 322
Plasma 108
Plattenkondensator 36, 46
Plattenspielerverstärker 101
Poisson-Fleck 243
Poissonverteilung 354
Polarisation 306
– des Lichts 258
– durch Streuung 260
Polarisationsebene 200f.
Polarisationsladung 40
Polarisator 258
polykristallin 267
Positron 307, 360, 398
Potential, elektrisches 22, 25, 34f., 46
Potentialtopf 385
–, linearer 326
Potentialtrog 24
Potentiometer 25, 28
Prinzipien, relativistische 271, 294
Prismenspektrum 233
Probeladung 11, 16
Probeströme 58
Proton 6, 50, 69, 292, 323, 350, 418f.
Protonen-Synchrotron 113
Pythagoras, relativistischer 291, 295

Quanten 298, 305, 308, 325, 425
Quantenausbeute 299
Quantenchromodynamik 421
Quantenobjekt 311, 315
Quantenphysik 296, 324, 330
Quantensprung 329
Quantentheorie 425
Quantenzahlen 327f.
Quantisierung 328, 331
Quarks 418
Quarzkristall 41
Quecksilberdampflampe 297
Quecksilberhochdrucklampe 110
Querwelle, linear polarisierte 192

RC-Glied 42
RS-Flipflop 95
Radar 201
Radio 25, 36, 44
radioaktive Stoffe 350
–, künstliche 398
radioaktives Gleichgewicht 398
Radioastronomie 211
Radioempfang 209
Radioteleskop 211
Rakete, ideale 293
Randbedingungen 196
Randfeld 15f., 24
Raum-Zeit-Struktur 287
Raumfahrt 293
Raumladung 76, 85
Reaktor 403f.
Realität 324, 425
Rechteckspannung 96, 100
Reflexionsbedingung von Bragg 263
Reflexionsgesetz 199, 212
Regelkreis 91, 104
Reihenschaltung 27, 39
Rekombination 108
Relais 95
relativ 273f.
Relativität der Gleichortigkeit 280
Relativität der Gleichzeitigkeit 282
Relativitätsprinzip 273, 276, 294
Relativitätstheorie 68, 113
Remanenz 63
Resonanz 209, 221, 423
Resonanzfluoreszenz 332
Resonanzkatastrophe 172
Resonanzkurve 172, 181
Restwelligkeit 86
Richtcharakteristik 126
Röntgenröhre 301
Röntgenspektrum 301, 341
Röntgenstrahlung 108, 194, 265, 268, 275, 296, 301
Rotverschiebung 285
Rückkopplung 93, 104, 179f.
Rückstellkraft 170
Ruhemasse 288f., 291, 295, 303
Ruhenergie 290, 295
Ruhestrom 100
Rundfunk 206
Rutherfordscher Streuversuch 378
Rydbergfrequenz 339

Saccharimeter 261
Sägezahnschwingung 71, 111
Sättigungsbereich 76, 78
Sammellinse 245
Schallwellen 43, 243
Schalter 25, 91, 131
Schalthysterese 94, 104
Schaltplan 22, 24
Schatten 242
Schattenkreuzröhre 72, 79
Scheinwiderstand 151, 155
Scheitelspannung 135, 142
Schichten, dünne 251
Schlupf 165
schneller Brüter 408
Schrödingergleichung 316, 334
Schutzschaltung mit Dioden 87
Schwächungskoeffizient 364
Schwingkreis 157, 173, 209, 269
Schwingquarz 41, 92
Schwingung, erzwungene 171, 181, 221, 260
–, gedämpfte 178
–, harmonische 170
–, Differentialgleichungen 170, 176
Seitenfrequenz 210
Sekundärelektronen 108
Selbstinduktion 128, 149
Selbstinduktionsspannung 128
Sender 208
Separationsenergie 386
Seriengrenze 339
Serienschaltung 27, 38
Sicherheitsschaltung 95
Siebkette 154, 156
Sievert 374
Solarkonstante 298
Sonnenbatterie 85
Sonnenflecken 59
Sonnenlicht 310, 332, 340
Sonnenwind 74
spaltbares Material 401
Spaltfläche 262
Spaltstoff 404

Spannung 17ff., 22, 24, 34f., 46
–, induzierte 119, 135
Spannungsfehlerschaltung 28
Spannungsfolger 102, 105
Spannungsgefälle 22
Spannungsmesser 28
Spannungsquelle 19
Spannungsresonanz 156
Spannungsverstärkung 90
Spannungswaage 45
Speicherringe 275, 292
Spektralanalyse 232, 333
Spektrallinien 232, 265, 285, 336, 339
Spektralordnung 233, 265
Spektroskop 265
Spektrum 220, 265
–, elektromagnetisches 268
Sperrkreis 154, 156
Sperrpolung 84
Sperrstrom 84
Spiegel 263
Spitzenspannung 87
Spule 6, 55, 59, 62, 130, 136, 149
Sternmaterie 335
Sternspektren 285
Steuerkennlinie 88
Steuern mit Transistoren 88
Stoffe, ferromagnetische 54, 63
Stoß, elastischer 292
–, unelastischer 292
Stoßionisation 108, 161
Strahlenschäden 374ff.
–, genetische 376
–, somatische 376
–, stochastische 376
Strahlenschutz 377
Strahlenteiler 256
Strahlungsgesetz 299
Strahlungsgürtel 74
Streuung 212, 262, 305
Streuversuche 418
Strom 9, 13f., 151
Stromfehlerschaltung 28
Strommesser 9, 28, 64
Stromstärke 9, 66, 82
Stromverstärkung 90
Strukturforschung 266, 416
Superpositionsgesetz 33
Synchronisieren 107, 271, 276
Synchronmotor 165
Synchrotron 114
Synchrotronstrahlung 194
Synergetik 345
Szintillationszähler 361

Taktgeber 96
Target 291
Tauchspule 61
Teilbarkeit 420
Teilchen 312, 325, 424
Teilchenbahnen 425
Teilchenbeschleuniger 112
Teilchenzoo 418
Teilspannung 27
Temperaturstrahlung 268
Tesla 58
Thomson-Schwingungsgleichung 176
Tiefpaß 158
Tieftöner 157
Tonabnehmer 41
Tonband 63
Tonerzeuger 96
Tonkopf 63
Topfmagnet 60
Totalreflexion 214, 269
Trägerschwingung 207, 210
Trägheit 287
Trafo 125f., 162
Transistor 88, 206
Transportarbeit 18
Transurane 398, 409
Treiber 99
Trigger 93, 103
Triggerschwelle 94f.
Triode 76, 88, 184, 206
Tunneleffekt 389

UND 98
Überlichtgeschwindigkeit 286
Übersetzungsverhältnis 162
Übersteuerung 101, 103f.
Uhr, biologische 280
Uhrenparadoxon 277
Ultrakurzwellen 208
Ultraschall 41
Ultraviolett 268, 296
Umgebungsstrahlung 109
Umlaufarbeit 34
Umlaufdauer 73
Unbestimmtheitsrelationen 317, 324, 330, 334

Vakuum 415
Vakuum-Diode 76
Vakuumpolarisation 415
Valenzband 81
Van der Waals-Kräfte 347
Verarmungszone 85
Verbundnetz 163
Vergrößerung 79
–, förderliche 249
Vergütung 255
Verneinung 97
Verstärker 28, 90, 100, 102
Vertikalkomponente 64
Verzerrung 278
Verzweigung 26
virtuelle Elektron-Positron-Paare 415
Volt 18
Vorwiderstand 91

Wackelkontakt 95
Wahrheitstafel 95, 97
Wahrscheinlichkeit 312, 315, 324, 330
Wahrscheinlichkeitswelle 312
Wasserkraftwerk 19
Wasserstoffatom 322, 334
Weakonen 422
Wechselspannung 135f.
Wechselstrom 63, 135f., 145, 149
Wechselstromkreis 142
Wechselstromwiderstand 151
Wechselwirkung 414
Weglänge, freie 109
–, optische 257
Wehnelt-Zylinder 77, 107
Weicheisen 63
Weißglut 268
Welle, elektromagnetische 187, 190ff., 202, 220, 223, 266, 269, 312
–, elmag. in Materie 195
–, kohärente 204
–, stehende 188, 199, 316, 326, 336
Wellen 321, 325
Wellenlänge 188, 195, 224, 233
Wellenmechanik 325
Wellenoptik 325
Wellenzug 227
Welligkeit 87
Weltformel 425
Weltzeit 270
Widerstand 21, 27f., 40
–, induktiver 149
–, kapazitiver 147
Wiederaufbereitungsanlage 409
Wiensches Gesetz 302
Windungsverhältnis 162
Wirbelfeld 55, 121, 126
Wirbelstrom 125
Wirkleistung 160, 163
Wirklichkeit, objektive 324
Wirkung 298
Wirkungsgrad 140
Wirkungsquerschnitt 367, 401, 404
Wirkwiderstand 160
Würfel, relativistischer 278

Xerografie 106

Zählrate 265, 352
Zählrohr 265, 351, 417
Zählstatistik 354
Zeigerdiagramm 136, 147, 149, 235
Zeitablenkung, getriggerte 71
Zeitdauer 320
Zeitdehnung 274
Zeitdilatation 274, 282, 284, 288, 294
Zeitkonstante 42, 87, 111
Zeitmultiplexbetrieb 92
Zeitzeichen 271
Zentimeterwelle 199, 327, 389
Zentralladung 31, 35
Zentripetalbeschleunigung 169
Zerfallskonstante 370
Zerfallsreihen 393
Zerstrahlung 290, 307
Zündspannung 111
Zufall 309
Zustände, isomere 392
–, stabile 334
–, stationäre 327
Zweiweggleichrichter 86
Zwerg, weißer 335
Zwillingsparadoxon 280
Zyklotron 113, 126

Bildquellenverzeichnis

AGEMA GmbH, Oberursel: 107.2, 107.3
Baader Planetarium KG, München: 303.1
Dr. F. Bader, Ludwigsburg: 33.1, 34.1, 35.2, 68.1, 74.2b, 75.2, 79.1, 113.3, 122.2, 127.2, 134.1, 147.1, 153.1, 309.2, 310.1, 315.1a, 302.2, 331.2, 371.1, 379.1, 379.3
BBC AG, Baden (Schweiz): 138.1
CERN, Genf (Schweiz): 417.2
DESY, Hamburg: 114.1b
Deutsches Museum, München: 7.2, 7.3, 120.2, 191.2, 205.1, 206.1, 217.1, 225.2, 350.1, 379.2
Escher u.a., „Die Welt des M.C. Escher", M. Pawlak Verlags-GmbH, Herrsching, 1971: 271.1
Finkelnburg, „Einführung in die Atomphysik", Springer-Verlag, Berlin – Heidelberg – New York: 313.2, 396.1
Fritzsch, „Quarks", Piper-Verlag, München: 419.3
Gentner, Maier-Leibnitz, Bothe, „Atlas typischer Nebelkammerbilder", Springer-Verlag, Berlin – Heidelberg – New York: 307.1, 351.2, 353.1, 395.1
Gerthsen, Kneser, Vogel, „Physik", Springer-Verlag, Berlin – Heidelberg – New York: 339.3
H. Harreis, H.G. Bäuerle, „Ionisierende Strahlen I", Klett Studienbücher Physik, Klett-Verlag, Stuttgart: 366.2
Huggins, „Physics", Benjamin-Verlag, New York: 417.1
M. Kage, Lauterstein: 111.1
Leybold-Heraeus GmbH, Köln: 37.1b, 72.2, 109.1a, 242.2, 266.1, 314.1
Max-Planck-Institut für Radioastronomie, Bonn: 211.3
NEVA KG, Geislingen: 67.1a, 121.2a
Siemens AG, München: 89.2, 105.1
J. Schreiner, „Physik II", Diesterweg – Salle – Sauerländer, Frankfurt, 1978: 252.2, 337.1
Staatliche Sammlung Ägyptischer Kunst, München: 372.1
G. Staiger, Stuttgart: 178.3, 229.1, 231.1, 234.2, 241.1, 241.2
U. Staiger, Stuttgart: 222.2b, 245.1, 249.1, 250.1
W. Staiger, Stuttgart: 49.2, 86.2a, 96.1, 131.2, 146.3, 148.1, 149.2, 152.3, 174.2, 180.2, 218.1, 253.1, 321.2
Struwe, „Astronomie", Verlag Walter de Gruyter, Berlin, 1962: 285.1
Tipler, „Fundations of Modern Physics", Worth Publishers Inc., New York: 314.3
Ullstein-Bilderdienst, Berlin: 298.1
Carl Zeiss, Oberkochen: 79.2, 272.2

Alle übrigen Fotos: Hans Tegen, Hambühren

Die für die fotografierten Versuchsaufbauten getroffene Auswahl an Geräten bezweckt keine qualitative Hervorhebung einzelner Fabrikate; sie läßt insbesondere nicht die Schlußfolgerung zu, daß Geräte anderer als der gewählten Lehrmittelfirmen nicht möglicherweise genauso oder besser für die einzelnen Versuchsaufbauten geeignet sind.

Weiterführende Literatur

Sexl, R.U., „Was die Welt zusammenhält. Physik auf der Suche nach dem Bauplan der Natur". Stuttgart 1982, DVA. Eine leicht lesbare Einführung in das „Geistige in der Physik". (Auch als Taschenbuch: Frankfurt 1984, Ullstein Sachbuch.)

Hermann, A., „Weltreich der Physik. Von Galilei bis Heisenberg". Frankfurt 1983, Ullstein Sachbuch. Geschichtliche Entwicklung der heutigen Physik.

Hermann, A., „Wie die Wissenschaft ihre Unschuld verlor: Macht und Mißbrauch der Forscher". Stuttgart 1982, DVA. Über die Rolle deutscher Wissenschaftler in den Weltkriegen dieses Jahrhunderts.

Haken, H., „Erfolgsgeheimnisse der Natur. Synergetik: Die Lehre vom Zusammenwirken". Stuttgart 1981, DVA. Ordnung und Chaos in der Physik (Laser), Chemie, Biologie, Wirtschaft, Wissenschaft und Politik. (Auch als Taschenbuch: Frankfurt 1984, Ullstein Sachbuch.)

Fritzsch, H., „Quarks, Urstoff unserer Welt". München/Zürich, 1984 (6. Auflage), R. Piper. Einführung in die moderne Elementarteilchenphysik.

Heisenberg, W., „Physik und Philosophie". Frankfurt 1984 (4. Auflage), ein Ullstein Material. Das Ringen der modernen Physik im Bereich der Quanten und der Relativität.

Heisenberg, W., „Der Teil und das Ganze. Gespräche im Umkreis der Atomphysik". München/Zürich, 1981 (5. Auflage), R. Piper.

Vogel, H., „Aufgabensammlung Sekundarbereich II". Hannover 1985, Schroedel Verlag. Denk- (keine Rechen-)Aufgaben zur Vertiefung der Schulphysik (mit Lösungen).

„Wie funktioniert das? Die Technik im Leben heute". Ein Meyer-Nachschlagewerk. Mannheim 1978, Bibliographisches Institut.

Heidelberger, M. und Thiessen, S., „Natur und Erfahrung. Von der mittelalterlichen zur neuzeitlichen Naturwissenschaft". Reinbeck 1984, rororo Sachbuch.

Ausschnitt aus der Nuklidkarte

[1]) Bei α- und γ-Strahlen ist jeweils nur die Energie des am häufigsten vorkommenden Zerfalls angegeben. Weiterhin bedeutet

γ: – kein γ-Quant beobachtet
α, β^-, β^+, γ ohne Zahlenangabe: Nachgewiesene Übergänge unbekannter Energie
sf: Spontane Spaltung (spontaneous fission)